www.kuhminsa.co.kr

한발 앞서는 출판사 구민사

KUH
MIN
SA

#604, Mullaebuk-ro 116, Yeongdeungpo-gu
Seoul, Republic of Korea

T. 02 701 7421
F. 02 3273 9642

Email kuhminsa@kuhminsa.co.kr

자격증 시험 접수부터 자격증 수령까지

필기원서 접수
큐넷 회원 가입 후
(www.q-net.or.kr)
인터넷 접수만 가능
사진 파일, 접수비
(인터넷 결제) 필요
응시자격 요건
반드시 확인할것

필기시험
입실 시간 미준수 시
시험 응시 불가
준비물 : 수험표,
신분증, 필기구 지참

필기 합격 확인
큐넷 사이트에서 확인
(www.q-net.or.kr)

실기원서 접수
큐넷 회원 가입 후
(www.q-net.or.kr)
응시 자격 서류는
실기시험 접수기간
(4일 내)에 제출
해야만 접수 가능

한 발 앞서나가는 출판사
구민사에서 시작하세요!

실기시험
필답형과 작업형으로 분류. 원서 접수 시 선택한 장소와 시간에 맞게 시험을 봅니다.
준비물 : 수험표, 신분증, 필기구 지참!

최종합격 확인
큐넷 사이트에서 확인
(www.q-net.or.kr)

자격증 신청
방문 or 인터넷 신청 가능. 방문 신청 시 신분증, 발급 수수료 지참할 것

자격증 수령
방문 or 등기 우편 수령 가능. 등기비용을 추가하면 우편으로 받을 수 있습니다.

CONTENTS

건설기계기사 → 건설기계설비기사('14년부터 자격증 명칭 변경 및 출제과목 변경)로 변경되었으며, 내연기관 과목이 빠지고, 유체기기 과목이 추가되어 출제과목이 변경되었습니다.

제1편 재료역학

제1장 힘과 모멘트의 평형   2
1. 물리량과 단위   2
2. 한 점에 작용하는 힘의 합성(合成)   4
3. 한 점에 작용하는 두 힘의 합성   5
4. 힘의 평형(平衡)   6
5. 힘의 모멘트(Moment)   7
6. 트러스(Truss)   8
◆ 실전연습문제   10

제2장 응력(應力)과 변형률(變形率)   14
1. 응력(應力 ; Stress)   14
2. 변형률(變形率 ; 변형도 ; Strain)   15
3. 후크(Hook)의 법칙과 탄성계수(彈性係數)   17
4. 허용응력(許容應力)과 안전율(安全率)   19
5. 응력집중(應力集中 ; Stress Concentration)   19
6. 조합(組合)된 봉의 응력(應力)과 변형량(變形量)   20
7. 자중(自重)을 고려한 경우의 응력(應力)과 변형량(變形量)   21
8. 열응력(熱應力 ; Thermal Stress)   23
9. 탄성(彈性) 에너지(Elastic Strain Energy)   24
10. 충격응력과 변형량   25
11. 내압을 받는 얇은 원통(圓筒)   26
12. 얇은 회전 원환(圓環)에서 후프 응력   27
◆ 실전연습문제   28

제3장 평면도형(平面圖形)의 성질(性質)   41
1. 단면(斷面) 1차 모멘트(면적 모멘트, 1차 관성 모멘트)   41
2. 단면 2차 모멘트(2차 관성 모멘트)   42
3. 단면 2차 모멘트의 평행축 정리(平行軸 定理)   43
4. 극단면(極斷面) 2차 모멘트(2차 극관성 모멘트)   44
5. 단면계수(斷面係數) 및 극단면계수(極斷面係數)   44
6. 회전반경(回轉半徑 ; Radius of Gyration ; 관성반경, 단면2차 반경)   45
7. 단면 상승 모멘트(관성 상승 모멘트)   46
◆ 실전연습문제   47

제4장 비틀림(Torsion)   54
1. 원형(圓形) 단면봉의 비틀림(Torsion of Circular Shaft)   54
2. 축의 비틀림   55
3. 코일 스프링(Coil Spring)의 비틀림   58
◆ 실전연습문제   60

제5장 보(Beam)의 굽힘   68
1. 지점(支点)의 종류   68
2. 보의 종류   68
3. 보에 작용하는 하중   69
4. 반력(Reaction)   69
5. 전단력선도와 굽힘 모멘트 선도   70
6. 외팔보의 전단력선도(SFD)와 굽힘 모멘트 선도(BMD)   72
7. 단순보의 전단력선도(SFD)와 굽힘 모멘트 선도(BMD)   75
8. 돌출보의 전단력선도(SFD)와 굽힘 모멘트 선도(BMD)   79
◆ 실전연습문제   82

제6장 보(Beam) 속의 응력(應力)   93
1. 보 속의 굽힘응력   93
2. 보 속의 전단응력   94
3. 굽힘 모멘트와 비틀림 모멘트가 동시에 작용하고 있을 때 축의 직경   95
◆ 실전연습문제   96

제7장 보의 처짐(The Deflection of Beam) 104

1. 탄성곡선(彈性曲線)의 미분방정식 104
2. 면적 모멘트법(Moment Area Method)
   -모어(Mohr)의 정리 105
3. 탄성 에너지를 이용하는 방법 106
4. 카스틸리아노(Castiliano)의 정리(定理) 106
5. 공액보(Conjugated Beam) ★★★ 106
6. 중첩법(重疊法) ★★★ 107
7. 외팔보와 단순보에 하중이 작용할 때
   처짐각과 처짐 107
   ◆ 실전연습문제 112

제8장 기둥(Column) 121

1. 편심하중을 받는 단주 121
2. 장주 122
   ◆ 실전연습문제 124

제9장 조합응력(組合應力)과 Mohr의 응력원 130

1. 1축응력 130
2. 구형요소에 작용하는 2축응력(Biaxial Stress) 132
3. 구형요소에 작용하는 평면응력(Plane Stress) 137
   ◆ 실전연습문제 141

제10장 부정정(不靜定)보 149

1. 일단고정 타단지지보 149
2. 양단고정(兩端固定)보 151
   ◆ 실전연습문제 154

제2편 기계열역학

제1장 기계 열역학의 기초 — 158

1. 열역학(熱力學 : thermal dynamics)이란? — 158
2. 열역학적 계(系 : system) — 159
3. 열역학적 상태(state)와 성질(property) — 159
4. 열역학적 상태량(狀態量 : property) — 159
5. 압력(壓力 : pressure) — 160
6. 과정(過程 : process)과 사이클(cycle) — 162
7. 열역학적 열량(熱量 : quantity of heat) — 163
8. 열에너지(heat energy)와 동력(動力 : power)의 관계(關係) — 165
9. 열역학 제0법칙 (the zeroth law of thermodynamics) — 165
10. 열효율(熱效率 : thermal efficiency) — 165
    ◆ 실전연습문제 — 166

제2장 열역학 제1법칙 — 172

1. 열역학적 일량(work) — 172
2. 열역학적 일량(work)과 열량(熱量 : quantity of heat)의 관계 — 173
3. 에너지 보존 법칙 (the law of conservation of energy) — 174
4. 열역학적 계의 에너지 방정식 — 174
5. 밀폐계의 열역학 제1법칙 — 177
6. 개방계의 열역학 제1법칙 — 178
7. 절대일과 공업일의 관계 — 180
8. 정적비열(定積比熱)과 정압비열(定壓比熱)의 정의 — 181
   ◆ 실전연습문제 — 182

제3장 이상기체 — 188

1. 보일(Boyle)–샤를(Charles)의 법칙 — 188
2. 아보가드로(Avogadro)의 법칙 — 189
3. 완전가스의 상태방정식 — 189
4. 완전가스의 비열과 기체상수와의 관계식 — 190
5. 완전(完全)가스의 상태변화(狀態變化) — 192
   ◆ 실전연습문제 — 200

제4장 열역학 제2법칙 — 213

1. 열역학 제2법칙(熱力學 第2法則) — 213
2. 열효율(熱效率) 및 성능계수(性能係數) — 213
3. 카르노 사이클(Carnot cycle) ★★★★★ — 214
4. 이상기체(ideal gas)의 엔트로피(entropy) — 217
5. 클라우시우스(Clausius)의 적분식(積分式) — 220
6. 비가역 상태변화시 엔트로피(entropy) — 221
7. 유용 에너지와 무용에너지 — 222
8. Joule-Thomson 효과(效果) ★★ — 223
9. 열역학 제3법칙(third law of thermodynamics) ★ — 223
   ◆ 실전연습문제 — 225

제5장 증기(蒸氣 : vapour) — 235

1. 순수물질(純粹物質) — 235
2. 물의 증발 — 235
3. 증기선도(蒸氣線圖 : vapour chart) ★★★★★ — 236
4. 증기의 열역학적 상태량(狀態量) — 238
5. 교축과정(絞縮過程 : throttling) — 242
   ◆ 실전연습문제 — 243

제6장 혼합(混合)가스, 반완전(半完全) 가스와 공기(空氣) — 251

1. 혼합가스(混合 gas) — 251
2. 반완전(半完全) 가스 — 254
3. 공기(空氣 : air) — 256
   ◆ 실전연습문제 — 257

제7장 가스 및 증기의 유동 — 259

1. 노즐, 디퓨져, 오리피스, 이젝터 — 259
2. 유동의 기초 방정식 — 260
3. 노즐 속의 유동 — 261
   ◆ 실전연습문제 — 264

제8장 기체 압축기 — 268

1. 압축기에 대한 기초사항 — 268
2. 정상류 압축일 — 269
3. 단열효율(斷熱效率)과 체적효율(體積效率) — 270
4. 다단 압축기(multi-stage compressor) — 271
    - ◆ 실전연습문제 — 273

제9장 가스 동력 사이클 — 275

1. 공기 표준 사이클(air standard cycle) — 275
2. 오토 사이클(Otto cycle) — 275
3. 디젤 사이클(Diesel cycle) — 276
4. 사바테 사이클(Sabathe cycle) — 278
5. 브레이튼 사이클(Brayton cycle) — 280
6. 기타 가스터빈 사이클 ★ — 282
    - ◆ 실전연습문제 — 284

제10장 증기동력 사이클 — 289

1. 랭킨 사이클(Rankine cycle) — 289
2. 재열(再熱) 사이클(reheat cycle) — 291
3. 재생(再生) 사이클(regenerative cycle) — 292
4. 재열·재생 사이클(再熱·再生 cycle) — 293
    - ◆ 실전연습문제 — 294

제11장 냉동 사이클 — 300

1. 냉동 사이클의 기초사항 — 300
2. 가역 이상 냉동 사이클 — 301
3. 공기 냉동 사이클 — 302
4. 증기 압축 냉동 사이클 — 303
    - ◆ 실전연습문제 — 306

제12장 연소(燃燒) — 313

1. 연소반응식(燃燒反應式) — 313
2. 연료의 발열량(發熱量) — 316
3. 완전연소에 필요한 공기량 및 연소가스량 — 316
    - ◆ 실전연습문제 — 318

제3편 기계유체역학

제1장 유체의 정의 및 성질 — 324
1. 유체(流體)의 정의(定義) — 324
2. 단위 및 차원(units and dimensions) — 325
3. 유체의 기본성질(基本性質 ; primary property) — 328
4. 뉴턴(Newton)의 점성법칙(粘性法則) — 329
5. 압력(壓力 ; pressure) — 330
6. 동력(動力 ; power) — 332
7. 이상기체(理想氣體 ; ideal gas) — 332
8. 유체의 2차적 성질(性質) — 333
9. 표면장력과 모세관 현상 — 335
    ◆ 실전연습문제 — 338

제2장 유체의 정역학 — 350
1. 액체(液體) 속의 전압력(全壓力) — 353
2. 부력과 부양체 — 356
3. 상대평형(相對平衡 ; relative equilibrium) — 358
    ◆ 실전연습문제 — 361

제3장 유체(流體)의 운동학(運動學) — 381
1. 유체유동의 유형 — 381
2. 유선, 유적선, 유맥선, 유관 — 382
3. 유체 유동의 지배 방정식 — 383
4. 공률(工率 ; power) — 388
5. 연속방정식과 베르누이 방정식의 응용 — 388
6. 유체계측(流體計測) — 392
    ◆ 실전연습문제 — 395

제4장 운동량이론과 그 응용 — 414
1. 유체의 운동량 방정식 — 414
2. 관(管 ; pipe) 유동시 작용하는 힘 — 415
3. 분류(噴流 ; jet)가 평판에 작용하는 힘 — 416
4. 분류(噴流 ; jet)가 날개에 작용하는 힘 — 418
5. 프로펠러 유동 — 420
6. 분사추진(噴射推進 ; jet propulsion) — 421
7. 수정계수(correction factor) — 422
    ◆ 실전연습문제 — 423

제5장 점성유동(粘性流動) — 432
1. 층류(層流)와 난류(亂類) — 432
2. 수평원관 속에서 층류 유동 — 433
3. 항력(抗力)과 양력(揚力) — 435
4. 경계층(境界層 ; boundary layer) — 437
5. 유동함수(流動函數) — 442
6. 와도(渦度)와 비회전 유동(非回轉流動) — 442
7. 속도 포텐셜 — 443
    ◆ 실전연습문제 — 444

제6장 차원해석과 상사법칙 — 463
1. 차원해석(次元解析 ; dimensional analysis) — 463
2. 상사법칙(相似法則 ; low of similarity) ★★★ — 465
    ◆ 실전연습문제 — 470

제7장 관로유동(管路流動) — 480
1. 원관에서 손실 — 480
2. 비원형관에서 손실 — 482
3. 부차적 손실 — 483
4. 병렬관 — 486
    ◆ 실전연습문제 — 487

제8장 개수로 유동(開水路流動) — 500
1. 개수로(開水路)의 흐름 상태 — 500
2. 정상류·등류 흐름 — 501
3. 최대효율단면(最大效率斷面) — 503
4. 비에너지와 임계깊이 — 504
5. 수력도약(水力跳躍 ; hydraulic jump) — 505
6. 개수로(開水路)의 유량측정(流量測定) — 506
    ◆ 실전연습문제 — 507

제9장 압축성유동(壓縮性流動) — 510
1. 정상류 압축성유동의 에너지 방정식 — 510
2. 마하수와 마하각 — 511
3. 축소-확대 노즐 속의 유동 — 513
4. 이상기체의 단열흐름 — 515
5. 충격파(衝擊波 ; shock wave) — 518
    ◆ 실전연습문제 — 519

제4편 유압기기

제1장 유압기기의 개요 526
1. 유압기기 526
2. 유압장치의 구성요소 526
3. 유압회로 527
4. 공유압장치의 예 532
5. 유압장치의 특징 533
6. 파스칼의 원리 533

제2장 유압 작동유 534
1. 유압유의 구비조건 ★★★★★ 534
2. 물과 기름의 비교 534
3. 작동유에 공기가 혼입된 경우 ★★★ 535
4. 유압유의 종류 535
5. 작동유 첨가제 ★★★ 536
6. 작동유의 물리적 성질 536
7. 점도지수(VI : Viscosity Index) ★★★ 537
8. 플래싱 ★★★ 537

제3장 유압장치의 구성 538
1. 유압회로의 구성 538
2. 배 관 538
3. 실(seal) 540
4. 유압 파워 유닛(동력원) 541

제4장 유압 펌프 543
1. 동력과 효율 543
2. 펌프의 종류 및 운전 조건 544

제5장 유압제어 밸브 549
1. 유압제어 밸브의 종류 549
2. 압력제어 밸브(pressure control valve) 549
3. 유량제어 밸브 550
4. 방향제어 밸브 550
5. 기 타 551

제6장 작동기(Actuator) 552
1. 액츄에이터 552
2. 유압 실린더 552
3. 유압 모터 553

제7장 유압회로 및 응용 554

제8장 유압공학 관련 용어해설 557

◆ 실전연습문제 559

제5편 유체기계

제1장 유체기계의 정의 및 분류 — 588
1. 유체기계(fluid machinery)란? — 588
2. 유체기계의 분류 — 588

제2장 펌프(Pump) — 590
1. 원심펌프의 종류 — 590
2. 양정과 유량 — 593
3. 동력과 효율 — 595
4. 상사법칙 — 596
5. 원심펌프의 성능에 영향을 미치는 요소 — 597
6. 원심펌프의 연합운전 — 598
7. 특성곡선 — 599
8. 공동현상(Cavitation) — 599
9. 수격현상(Water Hammer) — 600
10. 맥동현상(Surging) — 601
11. 축의 평형 — 601

제3장 축류펌프와 사류펌프 — 602
1. 축류펌프 — 602
2. 사류펌프 — 603

제4장 왕복펌프(Reciprocating Pump) — 605
1. 이론 송출량 — 605
2. 체적효율 — 605
3. 순간이론 속도 및 송출량 — 605

제5장 수차(Turbine) — 607
1. 수차의 개론 — 607
2. 펠톤 수차(Pelton Turbine) — 611
3. 프란시스 수차 — 611
4. 프로펠러 수차 — 612

제6장 공기기계 — 613
1. 공기기계의 개요 — 613
2. 송풍기 — 613
3. 압축기(Compressor) — 617
4. 진공펌프(Vacuum pump) — 621
5. 풍차(windmil) — 623

제7장 유체전동장치 — 624
1. 유체전동장치 개요 — 624
2. 유체커플링 — 624
3. 유체토크컨버터 — 627
◆ 실전연습문제 — 628

제6편 건설기계일반 및 플랜트배관

제1장 건설기계일반 — 646

1. 건설기계일반 — 646
2. 불도저(bulldozer) — 647
3. 스크레이퍼 — 653
4. 셔블계 굴착기 — 655
5. 모터 그레이더(motor grader) — 659
6. 운반기계 — 661
7. 적재기계 — 667
8. 크레인(Crane : 기중기) — 667
9. 포장기계 — 670
10. 다짐용기계(롤러 : roller) — 675
11. 준설기계 — 677
12. 기타 건설기계 — 679
 ◆ 실전연습문제 — 683

제2장 건설플랜트 기계설비 — 711

1. 건설플랜트 기계설비의 종류 및 특성 — 711
2. 건축물 기계설비의 종류 및 특성 — 713
 ◆ 실전연습문제 — 723

제3장 건설기계 설비재료 — 730

1. 철강재료의 종류, 용도 및 특성 — 730
2. 비철강재료와 비금속재료의 종류, 용도 및 특성 — 743
 ◆ 실전연습문제 — 753

제4장 플랜트 배관 — 764

1. 배관의 종류 — 764
2. 배관공작 — 783
3. 배관시공 — 788
4. 배관검사 — 796
 ◆ 실전연습문제 — 798

부록 최근 기출문제

건설기계기사→건설기계설비기사('14년부터 자격증 명칭 변경 및 출제과목 변경)로 변경이 되었으며, 내연기관 과목이 유체기기 과목으로 변경되어 내연기관 관련 기출문제는 삭제하였습니다.

부록 19년, 20년, 21년, 22년 건설기계기출문제 — 813

1. 2019년 3월 3일 기출문제 — 813
2. 2019년 4월 27일 기출문제 — 838
3. 2019년 8월 4일 기출문제 — 862
4. 2020년 6월 21일 1·2회 통합 기출문제 — 886
5. 2020년 8월 22일 기출문제 — 912
6. 2021년 3월 7일 기출문제 — 935
7. 2021년 5월 15일 기출문제 — 961
8. 2022년 3월 5일 기출문제 — 988
9. 2022년 4월 24일 기출문제 — 1014

PREFACE

저자는 기계공학과 학부와 대학원을 졸업하고 다년간 전공과목 강의를 하며 학생들을 만나 대화해 본 경험에 의하면 기계공학을 전공하는 대학생들은 졸업학년이 되면 취업을 위해 자격증 취득을 한 번쯤 생각해 보고, 어떤 자격증이 필요한지 고민해 본다는 것이다. 그리고 대학을 다니며 여러 과목의 전공과목을 공부하며 학점을 취득했지만, 머릿속에는 잘 정리되어 있지 않아 무엇을 배웠고, 무엇을 공부했는지 의문이 생길 때가 있다는 것이다.

저자는 이러한 고민의 해결 방법으로 건설기계설비기사 자격증 취득을 권해 왔다. 왜냐하면, 건설기계설비기사 자격증은 기계분야에 있어 가장 폭 넓게 적용될 수 있는 자격증이고 대학을 졸업하기 전 학생들의 진로는 부정확한 만큼 적용 범위가 넓은 자격증을 취득하는 것이 바람직하기 때문이다. 또한, 재료역학, 기계열역학, 기계유체역학, 유압기기, 유체기기, 건설기계일반 및 플랜트배관 등의 전공과목을 개념적으로 공부해야만 합격률을 높이므로 학교에서 공부했던 내용을 다시 정리해 볼 시간을 갖게 되고, 이러한 과정을 거쳐 전공지식을 새롭게 머릿속에 정리할 수 있다는데 큰 가치가 있다고 생각하기 때문이다.

건설기계설비기사 취득을 위해 충실히 공부해 둔다면 다른 전공 응용 과목들도 공부하는데 도움이 많이 되고, 기업체 입사 전공시험 준비도 되며 특히, 공기업 입사를 생각하는 수험생들은 필히 건설기계설비기사를 취득할 것을 권한다.

건설기계설비기사란 기계설계 및 설비, 중화학공업 그리고 고도의 기술 집약적 산업 등의 기계관련 산업분야에 종사할 전문기술인력을 양성하고자하여 제정된 국가기술자격증이다.

본 수험서는 건설기계설비기사 필기시험을 준비하는 수험생들을 위해 기출문제들을 철저히 분석하여 집필한 것으로 각 과목들을 혼자서도 충분히 정리할 수 있도록 핵심내용과 출제될 수 있는 문제들을 엄선하여 수록하였다. 그리고 최근 출제된 과년도 문제들과 그 해설을 실어 수험생들도 출제문제를 분석하여 시험에 대비할 수 있도록 하였다.

본 서의 특징은 다음과 같다.

> Ⅰ. 한국산업인력관리공단의 출제기준에 맞추어 내용을 구성하였다.
> Ⅱ. 출제 과목을 철저히 분석하여 효율적인 내용과 최소의 문제로 최대의 효과를 기대할 수 있도록 하였다.
> Ⅲ. 각 과목의 이론과 문제들은 혼자서도 충분히 공부할 수 있도록 하였다.
> Ⅳ. 최근 기출문제들을 실어 출제경향 분석 및 자기평가를 할 수 있도록 하였다.
> Ⅴ. 출제빈도가 높은 중요 공식 또는 내용 뒤에는 별표를 넣어 그 중요성을 구분하여 표시하였다.

본인이 다년간 강의하면서 수험생들에게 늘 하는 말 중에 시험 보기 마지막 일·이주가 중요하다고 강조한다. 이 기간 동안 자기진단(自己診斷)을 충실히 하여 마무리를 한다면 반드시 합격할 수 있기 때문이다. 본 수험서로 공부하면서 시험 보기 일·이주를 집중한다면 좋은 결과가 있을 것이다.

아무쪼록, 본 교재를 통하여 뜻한바 목적을 이루기를 바라며 내용 중 오류 및 잘못된 점이 있다면 수험생들의 기탄없는 충고를 받아들여 베스트 문제집이 될 수 있도록 최선을 다할 것이다.

끝으로 이 책이 출간되기까지 애를 쓰신 도서출판 구민사 조규백 대표님과 임직원들께 감사드립니다.

저자 씀

Ⅰ. 한국산업인력관리공단의 출제기준에 맞추어 내용을 구성하였다.
Ⅱ. 출제 과목을 철저히 분석하여 효율적인 내용과 최소의 문제로 최대의 효과를 기대할 수 있도록 하였다.
Ⅲ. 각 과목의 이론과 문제들은 혼자서도 충분히 공부할 수 있도록 하였다.
Ⅳ. 최근 기출문제들을 실어 출제경향 분석 및 자기평가를 할 수 있도록 하였다.
Ⅴ. 출제빈도가 높은 중요 공식 또는 내용 뒤에는 별표를 넣어 그 중요성을 구분하여 표시하였다.

01 핵심 이론 요약

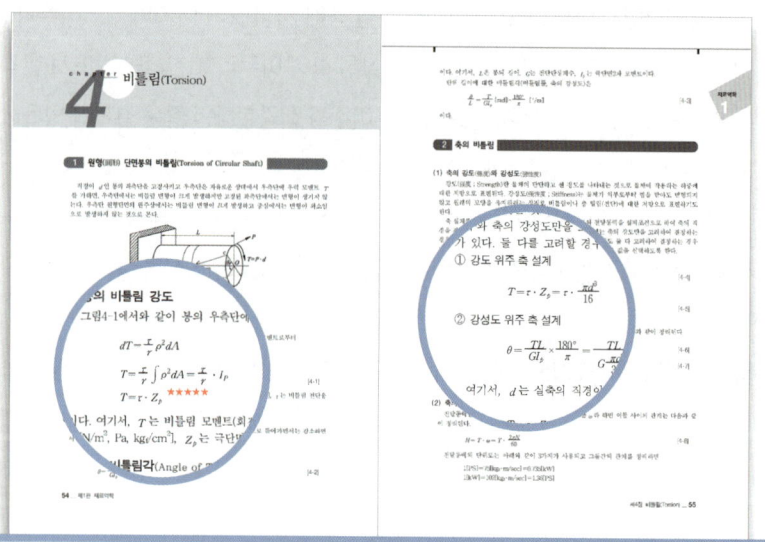

출제 과목을 철저히 분석하여 핵심 이론만을 수록하였습니다.
중요한 이론에는 별(★)의 갯수를 달리하여 중요도를 표시하여 효율적인 학습이 가능합니다.

02 실전연습문제 수록

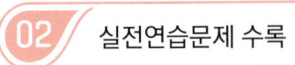
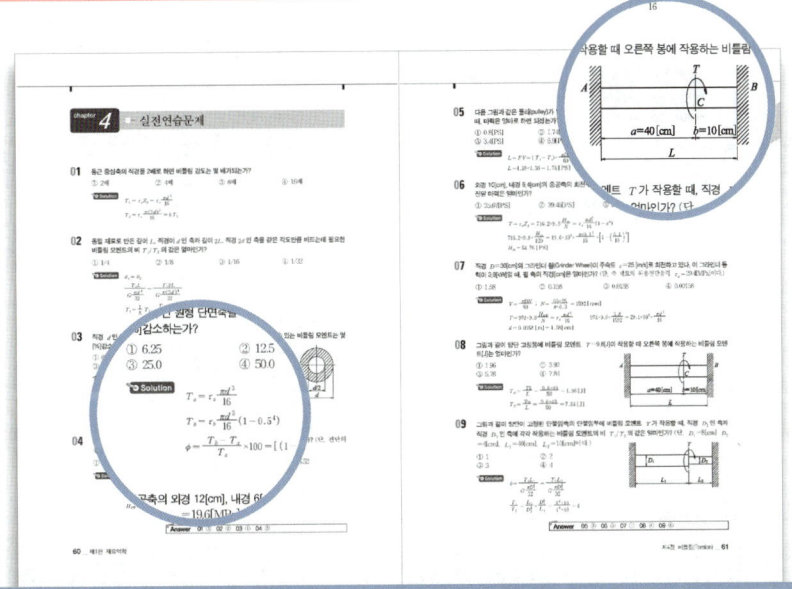

실전연습문제와 해설을 수록하여 앞서 배운 이론을 한 번 더 짚고 넘어갈 수 있도록 하였습니다.

03 최근 기출문제 수록

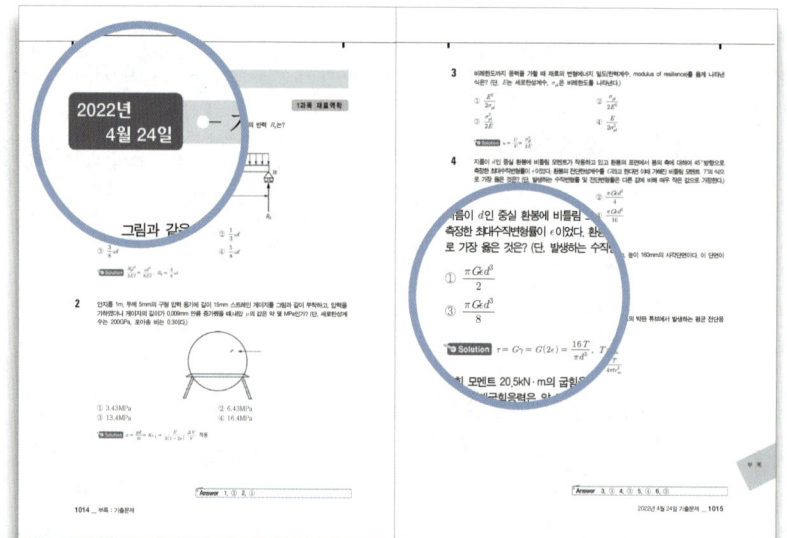

최근 기출문제와 해설을 수록하여 출제경향 분석 및 자기평가를 할 수 있도록 하였습니다.

건설기계설비기사 필기 출제기준

직무분야	기계	자격종목	건설기계설비기사	적용기간	2024.1.1.~ 2027.12.31

직무내용: 건설 관계법령과 관련된 건설플랜트 기계설비와 건설기계의 설계, 생산, 시공, 운영관리 업무를 수행하는 직무이다.

필기검정방법	객관식	문제수	100	시험시간	2시간 30분

필기과목명	문제수	주요항목	세부항목
재료역학	20	1. 개요	1. 힘과 모멘트 2. 평면도형의 성질
		2. 응력과 변형률	1. 응력의 개념 2. 변형률의 개념 및 탄, 소성 거동 3. 축하중을 받는 부재
		3. 비틀림	1. 비틀림 하중을 받는 부재
		4. 굽힘 및 전단	1. 굽힘 하중 2. 전단 하중
		5. 보	1. 보의 굽힘과 전단 2. 보의 처짐 3. 보의 응용
		6. 응력과 변형률 해석	1. 응력 및 변형률 변환
		7. 평면응력의 응용	1. 압력용기, 조합하중 및 응력 상태
		8. 기둥	1. 기둥 이론
기계열역학	20	1. 열역학의 기본사항	1. 기본개념 2. 용어와 단위계
		2. 순수물질의 성질	1. 물질의 성질과 상태 2. 이상기체
		3. 일과 열	1. 일과 동력 2. 열전달
		4. 열역학의 법칙	1. 열역학 제1법칙 2. 열역학 제2법칙
		5. 각종 사이클	1. 동력사이클

필기과목명	문제수	주요항목	세부항목
기계유체역학	20	1. 유체의 기본개념	1. 차원 및 단위 2. 유체의 점성법칙 3. 유체의 기타 특성
		2. 유체정역학	1. 유체정역학의 기초 2. 정수압 3. 작용 유체력
		3. 유체역학의 기본 물리법칙	1. 연속방정식 2. 베르누이방정식 3. 운동량 방정식 4. 에너지 방정식
		4. 유체운동학	1. 운동학 기초 2. 포텐셜 유동
		5. 차원해석 및 상사법칙	1. 차원 해석 2. 상사 법칙
		6. 관내 유동	1. 관내유동의 개념 2. 층류점성 유동 3. 관로내 손실
		7. 물체 주위의 유동	1. 외부유동의 개념 2. 항력 및 양력
		8. 유체 계측	1. 유체 계측
유체기계 및 유압기기	20	1. 유체기계	1. 유체기계의 기초 2. 펌프 3. 수차 4. 공기기계 5. 유체전동장치
		2. 유압기기	1. 유압의 개요 2. 유압기기 3. 유압회로 4. 유압을 이용한 기계
건설기계일반 및 플랜트배관	20	1. 건설기계일반	1. 건설기계 2. 건설플랜트 기계설비 3. 건설기계 설비재료
		2. 플랜트배관	1. 배관종류 2. 배관공작 3. 배관시공 4. 배관검사

※ 법령 개정후 필기과목명 변경 예정입니다.
변경될 필기과목명은 건설기계일반 및 기계제작법에서 건설기계일반 및 플랜트배관으로 바뀔 예정입니다.

최고의 합격 수험서

김영기 원장님이 제시하는
합격 완벽대비!

기계계열 수험자격 시리즈

- 일반기계기사 과년도
- 일반기계기사 필기
- 일반기계기사 실기 필답형

- 건설기계설비기사 필기
- 건설기계설비기사 실기 필답형

- 기계설계기사 필기
- 기계설계산업기사 실기

- 기계컴퓨터응용설계(CAD)

- 일반기계공학연습

도서출판 구민사

(07293) 서울특별시 영등포구 문래북로 116, 604호(문래동3가 46, 트리플렉스)
Tel : (02) 701-7421~2 | Fax : (02) 3273-9642

필기 & 실기 완벽대비!
기계공학
일반기계기사/건설기계설비기사

온라인 동영상 강의 | PC & 스마트폰 수강 가능!

개강 일정

- 1회 시험 대비 | 동계방학과 동시 개강(매년 12월 셋째주 월요일)
- 2회 시험 대비 | 매년 3월 첫째주 월요일 개강
- 3·4회 시험 대비 | 하계방학과 동시 개강(매년 7월 첫째주 월요일)
- 실기대비는 필기시험이 끝나는 주중 또는 주말 개강

자격증 취득 필요성

- 공단·공기업 준비시 전공대비 필수 자격증
- 기계설비유지관리자 선임 자격증
- 취업시 캐드 활용 능력 필수

특전
필기&실기 동시 등록 시 1년간 무료 재수강
동영상 필기 70일, 실기 45일 무료 수강

- 국민내일배움카드 수강 가능[국비과정]
  - 고용센터로 문의하여 발급 받으세요.

DS 서울덕성평생교육원
구로구 경인로 3길 77 세건빌딩 3층
Tel : (02) 2675-4000 | www.duck-sung.co.kr

Part 01

재료역학

제1장 __ 힘과 모멘트의 평형
제2장 __ 응력(應力)과 변형률(變形率)
제3장 __ 평면도형(平面圖形)의 성질(性質)
제4장 __ 비틀림(Torsion)
제5장 __ 보(Beam)의 굽힘
제6장 __ 보(Beam) 속의 응력(應力)
제7장 __ 보의 처짐(The Deflection of Beam)
제8장 __ 기둥(Column)
제9장 __ 조합응력(組合應力)과 Mohr의 응력원
제10장 __ 부정정(不靜定)보

chapter 1 힘과 모멘트의 평형

1 물리량과 단위

(1) 절대단위(絶代單位)

단위란 물리량의 정량적 표현 방법이다. 단위를 표현하기 위한 기본 물리량으로는 질량(Mass), 길이(Length), 시간(Time) 등이 있다.

① C·G·S 단위계 : 기본 물리량의 단위가 길이(cm), 질량(g), 시간(sec)으로 구성된 단위계를 C·G·S단위계라 한다. Newton의 운동 제2법칙으로 힘을 정의하고 C·G·S단위로 힘(Force)의 단위를 표현하면

$$F = ma$$
$$1[dyne] = 1[g] \times 1[cm/sec^2]$$ [1-1]

이다. 여기서, F 는 힘(dyne), m 은 질량(g), a 는 가속도(cm/sec²)를 나타낸다.

② M·K·S 단위계 : 기본 물리량의 단위가 길이(m), 질량(kg_m), 시간(sec)으로 구성된 단위계이다. 힘의 단위를 표현하면

$$1[N] = 1[kgm] \times 1[m/sec^2] = 1[kgm \cdot m/sec^2]$$

이다. 여기서, N 은 뉴턴(Newton)이다.

(2) 국제단위(國際單位 ; S·I단위 ; System International Units)

절대단위의 M·K·S 단위계가 국제적으로 통일된 단위로 사용되고 있다. 이것을 S·I 단위라 한다.

① 힘의 S·I 단위 표현

$$1[N] = 1[kg_m] \times 1[m/sec^2] = 1[kg_m \cdot m/sec^2]$$

② 압력(Pressure)의 S·I 단위 표현 : 압력이란 단위면적당 작용하는 수직력으로 정의할 수 있으므로 S·I 단위로 표현하면이다.

$$P\,[N/m^2] = \frac{F\,[N]}{A\,[m^2]}$$ [1-2]
$$1[N/m^2] = 1[Pa]$$

여기서, P 는 압력(N/m²), F 는 수직력(N), A 는 단위면적(m²)을 의미하고, Pa는 파스칼(Pascal)이다.

(3) 중력단위(重力單位)

물체의 무게는 그 물체에 작용하는 중력의 크기이므로 무게(중량)와 동일한 단위로 힘의 크기

를 나타낼 수 있다. 중력 단위계는 질량 1[kg$_m$]가 중력가속도 $g=9.8[m/sec^2]$을 받을 때, 중력을 1[kg$_f$]로 정의하고 기본 물리량과 단위로 길이(m), 중량(kg$_f$), 시간(sec)을 사용하여 표현된 단위계로 공학단위계(工學單位系)라고도 한다.

$$1[kg_f]=1[kg_m]\times 9.8[m/sec^2]=9.8[N]$$

여기서, 시간단위 sec는 s로 표현하기도 한다.

(4) 물리량

① 스칼라(Scalar)량 : 크기로만 표시할 수 있는 물리량으로 예를 들면 질량, 시간, 온도 등이 있다. 스칼라량은 방향과 관계없이 항상 일정한 크기를 갖는다.
② 벡터(Vector)량 : 크기와 방향으로 표시할 수 있는 물리량으로 예를 들면 변위, 속도, 가속도, 힘, 운동량 등이 있다.

표1-1 기본단위(基本單位)

量(Quality)	單位(S·I Units)
길이(Length)	m(Meter)
질량(Mass)	kg(Kilogram)
힘(Force)	N(Newton)
시간(Time)	S(Second)

표1-2 10의 지수 크기의 척도와 단위에 사용되는 약자

지수	명칭	약자	지수	명칭	약자
10^{-18}	atto	a	10^{-3}	milli	m
10^{-15}	femto	f	10^{3}	kilo	k
10^{-12}	pico	p	10^{6}	mega	M
10^{-9}	nano	n	10^{9}	giga	G
10^{-6}	micro	μ	10^{12}	tera	T

비고) ① Pa : Pascal   압력의 단위
② $10^3[Pa]=kPa$, $10^6[Pa]=MPa$, $10^9[Pa]=GPa$

벡터의 3요소라고 하면 작용점, 크기, 방향이다. 이 3요소를 이용한 벡터의 표현은 화살표로 나타낸다.

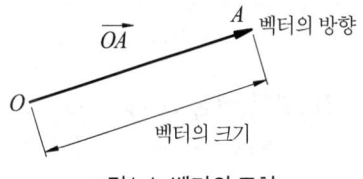

그림1-1 벡터의 표현

표1-3 그리스(희랍) 문자의 기호

A	α	알파(Alpha)	N	ν	누(Nu)
B	β	베타(Bêta)	Ξ	ξ	크사이(Xi)
Γ	γ	감마(Gamma)	O	o	오미크론(Omicron)
Δ	δ	델타(Delta)	Π	π	파이(Pi)
E	ε	입실론(Epsilon)	P	ρ	로우(Rho)
Z	ζ	제타(Zêta)	Σ	σ	시그마(Sigma)

H	η	에타(Eta)	T	τ	타우(Tau)
Θ	θ	세타(Thêta)	Υ	υ	웁실론(Upsilon)
I	ι	이오타(Iôta)	Φ	φ	파히(Phi)
K	κ	카파(Kappa)	X	χ	카이(Chi)
Λ	λ	람다(Lambda)	Ψ	ψ	프사이(Psi)
M	μ	뮤(Mu)	Ω	ω	오메가(Omega)

2 한 점에 작용하는 힘의 합성(合成)

(1) 힘의 분해

2차원 직각 좌표계에서 수평축을 x, 수직축을 y라 할 때, 이 평면상에 작용하는 힘을 F, 수평축과 힘 F와 이루는 각을 θ라 하자. 그 힘 F의 x방향 성분과 y방향 성분의 힘을 각각 F_x와 F_y라하고 표현하면 그림1-2와 같다.

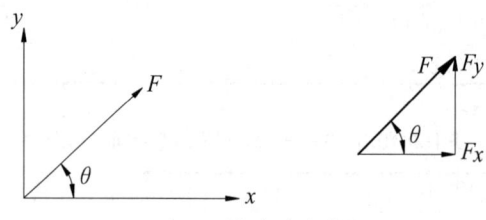

그림1-2 힘의 직각성분

① 힘 F의 벡터 표현식

$$\vec{F} = \vec{F_x} + \vec{F_y} = F_x \vec{i} + F_y \vec{j} \qquad [1\text{-}3]$$

여기서, $\vec{i}$와 $\vec{j}$는 각각 x방향과 y방향을 나타내는 단위 벡터(Unit Vector)이다. 단위 벡터란 크기가 1이고 단지 방향만 나타내는 벡터이다.

② 힘 F의 x방향 성분과 y방향 성분

$$F_x = |\vec{F}| \cdot \cos\theta, \quad F_y = |\vec{F}| \cdot \sin\theta \qquad [1\text{-}4]$$

(2) 힘의 합성(Composition of Force)

그림1-3과 같이 평면상에 두 개의 힘 F_1과 F_2가 작용하고 있다면 이것을 하나의 힘으로 나타낼 수 있다. 즉, 점 O에 각도 θ을 갖게 작용시킨 F_1과 F_2을 일정한 크기의 한 개의 힘으로 모으는 것을 힘의 합성(合成)이라 하고 모아진 한 개의 힘을 힘의 합력(合力)이라 한다.

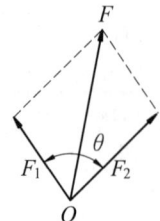

그림1-3 힘의 합성

① 힘의 평행 4변형(Parallelogram of Force) : 그림1-4와 같이 점 O 에 F_1, F_2 의 두 힘이 작용할 때 F_1, F_2 에 상당하는 벡터 $\overrightarrow{OA}, \overrightarrow{OB}$ 를 두 변으로 하는 평행 4변형 $OACB$ 를 만들면 대각선 $\overrightarrow{OC}$ 가 합력 F 이다. 이와 같이 힘의 합력을 구하는 방법을 평행 4변형법이라 한다.

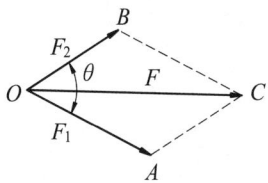

그림1-4 힘의 평행 4변형

② 힘의 3각형(Triangle of Force) : 그림1-5와 같이 임의의 점 O' 에서 $\overrightarrow{OA}$ 에 평행하고 상등한 $\overrightarrow{O'A'}$ 를 긋고 A' 에서 $\overrightarrow{OB}$ 에 평행하고 상등한 $\overrightarrow{A'C'}$ 을 그으면 $\overrightarrow{O'C'}$ 는 합력 $F(\overrightarrow{OC})$ 와 크기, 방향이 같게 된다. 이와 같이 $\triangle O'A'C'$ 를 그려 합력을 구하는 방법이 힘의 3각형법이다.

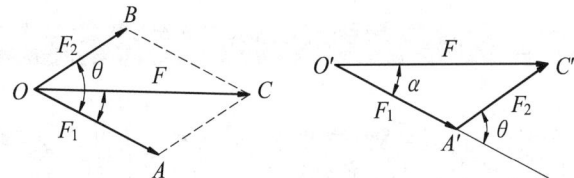

그림1-5 힘의 3각형

3 한 점에 작용하는 두 힘의 합성

그림1-6에서 두 힘 F_1 과 F_2 의 x 방향성분과 y 방향성분을 구하면

$X_1 = F_1\cos\theta_1, \qquad X_2 = F_2\cos\theta_2$
$Y_1 = F_1\sin\theta_1, \qquad Y_2 = F_2\sin\theta_2$

이다. 여기서 F_1 과 F_2 의 합력을 F 라 하고, 힘 F 의 직각성분을 F_x, F_y 라 하면

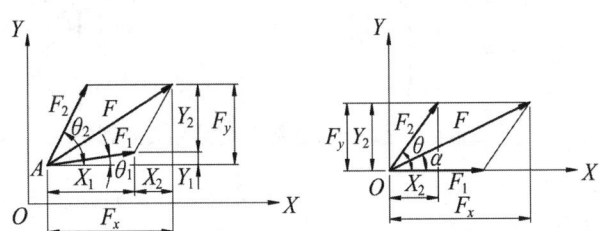

그림1-6 한 점에 작용하는 두 힘의 합성

$F_x = X_1 + X_2 = F_1\cos\theta_1 + F_2\cos\theta_2$
$F_y = Y_1 + Y_2 = F_1\sin\theta_1 + F_2\sin\theta_2$
$F = \sqrt{F_x^2 + F_y^2}$ [1-5]

이다.

여기서, 두 힘 F_1과 F_2가 만드는 각을 θ라 하고 F_1과 F_2가 만나는 점(O)을 원점으로 하여 F_1의 방향에 X축을 취하고 이것과 직각인 방향에 Y축을 취하면 합력과 방향은

$$X_1 = F_1, \quad Y_1 = 0$$
$$X_2 = F_2\cos\theta, \quad Y_2 = F_2\sin\theta$$
$$F_x = X_1 + X_2 = F_1 + F_2\cos\theta$$
$$F_y = Y_1 + Y_2 = F_2\sin\theta$$
$$F = \sqrt{F_x^2 + F_y^2} = \sqrt{(F_1 + F_2\cos\theta)^2 + (F_2\sin\theta)^2}$$
$$= \sqrt{F_1^2 + F_2^2 + 2F_1F_2\cos\theta} \quad \text{[1-6]}$$
$$\tan\alpha = \frac{F_y}{F_x} = \frac{F_2\sin\theta}{F_1 + F_2\cos\theta} \quad \text{[1-7]}$$

이다. α는 합력 F와 F_1이 만드는 각이다.

4 힘의 평형(平衡)

물체에 힘이 작용하면 그 힘이 작용하는 방향으로 물체가 움직일 것이다. 힘의 평형이란 물체에 작용하는 힘에 의해 움직임이 없는 정적인 상태를 유지하고 있는 것을 의미한다. 즉, 미소 변형만 발생할 뿐이지 물체의 운동은 일어나지 않는 조건의 상태이다. 수평방향의 힘은 오른쪽을 향하면 +, 왼쪽을 향하면 −이고 수직방향으로 작용하는 힘은 위를 향하면 +, 아래 방향을 향하면 −이다. 이와 같은 방향성을 고려하여 힘의 평형을 수식으로 표현하면

$$\Sigma F = 0$$
$$\Sigma F_x + \Sigma F_y = 0$$
$$\Sigma F_x = 0, \quad \Sigma F_y = 0 \quad \bigstar\bigstar\bigstar\bigstar\bigstar \quad \text{[1-8]}$$

이다.

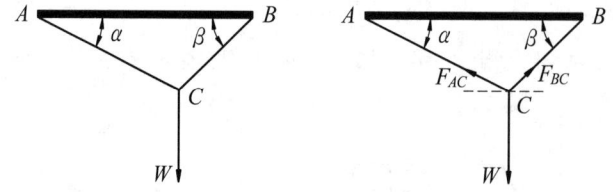

그림1-7 구조물에 물체가 매달려 있는 경우

그림1-7와 같은 구조물의 C점에 하중 W가 작용할 때, 강선 AC와 BC에는 각각 F_{AC}와 F_{BC}의 힘이 작용하게 된다. 이 힘들을 구하기 위해 힘의 평형을 적용시킨다.

$$\Sigma F_x = 0$$
$$-F_{AC}\cos\alpha + F_{BC}\cos\beta = 0 \quad \text{[1-9]}$$
$$\Sigma F_y = 0$$
$$F_{AC}\sin\alpha + F_{BC}\sin\beta - W = 0 \quad \text{[1-10]}$$

식 [1-9]과 [1-10]을 연립하여 풀면

$$F_{AC} = \frac{W \cdot \cos\beta}{\sin(\alpha+\beta)}, \quad F_{BC} = \frac{W\cos\alpha}{\sin(\alpha+\beta)} \qquad [1\text{-}11]$$

이다.

이와 같은 문제는 힘의 평형을 적용시켜 풀 수도 있고, 라미의 정리(Lami's law)를 적용시켜 풀 수도 있다. 라미의 정리(定理)란 한 점에 작용하는 세 개의 힘 F_1, F_2, F_3가 있을 때,

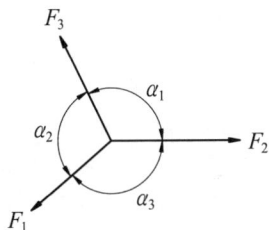

그림1-8 한 점에 작용하는 힘

이 세 힘과 사이각과의 관계를 표현한 것으로 힘의 평형관계를 나타낸다.

$$\frac{F_1}{\sin\alpha_1} = \frac{F_2}{\sin\alpha_2} = \frac{F_3}{\sin\alpha_3} \;\text{★★★} \qquad [1\text{-}12]$$

5 힘의 모멘트(Moment)

모멘트(Moment)란 힘 F와 기준축(점)으로부터 힘까지의 수직거리 d의 적(곱)에 의해서 크기가 결정되는 운동역학적 벡터 물리량이다. 힘과 수직거리가 x, y 평면상에 작용하고 있으면 모멘트는 z 방향을 향한다.

$$M = F \times d \;[\text{kg}_f \cdot \text{cm},\; \text{N}\cdot\text{m}] \qquad [1\text{-}13]$$

(1) 바리넌의 정리

물체의 동일 평면에 작용하는 한 점에 대한 분력의 모멘트의 합은 그 점에 관한 합력의 모멘트와 같다. 이것을 바리넌의 정리(Varignon's law)라 한다.

$$M = M_1 + M_2 + \cdots\cdots = \sum_{i=0}^{n} M_i \;\text{★★} \qquad [1\text{-}14]$$

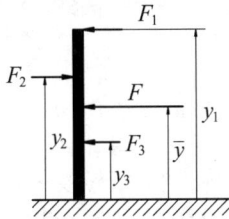

그림1-9 두 힘이 일으키는 모멘트

예를 들어, 그림1-9와 같이 힌지 지점에 부착된 막대에 F_1, F_2, F_3이 힘이 작용하는 경우, 합력 F는

$$F = F_2 - F_1 - F_3$$

이고, 힌지 지점에서 합력 F까지의 거리 $\overline{y}$를 구하려면 바리년의 정리(Varignon's law)를 적용시킨다. 분력이 일으키는 모멘트의 합을 구하면

$$\sum_{i=0}^{3} M_i = M_1 + M_2 + M_3 = -F_1 \times y_1 + F_2 \times y_2 - F_3 \times y_3$$

이다. 합력이 일으키는 모멘트를 구하면

$$M = -F \times \overline{y}$$

이고, $\overline{y}$를 구하려면 $M = \sum_{i=0}^{3} M_i$에서

$$\overline{y} = \frac{-F_1 \times y_1 + F_2 \times y_2 - F_3 \times y_3}{-F}$$

이다.

(2) 모멘트의 평형(平衡)

모멘트란 물체의 회전성을 나타내는 척도로도 볼 수 있을 것이다. 그러므로 모멘트의 평형이 함은 물체의 회전운동이 없는 정적인 상태를 유지하고 있는 것을 의미한다. 위의 바리년의 정리에서 적용시킨 것과 같이 모멘트의 방향은 기준 축 O를 기준으로 시계방향으로 모멘트가 발생하면 +, 반시계방향으로 모멘트가 발생하면 -로 놓고 적용하겠다. 이와 같은 방향성을 적용시켜 수식으로 표현하면

$$\sum M_O = 0 \; \bigstar\bigstar\bigstar\bigstar\bigstar \qquad [1\text{-}15]$$
$$M_1 + M_2 + \ldots = 0$$
$$(F_{x1} \times y_1) + (F_{y1} \times x_1) + (F_{x2} \times y_2) + (F_{y2} \times x_2) + \ldots = 0$$

이다.

여기서, F_{x1}, F_{x2}는 물체에 x방향으로 작용하는 힘, F_{y1}, F_{y2}는 물체에 y방향으로 작용하는 힘이며, x_1, x_2는 모멘트의 기준점 O로부터 F_{y1}, F_{y2}까지 수직거리이고 y_1, y_2는 모멘트의 기준점 O로부터 F_{x1}, F_{x2}까지 수직거리이다.

6 트러스(Truss)

부재들의 집합체로서 외력에 견딜 수 있는 구조의 물체를 구조물(Structure)이라 한다.

(1) 골조구조(Frame Structure)

부재가 봉재만으로 이루어진 구조물을 골조구조라 한다.
① 절점(Joint) : 골조구조 부재의 집합점으로 격점(Panel point)이라고도 한다.
② 힌지(Hinged Joint, Pin Joint) : 회전이 자유로운 것으로 활절이라고도 한다.
③ 강절(Rigid Joint) : 회전 없이 부재간의 각도가 불변인 것을 강절이라 한다.

(2) 골조구조의 종류

① 트러스(Truss) : 직선 부재로 된 힌지골조(활절골조 ; Pin Joint Frame)를 트러스라 한다.
② 프레임(Frame) : 직선 부재로 된 강절골조를 프레임이라 한다.
③ 아치(Arch) : 곡선부재로 이루어진 골조구조이다.

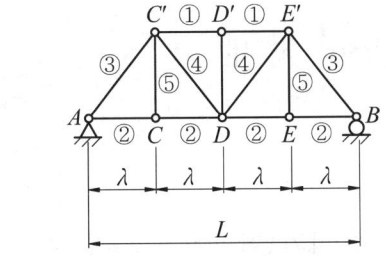

그림1-10 트러스 I

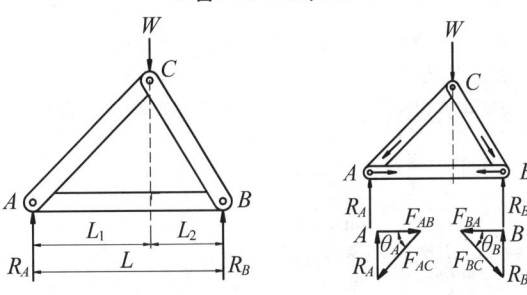

그림1-11 트러스 II

그림1-10의 트러스에서 각각의 부재를 ①-상현재, ②-하현재, ③-단주, ④-사재, 그리고 ⑤-직연재라 명하고 λ는 격점간 길이, L은 스팬의 길이이다.

그림1-11은 AB가 수평으로 지지되고 있는 트러스로 절점 C에 연직 방향의 하중 W가 작용하고 있다. 이 트러스에 대한 힘의 평형과 점 A에 대한 모멘트 평형식을 세우면

$$\sum F_y = R_A + R_B - W = 0 \qquad [1\text{-}16]$$
$$\sum M_A = WL_1 - R_B L = 0 \qquad [1\text{-}17]$$

이다. 여기서, 절점 A와 B에 발생하는 반력 R_A와 R_B는

$$R_B = \frac{WL_1}{L} \qquad [1\text{-}18]$$

$$R_A = W - R_B = \frac{W(L_1 + L_2)}{L} - \frac{WL_1}{L} = \frac{WL_2}{L} \qquad [1\text{-}19]$$

이다. 절점 A에는 반력 R_A만 작용하는 것이 아니라 부재 AC와 AB에도 각각 힘이 발생함으로, 그 힘들을 각각 F_{AC}와 F_{AB}라 하면 절점 A에는 이 세 개의 힘들이 평형을 이루고 있는 상태가 된다. 절점 B에서도 마찬가지로 각각 BA와 BC 부재에 F_{BA}와 F_{BC}가 작용하고 있는 것이고 이 힘들은 반력과 함께 평형 상태를 유지한다. 여기서, AB부재에 작용하는 힘 F_{AB}와 F_{BA}는 크기가 같고 방향이 반대인 관계에 있다. F_{AC}와 F_{BC}는 각각 절점 A와 B에서 힘의 3각형을 만들어 구할 수 있고 정리하면 아래와 같다.

부재 AC와 BC는 절점에서 압축력을 받고 부재 AB는 절점에서 인장력을 받는다. 그래서 AC와 BC부재는 압축재, AB부재는 인장재라 한다.

$$R_A = F_{AC} \sin\theta_A, \quad F_{AB} = F_{AC} \cos\theta_A \qquad [1\text{-}20]$$
$$R_B = F_{BC} \sin\theta_B, \quad F_{BA} = F_{BC} \cos\theta_B \qquad [1\text{-}21]$$

chapter 1 — 실전연습문제

01 그림과 같은 구조물에서 강선 $\overline{OB}$ 와 $\overline{OA}$ 에 발생하는 장력 F_1 과 F_2 로 다음 중 맞는 것은?

① $F_1=43.3[N]$, $F_2=2.55[N]$
② $F_1=43.3[N]$, $F_2=25[N]$
③ $F_1=4.42[N]$, $F_2=2.55[N]$
④ $F_1=4.42[N]$, $F_2=25.5[N]$

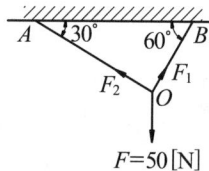

Solution 라미의 정리를 적용시켜 계산한다.

$$\frac{50}{\sin 90°} = \frac{F_1}{\sin 120°} = \frac{F_2}{\sin 150°}$$

$$F_1 = 50 \times \frac{\sin 120°}{\sin 90°} = 43.3[N] = 4.42[kg_f]$$

$$F_2 = 50 \times \frac{\sin 150°}{\sin 90°} = 25[N] = 2.55[kg_f]$$

02 다음 그림에서 $W_A=20[N]$일 때, 도르래에 매달려 있는 물체의 무게 W_B를 구한 것으로 맞는 것은? (단, 마찰은 무시한다.)

① $1.02[kg_f]$
② $2.20[kg_f]$
③ $1.20[kg_f]$
④ $2.02[kg_f]$

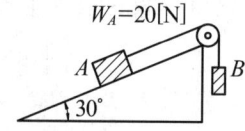

Solution $W_B = W_A \sin 30° = 20 \times \sin 30° = 10[N] = 1.02[kg_f]$

03 그림과 같이 막대가 A점에 힌지로 연결되어 막대의 무게에 의하여 시계방향으로 회전운동을 할 수 있는 상태인데 막대 끝에 수평력 $F=10[N]$이 작용하여 평형상태를 유지하고 있다. 그 때 각 θ는 얼마인가?

① $43.63°$ ② $54.36°$
③ $63.43°$ ④ $73.43°$

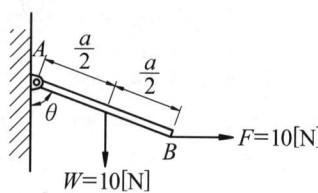

Solution 힌지 A지점을 기준으로 한 모멘트 평형식을 세워 풀기로 한다.

$$\sum M_A = W \times \frac{a}{2} \sin\theta - F \times a\cos\theta = 0$$

$$W \times \frac{a}{2} \sin\theta = F \times a \cos\theta$$

$$\tan\theta = \frac{\sin\theta}{\cos\theta} = \frac{2F}{W}$$

$$\theta = \tan^{-1}\left(\frac{2F}{W}\right) = \tan^{-1}\left(\frac{2 \times 10}{10}\right) = 63.43°$$

Answer 01 ②   02 ①   03 ③

04 그림과 같은 구조물에 B점 하단에 980[N]의 물체를 끌어올리려고 한다. 이때 AB에 작용하는 힘은 몇 [N]인가?

① 980　　　　② 1960
③ 850　　　　④ 1698

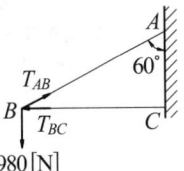

Solution
$$\frac{T_{AB}}{\sin 90°} = \frac{980}{\sin 150°} = \frac{T_{BC}}{\sin 120°}$$
$$T_{AB} = 980 \times \frac{\sin 90°}{\sin 150°} = 1960 \text{ [N]}$$
$$T_{BC} = 980 \times \frac{\sin 120°}{\sin 150°} = 1697.41 \text{ [N]}$$

05 그림과 같은 2개의 봉 AC, BC를 힌지로 연결한 구조물에 연직하중 $P = 7840$[N]이 작용할 때, 봉 AC 및 BC에 작용하는 하중의 크기 T_1, T_2는 어느 것이 옳은가?

① $T_1 = 6272$ [N],　$T_2 = 4704$ [N]
② $T_1 = 4704$ [N],　$T_2 = 6272$ [N]
③ $T_1 = 7840$ [N],　$T_2 = 6272$ [N]
④ $T_1 = 7840$ [N],　$T_2 = 4704$ [N]

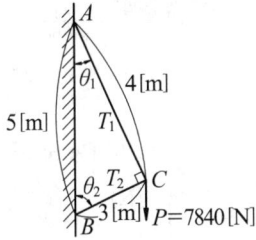

Solution
$$\tan \theta_1 = \frac{3}{4}, \quad \theta_1 = 36.87°, \quad \theta_2 = 53.13°$$
$$\frac{T_2}{\sin(90° + \theta_2)} = \frac{P}{\sin 90°} = \frac{T_1}{\sin(90° + \theta_1)}$$
$$T_1 = 7840 \times \sin 126.87° = 6272 \text{ [N]}$$
$$T_2 = 7840 \times \sin 143.13° = 4704 \text{ [N]}$$

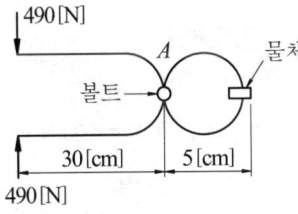

06 그림과 같이 집게 끝을 490[N]의 힘으로 누를 때 견딜 수 있는 연결 볼트 A의 알맞은 단면적의 크기는 어느 것인가? (단, 볼트의 허용전단응력은 98[MPa]이다.)

① 0.25[cm²]　　　② 0.3[cm²]
③ 0.35[cm²]　　　④ 0.7[cm²]

Solution
① 물체를 잡는 힘 F
$\sum M_A = 0$;　　$490 \times 0.3 = F \times 0.05$,　$F = 2940$ [N]
② 볼트가 받는 힘 R
$R = 490 + 2940 = 3430$ [N]
③ 단면적 A
$\tau = \frac{R}{A}$;　$A = \frac{3430}{98 \times 10^6} = 0.35 \times 10^{-4}$ [m²] $= 0.35$ [cm²]

07 다음 그림은 벨트와 풀리를 보여주고 있다. 벨트 양단의 인장력은 모두 알려져 있다. 이 때 벨트가 풀리에서 미끄러지지 않기 위해서는 마찰계수의 값은 최소한 얼마가 되어야 하는가?

① 0.512　　　② 0.494
③ 0.488　　　④ 0.478

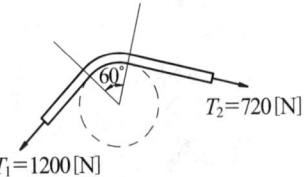

Answer　04 ②　05 ①　06 ③　07 ①

Solution ① 회전력 : $P = T_1 - T_2$
② 벨트가 풀리를 누르는 힘 : $R = T_1 \sin 30° + T_2 \sin 30°$
③ 회전력과 마찰력과의 관계
$P \leq \mu R$
$(1200 - 720) \leq \mu(1200 \times \sin 30° + 720 \times \sin 30°)$
$\mu \geq 0.5$

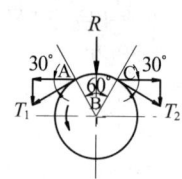

08 그림과 같은 구조물의 AC 강선이 받고 있는 힘은 얼마인가?
① 490[N] ② 588[N]
③ 294[N] ④ 392[N]

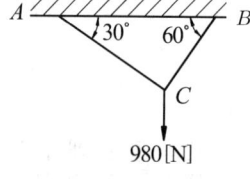

Solution $\dfrac{980}{\sin 90°} = \dfrac{T_{BC}}{\sin 120°} = \dfrac{T_{AC}}{\sin 150°}$
$T_{AC} = 980 \times \dfrac{\sin 150°}{\sin 90°} = 490 \,[\text{N}]$, $T_{BC} = 980 \times \sin 120° = 848.7 \,[\text{N}]$

09 그림과 같이 T형 구조물이 수평력 19.6[N]을 받고 있을 때, B 점의 반력 R_B 는?
① 29.4[N] ② 24.5[N]
③ 1[N]   ④ 19.6[N]

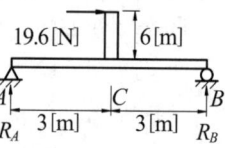

Solution $M_C = 19.6 \times 6 = 117.6 \,[\text{N-m}]$
$\Sigma M_A = M_C - R_B \times L = 0$, $R_B = \dfrac{M_C}{L} = \dfrac{117.6}{6} = 19.6 \,[\text{N}]$

10 그림에서 보여주는 구조물의 부재 AB 에 작용하는 힘은?
① 1127[N]   ② 1385.72[N]
③ 1960[N]   ④ 2773.4[N]

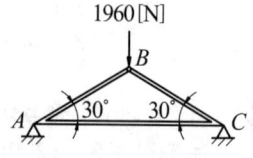

Solution $T_{AB} = \dfrac{1960}{\sin 30° \times 2} = 1960 \,[\text{N}]$

11 그림과 같이 $W = 200[\text{N}]$의 강구가 판 사이에 끼여 있을 때, 접촉점 A에서의 반력 R_A는 몇 [N]인가?
① $R_A = 230.94$ ② $R_A = 316.54$
③ $R_A = 406.7$ ④ $R_A = 491.96$

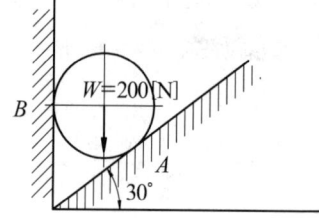

Solution $W = R_A \cos 30°$, $R_B = R_A \sin 30°$
$R_A = \dfrac{200}{\cos 30°} = 230.94 \,[\text{N}]$
$R_B = R_A \sin 30° = 230.94 \times \sin 30° = 115.47 \,[\text{N}]$

12 그림과 같은 구조물의 부재 AC, BC 가 $P = 9800[\text{N}]$의 하중을 받고 있을 때, AC 부재가 받고 있는 압축력은 얼마인가?
① 17[kN]   ② 13.9[kN]
③ 9.8[kN]   ④ 5.7[kN]

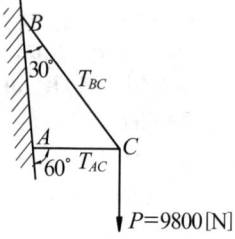

Solution $\dfrac{9800}{\sin 150°} = \dfrac{T_{BC}}{\sin 90°} = \dfrac{T_{AC}}{\sin 120°}$
$T_{AC} = 16.97 \,[\text{kN}]$, $T_{BC} = 19.6 \,[\text{kN}]$

Answer 08 ① 09 ④ 10 ③ 11 ① 12 ①

13 3개의 힘 F_1, F_2, F_3가 평형을 이루고 있다. F_1이 $50(2\hat{i}+\hat{j}-3\hat{k})$이고 F_2가 $30(\hat{i}+2\hat{j}+\hat{k})$라면 F_3는 얼마인가?

① $-10(7\hat{i}-\hat{j}-18\hat{k})$
② $-10(13\hat{i}+11\hat{j}-12\hat{k})$
③ $10(13\hat{i}-\hat{j}+12\hat{k})$
④ $10(7\hat{i}+11\hat{j}+18\hat{k})$

Solution
$\vec{F_1}=100\hat{i}+50\hat{j}-150\hat{k},\ \vec{F_2}=30\hat{i}+60\hat{j}+30\hat{k},\ \vec{F_3}=x\hat{i}+y\hat{j}+z\hat{k}$
$\vec{F_1}+\vec{F_2}+\vec{F_3}=0$
$\Sigma\vec{F_x}=0\ ;\ 100\hat{i}+30\hat{i}+x\hat{i}=0,\ x=-130$
$\Sigma\vec{F_y}=0\ ;\ 50\hat{j}+60\hat{j}+y\hat{j}=0,\ y=-110$
$\Sigma\vec{F_z}=0\ ;\ -150\hat{k}+30\hat{k}+z\hat{k}=0,\ z=120$
$\vec{F_3}=-130\hat{i}-110\hat{j}+120\hat{k}$

14 다음과 같은 구조물의 모멘트는 얼마인가?

① 1470[J]   ② 2450[J]
③ 3430[J]   ④ 4410[J]

Solution $M_0 = 100\times5\times\cos60°\times9.8 = 2450\ [\text{N}-\text{m}]$

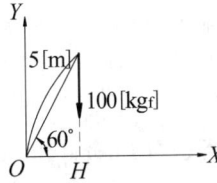

15 그림의 트러스 구조물에서 부재 BD의 내력은 몇 [kN]인가? (단, $ABED$ 부분은 정사각형이다.)

① 10[kN]   ② $10\sqrt{2}$[kN]
③ $5\sqrt{3}$[kN]   ④ 0[kN]

Solution $\Sigma M_D = 0\ ;\ R_A = P = 9800\ [\text{N}],\ R_D = 0$
$F_{BD} = F_{CE} = F_{DB} = 0$

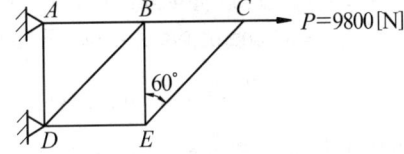

16 그림과 같은 트러스(Truss) 구조물에서 강재의 허용응력을 58.8[MPa]로 할 때, BC 부재의 단면적은 다음 중 어느 것인가?

① 30[cm²]   ② 40[cm²]
③ 50[cm²]   ④ 60[cm²]

Solution $\tan\theta = \dfrac{3}{4} = \dfrac{176.4}{F_{BC}},\ F_{BC} = 235.2\ [\text{kN}]$

$\sigma_a = \dfrac{F_{BC}}{A}$

$A = \dfrac{235.2}{58.8\times10^3} = 0.004\ [\text{m}^2] = 40[\text{cm}^2]$

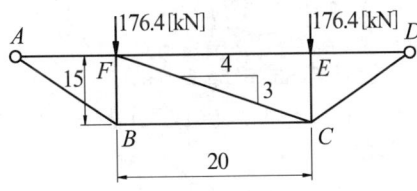

17 그림과 같이 1000[N]의 힘이 브래킷의 A에 작용하고 있다. 이 힘의 점 B에 대한 모멘트는 몇 [N·m] 인가?

① 160   ② 200
③ 238.6   ④ 253.2

Solution $M = 1000\times\sin60°\times0.2 + 1000\times\cos60°\times0.16 = 253.21\ [\text{N}\cdot\text{m}]$

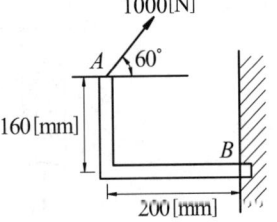

Answer 13 ② 14 ② 15 ④ 16 ② 17 ④

chapter 2 응력(應力)과 변형률(變形率)

1 응력(應力 ; Stress)

물체에 작용하는 외력을 하중(Load)이라 하며, 그 외력에 의하여 발생하는 물체내의 단위 면적당 저항력(내력)을 응력이라 한다. 여기서, 물체란 대부분 사각단면, 원, 중공단면 등의 봉이나 보(beam)라고 생각하면 된다.

(1) 수직응력(Normal Stress)

봉(물체)의 단면에 수직으로 작용하는 하중에 의해 물체 내부에서 발생하는 응력으로 법선응력이라고도 하며 인장응력과 압축응력 등이 있다.
① 인장응력(Tensile Stress) : 물체(환봉)에 인장하중 작용시 단위면적당 발생하는 응력이다.
② 압축응력(Compressive Stress) : 물체(환봉)에 압축하중 작용시 단위면적당 발생하는 응력이다.

$$\sigma = \frac{P}{A} \ [\text{N/m}^2, \text{Pa}, \text{kg}_\text{f}/\text{cm}^2] \ \bigstar \tag{2-1}$$

여기서, σ는 수직응력, P는 하중(인장력 또는 압축력), A는 수직하중을 받는 면적으로 직경이 d인 환봉의 경우, 면적 $A = \frac{\pi d^2}{4} = \pi r^2$이다. 직경 d는 반직경 r의 2배이다.

(2) 전단응력(Shearing Stress)

물체에 작용하는 전단력(전단하중)에 의해 전단면의 접선방향으로 발생하는 응력으로 접선응력이라고도 한다.

$$\tau = \frac{P}{A} \ [\text{N/m}^2, \text{Pa}, \text{kg}_\text{f}/\text{cm}^2] \ \bigstar \tag{2-2}$$

여기서, τ는 전단응력, P는 전단하중, A는 전단면적이다.
중요한 것은 응력에 대한 개념을 정확히 이해하고 있어야 한다는 것이다. 수직응력을 계산할 때 하중을 받는 면적과 수직하중은 항상 직각관계에 있다는 것과 전단응력은 전단하중이 전단면적에 항상 접선방향으로 작용한다는 것을 알고, 문제를 풀 때 적용할 수 있도록 해야 한다.

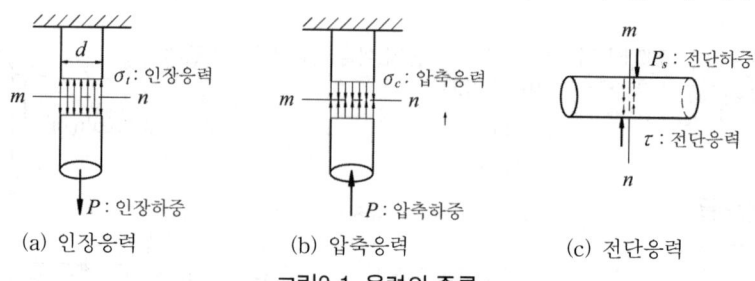

(a) 인장응력　　(b) 압축응력　　(c) 전단응력

그림2-1 응력의 종류

2 변형률(變形率 ; 변형도 ; Strain)

물체(봉)에 가한 하중에 의하여 발생한 변형량을 원래의 양(변형전의 값)으로 나누어 결정하는 값으로 단위량에 대한 변형량이다. 인장력(하중)이 봉에 가해지면 길이 방향으로는 신장되며 반경방향으로는 줄어든다. 압축력이 가해지면 길이 방향으로는 수축 변형, 반경 방향으로는 신장 변형이 일어난다. 변형률의 값은 백분율(%)로 계산된 값이 아니다. 신장률 또는 수축률을 구할 때는 백분율로 계산해야 하기 때문에 변형률을 구하여 백분율로 표현해주면 되고 변형률은 무차원이다.

(1) 세로변형률(종변형률 ; ε)

물체(봉)에 인장하중이 가해지면 길이방향(세로방향)으로는 늘어나고, 압축하중이 가해지면 줄어든다. 그러므로 변형량은 종변형량, 세로변형량, 신장량, 수축량 등으로 표현 할 수 있다.

$$\varepsilon = \frac{L'-L}{L} = \frac{\delta}{L} \bigstar \qquad [2\text{-}3]$$

여기서, L은 원래(세로)길이, L'는 변형후의 길이, δ는 종변형량(세로변형량)이다.

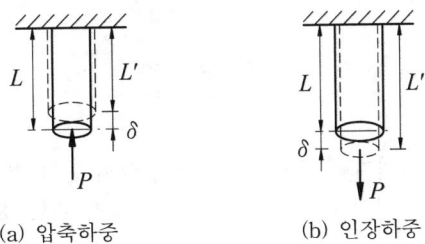

(a) 압축하중   (b) 인장하중

그림2-2 종변형률

(2) 가로변형률(횡변형률 ; ε')

물체(봉)에 인장하중이 가해지면 반경방향(가로방향)으로는 줄어들고, 압축하중이 가해지면 늘어난다. 그러므로 변형량은 횡변형량, 가로변형량, 신장량, 수축량 등으로 표현된다.

$$\varepsilon' = \frac{d'-d}{d} = \frac{\delta'}{d} \bigstar \qquad [2\text{-}4]$$

여기서, d은 원래(가로)길이(직경), d'는 변형후의 길이(직경), δ'는 횡변형량(가로변형량, 직경 변화량)이다.

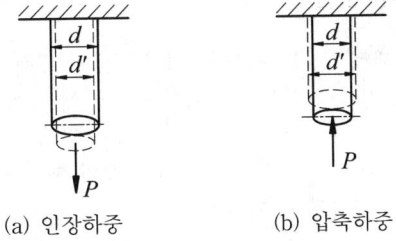

(a) 인장하중   (b) 압축하중

그림2-3 횡변형률

(3) 전단변형률(γ)

그림2-4와 같이 전단응력(전단하중) 상태 하에서 발생하는 전단 변형은 미소 변형이라는 것을 인지하고 육안으로 확인이 가능한 경우는 아니다.

$$\gamma = \frac{\delta_s}{L} = \tan\phi \approx \phi \, [\text{rad}] \star \quad [2\text{-}5]$$

여기서, γ는 전단변형률, δ_s는 전단변형량, L은 원래의 길이, ϕ는 전단각이다.

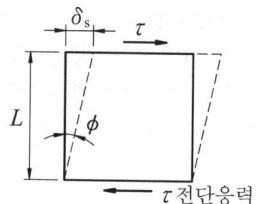

그림2-4 전단변형률

전단각 ϕ는 미소각으로 $\tan\phi$ 값을 전단변형률이라 한다.

(4) 프와송 비(Poisson's ratio)
가로변형률과 세로변형률과의 비이다.

$$\mu = \frac{1}{m} = \frac{\varepsilon'}{\varepsilon} \star\star\star \quad [2\text{-}6]$$

여기서, μ는 프와송 비(Poisson's ratio), m은 프와송 수(Poisson's Number)이다.

(5) 면적변형률(ε_A)
물체(봉)에 수직하중이 가해지면 횡방향의 변형에 의해 면적 변형이 수반이 된다. 직경이 d인 봉에 인장하중(또는 압축하중)을 가한 경우, 면적변형률에 대한 정의와 표현식은

$$\varepsilon_A = \frac{A'-A}{A} = \frac{\Delta A}{A} = 2\mu\varepsilon \star\star \quad [2\text{-}7]$$

이다. 여기서, A는 원래의 면적, A'는 변형후 면적, ΔA는 면적 변화량이다. $\varepsilon_A = 2\mu\varepsilon$의 관계식을 유도하려면 원래의 면적과 변형후의 면적을 계산하여 원래 면적에 대한 면적 변화량에 대입하여 정리하면 된다.

(6) 체적변형률(ε_V)
물체에 수직하중이 가해지면 가로방향과 횡방향으로 변형이 동시에 수반되어 체적변형이 발생하게 된다. 체적변형률에 대한 정의는

$$\varepsilon_V = \frac{V'-V}{V} = \frac{\Delta V}{V} \star\star \quad [2\text{-}8]$$

이다. 여기서, V는 원래의 체적, V'는 변형후 체적, ΔV는 체적 변화량이다.
① 모든 방향에서 동일하중(응력)이 작용할 때 체적변형률 : 물체(정육면체)의 x, y, z 방향에서 일정 크기의 인장 또는 압축 하중이 작용하여 각 방향으로 발생한 신장량 또는 수축량이 일정하다라고 하면 변형전 체적과 변형후 체적을 구하여 원래의 체적에 대한 체적변형량에 대입정리하면 체적변형률은 종변형률의 3배로 정리된다.

$$\varepsilon_V = \frac{\Delta V}{V} = \frac{(L \pm \delta)^3 - L^3}{L^3}$$

여기서, L은 정육면체 한 변의 길이이고 δ는 신장량 또는 수축량이다. 이 식을 정리하면

$$\varepsilon_V = \frac{\Delta V}{V} = \pm 3\varepsilon \star\star \quad [2\text{-}9]$$

이다. 여기서, +는 인장변형, -는 압축변형이다.

② 균일 단면 봉에 인장하중이 작용할 때 체적변형률 : 물체(정육면체)의 수직방향으로만 인장하중을 가한 경우, 수직방향으로는 신장변형이 발생하고, 다른 두 방향으로는 수축변형이 발생한다. 이 때 변형전 체적과 변형후 체적을 구하여 체적변형률 정의에 대입하여 정리하면 체적변형률은

변형 전 체적 : $V = AL = L^3$
변형 후 체적 : $V = A(1-\mu\varepsilon)^2 \times L(1+\varepsilon)$

$$\varepsilon_V = \frac{\Delta V}{V} = \varepsilon(1-2\mu) \text{★★★} \tag{2-10}$$

이다. 여기서, 프와송의 비 μ 가 1/2 이면 체적변형률은 0이다. 이와 같은 재료에는 고무 등의 탄성체가 있고 대부분의 재료에 수직하중을 가했을 때 프와송의 비 μ 는 1/2 보다 작다.

3 후크(Hook)의 법칙과 탄성계수(彈性係數)

(1) 후크(Hook)의 법칙

탄성을 갖고 있는 물체에 외력을 가해 생긴 변형이 외력을 제거했을 때, 원상태로 회복하는 성질을 탄성이라 하고 탄성체인 물체에 인장하중을 가했을 때, 비례한도 내에서 하중과 신장량(변형량)은 비례관계에 있다는 것이 후크의 법칙(Hooke's law)이다.

(2) 응력 변형률 선도(應力變形率線圖 ; Stress-Strain Diagram)

연강의 시험편을 만들어 암슬러형 만능재료시험기를 이용하여 인장시험을 했을 때, 그림2-5 의 응력 변형률 선도를 얻을 수 있다. 탄성영역 내에서는 응력과 변형률이 비례함을 알 수 있다.

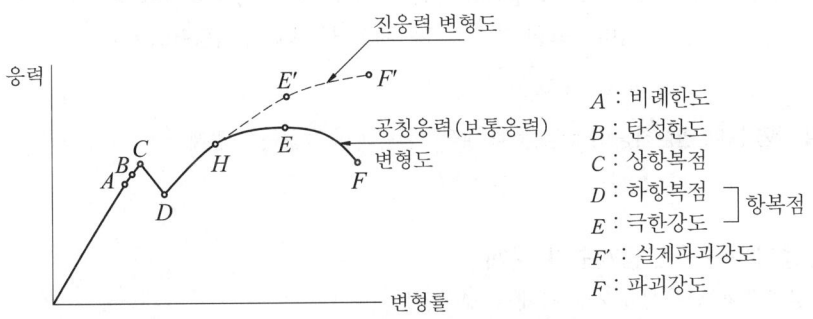

그림2-5 응력 변형률 선도

물체의 변형전 단면적 A 와 물체의 원래길이 L 이 일정할 때, 응력 σ 와 변형률 ε 사이에는 비례관계가 성립함으로 수식으로 표현하면

$$\sigma \propto \varepsilon \tag{2-11}$$

이다.

(3) 종탄성계수

물체에 수직하중이 작용할 때, 수직응력과 종변형률 사이의 비례관계를 규정짓는 비례상수를 종탄성계수라 하고 이것을 수식으로 표현한 후크의 법칙(Hook's law)은

$$\sigma = E \cdot \varepsilon \text{★★★★★} \tag{2-12}$$

이다. 여기서, E 는 종(세로, 영)탄성계수 [N/m², Pa, kg$_f$/cm²]이다.

① 종변형량 : 위의 수직응력과 종변형률의 관계식에서 종변형량을 구하는 식을 얻을 수 있다.

$$\delta = \frac{PL}{AE} = \sigma \frac{L}{E} \;\;\text{★★★}\quad\quad\quad\quad\quad\quad\quad\quad\quad\quad\quad\quad [2\text{-}13]$$

여기서, P는 수직하중이고 A는 수직하중을 받는 면적, L은 물체(봉)의 길이이다.

② 횡변형량 : 위의 후크의 법칙 식에서 종변형률 대신에 프와송의 비와 횡변형률 관계를 적용시키면 횡변형량을 구하는 식을 얻을 수 있다.

$$\delta' = \frac{d\sigma}{mE} \;\;\text{★★}\quad\quad\quad\quad\quad\quad\quad\quad\quad\quad\quad\quad\quad [2\text{-}14]$$

여기서, d는 봉의 직경이고 m은 프와송 수이다.

(4) 횡탄성계수

물체에 작용하는 전단하중에 의한 전단응력과 전단변형률 사이에도 후크의 법칙은 성립한다.

$$\tau = G \cdot \gamma \;\;\text{★★★★★}\quad\quad\quad\quad\quad\quad\quad\quad\quad\quad\quad [2\text{-}15]$$

여기서, G는 횡(전단, 가로)탄성계수 [N/m², Pa, kg_f/cm²], γ는 전단변형률이다.

(5) 체적탄성계수

수직하중이 물체에 작용하면 물체에는 수직응력과 체적변형이 수반된다. 이들 관계 또한 탄성영역 내에서는 후크의 법칙이 적용된다. 수직응력과 체적변형률 사이의 비례상수를 체적탄성계수라 하고 수식으로 표현하면

$$\sigma_V = K \cdot \varepsilon_V \;\;\text{★★★★★}\quad\quad\quad\quad\quad\quad\quad\quad\quad\quad [2\text{-}16]$$

이다. 여기서, K는 체적탄성계수 [N/m², Pa, kg_f/cm²]이고 σ_V는 수직응력이다.

① 모든 방향에서 동일하중이 작용할 때 발생하는 체적변형률과 수직응력의 관계

$$\sigma_V = K \cdot \varepsilon_V = K \cdot (\pm 3\varepsilon)\quad\quad\quad\quad\quad\quad\quad\quad\quad [2\text{-}17]$$

② 균일 단면 봉에 인장하중이 작용할 때 체적변형률과 수직응력의 관계

$$\sigma_V = K \cdot \varepsilon_V = K \cdot \varepsilon(1-2\mu) \;\;\text{★★★}\quad\quad\quad\quad\quad\quad [2\text{-}18]$$

(6) 횡탄성계수와 종탄성계수의 관계

횡탄성계수와 종탄성계수의 관계를 정리하면

$$G = \frac{E}{2(1+\mu)} = \frac{mE}{2(m+1)} \;\;\text{★★★★}\quad\quad\quad\quad\quad\quad [2\text{-}19]$$

이다. 이 내용은 조합응력의 순수전단응력 상태로부터 정리 할 수 있으므로 제9장에서 다시 언급하기로 한다.

(7) 체적탄성계수과 종탄성계수의 관계

체적탄성계수와 종탄성계수의 관계를 정리하면

$$K = \frac{E}{3(1-2\mu)} = \frac{mE}{3(m-2)} \;\;\text{★★}\quad\quad\quad\quad\quad\quad [2\text{-}20]$$

이다. 이들의 관계는 조합응력의 3축응력 상태로부터 정리할 수 있으므로 제9장에서 다시 언급하기로 한다.

4 허용응력(許容應力)과 안전율(安全率)

(1) 허용응력(Allowable Stress)

안전상 허용할 수 있는 최대응력으로 물체에 작용하는 하중에 의하여 발생한 응력이 허용응력을 넘어서게 되면 물체에는 균열과 같은 파괴 및 소성변형 상태로 변해간다는 의미로 받아 드려야 한다. 소성변형(Plastic Deformation)이란 하중에 의하여 발생된 변형이 하중을 제거하여도 변형은 처음 상태로 되돌아가지 않고 물체에 변형이 그대로 남아 있는 상태이다.

(2) 안전율(Safety)

안전율은 허용응력(σ_a)에 대한 극한강도(최대인장응력, 인장강도; σ_u)의 비로 정의된다.

$$S = \frac{\sigma_u}{\sigma_a} \; ★★★★ \qquad [2-21]$$

위의 안전율 정의는 부재를 인장 시험을 해서 얻은 결과를 근거로 표현한 것으로 기본 정의로 받아들이면 된다. 그러나, 위의 표현에만 의존하면 안되고 하중으로도 표현할 수 있다. 즉 안전하중에 대한 극한하중으로도 정의될 수 있다.

(3) 사용응력

부재가 하중을 받아서 실제로 물체에서 발생한 응력을 사용응력이라 하고 허용응력보다 작거나 같고, 허용응력은 탄성한도보다 작다.

5 응력집중(應力集中 ; Stress Concentration)

균일단면을 갖고 있는 물체(봉)에 하중이 작용하면 일정한 응력이 발생한다. 그러나 단면에 결함이 있을 때, 결함부에 큰 응력이 발생하게 된다. 이러한 응력 집중 현상을 나타내는 척도가 형상계수(응력집중계수; α_k)이다.

$$\alpha_k = \frac{\sigma_{max}}{\sigma_{mean}} \; ★ \qquad [2-22]$$

여기서, σ_{max} 은 최대수직응력, σ_{mean} 은 공칭응력(평균응력)이다.

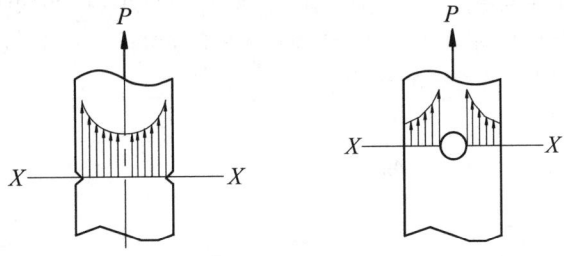

그림2-6 응력집중 현상

6 조합(組合)된 봉의 응력(應力)과 변형량(變形量)

(1) 직렬조합 봉

그림2-7에서 보듯이 단면이 A_1과 A_2인 단붙이 부재에 인장하중이 작용하고 있는 경우를 생각한다. A_1단면과 A_1단면이 받는 하중은 같지만 하중을 받는 면적이 다르므로 응력도 다르다. A_1단면에서 발생하는 응력이 σ_1, A_2단면에 발생하는 응력은 σ_2로 각각 구해주면 된다. 하중에 의한 전체 신장량은 L_1부의 신장량에 L_2부의 신장량을 계산하여 더해주면 된다. 즉, 직렬 연결봉의 신장량은 각각 구해서 그 합으로 결정한다.

① 수직응력(인장응력)

$$\sigma_1 = \frac{P}{A_1}, \quad \sigma_2 = \frac{P}{A_2} \tag{2-23}$$

② 전체 종변형량(신장량)

$$\delta = \frac{PL_1}{A_1 E_1} + \frac{PL_2}{A_2 E_2} \quad ★ \tag{2-24}$$

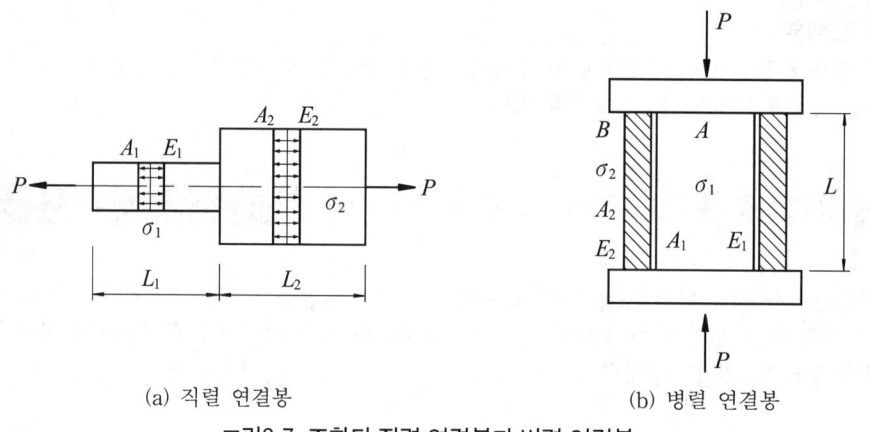

(a) 직렬 연결봉   (b) 병렬 연결봉

그림2-7 조합된 직렬 연결봉과 병렬 연결봉

(2) 병렬조합 부재

그림2-7에서 보듯이 중공단면 A_2 안에 원형단면 A_1 부재가 들어가 있고 위와 아래에 판을 대고 압축하중을 가하면, 두 부재의 수축량이 같으므로 종변형률도 같다. 그 점을 이용하여 각 부재에 발생하는 압축응력과 수축량을 구하여 정리한다.

① 수직응력(압축응력)

$$P = W_1 + W_2 = \sigma_1 A_1 + \sigma_2 A_2$$

$$\varepsilon = \frac{\delta}{L} = \frac{\sigma_1}{E_1} = \frac{\sigma_2}{E_2}$$

여기서, W_1과 W_2는 각각의 부재에서 하중에 대한 저항력(내력)이다. 위의 두 식을 연립하여 정리하면

$$\sigma_1 = \frac{PE_1}{A_1 E_1 + A_2 E_2}, \quad \sigma_2 = \frac{PE_2}{A_1 E_1 + A_2 E_2} \quad ★ \tag{2-25}$$

이다.

② 종변형량(수축량)

$$\delta = \frac{PL}{A_1E_1 + A_2E_2} \text{★}$$

[2-26]

(3) 양단이 벽에 고정된 경우 응력과 변형량

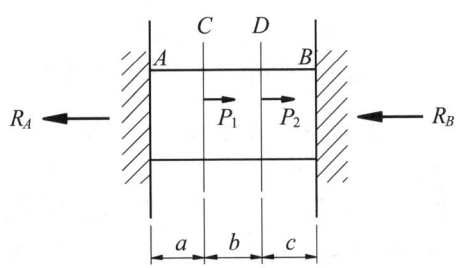

그림2-8 양단이 벽에 고정된 경우 응력과 변형량

그림2-8과 같이 양단이 벽에 고정되어 있는 봉의 C점과 D점에 하중이 작용하면 고정단인 A, B에 반력 R_A와 R_B가 발생하게 된다. 그 반력을 결정하고 나서 AC, CD, DB 구간에 걸리는 응력들과 그 구간에서 각각 변형량 δ를 구하여 그 합으로 전체 변형량을 구한다.

① A단과 B단에 반력

$$R_A = \frac{P_1 \cdot (b+c) + P_2 \cdot c}{a+b+c}$$

$$R_B = \frac{P_1 \cdot a + P_2 \cdot (a+b)}{a+b+c} \text{★★}$$

[2-27]

② 각 구간의 변형량

$$\delta_1 = \frac{R_A \cdot a}{AE}$$

$$\delta_2 = \frac{(R_A - P_1)b}{AE}$$

$$\delta_3 = \frac{(R_A - P_1 - P_2) \cdot c}{AE}$$

[2-28]

여기서, δ_1는 AC구간의 변형량, δ_2는 CD구간의 변형량, δ_3는 DB구간의 변형량이다. 전체 변형량 δ는

$$\delta = \delta_1 + \delta_2 + \delta_3$$

[2-29]

이다. 그러나 양단이 고정되어 있기 때문에 실제 발생되는 변형량은 아니다.

7 자중(自重)을 고려한 경우의 응력(應力)과 변형량(變形量)

(1) 자중만 고려했을 때 원형 봉의 변형량

직경 d, 길이 L인 환봉(둥근봉)의 상단을 고정시켜 매달아 놓으면 환봉의 자중에 의하여 부재 내부에는 응력과 변형량이 발생한다.

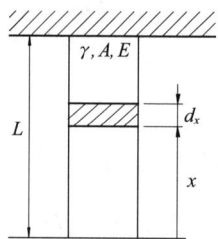

그림2-9 자중을 고려한 응력과 변형량

① 자중을 고려했을 때 봉에서 발생하는 최대 수직응력

$$\sigma = \int_0^L \gamma dx = \gamma L \quad ★ \tag{2-30}$$

② 자중을 고려했을 때 봉에서 발생하는 변형량

$$\delta = \int_0^L \frac{\gamma x}{E} dx = \frac{\gamma L^2}{2E} \quad ★★★ \tag{2-31}$$

여기서, γ 는 비중량[N/m^3, kg_f/m^3]이다.

(2) 균일 단면봉에서 자중과 하중을 둘 다 고려했을 경우 응력과 변형량

① 하중과 자중 둘 다 고려했을 때 최대 수직응력

$$\sigma = \frac{P}{A} + \gamma L \tag{2-32}$$

여기서, P 는 수직하중, A 는 수직하중을 받는 단면적이다.

② 하중과 자중 둘 다 고려했을 때 변형량

$$\delta = \frac{PL}{AE} + \frac{\gamma L^2}{2E} \tag{2-33}$$

(3) 자중만 고려했을 때 원추형 봉의 변형량

위에서 정리한 직경이 d 인 원형봉에서 원추형 봉을 만들면 자중이 ⅓로 줄어든다. 그러므로 변형량도 자중에 비례해서 감소하게 될 것이다. 직경이 d 인 원추형 봉의 응력과 변형량은

$$\sigma = \gamma L \times \frac{1}{3}$$

$$\delta = \frac{\gamma L^2}{2E} \times \frac{1}{3}$$

$$\sigma = \frac{\gamma L}{3}, \quad \delta = \frac{\gamma L^2}{6E} \quad ★★ \tag{2-34}$$

이다. 원추형 봉은 원추형 봉이라고도 표현한다.

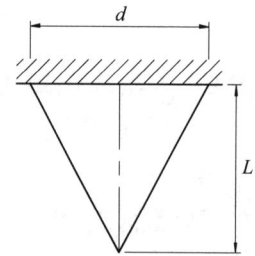

그림2-10 자중만 고려한 원추형 봉

8 열응력(熱應力 ; Thermal Stress)

양단이 고정된 재료를 가열 또는 냉각 등의 온도 변화를 시키면 팽창 또는 수축을 하게 되는데, 이때 발생하는 응력을 열응력(熱應力 ; Thermal Stress)이라 한다.

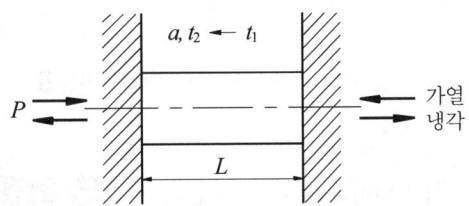

그림2-11 양단을 고정시킨 환봉의 열응력

(1) 변형률

양단을 고정시킨 직경이 d인 원형봉을 가열 또는 냉각시켰을 때, 봉에서 발생하는 변형률은 온도의 역수인 선팽창계수를 이용하여 구한다.

$$\varepsilon = a \cdot \Delta t = \frac{\delta}{L} \quad \text{★★★} \tag{2-35}$$

여기서, a는 선팽창계수[1/℃], Δt는 온도 변화량, L은 봉의 원래의 길이, δ는 종변형량이다.

(2) 신장량

신장량은 종변형률의 정의로부터 결정할 수는 있다. 그러나 양단이 고정되어 있으므로 실제 발생되는 값은 아니다.

$$\delta = La \cdot \Delta t \tag{2-36}$$

(3) 열응력

종변형률이 결정되어 있으므로 열응력은 후크의 법칙(Hooke's law)으로부터 결정한다.

$$\sigma = E \cdot \varepsilon = Ea \cdot \Delta t = \frac{P}{A} \quad \text{★★★★} \tag{2-37}$$

양단이 고정된 재료를 가열할 경우, 재료는 팽창하려 하기 때문에 양단의 고정벽에서는 압축력이, 재료에는 압축응력이 발생하게 된다. 냉각의 경우는 재료가 수축하려하기 때문에 양단 고정벽에서는 인장력이, 재료에는 인장응력이 발생한다. P는 고정단에서 발생하는 수직하중이다.

(4) 가열끼움(Shrinkage Fit)에서 응력과 변형률

링에 봉을 끼우기 위해 링을 가열시켜면 링은 원주방향으로 팽창하게 되고 봉에 끼워져 링이 봉을 조이게 된다. 그러므로 원주방향으로 수직응력이 발생하게 되는데, 이 응력을 후프 응력(Hoop Stress) 또는 원주응력이라 한다.

링의 원주 방향으로 발생한 변형률을 결정하면

$$\varepsilon = \frac{d_2 - d_1}{d_1} \tag{2-38}$$

이다. 여기서, d_1은 링의 직경, d_2는 봉의 직경이고 후프 응력은 후크의 법칙으로부터 구하면

$$\sigma = E \cdot \varepsilon = E \cdot \frac{d_2 - d_1}{d_1} \quad \text{★} \tag{2-39}$$

이다.

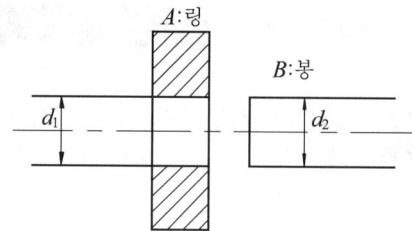

그림2-12 가열끼움시 응력과 변형률

9 탄성(彈性) 에너지(Elastic Strain Energy)

하중을 받는 물체를 탄성체로 가정한다. 그 물체에 하중을 가하면 변형이 생기고 하중을 제거하면 원상태로 회복한다. 하중과 변형이 비례 관계에 있다는 것은 탄성영역 내에서만 성립함을 앞에서 언급하였다. 탄성 에너지란 변형이 초래된 물체에서 하중을 제거했을 때, 탄성력(복원력)에 의하여 원상태로 회복할 수 있는 능력으로 변형률 에너지라고도 한다. 이 탄성 에너지의 계산은 하중과 변형량이 비례 관계에 있다는 것을 이용하여 다음과 같이 표현한다.

$$U = \frac{1}{2} P\delta \ [\text{N·m, J, kg}_\text{f}\text{·m}] \ \bigstar\bigstar\bigstar\bigstar \tag{2-40}$$

여기서, P는 하중(荷重 ; Load), δ는 변형량이다.

(1) 수직하중 상태(수직응력 상태)하의 탄성 에너지

물체(환봉)가 수직하중을 받고 있을 때 탄성에너지를 계산하면

$$U = \frac{1}{2} P\delta = \frac{\sigma^2}{2E} V \tag{2-41}$$

이다. 여기서, P는 수직하중이고 δ는 종변형량이다. 단위체적당 탄성 에너지로 정의되는 레질리언스 계수(Resilience Coefficient ; 탄성 에너지 계수, 최대 탄성 에너지)를 계산하면

$$u = \frac{U}{V} = \frac{\sigma^2}{2E} \ [\text{N/m}^2, \text{Pa, kg}_\text{f}/\text{cm}^2] \ \bigstar\bigstar\bigstar \tag{2-42}$$

이다.

(2) 전단하중 상태(전단응력 상태)하의 탄성 에너지

물체(환봉)가 전단하중을 받고 있을 때 탄성 에너지를 계산하면

$$U = \frac{1}{2} P\delta = \frac{\tau^2}{2G} V \tag{2-43}$$

이다. 여기서, P는 전단하중이고 δ는 전단변형량이다. 단위체적당 탄성 에너지로 정의되는 레질리언스 계수(Resilience Coefficient ; 탄성 에너지 계수, 최대 탄성 에너지)를 계산하면

$$u = \frac{\tau^2}{2G} \ [\text{N/m}^2, \text{Pa, kg}_\text{f}/\text{cm}^2] \ \bigstar\bigstar\bigstar \tag{2-44}$$

이다.

(3) 단위 kg당 최대 탄성 에너지

단위 kg당 최대 탄성 에너지란 단위밀도당 레질리언스 계수로 구하면 된다. 수직하중을 받고 있을 때, 단위 kg당 최대 탄성 에너지는

$$u^* = \frac{\sigma^2}{2E} \cdot \frac{1}{\rho} \, [\text{N}\cdot\text{m/kg}_\text{m}, \, \text{J/kg}_\text{m}] \quad \bigstar\bigstar \qquad [2\text{-}45]$$

이다. 여기서, ρ 는 밀도[$\text{kg}_\text{m}/\text{m}^3$]이다.

10 충격응력과 변형량

그림2-13에서와 같이 플랜지가 부착된 봉에 추를 떨어뜨려 충격하중을 가하면 추가 낙하하면서 발생된 충격 에너지는 전부 물체 내부로 흡수된다. 충격하중이 한 일량은 물체 내부에서 흡수한 충격 에너지와 같다는 것을 이용하여 충격응력과 변형량을 구한다.

$$\sigma_o = \frac{W}{A}, \quad \delta_o = \frac{WL}{AE} \qquad [2\text{-}46]$$

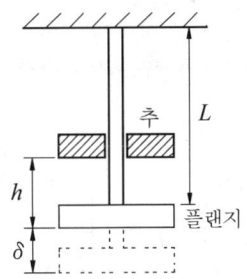

그림2-13 충격하중에 의한 응력과 변형량

여기서, W 는 추(낙하 물체)의 무게, σ_o 는 W 가 봉 끝에서 정하중 상태로 작용할 때 발생하는 수직응력이고 δ_0 는 그 때의 변형량이다.

(1) 충격응력(衝擊應力)

$$U = W(h+\delta) = \frac{\sigma^2}{2E} AL \qquad [2\text{-}47]$$

식 [2-47]에 $\delta = \frac{\sigma}{E} L$ 을 대입시키면 다음과 같이 정리된다.

$$\sigma^2 - 2\frac{W}{A}\sigma - \frac{2E}{AL}Wh = 0 \qquad [2\text{-}48]$$

식 [2-48]를 근의 방정식에 대입 정리하면 충격응력은

$$\sigma = \sigma_o \left(1 + \sqrt{1 + \frac{2h}{\delta_o}} \right) \quad \bigstar\bigstar \qquad [2\text{-}49]$$

이다. 여기서, σ_0 와 δ_0 은 식 [2-48]로 구하면 된다.

(2) 충격변형량(衝擊變形量)

식 [2-49]으로 충격응력을 구해 충격변형량을 구하면 다음과 같이 정리된다.

$$\sigma = E\frac{\delta}{L}, \quad \sigma_0 = E\frac{\delta_0}{L}$$

$$\delta = \delta_o\left(1 + \sqrt{1 + \frac{2h}{\delta_o}}\right) \text{★★}$$
[2-50]

(3) 추 W를 순간적으로 놓았을 때(갑자기 잡아 당겼을 때, $h \approx 0$) 충격응력과 충격 변형량

식 [2-49]과 식 [2-50]에 $h=0$을 대입을 시키면

$$\sigma = 2\sigma_0, \quad \delta = 2\delta_0$$
[2-51]

이다. 정하중 상태의 응력과 변형량의 2배이다. 로프를 갑자기 당겼을 때도 마찬가지로 로프에 발생한 응력은 정하중으로 당겼을 때 발생한 응력의 2배이다.

11 내압을 받는 얇은 원통(圓筒)

보일러 통과 같은 얇은 원통은 내부 압력 때문에 원주방향과 축방향으로 변형이 발생한다. 변형이 있다는 것은 변형이 생긴 방향으로 하중이 작용하고 있다는 것을 의미한다. 그 하중은 내부 압력에 압력을 받는 원주방향과 축방향의 면적을 곱하여 결정할 수 있다. 이와 같은 하중에 의하여 원주방향과 축방향으로는 원주응력과 축응력이 발생한다.

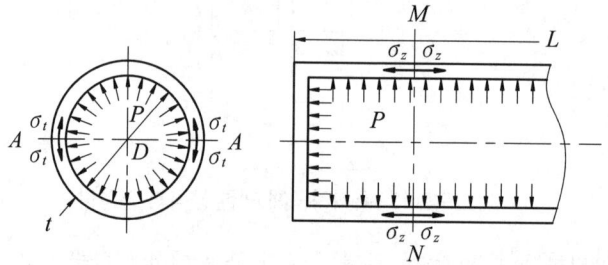

그림2-14 내압을 받는 얇은 원통

(1) 원주응력(Hoop Stress ; 후프 응력, 인장응력)

원주 방향의 힘의 평형으로부터 원주응력은

$$P \cdot DL = \sigma_t \cdot 2tL$$

$$\sigma_t = \frac{PD}{2t} \text{★★★★}$$
[2-52]

이다. 여기서, P는 원통의 내압[N/m², kg_f/cm²]이고, D는 원통의 내경[m, cm], t는 원통의 두께[m, cm]이다.

(2) 축응력(Axial Stress ; 횡방향 응력)

축 방향의 힘의 평형으로부터 축응력은

$$P \cdot \frac{\pi}{4}D^2 = \sigma_z \cdot \pi Dt$$

$$\sigma_z = \frac{PD}{4t} \text{★★★★}$$
[2-53]

이다.

(3) 강판의 두께(얇은 파이프의 두께)

얇은 원통의 두께를 결정하려면 우선, 판의 재질을 선택하여 허용 인장응력을 결정한다. 그리고 원주응력을 결정하는 식으로부터 두께 t를 결정한다. 이와 같은 이론적인 내용에 경험치를 적용시켜 얇은 원통의 두께를 결정하면

$$t = \frac{PD}{2\sigma_a \eta} + C = \frac{PDS}{2\sigma_u \eta} + C \quad \text{★★★★★} \tag{2-55}$$

이다. 여기서, P는 원통의 내압[N/m², kg$_f$/cm²], D는 원통의 내경, η는 이음효율, S는 안전율, C는 부식여유, σ_a는 허용인장응력이고 σ_u는 극한강도(인장강도, 최대인장응력)이다.

* 내압을 받는 얇은 구 $\sigma_t = \dfrac{P \cdot D}{4t}$

12 얇은 회전 원환(圓環)에서 후프 응력

반직경이 R이고 두께가 t인 얇은 회전 원환이 중속 이상으로 회전하면, 그 때 발생하는 원심력 때문에 원환은 원주방향으로 팽창하게 된다. 이 원심력 때문에 원주응력이 발생한다.

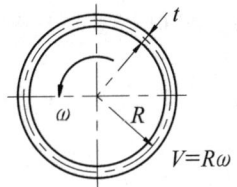

그림2-15 얇은 회전 원환

(1) 원주속도

$$V = R\omega = \frac{\pi DN}{60} \ [\text{m/sec}] \tag{2-55}$$

여기서, R은 원환의 반직경[m], ω는 각속도[rad/sec], D는 원환의 직경[m]이고 N은 분당 회전수[rpm]이다.

(2) 후프 응력(원주응력)

$$F_n = m a_n$$

$$F_n = \frac{W}{g} R\omega^2 = \frac{\gamma t}{g} R\omega^2$$

여기서, W는 단위길이, 단위폭당 중량[N/m², kg$_f$/cm²]이고 F_n은 단위길이, 단위폭당 원심력으로 식 [2-52]에 내압 P대신 대입시키면 후프 응력은

$$\sigma_t = \frac{\gamma}{g} R^2 \omega^2 = \frac{\gamma V^2}{g} \quad \text{★★★} \tag{2-56}$$

이다. 여기서, γ는 비중량[N/m³, kg$_f$/m³], V는 원주속도[m/sec], g는 표준중력가속도[m/sec²]이다. 플라이 휠(Fly Wheel)이나 풀리(Fully)가 회전할 때 발생하는 원주응력을 구하려면 식 [2-56]을 적용하면 된다.

chapter 2 실전연습문제

01 그림과 같이 강봉에 인장하중 98[kN]이 작용할 때, 전체 신장량[mm]은? (단, 재료의 종탄성계수 $E=196.2$[GPa]이다.)

① 0.62
② 0.0062
③ 0.00062
④ 0.000062

Solution

$$\delta = \frac{PL_1}{A_1 E} + \frac{PL_2}{A_2 E}$$

$$\delta = \frac{98 \times 10^3}{196.2 \times 10^9} \times \left(\frac{4 \times 0.2}{\pi \times 0.3^2} + \frac{4 \times 0.3}{\pi \times 0.2^2} \right) = 0.0062 \times 10^{-3}[m] = 0.0062[mm]$$

02 스프링강의 탄성한도가 0.74[GPa], 비중이 7.8일때, 단위질량당 최대탄성 에너지[J/kg_m]는? (단, 세로탄성계수는 215.82[GPa]이다.)

① 162.65   ② 16.6   ③ 219   ④ 22

Solution

$u^* = \dfrac{\sigma^2}{2E} \cdot \dfrac{1}{\rho}$

여기서, ρ 는 밀도[kg_m/m³]이다.

$u^* = \dfrac{(0.74 \times 10^9)^2}{2 \times 215.82 \times 10^9 \times 7.8 \times 1000} = 162.65 \,[\text{N} \cdot \text{m/kg}_m]$

03 길이 L인 강봉을 25[℃]에서 양단을 고정하였다. 기온이 -5[℃]로 내려갈 때 이 봉에 생기는 열응력의 종류 및 그 크기로 다음 중 맞는 것은? (단, 종변형계수 $\alpha=1.2 \times 10^{-5}$[/℃], 세로탄성계수 $E=196.2$[GPa]이다.)

① 47.09[MPa] - 인장응력
② 70.63[MPa] - 압축응력
③ 47.09[MPa] - 압축응력
④ 70.63[MPa] - 인장응력

Solution

$\sigma = E\varepsilon = E\alpha\Delta t$

$\sigma = 196.2 \times 10^9 \times 1.2 \times 10^{-5} \times (-5 - 25) = -70.63 \times 10^6 \,[\text{N/m}^2]$

$\sigma = 70.63 \,[\text{MPa}]$ (인장응력)

여기서, -는 냉각을 의미하고, 고정벽에서는 인장력이 발생한다.

04 강철봉의 길이 300[cm], 단면적 40[cm²], 980[N]의 추를 10[cm]높이에서 낙하하였을 때 발생하는 충격응력은 몇 [MPa]인가? (단, 종탄성계수 $E=196.2$[GPa]이다.)

① 56.36[MPa]   ② 56.57[MPa]   ③ 56.61[MPa]   ④ 56.86[MPa]

Answer 01 ② 02 ① 03 ④ 04 ④

Solution
$$\sigma_o = \frac{W}{A} = \frac{980}{40\times 10^{-4}} = 0.245\times 10^6\,[\text{N/m}^2]$$
$$\delta_o = \sigma_0 \frac{L}{E} = 0.245\times 10^6 \times \frac{3}{196.2\times 10^9} = 3.746\times 10^{-6}\,[\text{m}]$$
$$\sigma = \sigma_o\left(1 + \sqrt{1 + \frac{2h}{\delta_o}}\right)$$
$$\sigma = 0.245\times 10^6 \times \left(1 + \sqrt{1 + \frac{2\times 0.1}{3.746\times 10^{-6}}}\right) = 56.86\times 10^6\,[\text{N/m}^2]$$

05 주철재 플라이 휠이 1500[rpm]으로 회전할 때 플라이 휠의 원주응력(MPa)은 얼마인가? (단. 플라이 휠 직경 100[cm], 주철의 비중량 $\rho = 7250\,[\text{N/m}^3]$ 이다.)

① 4.56[MPa]　　② 6.56[MPa]　　③ 7.89[MPa]　　④ 8.23[MPa]

Solution
$$\sigma_t = \frac{\rho V^2}{g} = \frac{\rho}{g}\left(\frac{\pi DN}{60}\right)^2$$
$$\sigma_t = \frac{7250}{9.8} \times \left(\frac{\pi \times 1 \times 1500}{60}\right)^2 = 4.56\times 10^6\,[\text{N/m}^2]$$

06 종탄성계수 E, 횡탄성계수 G, 프와송 수를 m이라 할 때, G를 옳게 설명한 식은 다음 중 어느 것인가?

① $G = \frac{m+1}{2mE}$　　② $G = \frac{mE}{2(m+1)}$　　③ $G = \frac{3(m+2)}{mE}$　　④ $G = \frac{mE}{3(m+2)}$

07 직경이 d인 둥근봉에 축방향으로 작용한 인장하중에 의하여 인장응력 σ가 발생하였다. 이때 직경의 감소량을 나타내는 식은 다음 중 어느 것인가? (단, E는 종탄성계수, m은 프와송 수이다)

① $\frac{e\sigma}{md}$　　② $\frac{m\sigma}{dE}$　　③ $\frac{d\sigma}{mE}$　　④ $\frac{md}{E\sigma}$

08 노치(Notch)가 있는 봉이 인장응력을 받을 때, 노치부의 최대 응력이 58.86 [MPa]이었고, 노치부의 공칭응력이 23.544[MPa]이었다면 응력집중계수 α_k는 얼마인가?

① 1.5　　② 2.5　　③ 3.5　　④ 4.5

Solution
$$\alpha_k = \frac{\sigma_{max}}{\sigma_{mean}} = \frac{58.86}{23.544} = 2.5$$

09 내경이 20[cm], 두께 5[mm]의 얇은 원통에 내압 0.98[MPa]이 작용할 때 축방향 응력 σ_z과 원둘레방향의 응력 σ_t는 몇 [MPa]인가?

① $\sigma_t = 19.6$[MPa], $\sigma_z = 9.8$[MPa]　　② $\sigma_t = 9.8$[MPa], $\sigma_z = 19.6$[MPa]
③ $\sigma_t = 19.6$[MPa], $\sigma_z = 39.2$[MPa]　　④ $\sigma_t = 39.2$[MPa], $\sigma_z = 19.6$[MPa]

Solution
$$\sigma_t = \frac{PD}{2t} = \frac{0.98\times 10^6 \times 0.2}{2\times 0.005} = 19.6\times 10^6\,[\text{N/m}^2]$$
$$\sigma_z = \frac{PD}{4t} = \frac{\sigma_t}{2} = 9.8\times 10^6\,[\text{N/m}^2]$$

Answer 05 ①　06 ②　07 ③　08 ②　09 ①

10 길이 20[cm], 한 변의 길이 4[cm]인 정사각형 단면의 봉에 78.55[kN]의 압축하중이 작용할 때 체적의 변화량은? (단, 프와송비 $\mu = \dfrac{1}{m} = \dfrac{1}{4}$, 탄성계수 $E = 196.2$[GPa]이다.)

① 0.4[cm³] ② 0.04[cm³] ③ 0.004[cm³] ④ 0.0004[cm³]

Solution 체적변화량을 계산할 때 종탄성계수 $E=196.2$[GPa]로 계산할 것.

$\varepsilon_V = \dfrac{\Delta V}{V} = \varepsilon(1-2\mu) = \dfrac{P}{AE}(1-2\mu)$

$\Delta V = \dfrac{PL}{E}(1-2\mu)$

$\Delta V = \dfrac{78.5 \times 10^3 \times 0.2}{196.2 \times 10^9} \times \left(1 - 2 \times \dfrac{1}{4}\right) = 0.4 \times 10^{-7}\,[\text{m}^3] = 0.04\,[\text{cm}^3]$

11 직경 2[cm]의 연강봉에 78.5[kN]의 인장하중을 가하면 어느 정도로 봉이 가늘게 되겠는가? (단, 프와송비 $\dfrac{1}{m} = \dfrac{1}{3}$, $E=196.2$[GPa]이다.)

① 1.15[cm] ② 1.915[cm] ③ 1.9915[cm] ④ 1.99915[cm]

Solution

$d' = d - \delta' = d - \dfrac{d\sigma}{mE} = d \times \left(1 - \dfrac{P}{mEA}\right)$

$d' = 0.02 \times \left(1 - \dfrac{4 \times 78.5 \times 10^3}{3 \times 196.2 \times 10^9 \times \pi \times 0.02^2}\right) = 0.0199915\,[\text{m}] = 1.99915\,[\text{cm}]$

12 축방향의 단면에 균일한 인장응력 $\sigma = 98.1$[MPa]이 작용하고 있다. 이때의 체적변형률 ε_V는? (단, 프와송비 $\mu = \dfrac{1}{m} = \dfrac{1}{3}$, 탄성계수 $E=196.2$[GPa]이다.)

① 0.167 ② 0.0167 ③ 0.00167 ④ 0.000167

Solution

$\varepsilon_V = \varepsilon(1-2\mu) = \dfrac{\sigma}{E}(1-2\mu)$

$\varepsilon_V = \dfrac{98.1 \times 10^6}{196.2 \times 10^9} \times \left(1 - 2 \times \dfrac{1}{3}\right) = 1.67 \times 10^{-4}$

13 그림과 같은 단붙임 둥근봉 끝에 하중 P가 작용하고 있을 때, A부와 B부에 발생하는 인장응력의 비율 $\dfrac{\sigma_A}{\sigma_B}$의 값은 얼마인가? (단, A, B 봉의 직경의 비 $d_1 : d_2 = 4 : 3$이고, 봉의 자중은 무시한다.)

① $\dfrac{3}{4}$ ② $\dfrac{3}{2}$ ③ $\dfrac{9}{16}$ ④ $\dfrac{8}{32}$

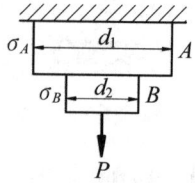

Solution

$\sigma_A = \dfrac{4P}{\pi d_1^2}$, $\sigma_B = \dfrac{4P}{\pi d_2^2}$

$\dfrac{\sigma_A}{\sigma_B} = \dfrac{d_2^2}{d_1^2} = \dfrac{9}{16}$

14 직경이 $d=3$[cm]의 재료가 $P=250$[kN]의 전단하중을 받아서 0.00075의 전단 변형을 발생시켰다. 이때 재료의 횡탄성계수는 몇 [GPa]인가?

① 877[GPa] ② 977[GPa] ③ 472[GPa] ④ 572[GPa]

Solution $\tau = G \cdot \rho$

$G = \dfrac{4 \times 250 \times 10^3}{0.00075 \times \pi \times 0.03^2} = 471.57\,[\text{GPa}]$

Answer 10 ② 11 ④ 12 ④ 13 ③ 14 ③

15 단면적이 10[cm²]인 둥근봉이 45[kN]의 압축하중을 받을 때 단면적의 변화량은 얼마인가? (단, $\mu = \dfrac{1}{m} = 0.25$, 종탄성계수 $E = 200$[GPa]이다.)

① 0.007525[cm²] 감소 ② 0.007525[cm²] 증가
③ 0.001125[cm²] 감소 ④ 0.001125[cm²] 증가

Solution
$$\varepsilon_A = \frac{\Delta A}{A} = 2\mu\varepsilon = 2\mu\frac{\sigma}{E} = 2\mu\frac{P}{AE}$$
$$\Delta A = 2\mu\frac{P}{E} = 2 \times 0.25 \times \frac{45 \times 10^3}{200 \times 10^9} = 0.001125 \times 10^{-4}\,[\text{m}^2]$$

16 강선을 자중하에 연직하게 매달려고 할 때, 재료의 비중량 $\rho = 78.4$[kN/m³], 허용인장응력 $\sigma_a = 117.6$[MPa]이라 하면 얼마나 긴 강선을 매달 수 있는가?

① 1700[m] ② 1500[m] ③ 170[m] ④ 150[m]

Solution
$$\sigma_a = \rho \cdot L$$
$$117.6 \times 10^6 = 78.4 \times 10^3 \times L$$
$$L = 1500\,[\text{m}]$$

17 비중량 ρ, 길이 L, 탄성계수 E인 원추형의 봉이 그림과 같이 연직으로 매달려 있을 때, 자중으로 인한 신장량은?

① $\dfrac{\rho^2}{2E}$ ② $\dfrac{\rho L^2}{6E}$ ③ $\dfrac{\rho L^2}{5E}$ ④ $\dfrac{\rho L^2}{8}$

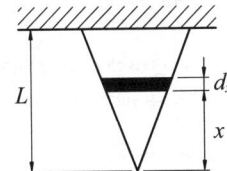

Solution
원통형 봉에서 자중에 의한 신장량 : $\delta = \dfrac{\rho L^2}{2E}$
원추형 봉에서 자중에 의한 신장량 : $\delta = \dfrac{\rho L^2}{2E} \times \dfrac{1}{3} = \dfrac{\rho L^2}{6E}$

18 직경 4[cm]인 연강봉의 양단을 20[℃]인 상태에서 벽에 고정하고 가열 후의 온도 40[℃]가 되게 하였다. 연강봉에 발생하는 열응력과 벽에 미치는 힘을 구하면? (단, 선팽창계수 $\alpha = 12 \times 10^{-6}$[/℃], 종탄성계수 $E = 210$[GPa]이다.)

① 50.4[MPa], 63.3[kN] ② 40.5[MPa], 63.3[kN]
③ 50.4[MPa], 36.3[kN] ④ 40.5[MPa], 36.3[kN]

Solution
$$\sigma = E\varepsilon = E\alpha\Delta t = 210 \times 10^9 \times 12 \times 10^{-6} \times 20 = 50.4 \times 10^6\,[\text{N/m}^2]$$
$$P = \sigma A = 50.4 \times 10^6 \times \frac{\pi}{4} \times 0.04^2 = 63.33\,[\text{kN}]$$

19 길이 12[cm], 직경 4[cm]의 압축재에 83[N]의 물체를 30[cm] 높이에서 낙하시킬 때 생기는 길이의 줄음은 얼마인가? (단, 탄성계수 $E = 210$[GPa]이다.)

① 0.031[cm] ② 0.024[cm] ③ 0.015[cm] ④ 0.011[cm]

Solution
$$\sigma_0 = \frac{W}{A} = \frac{4 \times 83}{\pi \times 0.04^2} = 66.05\,[\text{kPa}]$$
$$\delta_0 = \sigma_0 \frac{L}{E} = 66.05 \times 10^3 \times \frac{0.12}{210 \times 10^9} = 0.37 \times 10^{-7}\,[\text{m}]$$
$$\delta = \delta_0\left(1 + \sqrt{1 + \frac{2h}{\delta_o}}\right) = 0.37 \times 10^{-7} \times \left(1 + \sqrt{1 + \frac{2 \times 0.3}{0.37 \times 10^{-7}}}\right) = 0.00015\,[\text{m}]$$

Answer 15 ④ 16 ② 17 ② 18 ① 19 ③

20 직경 5[cm], 길이 2[m]의 영강봉에 98[kN]의 인장하중이 급속하게 가해질 때 생기는 응력은 몇 [MPa]인가?

① 12.62 ② 24.72 ③ 45.41 ④ 99.82

Solution
$$\sigma = 2\sigma_0 = 2 \times \frac{4 \times 98 \times 10^3}{\pi \times 0.05^2} = 99.82 \times 10^6 \ [N/m^2]$$

21 프와송의 비(Poisson's ratio)의 설명이 아닌 것은?

① 항상 $\frac{1}{2}$ 보다 작다.
② 가로 변형률을 세로 변형률로 나눈 값이다.
③ 가로 변형량에 비례하고 세로 변형량에 반비례한다.
④ 프와송 수가 클수록 크다.

Solution
$$\mu = \frac{\varepsilon'}{\varepsilon} = \frac{1}{m}$$
$$\varepsilon_V = \varepsilon(1-2\mu) \rightarrow \mu < \frac{1}{2}, \ \varepsilon_V > 0$$

22 원통형 보일러에서 과대한 압력으로 보일러 동판이 터진다면 균열의 방향은 어느 방향이 되기 쉬운가?

① 원주와 45°방향   ② 어느 쪽이나 같은 확률
③ 길이와 평행한 방향   ④ 원주와 평행한 방향

Solution
$\sigma_t > \sigma_z$ 이므로 원주방향의 응력에 의해서 파괴된다.

23 탄성한도 내에서 인장하중을 받는 봉에 발생하는 직경이 2배가되면 단위체적당 저장되는 탄성 에너지는 몇 배가되는가?

① 1/4배 ② 1/2배 ③ 2배 ④ 1/16배

Solution
$$u_1 = \frac{\sigma^2}{2E} = \frac{P^2}{2EA^2} = \frac{P^2}{2E\left(\frac{\pi d^2}{4}\right)^2}$$
$$u_2 = \frac{\sigma^2}{2E} = \frac{P^2}{2E\left(\frac{\pi (2d)^2}{4}\right)^2} = \frac{1}{16} u_1$$

24 다음은 최대 탄성 에너지를 설명한 것이다. 잘못 설명한 것은?

① 탄성한계까지 변형되었을 때 재료에 축적된 탄성 에너지이다.
② 최대 탄성 에너지가 클수록 재료는 충격력에 강하다.
③ 세로 탄성계수가 적을수록 최대 탄성 에너지는 크다.
④ 탄성한도가 작을수록 최대 탄성 에너지는 크다.

Solution
$$u = \frac{U}{V} = \frac{\sigma^2}{2E}$$
최대 탄성 에너지는 탄성한도 제곱에 비례한다.

25 다음은 탄성을 설명하였다. 옳은 것은?

① 물체의 변형률을 표시하는 것
② 물체에 가해진 외력이 제거되는 동시에 원형으로 되돌아가려는 성질
③ 물체에 영구변형을 일으키려는 성질
④ 물체에 작용하는 외력의 크기

Answer 20 ④ 21 ④ 22 ③ 23 ④ 24 ④ 25 ②

> **Solution** 물체가 외력을 받으면 변형하게 된다. 이 변형이 외력이 제거됨과 동시에 사라지는 기계적 성질을 탄성이라 하고 사라지지 않고 남아있는 경우를 소성이라 한다.

26 그림과 같은 단붙임 원축에서 $d_1 : d_2 = 3 : 2$ 라 하면 d_1 면에 생기는 응력 σ_1 과 d_2 면에 생기는 σ_2 의 비는 다음 중 어느 것인가?

① 2 : 7   ② 1 : 5
③ 3 : 8   ④ 4 : 9

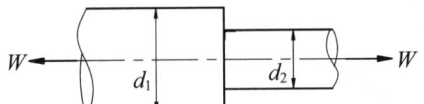

> **Solution**
> $\sigma_1 = \dfrac{4W}{\pi d_1^2}, \quad \sigma_2 = \dfrac{4W}{\pi d_2^2}$
> $\dfrac{\sigma_1}{\sigma_2} = \dfrac{d_2^2}{d_1^2}$
> $\sigma_1 : \sigma_2 = d_2^2 : d_1^2 = 4 : 9$

27 직경 20[mm]인 원형단면 축에 온도를 20[℃] 상승시켰다면 온도변화에 따르는 변형률은 얼마인가? (단, 선팽창계수는 6.5×10^{-6}[℃]이다.)

① 1.3×10^{-4} ② 2.6×10^{-4} ③ 3.9×10^{-4} ④ 5.2×10^{-4}

> **Solution** $\varepsilon = \alpha \cdot \Delta t = 6.5 \times 10^{-6} \times 20 = 1.3 \times 10^{-4}$

28 다음 중 프와송비(μ)가 옳게 표현된 것은?

① $\mu = \dfrac{d' - d}{L' - L}$

② $\mu = \dfrac{L(d' - d)}{d(L' - L)}$

③ $\mu = \dfrac{L' - d'}{L - d}$

④ $\mu = \dfrac{d(L' - L)}{L(d' - d)}$

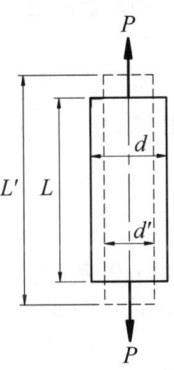

> **Solution** $\mu = \dfrac{\varepsilon'}{\varepsilon} = \dfrac{(d' - d)L}{d(L' - L)}$

29 그림과 같이 정삼각형 형태의 트러스가 길이 l 인 두 개의 봉으로 조립되어 절점 A에서 수직하중 P를 받고 있다. 이 두봉의 탄성계수는 E, 단면적은 A로 일정하다면 A점의 수직변위 δ는?

① $\delta = \dfrac{Pl}{2AE}$ ② $\delta = \dfrac{Pl}{AE}$

③ $\delta = \dfrac{2Pl}{AE}$ ④ $\delta = \dfrac{3Pl}{AE}$

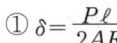

> **Solution** $T_{AB} = P, \quad T_{AC} = P$
> $\delta_{AB} = \dfrac{T_{AB}L}{AE} = \dfrac{PL}{AE}$
> $\delta_{AC} = \dfrac{T_{AC}L}{AE} = \dfrac{PL}{AE}$
> $\delta = \dfrac{\delta_{AC}}{\cos 60°} = \dfrac{\delta_{AB}}{\cos 60°} = \dfrac{2PL}{AE}$

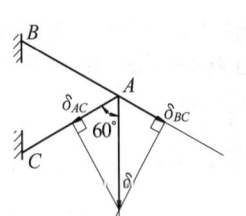

Answer 26 ④ 27 ① 28 ② 29 ③

30 탄성계수 $E=196$[GPa], 선팽창계수 $\alpha=11\times10^{-6}$[℃]인 철도 레일을 15[℃]에서 양단을 고정하였다. 발생응력을 83.3[MPa]로 제한하려 할 때, 열응력에 의한 온도 변화의 허용범위는 다음 중 어느 것인가?

① $-10.2°\sim 50.2°$ ② $20.2°\sim 30.2°$ ③ $-23.64°\sim 53.64°$ ④ $-20.2°\sim 30.5°$

Solution
$\sigma = E\varepsilon = E \cdot \alpha \Delta t$
$196\times10^9 \times 11\times10^{-6} \times (t_2-15) = 83.3\times10^6$
① 가열일 때: $t_2 = 53.64$[℃],   ② 냉각일 때: $t_2 = -23.64$[℃]
$\Delta t = 38.64$[℃]

31 길이가 L이고 단면적이 A인 봉의 상단은 고정되어 있고 하단에는 P의 하중이 작용하고 있을 때, 자중이 W이고 탄성계수가 E라면 신장을 구하는 식은?

① $\dfrac{L}{AE}(P+W/2)$ ② $\dfrac{1}{E}(PL/A+W/2A)$ ③ $\dfrac{P}{AE}(1+W/2)$ ④ $\dfrac{1}{E}(PL/A+W/2)$

Solution
$\delta = \dfrac{PL}{AE} + \dfrac{\rho L^2}{2E} = \dfrac{PL}{AE} + \dfrac{WL}{2EA} = \dfrac{L}{AE}\left(P+\dfrac{W}{2}\right)$
여기서, ρ는 비중량이다.
$\rho = \dfrac{W}{AL}$ [N/m^3]

32 길이 L, 단면적 A인 무게의 막대를 상단을 고정하여 달아맬 때, 그 내부에 저장되는 단위체적당 변형에너지를 나타내는 식은? (단, γ은 재료의 비중량, E는 탄성계수, σ는 응력이다.)

① $\dfrac{\gamma^2 L^2}{2E}$ ② $\dfrac{\gamma^2 L^2}{6E}$ ③ $\dfrac{\sigma^2}{2E}$ ④ $\dfrac{\sigma^2}{6E}$

Solution
$U = \int_0^L \dfrac{1}{2}(\gamma Ax) \cdot \dfrac{\gamma x}{E} dx = \dfrac{\gamma^2 A}{2E}\int_0^L x^2 dx = \dfrac{\gamma^2 AL^3}{6E}$
$u = \dfrac{U}{V} = \dfrac{\gamma^2 L^2}{6E}$

33 직경 D인 두께가 얇은 링을 수평면 내에서 회전시킬 때 링에 생기는 인장응력을 나타내는 식은 어느 것인가? (단, 링의 단위 길이에 대한 무게를 W, 링의 원주속도를 V, 링의 단면적을 A, 중력가속도를 g라 한다.)

① $\dfrac{WV^2}{DAg}$ ② $\dfrac{WV^2}{Ag}$ ③ $\dfrac{WV^2}{Dg}$ ④ $\dfrac{W^2V}{DAg}$

Solution
$\sigma_t = \dfrac{\gamma V^2}{g} = \dfrac{WV^2}{Ag}$, $\gamma = \dfrac{\omega}{A}$

34 강의 기계적 성질은 탄소량이 증가함에 따라 변화하는데 감소하는 것은 다음 중 어느 것인가?

① 변형률   ② 강도   ③ 인장강도   ④ 경도

35 어떤 봉이 인장력 P를 받아서 세로변형률 ε이 0.02가 되었다. 이 봉의 세로탄성계수가 196[GPa]이라면 가로변형률 ε'는? (단, 이 재료의 프와송 수는 3이다.)

① 0.0067   ② 0.0047   ③ 0.0078   ④ 0.002

Solution
$\mu = \dfrac{1}{m} = \dfrac{\varepsilon'}{\varepsilon}$
$\varepsilon' = \dfrac{\varepsilon}{m} = \dfrac{0.02}{3} = 0.0067$

Answer   30 ③   31 ①   32 ②   33 ②   34 ①   35 ①

36 다음 설명 중 틀린 것은?
① 프와송의 비는 가로변형률을 세로변형률로 나눈 값이다.
② 횡탄성계수는 전단응력을 전단변형률로 나눈 값이다.
③ 안전율은 극한 강도를 허용응력으로 나눈 값이다.
④ 열응력은 변형률을 세로탄성계수로 나눈 값이다.

37 단면적 50[cm²]의 연강봉의 온도 변화량이 20[℃]가 되어도 길이가 변하지 않도록 하기 위하여 245[kN]의 힘이 필요하다. 이 재료의 선팽창계수 α 의 값은 얼마 정도가 되겠는가? (단, $E=196$[GPa]이다.)
① 0.8×10^{-5}[/℃] ② 1.19×10^{-5}[/℃] ③ 1.25×10^{-5}[/℃] ④ 1.9×10^{-5}[/℃]

> **Solution**
> $\sigma = \dfrac{P}{A} = E\alpha\Delta t$
> $\dfrac{245 \times 10^3}{50 \times 10^{-4}} = 196 \times 10^9 \times \alpha \times 20$, $\alpha = 1.25 \times 10^{-5}$[/℃]

38 최대 탄성 에너지에 대한 설명이다. 옳은 것은?
① 최대 탄성 에너지가 클수록 재료는 피로에 대하여 강하다.
② 최대 탄성 에너지가 클수록 재료는 충격에 대하여 강하다.
③ 최대 탄성 에너지가 클수록 재료는 편심이 크다.
④ 최대 탄성 에너지가 클수록 탄성계수가 크다.

39 둥근봉을 압축하였더니 길이가 20[cm]로 되었다. 변형율이 0.006일 때 변형전의 길이는 얼마인가?
① 20.14[cm] ② 20.05[cm] ③ 20.52[cm] ④ 20.12[cm]

> **Solution**
> $\varepsilon = \dfrac{L'-L}{L} = \dfrac{L'}{L} - 1$
> $L = \dfrac{L'}{1-\varepsilon}$, 압축하중이 작용하고 있으므로
> $L = \dfrac{20}{1-0.006} = 20.12$[cm]

40 내압 30[kg/cm²], 내경 100[cm]의 보일러의 원통판의 두께는 몇 [mm]인가? (단, 재료의 허용응력을 88.2[MPa]이고 이음 효율은 70[%]라 한다.)
① 32 ② 24 ③ 16 ④ 8

> **Solution**
> $t = \dfrac{Pd}{2\sigma_a\eta} = \dfrac{30 \times 9.8 \times 10^4 \times 1}{2 \times 88.2 \times 10^6 \times 0.7} = 0.024$[m] = 24[mm]

41 두께 1[cm]의 정사각형 판이 X 축 방향의 인장응력 $\sigma_x = 0.14$[GPa]과 Y 축 방향의 압축응력 $\sigma_y = -0.14$[GPa]를 받고 있다. 이 판의 부피의 변화량은?
① 0.1 ② 0 ③ -0.2 ④ 0.2

> **Solution** 2축응력에 의한 변화이며 등방성 재질이라 보면 전체 체적변화량은 0이다.

Answer 36 ④ 37 ③ 38 ② 39 ④ 40 ② 41 ②

42 탄성 에너지에 대한 다음 설명 중 맞는 것은?

① 응력의 제곱에 비례하고 탄성계수에 반비례한다.
② 응력의 3제곱에 비례하고 탄성계수에 비례한다.
③ 응력에 비례하고 탄성계수에도 비례한다.
④ 응력에 반비례하고 탄성계수에 비례한다.

Solution
$$U = \frac{P\delta}{2}, \quad u = \frac{U}{V} = \frac{\sigma^2}{2E} = \frac{P^2}{2EA^2}$$

43 상단이 고정된 원추형체의 단위체적에 대한 중량을 γ라고 하고 원뿔의 밑면의 직경이 d, 높이가 L일 때, 이 재료의 최대 인장응력을 나타낸 식은 어느 것인가?

① $\sigma_{max} = \gamma L$ ② $\sigma_{max} = \frac{1}{2}\gamma L$
③ $\sigma_{max} = \frac{1}{3}\gamma L$ ④ $\sigma_{max} = \frac{1}{4}\gamma L$

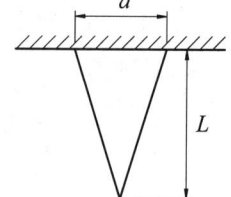

44 고무는 변형 중에 체적 변화 없는 재료이다. 이 재료의 프와송비는 어느 값에 가장 가까운가?

① 0 ② 0.3 ③ 0.5 ④ 1.0

Solution
$\varepsilon_V = \varepsilon(1 - 2\mu)$
$1 - 2\mu = 0$
$\mu = \frac{1}{2}$

45 직경 2.5[cm]의 원형단면 강봉의 인장 변형률이 0.7×10^{-3}일 때, 이 재료의 걸린 인장력은 약 몇 [kN]인가? (단, 종탄성계수는 $E = 210$[GPa]이다.)

① 56.34 ② 63.23 ③ 72.16 ④ 87.98

Solution
$$\delta = \frac{PL}{AE} = \varepsilon L$$
$$\frac{P}{\frac{\pi}{4} \times 0.025^2 \times 210 \times 10^9} = 0.7 \times 10^{-3}$$
$$P = 72.16 \times 10^3 [N] = 72.16 [kN]$$

46 그림과 같은 봉재의 단면적 $A = 1.5[\text{cm}^2]$인 균일 단면의 황동봉이 $P = 10$[kg], $Q = 5$[kg]의 하중을 받을 때 이 봉의 전신장량을 구하면? (단, 재료탄성계수 $E = 90$[GPa]이고, $L_1 = L_2 = 20$[cm]이다.)

① $\delta = 0.037 \times 10^{-2}$[cm]
② $\delta = 0.047 \times 10^{-2}$[cm]
③ $\delta = 0.42 \times 10^{-2}$[cm]
④ $\delta = 0.42 \times 10^{-2}$[mm]

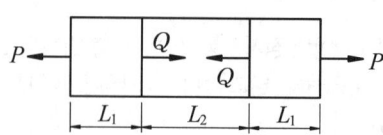

Solution
$$\delta = \frac{PL_1}{AE} + \frac{(P-Q)L_2}{AE} + \frac{PL_1}{AE}$$
$$= \frac{10 \times 9.8 \times 0.2 + (10-5) \times 9.8 \times 0.2 + 10 \times 9.8 \times 0.2}{1.5 \times 10^{-4} \times 90 \times 10^9} = 0.037 \times 10^{-2} [\text{cm}]$$

Answer 42 ① 43 ③ 44 ③ 45 ③ 46 ①

47 고무의 종탄성계수는 $E=2.1[\text{MPa}]$이고, 프와송의 비(Poisson's Ratio)는 $\mu=0.5$이다. 이 고무 재료의 전단탄성계수 G의 값은 몇 [MPa]인가?

① 0.35　　② 0.7　　③ 0.8　　④ 0.96

Solution
$$G=\frac{E}{2(1+\mu)}=\frac{2.1}{2\times(1+0.5)}=0.7\,[\text{MPa}]$$

48 그림과 같은 볼트에 축하중 Q가 작용할 때 볼트 머리부의 높이 H는 볼트 직경의 몇 배가 되어야 하는가? (단, 볼트 머리부의 전단응력은 볼트축에 작용하는 인장응력의 1/2배까지 허용한다.)

① 1/4배　　② 3/5배
③ 3/8배　　④ 1/2배

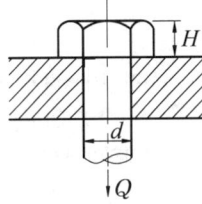

Solution
$$\sigma_a=\frac{Q}{A}=\frac{4Q}{\pi d^2},\quad \tau_a=\frac{Q}{\pi dH}$$
$$\tau_a=\frac{1}{2}\sigma_a\;;\;\frac{Q}{\pi dH}=\frac{1}{2}\frac{4Q}{\pi d^2}$$
$$H=\frac{d}{2}$$

49 원뿔대 형태의 주춧돌을 비중량 7500[N/m³]의 콘크리트로 만들었다. 주춧돌에서 바닥으로부터 높이 1[m]되는 부분에 작용되는 수직응력은 몇 [kPa]인가?

① 5.8　　② 8.5
③ 9.6　　④ 19.2

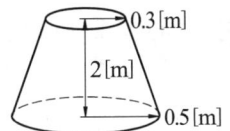

Solution ① 원뿔의 꼭지점에서 반경 0.3[m]까지의 높이를 구하면
$(x+2):0.5=x:0.3$, $x=3[\text{m}]$
② 바닥에서 1[m]되는 부분의 자중을 구하여야 한다.
$$V=\pi\times0.4^2\times4\times\frac{1}{3}-\pi\times0.3^2\times3\times\frac{1}{3}=0.39[\text{m}^3]$$
$$W=\gamma V=7500\times0.39=2925[\text{N}]$$
$$\sigma=\frac{W}{A}=\frac{4\times2925}{\pi\times0.8^2}=5.82[\text{kN/m}^2]$$

50 그림과 같이 탄성 막대 끝에 매달려 있는 스프링에 하중 10[kN]이 작용할 때, 이 시스템 전체에 저장되는 탄성 변형 에너지는? (단, 막대의 단면적은 2[cm²], 탄성계수는 10[GPa], 길이는 0.5[m]이고 스프링의 스프링 상수는 500[kN/m]이다.)

① 37.5[N·m]　　② 88.5[N·m]
③ 112.5[N·m]　　④ 153.5[N·m]

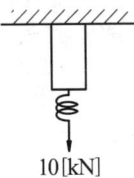

Solution ① 봉의 탄성 에너지
$$U=\frac{1}{2}P\delta=\frac{1}{2}\times10^4\times\frac{10^4\times0.5}{2\times10^{-4}\times10\times10^9}=12.5[\text{Nm}]$$
② 스프링의 탄성 에너지
$$U=\frac{1}{2}P\delta=\frac{1}{2}\times10^4\times\frac{10^4}{500\times10^3}=100[\text{Nm}]$$
③ $U=12.5+100=112.5[\text{Nm}]$

Answer　47 ②　48 ④　49 ①　50 ③

51 원래 크기가 $a \times 2a$ 인 얇은판에 그림과 같은 균일한 분포력이 작용할 때 AB의 길이는 얼마가 되겠는가? (단, 재료의 탄성계수 E, 프와송 비 ν이다.)

① $a(1-\nu)\dfrac{\sigma}{E}$ ② $a\left(1-\dfrac{1+\nu}{E}\sigma\right)$
③ $a\left(1-\dfrac{2\nu\sigma}{E}\right)$ ④ $a\left(1-\dfrac{1-\nu}{E}\sigma\right)$

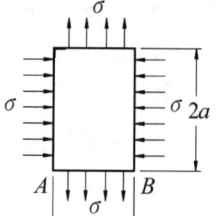

Solution
$E_x = \dfrac{\sigma_x}{E} - \nu\dfrac{\sigma_y}{E} = -\dfrac{\sigma}{E}(1+\nu) = \dfrac{a'-a}{a}$, $a' = a\left[1-\dfrac{\sigma}{E}(1+\nu)\right]$
여기서, ν는 프와송의 비이다.

52 직경 10[cm]인 연강봉(탄성계수 $E_s = 210$[GPa])이 외경 11[cm], 내경 10[cm]인 구리관(탄성계수 $E_c = 150$[GPa]) 사이에 끼워져 있다. 양단에서 강체 평판으로 10[kN]의 압축하중을 가할 때 연강봉과 구리관에 생기는 응력비 σ_s/σ_c의 값은?

① 5/6 ② 5/7 ③ 6/5 ④ 7/5

Solution
$\sigma_s = \dfrac{E_s P}{A_s E_s + A_c E_c}$, $\sigma_c = \dfrac{E_c P}{A_s E_s + A_c E_c}$
$\dfrac{\sigma_s}{\sigma_c} = \dfrac{E_s}{E_c} = \dfrac{210}{150} = \dfrac{7}{5}$

53 입방체가 그 표면에 외부로부터 균일한 압력 P를 받고 있을 때, 체적변화율을 표현한 식은? (단, μ는 프와송비, E는 탄성계수이다.)

① $\dfrac{-3(1-\mu)P}{2E}$ ② $\dfrac{-2(1-2\mu)P}{E}$ ③ $\dfrac{-3(1-2\mu)P}{E}$ ④ $\dfrac{-3(1-\mu)P}{E}$

Solution
$\varepsilon = \dfrac{\sigma}{E}(1-2\mu)$
$\varepsilon_V = -3\varepsilon = -\dfrac{3\sigma}{E}(1-2\mu)$
응력 σ를 균일 압력 P로 보면 체적변형률을 다음과 같다.
$\varepsilon_V = -\dfrac{3P}{E}(1-2\mu)$

54 중공(中空)의 강 실린더 안에 구리 원통이 들어있고 높이는 500[mm]로 동일하다. 강 실린더의 단면적은 2000[mm²]이고, 구리 원통의 단면적은 5000[mm²]이다. 구리원통이 모든 하중을 받게 하기 위해 필요한 온도상승은 최소 몇 [℃]인가? (단, 하중은 200[kN]이며, 하중을 받는 판은 변형하지 않는다. 구리 $E=120$[GN/m²], $\alpha = 20 \times 10^{-6}$[/℃], 철 $E=200$[GN/m²], $\alpha = 12 \times 10^{-6}$[/℃]이다.)

① 38 ② 40 ③ 42 ④ 45

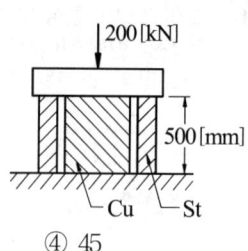

Solution 구리가 철보다 연하므로 신장량이 크다.
$\varepsilon = (\alpha_{cu} - \alpha_{st})\Delta t = \dfrac{\delta}{L}$
$\sigma_{cu} = \dfrac{P}{A_{cu}} = E_{cu}(\alpha_{cu} - \alpha_{st})\Delta t$
$\dfrac{200 \times 10^3}{5000 \times 10^{-6}} = 120 \times 10^9 \times (20-12) \times 10^{-6} \times \Delta t$
$\Delta t = 41.67$[℃]

Answer 51 ② 52 ④ 53 ③ 54 ③

55 그림과 같이 두 가지 재료로 된 봉이 하중 P를 받으면서 강체로 된 보를 수평으로 유지시키고 있다. 강봉에 작용하는 응력이 150[MPa]일 때 알루미늄봉에 작용하는 응력은 몇 [MPa]인가? (단, 강과 알루미늄의 탄성계수의 비 $E_s/E_a=3$이다.)

① 555　　　② 875
③ 70　　　 ④ 270

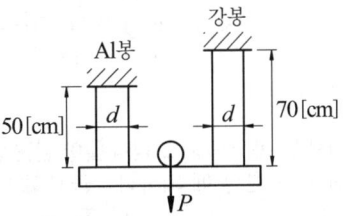

Solution
$\delta_a = \sigma_a \dfrac{L_a}{E_a}$, $\delta_s = \sigma_s \dfrac{L_s}{E_s}$

$\delta_a = \delta_s$

$\sigma_a \dfrac{L_a}{E_a} = \sigma_s \dfrac{L_s}{E_s}$

$\sigma_a \times 0.5 = 150 \times \dfrac{0.7}{3}$, $\sigma_a = 70\,[\text{MPa}]$

56 그림의 구조물이 하중 P를 받을 때, 구조물 속에 저장되는 탄성 에너지는? (단, 단면적 A, 탄성계수 E는 모두 같다.)

① $\dfrac{P^2 h}{4AE}(1+\sqrt{3})$　　② $\dfrac{\sqrt{3}P^2 h}{2AE}$
③ $\dfrac{P^2 h}{4AE}$　　　　　　④ $\dfrac{\sqrt{3}P^2 h}{4AE}$

Solution
$\dfrac{P}{\sin 90°} = \dfrac{F_1}{\sin 120°} = \dfrac{F_2}{\sin 150°}$

$F_1 = \dfrac{\sqrt{3}P}{2}$, $F_2 = \dfrac{P}{2}$

$L_1 = \dfrac{2h}{\sqrt{3}}$, $L_2 = 2h$

$\delta_1 = \dfrac{F_1 L_1}{AE}\sin 60° = \dfrac{\sqrt{3}Ph}{2AE}$, $\delta_2 = \dfrac{F_2 L_2}{AE}\sin 30° = \dfrac{Ph}{2AE}$

$U = \dfrac{1}{2}P\delta = \dfrac{1}{2}P(\delta_1 + \delta_2) = \dfrac{P^2 h(1+\sqrt{3})}{4AE}$

57 그림과 같이 하중 P가 작용할 때 스프링의 변위 δ는? (이 때, 스프링 상수는 k이다.)

① $\delta = \dfrac{(a+b)}{bk}P$　　② $\delta = \dfrac{(a+b)}{ak}P$
③ $\delta = \dfrac{ak}{(a+b)}P$　　④ $\delta = \dfrac{bk}{(a+b)}P$

Solution
$P(a+b) = Wa = k\delta a$

$\delta = \dfrac{P(a+b)}{ak}$

58 그림과 같이 수평 강체봉 AB의 일단을 연직벽에 힌지로 연결하고 죄임봉 CD로 매단 구조물이 있다. 죄임봉의 단면적은 1[cm²]이고 허용인장응력이 100[MPa]이고 탄성계수가 200[GPa]일 때 B단의 최대 안전하중은 몇 [kN]인가?

① 3　　　② 3.75
③ 6　　　④ 8.33

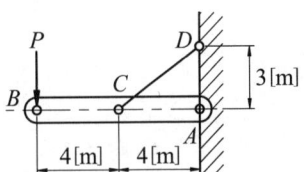

Answer　55 ③　56 ①　57 ②　58 ①

> **Solution** $\sum M_A = 0$; $P \times 8 = \sigma \cdot A \sin \alpha \times 4$
> $\alpha = \tan^{-1}\left(\dfrac{3}{4}\right) = 36.87°$
> $P \times 8 = (100 \times 10^6 \times 1 \times 10^{-4}) \times \sin 36.87 \times 4$
> $P = 3000 \ [\text{N}] = 3 \ [\text{kN}]$

59 강체로 된 봉 CD가 그림과 같이 같은 단면적, 같은 재료로 된 케이블 ①, ②와 C점에서 힌지로 지지되어 있다. 힘 P에 의해 케이블 ①에 발생하는 응력(σ)은 어떻게 표현되는가? (단, A는 케이블의 단면적이며 자중은 무시하고, a는 각 지점간의 거리이고 케이블 ①, ②의 길이 ℓ은 같다.)

① $\dfrac{2P}{3A}$ ② $\dfrac{P}{3A}$

③ $\dfrac{4P}{5A}$ ④ $\dfrac{P}{5A}$

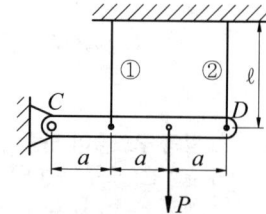

> **Solution** $M_C = 0$
> $P \cdot 2a = P_1 \cdot a + 3P_2 \cdot a = \sigma_1 \cdot A \cdot a + 3\sigma_2 \cdot A \cdot a$
> $\sigma = E \cdot \varepsilon$을 적용시키면 $\dfrac{\sigma_1}{\delta_1} = \dfrac{\sigma_2}{\delta_2}$이고
> $a : \delta_1 = 3a : \delta_2$에서 $\delta_2 = 3\delta_1$이다.
> 그러므로 $\sigma_1 = \dfrac{\sigma_2}{3}$이다.
> $2P = \sigma_1 \cdot A + 9\sigma_1 \cdot A = 10\sigma_1 \cdot A$
> $\sigma_1 = \dfrac{P}{5A}$

chapter 3 평면도형(平面圖形)의 성질(性質)

1 단면(斷面) 1차 모멘트(면적 모멘트, 1차 관성 모멘트)

단면1차 모멘트(Geometrical Moment)는 도형의 중심을 결정하기 위한 것으로 도형의 중심을 도심(Centroid)이라 하고 도심을 통과하는 축을 중립축, 면을 중립면이라 한다.

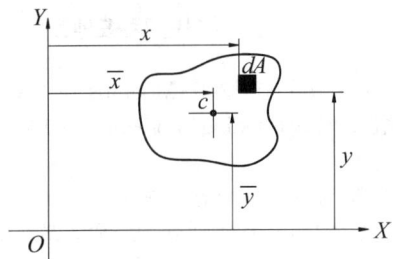

그림3-1 단면 1차 모멘트

(1) X축에 대한 단면1차 모멘트

그림3-1의 X축에서 미소면적 dA까지 거리 y에 1차 면적 적분으로 표현한다.

$$G_x = \int_A y dA = \sum_{i=1}^{n} y_i A_i = \overline{y} A \ [m^3, cm^3] \ ★ \quad [3\text{-}1]$$

여기서, A는 도형의 전체면적이고 $\overline{y}$는 X축에서 도심까지 수직거리이다.

(2) Y축에 대한 단면1차 모멘트

그림3-1의 Y축에서 미소면적 dA까지 거리 x에 1차 면적 적분으로 표현한다.

$$G_y = \int_A x dA = \sum_{i=1}^{n} x_i A_i = \overline{x} A \ ★ \quad [3\text{-}2]$$

여기서, $\overline{x}$는 Y축에서 도심까지 수평거리이다.

(3) 도심(圖心)의 위치 ($\overline{x}, \overline{y}$)

도심이란 도형의 무게중심을 의미하는 것으로 도심을 지나는 $X-Y$축에 대한 단면 1차 모멘트는 0이다. X축과 Y축으로부터 도심까지의 거리 $\overline{x}$와 $\overline{y}$을 구하면 다음과 같다.

$$\overline{x} = \frac{\sum_{i=1}^{n} x_i A_i}{\sum_{i=1}^{n} A_i} = \frac{x_1 A_1 + x_2 A_2 + \ldots + x_n A_n}{A_1 + A_2 + \ldots + A_n} \ ★★ \quad [3\text{-}3]$$

$$\bar{y} = \frac{\sum_{i=1}^{n} y_i A_i}{\sum_{i=1}^{n} A_i} = \frac{y_1 A_1 + y_2 A_2 + \ldots + y_n A_n}{A_1 + A_2 + \ldots + A_n} \;\;\text{★★}$$ [3-4]

2 단면 2차 모멘트(2차 관성 모멘트)

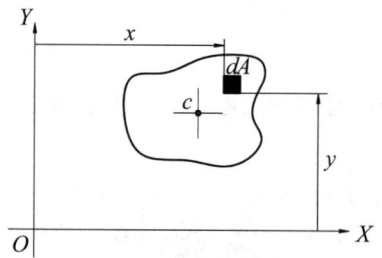

그림3-2 단면 2차 모멘트

단면2차 모멘트(Moment Inertia)와 단면계수(Modulus of Section) 등을 결정하여 재료의 특성과의 반비례 관계로부터 굽힘 모멘트(Bending Moment)를 결정하는데 적용하기 위한 평면도형의 기하학적 특성이다.

단면2차 모멘트는 단면계수를 정의하기 위한 것으로 단면2차 모멘트를 정의하는 표현식과 그림 3-3에 주어진 도형들의 도심을 지나는 축에 대한 단면2차 모멘트 값들을 정리하면 아래와 같다.

(1) X축에 대한 단면 2차 모멘트

그림3-2의 X축에서 미소면적 dA까지 거리 y에 제곱의 면적 적분으로 표현된다.

$$I_x = \int_A y^2 dA \;\; [\text{m}^4, \text{cm}^4] \;\text{★}$$ [3-5]

(2) Y축에 대한 단면 2차 모멘트

그림3-2의 Y축에서 미소면적 dA까지 거리 x에 제곱의 면적 적분으로 표현된다.

$$I_y = \int_A x^2 dA \;\; [\text{m}^4, \text{cm}^4] \;\text{★}$$ [3-6]

① 구형단면(구형단면)에서 도심을 지나는 x축과 y축에 대한 단면 2차 모멘트

$$I_{cx} = 2\int_A y^2 dA = 2\int_0^{\frac{h}{2}} y^2 b dy = \frac{bh^3}{12} \;\text{★★}$$ [3-7]

$$I_{cy} = \int_A x^2 dA = 2\int_0^{\frac{b}{2}} x^2 h dx = \frac{b^3 h}{12}$$ [3-8]

② 원형단면에서 도심을 지나는 x축과 y축에 대한 단면 2차 모멘트

$$I_{cx} = 2\int_A y^2 dA = 2\int_0^{\frac{\pi}{2}} 2r^4 (\sin\alpha \cdot \cos\alpha)^2 d\alpha = \frac{\pi d^4}{64}$$

$$I_{cx} = I_{cy} = \frac{\pi d^4}{64} \;\text{★★★★}$$ [3-9]

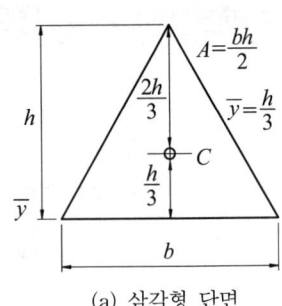
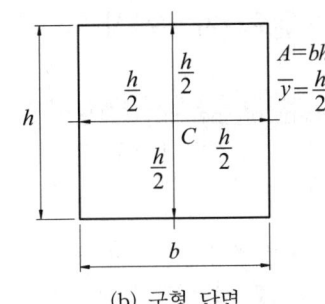
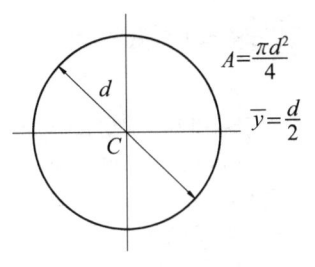

(a) 삼각형 단면　　　　(b) 구형 단면　　　　(c) 원형 단면

그림3-3 각 도형의 단면 2차 모멘트

③ 3각형 단면에서 도심을 지나는 x 축에 대한 단면 2차 모멘트

$$I_{cx} = \int_A y^2 dA = \frac{bh^3}{36} \quad \bigstar\bigstar\bigstar \tag{3-10}$$

3 단면 2차 모멘트의 평행축 정리(平行軸 定理)

　도심을 지나는 중심 축에서 임의의 축(지점)까지 거리를 L 이라 할 때, 임의의 축에 관한 단면 2차 모멘트를 구하는데 평행축 이동정리(Parallel Axis Theorem)를 적용한다.

$$I_{x'} = \int_A y^2 dA = \int_A (\overline{y} + S)^2 dA = \int_A \overline{y}^2 dA + 2S\int_A \overline{y} dA + S^2 \int_A dA$$

여기서, 도심을 지나는 x 축에 대한 단면1차 모멘트는 0이므로, 위의 식은 다음과 같이 정리할 수 있다.

$$I_{x'} = I_{cx} + AS_x^2 \quad \bigstar\bigstar\bigstar\bigstar \tag{3-11}$$

여기서, $I_{x'}$ 는 임의의 축에서 단면2차 모멘트, A는 도형의 전체 단면적, S_x는 중심축에서 y 방향의 임의의 축까지 거리이다.

　그림3-4에서는 x 축에 대한 평행축 이동정리에 대해서만 언급하였다. y 축에 대해서도 똑같이 적용하면 된다. 단지 방향만 고려해서 정리하면

$$I_{y'} = I_{cy} + AS_y^2 \tag{3-12}$$

이다. 여기서, $I_{y'}$ 는 임의의 축에서 단면2차 모멘트, A는 도형의 전체 단면적, S_y는 중심축에서 x 방향의 임의의 축까지 거리이다.

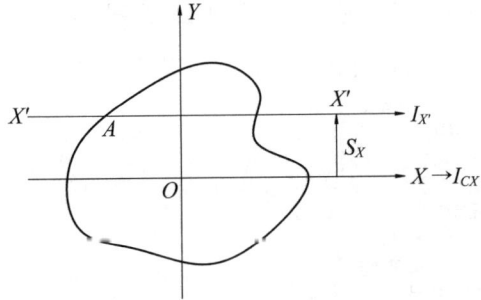

그림3-4 단면2차 모멘트의 평행축 이동정리

4 극단면(極斷面) 2차 모멘트(2차 극관성 모멘트)

극단면2차 모멘트(Polar Moment of Inertia)와 극단면계수(Polar Modulus of Section) 등을 결정하여 재료의 특성과의 반비례 관계로부터 비틀림 모멘트를 결정할 수 있는 평면도형의 기하학적 특성이다.

단면2차 모멘트는 직교 좌표계에서 정의한 것이고 극단면 2차 모멘트는 극좌표계에서 정의한 단면2차 모멘트라 생각할 수 있을 것이다.

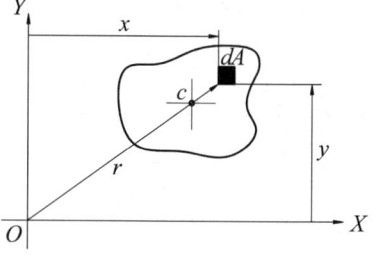

그림3-5 극단면 2차 모멘트

(1) 극단면 2차 모멘트

극단면 2차 모멘트는 아래와 같은 식으로 표현할 수 있다. 계산할 때는 x축과 y축에 대한 단면2차 모멘트를 구하여 더해주면 된다.

$$I_P = \int_A r^2 dA = \int_A (x^2+y^2)dA = I_x + I_y \ [m^4,\ cm^4] \ \star \quad [3-12]$$

원형이나 정사각형의 물체는 x축에 대한 단면2차 모멘트나 y축에 단면2차 모멘트를 구하여 2배 해주면 된다.

$$I_p = 2I_x = 2I_y \quad [3-13]$$

① 구형단면에서 도심을 지나는 x축과 y축에 대한 극단면 2차 모멘트

$$I_P = I_{cx} + I_{cy} = \frac{bh(b^2+h^2)}{12} \quad [3-14]$$

② 원형단면에서 도심을 지나는 x축과 y축에 대한 2차 극관성 모멘트

$$I_P = I_{cx} + I_{cy} = \frac{\pi d^4}{32} \ \star\star\star\star \quad [3-15]$$

5 단면계수(斷面係數) 및 극단면계수(極斷面係數)

도형의 도심에서 끝단까지의 거리를 S_{ce}로 놓고 x축을 기준으로 단면계수와 극단면계수를 정리하도록 한다. 도심을 지나는 수평축에 대해서 상하가 대칭인 경우, x축에 대한 단면계수와 극단면계수는 하나이나 비대칭인 경우에는 2개의 값이 나온다. y축에 대해서도 마찬가지이다. 여기서는 x축에 대한 단면계수와 극단면계수에 대해서만 정리하기로 한다.

(1) 단면계수(斷面係數 ; Modulus of Section)

$$Z = \frac{I_{cx}}{S_{ce}} \ [m^3,\ cm^3] \ \star\star\star \quad [3-16]$$

(2) 극단면계수(極斷面係數)

$$Z_P = \frac{I_P}{S_{ce}} \ [m^3,\ cm^3] \ \star\star\star \quad [3-17]$$

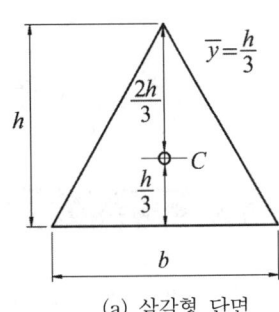 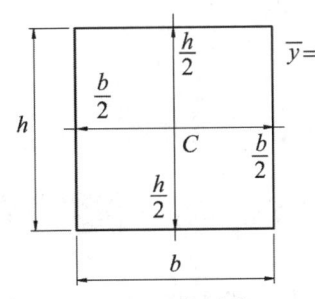 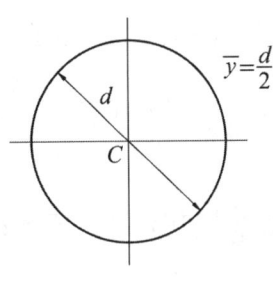

(a) 삼각형 단면   (b) 구형 단면   (c) 원형 단면

그림3-6 각 도형의 단면계수와 극단면계수

① 구형단면

$$Z = \frac{I_{cx}}{S_{ce}} = \frac{bh^2}{6} \;\;\text{★★★★} \tag{3-16}$$

$$Z_P = \frac{I_P}{S_{ce}} = \frac{b(b^2 + h^2)}{6} \tag{3-17}$$

② 원형단면

$$Z = \frac{I_{cx}}{S_{ce}} = \frac{\pi d^3}{32} \;\;\text{★★★} \tag{3-18}$$

$$Z_P = \frac{I_P}{S_{ce}} = \frac{\pi d^3}{16} \;\;\text{★★★★} \tag{3-19}$$

③ 삼각형단면

$$Z_1 = \frac{I_{cx}}{S_{ce1}} = \frac{bh^2}{24}, \;\; Z_2 = \frac{I_{cx}}{S_{ce2}} = \frac{bh^2}{12} \tag{3-20}$$

삼각형 단면은 상하 비대칭이므로 위에서와 같이 2개의 단면계수가 나온다.

6 회전반경(回轉半徑 ; Radius of Gyration ; 관성반경, 단면2차 반경)

$$k = \sqrt{\frac{I_{cx}}{A}} \;\; [\text{cm, m}] \;\;\text{★★★} \tag{3-21}$$

도심을 지나는 x축 단면 2차 모멘트를 이용하여 구형단면과 원형단면의 회전반경을 정리한다.

(1) 구형단면, 원형단면, 삼각형단면의 회전반경

① 구형단면의 회전반경

$$k = \sqrt{\frac{I_{cx}}{A}} = \frac{h}{2\sqrt{3}} \tag{3-22}$$

② 원형단면의 회전반경

$$k = \sqrt{\frac{I_{cx}}{A}} = \frac{d}{4} \;\;\text{★★★} \tag{3-23}$$

③ 삼각형단면의 회전반경

$$k = \sqrt{\frac{I_{cx}}{A}} = \frac{h}{3\sqrt{2}} \qquad [3\text{-}24]$$

7 단면 상승 모멘트(관성 상승 모멘트)

단면상승 모멘트는 X축에서 미소면적까지의 거리 y 와 Y 축에서 미소면적까지의 거리 x 와 의 곱에 의한 면적 적분으로 표현한다.

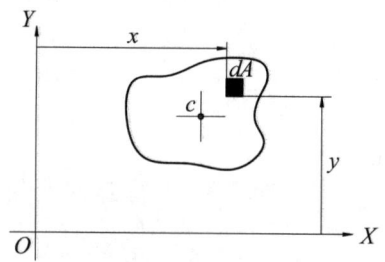

그림3-7 단면상승 모멘트

$$I_{xy} = \int_A xy dA = \overline{x}\,\overline{y}\,A \,[m^4, cm^4] \,\text{★★★} \qquad [3\text{-}25]$$

$b \times h$ 의 구형단면에 관한 단면상승 모멘트는

$$I_{xy} = \overline{x}\,\overline{y}A = \frac{b^2 h^2}{4} \,\text{★★} \qquad [3\text{-}26]$$

이다.

(1) 주축과 주관성 모멘트

① 주축(主軸) : 관성상승 모멘트가 0이 되고 도심을 지나는 직교축으로 관성주축이라고도 한다.
② 단면 상승 모멘트가 0이 되는 xy 의 방향 : 주축의 위치 ($I_{xy} = 0$)

$$\tan 2\theta = \frac{2I_{xy}}{I_y - I_x} = \frac{-2I_{xy}}{I_x - I_y} \qquad [3\text{-}27]$$

③ 주관성 모멘트 : 주축에서 최대 및 최소 단면 2차 모멘트(관성 모멘트)

$$I_{max} = \frac{I_x + I_y}{2} + \frac{1}{2}\sqrt{(I_x - I_y)^2 + 4I_{xy}^2} \qquad [3\text{-}28]$$

$$I_{min} = \frac{I_x + I_y}{2} - \frac{1}{2}\sqrt{(I_x - I_y)^2 + 4I_{xy}^2} \qquad [3\text{-}29]$$

chapter 3 실전연습문제

01 그림과 같은 직각 3각형의 밑변에 관한 단면 1차 모멘트는?

① $\dfrac{bh^2}{3}$ ② $\dfrac{bh^2}{6}$
③ $\dfrac{bh^2}{9}$ ④ $\dfrac{bh^2}{12}$

Solution $G_x = \bar{y}A = \dfrac{h}{3} \times \dfrac{bh}{2} = \dfrac{bh^2}{6}$

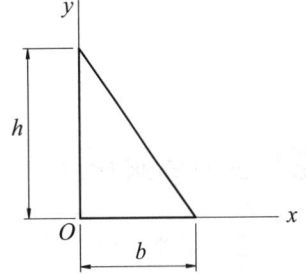

02 그림에서 도심 G의 위치는 Z축에서 몇 [cm] 떨어져 있는가?

① 0.00477 ② 0.0477
③ 0.477   ④ 4.77

Solution
$\bar{y} = \dfrac{A_1 y_1 + A_2 y_2 + A_3 y_3}{A_1 + A_2 + A_3}$
$= \dfrac{2 \times 12 \times 6 + 3 \times 6 \times 1.5 + 2 \times 12 \times 6}{2 \times 12 + 3 \times 6 + 2 \times 12} = 4.77$ [cm]

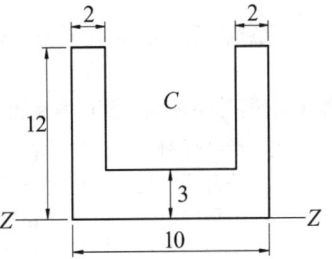

03 내경 4[cm], 외경 10[cm] 단면의 접선 $X-X'$에 대한 단면 2차 모멘트의 값은?

① 677.25[cm^4]   ② 677.25π[cm^4]
③ 345.13[cm^4]   ④ 345.13π[cm^4]

Solution
$I_{x'} = I_{cx} + S^2 A$
$= \dfrac{\pi \times 10^4}{64} \times (1 - 0.4^4) + 5^2 \times \dfrac{\pi(10^2 - 4^2)}{4}$
$= 677.25\pi$ [cm^4]

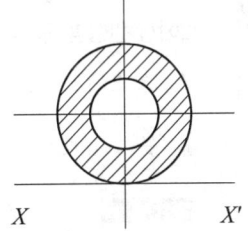

04 반지름 r인 원형단면의 도심축에 대한 극단면 2차 모멘트는?

① $\dfrac{\pi r^4}{8}$ ② $\dfrac{\pi r^4}{4}$ ③ $\dfrac{\pi r^4}{2}$ ④ πr^4

Solution $I_P = \dfrac{\pi d^4}{32} = \dfrac{\pi (2r)^4}{32} = \dfrac{\pi r^4}{2}$

05 다음 중 회전반경 K에 대한 표현식으로 맞는 것은? (단, 면적을 A, 단면 2차 모멘트를 I라 한다.)

① $K = \dfrac{I}{A}$ ② $K = \sqrt{\dfrac{I}{A}}$ ③ $K = \sqrt{\dfrac{A}{I}}$ ④ $K = \dfrac{A}{I}$

Answer 01 ② 02 ④ 03 ② 04 ③ 05 ②

06 한 변의 길이가 a인 정사각형 단면의 대각선에 관한 관성 모멘트 I_x로 다음 중 맞는 것은?

① $\dfrac{a^4}{6}$ ② $\dfrac{a^4}{12}$ ③ $\dfrac{a^4}{24}$ ④ $\dfrac{a^4}{36}$

> **Solution**
> $I = \dfrac{\sqrt{2}a}{36} \times \left(\dfrac{\sqrt{2}}{2}a\right)^3 = \dfrac{a^4}{72}$
> $\overline{y} = \dfrac{1}{3} \times \left(\dfrac{\sqrt{2}}{2}a\right) = \dfrac{\sqrt{2}}{6}a$
> $A = \dfrac{1}{2} \times \sqrt{2}a \times \dfrac{\sqrt{2}}{2}a = \dfrac{a^2}{2}$
> $I_G = 2 \times [I + (\overline{y})^2 \times A] = 2 \times \left[\dfrac{a^4}{72} + \dfrac{2a^2}{36} \times \dfrac{a^2}{2}\right] = 2 \times \left[\dfrac{3a^4}{72}\right] = \dfrac{a^4}{12}$

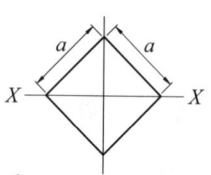

07 단면의 도심에 관한 다음 설명 중 옳은 것은 어느 것인가?

① 도심을 지나는 축에 대한 단면 1차 모멘트는 0이다.
② 도심을 지나지 않는 임의의 축에 대한 단면 1차 모멘트는 0이다.
③ 도심에 대한 단면 2차 극 모멘트는 0이다.
④ 도심을 지나는 축에 대한 단면 2차 모멘트는 0이다.

> **Solution** 도심이란 도형의 무게중심을 의미하며 도심축에 대한 단면 1차 모멘트는 0이다.

08 단면의 주축에 관한 다음 설명 중 옳은 것은?

① 주축에서는 단면 상승 모멘트가 0이다.
② 주축에서는 단면 상승 모멘트가 최소이다.
③ 주축에서는 단면 상승 모멘트가 최대이다.
④ 주축에서는 단면 2차 모멘트가 0이다.

> **Solution** 주축(主軸) : 관성 상승 모멘트가 0이 되고 도심을 지나는 직교축(관성주축)

09 보에서 원형과 정사각형의 단면적이 같을 때, 단면계수의 비 $\dfrac{Z_1}{Z_2}$의 값은? (단, Z_1은 원형 단면계수, Z_2는 정사격형의 단면계수이다.)

① $\dfrac{Z_1}{Z_2} = 0.531$ ② $\dfrac{Z_1}{Z_2} = 0.846$ ③ $\dfrac{Z_1}{Z_2} = 1.028$ ④ $\dfrac{Z_1}{Z_2} = 1.182$

> **Solution**
> $A = \dfrac{\pi d^2}{4} = a^2, \quad a = \dfrac{\sqrt{\pi}d}{2}$
> $Z_1 = \dfrac{\pi d^3}{32}, \quad Z_2 = \dfrac{a^3}{6}$
> $\dfrac{Z_1}{Z_2} = \dfrac{6 \times \pi d^3}{32 \times a^3} = \dfrac{6 \times \pi d^3}{32 \times \left(\dfrac{\sqrt{\pi}d}{2}\right)^3} = 0.846$

10 다음 그림에서 X축과 Y축에 대한 극단면 2차 모멘트와 관성 상승 모멘트는? (단, 직경은 d이다.)

① $\dfrac{5\pi d^3}{32}, \dfrac{\pi d^3}{16}$ ② $\dfrac{5\pi d^4}{64}, \dfrac{\pi d^4}{32}$
③ $\dfrac{5\pi d^3}{128}, \dfrac{\pi d^3}{64}$ ④ $\dfrac{5\pi d^4}{32}, \dfrac{\pi d^4}{16}$

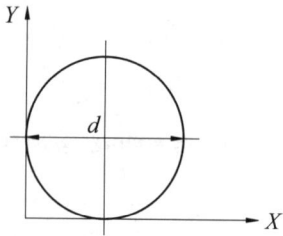

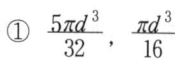

Solution
$$I_p = I_x + I_y = 2 \times \left[\frac{\pi d^4}{64} + \frac{d^2}{4} \times \frac{\pi d^2}{4} \right] = 2 \times \frac{5\pi d^4}{64} = \frac{5\pi d^4}{32}$$
$$I_{xy} = \overline{x}\,\overline{y}\,A = \frac{d}{2} \times \frac{d}{2} \times \frac{\pi d^2}{4} = \frac{\pi d^4}{16}$$

11 그림은 I형, ㄷ형 단면의 중립축 $X-X'$에 대한 단면 2차 모멘트의 설명이다. 다음 중 옳은 것은 어느 것인가?

① I형이 ㄷ형보다 작다.
② I형이 ㄷ형보다 크다.
③ I형과 ㄷ형은 같다.
④ I형과 ㄷ형은 비교 할 수 없다.

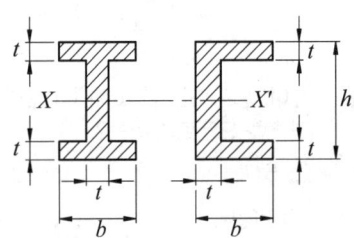

Solution
$$I_{Gx} = \frac{bh^3}{12} - \frac{(b-t) \times (h-2t)^3}{12}$$

12 그림과 같은 L형 단면의 x, y 축에 대한 단면 상승 모멘트(I_{xy})는?

① $I_{xy} = \frac{b^2 h^2}{4} + \frac{h^2(b^2 - h^2)}{4}$
② $I_{xy} = \frac{b^2 h^2}{4} - \frac{h^2(b^2 - h^2)}{4}$
③ $I_{xy} = \frac{b^2 h^2}{4} + \frac{b^2(b^2 - h^2)}{4}$
④ $I_{xy} = \frac{b^2 h^2}{4} - \frac{b^2(b^2 - h^2)}{4}$

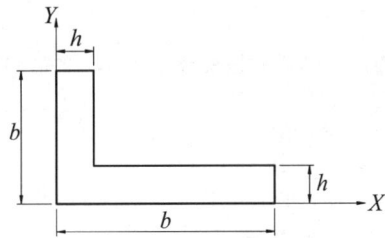

Solution
$$I_{xy} = \frac{b^2 h^2}{4} + \frac{b^2 h^2}{4} - \frac{h^4}{4} = \frac{b^2 h^2}{4} + \frac{h^2}{4}(b^2 - h^2)$$

13 그림과 같은 원에서 접선 $X'-X''$ 축에 대한 원의 관성 모멘트($I_{x'}$)는? (단, 원의 직경 $d = 5$[cm]이다.)

① 120.5[cm⁴]   ② 142.6[cm⁴]
③ 168.2[cm⁴]   ④ 153.4[cm⁴]

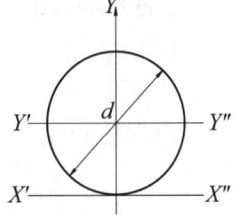

Solution
$$I_p = \left[\frac{\pi d^4}{64} + \frac{d^2}{4} \times \frac{\pi d^2}{4} \right] = \frac{5\pi d^4}{64} = \frac{5 \times \pi \times 5^4}{64} = 153.4\,[\text{cm}^4]$$

14 그림에서 보는 바와 같이 직경 d의 원형 단면에서 단면계수를 최대로 하는 구형 단면(폭×높이 = $b \times h$)을 끊어 낼 때, b 및 h를 어떻게 결정하는가?

① $b = \frac{d}{\sqrt{3}},\ h = \sqrt{3}\,d$
② $b = \frac{d}{\sqrt{3}},\ h = \sqrt{\frac{2}{3}}\,d$
③ $b = \sqrt{\frac{2}{3}}\,d,\ h = \sqrt{3}\,d$
④ $b = \sqrt{\frac{2}{3}}\,d,\ h = \frac{d}{\sqrt{3}}$

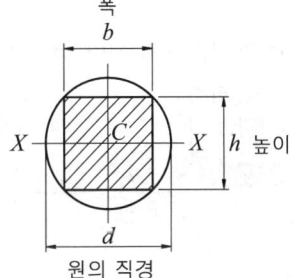

Answer 11 ③ 12 ① 13 ④ 14 ②

> **Solution**
> $d^2 = h^2 + b^2$
> $Z = \dfrac{bh^2}{6} = \dfrac{b}{6}(d^2 - b^2)$
> $\dfrac{\partial Z}{\partial b} = \dfrac{\partial}{\partial b}\left(\dfrac{d^2}{6}b - \dfrac{b^3}{6}\right) = \dfrac{d^2}{6} - \dfrac{b^2}{2} = 0$ 의 조건을 만족할 때 최대
> $b^2 = \dfrac{d^2}{3}$, $b = \dfrac{d}{\sqrt{3}}$
> $h^2 = \dfrac{2}{3}d^2$, $h = \sqrt{\dfrac{2}{3}}d$

15 높이 h 가 다른 변 b 의 1.5 배의 장방형 단면을 가진 보를 세로로 사용할 때와 가로로 사용할 때의 단면 2차 모멘트의 비는?

① 5.06 : 1 ② 3.375 : 1 ③ 2.25 : 1 ④ 1.5 : 1

> **Solution**
> $I_{Gx_1} = \dfrac{b \times (1.5b)^3}{12} = \dfrac{1.5^3 \times b^4}{12}$, $I_{Gx_2} = \dfrac{b^3 \times (1.5b)}{12} = \dfrac{1.5 \times b^4}{12}$
> $\dfrac{I_{Gx_1}}{I_{Gx_2}} = \dfrac{1.5^3}{1.5} = 2.25$
> $I_{Gx_1} : I_{Gx_2} = 2.25 : 1$

16 그림과 같은 빗금친 단면의 X축에 대한 단면 2차 모멘트는?

① $\dfrac{a^4}{4}$ ② $\dfrac{a^4}{6}$
③ $\dfrac{a^4}{12}$ ④ $\dfrac{a^4}{36}$

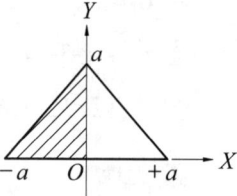

> **Solution**
> $I_x = \dfrac{a^4}{36} + \left(\dfrac{a}{3}\right)^2 \times \dfrac{a^2}{2} = \dfrac{a^4}{36} + \dfrac{a^4}{18} = \dfrac{3a^4}{36} = \dfrac{a^4}{12}$

17 한 변이 10[cm]인 정사각형에 그림과 같은 직경 $d=3$[cm]의 구멍이 있고 원의 중심은 AC 대각선의 1/4인 지점에 있다. 도심의 위치는 AC상의 G_1 에서 몇 [cm] 떨어진 곳인가?

① 3.27[cm] ② 0.27[cm]
③ 1.27[cm] ④ 0.7[cm]

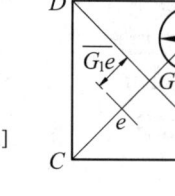

> **Solution**
> $\overline{AC} = 10\sqrt{2}$, $\overline{G_1C} = 5\sqrt{2}$
> $y_1 = 5\sqrt{2}\sin 45° = 5$ [cm], $y_2 = \dfrac{3}{4} \times 10\sqrt{2}\sin 45° = 7.5$ [cm]
> $\overline{y} = \dfrac{A_1 y_1 - A_2 y_2}{A_1 - A_2} = \dfrac{10^2 \times 5 - \pi \times 1.5^2 \times 7.5}{10^2 - \pi \times 1.5^2} = 4.81$ [cm]
> $\overline{G_1 e} = \overline{G_1 C} - \overline{eC} = 5\sqrt{2} - \dfrac{4.81}{\sin 45°} = 0.27$ [cm]

18 그림과 같은 보의 단면의 계수는 얼마인가?

① 72[cm³] ② 78[cm³]
③ 84[cm³] ④ 504[cm³]

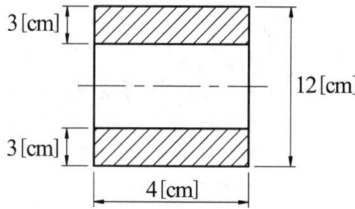

> **Solution**
> $Z = \dfrac{I_G}{e} = \dfrac{4 \times (12^3 - 6^3)}{12 \times 6} = 84$ [cm³]

Answer 15 ③ 16 ③ 17 ② 18 ③

19 사각형 단면($b \times h$)의 극단면계수 Z_p와 단면계수 Z의 비 $\dfrac{Z_p}{Z}$는 다음 중 어느 것인가? (단, $b = h$ 이다.)

① 1.15　　② 1.5　　③ 1.7　　④ 2

Solution
$$Z = \frac{bh^2}{6}, \quad Z_P = \frac{I_p}{e} = \frac{\dfrac{bh(b^2 + h^2)}{12}}{\dfrac{h}{2}} = \frac{b}{6}(b^2 + h^2)$$
$$\frac{Z_p}{Z} = \frac{(b^2 + h^2)}{h^2} = 2$$

20 직경 5[cm]의 원형단면의 단면계수는?

① 12.3[cm^3]　　② 14.5[cm^3]　　③ 15.9[cm^3]　　④ 17.3[cm^3]

Solution
$$Z = \frac{\pi d^3}{32} = \frac{\pi \times 5^3}{32} = 12.27 \, [cm^3]$$

21 단면적 A의 중립축에 대한 이 단면의 2차 모멘트를 I_G, 중립축에서 y거리 만큼 떨어진 축에 대한 단면 2차 모멘트를 I라고 하면 다음 중 옳은 것은?

① $I = I_G - Ay^2$　　② $I_G = I + A^2 y^3$　　③ $I_G = I - Ay^2$　　④ $I = I_G - A^2 y$

Solution 평행축 이동 정리로부터
$$I = I_G + y^2 A$$
$$I_G = I - y^2 A$$

22 외경 $d_2 = 2$[cm], 내경 $d_1 = 1$[cm]인 중공축 단면의 단면 2차 극 모멘트 I_p를 구한 값은?

① 0.68[cm^4]　　② 1.47[cm^4]　　③ 1.37[cm^4]　　④ 2.94[cm^4]

Solution
$$I_p = \frac{\pi}{32}(d_2^4 - d_1^4) = \frac{\pi}{32}(2^4 - 1^4) = 1.47 \, [cm^4]$$

23 그림과 같이 홈이 파인 철판이 있다. 단면에 평행한 도심축에 대한 단면 2차 모멘트는 몇 [cm^4]인가?

① 168373
② 184661
③ 225000
④ 268373

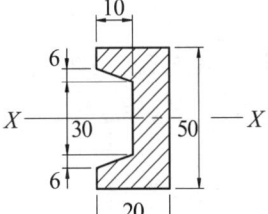

Solution
$$I_{Gx} = \frac{20 \times 50^3}{12} - \frac{10 \times 30^3}{12} - 2 \times \left[\frac{10 \times 6^3}{36} + 17^2 \times \frac{10 \times 6}{2} \right] = 168373.33 \, [cm^4]$$

24 한 변의 길이가 a인 정사각형 단면의 최소단면2차 반직경이 옳은 것은?

① $\dfrac{a}{2}$　　② $\dfrac{a}{\sqrt{3}}$　　③ $\dfrac{a}{2\sqrt{3}}$　　④ $\dfrac{a}{4}$

$$K = \sqrt{\frac{I}{A}} = \sqrt{\frac{a^2}{12}} = \frac{a}{2\sqrt{3}}$$

Answer 19 ④　20 ①　21 ③　22 ②　23 ①　24 ③

25 다음 도형에서 $X-X$ 축에 관한 단면계수는?

① $\dfrac{bh^2}{4}$ ② $\dfrac{bh^2}{6}$

③ $\dfrac{bh^2}{12}$ ④ $\dfrac{bh^3}{12}$

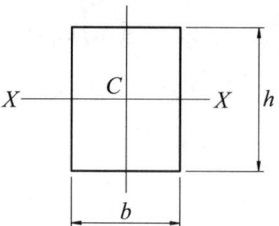

26 폭 b, 높이 h인 사각단면의 도심에 대한 극단면 2차 모멘트를 옳게 나타낸 식은?

① $\dfrac{b^2h^2(b+h)}{12}$ ② $\dfrac{bh(b^2+h^2)}{12}$ ③ $\dfrac{b^2h^2(b+h)}{6}$ ④ $\dfrac{bh(b^2+h^2)}{6}$

Solution
$I_p = I_x + I_y = \dfrac{bh^3}{12} + \dfrac{b^3h}{12} = \dfrac{bh}{12}(b^2+h^2)$

27 단면적이 같은 원과 정사각형의 단면계수 비는 다음 중 어느 것인가?

① $1 : 32$ ② $1 : 2.5$ ③ $1 : 4.6$ ④ $1 : 1.18$

Solution
$\dfrac{\pi d^2}{4} = a^2, \quad a = \dfrac{\sqrt{\pi}}{2}d$

$Z_c = \dfrac{\pi d^3}{32} = \dfrac{\pi}{32}\left(\dfrac{2}{\sqrt{\pi}}a\right)^3 = \dfrac{a^3}{4\sqrt{\pi}} = \dfrac{6}{4\sqrt{\pi}} \times \dfrac{a^3}{6} = 0.85 Z_q$

$\dfrac{Z_c}{Z_q} = 0.85$

$Z_c : Z_q = 0.85 : 1 = 1 : 1.18$

28 직경 d인 원의 중심에 관한 극 단면2차 모멘트는?

① $\dfrac{\pi d^3}{64}$ ② $\dfrac{\pi d^3}{32}$ ③ $\dfrac{\pi d^4}{64}$ ④ $\dfrac{\pi d^4}{32}$

Solution
$I_p = I_x + I_y = 2I_x = 2I_y = 2 \times \dfrac{\pi d^4}{64} = \dfrac{\pi d^4}{32}$

29 그림과 같은 원형단면인 원주의 접선 $X-X$ 축에 대한 단면 2차 모멘트는?

① $I_x = \dfrac{5\pi r^4}{4}$ ② $I_x = \dfrac{\pi r^4}{16}$

③ $I_x = \dfrac{\pi r^4}{32}$ ④ $I_x = \dfrac{\pi r^4}{4}$

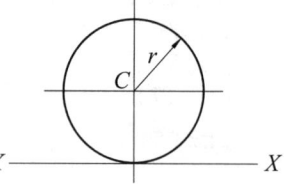

Solution
$I_x = \dfrac{\pi d^4}{64} + \left(\dfrac{d}{2}\right)^2 \times \dfrac{\pi d^2}{4} = \dfrac{5\pi d^4}{64} = \dfrac{5\pi}{65}(2r)^4 = \dfrac{5\pi r^4}{4}$

30 그림과 같이 한 변의 길이가 a인 정4각형 단면에서 도심을 지나는 세 개의 축에 대한 단면2차 모멘트를 비교한 것으로 맞는 것은?

① $I_x > I_y > I_z$
② $I_x = I_y = I_z$
③ $I_x < I_y < I_z$
④ $I_x = I_y > I_z$

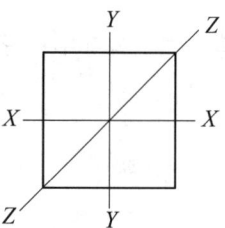

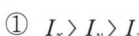 Answer 25 ② 26 ② 27 ④ 28 ④ 29 ① 30 ②

31 그림과 같은 삼각형 단면의 밑변에 대한 단면 2차 모멘트를 구하면?

① $\dfrac{bh^3}{12}$ ② $\dfrac{bh^3}{36}$

③ $\dfrac{bh^3}{4}$ ④ $\dfrac{bh^3}{3}$

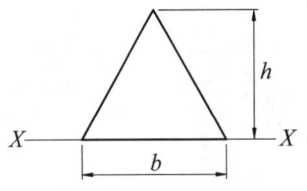

32 평면응력의 경우 훅의 법칙(Hook's law)을 바르게 나타낸 것은? (단, σ_x : 수직응력, ε_x, ε_y : 변형률, ν : 프와송 비, E : 탄성계수이다.)

① $\sigma_x = \dfrac{E}{1-\nu^2}(\varepsilon_x + \nu\varepsilon_y)$ ② $\sigma_x = \dfrac{E}{1-\nu^2}(\varepsilon_y + \nu\varepsilon_x)$

③ $\sigma_x = \dfrac{E}{1-2\nu}(\varepsilon_x + \nu\varepsilon_y)$ ④ $\sigma_x = \dfrac{E}{1-2\nu}(\varepsilon_y + \nu\varepsilon_x)$

◉ Solution

$\varepsilon_x = \dfrac{\sigma_x}{E} - \mu\dfrac{\sigma_y}{E}$, $\varepsilon_y = \dfrac{\sigma_y}{E} - \mu\dfrac{\sigma_x}{E}$

$\sigma_x = E\varepsilon_x + \mu\sigma_y$, $\sigma_y = E\varepsilon_y + \mu\sigma_x$

위의 두 식을 연립하여 σ_x 를 구하면

$\sigma_x = \dfrac{E(\varepsilon_x + \mu\varepsilon_y)}{1-\mu^2}$, $\sigma_y = \dfrac{E(\varepsilon_y + \mu\varepsilon_x)}{1-\mu^2}$

이다. 여기서, $\mu(\nu)$ 는 프와송의 비이다.

33 수직 변형률 $\varepsilon_x = 200 \times 10^{-6}$, $\varepsilon_y = 50 \times 10^{-6}$, 전단변형률 $\gamma_{xy} = 120 \times 10^{-6}$ 인 평면 변형률 상태의 주변형률은?

① 267×10^{-6}, 16×10^{-6} ② -267×10^{-6}, 16×10^{-6}

③ -221×10^{-6}, 29×10^{-6} ④ 221×10^{-6}, 29×10^{-6}

◉ Solution

$\varepsilon_{1,2} = \left(\dfrac{\varepsilon_x + \varepsilon_y}{2}\right) \pm \sqrt{\left(\dfrac{\varepsilon_x - \varepsilon_y}{2}\right)^2 + \left(\dfrac{\gamma_{xy}}{2}\right)^2}$

$\varepsilon_1 = \left[\left(\dfrac{200+50}{2}\right) + \sqrt{\left(\dfrac{200-50}{2}\right)^2 + \left(\dfrac{-120}{2}\right)^2}\right] \times 10^{-6} = 221 \times 10^{-6}$

$\varepsilon_2 = \left[\left(\dfrac{200+50}{2}\right) - \sqrt{\left(\dfrac{200-50}{2}\right)^2 + \left(\dfrac{-120}{2}\right)^2}\right] \times 10^{-6} = 29 \times 10^{-6}$

34 그림에서 빗금친 부분의 도심을 구한 것은? (곡선의 방정식은 $y^3 = 2x$ 이고, x, y는 [cm] 단위이다.)

	$\overline{x}$	$\overline{y}$		$\overline{x}$	$\overline{y}$
①	1.21	1.653	②	1.284	1.724
③	1.305	1.983	④	1.423	1.724

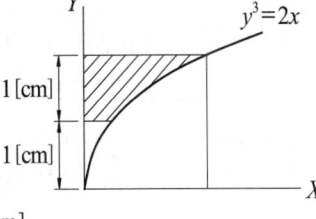

◉ Solution

$\overline{y} = \dfrac{A_1 y_1 - A_2 y_2}{A_1 - A_2}$

$= \dfrac{\frac{1}{4} \times 2 \times 4 \times \left(2 \times \frac{4}{5}\right) - \frac{1}{4} \times 1 \times 0.5 \times \left(1 \times \frac{4}{5}\right)}{\frac{1}{4} \times 2 \times 4 - \frac{1}{4} \times 1 \times 0.5} = 1.653$ [cm]

$\overline{x} = \dfrac{A_1 x_1 - A_2 x_2}{A_1 - A_2}$

$= \dfrac{\frac{1}{4} \times 2 \times 4 \times \left(4 \times \frac{2}{7}\right) - \frac{1}{4} \times 1 \times 0.5 \times \left(0.5 \times \frac{2}{7}\right)}{\frac{1}{4} \times 2 \times 4 - \frac{1}{4} \times 1 \times 0.5} = 1.2$ [cm]

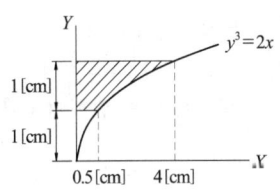

Answer 30 ② 31 ① 32 ① 33 ④ 34 ①

chapter 4 비틀림(Torsion)

1. 원형(圓形) 단면봉의 비틀림(Torsion of Circular Shaft)

직경이 d인 봉의 좌측단을 고정시키고 우측단은 자유로운 상태에서 우측단에 우력 모멘트 T를 가하면, 우측단에서는 비틀림 변형이 크게 발생하지만 고정된 좌측단에서는 변형이 생기지 않는다. 우측단 원형단면의 원주상에서는 비틀림 변형이 크게 발생하고 중심에서는 변형이 최소임으로 발생하지 않는 것으로 본다.

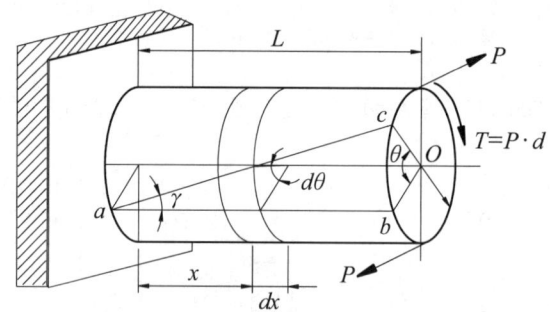

그림4-1 원형 단면 봉의 비틀림

(1) 봉의 비틀림 강도

그림4-1에서와 같이 봉의 우측단에 가해지는 비틀림 모멘트는 미소 모멘트로부터

$$dT = \frac{\tau}{r}\rho^2 dA$$
$$T = \frac{\tau}{r}\int \rho^2 dA = \frac{\tau}{r} \cdot I_P$$
$$T = \tau \cdot Z_p \quad \bigstar\bigstar\bigstar\bigstar\bigstar \qquad [4\text{-}1]$$

이다. 여기서, T는 비틀림 모멘트(회전 모멘트, 회전 토크)[J, N-m, kg$_f$-m], τ는 비틀림 전단응력[N/m^2, Pa, kg$_f$/cm^2], Z_p는 극단면계수[cm^3, m^3]이다.

(2) 봉의 비틀림각(Angle of Torsion)

그림4-1의 우측 단면의 원주에서는 큰 비틀림 변형이 생기고 중심으로 들어가면서는 감소하면서 중앙에서는 변형이 0이다. 이 때 발생하는 비틀림각은

$$\tau = G \cdot \gamma = G \cdot \frac{r\theta}{L}$$
$$\theta = \frac{TL}{GI_p}[\text{rad}] \times \frac{180°}{\pi}[°] \quad \bigstar\bigstar\bigstar\bigstar\bigstar \qquad [4\text{-}2]$$

이다. 여기서, L은 봉의 길이, G는 전단탄성계수, I_p는 극단면2차 모멘트이다.

단위 길이에 대한 비틀림각(비틀림률, 축의 강성도)은

$$\frac{\theta}{L} = \frac{T}{GI_p} \text{ [rad]} \times \frac{180°}{\pi} \text{ [°/m]} \tag{4-3}$$

이다.

2 축의 비틀림

(1) 축의 강도(强度)와 강성도(强性度)

강도(强度 ; Strength)란 물체의 단단하고 센 정도를 나타내는 것으로 물체에 작용하는 하중에 대한 저항으로 표현된다. 강성도(强性度 ; Stiffness)는 물체가 외부로부터 힘을 받아도 변형되지 않고 원래의 모양을 유지하려는 성질로 비틀림이나 층 밀림(전단)에 대한 저항으로 표현하기도 한다.

축 설계를 축의 재료를 선정하여 허용 비틀림 모멘트와 전달동력을 설계조건으로 하여 축의 직경을 결정하는 것이라 한다면 축의 직경을 결정하는 방법에는 축의 강도만을 고려하여 결정하는 경우와 축의 강성도만을 고려하여 결정하는 경우, 강도와 강성도 둘 다 고려하여 결정하는 경우가 있다. 둘 다를 고려할 경우에는 아래의 방법으로 계산하여 큰 값을 선택하도록 한다.

① 강도 위주 축 설계

$$T = \tau \cdot Z_p = \tau \cdot \frac{\pi d^3}{16} \tag{4-4}$$

② 강성도 위주 축 설계

$$\theta = \frac{TL}{GI_p} \times \frac{180°}{\pi} = \frac{TL}{G\frac{\pi d^4}{32}} \times \frac{180°}{\pi} \tag{4-5}$$

여기서, d는 실축의 직경이고 축의 단면이 중공단면일 경우에는 다음과 같이 정리된다.

$$T = \tau \cdot Z_p = \tau \cdot \frac{\pi d_2^3}{16}(1-x^4), \quad x = \frac{d_1}{d_2} \tag{4-6}$$

$$\theta = \frac{TL}{GI_p} \times \frac{180°}{\pi} = \frac{TL}{G\frac{\pi(d_2^4 - d_1^4)}{32}} \times \frac{180°}{\pi} \tag{4-7}$$

여기서, x는 직경비 또는 내·외경비라 한다.

(2) 축의 전달동력과 전달 토크의 관계

전달동력을 H라 하고 전달 토크를 T, 회전 각속도를 ω라 하면 이들 사이의 관계는 다음과 같이 정리된다.

$$H = T \cdot \omega = T \cdot \frac{2\pi N}{60} \tag{4-8}$$

전달동력의 단위로는 아래와 같이 3가지가 사용되고 그들간의 관계를 정리하면

1[PS] = 75[kg$_f$·m/sec] = 0.735[kW]
1[kW] = 102[kg$_f$·m/sec] = 1.36[PS]

이다. 식 [4-8]과 동력의 단위 관계로부터 전달 토크 T를 구하는 식을 표현하면

$$T = 716.2 \frac{H_{PS}}{N} = 974 \frac{H_{kW}}{N} \ [\text{kgf} \cdot \text{m}] \quad ★★★★★ \quad [4\text{-}9]$$

$$T = 716.2 \times 9.8 \frac{H_{PS}}{N} = 974 \times 9.8 \frac{H_{kW}}{N} \ [\text{N-m, J}] \quad ★★★★★ \quad [4\text{-}10]$$

이다. 여기서, N은 매분당 회전수[rpm], H_{ps}는 전달마력[PS]이고 H_{kW}는 전달동력[kW]이다. 매분당 회전수 N, 각속도 ω 그리고 고유진동수 f와의 관계는 아래와 같다.

① 각속도

$$\omega = \frac{2\pi N}{60} \ [\text{rad/sec}] \quad [4\text{-}11]$$

② 고유진동수

$$f = \frac{\omega}{2\pi} \ [\text{Hz, cps}] \quad ★ \quad [4\text{-}12]$$

(3) Bach의 축 공식

축의 재질이 연강 일 때는 축의 길이 1[m]에 대하여 비틀림각을 $\frac{1}{4}°$로 제한한다. 축의 강성도를 고려하여 축의 직경을 결정하면 다음과 같은 식으로 정리되고 이것을 Bach의 축공식(축의 재질이 연강일 때만 적용)이라 한다. 연강의 횡탄성계수는 80[GPa](8×10^5[kgf/cm^2])이고 직경의 단위는 [m]로 정리하였다.

① 중실축

$$\theta = \frac{TL}{GI_p} \times \frac{180°}{\pi}$$

$$\frac{1}{4}° = \frac{716.2 \times 9.8 \times \frac{H_{PS}}{N} \times 1}{80 \times 10^9 \times \frac{\pi d^4}{32}} \times \frac{180°}{\pi}$$

$$d = 0.12 \sqrt[4]{\frac{H_{PS}}{N}} \ [\text{m}] \quad [4\text{-}13]$$

$$\frac{1}{4}° = \frac{974 \times 9.8 \times \frac{H_{kW}}{N} \times 1}{80 \times 10^9 \times \frac{\pi d^4}{32}} \times \frac{180°}{\pi}$$

$$d = 0.13 \sqrt[4]{\frac{H_{kW}}{N}} \ [\text{m}] \quad [4\text{-}14]$$

② 중공축

$$\frac{1}{4}° = \frac{716.2 \times 9.8 \times \frac{H_{PS}}{N} \times 1}{80 \times 10^9 \times \frac{\pi d_2^4 (1-x^4)}{32}} \times \frac{180°}{\pi}$$

$$d_2 = 0.12 \sqrt[4]{\frac{H_{PS}}{N(1-x^4)}} \ [\text{m}] \quad [4\text{-}15]$$

$$\frac{1}{4}° = \frac{974 \times 9.8 \times \frac{H_{kW}}{N} \times 1}{80 \times 10^9 \times \frac{\pi d_2^4 (1-x^4)}{32}} \times \frac{180°}{\pi}$$

$$d_2 = 0.13 \sqrt[4]{\frac{H_{kw}}{N(1-x^4)}} \text{ [m]} \quad [4-16]$$

(4) 비틀림 하중에 의한 탄성 변형 에너지

그림4-1과 같이 직경이 d 인 봉에 비틀림 모멘트를 가했을 때 발생되는 변형을 나타내는 척도가 비틀림각이다. 비틀림 모멘트와 비틀림각과는 탄성영역 내에서 비례관계에 놓여있다. 그러므로 탄성 에너지를 구하면

$$U = \frac{1}{2} T \cdot \theta \text{ [kgf-m, N-m, J]} \; ^{\bigstar\bigstar\bigstar} \quad [4-17]$$

$$= \frac{1}{2} \tau \cdot Z_p \cdot \frac{\tau \cdot Z_p \cdot L}{G \cdot I_P}$$

$$= \frac{\tau^2}{4G} \cdot V \quad [4-18]$$

이다. 여기서, T 는 비틀림 모멘트, θ 는 비틀림각, V 는 체적이다.

① 실축에서 단위체적당 탄성 에너지(레질리언스 계수, 최대 탄성에너지)

$$u = \frac{\tau^2}{4G} \text{ [kgf/cm}^2\text{, N/m}^2\text{, Pa]} \; ^{\bigstar\bigstar} \quad [4-19]$$

② 중공축에서 탄성에너지계수

$$u = \frac{\tau^2}{4G} [1 + x^2], \quad x = \frac{d_1}{d_2} \quad [4-20]$$

여기서, x 는 직경비, d_1 는 중공축의 내경, d_2 는 중공축의 외경이다.

(5) 양단 고정봉의 비틀림

그림4-2와 같이 양단을 고정시키고 봉의 한 지점에 비틀림 모멘트 T 를 가하면, 왼쪽 고정단에서는 저항 비틀림 모멘트 T_A 가 오른쪽 고정단에서는 T_B 의 저항 모멘트(우력 모멘트)가 생긴다. 이와 같은 비틀림 모멘트에 의해서 봉에서는 비틀림 전단응력과 비틀림 변형이 발생한다.

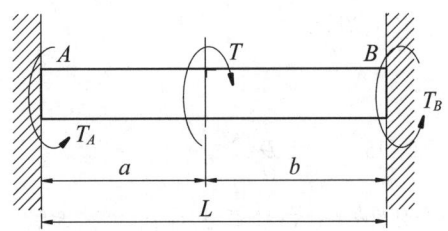

그림4-2 양단 고정봉의 비틀림

① 고정단의 저항 모멘트

$$T = T_A + T_B$$

$$T_A = \frac{bT}{L}, \quad T_B = \frac{aT}{L} \; ^{\bigstar\bigstar} \quad [4-21]$$

여기서, a 는 왼쪽 고정단에서 비틀림 모멘트 T 가 작용하는 지점까지 수평거리이고 b 는 오른쪽 고정단에서 비틀림 모멘트가 작용하는 지점까지 수평거리이다. L 은 봉의 길이로 $a+b$ 이다.

② 고정봉에서 발생하는 비틀림 전단응력

$$\tau_A = \frac{T_A}{Z_p}, \quad \tau_B = \frac{T_B}{Z_P} \qquad [4\text{-}22]$$

③ 비틀림 모멘트가 발생하는 지점에서 비틀림각

$$\theta = \frac{T_A \cdot a}{GI_P} = \frac{T_B \cdot b}{GI_p} \; ★ \qquad [4\text{-}23]$$

$$\theta_A = \theta_B$$

3 코일 스프링(Coil Spring)의 비틀림

그림4-3과 같이 원통형 코일 스프링의 상단을 고정시키고 하단에 인장하중 또는 압축하중을 가하면 코일 스프링은 신장 또는 수축 변형된다.

이 때 스프링에서 발생하는 비틀림 전단응력, 변형량, 스프링 상수 등에 관해서 정리한다.

(1) 비틀림 전단응력

① 직접 전단응력

$$\tau_1 = \frac{P}{A}$$

② 비틀림 전단응력

$$\tau_2 = \frac{T}{Z_P} = \frac{16PR}{\pi d^3}$$

여기서, T는 비틀림 모멘트로 아래와 같다.

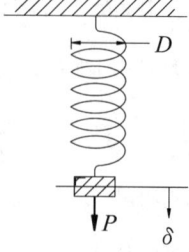

그림4-3 코일 스프링

$$T = P \cdot R \; ★★ \qquad [4\text{-}24]$$

③ 최대 전단응력

$$\tau_{max} = \tau_1 + \tau_2 = \frac{P}{A} + \frac{16PR}{\pi d^3} \qquad [4\text{-}25]$$

$$\tau_{max} \approx K \frac{16PR}{\pi d^3} \; ★★★★ \qquad [4\text{-}26]$$

$$K = \frac{(4C-1)}{(4C-4)} + \frac{0.615}{C}, \quad C = \frac{D}{d} \; ★ \qquad [4\text{-}27]$$

여기서, K는 왈의 응력수정계수, C는 스프링 지수, P는 코일 스프링에 가해지는 하중, R은 코일 스프링의 평균 직경, D는 코일 스프링의 직경, d는 소선(Wire)의 직경이다.

(2) 소선의 총 길이

$$L \fallingdotseq 2\pi R \cdot n \; ★ \qquad [4\text{-}28]$$

여기서, n은 유효권수로 L은 무효권수를 뺀 소선의 길이이다.

(3) 비틀림각

$$\theta = \frac{TL}{GI_P} = \frac{64nPR^2}{Gd^4} \; [\text{rad}] \qquad [4\text{-}29]$$

(4) 처짐량(변형량, 신장량, 수축량)

$$\delta = R \times \theta = \frac{64nPR^3}{Gd^4} \;\; \star\star\star\star \qquad [4\text{-}30]$$

여기서, n은 감김수(유효권수), R은 스프링의 평균 반직경, d는 소선의 직경, P는 수직하중, θ는 비틀림각이다.

(5) 후크의 법칙

$$P = k \cdot \delta \;\; \star\star\star \qquad [4\text{-}31]$$

여기서, k는 스프링 상수[kgf/cm, N/m]이다.

(6) 탄성변형 에너지

$$U = \frac{1}{2}P\delta = \frac{32nP^2R^3}{Gd^4} \;\; \star\star \qquad [4\text{-}32]$$

(7) 합성 스프링 상수

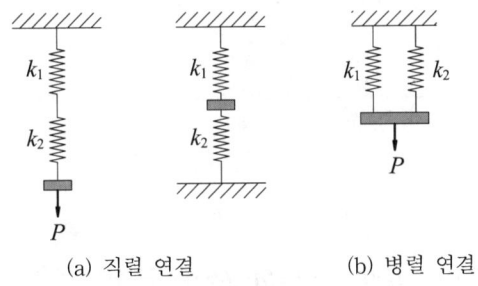

(a) 직렬 연결　　　　(b) 병렬 연결

그림4-4 스프링의 직렬 및 병렬 연결

① 직렬 연결의 경우

$$\frac{1}{k_e} = \frac{1}{k_1} + \frac{1}{k_2} + \ldots \;\; \star\star \qquad [4\text{-}33]$$

② 병렬 연결의 경우

$$k_e = k_1 + k_2 + \ldots \;\; \star\star \qquad [4\text{-}34]$$

여기서, k_e는 합성 스프링 상수[N/m, kgf/cm]이다.

③ 하중과 변형량의 관계 표현

$$P = k_e \delta \;\; \star \qquad [4\text{-}35]$$

chapter 4 ─ 실전연습문제

01 둥근 중심축의 직경을 2배로 하면 비틀림 강도는 몇 배가 되는가?

① 2배　　　② 4배　　　③ 8배　　　④ 16배

Solution
$$T_1 = \tau_a Z_p = \tau_a \frac{\pi d^3}{16}$$
$$T_2 = \tau_a \frac{\pi (2d)^3}{16} = 8 T_1$$

02 동일 재료로 만든 길이 L, 직경이 d 인 축과 길이 $2L$, 직경 $2d$ 인 축을 같은 각도만큼 비트는데 필요한 비틀림 모멘트의 비 T_1/T_2 의 값은 얼마인가?

① 1/4　　　② 1/8　　　③ 1/16　　　④ 1/32

Solution
$$\theta_1 = \theta_2$$
$$\frac{T_1 L}{G \frac{\pi d^4}{32}} = \frac{T_2 2L}{G \frac{\pi (2d)^4}{32}}$$
$$T_1 = \frac{1}{8} T_2, \quad \frac{T_1}{T_2} = \frac{1}{8}$$

03 직경 d 인 원형 단면축을 외경이 d, 내경이 $d/2$인 중공축으로 하면 받을 수 있는 비틀림 모멘트는 몇 [%]감소하는가?

① 6.25　　　② 12.5
③ 25.0　　　④ 50.0

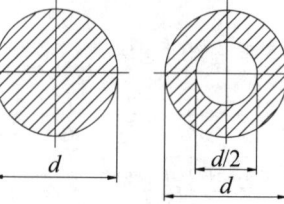

Solution
$$T_a = \tau_a \frac{\pi d^3}{16}$$
$$T_b = \tau_b \frac{\pi d^3}{16}(1 - 0.5^4)$$
$$\phi = \frac{T_b - T_a}{T_a} \times 100 = [(1 - 0.5^4) - 1] \times 100 = -6.25[\%]$$

04 중공축의 외경 12[cm], 내경 6[cm]가 600[rpm]으로 회전할 때, 전달동력은 몇 [kW]인가? (단, 전단허용응력 $\tau_a = 19.6[\text{MPa}]$이다.)

① 125.63　　　② 199.63　　　③ 391.89　　　④ 516.52

Solution
$$T = 974 \times 9.8 \times \frac{H_{kW}}{N} = \tau_a \frac{\pi d^3}{16}(1 - x^4)$$
$$974 \times 9.8 \times \frac{H_{kW}}{600} = 19.6 \times 10^6 \times \frac{\pi \times 0.12^3}{16} \times \left[1 - \left(\frac{6}{12}\right)^4\right]$$
$$H_{kW} = 391.89 [\text{kW}]$$

Answer　01 ③　02 ②　03 ①　04 ③

05 다음 그림과 같은 풀리(pulley)가 100[rpm]으로 회전할 때, 마력은 얼마로 하면 되겠는가?

① 0.8[PS]   ② 1.74[PS]
③ 3.4[PS]   ④ 5.9[PS]

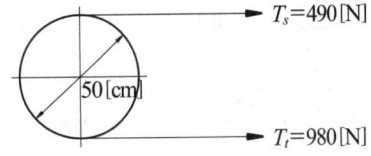

$L = FV = (T_t - T_s) \times \dfrac{\pi DN}{60} = (980 - 490) \times \dfrac{\pi \times 0.5 \times 100}{60} = 1.28 \times 10^3 \,[\text{W}]$
$L = 1.28 \times 1.36 = 1.74 \,[\text{PS}]$

06 외경 10[cm], 내경 6.4[cm]의 중공축의 회전수가 120[rpm]이고 축의 허용전단응력이 19.6[MPa]일 때, 전달 마력은 얼마인가?

① 25.67[PS]   ② 39.45[PS]   ③ 54.76[PS]   ④ 72.78[PS]

$T = \tau_a Z_p = 716.2 \times 9.8 \dfrac{H_{ps}}{N} = \tau_a \dfrac{\pi d_2^3}{16}(1 - x^4)$

$716.2 \times 9.8 \times \dfrac{H_{ps}}{120} = 19.6 \times 10^6 \times \dfrac{\pi \times 0.1^3}{16} \times \left[1 - \left(\dfrac{6.4}{10}\right)^4\right]$

$H_{ps} = 54.76 \,[\text{PS}]$

07 직경 $D=30$[cm]의 그라인더 휠(Grinder Wheel)이 주속도 $v=25$ [m/s]로 회전하고 있다. 이 그라인더 동력이 3.8[kW]일 때, 휠 축의 직경[cm]은 얼마인가? (단, 축 재료의 허용전단응력 $\tau_a = 29.4$[MPa]이다.)

① 1.58   ② 0.158   ③ 0.0158   ④ 0.00158

$V = \dfrac{\pi DN}{60}\;;\; N = \dfrac{60 \times 25}{\pi \times 0.3} = 1592 \,[\text{rpm}]$

$T = 974 \times 9.8 \dfrac{H_{kW}}{N} = \tau_a \dfrac{\pi d^3}{16} \qquad 974 \times 9.8 \times \dfrac{3.8}{1592} = 29.4 \times 10^6 \times \dfrac{\pi d^3}{16}$

$d = 0.0158 \,[\text{m}] = 1.58 \,[\text{cm}]$

08 그림과 같이 양단 고정봉에 비틀림 모멘트 $T=9.8$[J]이 작용할 때 오른쪽 봉에 작용하는 비틀림 모멘트[J]는 얼마인가?

① 1.96   ② 3.92
③ 5.78   ④ 7.84

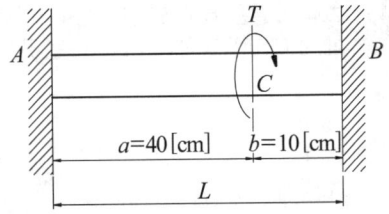

$T_A = \dfrac{Tb}{L} = \dfrac{9.8 \times 10}{50} = 1.96 \,[\text{J}]$
$T_B = \dfrac{Ta}{L} = \dfrac{9.8 \times 40}{50} = 7.84 \,[\text{J}]$

09 그림과 같이 양단이 고정된 단붙임축의 단붙임부에 비틀림 모멘트 T가 작용할 때, 직경 D_1인 축과 직경 D_2인 축에 각각 작용하는 비틀림 모멘트의 비 T_1/T_2의 값은 얼마인가? (단, $D_1=8$[cm], $D_2=4$[cm], $L_1=40$[cm], $L_2=10$[cm]이다.)

① 1   ② 2
③ 3   ④ 4

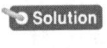
$\theta = \dfrac{T_1 L_1}{G \dfrac{\pi D_1^4}{32}} = \dfrac{T_2 L_2}{G \dfrac{\pi D_2^4}{32}}$

$\dfrac{T_1}{T_2} = \dfrac{L_2}{D_2^4} \times \dfrac{D_1^4}{L_1} = \dfrac{8^4 \times 10}{4^4 \times 40} = 4$

Answer   05 ②   06 ③   07 ①   08 ④   09 ④

10 코일 스프링에서 스프링의 평균 직경을 2배로 하면 선재에 생기는 최대 전단응력은 몇 배인가?

① 1 ② 2 ③ 3 ④ 4

Solution $\tau_1 = \dfrac{T}{Z_p} = \dfrac{16PR}{\pi d^3}$, $\tau_2 = \dfrac{T}{Z_p} = \dfrac{16P(2R)}{\pi d^3} = 2\tau_1$

11 코일 스프링의 평균 직경 D를 2배로 하면 처짐은 몇 배가 되는가?

① 2 ② 4 ③ 8 ④ 16

Solution $\delta_1 = \dfrac{64nPR^3}{Gd^4}$, $\delta_2 = \dfrac{64nP(2R)^3}{Gd^4} = 8\delta_1$

12 평균 직경 25[cm], 코일의 수 10, 소선의 직경 1.25[cm]인 원통형 코일 스프링이 176[N]의 압축 하중을 받을 때, 스프링 상수 k[N/m]는 얼마인가? (단, $G = 86.24$ [GPa]이다.)

① 1238.8 ② 1684.4 ③ 2567.5 ④ 2978.7

Solution $P = k\delta = k\dfrac{64nPR^3}{Gd^4}$

$k = \dfrac{Gd^4}{64nR^3} = \dfrac{86.24 \times 10^9 \times 0.0125^4}{64 \times 10 \times 0.125^3} = 1684.38$ [N/m]

13 각속도 ω (rad/min)로 H [PS]를 전달하는 전동축에 작용하는 토크 T [J]의 식은 다음 중 어느 것인가?

① $T = 4410\dfrac{H}{\omega}$ ② $T = 44100\dfrac{H}{\omega}$ ③ $T = 441000\dfrac{H}{\omega}$ ④ $T = 4410000\dfrac{H}{\omega}$

Solution $T = \dfrac{H \times 0.735 \times 10^3 \times 60}{\omega} = 44100\dfrac{H}{\omega}$

14 그림과 같은 타원 단면에 순수 비틀림 모멘트를 주었을 때, 최대 비틀림응력이 일어나는 곳은?

① A
② B
③ E
④ F

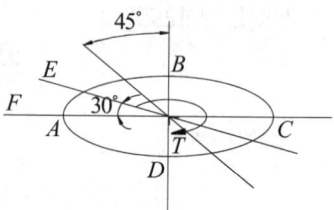

15 1470[J]의 비틀림 모멘트를 받는 외경 $d_2 = 100$[mm]의 중공축의 두께는 몇 [mm]인가? (단, 허용 전단응력은 39.2[MPa]이다.)

① 1.0 ② 1.5 ③ 2.0 ④ 2.5

Solution $T = \tau_a \dfrac{\pi d_2^3}{16}(1 - x^4)$

$1470 = 39.2 \times 10^6 \times \dfrac{\pi \times 0.1^3}{16} \times (1 - x^4)$, $x = 0.95$

$d_1 = xd_2 = 0.95 \times 100 = 95$ [mm]

$t = \dfrac{d_2 - d_1}{2} = \dfrac{100 - 95}{2} = 2.5$ [mm]

Answer 10 ② 11 ③ 12 ② 13 ② 14 ② 15 ④

16 그림과 같이 3개의 풀리가 각각 마력을 전달하고 있다. 각 풀리축에 발생하는 전단응력을 같게 하기 위한 직경의 비는?

① $d_1 : d_2 = \sqrt{5} : \sqrt{3}$
② $d_1 : d_2 = \sqrt{3} : \sqrt{5}$
③ $d_1 : d_2 = \sqrt[3]{5} : \sqrt[3]{3}$
④ $d_1 : d_2 = \sqrt[3]{3} : \sqrt[3]{5}$

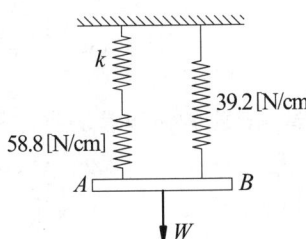

300[HP]   200[HP]   500[HP]

Solution
$T_1 = \tau_a \dfrac{\pi d_1^3}{16} = 716.2 \times 9.8 \times \dfrac{500}{N}$

$T_2 = \tau_a \dfrac{\pi d_2^3}{16} = 716.2 \times 9.8 \times \dfrac{300}{N}$

위의 두 식으로부터 직경비의 관계를 얻을 수 있다.

$\dfrac{d_1^3}{d_2^3} = \dfrac{5}{3}$

$d_1 : d_2 = \sqrt[3]{5} : \sqrt[3]{3}$

17 그림에서의 판 A, B가 기울어지지 않기 위해 스프링 상수 k는 얼마이어야 하는가?

① 7.5[kg/cm]
② 5.0[kg/cm]
③ 12[kg/cm]
④ 10[kg/cm]

Solution
$\dfrac{1}{39.2} = \dfrac{1}{k} + \dfrac{1}{58.8}$

$k = 117.6 \,[\text{N/cm}] = 12 \,[\text{kg/cm}]$

18 코일 스프링의 평균직경 $D=5$[cm], 소선의 직경 $d=5$[mm], 허용 전단응력 686[MPa]일때, 스프링에 가해지는 하중 P 및 스프링 상수 $k=98$[N/cm]가 되기 위한 코일의 감김수 n은? (단, $G=80$[GPa]이다.)

① $P=787.64$[N], $n=6.3$
② $P=673.48$[N], $n=5.1$
③ $P=587.79$[N], $n=4.3$
④ $P=487.51$[N], $n=3.3$

Solution
$\tau_a = \dfrac{T}{Z_p} = \dfrac{16PR}{\pi d^3}$

$P = k\delta = k \dfrac{64nPR^3}{Gd^4}$

$n = \dfrac{Gd^4}{64kR^3} = \dfrac{80 \times 10^9 \times 0.005^4}{98 \times 10^2 \times 64 \times 0.025^3}$, $n = 5.1$

$P = \dfrac{\tau_a \pi d^3}{16R} = \dfrac{686 \times 10^6 \times \pi \times 0.005^3}{16 \times 0.025} = 673.48 \,[\text{N}]$

19 같은 동력을 전달하는 직경 d인 중실축의 비틀림각 θ_A 와 내경이 외경 d의 1/3인 중공축의 비틀림각 θ_B 와의 비 θ_A / θ_B 는 얼마인가?

① $\dfrac{15}{16}$
② $\dfrac{26}{27}$
③ $\dfrac{31}{32}$
④ $\dfrac{80}{81}$

Solution
$x = \dfrac{d_1}{d_2} = \dfrac{1}{3}$

$\theta_A = \dfrac{TL}{G \dfrac{\pi d^4}{32}}$, $\theta_B = \dfrac{TL}{G \dfrac{\pi d^4}{32}(1-x^4)}$

$\dfrac{\theta_A}{\theta_B} = 1 - x^4 = 1 - \left(\dfrac{1}{3}\right)^4 = 1 - \dfrac{1}{81} = \dfrac{80}{81}$

Answer 16 ③ 17 ③ 18 ② 19 ④

20 원형 극단면계수 $Z_p=60[cm^3]$인 전동축에 매분 200회전으로 600마력(PS)이 전달될 때, 이 축의 표면에 일어나는 최대 전단응력은?

① 350.94[MPa] ② 458[MPa] ③ 551.8[MPa] ④ 686[MPa]

Solution
$$T=\tau_{max}Z_p=716.2\times 9.8\frac{H_{ps}}{N}$$
$$716.2\times 9.8\times \frac{600}{200}=\tau_{max}\times 60\times 10^{-6}$$
$$\tau_{max}=350.94\times 10^6\,[N/m^2]$$

21 길이 $L=10[m]$인 원형 단면 축에 비틀림 모멘트 $T=9800[J]$을 작용시키려면 축의 비틀림은 얼마인가? (단, 허용전단응력 $\tau_a=49[MPa]$, 가로탄성계수 $G=80[GPa]$이다.)

① 6.98° ② 5.46° ③ 4.73° ④ 3.25°

Solution
$$T=\tau_a\times\frac{\pi d^3}{16}\;;\;9800=49\times 10^6\times\frac{\pi d^3}{16}\quad d=0.1006\,[m]$$
$$\theta=\frac{TL}{GI_p}=\frac{32\times 9800\times 10}{89\times 10^9\times\pi\times 0.1006^4}\times\frac{180°}{\pi}=6.98°$$

22 연강을 파단될 때까지 비틀었을 때 파단 형태는 다음 중 어느 것인가?

① 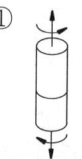 ② 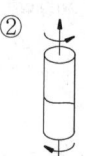 ③ 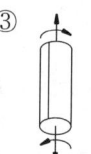 ④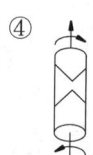

Solution 비틀림에 의하여 봉의 겉 표면에서 최대 변형이 생기며, 봉의 속으로(안으로) 들어가면서 변형은 감소하게 된다.

23 직경 $d=1[cm]$인 강으로 된 중심축에 A, B에 고정되어 있고 C의 disk가 그림과 같이 고정되어 있다. 만약, 허용전단응력이 70[MPa]일 때, 이 disk에 가할 수 있는 최대허용 비틀림각은? (단, $G=80[GPa]$이다.)

① 2°   ② 3°
③ 5°   ④ 2.5°

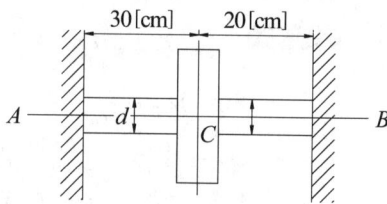

Solution
$$T=\tau_a Z_p=\tau_a\frac{\pi d^3}{16}=70\times 10^6\times\frac{\pi\times 0.01^3}{16}=13.74\,[N-m]$$
$$\theta=\frac{TL}{GI_p}=\frac{32\times 13.74\times 0.3}{80\times 10^9\times\pi\times 0.01^4}\times\frac{180}{\pi}=3°$$

24 동일한 길이와 동일한 재질로서 만들어진 두 개의 원형단면 실축이 있다. 각각의 직경이 d_1, d_2일 때, 각 축에 저장되는 에너지의 비는? (단, 두 축은 모두 비틀림 모멘트 T를 받고 있다.)

① $u_1/u_2=(d_2/d_1)^4$ ② $u_2/u_1=(d_2/d_1)^3$ ③ $u_1/u_2=(d_2/d_1)^3$ ④ $u_2/u_1=(d_2/d_1)^4$

Solution
$$U_1=\frac{\tau_1^2}{4G}A_1L=\frac{T^2A_1L}{4GZ_{P1}^2},\;U_2=\frac{\tau_2^2}{4G}A_2L=\frac{T^2A_2L}{4GZ_{P2}^2}$$
$$\frac{U_1}{U_2}=\frac{d_2^4}{d_1^4}$$

Answer 20 ① 21 ① 22 ② 23 ② 24 ①

25 원형단면 축이 비틀림 모멘트를 받을 때, 생기는 비틀림각에 대한 설명 중 틀린 것은?

① 비틀림 모멘트에 정비례한다.　② 전단탄성계수에 반비례한다.
③ 극 단면 2차 모멘트에 정비례한다.　④ 축 직경의 네제곱에 반비례한다.

26 내경이 2[cm], 외경이 4[cm]인 속이 빈 봉이 2000[N-m]의 비틀림을 받을 때, 생기는 최대전단응력은 얼마인가?

① 90[MPa]　② 70[MPa]　③ 120[MPa]　④ 170[MPa]

Solution
$$T = \tau_a \cdot Z_p = \tau_a \frac{\pi d_2^3 (1-x^4)}{16}$$
$$2000 = \tau_a \times \frac{\pi \times 0.04^3}{16} \times \left[1 - \left(\frac{2}{4}\right)^4\right], \ \tau_a = 169.76 \times 10^6 [\text{N/m}^2]$$

27 마력수 H, 회전수 n, 재료의 허용사용응력 τ_s 가 결정되었을 때, 전동축이 동력을 전달할 수 있는 전동축의 직경 d [cm]의 크기를 구하는 식은?

① $d = 57.3 \sqrt[3]{\dfrac{H}{\tau_s n}}$　② $d = 68.5 \sqrt[3]{\dfrac{H}{\tau_s n}}$　③ $d = 71.5 \sqrt[3]{\dfrac{H}{\tau_s n}}$　④ $d = 79.2 \sqrt[3]{\dfrac{H}{\tau_s n}}$

Solution
$$T = 71620 \frac{H}{n} = \tau_s \frac{\pi d^3}{16}, \ d = 71.45 \sqrt[3]{\frac{H}{n \cdot \tau_s}}$$
사용응력 τ_s 가 MPa이라면
$$71620 \times 9.8 \times \frac{H}{n} = \tau_s \times \frac{\pi d^3}{16} \times 10^6 \times 10^{-4}, \ d = 32.94 \sqrt[3]{\frac{H}{n \cdot \tau_s}}$$

28 원형축의 비틀림에 있어서 전단탄성계수 G, 극관성 모멘트 I_p, 비틀림 모멘트 T, 보의 길이 L, 비틀림각 ϕ(rad)는 어떻게 표시할 수 있는가?

① $\phi = \dfrac{GL}{TI_p}$　② $\phi = \dfrac{TI_p}{GL}$　③ $\phi = \dfrac{GI_p}{TL}$　④ $\phi = \dfrac{TL}{GI_p}$

29 그림에서의 판 AB 가 기울어지지 않기 위해 스프링 상수 k 는 얼마이어야 하는가?

① 0.25 [N/m]
② 0.49 [N/m]
③ 0.71 [N/m]
④ 1.86 [N/m]

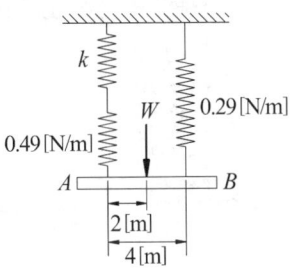

Solution
$$\frac{1}{0.29} = \frac{1}{k} + \frac{1}{0.49}, \ k = 0.71 [\text{N/m}]$$

30 직경이 10[cm]이고 길이가 1[m]인 환봉에 98[N]의 회전력이 작용하고 있다. 이 때 둥근봉에 축적된 탄성 에너지는 몇 [N-m]인가? (단, $G = 0.26 \times 10^9 [\text{N/m}^2]$이다.)

① 1.59×10^{-2}　② 2.08×10^{-1}　③ 3.76×10^{-2}　④ 47×10^{-4}

Solution
$$U = \frac{1}{2} T \cdot \theta = \frac{1}{2} T \cdot \frac{TL}{GI_p}$$
$$= \frac{1}{2} \times (08 \times 0.05)^2 \times \frac{32 \times 1}{0.26 \times 10^9 \times \pi \times 0.1^4} = 0.0047 [\text{N} \cdot \text{m}]$$

Answer　25 ③　26 ④　27 ③　28 ④　29 ③　30 ④

31 직경 d_1인 전동축의 동력을 직경 d_2인 축에 1/8로 감속시켜서 전달하려면 d_2는 d_1의 몇 배이어야 하는가? (단, 양 축의 허용전단응력은 같은 것으로 한다.)

① 3배　　　　② 2.5배　　　　③ 2배　　　　④ 1.5배

Solution
$$T_1 = \tau_a \frac{\pi d_1^3}{16} = 716200 \times \frac{HP}{N_1}, \quad T_2 = \tau_a \frac{\pi d_2^3}{16} = 716200 \times \frac{HP}{N_2}$$
$$\frac{T_1}{T_2} = \frac{d_1^3}{d_2^3} = \frac{N_2}{N_1} = \frac{1}{8}$$
$$d_2^3 = 8d_1^3, \quad d_2 = 2d_1$$

32 굽힘 모멘트 M과 비틀림 모멘트 T를 동시에 받는 축에서 상당 비틀림 모멘트 T_e의 식은?

① $T_e = M\sqrt{1+\left(\frac{T}{M}\right)^2}$　② $T_e = \frac{M}{2}\sqrt{M^2+T^2}$　③ $T_e = M^2+T^2$　④ $T_e = \frac{1}{2}\sqrt{M^2+T^2}$

Solution
$$T_e = \sqrt{M^2+T^2} = M\sqrt{1+\left(\frac{T}{M}\right)^2}$$

33 그림과 같이 반직경이 5[cm]인 원형 단면의 ㄱ자 프레임 ABC에서 A점은 벽에 고정되어 있다. B점에 토크 T를 가하여 C점이 아래로 1[mm] 만큼 처지게 하려면, 필요한 토크의 크기는 몇 [N-m]인가? (단, 전단탄성계수는 75[GPa]이다.)

① 73　　　　② 127
③ 184　　　④ 256

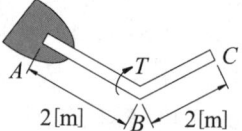

Solution
$$\delta = \theta \cdot L = \frac{TL}{GI_p}L$$
$$0.001 = \frac{32 \times T \times 2^2}{75 \times 10^9 \times \pi \times 0.1^4}, \quad T = 184.08\,[\text{N}-\text{m}]$$

34 반직경 r인 원형축의 양단에 비틀림 모멘트 M_t가 작용될 경우 축의 양단 사이의 최대 비틀림각은? (단, 축의 길이는 L이고, 전단 탄성계수는 G이다.)

① $\dfrac{2M_tL^2}{3\pi^2Gr^2}$　② $\dfrac{3M_tL^2}{4\pi Gr^4}$
③ $\dfrac{M_tL}{\pi^2Gr^2}$　④ $\dfrac{2M_tL}{\pi Gr^4}$

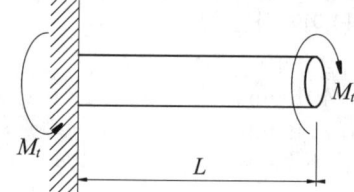

Solution
$$\theta = \frac{M_tL}{GI_p} = \frac{2M_tL}{G\pi r^4}$$

35 2[Hz]로 돌고 있는 중실 원형축이 150[kW]의 동력을 전달해야 된다고 한다. 허용 전단응력이 40[MPa]일 때 요구되는 최소 직경은 몇 [mm]인가?

① 115　　　　② 155　　　　③ 210　　　　④ 265

Solution
$$f = 2Hz = 2cps = 2\,[\text{cycle/sec}]$$
$$\omega = \frac{2\pi N}{60} = 2\pi f, \quad N = 60f = 120\,[\text{rpm}]$$
$$T = 974 \times 9.8 \times \frac{H_{kW}}{N} = \tau \frac{\pi d^3}{16}$$
$$974 \times 9.8 \times \frac{150}{120} = 40 \times 10^6 \times \frac{\pi d^3}{16}$$
$$d = 0.115\,[\text{m}] = 115\,[\text{mm}]$$

Answer　31 ③　32 ①　33 ③　34 ④　35 ①

36 직경 $d=5$[mm]인 와이어로 제작된 반직경 $R=3$[cm]의 코일 스프링에 하중 $P=1$[kN]이 작용할 때, 와이어 단면에 생기는 비틀림 응력은 몇 [MPa]인가?

① 1223
② 1322
③ 1832
④ 2962

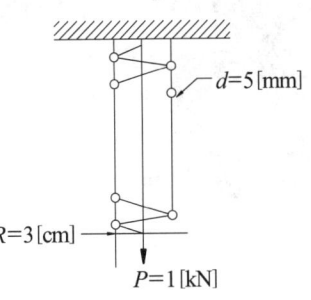

Solution

$C = \dfrac{D}{d} = \dfrac{60}{5} = 12$

$K = \dfrac{4C-1}{4C-4} + \dfrac{0.615}{C} = 1.12$

$\tau = K\dfrac{16PR}{\pi d^3} = 1.12 \times \dfrac{16\times 10^3 \times 0.03}{\pi \times 0.005^3} = 1369.68$ [MPa]

- 왈의 응력수정계수를 무시하면

$\tau = \dfrac{1369.68}{1.12} = 1222.93$ [MPa]

37 내경이 30[mm]이고 외경이 42[mm]인 중공축이 100[kW]의 동력을 전달하는데 이용된다. 전단응력이 50[MPa]을 초과하지 않도록 축의 회전진동수를 구하면 몇 [Hz] 인가?

① 26.6
② 29.6
③ 33.4
④ 37.8

Solution

$T = 974 \times 9.8 \dfrac{H_{kW}}{N} = \tau \dfrac{\pi d_2^3}{16}(1-x^4)$

$974 \times 9.8 \times \dfrac{100}{N} = 50 \times 10^6 \times \dfrac{\pi \times 0.042^3}{16} \times \left(1-\left(\dfrac{30}{42}\right)^4\right)$

$N = 1774.13$ [rpm]

$\omega = \dfrac{2\pi N}{60} = \dfrac{2\times\pi\times 1774.13}{60} = 185.79$ [rad/sec]

$f = \dfrac{\omega}{2\pi} = \dfrac{185.79}{2\pi} = 29.57$ [cycle/sec]

38 아래 그림에서와 같이 단붙이 원형축(Stepped Circular Shaft)의 풀리에 토크가 작용하여 평형상태에 있다. 이 축에 발생하는 최대 전단응력은 몇 [MPa]인가?

① 18.2
② 22.9
③ 41.3
④ 52.4

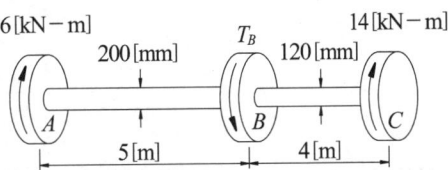

Solution

$T_A = \tau_{AB} \cdot Z_p$; $36 \times 10^3 = \tau_{AB} \times \dfrac{\pi \times 0.2^3}{16}$

$\tau_{AB} = 22.92$ [MPa]

$T_C = \tau_{BC} \cdot Z_p$; $14 \times 10^3 = \tau_{BC} \times \dfrac{\pi \times 0.12^3}{16}$

$\tau_{BC} = 41.3$ [MPa] $= \tau_{max}$

Answer 36 ① 37 ② 38 ③

chapter 5 보(Beam)의 굽힘

1 지점(支点)의 종류

(1) 회전지점(Hinged Support)
힌지 지점으로 되어 있는 보에 하중이 작용하면 힌지 지점에는 수평반력과 수직반력의 미지수만이 발생한다.

(2) 가동지점(Movable Support)
가동지점으로 되어 있는 보에 하중이 작용하면 가동지점에는 수직반력의 미지수만이 발생한다.

(3) 고정지점(Fixed Support)
고정지점으로 되어 있는 보에 하중이 작용하면 고정지점에는 수평반력과 수직반력 그리고 고정단에 저항 모멘트의 미지수가 발생한다.

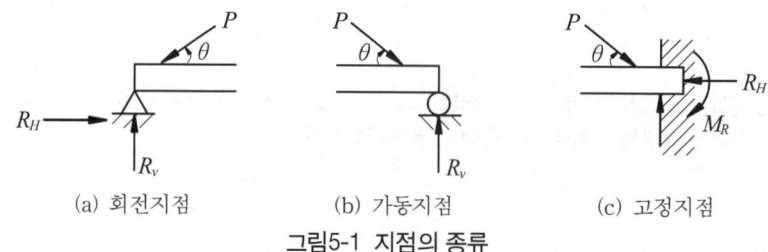

(a) 회전지점   (b) 가동지점   (c) 고정지점

그림5-1 지점의 종류

2 보의 종류

보의 종류는 정정보와 부정정보로 구분된다. 정정보란 지점에 발생하는 미지수들을 힘의 평형과 모멘트 평형만으로 구할 수 있는 보이다. 부정정보는 미지수들을 힘의 평형과 모멘트 평형만으로 구할 수 없어 특수 변형조건을 대입하여 미지수들을 구해야 되는 보이다.

(1) 정정보의 종류
정정보의 종류에는 외팔보(Cantilever), 단순보(Simple Beam), 내다지보(Over Hanging Beam) 등이 있다.

(2) 부정정보의 종류
부정정보에는 고정보(Fixed Beam ; 양단고정보), 고정받침보(일단고정 타단지지보), 연속보(Continuous Beam) 등이 있다.

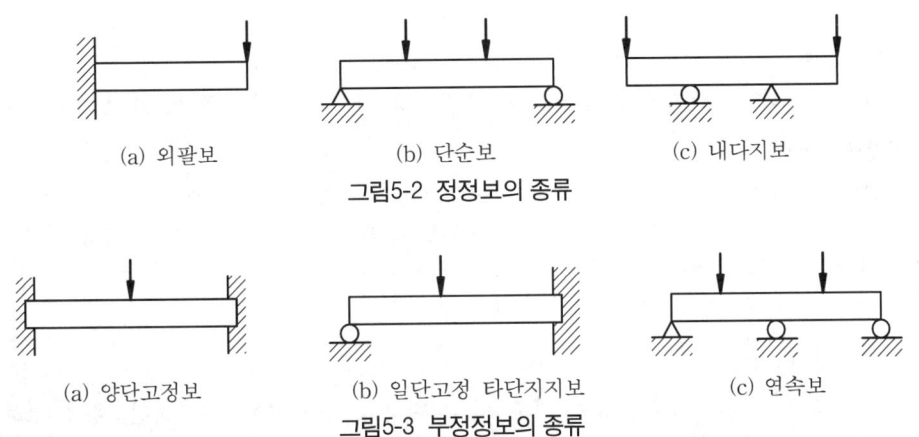

(a) 외팔보 (b) 단순보 (c) 내다지보

그림5-2 정정보의 종류

(a) 양단고정보 (b) 일단고정 타단지지보 (c) 연속보

그림5-3 부정정보의 종류

3 보에 작용하는 하중

보에 작용하는 하중으로는 집중하중, 균일 분포하중(등분포하중), 불균일 분포하중(부등분포하중), 이동하중 등이 있다. 이동하중은 기차가 철교 위를 달리는 것 같이 보 위를 이동하는 하중이다. 본 장에서는 이동하중에 대해서는 다루지 않는다.

(a) 집중하중 (b) 등분포하중 (c) 불균일 분포하중

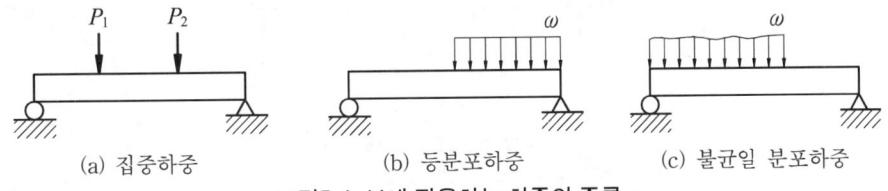

그림5-4 보에 작용하는 하중의 종류

여기서, P는 집중하중[N, kg_f]이고 ω는 분포하중[N/m, kg_f/m]이다. 분포하중이란 단위길이당 작용하는 하중이다.

4 반력(Reaction)

보에 하중이 작용하면 보는 미소 변형(처짐)을 일으키며 휨(Bending) 현상이 발생하지 움직이지는 않는다. 그러므로 하중이 작용하면 하중이 작용하는 방향과 반대방향으로 저항하는 힘이 발생한다. 이것을 반력이라 한다. 이 반력을 구하기 위해 힘의 평형식과 모멘트 평형식을 세워 연립시켜 계산하면 된다.

(1) 힘의 평형

물체에 작용하는 외력의 합은 0이다. 이것이 정적 힘의 평형식이고 힘은 벡터량이므로 방향성을 가지고 있다. 그러므로 방향성을 고려하여 식을 세워 풀어야 한다.

$\Sigma \vec{F}=0$ ★★★ [5-1]

$\Sigma F_x=0$, $\Sigma F_y=0$ [5-2]

또한, x 방향과 y 방향의 힘의 평형식을 세울 때, 아래와 같이 (+)와 (−) 방향을 결정하여 식

을 세운다.
① 정(+) : ↑, →　　　　　　　② 부(-) : ↓, ←
여기서, → 또는 ←은 수평방향(x방향)을 의미하고, ↑ 또는 ↓는 수직방향(y방향)을 나타낸다.

(2) 모멘트 평형

모멘트란 물체의 회전 운동의 크기를 나타내는 척도로 힘과 기준점으로부터 힘까지 수직거리의 곱으로 계산된다. 보에 작용하는 힘이 일으키는 모멘트들과 또 다른 모멘트의 합이 0일 때, 즉 보에 작용하는 모든 모멘트들의 합이 0이면 보는 회전하지 못한다. 이와 같은 관계를 모멘트 평형이라 하고 수식으로 표현하면 아래와 같다.

$$\sum M_o = 0 \quad ★★★ \tag{5-3}$$

여기서, 하첨자 o는 기준점 또는 기준축을 의미하고 식을 세울 때는 회전방향을 고려하여야 한다. 본 교재에서는 시계방향을 (+), 반시계방향을 (-)로 하여 식을 세워 문제를 해결하도록 하겠다.

이상과 같이 힘의 평형식과 모멘트 평형식을 세워 반력을 결정할 수 있다. 예를 들어 그림과 같이 단순보에 2개의 집중하중이 작용하고 있을 때 반력 R_A, R_B를 결정하면

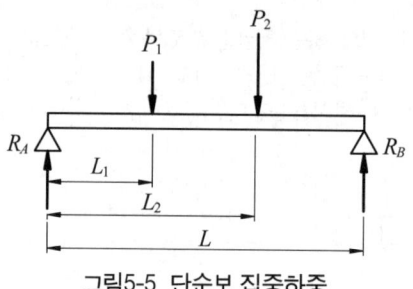

그림5-5 단순보 집중하중

$$\sum F = 0 \; ; \; R_A + R_B - P_1 - P_2 = 0$$
$$R_A + R_B = P_1 + P_2$$
$$\sum M_A = 0 \; ; \; P_1 L_1 + P_2 L_2 - R_B L = 0$$
$$R_B = \frac{P_1 L_1 + P_2 L_2}{L}, \quad R_A = P_1 + P_2 - R_B$$

이다.

5 전단력선도와 굽힘 모멘트 선도

보에 하중이 작용하면 처짐 형태의 변형이 생긴다. 변형이 생기는 보의 임의의 위치 어디에서나 단면의 접선력과 모멘트가 발생하게 된다. 이 때 발생하는 접선력을 전단력이라 하고 모멘트를 굽힘 모멘트라 한다.

전단력 F와 굽힘 모멘트 M은 보의 길이에 따라서 상이한 값을 갖는다. 그러므로 그 크기와 변화 상태를 표시하기 위하여 수직방향(y방향 축)에 전단력 F와 굽힘 모멘트 M의 값을 수평방향(x방향 축)에 보의 단면의 위치(보의 길이)를 취하여 그린 분포선도를 각각 전단력선도 (SFD : Shearing Force Diagram) 그리고 굽힘 모멘트 선도(BMD : Bending Moment Diagram)라 한다. 본 교재에서 y축의 방향을 보의 길이 x축을 기준으로 위를 (+), 아래를 (-)로 놓고 선도를 표현하였다.

(1) 전단력과 굽힘 모멘트의 방향

전단력과 굽힘 모멘트 선도를 그리기 위해서는 수평축과 수직축의 방향을 결정해 주어야 한다. 그림5-6과 같이 전단력 F가 보의 좌·우측 단면에 작용하고 있을 때, 좌측 단면에서 상방향으로 우측 단면에서는 하방향으로 작용하면 전단은 (+)이고 이것과 반대 방향이면 (−)이다. 굽힘 모멘트의 방향은 그림5-6과 같이 보의 좌·우측 단에서 상방향으로 향하며 (+)이고 하방향으로 향하며 (−)이다.

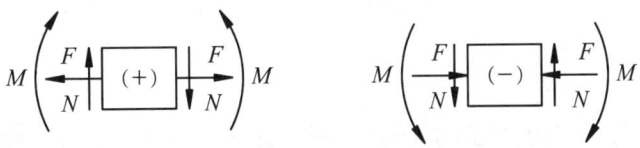

그림5-6 전단력과 굽힘 모멘트의 방향

(2) 하중과 전단력 그리고 굽힘 모멘트의 관계

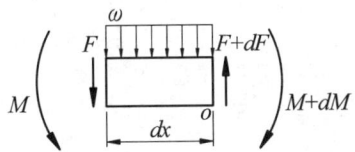

그림5-7 하중과 전단력 그리고 굽힘 모멘트의 관계

그림5-7에서와 같이 분포하중 ω가 작용하고 있는 미소 보의 길이 dx의 좌측단에 전단력 F와 굽힘 모멘트 M이 작용하고 미소 보의 길이 dx를 따라서는 미소 전단력 dF와 미소 굽힘 모멘트 dM의 변화가 생긴다면 우측단에는 전단력 $F+dF$와 굽힘 모멘트 $M+dM$이 작용하는 것으로 판단할 수 있다. 이 상태에서 힘의 평형과 모멘트 평형식을 세워보면 하중과 전단력 그리고 굽힘 모멘트의 관계를 알 수가 있다.

$$\sum P = F + dF - F - \omega dx = 0$$
$$\omega(x) = \frac{dF(x)}{dx} \qquad [5\text{-}4]$$

여기서, ω는 단위길이당 하중(분포하중)이고 전단력 F와 함께 보의 길이에 따라 변화한다는 것을 수식으로 표현한 것이 위의 미분 표현식이다.

$$\sum M_o = M + dM - M - Fdx - \omega \frac{dx^2}{2} = 0$$

여기서, dx^2는 미소 보의 길이의 제곱으로 dx보다 더 작아지므로 무시를 하고 정리하면

$$F(x) = \frac{dM(x)}{dx} \qquad [5\text{-}5]$$

이다. 이 식은 굽힘 모멘트도 보의 길이에 따라 변화한다는 것을 나타내는 미분 표현식이다.

결과적으로 하중과 전단력 그리고 굽힘 모멘트의 관계식은

$$\omega(x) = \frac{dF(x)}{dx} = \frac{d^2M(x)}{dx^2} \quad ★★★★ \qquad [5\text{-}6]$$

이다. 이와 같은 관계를 실제 전단력 선도와 굽힘 모멘트 선도를 그리는데 적용시킬 수 있다. 식 [5-6]를 적분식으로 표현할 수도 있다. 굽힘 모멘트를 x에 대하여 1계 미분을 하면 전단력을 구할 수 있고 2계 미분을 하면 분포하중을 구할 수 있다. 예를 들어 굽힘 모멘트의 식이 x의 3차식이라면 식 [5-6]에 의하여 전단력은 2차식, 분포하중은 1차식임을 알 수 있는 것이다. 즉, 보에 작

용하는 하중으로부터 전단력 선도와 굽힘 모멘트 선도의 경향을 알 수 있다. 다음과 같은 내용을 잘 적용시켜 수식을 세우지 않고도 전단력선도와 굽힘 모멘트 선도를 그릴 수 있도록 해야 한다.
① 보에 작용하는 하중이 집중하중이면 전단력은 수평선으로 변화하고 굽힘 모멘트는 1차 직선으로 변화한다.
② 보에 작용하는 하중이 등분포하중이면 전단력은 1차 직선으로 변화하고 굽힘 모멘트는 2차 곡선(포물선)으로 변화한다.
③ 보에 작용하는 하중이 경사분포하중이면 전단력은 2차 곡선(포물선)으로 변화하고 굽힘 모멘트는 3차 곡선으로 변화한다.

6 외팔보의 전단력선도(SFD)와 굽힘 모멘트 선도(BMD)

(1) 외팔보 자유단 집중하중

길이가 L인 외팔보의 자유단(A단)에 집중하중 P가 작용하면 고정단(B단)에는 반력과 저항 모멘트가 발생한다. 그리고 전단력의 방향과 굽힘 모멘트의 방향은 (−)이며 전단력의 변화는 보의 길이에 따라 변화 없이 일정하고 굽힘 모멘트의 변화는 자유단에서 고정단으로 1차 직선으로 변화한다. 자유단에서 굽힘 모멘트는 0이고 고정단에서는 최대 굽힘 모멘트가 발생한다.

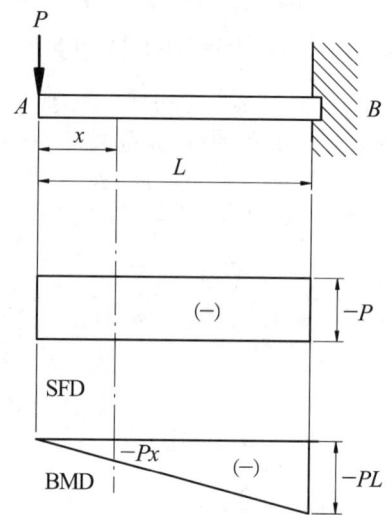

그림5-8 외팔보 자유단 집중하중시 SFD와 BMD

① 고정단 반력

$$R_B = P \tag{5-7}$$

② 최대 전단력

$$F_x = -P$$
$$F_{\max} = P = R_B \tag{5-8}$$

③ 최대 굽힘 모멘트

$$M_x = -Px$$
$$M_B = PL = M_{\max} \text{★} \tag{5-9}$$

여기서, P는 자유단의 집중하중이고 L은 보의 길이이다.

(2) 외팔보 균일 분포하중

길이가 L인 외팔보에 균일 등분포하중 ω가 작용하면 고정단(B단)에는 반력과 저항 모멘트가 발생한다. 그리고 전단력의 방향과 굽힘 모멘트의 방향은 (−)이며 전단력의 변화는 보의 길이에 따라 1차 직선으로 변화하고 굽힘 모멘트의 변화는 자유단에서 고정단으로 2차 곡선(포물선)으로 변화한다. 자유단에서 굽힘 모멘트는 0이고 고정단에서는 최대 굽힘 모멘트가 발생한다.

① 고정단 반력

$$R_B = \omega \cdot L \qquad [5\text{-}10]$$

② 최대 전단력

$$F_x = -\omega x$$
$$F_{max} = \omega \cdot L = R_B \qquad [5\text{-}11]$$

③ 최대 굽힘 모멘트

$$M_x = F_x \cdot \frac{x}{2} = -\frac{\omega \cdot x^2}{2}$$
$$M_B = \frac{\omega \cdot L^2}{2} = M_{max} \; \bigstar \qquad [5\text{-}12]$$

여기서, ω는 단위길이당 하중[N/m, kg$_f$/cm]이다.

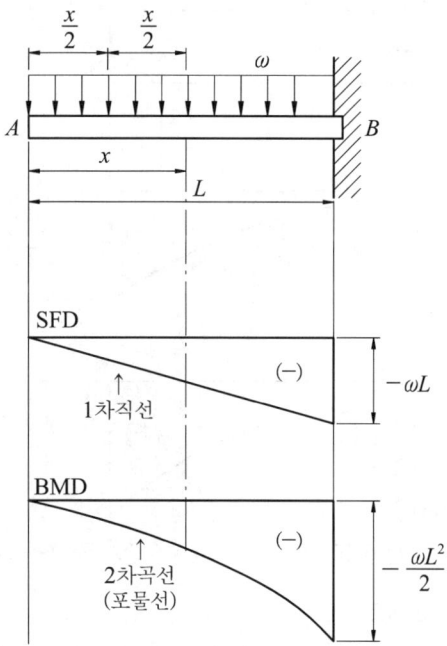

그림5-9 외팔보 균일 분포하중시 SFD와 BMD

(3) 외팔보 경사 분포하중(삼각 분포하중)

길이가 L인 외팔보에 삼각(경사)분포하중 ω_0가 작용하면 고정단(B단)에는 반력과 저항 모멘트가 발생한다. 그리고 전단력의 방향과 굽힘 모멘트의 방향은 (−)이며 전단력의 변화는 보의 길이에 따라 2차 곡선(포물선)으로 변화하고 굽힘 모멘트의 변화는 자유단에서 고정단으로 3차 곡선으로 변화한다. 자유단에서 굽힘 모멘트는 0이고 고정단에서는 최대 굽힘 모멘트가 발생한다.

① 고정단 반력

$$R_B = \frac{\omega_0 \cdot L}{2}$$ [5-13]

② 최대 전단력

$$F_x = -\frac{\omega_0 \cdot x^2}{2L}$$

$$F_{max} = \frac{\omega_0 \cdot L}{2} = R_B$$ [5-14]

③ 최대 굽힘 모멘트

$$M_x = F_x \cdot \frac{x}{3} = -\frac{\omega_0 \cdot x^3}{6L}$$

$$M_B = \frac{\omega_0 \cdot L^2}{6} = M_{max} \; \star$$ [5-15]

여기서, ω_0는 단위길이당 작용하는 최대 하중[N/m, kg$_f$/cm]이다.

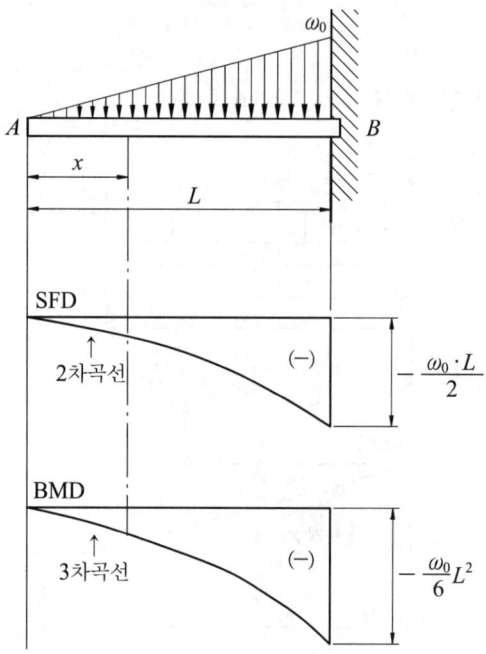

그림5-10 외팔보 3각 분포하중시 SFD와 BMD

(4) 외팔보 자유단 우력 모멘트

길이가 L인 외팔보의 자유단에 우력 모멘트 M_0가 작용하면 고정단(A단)에는 저항 모멘트만 발생한다. 따라서 전단력은 발생하지 않고 굽힘 모멘트의 방향은 (-)이며 굽힘 모멘트의 변화는 자유단에서 고정단까지 x 축에 M_0로서 평행하게 작용한다.

① 저항 모멘트

$$M_R = M_A = M_0$$ [5-16]

② 전단력

$$F = 0 \qquad [5\text{-}17]$$

③ 최대 굽힘 모멘트

$$M_{\max} = M_A = M_0 \; \bigstar \qquad [5\text{-}18]$$

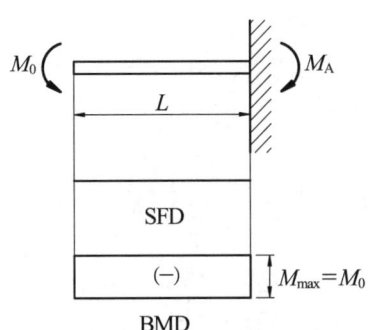

그림5-11 외팔보 자유단에 우력 모멘트 작용시 SFD와 BMD

지금까지 외팔보 중 가장 일반적인 경우를 예로 들어 전단력 선도와 굽힘 모멘트 선도를 정리하였다. 이것을 잘 정리하여 다른 경우의 문제도 해결할 수 있도록 해야 한다. 여기서, 무엇보다도 중요한 것은 최대 굽힘 모멘트가 발생하는 지점과 그 크기이다. 위에서 정리한 4가지 경우의 외팔보에서 최대 굽힘 모멘트가 발생하는 지점은 고정단이다.

7 단순보의 전단력선도(SFD)와 굽힘 모멘트 선도(BMD)

(1) 단순보 중앙 집중하중

길이가 L인 단순보의 A단 힌지지점과 B단 가동지점 사이의 중앙에 집중하중 P가 작용하면 A지점과 B지점에 반력이 발생한다. 그리고 보에 발생하는 전단력은 중앙점을 기준으로 A지점에서 중앙까지는 (+), 중앙에서 B지점까지는 (−)로 보의 길이에 평행선으로 분포하게 된다. 굽힘 모멘트의 방향은 (+)이며 A단과 B단에서는 굽힘 모멘트가 0이고 양단에서 중앙으로 들어오면서 1차 직선으로 굽힘 모멘트는 증가한다. 굽힘 모멘트는 중앙점을 기준으로 좌우 대칭을 이루며 중앙점에서 최대 굽힘 모멘트가 발생한다. 단순보의 경우, 최대 굽힘 모멘트가 발생하는 지점은 전단력이 (+)에서 (−)로 변화하는 지점 즉, 전단력이 0이 되는 지점이고 식 [5-5]로부터 최대 굽힘 모멘트가 발생하는 지점에 관한 문제를 해결할 수 있다.

① 반력

$$R_A = \frac{P}{2}, \quad R_B = -\frac{P}{2} \qquad [5\text{-}19]$$

여기서, 반력 R_A와 R_B의 방향은 반대이고 크기는 같다.

② 최대 전단력

x가 $\frac{L}{2}$보다 작을 때 전단력은

$$F_x = \frac{P}{2} \qquad [5\text{-}20]$$

이고, x가 $\dfrac{L}{2}$ 보다 클 때 전단력은

$$F_x = -\dfrac{P}{2} \qquad [5\text{-}21]$$

이다.

$$F_{max} = \dfrac{P}{2} \qquad [5\text{-}22]$$

③ 최대 굽힘 모멘트

$$M_x = F_x \cdot x = \dfrac{P \cdot x}{2}$$

$$M_C = M_{max} = \dfrac{P \cdot L}{4} \quad \text{★★★} \qquad [5\text{-}23]$$

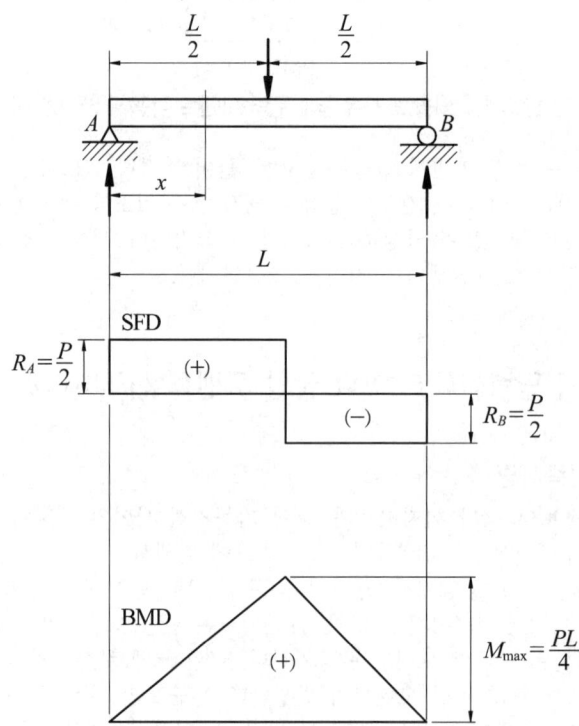

그림5-12 단순보 중앙 집중하중 작용시 SFD와 BMD

(2) 단순보 균일(등)분포하중

    길이가 L인 단순보의 A단 힌지지점과 B단 가동지점 사이에 등분포하중이 작용하면 A지점과 B지점에 반력이 발생한다. 그리고 보에 발생하는 전단력은 중앙점을 기준으로 A지점에서 중앙까지는 (+), 중앙에서 B지점까지는 (−)로 1차 직선으로 변화하며 분포하게 된다. 굽힘 모멘트의 방향은 (+)이며 A단과 B단에서는 굽힘 모멘트가 0이고 양단에서 중앙으로 들어오면서 2차 포물선으로 굽힘 모멘트는 증가한다. 굽힘 모멘트는 중앙점을 기준으로 좌·우 대칭을 이루며 중앙점에서 최대 굽힘 모멘트가 발생한다.

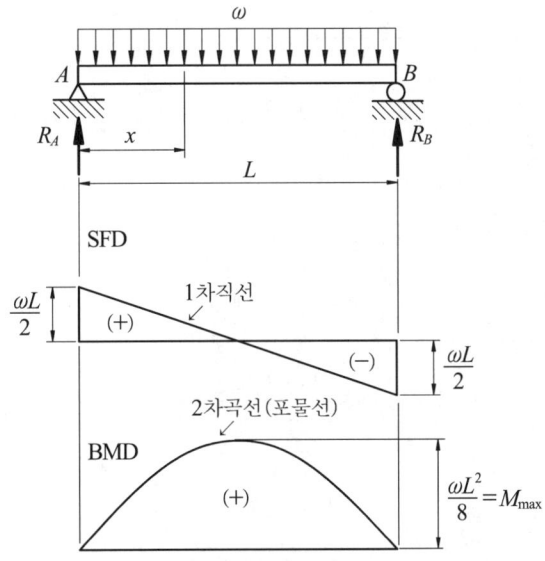

그림5-13 단순보 균일 등분포하중 작용시 SFD와 BMD

① 반력

$$R_A + R_B = \omega \cdot L$$
$$R_A = \frac{\omega \cdot L}{2}, \quad R_B = -\frac{\omega \cdot L}{2} \qquad [5\text{-}24]$$

② 최대 전단력

$$F_x = \frac{\omega L}{2} - \omega x$$
$$F_{max} = \frac{\omega \cdot L}{2} = R_A = R_B \qquad [5\text{-}25]$$

③ 굽힘 모멘트

$$M_x = \frac{\omega L}{2} x - \frac{\omega x^2}{2}$$
$$M_C = M_{max} = \frac{\omega \cdot L^2}{8} \quad \bigstar\bigstar\bigstar \qquad [5\text{-}26]$$

(3) 단순보 삼각 분포하중

길이가 L인 단순보의 A단 힌지지점과 B단 가동지점 사이에 삼각분포하중이 작용하면 A지점과 B지점에 반력이 발생한다. 그리고 보에 발생하는 전단력은 중앙점을 기준으로 A지점에서 안쪽으로 들어가면서 (+), 안쪽 어떤 지점으로부터 B지점까지는 (−)로 2차 곡선을 그리며 변화하게 된다. 전단력이 (+)에서 (−)로 변화는 지점은 전단력이 0이 되는 점이므로 식 [5-4]로부터 구할 수 있다. 굽힘 모멘트의 방향은 (+)이며 A단과 B단에서는 굽힘 모멘트가 0이고 양단에서 전단력이 0이 되는 지점까지 들어오면서 3차 곡선으로 굽힘 모멘트는 증가한다. 전단력이 0이 되는 지점이 최대 굽힘 모멘트가 발생하는 지점이다.

① 반력

$$R_A + R_B = \frac{\omega_0 \cdot L}{2}$$

$$R_A = \frac{\omega_0 \cdot L}{6}, \quad R_B = -\frac{\omega_0 \cdot L}{3}$$ [5-27]

② 최대 전단력

$$F_x = \frac{\omega_0 \cdot L}{6} - \frac{\omega_0 \cdot x^2}{2L}$$

$$F_{max} = R_B = \frac{\omega_0 \cdot L}{3}$$ [5-28]

③ 전단력이 0인 지점

$$F_x = 0$$

$$x = \frac{L}{\sqrt{3}}$$ [5-29]

④ 최대 굽힘 모멘트

$$M_x = \frac{\omega_0 L}{6}x - \frac{\omega_0 x^3}{6L}$$

$$M_{max} = \frac{\omega_0 \cdot L^2}{9\sqrt{3}} \;\; ★★$$ [5-30]

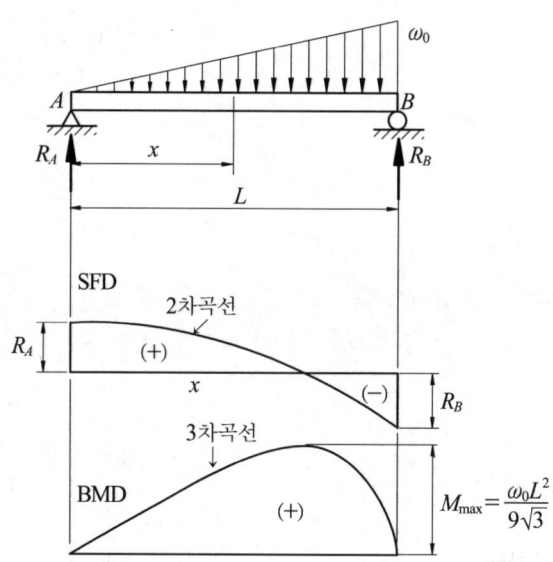

그림5-14 단순보 3각 분포하중 작용시 SFD와 BMD

(4) 단순보에 작용하는 우력 모멘트

길이가 L 인 단순보에 우력 모멘트가 작용하면 전단력의 변화는 보의 길이에 따라 (−)방향으로 일정하게 발생하게 되고 굽힘 모멘트는 양단에서 우력 모멘트가 작용하는 지점까지 1차 직선으로 변화한다. A 단에서 우력 모멘트 작용점까지는 (−)방향으로 변화하고 B 단에서 우력 모멘트 작용점까지는 (+)방향으로 변화한다.

① 반력

$$-R_A + R_B = 0$$

$$\sum M_B = M_0 - R_A L = 0$$

$$R_A = \frac{M_0}{L}, \quad R_B = \frac{M_0}{L} \qquad [5\text{-}31]$$

② 전단력

$$F_{max} = \frac{M_0}{L} \qquad [5\text{-}32]$$

③ 굽힘 모멘트

$$x \le a, \quad M_x = R_A \cdot x = -\frac{M_0}{L}x, \quad M_a = -\frac{M_0}{L}a \qquad [5\text{-}33]$$

$$x > a, \quad M_x = R_A \cdot x + M_0 = -\frac{M_0}{L}x + M_0, \quad M_b = \frac{M_0}{L}b \qquad [5\text{-}34]$$

지금까지 단순보 중 가장 일반적인 경우를 예로 들어 전단력 선도와 굽힘 모멘트 선도를 정리하였다. 외팔보에서 언급한 것처럼 기본적인 것을 잘 정리하여 그것을 응용하여 다른 문제도 해결할 수 있도록 해야 한다. 여기서, 무엇보다도 중요한 것은 최대 굽힘 모멘트가 발생하는 지점과 그 크기이다. 단순보에서 최대 굽힘 모멘트가 발생하는 지점은 전단력이 0인 지점 즉, 전단력이 (+)에서 (-)로 변화하는 지점이다.

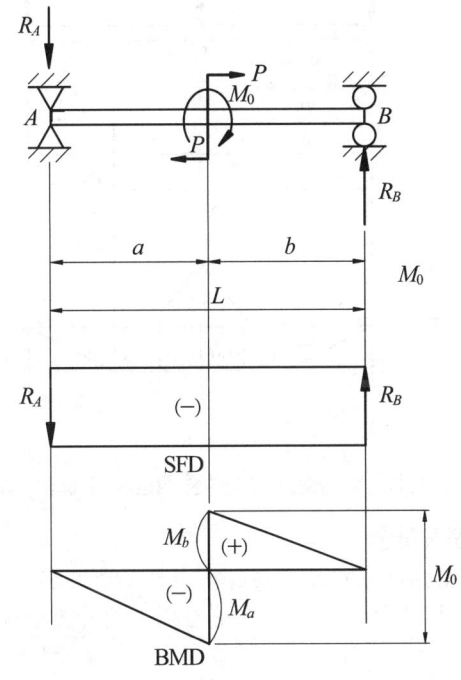

그림5-15 단순보에 작용하는 우력 모멘트 작용시 SFD와 BMD ★★★

8 돌출보의 전단력선도(SFD)와 굽힘 모멘트 선도(BMD)

(1) 돌출보(내다지보) 집중하중

A지점과 B지점에서 양끝으로 a만큼 돌출하여 나간 내다지보의 양끝에 집중하중 P_1과 중앙에 집중하중 P_2가 작용하면 A지점과 B지점에는 반력이 발생하게 된다. 이와 같은 보에서 전단

력의 변화는 왼쪽 끝에서 A지점까지는 ($-$), A지점에서 중앙까지는 ($+$), 중앙에서 B지점까지는 ($-$), B지점에서 오른쪽 끝단까지는 ($+$)로 보의 길이를 기준선으로 표현하면 그 기준선에 평행하게 변화한다. 굽힘 모멘트의 변화는 왼쪽 끝에서 A지점까지는 ($-$), A지점에서 중앙까지는 ($+$)방향의 1차 직선으로 변화하게 된다. 오른쪽 끝단에서 중앙까지는 왼쪽끝단에서 중앙까지의 변화와 대칭으로 그림5-16에서 확인할 수 있다.

① 반력

$$R_A = R_B = P_1 + \frac{P_2}{2}$$ [5-35]

② A지점과 B지점에서 굽힘 모멘트

$$M_A = M_B = P_1 a$$ [5-36]

③ 중앙(C) 지점에서 굽힘 모멘트

$$M_C = \frac{P_2 L}{4} - P_1 a$$ [5-37]

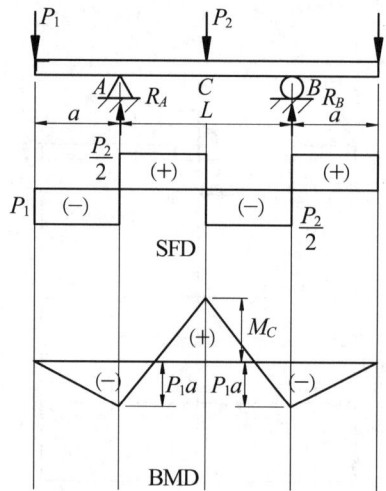

그림5-16 돌출보 집중하중 작용시 SFD와 BMD ★★★

(2) 돌출보(내다지보) 등분포하중

A점과 B지점에서 양끝으로 a만큼 돌출하여 나간 내다지보에 등분포하중 ω가 작용하면 A지점과 B지점에는 반력이 발생하게 된다. 이와 같은 보에서 전단력의 변화는 왼쪽 끝에서 A지점까지는 ($-$), A지점에서 중앙까지는 ($+$), 중앙에서 B지점까지는 ($-$), B지점에서 오른쪽 끝단까지는 ($+$)로 1차 직선형태로 변화한다. 굽힘 모멘트의 변화는 왼쪽 끝에서 A지점까지는 ($-$), A지점에서 중앙까지는 ($+$)방향의 2차 직선(포물선)으로 변화하게 된다. 오른쪽 끝단에서 중앙까지는 왼쪽끝단에서 중앙까지의 변화와 대칭으로 그림5-17에서 확인할 수 있다.

① 반력

$$R_A = R_B = \omega a + \frac{\omega L}{2}$$ [5-38]

② A지점과 B지점에서 굽힘 모멘트

$$M_A = M_B = \frac{\omega a^2}{2}$$ [5-39]

③ 중앙(C) 지점에서 굽힘 모멘트

$$M_C = \frac{\omega L^2}{8} - \frac{\omega a^2}{2}$$ [5-40]

보의 중앙지점을 기준으로 좌우 대칭일 경우는 중앙지점에서 최대 굽힘 모멘트가 발생한다. 돌출보도 위의 두 가지 내용을 기본으로 하여 다른 문제를 풀 수 있도록 해야 한다.

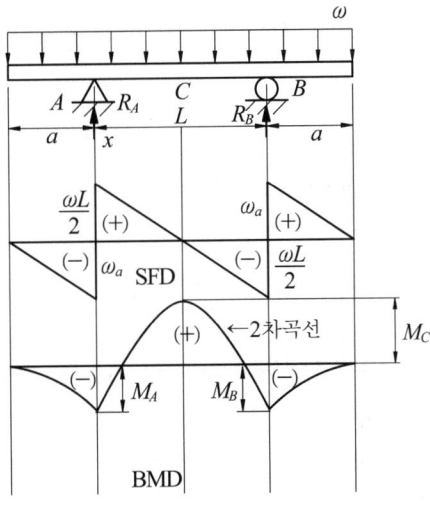

그림5-17 돌출보 등분포하중 작용시 SFD와 BMD ★★★

chapter 5 실전연습문제

01 그림과 같이 집중 하중을 받는 양단 지지보에서 A, B 단에 작용하는 반력 R_A 및 R_B 는 각각 몇 [N]인가?

① $R_A = 300\,[\text{N}]$ $R_B = 200\,[\text{N}]$
② $R_A = 200\,[\text{N}]$, $R_B = 300\,[\text{N}]$
③ $R_A = 230\,[\text{N}]$, $R_B = 270\,[\text{N}]$
④ $R_A = 320\,[\text{N}]$, $R_B = 180\,[\text{N}]$

Solution $R_A = \dfrac{500 \times 3}{5} = 300\,[\text{N}]$, $R_B = \dfrac{500 \times 2}{5} = 200\,[\text{N}]$

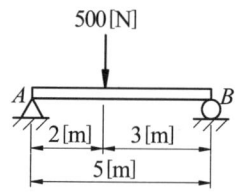

02 그림과 같이 등분포하중을 받는 양단 지지보에서 반력 R_A, R_B 는?

① $R_A = 300\,[\text{N}]$, $R_B = 200\,[\text{N}]$
② $R_A = 160\,[\text{N}]$, $R_B = 40\,[\text{N}]$
③ $R_A = 40\,[\text{N}]$, $R_B = 160\,[\text{N}]$
④ $R_A = 200\,[\text{N}]$, $R_B = 300\,[\text{N}]$

Solution $R_A = \dfrac{(100 \times 2) \times 4}{5} = 160\,[\text{N}]$, $R_B = \dfrac{(100 \times 2) \times 1}{5} = 40\,[\text{N}]$

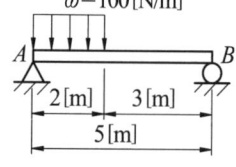

03 그림과 같은 보에서 최대 굽힘 모멘트가 생기는 점까지의 거리는 A점으로부터 몇 [m]인가? (단, 스팬의 길이 $L=5\,[\text{m}]$이다.)

① 1.578   ② 1.758
③ 1.875   ④ 1.965

Solution
$$F_x = R_A - \omega x = \dfrac{\dfrac{\omega L}{2} \times \left(\dfrac{L}{4} + \dfrac{L}{2}\right)}{L} - \omega x = \dfrac{3\omega L}{8} - \omega x$$
$F_x = 0$ 인 지점에서 최대굽힘 모멘트가 발생
$x = \dfrac{3L}{8} = \dfrac{3 \times 5}{8} = 1.875\,[\text{m}]$

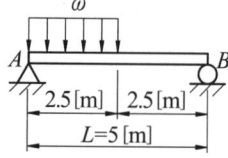

04 그림과 같이 3각형 분포하중이 작용하는 단순보의 A, B 단에 작용하는 반력 R_A, R_B 는 각각 몇 [N]인가?

① $R_A = 1960$, $R_B = 980$ ② $R_A = 1960$, $R_B = 3920$
③ $R_A = 980$, $R_B = 1960$ ④ $R_A = 3920$, $R_B = 1960$

Solution
$R_A = \dfrac{\dfrac{\omega L}{2} \times \dfrac{L}{3}}{L} = \dfrac{\omega L}{6} = \dfrac{4 \times 300}{6} = 200\,[\text{kg}_f] = 1960\,[\text{N}]$
$R_B = \dfrac{\omega L}{2} - R_A = \dfrac{4 \times 9.8 \times 300}{2} - 1960 = 3920\,[\text{N}]$

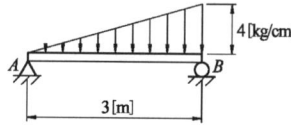

Answer 01 ① 02 ② 03 ③ 04 ②

05 그림과 같은 보의 굽힘 모멘트 선도는?

① 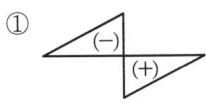   ②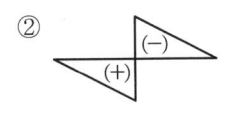

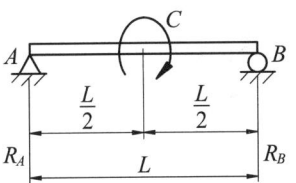

③ 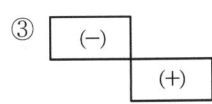   ④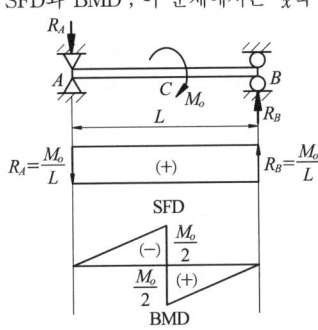

Solution SFD와 BMD ; 이 문제에서는 x축 아래가 (+)이고 위가 (−)이다.

06 그림과 같은 보에서 D점의 굽힘 모멘트의 크기는 몇 [J]인가?

① 2.7[J]   ② 3.6[J]
③ 5.8[J]   ④ 7.2[J]

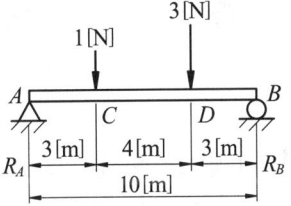

Solution
$R_B = \dfrac{1 \times 3 + 3 \times 7}{10} = 2.4 \,[\text{N}]$
$M_D = 2.4 \times 3 = 7.2 \,[\text{N} \cdot \text{m}]$

07 그림과 같은 보에서의 A지점의 반력[N]은?

① $R_A = M_0$ ② $R_A = \dfrac{M_0}{L}$
③ $R_A = \dfrac{M_0^2}{L}$ ④ $R_A = \dfrac{M_0^3}{L}$

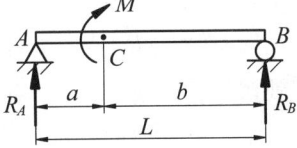

Solution $\sum M_B = 0$
$R_A L + M_0 = 0, \quad R_A = -\dfrac{M_0}{L}$

08 그림과 같은 구조물에서 A지점의 수직 반력[N]은?

① 25[N]   ② 50[N]
③ 75[N]   ④ 100[N]

Solution $\sum M_B = 0$
$R_A L + F a = 0$
$R_A = -\dfrac{100 \times 1}{2} = -50 \,[\text{N}]$

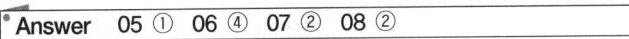

Answer 05 ① 06 ④ 07 ② 08 ②

09 그림과 같은 보에서 중앙점의 굽힘 모멘트[J]는?

① 3[J]   ② 6[J]
③ 9[J]   ④ 12[J]

Solution $M_C = 2 \times 3 \times 1.5 = 9 \,[\text{N}-\text{m}]$

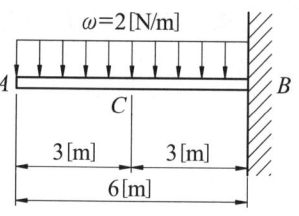

10 그림과 같은 단순보에서 A지점의 반력은?

① $R_A = \dfrac{\omega b(b+2c)}{6L}$ ② $R_A = \dfrac{\omega b(2b+c)}{6L}$

③ $R_A = \dfrac{\omega b(b+3c)}{6L}$ ④ $R_A = \dfrac{\omega b(3b+c)}{6L}$

Solution $R_A = \dfrac{\dfrac{\omega b}{2} \times \left(\dfrac{b}{3}+c\right)}{L} = \dfrac{\omega b(b+3c)}{6L}$

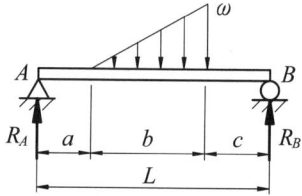

11 그림에서 길이 L인 외팔보에 생기는 최대 굽힘 모멘트 $M_{\max}$ 은?

① $M_{\max} = \dfrac{\omega L^2}{12}$ ② $M_{\max} = \dfrac{\omega L^2}{8}$

③ $M_{\max} = \dfrac{\omega L^2}{4}$ ④ $M_{\max} = \dfrac{\omega L^2}{2}$

Solution 최대굽힘 모멘트는 고정단에서 발생

$M_{\max} = \dfrac{\omega L}{2} \times \dfrac{L}{4} = \dfrac{\omega L^2}{8}$

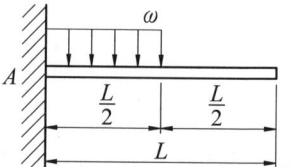

12 다음 그림과 같은 외팔보에서 지점 반력(N)은?

① $R_x = 39\,[\text{N}]$, $R_y = 86.6[\text{N}]$
② $R_x = 50\,[\text{N}]$, $R_y = 66.8[\text{N}]$
③ $R_x = 86.6\,[\text{N}]$, $R_y = 50[\text{N}]$
④ $R_x = 50\,[\text{N}]$, $R_y = 86.6[\text{N}]$

Solution $R_x = 100 \times \cos 60° = 50\,[\text{N}]$
$R_y = 100 \times \sin 60° = 86.6\,[\text{N}]$

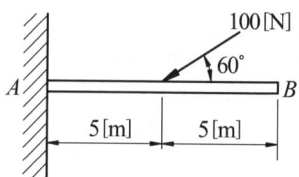

13 그림과 같이 균일 분포하중 $\omega = 98[\text{N/cm}]$와 집중하중 $P = 4.9[\text{kN}]$의 힘이 작용하는 외팔보의 최대 굽힘 모멘트는 몇 [kJ]인가?

① 13.6[kJ]   ② 39.2[kJ]
③ 57.3[kJ]   ④ 76.4[kJ]

Solution $M_{\max} = \dfrac{\omega L}{2} \times \dfrac{L}{4} + PL$

$= 98 \times 200 \times 1 + 4.9 \times 10^3 \times 4$
$= 39.2 \times 10^3\,[\text{N}-\text{m}] = 39.2\,[\text{kJ}]$

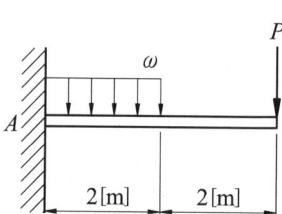

Answer 09 ③ 10 ③ 11 ② 12 ④ 13 ②

14 그림에서와 같은 내다지보에서 $\omega L = P$일 때, 이 보의 중앙점의 굽힘 모멘트 M_C가 0이 되기 위한 a/L의 값은 얼마인가?

① $\frac{1}{2}$ ② $\frac{1}{4}$ ③ $\frac{1}{8}$ ④ $\frac{1}{16}$

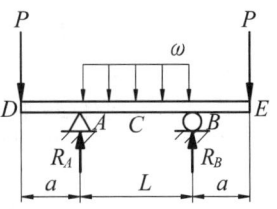

Solution

$R_A = P + \frac{\omega L}{2}$

$M_C = 0$

$M_C = -P\left(a + \frac{L}{2}\right) + \left(P + \frac{\omega L}{2}\right)\frac{L}{2} - \frac{\omega L}{2} \times \frac{L}{4}$

$= -Pa - \frac{PL}{2} + \frac{PL}{2} + \frac{\omega L^2}{4} - \frac{\omega L^2}{8} = -Pa + \frac{\omega L^2}{8}$

$Pa = \frac{\omega L^2}{8}$, $\frac{a}{L} = \frac{1}{8}$

15 그림과 같은 스팬(span)의 길이 L에 생기는 최대 굽힘 M는 얼마인가?

① $M_{max} = \frac{\omega L^2}{9}$ ② $M_{max} = \frac{\omega L^2}{6}$

③ $M_{max} = \frac{\omega L^2}{3}$ ④ $M_{max} = \frac{\omega L^2}{24}$

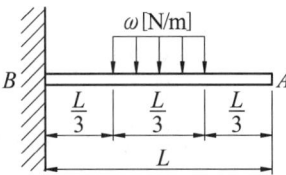

Solution 최대굽힘 모멘트는 고정단에서 발생

$M_{max} = M_B = \frac{\omega L}{3} \times \frac{L}{2} = \frac{\omega L^2}{6}$

16 그림과 같은 단순보에 삼각분포하중이 작용할 때, A점의 반력 R_A는?

① $R_A = \frac{\omega(L+b)}{6}$ ② $R_A = \frac{\omega(L+a)}{6}$

③ $R_A = \frac{\omega(a+b)}{6}$ ④ $R_A = \frac{\omega(L+a)}{6}$

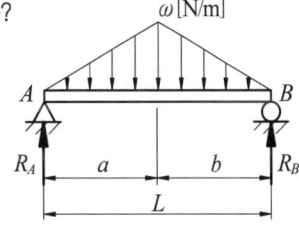

Solution

$R_A = \frac{\frac{\omega a}{2} \times \left(\frac{a}{3} + b\right) + \frac{\omega b}{2} \times \frac{2b}{3}}{L} = \frac{\omega a(a+3b) + \omega b \times 2b}{6L}$

$= \frac{\omega}{6} \times \frac{a^2 + 3ab + 2b^2}{L}$

$= \frac{\omega}{6} \times \frac{(a+b)(a+2b)}{L}$

$= \frac{\omega}{6} \times (a+2b) = \frac{\omega(L+b)}{6}$

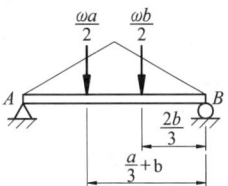

17 그림과 같은 내다지보에 집중하중이 A점에 49[kN]과 C점에 58.8[kN]이 작용하고 있을 때, B점의 반력은?

① 88.2[kN] ② 73.5[kN]
③ 58.8[kN] ④ 49[kN]

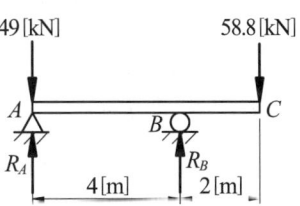

Solution $\sum M_A = 0$; $58.8 \times 6 = R_B \times 4$, $R_B = 88.2$ [kN]

Answer 14 ③ 15 ② 16 ① 17 ①

18 길이 1[m]인 단순보가 아래 그림 처럼 $q=4.9$[kN/m]의 균일 분포하중으로 $P=980$[N]을 받고 있을 때, 최대 굽힘 모멘트는 얼마이며 그 발생되는 지점은 A점에서 얼마되는 곳인가?

① 48[cm]에서 236.18[J]
② 58[cm]에서 607.6[J]
③ 48[cm]에서 784[J]
④ 58[cm]에서 824.18[J]

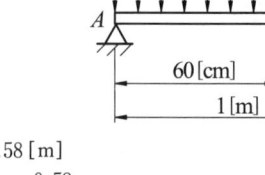

$R_A = \dfrac{4.9 \times 10^3 \times 1 \times 0.5 + 980 \times 0.4}{1} = 2842$ [N]
$F_x = R_A - qx = 0$; $2842 - 4.9 \times 10^3 \times x = 0$, $x = 0.58$ [m]
$M_{max} = R_A x - qx \cdot \dfrac{x}{2} = 2842 \times 0.58 - 4.9 \times 10^3 \times 0.58 \times \dfrac{0.58}{2} = 824.18$ [N-m]

19 그림과 같이 무게가 20[N]이고 길이가 1[m]인 균일의 철재봉이 두 개의 저울 위에 놓여 있다. 이 때 왼편 저울에서 0.25[m]의 거리에 60[N]의 벽돌을 놓았다면 오른편 저울 눈금은 몇 [N]인가?

① 9.8[N]
② 19.6[N]
③ 29.4[N]
④ 24.5[N]

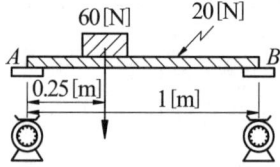

$W_B = 60 \times 0.25 + 10 = 25$ [N]

20 그림과 같이 길이 2[m]인 단순보가 sin곡선으로 변하는 분포하중을 받고 있을 때, A점의 반력은 몇 [N]인가?

① 1960[N]   ② 2940[N]
③ 3920[N]   ④ 4900[N]

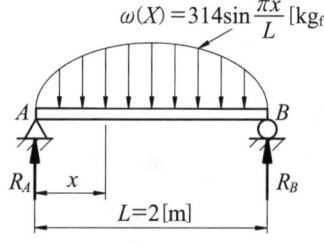

$P = \int \omega(x)\,dx = \int_0^L 314\sin\dfrac{\pi x}{L}\,dx = 2 \times 314 \times \dfrac{2}{\pi}$
$= 400$ [kgf]
$R_A = \dfrac{P}{2} = 200 \times 9.8 = 1960$ [N]

21 그림과 같이 외팔보의 자유단 A와 중앙점 C에 각각 3[kN], 5[kN]의 하중이 서로 반대 방향으로 작용할 때, 고정단 B에 생기는 고정 모멘트의 크기와 방향은? (단, 보의 무게는 무시한다.)

① +500[J]   ② −500[J]
③ +1000[J] ④ −1000[J]

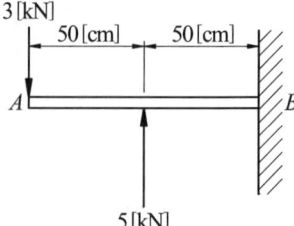

고정단을 기준으로 모멘트 평형식을 세워 구한다.
$M_B - 3 \times 10^3 \times 1 + 5 \times 10^3 \times 0.5 = 0$
$M_B = 500$ [N-m] (−)

22 굽힘 모멘트가 $M = ax^3 + bx^2 + c$ 인 곡선으로 표시될 때의 하중 분포는?

① $3(2ax - b)$ ② $2(3ax + b)$
③ $2(ax + b)$ ④ $2(a + bx)$

$\omega = \dfrac{d^2 M_x}{dx^2} = \dfrac{d}{dx}(3ax^2 + 2bx) = 6ax + 2b = 2(3ax + b)$

Answer   18 ④   19 ④   20 ①   21 ②   22 ②

23 다음의 전단력 선도를 참조하여 최대 굽힘 모멘트가 일어나는 곳의 A지점에서의 거리를 구하라. (단, $\omega=100$ [N/m]이다.)

① 5.5[m]
② 6.5[m]
③ 7[m]
④ 8[m]

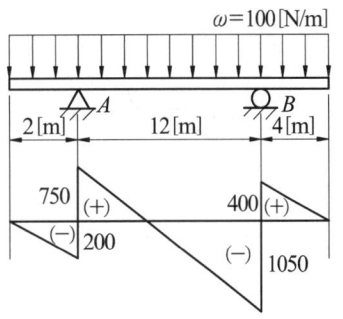

Solution $F_x = 750 - 200 - 100 \times x = 0$, $x = 5.5$ [m]

24 그림과 같은 외팔보 (a), (b)에서 최대 굽힘 모멘트의 비 M_A/M_B의 값은?

① 6
② 5
③ 4
④ 3

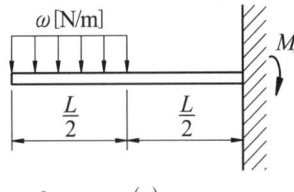 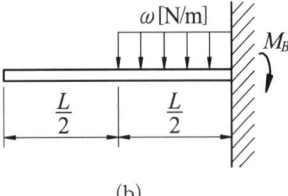

(a) (b)

Solution
$M_A = \dfrac{\omega L}{2} \times \dfrac{3L}{4} = \dfrac{3\omega L^2}{8}$

$M_B = \dfrac{\omega L}{2} \times \dfrac{L}{4} = \dfrac{\omega L^2}{8}$

$\dfrac{M_A}{M_B} = 3$

25 그림과 같이 길이가 L인 단순보에 임의의 C점에 우력 모멘트가 작용 할 때, A점의 반력 R_A는 얼마인가?

① $\dfrac{Px}{L}$ ② $\dfrac{Pa}{L}$
③ $\dfrac{Pb}{L}$ ④ $\dfrac{Pab}{L}$

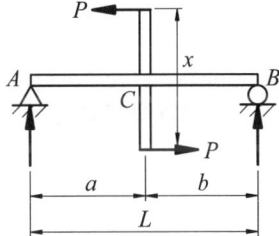

Solution ① 우력 모멘트 $M_0 = Px(-)$
② A지점의 반력
$R_A = \dfrac{M_0}{L} = \dfrac{Px}{L}$

26 다음 그림은 단순보의 전단력 선도이다. 이 보의 C점의 하중은 얼마인가?

① 4900[N] ② 9800[N]
③ 14700[N] ④ 2450[N]

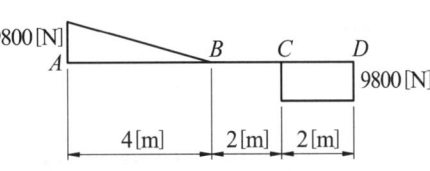

Solution

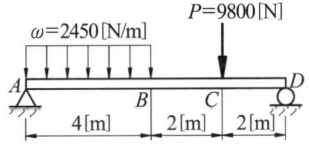

Answer 23 ① 24 ④ 25 ① 26 ②

27 그림과 같은 외팔보의 자유단 C점에서 B점까지 균일 분포하중이 작용할 때, 굽힘 모멘트선도의 모양은?

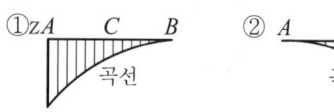
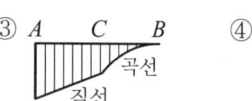
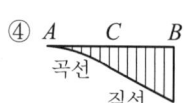
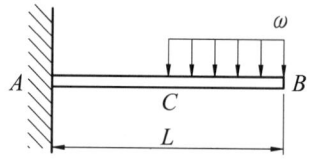

Solution

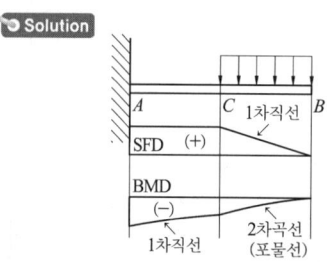

28 그림과 같은 하중을 받고 있는 단순보의 최대굽힘 모멘트 값은 얼마인가?

① 313.6[J]   ② 628[J]
③ 940.8[J]   ④ 1254.4[J]

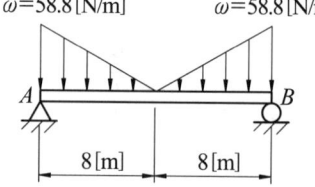

Solution $R_A = R_B = 235.2 \,[N]$
$M_{max} = 235.2 \times 8 - 235.2 \times 5.33 = 627.98 \,[N-m]$

29 그림과 같은 보에서 단위 길이 당 P의 균일분포하중이 작용할 때, 지점 A에서 전단력의 크기와 굽힘 모멘트의 절대값을 구하면?

① $F_A = Pa$, $M_A = \dfrac{Pa^3}{2}$

② $F_A = Pa^2$, $M_A = \dfrac{Pa^3}{2}$

③ $F_A = Pa$, $M_A = \dfrac{Pa^2}{2}$

④ $F_A = Pa^2$, $M_A = \dfrac{Pa}{2}$

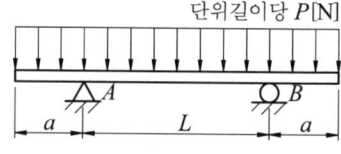

Solution $F_A = Pa$
$M_A = Pa \times \dfrac{a}{2} = \dfrac{Pa^2}{2}$

30 전단력선도(SFD)와 굽힘 모멘트 선도(BMD)의 관계를 가장 타당성 있게 나타낸 것은 다음 중 어느 것인가?

① SFD는 BMD의 미분곡선이다.
② SFD는 BMD의 적분곡선이다.
③ SFD가 기준선에 평행한 직선일 경우 BMD는 포물선이다.
④ SFD와 BMD는 아무런 연관성이 없다.

Answer 27 ③   28 ②   29 ③   30 ①

31 동일 평면 내에서 몇 개의 외력이 물체에 작용하며 정지를 유지하고 있다. 이 때 다음 중에서 평형조건이 아닌 것은 어느 것인가?

① $\sum X_i = 0$ (X 방향의 힘의 총합은 0이다.)
② $\sum Y_i = 0$ (Y 방향의 힘의 총합은 0이다.)
③ $\sum Z_i = 0$ (Z 방향의 힘의 총합은 0이다.)
④ $\sum M_i = 0$ (임의의 점 주위에 대한 힘의 모멘트 총합은 0이다.)

Solution 평면에 외력이 작용하므로 2차원 문제
$\sum F = 0$
$\sum F_x + \sum F_y = 0$
$\sum M_i = 0$

32 그림과 같은 돌출보(Overhanging Beam)의 R_A는 얼마인가?

① WL
② $\dfrac{WL}{4}$
③ $\dfrac{WL}{3}$
④ $\dfrac{WL}{2}$

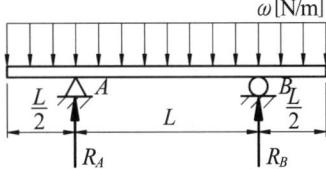

Solution $R_A = R_B = \dfrac{\omega L}{2} + \dfrac{\omega L}{2} = \omega L$

33 그림과 같이 단순보의 1/2의 길이에 균일분포하중이 작용할 때, 이 보에 작용하는 최대 굽힘 모멘트의 크기는 얼마인가?

① $\dfrac{3}{8} \omega L^2$
② $\dfrac{1}{16} \omega L^2$
③ $\dfrac{3}{32} \omega L^2$
④ $\dfrac{9}{128} \omega L^2$

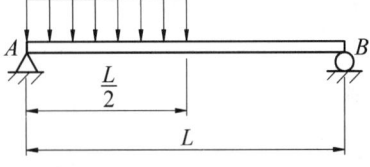

Solution $R_A = \dfrac{\dfrac{\omega L}{2} \times \dfrac{3}{4} L}{L} = \dfrac{3\omega L}{8}$; $F_x = R_A - \omega x = \dfrac{3\omega L}{8} - \omega x = 0$

$x = \dfrac{3L}{8}$, 최대 굽힘 모멘트가 발생하는 지점

$M_{max} = R_A \times \dfrac{3L}{8} - \omega \times \dfrac{3L}{8} \times \dfrac{3L}{2 \times 8} = \dfrac{\omega L^2}{64} - \dfrac{9\omega L^2}{128} = \dfrac{9\omega L^2}{128}$

34 그림은 보가 하중을 받고 있는 상태도와 전단력 선도(빗금친 부분)이다. 전단력 선도에서 반력 R_2의 크기는?

① AE
② BD
③ DE
④ AD

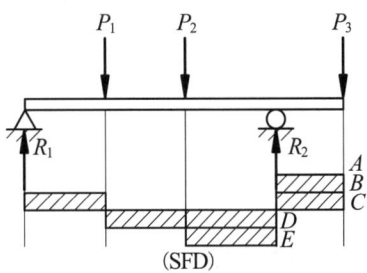

Answer 31 ③ 32 ① 33 ④ 34 ①

35 그림과 같이 균일 분포하중을 받는 보에 대한 전단력 선도는? (단, 부호에 대한 규약은 그림을 참조할 것)

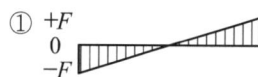

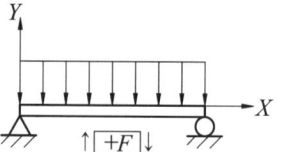

① +F / 0 / −F
② +F / 0 / −F
③ +F / 0
④ 0 / −F

36 그림과 같이 삼각형 분포 하중을 받는 외팔보의 최대 굽힘 모멘트는?

① $\dfrac{1}{3}\omega_0 L^2$ ② $\dfrac{2}{3}\omega_0 L^2$
③ $\dfrac{1}{6}\omega_0 L^2$ ④ $\dfrac{1}{9}\omega_{0L}^2$

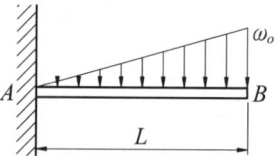

Solution $M_{\max} = \dfrac{\omega_0 L}{2} \times \dfrac{2L}{3} = \dfrac{\omega_0 \cdot L^2}{3}$

37 길이 L인 단순보에 등분포하중 q가 전 길이에 걸쳐 작용하고 있을 때, 최대 굽힘 모멘트는?

① $\dfrac{qL^2}{8}$ ② $\dfrac{qL^2}{6}$ ③ $\dfrac{qL^2}{4}$ ④ $\dfrac{qL^2}{2}$

38 그림과 같은 돌출보의 C점에 100[N], D점에 60[N]의 집중 하중이 작용할 때, A점의 반력은 얼마인가?

① 25[N]   ② 45[N]
③ 56[N]   ④ 16[N]

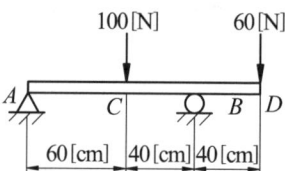

Solution $\Sigma M_B = 0$
$R_A \times 100 - 100 \times 40 + 60 \times 40 = 0$
$R_A = 16\,[\mathrm{N}]$

39 그림과 같은 보에서 전단력선도(S.F.D)는 어느 것인가?

① 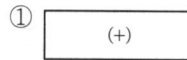   ②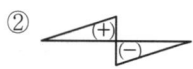
③ 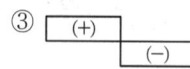   ④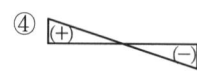

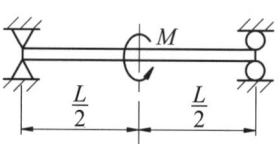

Answer 35 ② 36 ① 37 ① 38 ④ 39 ①

40 그림과 같은 굽은 보에서 A점의 굽힘 모멘트는 절대값으로 몇 [kN·m]인가?

① 73.2 ② 82.4
③ 63.0 ④ 65.7

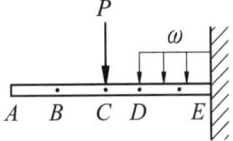

$M_1 = 500 \times (1 - \cos 45°) = 146.45$ [kN·m]
 $-$시계방향
$M_2 = 300 \times \sin 45° = 212.13$ [kN·m] $-$반시계방향
$M_A = |M_2 + M_1| = 65.85$ [kN·m]

41 그림과 같이 일단을 고정한 L형보에 표시된 하중이 작용할 때 고정단에서의 굽힘 모멘트는?

① 300[kN·m] ② 175[kN·m]
③ 105[kN·m] ④ 52.5[kN·m]

 $M_A = 100 \times 0.5 + 20 \times 0.5 \times 0.25 = 52.5$ [kNm]

42 다음 그림에 대한 설명 중 틀린 것은?

① A, B, C 점의 기울기는 전부 같다.
② 구간 CD 에서의 전단력은 선형으로 변화한다.
③ E 점의 경사각은 0이다.
④ CD 구간에 작용하는 모멘트는 선형으로 변화한다.

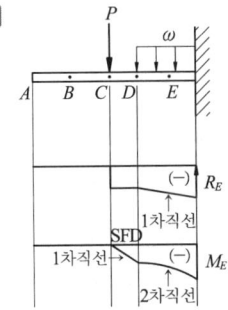

43 그림과 같이 반원부재에 하중 P가 작용할 때 지지점 B에서의 반력은?

① $\dfrac{P}{4}$ ② $\dfrac{P}{2}$
③ $\dfrac{3P}{4}$ ④ P

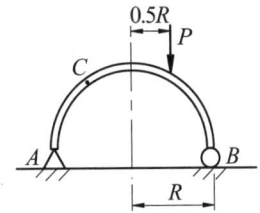

$\sum M_A = 0$
$R_B \times 2R = P \times \dfrac{3}{2} R$
$R_B = \dfrac{3P}{4}$

Answer 40 ④ 41 ④ 42 ② 43 ③

44 그림과 같은 돌출보에 집중하중 P가 작용할 때 굽힘 모멘트 선도(B.M.D)로 옳은 것은?

① 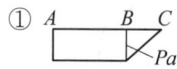 ②

③ 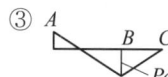 ④

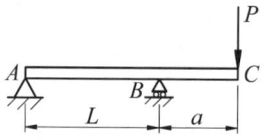

Solution
$R_A + R_B = P$
$\sum M_A = 0$
$P(L+a) = R_B L$, $R_B = \dfrac{P(L+a)}{L}$
$R_A = P - R_B = \dfrac{PL - PL - Pa}{L} = \dfrac{Pa}{L}$ (↑)
$M_B = M_{max} = Pa$

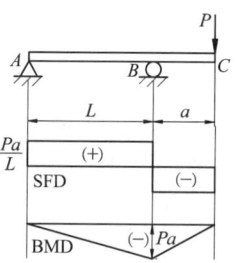

---

45 다음의 돌출보에 발생하는 최대 굽힘 모멘트는?

① 3[kN·m]
② 6[kN·m]
③ 7.2[kN·m]
④ 9.6[kN·m]

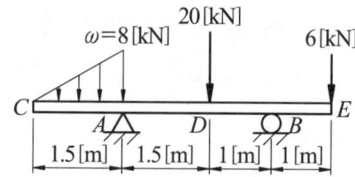

Solution SFD선도와 BMD선도는 다음과 같다.
$\sum M_A = 0$
$20 \times 1.5 + 6 \times 3.5 = R_B \times 2.5 + \dfrac{1}{2} \times 8 \times 1.5 \times \dfrac{1.5}{3}$
$R_B = 19.2\,[\text{kN}]$
$M_{max} = M_D = 6 \times 2 - 19.2 \times 1 = -7.2\,[\text{kN} \cdot \text{m}]$

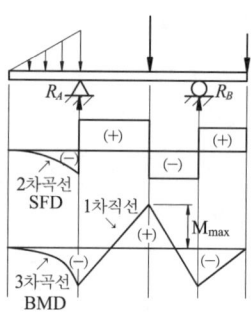

---

46 그림과 같이 길이 L의 보가 양단에서 같은 거리인 B, C점에서 지지되고 전 길이에 등분포하중 ω가 작용하고 있다. 보의 중앙에서의 굽힘 모멘트는?

① $\dfrac{\omega L^2}{8} - \dfrac{\omega x L}{4}$ ② $\dfrac{\omega L^2}{4} + \dfrac{\omega x L}{8}$

③ $\dfrac{\omega L^2}{4} - \dfrac{\omega x L}{2}$ ④ $\dfrac{\omega x L}{4} - \dfrac{\omega L^2}{2}$

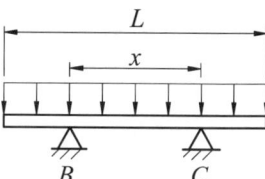

Solution $R_B = \dfrac{\omega x}{2} + \dfrac{\omega}{2}(L-x)$

$M_{중앙} = -R_B \times \dfrac{x}{2} + \dfrac{\omega x^2}{8} + \dfrac{\omega}{2}(L-x) \cdot \left(\dfrac{x}{2} + \dfrac{L-x}{4}\right)$

$= -\dfrac{\omega x^2}{8} + \dfrac{\omega L^2}{8} - \dfrac{\omega x L}{4} + \dfrac{\omega x^2}{8} = -\dfrac{\omega x L}{4} + \dfrac{\omega L^2}{8}$

Answer 44 ② 45 ③ 46 ①

chapter 6 보(Beam) 속의 응력(應力)

1 보 속의 굽힘응력

굽힘응력이란 굽힘 모멘트 때문에 휨(Bending)으로 인해 한 쪽은 인장변형이 다른 쪽은 압축변형이 동시에 발생하게 하는 수직응력이다. 예를 들어 그림6-1과 같이 굽힘 모멘트를 받으면 물체(보)의 도심을 지나는 축인 중립축을 기준으로 안쪽으로는 압축변형이 바깥쪽으로는 인장변형이 발생한다. 이 때 발생한 압축응력과 인장응력을 굽힘응력이라 한다. 중립축에서 굽힘 응력은 0이고 안쪽에서는 최대 압축응력이 발생하고 바깥쪽에서는 최대 인장응력이 발생하게 된다. 여기서, 최대 인장응력이 최대 굽힘응력이며 최대 압축응력이 최소 굽힘응력이 된다.

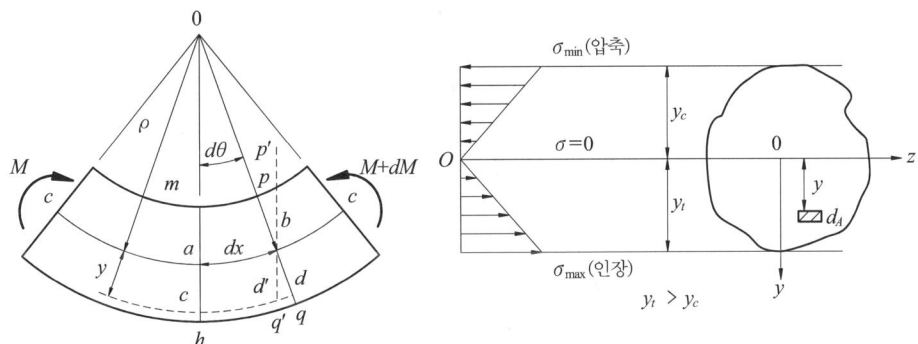

그림6-1 보 속의 굽힘응력

(1) 굽힘응력, 굽힘 모멘트, 곡률과의 관계

그림6-1과 같이 굽힘 모멘트에 의하여 보가 휘었을 때 곡률중심 O에서 보의 중립축까지 수직거리를 곡률 반경이라 하며 곡률 반직경의 역수를 곡률이라 한다. 곡률 반경은 종탄성계수와는 비례관계에 있으며, 굽힘응력과는 반비례, 중립축에서 외단 쪽(바깥쪽)으로 나가는 거리 y와는 비례, 굽힘 모멘트와는 반비례, 보의 단면 중심에서 단면 2차 모멘트에 비례하는 관계를 갖는다. 곡률은 곡률 반직경이 갖고 있는 관계의 반대 관계를 갖는다. 이와 같은 관계는 다음과 같이 정리된다.

$$\varepsilon = \frac{y}{\rho}$$
$$\sigma = E \cdot \varepsilon = E \cdot \frac{y}{\rho}$$
$$M = \int y dF = \int \frac{E}{\rho} y^2 dA = \frac{E}{\rho} I_{cx}$$
$$\frac{E}{\rho} = \frac{\sigma}{y} = \frac{M}{I} \quad \bigstar\bigstar\bigstar \tag{6-1}$$

여기서, ρ는 곡률 반직경, σ는 굽힘응력, M은 굽힘 모멘트, I_{cx}는 도심을 지나는 x축의 단면 2차 모멘트, EI는 굴곡 강성계수이고 y는 중립축으로부터 끝단으로 나오는 거리이다.

(2) 최대 굽힘응력

식 [6-1]에서 y가 중립축에서 외단(끝단)까지 거리이고 굽힘 모멘트가 최대값일 때 굽힘응력을 구하면 식 [6-2]를 얻을 수 있다.

$$\sigma_b = \frac{M_{\max}}{Z} \quad ★★★★★ \tag{6-2}$$

여기서, Z는 단면계수[cm^3, m^3]이다.

2 보 속의 전단응력

보 속에서 발생하는 전단응력의 최대값은 도심을 지나는 중립축에서 생기며 외단으로 나가면서는 선형적으로 감소한다. 중립축에서 발생하는 최대 전단응력을 구하면

$$\tau_{\max} = \frac{FQ}{bI} \quad ★★ \tag{6-3}$$

이다. 여기서, F는 최대 전단력, I는 도심을 지나는 x축의 단면 2차 모멘트, b는 도심을 지나는 폭, Q는 중립축에 대한 단면1차 모멘트로 음영부분의 면적에 중심축에서 음영부분중심까지 거리의 곱으로 계산하면 된다.

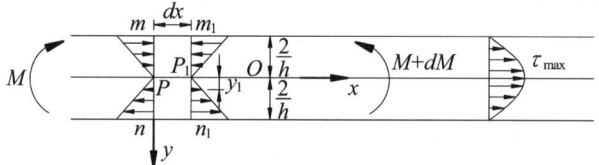

그림6-2 보 속의 전단응력

① 구형단면(斷面)의 도심에서 최대 전단응력

$$\tau_{\max} = \frac{FQ}{bI} = \frac{F \cdot \frac{bh}{2} \frac{h}{4}}{b \cdot \frac{bh^3}{12}} = \frac{3}{2} \frac{F}{bh}$$

$$\tau_{\max} = \frac{3}{2} \frac{F}{A} = \frac{3}{2} \tau_{\text{mean}} \quad ★★★ \tag{6-4}$$

여기서, τ_{mean}은 평균 전단응력이라 한다.

② 원형단면(圓形斷面)의 도심에서 최대 전단응력

$$\tau_{\max} = \frac{FQ}{bI} = \frac{F \cdot \frac{\pi d^2}{4} \frac{2d}{3\pi}}{d \cdot \frac{\pi d^4}{64}} = \frac{4}{3} \frac{4F}{\pi d^2}$$

$$\tau_{\max} = \frac{4}{3} \frac{F}{A} = \frac{4}{3} \tau_{\text{mean}} \quad ★★★ \tag{6-5}$$

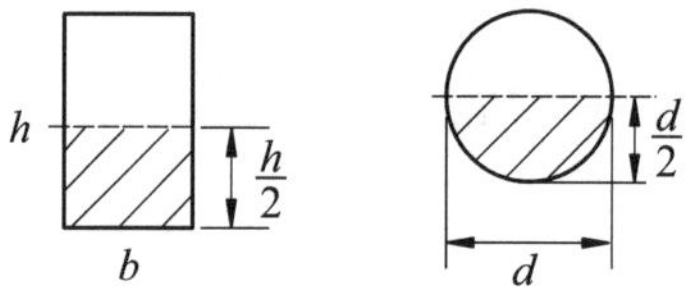

(a) 구형단면 (b) 원형단면

그림6-3 구형단면과 원형단면에서 최대전단응력

3 굽힘 모멘트와 비틀림 모멘트가 동시에 작용하고 있을 때 축의 직경

하중에 의해서 휨이 발생한 상태에서 회전운동을 하는 기계요소로 축이 있다. 축과 같이 굽힘과 비틀림을 동시에 받는 부재들은 형상단면의 바깥쪽에서 파괴현상이 일어난다. 형상단면의 바깥쪽은 최대 비틀림변형이 생기는 부분인 동시에 최대 굽힘변형이 발생하는 곳이기 때문이다. 이와 같은 경우는 굽힘응력과 비틀림 전단응력을 동시에 받으므로 조합응력 상태이다. 조합응력에 대해서는 9장에서 정리하기로 한다.

(1) 상당 굽힘 모멘트와 허용 굽힘응력

최대 주응력식에 굽힘응력과 비틀림 전단응력의 식을 대입 정리하면 상당 굽힘 모멘트라 하여 식 [6-6]과 같은 식을 얻을 수 있다. 식 [6-6]식을 이용하여 최대 굽힘응력을 구할 수 있고 이 값이 허용 굽힘응력보다 작거나 같아야 안전하다.

$$M_e = \frac{1}{2}(M + \sqrt{M^2 + T^2}) \ \text{★★★★} \qquad [6\text{-}6]$$

$$\sigma_1 = \frac{\sigma_b}{2} + \sqrt{(\frac{\sigma_b}{2})^2 + \tau^2} \qquad [6\text{-}7]$$

여기서, M_e는 상당 굽힘 모멘트, M은 굽힘 모멘트, T는 비틀림 모멘트이다. 그리고 Z는 단면계수이고 σ_1은 최대 주응력인 동시에 허용 굽힘응력으로 놓을 수 있다.

(2) 상당 비틀림 모멘트

최대 전단응력식에 굽힘응력과 비틀림 전단응력의 식을 대입 정리하면 상당 비틀림 모멘트라 하여 식 [6-8]과 같은 식을 얻을 수 있다. 식 [6-8]을 이용하여 최대 비틀림 전단응력을 구할 수 있고 이 값이 허용 비틀림 전단응력보다 작거나 같아야 안전하다.

$$T_e = \sqrt{M^2 + T^2} \ \text{★★★★} \qquad [6\text{-}8]$$

$$\tau_1 = \sqrt{(\frac{\sigma_b}{2})^2 + \tau^2} \qquad [6\text{-}9]$$

여기서, T_e는 상당 비틀림 모멘트이고 Z_P는 극단면계수, τ_1은 최대 전단응력인 동시에 허용 비틀림 전단응력으로 놓을 수 있다.

(3) 축의 직경 계산

굽힘과 비틀림을 동시에 받고 있는 직경 d인 실축을 설계하고자 하면 가장 먼저 상당 굽힘 모멘트와 상당 비틀림 모멘트를 계산하여야 한다.

$$M_e = \sigma_{ba} \cdot Z = \sigma_{ba} \cdot \frac{\pi d^3}{32} \ \text{★★★★★} \qquad [6\text{-}10]$$

$$T_e = \tau_a \cdot Z_P = \tau_a \cdot \frac{\pi d^3}{16} \ \text{★★★★★} \qquad [6\text{-}11]$$

그 다음은 식 [6-10]과 식 [6-11]로부터 직경 d를 계산하면 된다. 여기서, σ_{ba}는 허용 굽힘응력이고 τ_a는 허용 비틀림 전단응력이다.

축의 직경을 계산할 때는 다음의 3가지 측면에서 풀도록 한다.
① 비틀림만 고려할 경우는 식 [6-11]만으로 계산한다.
② 굽힘만을 고려할 경우는 식 [6-10]만으로 계산한다.
③ 둘 다 고려할 경우는 식 [6-10]과 식 [6-11]로 계산하여 큰 값이 축의 직경이 된다.

chapter 6 실전연습문제

01 직경 6[mm]인 곧은 강선을 직경 1.2[m]의 원통에 감았을 때, 강선에 생기는 최대 굽힘응력(MPa)을 구하면? (단, 종탄성계수 $E=19.6$[GPa]이다.)

① 34.512 ② 67.467 ③ 97.512 ④ 104.398

Solution
$$\frac{E}{\rho} = \frac{\sigma_b}{y}$$
$$\frac{19.6 \times 10^9}{0.6 + 0.003} = \frac{\sigma_b}{0.003}, \quad \sigma_b = 97.512 \times 10^6 [\text{N/m}^2]$$

02 그림가 같이 외팔보의 중앙 위치에 집중 하중 $P=980$[N]이 작용하여 최대 굽힘응력 $\sigma_b=0.49$[MPa]이 생겼다. 이 보의 단면 계수는 얼마인가?

① 100[cm³] ② 1000[cm³]
③ 10000[cm³] ④ 100000[cm³]

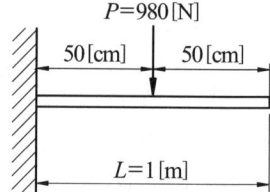

Solution
$$\sigma_b = \frac{M_{\max}}{Z} = \frac{PL}{2Z}$$
$$0.49 \times 10^6 = \frac{980 \times 1}{2 \times Z}, \quad Z = 0.001 [\text{m}^3] = 1000 [\text{cm}^3]$$

03 다음 그림과 같은 구형 단면의 외팔보에 생기는 최대전단응력(MPa)은?

① 0.125 ② 0.346
③ 0.582 ④ 0.739

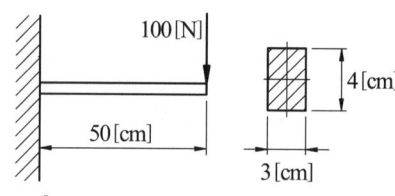

Solution
$$\tau_{\max} = \frac{3}{2} \frac{F}{A} = \frac{3 \times 100}{2 \times 0.03 \times 0.04} = 0.125 \times 10^6 [\text{N/m}^2]$$

04 다음 그림과 같이 균일 분포하중을 받는 양단지지보의 허용굽힘응력을 4.9[MPa]이라 할 때, 이 보가 받을 수 있는 단위길이마다의 하중 ω [N/m]는 얼마인가? (단, 보의 단면은 6[cm]×15[cm]의 구형 단면이다.)

① 245
② 567
③ 725
④ 930

Solution
$$\sigma_b = \frac{M_{\max}}{Z} = \frac{6\omega L^2}{8bh^2}$$
$$4.9 \times 10^6 = \frac{\omega \times 6^2 \times 6}{8 \times 0.06 \times 0.15^2}, \quad \omega = 245 [\text{N/m}]$$

Answer 01 ③ 02 ② 03 ① 04 ①

05 539[J]의 굽힘 모멘트와 49[J]의 비틀림 모멘트를 동시에 받는 축의 직경은 몇 [cm]로 하면 되는가? (단, σ_{ba}=58.8[MPa], τ_a=39.2[MPa]이다.)

① 4.13[cm]　　② 4.54[cm]　　③ 5.45[cm]　　④ 6.13[cm]

Solution
$T_e = \sqrt{M^2+T^2} = \sqrt{539^2+49^2} = 541.22\,[\text{N}-\text{m}]$
$M_e = \frac{1}{2}(M+T_e) = \frac{1}{2} \times (539+541.22) = 540.11\,[\text{N}-\text{m}]$
$T_e = \tau_a Z_p = \tau_a \times \frac{\pi d^3}{16}$; $541.22 = 39.2 \times 10^6 \times \frac{\pi d^3}{16}$,
$d = 0.0413\,[\text{m}] = 4.13[\text{cm}]$
$M_e = \sigma_{ba} Z = \sigma_{ba} \frac{\pi d^3}{32}$; $540.11 = 58.8 \times 10^6 \times \frac{\pi d^3}{32}$,
$d = 0.0454\,[\text{m}] = 4.54[\text{cm}]$

06 전단력 F=39.2[N]이 작용하는 20×30[cm] 구형단면의 단순보에서 중립축의 전단응력[MPa]은 얼마인가?

① 0.98　　② 0.098　　③ 0.0098　　④ 0.00098

Solution
$\tau_{max} = \frac{3}{2}\frac{F}{A} = \frac{3}{2} \times \frac{39.2}{0.2 \times 0.3} = 980\,[\text{N/m}^2]$

07 높이 30[cm], 폭 20[cm]의 구형 단면을 가진 길이 2[m]의 외팔보가 있다. 자유단에 몇 [kN]의 하중을 가할 수 있는가? (단, 이 재료의 허용굽힘응력 σ_{ba}=11.76 [MPa]이다.)

① 17.64　　② 176.40　　③ 1764.0　　④ 17640.0

Solution
$\sigma_{ba} = \frac{M_{max}}{Z} = \frac{6PL}{bh^2}$
$11.76 \times 10^6 = \frac{6 \times P \times 2}{0.2 \times 0.3^2}$, $P = 17.64 \times 10^3\,[\text{N}]$

08 그림과 같이 L=50[cm]인 단순보에 균일 분포하중 ω=29.4[N/cm]의 최대전단응력 [MPa]은 얼마인가? (단, 보의 단면의 직경 d=4[cm]인 원형이다.)

① 78　　② 0.78
③ 0.078　　④ 0.0078

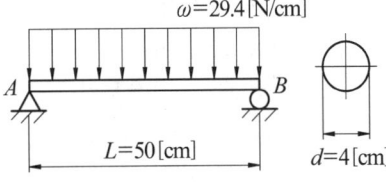

Solution
$\tau_{max} = \frac{4}{3}\frac{F}{A}$
$= \frac{4}{3} \times \frac{4 \times 29.4 \times 50}{\pi \times 0.04^2 \times 2} = 0.78 \times 10^6\,[\text{N/m}^2]$

09 그림과 같이 균일 분포하중 ω=29.4[N/cm]를 받고 있는 길이 1[m]인 외팔보가 있다. 이 보의 단면계수가 187.5[cm³]라면 보에 생기는 최대굽힘응력[MPa]은?

① 0.00784　　② 0.0784
③ 0.784　　④ 7.84

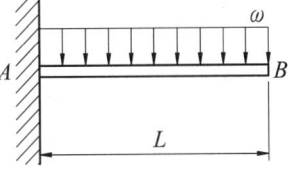

Solution
$\sigma_b = \frac{M_{max}}{Z} = \frac{\omega L^2}{2 \times Z}$
$= \frac{29. \times 10^2 \times 1^2}{2 \times 187.5 \times 10^{-6}} = 7.84 \times 10^6\,[\text{N/m}^2]$

Answer　05 ②　06 ④　07 ①　08 ②　09 ④

10 그림과 같은 구형 단면의 단순보 AB에 하중이 작용할 때, A단에서 20[cm] 떨어진 곳의 굽힘응력 σ_b [MPa]는 얼마인가?

① 185
② 0.185
③ 0.0185
④ 0.00185

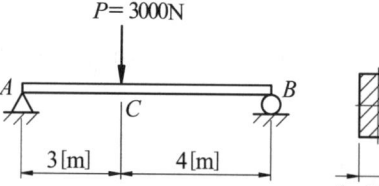

Solution
$R_A = \frac{400 \times 20}{60} = 133.33$ [N]
$M = 133.33 \times 0.2 = 26.66$ [N-m]
$\sigma_b = \frac{M}{Z} = \frac{6 \times 26.66}{0.06 \times 0.12^2} = 0.185 \times 10^6$ [N/m²]

11 그림과 같은 단순보의 C점에 있어서 곡률 반경은 얼마인가? (단, $E=5.88$[GPa], 자중은 고려하지 않는다.)

① 0.1829[cm]
② 1.829[cm]
③ 18.29[cm]
④ 182.90[cm]

Solution
$R_A = \frac{3000 \times 4}{7} = 1714.29$ [N]
$\frac{E}{\rho} = \frac{M}{I}$; $\frac{5.88 \times 10^9}{\rho} = \frac{12 \times 1714.29 \times 3}{0.03 \times 0.04^3}$
$\rho = 0.1829$ [m] $= 18.29$ [cm]

12 단순보(Simple Beam)에 있어서 원형단면에 분포되는 최대전단응력은 평균전단응력의 몇 배가 되는가?

① 1/3배
② 2/3배
③ 1배
④ 4/3배

Solution
$\tau_{max} = \frac{4}{3} \tau_{mean} = \frac{4}{3} \frac{F}{A}$

13 굽힘 모멘트 M을 받는 직경 d의 원형단면의 보에서 굽힘 정도는 d와 어떤 관계가 있는가?

① 직경의 4승에 비례한다.
② 직경의 3승에 비례한다.
③ 직경의 2승에 비례한다.
④ 직경에 비례한다.

Solution
$\sigma_a = \frac{M}{Z} = \frac{32M}{\pi d^3} =$ const
M은 d^3 에 비례한다.

14 높이가 20[cm], 폭 15[cm], 스팬이 5[m]인 단순지지보에 4.9[kN/cm]의 균일 등분포하중이 작용할 때, 최대굽힘응력 크기는 얼마인가?

① 2028.6[N/mm²]
② 1822.9[N/mm²]
③ 1678.2[N/mm²]
④ 1531.3[N/mm²]

Solution
$\sigma_b = \frac{M_{max}}{Z} = \frac{6\omega L^2}{8bh^2}$
$= \frac{6 \times 4.9 \times 10^3 \times 10^2 \times 5^2}{8 \times 0.15 \times 0.2^2} = 1531.25 \times 10^6$ [N/m²] $= 1531.25$ [N/mm²]

Answer 10 ② 11 ③ 12 ④ 13 ② 14 ④

15 보의 재질이 같고 동일한 단면적을 갖는 여러 가지 형상의 보에 굽힘하중을 작용할 때, 가장 강한 보의 모양은 어느 것인가?

①    ② 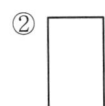   ③    ④

Solution 단면계수 값이 작은 보의 단면

16 도면에 보인 것과 같은 구형 단면의 나무단순보가 중앙 단면에서 집중하중 P를 받고 있다. 이 재료의 인장 또는 압축에 대한 허용응력은 σ_w=6.86[MPa]이고, 그 세로 섬유에 평행한 전단에 대한 허용사용 응력은 τ=0.98[MPa]이다. 하중 P의 안전치를 결정하면?

① 41160[N]　② 44100[N]
③ 35280[N]　④ 37240[N]

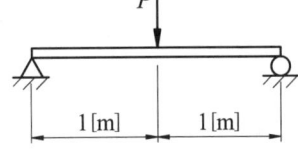 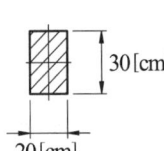

Solution
$$\sigma_w = \frac{M_{max}}{Z} = \frac{6P_1 L}{4bh^2}\;;$$
$$6.86 \times 10^6 = \frac{6 \times P_1 \times 2}{4 \times 0.2 \times 0.3^2},\; P_1 = 41160\,[N]$$

$$\tau = \frac{3}{2}\frac{F}{A}\;;\; 0.98 \times 10^6 = \frac{3}{2} \times \frac{\frac{P_2}{2}}{0.2 \times 0.3},\; P_2 = 78400\,[N]$$

$P = P_1 = 41160\,[N]$
안전하중은 허용 굽힘응력으로부터 결정해야 된다.

17 양단 단순지지의 원형단면의 강재보가 자중에 의하여 항복되는 경우, 보의 길이(L)와 직경(d) 간에는 어떤 관계가 있는가? (단, ρ는 비중량이다.)

① $d = \rho L \sigma_y$　② $d = \rho L / \sigma_y$　③ $d = \rho L^2 / \sigma_y$　④ $d = \rho L^2 \sigma_y$

Solution
$$\sigma_y = \frac{M_{max}}{Z} = \frac{32 \times \omega L^2}{\pi \times d^3 \times 8} = \frac{4 \times \rho \times \frac{\pi d^2}{4} \times L^2}{\pi d^3} = \frac{\rho L^2}{d}$$

18 그림과 같은 보의 단면 중에서 굽힘강도가 가장 큰 것은 어느 것인가?

① 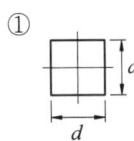　② 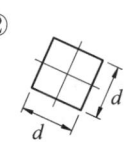　③ 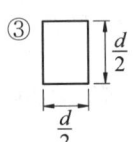　④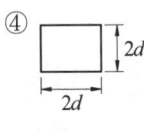

Solution 세로길이가 짧고 단면 계수가 가장 작은 보의 단면에서 굽힘강도가 가장 크다.
$Z = \frac{bh^2}{6}$

19 그림과 같은 외팔보에서 단면의 폭 b를 결정한 것으로 다음 중 맞는 것은? (단, 허용응력 σ_a=3.53[MPa], 높이 h=10[cm]이다.)

① 5[cm]　② 10[cm]
③ 20[cm]　④ 40[cm]

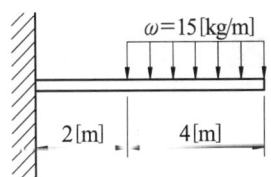

Answer 15 ①　16 ①　17 ③　18 ③　19 ④

> **Solution** $M_{max} = 15 \times 9.8 \times 4 \times 4 = 2352 \,[N-m]$
> $\sigma_a = \dfrac{M_{max}}{Z} = \dfrac{6M_{max}}{bh^2}$
> $3.53 \times 10^6 = \dfrac{6 \times 2352}{b \times 0.1^2}$, $b = 0.4 \,[m] = 40 \,[cm]$

20 단면계수 100[cm³]의 4각형 단면의 보가 2[m]의 길이를 가지고 있다. 양단을 고정시킬 때, 중앙에 몇 N의 집중하중을 받칠 수 있겠는가? (단, 재료의 허용응력을 78.4[MPa]이다.)

① 31360[N] ② 45080[N] ③ 56840[N] ④ 78400[N]

> **Solution** $M_{max} = \dfrac{PL}{8}$
> $\sigma_{ba} = \dfrac{M_{max}}{Z}$; $78.4 \times 10^6 = \dfrac{P \times 2}{100 \times 10^{-6} \times 8}$, $P = 31360 \,[N]$

21 보의 탄성곡선의 곡률 $\left(\dfrac{1}{\rho}\right)$은? (단, M : 굽힘 모멘트, EI : 보의 굽힘강성계수이다.)

① $\dfrac{1}{\rho} = \dfrac{EI}{M}$ ② $\dfrac{1}{\rho} = \dfrac{M}{EI}$ ③ $\dfrac{1}{\rho} = \dfrac{E}{MI}$ ④ $\dfrac{1}{\rho} = \dfrac{I}{ME}$

> **Solution** $\dfrac{E}{\rho} = \dfrac{\sigma}{y} = \dfrac{M}{I}$, ρ : 곡률 반경, $\dfrac{1}{\rho}$: 곡률

22 그림과 같은 단순 지지보에서 [m-m] 단면에 생긴 굽힘응력이 36.75[MPa]이었다. 이 보의 단면을 정 4각형이라고 할 때, 한 변의 길이는?

① 25[mm]
② 4[mm]
③ 14[mm]
④ 20[mm]

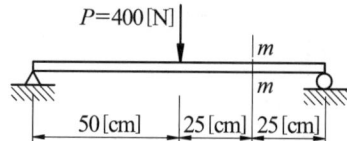

> **Solution** $R_B = \dfrac{400 \times 0.5}{1} = 200 \,[N]$
> $M_{m-m} = 200 \times 0.25 = 50 \,[N-m]$
> $\sigma_b = \dfrac{M}{Z} = \dfrac{6M}{a^3}$; $36.75 \times 10^6 = \dfrac{6 \times 50}{a^3}$
> $a = 0.02 \,[m] = 20 \,[mm]$

23 그림과 같은 순수 굽힘을 받는 보에 해당되지 않는 특성은?

① 굽힘 모멘트가 일정하다.
② 전단력이 0이다.
③ 전단력이 중앙에서 제일 크다.
④ 곡률이 일정하다.

24 보의 탄성 곡선의 곡률 반경 ρ를 다음 식으로 표시할 때 옳은 것은? (단, M : 굽힘 모멘트, E : 영률, I : 단면 2차 모멘트이다.)

① $\dfrac{EM}{I}$ ② $\dfrac{I}{EM}$ ③ $\dfrac{EI}{M}$ ④ $\dfrac{E}{MI}$

Answer 20 ① 21 ② 22 ④ 23 ③ 24 ③

25 직경 10[cm]의 원형단면의 중심봉이 있다. 이것과 같은 굽힘 강도를 갖는 중공 환봉의 외경은 얼마인가? (단, 중공 환봉의 두께는 내경의 0.8이다.)

① 10.07[cm]   ② 11.09[cm]   ③ 12.07[cm]   ④ 13.01[cm]

Solution
$$t = \frac{d_2 - d_1}{2} = 0.8d_1, \quad \frac{d_2}{2} = 0.8d_1 + \frac{d_1}{2} = 1.3d_1$$
$$x = \frac{d_1}{d_2} = 0.38$$
$$M = (\sigma_a Z)_{실축} = (\sigma_a Z)_{중공축}$$
$$\frac{\pi d^3}{32} = \frac{\pi d_2^3}{32}(1 - x^4)$$
$$10^3 = d_2^3(1 - 0.38^4), \quad d_2 = 10.07\,[cm]$$

26 단순보에 그림과 같은 집중하중이 작용하고 있다. 이 단순보를 만들기 위해 가장 알맞은 단면 형태는 어느 것인가? (단, 허용굽힘응력 $\sigma_w = 8.82$ [MPa]이다.)

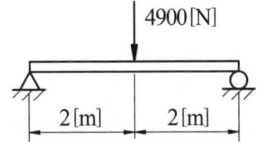

① 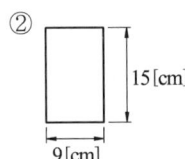   ② 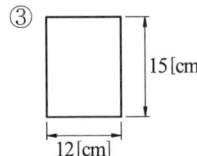   ③ (12[cm] × 15[cm])   ④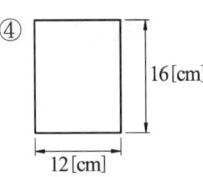

Solution
$$\sigma_w = \frac{M_{max}}{Z} = \frac{PL}{4Z}$$
$$8.82 \times 10^6 = \frac{4900 \times 4}{4 \times Z}, \quad Z = 0.000556\,[m^3] = 556[cm^3]$$
$$Z = \frac{bh^2}{6}$$
$b = 9\,[cm], \quad h = 19\,[cm]$
$b = 12\,[cm], \quad h = 16\,[cm]$

27 다음과 같은 보에서 최대 굽힘 응력은 얼마인가?

① $\dfrac{PL}{2bh^2}$ ② $\dfrac{PL}{4bh^2}$

③ $\dfrac{PL}{bh^2}$ ④ $\dfrac{2PL}{bh^2}$

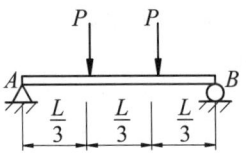   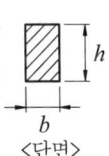
〈단면〉

Solution
$$M_{max} = \frac{PL}{3}$$
$$\sigma_b = \frac{M_{max}}{Z} = \frac{6PL}{3bh^2} = \frac{2PL}{bh^2}$$

Answer 25 ① 26 ④ 27 ④

28 그림과 같이 길이 $L=4[m]$의 단순보에 균일 분포하중 W가 작용하고 있으며 보의 최대굽힘응력 $\sigma_{max}=8.33[MPa]$일 때, 최대전단응력은 얼마인가? (단, 보의 횡단면적 $b \times h = 8[cm] \times 12[cm]$이다.)

① 26.5[kPa]
② 172.5[kPa]
③ 250.0[kPa]
④ 347.0[kPa]

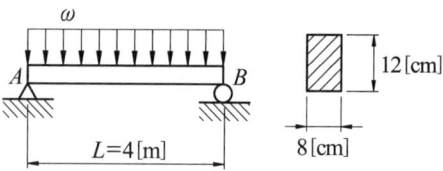

Solution
$M_{max} = \dfrac{\omega L^2}{8}$

$\sigma_{max} = \dfrac{M_{max}}{Z} = \dfrac{6\omega L^2}{8bh^2}$; $8.33 \times 10^6 = \dfrac{6 \times \omega \times 4^2}{0.08 \times 0.12^2 \times 8}$,

$\omega = 799.68 [N/m]$

$\tau_{max} = \dfrac{3}{2} \dfrac{F}{A} = \dfrac{3 \times \dfrac{799.68 \times 4}{2}}{2 \times 0.08 \times 0.12} = 0.25 \times 10^6 [N/m^2]$

29 길이 $L=2[m]$인 원형단면의 직경 $d=10[cm]$인 외팔보의 자유단에 2940[N]의 집중하중이 작용할 때, 보 속에 저장되는 변형 에너지는 몇 [J]인가? (단, $E=8.82[GPa]$이다.)

① 266.19[J] ② 267.34[J] ③ 268.32[J] ④ 269.30[J]

Solution
$U = \dfrac{1}{2}P\delta = \dfrac{1}{2}P \cdot \dfrac{PL^3}{3EI}$

$= \dfrac{1}{2} \times \dfrac{64 \times 2940^2 \times 2^3}{3 \times 8.82 \times 10^9 \times \pi \times 0.1^4} = 266.19 [N-m]$

30 다음 그림에서 축의 직경 10[cm], $P=20[kN]$, $C=13.5[cm]$일 때 이 축에 발생되는 최대 굽힘응력은?

① 17.9[MPa] ② 27.5[MPa]
③ 35.8[MPa] ④ 53.7[Mpa]

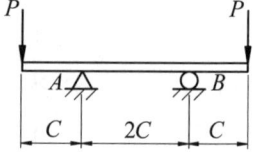

Solution
$M_{max} = P \cdot C = 20 \times 10^3 \times 0.135 = 2700 [N-m]$

$\sigma_b = \dfrac{M_{max}}{Z} = \dfrac{32 \times 2700}{\pi \times 0.1^3} = 27.5 \times 10^6 [N/m^2]$

31 사각형 단면의 전단응력 분포에 있어서 최대 전단응력은 전단력을 단면적으로 나눈 평균 전단응력 보다 얼마나 더 큰가?

① 30[%] ② 40[%]
③ 50[%] ④ 60[%]

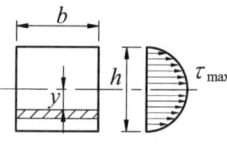

Solution
$\tau_{max} = \dfrac{3}{2}\tau_{mean} = 1.5\tau_{mean}$

τ_{max} 은 τ_{mean} 보다 50[%]가 더 크다.

32 구형 단면(폭 12[cm], 높이 5[cm])이고, 길이 1[m] 인 외팔보가 있다. 이 보의 허용응력이 500[MPa]이라면 높이와 폭의 치수를 서로 바꾸면 받을 수 있는 하중의 크기는 어떻게 변화하는가?

① 1.2배 증가 ② 2.4배 증가 ③ 1.2배 감소 ④ 변화 없다.

Answer 28 ③ 29 ① 30 ② 31 ③ 32 ②

Solution
$\sigma_b = \dfrac{M}{Z} = \text{const}$
$Z_1 = \dfrac{12 \times 5^2}{6} = 50 \,[\text{cm}^3]$, $Z_2 = \dfrac{5 \times 12^2}{6} = 120 \,[\text{cm}^3]$
$Z_2 = 2.4 Z_1$

33 직경 10[cm]의 양단 지지보의 중앙에 2[kN]의 집중하중이 작용할 때 최대 굽힘응력이 15[MPa] 이내가 되도록 하려면 보의 길이는 몇 [cm] 이하로 하면 되겠는가?

① 151.5 ② 294.5 ③ 351.3 ④ 224.3

Solution
$\sigma_b = \dfrac{M}{Z} = \dfrac{32 PL}{4 \pi d^3}$
$15 \times 10^6 = \dfrac{32 \times 2 \times 10^3 \times L}{4 \times \pi \times 0.1^3}$; $L = 2.945 \,[\text{m}] = 294.5 \,[\text{cm}]$

34 아래 그림과 같은 30[cm]×30[cm]의 정사각형 단면의 그 측면에서 직경 24[cm]인 반원형을 오려내어 I형 단면의 보를 만들었다. 이 재료의 인장 및 압축응력이 $\sigma_w = 10$[MPa] 라면 이 보가 안전하게 받을 수 있는 최대 굽힘 모멘트는 몇 [kN·m]인가?

① 24.0 ② 240
③ 34.0 ④ 340

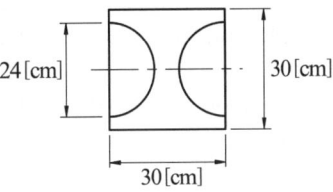

Solution
$I_G = \dfrac{0.3^4}{12} - \dfrac{\pi \times 0.24^4}{64} = 0.00051 \,[\text{m}^4]$
$Z = \dfrac{0.00051}{0.15} = 0.0034 \,[\text{m}^3]$
$M_{\max} = \sigma_w \cdot Z = 10 \times 10^3 \times 0.0034 = 34 \,[\text{kN} \cdot \text{m}]$

35 직경 30[cm]의 원형 단면을 가진 보가 그림과 같은 하중을 받을 때 이 보에 발생 되는 최대 굽힘응력은 몇 [MPa]인가?

① 1.77 ② 2.77
③ 3.77 ④ 4.77

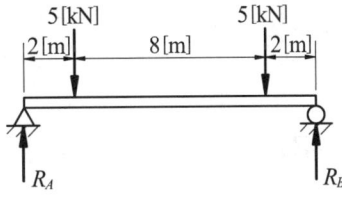

Solution
$\sigma_{\max} = \dfrac{M_{\max}}{Z} = \dfrac{32 \times 5 \times 10^3 \times 2}{\pi \times 0.3^3} = 3.77 \times 10^6 \,[\text{Pa}]$

Answer 33 ② 34 ③ 35 ③

chapter 7 보의 처짐(The Deflection of Beam)

1 탄성곡선(彈性曲線)의 미분방정식

직선 보는 굽힘 모멘트와 전단력을 받아 변형하여 곡선으로 되는데 이 곡선을 보의 처짐 곡선 또는 탄성곡선이라 한다. 이 곡선에 대한 미분방정식을 표현하면

$$\frac{d^2y}{dx^2} = \pm \frac{M(x)}{EI} \quad \text{★★★★★} \tag{7-1}$$

이다. 이 식을 탄성 곡선의 미분방정식 또는 처짐 곡선의 미분방정식이라 한다. 여기서, EI는 강성계수[$N \cdot m^2$, $kg_f \cdot cm^2$]이고, $M(x)$은 보 상에서 임의의 위치 x에서 발생하는 굽힘 모멘트이고 (±)는 곡률이 상향일 때 (+)이고 하향일 때 (−)이다. 이 탄성곡선 미분방정식을 1계 적분을 하면 처짐각(rad)을 구할 수 있고 2계 적분을 하면 처짐량을 결정할 수 있다. 또한 탄성곡선 미분방정식을 한번 더 미분하면(3계 미분) 전단력을 결정할 수 있으며 한번 더 미분하면(4계 미분) 분포하중을 구할 수도 있다.

(1) 처짐각

$$EI\frac{dy}{dx} = -\int M(x)dx \quad \text{★★★} \tag{7-2}$$

여기서, $\frac{dy}{dx}$가 처짐각 θ이고 단위는 라디안[rad]이다.

(2) 처짐

$$EIy = -\int\int M(x)dx\,dx \quad \text{★★★} \tag{7-3}$$

여기서, y가 처짐 δ이다.

(3) 굽힘 모멘트

$$EI\frac{d^2y}{dx^2} = -M(x)$$

이 식이 탄성곡선 미분방정식이고 M은 보 상의 어떤 위치에서 굽힘 모멘트이다.

(4) 전단력

$$EI\frac{d^3y}{dx^3} = -\frac{dM(x)}{dx} = -F(x) \tag{7-4}$$

탄성곡선 미분방정식을 한번 더 미분하여 전단력을 구할 수 있다.

(5) 하중 및 힘의 세기

$$EI\, y^{(4)} = -\frac{d^2M}{dx^2} = -\frac{dF}{dx} = -\omega(x) \qquad [7\text{-}5]$$

탄성곡선 미분방정식을 2계 미분하면 분포하중을 결정할 수 있다.

2 면적 모멘트법(Moment Area Method) – 모어(Mohr)의 정리

(1) 처짐각(Deflection Angle)

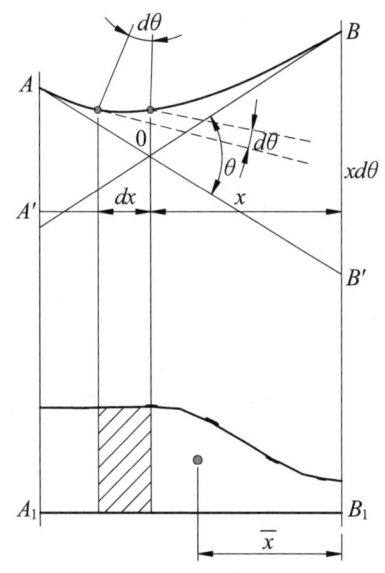

그림7-1 면적 모멘트법

처짐 곡선상의 임의의 두 점 A와 B에서 그은 두 접선 사이의 각 θ는 그 두 점 사이에 있는 굽힘 모멘트 선도(BMD)의 전체 면적을 강성계수 EI로 나눈 값과 동일하다.

$$\theta = \int_A^B \frac{Mdx}{EI}$$

$$A_m = \int_A^B Mdx$$

여기서, A_m은 굽힘 모멘트 선도(BMD)의 전체 면적이다. 그러므로 처짐각은

$$\theta = \frac{A_m}{EI}\ [\text{rad}] \qquad ★★★★ \qquad [7\text{-}6]$$

이다.

(2) 처짐량(Deflection)

A에서의 접선으로부터 이탈한 B점의 처짐량은 A와 B 사이에 있는 굽힘 모멘트 선도의 면적의 B에 관한 1차 모멘트를 강성계수 EI로 나눈 값과 동일하다.

$$\delta = \int_A^B \frac{Mxdx}{EI}$$

$$\int_A^B Mxdx = A_m \bar{x}$$

$$\delta = \frac{A_m}{EI} \bar{x} \quad ★★★★ \qquad [7\text{-}7]$$

여기서, A_m 과 $\bar{x}$ 는 그림7-2와 같다.

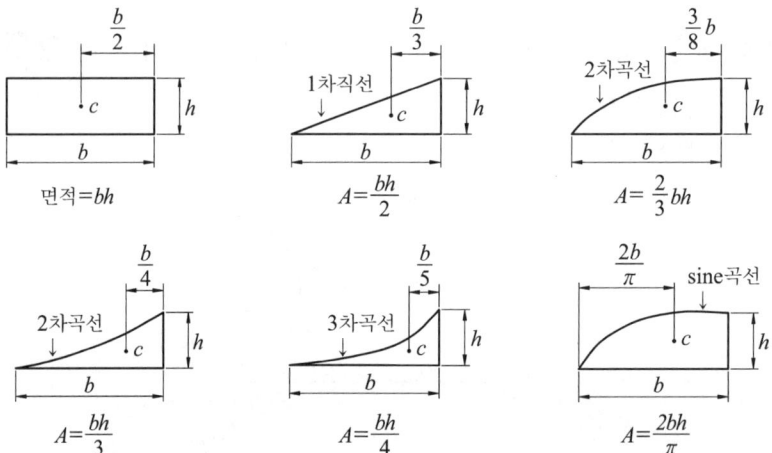

그림7-2 BMD 면적 A_m 과 도심까지의 거리 $\bar{x}$

3 탄성 에너지를 이용하는 방법

보에서는 굽힘 모멘트와 전단력에 의하여 변형이 초래되므로 탄성영역 내에서 굽힘 모멘트와 처짐각 사이에는 비례관계가 성립이 된다. 그러므로 탄성 에너지 구하는 식은

① $U = \frac{1}{2} P\delta$

② $U = \frac{1}{2} M\theta$ [7-8]

이다. 여기서 P는 보에 가하는 하중이고 δ는 처짐, M은 굽힘 모멘트, θ는 처짐각이다.

4 카스틸리아노(Castiliano)의 정리(定理)

외력 P_1, P_2, P_3, ········ 가 작용하고 있는 물체에 저장되는 변형 에너지를 U로 나타내면 외력 P_n의 작용점에 대한 외력 방향의 변위(처짐) δ_n는

$$\delta_n = \frac{\partial U}{\partial P_n} = \frac{1}{EI} \int_0^L M_x \left(\frac{\partial M_x}{\partial P_n} \right) dx \qquad [7\text{-}9]$$

이다. 카스틸리아노 정리는 중첩법이 적용되는 탄성계에서 힘들의 2차 함수로 표시된 변형 에너지를 그들 중의 임의의 한 힘에 관해서 편미분하면 그 편도함수는 그 작용점의 그 힘 방향의 변위 성분을 나타낸다.

5 공액보(Conjugated Beam) ★★★

공액보란 일명 굽힘 모멘트 분포하중 보라 한다. 즉, 어떤 보에 외력이 작용하여 전단력과 굽힘

모멘트를 발생시키면서 변형하였을 때 그 보의 굽힘 모멘트 선도와 같은 분포하중이 작용한다고 생각하는 가상보가 공액보이다. 이와 같은 공액보를 이용하여 반력과 처짐각 그리고 처짐을 구할 수 있다.

6 중첩법(重疊法)★★★

여러 개의 하중이 작용하는 보가 굽힘을 받고 있을 때 탄성곡선에 대한 선형 미분방정식을 구하여 여러 가지 하중상태에 대한 해들을 중첩하여 처짐각과 처짐을 구하는 방법이다.

7 외팔보와 단순보에 하중이 작용할 때 처짐각과 처짐

지금까지 보에서 처짐을 구하는 여러 가지 방법에 대해서 정리하였다. 이 중에서 면적 모멘트법과 중첩법을 이용하여 다음 10가지 경우의 예를 살펴보기로 한다. 그 10가지 경우를 기본으로 하여 그 외의 많은 문제들도 같은 방법으로 풀 수 있을 것이다.

(1) 외팔보의 자유단에 집중하중 작용시

① 처짐각

$$\theta = \frac{A_m}{EI} = -\frac{PL^2}{2EI} \;\;\text{★★★★★}$$ [7-10]

② 처짐

$$\delta = \theta \cdot \bar{x} = \frac{PL^2}{2EI} \times \frac{2}{3}L = \frac{PL^3}{3EI} \;\;\text{★★★★}$$ [7-11]

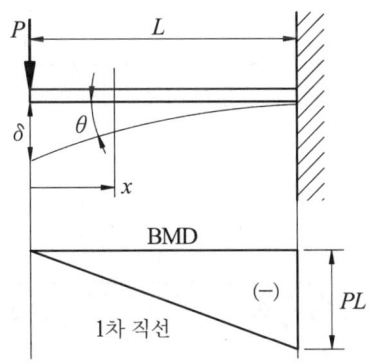

그림7-3 외팔보에 집중하중 작용

(2) 외팔보의 등분포하중 작용시

① 처짐각

$$\theta = \frac{A_m}{EI} = -\frac{\omega L^3}{6EI} \;\;\text{★★★★★}$$ [7-12]

② 처짐

$$\delta = \theta \cdot \bar{x} = \frac{\omega L^3}{6EI} \times \frac{3}{4}L = \frac{\omega L^4}{8EI} \;\;\text{★★★★★}$$ [7-13]

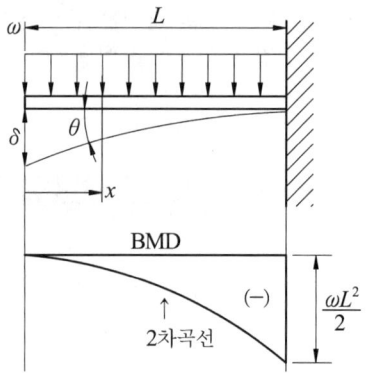

그림7-4 외팔보의 등분포하중

(3) 외팔보 자유단에서 우력 작용시

① 처짐각

$$\theta = \frac{A_m}{EI} = \frac{M_0 L}{EI} \qquad [7\text{-}14]$$

② 처짐

$$\delta = \theta \cdot \bar{x} = \frac{M_0 L}{EI} \times \frac{L}{2} = \frac{M_0 L^2}{2EI} \qquad [7\text{-}15]$$

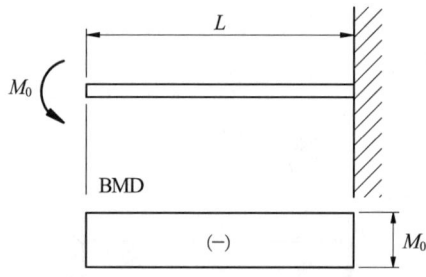

그림7-5 외팔보 자유단에서 우력 작용

(4) 단순보에 중앙 집중하중시

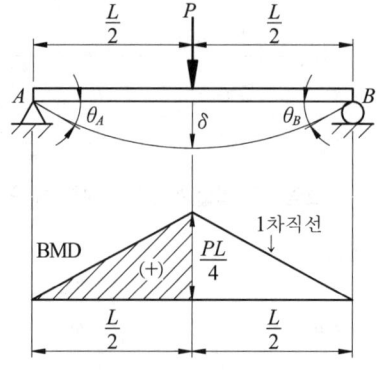

그림7-6 단순보에 중앙 집중하중

① 처짐각

$$\theta = \frac{A_m}{EI} = \frac{PL^2}{16EI} \;\text{★★★★} \qquad [7\text{-}16]$$

② 처짐

$$\delta = \theta \cdot \bar{x} = \frac{PL^2}{16EI} \times \frac{2}{3} \cdot \frac{L}{2} = \frac{PL^3}{48EI} \;\;\text{★★★★★}$$ [7-17]

(5) 단순보에 등분포하중 작용시

① 처짐각

$$\theta = \frac{A_m}{EI} = \frac{\omega L^3}{24EI} \;\;\text{★★★★★}$$ [7-18]

② 처짐

$$\delta = \theta \cdot \bar{x} = \frac{\omega L^3}{24EI} \times \frac{5}{8} \cdot \frac{L}{2} = \frac{5\omega L^4}{384EI} \;\;\text{★★★★★}$$ [7-19]

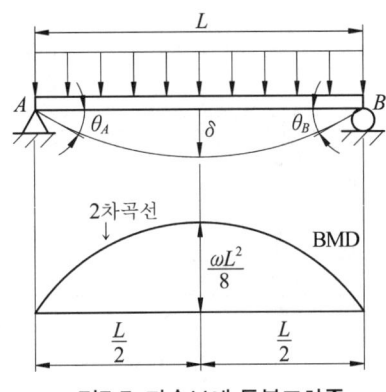

그림7-7 단순보에 등분포하중

(6) 외팔보에 집중하중과 등분포하중이 함께 작용할 경우

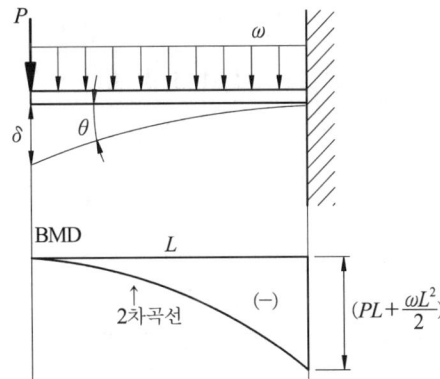

그림7-8 외팔보에 집중하중과 등분포하중이 함께 작용할 경우

그림7-8과 같은 경우 중첩법으로 처짐각과 처짐을 구하면 다음과 같다.

① 처짐각

$$\theta = \frac{PL^2}{2EI} + \frac{\omega L^3}{6EI}$$ [7-20]

② 처짐

$$\delta = \frac{1}{EI}\left(\frac{PL^3}{3} + \frac{\omega L^4}{8}\right)$$ [7-21]

(7) 외팔보 중앙에 집중하중 작용시

① 처짐각

$$\theta = \frac{A_m}{EI} = \frac{PL^2}{8EI} \tag{7-22}$$

② 중앙에서 처짐

$$\delta_c = \theta \cdot \bar{x}_c = \frac{PL^2}{8EI} \times \frac{2}{3} \cdot \frac{L}{2} = \frac{PL^3}{24EI} \;\; \bigstar\bigstar \tag{7-23}$$

③ 자유단에서 최대 처짐

$$\delta = \theta \cdot \bar{x} = \frac{PL^2}{8EI} \times \left(\frac{L}{2} + \frac{2}{3} \cdot \frac{L}{2} \right) = \frac{5PL^3}{48EI} \;\; \bigstar \tag{7-24}$$

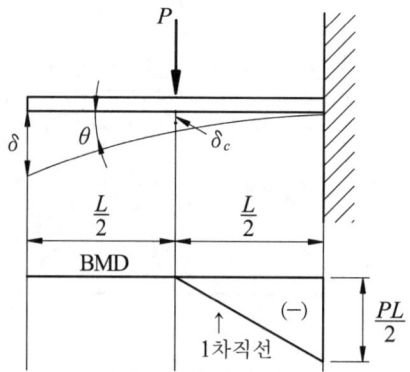

그림7-9 외팔보 중앙에 집중하중 작용

(8) 외팔보 중앙에 등분포하중 작용

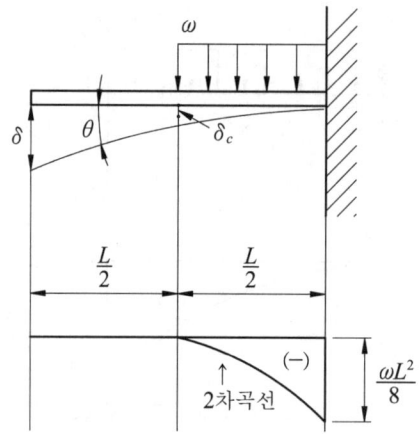

그림7-10 외팔보 중앙에 등분포하중 작용

① 처짐각

$$\theta = \frac{A_m}{EI} = \frac{\omega L^3}{48EI} \tag{7-25}$$

② 중앙에서 처짐

$$\delta_c = \theta \cdot \bar{x}_c = \frac{\omega L^3}{48EI} \times \frac{3}{4} \cdot \frac{L}{2} = \frac{\omega L^4}{128EI} \;\; \bigstar\bigstar \tag{7-26}$$

③ 자유단에서 최대 처짐
$$\delta = \theta \cdot \bar{x} = \frac{\omega L^3}{48EI} \times \left(\frac{L}{2} + \frac{3}{4} \cdot \frac{L}{2}\right) = \frac{7\omega L^4}{384EI} \; \bigstar \qquad [7\text{-}27]$$

(9) 단순보에 삼각 분포하중 작용시

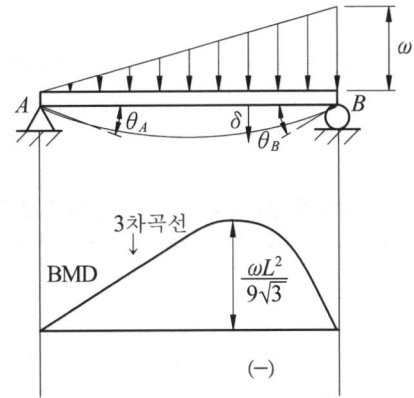

그림7-11 외팔보 3각 분포하중 작용

① 처짐
$$\delta = \frac{5\omega L^4}{384EI} \times \frac{1}{2} = \frac{5\omega L^4}{768EI} \qquad [7\text{-}28]$$

삼각분포하중은 등분포하중의 절반이므로 처짐도 등분포하중의 $\frac{1}{2}$이 된다.

(10) 외팔보 일부분에 등분포하중 작용시

① 외팔보 길이 L에 등분포하중 작용시 처짐
$$\delta_1 = \frac{\omega L^4}{8EI}$$

② 길이 $(L-a)$에 등분포하중 작용시 처짐
면적 모멘트법을 적용시켜 처짐을 구하면
$$\delta_2 = \frac{A_m}{EI}\bar{x} = \frac{\omega(L-a)^3}{24EI}(3L+a)$$
이다.

③ 중첩법으로 처짐 결정
$$\delta = \delta_1 - \delta_2 = \frac{\omega L^4}{8EI} - \frac{\omega(L-a)^3}{24EI}(3L+a) \qquad [7\text{-}29]$$

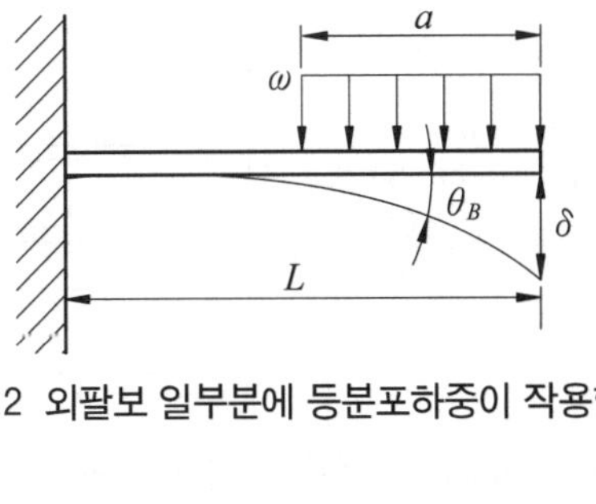

그림7-12 외팔보 일부분에 등분포하중이 작용할 경우

chapter 7 실전연습문제

01 보의 처짐을 작게 하려면 같은 단면적의 단면의 모양을 어떻게 취하는 것이 좋은가?
① 높이가 긴 구형 ② 정사각형 ③ 사다리형 ④ 원형

02 직경 $d=2$[cm], 길이 $L=1$[m]인 외팔보의 자유단에 집중하중 P가 작용할 때, 최대 처짐량이 2[cm]가 되었다. 최대 굽힘응력(MPa)은? (단, 종탄성계수 $E=196$[GPa]이다.)
① 11.765 ② 117.65 ③ 1176.50 ④ 11765.00

Solution
$$\delta = \frac{PL^3}{3EI} \; ; \; 0.02 = \frac{64 \times P \times 1}{3 \times 196 \times 10^9 \times \pi \times 0.02^4}, \; P = 92.4 \, [\text{N}]$$
$$\sigma_{max} = \frac{M_{max}}{Z} = \frac{32 \times P \times L}{\pi \times d^3} = \frac{32 \times 92.4 \times 1}{\pi \times 0.02^3} = 117.65 \times 10^6 \, [\text{N/m}^2]$$

03 그림과 같은 외팔보의 C점의 처짐각(rad)과 처짐[cm]은 얼마인가?
(단, $E=98$[MPa], $I=10^6$[cm^4]이다.)
① $\theta = 0.00408$ [rad], $\delta_C = 10.88$ [cm]
② $\theta = 0.0408$ [rad], $\delta_C = 0.1088$ [cm]
③ $\theta = 0.0408$ [rad], $\delta_C = 10.88$ [cm]
④ $\theta = 0.0408$ [rad], $\delta_C = 0.1088$ [cm]

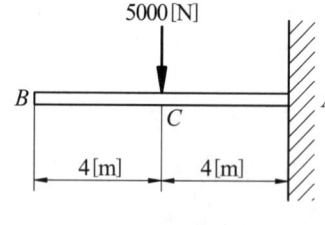

Solution
$$\theta = \frac{PL^2}{8EI} = \frac{5000 \times 8^2}{8 \times 98 \times 10^6 \times 10^6 \times 10^{-8}} = 0.0408 \, [\text{rad}]$$
$$\delta_C = \frac{PL^3}{24EI} = \frac{5000 \times 8^3}{24 \times 98 \times 10^6 \times 10^6 \times 10^{-8}} = 0.1088 \, [\text{m}] = 10.88 \, [\text{cm}]$$

04 길이 L인 외팔보의 자유단에 우력 $M_0 = Pa$를 작용시킬 때, 자유단의 처짐각과 처짐은 얼마인가?
① $\theta = \frac{PaL}{2EI}$, $\delta = \frac{PaL}{EI}$
② $\theta = \frac{PaL^2}{EI}$, $\delta = \frac{PaL^2}{2EI}$
③ $\theta = \frac{PaL^2}{EI}$, $\delta = \frac{PaL^2}{2EI}$
④ $\theta = \frac{PaL}{EI}$, $\delta = \frac{PaL^2}{2EI}$

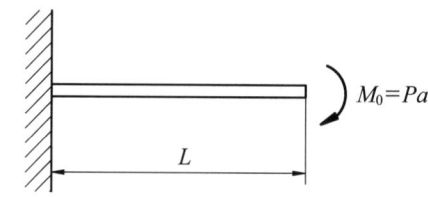

Solution
$$\theta = \frac{A_m}{EI} = \frac{M_0 L}{EI} = \frac{PaL}{EI}$$
$$\delta = \theta \bar{x} = \frac{PaL}{EI} \times \frac{L}{2} = \frac{PaL^2}{2EI}$$

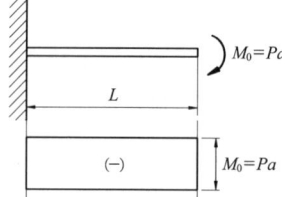

Answer 01 ① 02 ② 03 ③ 04 ④

05 그림과 같이 굽힘 강성이 EI인 균일단면의 외팔보에 강도가 ω인 등분포하중이 작용할 때, 자유단의 처짐으로 다음 중 맞는 것은?

① $\delta = \dfrac{\omega L^4}{6EI}$ ② $\delta = \dfrac{\omega L^4}{8EI}$

③ $\delta = \dfrac{\omega L^4}{24EI}$ ④ $\delta = \dfrac{\omega L^4}{48EI}$

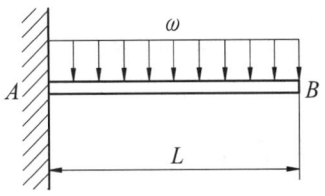

Solution $\delta = \dfrac{A_m}{EI} \cdot \bar{x} = \dfrac{\omega L^3}{6EI} \times \dfrac{3}{4}L = \dfrac{\omega L^4}{8EI}$

06 그림과 같이 집중하중 P와 균일 등분포하중이 동시에 작용할 때, 최대 처짐량은? (단, $P = \omega L$ 이다.)

① $\delta = \dfrac{5\omega L^4}{384EI}$ ② $\delta = \dfrac{7\omega L^4}{384EI}$

③ $\delta = \dfrac{11\omega L^4}{384EI}$ ④ $\delta = \dfrac{13\omega L^4}{384EI}$

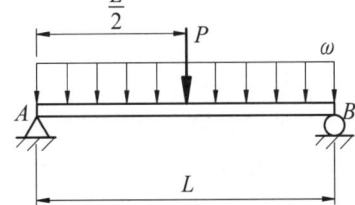

Solution $\delta = \dfrac{PL^3}{48EI} + \dfrac{5\omega L^4}{384EI} = \dfrac{13\omega L^4}{384EI} = \dfrac{13PL^3}{384EI}$

07 그림과 같이 단순보가 전 길이 L[cm]에 걸쳐 균일분포하중 ω[N/cm]를 받고 있을 때, 보의 중앙을 밀어 올려서 양단과 동일한 수준으로 했다면 중앙지점의 지지력은 얼마인가?

① $\dfrac{\omega L}{8}$ ② $\dfrac{3\omega L}{8}$

③ $\dfrac{5\omega L}{8}$ ④ $\dfrac{7\omega L}{8}$

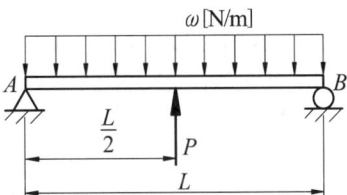

Solution $\delta = \dfrac{5\omega L^4}{384EI} = \dfrac{PL^3}{48EI}$, $P = \dfrac{5\omega L}{8}(\uparrow)$

08 그림과 같이 재질이 동일한 양단 지지보에서 하중 P가 작용할 때 $\delta_{\max 1}$, $\delta_{\max 2}$의 비를 구하여라.

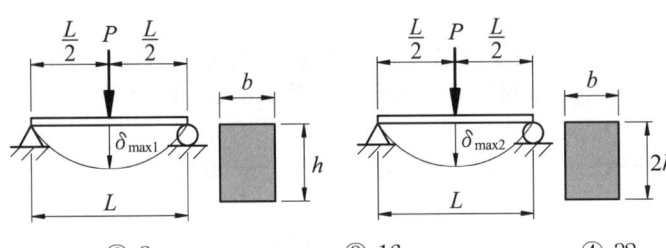

① 4   ② 8   ③ 16   ④ 32

Solution $\delta_{\max 1} = \dfrac{PL^3}{48EI} = \dfrac{PL^3}{48E} \cdot \dfrac{12}{bh^3}$

$\delta_{\max 2} = \dfrac{PL^3}{48E} \cdot \dfrac{12}{b(2h)^3}$

$\dfrac{\delta_{\max 1}}{\delta_{\max 2}} = 8$

Answer 05 ② 06 ④ 07 ③ 08 ②

09 동일단면, 동일길이를 가진 다음의 각종 보 중에서 최대의 처짐이 생기는 것은 어느 것인가?

① 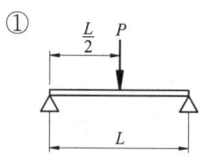 ② 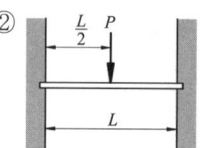 ③ 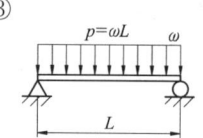 ④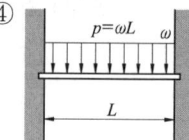

Solution
① 단순보 중앙집중하중 : $\delta = \dfrac{PL^3}{48EI}$
② 양단고정보 중앙집중하중 : $\delta = \dfrac{PL^3}{192EI}$
③ 단순보 등분포하중 : $\delta = \dfrac{5\omega L^4}{384EI} = \dfrac{5PL^3}{384EI}$
④ 양단고정보 등분포하중 : $\delta = \dfrac{\omega L^4}{384EI} = \dfrac{PL^3}{384EI}$

10 길이 1[m]의 원형 단면인 단순보가 $\omega = 49$[N/cm]의 균일 분포하중을 받고 있다. 최대 휨량을 보의 길이의 1/1000로 하려면 직경 d[cm]는 얼마로 해야겠는가? (단, $E = 196$[GPa]로 한다.)

① 5.1[cm]   ② 6.2[cm]   ③ 7.4[cm]   ④ 8.6[cm]

Solution
$\delta = \dfrac{5\omega L^4}{384EI}$

$\dfrac{1}{1000} = \dfrac{64 \times 5 \times 9 \times 10^2 \times 1^4}{384 \times 196 \times 10^9 \times \pi \times d^4}$, $d = 0.051$[m] $= 5.1$[cm]

11 균일 분포하중 88.2[N/cm]를 받고 있는 외팔보가 있다. 자유단에서 처짐이 $\delta = 3$[cm]이고, 그 지점에서 탄성곡선의 기울기가 0.01[rad]일 때, 이 보의 길이는 얼마인가?
(단, 재료의 탄성계수 $E = 205.8$[GPa]이다.)

① 1[m]   ② 2[m]   ③ 3[m]   ④ 4[m]

Solution
$\delta = \dfrac{\omega L^4}{8EI}$, $\theta = \dfrac{\omega L^3}{6EI}$

$\dfrac{\delta}{\theta} = \dfrac{6L}{8}$; $\dfrac{0.03}{0.01} = \dfrac{6L}{8}$, $L = 4$[m]

12 단면이 $b \times h = 4$[cm] $\times$ 8[cm]인 구형이고 스팬(Span) 2[m]의 단순보의 중앙에 집중하중이 작용할 때, 그 최대 처짐을 0.4[cm]로 제한하려면 하중은 몇 [N]으로 제한하여야 하는가?
(단, 탄성계수 $E = 196$[GPa]이다.)

① 4229.68[N]   ② 6307.28[N]   ③ 8028.16[N]   ④ 12595.94[N]

Solution
$\delta = \dfrac{PL^3}{48EI}$; $0.4 \times 10^{-2} = \dfrac{12 \times P \times 2^3}{48 \times 196 \times 10^9 \times 0.04 \times 0.08^3}$
$P = 8028.16$ [N]

13 $b \times h = 2$[cm] $\times$ 4[cm]의 구형 단면을 가진 길이 1[m]되는 외팔보의 자유단에 집중하중을 작용시켰더니 5[mm]의 처짐이 생겼다. 이 보에 발생하는 최대 굽힘응력은 얼마인가? (단, 탄성계수 $E = 196$[GPa]이다.)

① 41.2[MPa]   ② 58.8[MPa]   ③ 61.7[MPa]   ④ 70.6[MPa]

Answer 09 ① 10 ① 11 ④ 12 ③ 13 ②

Solution

$$\delta = \frac{PL^3}{3EI} = \frac{12PL^3}{3Ebh^3}$$

$$5 \times 10^{-3} = \frac{12 \times P \times 1^3}{3 \times 196 \times 10^9 \times 0.02 \times 0.04^3}, \quad P = 313.6 \text{ [N]}$$

$$\sigma_{max} = \frac{M_{max}}{Z} = \frac{6PL}{bh^2} = \frac{6 \times 313.6 \times 1}{0.02 \times 0.04^2} = 58.8 \times 10^6 \text{ [N/m}^2\text{]}$$

14 직경 20[cm], 길이 1000[mm]의 연강봉이 29.4[kN]의 인장하중을 받을 때, 발생하는 신장량의 크기는? (단, E = 205.8[GPa]이다.)

① 0.455[mm] ② 455[mm] ③ 0.0455[mm] ④ 0.00455[mm]

Solution

$$\delta = \frac{PL}{AE} = \frac{29.4 \times 10^4 \times 1}{\frac{\pi}{4} \times 0.2^2 \times 205.8 \times 10^9} = 0.00000455 \text{ [m]} = 0.00455 \text{ [mm]}$$

15 그림과 같은 외팔보의 자유단에 9.8J의 모멘트가 주어질 때, 자유단에서의 처짐은? (단, 이 보의 굽힘 강성계수는 49[kN-m²]이다.)

① 2.5[mm] ② 5[mm]
③ 25[mm] ④ 50[mm]

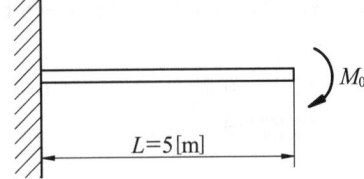

Solution

$$\delta = \frac{M_0 L^2}{2EI} = \frac{9.8 \times 5^2}{2 \times 49 \times 10^3} = 0.0025 \text{ [m]}$$

16 그림과 같은 단순보(Simple Beam)의 자유단에서 경사각 θ_A를 구하는 식은? (단, 이 E는 탄성계수, I는 2차 모멘트이다.)

① $\dfrac{M_A L}{2EI}$ ② $\dfrac{M_A L}{3EI}$
③ $\dfrac{M_A L}{6EI}$ ④ $\dfrac{M_A L}{8EI}$

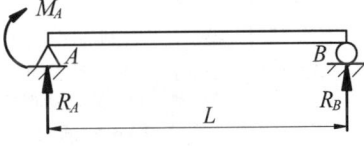

Solution 공액보를 적용시켜 처짐각과 처짐을 구한다.

$$R'_A = \frac{M_A L}{3}, \quad R'_B = \frac{M_A L}{6}$$

$$\theta_A = \frac{R'_A}{EI} = \frac{M_A L}{3EI}, \quad \theta_B = \frac{R'_B}{EI} = \frac{M_A L}{6EI}$$

$$\delta_{중} = \frac{M_C}{EI} = \frac{1}{EI}\left(\frac{M_A L^2}{12} - \frac{M_A L^2}{48}\right)$$

$$= \frac{M_A L^2}{16EI}$$

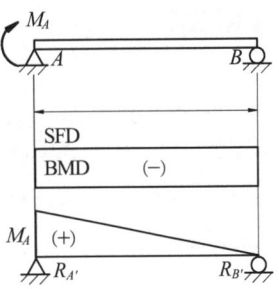

Answer 14 ④ 15 ① 16 ②

17 그림과 같이 주어진 단순보에서 최대 처짐에 대한 설명 중 옳지 않은 것은?

① 하중 (W)에 역비례한다.
② 탄성계수 (E)에 역비례한다.
③ 스팬 (L)의 3승에 정비례한다.
④ 보의 단면높이 (h)의 3제곱에 역비례한다.

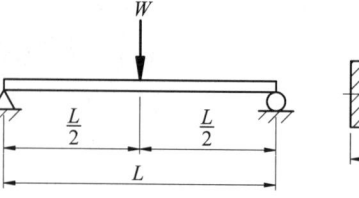
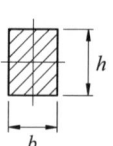

Solution $\delta = \dfrac{WL^3}{48EI} = \dfrac{WL^3}{48E} \times \dfrac{12}{bh^3}$

18 그림과 같은 외팔보에서 최대 처짐은 얼마인가? (단, E는 탄성계수이다.)

① $\dfrac{WL^4}{2Ebh^3}$ ② $\dfrac{WL^4}{Ebh^3}$
③ $\dfrac{3WL^4}{2Ebh^3}$ ④ $\dfrac{WL^4}{Ebh^3}$

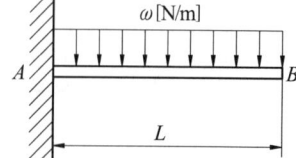
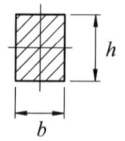

Solution $\delta = \dfrac{WL^4}{8EI} = \dfrac{WL^4}{8E} \times \dfrac{12}{bh^3} = \dfrac{3WL^4}{2Ebh^3}$

19 외팔보에 집중하중 P가 작용하여 자유단에 처짐량은 2[cm], 처짐각이 0.02[rad]일 때, 보의 길이는 얼마인가?

① 100[cm] ② 150[cm] ③ 200[cm] ④ 250[cm]

Solution $\theta = \dfrac{PL^2}{2EI}$, $\delta = \dfrac{PL^3}{3EI}$

$\dfrac{\delta}{\theta} = \dfrac{2}{3}L$; $\dfrac{2}{0.02} = \dfrac{2}{3}L$, $L = 150\,[\text{cm}]$

20 그림과 같은 단순보에서 최대처짐에 대한 설명으로 틀린 것은?

① 보의 높이(h)의 제곱에 반비례한다.
② 보의 길이(L)의 세제곱에 비례한다.
③ 작용하는 하중에 정비례한다.
④ 보의 나비(b)에 반비례한다.

Solution $\delta = \dfrac{PL^3}{48EI}$

21 폭 30[cm], 높이 10[cm], 길이 150[cm]의 외팔보의 자유단에 7840[N]의 집중하중을 작용시킬 때의 최대휨은? (단, $E = 196$[GPa]이다.)

① 0.25[cm] ② 0.20[cm] ③ 0.15[cm] ④ 0.18[cm]

Solution $\delta = \dfrac{PL^3}{3EI} = \dfrac{PL^3}{3E} \times \dfrac{12}{bh^3} = \dfrac{7840 \times 1.5^3 \times 12}{196 \times 10^9 \times 0.3 \times 0.1^3} = 0.0018\,[\text{m}] = 0.18\,[\text{cm}]$

22 강성계수가 EI인 단순보의 한 지점에 M_0의 모멘트가 작용할 때 중앙점의 처짐(Deflection)이 옳은 것은?

① $\delta_C = \dfrac{M_0 L^2}{16EI}$ ② $\delta_C = \dfrac{M_0 L^2}{6EI}$
③ $\delta_C = \dfrac{M_0 L^2}{32EI}$ ④ $\delta_C = \dfrac{M_0 L^2}{48EI}$

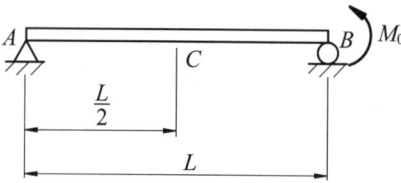

Answer 17 ① 18 ③ 19 ② 20 ① 21 ④ 22 ①

23 그림과 같은 외팔보의 임의의 거리 C 되는 점에 집중하중 P가 작용할 때, 최대 처짐량은 얼마인가?

① $\dfrac{PC^2}{3EI}(3L-C)$ ② $\dfrac{PC^2}{6EI}(3L-C)$

③ $\dfrac{PC^2}{3EI}\left(L-\dfrac{C}{3}\right)$ ④ $\dfrac{PC^2}{6EI}(L-3C)$

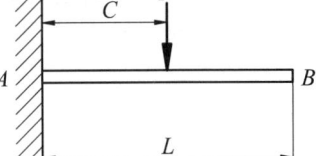

Solution $\delta = \dfrac{A_m}{EI}\bar{x} = \dfrac{PC^2}{2EI}\left(L-\dfrac{C}{3}\right) = \dfrac{PC^2}{6EI}(3L-C)$

24 다음 그림과 같은 보의 최대 처짐으로 맞는 것은?

① $\dfrac{5}{16EI}PL^3$ ② $\dfrac{7}{16EI}PL^3$

③ $\dfrac{9}{16EI}PL^3$ ④ $\dfrac{3}{16EI}PL^3$

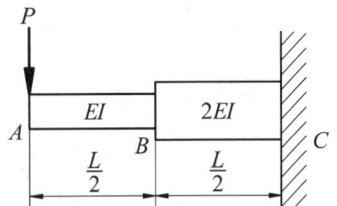

Solution
① AB 구간만 고려했을 때 처짐
$\delta_{AB} = \dfrac{P(L/3)^3}{3EI} = \dfrac{PL^3}{24EI}$
② BC 구간 부재에 발생하는 처짐
$\delta_{BC} = \dfrac{1}{2EI}\left[\dfrac{PL}{2}\cdot\dfrac{L}{2}\cdot\left(\dfrac{L}{2}+\dfrac{L}{4}\right) + \dfrac{1}{2}\cdot\dfrac{PL}{2}\cdot\dfrac{L}{2}\left(\dfrac{L}{2}+\dfrac{L}{2}\cdot\dfrac{2}{3}\right)\right]$
$= \dfrac{14PL^3}{96EI}$
③ A지점에서 최대 처짐
$\delta = \delta_{AB}+\delta_{BC} = \dfrac{3PL^3}{16EI}$

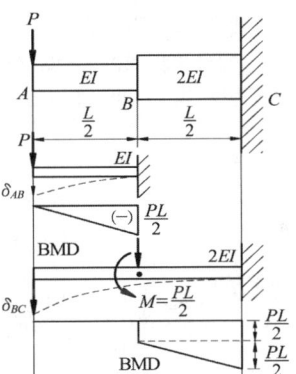

25 다음 그림과 같이 B단이 고정된 원호형 외팔보 AB가 그 자유단에 연직하중 P를 받고 있다. 이 보의 중심선은 반직경 R의 4분 원호이다. 이 보의 굽힘 변형만을 고려하면 A점의 연직 처짐량 δ_v를 구하시오.

① $\dfrac{\pi PR^2}{2EI}$ ② $\dfrac{\pi PR^3}{2EI}$

③ $\dfrac{\pi PR^2}{4EI}$ ④ $\dfrac{\pi PR^3}{4EI}$

Solution $\theta = \dfrac{ML}{EI} = \dfrac{MR\alpha}{EI}$, $U = \dfrac{1}{2}M\theta$, $M_\theta = PR\sin\alpha$

$dU = \int_0^{\frac{\pi}{2}} \dfrac{M_\theta^2 R d\alpha}{2EI}$

$\delta = \dfrac{\partial U}{\partial P} = \int_0^{\frac{\pi}{2}} \dfrac{M_\theta}{EI}\dfrac{\partial M_\theta}{\partial P}Rd\alpha = \dfrac{PR^3}{2EI}\left[\alpha-\dfrac{1}{2}\sin 2\alpha\right]_0^{\frac{\pi}{2}} = \dfrac{\pi PR^3}{4EI}$

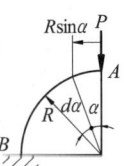

Answer 23 ② 24 ④ 25 ④

26 길이가 2[m]인 단순보의 중앙에 집중하중을 작용시켜 최대 처짐이 0.2[cm]로 제한하려면 하중은 몇 [N] 이하라야 하는가? (단, 단면이 원형이면 직경 $d=10$[cm]이고 재료의 탄성계수 $E=196$[GPa]이다.)

① 9270.8[N]　② 18453.4[N]　③ 14572.6[N]　④ 11544.4[N]

Solution
$$\delta = \frac{PL^3}{48EI} \; ; \; 0.2 \times 10^{-2} = \frac{64 \times P \times 2^3}{48 \times 196 \times 10^9 \times \pi \times 0.1^4}$$
$$P = 11545.35 \,[\text{N}]$$

27 그림과 같은 외팔보가 $P=9800$[N], $\theta=30°$ 보의 단면 $b \times h = 6 \times 12$[cm], $E=2.06$[GPa], 스팬의 길이 $L=1$[m]일 때, 자유단에서의 수직방향의 처짐량 δ는?

① 160[mm]　② 92[mm]
③ 36[mm]　④ 26[mm]

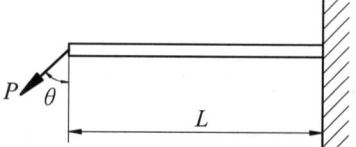

Solution
$$\delta = \frac{PL^3}{3EI} = \frac{12 \times P\cos\theta \times L^3}{3Ebh^3}$$
$$= \frac{12 \times 9800 \times \cos 30° \times 1^3}{3 \times 2.06 \times 10^9 \times 0.06 \times 0.12^3} = 0.15895\,[\text{m}] = 158.95\,[\text{mm}]$$

28 외팔보에 그림과 같이 우력 모멘트 $M_0 = 3920$[N-m]가 고정점 A에서 80[cm]인 지점에 작용 할 경우, 자유단 B점의 처짐량은 몇 [mm]인가? (단, 재료의 세로 탄성계수 $E=196$[GPa]이고 보의 단면은 한 면이 10[cm]인 정사각형이다.)

① 1.41　② 1.5
③ 1.75　④ 1.9

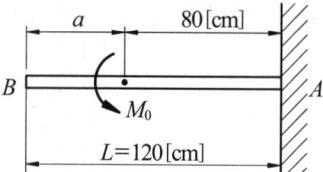

Solution
$$\delta = \frac{A_m}{EI} \bar{x} = \frac{M_0(L-a)}{EI} \times \left[a + \frac{(L-a)}{2}\right]$$
$$= \frac{12 \times 3920 \times (1.2-0.4)}{196 \times 10^9 \times 0.1^4} \times \left(0.4 + \frac{1.2-0.4}{2}\right) = 0.00154\,[\text{m}] = 1.54\,[\text{mm}]$$

29 등분포하중을 받고 있는 길이 3[m]의 단순보의 최대 직경을 1[cm]로 제한하려면 분포하중은 몇 [kN/m]인가? (단, 구형단면 $b \times h = 10$[cm] $\times 10$[cm], $E=210$[GPa]이다.)

① 16.6　② 22.2　③ 28.4　④ 32.6

Solution
$$\delta = \frac{5\omega L^4}{384EI} \; ; \; 0.01 = \frac{12 \times 5 \times \omega \times 3^4}{384 \times 210 \times 10^9 \times 0.1 \times 0.1^3}$$
$$\omega = 16.59 \times 10^3 \,[\text{N/m}] = 16.59\,[\text{kN/m}]$$

30 다음 그림과 같은 균일한 단면의 보 AC가 하중 P를 받고 있을 때, C점에서의 처짐을 길이 L과 굽힘강성 EI의 항으로 구한 것은?

① $\delta = \dfrac{PL^3}{12EI}$　② $\delta = \dfrac{3PL^3}{12EI}$
③ $\delta = \dfrac{5PL^3}{12EI}$　④ $\delta = \dfrac{7PL^3}{12EI}$

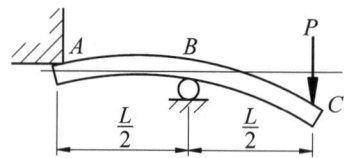

Answer　26 ④　27 ①　28 ②　29 ①　30 ①

⊙ Solution AB 구간에서 $M_x = -\dfrac{Pa}{L}x$ 이고 BC 구간에서는 $M_x = -Px$ 이다.

$$U = \frac{1}{2}M_x\delta = \int \frac{M_x^2}{2EI}dx = \int_0^L \frac{P^2a^2x^2}{2EIL^2}dx + \int_0^a \frac{P^2x^2}{2EI}dx$$

$$U = \frac{P^2a^2}{6EI}(L+a)$$

$$\delta = \frac{\partial U}{\partial P} = \frac{2Pa^2}{6EI}(L+a) = \frac{Pa^2}{3EI}(L+a)$$

여기서, $L = \dfrac{L}{2}$ 이고 $a = \dfrac{L}{2}$ 이다.

$$\delta = \frac{Pa^2}{3EI}(L+a) = \frac{P\left(\dfrac{L}{2}\right)^2}{3EI}\left(\frac{L}{2}+\frac{L}{2}\right) = \frac{PL^3}{12EI}$$

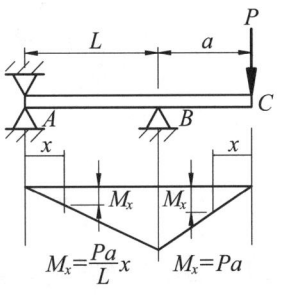

31 그림과 같이 외팔보가 자유단에서 시계방향의 우력 M을 받는 경우, 자유단의 처짐 δ는?

① $\delta = \dfrac{M^2l}{2EI}$ ② $\delta = \dfrac{Ml^2}{2EI}$

③ $\delta = \dfrac{2Ml^2}{3EI}$ ④ $\delta = \dfrac{M^2l}{6EI}$

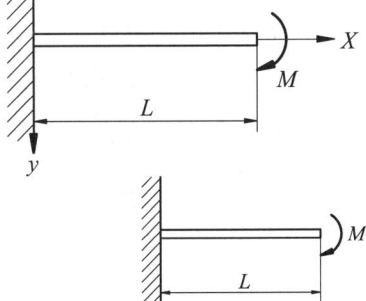

⊙ Solution 굽힘 모멘트 선도를 이용한 면적 모멘트 법으로 구한다.

$$\delta = \frac{A_m}{EI}\bar{x} = \frac{ML^2}{2EI}$$

32 다음과 같은 외팔보에서의 최대 처짐량은?

① $\dfrac{5}{48}\dfrac{PL^3}{EI}$ ② $\dfrac{11}{48}\dfrac{PL^3}{EI}$

③ $\dfrac{16}{48}\dfrac{PL^3}{EI}$ ④ $\dfrac{21}{48}\dfrac{PL^3}{EI}$

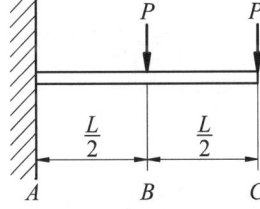

⊙ Solution ① 외팔보 자유단에 집중하중 P가 작용할 때 처짐

$$\delta_1 = \frac{PL^3}{3EI}$$

② 외팔보 중앙에 집중하중 P가 작용할 때 처짐

$$\delta_2 = \frac{5PL^3}{48EI}$$

③ 외팔보 자유단과 중앙에 집중하중 P가 함께 작용할 때 처짐

$$\delta = \delta_1 + \delta_2 = \frac{21PL^3}{48EI}$$

33 그림과 같이 외팔보에 하중 P가 B점과 C점에 작용할 때, 자유단 B에서의 처짐량은?

① $\dfrac{35}{3}\dfrac{PL^3}{EI}$ ② $\dfrac{37}{3}\dfrac{PL^3}{EI}$

③ $\dfrac{41}{3}\dfrac{PL^3}{EI}$ ④ $\dfrac{44}{3}\dfrac{PL^3}{EI}$

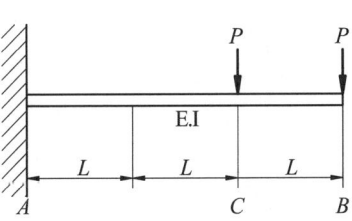

Answer 31 ② 32 ④ 33 ③

> **Solution** 중첩법으로 풀면 다음과 같다.
> ① B 지점에 만 하중 P가 작용할 때
> $$\delta = \frac{P \times (3L)^3}{3EI} = \frac{9PL^3}{EI}$$
> ② C 지점에만 하중 P가 작용할 때
> $$\delta = \frac{A_m}{EI}\bar{x} = \frac{2PL \times 2L \times (L + \frac{2}{3} \times 2L)}{2EI} = \frac{14PL^3}{3EI}$$
> $$\delta_B = \frac{9PL^3 \times 3}{3EI} + \frac{14PL^3}{3EI} = \frac{41PL^3}{3EI}$$

34 그림의 보에서 θ_A가 옳게 된 것은? (단, EI는 일정하다.)

① $\dfrac{ML}{2EI}$ ② $\dfrac{2ML}{5EI}$

③ $\dfrac{ML}{6EI}$ ④ $\dfrac{3ML}{4EI}$

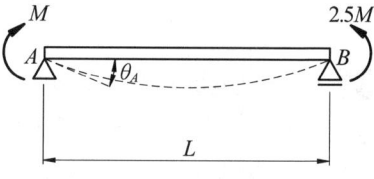

> **Solution** 공액보의 개념을 이용하여 푼다.
> $$R_{A'} = \frac{\left(\frac{3.5ML}{2} \times \frac{1.5L}{3.5}\right)}{L} = \frac{1.5ML}{2} = \frac{3ML}{4}$$
> $$\theta_A = \frac{R_{A'}}{EI} = \frac{3ML}{4EI}$$

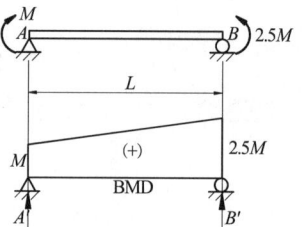

35 그림과 같이 균일단면을 가진 단순보에 균일하중 ω[kN/m]이 작용할 때, 이 보의 탄성 곡선식은?

① $y = \dfrac{\omega}{24EI}(L^3 - Lx^2 + x^3)$

② $y = \dfrac{\omega}{24EI}(L^3x - Lx^2 + x^3)$

③ $y = \dfrac{\omega x}{24EI}(L^3 - 2Lx^2 + x^3)$

④ $y = \dfrac{\omega x}{24EI}(L^3 - 2x^2 + x^3)$

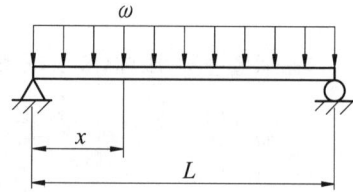

> **Solution** 임의의 위치 x에서 굽힘 모멘트를 구하여 탄성곡선 미분방정식에 대입하여 정리하면 다음과 같고 적분하여 y를 구한다.
> $$\frac{\partial^2 y}{\partial x^2} = -\frac{M_x}{EI} = -\frac{1}{EI}\left(\frac{\omega Lx}{2} - \frac{\omega x^2}{2}\right)$$
> $$\frac{\partial y}{\partial x} = -\int \frac{M_x}{EI}dx = -\frac{1}{EI}\int\left(\frac{\omega Lx}{2} - \frac{\omega x^2}{2}\right)dx = -\frac{1}{EI}\left(\frac{\omega Lx^2}{4} - \frac{\omega x^3}{6} + C_1\right)$$
> $$y = -\frac{1}{EI}\int\left(\frac{\omega Lx^2}{4} - \frac{\omega x^3}{6} + C_1\right)dx = -\frac{1}{EI}\left(\frac{\omega Lx^3}{12} - \frac{\omega x^4}{24} + C_1x + C_2\right)$$
> 위의 식에서 적분상수를 구하기 위해 경계조건(B/C)을 대입하여 정리한다.
> $x = 0$ 일 때 $y = 0$ 에서 $y = C_2 = 0$
> $x = L$ 일 때 $y = 0$ 에서 $\dfrac{\omega L^4}{12} - \dfrac{\omega L^4}{24} + C_1L = 0$
> $C_1 = -\dfrac{\omega L^3}{24}$
> $$y = -\frac{1}{EI}\left(\frac{\omega Lx^3}{12} - \frac{\omega x^4}{24} - \frac{\omega L^3 x}{24}\right)$$
> $$\delta = y = \frac{\omega x}{24EI}(x^3 - 2Lx^2 + L^3)$$

Answer 34 ④ 35 ③

chapter 8 기둥(Column)

1 편심하중을 받는 단주

그림8-1과 같이 도심에서 수평으로 a 만큼 편심된 위치에 압축하중 P 가 작용하면 도심을 통과하는 수직축을 기준으로 모멘트 M 이 발생한다. 그러므로 편심하중이 작용하면 도심의 위치에 수직하중 P 와 시계방향으로 굽힘 모멘트 M 이 함께 작용하고 있는 것과 같다.

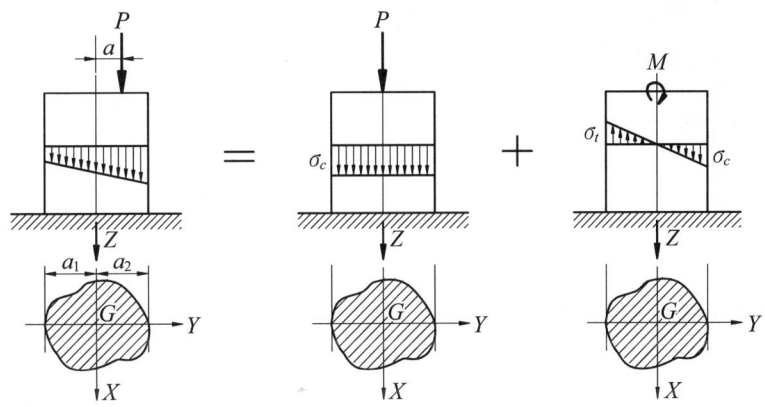

그림8-1 편심하중을 받는 단주

(1) 압축응력(수직응력, 법선응력)

편심하중은 도심에 압축하중과 굽힘 모멘트가 함께 작용하고 있는 것과 같으므로 수직응력을 구하면

$$\sigma = \frac{P}{A} \pm \frac{M}{Z} \qquad [8\text{-}1]$$

이다. 여기서, P 는 압축하중, A 는 단면적, M 은 굽힘 모멘트, Z 는 단면계수이다. 편심하중이 작용하는 반대쪽으로는 굽힘 모멘트에 의하여 인장응력이 발생한다. 본 장에서는 압축응력이 (+), 인장응력이 (−)이다.

① 굽힘 모멘트

$$M = Pa \qquad [8\text{-}2]$$

② 최대 압축응력

$$\sigma_{max} = \frac{P}{A} + \frac{M}{Z} \;\text{★★★} \qquad [8\text{-}3]$$

③ 최소 압축응력

$$\sigma_{min} = \frac{P}{A} - \frac{M}{Z}$$

(2) 단면의 핵(Cone of Section ; 핵심)

기둥은 인장응력에 의해 파괴되기 때문에 도심을 포함한 일정영역의 단면에 압축응력만 일어나고 인장응력은 일어나지 않는 범위를 단면의 핵이라 한다.

$$\sigma = \frac{P}{A} \pm \frac{M}{Z} = \frac{P}{A}\left(1 \pm \frac{ay}{K^2}\right)$$

여기서, K는 회전 반직경이고 y는 도심에서 수평축 외단(끝단)까지 거리이고 핵심범위는

$$a \leq \pm \frac{K^2}{y} \quad \text{★★★} \tag{8-4}$$

이다.

① 구형단면의 핵심

$$1 \pm \frac{6a}{h} \geq 0$$

$$-\frac{h}{6} \leq a \leq \frac{h}{6} \quad \text{★★★★} \tag{8-5}$$

② 원형단면의 핵심

$$1 \pm \frac{8a}{d} \geq 0$$

$$-\frac{d}{8} \leq a \leq \frac{d}{8} \quad \text{★★★★} \tag{8-6}$$

여기서, 핵심 반경은 $\frac{d}{8}$이고 핵심 직경은 $\frac{d}{4}$이다.

2 장주

기둥의 좌굴(Buckling)이란 축 압축력에 의한 휨으로 인하여 파괴되는 현상이다. 이 때의 하중을 좌굴하중(임계하중)이라 하며 좌굴현상을 일으키는 최대응력을 좌굴응력(임계응력)이라 한다.
그 좌굴하중과 좌굴응력은 경험식으로 결정하는 것이 보통이며 여기서는 압축변형은 무시하고 굽힘변형을 고려하는 조건의 오일러 식(Euler's Formula)을 이용하여 계산한다. 압축력과 굽힘을 둘 다 고려하면 골든-랭킨식을 적용시켜야 한다.

(1) 세장비(細長比 ; Slenderness Ratio)

세장비란 기둥의 가느다란 정도를 표시하는 척도로 다음과 같이 정의된다.

$$\lambda = \frac{L}{K}, \quad K = \sqrt{\frac{I}{A}} \quad \text{★★} \tag{8-7}$$

여기서, λ가 세장비이고 L은 기둥의 길이, K는 회전 반경이다. 기둥의 지지 조건을 고려하여 유효 세장비를 구하면

$$L_k = \frac{L}{\sqrt{n}}$$

$$\lambda_e = \frac{L_k}{K} \quad ★★ \qquad [8\text{-}8]$$

이다. 여기서, λ_e가 유효 세장비(有效細長比 ; Effective Slenderness Ratio)이고 L_k는 기둥의 수정된 길이(좌굴길이)라 한다.

① 단주(短柱) : $0 < L/K < 50$
② 중간주(중간주) : $50 < L/K < 100$
③ 장중(장주) : $100 < L/K$

(2) **임계하중**(좌굴하중)

Euler의 임계하중 P_{cr}은

$$P_{cr} = \frac{n\pi^2 EI}{L^2} \quad ★★★ \qquad [8\text{-}9]$$

이다. 여기서, n은 단말계수(고정계수), E는 종탄성계수, I는 도심에 대한 최소 단면 2차 모멘트이다. 단말계수는 기둥의 조건에 따라 다음과 같이 4가지 경우가 있다.

① 일단고정 타단자유 기둥 : $n = \frac{1}{4}$
② 양단회전 기둥 : $n = 1$
③ 일단고정 타단회전 기둥 : $n = 2$
④ 양단고정 기둥 : $n = 4$

(3) **임계응력**(좌굴응력)

Euler의 임계응력 σ_{cr}은

$$\sigma_{cr} = \frac{P_{cr}}{A} = \frac{n\pi^2 E}{\lambda^2} \quad ★★★★ \qquad [8\text{-}10]$$

이다.

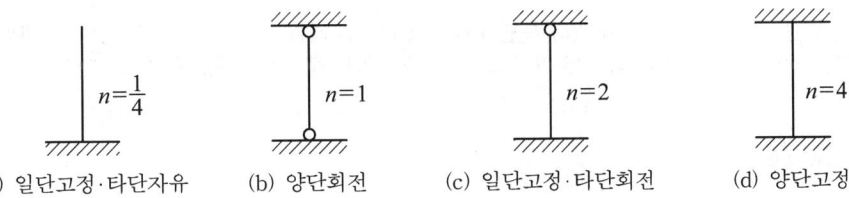

(a) 일단고정·타단자유   (b) 양단회전   (c) 일단고정·타단회전   (d) 양단고정

그림8-2 기둥의 종류와 단말계수

chapter 8 실전연습문제

01 양단회전의 기둥에서 단말계수 n 의 값은 얼마인가?

① 1/4 ② 1 ③ 2 ④ 4

Solution
① 일단고정 타단자유 : $n=\dfrac{1}{4}$
② 일단고정 타단자유 : $n=2$
③ 양단회전 : $n=1$
④ 양단고정 : $n=4$

02 그림과 같은 단주에 편심거리 e에 압축하중 P=8000[N]이 작용할 때, 단면에 인장력이 생기지 않기 위한 e의 한계는?

① $-5 \leq e \leq 5$
② $-10 \leq e \leq 10$
③ $-15 \leq e \leq 15$
④ $-20 \leq e \leq 20$

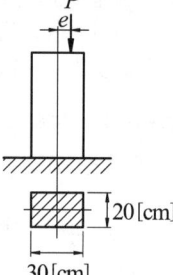

Solution
① $-\dfrac{h}{6} \leq e \leq \dfrac{h}{6}$; $-5 \leq e \leq 5$
② $-\dfrac{b}{6} \leq e \leq \dfrac{b}{6}$; $-3.33 \leq e \leq 3.33$

03 일단고정, 타단회전의 장주가 있다. 단면 15×10[cm]인 사각형, 길이 L=3[m], E=9.8[GPa]이다. 이때 안전율 S=10으로 할 때, 오일러의 공식에 의한 최대 안전 압축하중[kN]은 얼마인가?

① 26.87 ② 268.7 ③ 2687.0 ④ 0.2687

Solution
$P_{cr}=S \cdot P=\dfrac{n\pi^2 EI}{L^2}$
$10 \times P = \dfrac{2 \times \pi^2 \times 9.8 \times 10^9 \times 0.15 \times 0.1^3}{3^2 \times 12}$, $P=26.87$ [kN]

04 직경이 8[cm]인 원형 단면의 핵심의 반경은?

① 1[cm] ② 2[cm] ③ 3[cm] ④ 4[cm]

Solution 원형 단면의 단주에서 핵심
$-\dfrac{d}{8} \leq e \leq \dfrac{d}{8}$; $-1 \leq e \leq 1$
① 핵심 반경 : 1[cm]
② 핵심 직경 : 2[cm]

Answer 01 ② 02 ① 03 ① 04 ①

05 그림과 같이 구형 단면의 단주에 4[mm]의 편심 거리를 가지고 98[kN]의 압축하중을 가했을 때, 생기는 최대 응력은 몇 [MPa]인가?

① 15.37   ② 153.66
③ 1536.6   ④ 15366

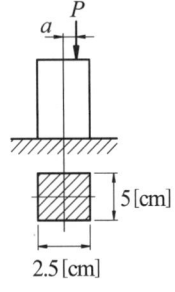

Solution
$$\sigma_{max} = \frac{P}{A} + \frac{M}{Z}$$
$$= \frac{98 \times 10^3}{0.05 \times 0.025} + \frac{98000 \times 0.004}{\frac{0.05 \times 0.025^2}{6}} = 153.66 \times 10^6 \,[\text{N/m}^2]$$

06 한 변의 길이 3[cm]인 정방형 단면을 가진 기둥이 양단 회전단으로 지지되어 있다. 이 기둥의 좌굴하중 산출에 오일러의 공식을 적용할 수 있으려면 기둥의 길이가 몇 [cm] 이상 되어야 하는가? (단, 세장비 $\lambda = \frac{L}{K} = 100$ 으로 한다.)

① 43[cm]   ② 57[cm]   ③ 72[cm]   ④ 87[cm]

Solution
$$K = \sqrt{\frac{I}{A}} = \sqrt{\frac{a^4}{12a^2}} = \frac{L}{\lambda}$$
$$L \geq \sqrt{\frac{a^2}{12}}\lambda, \quad L \geq \sqrt{\frac{9}{12}} \times 100 = 86.6\,[\text{cm}]$$

07 직경 $d=20$[cm]인 원형단면의 기둥길이를 L_1, 12[cm]×20[cm]인 구형 단면의 기둥의 길이를 L_2라 하고 세장비가 같다고 하면, 두 기둥의 길이의 비 L_2/L_1는 얼마인가?

① 0.34   ② 0.69   ③ 0.92   ④ 1.25

Solution
$$K_2 = \sqrt{\frac{I}{A}} = \sqrt{\frac{b^3 \times h}{b \times h \times 12}} = \sqrt{\frac{b^2}{12}} = \frac{b}{2\sqrt{3}}$$
$$K_1 = \frac{d}{4}, \quad \lambda_1 = \lambda_2, \quad \frac{L_1}{K_1} = \frac{L_2}{K_2}$$
$$\frac{L_1}{L_2} = \frac{K_1}{K_2} = \frac{4b}{d\sqrt{12}} = \frac{4 \times 12}{20 \times \sqrt{12}} = 0.69$$

08 원형단면의 직경이 15[cm], 길이가 4.5[m]인 기둥의 세장비는 얼마인가?

① 50   ② 70   ③ 100   ④ 120

Solution
$$\lambda = \frac{L}{K} = \frac{L}{\frac{d}{4}} = \frac{4 \times 4.5 \times 100}{15} = 120$$

09 내경 $d=4$[cm], 외경 $D=5$[cm], 길이 $L=2$[m]의 연강제 원형 기둥에 대한 세장비는?

① 20   ② 50   ③ 90   ④ 125

Solution
$$K = \sqrt{\frac{I}{A}} = \left[\frac{\pi(D^4 - d^4)}{\frac{\pi}{4}(D^2 - d^2) \times 64}\right]^{1/2} = \left[\frac{(D^2 + d^2)}{16}\right]^{1/2}$$
$$K = \sqrt{\frac{5^2 + 4^2}{16}} = 1.6\,[\text{cm}], \quad \lambda = \frac{L}{K} = \frac{200}{1.6} = 125$$

Answer   05 ②   06 ④   07 ②   08 ④   09 ④

10 편심하중을 받는 단주에서 핵심 밖에 하중이 걸리면 나타나는 응력분포는?

① 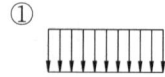   ② 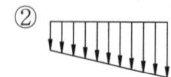   ③ 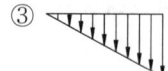   ④

Solution ㉮ 단면 중심에 압축하중 작용
㉯ 핵심 내부에 압축하중 작용
㉰ 핵심에 압축하중 작용

11 내경 $d=8$[cm], 외경 $D=12$[cm]의 주철제 중공원형 기둥에 $P=0.9$[MN]의 하중이 작용한다. 이 기둥의 양단이 핀(pin) 이음으로 되어 있을 때, 오일러 공식의 좌굴상당 길이는 몇 [cm]인가? (단, 종탄성계수 $E=210$[GPa]이다.)

① 4.337   ② 43.37   ③ 433.7   ④ 4337.0

Solution
$$P_{cr} = \frac{n\pi^2 EI}{L^2}, \quad L_K = \frac{L}{\sqrt{n}} = L$$
$$0.9 \times 10^6 = \frac{1 \times \pi^2 \times 210 \times 10^9 \times \pi \times (0.12^4 - 0.08^4)}{L^2 \times 64}$$
$$L = 4.337 \text{[m]} = 433.7 \text{[cm]}$$

12 3[cm]×6[cm]의 구형 단면인 양단고정의 기둥에서 오일러의 식을 적용시킬 수 있는 최소길이는 얼마인가? (단, $E=19.6 \times 10^4$[N/mm²], $\sigma_{cr}=196$[N/mm²]이다.)

① 172[cm]   ② 163[cm]   ③ 156[cm]   ④ 148[cm]

Solution
$$\sigma_{cr} = \frac{P_{cr}}{A} = \frac{n\pi^2 EI}{AL^2}$$
$$196 \times 10^6 = \frac{4 \times \pi^2 \times 19.6 \times 10^4 \times 10^6 \times 0.06 \times 0.03^3}{0.03 \times 0.06 \times L^2 \times 12}$$
$$L = 1.72 \text{[m]} = 172 \text{[cm]}$$

13 연강에서 오일러 공식에 적용시킬 수 있는 세장비 한계값에 가장 가까운 것은?

① 100   ② 90   ③ 80   ④ 70

Solution 연강 $\lambda \approx 102$

14 그림과 같은 Clamp에서 $m-n$ 단면의 높이 h는 얼마인가? (단, $P=1960$[N], $b=1$[cm], $e=6$[cm], $\sigma_w=156.8$[MPa]이다.)

① 1.5[cm]   ② 2.2[cm]
③ 2.4[cm]   ④ 3.5[cm]

Solution
$$\sigma_b = \frac{P}{A} + \frac{M}{Z} = \frac{P}{bh} + \frac{6Pe}{bh^2}$$
$$156.8 \times 10^6 = \frac{1960}{0.01 \times h} + \frac{6 \times 1960 \times 0.06}{0.01 \times h^2}$$
$$156.8 \times 10^6 \times h^2 - 196 \times 10^3 \times h - 70560 = 0$$
$$h = \frac{196 \times 10^3 + \sqrt{(196 \times 10^3)^2 + 4 \times 156.8 \times 10^6 \times 70560}}{2 \times 156.8 \times 10^6} = 0.0218 \text{[m]} = 2.18 \text{[cm]}$$

Answer 10 ④ 11 ③ 12 ① 13 ① 14 ②

15 길이가 L인 장주의 재질과 단면적이 동일할 때, 축압력이 그림과 같이 작용할 때 가장 먼저 좌굴이 일어나는 것은 어느 것인가?

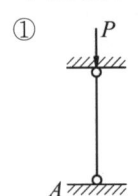 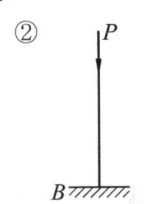 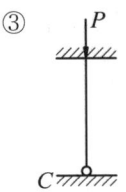 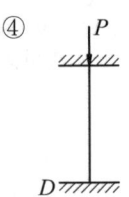

Solution 단말계수는 각각 다음과 같고, 그 단말계수가 가장 작은 기둥에서 먼저 좌굴 발생
① $n=1$ ② $n=\frac{1}{4}$ ③ $n=2$ ④ $n=4$

$$P_{cr} = \frac{n\pi^2 EI}{L^2}$$

16 그림과 같이 일단고정이고, 타단 힌지로 된 길이 2.5[m]인 주철재 기둥의 유효 세장비는 얼마가 옳은가? (단, 단말계수 $n=2$이며, 하중 $W=29.4$[kJ]이다.)

① 50.5
② 76.53
③ 108.3
④ 125.4

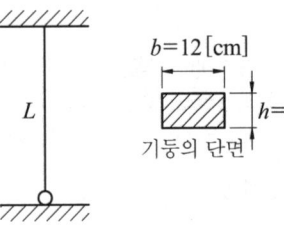

Solution
$K = \sqrt{\dfrac{I}{A}} = \sqrt{\dfrac{h^2}{12}} = \sqrt{\dfrac{8^2}{12}} = 2.31$ [cm]

$L_K = \dfrac{L}{\sqrt{n}} = \dfrac{250}{\sqrt{2}} = 176.78$ [cm]

$\lambda = \dfrac{L_K}{K} = \dfrac{176.78}{2.31} = 76.53$

17 일단고정, 타단자유의 기둥을 모든 조건은 그대로 두고 양단 회전의 기둥으로 만들었다면 몇 배의 안전하중을 가할 수 있는가?

① 1/16배   ② 1/4배   ③ 4배   ④ 16배

Solution
① 일단고정·타단자유의 단말계수 : $n = \dfrac{1}{4}$
② 양단회전의 단말계수 : $n = 1$

18 같은 조건 밑에서 양단고정의 기둥은 일단고정·타단자유의 기둥보다 몇 배의 안전하중을 가할 수 있는가?

① 2배   ② 4배   ③ 8배   ④ 16배

Solution
① 일단고정·타단자유의 단말계수 : $n = \dfrac{1}{4}$
② 양단고정의 단말계수 : $n = 4$

Answer 15 ② 16 ② 17 ③ 18 ④

19 오일러의 식에서 탄성 좌굴하중에 대한 설명 중 맞는 것은?

① 탄성계수에 반비례한다.
② 단면 2차 모멘트에 정비례한다.
③ 좌굴 길이의 제곱에 비례한다.
④ 단말계수(n)에 반비례한다.

20 다음 그림의 기둥들에 대한 오일러 하중의 대소 관계를 나타내면 아래의 부등식과 같다. 맞는 것은?
(단, 기둥의 단면적과 강성계수는 서로 같다고 한다.)

① $P_A > P_B > P_C$
② $P_A < P_B < P_C$
③ $P_B < P_A < P_C$
④ $P_C > P_A > P_B$

  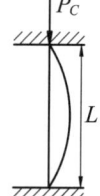

Solution ① $n=1$, ② $n=\frac{1}{4}$, ③ $n=4$

21 길이가 1.5[m], 직경 30[mm]의 원형단면을 가진 일단고정 타단자유인 기둥의 좌굴하중을 오일러의 공식으로 구하면 몇 [N]인가? (단, 탄성계수 $E=196$[GPa]이다.)

① 8546.11[N]   ② 8094.8[N]   ③ 7693[N]   ④ 6831[N]

Solution $P_{cr} = \frac{n\pi^2 EI}{L^2} = \frac{\pi^2 \times 196 \times 10^9 \times \pi \times 0.03^4}{4 \times 1.5^2 \times 64} = 8546.11\,[\text{N}]$

22 단면적 A, 단면 2차 모멘트 I, 단면 2차 회전반경 k, 길이 L인 장주의 세장비는?

① $\frac{k}{L}$ ② $\frac{L}{A}$ ③ $\frac{A}{I}$ ④ $\frac{L}{k}$

23 오일러 공식을 표시한 다음 식 중에서 옳은 것은? (단, W_B=좌굴하중, n=단말계수, k=회전반경, E=종탄성계수이다.)

① $W_B = \frac{n\pi^2 E}{L^2}$ ② $W_B = \frac{n\pi L^2}{E}$ ③ $W_B = \frac{n\pi^2 EI}{L^2}$ ④ $W_B = \frac{n\pi EL^2}{k}$

24 유효직경 40[mm], 높이 500[mm]의 하단은 고정되고 상단은 자유인 기둥이 있다. 유효 세장비(effective slenderness ratio)는 얼마인가?

① 60   ② 80   ③ 90   ④ 100

Solution $L_k = \frac{L}{\sqrt{n}} = \frac{500}{\sqrt{1/4}} = 1000\,[\text{mm}]$

$\lambda = \frac{L_k}{K} = \frac{L_k}{\frac{d}{4}} = \frac{4 \times 10^3}{40} = 100\,[\text{mm}]$

Answer 19 ② 20 ④ 21 ① 22 ④ 23 ③ 24 ④

25 동일한 재질과 단면을 갖고 길이가 다른 두 개의 기둥이 하나는 양단이 핀 지지되어 있고, 다른 하나는 양단이 고정된 채, 길이방향의 압축하중을 받고 있다. 두 기둥의 좌굴에 관한 임계하중이 같다고 하면, 핀 지지 기둥 길이 (L_1) 와 고정 기둥의 길이 (L_2) 의 비 L_1/L_2는?

① 0.25   ② 0.5   ③ 1.0   ④ 1.25

26 그림과 같은 구형 단면의 짧은 기둥에서 점 P 에 압축력 100[kN]을 받고 있다. 단면에 발생하는 최대 압축응력은 몇 [MPa]인가?

① 0.83
② 8.3
③ 83
④ 0.083

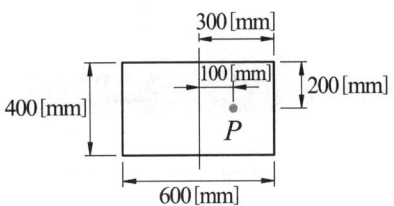

Solution
$$\sigma_{max} = \frac{P}{A} + \frac{M}{Z}$$
$$= \frac{100 \times 10^{-3}}{0.4 \times 0.6} + \frac{6 \times 100 \times 0.1 \times 10^{-3}}{0.4 \times 0.6^2} = 0.83 \,[\text{MPa}]$$

27 다음 중 틀린 것은?
① 좌굴응력은 좌굴을 일으키는 최대의 응력이다.
② 수직응력은 압축응력과 인장 응력으로 분류된다.
③ 굽힘응력은 인장응력과 압축 응력의 조합이다.
④ 비틀림응력은 인장응력의 일종이다.

28 장주에서 오일러(Euler)의 좌굴하중 크기를 결정하는 요소가 아닌 것은?
① 전단력   ② 탄성계수
③ 단면2차 모멘트   ④ 기둥의 길이

Solution $P_{cr} = \dfrac{n\pi^2 EI}{L^2} = \sigma_{cr} \cdot A$

29 한 변의 길이 10[cm]인 정사각형 단면봉이 그림과 같이 하중을 받고 있다. 봉에 발생하는 최대 인장응력은 몇 [MPa]인가?

① 0.5
② 2.2
③ 3.5
④ 7.2

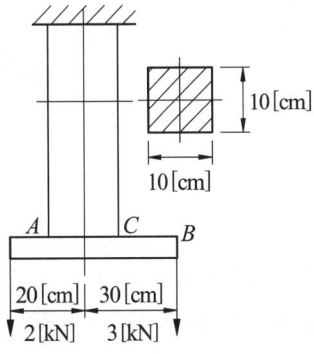

Solution
$$\sigma_{max} = \frac{P}{A} + \frac{M}{Z}$$
$$= \frac{5 \times 10^3}{0.1^2} + \frac{6 \times (3 \times 0.3 - 2 \times 0.2) \times 10^3}{0.1^3} = 3.5 \times 10^6 \,[\text{N/m}^2]$$

Answer 25 ② 26 ① 27 ④ 28 ① 29 ③

chapter 9 조합응력(組合應力)과 Mohr의 응력원

1 1축응력

직경이 d인 원형단면의 봉에 축하중 P가 작용할 때, $m-n$ 횡단면에 발생하는 응력은 인장응력 σ_x이다. 이와 같은 1축응력(단축응력)에 의해 $m-n$ 횡단면을 기준으로 반시계 방향으로 θ 만큼 경사진 $p'q'$ 단면에 발생하는 법선응력과 전단응력을 결정하고자 한다. 짧은 주철의 경우 σ_x의 단축응력(1축응력)을 받으면 $p'q'$의 경사단면으로 균열이 발생하며 파괴되는데 이것은 조합응력 때문에 나타나는 결과이다.

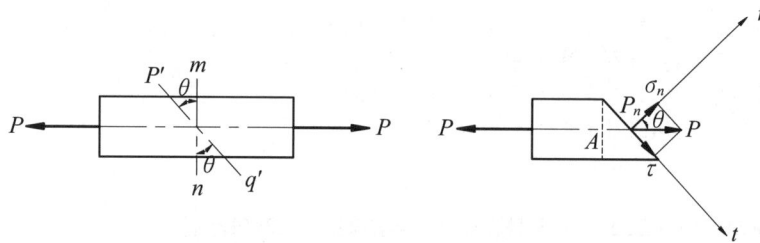

그림9-1 1축응력 상태하의 경사단면에서 법선응력과 전단응력

(1) 1축응력 작용시 경사단면에서 발생하는 법선응력

① 수직단면(횡단면)에서 발생하는 수직응력

$$\sigma_x = \frac{P}{A} \qquad [9\text{-}1]$$

여기서, A는 부재의 단면적(횡단면적)이고 P는 축하중이다.

② 경사단면($p'q'$단면)에서 발생하는 법선응력

$$\sigma_n = \frac{P_n}{A_n}$$

$$\sigma_n = \sigma_x \cos^2\theta \;\;\bigstar\bigstar \qquad [9\text{-}2]$$

여기서, θ는 경사각으로 횡단면을 기준으로 반시계 방향의 각도이다.

③ 법선응력의 최대값 $(\sigma_n)_{max}$ 과 최소값 $(\sigma_n)_{min}$: 법선응력은 코사인 함수이므로 코사인의 최대값은 0°일 때 +1이고 최소값은 180°일 때 -1이다. 그러나, 1축 응력에서는 법선응력이 $\cos^2\theta$로 정리됨으로 코사인값이 +1이든 -1이든 제곱을 하면 양의 값이 됨으로 경사각 θ가 0° 또는 180°일 때 최대값이 발생한다. 최대값과 최소값을 정리하면 다음과 같다.

$(\sigma_n)_{max} = \sigma_x$; 경사각 θ가 0° 또는 180°일 때

$(\sigma_n)_{min} = 0$; 경사각 θ가 90°일 때

(2) 1축응력 작용시 경사단면($p'q'$단면)에서 발생하는 전단응력

$$\tau = \frac{P_s}{A_n}$$
$$\tau = \frac{\sigma_x}{2} \sin 2\theta \quad ★★ \qquad [9\text{-}3]$$

① 전단응력의 최대값과 최소값 : 전단응력은 사인함수이므로 사인의 최대값은 90°일 때 +1이고 최소값은 270°일 때 -1이다. 그러나, 경사단면에 발생하는 전단응력은 $\sin 2\theta$의 함수이므로 45°일 때 최대, 135°일 때 최소 상태이다. 최대값과 최소값을 정리하면 다음과 같다.

$$\tau_{max} = \frac{\sigma_x}{2} \quad ; 경사각\ \theta가\ 45°일\ 때$$

$$\tau_{min} = -\frac{\sigma_x}{2} \quad ; 경사각\ \theta가\ 135°일\ 때$$

(3) 공액응력(Complementary Stress ; 공칭응력)

서로 직교하는 단면상에 작용하는 두 응력으로 90°의 위상차를 갖는다.

① 경사단면과 직교하는 단면에서 발생하는 법선응력

$$\sigma_n' = \sigma_x \cos^2(\theta + 90°) = \sigma_x \sin^2\theta$$

② 경사단면과 직교하는 단면에서 발생하는 전단응력

$$\tau' = \frac{1}{2}\sigma_x \sin 2(90° + \theta) = -\frac{1}{2}\sigma_x \sin 2\theta$$

③ 공액응력의 합

σ_n의 공액응력 σ_n', τ의 공액응력 τ'의 합을 구하면

$$\sigma_n + \sigma_n' = \sigma_x \ ★ \qquad [9\text{-}4]$$
$$\tau + \tau' = 0 \ ★ \qquad [9\text{-}5]$$

이다.

(4) Mohr의 응력원

x축을 수직응력(법선응력), y축을 접선응력(전단응력)으로 하여 공칭응력 관계를 나타낸 원(Circle)이다. 모어원을 그릴 때, 그림9-2와 같이 먼저 법선응력의 최대값과 최소값을 직경으로 하는 원을 그리고 나서 법선응력의 최대값과 최소값의 위치를 잡아 θ가 0인 지점을 기준으로 반시계 방향으로 2θ만큼 회전시켜 임의의 경사단면을 잡아준다. 그리고, 그 지점에서 법선응력과 전단응력을 표시해 주고 나서 공액단면을 잡아 공액응력을 나타내 준다. 공액단면은 경사단면과 90°의 위상차를 가지므로 모어원에서는 경사단면을 기준으로 180° 회전시켜 공액단면을 잡아 준다. 마지막으로 최대·최소 전단응력의 위치를 잡아 표시해 주면 된다.

① 중심좌표

$$\left(\frac{\sigma_x}{2},\ 0\right)$$

② 반직경

$$R = \frac{\sigma_x}{2} = \tau_{max}$$

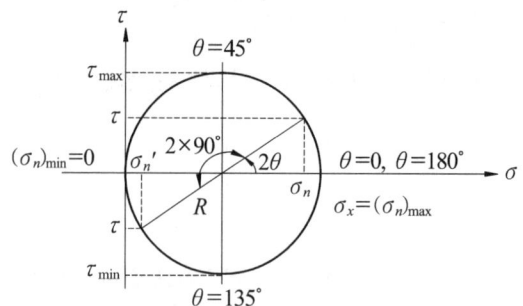

그림9-2 1축응력 상태하에서 Mohr의 응력원

(5) 경사단면상에서 법선응력과 전단응력의 크기가 같은 위치(단면)

① $\sigma_n = \tau$ 의 위치

$$\sigma_n = \sigma_x \cos^2\theta, \quad \tau = \frac{\sigma_x}{2}\sin 2\theta$$

$$\cos^2\theta = \frac{1}{2}\sin 2\theta = \frac{1}{2}\times 2\sin\theta\cos\theta$$

$$\cos\theta = \sin\theta \Rightarrow \theta = 45° \fallingdotseq \frac{\pi}{4}\,rad$$

② $\sigma_n' = \tau'$ 의 위치

$$\sigma_n' = \sigma_x \sin^2\theta, \quad \tau = -\frac{\sigma_x}{2}\sin 2\theta$$

$$\sin^2\theta = -\frac{1}{2}\sin 2\theta = -\frac{1}{2}\times 2\sin\theta\cos\theta$$

$$\sin\theta = -\cos\theta \Rightarrow \theta = 135° \fallingdotseq \frac{3\pi}{4}\,[rad]$$

2 구형요소에 작용하는 2축응력(Biaxial Stress)

1. 이축응력의 개념

그림9-3과 같이 구형요소(矩形요소)의 x 단면과 y 단면에 수직하중이 작용하여 각각 x 단면에는 σ_x의 인장응력이 발생하고 y 단면에는 σ_y의 인장응력이 작용하고 있을 때, 횡단면(x 단면)을 기준으로 반시계 방향으로 θ만큼 경사진 단면에 발생하는 법선응력 σ_n과 접선응력(전단응력) τ를 구하고자 한다.

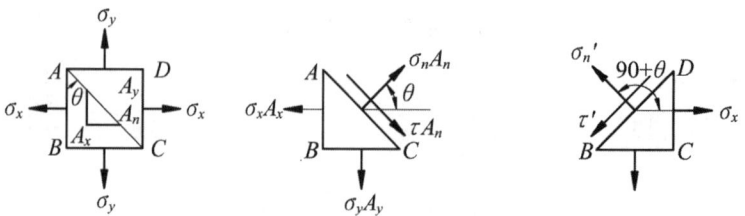

그림9-3 2축응력 상태에서 법선응력과 전단응력

(1) 경사단면에서 발생하는 법선응력

① 법선응력

$$\sum F_n = 0$$
$$\sigma_n A_n = \sigma_x A_x \cos\theta + \sigma_y A_y \sin\theta$$
$$\sigma_n = \frac{\sigma_x + \sigma_y}{2} + \frac{\sigma_x - \sigma_y}{2}\cos 2\theta \; \text{★★★}$$ [9-6]

여기서, σ_x는 구형요소의 횡단면에 작용하는 인장응력이고 σ_y는 구형요소의 종단면에 작용하는 인장응력이다. 그리고 θ는 횡단면을 기준으로 반시계 방향의 경사각이다.

② 법선응력의 최대값과 최소값

$(\sigma_n)_{max} = \sigma_x \Rightarrow$ 경사각 θ가 0° 일 때
$(\sigma_n)_{min} = \sigma_y \Rightarrow$ 경사각 θ가 90° 일 때

(2) 경사단면에서 발생하는 전단응력

① 전단응력

$$\sum F_t = 0$$
$$\tau A_n + \sigma_y A_y \cos\theta = \sigma_x A_x \sin\theta$$
$$\tau = \frac{\sigma_x - \sigma_y}{2}\sin 2\theta \; \text{★★★}$$ [9-7]

② 전단응력의 최대값과 최소값

$\tau_{max} = \dfrac{\sigma_x - \sigma_y}{2} \Rightarrow$ 경사각 θ가 45° 일 때
$\tau_{min} = -\dfrac{\sigma_x - \sigma_y}{2} \Rightarrow$ 경사각 θ가 135° 일 때

(3) 주평면과 주응력★★★★

① 주평면(Principal Plane ; 주면) : 전단응력이 작용하지 않고 수직응력만 존재하는 평면이다.
② 주응력(Principal Stress) : 주평면상에 작용하는 수직응력을 주응력이라 한다.

$$\sigma_1 = (\sigma_n)_{max} = \sigma_x$$ [9-8]
$$\sigma_2 = (\sigma_n)_{min} = \sigma_y$$ [9-9]

여기서, σ_1는 최대 주응력, σ_2는 최소 주응력이다.

(4) 공액응력(공칭응력)

서로 직교하는 단면상에 작용하는 두 응력으로 90°의 위상차를 갖는다.

① 경사단면과 직교하는 단면에서 발생하는 법선응력

$$\sigma_n' = \frac{\sigma_x + \sigma_y}{2} - \frac{\sigma_x - \sigma_y}{2}\cos 2\theta$$

② 경사단면과 직교하는 단면에서 발생하는 전단응력

$$\tau' = -\frac{\sigma_x - \sigma_y}{2}\sin 2\theta$$

③ 공액응력의 합 : σ_n의 공액응력 σ_n', τ의 공액응력 τ'의 합을 구하면

$$\sigma_n + \sigma_n{'} = \sigma_x + \sigma_y = (\sigma_n)_{max} + (\sigma_n)_{min} = \sigma_1 + \sigma_2 \quad \bigstar\bigstar\bigstar \qquad [9\text{-}10]$$
$$\tau + \tau{'} = \tau_{max} + \tau_{min} = \tau_1 + \tau_2 = 0 \quad \bigstar\bigstar\bigstar \qquad [9\text{-}11]$$

이다. 최대·최소 법선응력도 90°의 위상차를 가지므로 공액응력의 관계에 있으며 또한 최대·최소 전단응력도 90°의 위상차를 갖는다. 그러므로 공액응력의 합은 위와 같이 표현할 수 있는 것이다.

(5) Mohr의 응력원

그림9-4와 같이 먼저 법선응력의 최대값과 최소값을 직경으로 하는 원을 그리고 나서 법선응력의 최대값과 최소값의 위치를 잡아 θ가 0인 지점을 기준으로 반시계 방향으로 2θ만큼 회전시켜 임의의 경사단면을 잡아준다. 그리고, 그 지점에서 법선응력과 전단응력을 표시해 주고 나서 공액단면을 잡아 공액응력을 나타내 준다. 공액단면은 경사단면과 90°의 위상차를 가지므로 모어원에서는 경사단면을 기준으로 180° 회전시켜 공액단면을 잡아 준다. 마지막으로 최대·최소 전단응력의 위치를 잡아 표시해 주면 된다.

① 중심좌표 : $\left(\dfrac{\sigma_x + \sigma_y}{2},\ 0\right)$

② 반직경 : $R = \dfrac{\sigma_x - \sigma_y}{2} = \tau_{max}$

③ 평균응력 : $\sigma_{mean} = \dfrac{\sigma_x + \sigma_y}{2}$

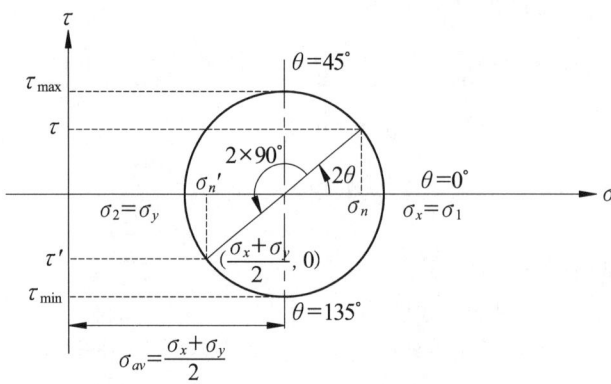

그림9-4 2축응력 상태하에서 Mohr의 응력원

2. $\sigma_x = \sigma_y$의 이축응력 상태

구형요소에 작용하는 응력 σ_x와 σ_y는 둘 다 인장응력으로 그 크기가 동일한 상태의 이축응력을 생각해 본다.

(1) 경사단면에 발생하는 법선응력

$$\sigma_n = \dfrac{\sigma_x + \sigma_y}{2} + \dfrac{\sigma_x - \sigma_y}{2}\cos 2\theta$$
$$\sigma_n = \sigma_x = (\sigma_n)_{max} = \sigma_1$$
$$\sigma_n{'} = \sigma_x = (\sigma_n)_{min} = \sigma_2 \qquad [9\text{-}12]$$

(2) 경사단면에 발생하는 전단응력

$$\tau = \frac{\sigma_x - \sigma_y}{2}\sin 2\theta$$
$$\tau = \tau_{max} = \tau_1 = 0$$
$$\tau' = \tau_{min} = \tau_2 = 0 \qquad \text{[9-13]}$$

이와 같은 경우, 경사단면에 발생하는 전단응력은 0이고 법선응력은 최대·최소 주응력과 같으므로 모어의 응력원(Mohr's Circle)은 한 점으로 표현된다.

3. $\sigma_x = -\sigma_y$, $\theta = 45°$ 상태의 이축응력 ★★★

구형요소의 x 방향으로 인장응력 σ_x, y 방향으로 σ_y의 압축응력이 작용하고 횡단면을 기준으로 반시계 방향으로 45° 기울어진 경사면에 발생하는 법선응력과 전단응력을 구해 본다.

(1) 경사단면에 발생하는 법선응력

$$\sigma_n = \frac{\sigma_x + \sigma_y}{2} + \frac{\sigma_x - \sigma_y}{2}\cos 2\theta$$
$$\sigma_n = 0, \quad \sigma_n' = 0$$
$$(\sigma_n)_{max} = \sigma_1 = \sigma_x, \quad (\sigma_n)_{min} = \sigma_2 = -\sigma_x = \sigma_y \qquad \text{[9-14]}$$

(2) 경사단면에 발생하는 전단응력

$$\tau = \frac{\sigma_x - \sigma_y}{2}\sin 2\theta$$
$$\tau = \tau_{max} = \sigma_x = -\sigma_y = \sigma_1$$
$$\tau' = \tau_{min} = -\sigma_x = \sigma_y = \sigma_2 \qquad \text{[9-15]}$$

이와 같은 경우, 경사단면에 발생하는 전단응력은 주응력과 같고 법선응력은 0이며 최대·최소 주응력은 σ_x와 $-\sigma_x$로 모어의 응력원(Mohr's Circle)은 직경이 $2\sigma_x$인 원으로 표현된다.

(3) 순수전단

$\sigma_x = -\sigma_y$, $\theta = 45°$인 경사단면 위에서 법선응력은 0이고 전단응력만이 존재한다. 이와 같이 법선응력은 작용하지 않고 발생하는 전단응력의 크기가 주응력의 크기와 같은 상태를 순수전단(Pure Shear) 상태라 한다. 이와 같은 경우 주응력이 작용하고 있는 면을 기준으로 45° 경사진 단면에는 전단응력만 작용한다.

(4) Mohr의 응력원

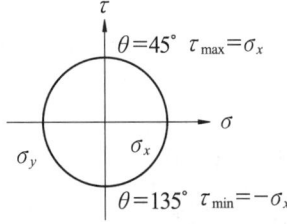

그림9-5 순수전단 상태에서 Mohr의 응력원

4. 조합응력을 받고 있는 부재의 변형률

(1) 3축응력 상태에서의 변형률

육면체의 x, y, z 단면에 각각 $\sigma_x, \sigma_y, \sigma_z$의 인장응력이 작용할 때, 각 방향의 종변형률은

$$\varepsilon_x = \frac{1}{E}[\sigma_x - \mu(\sigma_y + \sigma_z)] \quad \text{★★★} \tag{9-16}$$

$$\varepsilon_y = \frac{1}{E}[\sigma_y - \mu(\sigma_z + \sigma_x)] \quad \text{★★★} \tag{9-17}$$

$$\varepsilon_z = \frac{1}{E}[\sigma_z - \mu(\sigma_x + \sigma_y)] \quad \text{★★★} \tag{9-18}$$

이다.

(2) 균일 응력 상태하에서 변형률

균일응력 상태하에서 응력은 $\sigma_x = \sigma_y = \sigma_z$이며 변형률은 $\varepsilon_x = \varepsilon_y = \varepsilon_z$이다. 여기서, $\sigma_x = \sigma_y = \sigma_z$는 σ로 $\varepsilon_x = \varepsilon_y = \varepsilon_z$는 ε으로 놓으면 종 변형률은

$$\varepsilon = \frac{\sigma}{E}(1 - 2\mu) = \frac{\sigma}{E}\left(1 - \frac{2}{m}\right) \tag{9-19}$$

이다.

① 체적탄성계수와 종탄성계수의 관계

$$\varepsilon_V = 3\varepsilon = \frac{3\sigma}{E}(1 - 2\mu) = \frac{\sigma}{K}$$

$$K = \frac{E}{3(1 - 2\mu)} = \frac{mE}{3(m - 2)} \tag{9-20}$$

여기서, ε_V는 체적 변형률, σ는 수직응력이다.

② 2축응력 상태에서 변형률(Strain)과 응력(Stress)의 관계

$$\varepsilon_x = \frac{1}{E}(\sigma_x - \mu\sigma_y)$$

$$\varepsilon_y = \frac{1}{E}(\sigma_y - \mu\sigma_x)$$

위의 두 식을 연립하여 정리하면

$$\sigma_x = \frac{E(\varepsilon_x + \mu\varepsilon_y)}{1 - \mu^2} \quad \text{★★★★} \tag{9-21}$$

$$\sigma_y = \frac{E(\mu\varepsilon_x + \varepsilon_y)}{1 - \mu^2} \quad \text{★★★★} \tag{9-22}$$

이다.

③ 종 탄성계수와 횡 탄성계수의 관계 : $\sigma_x = -\sigma_y$이고 $\theta = 45°$일 때, 전단응력은 $\tau = \sigma_1 = \sigma_x = -\sigma_y$인 순수전단 상태에서 변형률은

$$\varepsilon_x = \frac{\sigma_x}{E}(1 + \mu), \quad \varepsilon_y = -\frac{\sigma_y}{E}(1 + \mu) \tag{9-23}$$

이다. 일반적으로 종변형률은 전단변형률의 $\frac{1}{2}$배인 관계와 순수전단 상태에서 법선응력의 크기와 전단응력의 크기가 같다($\sigma = \tau$)는 것을 적용하면

$$\varepsilon = \frac{\gamma}{2} = \frac{\tau}{2G} = \frac{\sigma}{E}(1 + \mu)$$

$$G = \frac{E}{2(1+\mu)} = \frac{mE}{2(m+1)}$$ [9-24]

이다. 여기서, γ 는 전단변형률이다.

5. 내압을 받고 있는 얇을 원통(보일러 물통)의 이축응력과 변형률

내압을 받는 얇은 원통에서는 내부 압력 때문에 원주응력과 축응력이 발생함으로 조합응력 상태이다. 원주응력을 받는 면을 기준으로 반시계 방향으로 θ만큼 경사진 단면에서 발생하는 법선응력과 전단응력, 그리고 이축응력 상태에서 변형률을 구해본다.

(1) 원주응력과 축응력

$$\sigma_t = \frac{PD}{2t} \ , \ \sigma_z = \frac{PD}{4t}$$

(2) 임의의 경사단면에서 법선응력과 전단응력

$$\sigma_n = \frac{\sigma_t + \sigma_z}{2} + \frac{\sigma_t - \sigma_z}{2} \cos 2\theta$$ [9-25]

$$\tau = \frac{\sigma_t - \sigma_z}{2} \sin 2\theta$$ [9-26]

(3) 최대 전단응력

$$\tau_{max} = \frac{\sigma_t - \sigma_z}{2} = \frac{1}{2}\left[\left(\frac{PD}{2t}\right) - \left(\frac{PD}{4t}\right)\right] \ \star\star$$ [9-27]

(4) 원주방향과 축방향의 변형률

$$\varepsilon_t = \frac{1}{E}(\sigma_t - \mu\sigma_z)$$ [9-28]

$$\varepsilon_z = \frac{1}{E}(\sigma_z - \mu\sigma_t)$$ [9-29]

3   구형요소에 작용하는 평면응력(Plane Stress)

그림9-6과 같이 구형요소에 작용하는 이축응력 상태에서 횡 단면과 종 단면에 전단응력이 함께 작용하고 있는 응력상태를 평면응력이라 한다.

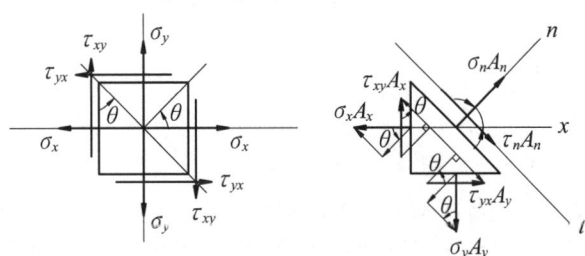

그림9-6 구형요소에 작용하는 평면응력

(1) 경사면에 작용하는 법선응력

종 단면과 횡 단면에 수직응력(인장응력)과 전단응력이 함께 작용하고 있는 상태에서 횡 단면을 기준으로 θ만큼 경사진 단면에 발생하는 법선응력을 구하면

$$\sigma_n = \frac{\sigma_x + \sigma_y}{2} + \frac{\sigma_x - \sigma_y}{2}\cos 2\theta - \tau_{xy}\sin 2\theta \quad ★★ \qquad [9\text{-}30]$$

이다. 여기서, τ_{xy}는 횡 단면에 작용하는 전단응력이고 τ_{yx}는 종 단면에 작용하는 전단응력이다. 그리고 $\tau_{xy} = -\tau_{yx}$이다.

(2) 경사면에 작용하는 전단응력

종 단면과 횡 단면에 수직응력(인장응력)과 전단응력이 함께 작용하고 있는 상태에서 횡 단면을 기준으로 θ만큼 경사진 단면에 발생하는 전단응력을 구하면

$$\tau = \frac{\sigma_x - \sigma_y}{2}\sin 2\theta + \tau_{xy}\cos 2\theta \quad ★★ \qquad [9\text{-}31]$$

이다.

(3) 최대 법선응력이 작용하는 위치 ; 최대 주응력이 발생하는 단면(주평면의 위치)

평면응력 상태의 경사단면에서 발생하는 법선응력을 구하는 식을 보면 사인함수와 코사인 함수가 혼합되어 있으므로 쉽게 최대·최소값의 위치를 알기가 어렵다. 그러므로 최대 법선응력이 작용하는 단면을 찾기 위해서는 $\frac{\partial \sigma_n}{\partial \theta} = 0$으로 놓고 θ를 구하면

$$\tan 2\theta = -\frac{2 \cdot \tau_{xy}}{\sigma_x - \sigma_y} \quad ★★★ \qquad [9\text{-}32]$$

$$\theta = \frac{1}{2}\tan^{-1}\left[-\frac{2 \cdot \tau_{xy}}{\sigma_x - \sigma_y}\right] \qquad [9\text{-}33]$$

이다. 최소 법선응력이 발생하는 위치를 찾을 때는 최대 법선응력의 공액응력이 최소 법선응력임을 적용시켜 최소 법선응력의 위치는 최대 법선응력의 위치에 90°를 더해주면 된다. 즉, 최소 법선응력이 작용하는 단면은

$$\theta = \frac{1}{2}\tan^{-1}\left[-\frac{2 \cdot \tau_{xy}}{\sigma_x - \sigma_y}\right] + 90° \qquad [9\text{-}34]$$

이다.

(4) 최대 전단응력이 작용하는 단면

평면응력 상태의 경사단면에서 발생하는 전단응력을 구하는 식을 보면 사인함수와 코사인함수가 혼합되어 있으므로 쉽게 최대·최소값의 위치를 알기가 어렵다. 그러므로 최대 전단응력이 작용하는 단면을 찾기 위해서는 $\frac{\partial \tau}{\partial \theta} = 0$으로 놓고 θ를 구하면

$$\cot 2\theta = \frac{2\tau_{xy}}{\sigma_x - \sigma_y} \qquad [9\text{-}35]$$

$$\theta = \frac{1}{2}\cot^{-1}\left[\frac{2 \cdot \tau_{xy}}{\sigma_x - \sigma_y}\right] \qquad [9\text{-}36]$$

이다. 최소 전단응력이 발생하는 위치를 찾을 때는 최대 전단응력의 공액응력이 최소 전단응력임을 적용시켜 최소 전단응력의 위치는 최대 전단응력의 위치에 90°를 더해주면 된다. 즉, 최소 전단응력이 작용하는 단면은

$$\theta = \frac{1}{2}\cot^{-1}\left[\frac{2\cdot\tau_{xy}}{\sigma_x - \sigma_y}\right] + 90° \qquad [9\text{-}37]$$

이다.

(5) 최대·최소 주응력

경사단면에서 발생한 법선응력의 최대·최소 법선응력을 최대·최소 주응력이라 한다. 그러므로 법선응력을 결정하는 식에 최대 주응력이 작용하는 위치 θ를 대입시키면 최대 주응력을 구할 수 있고, 최소 주응력도 같은 방법으로 구한다. 이렇게 해서 구한 최대·최소 주응력은

$$\sigma_{1,2} = \frac{\sigma_x + \sigma_y}{2} \pm \sqrt{\left(\frac{\sigma_x - \sigma_y}{2}\right)^2 + \tau_{xy}^2} \quad \bigstar\bigstar\bigstar\bigstar\bigstar \qquad [9\text{-}38]$$

이다. 여기서, σ_1은 최대 주응력, σ_2는 최소 주응력이다.

(6) 최대·최소 전단응력

경사단면에서 발생한 전단응력의 식에 최대 전단응력이 작용하는 위치 θ를 대입시키면 최대 전단응력을 구할 수 있고, 최소 전단응력도 같은 방법으로 구한다. 이렇게 해서 구한 최대·최소 전단응력은

$$\tau_{1,2} = \pm\sqrt{\left(\frac{\sigma_x - \sigma_y}{2}\right)^2 + \tau_{xy}^2} \quad \bigstar\bigstar\bigstar\bigstar\bigstar \qquad [9\text{-}39]$$

이다. 여기서, τ_1은 최대 전단응력, τ_2은 최소 전단응력이다.

(7) 공액응력

평면응력 상태의 공액응력 문제는 이축응력의 공액응력의 관계를 그대로 적용시켜 구한다.

$$\sigma_n + \sigma_n' = \sigma_x + \sigma_y = (\sigma_n)_{\max} + (\sigma_n)_{\min} = \sigma_1 + \sigma_2 \quad \bigstar\bigstar\bigstar \qquad [9\text{-}40]$$
$$\tau + \tau' = \tau_{\max} + \tau_{\min} = \tau_1 + \tau_2 = 0 \quad \bigstar\bigstar\bigstar \qquad [9\text{-}41]$$

(8) Mohr의 응력원

그림9-7과 같이 먼저 최대·최소 주응력을 직경으로 하는 원을 그리고 나서 법선응력의 최대값과 최소값의 위치를 잡아 θ가 0인 지점을 정하고 구형요소의 횡 단면과 종 단면에 작용하는 수직응력과 전단응력을 표시한다. 그리고 θ가 0인 지점을 기준으로 반시계 방향으로 2θ만큼 회전시켜 임의의 경사단면을 잡아준다. 그 지점에서 법선응력과 전단응력을 표시해 주고 나서 공액단면을 잡아 공액응력을 나타내 준다. 공액단면은 경사단면과 90°의 위상차를 가지므로 모어원에서는 경사단면을 기준으로 180° 회전시켜 공액단면을 잡아 준다. 마지막으로 최대·최소 전단응력의 위치를 잡아 표시해 주면 된다.

① 중심좌표

$$\left(\frac{\sigma_1 + \sigma_2}{2},\ 0\right)$$

② 반직경

$$R = \tau_1 = \tau_{\max}$$

③ 평균응력

$$\sigma_{mean} = \frac{\sigma_1 + \sigma_2}{2}$$

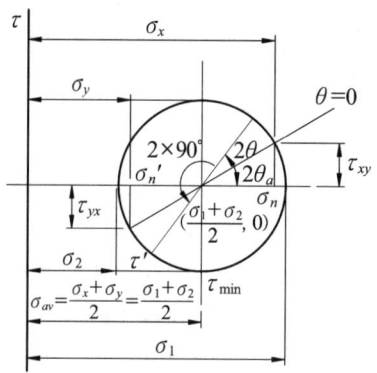

그림9-7 평면응력 상태에서 Mohr 원

(9) 최대·최소 변형률

① 최대·최소 종 변형률(주변형률) : 후크의 법칙과 최대·최소 주응력의 관계를 연립하여 최대·최소 주변형률를 구하면

$$\varepsilon_{1,2} = \frac{\varepsilon_x + \varepsilon_y}{2} \pm \sqrt{\left(\frac{\varepsilon_x - \varepsilon_y}{2}\right)^2 + \left(\frac{\gamma_{xy}}{2}\right)^2} \quad \text{★★★★} \qquad [9\text{-}42]$$

이다. ε_1은 최대 주변형률, ε_2은 최소 주변형률이다.

② 최대·최소 전단변형률 : 후크의 법칙과 최대·최소 전단응력, 전단탄성계수와 종 탄성계수의 관계를 연립하여 최대·최소 전단변형률을 구하면

$$\gamma_{1,2} = \pm \sqrt{(\varepsilon_x - \varepsilon_y)^2 + \gamma_{xy}^2} \quad \text{★★★★} \qquad [9\text{-}43]$$

이다. 여기서, γ_{xy}는 전단변형률이고 γ_1은 최대 전단변형률, γ_2는 최소 전단변형률이다.

chapter 9 — 실전연습문제

01 σ_x의 단축응력 상태에서 모어의 원(Mohr's circle)의 설명 중 옳은 것은?

① 모어원의 중심 위치는 σ_x의 크기를 갖는다.
② 모어원의 직경은 σ_x의 크기와 같다.
③ 모어원의 직경은 $\dfrac{\sigma_x}{2}$의 크기와 같다.
④ 최대 전단응력은 모어원의 직경과 같다.

02 다음 그림과 같은 균일단면봉에 인장하중 P가 작용할 때, 가로 단면과 45°의 각도를 이루는 경사단면에 생기는 수직응력 σ_n와 전단응력 τ 사이에는 다음 중 어느 관계가 성립하는가?

① $\sigma_n = 1/2\tau$ ② $\sigma_n = \tau$
③ $\sigma_n = 2\tau$ ④ $\sigma_n = 3/2\tau$

◎ Solution
$\sigma_n = \sigma_x \cos^2\theta = \dfrac{\sigma_x}{2}$
$\tau = \dfrac{\sigma_x}{2}\sin 2\theta = \dfrac{\sigma_x}{2}$
$\sigma_n = \tau$

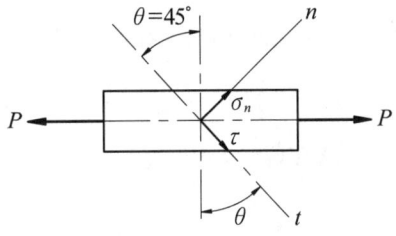

03 2축 응력이 작용하고 Mohr원에서 σ_x가 인장응력이고, σ_y가 압축응력이며 서로 수직으로 작용할 때, $|\sigma_x| = |-\sigma_y|$이면 Mohr원의 직경은 얼마인가?

① 0   ② $\dfrac{\sigma_x}{2}$ ③ $2\sigma_x$ ④ σ_x

◎ Solution
$\sigma_n = \dfrac{\sigma_x + \sigma_y}{2} + \dfrac{\sigma_x - \sigma_y}{2}\cos 2\theta$
$(\sigma_n)_{max} = \sigma_x$
$(\sigma_n)_{min} = -\sigma_x$

04 그림과 같이 단면의 치수가 5[mm]×20[mm]인 강판에 인장력 $P=4,900$[N]이 작용하고 있다. 30° 경사진 AB 면에 작용하는 전단응력은 몇 [MPa]인가?

① 11.12   ② 21.22
③ 31.21   ④ 41.32

◎ Solution
$\tau = \dfrac{\sigma_x}{2}\sin 2\theta = \dfrac{1}{2} \times \dfrac{4900}{0.005 \times 0.02} \times \sin 120° = 21.22 \times 10^6\ [\text{N/m}^2]$

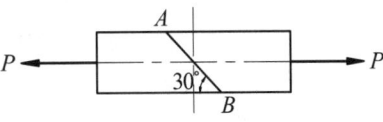

05 $\sigma_x = 73.5$[MPa], $\sigma_y = -34.3$[MPa]이 작용할 때, $\theta = 60°$의 경사평면상에 발생하는 수직응력 σ_n[MPa]과 전단응력 τ[MPa]는 얼마인가?

① −7.35, 46.68   ② 46.68, −7.35   ③ 7.35, −46.68   ④ −46.68, 7.35

Answer   01 ②   02 ②   03 ③   04 ②   05 ①

Solution
$$\sigma_n = \frac{\sigma_x+\sigma_y}{2} + \frac{\sigma_x-\sigma_y}{2}\cos 2\theta$$
$$= \frac{73.5-34.3}{2} + \frac{73.5+34.3}{2}\times\cos 120° = -7.35\,[\text{MPa}]$$
$$\tau = \frac{\sigma_x-\sigma_y}{2}\sin 2\theta = \frac{73.5+34.3}{2}\times\sin 120° = 46.68\,[\text{MPa}]$$

06 $\sigma_x = 19.6[\text{MPa}]$, $\sigma_y = -29.4[\text{MPa}]$이 작용할 때, 최대전단응력[MPa]의 크기와 각도로 다음 중 맞는 것은?

① $\tau_{max} = 24.5$, $\theta = 90°$ ② $\tau_{max} = 49$, $\theta = 45°$
③ $\tau_{max} = 49$, $\theta = 90°$ ④ $\tau_{max} = 24.5$, $\theta = 45°$

Solution
$$\tau = \frac{\sigma_x-\sigma_y}{2}\sin 2\theta$$
$\theta = 45°$ 일 때, $\tau_{max} = \frac{\sigma_x-\sigma_y}{2}$
$$\tau_{max} = \frac{19.6+29.4}{2} = 24.5\,[\text{MPa}]$$

07 평면응력상태에 있는 재료 내의 주평면 위에 작용하는 전단응력 τ를 나타내는 식은 다음 중 어느 것인가?

① $\tau = \frac{1}{2}(\sigma_x - \sigma_y)$ ② $\tau = \frac{1}{2}\tau_{xy}$ ③ $\tau = 0$ ④ $\tau = \frac{1}{2}(\sigma_x+\sigma_y)+\tau_{xy}$

Solution 주평면 : 전단응력이 0이고 법선응력만 작용하는 평면

08 수직응력 $\sigma_x = 4.9[\text{MPa}]$, $\sigma_y = 14.7[\text{MPa}]$, 전단응력 $\tau_{xy} = 9.8[\text{MPa}]$ 일 때, 최대·최소 주응력 σ_1과 σ_2는 각각 몇 [MPa]인가?

① $\sigma_1 = 20.76$, $\sigma_2 = 1.16$ ② $\sigma_1 = -1.16$, $\sigma_2 = 20.76$
③ $\sigma_1 = 20.76$, $\sigma_2 = -1.16$ ④ $\sigma_1 = -1.16$, $\sigma_2 = -20.76$

Solution
$$\sigma_1 = \frac{\sigma_x+\sigma_y}{2} + \sqrt{\left(\frac{\sigma_x-\sigma_y}{2}\right)^2 + \tau_{xy}^2}$$
$$= \frac{4.9+14.7}{2} + \sqrt{\left(\frac{4.9-14.7}{2}\right)^2 + 9.8^2} = 20.76\,[\text{MPa}]$$
$$\sigma_2 = \frac{\sigma_x+\sigma_y}{2} - \sqrt{\left(\frac{\sigma_x-\sigma_y}{2}\right)^2 + \tau_{xy}^2}$$
$$= \frac{4.9+14.7}{2} - \sqrt{\left(\frac{4.9-14.7}{2}\right)^2 + 9.8^2} = -1.16\,[\text{MPa}]$$

09 σ_x, σ_y, τ_{xy}가 작용하고 있는 상태에서 최대 주응력의 크기를 구하기 위하여 모어의 응력원을 그렸을 때, 그림에서 최대 주응력의 크기를 나타내는 것은 어느 것인가?

① AD
② BC
③ OB
④ OD

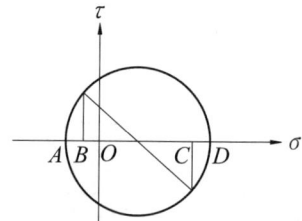

Answer 06 ④ 07 ③ 08 ③ 09 ④

10 평면응력 상태에 있는 재료의 내부에 생기는 최대 및 최소 주응력을 σ_1 과 σ_2 라고 하면 이들의 관계를 옳게 나타낸 식은 다음 중 어느 것인가?

① $\sigma_1 + \sigma_2 = \sigma_x + \sigma_y$
② $\sigma_1 + \sigma_2 = \frac{1}{2}(\sigma_x + \sigma_y)$
③ $\sigma_1 + \sigma_2 = \sigma_x + \sigma_y + 2\tau_{xy}$
④ $\sigma_1 + \sigma_2 = \frac{1}{2}(\sigma_x + \sigma_y) + 2\tau_{xy}$

Solution 공액응력의 관계
$$\sigma_n + \sigma_n' = \sigma_x + \sigma_y = (\sigma_n)_{max} + (\sigma_n)_{min} = \sigma_1 + \sigma_2$$
$$\tau + \tau' = \tau_{max} + \tau_{min} = \tau_1 + \tau_2 = 0$$

11 그림과 같이 재료에 전단응력 τ 가 xy 방향으로 작용할 때 x 축과 45° 방향에 수직인 단면($z-z$)에 생기는 수직응력 σ_n 과 전단응력 τ_n 으로 다음 중 맞는 것은?

① $\sigma_n = \tau$, $\tau_n = 0$
② $\sigma_n = 0$, $\tau_n = \tau$
③ $\sigma_n = 0$, $\tau_n = 0$
④ $\sigma_n = \tau$, $\tau_n = \tau$

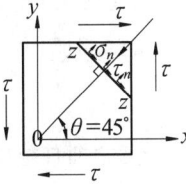

Solution
$$\sigma_n = \frac{\sigma_x + \sigma_y}{2} + \frac{\sigma_x - \sigma_y}{2}\cos 2\theta - \tau_{xy}\sin 2\theta = \tau \times \sin 90° = \tau$$
$$\tau_n = \frac{\sigma_x - \sigma_y}{2}\sin 2\theta + \tau_{xy}\cos 2\theta = -\tau \times \cos 90° = 0$$

12 그림과 같이 횡단면과 각 θ 를 이루는 경사면 위에 수직응력 $\sigma_n = 176.4$[MPa] 전단응력 $\tau = 39.2$[MPa]이 작용하고 있을 때, 경사각 θ 는 얼마인가?

① $\tan^{-1}\frac{1}{4.5}$
② $\cos^{-1}\frac{1}{4.5}$
③ $\tan^{-1}\frac{1}{2}$
④ $\sin^{-1}\frac{1}{2}$

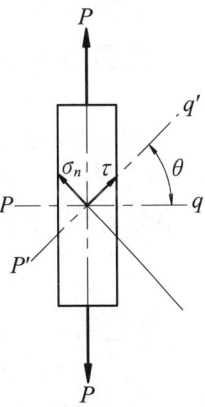

Solution
$$\tan\theta = \frac{\tau}{\sigma_n} = \frac{39.2}{176.4} = \frac{1}{4.5}$$
$$\theta = \tan^{-1}\left(\frac{1}{4.5}\right)$$

13 그림과 같은 10[mm]×10[mm]의 정사각형 단면을 가진 강봉이 축력 $P = 58.8$[kN]을 받고있다. 구형요소가 30° 기울어졌을 때, 그 표면에서 발생하는 법선응력의 값은 얼마인가?

① -55[MPa]
② -110[MPa]
③ -220[MPa]
④ -441[MPa]

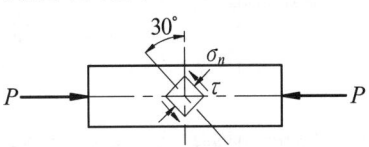

Solution
$$\sigma_n = \sigma_x \cos^2\theta = \frac{58.8 \times 10^{-3}}{0.01 \times 0.01} \times (\cos 30°)^2 = 441\,[\text{MPa}]$$

Answer 10 ① 11 ① 12 ① 13 ④

14 그림과 같이 정사각형 단면에 $\sigma_x=0$, $\sigma_y=0$, $\tau_{xy}=14.7[\text{MPa}]$이 작용할 때 주응력의 값을 계산한 것으로 다음 중 맞는 것은?

① 14.7[MPa], 0[MPa]
② 29.4[MPa], 14.7[MPa]
③ 14.7[MPa], −14.7[MPa]
④ 7.35[MPa], −7.35[MPa]

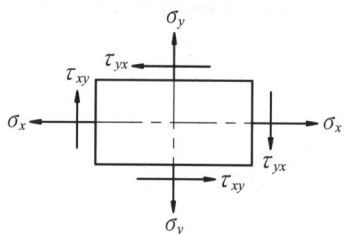

Solution $\sigma_1 = \tau_{xy} = 14.7\,[\text{MPa}]$
$\sigma_2 = -\tau_{xy} = -14.7\,[\text{MPa}]$

15 단면적이 20[cm²] 균일단면 봉에 인장하중 980[N]이 작용하고 있다. 임의로 서로 직교하는 두 경사면 위에 작용하는 수직응력의 합은 얼마인가?

① 0.49[MPa]   ② 0.55[MPa]   ③ 0.6[MPa]   ④ 0.65[MPa]

Solution $\sigma_n + \sigma_n{'} = \sigma_x = \dfrac{P}{A} = \dfrac{980}{20 \times 10^{-4}} = 0.49 \times 10^6\,[\text{N/m}^2]$

16 주평면에 대한 다음 설명 중 옳은 것은 어느 것인가?

① 주평면에서는 전단응력의 최대값은 주응력의 최대값과 같다.
② 주평면에서 수직응력은 작용하지 않고 최대 전단응력만 작용한다.
③ 주평면은 반드시 한 개의 평면만으로 이루어진다.
④ 주평면에는 전단응력은 작용하지 않고 주응력만이 작용한다.

Solution 주평면 : 전단응력이 0이고 법선응력만 작용하는 평면

17 그림과 같이 모어의 원(Mohr's Circle)에서 σ 축 위에 하나의 원으로 나타나는 평면응력상태(平面應力狀態)는 어느 것인가?

① σ_0 로서 이축압축
② σ_0 로서 이축인장
③ σ_0 로서 단축인장
④ σ_0 로서 단축압축, $\tau_0 = \sigma_0$ 로서 전단

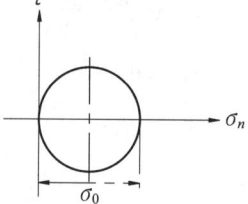

18 다음 중 공액응력의 성질을 옳게 나타낸 수식은 어느 것인가?

① $\sigma_n - \sigma_n{'} = $일정   ② $\sigma_n + \sigma_n{'} = 2\sigma_x$ ③ $\tau = \tau{'}$ ④ $\tau{'} = -\tau$

Solution 공액응력의 관계
$\sigma_n + \sigma_n{'} = \sigma_x + \sigma_y = (\sigma_n)_{\max} + (\sigma_n)_{\min} = \sigma_1 + \sigma_2$
$\tau + \tau{'} = \tau_{\max} + \tau_{\min} = \tau_1 + \tau_2 = 0$

19 주응력상태에서 $|\sigma_x = -\sigma_y|$일 때 전단응력의 최대값은?

① σ_x ② $\sigma_x + \sigma_y$ ③ $\sigma_x + \sigma_y$ ④ $2(\sigma_x + \sigma_y)$

Solution $\tau_{\max} = \dfrac{\sigma_x - \sigma_y}{2} = \sigma_x$

Answer 14 ③ 15 ① 16 ④ 17 ③ 18 ④ 19 ①

20 단면적이 20[m²]인 균일 단면봉에 인장하중 980[N]이 작용하고 있다. 임의의 서로 직교하는 두 경사면 위에 작용하는 수직응력[N/m²]의 합은?

① 49　　② 53.9　　③ 58.8　　④ 63.7

Solution $\sigma_n + \sigma_n' = \sigma_x = \dfrac{P}{A} = \dfrac{980}{20} = 49\,[\text{N/m}^2]$

21 1.47[MPa]의 내압을 받고 있는 직경 100[cm], 두께 1.5[cm]의 얇은 원통이 있다. 원통에 발생되는 최대 전단응력은 얼마인가?

① 10.3[MPa]　　② 11.3[MPa]　　③ 9.8[MPa]　　④ 12.3[MPa]

Solution
$\tau_{max} = \dfrac{\sigma_t - \sigma_z}{2} = \dfrac{1}{2}\left(\dfrac{Pd}{2t} - \dfrac{Pd}{4t}\right)$
$= \dfrac{1}{2} \times \left(\dfrac{1.47 \times 1}{2 \times 0.015} - \dfrac{1.47 \times 1}{4 \times 0.015}\right) = 12.25\,[\text{MPa}]$

22 그림의 2축 응력 상태에 있어서 최대 전단응력의 값은 얼마이겠는가?

① 19.6[MPa]
② 39.2[MPa]
③ 68.6[MPa]
④ 137.2[MPa]

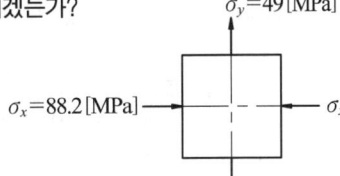

Solution $\tau_{max} = \dfrac{\sigma_x - \sigma_y}{2} = \dfrac{-88.2 - 49}{2} = -68.6\,[\text{MPa}]$

23 축방향에 하중이 작용할 때 θ 만큼 경사된 단면에 생기는 수직응력 중에서 최대 값의 설명으로 옳은 것은?

① $\theta = 45°$의 단면에 생긴다.　　② $\theta = 90°$의 단면에 생긴다.
③ $\theta = 30°$의 단면에 생긴다.　　④ $\theta = 0°$의 단면에 생긴다.

24 미소 입방체의 x 방향에 σ_x의 인장력이 있고, z 방향은 변형이 자유로우나 y 방향은 구속되어 있어서 움직이지 못할 때 σ_x/ε_x의 계산이 옳은 것은?

① $\dfrac{\sigma_x}{\varepsilon_x} = \dfrac{E}{1-\mu^2}$　　② $\dfrac{\sigma_x}{\varepsilon_x} = \dfrac{1-\mu^2}{E}$

③ $\dfrac{\sigma_x}{\varepsilon_x} = \dfrac{\mu}{(1-\mu^2)E}$　　④ $\dfrac{\sigma_x}{\varepsilon_x} = \dfrac{(1-\mu^2)E}{\mu}$

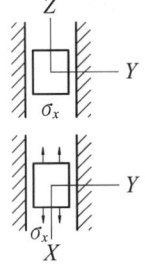

Solution 방향은 무시
$\varepsilon_x = \dfrac{\sigma_x}{E} - \mu\dfrac{\sigma_y}{E}\,,\ \varepsilon_y = \dfrac{\sigma_y}{E} - \mu\dfrac{\sigma_x}{E} = 0$
$\sigma_y = \mu\sigma_x$
$\varepsilon_x = \dfrac{\sigma_x}{E}(1-\mu^2)\,,\ \dfrac{\sigma_x}{\varepsilon_x} = \dfrac{E}{(1-\mu^2)}$

Answer　20 ①　21 ④　22 ③　23 ④　24 ①

25 변형체 내부의 한 점이 3차원 응력 상태에 있고 $\sigma_x=25[MPa]$, $\sigma_y=30[MPa]$, $\tau_{xy}=-15[MPa]$인 평면 응력 상태에 있다면, 이 점에서 절대 최대전단 응력의 크기는 몇 [MPa]인가?

① 8.3 ② 15.2 ③ 21.4 ④ 42.7

◎ Solution 3차원 평면응력

평면응력 상태에 놓여 있는 물체에 있어서 물체 내의 한 점에 작용하는 최대 전단응력 성분은 법선응력이 작용하는면과 45° 경사를 이루는 면상에서 발생한다. 아래의 응력선도를 참고로 하여 최대 전단응력의 크기를 결정한다.

$$\sigma_1 = \frac{\sigma_x + \sigma_y}{2} + \sqrt{\left(\frac{\sigma_x - \sigma_y}{2}\right)^2 + \tau_{xy}^2}$$
$$= \frac{25+30}{2} + \sqrt{\left(\frac{25-30}{2}\right)^2 + (-15)^2}$$
$$= 42.7[MPa]$$

$$\tau_{max} = \frac{\sigma_1}{2} = 21.35\,[MPa]$$

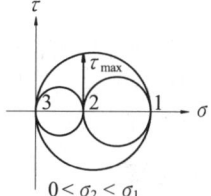

3차원 평면응력 상태의 모어 원

26 그림과 같이 직경 50[mm]의 연강봉의 일단을 벽에 고정하고, 자유단에 600[N]의 하중을 작용시킬 때 발생하는 주응력과 최대 전단응력은 각각 몇 [MPa]인가?

① 주응력 : 51.8, 최대전단응력 : 27.3
② 주응력 : 27.3, 최대전단응력 : 51.8
③ 주응력 : 41.8, 최대전단응력 : 27.3
④ 주응력 : 27.3, 최대전단응력 : 41.8

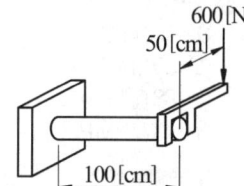

◎ Solution
$M = 600 \times 1 = 600\,[N \cdot m]$
$T = 600 \times 0.5 = 300\,[N \cdot m]$
$T_e = \sqrt{M^2 + T^2} = \sqrt{600^2 + 300^2} = 670.82\,[N \cdot m]$
$M_e = \frac{1}{2}(M + T_e) = \frac{1}{2} \times (600 + 670.82) = 635.41\,[N \cdot m]$
$\sigma_1 = \frac{M_e}{Z} = \frac{32 \times 635.41}{\pi \times 0.05^3} = 51.78 \times 10^6\,[N/m^2]$
$\tau_1 = \frac{T_e}{Z_p} = \frac{16 \times 670.82}{\pi \times 0.05^3} = 27.33 \times 10^6\,[N/m^2]$

27 반직경이 r이고 벽 두께가 t인 얇은벽의 구형 용기가 P의 균일분포 내압을 받고 있을 때 그 벽 속에 발생하는 막응력(membrane stress)은 얼마인가?

① $\dfrac{Pr}{t}$ ② $\dfrac{Pr}{2t}$
③ $\dfrac{Pr}{4t}$ ④ $\dfrac{2Pr}{t}$

◎ Solution 내압을 받고 있는 용기의 벽 두께가 주곡률 반직경에 비하여 매우 작으면 그 벽은 굽힘 작용에 대하여 저항하지 못하며 실질적으로 얇은 막의 역할을 하게 된다. 그 내부의 응력들은 그 벽의 중앙면의 접선방향으로 작용하고 그 두께 위에 균일하게 분포하게 된다. 이와 같은 응력들을 막응력(membrane stress)이라 한다.

$$\frac{\sigma_x}{r_1} + \frac{\sigma_y}{r_2} = \frac{P}{t}$$
$$\frac{\sigma}{r} + \frac{\sigma}{r} = \frac{P}{t}$$
$$\sigma = \frac{Pr}{2t}$$

Answer 25 ③ 26 ① 27 ②

28 변형율 성분이 $\varepsilon_x = 900 \times 10^{-6}$, $\varepsilon_y = -100 \times 10^{-6}$, $\gamma_{xy} = 600 \times 10^{-6}$ 일 때, 면내 최대 전단변형률의 값은?

① 400×10^{-6} ② 583×10^{-6} ③ 983×10^{-6} ④ 1166×10^{-6}

Solution

$$\varepsilon_x = \frac{\sigma_x}{E} - \frac{\mu \sigma_y}{E}, \quad \varepsilon_y = \frac{\sigma_y}{E} - \frac{\mu \sigma_x}{E}$$

$$G = \frac{E}{2(1+\mu)}$$

$$\tau_{xy} = G\gamma_{xy} = \frac{E}{2(1+\mu)} \gamma_{xy}$$

$$\sigma_x = \frac{E}{1-\mu^2}(\varepsilon_x + \mu\varepsilon_y), \quad \sigma_y = \frac{E}{1-\mu^2}(\varepsilon_y + \mu\varepsilon_x)$$

$$\tau_{max} = \sqrt{\left(\frac{\sigma_x - \sigma_y}{2}\right)^2 + \tau_{xy}^2} = \frac{E}{2(1+\mu)}\sqrt{(\varepsilon_x - \varepsilon_y)^2 + \gamma_{xy}^2}$$

$$\gamma_{max} = \sqrt{(\varepsilon_x - \varepsilon_y)^2 + \gamma_{xy}^2} = \sqrt{(900 \times 10^{-6} + 100 \times 10^{-6})^2 + (600 \times 10^{-6})^2} = 1166 \times 10^{-6}$$

29 한 점에서의 미소요소가 $\varepsilon_x = 340 \times 10^{-6}$, $\varepsilon_y = 110 \times 10^{-6}$, $\gamma_{xy} = 180 \times 10^{-6}$ 인 평면 변형률을 받을 때 이 점에서의 주 변형률은?

① 521×10^{-6} ② 437×10^{-6} ③ 371×10^{-6} ④ 146×10^{-6}

Solution

$$\varepsilon_1 = \frac{\varepsilon_x + \varepsilon_y}{2} + \sqrt{\left(\frac{\varepsilon_x - \varepsilon_y}{2}\right)^2 + \left(\frac{\gamma_{xy}}{2}\right)^2}$$

$$= \frac{(340 + 110) \times 10^{-6}}{2} + \sqrt{\left(\frac{(340 - 110) \times 10^{-6}}{2}\right)^2 + \left(\frac{180 \times 10^{-6}}{2}\right)^2}$$

$$= 371 \times 10^{-6}$$

30 주철제 둥근봉이 축방향 압축응력 40[MPa]과 모든 반경 방향으로 압축응력 10[MPa]를 받는다. 탄성계수 $E = 100$[GPa], 프와송비 $\nu = 0.25$, 둥근봉의 직경 $d = 120$[mm], 길이 $L = 200$[mm]일 때 실린더 부피의 변화량 ΔV는 몇 [mm³]인가?

① -679 ② -428
③ -254 ④ -121

Solution

$$\varepsilon_V = \frac{\Delta V}{V} = \varepsilon_x + \varepsilon_y + \varepsilon_z$$

$$\varepsilon_x = \frac{\sigma_x}{E} - \mu\frac{\sigma_y}{E} - \mu\frac{\sigma_z}{E} = \frac{(-40 + 2 \times 0.25 \times 10) \times 10^6}{100 \times 10^9} = -0.00035$$

$$\varepsilon_y = \frac{\sigma_y}{E} - \mu\frac{\sigma_z}{E} - \mu\frac{\sigma_x}{E} = \frac{(-10 + 0.25 \times 10 + 0.25 \times 40) \times 10^6}{100 \times 10^9} = 0.000025$$

$$\varepsilon_z = \varepsilon_y$$

$$\Delta V = V(\varepsilon_x + \varepsilon_y + \varepsilon_z)$$

$$= \frac{\pi}{4} \times 120^2 \times 200 \times (-0.00035 + 0.000025 \times 2) = -678.58 \ [\text{mm}^3]$$

31 전단 탄성계수가 80[GPa]인 재료에 직교하는 2축 응력 $\sigma_x = 200$[MPa], $\sigma_y = -200$ [MPa] 이 작용할 때, 그림과 같은 미소요소 a, b, c, d 의 전단변형률 γ의 크기는? (단, 경사각 ϕ는 45° 이다.)

① 3.125×10^{-3} ② 2.5×10^{-3}
③ 1.875×10^{-3} ④ 1.25×10^{-3}

Solution

$$\tau = \sigma_1 = \sigma_x = 200 \ [\text{MPa}]$$

$$\gamma = \frac{\tau}{G} = \frac{200}{80 \times 10^3} = 0.0025$$

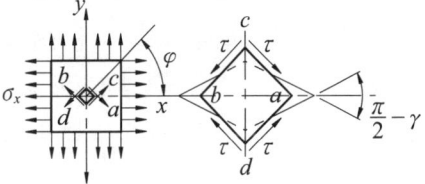

Answer   28 ④   29 ③   30 ①   31 ②

32 두께가 t인 원통형 탱크를 만들어 내압 P가 가해졌을 때, 탱크에서 발생한 평면 응력 상태에서의 최대 전단 변형률이 γ_{max}이라 하면 이 탱크의 직경은 얼마인가? (단, 탱크 재료의 탄성계수는 E이고 프와송 비는 ν이다)

① $d = \dfrac{Et\gamma_{max}}{(1+\nu)P}$ ② $d = \dfrac{2Et\gamma_{max}}{(1+\nu)P}$ ③ $d = \dfrac{4Et\gamma_{max}}{(1+\nu)P}$ ④ $d = \dfrac{Et\gamma_{max}}{2(1+\nu)P}$

Solution
$$\tau_{max} = G \cdot \gamma_{max} = \frac{1}{2}(\sigma_t - \sigma_z)$$
$$\frac{E}{2(1+\nu)} \cdot \gamma_{max} = \frac{Pd}{4t} - \frac{Pd}{8t} = \frac{Pd}{8t}$$
$$d = \frac{4tE\gamma_{max}}{(1+\nu)P}$$

33 탄성계수 E, 프와송 비 ν, 한 변의 길이가 a인 정육면체의 탄성체를 강체인 동일형태의 구멍에 넣어 압력 P를 가한다. 탄성체와 구멍 사이의 마찰을 무시하면 탄성체의 윗면의 변위 δ는?

① $\dfrac{1-\nu+4\nu^2}{1-\nu} \cdot \dfrac{aP}{E}$ ② $\dfrac{1-\nu-2\nu^2}{1-\nu} \cdot \dfrac{aP}{E}$ ③ $\dfrac{1-\nu-4\nu^2}{1-\nu} \cdot \dfrac{aP}{E}$ ④ $\dfrac{1-\nu+2\nu^2}{1-\nu} \cdot \dfrac{aP}{E}$

Solution 수직방향으로 압력 P를 가하면
$$\varepsilon_x = 0, \quad \varepsilon_z = 0$$
$$\varepsilon_x = \frac{\sigma_x}{E} + \mu\frac{P}{E} - \mu\frac{\sigma_z}{E} = 0$$
여기서, $\sigma_x = \sigma_z = \sigma$이면
$$\sigma = -\frac{\mu P}{(1-\mu)} \text{ 이고 } \varepsilon_y = \frac{\delta}{L} \text{ 이므로}$$
$$\varepsilon_y = -\frac{P}{E} - 2\mu\frac{\sigma}{E} = -\frac{\delta}{a}$$
$$-\frac{P}{E} + \frac{2\mu^2 P}{E(1-\mu)} = -\frac{\delta}{a}$$
$$\frac{-P(1-\mu) + 2\mu^2 P}{E(1-\mu)} = -\frac{\delta}{a}$$
$$\delta = \frac{aP}{E} \cdot \frac{(1-\mu-2\mu^2)}{(1-\mu)}$$
여기서, μ는 프와송의 비이고 문제에서는 ν로 놓았다.

34 평면응력의 경우 훅의 법칙(Hook's law)을 바르게 나타낸 것은? (단, σ_x: 수직응력, ε_x, ε_y: 변형률, ν: 프와송 비, E: 탄성계수이다.)

① $\sigma_x = \dfrac{E}{1-\nu^2}(\varepsilon_x + \nu\varepsilon_y)$ ② $\sigma_x = \dfrac{E}{1-\nu^2}(\varepsilon_y + \nu\varepsilon_x)$

③ $\sigma_x = \dfrac{E}{1-2\nu}(\varepsilon_x + \nu\varepsilon_y)$ ④ $\sigma_x = \dfrac{E}{1-2\nu}(\varepsilon_y + \nu\varepsilon_x)$

Solution
$$\varepsilon_x = \frac{\sigma_x}{E} - \mu\frac{\sigma_y}{E}, \quad \varepsilon_y = \frac{\sigma_y}{E} - \mu\frac{\sigma_x}{E}$$
$$\sigma_x = E\varepsilon_x + \mu\sigma_y, \quad \sigma_y = E\varepsilon_y + \mu\sigma_x$$
위의 두 식을 연립하여 σ_x를 구하면
$$\sigma_x = \frac{E(\varepsilon_x + \mu\varepsilon_y)}{1-\mu^2}, \quad \sigma_y = \frac{E(\varepsilon_y + \mu\varepsilon_x)}{1-\mu^2}$$
이다. 여기서, μ는 프와송의 비이다.

Answer   32 ③   33 ②   34 ①

chapter 10 부정정(不靜定)보

1 일단고정 타단지지보

(1) 중앙집중하중(中央集中荷重)

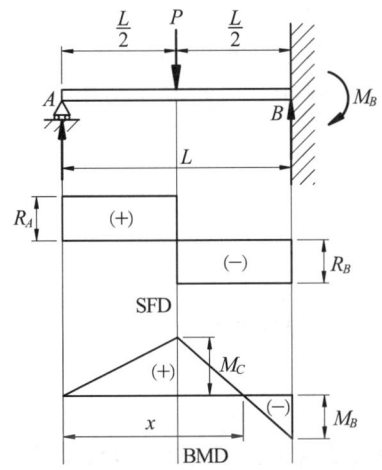

그림10-1 일단고정 타단지지보 중앙집중하중

일단고정 타단지지보에 중앙집중하중이 작용하면 A 지점과 B 지점에 반력이 발생하며 고정단에는 저항 모멘트가 생긴다.

① 반력 : 일단고정 타단지지보는 두 개의 외팔보의 합으로 표현할 수 있다. 중앙집중하중이 작용하고 있는 외팔보와 자유단의 상방향으로 반력 R_A 의 하중이 작용하고 있는 외팔보의 합으로 표현된다. 그 두 외팔보를 결합시켰을 때 실제로는 A 지점에 처짐은 0이다. 이 점을 이용하여 반력 R_A 를 결정할 수 있으며 힘의 평형식을 적용하면 반력 R_B 도 구할 수 있다. 이와 같이 해서 반력을 구하면 다음과 같이 정리된다.

$$\frac{R_A L^3}{3EI} = \frac{5PL^3}{48EI}$$
$$R_A = \frac{5P}{16}, \ R_B = \frac{11P}{16} \ \star \tag{10-1}$$

이다.

② 고정단 저항 모멘트 : 고정단을 모멘트의 기준점으로 삼아 모멘트 평형식을 세우면 고정단의 우력 모멘트를 구할 수 있다. 고정단의 저항 모멘트를 구하면

$$M_B = P \times \frac{L}{2} - \frac{5P}{16} \times L = \frac{3PL}{16} \ \star \tag{10-2}$$

이다.

③ 굽힘 모멘트가 0인 지점 : A지점을 기준으로 임의의 지점에 대한 굽힘 모멘트의 일반식을 세워 그것을 0으로 놓고 x를 구하면 된다. 이 지점이 굽힘 모멘트가 0인 지점이며 x는

$$x = \frac{8L}{11} \qquad [10\text{-}3]$$

이다.

④ 중앙에서 처짐 : 굽힘 모멘트의 일반식을 탄성곡선 미분방정식에 대입시켜 보의 길이 x에 대하여 두 번 적분을 하면 처짐을 구할 수 있다. 그 처짐을 구한 일반식에 $x = \frac{L}{2}$를 대입시키면 중앙에서의 처짐은

$$\delta_C = \frac{7PL^3}{768EI} \quad \text{★★} \qquad [10\text{-}4]$$

이다.

(2) 균일 등분포하중(等分布荷重)을 받는 경우

① 반력 : 등분포하중이 작용하고 있는 외팔보와 자유단의 상방향으로 반력 R_A의 하중이 작용하고 있는 외팔보의 합으로 표현될 수 있는 보이다. 그 두 외팔보를 결합시켰을 때 실제로는 A지점에 처짐은 0이다. 이 점을 이용하여 반력 R_A를 결정할 수 있으며 힘의 평형식을 적용하면 반력 R_B도 구할 수 있는 것이다. 이와 같이 해서 반력을 구하면

$$\frac{\omega L^4}{8EI} = \frac{R_A L^3}{3EI}$$

$$R_A = \frac{3}{8}\omega L, \quad R_B = \frac{5}{8}\omega L \quad \text{★★} \qquad [10\text{-}5]$$

이다.

② 고정단 저항 모멘트 : 고정단을 모멘트의 기준점으로 삼아 모멘트 평형식을 세우면 고정단의 우력 모멘트를 구할 수 있다. 고정단의 저항 모멘트를 구하면

$$M_B = -\frac{3\omega}{8}L^2 + \frac{\omega L^2}{2} = \frac{\omega L^2}{8} \quad \text{★★} \qquad [10\text{-}6]$$

이다.

③ 전단력이 0인 지점 : A지점을 기준으로 임의의 지점에 대한 전단력의 일반식을 세워 그것을 0으로 놓고 x_1를 구하면 된다. 이 지점이 전단력이 0인 지점이며 x_1은

$$F_x = \frac{dM_x}{dx} = \frac{3}{8}\omega L - \omega x = 0$$

$$x_1 = \frac{3L}{8} \qquad [10\text{-}7]$$

이다.

④ 굽힘 모멘트가 0인 위치 : A지점을 기준으로 임의의 지점에 대한 굽힘 모멘트의 일반식을 세워 그것을 0으로 놓고 x_2를 구하면 된다. 이 지점이 굽힘 모멘트가 0인 지점이며 x_2는

$$M_x = \frac{3}{8}\omega L x - \frac{\omega}{2}x^2 = 0$$

$$x_2 = \frac{3L}{4} \qquad [10\text{-}8]$$

이다.

⑤ 전단력이 0인 지점에서 굽힘 모멘트 : 굽힘 모멘트를 결정하는 일반식에 식 [10-7]를 대입하여 굽힘 모멘트를 구하면

$$M_x = \frac{3}{8}\omega L x - \frac{\omega}{2}x^2$$

$$M = \frac{3}{8}\omega L \times \frac{3}{8}L - \frac{\omega}{2} \times \frac{9L^2}{64} = \frac{9\omega L^2}{128} \quad \text{★★} \qquad [10\text{-}9]$$

이다.

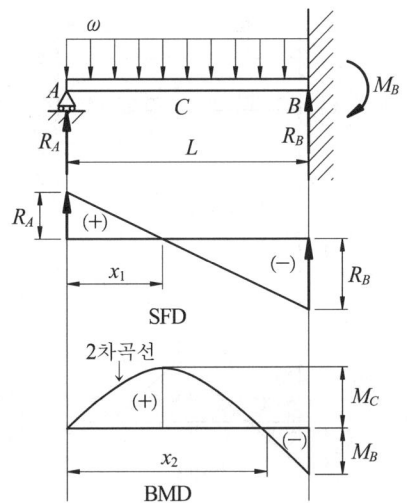

그림10-2 일단고정 타단지지보 균일분포하중

⑥ 중앙점에서의 처짐 : 굽힘 모멘트의 일반식을 탄성곡선 미분방정식에 대입시켜 보의 길이 x 에 대하여 두 번 적분을 하면 처짐을 구할 수 있다. 처짐을 구하는 일반식에 $x=\dfrac{L}{2}$ 를 대입시키면 중앙에서의 처짐을 구할 수 있고 정리하면

$$\delta = \dfrac{\omega L^4}{192 EI} \;\; \text{★★★} \tag{10-10}$$

이다.

2 양단고정(兩端固定)보

(1) 중앙에 집중하중을 받는 경우

양단고정보에 중앙집중하중이 작용하면 A 지점과 B 지점에 반력과 우력 모멘트가 생기며 중앙점을 기준으로 좌우는 대칭이므로 좌우 고정단의 반력과 저항 모멘트는 같다.

① 반력과 우력 모멘트 : 양단고정보는 두 개의 단순보의 합으로 표현할 수 있다. 중앙집중하중이 작용하고 있는 단순보와 양단에서 아래방향으로 우력 모멘트가 작용하고 있는 단순보의 합으로 표현된다. 그 두 단순보를 합쳤을 때 실제로는 양단의 고정 지점의 처짐각은 0이다. 이 점을 이용하여 고정단의 저항 모멘트를 결정할 수 있으며 힘의 평형식을 적용하여 반력들을 구할 수 있다. 이와 같이 해서 반력과 우력 모멘트를 구하면

$$R_A = R_B = \dfrac{P}{2} \tag{10-11}$$

$$\dfrac{PL^2}{16EI} = \dfrac{M_0 L}{2EI}$$
$$M_0 = \dfrac{PL}{8} = M_A = M_B \;\; \text{★★} \tag{10-12}$$

이다.

② 중앙지점에서 굽힘 모멘트

$$M_x = \dfrac{Px}{2} - \dfrac{PL}{8}$$
$$M_C = \dfrac{PL}{8} \;\; \text{★★} \tag{10-13}$$

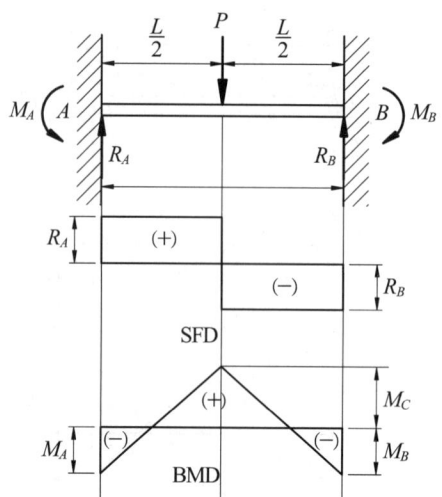

그림10-3 양단고정보의 중앙집중하중

③ 최대 처짐 : 최대 처짐은 중앙에서 발생하므로 두 개의 단순보로 나누어 중앙에서의 처짐을 각각 구해 더하는 중첩법의 방법으로 구하면

$$\delta_{max} = \frac{PL^3}{48EI} - \frac{PL^3}{64EI} = \frac{PL^3}{192EI} \;\text{★★★}$$ [10-14]

이다.

(2) 균일 등분포하중을 받는 경우

양단고정보에 등분포하중이 작용하면 A지점과 B지점에 반력과 우력 모멘트가 생기며 중앙점을 기준으로 좌우는 대칭이므로 좌우 고정단의 반력과 우력 모멘트는 같다.

① 반력과 우력 모멘트 : 양단고정보는 두 개의 단순보의 합으로 표현할 수 있다. 등분포하중이 작용하고 있는 단순보와 양단에서 아래 방향으로 우력 모멘트가 작용하고 있는 단순보의 합으로 표현된다. 그 두 단순보를 합쳤을 때 실제로는 양단의 고정 지점의 처짐각은 0이다. 이 점을 이용하여 고정단의 저항 모멘트를 결정할 수 있으며 힘의 평형식을 적용하여 반력들을 구할 수 있다. 이와 같이 해서 반력과 우력 모멘트를 구하면

$$R_A = R_B = \frac{\omega L}{2}$$ [10-15]

$$\frac{\omega L^3}{24EI} = \frac{M_0 L}{2EI}$$

$$M_0 = M_A = M_B = \frac{\omega L^2}{12} \;\text{★★}$$ [10-16]

이다.

② 보의 중앙에서 굽힘 모멘트 : 보의 중앙에서 굽힘 모멘트는 보의 절반만 가지고 구하면 됨으로 중앙에서 좌측 A지점까지의 보에 작용하는 하중과 반력 그리고 우력 모멘트로 중앙점의 모멘트를 구하면

$$M_x = \frac{\omega L}{2} x - \frac{\omega L^2}{12} - \frac{\omega}{2} x^2$$

$$M_C = \frac{\omega L^2}{24} \;\text{★★}$$ [10-17]

이다.

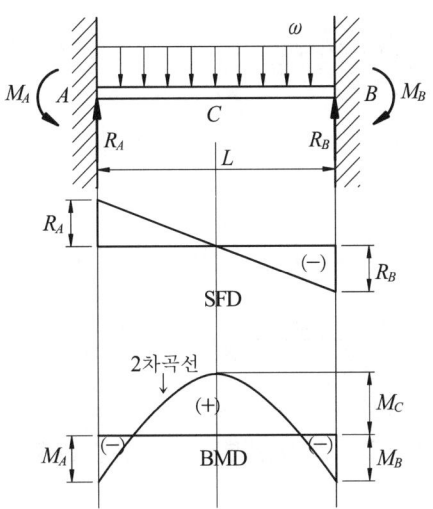

그림10-4 양단 고정보의 균일 등분포하중

③ 최대 처짐 : 최대 처짐은 중앙에서 발생하므로 두 개의 단순보로 나누어 중앙에서의 처짐을 각각 구해 더하는 중첩법의 방법으로 구하면

$$\delta_{max} = \frac{5\omega L^4}{384EI} - \frac{\omega L^4}{96EI} = \frac{\omega L^4}{384EI} \;\;\star\star\star \qquad [10\text{-}18]$$

이다.

(3) 연속보

① 반력 : 그림10-5에서 A, B, C 지점의 반력을 구하면

$$R_A = R_C = \frac{3\omega L}{8}, \; R_B = \frac{5\omega L}{4} \;\;\star\star\star \qquad [10\text{-}19]$$

이다.

② 굽힘 모멘트 : 그림10-5에서 B점의 굽힘 모멘트를 구하면 다음과 같다.

$$M_B = -\frac{\omega L^2}{8} \;\;\star\star\star \qquad [10\text{-}20]$$

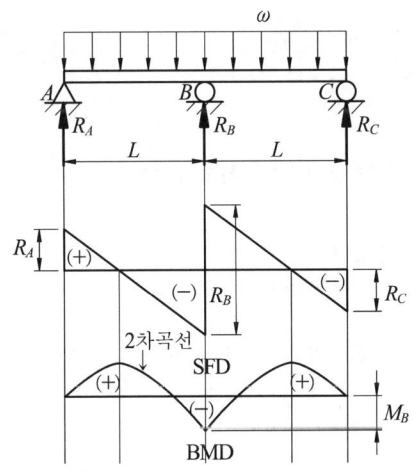

그림10-5 연속보의 등분포하중

chapter 10 실전연습문제

01 양단 고정보의 중앙에서 집중하중 W 가 작용할 때, 굽힘 모멘트 선도(BMD)의 모양은 다음 중 어느 것인가?

①    ②    ③    ④

02 그림과 같은 일단고정, 일단 롤러로 지지된 부정정보가 등분포하중을 받고 있다. 롤러로 지지된 B 점의 반력 R_B 는?

① $1/8\ WL$ ② $1/3\ WL$
③ $3/8\ WL$ ④ $5/8\ WL$

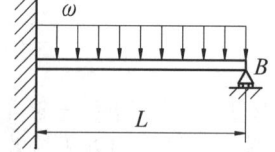

Solution $R_A = \dfrac{5WL}{8}$, $R_B = \dfrac{3WL}{8}$

03 정역학적으로 부정정인 구조물에 대하여 다음과 같이 말할 수 있다. 맞는 것은?

① 적용할 수 있는 정역학적의 평형방정식의 수 보다 미지력의 수가 적다.
② 적용할 수 있는 정역학 평형방적식의 수 보다 미지력의 수가 많다.
③ 적용할 수 있는 정역학 평형방정식의 수와 미지력 수가 같다.
④ 트러스 구조물은 정역학적으로 부정정이다.

04 길이가 5[cm]인 양단고정보의 중앙에서 집중하중이 작용할 때 최대 처짐이 1.076[cm] 발생하였다면 같은 조건에서 양단 지지보로 하면 처짐은 얼마인가?

① 2.152[cm] ② 3.228[cm] ③ 2.69[cm] ④ 4.304[cm]

Solution ① 양단고정보 : $\delta_1 = \dfrac{PL^3}{192EI}$ ② 단순보 : $\delta_2 = \dfrac{PL^3}{48EI}$

$\delta_2 = 4\delta_1 = 4 \times 1.076 = 4.304\ [\text{cm}]$

05 다음 그림과 같은 양단 고정보 AB가 집중하중 $P = 13720[N]$이 작용할 때, B점의 반력 R_B는 얼마인가?

① 7899[N] ② 9065[N]
③ 10163[N] ④ 10858[N]

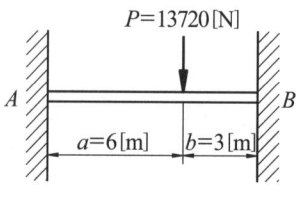

Solution $R_A = \dfrac{Pb^2}{L^3}(3a+b)$, $R_B = \dfrac{Pa^2}{L^3}(a+3b)$

$M_A = \dfrac{-Pab^2}{L^2}$, $M_B = \dfrac{-Pa^2 b}{L^2}$

Answer 01 ② 02 ③ 03 ② 04 ④ 05 ③

06 길이가 L 인 양단 고정보의 중앙점에 집중하중 P 가 작용할 때 중앙점의 최대 처짐은? (단, E : 탄성계수, I : 단면 2차 모멘트이다.)

① $\dfrac{PL^3}{384EI}$ ② $\dfrac{PL^3}{48EI}$ ③ $\dfrac{PL^3}{96EI}$ ④ $\dfrac{PL^3}{192EI}$

Solution 중앙에서 발생하는 최대 처짐은
$\delta = \dfrac{PL^3}{192EI}$ 이다.

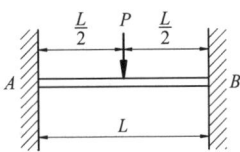

07 다음 그림과 같이 연속보가 균일 분포하중 (q)을 받고 있을 때 A 점의 반력은?

① $\dfrac{1}{8}qL$ ② $\dfrac{1}{4}qL$
③ $\dfrac{3}{8}qL$ ④ $\dfrac{1}{2}qL$

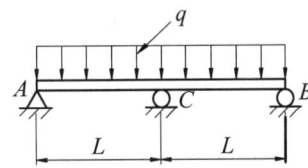

Solution 연속보
① A 지점의 반력 : $R_A = \dfrac{3\omega L}{16}$
② C 지점의 반력 : $R_C = \dfrac{5\omega L}{8}$
③ B 점의 반력 : $R_B = \dfrac{3\omega L}{16}$
본 문제에서는 보의 길이가 $2L$ 이므로
$R_A = \dfrac{3q(2L)}{16} = \dfrac{3qL}{8}$ 이다.

08 그림과 같은 길이 3[m]의 양단 고정보가 그 중앙점에 집중하중 10[kN]을 받는다면 중앙점에서의 굽힘응력은?

① 15.2[MPa]
② 1.25[MPa]
③ 12.5[MPa]
④ 1.52[MPa]

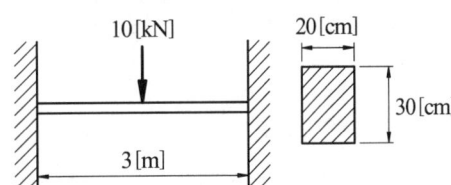

Solution
$M_C = \dfrac{PL}{8} = \dfrac{10 \times 10^3 \times 3}{8} = 3.75\,[\text{kNm}]$
$\sigma_C = \dfrac{M_C}{Z} = \dfrac{3.75 \times 10^3 \times 6}{0.2 \times 0.3^2} = 1.25 \times 10^6\,[\text{Pa}]$

Answer 06 ④ 07 ③ 08 ②

09 다음 그림과 같이 균일분포하중(ω)을 받는 고정지지보에서 최대 처짐 δ_{max}는 얼마 정도인가? (단, ℓ은 고정지지보의 길이, E는 탄성계수[N/m^2], I는 단면 2차 모멘트[m^4]이다.)

① $\delta_{max} = 0.0052 \dfrac{\omega l^3}{EI}$

② $\delta_{max} = 0.0054 \dfrac{\omega l^4}{EI}$

③ $\delta_{max} = 0.0048 \dfrac{\omega l^3}{EI}$

④ $\delta_{max} = 0.0026 \dfrac{\omega l^4}{EI}$

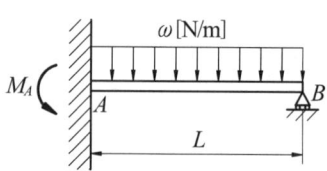

● **Solution** 일단고정 타단지지보

① 최대 처짐각 : $\theta_{max} = \dfrac{\omega L^3}{48EI}$

② 중앙에서 처짐 : $\delta_{x=\frac{L}{2}} = \dfrac{\omega L^4}{192EI}$

③ 최대처짐 : $\delta_{max} = 0.0054 \dfrac{\omega L^4}{EI}$

10 그림과 같은 보에서 B 지점에서의 반력 R_2를 구하면?

① $\dfrac{3}{8}\omega a - \omega b + \dfrac{3\omega b^2}{4a}$

② $\dfrac{5}{8}\omega a + \dfrac{3\omega b^2}{4a}$

③ $\dfrac{3}{8}\omega a + \omega b + \dfrac{3\omega b^2}{4a}$

④ $\dfrac{5}{8}\omega a - \dfrac{3\omega b^2}{4a}$

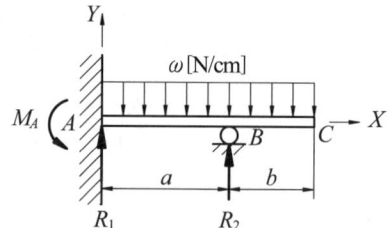

● **Solution** 부정정보는 2개의 정정보의 합으로 표현된다.

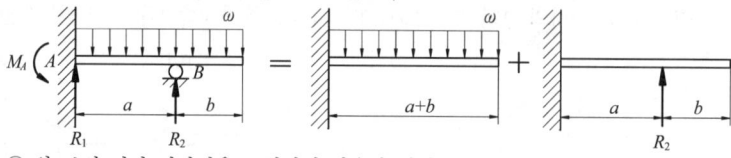

① 위 보의 처짐 일반식을 표현하면 다음과 같다.

$\delta = \dfrac{\omega}{24EI}(x^4 - 4L^3 x + 3L^4)$

② B 점에서의 처짐

$\delta_{B1} = \dfrac{\omega}{24EI}[b^4 - 4(a+b)^3 b + 3(a+b)^4]$

$= \dfrac{\omega}{24EI}(3a^4 + 8a^3 b + 6a^2 b^2)$

③ R_2 집중하중 작용시 B 점에서 처짐

$\delta_{B2} = \dfrac{R_2 a^3}{3EI}$

④ 실제 B 점에서 처짐은 0이므로 다음과 같다.

$\delta_{B1} = \delta_{B2}$

$\dfrac{\omega}{24EI}(3a^4 + 8a^3 b + 6a^2 b^2) = \dfrac{R_2 a^3}{3EI}$

$R_2 = \dfrac{3\omega a}{8} + \omega b + \dfrac{3\omega b^2}{4a}$

Answer 09 ② 10 ③

Part 02

기계열역학

제1장 __ 기계 열역학의 기초
제2장 __ 열역학 제1법칙
제3장 __ 이상기체
제4장 __ 열역학 제2법칙
제5장 __ 증기(蒸氣 : vapour)
제6장 __ 혼합(混合)가스, 반완전(半完全) 가스와 공기(空氣)
제7장 __ 가스 및 증기의 유동
제8장 __ 기체 압축기
제9장 __ 가스 동력 사이클
제10장 __ 증기동력 사이클
제11장 __ 냉동 사이클
제12장 __ 연소(燃燒)

chapter 1 기계 열역학의 기초

1 열역학(熱力學 : thermal dynamics)이란?

어떤 물질이 한 상태에서 다른 상태로 변화할 때, 일과 열 및 이들과 관계를 갖는 열역학적 성질을 다루는 학문이다.

(1) 공업열역학(工業熱力學 : technical thermodynamics)

열역학적 변화에는 물리적 변화와 화학적 변화가 있고 공업 열역학은 물리적 변화만 다루는 분야이다. 화학적 변화의 열역학 분야를 열화학(熱化學 : thermochemistry)이라 한다. 특히 공업열역학은 온도차에 의한 상태 변화시 이동하는 열을 다루는 거시적 관점의 고전열역학이고 그의 반대 개념이 미시적 관점의 통계 열역학이다.
① 물리적 변화 : 증발과 팽창
② 화학적 변화 : 연소와 분해

(2) 열전달(熱傳達 : heat transfer)

어떤 물질이 한 상태에서 다른 상태로 변화하는 과정 중에 일어나는 열의 이동 현상을 다루는 학문 분야이다. 그래서 열전달에서는 어떤 특정 조건하에서 단위 시간당 열 이동량을 구하는 것이 목적이다.

① 전도(傳導 : conduction heat transfer)

고체를 매개체로 한 열전달 현상으로 단위 시간당 열 이동량 $\dot{Q}$ 를 구하면

$$\dot{Q} = -k \cdot A \cdot \frac{\partial T}{\partial x} \quad [kcal/h, \, kW] \; \star \qquad [1\text{-}1]$$

이다. 여기서, k는 열전도 계수(열전달률 ; thermal conductivity) [kcal/h m℃, kW/m℃]이고 $\frac{\partial T}{\partial x}$는 열흐름 방향의 온도구배이다.

② 대류(對流 : convection heat transfer)

고체와 유체간 또는 유체와 유체간의 열이동 현상으로 단위 시간당 열 이동량 $\dot{Q}$ 를 구하면

$$\dot{Q} = h \cdot A \cdot \varDelta T \quad [kcal/h, \, kW] \; \star \qquad [1\text{-}2]$$

이다. 여기서, h는 열전달 계수(convection heat-transfer coefficient) [kcal/㎡h℃, kW/㎡℃]이고 $\varDelta T$ 는 두 물질사이의 온도차이다. 또한 식 [1-2]는 Newton의 냉각법칙이라 한다.

③ 복사(輻射 : radiation heat transfer)

열은 매질이 존재하지 않는 완전한 진공 내에서도 이동하고 이것은 전자파 작용에 의한 전자복사(electromagnetic)라 한다. 전자파에 의한 에너지 전파 중에서 온도차로 인하여 전파되는 에너지가 열복사이다. 이상적 복사 물체로는 흑체(black body)가 있고, 흑체는 절대온도의 4제곱에 비례한다. 다음은 흑체에 만 적용할 수 있는 방사 에너지(복사 에너지)의 표현식이다.

$$\dot{Q} = \sigma A T^4 \quad [kcal/h, \, kW] \; \star \qquad [1\text{-}3]$$

여기서, σ는 Stefan-Boltzmann 상수 [kW/m²K⁴, kcal/hm²K⁴]이고 T는 절대온도[K]이다.
$$\sigma = 5.669 \times 10^{-8} \, [\text{W/m}^2\text{K}^4]$$

2 열역학적 계(系 : system)

열역학적 계란 열역학에서 문제의 대상이 되는 어떤 양의 물질을 포함하고 있는 영역으로 경계(境界 : boundary)에 의해서 주위(周圍 : surroundings)와 구분된다. 즉, 경계 밖을 주위라 하고 경계 안을 계(系 : system)라고 한다. 계 내의 어떤 물질은 열이 일로 또는 일이 열로 변화할 때와 같이 에너지를 저장하고 이동시키는 역할을 한다. 이러한 계 내의 어떤 물질을 동작유체(작업물질, 동작물질 : working substance)라 한다.

(1) 개방계(開放系 : open system)
동작물질의 입·출입이 가능하며 계의 경계를 통해서 일과 열의 교환이 있는 계로 유동계(流動系)라고도 한다. 예로는 펌프, 터빈, 압축기 등이 있다.

(2) 밀폐계(密閉系 : closed system)
동작물질의 입·출입은 가능하지는 않고 단지 계의 경계를 통해서 일과 열의 교환이 있는 계로 비유동계(非流動系)라고도 한다.

(3) 절연계(絶緣系 : isolated system)
계의 경계를 통하여 질량 유동 및 일과 열의 이동이 없는 계로 고립계(孤立系)라고도 한다.

3 열역학적 상태(state)와 성질(property)

(1) 상태(狀態 : state)
현재 물질이 처해있는 형편을 나타내는 용어이다. 예를 들어, 물은 온도 변화에 따라서 얼음 또는 증기로 변화한다. 즉, 표준대기압 상태의 0℃에서는 얼음으로 표준대기압 상태의 100℃에서는 증기로 존재한다. 이와 같이 얼음, 물, 증기로 존재할 때를 상태라 하고 상태 변화의 경로와 관계없이 특정한 값으로 나타낸다.

(2) 성질(性質 : property)
물질계의 상태에 의하여 정해지는 값으로 경로와는 관계없이 계의 상태에만 관계되는 양이며 상태량(狀態量)이라고도 한다. 어떤 상태를 규정할 때는 상태량으로 나타내는데, 상태량이란 압력, 온도, 밀도, 체적, 내부에너지, 엔탈피, 엔트로피 등의 값이다. 열역학적 성질의 종류로는 강도성 성질과 종량성 성질이 있다.
① 강도성질(强度性質 : intensive property)
물질의 양과는 관계없는 것으로 온도, 밀도, 압력, 비체적, 비내부에너지, 비엔탈피, 비엔트로피 등이 강도성 상태량이다.
② 종량성질(從良性質 : extensive property)
물질의 양에 비례하는 값으로 체적, 내부에너지, 엔탈피, 엔트로피 등이 종량성 상태량이다.

4 열역학적 상태량(狀態量 : property)

(1) 밀도(密屠 : density)
단위 체적 당 동작물질의 질량(質量 : mass)이다.

$$\rho = \frac{m}{V} \quad [kg_m/m^3, \ kg_f \cdot sec^2/m^4] \ \bigstar\bigstar\bigstar\bigstar\bigstar \tag{1-4}$$

여기서, ρ는 밀도이고 V는 체적, m은 질량이다.
① 물의 밀도

$$\rho_w = 1000 \ kg_m/m^3 = 102 \ kg_f \ sec^2/m^4$$

(2) 비중량(比重量 : specific weight)

단위 체적 당 동작물질의 중량(重量 : weight)이다.

$$\gamma = \frac{W}{V} = \frac{mg}{V} = \rho g \quad [N/m^3, \ kg_f/m^3] \ \bigstar\bigstar\bigstar \tag{1-5}$$

여기서, γ는 비중량이고 W는 중량, V는 체적이다.
① 물의 비중량

$$\gamma_w = 9800 \ N/m^3 = 1000 \ kg_f/m^3$$

(3) 비체적(比體積 : specific volume)

① 절대단위계(S · I단위계) : 단위 질량 당 체적

$$v = \frac{V}{m} = \frac{1}{\rho} \quad [m^3/kg_m] \ \bigstar\bigstar \tag{1-6}$$

② 중력단위계(공학단위계) : 단위 중량 당 체적

$$v_s = \frac{V}{W} = \frac{1}{\gamma} \quad [m^3/kg_f] \tag{1-7}$$

③ 물의 비체적

$$v = \frac{1}{\rho_w} = \frac{1}{1000} \ m^3/kg_m$$

$$v_s = \frac{1}{\gamma} = \frac{1}{1000} \ m^3/kg_f$$

(4) 비중(比重 : specific gravity)

비중은 표준대기압(1atm), 4℃ 상태의 물을 기준으로 정의된다.

$$S = \frac{\rho}{\rho_w} = \frac{\gamma}{\gamma_w} \ \bigstar\bigstar\bigstar \tag{1-8}$$

여기서, S가 비중이고 ρ와 γ는 어떤 물질의 밀도와 비중량이다.
① 동작물질의 밀도

$$\rho = \rho_w S = 1000S \ [kg_m/m^3]$$

$$\rho = \rho_w S = 102S \ [kg_f \cdot sec^2/m^4]$$

② 동작물질의 비중량

$$\gamma = \gamma_w S = 9800S \ [N/m^3]$$

$$\gamma = \gamma_w S = 1000S \ [kg_f/m^3]$$

5 압력(壓力 : pressure)

단위 면적당 작용하는 수직방향의 힘으로 정의되며 수식으로 표현하면

$$P = \frac{F}{A} \quad [N/m^2,\ kg_f/m^2] \; ★ \qquad [1\text{-}9]$$

이다. 여기서, P는 압력이고 F는 수직력, A는 면적이다.

(1) 대기압(大氣壓 : atmospheric pressure)

지구를 둘러싸고 있는 공기의 압력이 대기압으로 고도, 일시, 장소에 따라 변화하므로 국소대기압이라 하고 0℃의 수은주 760mm의 무게에 상당하는 압력을 표준대기압이라 하고 이것은 지구상의 어디에서나 일정한 값이다.

① 표준대기압(標準大氣壓)

$$1atm = 1.0332 kg/cm^2 = 760 mmHg = 10.33 mAq(10.33 mH_2O) = 14.7 psi$$
$$= 101325 Pa(N/m^2) = 1.01325 bar = 1013.25 mbar$$
$$1Pa = 1N/m^2 = 10^{-5} bar$$
$$1bar = 10^3 mbar = 10^5 Pa$$

여기서, atm는 물리기압 또는 표준기압이라고 하며 공학기압과는 구분된다.

② 공학기압(工學氣壓)

$1\ kg_f$의 힘이 $1\ cm^2$의 단위면적에 작용하는 힘으로 정의된 기압이다.

$$1at = 1kg_f/cm^2 = 735.6 mmHg = 10 mAq = 14.2 psi$$
$$= 980.665 mbar = 0.9679 atm$$

(2) 계기압력(計器壓力 : gauge pressure)

압력계를 사용하여 압력을 측정할 때 대기압을 기준으로 측정한 압력으로 게이지압이라고도 한다. 게이지압에는 정압(定壓 : +압력)과 부압(負壓 : -압력)이 있고 부압은 진공압(眞空壓 : vacuum pressure)이라 한다. 진공압이란 대기압보다 낮은 압력이다.

(3) 절대압력(絶對壓力 : absolute pressure)

완전진공을 기준으로 정의된 압력이다.

$$P_a = P_o \pm P_g \qquad [1\text{-}10]$$

여기서, P_a는 절대압력, P_o는 대기압, P_g는 게이지압이다. 게이지압이 정압이면 +이고 부압이면 -이다. 공학기압을 사용하여 압력을 표현할 때는 다음을 구분한다.

① at=공학기압 $[kg_f/cm^2]$
② atg=게이지압(계기압) $[kg_f/cm^2 g]$
③ ata=절대압 $[kg_f/cm^2 abs]$

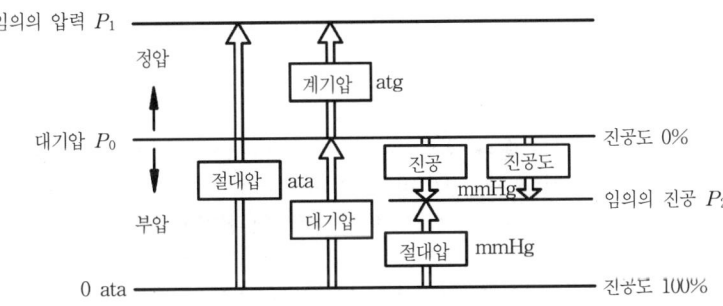

그림1-1 대기압, 게이지, 진공압의 관계

(4) 진공도(眞空度 : degree of vacuum)

진공의 정도를 나타내는 값으로 표준대기압의 진공도는 0이고 완전진공의 진공도는 100이 된다. 즉, 진공도란 대기압 중에 몇 %가 진공인지를 나타내는 값이다.

$$V_d = \frac{P_g}{P_o} \times 100 \quad [\%] \ \star \tag{1-11}$$

여기서, V_d는 진공도, P_g는 진공압이고 P_o는 대기압이다.

6 과정(過程 : process)과 사이클(cycle)

(1) 과정(過程 : process)

열역학적 계에서 동작물질이 한 상태에서 다른 상태로 변화하는 경로를 과정이라 한다.

① 가역과정(可逆過程 : reversible process)
열역학적 계에서 상태변화시 마찰이라든지 화학반응 등을 무시하여 손실이 없다고 본 과정으로 상태변화 이전으로 돌아왔을 때 원상태와 똑같은 상태량을 갖게 된다.

② 비가역과정(非可逆過程 : irreversible process)
열역학적 계에서 상태변화시 마찰이라든지 화학반응 등이 일어나 손실이 존재하는 실제과정이다. 지구상에 존재하는 계에는 가역과정은 없으며 전부 비가역과정으로 봐야 한다. 비가역 변화의 예로 물체의 영구변형, 마찰을 수반하는 일로부터 열로의 에너지 전환, 고온물체로부터 저온물체로의 열이동 등을 들 수 있다.

(2) 함수(函數 : function)

열역학적으로 함수에는 점함수(點函數 : point function)와 도정함수(道程函數 : path function)가 있다. 점함수는 경로에 따라서 값의 변화가 없는 함수이다. 즉, 어떤 상태의 그 점에 주어지는 값만을 갖는 함수이다. 예를 들면, 압력, 온도, 비체적 등의 상태량이 점함수이다. 점함수를 미분하면 완전 미분식으로 표현되며 도정함수는 경로에 따라서 변화하는 함수로 예를 들면, 열량과 일량이 있다. 열량과 일량은 반듯이 상태변화가 발생해야지만 계산이 가능한 물리량이다. 도정함수를 미분하면 불완전 미분식으로 표현되며 경로함수라고도 한다.

① 점함수의 적분 표현식

$$\int_1^2 dP = P_2 - P_1 = \Delta P$$

② 도정함수의 적분 표현식

$$\int_1^2 \delta Q \neq Q_2 - Q_1 \neq \Delta Q$$

$$\int_1^2 \delta Q = {}_1Q_2 = Q_{12}$$

(3) 사이클(cycle)

열역학적 과정이 되풀이되는 순환 과정에서 초기 상태로부터 몇 개의 상이한 과정을 거쳐 다시 최초 상태로 돌아왔을 때까지를 사이클이라 하고 사이클을 이룬 계의 모든 성질(상태량)들은 최초 상태의 값과 동일하여야 한다. 한 사이클이 가역과정만으로 이루어졌다면 가역사이클(reversible cycle)이 되고 비가역과정만으로 이루어졌다면 비가역사이클(irreversible cycle)이 된다. 사이클을 이루는 방향은 시계방향이며 반 시계방향은 역사이클이라 한다. 가역과정으로 이루어진 가역사이클은 역사이클이 가능하며, 기계동력 사이클은 시계방향으로 돌고 냉동기 사이클은 반 시계방향으로 회전한다.

7 열역학적 열량(熱量 : quantity of heat)

(1) 온도(溫度 : temperature)

① 섭씨온도(Celsius temperature)

표준대기압 상태에서 물의 빙점을 0℃로 하고 비등점을 100℃로 하여 100등분을 해서 나타낸 온도이다. 단위는 ℃이다.

② 화씨온도(Fahrenheit temperature)

표준대기압 상태에서 물의 빙점을 32°F로 하고 비등점을 212°F로 하여 180등분을 해서 나타낸 온도이다. 단위는 °F이다.

섭씨온도와 화씨온도의 관계는 0℃=32°F이고 100℃=212°F인 관계로부터

$$\frac{t_C}{100} = \frac{(t_F - 32)}{180}$$

$$t_C = \frac{5}{9}(t_F - 32) \quad [℃] \tag{1-12}$$

이다. 여기서, t_C 는 섭씨온도(℃)이고 t_F 는 화씨온도(°F)이다.

③ 켈빈의 절대온도(absolute temperature of Kelvin)

$$T = (t_C + 273) \quad [K] \tag{1-13}$$

섭씨온도에 물의 3중점의 온도 273.16K를 더한 온도를 켈빈의 절대온도라 한다.

④ 랭킨의 절대온도(absolute temperature of Rankine)

$$T = (t_F + 460) \quad [R] \tag{1-14}$$

화씨온도에 물의 3중점의 온도 459.67R을 더한 온도를 랭킨의 절대온도라 한다.

켈빈의 절대온도와 랭킨의 절대온도의 관계는 273K=492R이고 373K=672R인 관계로부터

$$\frac{(T_K - 273)}{100} = \frac{(T_R - 492)}{180}$$

$$T_K = \frac{5}{9} T_R \quad [K] \tag{1-15}$$

이다. 여기서, T_K 는 켈빈의 절대온도(섭씨절대온도)이고 T_R 은 랭킨의 절대온도(화씨절대온도) 이다. S·I단위계와 중력단위계(공학단위계)에서 온도는 섭씨온도와 켈빈의 절대온도를 사용한다.

(2) 비열(比熱 : specific heat)

비열의 사전적 정의는 물질의 단위 질량당 열용량이다. 즉, 어떤 물질의 질량 $1kg_m$ 을 1℃ 높이는데 필요한 열량으로 물질의 재료에 따라 달라지는 비례정수이다.

① 비열의 단위

비열의 정의로부터 공학단위와 S·I단위에서 각각 kcal/kg ℃, kJ/kg ℃ 를 사용하고 있다.

② 고체와 액체의 비열

고체와 액체의 비열은 온도 변화에 따라 미소한 차이를 보이기는 하지만 일정한 상수로 취급하고 있다. 액체인 물을 예로 들면 비열 C는

 1kcal/kg ℃ = 4.187kJ/kg ℃

로 온도 변화가 변화하더라도 일정한 값으로 적용하고 있다.

③ 기체의 비열

이상기체의 비열은 온도만의 함수 또는 일정한 값의 상수로 취급하고 반완전가스의 비열은 온도의 변화에 따라 변화는 것으로 취급한다. 실제기체의 경우는 온도와 압력 그리고 체적의 변화에 영향을 받지만 주로 온도변화에 영향을 받는 것으로 본다.

(3) 열량(熱量 : quantity of heat)

열량이란 물체가 보유한 열의 양(量)으로 열에너지를 의미한다. 열은 고온에서 저온으로 이동하며 열의 흐름은 양적인 크기와 상관이 없고 열량을 계산할 때는 비열을 이용한다. 비열의 정의로부터 열량을 구하면

$$\delta Q = mCdt$$
$$_1Q_2 = mC(t_2 - t_1) \ [kcal, \ kJ, \ J] \ \bigstar\bigstar\bigstar \qquad [1\text{-}16]$$

이다. 여기서, Q가 열량이고 m은 질량이며 t_1은 상태변화 전의 섭씨온도이고 t_2는 상태변화 후의 섭씨온도이다. 단, 비열 C는 일정한 상수 일 때, 식 [1-16]으로 정리된다. 단위 질량당 열량은

$$_1q_2 = C(t_2 - t_1) \ [kcal/kg, \ kJ/kg, \ J/kg]$$
$$_1Q_2 = m \cdot {_1q_2}$$

이다.

① 평균비열(平均比熱 : mean specific heat)

비열 C가 온도의 함수일 때 열량은

$$_1Q_2 = m\int_1^2 C(t)dt = mC_m(t_2 - t_1) \ \bigstar\bigstar\bigstar$$

이다. 여기서, C_m이 평균비열로 다음과 같이 정리된다.

$$C_m = \frac{1}{t_2 - t_1}\int_1^2 C(t)dt \ \bigstar\bigstar \qquad [1\text{-}17]$$

② 현열(顯熱 : sensible heat)

물체에 열을 가했을 때 온도 변화가 생기는 경우, 그 가열량을 현열이라고 한다.

③ 잠열(潛熱 : latent heat)

물체에 열을 가해도 온도 변화가 생기지 않는 경우는 잠열이라고 하며 융해잠열과 증발잠열이 있다. 융해잠열이란 0℃얼음이 0℃ 물로 또는 0℃물이 0℃얼음으로 변화할 때 필요한 열량으로 80kcal/kg = 335kJ/kg 이다. 증발잠열은 기화잠열이라고도 하며 100℃물이 100℃ 증기로 또는 100℃증기가 100℃ 물로 변화할 때 필요한 열량으로 540kcal/kg = 2260kJ/kg 이다.

(4) 열량의 단위(單位)

① kcal(kilo-calorie)

1kcal란 표준대기압 상태에서 순수한 물 1kg의 온도를 15℃의 근처(14.5~15.5℃)에서 1℃ 높이는데 필요한 열량이다.

② Btu(British thermal unit)

1Btu란 표준대기압 상태에서 순수한 물 1lb의 온도를 32°F로부터 212°F까지 상승시키는데 필요한 열량을 1/180로 나타낸 것이다.

③ Chu(Centigrade heat unit)

1Chu란 표준대기압 상태에서 순수한 물 1lb의 온도를 0℃로부터 100℃까지 상승시키는데 필요한 열량을 1/100로 나타낸 것이다.

④ 열에너지 단위의 관계

$$1kcal = 4.187kJ = 427kg_f \cdot m = 3.968Btu = 2.205Chu$$

8 열에너지(heat energy)와 동력(動力 : power)의 관계(關係)

(1) 일량(work)

$$W = F \cdot \Delta S \quad [kg_f \cdot m, \ N \cdot m, \ J, \ kJ] \qquad [1\text{-}18]$$

여기서, F는 물체에 가해지는 힘이고 ΔS 는 물체가 움직인 변위이며 W는 일량이 된다.

(2) 동력(動力 : power)

동력이란 단위 시간당 일량으로 정의하고 공률(工率)이라고도 한다. 이것을 수식으로 표현하면

$$L = \frac{W}{\Delta t} = \frac{Q}{\Delta t} = F \cdot V = T \cdot \omega \quad [kg_f \cdot m/sec, \ PS, \ kW] \ \bigstar\bigstar\bigstar\bigstar\bigstar \qquad [1\text{-}19]$$

이다. 여기서, L이 동력이고 W는 일량, Q는 가열량, F는 물체에 가해지는 힘, V는 물체가 움직이는 속도, T는 회전 토크, ω 는 각속도, Δt 는 시간변화량이다.

$$1PS = 75 kg_f \ m/sec = 632.3 kcal/hr = 0.735 kW$$
$$1kW = 102 kg_f \ m/sec = 860 kcal/hr = 1.36 PS$$

9 열역학 제0법칙(the zeroth law of thermodynamics)

고온의 물체와 저온의 물체를 접촉시켜 놓으면 고온의 물체로부터 저온의 물체로 열 이동이 발생하고 두 물체의 온도가 동일하게 될 때까지 열 이동은 계속 된다. 이와 같이 어떤 물체가 다른 물체와 접촉하여 동일한 온도에 도달했을 때를 열평형(熱平衡 : thermal equilibrium) 상태라 하며, 이 때의 열 수수의 합은 0이 된다. 즉, 빼앗긴 물체의 열량과 또 다른 물체가 얻은 열량은 동일하다. 이것이 열역학 제0법칙으로 온도 평형의 법칙 또는 열평형의 법칙이라고도 한다.

$$\sum Q = 0$$
$$Q_{얻} + Q_{잃} = 0$$
$$Q_{얻} = -Q_{잃} \ \bigstar\bigstar\bigstar\bigstar\bigstar \qquad [1\text{-}20]$$

여기서, $Q_{얻}$ 는 얻는 열량이고 $Q_{잃}$ 는 잃은 열량이다.

10 열효율(熱效率 : thermal efficiency)

열효율이란 열기관이 1사이클을 완료하는 사이에 외부에서 일어난 일의 양을 그 동안에 공급한 열량으로 나눈값으로 정의한다.

$$\eta = \frac{L_o}{L_i} = \frac{L_o}{H_L \cdot \dot{m}} \quad [\%] \ \bigstar\bigstar\bigstar \qquad [1\text{-}21]$$

여기서, η 는 열효율이고, L_o 는 출력, L_i 는 입력, H_L 는 저위 발열량 [kJ/kg, kcal/kg], $\dot{m}$ 은 연료 소비율 [kg/hr] 이다. 저위 발열량이란 고위 발열량에서 기체인 증기(H_2O)가 생성될 때의 열량을 뺀 발열량이다. 고위 발열량은 연소 반응에서 액체인 물(H_2O)이 생성될 때 발열량으로 수분을 응축시켜서 그 증발열을 회수하였을 때의 발열량을 의미한다.

chapter 1 실전연습문제

01 78℃는 화씨로 고치면 몇 도인가?

① 154.4°F ② 172.4°F ③ 164.6°F ④ 184.4°F

Solution
$t_C = \frac{5}{9}(t_F - 32)$

$78 = \frac{5}{9} \times (t_F - 32)$, $t_F = 172.4°F$

02 섭씨온도계의 절대온도 T_C K 과 화씨온도계의 절대온도 T_F R 사이의 관계로 다음 중 맞는 것은?

① $T_C = \frac{9}{5}(T_F - 32)$ ② $T_C = \frac{9}{5}T_F$ ③ $T_C = \frac{5}{9}(T_F - 32)$ ④ $T_C = \frac{5}{9}T_F$

Solution 켈빈의 절대온도와 랭킨의 절대온도의 관계는 273K=492R인 것으로부터

$\frac{T_C[K] - 273}{100} = \frac{T_F[R] - 492}{180}$

$T_C = \frac{5}{9}T_F$

이다.

03 150kg의 물을 18℃에서 100℃로 가열하는데 필요한 열량 몇 kJ인가?

① 32100 ② 45230 ③ 51660 ④ 63400

Solution $Q = mC\Delta T = 150 \times 4.2 \times (100 - 18) = 51660$ [kJ]

04 온도 80℃, 무게 30g의 금속공을 15℃, 72g의 물 속에 넣었더니 수온이 8℃ 상승하였다. 이 금속공의 비열(J/g℃)로 다음 중 맞는 것은?

① 1.41 ② 1.62 ③ 1.84 ④ 2.12

Solution $\sum Q = 0$

$Q_{얻} = Q_{잃}$; $m_w C_w(T_m - T_w) = m_{mb} C_{mb}(T_{mb} - T_m)$

$72 \times 4.2 \times 8 = 30 \times C_{mb} \times (80 - 23)$, $C_{mb} = 1.41$ [J/g℃]

05 출력 125,000kW의 화력 발전소에서 연소하는 석탄의 발열량이 6,000 kcal/kg, 발전소의 열효율이 30%라면 1시간당 석탄의 필요량은 몇 kg_m인가?

① 40600 ② 48400 ③ 50400 ④ 59524

Solution $\eta = \frac{L_o}{L_i} = \frac{L_o}{H_L \cdot \dot{m}}$

$0.3 = \frac{125000}{6000 \times 4.2 \times \dot{m}}$, $\dot{m} = 16.53$ [kg_m/sec] = 59524 [kg_m/hr]

Answer 01 ② 02 ④ 03 ③ 04 ① 05 ④

06 중량 29.4N의 철제 그릇에 22℃의 물이 0.03m³들어 있다. 이 물 그릇에 200℃의 알루미늄 덩어리 39.2N을 넣었더니 열평형을 이룬 후 온도가 30℃이었다. 다음 중 알루미늄의 비열로 맞는 것은? (단, 철의 비열은 0.4452kJ/kg℃이다.)

① $C_a = 0.498$ [kJ/kg℃]   ② $C_a = 1.498$ [kJ/kg℃]
③ $C_a = 2.498$ [kJ/kg℃]   ④ $C_a = 3.498$ [kJ/kg℃]

Solution
$\sum Q = 0$
$Q_{원} = Q_{입}$; $m_w C_w (T_m - T_w) + m_{iv} C_{iv} (T_m - T_{iv}) = m_a C_a (T_a - T_m)$
$m_w = \rho_w V$, $m_{iv} = \dfrac{W_{iv}}{g}$, $m_a = \dfrac{W_a}{g}$
$1000 \times 0.03 \times 4.2 \times (30-22) + \dfrac{29.4}{9.8} \times 0.4452 \times (30-22) = \dfrac{39.2}{9.8} \times C_a \times (200-30)$
$C_a = 1.498$ [kJ/kg℃]

07 매시 19.4kg의 가솔린을 소비하는 출력 85PS인 열기관의 열효율로 다음 중 맞는 것은? (단, 가솔린의 저위발열량은 43680 kJ/kg이다.)

① 26.54%   ② 32.78%   ③ 38.67%   ④ 42.12%

Solution
$\eta = \dfrac{L_o}{L_i} = \dfrac{L_o}{H_L \cdot \dot{m}}$
$\eta = \dfrac{85 \times 0.735 \times 3600}{43680 \times 19.4} \times 100 = 26.54$ [%]

08 압력변화 없이 4kg의 공기를 16℃로부터 32℃까지 가열하는데 필요한 열량으로 다음 중 맞는 것은? (단, 비열 C=1.005kJ/kg℃ 이다.)

① 49.31kJ   ② 56.72kJ   ③ 64.32kJ   ④ 78.90kJ

Solution $Q = mC(T_2 - T_1) = 4 \times 1.005 \times (32-16) = 64.32$ [kJ]

09 600W의 전열기로 3.5kg의 물을 14.5℃에서 100℃까지 가열하는데 걸리는 시간은 몇 분(min)인가?

① 29.65min   ② 34.91min   ③ 42.45min   ④ 56.20min

Solution 가열하는데 걸린 시간을 T_m 이라 하고, 물을 가열할 때 600W로서 발생시킬 수 있는 열량은 다음과 같다.
$Q = mC \Delta T = L \cdot T_m$
$3.5 \times 4.2 \times (100 - 14.5) = 600 \times 10^{-3} \times T_m$
$T_m = 2094.75$ [sec] $= 34.91$ [min]

10 20℃, 1L의 바닷물을 14.5℃로 냉각시키기 위해서는 몇 kg의 얼음을 넣어야 하겠는가? (단, 바닷물의 비열은 4.189kJ/kg℃로 한다.)

① 0.0256kg   ② 0.0424kg   ③ 0.0506kg   ④ 0.0583kg

Solution
$\sum Q = 0$
$Q_{원} = Q_{입}$; $q_1 \cdot m_i + m_i C_w (T_m - T_i) = m_{sw} C_{sw} (T_{sw} - T_m)$
$m_i \times [335 + 4.189 \times (14.5 - 0)] = (1000 \times 1 \times 10^{-3}) \times 4.189 \times (20 - 14.5)$
$m_i = 0.0583$ [kg]

Answer 06 ② 07 ① 08 ③ 09 ② 10 ④

11 액체 A의 온도 50℃, 액체 B의 온도 30℃ 그리고 액체 C의 온도 15℃인 3종의 액체가 있다. A와 B를 동일 질량씩 혼합하면 41℃가 되고, A와 C를 같은 질량으로 혼합하면 24℃가 된다면 B와 C를 동일한 무게로 섞으면 그 온도는 몇 도가 되겠는가?

① $T_{BC} = 16.76$℃   ② $T_{BC} = 18.37$℃   ③ $T_{BC} = 20.23$℃   ④ $T_{BC} = 21.79$℃

Solution $T_A = 50$℃, $T_B = 30$℃, $T_C = 15$℃
$T_{AB} = 41$℃, $T_{AC} = 24$℃

$m_A C_A (50 - T_{AB}) = m_B C_B (T_{AB} - 30)$; $\dfrac{C_A}{C_B} = \dfrac{(41-30)}{(50-41)} = 1.22$

$m_A C_A (50 - T_{AC}) = m_C C_C (T_{AC} - 15)$; $\dfrac{C_A}{C_C} = \dfrac{(24-15)}{(50-24)} = 0.35$

$m_B C_B (30 - T_{BC}) = m_C C_C (T_{BC} - 15)$; $\dfrac{C_B}{C_C} = \dfrac{(T_{BC} - 15)}{(30 - T_{BC})}$

$\dfrac{C_B}{C_C} = \dfrac{(T_{BC} - 15)}{(30 - T_{BC})} = 0.29$,

$T_{BC} = 18.37$℃

12 500W의 전열기로 2L의 물을 12℃로부터 100℃까지 가열할 경우 전열기의 발생 열량 중 47%가 유용하게 이용된다면 가열하는데 걸리는 시간으로 다음 중 맞는 것은?

① 약 38.96min   ② 약 46.42min   ③ 약 49.42min   ④ 52.43min

Solution $Q = mC\varDelta T = L \cdot T_m \cdot \eta$
$1000 \times 2 \times 10^{-3} \times 4.2 \times (100 - 12) = 500 \times 10^{-3} \times T_m \times 0.47$
$T_m = 3145.53$ [sec] = 52.43 [min]

13 수증기 1kg당 출력이 1000kJ인 증기기관의 증기소비율은 몇 kg/kWh인가? (단, 이 증기기관의 열효율은 28%이다.)

① 0.898   ② 3.6   ③ 2.316   ④ 4.672

Solution $SR = \dfrac{3600}{L_{oat}} = \dfrac{3600}{1000} = 3.6 \text{kg/kWh}$

14 질량 1.2kg의 강구를 55m 높이에서 자유낙하 시킬 때 발생하는 위치에너지의 변화가 전부 강구의 온도를 높이는데 사용되었다면 강구의 온도상승은 몇 ℃인가?(단, 강구의 비열은 0.419kJ/kg℃이다.)

① 1.83   ② 1.56   ③ 1.29   ④ 1.09

Solution $mg\varDelta y = mC\varDelta T$
$9.8 \times 55 \times 10^{-3} = 0.419 \times \varDelta T$,
$\varDelta T = 1.29$ [℃]

15 어떤 물질의 비열 C가 다음과 같이 온도의 함수로 주어졌을 때, 이 물질 3kg_m을 10℃에서 110℃까지 가열하였을 때 평균비열을 구하면 다음 중 어느 것인가? (단, 비열 $C = 0.2 + 0.002t$ kJ/kg℃이다.)

① 0.32   ② 0.43   ③ 0.56   ④ 0.69

Solution $C_m = \dfrac{1}{t_2 - t_1} \int_1^2 C(t)dt = \dfrac{1}{(110-10)} \int_{10}^{110} (0.2 + 0.002t)dt$

$= \dfrac{1}{(110-10)} \times \left(0.2 \times (110-10) + \dfrac{0.002}{2} \times (110^2 - 10^2)\right) = 0.32$ [kJ/kg℃]

Answer 11 ② 12 ④ 13 ② 14 ③ 15 ①

16 다음 중 진공도가 90%면 그때 절대압력은 몇 Pa인가?

① 10132.5 ② 1013.25 ③ 101.325 ④ 10.1325

Solution
$V_d = \dfrac{P_g}{P_o} \times 100 \; [\%]$
진공도가 90%이면 표준대기압중 10%만이 절대압력이다.
$P_a = 101325 - 101325 \times 0.9 = 10132.5 \; [Pa]$

17 무게가 4900N인 동작물질의 체적이 600L라면 이 동작물질의 비중으로 다음 중 맞는 것은 어느 것인가?

① 0.56 ② 0.69 ③ 0.83 ④ 0.97

Solution 이 동작물질의 비중량을 구하면 다음과 같다.
$\gamma = \dfrac{W}{V} = \dfrac{4900}{600 \times 10^{-3}} = 8166.67 \; [N/m^3]$ $S = \dfrac{\gamma}{\gamma_w} = \dfrac{8166.67}{9800} = 0.833$

18 대기압이 1atm이고 게이지압이 150mmHg이라면 절대압력은 몇 bar인가?

① 0.21323 ② 1.21323 ③ 2.21323 ④ 3.21323

Solution $P_a = P_o + P_g = 1.01325 + \dfrac{150}{760} \times 1.01325 = 1.21323 \; [bar]$

19 0℃의 얼음 110g을 55℃의 물 420g에 넣으면 몇 ℃가 되겠는가? (단, 얼음의 융해열은 80cal/g, 비열은 1이다.)

① 24.58℃ ② 26.98℃ ③ 30.26℃ ④ 32.48℃

Solution
$\sum Q = 0$
$Q_{획} = Q_{실}$;
$q_1 \cdot m_i + m_i C_w (T_m - T_i) = m_w C_w (T_w - T_m)$
$80 \times 110 + 110 \times 1 \times (T_m - 0) = 420 \times 1 \times (55 - T_m)$
$T_m = 26.98 \; [℃]$

20 200kg의 물을 24℃에서 112℃까지 가열하는데 요구되는 열량은 몇 kcal인가?

① 32100 ② 23400 ③ 17600 ④ 11400

Solution $Q = GC\varDelta T \; [kcal]$
여기서, G는 물의 중량 $[kg_f]$ 이고 C는 물의 비열 $1 \; [kcal/kg℃]$ 이다.
$Q = 200 \times 1 \times (112 - 24) = 17600 \; [kcal]$

21 1.5kW의 전열식 온수기로 2L의 물을 12℃로부터 120℃까지 가열할 경우 온수기의 발생 열량 중 43%가 유용하게 이용되었다면 가열하는데 걸린 시간은?

① 2.41hr ② 1.34hr ③ 0.39hr ④ 0.18hr

Solution $Q = GC\varDelta T = L \cdot T_m \cdot \eta$
$1000 \times 2 \times 10^{-3} \times 1 \times (120 - 12) = 1.5 \times 860 \times T_m \times 0.43$
$T_m = 0.39 \; [hr]$

Answer 16 ① 17 ③ 18 ② 19 ② 20 ③ 21 ③

22 두께 12mm인 강판의 두 면의 온도가 각각 150℃와 60℃이고 전열면적은 $2m^2$이라면 전달되는 열량은 몇 kJ/h인가? (단, 열전달계수는 45kJ/mh℃이다.)

① 675000　　② 67500　　③ 6750　　④ 675

Solution
$\dot{Q} = KA\dfrac{\Delta T}{\Delta x} = 45 \times 2 \times \dfrac{(150-60)}{0.012} = 675000 \text{ [kJ/h]}$

23 가솔린 기관에 있어서 1kWh당 가솔린 소비율이 0.31kg이면 이 가솔린 기관의 열효율은 얼마인가? (단, 가솔린의 발열량은 46200kJ/kg이다.)

① 25.14%　　② 23%　　③ 28.7%　　④ 32.5%

Solution
$\eta = \dfrac{L_o}{L_i} = \dfrac{L_o}{H_L \cdot \dot{m}} = \dfrac{1 \times 3600}{46200 \times 0.31} \times 100 = 25.14 \text{[\%]}$

24 두께 10mm, 열전도율 45kJ/mh℃인 강판의 두 면의 온도가 각각 300℃, 50℃일때 전열면1m²당 1시간에 전달되는 열량은?

① 1625000 [kJ/h]　　② 925000 [kJ/h]　　③ 1425000 [kJ/h]　　④ 1125000 [kJ/h]

Solution
$\dot{Q} = KA\dfrac{\Delta T}{\Delta x} = 45 \times 1 \times \dfrac{(300-50)}{0.01} = 1125000 \text{ [kJ/h]}$

25 중량 3kg, 온도 350℃인 철(鐵)을 온도 15℃인 물에 넣어 평형상태가 된 후의 온도가 20℃가 되었다. 열손실이 없다면 물의 양은 몇 kg인가? (단, 철의 비열은 0.47kJ/kgK이다.)

① 5.21　　② 10.83　　③ 17.42　　④ 22.16

Solution 열역학 제0법칙을 적용시킨다.
$\sum Q = 0$; 철이 열을 잃어버린 만큼 물은 열을 얻는다.
$m_w C_w(t_m - t_w) = m_i C_i(t_i - t_m)$
$m_w \times 4.2 \times (20-15) = 3 \times 0.47 \times (350-20)$,
$m_w = 22.16 \text{ [kg]}$

26 7kg, 온도 600℃의 구리를 20℃, 8kg의 물 속에 넣으면 물의 온도는 약 몇 ℃ 상승되겠는가? (단, 구리의 비열은 0.3843kJ/kg℃, 물의 비열은 4.2kJ/kg℃이다.)

① 43℃　　② 54℃　　③ 36℃　　④ 72℃

Solution 열역학 제0법칙을 적용시킨다.
$\sum Q = 0$; 구리가 열을 잃어버린 만큼 물은 열을 얻는다.
$m_w C_w(t_m - t_w) = m_c C_c(t_c - t_m)$
$8 \times 4.2 \times (t_m - 20) = 7 \times 0.3843 \times (600 - t_m)$
$36.29 t_m = 2286.06$, $t_m = 62.99 \text{ [℃]}$
∴ 물의 상승 온도:
$\Delta t = 62.99 - 20 = 42.99 \text{ [℃]}$

27 60W의 전등을 매일 7시간 사용하는 집이 있다. 1개월(30일간) 동안 몇 MJ를 사용하게 되는가?

① 45.36　　② 15.02　　③ 17.42　　④ 19.22

Solution
$\dot{W} = 60 \times 7 \times 30 \times 3600 \times 10^{-6} = 45.36 \text{ [MJ]}$

Answer　22 ①　23 ①　24 ④　25 ④　26 ①　27 ①

28 출력 10000kW의 터빈 플랜트의 매시 연료소비량이 5000kg이다. 이 플랜트의 열효율은 몇 %인가? (단, 연료의 발열량은 33600kJ/kg이다.)

① 25   ② 21.4   ③ 10.9   ④ 40

Solution $\eta = \dfrac{L_o}{L_i} = \dfrac{L_o}{H_L \cdot \dot{m}} = \dfrac{10000 \times 3600}{5000 \times 33600} \times 100 = 21.43 \, [\%]$

29 공기는 압력이 일정할 때 그 비열비 $C_P = 0.2405 + 0.000019t$ kJ/kg℃ 라고 하면 공기 5kg을 0℃에서 100℃까지 가열하는데 필요한 열량은?

① 129.25kJ   ② 24.14 kJ   ③ 24.05kJ   ④ 120.73kJ

Solution
$$_1Q_2 = \int_1^2 mC_P dt = C_P = \int_0^{100} 5 \times (0.2405 + 0.000019t)dt$$
$$= 5 \times \left(0.2405 \times 100 + 0.000019 \times \dfrac{100^2}{2}\right) = 120.725 \, [kJ]$$

30 점함수(point function)란 무엇을 말하는가?

① 일과 같은 것을 말한다.
② 열과 같은 것을 말한다.
③ 계의 상태량을 말한다.
④ 상태 변화의 경로(path)에 관계되는 것을 말한다.

Solution 점함수는 경로에 따라서 값의 변화가 없는 함수이다. 즉, 어떤 상태의 그 점에 주어지는 값만을 갖는 함수이다. 예를 들면, 압력, 온도, 비체적 등의 상태량이 점함수이다. 도정함수는 경로에 따라서 변화하는 함수로 예를 들면, 열량과 일량이 있다. 열량과 일량은 반드시 상태변화가 발생해야지만 계산이 가능한 물리량이다.

31 무게 1kg의 강구를 50m 높이에서 낙하시킬 때 운동에너지는 전부 강구의 온도를 높여준다고 할 때 강구의 온도상승은 몇 ℃가 되겠는가? (단, 강구의 비열은 0.42kJ/kg℃이다.)

① 1.17   ② 11.7   ③ 20.67   ④ 21.85

Solution 낙하시 운동에너지는 중력 포텐셜에너지와 같으므로 에너지 보존 개념을 적용시켜 강구의 온도 상승을 구한다.
$$V_g = {}_1Q_2 \, ; \quad mgh = mC_s \Delta t$$
$$9.8 \times 50 \times 10^{-3} = 0.42 \times \Delta t, \quad \Delta t = 1.17 \, [℃]$$

32 다음 보기의 항들 중 상태량과 관련이 없는 것은?

① 점함수   ② 온도   ③ 내부에너지   ④ 일

Solution 상태량이란 어떤 상태의 그 점에 주어지는 값만으로 표현된다. 예를 들면, 압력, 온도, 비체적 등이 있다. 열량과 일량은 반드시 상태변화가 발생해야지만 계산이 가능한 물리량으로 상태량은 아니다.

33 수직으로 세워진 노즐에서 30℃의 물이 15m/s의 속도로 15℃의 공기중에 뿜어진다면 약 몇 m 올라가겠는가? (단, 외부와의 마찰에 의한 에너지 손실은 무시한다.)

① 5.8   ② 0.8   ③ 23   ④ 11.5

Solution $\dfrac{1}{2}mV^2 = mgh \, ; \quad h = \dfrac{15^2}{2 \times 9.8} = 11.48 \, [m]$

Answer 28 ② 29 ④ 30 ③ 31 ① 32 ④ 33 ④

chapter 2 열역학 제1법칙

1 열역학적 일량(work)

(1) 밀폐계의 열역학적 일량

실린더 내에 가스를 채우고 피스톤으로 막아 놓은 상태에서 열을 가하면 실린더 내의 가스는 팽창하여 피스톤을 밀어 낼 것이고, 피스톤에 힘을 가하면 실린더 내의 가스는 압축될 것이다. 이것이 대표적인 밀폐계의 예이다.

그림2-1의 상태 1에서 상태 2까지 가스가 팽창 또는 압축할 때 발생한 미소 일량 δW를 구하면 다음과 같다.

$$\delta W = PAdS = PdV \qquad [2-1]$$

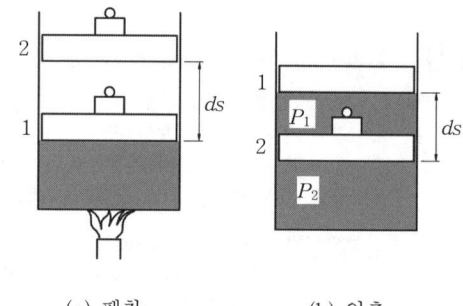

(a) 팽창   (b) 압축

그림2-1 피스톤으로 밀폐된 실린더

여기서, P는 매 순간마다 피스톤의 면에 작용하는 압력이고, A는 피스톤의 면적, dS는 상태 1에서 상태 2까지 동작물질이 팽창 또는 압축된 미소 변위, dV는 미소 체적 변화이다.

식 [2-1]를 적분하면 상태 1에서 상태 2까지 변화할 때 열역학적 계에 의해서 이루어진 일량을 구할 수 있다.

$$_1W_2 = \int_1^2 PdV \quad [N\cdot m,\ J,\ kJ,\ kg_f\cdot m] \;\; \text{★★★★} \qquad [2-2]$$

식 [2-2]에서 $_1W_2$를 밀폐계일, 절대일(absolute work), 팽창일, 비유동일이라 하고 부호는 정(+)이다.

① 단위 질량(중량)당 절대일

$$_1w_2 = \int_1^2 Pdv \quad [kJ/kg,\ kg_f\cdot m/kg] \qquad [2-3]$$

② 단위 시간당 절대일

$$_1\dot{W}_2 = \int_1^2 \dot{m}Pdv \quad [kJ/sec,\ kW,\ kg_f\cdot m/sec] \qquad [2-4]$$

여기서, v는 비체적 [m^3/kg] 이고 $\dot{m}$은 질량유량 [kg/sec] 이다.

(2) 개방계의 열역학적 일량

개방계를 동작물질이 가역 정상상태로 통과하면서 주위에 남기는 일을 개방계일, 공업일 (technical work), 유동일, 압축일이라 한다. 상태 1에서 상태 2로 변화할 때, 미소 압력 변화에 따른 미소 공업일을 구하고 그것을 적분하여 동작물질이 개방계 주위에 남기는 전체 공업일을 구하면

$$\delta W_t = -VdP$$
$$W_t = -\int_1^2 VdP \quad [N\cdot m,\ J,\ kJ,\ kg_f\cdot m] \text{★★★★} \qquad [2\text{-}5]$$

이다.

① 단위 질량(중량)당 공업일

$$w_t = -\int_1^2 vdP \quad [kJ/kg,\ kg_f\cdot m/kg] \qquad [2\text{-}6]$$

② 단위 시간당 공업일

$$\dot{W}_t = -\int_1^2 \dot{m}vdP \quad [kJ/sec,\ kW,\ kg_f\cdot m/sec] \qquad [2\text{-}7]$$

(3) **절대일**(absolute work)**과 공업일**(technical work)**을 나타내는 P-V선도**

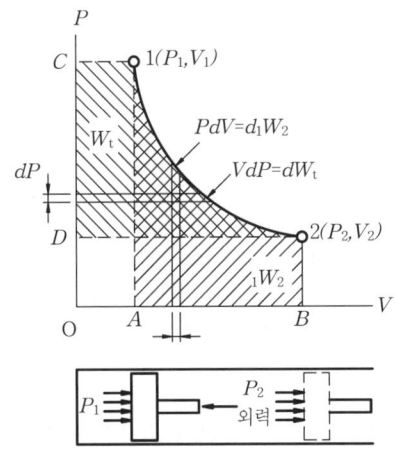

그림2-2 열역학적 계에서 절대일과 공업일

　그림2-2와 같이 피스톤과 밀폐된 실린더에서 항상 역학적으로나 열적으로 평형상태를 유지하면서 이루어지는 가역변화로 1상태에서 2상태로 상태변화를 할 때, 동작물질이 팽창하여 피스톤을 밀어내는 일은 절대일이고 2상태에서 1상태로 상태변화시 외부에서 피스톤을 압축하여 계에 준 일은 압축일이다. 이와 같이 절대일과 압축일을 나타내는 선도가 P-V 선도이고, 이 P-V선도는 절대일과 공업일(압축일)의 크기를 나타낸다. 그림2-2에서 면적 12BA는 절대일의 크기를, 면적 12DC는 압축일(공업일)의 크기이다.

2 열역학적 일량(work)과 열량(熱量 : quantity of heat)의 관계

(1) 열량과 일량은 계의 경계를 통해서 이동하는 열 에너지와 일 에너지이다.
(2) 열과 일은 도정함수(경로함수)이며 불완전 미방이다.
(3) **일과 열은 방향성을 갖고 있다.**
　열은 계 내부로 공급되면 정(+), 방출되면 부(−)이고, 일은 계가 스스로 일을 하면 정(+), 계가 외부로부터 일을 받으면 부(−)이다.
(4) **일은 열로, 열은 일로 전이할 수 있다.**
　자연 상태에서 일은 열로 변환이 가능하나 열을 일로 변환시키는 것은 불가능하고 열기관이 있어야 가능하다. 일량과 열량은 모두 에너지의 한 형태로서 상호간에 변환이 가능한 것은 가역변화라는 가정 하에서 성립되며, 이것이 열역학 제1법칙의 기본이 된다. 이와 같은 관계를 S·I 단위계를 적용시켜 수식으로 표현하면

$$Q = W \quad ★★ \qquad [2\text{-}8]$$

이다. 여기서, Q는 열량 [kJ, J] 이고 W는 일량 [kJ, J] 이다.

공학단위계서 열량 Q의 단위는 [kcal] 이고 일량 W의 단위는 [$kg_f \cdot m$] 이다. 일과 열의 관계를 수식으로 표현하면

$$Q = AW \qquad [2\text{-}9]$$
$$W = JQ \qquad [2\text{-}10]$$

이다. 여기서, A는 일의 열당량(熱當量 : thermal equivalent of work)으로 $\frac{1}{427}$ kcal/$kg_f \cdot m$ 이고 J는 열의 일당량(mechanical equivalent of heat)으로 $427 kg_f \cdot m$/kcal 이다.

3 에너지 보존 법칙(the law of conservation of energy)

에너지는 창조하거나 소멸시킬 수 있는 것이 아니라, 단지 하나의 에너지 형태에서 다른 형태의 에너지로 변환될 뿐이고 상태변화 전 에너지 합은 상태변화 후 에너지 합과 동일하다. 이것이 에너지 보존 법칙이며 열역학 제1법칙(熱力學 第1法則 : the first law of thermodynamics)이 된다. 에너지 보존 법칙을 밀폐계의 임의의 사이클에 적용시켜 열역학 1법칙을 정의하면 다음과 같이 표현된다. "밀폐계가 임의의 사이클을 이룰 때 열량의 총합은 일량의 총합과 같다."

4 열역학적 계의 에너지 방정식

그림2-3과 같이 상태 1에서 A경로를 지나 상태 2까지 갔다가 경로 B와 경로 C를 거쳐 되돌아오는 열역학적 가역 사이클(cycle)에 열역학 1법칙을 적용시킨다.

$$\oint \delta Q = \oint \delta W \qquad [2\text{-}11]$$

상태 1에서 A경로를 지나 상태 2까지 갔다가 경로 B로 되돌아오는 사이클에 식(式) [2-11]를 적용시키면

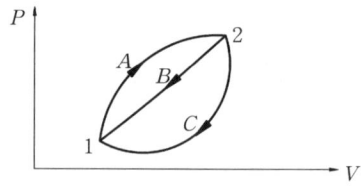

그림2-3 열역학적 계의 상태변화에 따른 P-V선도

$$\int_{1A}^{2} \delta Q + \int_{2B}^{1} \delta Q = \int_{1A}^{2} \delta W + \int_{2B}^{1} \delta W \qquad [2\text{-}12]$$

이다. 그리고 상태 1에서 A경로를 지나 상태 2까지 갔다가 경로 C로 되돌아오는 사이클에 식(式) [2-11]를 적용시키면

$$\int_{1A}^{2} \delta Q + \int_{2C}^{1} \delta Q = \int_{1A}^{2} \delta W + \int_{2C}^{1} \delta W \qquad [2\text{-}13]$$

이다. 식 [2-12]에서 식 [2-13]을 빼면 그 결과가 다음과 같다.

$$\int_{2B}^{1} \delta Q - \int_{2C}^{1} \delta Q = \int_{2B}^{1} \delta W - \int_{2C}^{1} \delta W \qquad [2\text{-}14]$$

$$\int_{2B}^{1} (\delta Q - \delta W) = \int_{2C}^{1} (\delta Q - \delta W) \qquad [2\text{-}15]$$

식 [2-15]는 상태 1과 상태 2 사이의 모든 과정에서 성립된다. 이와 같이 열량과 일량의 차는 열량 및 일량과 동등한 차원의 점함수인 상태량이 된다는 것을 의미한다. 열량 및 일량과 동등한 차원을 갖는 물리량은 에너지이다. 한 상태에서 다른 상태로 변화했을 때, 열량과 일량의 차는 두 상태점의 상태량에 의해서 결정되는 에너지의 변화와 같다는 줄(Joule)과 메이어(Mayer)의 에너지 보존 법칙이 적용되는 것이다.

$$\delta Q - \delta W = dE \;\bigstar \qquad [2\text{-}16]$$

여기서, δQ는 상태 변화시 수반되는 미소 열량, δW는 상태 변화시 수반되는 열역학적 미소 일량, dE는 상태 변화시 열량과 열역학적 일량의 차로 인해 생기는 열역학적 상태량에 의해 결정되는 미소 에너지 변화를 나타낸다.

상태점의 상태량들에 의해 결정되는 에너지에는 다음과 같은 것들이 있다.

(1) 운동에너지(kinetic energy)

운동에너지는 열역학적 계의 경계를 통해 동작물질의 입·출입이 있을 때 발생하는 에너지이다. 특히, 개방계에서 입구와 출구가 있는 경우 고려해야 할 에너지이다. 입구에서 질량 m인 동작물질의 속도를 V_1, 출구의 동작물질의 속도를 V_2라 할 때 운동에너지 변화의 표현식은 다음과 같다.

① S·I단위계 표현

$$\Delta E_k = \frac{1}{2} m (V_2^2 - V_1^2) \quad [kJ, \; J] \qquad [2\text{-}17]$$

② 공학단위계 표현

$$\Delta E_k = \frac{G}{2g}(V_2^2 - V_1^2) \quad [kg_f \cdot m] \qquad [2\text{-}18]$$

$$\Delta E_k = \frac{AG}{2g}(V_2^2 - V_1^2) = \frac{G}{2g}(V_2^2 - V_1^2) \times \frac{1}{427} \quad [kcal] \qquad [2\text{-}19]$$

여기서, G는 중량 (kg_f)이고 A는 일의 열당량 $\frac{1}{427}$ $kcal/kg_f \cdot m$ 이다.

(2) 위치에너지(potential energy)

위치에너지도 열역학적 계의 경계를 통해 동작물질의 입·출입이 있을 때 발생하는 에너지이다. 특히, 개방계에서 입구와 출구의 위치 차가 있는 경우 고려해야 할 에너지이다. 입구에서 위치를 Z_1, 출구의 위치를 Z_2라 할 때 위치에너지 변화의 표현식은 다음과 같다.

① S·I단위계 표현

$$\Delta E_p = mg(Z_2 - Z_1) \quad [kJ, \; J] \qquad [2\text{-}20]$$

② 공학단위계 표현

$$\Delta E_p = G(Z_2 - Z_1) \quad [kg_f \cdot m] \qquad [2\text{-}21]$$

$$\Delta E_p = AG(Z_2 - Z_1) = G(Z_2 - Z_1) \times \frac{1}{427} \quad [kcal] \qquad [2\text{-}22]$$

(3) 내부에너지(internal energy)

내부에너지란 동작물질이 보유하고 있는 에너지로 열역학적 계에 온도 변화와 비체적의 변화가 수반이 되면 동작물질 입자들의 활동성의 변화로 내부에너지의 변화가 수반되고 단위 질량(중량)당 내부에너지를 비내부에너지(specific internal energy) 라 한다.

① S·I단위계 표현

$$\Delta U = m \cdot \Delta u \quad [kJ, J] \qquad [2\text{-}23]$$

여기서, u는 비내부에너지로 단위는 [kJ/kg, J/kg] 이다.

② 공학단위계 표현

$$\Delta U = G \cdot \Delta u \quad [kcal] \qquad [2\text{-}24]$$

여기서, u는 비내부에너지로 단위는 [kcal, J/kg] 이다.

(4) 유동에너지(flow energy)

유동에너지도 열역학적 계의 경계를 통해 동작물질의 입·출입이 있을 때 발생하는 에너지이다. 그러므로 개방계의 입구와 출구에서 압력과 비체적의 변화가 있는 경우 고려해야 할 에너지이다. 입구에서 압력과 비체적을 각각 P_1과 v_1, 출구에서 압력과 비체적을 각각 P_2와 v_2라 할 때 유동에너지 변화의 표현식은 다음과 같다.

① S·I단위계 표현

$$\Delta Pv = (P_2 v_2 - P_1 v_1) \quad [kJ/kg, J/kg] \quad \text{★★★} \qquad [2\text{-}25]$$

여기서, ΔPv는 단위 질량(중량)당 유동에너지인 비유동에너지(specific flow energy)이다. 유동에너지는 비유동에너지에 질량(중량)을 곱하여 구하면 된다.

$$\Delta PV = m \Delta Pv = m(P_2 v_2 - P_1 v_1) \quad [kJ, J] \qquad [2\text{-}26]$$

② 공학단위계 표현

$$\Delta PV = G \Delta Pv = G(P_2 v_2 - P_1 v_1) = (P_2 V_2 - P_1 V_1) \quad [kg_f \cdot m] \qquad [2\text{-}27]$$

$$\Delta PV = AG \Delta Pv = AG(P_2 v_2 - P_1 v_1) = (P_2 V_2 - P_1 V_1) \times \frac{1}{427} \quad [kcal] \qquad [2\text{-}28]$$

지금까지 정리한 에너지들을 식 [2-16]에 대입하여 미분식 그대로 표현하면

$$\delta Q - \delta W = dU + dPV + dE_k + dE_p \quad [kJ, J] \qquad [2\text{-}29]$$

이다. 단위 질량(중량)당 미분 에너지 보존법칙 식을 세우면

$$\delta q - \delta w = du + dPv + de_k + de_p \quad [kJ/kg, J/kg] \qquad [2\text{-}30]$$

이다. 여기서, e_k는 단위 질량(중량)당 운동에너지, e_p는 단위 질량(중량)당 위치에너지, q는 단위 질량(중량)당 열에너지, w는 단위 질량(중량)당 일에너지이다. 운동에너지, 위치에너지 그리고 일에너지를 기계적 에너지라 한다. 식 [2-29]와 [2-30]을 적분하여 정리하면 다음과 같다.

$$_1Q_2 - {_1W_2} = \Delta U + \Delta PV + \Delta E_k + \Delta E_p \quad [kJ, J] \qquad [2\text{-}31]$$

$$_1q_2 - {_1w_2} = \Delta u + \Delta Pv + \Delta e_k + \Delta e_p \quad [kJ/kg, J/kg] \qquad [2\text{-}32]$$

식 [2-31]과 [2-32]를 공학 단위계에 적용시키면

$$_1Q_2 - A \, _1W_2 = \Delta U + A \Delta PV + A \Delta E_k + A \Delta E_p \quad [kcal] \qquad [2\text{-}33]$$

$$_1q_2 - A \, _1w_2 = \Delta u + A \Delta Pv + A \Delta e_k + A \Delta e_p \quad [kcal/kg] \qquad [2\text{-}34]$$

이다.

5 밀폐계의 열역학 제1법칙

밀폐계의 열역학 제1법칙을 수식으로 표현하려면 식 [2-16]을 이용하여야 한다. 밀폐계는 비유동계이므로 유동에너지는 고려할 필요가 없고 동작물질의 입·출입이 없으므로 운동에너지와 위치에너지를 무시할 수 있다.

$$\delta Q - \delta W = dE$$
$$\delta Q - \delta W = dU \qquad \qquad [2\text{-}35]$$

여기서, W의 일량은 밀폐계이므로 밀폐계일인 절대일이고 U는 내부에너지이므로 상태변화에 대해 적분을 하여 표현하면

$$\int_1^2 \delta Q - \int_1^2 \delta W = \int_1^2 dU$$
$$_1Q_2 - {_1W_2} = \Delta U \quad [kJ, \ J] \qquad \qquad [2\text{-}36]$$

이다. 식 [2-36]을 밀폐계의 열역학 제1법칙 또는 비유동계의 열역학 제1법칙이라 한다. 단위 질량(중량)당 열역학 제1법칙을 미분식으로 표현하면

$$\delta q = du + \delta w = du + Pdv \quad [kJ/kg] \qquad \qquad [2\text{-}37]$$

이다. 식 [2-37]를 상태변화 과정에 대해 적분하여 차분식으로 표현하면

$$_1q_2 = \Delta u + {_1w_2} = (u_2 - u_1) + \int_1^2 Pdv \quad [kJ/kg] \qquad \qquad [2\text{-}38]$$

이다. 내부에너지는 열역학적 계의 수열(受熱) 또는 방열(放熱)이나 일의 유무에 따라 변화하는 에너지임을 식 [2-38]로부터 알 수 있다.

지금까지 정리하여 표현한 식은 S·I단위계에 적용하기에 적당하다. 공학단위계에서는 일량의 단위 $kg_f \cdot m$ 이고 내부에너지와 열량의 단위 kcal 이므로 식 [2-36]과 [2-38]은 다음과 같이 일의 열상당량 A를 사용하여 표현한다.

$$_1q_2 = \Delta u + A\,_1w_2 = (u_2 - u_1) + A\int_1^2 Pdv \quad [kcal/kg] \ \bigstar\bigstar\bigstar \qquad [2\text{-}39]$$

$$_1Q_2 = \Delta U + A\,_1W_2 = (U_2 - U_1) + A\int_1^2 PdV \quad [kcal] \ \bigstar\bigstar\bigstar \qquad [2\text{-}40]$$

지금까지 정리한 밀폐계의 열역학 제1법칙은 이상기체와 실제기체에 둘 다 적용할 수 있는 것이며 다음 3가지로 압축할 수 있다.

① 종량성 상태량 개념의 열역학 제1법칙

$$_1Q_2 = \Delta U + {_1W_2} \ [kJ]$$

② 강도성 상태량 개념의 열역학 제1법칙

$$_1q_2 = \Delta u + {_1w_2} \ [kJ/kg]$$

③ 단위 시간당 열역학 제1법칙

$$_1\dot{Q}_2 = \Delta \dot{U} + {_1\dot{W}_2} \ [kW, \ kJ/sec] \ \bigstar\bigstar\bigstar$$

④ 미분식의 열역학 제1법칙

$$\delta q = du + \delta w = du + Pdv \ \bigstar\bigstar\bigstar\bigstar\bigstar$$

6 개방계의 열역학 제1법칙

개방계란 동작물질의 입·출입이 있는 계로 열역학 제1법칙의 수학적 표현은 식 [2-16]으로부터 얻을 수 있다. 동작물질이 정상유동으로 개방계를 통과하고 있을 때 열의 수열에 의해 계(系) 주위에 공업일을 남기고, 그 결과 발생하는 에너지 변화에는 운동에너지의 변화, 위치에너지의 변화, 유동에너지의 변화 그리고 내부에너지 변화 등이 있다.

(1) 유동에너지(flow energy)

한 상태점에서 다른 상태점으로 변화한 과정에서 유동에너지의 계산은 다음과 같이 4가지 경우를 생각할 수 있다.
① 각 상태점에서 비유동에너지는 상태량이므로 압력(P)과 비체적(v)의 곱(Pv)으로 결정된다.
② 1 상태점에서 2 상태점으로 변화했을 때 비유동에너지

$$\varDelta Pv = P_2v_2 - P_1v_1 \quad [2\text{-}41]$$

③ 1 상태점에서 2 상태점으로 압력의 변화 없이 변했을 때 비유동에너지

$$\varDelta Pv = P(v_2 - v_1) \quad [2\text{-}42]$$

④ 1 상태점에서 2 상태점으로 비체적의 변화 없이 변했을 때 비유동에너지

$$\varDelta Pv = v(P_2 - P_1) \quad [2\text{-}43]$$

유동에너지는 비유동에너지에 질량(중량)을 곱하여 구하면 된다.

(2) 엔탈피(enthalpy)

엔탈피란 내부에너지와 유동에너지의 합으로 표현되는 상태량이다.

$$H = U + PV \quad [kJ] \;\;\bigstar\bigstar\bigstar\bigstar \quad [2\text{-}44]$$
$$H = U + APV \quad [kcal] \text{ -공학단위계 적용}$$

여기서, H가 엔탈피이고 U는 내부에너지, P는 압력, V는 체적으로 비체적 v에 질량 m을 곱하여 구한다. 단위 질량(중량)당 엔탈피를 비엔탈피(specific enthalpy)라 한다.

$$h = u + Pv \quad [kJ/kg] \;\;\bigstar\bigstar\bigstar\bigstar \quad [2\text{-}45]$$
$$h = u + APv \quad [kcal/kg] \text{ -공학단위계 적용}$$

여기서, u는 비내부에너지(specific internal energy)이고 v는 비체적(specific volume), Pv는 비유동에너지(specific flow energy)이다.

한 상태에서 다른 상태로 상태변화시 발생하는 엔트로피의 변화를 미분식으로 표현하면

$$dh = du + d(Pv) \quad [kcal/kg, \; kJ/kg] \quad [2\text{-}46]$$

이다. 식 [2-46]를 적분하여 차분식으로 표현하면

$$\varDelta h = \varDelta u + \varDelta Pv$$
$$h_2 - h_1 = (u_2 - u_1) + (P_2v_2 - P_1v_1) \quad [kJ/kg] \;\;\bigstar\bigstar\bigstar\bigstar\bigstar \quad [2\text{-}47]$$
$$h_2 - h_1 = (u_2 - u_1) + A(P_2v_2 - P_1v_1) \quad [kcal/kg] \text{ -공학단위계 적용}$$

이다. 엔탈피의 변화량은 비엔탈피 변화량에 질량(중량)을 곱하여 구하면 됨으로 그 표현은

$$m\varDelta h = m\varDelta u + m\varDelta Pv \quad [kJ]$$
$$\varDelta H = \varDelta U + \varDelta PV$$
$$H_2 - H_1 = (U_2 - U_1) + (P_2V_2 - P_1V_1) \;\;\bigstar\bigstar\bigstar\bigstar\bigstar \quad [2\text{-}48]$$
$$H_2 - H_1 = (U_2 - U_1) + A(P_2V_2 - P_1V_1) \quad [kcal] \text{ -공학단위계 적용}$$

이다.

개방계에서 운동에너지와 위치에너지는 무시해도 좋을 정도로 미소한 경우에 개방계의 에너지 보존식은 식 [2-16]으로부터 표현하면 다음과 같다.

$$\delta Q - \delta W = dE = dU + d(PV)$$
$$\delta Q = dH + \delta W \quad [2\text{-}49]$$

여기서, W는 개방계에서 주위에 남긴 일량을 의미하는 것으로 공업일 W_t 이다. 식 [2-49]를 단위 질량(중량)당 에너지 식으로 표현하면

$$dh = du + d(Pv) = du + Pdv + vdP = \delta q + vdP$$
$$\delta q = dh - vdp = dh + \delta w_t$$
$$\delta q = du + Pdv = dh - vdP \;\star\star\star\star\star \quad [2\text{-}50]$$

이다.
 지금까지 표현한 식 중에서 가장 중요한 의미를 갖고 있는 식이 [2-50]이다. 이 식은 실제기체와 이상기체 둘 다 적용가능한 식이다. 공학단위계에서 식 [2-50]를 표현한다면

$$\delta q = du + APdv = dh - AvdP$$

이다.

(3) 정상 유동에 관한 일반 열역학 제1법칙

그림2-4와 같은 개방계의 입구 단면을 1, 출구 단면을 2라 하고, 개방계에 공급되는 열량을 $_1Q_2$, 계 주위에 행해지는 일량을 W_t 라 하면 에너지 보존식은 식 [2-16]을 기초로 하여 다음과 같이 정리할 수 있다.

$$_1Q_2 = \Delta U + \Delta PV + \Delta E_k + \Delta E_p + W_t \quad [kJ] \quad [2\text{-}51]$$
$$_1Q_2 = (U_2 - U_1) + m(P_2v_2 - P_1v_1) + \frac{m}{2}(V_2^2 - V_1^2) + mg(Z_2 - Z_1) + W_t \quad [2\text{-}52]$$
$$_1Q_2 = (H_2 - H_1) + \frac{m}{2}(V_2^2 - V_1^2) + mg(Z_2 - Z_1) + W_t \;\star\star\star\star\star \quad [2\text{-}53]$$

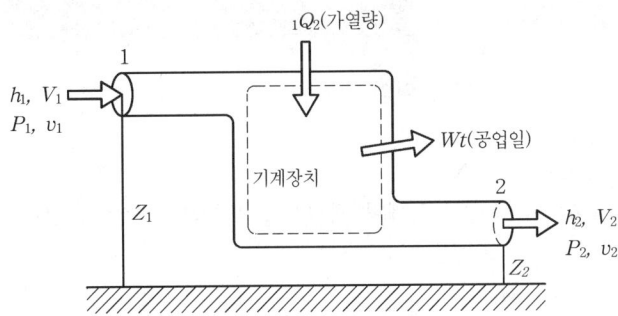

그림2-4 개방계에서 동작물질의 유동

위의 표현식들은 질량 m인 동작물질에 대한 에너지 보존식이고, m=1kg 일 때 강도성 상태량을 기준으로 한 에너지 보존식을 구하면

$$_1q_2 = (u_2 - u_1) + (P_2v_2 - P_1v_1) + \frac{1}{2}(V_2^2 - V_1^2) + g(Z_2 - Z_1) + w_t \quad [kJ/kg] \quad [2\text{-}54]$$
$$_1q_2 = (h_2 - h_1) + \frac{1}{2}(V_2^2 - V_1^2) + g(Z_2 - Z_1) + w_t \;\star\star\star\star \quad [2\text{-}55]$$

이다. 이와 같이 표현된 식을 공학단위계에 적용시켜 보자. 중량이 G인 동작물질이 개방계의 입구를 통해 출구로 이동할 때 에너지 보존식은

$$_1Q_2 = (U_2 - U_1) + AG(P_2v_2 - P_1v_1) + \frac{AG}{2g}(V_2^2 - V_1^2)$$
$$+ AG(Z_2 - Z_1) + AW_t \quad [kcal] \qquad [2\text{-}56]$$

$$_1Q_2 = (H_2 - H_1) + \frac{AG}{2g}(V_2^2 - V_1^2) + AG(Z_2 - Z_1) + AW_t \quad [kcal] \qquad [2\text{-}57]$$

이다. 단위 중량당 에너지 보존식은

$$_1q_2 = (u_2 - u_1) + A(P_2v_2 - P_1v_1) + \frac{A}{2g}(V_2^2 - V_1^2)$$
$$+ A(Z_2 - Z_1) + Aw_t \quad [kcal/kg] \qquad [2\text{-}58]$$

$$_1q_2 = (h_2 - h_1) + \frac{A}{2g}(V_2^2 - V_1^2)$$
$$+ A(Z_2 - Z_1) + Aw_t \quad [kcal/kg] \qquad [2\text{-}59]$$

이다. 정상 유동계의 단위 시간당 열역학 제1법칙 식은

$$_1\dot{Q}_2 = \dot{m}(u_2 - u_1) + \dot{m}(P_2v_2 - P_1v_1) + \frac{\dot{m}}{2}(V_2^2 - V_1^2)$$
$$+ \dot{m}g(Z_2 - Z_1) + \dot{W}_t \quad [kW] \quad \star\star\star\star\star \qquad [2\text{-}60]$$

$$_1\dot{Q}_2 = \dot{m}(h_2 - h_1) + \frac{\dot{m}}{2}(V_2^2 - V_1^2) + \dot{m}g(Z_2 - Z_1) + \dot{W}_t \quad [kW] \qquad [2\text{-}61]$$

이다. 여기서, $\dot{m}$ 은 단위시간당 질량으로 kg/sec 이다. 많은 개방계의 예에서 보면 입구와 출구의 위치 차는 거의 없으며, 또한 속도 차도 그다지 크지 않기 때문에 위치에너지와 운동에너지의 변화는 무시할 수 있다. 그러면, 열역학 1법칙은 식 [2-49]로 표현된 식에 기초해 식 [2-53]과 [2-55]는 다음과 같이 정리된다.

$$_1Q_2 = (H_2 - H_1) + W_t \quad [kJ] \qquad [2\text{-}62]$$
$$_1q_2 = (h_2 - h_1) + w_t \quad [kJ/kg] \qquad [2\text{-}63]$$

7 절대일과 공업일의 관계

밀폐계일과 열 그리고 개방계일과 열의 관계는 수식 [2-50]으로부터

$$\delta q = du + Pdv = dh - vdP$$
$$\delta q = du + \delta_1 w_2 = dh - \delta w_t \qquad [2\text{-}64]$$

이다. 식 [2-64]를 적분하여 종량성 상태량 개념으로 표현하면 다음과 같다.

$$_1Q_2 = \Delta U + {_1W_2} = \Delta H + W_t \qquad [2\text{-}65]$$
$$_1W_2 - W_t = \Delta H - \Delta U \qquad [2\text{-}66]$$

절대일은 정(+)이고 공업일은 부(-)이므로 식 [2-66]의 표현은 절대일과 공업일의 합은 엔탈피의 변화와 내부에너지의 변화의 차와 같음을 보여주는 것이다. 또한 엔탈피 변화는 내부에너지 변화의 합과 유동에너지 변화의 합이므로 식 [2-66]은

$$_1W_2 - W_t = \Delta H - \Delta U = \Delta(PV) \qquad [2\text{-}67]$$

이다. 여기서, V는 체적이고 상태 1에서 상태 2로 변화한다면 식 [2-67]은

$$W_t = {_1W_2} - \Delta(PV) = {_1W_2} - (P_2V_2 - P_1V_1) \qquad [2\text{-}68]$$
$$W_t = {_1W_2} + P_1V_1 - P_2V_2 \quad \star\star\star \qquad [2\text{-}69]$$

이다. 이와 같은 관계를 그림2-2와 같은 P-V선도로부터 확인할 수 있다. P-V선도에서 면적이 일량의 크기를 나타냄으로 수식 [2-69]는 그림2-2에서 면적 12BA=면적 12DC+면적 1AOC-면적 2BOD와 같음을 알 수 있다.

8 정적비열(定積比熱)과 정압비열(定壓比熱)의 정의

(1) 정적비열(定積比熱)의 정의

열역학적인 측면에서 순수기체의 비내부에너지는 온도와 비체적의 변화에 따라 변화하는 것으로 알려져 있다. 즉, 순수기체에서 비내부에너지는 온도와 비체적만의 함수이다. 이것을 수식으로 표현하면 다음과 같다.

$$u = f(T, v)$$
$$du = \left(\frac{\partial u}{\partial T}\right)_v dT + \left(\frac{\partial u}{\partial v}\right)_T dv \qquad [2\text{-}70]$$

여기서, 비체적이 일정한 상태변화를 한다면 $dv = 0$ 이므로 식 [2-70]은

$$du = \left(\frac{\partial u}{\partial T}\right)_v dT \qquad [2\text{-}71]$$

이다. 여기서, $\left(\frac{\partial u}{\partial T}\right)_v$ 를 정적비열 C_v 로 정의한다. 밀폐계 에너지 방정식을 도입하여 정적비열을 표현하면

$$\delta q = du + Pdv = du \qquad [2\text{-}72]$$
$$C_v = \left(\frac{\partial u}{\partial T}\right)_v = \left(\frac{\delta q}{\partial T}\right)_v = T\left(\frac{\partial s}{\partial T}\right)_v \bigstar\bigstar\bigstar \qquad [2\text{-}73]$$

이다. 여기서, s는 비엔트로피(specific entropy)로 다음과 같이 표현되는 상태량이다.

$$ds = \frac{\delta q}{T} \quad [\text{kJ/kg K, kcal/kg K}] \qquad [2\text{-}74]$$

엔트로피(entropy)는 비엔트로피(specific entropy)에 질량을 곱하여 구할 수 있으므로

$$dS = \frac{\delta Q}{T} \quad [\text{kJ/K, kcal/K}] \qquad [2\text{-}75]$$

이다. 엔트로피에 대한 개념은 열역학 제2법칙에서 다루어져야 함으로 제4장에서 자세하게 정리하기로 한다.

(2) 정압비열(定壓比熱)의 정의

열역학적인 측면에서 순수기체의 비엔탈피는 온도와 압력의 변화에 따라 변화하는 것으로 알려져 있다. 즉, 순수기체에서 비엔탈피는 온도와 압력만의 함수이다. 이것을 수식으로 표현하면 다음과 같다.

$$h = f(T, P)$$
$$dh = \left(\frac{\partial h}{\partial T}\right)_P dT + \left(\frac{\partial h}{\partial P}\right)_T dP \qquad [2\text{-}76]$$

여기서, 압력이 일정한 상태변화를 한다면 $dP = 0$ 이므로 식 [2-76]는

$$dh = \left(\frac{\partial h}{\partial T}\right)_P dT \qquad [2\text{-}77]$$

이다. 여기서, $\left(\frac{\partial h}{\partial T}\right)_P$ 를 정압비열 C_P 로 정의한다. 개방계 에너지 방정식을 도입하여 정압비열을 표현하면

$$\delta q = dh - vdP = dh \qquad [2\text{-}78]$$
$$C_P = \left(\frac{\partial h}{\partial T}\right)_P = \left(\frac{\delta q}{\partial T}\right)_P = T\left(\frac{\partial s}{\partial T}\right)_P \bigstar\bigstar\bigstar \qquad [2\text{-}79]$$

이다.

chapter 2 실전연습문제

01 다음 중 열역학 제1법칙을 나타내고 있는 식은 어느 것인가? (단, U는 내부에너지[kJ], Q는 열량[kJ], $_1W_2$는 일[kJ]이다.)

① $Q = (U_2 - U_1) + _1W_2$
② $Q = (U_2 - U_1) - _1W_2$
③ $Q = (U_2 - U_1) + A_1W_2$
④ $Q = (U_2 - U_1) - A_1W_2$

Solution
$\delta q = du + \delta_1 w_2 = dh - \delta w_t$
$_1Q_2 = (U_2 - U_1) + _1W_2 = (H_2 - H_1) - \delta W_t$

02 120마력의 전동기가 3분 동안 한 일의 열당량으로 다음 중 맞는 것은?

① 21076 kJ ② 15876 kJ ③ 12615 kJ ④ 10274 kJ

Solution
$W = Q = L \cdot T_m$
여기서, T_m은 전동기가 작동하고 있는 동안의 시간이다.
$Q = 120 \times 0.735 \times 3 \times 60 = 15876$ [kJ]

03 가스가 87.45kJ 열량을 흡수하여 78400J의 팽창일을 하였을 때 내부 에너지의 증가를 구한 것으로 다음 중 맞는 것은?

① 27 kJ ② 14 kJ ③ 9.05 kJ ④ 7.8 kJ

Solution
$_1Q_2 = (U_2 - U_1) + _1W_2$
$87.45 = \Delta U + 78400 \times 10^{-3}$,
$\Delta U = 9.05$ [kJ]

04 매분 20,000kg-m의 일을 하는 기계의 동력으로 다음 중 맞는 것은?

① 8.1PS ② 6.7PS ③ 5.6PS ④ 4.45PS

Solution
$L = \dfrac{W}{T_m} = \dfrac{20000}{75 \times 60} = 4.45$ [PS]

05 압력 270Pa, 부피 0.35m³인 공기가 일정 압력 하에서 0.55m³으로 팽창하였을 때 공기가 한 일(kJ)량은 얼마인가?

① 54 ② 0.54 ③ 0.054 ④ 0.0054

Solution
$_1W_2 = \int_1^2 PdV = P(V_2 - V_1) = 270 \times (0.55 - 0.35) \times 10^{-3} = 0.054$ [kJ]

06 공업일 W_t와 절대일 $_1W_2$와의 관계를 바르게 표시하고 있는 식은 다음 중 어느 것인가?

① $W_t = _1W_2 + P_1V_1 - P_2V_2$
② $W_t = _1W_2 + P_1V_1 + P_2V_2$
③ $W_t = _1W_2 - P_1V_1 - P_2V_2$
④ $W_t = _1W_2 - P_1V_1 + P_2V_2$

Answer 01 ① 02 ② 03 ③ 04 ④ 05 ③ 06 ①

Solution $_1Q_2 = \Delta U + _1W_2 = \Delta H + W_t$, $_1W_2 - W_t = \Delta H - \Delta U$

절대일은 정(+)이고 공업일은 부(-)이므로 절대일과 공업일의 합은 엔탈피의 변화와 내부에너지의 변화의 차와 같다. 또한 엔탈피 변화는 내부에너지 변화의 합과 유동에너지 변화의 합이므로

$_1W_2 - W_t = \Delta H - \Delta U = \Delta(PV)$
$W_t = _1W_2 - \Delta(PV) = _1W_2 - (P_2V_2 - P_1V_1)$
$W_t = _1W_2 + P_1V_1 - P_2V_2$

07 내부에너지 168 kJ을 보유하는 물체에 열을 가하였더니 내부에너지가 210 kJ까지 증가하고 외부에 대하여 6700 J의 일을 하였다. 이 때 가해진 열량은 몇 kJ인가?

① 75.4　　② 69.3　　③ 57.9　　④ 48.7

Solution $_1Q_2 = \Delta U + _1W_2 = (210 - 168) + 6700 \times 10^{-3} = 48.7$ [kJ]

08 수동력계를 사용하여 동력을 측정하였더니 380PS이었고, 이 때 물의 유량은 매시 6m³이었다. 계가 한 일이 모두 열로 바뀌었다면 수온 상승은 몇 도인가? (단, 마찰손실은 무시한다.)

① 31.4℃　　② 35.4℃　　③ 39.9℃　　④ 43.3℃

Solution $L = \dot{W} = \dot{Q} = \dot{m}C\Delta T$ [kW]

$380 \times 0.735 = \dfrac{1000 \times 6}{3600} \times 4.2 \times \Delta T$, $\Delta T = 39.9$ ℃

09 200kPa, 체적 0.2m³인 공기가 압력이 일정한 상태에서 체적이 0.8m³로 팽창하였다. 내부에너지가 2200kJ 만큼 증가하였다면 팽창시 요구되는 열량은 몇 kJ인가?

① 2320　　② 2579　　③ 2830　　④ 3120

Solution $_1Q_2 = \Delta U + _1W_2 = \Delta U + \int_1^2 P dV$
$= 2200 + 200 \times (0.8 - 0.2) = 2320$ [kJ]

10 단면 확대 노즐 내를 건포화 증기가 단열적으로 흐르는 사이에 엔탈피가 496kJ/kg 만큼 감소하였다. 입구의 속도를 무시할 수 있을 경우 노즐 출구의 속도는 몇 m/sec인가?

① 782 m/sec　　② 968m/sec　　③ 972 m/sec　　④ 996 m/sec

Solution $V_2 = \sqrt{2(h_1 - h_2)} = \sqrt{2 \times 496 \times 10^3} = 996$ [m/sec]

11 단면 확대 노즐 내를 건포화 증기가 단열적으로 흘러 출구의 속도가 996m/sec일때 유량이 0.3kg/sec, 출구에서의 비체적을 6.45m³/kg이라 하면 노즐 출구의 단면은 몇 cm²인가?

① 14.5cm²　　② 17.8cm²　　③ 19.5cm²　　④ 21.6cm²

Solution $\dot{m} = \rho AV = \dfrac{AV}{v}$　여기서, V는 속도이고 v는 비체적이다.

$A = \dfrac{\dot{m}v}{V} = \dfrac{0.3 \times 6.45}{996} = 0.001943$ [m²] = 19.43 [cm²]

12 증기터빈에 50bar, 500℃의 증기가 0.3kg/sec의 정상유동상태로 2bar까지 유출될때 열손실이 9kJ/sec 이라면 이 터빈에서 얻을 수 있는 출력은 몇 kW인가? (단, 압력 50bar에서 엔탈피 $h_1 = 3360$kJ/kg 이고 2bar에서 엔탈피 $h_2 = 2700$kJ/kg 이다.)

① 106　　② 189　　③ 287　　④ 370

Answer 07 ④　08 ③　09 ①　10 ④　11 ③　12 ②

Solution
$$_1\dot{Q}_2 = \Delta \dot{H} + \dot{W}_t$$
$$\dot{W}_t = {}_1\dot{Q}_2 - \Delta \dot{H} = {}_1\dot{Q}_2 - \dot{m}(h_2 - h_1) = -9 - 0.3 \times (2700 - 3360) = 189[k\overline{W}]$$

13 압력 P가 11+22V bar로 주어지는 밀폐계가 있다. 이 밀폐계가 체적이 $0.1m^3$에서 $0.4m^3$까지 팽창하였다면 밀폐계가 한 일은 몇 kJ인가?

① 270 ② 495 ③ 568 ④ 689

Solution
$$_1W_2 = \int_1^2 PdV = \int_1^2 (11 + 22V)dV = 11(V_2 - V_1) + 11(V_2^2 - V_1^2)$$
$$= 11 \times 10^2 \times (0.4 - 0.1) + 11 \times 10^2 \times (0.4^2 - 0.1^2) = 495 \ [kJ]$$

14 그림과 같은 P-V선도에서 1kg의 공기가 압력 2bar, 체적 $0.1m^3$에서 압력 1bar, 체적 $0.3m^3$까지 1차 직선으로 변화했을 때 공업일의 크기는 몇 kJ인가?

① 5
② 10
③ 15
④ 20

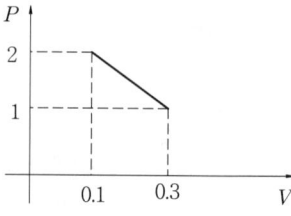

Solution 그림은 P-V선도이므로 절대일과 공업일의 크기는 면적으로 계산해줄 수 있다.
$$W_t = (2-1) \times 10^5 \times 0.1 + \frac{1}{2} \times (2-1) \times 10^5 \times (0.3 - 0.1) = 20000 \ [N \cdot m] = 20 \ [kJ]$$
$$_1W_2 = 1 \times 10^5 \times (0.3 - 0.1) + \frac{1}{2} \times 1 \times 10^5 \times (0.3 - 0.1) = 30000 \ [N \cdot m] = 30 \ [kJ]$$

15 어떤 열역학적 계에서 내부에너지가 150kJ, 압력이 4.5bar, 체적이 $3.5m^3$일 때 엔탈피를 계산 한 것으로 다음 중 맞는 것은?

① 1275kJ ② 1725kJ ③ 172.5kJ ④ 17.25kJ

Solution $H = U + PV = 150 + 4.5 \times 10^2 \times 3.5 = 1725 \ [kJ]$

16 압력 2.4MPa, 450℃인 과열증기를 0.16MPa로 단열적으로 분출할 경우 출구의 속도가 1050m/sec이었다. 이 때의 속도계수를 구하여라. (단, 입구의 속도는 무시하고 0.16MPa에서 엔탈피는 2694kJ/kg, 2.4MPa에서 엔탈피는 3351kJ/kg이다.)

① 0.916 ② 0.925 ③ 0.938 ④ 0.946

Solution 출구의 이론속도를 구하면 다음과 같다.
$$V_2 = \sqrt{2(h_1 - h_2)} = \sqrt{2 \times (3351 - 2694) \times 10^3} = 1146.3 \ [m/sec]$$
$$\phi = \frac{실제출구속도}{이론출구속도} = \frac{1050}{1146.3} = 0.916$$

17 0.35kg/sec의 증기가 공급되어 250kW의 출력을 발생시키는 증기터빈이 있다. 이터빈의 열손실(kW)은 얼마인가?(단, 입구의 엔탈피와 속도는 $h_1 = 3100kJ/kg$, $V_1 = 750m/sec$ 이고 출구의 엔탈피와 속도는 $h_2 = 2400kJ/kg$, $V_2 = 150m/sec$ 이다.)

① 65.76 ② 79.2 ③ 89.5 ④ 94.5

Solution
$$\dot{Q} = \dot{m}(h_2 - h_1) + \frac{\dot{m}}{2}(V_2^2 - V_1^2) + \dot{W}$$
$$= 0.35 \times (2400 - 3100) + \frac{0.35 \times 10^{-3}}{2}(150^2 - 750^2) + 250 = -89.5 \ [kW]$$

Answer 13 ② 14 ④ 15 ② 16 ① 17 ③

18 120마력의 전동기가 2분 동안 한 일의 열당량으로 다음 중 맞는 것은?

① 2529 kcal   ② 1587 kcal   ③ 1261 kcal   ④ 1027 kcal

Solution $W = Q = L \cdot T_m$
여기서, T_m 은 전동기가 작동하고 있는 동안의 시간이다.
$Q = 120 \times 632.3 \times \frac{2}{60} = 2529.2 \ [kcal]$

19 가스가 20.82kcal 열량을 흡수하여 8000kg-m의 팽창일을 하였을 때 내부 에너지의 증가를 구한 것으로 다음 중 맞는 것은?

① 2.08 kcal   ② 1.4 kcal   ③ 0.5 kcal   ④ 1.8 kcal

Solution $_1Q_2 = (U_2 - U_1) + {_1W_2}$
$20.82 = \Delta U + \frac{8000}{427}$, $\Delta U = 2.08 \ [kcal]$

20 어떤 액체 1몰을 P_1 atm으로부터 P_2 atm으로 T℃에서 등온 가역 압축한다. 이 범위에서 등온압축률(Isothermal compressibility) K와 비체적(Specific Volume) v가 일정하다고 할 때 이 액체상의 한 일 W를 구하는 식으로 다음 중 맞는 것은?

① $_1W_2 = Kv(P_1^2 - P_2^2)$ ② $_1W_2 = -K^2v(P_1^2 - P_2^2)$

③ $_1W_2 = \frac{Kv}{T}(P_1 - P_2)$ ④ $_1W_2 = \frac{Kv}{2}(P_1^2 - P_2^2)$

Solution 압축률이란 상태 변화시 압력 변화량에 대한 체적 변화율로써 정의되고 수식으로 표현하면
$K = \frac{-dv}{vdP}$
여기서, $dv = -KvdP$ 이다.
$_1W_2 = \int_1^2 Pdv = -\int_1^2 KvPdP = -Kv\frac{P^2}{2}\Big|_1^2 = \frac{Kv}{2}(P_1^2 - P_2^2)$

21 어떤 가스가 25kJ의 열을 받고 15kJ의 일을 하였다. 이 때의 내부에너지 변화량은 얼마인가?

① 10 kJ   ② 5kJ   ③ $\sqrt{10}$ kJ   ④ $\sqrt{5}$ kJ

Solution $_1Q_2 = \Delta U + {_1W_2} = \Delta U + 15 = 25$,
$\Delta U = 10 \ [kJ]$

22 압력 196kPa, 용적 1.66m³의 상태에 있는 기체를 정압하에서 용적을 반감시켰다. 이 때 내부에너지의 증가가 407kJ이라고 하면 가해진 열량은 얼마인가?

① -97 kJ   ② 58 kJ   ③ -58 kJ   ④ 244.3 kJ

Solution $_1Q_2 = \Delta U + {_1W_2} = \Delta U + P(V_2 - V_1)$
$_1Q_2 = 407 + 196 \times (0.83 - 1.66) = 244.32 \ [kJ]$

23 1kg의 공기가 압력 36kPa, 체적 0.3m³의 상태에서 정압 팽창하여 체적이 0.6m³으로 되었다면, 이 때 공기가 한 일은 얼마인가?

① 9.8 kJ   ② 10.8 kJ   ③ 11.8 kJ   ④ 12.8 kJ

Solution $_1W_2 = P(V_2 - V_1) = 36 \times (0.6 - 0.3) = 10.8 \ [kJ]$

Answer 18 ① 19 ① 20 ④ 21 ① 22 ④ 23 ②

24 80kPa인 압력을 일정하게 유지하면서 0.6m³의 공기가 팽창하여 그 체적이 2배가 되었다면 외부에 대한 일량은 얼마인가?

① 38 kJ   ② 48 kJ   ③ 42 kJ   ④ 36 kJ

Solution $_1W_2 = P(V_2 - V_1) = 80 \times (1.2 - 0.6) = 48$ [kJ]

25 100N의 물체가 해발 60m에 떠 있다. 이 물체의 위치에너지는 수면기준으로 몇 kJ인가?

① 73.4 kJ   ② 52.4 kJ   ③ 23.5 kJ   ④ 6 kJ

Solution $V_g = mgh = 100 \times 60 = 6000$ [J]

26 어떤 열역학적 계가 초기 상태에서 최종 상태로 변하는 동안 외부로부터 10J의 열을 받고 외부에 10J의 일을 하였다. 계의 내부 에너지 변화는?

① 20J 증가하였다.   ② 10J 증가하였다.   ③ 변하지 않았다.   ④ 10J 감소하였다.

Solution $_1Q_2 = \Delta U + {_1W_2}$; $10 = \Delta U + 10$, $\Delta U = 0$

27 열량(Heat)과 일량(Work)에 관한 다음 설명 중 옳지 않은 것은 어느 것인가?

① 계의 상태변화 과정에서 나타난다.   ② 계의 경계에서 관찰된다.
③ 도정함수이다.   ④ 항상 두 양의 합은 일정하다.

Solution 열과 일은 도정함수이며, 경계현상과 전이현상 즉, 일은 열로 열은 일로 가역상태에서 전이가 가능한 량이다.
$\delta Q - \delta W = dE$

28 압력 196kPa, 체적 0.4m³인 공기가 정압하에서 체적이 0.6m³로 팽창하였다. 팽창중에 내부에너지가 210kJ만큼 증가하였다면 팽창에 필요한 열량은 몇 kJ인가?

① 210   ② 221   ③ 249.2   ④ 539

Solution $_1Q_2 = \Delta U + {_1W_2} = \Delta U + P\Delta V = 210 + 196 \times (0.6 - 0.4) = 249.2$ [kJ]

29 Q=열량 kJ/kg, P=압력(MPa), v=비체적(m³/kg), U=내부에너지(kJ/kg)일 때 열역학 제1법칙으로 맞는 표현은?

① $\delta Q = dU + Pdv$ ② $\delta Q = dU - dP$ ③ $\delta Q = dU - Pdv$ ④ $\delta Q = dU + Pv$

Solution 밀폐계의 열역학 제1법칙 : $\delta Q - \delta W = dE = dU$
$\delta W = \delta_1 W_2 = PdV$
단위 질량당 밀폐계 에너지 기초 방정식 : $\delta q = du + Pdv$

30 1kg의 기체로서 구성되는 정지계가 50kJ/kg의 열을 받아 15kJ/kg의 일을 했을 때의 내부에너지 변화는 몇 kJ/kg인가?

① 65   ② 26   ③ 15   ④ 35

Solution $\delta Q = dU + \delta W$; $50 = \Delta U + 15$, $\Delta U = 35$ kJ/kg

31 물체가 외부에 대하여 행하는 일량을 dL, 압력을 P, 체적을 V라고 할 때 다음 관계식 중 옳은 것은?

① $dL = VdP$ ② $dL = V + dP$ ③ $dL = PdV$ ④ $dL = P + dV$

Solution 물체가 외부에 행한 일은 절대일이다.

Answer 24 ② 25 ④ 26 ③ 27 ④ 28 ③ 29 ① 30 ④ 31 ③

32 유체가 상태 1에서 상태2로 가역 압축될 때 하는 일을 나타내는 식은?

① $W = \int_1^2 P \cdot dV$ ② $W = -\int_1^2 P \cdot dV$ ③ $W = \int_1^2 V \cdot dP$ ④ $W = -\int_1^2 V \cdot dP$

> **Solution** 가역 압축될 때 하는 일이면 압축일이고 계산했을 때 −값을 갖는다. 즉, 압축일은 일량으로 수식으로 표현하거나 계산된 값을 선택할 때는 양의 값을 골라야 한다.

33 어느 내연기관에서 피스톤의 흡입운동으로 실린더 속에 0.2kg의 기체가 들어 있다. 이것을 압축할 때 15kJ의 일이 필요하였고 10kJ의 열을 방출하였다고 한다면, 이 기체 1kg당 내부에너지의 증가는 몇 kJ/kg인가?

① 10 ② 25 ③ 50 ④ 5

> **Solution** $_1Q_2 = \Delta U + {_1W_2} = m\Delta u + {_1W_2}$
> $-10 = 0.2 \times \Delta u - 15$, $\Delta u = 25 \,[\text{kJ/kg}]$

34 내부에너지가 35kJ인 물체에 열을 가하여 내부에너지가 55kJ로 증가하는 동시에 외부에 대하여 15kJ의 일을 하였다. 이 물체에 가해진 열량은?

① 15kJ ② 25kJ ③ 35kJ ④ 65kJ

> **Solution** $_1Q_2 = (U_2 - U_1) + {_1W_2} = (55 - 35) + 15 = 35 \,[\text{kJ}]$

35 어떤 계(system)의 내부에너지가 400kJ 증가하면서 주위로 300kJ의 일을 행하였다. 다음 중 옳은 설명은?

① 계에서 주위로 700kJ의 열이 전달된다. ② 주위에서 계로 700kJ의 열이 전달된다.
③ 계에서 주위로 100kJ의 열이 전달된다. ④ 주위에서 계로 100kJ의 열이 전달된다.

> **Solution** 에너지 기초 방정식으로 열량을 계산한다.
> $_1Q_2 = \Delta U + {_1W_2} = 400 + 300 = 700 \,[\text{kJ}]$
> 내부에너지 증가에 계에서 주위로 일이 이루어졌으므로 열이동은 주위에서 경계를 통하여 계로 전달된 것으로 판단된다.

36 압력 2kg/cm²인 공기가 정압하에서 500kcal의 열을 받으면서 팽창하였다. 이 사이에 내부에너지 변화가 350kcal였다면 체적 변화량(m³)은?

① 1.2 ② 2.2 ③ 3.2 ④ 4.2

> **Solution** $_1Q_2 = \Delta U + P\Delta V$
> $500 = 350 + 2 \times \dfrac{10^4}{427} \times \Delta V$, $\Delta V = 3.2 \,[\text{m}^3]$

37 실린더에 밀폐된 8kg의 공기가 그림과 같이 $P_1 = 800\text{kPa}$, 체적 $V_1 = 0.27\text{m}^3$에서 $P_2 = 350\text{kPa}$, 체적 $V_2 = 0.8\text{m}^3$으로 직선적으로 변화하였다. 이 과정에서 공기가 한 일은 몇 kJ인가?

① 354.02 ② 304.75
③ 382.11 ④ 380.94

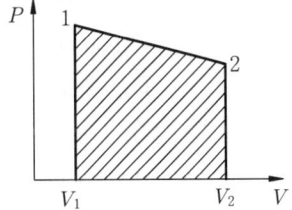

> **Solution** P-V선도는 일량의 크기를 나타냄으로 선도의 면적으로 일량의 크기를 구할 수 있고 공기가 한 일은 절대일이므로 선도의 아래 면적을 구하면 된다.
> $_1W_2 = \dfrac{1}{2}(P_1 - P_2)(V_2 - V_1) + P_2(V_2 - V_1)$
> $= \dfrac{1}{2} \times (800 - 350) \times (0.8 - 0.27) + 350 \times (0.8 - 0.27) = 304.75 \,[\text{kJ}]$

38 계가 정적과정으로 상태 1에서 상태 2로 변화할 때 열역학 제1법칙을 바르게 설명한 것은?

① $_1Q_2 = (U_1 - U_2)$ ② $(U_2 - U_1) = {_1W_2}$ ③ $(U_1 - U_2) = {_1W_2}$ ④ $_1Q_2 = (U_2 - U_1)$

> **Solution** $_1Q_2 = (U_2 - U_1) + P(V_2 - V_1)$, $V_2 - V_1 = 0$

Answer 32 ③ 33 ② 34 ③ 35 ② 36 ③ 37 ② 38 ④

이상기체

1 보일(Boyle)-샤를(Charles)의 법칙

(1) 보일(Boyle)의 법칙

온도가 일정할 때 이상기체의 압력은 체적에 반비례한다.

$$T = \text{Const}$$
$$P \cdot V = \text{Const} \tag{3-1}$$

이상기체가 일정 온도하에서 상태 1로부터 상태 2로 변화했을 때 식 [3-1]를 적용시키면

$$P_1 V_1 = P_2 V_2$$

이다.

(2) 샤를(Charles)의 법칙

압력이 일정할 때 이상기체의 체적은 절대온도에 비례한다.

$$P = \text{Const}$$
$$\frac{V}{T} = \text{Const} \tag{3-2}$$

이상기체가 일정 압력하에서 상태 1로부터 상태 2로 변화했을 때 식 [3-2]를 적용시키면

$$\frac{V_1}{T_1} = \frac{V_2}{T_2}$$

이다.

체적이 일정할 때 이상기체의 압력은 절대온도에 비례한다.

$$V = \text{Const}$$
$$\frac{P}{T} = \text{Const} \tag{3-3}$$

이상기체가 일정 체적하에서 상태 1로부터 상태 2로 변화했을 때 식 [3-3]를 적용시키면

$$\frac{P_1}{T_1} = \frac{P_2}{T_2}$$

이다.

(3) 보일(Boyle)-샤를(Charles)의 법칙

일정량의 이상기체의 압력과 체적의 곱은 절대온도에 비례한다. 이것이 보일-샤를의 법칙으로 식 [3-1], [3-2] 그리고 [3-3]을 하나의 식으로 표현하면

$$\frac{PV}{T} = \text{Const} \quad \star\star\star \tag{3-4}$$

$$\frac{P_1 V_1}{T_1} = \frac{P_2 V_2}{T_2}$$

이다.

2 아보가드로(Avogadro)의 법칙

압력과 온도가 같을 때, 모든 기체는 단위 체적 속에 같은 수의 분자 수를 갖는다.

$$Mv = 22.4 [m^3/kmol] \qquad [3-5]$$

여기서, v는 비체적 $[m^3/kg]$ 이고 M은 단위 몰당 질량인 분자량 [kg/kmol] 이다.

3 완전가스의 상태방정식

이상기체(완전가스)에만 만족하는 보일(Boyle)-샤를(Charles)의 법칙을 나타내는 수식 [3-4]에서 우변의 일정한 값인 상수는 질량 m과 기체상수 R의 곱이 된다. 그러면 식 [3-4]는

$$\frac{PV}{T} = mR \qquad [3-6]$$

이다. 식 [3-6]을 완전가스의 상태방정식 또는 이상기체의 상태방정식이라 한다. 체적이 아니라 비체적 v $[m^3/kg]$ 로 이상기체 방정식을 표현하면

$$PV = mRT \; \star\star\star \qquad [3-7]$$
$$Pv = RT \; \star\star\star\star \qquad [3-8]$$
$$P = \rho RT \; \star\star\star \qquad [3-9]$$

이다. 여기서, P는 절대압력[Pa], ρ 는 밀도 $[kg_m/m^3]$, T는 절대온도[K]이다. 그리고 R은 기체상수(氣體常數 : gas constant) [J/kg K] 또는 가스정수라 하여 다음에서 정리하기로 한다.

(1) 공기(air)의 기체상수(氣體常數 : gas constant)

표준대기압(1atm, 101325Pa), 0℃ 상태에서 공기의 비체적은 $\frac{1}{1.293}[m^3/kg]$ 이다. 식 [3-8]를 이용하여 공기의 기체상수 R를 구하면

$$R = \frac{Pv}{T} = \frac{101325 \times \frac{1}{1.293}}{0 + 273} = 287 [J/kg\ K]$$

이다.

(2) 일반기체상수(一般氣體常數 : universal gas constant)

이상기체의 상태방정식 [3-8]의 좌·우변에 분자량 M을 곱하면

$$Pv = RT$$
$$PMv = MRT$$

이다. 여기서, Mv는 단위 kmol당 체적 $[m^3]$ 이고 MR은 일반기체상수 $\overline{R}$ 라 한다.

$$Pv = \frac{\overline{R}}{M} T \qquad [3-10]$$

몰수 n의 정의를 이용하여 이상기체의 상태방정식을 표현하면

$$n = \frac{m}{M} \ [kmol]$$
$$PV = n\overline{R}T \qquad [3-11]$$

이다.

표준대기압(1atm, 101325Pa), 0℃ 상태에서 질소의 비체적 $\frac{1}{1.2505}$[m³/kg] 이고 분자량은 28 이다. 이 때의 일반기체상수 $\overline{R}$ 를 구하면

$$\overline{R} = \frac{P \cdot Mv}{T} = \frac{101325 \times 28 \times \frac{1}{1.2505}}{0+273} = 8314 [J/kmol\ K]$$

이다. 일반기체상수와 기체상수의 관계는 다음과 같이 정리된다.

$$R = \frac{\overline{R}}{M} = \frac{8314}{M} \ [J/kgK] \ \bigstar\bigstar\bigstar \qquad [3\text{-}12]$$

그러므로, 질소의 기체상수 R를 구하고자 하면

$$R = \frac{8314}{M} = \frac{8314}{28} = 296.93 [J/kgK]$$

이다.

(3) 공학단위계에서 완전가스의 상태방정식

지금까지 정리한 이상기체의 상태 방정식을 공학단위계에 적용시켜 정리하면 다음과 같다.

$$PV = GRT \qquad [3\text{-}13]$$

여기서, P는 절대압력 [kg$_f$/m²] 이고, V는 체적 [m³], G는 중량 [kg$_f$], R은 [kg$_f$-m/kg K], T는 절대온도 [K] 이다. 비체적 [m³/kg$_f$] 을 적용한 이상기체의 상태방정식은 다음과 같다.

$$Pv = RT \qquad [3\text{-}14]$$
$$Pv = \frac{\overline{R}}{M}T \qquad [3\text{-}15]$$
$$P = \gamma RT \qquad [3\text{-}16]$$

여기서, $\overline{R}$ 는 일반기체상수 [kg$_f$-m/kmol K] 이고 γ는 비중량 [kg$_f$/m³] 이다.

$$\overline{R} = 8314[J/kmol\ K] = 848[kg_f - m/kmol\ K]$$
$$R = \frac{\overline{R}}{M} = \frac{848}{M} [kg_f - m/kg\ K] \qquad [3\text{-}17]$$

① 공기의 기체상수

$$R = 29.27 [kg_f - m/kg\ K] = 287 [J/kg\ K]$$

② 분자량(M) : 산소 (O_2) -32, 탄소 (C) -12, 질소 (N_2) -28, 이산화탄소 (CO_2) -44

4 완전가스의 비열과 기체상수와의 관계식

(1) 내부에너지(internal energy)와 엔탈피(enthalpy)

이상기체의 비열은 일정한 상수이고, 내부에너지와 엔탈피는 온도만의 함수일 때 정적비열 C_v 와 정압비열 C_P 는 다음과 같이 2장에서 정리되었다.

$$C_v = \left(\frac{\delta q}{\partial T}\right)_v = \left(\frac{\partial u}{\partial T}\right)_v = T\left(\frac{\partial s}{\partial T}\right)_v$$
$$C_P = \left(\frac{\delta q}{\partial T}\right)_P = \left(\frac{\partial h}{\partial T}\right)_P = T\left(\frac{\partial s}{\partial T}\right)_P$$

이와 같은 정적비열과 정압비열의 정의로부터 비내부에너지와 비엔탈피를 구하면

$$du = C_v dT \quad [kJ/kg, \ kcal/kg] \qquad [3\text{-}18]$$

$$dh = C_p dT \quad [kJ/kg, \ kcal/kg] \qquad [3\text{-}19]$$

이다. 위의 식을 적분하여 종량성 상태량의 차분식으로 표현하면

$$\Delta U = m\Delta u = m(u_2 - u_1) = mC_v(T_2 - T_1) \quad [kJ, \ kcal] \ \bigstar\bigstar\bigstar\bigstar \qquad [3\text{-}20]$$

$$\Delta H = m\Delta h = m(h_2 - h_1) = mC_p(T_2 - T_1) \quad [kJ, \ kcal] \ \bigstar\bigstar\bigstar\bigstar \qquad [3\text{-}21]$$

이다.

(2) 정압비열과 정적비열의 차

비엔탈피(specific enthalpy)의 변화로부터 정압비열과 정적비열의 차를 결정할 수 있는데, 먼저 이상기체 상태방정식을 미분하여 정리하면

$$Pv = RT$$

$$d(Pv) = RdT$$

이다. 비엔탈피 변화의 미분식으로부터 정압비열과 정적비열의 차를 정리하면

$$C_P - C_v = R \ \bigstar\bigstar\bigstar \qquad [3\text{-}22]$$

이다. 여기서, 비열의 단위는 [kJ/kg℃]이고 기체상수 R의 단위는 [kJ/kg K]이다.

(3) 비열비

비열비란 정압비열과 정적비열의 비로 정의된다.

$$k = \frac{C_P}{C_v} \ \bigstar\bigstar \qquad [3\text{-}23]$$

① 1원자가 가스의 비열비 k 는 약 1.66으로 He, Ne, Ar 등이 해당된다.
② 2원자가 가스의 비열비 k 는 약 1.4로 H_2, O_2, N_2, 공기 등이 해당된다.
③ 3원자가 가스의 비열비 k 는 약 1.33으로 H_2O, CO_2, NH_3 등이 해당된다.

(4) 이상기체의 정압비열과 정적비열

식 [3-22]와 [3-23]을 연립하여 이상기체의 정압비열과 정적비열을 정리하면 다음과 같다.

$$C_P = \frac{kR}{k-1} \ \bigstar\bigstar\bigstar \qquad [3\text{-}24]$$

$$C_v = \frac{R}{k-1} \ \bigstar\bigstar\bigstar \qquad [3\text{-}25]$$

① 공기의 정적비열

$$C_v = \frac{R}{k-1} = \frac{0.287}{1.4-1} = 0.7175 [kJ/kg℃]$$

② 공기의 정압비열

$$C_P = \frac{kR}{k-1} = \frac{1.4 \times 0.287}{1.4-1} = 1.0045 [kJ/kg℃]$$

(5) 공학단위에서 이상기체의 정적비열과 정압비열

① 정압비열과 정적비열의 차

$$C_P - C_v = AR \qquad [3\text{-}26]$$

② 이상기체의 정적비열과 정압비열

$$C_P = \frac{kAR}{k-1} \qquad [3\text{-}27]$$

$$C_v = \frac{AR}{k-1} \qquad [3\text{-}28]$$

③ 공기의 비열비 $k = 1.4$
④ 공기의 기체상수 $R = 287 \, [\text{J/kg K}] = 29.27 \, [\text{kg}_f - \text{m/kg K}]$
⑤ 공기의 정압비열 $C_P = 1.0045 \text{kJ/kg}℃ = 0.24 \text{kcal/kg}℃$
⑥ 공기의 정적비열 $C_v = 0.7175 \text{kJ/kg}℃ = 0.17 \text{kcal/kg}℃$

5 완전(完全)가스의 상태변화(狀態變化)

지금부터 이상기체의 가역 상태변화 즉, 상태 1에서 상태 2로의 상태변화가 이루어졌을 때의 열량(quantity of heat), 일량(work) 그리고 열역학적 상태량에 대해서 기술하기로 한다.

1. 정적변화(定積變化 : 等積變化 : isochoric change)

(1) P · V · T 관계식

이상기체 상태변화시 체적이 일정한 과정으로 압력과 절대온도에는 비례한다.

$$V = \text{Const}$$

$$\frac{T_2}{T_1} = \frac{P_2}{P_1}, \quad \frac{P_1}{T_1} = \frac{P_2}{T_2} \; \star \qquad [3\text{-}29]$$

(2) 절대일(absolute work)

$$_1W_2 = \int_1^2 PdV = 0 \qquad [3\text{-}30]$$

정적변화시에는 체적의 변화가 0이므로 절대일은 0이다.

(3) 공업일(technical work)

$$W_t = -\int_1^2 VdP = -V(P_2 - P_1) = mR(T_1 - T_2) \quad [\text{kJ}, \; \text{kg}_f - \text{m}] \qquad [3\text{-}31]$$

(4) 내부에너지(internal energy) 변화

$$dU = mC_v dT$$

상태 1에서 상태 2까지 변화할 때 위의 식을 적분하면 내부에너지 변화는

$$\Delta U = mC_v(T_2 - T_1) \quad [\text{kJ, kcal}] \qquad [3\text{-}32]$$

$$U_2 - U_1 = m\frac{R}{k-1}(T_2 - T_1) = \frac{P_2V_2 - P_1V_1}{k-1}$$

$$= \frac{V}{k-1}(P_2 - P_1) = -\frac{W_t}{k-1} \; \star\star\star \qquad [3\text{-}33]$$

이다.

(5) 엔탈피(enthalpy) 변화

$$dH = mC_p dT \qquad [3\text{-}34]$$

상태 1에서 상태 2까지 변화할 때 위의 식을 적분하면 엔탈피 변화는

$$\Delta H = mC_P(T_2 - T_1) \quad [kJ, \ kcal] \tag{3-35}$$

$$H_2 - H_1 = m\frac{kR}{k-1}(T_2 - T_1) = \frac{k(P_2V_2 - P_1V_1)}{k-1}$$

$$= \frac{kV}{k-1}(P_2 - P_1) = -\frac{kW_t}{k-1} = k\Delta U \ \text{★★★} \tag{3-36}$$

이다.

$$\Delta H = mC_P(T_2 - T_1) = m(R + C_v)(T_2 - T_1)$$
$$= mC_v(T_2 - T_1) + mR(T_2 - T_1)$$
$$= \Delta U + V(P_2 - P_1) = \Delta U - W_t \tag{3-37}$$

식 [3-37]로부터 정적과정에서 유동에너지의 변화는 공업일과 같다는 것을 알 수 있다.

(6) 열량(quantity of heat)

$$\delta Q = dU + PdV = dU \ \text{★★★} \tag{3-38}$$

상태 1에서 상태 2까지 변화할 때 위의 식을 적분하면

$$_1Q_2 = \Delta U = mC_v(T_2 - T_1) \tag{3-39}$$

2. 정압변화(定壓變化 : 等壓變化 : isobaric change)

(1) P · V · T 관계식

이상기체 상태변화시 압력이 일정한 과정으로 체적과 절대온도는 비례한다.

$$P = \text{Const}$$
$$\frac{T_2}{T_1} = \frac{V_2}{V_1}, \quad \frac{V_1}{T_1} = \frac{V_2}{T_2} \ \text{★} \tag{3-40}$$

(2) 절대일(absolute work)

$$_1W_2 = \int_1^2 PdV = P(V_2 - V_1) = mR(T_2 - T_1) \quad [kJ, \ kg_f\text{-}m] \ \text{★★} \tag{3-41}$$

(3) 공업일(technical work)

$$W_t = -\int_1^2 VdP = 0 \tag{3-42}$$

정압변화시에는 압력의 변화가 0이므로 공업일은 0이다.

(4) 내부에너지(internal energy) 변화

$$dU = mC_v dT$$

상태 1에서 상태 2까지 변화할 때 위의 식을 적분하면 내부에너지 변화는

$$\Delta U = mC_v(T_2 - T_1) \quad [kJ, \ kcal]$$
$$U_2 - U_1 = m\frac{R}{k-1}(T_2 - T_1) = \frac{P_2V_2 - P_1V_1}{k-1}$$
$$= \frac{P}{k-1}(V_2 - V_1) = \frac{W_2}{k-1} \tag{3-43}$$

이다.

(5) 엔탈피(enthalpy) 변화

$$dH = mC_p dT$$

상태 1에서 상태 2까지 변화할 때 위의 식을 적분하면 엔탈피 변화는

$$\Delta H = mC_P(T_2 - T_1) \quad [kJ, \, kcal]$$

$$H_2 - H_1 = m\frac{kR}{k-1}(T_2 - T_1) = \frac{k(P_2V_2 - P_1V_1)}{k-1}$$

$$= \frac{kP}{k-1}(V_2 - V_1) = \frac{k\,_1W_2}{k-1} = k\Delta U \tag{3-44}$$

이다.

$$\Delta H = mC_P(T_2 - T_1) = m(R + C_v)(T_2 - T_1)$$
$$= mC_v(T_2 - T_1) + mR(T_2 - T_1)$$
$$= \Delta U + P(V_2 - V_1) = \Delta U + {_1W_2} \tag{3-45}$$

식 [3-45]로부터 정압과정에서 유동에너지의 변화는 절대일과 같다는 것을 알 수 있다.

(6) 열량(quantity of heat)

$$\delta Q = dH - VdP = dH \;\bigstar\bigstar\bigstar \tag{3-46}$$

상태 1에서 상태 2까지 변화할 때 위의 식을 적분하면

$$_1Q_2 = \Delta H = mC_P(T_2 - T_1) \tag{3-47}$$

이다. 정압과정에서 가열량 또는 방열량은 엔탈피 변화량과 같다.

3. 등온변화(等溫變化 : isothermal change)

(1) P · V · T 관계식

이상기체 상태변화시 온도가 일정한 과정으로 체적과 압력은 반비례한다.

$$T = Const \;\bigstar$$

$$\frac{P_2}{P_1} = \frac{V_1}{V_2}, \quad \frac{V_2}{P_1} = \frac{V_1}{P_2} \tag{3-48}$$

(2) 절대일(absolute work)

$$P = \frac{mRT}{V} = \frac{Const}{V}$$

$$_1W_2 = \int_1^2 PdV$$

$$= mRT \int_1^2 \frac{dV}{V} = mRT(\ln V_2 - \ln V_1)$$

$$= mRT \ln\left(\frac{V_2}{V_1}\right) = P_1V_1 \ln\left(\frac{V_2}{V_1}\right) = P_2V_2 \ln\left(\frac{P_1}{P_2}\right) \bigstar\bigstar\bigstar \tag{3-49}$$

(3) 공업일(technical work)

$$W_t = -\int_1^2 VdP = -mRT \ln\left(\frac{P_2}{P_1}\right) = -P_1V_1 \ln\left(\frac{V_1}{V_2}\right)$$

$$= P_2V_2 \ln\left(\frac{V_2}{V_1}\right) = {_1W_2} \;\bigstar\bigstar\bigstar \tag{3-50}$$

등온변화시에는 절대일과 공업일은 같다.

(4) 내부에너지(internal energy) 변화

$$dU = mC_v dT$$

상태 1에서 상태 2까지 변화할 때 위의 식을 적분하면 내부에너지 변화는

$$\Delta U = mC_v(T_2 - T_1) = 0 \qquad [3\text{-}51]$$

이다. 등온변화시 내부에너지 변화는 0이다.

(5) 엔탈피(enthalpy) 변화

$$dH = mC_p dT$$

상태 1에서 상태 2까지 변화할 때 위의 식을 적분하면 엔탈피 변화는

$$\Delta H = mC_P(T_2 - T_1) = 0 \qquad [3\text{-}52]$$

이다. 등온변화시 엔탈피 변화는 0이다.

(6) 열량(quantity of heat)

$$\delta Q = dU + PdV = dH - VdP$$
$$\delta Q = PdV = -VdP$$

상태 1에서 상태 2까지 변화할 때 위의 식을 적분하면

$$_1Q_2 = {}_1W_2 = W_t \;\; ★★★ \qquad [3\text{-}53]$$

이다. 등온변화시에 가열량 또는 방열량은 절대일과 공업일의 크기와 같다.

4. 단열변화(斷熱변화 : adiabatic change)

상태변화를 하는 동안 경계를 통해 주위와 계 사이에 열의 출입이 없는 변화를 단열변화 또는 등엔트로피 변화라 한다. 그러므로 단열과정에서 가열량 또는 방열량은 0이다.

$$\delta q = 0 \qquad [3\text{-}54]$$

(1) P · V · T 관계식

이상기체 상태방정식을 미분하여 표현하면

$$Pv = RT$$
$$Pdv + vdP = RdT \text{ 에서}$$
$$dT = \frac{Pdv + vdP}{R}$$

이다. 밀폐계의 에너지방정식을 이용하여 P · V · T 관계를 기술하기로 한다.

$$\delta q = C_v dT + Pdv = 0$$
$$vdP + \frac{C_P}{C_v} Pdv = 0 \qquad [3\text{-}55]$$

식 [3-55]의 각 항을 Pv로 나누어 정리하면

$$\frac{dP}{P} + k\frac{dv}{v} = 0 \qquad [3\text{-}56]$$

이다. 식 [3-56]를 적분하여 정리한다.

$$\ln P + \ln v^k = \ln C$$
$$Pv^k = \text{Const} \;\; \bigstar\bigstar \qquad [3\text{-}57]$$

식 [3-57]를 이용하여 압력과 체적과의 관계를 정리하면

$$P_1 v_1^k = P_2 v_2^k$$

$$\frac{v_1}{v_2} = \left(\frac{P_2}{P_1}\right)^{\frac{1}{k}} \qquad [3\text{-}58]$$

이다. 이번에는 체적과 온도와의 관계를 정리하면 식 [3-56]은

$$\frac{RT}{v} v^k = \text{Const}$$

이다. 여기서, R은 상수이므로

$$Tv^{k-1} = \text{Const}$$
$$T_1 v_1^{k-1} = T_2 v_2^{k-1} \qquad [3\text{-}59]$$

이다. 식 [3-58]과 [3-59]로부터 P·V·T 관계식은 다음과 같이 정리된다.

$$\frac{T_2}{T_1} = \left(\frac{v_1}{v_2}\right)^{k-1} = \left(\frac{P_2}{P_1}\right)^{\frac{k-1}{k}} \;\; \bigstar\bigstar\bigstar \qquad [3\text{-}60]$$

(2) 절대일(absolute work)과 내부에너지(internal energy)

$$_1W_2 = \int_1^2 PdV$$

절대일의 정의하는 식은 위와 같지만 밀폐계의 에너지 방정식에서 절대일은 내부에너지 변화와 같음을 알 수 있다.

$$\delta q = du + Pdv = du + \delta_1 w_2 = 0$$
$$\delta_1 w_2 = -du = -C_v dT \qquad [3\text{-}61]$$

식 [3-61]을 상태 1에서 상태 2까지 적분하면

$$_1w_2 = -C_v(T_2 - T_1) = C_v(T_1 - T_2) \;\; [\text{kJ/kg, kcal/kg}] \qquad [3\text{-}62]$$

이다. 식 [3-62]을 이상기체 상태 방정식을 적용시켜 정리하면 다음과 같다.

$$_1w_2 = C_v(T_1 - T_2) = \frac{R}{k-1}(T_1 - T_2) = \frac{1}{k-1}(P_1 v_1 - P_2 v_2) \qquad [3\text{-}63]$$

식 [3-63]를 전체 질량(중량)에 대한 절대일을 구하는 식으로 표현하면

$$_1W_2 = mC_v(T_1 - T_2) = \frac{mR}{k-1}(T_1 - T_2)$$
$$= \frac{1}{k-1}(P_1 V_1 - P_2 V_2) \;[\text{kJ, kcal}] \;\; \bigstar\bigstar\bigstar \qquad [3\text{-}64]$$

이다. 여기서, V는 체적 [m^3] 이고 v는 비체적 [m^3/kg] 이다.

(3) 공업일(technical work)과 엔탈피(enthalpy)

$$W_t = -\int_1^2 VdP$$

공업일을 계산하기 위한 식은 위와 같지만 개방계의 에너지 방정식에서 공업일의 크기는 엔탈피 변화량의 크기와 같으므로 다음과 같이 정리된다.

$$\delta q = dh - vdP = dh + \delta w_t = 0$$
$$\delta w_t = -dh = -C_P dT \tag{3-65}$$

식 [3-65]을 상태 1에서 상태 2까지 적분하면

$$w_t = -C_P(T_2 - T_1) = C_P(T_1 - T_2) \quad [\text{kJ/kg, kcal/kg}] \tag{3-66}$$

이다. 식 [3-66]을 이상기체 상태 방정식에 적용시켜 정리하면 다음과 같다.

$$w_t = C_P(T_1 - T_2) = \frac{kR}{k-1}(T_1 - T_2) = \frac{k}{k-1}(P_1 v_1 - P_2 v_2) = k_1 w_2 \tag{3-67}$$

식 [3-67]를 전체 질량(중량)에 대한 공업일을 구하는 식으로 표현하면

$$W_t = mC_P(T_1 - T_2) = \frac{kmR}{k-1}(T_1 - T_2)$$
$$= \frac{k}{k-1}(P_1 V_1 - P_2 V_2) = k_1 W_2 [\text{kJ, kcal}] \;\;\bigstar\bigstar\bigstar \tag{3-68}$$

이다. 지금까지 정리하였듯이 단열변화시에는 가열량 또는 방열량이 0이고 절대일은 내부에너지의 변화량과 일치하며 공업일은 엔탈피 변화량과 같다. 또한 공업일은 절대일에 비열비 만큼 크고 엔탈피도 내부에너지에 k(비열비)배가 된다.

5. 폴리트로픽 변화(polytropic change)

열역학적 상태변화를 앞에서 설명한 4가지 경우만으로 다루기에는 부족함으로 앞의 4가지 상태변화를 모두 포함하면서 좀 더 실제 상태변화에 가까운 경우를 다루기 위해 Zeuner의 폴리트로픽 변화에 따른 열량과 일량 그리고 열역학적 상태량의 관계식을 정리하기로 한다.

(1) P · V · T 관계식

열역학적 에너지 방정식에서

$$\delta q = du + Pdv$$
$$C_n dT = C_v dT + Pdv \tag{3-69}$$

이다. 여기서, C_n 은 폴리트로픽 비열(polytropic specific heat)을 의미한다.

$$dT = \frac{Pdv + vdP}{R} \text{ 을 식 [3-69]에 대입하면}$$

$$\frac{(C_n - C_v)}{R}(Pdv + vdP) = Pdv$$

이다.

$$(C_n - C_v)(Pdv + vdP) = RPdv$$
$$\frac{dP}{P} = -\frac{(C_n - C_P)}{(C_n - C_v)} \cdot \frac{dv}{v} \tag{3-70}$$

식 [3-70]에서 폴리트로픽 지수 n을 정의하면 다음과 같다.

$$n = \frac{(C_n - C_P)}{(C_n - C_v)} \quad [3\text{-}71]$$

$$\frac{dP}{P} = -n \cdot \frac{dv}{v} \quad [3\text{-}72]$$

식 [3-72]를 적분하면

$$\ln P + \ln v^n = \ln C$$

이다.

$$Pv^n = \text{Const} \quad \bigstar\bigstar\bigstar \quad [3\text{-}73]$$

식 [3-73]이 이상기체의 열역학적 상태 변화시 P·V·T 관계를 나타내는 기초식이 된다.
① $n = \infty$ 이면 $v = \text{Const}$ 의 정적변화(isochoric change)이다.
② $n = 0$ 이면 $P = \text{Const}$ 의 정압변화(isobaric change)이다.
③ $n = 1$ 이면 $Pv = \text{Const}$ 의 등온변화(isothermal change)이다.
④ $n = k$ 이면 $Pv^k = \text{Const}$ 의 단열변화(adiabatic change)이다.
⑤ $-\infty \leq n \leq +\infty$ 이면 $Pv^n = \text{Const}$ 의 폴리트로픽 변화(polytropic change)

이상기체의 상태변화에 따른 등적선, 등압선, 등온선, 등엔트로피선, 폴리트로픽 변화선 등을 P-V선도와 T-S선도에 표시하면 다음과 같다. 여기서, S는 엔트로피(entropy)를 의미한다.

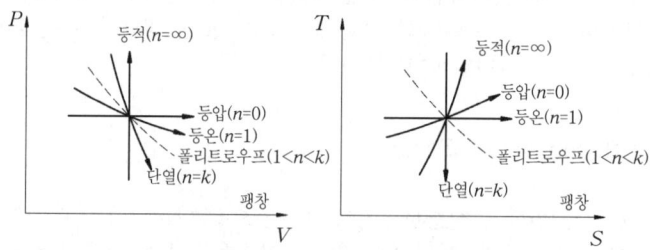

그림3-1 P-V선도와 T-S선도

식 [3-73]을 이용하여 P·V·T 관계를 정리하면 다음과 같다.

$$\frac{T_2}{T_1} = \left(\frac{v_1}{v_2}\right)^{n-1} = \left(\frac{P_2}{P_1}\right)^{\frac{n-1}{n}} \quad \bigstar\bigstar\bigstar \quad [3\text{-}74]$$

단열변화도 폴리트로픽 변화의 한 예가 됨으로 단열비(비열비) k를 폴리트로픽 지수 n으로 놓으면 단열변화 관계식들이 폴리트로픽 변화의 관계식들로 바뀐다는 것을 알 수 있다.

(2) **절대일**(absolute work)

$$_1W_2 = \int_1^2 PdV$$

$$_1W_2 = \frac{mR}{n-1}(T_1 - T_2) = \frac{1}{n-1}(P_1V_1 - P_2V_2) \quad \bigstar\bigstar\bigstar \quad [3\text{-}75]$$

(3) **공업일**(technical work)

$$W_t = -\int_1^2 VdP$$

$$w_t = \frac{nR}{n-1}(T_1 - T_2) = \frac{n}{n-1}(P_1v_1 - P_2v_2) = n\,{}_1w_2 \quad \bigstar\bigstar\bigstar \qquad [3\text{-}76]$$

식 [3-76]를 전체 질량(중량)에 대한 공업일을 구하는 식으로 표현하면

$$W_t = \frac{nmR}{n-1}(T_1 - T_2) = \frac{n}{n-1}(P_1V_1 - P_2V_2) = n\,{}_1W_2 \qquad [3\text{-}77]$$

이다. 여기서, V는 체적 [m^3]이고 v는 비체적 [m^3/kg]이다.

(4) 내부에너지(internal energy) 변화

$$dU = mC_v dT$$

상태 1에서 상태 2까지 변화할 때 위의 식을 적분하면 내부에너지 변화는

$$\Delta U = mC_v(T_2 - T_1) \quad [kJ,\ kcal]$$

$$U_2 - U_1 = m\frac{R}{k-1}(T_2 - T_1)$$

$$= \frac{P_2V_2 - P_1V_1}{k-1} = -\frac{n-1}{k-1}\,{}_1W_2 \quad \bigstar\bigstar\bigstar \qquad [3\text{-}78]$$

이다.

(5) 엔탈피(enthalpy) 변화

$$dH = mC_p dT$$

상태 1에서 상태 2까지 변화할 때 위의 식을 적분하면 엔탈피 변화는

$$\Delta H = mC_P(T_2 - T_1) \quad [kJ,\ kcal]$$

$$H_2 - H_1 = m\frac{kR}{k-1}(T_2 - T_1) = k\Delta U = -\frac{k(n-1)}{k-1}\,{}_1W_2 \quad \bigstar\bigstar\bigstar \qquad [3\text{-}79]$$

이다.

(6) 열량(quantity of heat)

$$\delta Q = dU + PdV$$

상태 1에서 상태 2까지 변화할 때 위의 식을 적분하면

$${}_1Q_2 = \Delta U + {}_1W_2$$

$$= mC_v(T_2 - T_1) + \frac{mR}{n-1}(T_1 - T_2) = mC_n(T_2 - T_1) \quad \bigstar\bigstar\bigstar \qquad [3\text{-}80]$$

이다.

$$C_n = C_v - \frac{R}{n-1} = C_v - \frac{kC_v - C_v}{n-1} = C_v\frac{n-k}{n-1} \quad \bigstar\bigstar \qquad [3\text{-}81]$$

chapter 3 ─ 실전연습문제

01 공기 1kg이 압력 102kPa, 체적 0.9m³인 상태에서 온도 300℃인 상태로 변화하였다. 이 동안의 온도 증가량은 몇 ℃인가? (단, 공기의 가스상수는 287J/kgK이다.)

① 319.86 ② 253.14 ③ 234.67 ④ 212.78

Solution
$$P_1V_1 = mRT_1 \,;\quad T_1 = \frac{102 \times 10^3 \times 0.9}{1 \times 287} = 319.86 \text{ [K]}$$
$$\Delta T = T_2 - T_1 = 300 - (319.86 - 273) = 253.14 \text{ [℃]}$$

02 어떤 타이어 튜브의 체적이 15,000cm³이다. 15℃에서 410kPa의 공기가 차 있다면 그 때의 튜브 속 질량은 몇 kg인가?

① 0.057kg ② 0.067kg ③ 0.074kg ④ 0.086kg

Solution
$$m = \frac{P_1V_1}{RT_1} = \frac{410 \times 10^3 \times 15000 \times 10^{-6}}{287 \times (15+273)} = 0.074 \text{ [kg}_m\text{]}$$

03 정압비열이 0.9156kJ/kg℃, 정적비열이 0.6552 kJ/kg℃인 0.3kg의 가스가 압력 310Pa, 온도 20℃ 하에서 체적 몇 m³인가?

① 55.1 ② 66.7 ③ 73.84 ④ 82.45

Solution
$$PV = m(C_P - C_V)T$$
$$V = \frac{m(C_P - C_V)T}{P} = \frac{0.3 \times (0.9156 - 0.6552) \times 10^3 \times (20+273)}{310} = 73.84 \text{ [m}^3\text{]}$$

04 평균분자량이 28.5인 완전가스의 압력이 200Pa이고 온도가 105℃이면 이 완전가스의 비체적은 몇 m³/kg_m인가?

① 755.24 ② 675.5 ③ 551.35 ④ 457.89

Solution
$$Pv = \frac{\overline{R}}{M}T$$
$$v = \frac{\overline{R}T}{MP} = \frac{8314 \times (105+273)}{28.5 \times 200} = 551.35 \text{ [m}^3/\text{kg}_m\text{]}$$

05 어떤 완전가스 15kg을 250℃만큼 온도를 상승시키는데 필요한 열량을 압력 일정일 경우와 체적 일정일 경우 670kJ의 차가 생긴다면 이 가스의 기체상수는 몇 J/kgK인가?

① 123.5 ② 134.7 ③ 157.9 ④ 178.7

Solution
$$Q_P - Q_V = m(C_P - C_V)\Delta T = mR\Delta T$$
$$670 \times 10^3 = 15 \times R \times 250, \quad R = 178.67 \text{J/kgK}$$

Answer 01 ② 02 ③ 03 ③ 04 ③ 05 ④

06 정적비열이 0.723kJ/kg℃인 완전가스가 폴리트로프 변화를 할 때 $C_P/C_V = 1.4$ 이면 폴리트로프 비열은 몇 kJ/kg℃인가? (단, 폴리트로프 지수 n=1.3이다.)

① -0.241   ② -0.324   ③ -0.432   ④ -0.521

Solution
$$C_n = C_V \frac{n-k}{n-1} = 0.723 \times \frac{1.3-1.4}{1.3-1} = -0.241 \text{ [kJ/kg℃]}$$

07 탱크 속에 2.94kPa, 5℃의 완전가스가 들어 있다. 이것을 110℃까지 가열하였을 때 압력상승은 몇 kPa인가?

① 4.05   ② 3.12   ③ 2.47   ④ 1.11

Solution
V = const
$$\frac{P_2}{P_1} = \frac{T_2}{T_1} \ ; \ \frac{P_2}{2.94} = \frac{110+273}{5+273}, \ P_2 = 4.05 \text{ [kPa]}$$
$$\Delta P = P_2 - P_1 = 4.05 - 2.94 = 1.11 \text{ [kPa]}$$

08 내부에너지가 420kJ 증가하면서 일정 압력하에서 외부에 0.42kJ의 일을 하는 어떤 완전가스가 있다. 그 변화 사이에 엔탈피 변화는 몇 kJ인가?

① 258.5   ② 420.4   ③ 538.7   ④ 656.3

Solution
P = const
$$_1Q_2 = \Delta H = \Delta U + {_1W_2} = 420 + 0.42 = 420.42 \text{ [kJ]}$$

09 체적이 8m³인 탱크 속에 채워질 완전가스의 온도가 25℃, 압력이 2ata이다. 이 가스의 온도를 32℃ 올리는데 필요한 열량은 몇 kJ인가? (단, 가스상수와 정적비 열은 각각 198J/kgK, 0.82kJ/kg℃이다.)

① 478.4   ② 567.24   ③ 697.31   ④ 768.2

Solution
V = const
$$_1Q_2 = mC_v \Delta T = \frac{P_1 V_1}{RT_1} C_V \Delta T = \frac{2 \times 9.8 \times 10^4 \times 8}{198 \times (25+273)} \times 0.82 \times 32 = 697.31 \text{ [kJ]}$$

10 850Pa인 압력을 일정하게 유지하면서 0.55m³의 공기가 팽창하여 그 체적이 2.5배로 되었다. 공기가 팽창하면서 외부에 한 일량은 몇 kJ인가?

① 0.701   ② 0.47   ③ 4.71   ④ 47.1

Solution
$$_1W_2 = P(V_2 - V_1) = 850 \times 10^{-3} \times (2.5 \times 0.55 - 0.55) = 0.701 \text{ [kJ]}$$

11 온도 160℃인 공기 1kg을 198kPa로부터 392kPa까지 등온압축 할 때, 이 공기로부터 제거해야할 열량은 몇 kJ인가?

① 0.187   ② -84.88   ③ 0.212   ④ 0.282

Solution
T = const
$$_1Q_2 = {_1W_2} = W_t$$
$$_1Q_2 = mRT_1 \ln\left(\frac{P_1}{P_2}\right) = 1 \times 0.287 \times (160+273) \ln\left(\frac{198}{392}\right) = -84.88 \text{[kJ]}$$

Answer 06 ①   07 ④   08 ②   09 ③   10 ①   11 ②

12 640Pa, 0.45m³의 공기 1kg이 등온팽창하여 압력이 350Pa로 되었다. 공기가 팽창하면서 외부에 한 일은 몇 kJ인가?

① 0.483 ② 0.361 ③ 0.279 ④ 0.174

Solution $T = \text{const}$

$$_1W_2 = P_1V_1 \ln\left(\frac{P_1}{P_2}\right) = 640 \times 10^{-3} \times 0.45 \times \ln\left(\frac{640}{350}\right) = 0.174 \ [\text{kJ}]$$

13 압력 98kPa, 15℃의 공기가 1m³을 일정한 체적하에 100℃까지 가열할 때 내부에너지 변화는 몇 kJ인가? (단, 공기의 정적비열 0.7224kJ/kg℃이다.)

① 43.12 ② 56.79 ③ 61.64 ④ 72.8

Solution

$$_1Q_2 = \Delta U = mC_V(T_2 - T_1) = \frac{P_1V_1}{RT_1}C_V(T_2 - T_1)$$

$$_1Q_2 = \frac{98000 \times 1}{287 \times (15 + 273)} \times 0.7224 \times (100 - 15) = 72.8 \ [\text{kJ}]$$

14 압력 360Pa인 공기가 정압하에서 680kJ의 열을 받으면서 팽창하였다. 이 사이의 내부에너지의 변화가 178kJ이면 체적의 증가량은 몇 m³인가?

① 1444.39 ② 1394.44 ③ 1945.33 ④ 2134.55

Solution $P = \text{const}$

$$_1Q_2 = \Delta H = \Delta U + \Delta P \cdot V = \Delta U + P\Delta V$$
$$680 \times 10^3 = 178 \times 10^3 + 360 \times \Delta V,$$
$$\Delta V = 1394.44 \ [\text{m}^3]$$

15 435kPa, 1.2m³인 공기가 단열팽창하여 47kPa, 체적은 5배로 되었으면 외부에 행한 일량은 몇 kJ인가? (단, 공기의 비열비는 1.4이다.)

① 200 ② 350 ③ 600 ④ 750

Solution $Pv^k = \text{const}$

$$_1W_2 = \frac{1}{k-1}(P_1V_1 - P_2V_2) = \frac{1}{1.4-1} \times (435 \times 1.2 - 47 \times 5 \times 1.2) = 600 \ [\text{kJ}]$$

16 온도 160℃의 공기 1kg이 $v_1 = 0.25\text{m}^3/\text{kg}$으로부터 $v_2 = 0.5\text{m}^3/\text{kg}$로 될 때까지 단열팽창하였다. 비내부에너지의 변화는 몇 kJ/kg인가? (단, 정압비열 $C_P = 0.721\text{kJ/kg℃}$, 비열비 $k = C_P/C_V = 1.4$ 이다.)

① −45 ② −54 ③ 54 ④ 45 $T = \text{const}$

Solution

$$T_2 = T_1\left(\frac{v_1}{v_2}\right)^{k-1} = (160 + 273) \times \left(\frac{0.25}{0.5}\right)^{(1.4-1)} = 328.15 \ [\text{K}], \quad T_2 = 55.15 \ [℃]$$

$$\Delta u = C_V(T_2 - T_1) = \frac{C_P}{k}(T_2 - T_1) = \frac{0.721}{1.4} \times (55.15 - 160) = -54 \ [\text{kJ}]$$

17 비열비 k=1.3, 가스상수가 271J/kgK일 때 정적비열은 몇 J/kgK인가?

① 903.33 ② 887 ③ 759.23 ④ 632.46

Solution 이상기체라고 보면 정적비열은 다음과 같다.

$$C_V = \frac{R}{k-1} = \frac{271}{0.3} = 903.33 \ [\text{J/kgK}]$$

Answer 12 ④ 13 ④ 14 ② 15 ③ 16 ② 17 ①

18 단열지수 1.4, 폴리트로픽 지수가 1.3일 때 정적비열이 0.655kJ/kg℃이면 이 가스의 폴리트로픽 비열은 얼마인가?

① −0.118 ② −0.218 ③ −0.331 ④ −0.381

Solution
$$C_n = C_v \frac{n-k}{n-1} = 0.655 \times \frac{1.3-1.4}{1.3-1} = -0.218 \text{ [kJ/kg℃]}$$

19 어떤 기체가 압력 0.12MPa, 체적 0.58m³에서 체적이 0.58m³인 상태로 단열된 실린더 내에서 팽창한다. 이 때 엔탈피 감소량과 일량은 몇 kJ인가? (단, 이 기체의 정압비열은 0.444kJ/kg℃이고, 정적비열은 0.333kJ/kg℃, 기체상수는 114J/kgK이다.)

① $\Delta H = 20.8$[kJ], $_1W_2 = 27.65$[kJ]
② $\Delta H = 27.65$[kJ], $_1W_2 = 10.7$[kJ]
③ $\Delta H = 36.7$[kJ], $_1W_2 = 20.8$[kJ]
④ $\Delta H = 27.65$[kJ], $_1W_2 = 20.8$[kJ]

Solution
$$k = \frac{C_P}{C_V} = \frac{0.444}{0.333} = 1.33$$
$$P_2 = P_1 \left(\frac{V_1}{V_2}\right)^k = 0.12 \times \left(\frac{0.18}{0.58}\right)^{1.33} = 0.025 \text{ [MPa]}$$
$$\Delta H = mC_P(T_2 - T_1) = C_P \frac{P_2V_2 - P_1V_1}{R}$$
$$= 0.444 \times \frac{0.025 \times 10^6 \times 0.58 - 0.12 \times 10^6 \times 0.18}{114} = -27.65 \text{ [kJ]}$$
$$_1W_2 = \frac{P_1V_1 - P_2V_2}{k-1} = -\frac{\Delta H}{k} = \frac{27.65}{1.33} = 20.8 \text{ [kJ]}$$

20 어떤 기체가 압력 9MPa인 상태에서 변화하여 내부에너지가 13kJ이 증가하였다. 비열비 k=1.40이고 폴리트로픽지수 n=1.30이었을 때 요구된 열량은 몇 kJ인가?

① −3.00 ② −3.33 ③ −4.00 ④ −4.33

Solution
$$_1Q_2 = mC_n\Delta T = mC_v \frac{n-k}{n-1}\Delta T = \frac{n-k}{n-1}\Delta U$$
$$= \frac{1.3-1.4}{1.3-1} \times 13 = -4.33 \text{[kJ]}$$

21 절대압력 100kPa, 온도 18℃의 어떤 물질 1kg이 가역 폴리트로픽 변화를 거쳐 2.5kJ의 열을 방출하고 온도 103℃로 되었다. 이 경우 폴리트로픽 지수 n은 얼마인가? (단, 물질의 비열비는 1.4이고 정적비열은 0.172kJ/kg℃이다.)

① 1.246 ② 1.342 ③ 1.583 ④ 1.624

Solution
$$_1Q_2 = mC_n(T_2 - T_1) = mC_v \frac{n-k}{n-1}(T_2 - T_1)$$
$$-2.5 = 1 \times 0.172 \times \frac{n-1.4}{n-1} \times (103-18)$$
$$-2.5(n-1) = 14.62(n-1.4),$$
$$n = 1.342$$

22 어떤 기체의 압력 30kPa, 온도 15℃ 상태에서 엔탈피 H=4.15TkJ의 함수로 표현할수 있을 때 일정압력하에서 온도가 145℃까지 가열하는데 필요한 공급열량은 몇 kJ인가?

① 540 ② 450 ③ 350 ④ 250

Solution
$$P = \text{const}$$
$$_1Q_2 = \Delta H = 4.15(T_2 - T_1) = 4.15 \times (145-15) = 539.5 \text{ [kJ]}$$

Answer 18 ② 19 ④ 20 ④ 21 ② 22 ①

23 일정 압력하에서 공기 1kg에 가한 열량이 16.22kJ이라면 공기가 얻은 일량은 몇 kJ이겠는가?

① 2.64 ② 3.45 ③ 4.62 ④ 5.39

Solution
$$_1W_2 = P(V_2 - V_1) = mR(T_2 - T_1) = {}_1Q_2 \frac{R}{C_P} = 16.22 \times \frac{0.287}{1.008} = 4.618 \text{ [kJ]}$$

24 산소 3kg를 325℃에서 $PV^{1.2} = \text{Const}$ 에 따라 785kJ의 일을 하였을 때 변화 후의 온도 T_2는 몇 ℃ 가 되겠는가?

① 24 ② 124 ③ 156 ④ 172

Solution
$$R = \frac{\overline{R}}{M} = \frac{8314}{32} = 260 \text{ [J/kgK]}$$
$$_1W_2 = \frac{P_1V_1 - P_2V_2}{n-1} = \frac{mR}{n-1}(T_1 - T_2)$$
$$785 \times 10^3 = 3 \times \frac{260}{1.2-1} \times (325 - T_2), \quad T_2 = 123.72℃$$

25 압력 0.45MPa, 35℃의 공기 4kg이 폴리트로픽 변화를 하여 370kJ의 열량을 방출시켜 185℃가 되었다면 그 때 압력은 몇 MPa로 변했겠는가? (단, 비열비 k=1.4, 정압비열 $C_P = 1.005$kJ/kg℃, 정적비열은 $C_v = 0.712$kJ/kg℃이다.)

① 1.275 ② 2.274 ③ 3.274 ④ 4.273

Solution
$$_1Q_2 = mC_n(T_2 - T_1) = mC_v \frac{n-k}{n-1}(T_2 - T_1)$$
$$-370 = 4 \times 0.712 \times \frac{n-1.4}{n-1} \times (185 - 35)$$
$$-370(n-1) = 427.2(n-1.4), \quad n = 1.214$$
$$\frac{T_2}{T_1} = \left(\frac{P_2}{P_1}\right)^{\frac{n-1}{n}}$$
$$\frac{(185+273)}{(35+273)} = \left(\frac{P_2}{0.45}\right)^{\frac{0.214}{1.214}}, \quad P_2 = 4.273 \text{[MPa]}$$

26 온도 20℃, 압력 1MPa 상태의 공기 3kg이 그릇에 들어있다. 얼마 후 그릇 내부의 상태가 온도 10℃, 압력 0.5MPa로 변화했다면 몇 kg의 공기가 빠져나가겠는가?

① 1.23 ② 1.46 ③ 1.64 ④ 1.76

Solution
$$P_1V_1 = m_1RT_1$$
$$V_1 = \frac{m_1RT_1}{P_1} = \frac{3 \times 287 \times (20+273)}{1 \times 10^6} = 0.25 \text{ [m}^3\text{]}$$
$$V = \text{const} = V_1 = V_2$$
$$m_2 = \frac{P_2V_2}{RT_2} = \frac{0.5 \times 10^6 \times 0.25}{287 \times (10+273)} = 1.54 \text{ [kg]}$$
$$m_1 - m_2 = 3 - 1.54 = 1.46 \text{ [kg]}$$

27 분자량이 4 정도인 헬륨의 기체상수는 몇 kg-m/kg K인가?

① 424 ② 212 ③ 29.92 ④ 1545

Solution 중력단위에서 일반기체상수는 $848 \text{kg}_f - \text{m/kmol K}$ 이다.
$$R = \frac{848}{M} = \frac{848}{4} = 212 \text{ [kg}_f-\text{m/kg K]}$$

Answer 23 ③ 24 ② 25 ④ 26 ② 27 ②

28 어느 가스 탱크에 10℃, 490kPa의 공기 10kg이 채워져 있다. 온도가 37℃로 상승한 경우, 탱크의 체적 변화가 없다면 압력증가는 몇 kPa인가?

① 24.74　　　　② 30.71　　　　③ 50.48　　　　④ 46.75

Solution　$V = \text{Const}$
$$\frac{T_2}{T_1} = \frac{P_2}{P_1} \; ; \; \frac{37+273}{10+273} = \frac{P_2}{490}, \; P_2 = 536.75 \, [\text{kPa}]$$
$$\Delta P = P_2 - P_1 = 536.75 - 490 = 46.75 \, [\text{kPa}]$$

29 어느 완전가스 1kg을 체적 일정하에 20℃로부터 100℃로 가열하는데 200kJ의 열량이 소요되었다. 이 가스의 분자량이 2라고 한다면 정적비열은 얼마인가?

① $C_V = 0.5 \, [\text{kJ/kg}℃]$　　　　② $C_V = 1.5 \, [\text{kJ/kg}℃]$
③ $C_V = 2.5 \, [\text{kJ/kg}℃]$　　　　④ $C_V = 3.5 \, [\text{kJ/kg}℃]$

Solution　$V = \text{Const}$
$$_1Q_2 = mC_V(T_2 - T_1) \; ; \; 200 = 1 \times C_V \times (100-20),$$
$$C_V = 2.5 \, [\text{kJ/kg}℃]$$

30 어느 가스 1kg이 압력 98kPa, 온도 30℃의 상태에서 체적 0.8m^3를 점유한다. 이 가스의 가스상수는 몇 J/kg K인가?

① 258.75　　　　② 299.65　　　　③ 357.16　　　　④ 410.24

Solution
$$R = \frac{PV}{mT} = \frac{98 \times 10^3 \times 0.8}{1 \times (30+273)} = 258.75 \, [\text{J/kgK}]$$

31 어떤 가스 3kg을 온도 30℃에서 100℃까지 정적가열하는데 63kJ의 열량이 필요하다. 가역 폴리트로프 비열은 얼마인가? (단, 비열비 k=1.4, 폴리트로프 지수 n=1.3이다.)

① $C_n = -0.1 \, [\text{kJ/kg}℃]$　　　　② $C_n = 0.075 \, [\text{kJ/kg}℃]$
③ $C_n = 0.15 \, [\text{kJ/kg}℃]$　　　　④ $C_n = -0.4 \, [\text{kJ/kg}℃]$

Solution　$_1Q_2 = mC_V(T_2 - T_1) \; ; \; 63 = 3 \times C_V \times (100-30), \; C_V = 0.3 \, [\text{kJ/kg}℃]$
$$C_n = C_V \frac{n-k}{n-1} = 0.3 \times \frac{1.3-1.4}{1.3-1} = -0.1 \, [\text{kJ/kg}℃]$$

32 체적 0.1m^3, 압력 196kPa의 이상기체인 공기가 체적 0.25m^3까지 등온팽창할때 수행한 일은 약 몇 kJ인가?

① 8.96　　　　② 14.96　　　　③ 15.96　　　　④ 17.96

Solution　$T = \text{const}$
$$_1W_2 = P_1V_1 \ln\left(\frac{V_2}{V_1}\right) = 196 \times 0.1 \times \ln\left(\frac{0.25}{0.1}\right) = 17.96 \, [\text{kJ}]$$

Answer　28 ④　29 ③　30 ①　31 ①　32 ④

33 산소의 정압비열 C_P 와 정적비열 C_V 를 구하면 얼마인가? (단, 산소는 2원자이므로 k=1.4이고 기체상수 R=259.7J/kg K이다.)

① $C_V = 0.649$ [kJ/kg℃], $C_P = 0.909$ [kJ/kg℃]
② $C_V = 0.827$ [kJ/kg℃], $C_P = 1.018$ [kJ/kg℃]
③ $C_V = 0.712$ [kJ/kg℃], $C_P = 0.893$ [kJ/kg℃]
④ $C_V = 0.177$ [kJ/kg℃], $C_P = 0.241$ [kJ/kg℃]

Solution
$C_V = \dfrac{R}{k-1} = \dfrac{259.7 \times 10^{-3}}{1.4-1} = 0.649$ [kJ/kg℃]
$C_P = kC_V = 1.4 \times 0.649 = 0.909$ [kJ/kg℃]

34 이상기체의 등온과정에서 압력이 증가하면 엔탈피는?
① 증가 또는 감소   ② 증가   ③ 불변   ④ 감소

Solution T = Const, $T_1 = T_2$; $\Delta h = C_P(T_2 - T_1) = 0$

35 다음 중 폴리트로프 과정에서 내부에너지 변화가 30kJ이다. 압력 0.1MPa에서 0.5MPa로 변할 때 공급 열량은 몇 kJ인가? (단, k=1.4, n=1.3이다.)
① -10   ② 10   ③ 30   ④ -30

Solution
$_1Q_2 = mC_n(t_2 - t_1) = mC_V \dfrac{n-k}{n-1}(t_2 - t_1) = \dfrac{n-k}{n-1}\Delta U$
$= \dfrac{1.3 - 1.4}{1.3 - 1} \times 30 = -10$ [kJ]

36 압력 $P_1 = 0.2$MPa, 온도 $t_1 = 20℃$ 의 공기를 체적 $0.2m^3$ 의 용기에 넣어 압력 $P_2 = 1$MPa 까지 압축할 때 이 변화가 가역 등온 변화라면, 압축 소요 일량은 얼마인가? (단, 공기의 가스 상수 R=287J/kg K이다.)
① 약 -2.79 [kJ]   ② 약 -49.56 [kJ]   ③ 약 -5.73 [kJ]   ④ 약 -64.38 [kJ]

Solution T = const
$W_t = P_1 V_1 \ln\left(\dfrac{P_2}{P_1}\right) = 0.2 \times 10^3 \times 0.2 \times \ln\left(\dfrac{1}{0.2}\right) = 64.38$ [kJ]

37 압력 500kPa, 온도 135℃인 암모니아 가스의 비체적이 $0.4m^3/kg$ 이라면 암모니아 가스상수 R은?
① 약 0.27 [kJ/kg K]   ② 약 0.34 [kJ/kg K]
③ 약 0.43 [kJ/kg K]   ④ 약 0.49 [kJ/kg K]

Solution Pv = RT; $500 \times 0.4 = R \times (135 + 273)$, R=0.49 [kJ/kg K]

38 초온 $t_1 = 32℃$ 인 3kg의 공기가 단열 팽창하여 59kJ의 일을 했다면 변화 후의 온도는? (단, 정적비열 $C_V = 0.72$kJ/kg℃ 이다.)
① 3.6℃   ② 4.02℃   ③ 4.6℃   ④ 5.7℃

Solution
$_1W_2 = \dfrac{mR(t_1 - t_2)}{k-1}$; $59 \times 10^3 = \dfrac{3 \times 287 \times (32 - t_2)}{1.4 - 1}$, $t_2 = 4.59$ [℃]

Answer 33 ① 34 ③ 35 ① 36 ④ 37 ④ 38 ③

39 68kg인 아르곤(분자량40)을 온도 18℃, 체적 2.8m³인 탱크 속에 봉입하려고 한다. 압축시킬 압력은 약 몇 MPa인가?

① 6　　　② 9　　　③ 1.2　　　④ 1.47

Solution
$PV = mRT = m\dfrac{\overline{R}}{M}T$

$P \times 2.8 = 68 \times \dfrac{8314}{40} \times (18+273)$, $P = 1.47 \times 10^6$ [Pa]

40 CO_2의 분자량이 44라면 기체상수는 몇 J/kg K인가?

① 약 132　　② 약 19.3　　③ 약 188.95　　④ 약 225

Solution
$R = \dfrac{\overline{R}}{M} = \dfrac{8314}{44} = 188.95$ [J/kgK]

41 온도가 400K, 압력이 500kPa, 비체적이 0.4m³/kg인 이상기체가 같은 압력하에서 비체적이 0.3m³/kg으로 되었다면 온도는 몇 도가 되겠는가?

① 900K　　② 570K　　③ 300K　　④ 230K

Solution
P = Const
$\dfrac{T_2}{T_1} = \dfrac{v_2}{v_1}$; $\dfrac{T_2}{400} = \dfrac{0.3}{0.4}$,
$T_2 = 300$ [K]

42 압력 300kPa, 온도 60℃인 상태에 있는 산소의 비체적은 몇 m³/kg 인가? (단, 기체상수 R=260J/kg K이다.)

① 0.254　　② 0.277　　③ 0.289　　④ 0.343

Solution
Pv = RT ; $300 \times 10^3 \times v = 260 \times (60+273)$, $v = 0.289$ [m³/kg]

43 다음 그림과 같이 압축된 이상기체 용기와 동일 부피의 진공용기를 밸브로 연결시켰다. 온도가 평형이 되었을 때 밸브를 열어 팽창시킨다. 팽창 후에도 온도의 변화가 없었다면 내부에너지는 어떻게 되겠는가?

① 변화가 없다.
② 배로 증가한다.
③ 반으로 감소한다.
④ 증가하나 그 양을 계산하기에는 자료가 불충분하다.

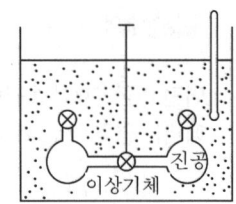

Solution 이상기체의 경우 내부에너지는 온도변화가 있을 때 변화한다. 그러므로 온도변화 없이 체적의 변화가 이루어졌을 지라도 내부에너지 변화는 없다.

44 압력 일정하에서 −50℃ 수소가스가 10℃로 변화했을 때 체적은 몇 배로 변화하는가?

① 1.16　　② 1.22　　③ 1.27　　④ 1.31

Solution
P = Const
$\dfrac{T_2}{T_1} = \dfrac{V_2}{V_1}$; $\dfrac{10+273}{-50+273} = \dfrac{V_2}{V_1}$, $V_2 = 1.27 V_1$

Answer　39 ④　40 ③　41 ③　42 ③　43 ①　44 ③

45 분자량 40인 아르곤 50kg을 27℃에서 용적 3m³의 탱크 속에 넣으려면 압력이 얼마이어야 되겠는가?

① 1.04 MPa   ② 10.4 MPa   ③ 1.54 Mpa   ④ 15.4 MPa

Solution
$$PV = mRT = m\frac{\overline{R}}{M}T$$
$$P \times 3 = 50 \times \frac{8314}{40} \times (27+273), \quad P = 1.04 \times 10^6 \, [Pa]$$

46 어느 완전가스가 등온하에서 외부에 대하여 상태 1에서 상태 2에서 627.69kJ의 일을 하였다. 이 일을 열량으로 환산하면 얼마인가? (단, k=1.4이다.)

① 313.84 kJ   ② 627.69 kJ   ③ 300 kJ   ④ 200kJ

Solution 등온 변화시에 가열량 또는 방열량은 절대일과 공업일의 크기와 같다.
$$_1Q_2 = {_1W_2} = W_t$$

47 압력 80kPa, 체적 0.37m³을 차지하고 있는 완전가스를 등온 팽창시켰더니 체적이 2.5배로 팽창하였다. 외부에 대해서 한일은 얼마인가?

① 0.2712 kJ   ② 2.712 kJ   ③ 27.12 kJ   ④ 271.2 kJ

Solution T = Const
$$_1W_2 = P_1V_1\ln\left(\frac{V_2}{V_1}\right) = 80 \times 0.37 \times \ln 2.5 = 27.12 \, [kJ]$$

48 이상기체가 등온변화하여 체적이 감소할 때 엔탈피 변화는?

① 불변이다.   ② 감소한다.   ③ 증가한다.   ④ 상황에 따라 다르다.

Solution $T = Const, \; T_1 = T_2 \; ; \; \Delta h = C_P(T_2 - T_1) = 0$

49 폴리트로프(Polytrope) 변화에 대한 표현식이 $PV^n = C$ 일 때, 다음의 상태 변화에 대한 설명으로 잘못된 것은 어느 것인가?

① n=0일 때 정압 변화이다.
② n=1일 때 등온 변화이다.
③ n=∞일 때 정적 변화이다.
④ n=k일 때 등온 및 정압 변화이다.

Solution n=k일 때는 단열 변화(등엔트로피 변화)이다.

50 어떤 이상기체가 폴리트로프 변화에 의하여 처음 상태에서는 압력 P_1, 체적이 V_1이었는데 끝 상태에서는 압력 P_2, 체적 V_2로 되었다. 이 기체의 폴리트로프 지수 n은 얼마인가?

① $n = \dfrac{\ln\left(\frac{P_2}{P_1}\right)}{\ln\left(\frac{V_1}{V_2}\right)}$ ② $n = \dfrac{\ln\left(\frac{V_1}{V_2}\right)}{\ln\left(\frac{P_2}{P_1}\right)}$ ③ $n = \dfrac{\ln\left(\frac{P_2}{P_1}\right)}{\ln\left(\frac{V_2}{V_1}\right)}$ ④ $n = \dfrac{\ln\left(\frac{V_2}{V_1}\right)}{\ln\left(\frac{P_2}{P_1}\right)}$

Solution $PV_n = Const$

$\dfrac{V_1}{V_2} = \left(\dfrac{P_2}{P_1}\right)^{\frac{1}{n}}$ 에서 양변에 ln를 취하면

$\ln\left(\dfrac{V_1}{V_2}\right) = \dfrac{1}{n}\ln\left(\dfrac{P_2}{P_1}\right)$ 이다. 여기서 n을 구하면 다음과 같다.

$n = \dfrac{\ln\left(\frac{P_2}{P_1}\right)}{\ln\left(\frac{V_1}{V_2}\right)}$

Answer 45 ① 46 ② 47 ③ 48 ① 49 ④ 50 ①

51 공기 6kg이 온도 $t_1=25℃$, 압력 $P_1=0.98$MPa 로서 용기에 들어 있었는데 얼마 후 용기 중의 상태가 온도 $t_2=15℃$, 압력 $P_2=0.49$MPa 로 되었다면 몇 kg의 공기가 새어 나갔겠는가?

① 4.1   ② 3.1   ③ 3.9   ④ 2.9

Solution
$P_1V_1 = m_1RT_1$
$V_1 = \dfrac{m_1RT_1}{P_1} = \dfrac{6 \times 287 \times (25+273)}{0.98 \times 10^6} = 0.524 \, [m^3]$
$V = \text{const} = V_1 = V_2$
$m_2 = \dfrac{P_2V_2}{RT_2} = \dfrac{0.49 \times 10^6 \times 0.524}{287 \times (15+273)} = 3.11 \, [kg]$
$m_1 - m_2 = 6 - 3.11 = 2.89 \, [kg]$

52 $C_P = 1.848$kJ/kg℃, $C_V = 1.386$kJ/kg℃ 의 이상기체가 단열된 실린더 내에서 팽창한다. 처음의 압력 $P_1=0.98$MPa, 체적 $V_1=0.111m^3$ 이었다면, 이 기체 0.5kg, 가스상수 R=460.6Nm/kgK이라 할 때, 용적이 $0.3m^3$ 으로 될 때까지 행하여진 일량은 얼마 정도나 되겠는가?

① 71.4 kJ   ② 8.31 kJ   ③ 92.4 kJ   ④ 7.31 kJ

Solution
$k = \dfrac{C_P}{C_V} = \dfrac{1.848}{1.386} = 1.33$
$\left(\dfrac{P_2}{P_1}\right)^{\frac{1}{k}} = \dfrac{V_1}{V_2}; \quad \dfrac{P_2}{0.98} = \left(\dfrac{0.111}{0.3}\right)^{1.33}, \quad P_2 = 0.261 \, [MPa]$
$_1W_2 = \dfrac{1}{k-1}(P_1V_1 - P_2V_2) = \dfrac{(0.98 \times 0.111 - 0.261 \times 0.3) \times 10^3}{1.33-1} = 92.36 \, [kJ]$

53 초기온도와 압력이 50℃, 600kPa인 단위 질량의 질소가 100kPa까지 가역 단열팽창 하였다. 이 때 온도는 몇 K인가? (단, 비열비 k=1.4이다.)

① 194 K   ② 294 K   ③ 467 K   ④ 539 K

Solution
$\dfrac{T_2}{T_1} = \left(\dfrac{P_2}{P_1}\right)^{\frac{k-1}{k}}; \quad \dfrac{T_2}{50+273} = \left(\dfrac{100}{600}\right)^{\frac{0.4}{1.4}}, \quad T_2 = 193.59 \, [K]$

54 분자량이 44인 완전기체의 절대압력이 196 kPa, 온도가 100℃일 때 비체적은 몇 m^3/kg 인가?

① 0.32   ② 0.36   ③ 0.42   ④ 0.47

Solution
$Pv = RT = \dfrac{\bar{R}}{M} T$
$196 \times 10^3 \times v = \dfrac{8314}{44} \times (100+273), \quad v = 0.36 \, [m^3/kg]$

55 이상기체를 단열팽창시키면 온도는 어떻게 되는가?

① 내려간다.   ② 올라간다.
③ 변화하지 않는다.   ④ 증가하였는지 감소하였는지 알 수 없다.

Solution 카르노사이클을 이해하고 있으면 쉽게 이해할 수 있을 것이다. 단열팽창하게 되면 온도와 압력은 감소하고 비체적은 증가한다. 반대로 단열압축 변화를 하게 되면 온도와 압력은 상승하고 비체적은 감소한다.

Answer 51 ④   52 ③   53 ①   54 ②   55 ①

56 이상기체의 가역과정에서 등온과정의 전열량(Q)은?

① 0이다.
② 무한대이다.
③ 비유동 과정의 일과 같다.
④ 정상류 과정의 일과 같다.

Solution
$T = \text{Const}$
$\delta q = du + \delta_1 w_2 = dh + \delta w_t$
$du = C_V dT = 0, \quad dh = C_P dT = 0$
$\delta q = \delta_1 w_2 = \delta w_t$
등온과정에서는 내부에너지 변화와 엔탈피의 변화가 0이므로 등온과정의 전열량은 절대일의 크기와 같다. 공업일의 크기와 같다. 절대일은 비유동일, 팽창일, 밀폐계일이라고도 하고 공업일은 압축일, 유동일, 개방계일이라고도 한다.

57 정압비열이 1.004kJ/kg℃이고, 기체상수가 287J/kg K인 완전기체의 정적비열은 몇 kJ/kg℃인가?

① 0.413   ② 0.617   ③ 0.318   ④ 0.717

Solution $C_P - C_V = R\ ;\ 1.004 - C_V = 0.287,\ C_V = 0.717\,[\text{kJ/kg}℃]$

58 절대압력 98kPa, 온도 20℃인 물질 1kg이 가역 폴리트로프 변화에 따라 2.4kJ의 열을 방출하여 온도 100℃로 되었다면, 이 경우의 폴리트로프 지수는? (단, 물질의 비열비는 1.4, 물질의 정적비열은 0.17kJ/kg℃이다.)

① 1.63   ② 0.91   ③ 1.34   ④ 1.12

Solution
$_1Q_2 = mC_n(T_2 - T_1) = mC_V \dfrac{n-k}{n-1}(T_2 - T_1)$
$-2.4 = 1 \times 0.17 \times \dfrac{n-1.4}{n-1} \times (100-20)$
$-0.176 = \dfrac{n-1.4}{n-1},\quad n = 1.34$

59 0℃, 98kPa의 상태에서 가스 1kmol의 체적은?

① 16 m³/kg   ② 22.8 m³/kg   ③ 24 m³/kg   ④ 32 m³/kg

Solution $Pv = RT\ ;\ PMv = \overline{R}T$
$98 \times 10^3 \times Mv = 8314 \times (0+273),\quad Mv = 23.16\,[\text{m}^3/\text{kmol}]$

60 상온에서 비열비 (C_P/C_V) 를 1.4로 보아서는 안될 가스는 다음 중 어느 것인가?

① He   ② CO   ③ N_2 ④ O_2

Solution
① 1원자가 가스의 비열비 k 는 약 1.66으로 He, Ne, Ar 등
② 2원자가 가스의 비열비 k 는 약 1.4로 H_2, O_2, N_2, 공기, CO 등
③ 3원자가 가스의 비열비 k 는 약 1.33으로 H_2O, CO_2, NH_3 등

61 이상기체의 내부에너지 및 엔탈피는?

① 압력만의 함수이다.
② 체적만의 함수이다.
③ 온도만의 함수이다.
④ 온도 및 압력의 함수이다.

Solution
$du = C_V dt\ ;\ u_2 - u_1 = C_V(t_2 - t_1)$
$dh = C_P dt\ ;\ h_2 - h_1 = C_P(t_2 - t_1)$

Answer 56 ③ 57 ④ 58 ③ 59 ② 60 ① 61 ③

62 온도 30℃, 최초압력 98kPa인 공기 1kg를 단열적으로 980kPa까지 압축할 경우 압축일을 구하면 그 값은?

① 283.27kJ ② 210kJ ③ 67kJ ④ 314kJ

Solution
$$W_t = \frac{k}{k-1}(P_1V_1 - P_2V_2) = \frac{kmR}{k-1}(T_1 - T_2)$$
$$\frac{T_2}{T_1} = \left(\frac{P_2}{P_1}\right)^{\frac{k-1}{k}} \;;\; \frac{T_2}{30+273} = \left(\frac{980}{98}\right)^{\frac{0.4}{1.4}}, \; T_2 = 312℃$$
$$W_t = \frac{1.4 \times 1 \times 0.287}{0.4} \times (312 - 30) = 283.27 \,[kJ]$$

63 폴리트로프 열량은 내부에너지의 몇 배인가?

① n배 ② k배 ③ n-1배 ④ $\frac{n-k}{n-1}$ 배

Solution
$$_1Q_2 = mC_n(T_2 - T_1) = mC_V \frac{n-k}{n-1}(T_2 - T_1) = \frac{n-k}{n-1} \Delta U$$

64 공기 10kg이 압력 196kPa, 체적 $5m^3$인 상태에서 압력 392kPa, 온도 300℃인 상태로 변했다면 체적의 변화는? (단, 기체상수 R=287J/kg K이다.)

① 약 $+0.6m^3$ ② 약 $+0.8m^3$ ③ 약 $-0.6m^3$ ④ 약 $-0.8m^3$

Solution
$$P_2V_2 = mRT_2 \;;\; 392 \times 10^3 \times V_2 = 10 \times 287 \times (300 + 273), \; V_2 = 4.2 \,[m^3]$$
$$\Delta V = V_2 - V_1 = 4.2 - 5 = -0.8 \,[m^3]$$

65 비열비 $k = C_P/C_V$의 값은?

① 1보다 작다. ② 1보다 크다.
③ 1보다 크기도 하고 작기도 하다. ④ 1이다.

Solution $C_P - C_V = R \;;\; C_P > C_V$

66 봄베(bomb) 열량계의 봄베 내에 연료와 산소를 채우고 연소실험을 하였다. 실험도중 수조내의 물의 온도가 상승함을 관찰할 수 있었다. 봄베 내의 연료와 산소의 혼합물을 열역학적 계로 생각할 때 계의 내부에너지는?

① 증가하였다. ② 감소하였다.
③ 변하지 않았다. ④ 증가하였는지 감소하였는지 알 수 없다.

Solution 봄베 열량계란 물질을 밀폐된 용기 속에서 급속히 연소시켜 그때에 발생하는 열량을 측정하는 장치이다. 화학반응열, 특히 고체 및 액체연료의 발열량, 식품의 연소열 등의 측정에 널리 사용되는데, 펌프열량계 또는 폭발열량계라고도 한다.
구조는 스테인레스강으로 만든 내열용기 속에 점화장치를 가진 백금 또는 석영제(石英製)의 연소접시를 매달아 놓았다. 시료물질을 접시에 얹고, 약 20~25 기압 정도가 될 때까지 산소를 넣고, 전체를 물열량계에 담그고 점화장치에 전류를 흘려 점화하여 연소시킨다. 연소에 따르는 열은 물에 흡수되어 물열량계의 온도가 올라가므로, 그 온도의 상승에서 물체의 연소율이 산출된다. 물의 온도 상승으로 인하여 내부에너지는 증가한다.

67 공기 1kg를 정적변화 밑에서 40℃에서 120℃까지 가열하고. 다음에 정압변화 밑에서 120℃에서 220℃까지 가열한다면, 전체 가열에 필요한 열량은?(단, $C_P = 1.004kJ/kg℃$, $C_V = 0.72kJ/kg℃$ 이다.)

① 158kJ/kg ② 182kJ/kg ③ 194kJ/kg ④ 200kJ/kg

Answer 62 ① 63 ④ 64 ④ 65 ② 66 ① 67 ①

Solution $Q_H = {}_1Q_2 + {}_2Q_3 = mC_V(t_2-t_1) + mC_P(t_3-t_2)$
$= 1 \times 0.72 \times (120-40) + 1 \times 1.004 \times (220-120) = 158 \text{ [kJ/kg]}$

68 다음 중 이상기체의 상태방정식이 가장 정확히 적용될 수 있는 경우는?
① 높은 온도, 높은 압력
② 높은 온도, 낮은 압력
③ 낮은 온도, 높은 압력
④ 낮은 온도, 낮은 압력

Solution 실제기체라 하여도 압력이 낮고 온도가 높으며 비체적이 큰, 원자수가 작은 기체이면 이상기체로 취급할 수 있다

69 단열지수와 폴리트로프지수가 각각 1.4, 1.3일 때 정적비열이 0.655kJ/kg℃이면 이가스의 폴리트로프 비열은 몇 kJ/kg℃인가?
① -0.034
② -0.049
③ -0.218
④ -0.028

Solution $C_n = C_v \dfrac{n-k}{n-1} = 0.655 \times \dfrac{1.3-1.4}{1.3-1} = -0.218 \text{ [kJ/kg℃]}$

70 2kg의 산소를 327℃에서 $PV^{1.2}=C$ 에 따라 784000J의 일을 하였다. 변화 후의 온도는 몇 ℃에 가까운가? (단, R=259.6J/kg K이다.)
① 20
② 25
③ 30
④ 35

Solution ${}_1W_2 = \dfrac{(P_1V_1 - P_2V_2)}{n-1} = \dfrac{mR}{n-1}(T_1-T_2)$
$784000 = 2 \times \dfrac{259.6}{0.2} \times (327-T_2)$, $T_2 = 25℃$

71 실린더/피스톤 시스템에 분자량이 24인 이상기체가 100kPa, 25℃ 상태로 10kg이 들어있다. 이 시스템의 온도를 일정하게 유지하며 추를 더 올려놓아 압력을 2배로 증가시킬 때 체적(m³)은 얼마가 되겠는가?
① 4.27
② 5.16
③ 8.55
④ 10.33

Solution $P_1V_1 = mRT_1 = m\dfrac{\overline{R}}{M}T_1$
$100 \times 10^3 \times V_1 = 10 \times \dfrac{8314}{24} \times (25+273)$, $V_1 = 10.32 \text{ [m}^3\text{]}$
$T = \text{Const}$; $\dfrac{P_2}{P_1} = \dfrac{V_1}{V_2}$; $\dfrac{200}{100} = \dfrac{10.32}{V_2}$, $V_2 = 5.16 \text{ [m}^3\text{]}$

72 정압과정에서 전달열량은?
① 내부에너지의 변화량과 같다.
② 이루어진 일량과 같다.
③ 체적의 변화량과 같다.
④ 엔탈피 변화량과 같다.

Solution 에너지 기초 방정식에서 압력의 변화가 없으면 그 때 이루어진 열량은 엔탈피 변화량과 같음을 알 수 있다.
$\delta q = dh - vdP = dh$, $P_1 = P_2$

73 에너지 소비없이 연속적으로 동력을 발생시키는 기계가 있다면 이 기계는 어떤 종류인가?
① 증기 원동소
② 오토 기관
③ 제1종 영구기관
④ 카르노 기관

Solution 제1종 영구기관이란 어떤 계가 다른 형태로 에너지 소비 없이 계속해서 동력을 발생시키는 기관으로 열역학 제1법칙에 위배된다.

Answer 68 ② 69 ③ 70 ② 71 ② 72 ④ 73 ③

chapter 4 열역학 제2법칙

1 열역학 제2법칙(熱力學 第2法則)

(1) 열역학 제1법칙과 열역학 제2법칙의 개념

열역학 제1법칙은 가역변화 하에서 에너지 보존법칙으로 열과 일은 동등한 에너지 형태이며 한가지의 에너지 형태에서 다른 형태의 에너지로 전환될 때의 정량적 관계를 표시한 법칙이다. 그러나 자연계에서 일이 열로 변화하는 것은 쉬운 일이지만 열을 일로 전환시키는 되에는 어떤 제한이 따른다. 예를 들어 배의 스크루(screw)가 물 속에서 회전하면 그 일에 의하여 주위의 물의 온도는 상승한다. 즉, 스크루(screw)의 회전에 의해 발생한 일이 전부 열로 전환된 것이다. 역으로 물의 온도를 원상태로 냉각한다고 해서 스크루(screw)를 회전시킬 수 있는 것은 아니다. 또한 커피 자판기에서 뜨거운 커피를 뽑았을 때 주위로 열 이동이 발생하여 커피의 온도는 주위 공기 온도와 같게 된다. 그러나 주위로 이동한 열이 다시 커피 속으로 되돌아 갈 수는 없다. 이와 같은 예로부터 열은 방향성(方向性)을 갖고 있다는 것과 열과 일은 비가역성(非可逆性 : irreversibility)이라는 것을 알 수 있다. 결론적으로 열역학 제1법칙이란 열과 일의 양적 변환 관계를 명시한 것이고 열역학 제2법칙(the second law of thermodynamics)은 에너지 변환의 방향성(方向性)과 비가역성(非可逆性 : irreversibility)을 명시한 법칙이다. 열역학 제2법칙을 설명하고 있는 전통적인 서술로는 다음과 같은 것들이 있다.

① 제2종 영구기관(第2種 永久機關) : 하나의 열원체에서 열 이동이 가능하여 열을 전부 일로 전환할 수 있는 기관으로 열역학 제2법칙에 위배된다. 공급된 열을 전부 일로 바꿀 수 있는 열효율이 100%인 기관이 제2종 영구기관이다.

② 제1종 영구기관(第1種 永久機關) : 어떤 계가 다른 형태로 에너지 소비 없이 계속해서 동력을 발생시키는 기관으로 열역학 제1법칙에 위배된다.

2 열효율(熱效率) 및 성능계수(性能係數)

(1) 열효율(熱效率 : thermal efficiency)

그림4-1과 같이 열을 일로 변환시키는 원동기가 열기관(heat engine)이고 고열원에서 열기관으로 공급되는 열량을 Q_H, 열기관에서 저열원으로 방출되는 열량을 Q_L 이라 한다. 이 때 열기관의 유효일량(외부에 대하여 한 일)은 열역학 제1법칙으로부터 공급열량과 방출열량의 차로 구한다.

$$\Sigma Q = \Sigma W$$
$$W = Q_H - Q_L \quad [kJ, \ kg_f-m] \quad ★★ \qquad [4-1]$$

여기서, W는 유효일량으로 실제일량, 참일량, 정미일량 등으로 표현하기도 한다. 일반적으로 효율의 정의는 입력에 대한 출력임으로 열기관의 열효율(thermal efficiency of heat engine)은 공급열량에 대한 유효일량으로 정의되고 η 로 표현하기로 한다.

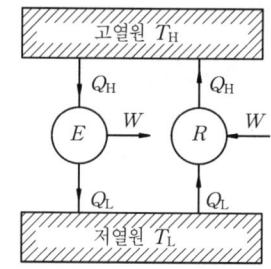

그림4-1 열기관 및 냉동기

$$\eta = \frac{W}{Q_H} = \frac{Q_H - Q_L}{Q_H} = 1 - \frac{Q_L}{Q_H} \quad \text{★★★★★} \tag{4-2}$$

열기관에서 이루어지는 사이클이 가역변화로만 구성되면 가역열기관이고 비가역변화로만 구성되면 비가역열기관이 된다. 식 [4-2]로 가역열기관과 비가역열기관의 열효율을 구할 수 있다. 열기관에서 비가역변화가 발생할 수 있는 주요 현상으로는 마찰(摩擦), 압축(壓縮), 팽창(膨脹), 혼합(混合), 확산(擴散) 등이 있다.

(2) 성능계수(性能係數 : coefficient of performance)

그림4-1과 같이 역사이클로 저열원에서 열을 받아 고열원으로 열을 이동시키기 위한 것이 냉동기(冷凍機 : refrigerator) 또는 열펌프(heat pump)이다. 냉동기는 열원체로부터 열을 흡열하여 주위의 온도를 낮추는 역할을 하고 열펌프는 저열원에서 흡열한 열을 고열원으로 운반하여 열을 방출시킴으로써 주위의 온도를 높이는 역할을 한다. 냉동기에서 외부로부터 동작물질에 주는 일을 W라하고, 그 일에 의하여 저열원의 열을 고열원으로 이송시킬 수 있는 것이다. 저열원으로부터 흡입한 열량을 Q_L, 고열원에 방출한 열량을 Q_H로 놓고 냉동기와 열펌프의 성능계수를 구하면 다음과 같다.

① 냉동기 성능계수(C.O.P)

성능계수란 외부로부터 동작물질에 해준 일량에 대한 저열원의 흡입 열량으로 정의하며 성적계수라고도 표현한다.

$$\varepsilon_r = \frac{Q_L}{W} = \frac{Q_L}{Q_H - Q_L} \quad \text{★★★★★} \tag{4-3}$$

② 열펌프 성능계수(C.O.P)

외부로부터 동작물질에 해준 일량에 대한 고열원의 방출 열량으로 정의한다.

$$\varepsilon_h = \frac{Q_H}{W} = \frac{Q_H}{Q_H - Q_L} \quad \text{★★★} \tag{4-4}$$

③ 냉동기와 열펌프 성능계수의 관계

식 [4-3]과 식 [4-4]를 더하면

$$\varepsilon_h = \varepsilon_r + 1 \tag{4-5}$$

이다.

3 카르노 사이클(Carnot cycle) ★★★★★

카르노 사이클은 1824년 Sadi Carnot에 의해 발표되었다. 카르노 사이클은 임의의 이상기체(완전가스)를 동작물질로 사용하며 2개의 가역등온과정(可逆等溫過程)과 2개의 가역단열과정(可逆斷熱過程)으로 이루어진 가역 이상 열기관 사이클이다.

(1) 카르노 사이클의 구성

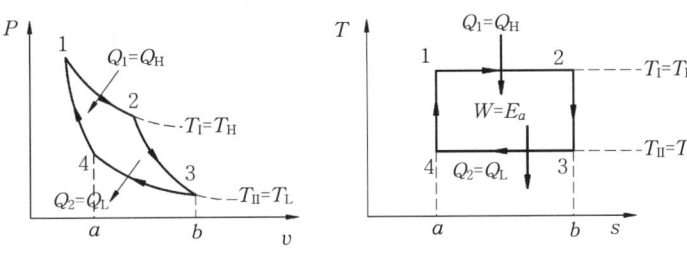

그림4-2 카르노 사이클의 P-V선도 및 T-S선도]

그림4-2의 카르노 사이클은 다음과 같은 상태 변화를 하는 사이클이다.
① 1 → 2 상태 변화 : 등온 팽창 가열 과정 (Q_H)
② 2 → 3 상태 변화 : 단열 팽창 과정
③ 3 → 4 상태 변화 : 등온 압축 방열 과정 (Q_L)
④ 4 → 1 상태 변화 : 단열 압축 과정

(2) 엔트로피(entropy)의 변화

계를 출입하는 열량의 이용가치를 나타내기 위한 상상적인 물리량이 엔트로피(entropy)이고 카르노 사이클에서 엔트로피의 변화는 그림4-2의 T-S 선도를 보면 알 수 있다. 카르노 사이클은 가역사이클이므로 여기서의 엔트로피 변화는 가역변화시 엔트로피 변화가 된다.

① 1 → 2 과정에서 엔트로피의 변화

1 → 2 과정은 등온팽창과정으로 절대온도가 T_H인 고열원이고 가열량이 Q_H로 일정하므로 엔트로피의 변화는 다음과 같다.

$$T_H = T_1 = T_2$$

$$dS = \frac{\partial Q}{T} \quad [kJ/K, \ kcal/K] \tag{4-6}$$

식 [4-6]를 1 → 2 상태 변화에 대해 적분하면

$$S_2 - S_1 = \frac{Q_H}{T_H} \tag{4-7}$$

이다.

② 3 → 4 과정에서 엔트로피의 변화

3 → 4 과정은 등온압축과정으로 절대온도가 T_L인 저열원이고 방출 열량이 Q_L로 일정하므로 엔트로피의 변화는 다음과 같다.

$$T_L = T_3 = T_4$$

$$S_4 - S_3 = \frac{Q_L}{T_L} \tag{4-8}$$

카르노 사이클에서 엔트로피의 변화 총합은 0이다. 식 [4-7]과 [4-8]로부터 구해진 엔트로피의 변화량을 그림4-2의 T-S선도와 비교해 보면 알 수가 있다.

$$\frac{Q_H}{T_H} = \frac{Q_L}{T_L}, \quad \Delta S_{1-2} = \Delta S_{3-4} \tag{4-9}$$

즉, 등온가열시 엔트로피 변화의 크기와 등온방열시 엔트로피의 크기는 같다. 그러므로 가역사이클에서 엔트로피 변화량은 0이다.

(3) 카르노 사이클의 열효율

실제일(유효일, 정미일)의 크기는 그림4-2의 P-V선도에서 면적을 보면 알 수 있다. P-V선도에서 면적은 일량의 크기를 나타내기 때문이다. 가열량의 면적은 123ba41이고 방열량의 면적은 43ba4이므로 가열량 면적에서 방열량 면적을 빼면 1234의 면적만 남는데 이것이 실제일 W의 크기가 된다.

$$W = Q_H - Q_L \quad [kJ, \ kg_f-m] \ ★★★★$$

열효율을 구하면

$$\eta_C = \frac{W}{Q_H} = \frac{Q_H - Q_L}{Q_H} = 1 - \frac{Q_L}{Q_H}$$

$$= 1 - \frac{\Delta S_{3-4} \cdot T_L}{\Delta S_{1-2} \cdot T_H} = 1 - \frac{T_L}{T_H} \ ★★★★★ \quad [4-10]$$

가역열기관의 열효율은 식 [4-10]으로 구하고, 비가역열기관의 열효율은 식 [4-2]로 구하면 된다. 그리고 식 [4-10]으로부터

$$\frac{Q_L}{Q_H} = \frac{T_L}{T_H} \ ★★★ \quad [4-11]$$

이다.

(4) 1 → 2 상태변화(등온팽창과정)에 대한 열역학적 관계식

① P·V·T 관계식

$$T = T_H = \text{Const}, \quad \frac{P_2}{P_1} = \frac{V_1}{V_2} \quad [4-12]$$

② 열역학적 일량

$$_1W_2 = P_1V_1 \ln\left(\frac{V_2}{V_1}\right) = P_2V_2 \ln\left(\frac{P_1}{P_2}\right)$$

$$= mRT_H \ln\left(\frac{P_1}{P_2}\right) = mRT_H \ln\left(\frac{V_2}{V_1}\right) \quad [kJ, \ kg_f-m] \quad [4-13]$$

③ 공급열량

등온과정에서 내부에너지 변화와 엔탈피 변화는 0이므로 가열량은 열역학적일량과 같다.

$$Q_H = {}_1W_2 \quad [kJ, \ kcal] \quad [4-14]$$

(5) 2 → 3 상태변화(단열팽창과정)에 대한 열역학적 관계식

① P·V·T 관계식

$$\frac{T_3}{T_2} = \frac{T_L}{T_H} = \left(\frac{V_2}{V_3}\right)^{k-1} = \left(\frac{P_3}{P_2}\right)^{\frac{k-1}{k}} \quad [4-15]$$

② 열역학적 일량

$$_1W_2 = \frac{P_2V_2 - P_3V_3}{k-1} = \frac{mR(T_2 - T_3)}{k-1} = \frac{mR(T_H - T_L)}{k-1} \quad [kJ, \ kg_f-m] \quad [4-16]$$

③ 내부에너지 변화

$$\delta Q = dU + \delta_1 W_2 = 0$$

$$\Delta U = U_2 - U_1 = -{}_1W_2 = -\frac{mR(T_H - T_L)}{k-1} \quad [kJ, \ kcal] \quad [4-17]$$

④ 엔탈피의 변화

$$\delta Q = dH + \delta W_t = 0$$

$$\Delta H = H_2 - H_1 = -W_t = -\frac{mkR(T_H - T_L)}{k-1} = -k \ {}_1W_2 \quad [kJ, \ kcal] \quad [4-18]$$

(6) 3 → 4 상태변화(등온압축과정)에 대한 열역학적 관계식

① P·V·T 관계식

$$T = T_L = \text{Const}, \quad \frac{P_4}{P_3} = \frac{V_3}{V_4} \qquad [4\text{-}19]$$

② 열역학적 일량

$$_3W_4 = P_3V_3 \ln\left(\frac{V_4}{V_3}\right) = P_4V_4 \ln\left(\frac{P_3}{P_4}\right)$$

$$= mRT_L \ln\left(\frac{P_3}{P_4}\right) = mRT_L \ln\left(\frac{V_4}{V_3}\right) \quad [\text{kJ}, \ \text{kg}_f\text{-m}] \qquad [4\text{-}20]$$

③ 공급열량

등온과정에서 내부에너지 변화와 엔탈피 변화는 0이므로 가열량은 열역학적일량과 같다.

$$Q_L = {}_3W_4 \quad [\text{kJ}, \ \text{kcal}] \qquad [4\text{-}21]$$

(7) 4 → 1 상태변화(단열압축과정)에 대한 열역학적 관계식

① P·V·T 관계식

$$\frac{T_1}{T_4} = \frac{T_H}{T_L} = \left(\frac{V_4}{V_1}\right)^{k-1} = \left(\frac{P_1}{P_4}\right)^{\frac{k-1}{k}} \qquad [4\text{-}22]$$

② 열역학적 일량

$$_4W_1 = \frac{P_1V_1 - P_4V_4}{k-1} = \frac{mR(T_1 - T_4)}{k-1}$$

$$= \frac{mR(T_H - T_L)}{k-1} \quad [\text{kJ}, \ \text{kg}_f\text{-m}] \qquad [4\text{-}23]$$

③ 내부에너지 변화

$$\delta Q = dU + \delta {}_4W_1 = 0$$

$$\varDelta U = U_1 - U_4 = -{}_4W_1 = -\frac{mR(T_H - T_L)}{k-1} \quad [\text{kJ}, \ \text{kcal}] \qquad [4\text{-}24]$$

④ 엔탈피의 변화

$$\delta Q = dH + \delta W_t = 0$$

$$\varDelta H = H_1 - H_4 = -W_t = -\frac{mkR(T_H - T_L)}{k-1} = -k \, {}_4W_1 \quad [\text{kJ}, \ \text{kcal}] \qquad [4\text{-}25]$$

(8) 카르노 사이클의 핵심 내용

① 가역열기관의 이상 사이클로 현존하는 가역사이클 중 가장 열효율이 높고 역사이클도 가능하다.
② 임의의 두 열원 사이에서 카르노 사이클로 작동하는 가역열기관은 모두 동일한 열효율을 갖는다.
③ 카르노 사이클의 가역열기관의 열효율은 두 열원의 온도에 따라 변화한다. 동작물질은 완전가스로 어떤 종류의 기체이든 관계가 없다.

4 이상기체(ideal gas)의 엔트로피(entropy)

엔트로피 변화는 식 [4-6]으로 정리하였고 단위 질량(중량)당 엔트로피를 비엔트로피(specific entropy)라 하며 수식으로 표현하면

$$ds = \frac{\delta q}{T} \quad [\text{kJ/kg K}, \ \text{kcal/kg K}] \qquad [4\text{-}26]$$

이다.

(1) 절대온도와 비체적의 함수로 표현된 비엔트로피

비엔트로피를 절대온도와 비체적의 관계로 표현하면

$$\delta q = du + Pdv = C_v dT + Pdv$$

$$ds = C_v \frac{dT}{T} + \frac{Pdv}{T} \qquad [4\text{-}27]$$

이다. 식 [4-27]을 이상기체의 상태방정식을 사용하여 변형시키면

$$ds = C_v \frac{dT}{T} + R \frac{dv}{v}$$

이다. 상태 1에서 상태 2까지의 변화에 대해 적분하여 표현하면

$$\Delta s = C_v \ln\left(\frac{T_2}{T_1}\right) + R \ln\left(\frac{v_2}{v_1}\right) \quad [\text{kJ/kg K, kcal/kg K}] \;★★★★ \qquad [4\text{-}28]$$

이다. 상태 1에서 상태 2까지 엔트로피 변화량을 구하면

$$\Delta S = mC_v \ln\left(\frac{T_2}{T_1}\right) + mR \ln\left(\frac{v_2}{v_1}\right) \quad [\text{kJ/K, kcal/K}] \qquad [4\text{-}28]$$

이다.

(2) 절대온도와 압력의 함수로 표현된 비엔트로피

비엔트로피를 절대온도와 압력의 관계로 표현하면

$$\delta q = dh - vdP = C_P dT - vdP$$

$$ds = C_P \frac{dT}{T} - \frac{vdP}{T}$$

이다.

$$ds = C_P \frac{dT}{T} - R \frac{dP}{P}$$

위의 식을 상태 1에서 상태 2까지의 변화에 대해 적분하여 표현하면

$$\Delta s = C_P \ln\left(\frac{T_2}{T_1}\right) - R \ln\left(\frac{P_2}{P_1}\right) \quad [\text{kJ/kg K, kcal/kg K}] \qquad [4\text{-}29]$$

이다. 상태 1에서 상태 2까지 엔트로피 변화량을 구하면

$$\Delta S = mC_P \ln\left(\frac{T_2}{T_1}\right) - mR \ln\left(\frac{P_2}{P_1}\right) \quad [\text{kJ/K, kcal/K}] \;★★★★ \qquad [4\text{-}30]$$

이다.

(3) 압력과 비체적의 함수로 표현된 비엔트로피

비엔트로피를 압력과 비체적의 관계로 표현하면

$$\delta q = du + Pdv = C_v dT + Pdv$$

$$ds = C_v \frac{dT}{T} + \frac{Pdv}{T}$$

$$ds = C_v \frac{Pdv + vdP}{RT} + \frac{Pdv}{T}$$

$$= C_v \frac{vdP}{TR} + \frac{C_v + R}{TR} Pdv = C_v \frac{vdP}{Pv} + \frac{C_P}{Pv} Pdv$$

$$= C_v \frac{dP}{P} + C_P \frac{dv}{v} \qquad [4\text{-}31]$$

식 [4-31]을 상태 1에서 상태 2까지의 변화에 대해 적분하여 표현하면

$$\Delta s = C_v \ln\left(\frac{P_2}{P_1}\right) + C_P \ln\left(\frac{v_2}{v_1}\right) \quad [\text{kJ/kg K, kcal/kg K}] \qquad [4\text{-}32]$$

이다. 상태 1에서 상태 2까지 엔트로피 변화량을 구하면

$$\Delta S = mC_v \ln\left(\frac{P_2}{P_1}\right) + mC_P \ln\left(\frac{v_2}{v_1}\right) \quad [kJ/K, \; kcal/K] \; \star\star\star\star \qquad [4\text{-}33]$$

이다.

(4) 이상기체의 각 상태 변화에 대한 엔트로피 관계식

① 정적과정(isochoric change)

정적과정이면 체적 또는 비체적이 일정하므로 식 [4-28], [4-30], [4-33]으로부터 엔트로피 변화량은 다음과 같이 정리된다.

$$v_1 = v_2 = \text{Const}$$
$$dv = 0$$
$$\Delta S = mC_v \ln\left(\frac{T_2}{T_1}\right) = mC_v \ln\left(\frac{P_2}{P_1}\right) \quad [kJ/K, \; kcal/K] \; \star\star\star \qquad [4\text{-}34]$$

② 정압과정(isobaric change)

정압과정이면 압력이 일정하므로 식 [4-28], [4-30], [4-33]으로부터 엔트로피 변화량은 다음과 같이 정리된다.

$$P_1 = P_2 = \text{Const}$$
$$dP = 0$$
$$\Delta S = mC_P \ln\left(\frac{T_2}{T_1}\right) = mC_P \ln\left(\frac{v_2}{v_1}\right) \quad [kJ/K, \; kcal/K] \; \star\star\star \qquad [4\text{-}35]$$

③ 등온과정(isothermal change)

등온과정이면 온도가 일정하므로 식 [4-28], [4-30], [4-33]으로부터 엔트로피 변화량은 다음과 같이 정리된다.

$$T_1 = T_2 = \text{Const}$$
$$dT = 0$$
$$\Delta S = mR \ln\left(\frac{v_2}{v_1}\right) = -mR \ln\left(\frac{P_2}{P_1}\right) \quad [kJ/K, \; kcal/K] \; \star\star\star \qquad [4\text{-}36]$$

④ 단열과정(adibatic change)

$$\delta Q = 0$$
$$dS = \frac{\delta Q}{T} = 0$$

상태 1에서 상태 2까지 적분하여도 엔트로피 변화는 0이다.

$$S_2 - S_1 = 0 \qquad [4\text{-}37]$$

그래서, 단열과정을 등엔트로피 변화(isoentropic change)라 한다.

⑤ 폴리트로픽 과정(polytropic change)

$$\delta Q = mC_n dT$$
$$dS = \frac{\delta Q}{T} = \frac{mC_n dT}{T} \qquad [4\text{-}38]$$

식 [4-38]을 상태 1에서 상태 2까지의 변화에 대해 적분하여 정리하면 다음과 같다.

$$\begin{aligned}
\Delta S &= mC_n \ln\left(\frac{T_2}{T_1}\right) = mC_v \frac{n-k}{n-1} \ln\left(\frac{T_2}{T_1}\right) \\
&= mC_v \frac{n-k}{n-1} \ln\left(\frac{v_1}{v_2}\right)^{n-1} \\
&= mC_v (n-k) \ln\left(\frac{v_1}{v_2}\right) \\
&= mC_v \frac{(n-k)}{n} \ln\left(\frac{P_2}{P_1}\right) \; \star\star\star \qquad [4\text{-}39]
\end{aligned}$$

5 클라우시우스(Clausius)의 적분식(積分式)

(1) 가역사이클(reversible cycle)

카르노 사이클의 열효율로부터 얻은 식 [4-11]에서

$$\frac{Q_L}{Q_H} = \frac{T_L}{T_H}, \quad \frac{Q_H}{T_H} = \frac{Q_L}{T_L}$$

이다. Q_H은 공급 열량이므로 (+)이고, Q_L은 방출 열량이므로 (-)이다. 방향성을 고려하여 변형시키면 위의 식은

$$\frac{Q_H}{T_H} + \frac{Q_L}{T_L} = 0, \quad \sum \frac{Q}{T} = 0 \tag{4-40}$$

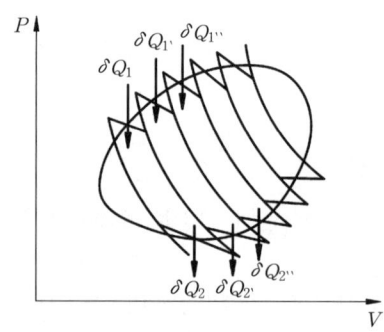

그림4-3 미소 가역 사이클에 대한 클라우시우스의 적분

이다. 식 [4-40]은 가역사이클에서 공급부의 엔트로피나 방출부의 엔트로피 변화량의 크기가 같음을 보여주는 식이다. 식 [4-40]을 그림4-3과 같은 무수히 많은 미소 가역 사이클에 적용시켜 표현하면 관계식은

$$\sum \frac{\delta Q}{T} = 0 \tag{4-41}$$

이다. 이 식 [4-41]을 사이클 적분식으로 바꾸면 다음과 같이 표현된다.

$$\oint \frac{\delta Q}{T} = 0 \quad \star\star \tag{4-42}$$

이 적분식 [4-42]을 가역사이클의 클라우시우스(Clausius)의 적분식이라 한다.

(2) 비가역사이클(irreversible cycle)

비가역 사이클 열기관의 엔트로피 변화를 생각해 보자. 가역 사이클의 방출 열량을 Q_L이라 하고 비가역 사이클 열기관의 방출 열량을 $Q_L{'}$라 하자.

가역 사이클과 비가역 사이클의 열효율을 비교하면 가역사이클의 열효율이 비가역 사이클의 열효율이 더 크다. 즉, 가역 사이클에서 유효일량이 비가역 사이클의 유효일량 보다 크기 때문이다.

$$\eta_{가역} = \frac{Q_H - Q_L}{Q_H}, \quad \eta_{비가역} = \frac{Q_H - Q_L{'}}{Q_H}$$

$$\eta_{가역} > \eta_{가역}$$
$$(Q_H - Q_L) > (Q_H - Q_L{'})$$
$$Q_L < Q_L{'} \tag{4-43}$$

가역 사이클에 적용된 식 [4-40]이 비가역 사이클에서는 식 [4-43] 때문에 다음과 같이 표현된다.

$$\frac{Q_H}{T_H} + \frac{Q_L{'}}{T_L} < 0, \quad \sum \frac{Q}{T} < 0 \qquad [4-44]$$

식 [4-44]을 무수히 많은 미소 비가역 사이클에 적용시켜 표현하면 관계식은

$$\sum \frac{\delta Q}{T} < 0 \;\; ★★ \qquad [4-45]$$

이다. 이 식 [4-45]을 사이클 적분식으로 바꾸면 다음과 같이 표현된다.

$$\oint \frac{\delta Q}{T} < 0 \qquad [4-46]$$

이 적분식 [4-46]을 비가역 사이클의 클라우시우스(Clausius)의 적분식이라 한다. 비가역 사이클에서 클라우시우스의 적분은 0보다 작다.

6 비가역 상태변화시 엔트로피(entropy)

그림4-4와 같은 사이클을 구성하는 열역학적 계를 고려하자. 상태 1에서 K 경로로 상태 2로 와서 Y 경로를 지나 상태 1로 되돌아온 가역 사이클과 상태 1에서 K 경로로 상태 2로 와서 G 경로를 지나 상태 1로 되돌아온 비가역 사이클에서 엔트로피의 변화를 생각해 본다.

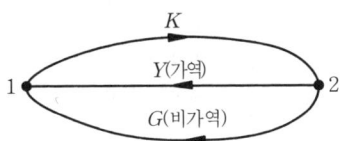

그림4-4 상태 1에서 상태 2까지 가역변화와 비가역변화 사이클

(1) 가역 사이클에서 엔트로피 변화

클라우시우스의 적분식 [4-42]를 그림4-4의 가역 사이클에 적용시키면

$$\oint \frac{\delta Q}{T} = 0$$

$$\oint \frac{\delta Q}{T} = \int_{1 \to K}^{2} \frac{\delta Q}{T} + \int_{2 \to Y}^{1} \frac{\delta Q}{T} = 0 \qquad [4-47]$$

이다.

(2) 비가역 사이클에서 엔트로피 변화

그림4-4의 비가역 사이클에 클라우시우스의 적분식 [4-46]을 적용시켜 표현하면

$$\oint \frac{\delta Q}{T} < 0$$

$$\oint \frac{\delta Q}{T} = \int_{1 \to K}^{2} \frac{\delta Q}{T} + \int_{2 \to G}^{1} \frac{\delta Q}{T} < 0 \qquad [4-48]$$

이다.

식 [4-47]에서 식 [4-48]을 빼면

$$\int_{2 \to Y}^{1} \frac{\delta Q}{T} - \int_{2 \to G}^{1} \frac{\delta Q}{T} < 0 \qquad [4-49]$$

이다. 여기서, 경로 Y는 가역변화이고 경로 G는 비가역 변화이므로 식 [4-49]에서 가역 변화보다 비가역 변화시 엔트로피가 크다는 것을 알 수 있다.

$$\int_{2\to Y}^{1} \frac{\delta Q}{T} < \int_{2\to G}^{1} \frac{\delta Q}{T} \qquad [4\text{-}50]$$

$$\int_{\text{가역}} \frac{\delta Q}{T} < \int_{\text{비가역}} \frac{\delta Q}{T} \qquad [4\text{-}51]$$

$$\Delta S_{\text{비가역}} - \Delta S_{\text{가역}} > 0 \quad \bigstar\bigstar\bigstar\bigstar \qquad [4\text{-}52]$$

가역 사이클에서 엔트로피 변화의 합은 0이나, 비가역 사이클에서 엔트로피 변화는 항상 0보다 크다는 것을 식 [4-52]로부터 알 수 있다. 비가역 변화시 엔트로피가 증가한다는 것을 보여주는 예로는 열 이동현상, 마찰 수반, 교축 변화 등이 있다. 이와 같은 변화들에 대한 엔트로피 변화를 정리하면 다음과 같다.

① 열 이동시 엔트로피 증가

온도가 T_1, T_2인 두 물체가 접촉하여 T_1인 물체에서 T_2인 물체로 열 이동이 있다면, T_1인 물체에서는 열을 방출할 것이고, T_2인 물체에서는 열을 얻을 것이다. 이 때 방출한 열량을 $-\Delta Q$라 하면 얻은 열량은 $+\Delta Q$가 된다. 이 때 엔트로피의 변화량을 구하면

T_1인 물체(고온체) : $\Delta S_1 = -\dfrac{\Delta Q}{T_1}$

T_2인 물체(저온체) : $\Delta S_2 = \dfrac{\Delta Q}{T_2}$

$$\Delta S = \Delta S_2 - \Delta S_1 = \frac{\Delta Q}{T_2} - \left(-\frac{\Delta Q}{T_1}\right) > 0 \qquad [4\text{-}53]$$

이다. 그러므로, 고온체에서 저온체로 열 이동이 발생하면 항상 엔트로피는 증가한다.

② 마찰이 수반되는 상태변화

동작물질이 계(系)속을 통과할 때, 열역학적 계(系)의 고체 표면과 접촉하여 마찰이 발생한다. 그 마찰일이 열로 변환되어 계(系)에 영향을 주고 엔트로피는 증가한다.

$\delta W = \delta Q > 0$

$$dS = \frac{\delta Q}{T} > 0 \qquad [4\text{-}54]$$

③ 교축으로 인한 엔트로피 증가

이상기체가 교축 변화를 하면 교축 전·후의 엔탈피와 온도는 항상 일정하고 압력은 강하한다.

$T_1 = T_2, \quad P_1 > P_2$

$$\Delta S = mC_P \ln\left(\frac{T_2}{T_1}\right) - mR\ln\left(\frac{P_2}{P_1}\right) = mR\ln\left(\frac{P_1}{P_2}\right) > 0 \qquad [4\text{-}55]$$

위의 식에서와 같이 엔트로피 변화량은 항상 0보다 크다. 교축과정은 비가역 변화의 대표적인 예로 등엔탈피 과정이라고 하며 좁은 유로를 가스가 통과함으로 주위와 열교환이 없는 것으로 가정하고 일을 하지 않는 단열유동 상태 변화로 취급한다. 노즐유동, 오리피스 유동 그리고 팽창밸브 등이 교축변화를 하는 요소들이다.

7 유용 에너지와 무용에너지

(1) 유용 에너지(유효에너지)

가역 열기관에서 열이 일로 변환된 에너지로 유효일(실제일)을 의미한다.

$$E_a = W = Q_H - Q_L = \eta_C Q_H = \Delta S(T_H - T_L) \quad \bigstar\bigstar\bigstar \qquad [4\text{-}56]$$

여기서, E_a는 유효에너지(available energy)이고 η_C는 카르노 사이클의 열효율이다.

(2) 무용 에너지(무효에너지)

가역 열역학적 시스템에서 방출된 열량으로 볼 수 있고, 유효일로 사용할 수 없는 에너지를 의미한다.

$$E_u = Q_L = Q_H - E_a = \Delta S T_L = Q_H(1-\eta_C) = Q_H \frac{T_L}{T_H} \quad ★★★ \qquad [4\text{-}57]$$

여기수, E_u는 무효에너지(unavailable energy)이다.

8 Joule-Thomson 효과(效果) ★★

좁은 구멍으로부터 단열적으로 실제기체를 분출하여 자유 팽창시키면 온도가 내려간다. 이렇게 하면 저온의 기체를 얻거나 액화시킬 수가 이는데 이러한 현상을 줄-톰슨 효과(Joule-Thomson effect)라 하고, 이와 같이 유체가 좁은 통로를 통과할 때 압력강하가 나타나는 것을 교축(絞縮 : throttling) 현상이라 한다. 교축 현상은 대표적인 등엔탈피 과정으로 다음과 같이 표현된 식을

$$\mu_{JT} = \left(\frac{\partial T}{\partial P}\right)\bigg|_{h=c} = \frac{1}{C_P}\left[T\frac{\partial v}{\partial T} - v\right] \qquad [4\text{-}58]$$

Joule-Thomson 계수라 한다. 이것은 엔탈피가 스로틀링 전·후에 일정하며 압력의 변화에 따라 온도의 변화가 수반된다는 것을 의미한다. 이상기체의 경우 Joule-Thomson 계수는 0이며 실체기체의 경우, 등엔탈피 상태에서 온도가 감소하면 줄-톰슨 냉각효과가 커지고 온도가 증가하면 줄-톰슨 계수의 값은 (-)가 된다.

9 열역학 제3법칙(third law of thermodynamics)

(1) 열역학 제3법칙의 표현
① 네른스트(Nernst) : 어떤 방법에 의해서도 물질의 온도를 절대 영도까지 내려가게 할 수는 없다.
② 플랑크(Planck) : 모든 물질이 열역학적 평형상태에 있을 때 절대온도가 0에 가까워지면 엔트로피도 0에 가까워진다.

표4-1 이상기체의 가역 변화에 대한 관계식

SI단위는 $A\left(\frac{1}{427} \text{kcal/kg} \cdot \text{m}\right)$를 빼고, G를 m으로 교체

※ 비열 C=Constant, PV=GRT(항상성립)

변 화 →	정적변화 $V=C$, $dV=0$	정압변화 $P=C$, $dp=0$	등온변화 $T=C$, $dT=0$	단열변화 $PV^k=C$	폴리트로우프 변화 $PV^n=C$
① P·V·T	$\dfrac{P_1}{T_1}=\dfrac{P_2}{T_2}$	$\dfrac{V_1}{T_1}=\dfrac{V_2}{T_2}$	$P_1V_1=P_2V_2$	$\dfrac{T_2}{T_1}=\left(\dfrac{P_2}{P_1}\right)^{\frac{k-1}{k}}=\left(\dfrac{V_1}{V_2}\right)^{k-1}$	$\dfrac{T_2}{T_1}=\left(\dfrac{P_2}{P_1}\right)^{\frac{n-1}{n}}=\left(\dfrac{V_1}{V_2}\right)^{n-1}$
② 외부에 하는일 (팽창일) $_1W_2=\int PdV$	0	$_1W_2=P(V_2-V_1)$ $=GR(T_2-T_1)$	$_1W_2=P_1V_1\ln\dfrac{V_2}{V_1}=P_1V_1\ln\dfrac{P_1}{P_2}$ $=GRT\ln\dfrac{V_2}{V_1}=GRT\ln\dfrac{P_1}{P_2}$	$_1W_2=\dfrac{GRT_1}{k-1}\left[1-\dfrac{T_2}{T_1}\right]$ $=\dfrac{GRT_1}{k-1}\left[1-\left(\dfrac{V_1}{V_2}\right)^{k-1}\right]$ $=\dfrac{GRT_1}{k-1}\left[1-\left(\dfrac{P_2}{P_1}\right)^{\frac{k-1}{k}}\right]$ $=\dfrac{GR}{k-1}(T_1-T_2)=\dfrac{GC_v}{A}(T_1-T_2)$	$_1W_2=\dfrac{1}{n-1}(P_1V_1-P_2V_2)$ $=\dfrac{GRT_1}{n-1}\left(1-\dfrac{T_2}{T_1}\right)$ $=\dfrac{GR}{n-1}(T_1-T_2)$
③ 공업일(압축일) $W_t=-\int Vdp$	$W_t=V(P_1-P_2)$ $=GR(T_1-T_2)$	0	$W_t={}_1W_2$	$W_t=k{}_1W_2$	$W_t=n{}_1W_2$
④ 내부에너지변화 u_2-u_1	$GC_v(T_2-T_1)=\dfrac{AGR}{k-1}(T_2-T_1)$ $=\dfrac{A}{k-1}V(P_2-P_1)$	$GC_v(T_2-T_1)=\dfrac{k}{k-1}AP(V_2-V_1)$ $=k(U_2-U_1)$	0	$GC_v(T_2-T_1)=-A{}_1W_2$	$GC_v(T_2-T_1)=\dfrac{n-1}{k-1}A{}_1W_2$
⑤ 엔탈피의 변화 H_2-H_1	$GC_p(T_2-T_1)=\dfrac{k}{k-1}GAR(T_2-T_1)$ $=\dfrac{k}{k-1}Av(P_2-P_1)$ $=k(U_2-U_1)$	$GC_p(T_2-T_1)$ $=\dfrac{k}{k-1}AP(V_2-V_1)$ $=k(U_2-U_1)$	0	$GC_p(T_2-T_1)=-AW_t$ $=-kA{}_1W_2$ $=k(U_2-U_1)$	$GC_p(T_2-T_1)$
⑥ 외부에서 얻은열	U_2-U_1	H_2-H_1	$A{}_1W_2=AW_t$	0	$GC_n(T_2-T_1)$
⑦ n	∞	0	1	k	$-\infty \sim +\infty$
⑧ 비열 C	$C_v=\dfrac{AR}{k-1}$	$C_P=\dfrac{kAR}{k-1}$	∞	0	$C_n=Cv\dfrac{n-k}{n-1}$
⑨ 엔트로피의 변화 S_2-S_1	$GC_v\ln\dfrac{T_2}{T_1}=GC_v\ln\dfrac{P_2}{P_1}$	$GC_p\ln\dfrac{T_2}{T_1}=GC_p\ln\dfrac{V_2}{V_1}$	$GAR\ln\dfrac{V_2}{V_1}=GAR\ln\dfrac{P_1}{P_2}$	0	$GC_n\ln\dfrac{T_2}{T_1}=GC_v(n-k)\ln\dfrac{V_1}{V_2}$ $=GC_v\dfrac{n-k}{n}\ln\dfrac{P_2}{P_1}$

chapter 4 ─ 실전연습문제

01 다음 중 카르노 사이클의 열효율을 구하는 식으로 맞는 것은? (단, T_1은 고열원이고 T_2는 저열원이다.)

① $1 - \dfrac{T_2}{T_1}$ ② $1 - \dfrac{T_1}{T_2}$ ③ $1 - T_2 T_1$ ④ $\dfrac{T_1}{T_2} - 1$

Solution
$$\eta_C = 1 - \dfrac{Q_{저}}{Q_{고}} = 1 - \dfrac{Q_L}{Q_H} = 1 - \dfrac{T_L}{T_H} = 1 - \dfrac{T_2}{T_1}$$

02 고열원 500℃, 저열원 20℃사이에서 작용하는 카르노 사이클의 한 사이클 당의 방열량이 11kJ이면 사이클 마다의 정미일은 몇 kJ인가?

① 10.3   ② 18   ③ 29   ④ 30.9

Solution
$$\eta_C = \dfrac{W}{Q_H} = 1 - \dfrac{Q_L}{Q_H} = 1 - \dfrac{T_L}{T_H}$$
$$\dfrac{Q_L}{Q_H} = \dfrac{T_L}{T_H}, \quad Q_H = Q_L \dfrac{T_H}{T_L} = 11 \times \dfrac{(500+273)}{(20+273)} = 29.02 \ [kJ]$$
$$W = Q_H - Q_L = Q_H\left(1 - \dfrac{T_L}{T_H}\right) = 29.02 \times \left(1 - \dfrac{293}{773}\right) = 18.02 \ [kJ]$$

03 고열원 500℃, 저열원 20℃사이에서 작용하는 카르노 사이클에서 사이클당 발열량이 12.5kJ이면 사이클당 유효일은 얼마인가?

① 4.74   ② 5.67   ③ 7.76   ④ 8.32

Solution
$$Q_L = Q_H \dfrac{T_L}{T_H} = 12.5 \times \dfrac{(20+273)}{(500+273)} = 4.74 \ [kJ]$$
$$W = Q_H - Q_L = 12.5 - 4.74 = 7.76 \ [kJ]$$

04 완전가스 4.5kg이 320℃에서 120℃까지 $PV^{1.3} = $ const 에 따라 변화하였다. 엔트로피의 변화는 몇 kJ/K인가? (단, 이 가스의 정적비열은 0.655kJ/kg℃이고, 단열지수는 1.4이다.)

① 0.4   ② 0.45   ③ 0.54   ④ 0.5

Solution
$$\Delta S = mC_n \ln\left(\dfrac{T_2}{T_1}\right) = mC_V \dfrac{n-k}{k-1} \ln\left(\dfrac{T_2}{T_1}\right)$$
$$= 4.5 \times 0.655 \times \dfrac{1.3 - 1.4}{1.3 - 1} \times \ln\left(\dfrac{120 + 273}{320 + 273}\right) = 0.4 \ [kJ/K]$$

05 표준대기압 상태에서 물 1kg이 100℃로부터 전부 열기로 변화하는 데 필요한 열량이 0.652kJ이다. 이 증발 과정에서의 엔트로피의 증가량은 몇 J/K인가?

① 1.75   ② 2.75   ③ 3.75   ④ 4.75

Solution
$$\Delta S = \dfrac{_1Q_2}{T} = \dfrac{0.652}{100+273} = 0.00175 \ [kJ/K]$$

Answer 01 ① 02 ② 03 ③ 04 ① 05 ①

06 4.3MJ의 열이 18℃의 대기 중에 방출되면 대기의 엔트로피의 증가량은 몇 kJ/K이 되겠는가?

① 12.56 ② 14.78 ③ 15.12 ④ 16.32

Solution
$$\Delta S = \frac{{}_1Q_2}{T} = \frac{4.3 \times 10^3}{18 + 273} = 14.78 \ [kJ/K]$$

07 질소 5kg이 정적하 12℃로부터 가열되어 415.2kJ의 열을 공급받았다. 이 때 엔트로피의 증가는 몇 kJ/K이 되겠는가? (단, 질소의 정적비열은 0.744kJ/kg℃이다.)

① 123 ② 12.3 ③ 1.23 ④ 0.23

Solution
$${}_1Q_2 = mC_V(T_2 - T_1) \ ; \ 415.2 = 5 \times 0.744 \times (T_2 - 12), \ T_2 = 123.61℃$$
$$\Delta S = mC_V \ln\left(\frac{T_2}{T_1}\right) = 5 \times 0.744 \times \ln\left[\frac{(123.61 + 273)}{(12 + 273)}\right] = 1.23 \ [kJ/K]$$

08 1kg의 공기를 650kPa, 310℃의 상태로부터 135kPa, $0.55m^3$의 상태로 변화하였다. 이 때 엔트로피의 변화는 몇 kJ/kgK인가?

① 0.37 ② -0.45 ③ 0.45 ④ -0.37

Solution
$$T_2 = \frac{P_2 V_2}{mR} = \frac{135 \times 10^3 \times 0.55}{1 \times 287} = 258.71 \ [K]$$
$$\Delta S = mC_P \ln\left(\frac{T_2}{T_1}\right) - mR \ln\left(\frac{P_2}{P_1}\right) = mC_V \ln\left(\frac{T_2}{T_1}\right) + mR \ln\left(\frac{V_2}{V_1}\right)$$
$$= 1 \times 1.008 \times \ln\left(\frac{258.71}{310 + 273}\right) - 1 \times 0.287 \times \ln\left(\frac{135}{650}\right) = -0.37 \ [kJ/kgK]$$

09 온도 16℃, 압력 101kPa에서 $1m^3$의 용기 내의 공기에 열을 공급하여 엔트로피를 0.25kJ/kgK 증가시켰다. 이 때 공급한 열량은 몇 kJ인가?

① 512 ② 410.2 ③ 268.22 ④ 106

Solution
$$m = \frac{P_1 V_1}{RT_1} = \frac{101 \times 10^3 \times 1}{287 \times (16 + 273)} = 1.22 \ [kg]$$
$$\Delta s = C_V \ln\left(\frac{T_2}{T_1}\right) \ ; \ 0.25 = 0.714 \times \ln\left[\frac{T_2}{(16 + 273)}\right], \ T_2 = 410.17 \ [K]$$
$${}_1Q_2 = mC_V(T_2 - T_1) = 1.22 \times 0.714 \times (410.17 - 16 - 273) = 105.55 \ [kJ]$$

10 압력이 일정한 상태에서 공기에 공급한 열량이 일로 변화했다면 이론 열효율은 몇 %인가? (단, 공기의 비열비는 1.4이다.)

① 100 ② 50 ③ 28.6 ④ 0

Solution
$$\eta = \frac{{}_1W_2}{{}_1Q_2} = \frac{P(V_2 - V_1)}{C_P \frac{P(V_2 - V_1)}{R}} = \frac{R}{C_P} = 1 - \frac{1}{k}$$
$$= \left(1 - \frac{1}{1.4}\right) \times 100 = 28.6 \ [\%]$$

11 4kg의 공기를 온도16℃에서 일정체적으로 가열하여 엔트로피가 3.4kJ/K증가 하였다. 가열 후의 온도 T_2는 몇 ℃인가? (단, 공기의 정적비열은 0.714kJ/kg℃이다.)

① 677.42 ② 577.42 ③ 477.42 ④ 377.42

Answer 06 ② 07 ③ 08 ④ 09 ④ 10 ③ 11 ①

Solution

$$\Delta S = mC_V \ln\left(\frac{T_2}{T_1}\right)$$

$$3.4 = 4 \times 0.714 \times \ln\left[\frac{T_2}{(16+273)}\right], \quad T_2 = 950.42 \text{ [K]}$$

12 어떤 1kg의 완전가스의 기체상수가 294J/kgK이고 압력 11kPa, 온도 300K인 상태에서 압력 120kPa까지 $Pv^{1.24} = \text{const}$ 에 의하여 압축되었다. 이 때 엔트로피의 변화는 몇 kJ/kgK인가? (단, 단열지수는 1.4이다.)

① 0.23　　② -0.23　　③ 0.45　　④ -0.45

Solution

$$\frac{T_2}{T_1} = \left(\frac{P_2}{P_1}\right)^{\frac{n-1}{n}}, \quad T_2 = T_1\left(\frac{P_2}{P_1}\right)^{\frac{n-1}{n}} = 300 \times \left(\frac{120}{11}\right)^{\frac{0.24}{1.24}} = 476.41 \text{ [K]}$$

$$\Delta s = C_n \ln\left(\frac{T_2}{T_1}\right) = C_V \frac{n-k}{n-1} \ln\left(\frac{T_2}{T_1}\right) = \frac{R}{k-1}\frac{n-k}{n-1}\ln\left(\frac{T_2}{T_1}\right)$$

$$= \frac{0.294}{1.4-1} \times \frac{1.24-1.4}{1.24-1} \times \ln\left(\frac{476.41}{300}\right) = -0.23 \text{ [kJ/kgK]}$$

13 120℃의 열원으로 물에 120kJ의 열을 가하여 물의 엔트로피가 0.4kJ/K 만큼 증가하였다. 대기온도가 30℃일 때 무용에너지 손실은 몇 kJ인가?

① 120　　② 92.57　　③ 163.45　　④ 176.89

Solution 무용에너지란 열기관에 공급된 열량 중 유효일로 사용할 수 없는 에너지로 가용에너지라고도 한다.

$$Q_2 = Q_1 \times \left(\frac{T_2}{T_1}\right) = 120 \times \left[\frac{(30+273)}{(120+273)}\right] = 92.57 \text{ [kJ]}$$

14 산소 2.5kg이 정압하에서 체적이 $0.55m^3$ 에서 $2.0m^3$ 으로 변화했다면 엔트로피의 증가량은 얼마인가? (단, 산소의 정압비열 $C_P = 0.914$kJ/kg℃ 이다.)

① 1kJ/K　　② 2kJ/K　　③ 3kJ/K　　④ 4kJ/K

Solution 산소를 이상기체로 가정하면 엔트로피의 변화는 다음과 같다.

P = const

$$\Delta S = mC_P \ln\left(\frac{T_2}{T_1}\right) = mC_P \ln\left(\frac{V_2}{V_1}\right) = 2.5 \times 0.914 \times \ln\left(\frac{2}{0.55}\right) = 2.95 \text{ [kJ/K]}$$

15 22kW의 전동기(motor)를 1시간 동안 제동하였을 때 발생한 마찰열이 25℃의 주위에 전달되었다면 엔트로피의 증가는 몇 kJ/K인가?

① 266　　② 287　　③ 295　　④ 792

Solution

$$W = Q = L \cdot t = 22 \times 3600 = 79200 \text{ [kJ]}$$

$$\Delta S = \frac{Q}{T} = \frac{79200}{25+273} = 265.77 \text{ [kJ/K]}$$

16 어떤 기체 1kg을 정적하에서 온도 25℃로부터 325℃까지 가열할 때 엔트로피 증가량은 몇 kJ/kgK인가? (단, 이 기체의 비내부에너지 u=4.44T kJ/kg이다.)

① 0.12　　② 1.45　　③ 2.56　　④ 3.1

Solution $u = C_V T = 4.44T$

$$\Delta s = C_V \ln\left(\frac{T_2}{T_1}\right) = 4.44 \times \ln\left(\frac{325+273}{25+273}\right) = 3.1 \text{ [kJ/kgK]}$$

Answer 12 ②　13 ②　14 ③　15 ①　16 ④

17 공기 2.5kg을 온도 298K에서 612K까지 가열할 때 체적은 0.15m³에서 0.75m³까지 변화했다. 이 때 엔트로피의 증가량은 몇 kJ/K인가?

① 0.04　　　　② 0.43　　　　③ 1.44　　　　④ 2.44

Solution

$$\Delta S = mC_P \ln\left(\frac{T_2}{T_1}\right) - mR\ln\left(\frac{P_2}{P_1}\right) = mC_V\ln\left(\frac{T_2}{T_1}\right) + mR\ln\left(\frac{V_2}{V_1}\right)$$

$$= 2.5 \times 0.714 \times \ln\left(\frac{612}{298}\right) + 2.5 \times 0.287 \times \ln\left(\frac{0.75}{0.15}\right) = 2.44 \text{ [kJ/K]}$$

18 어떤 완전가스 1kg이 절대온도와 체적이 2.5배 씩 변화했다면 비엔트로피의 변화량은? (단, 이 가스의 정적비열을 C_V, 정압비열을 C_P라 한다.)

① $C_V \ln 1.5$　　② $C_P \ln 1.5$　　③ $C_P \ln 2.5$　　④ $C_V \ln 2.5$

Solution

$$\Delta s = C_V\ln\left(\frac{T_2}{T_1}\right) + R\ln\left(\frac{V_2}{V_1}\right) = C_V \ln(2.5) + (C_P - C_V)\ln(2.5) = C_P \ln 2.5$$

19 0℃의 물 0.06kg과 100℃의 물 0.03kg이 대기압하에서 혼합될 때 엔트로피의 변화량은 몇 kJ/K인가? (단, 물의 비열은 4.187 kJ/kg℃이다.)

① 0.0042　　　② 0.042　　　③ 0.42　　　④ 0.00042

Solution 혼합시 열평형온도를 구하면 다음과 같다.

$$0.06 \times 4.187 \times (T_m - 0) = 0.03 \times 4.187 \times (100 - T_m), \quad T_m = 33.33℃$$

$$\Delta S = 0.06 \times 4.187 \times \ln\left(\frac{306.33}{273}\right) + 0.03 \times 4.187 \times \ln\left(\frac{306.33}{373}\right) = 0.0042 \text{ [kJ/K]}$$

20 공기 7kg이 압력 0.55MPa로부터 0.015MPa까지 등온팽창하여 1330.71kJ의 일을 하였다. 이 때 엔트로피의 증가량은 몇 kJ/K인가?

① 8.74　　　　② 7.24　　　　③ 8.45　　　　④ 9.12

Solution

$$\Delta S = -mR\ln\left(\frac{P_2}{P_1}\right) = mR\ln\left(\frac{V_2}{V_1}\right)$$

$$= -7 \times 0.287 \times \ln\left(\frac{0.015}{0.55}\right) = 7.24 \text{ [kJ/K]}$$

21 A, B 두 열원의 고온 열저장조의 온도 관계는 $T_{HA} > T_{HB}$ 이고 저온 열저장조의 온도는 $T_L = T_{LA} = T_{LB}$ 이라면 두 열기관의 열효율의 관계는 어떻게 표현되겠는가? (단, 공급열량 $Q_H = Q_{HA} = Q_{HB}$ 이다.)

① $\eta_A < \eta_B$　　② $\eta_A = \eta_B$　　③ $\eta_A > \eta_B$　　④ $\eta_A \geq \eta_B$

Solution

$$\eta_A = 1 - \frac{Q_{LA}}{Q_{HA}} = 1 - \frac{T_{LA}}{T_{HA}}, \quad \frac{Q_{LA}}{Q_{HA}} = \frac{T_{LA}}{T_{HA}}$$

$$\eta_B = 1 - \frac{Q_{LB}}{Q_{HB}} = 1 - \frac{T_{LB}}{T_{HB}}, \quad \frac{Q_{LB}}{Q_{HB}} = \frac{T_{LB}}{T_{HB}}$$

$T_{HA} > T_{HB}$, $T_L = T_{LA} = T_{LB}$ 로부터 효율의 관계는 $\eta_A > \eta_B$ 이고
$Q_H = Q_{HA} = Q_{HB}$ 로부터 방출 열량의 관계는 $Q_{LA} < Q_{LB}$ 이다.

Answer 17 ④　18 ③　19 ①　20 ②　21 ③

22 비열비 1.4인 공기를 정압하에서 공급한 열량 중 45%가 일로 전환하였다면 이론 열효율은 몇 %인가?

① 12.87   ② 24.89   ③ 36.26   ④ 45.74

Solution
$$\eta = \frac{_1W_2}{_1Q_2} = \frac{0.45 \times P(V_2 - V_1)}{C_P \frac{P(V_2 - V_1)}{R}} = \frac{0.45R}{C_P} = 0.45 \times \left(1 - \frac{1}{k}\right)$$
$$= 0.45 \times \left(1 - \frac{1}{1.4}\right) \times 100 = 12.87\,[\%]$$

23 카르노 사이클 기관에서 사이클 당 250kJ의 일을 얻기 위해서 필요로 하는 열량이 427kJ, 저열원의 온도가 15℃라면 고열원의 온도는 몇 ℃가 되는가?

① 421.8   ② 594.8   ③ 694.8   ④ 721.8

Solution
$$\eta_C = \frac{W}{Q_H} = 1 - \frac{Q_L}{Q_H} = 1 - \frac{T_L}{T_H}$$
$$\frac{250}{427} = 1 - \frac{(15+273)}{T_H}, \quad T_H = 694.78\,[K]$$

24 출력이 10kW인 기관을 2시간 제동 실험하여 생긴 마찰열이 전부 실내의 공기에 전달된다면 엔트로피의 증가는 몇 kJ/K인가? (단, 이때 실온은 20℃이다.)

① 214.3   ② 245.73   ③ 418.2   ④ 520.4

Solution
$$_1Q_2 = L\Delta t = 10 \times 2 \times 3600 = 72000\,[kJ]$$
$$\Delta S = \frac{_1Q_2}{T} = \frac{72000}{20+273} = 245.73\,[kJ/K]$$

25 비가역과정(Irreversible Process)에서 엔트로피는 어떠한가?

① 항상 일정하다.   ② 항상 감소한다.
③ 항상 증가한다.   ④ 때로는 증가하고 때로는 감소한다.

Solution 가역 사이클에서 엔트로피 변화의 합은 0이고, 비가역 사이클에서 엔트로피 변화는 항상 0보다 크다는 것을 식 [4-52]로 증명하였고 비가역 변화시 엔트로피가 증가한다는 것을 보여주는 예로는 열 이동현상, 마찰 수반, 교축 변화 등이 있다.

26 임의의 가역 사이클에서 클라우시우스의 적분으로 옳은 것은?

① $\oint \frac{\delta Q}{T} > 0$ ② $\oint \frac{\delta Q}{T} < 0$ ③ $\oint \frac{\delta Q}{T} = 0$ ④ $\oint \frac{\delta Q}{T} \geq 0$

Solution 클라우시우스의 적분식
$$\oint \frac{\delta Q}{T} \leq 0$$

27 완전가스를 가역단열압축하는 경우 엔트로피는?

① 증가한다.   ② 일정하다.
③ 감소한다.   ④ 증가할 수도 있고 감소할 수도 있다.

Solution $\Delta S = \int \frac{\delta Q}{T}$ 에서 단열변화이면 $\delta Q = 0$ 이므로 $\Delta S = 0$ 이다.
가역 이상 열기관 사이클인 카르노사이클의 T-s 선도에서 단열압축과 단열 팽창시 엔트로피의 변화가 일정하다는 것을 확인 할 수 있다. 그래서 단열변화를 등엔트로피 변화라고도 한다.

Answer 22 ① 23 ③ 24 ② 25 ③ 26 ③ 27 ②

28 한 공학자가 가정용 냉장고를 이용하여 겨울에 난방을 할 수 있다고 주장하였다면 이 주장은 이론적으로 열역학법칙과 어떠한 관계를 갖겠는가?
① 열역학 제1법칙에 위배된다.
② 열역학 제2법칙에 위배된다.
③ 열역학 제1, 2법칙에 위배된다.
④ 열역학 제1, 2법칙에 위배되지 않는다.

Solution 열역학 제1법칙은 에너지 보존법칙으로 열은 일로 일은 열로 전이할 수 있음을 설명한 것이고 열역학 제2법칙은 열에너지의 방향성과 비가역성을 명시한 법칙이다. 냉장고가 가동되면서 발생한 일은 전부 열로 전이되어 주위 공기로 열전달이 이루어짐으로 열역학 제1, 2법칙의 기본 개념에 위배되지 않는다.

29 4kg의 공기를 온도 15℃에서 일정체적으로 가열하여 엔트로피가 3.35kJ/K 증가하였다. K로 계산한 가열 후의 온도는 어느 것에 가장 가까운가? (단, 공기의 정적비열은 0.71kJ/kg℃이다.)
① 936.86   ② 337.86   ③ 535.76   ④ 483.76

Solution V = Const
$$\Delta S = mC_V \ln\left(\frac{T_2}{T_1}\right); \quad 3.35 = 4 \times 0.71 \times \ln\left(\frac{T_2}{15+273}\right), \quad T_2 = 936.86 \,[K]$$

30 어떤 작용유체가 550K의 고열원으로부터 15kJ의 열량을 공급받아 250K의 저열원에 12kJ의 열량을 방출할 때 이 사이클은?
① 가역이다.   ② 비가역이다.
③ 가역 또는 비가역이다.   ④ 가역도 비가역도 아니다.

Solution 카르노사이클의 열효율 공식으로부터 가역과 비가역 사이클을 구분할 수 있다.
$$\eta_c = 1 - \frac{Q_L}{Q_H} = 1 - \frac{T_L}{T_H}$$ 이면 가역 열기관 사이클이고 아니면 비가역 열기관 사이클이다.
$$\eta_c = 1 - \frac{Q_L}{Q_H} = 1 - \frac{12}{15} = 0.2, \quad \eta_c = 1 - \frac{T_L}{T_H} = 1 - \frac{250}{550} = 0.55$$

31 대기압 상태에서 1kg의 공기를 27℃에서 177℃까지 가열하는데 변화하는 공기의 엔트로피의 변화량은 얼마인가?(단, 공기의 정압비열은 1.004kJ/kg K이고 ln1.5=0.405, ln6.56=1.88이다.)
① 0.407 kJ/K   ② 0.404 kJ/K   ③ 0.402 kJ/K   ④ 0.4 kJ/K

Solution
$$\Delta S = mC_P \ln\left(\frac{T_2}{T_1}\right) = 1 \times 1.004 \times \ln\left(\frac{177+273}{27+273}\right) = 1 \times 1.004 \times \ln 1.5$$
$$= 1 \times 1.004 \times 0.405 = 0.407 \,[kJ/K]$$

32 카르노사이클(Carnot cycle)에서 열이 방출되는 과정은?
① 등온팽창   ② 단열팽창   ③ 등온압축   ④ 단열압축

Solution · 카르노사이클(Carnot cycle)에서 상태 변화
① 1-2과정: 등온팽창-열 공급 과정
② 2-3과정: 단열팽창
③ 3-4과정: 등온압축-열 방출 과정
④ 4-1과정: 단열압축

Answer 28 ④ 29 ① 30 ② 31 ① 32 ③

33 R=294J/kg K, k=1.4인 완전가스 1kg을 10kPa, 288K의 상태에서 압력 100kPa까지 $PV^{1.25}=C$에 의하여 압축하였다. 이 때 엔트로피(entropy)의 변화는 몇 kJ/kg K인가?

① -0.028   ② -0.054   ③ -0.203   ④ -0.011

Solution $PV^n = \text{Const}$, n=1.25

$$\frac{T_2}{T_1} = \left(\frac{P_2}{P_1}\right)^{\frac{n-1}{n}} = \left(\frac{100}{10}\right)^{\frac{1.25-1}{1.25}} = 1.583$$

$$\Delta S = mC_n \ln\left(\frac{T_2}{T_1}\right) = mC_v \frac{n-k}{n-1} \ln\left(\frac{T_2}{T_1}\right)$$

$$= 1 \times \frac{0.294}{1.4-1} \times \frac{1.25-1.4}{1.25-1} \times \ln 1.583 = -0.203 \text{ [kJ/K]}$$

34 공기 1kg이 정압하에서 공급한 열량의 90%가 일로 변했다면 효율은 얼마인가?

① 90%   ② 75%   ③ 25.71%   ④ 51.4%

Solution $P = \text{Const}$

$$_1Q_2 = mC_P(T_2-T_1) = m\frac{kR}{k-1}(T_2-T_1)$$

$$_1W_2 = P(V_2-V_1) = mR(T_2-T_1)$$

$$\eta = \frac{\text{출력}}{\text{입력}} = \frac{0.9 \times {_1W_2}}{_1Q_2} = \frac{0.9(k-1)}{k} = \frac{0.9 \times 0.4}{1.4} \times 100 = 25.71 \text{ [\%]}$$

35 열량 ΔQ가 출입할 때 온도 T(K)가 일정하면 엔트로피의 변화 ΔS는?

① $\Delta S = \frac{T}{\Delta Q}$ ② $\Delta S = \frac{Q}{\Delta T}$ ③ $\Delta S = \frac{\Delta Q}{T}$ ④ $\Delta S = \frac{\Delta T}{Q}$

Solution $T = \text{Const}$

$dS = \frac{\delta Q}{T}$ 을 적분하면 $\Delta S = S_2 - S_1 = \frac{_1Q_2}{T}$ 이다.

36 완전기체의 엔탈피 i와 엔트로피 s사이에 성립하는 관계식은? (단, T는 절대온도, v는 비체적, P는 압력이다.)

① $Tds = di + AvdP$ ② $Tds = di - AvdP$ ③ $Tds = di + APdv$ ④ $Tds = di - APdv$

Solution   개방계 에너지 기초 방정식과 비엔트로피의 정의를 조합하여 S·I단위에서 표현하면 다음과 같다.

$\delta q = di - vdP$, $ds = \frac{\delta q}{T}$

$\delta q = di - vdP = Tds$

이것을 중력단위로 표현했을 때는 일의 열상당량 A를 고려하여 표현하면 다음과 같고 S·I단위에서도 일의 열상당량 A=1로 놓는다면 아래와 같이 표현할 수 있다.

$\delta q = di - AvdP = Tds$

37 10kg의 공기가 온도 20℃ 상태의 정적하에서 온도 250℃인 상태로 변하였다면, 이 경우 엔트로피의 변화는 얼마인가?

① 3.47 kJ/K   ② 0.99 kJ/K   ③ 4.17 kJ/K   ④ 7.48 kJ/K

Solution   공기의 정적비열은 0.72 kJ/kg℃이다.

$$\Delta S = mC_v \ln\left(\frac{T_2}{T_1}\right) = 10 \times 0.72 \times \ln\left(\frac{250+273}{20+273}\right) = 4.17 \text{ [kJ/K]}$$

Answer   33 ③   34 ③   35 ③   36 ②   37 ③

38 가역 단열 과정에서 엔트로피는 어떻게 되는가?
① 증가한다.　　　　　　　　　② 변하지 않는다.
③ 감소한다.　　　　　　　　　④ 경우에 따라 증가 또는 감소한다.

> **Solution** $\Delta S = \int \frac{\delta Q}{T}$ 에서 단열변화이면 $\delta Q = 0$ 이므로 $\Delta S = 0$ 이다.

39 교축과정(Throttling Process)에서 처음 상태와 최종 상태의 엔탈피는?
① 처음 상태가 크다.　　　　　② 최종 상태가 크다.
③ 같다.　　　　　　　　　　　④ 경우에 따라 다르다.

> **Solution** 교축밸브는 비가역 등엔탈피과정의 대표적인 열·유체 요소이다.

40 공기 1kg이 카르노 기관의 실린더 내에서, 온도 100℃하에서 열량 25kJ를 받고 등온팽창하였다고 하면 공기에 가해진 열량 중의 무효에너지의 변화량은 몇 kJ인가? (단, 저열원의 온도는 0℃이다.)
① 0.067　　　　② 12.0　　　　③ 16.9　　　　④ 18.3

> **Solution** $\eta_c = 1 - \frac{Q_L}{Q_H} = 1 - \frac{T_L}{T_H}$, $\frac{Q_L}{Q_H} = \frac{T_L}{T_H}$
> $\frac{Q_L}{25} = \frac{0+273}{100+273}$, $Q_L = 18.3 \,[kJ]$

41 일정한 정적비열 C_V 와 정압비열 C_P 를 가진 이상기체 1kg의 절대온도와 체적이 각각 2배로 되었을 때 엔트로피 변화량을 바르게 표시한 것은?
① $C_V \ln 2$　　　② $C_P \ln 2$　　　③ $(C_P - C_V)\ln 2$　　　④ $(C_P + C_V)\ln 2$

> **Solution** $\Delta S = mC_V \ln\left(\frac{T_2}{T_1}\right) + mR \ln\left(\frac{V_2}{V_1}\right)$
> $T_2 = 2T_1$, $V_2 = 2V_1$
> $\Delta S = C_V \ln 2 + R \ln 2 = C_P \ln 2$

42 카르노사이클로 작동되는 열기관이 500K의 고온 열저장소에서 100kJ의 열을 받아서 200K의 저온 열저장소로 열을 방출한다. 이 사이클의 참일은 몇 kJ인가?
① 60　　　　② 80　　　　③ 100　　　　④ 40

> **Solution** $\eta_c = \frac{W}{Q_H} = 1 - \frac{T_L}{T_H}$; $\frac{W}{100} = 1 - \frac{200}{500}$, $W = 60 \,[kJ]$

43 다음 중 이상기체의 교축과정에 대한 사항으로서 틀린 것은?
① 엔탈피의 변화가 없다.　　　　② 온도의 변화가 없다.
③ 엔트로피의 변화가 없다.　　　④ 비가역 단열과정이다.

> **Solution** 이상기체가 교축 변화를 하면 교축 전·후의 엔탈피와 온도는 항상 일정하고 압력은 강하한다. 엔트로피의 변화량은 항상 0보다 크다. 교축과정은 비가역 변화의 대표적인 예로 등엔탈피 과정이라고 하며 좁은 유로를 가스가 통과함으로 주위와 열교환이 없는 것으로 가정하고 일을 하지 않는 단열유동 상태 변화로 취급한다. 노즐유동, 오리피스 유동 그리고 팽창밸브 등이 교축변화를 하는 요소들이다.

Answer 38 ②　39 ③　40 ④　41 ②　42 ①　43 ③

44 다음 중 열역학 제3법칙과 가장 관계 깊은 사항은?

① 0K에서 엔트로피는 0이다.
② 273k에서 엔트로피는 0이다.
③ 엔프로피는 그 변화량만이 문제이므로 절대값은 없다.
④ 0K에 근접하면 엔트로피는 0에 근접한다.

Solution 열역학 제3법칙
① 네른스트(Nernst)의 표현: 어떤 방법에 의해서도 물질의 온도를 절대 영도까지 내려가게 할 수는 없다.
② 플랑크(Planck)의 표현: 모든 물질이 열역학적 평형상태에 있을 때 절대온도가 0에 가까워지면 엔트로피는 0에 가까워진다.

45 카르노사이클(Carnot cycle)에 관한 사항 중 올바른 것은?

① 2개의 정온변화와 2개의 정적변화로 이루어진다.
② 2개의 정온변화와 2개의 단열변화로 이루어진다.
③ 2개의 정온변화와 1개의 정적변화로 이루어진다.
④ 2개의 정온변화와 2개의 정압변화로 이루어진다.

Solution 카르노사이클(Carnot cycle)에서 상태 변화
① 1-2과정: 등온팽창-열 공급 과정
② 2-3과정: 단열팽창
③ 3-4과정: 등온압축-열 방출 과정
④ 4-1과정: 단열압축

46 0℃의 물 50g과 100℃의 물 20g이 대기압하에서 혼합될 때 엔트로피의 변화량은 얼마인가? (단, 물의 비열은 4.2kJ/kg℃이다.)

① 4.98 J/K 증가 ② 4.25 J/K 증가 ③ 3.04 J/K 증가 ④ 9.23 J/K 증가

Solution ・열역학 0법칙과 엔트로피의 정의로부터 구한다.
① $\sum Q = 0$; 0℃ 물이 얻은 열량은 100℃ 물이 잃은 열량과 같다.
$m_1 C(T_m - T_1) = m_2 C(T_2 - T_m)$
$50 \times (T_m - 0) = 20 \times (100 - T_m)$, $T_m = 28.57 [℃]$
② $\Delta S = \int \frac{\delta Q}{T} = \int \frac{mCdT}{T}$ 로부터 식을 세우면 다음과 같다.
$\Delta S = m_1 C \ln\left(\frac{T_m}{T_1}\right) + m_2 C \ln\left(\frac{T_m}{T_2}\right)$
$\Delta S = 0.05 \times 4.2 \times \ln\left(\frac{28.57 + 273}{273}\right) + 0.02 \times 4.2 \times \ln\left(\frac{28.57 + 273}{100 + 273}\right)$
$= 0.00304 [kJ/K]$

47 공기 10kg을 일정한 압력하에 20℃에서 200℃까지 가열할 때 엔트로피 변화(kJ/K)는 얼마인가? (단, $C_P = 1kJ/kg℃$ 이다.)

① 4.79 ② 9.42 ③ 6.48 ④ 2.162

Solution $\Delta S = mC_P \ln\left(\frac{T_2}{T_1}\right) = 10 \times 1 \times \ln\left(\frac{200 + 273}{20 + 273}\right) = 4.79 [kJ/K]$

Answer 44 ④ 45 ② 46 ③ 47 ①

48 물 10kg을 1기압하에서 20℃로부터 60℃까지 가열할 때 엔트로피의 증가량은 몇 kJ/K인가? (단, 물의 정압비열은 4.18kJ/kg K이다.)

① 9.78 ② 5.35 ③ 8.32 ④ 41.8

Solution
$$\Delta S = mC_P \ln\left(\frac{T_2}{T_1}\right) = 10 \times 4.18 \times \ln\left(\frac{60+273}{20+273}\right) = 5.35 \,[\text{kJ/K}]$$

49 523℃의 고열원으로부터 1MW의 열을 받아서 300K의 대기중으로 600kW의 열을 방출하는 열기관이 있다. 이 열기관의 효율은?

① 0.4 ② 0.43 ③ 0.6 ④ 0.625

Solution 이 문제의 열기관은 비가역 열기관이다. 그러므로 열효율의 정의로부터 계산하는것이 맞다. 가역 열기관이라면 다음 식을 만족해야 한다.
$$\eta_c = 1 - \frac{Q_L}{Q_H} = 1 - \frac{T_L}{T_H}$$
$$\eta = 1 - \frac{Q_L}{Q_H} = 1 - \frac{600}{1 \times 10^3} = 0.4$$

50 이상기체의 엔탈피가 변하지 않는 과정은?

① 가역단열과정 ② 비가역단열과정 ③ 교축과정 ④ 등적과정

Solution 이상기체가 교축 변화를 하면 교축 전·후의 엔탈피와 온도는 항상 일정하고 압력은 강하한다. 엔트로피의 변화량은 항상 0보다 크다.

51 공기를 동작유체로 하는 카르노 사이클 기관을 설계하는데 저열원의 온도는 15℃이다. 이 기관의 열효율을 70% 이상이 되게 하려면, 고열원의 온도를 어떻게 하는 것이 좋은가?

① 288℃ 이상 ② 687℃ 이상 ③ 288℃ 이하 ④ 687℃ 이하

Solution
$$\eta_c = 1 - \frac{Q_L}{Q_H} = 1 - \frac{T_L}{T_H} \,;\, 0.7 = 1 - \frac{15+273}{T_H}, \, T_H = 960\,[\text{K}]$$
열효율을 70% 이상이 되게 하려면 고열원의 온도를 687℃ 이상이 되도록 해야한다. 30%일 때 411.43[K]
-적당한 온도 $\frac{960+411.43}{2} = 685.72\,[\text{K}]$이상

52 이상기체의 Joule-Thomson 계수를 바르게 나타낸 것은

① 0보다 크다. ② 0보다 작다. ③ 0과 같다. ④ 알 수 없다.

Solution 이상기체의 Joule-Thomson 계수는 0이며 실체기체의 경우, 등엔탈피 상태에서 온도가 감소하면 줄-톰슨 냉각효과가 커지고 온도가 증가하면 줄-톰슨 계수의 값이 (-)가 된다.

53 고열원 500℃와 저열원 35℃ 사이에 열기관을 설치하였을 때, 사이클 당 10MJ의 공급열량에 대해서 7MJ의 일을 하였다고 주장한다면 이 주장으로 맞는 것은?

① 타당하다. ② 가역기관이면 가능하다.
③ 마찰이 없으면 가능하다. ④ 타당하지 않다.

Solution 가역 열기관이라면 다음 식을 만족해야 한다.
$$\eta_c = \frac{W}{Q_H} = 1 - \frac{T_L}{T_H}$$
$$\eta = \frac{W}{Q_H} = \frac{7}{10} = 0.7, \, \eta_c = 1 - \frac{T_L}{T_H} = 1 - \frac{35+273}{500+273} = 0.6$$
이 문제의 열기관은 비가역 열기관이다. 비가역 열기관의 열효율이 가역열기관 사이클인 카르노 사이클의 열효율보다 클 수 없다. 그러므로 이 문제의 주장은 잘못되었다.

Answer 48 ② 49 ① 50 ③ 51 ② 52 ③ 53 ④

chapter 5 증기(蒸氣: vapor)

1 순수물질(純粹物質)

일정불변(一定不變)의 균일한 화학적 구성을 갖춘 물질을 순수물질(純粹物質: pure substance)이라 하고 이 순수물질을 증기(蒸氣: vapour)라 한다. 그리고 순수한 물질이 혼합되어 이루어진 물질을 혼합물(混合物: mixture)이라 한다. 순수물질로는 질소, 산소, 물, 물과 수증기의 혼합물 그리고 얼음과 물의 혼합물 등이 있다. 이와 같은 물질들은 어느 상(相: phase)의 상태에 있더라도 화학적 조성이 동일하기 때문에 순수물질이라 한다. 즉, 순수물질은 여러 개의 상(phase)으로 존재할 수 있다. 이것을 반대로 표현하면 상(相: phase)에 따라서 화학적 조성이 달라지는 물질은 순수물질이 아니다. 예를 들어 공기는 산소, 질소를 비롯한 여러 가지 순수물질로 구성된 혼합물이다. 기체 상태로 존재할 때는 순수물질로 생각할 수 있으나 저온에서 액체산소, 액체질소가 동시에 존재할 때 기체상과 액체상에서의 화학적 조성이 달라지므로 이 범위에서는 순수물질로 취급할 수 없다.

순수물질의 열역학적 상태는 2개의 열역학적 독립변수만 알고 있으면 완전히 결정할 수 있다는 것을 경험적으로 알 수 있다. 열역학적 상태를 결정한다는 것은 순수물질의 압력, 체적, 온도, 엔탈피, 엔트로피 그리고 에너지 등의 모든 것을 2개의 독립변수만으로 구할 수 있음을 뜻한다.

2 물의 증발

순수물질인 물을 밀폐된 실린더 속에 넣고 일정한 압력상태에서 물을 가열하면 온도가 상승하면서 액체가 기체로 증발(蒸發: evaporation)하여 그림5-1과 같은 과정으로 변화여 간다. 이 때 실린더 속의 피스톤과의 마찰은 무시하고 그 피스톤 위에는 추를 올려놓았다.

물을 표준대기압(1atm, 760mmHg) 상태하에서 가열하면 물의 온도는 상승하면서 물의 체적은 조금씩 증가해 간다. 물의 온도가 100℃가 되면 물은 증발(evaporation)을 시작하며 증발하는 과정 동안에는 물의 온도가 변화하지는 않는다. 물이 전부 증발할 때까지 일정 온도를 그대로 유지하는데 이 때의 온도를 포화온도(飽和溫度: saturation temperature)라 하고 그 때의 압력을 포화압력(飽和壓力: saturation pressure)이라 한다.

(1) **과냉액**(過冷液: subcooled liquid)

과냉액은 포화온도 이하의 액체로 압축액(壓縮液: compressed liquid) 또는 압축수(壓縮水)라고도 한다. 즉, 과냉액은 순수 액체 상태의 물질이다.

(2) **포화액**(飽和液: saturated liquid)

포화액은 포화온도에 도달한 액체로 포화수(飽和水)라고도 한다. 즉, 포화액은 증발이 시작되는 최초 상태의 물질이다.

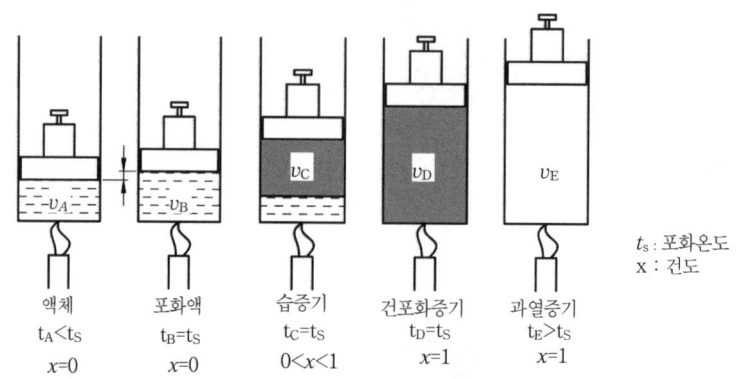

그림5-1 일정 압력 상태에서 물의 증발 과정

(3) 습증기(濕蒸氣 : wet vapour)

습증기는 액체가 증발하는 도중의 액체 성분을 갖고 있는 증기로 이 때의 온도는 계속해서 포화온도를 유지하며 습포화증기(濕飽和蒸氣 : wet saturated vapour)라고도 한다. 즉, 액체(포화액)와 기체(건포화증기)가 혼합된 상태의 물질이다.

① 건조도(乾燥度 : dryness fraction)

전체의 물질 1kg 중에 들어있는 증기의 양을 건조도(乾燥度 : dryness fraction) 또는 질(質 : quality)이라 한다. 즉, 습증기 중 단위 질량당 증기의 양이 건조도이다. 기호로는 x로 표현한다.

② 습도(濕度 : wetness fraction)

전체의 물질 1kg 중에 들어있는 액체의 양을 습도(濕度 : wetness fraction)라 한다. 즉, 습증기 중 단위 질량당 액체의 양이 습도이다. 기호로는 y로 표현한다.

건조도 x와 습도 y의 관계는 다음과 같이 정리된다.

$$x + y = 1 \quad ★ \tag{5-1}$$

(4) 건포화증기(乾飽和蒸氣 : dry saturated vapour)

건포화증기는 액체가 모두 증기로 변화되어 증기만 존재하는 상태이다. 그리고 이 때 온도는 포화온도를 그대로 유지한다. 즉, 건포화증기는 최초로 완전증기만 존재하는 상태의 물질이다.

(5) 과열증기(過熱蒸氣 : superheated vapour)

건포화증기를 가열하여 포화온도 이상의 증기가 된 것을 과열증기라 하고 과열증기는 이상기체로 취급할 수 있다.

① 과열도(過熱度 : degree of superheat)

과열증기의 온도와 포화온도의 차이다.

3 증기선도(蒸氣線圖 : vapour chart) ★★★★★

증기선도란 표준대기압, 0℃ 상태의 물을 가열하였을 때 과냉액, 포화액, 습증기, 건포화증기, 그리고 과열증기로의 상(相 : phase)의 변화에 따른 열역학적 상태량의 변화를 나타낸 선도이다. 이와 같은 선도에는 P-v 선도, T-s 선도, h-s 선도 그리고 P-h 선도 등이 있다.

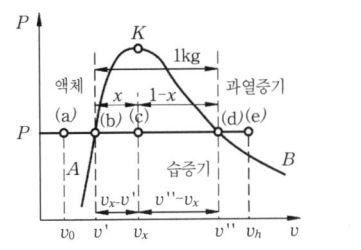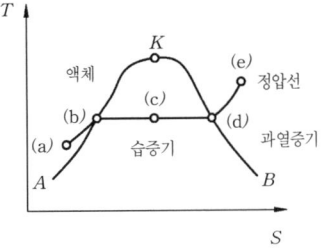

그림5-2 P-v 선도와 T-s선도

(1) P-v 선도와 T-s 선도

그림5-2의 P-v선도에서 P는 압력이고 v는 비체적이다. 이것은 상태 변화 중 이루어진 일량의 크기를 면적으로 표시하고 있는 증기선도이다. T-s 선도에서 T는 절대온도이고 s는 비엔트로피로 상태 변화 중 수수한 열량을 선도의 면적으로 표현할 수 있는 증기선도이다. 이 두 선도는 주로 이론적 해석을 하는데 이용되고 있다. 증기선도를 파악하고 이것을 이용하여 문제를 풀기 위해선 다음의 용어들이 정리되어 있어야 한다.

① 임계상태(臨界狀態 : critical state)
　주어진 압력과 온도 이상에서 더 이상의 기화가 일어나지 않는 상태 또는 습증기가 존재할 수 없는 상태를 임계상태라 하고 증기선도에서 임계상태는 K점이 되며 이 점을 임계점(臨界點 : critical point)이라 한다. 임계상태의 압력을 임계압력, 온도를 임계온도, 비체적을 임계비체적이라 한다. 물의 임계압력은 225.56ata이고 임계온도는 374.15℃, 임계비체적은 3.17 ℓ /kg이다.

② 포화액선(飽和液線 : saturated liquid line)
　상이한 압력들에 대한 포화액의 상태를 표시한 점들을 이은 곡선으로 증기선도에서 임계점을 기준으로 좌측으로 뻗어 내린 곡선이 된다. 그림5-2에서 KA곡선이 포화액선이다.

③ 포화증기선(飽和蒸氣線 : saturated vapour line)
　상이한 압력들에 대한 건포화증기의 상태를 표시한 점들을 이은 곡선으로 증기선도에서 임계점을 기준으로 우측으로 뻗어 내린 곡선이 된다. 그림5-2에서 KB곡선이 포화증기선이며 건포화증기선이라고도 한다.

④ 과냉액 구역
　증기선도에서 포화액선을 기준으로 좌측 범위가 과냉액 구역 즉, 그림5-2에서 (a) 구역이다. 그리고 포화액 상태에서는 건도(x)가 0이고 습도(y)는 1이다.

⑤ 습증기 구역
　증기선도에서 포화액선과 포화증기선 사이의 범위가 습증기 구역 즉, 그림5-2에서 (c) 구역이다. 습증기 구역에서는 정압선과 등온선이 겹쳐 일직선으로 도시된다. 그러므로 습증기 구역에서는 압력과 온도의 정보만으로 증기의 상태를 결정할 수는 없다. 이 구역에서 건도(x)는 0보다 크고 1보다 작다.

⑥ 과열증기 구역
　증기선도에서 포화증기선을 기준으로 우측 범위가 과열증기 구역 즉, 그림5-2에서 (e) 구역이 된다. 건포화증기 상태에서 건도(x)는 1이고 습도(y)는 0이다.

(2) h-s 선도

그림5-3에서 보듯이 수직축을 비엔탈피 h로 수평축을 비엔트로피 s로 놓고 증기의 상태를 결정할 수 있도록 한 선도로 몰리에르 선도(Mollier chart)라고도 한다.

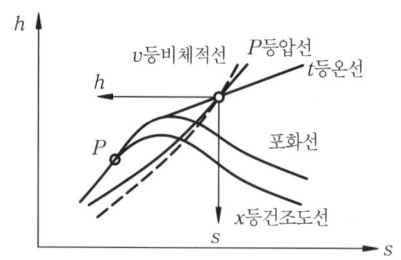

그림5-3 h-s선도(Mollier chart)

　　h-s 선도를 이용하면 과냉액 상태의 성질들을 파악해 내기는 어렵지만 건도 70% 이상의 습증기와 과열증기 구역의 성질들을 찾기에는 적당하도록 되어있는 선도이다.
① 정압선은 습증기 영역에서 직선으로 표시되고 액체 범위에서는 포화액선과 거의 겹치는 곡선으로 도시된다.
② 등온선은 습증기 영역에서 정압선과 일치하고 과열증기 영역으로 가면 포화한계선이 있는 방향으로 휘는 곡선이 되고 저압에서는 비엔탈피 h가 일정한 수평선에 근접하게 된다.

(3) P-h 선도

　　그림5-4에서 보듯이 수평축을 비엔탈피 h, 수직축을 압력 P로 하여 암모니아 또는 프레온 가스와 같은 냉동기의 냉매로 사용되는 증기의 상태를 결정하는데 적용할 수 있는 증기선도이다.
　　P-h 선도는 냉동 몰리에르 선도라고도 하며 과냉액과 습증기의 상태를 결정하기에 적당하도록 되어 있다는 것이 특징인 증기선도이다.

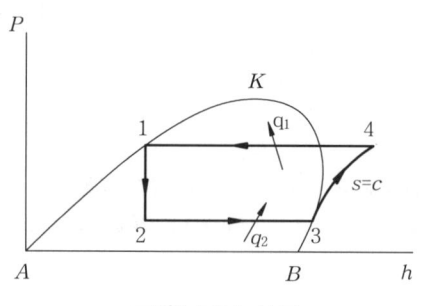

그림5-4 P-h 선도

　　P-h 선도는 냉동기의 증기 냉동 사이클로 사용되고 있으며 냉동기는 증발기, 압축기, 응축기 그리고 팽창밸브로 구성된다. 각 구성요소의 역학 관계는 제10장 냉동사이클에서 정리하기로 한다.
　　그림5-4에서 포화액선은 AK, 건포화증기선은 BK, 습증기 구역은 AKB, 과냉액은 AK 곡선의 좌측, 과열증기는 BK 곡선의 우측이다. 각 상태 변화 과정을 정리하면 다음과 같다.
① 1-2과정 : 팽창밸브-등엔탈피과정(교축팽창과정)
② 2-3과정 : 증발기-정압(등온)흡열과정, 냉매를 흡입열을 이용하여 기화시키는 과정이다.
③ 3-4과정 : 압축기-단열압축과정(등엔트로피과정)
④ 4-1과정 : 응축기-정압방열과정, 냉매로부터 열을 빼앗아 증기를 액체로 만드는 과정이다.

4 증기의 열역학적 상태량(狀態量)

(1) 포화액(飽和液)

　　증기의 열역학적 상태량에는 0℃ 포화액을 기준으로 내부에너지, 엔탈피 그리고 엔트로피 등이 있다. 물은 물의 3중점(triple point)을 기준으로 포화액의 내부에너지, 엔탈피 그리고 엔트로피의 값을 0으로 취급한다. 물의 3중점이란 증기, 액체, 고체의 3가지 상태가 동시에 공존해서 서로 평형을 유지하는 상태 즉, 융해곡선, 증발곡선, 승화곡선이 만나는 점이다. 이 점의 온도는 0.01℃, 비체적은 0.001m³/kg, 압력은 0.006233m³/kg인 상태로 그림5-5와 같다.

암모니아나 프레온과 같은 냉동기의 냉매로 사용되는 가스는 0℃ 포화액을 기준으로 이 때의 엔탈피는 100kcal/kg 그리고 엔트로피는 1000kcal/kgK으로 취급한다.

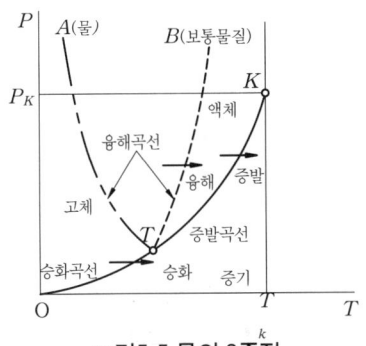

그림5-5 물의 3중점

본 장에서는 물을 기준으로 0℃ 압축액의 비체적, 비내부에너지, 비엔탈피, 비엔트로피를 각각 v_0, u_0, h_0, s_0 라 하고 임의의 포화액의 비체적, 비내부에너지, 비엔탈피, 비엔트로피를 각각 $v'(v_f)$, $u'(u_f)$, $h'(h_f)$, $s'(s_f)$ 로 표시한다. 그리고 임의의 건포화증기의 비체적, 비내부에너지, 비엔탈피, 비엔트로피를 각각 $v''(v_g)$, $u''(u_g)$, $h''(h_g)$, $s''(s_g)$ 라 한다.

① 액체열(液體熱 : heat of liquid)

주어진 압력(표준대기압)하에서 임의의 상태의 과냉액을 포화온도 t_s℃ 까지 가열하는데 필요한 열을 액체열 또는 감열(感熱)이라 한다.

$$q_1 = \int_{t_0}^{t_s} Cdt = C(t_s - t_0) \quad [kJ/kg, \ kcal/kg] \quad ★★ \qquad [5-2]$$

여기서, C는 물의 비열이고 t_0 는 가열 전 온도이므로 0℃이다. 열역학 제1법칙의 기초방정식에 근거하여 액체열을 미분식으로 표현하면

$$\delta q = du + Pdv$$

이고, 이 식을 적분하면 다음과 같다.

$$q_1 = (u' - u_0) + P(v' - v_0)$$
$$= C(t_s - t_0) \qquad [5-3]$$
$$q_1 = u' + Pv' = Ct_s \quad [kJ/kg, \ kcal/kg] \qquad [5-4]$$

② 비엔탈피 변화

과냉액 상태에서 포화액 상태까지 변화하는 동안 비엔탈피의 변화를 비엔탈피의 정의로부터 정리해 보면 다음과 같다.

$$\Delta h = \Delta u + \Delta Pv$$
$$h' - h_0 = u' - u_0 + P(v' - v_0) = (u' + Pv') - (u_0 + Pv_0) \quad ★★ \qquad [5-5]$$
$$h' - h_0 = q_1 \qquad [5-6]$$

주어진 압력하에서 임의의 상태의 과냉액을 포화온도 t_s℃ 까지 가열하는데 발생한 엔탈피 변화량은 액체열과 같다. 여기서, 포화액의 비엔탈피는 다음과 같다.

$$h' = h_0 + q_1 = h_0 + \int_{t_0}^{t_s} C dt \qquad [5\text{-}7]$$

③ 비엔트로피 변화

이 때 발생한 비엔트로피의 변화량을 구하면

$$ds = \frac{\delta q}{T}$$

$$s' - s_0 = \int_{T_0}^{T_s} C \frac{dT}{T} = C \ln\left(\frac{T_s}{T_0}\right) \quad [\text{kJ/kgK, kcal/kgK}] \;\bigstar\bigstar \qquad [5\text{-}8]$$

이다. 여기서, $T_0 = 273$ [K] 이고 T_s는 포화온도의 절대온도이다. 그리고 포화액의 비엔트로피를 구하면 다음과 같다.

$$s' = s_0 + \int_{T_0}^{T_s} C \frac{dT}{T} = s_o + C \ln\left(\frac{T_s}{T_0}\right) \qquad [5\text{-}9]$$

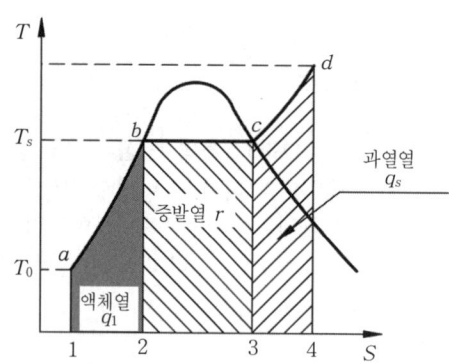

그림5-6 증기의 액체열, 증발잠열, 과열열

(2) 습증기(濕蒸氣)

습증기 상태는 포화액을 정압하에서 건포화증기가 될 때까지 가열시키는 동안 액체와 기체가 혼합된 상태의 증기이다. 습증기의 열역학적 상태량을 구하려면 포화액과 건포화증기의 열역학적 상태량을 알고 있어야 한다. 포화액과 건포화증기의 상태량은 문제 상에서 조건으로 주어지나 실제적으로는 증기선도와 증기표로부터 찾아야 한다.

① 증발잠열(蒸發潛熱)

포화액을 정압하에서 건포화증기가 될 때까지 가열하는데 필요한 열을 증발열 또는 증발잠열이라 한다. 증발잠열은 열역학 제1법칙 미분형 기초방정식으로부터 정리된다.

$$\delta q = du + pdv = dh - vdP$$
$$dP = 0$$
$$q = (u'' - u') + P(v'' - v') = h'' - h' \qquad [5\text{-}10]$$

여기서, 증발열을 γ로 놓으면 식 [5-10]은 아래와 같이 내부증발잠열과 외부증발잠열의 합으로 표현되고 포화액에서 건포화증기까지 가열하는데 발생하는 비엔탈피의 변화는 증발잠열의 크기와 같다.

$$\gamma = h'' - h' = (u'' - u') + P(v'' - v') \quad [\text{kJ/kg, kcal/kg}] \;\bigstar\bigstar\bigstar$$

건포화증기의 비엔탈피는 아래와 같이 증발열을 이용하여 표현할 수 있다.

$$h'' = h' + \gamma$$
$$\gamma = \rho + \psi \qquad [5\text{-}11]$$

$$\rho = u'' - u', \quad \psi = P(v'' - v') \qquad [5\text{-}12]$$

식 [5-12]에서 ρ가 내부증발열(內部蒸發熱)이고 ψ가 외부증발열(外部蒸發熱)이다.

② 비엔트로피 변화

포화액에서 건포화증기까지 가열하는데 발생하는 비엔트로피의 변화는 정의로부터 정리하면

$$ds = \frac{\delta q}{T}$$

$$\Delta s = s'' - s' = \frac{q}{T_s} = \frac{\gamma}{T_s} \qquad [5\text{-}13]$$

이다. 여기서, T_s는 포화온도의 절대온도이고 건포화증기의 비엔트로피는

$$s'' = s' + \frac{\gamma}{T_s} \quad \star\star\star$$

이다.

③ 습증기 구역에서 상태량

건조도가 x인 습증기의 상태량들은 선형보간법을 이용하여 구할 수 있다. 건조도가 x인 비체적을 v_x라 하면

$$\frac{1}{v'' - v'} = \frac{1-x}{v'' - v_x}$$

$$v'' - v_x = (1-x)(v'' - v')$$

$$v_x = v'' - v'' + v' + x(v'' - v')$$

$$v_x = v' + x(v'' - v')$$

$$= v' + (1-y)(v'' - v') = v'' - y(v'' - v') \quad \star\star\star\star \qquad [5\text{-}14]$$

이다. 동일한 방법으로 습증기의 비내부에너지, 비엔탈피, 비엔트로피를 각각 u_x, h_x, s_x라 하면 다음과 같이 정리된다.

$$u_x = u' + x(u'' - u') = u' + x\rho \quad \star\star\star\star \qquad [5\text{-}15]$$

$$h_x = h' + x(h'' - h') = h' + x\gamma = u_x + Pv_x \quad \star\star\star\star \qquad [5\text{-}16]$$

$$s_x = s' + x(s'' - s') = s' + x\frac{\gamma}{T_s} \quad \star\star\star\star \qquad [5\text{-}17]$$

(3) 과열증기(過熱蒸氣)

과열증기는 주어진 압력에 대한 포화온도 이상으로 가열시켜 만들어진 증기로 과열도가 높은 과열증기는 이상기체(理想氣體)로 가정할 수 있다. 그러므로 과열증기는 정압상태의 이상기체로 간주하여 열역학적 상태량을 정리하면 아래와 같다. 여기서, 과열증기 상태의 비체적을 v, 비내부에너지를 u, 비엔탈피를 h, 비엔트로피를 s 그리고 과열증기의 절대온도는 T이다.

① 내부에너지의 변화

$$u - u'' = \int_{T_s}^{T} C_v dT = C_v(T - T_s) \qquad [5\text{-}18]$$

$$u = u'' + C_v(T - T_s) \quad \star\star$$

② 엔탈피의 변화

$$h - h'' = \int_{T_s}^{T} C_P dT = C_P(T - T_s) \qquad [5\text{-}19]$$

$$h = h'' + C_P(T - T_s) \quad \star\star$$

③ 과열열(過熱熱 : heat of super heating)

주어진 압력하에서 건포화증기를 과열증기 온도 T까지 가열하는데 요구되는 열량으로 엔탈피

변화량과 동일하다.

$$q_s = h - h'' = \int_{T_s}^{T} C_P dT = C_P(T - T_s) \quad \star\star\star \qquad [5\text{-}20]$$

④ 엔트로피의 변화

$$s - s'' = \int_{T_s}^{T} C_P \frac{dT}{T} = C_P \ln \frac{T}{T_s} \quad \star\star \qquad [5\text{-}21]$$

5 교축과정(絞縮過程 : throttling)

밸브(valve)나 오리피스(oriffice) 등의 미소한 단면을 증기가 통과하면서 압력과 온도가 저하되고 외부에 일을 남기지 않으며 정상류 비가역과정으로 열전달도 없는 등엔탈피 과정을 교축과정이라 한다. 완전가스의 교축과정은 등엔탈피 변화로 압력강하가 수반되며 온도는 변화하지 않는다. 그러나 냉동기의 냉매로 사용되고 있는 암모니아, 탄산가스, 공기 등과 같은 실제가스의 교축변화시에는 등엔탈피 과정으로 압력강하와 온도 저하 현상이 수반된다. 이러한 현상을 줄-톰슨 효과(Joule - Thomson effect)라 한다.

(1) 교축열량계(絞縮熱量計 : throttling calorimeter)

습증기를 교축하면 건도가 증가하여 건포화증기가 되고 이 건포화증기를 교축하면 과열증기가 된다. 교축열량계란 이러한 현상을 이용하여 습포화증기의 건도를 측정하는 계기이다. 이 교축열량계의 구조는 그림5-8과 같다.

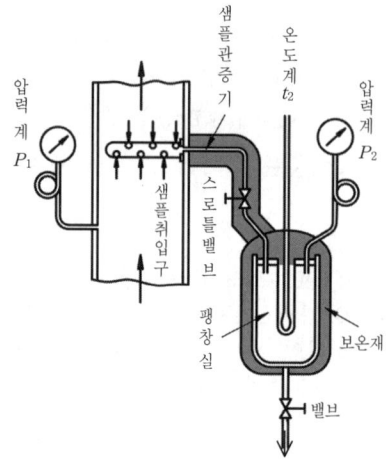

그림5-8 교축열량계

chapter 5 실전연습문제

01 1kg의 액체를 정압하의 0℃에서 포화온도까지 가열하는데 요구되는 열량을 다음 중 무엇이라고 하는가?

① 증발열   ② 액체열   ③ 흡열열   ④ 과열열

Solution ① 증발열: 포화액에서 건포화증기까지 가열하는데 요구되는 열량
② 과열열: 건포화증기에서 임의의 과열증기까지 가열하는데 요구되는 열량

02 건포화증기를 정적하에서 압력을 올리면 건도는 어떻게 되는가?

① 증가한다.   ② 감소한다.
③ 불변한다.   ④ 증가할 수도 감소 할 수도 있다.

Solution 건포화증기를 정적하에서 압력을 낮추면 건도는 감소한다.

03 습증기에 있어서 증발열, 액체열, 내부 증발열, 외부 증발열, 건조도를 각각 γ, q_1, ρ, ϕ, x라 할 때 다음 중 옳은 것은?

① $q_1 = \rho + \phi - \gamma$ ② $\gamma = \rho + \phi$ ③ $q_1 = x\rho + (1-x)\gamma$ ④ $\gamma = x\rho + (1-x)\phi$

04 포화액의 포화온도를 그대로 두고 압력을 높이면 어떤 상태가 되는가?

① 과열증기   ② 포화액   ③ 습증기   ④ 압축액(과냉액)

Solution T=const 상태에서 압력을 증가시키면 포화액은 등온선을 따라서 올라가면 과냉액이 된다. 이것은 아래와 같은 P-v 증기선도를 보면 알 수 있다.

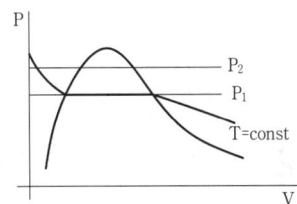

05 건포화증기를 정적하에서 압력을 높이면 어떻게 변화하는가?

① 과냉액체   ② 습증기   ③ 과열증기   ④ 포화액

06 습증기를 단열 압축시켰을 때 설명으로 다음 중 맞는 것은?

① 온도는 변하지 않는다.
② 압력은 올라가고 온도는 떨어져 액체가 된다.
③ 압력과 온도가 상승하며 과열증기가 된다.
④ 압력과 온도는 변하지 않는다.

Answer 01 ②   02 ③   03 ②   04 ④   05 ③   06 ③

Solution 습증기를 단열압축시키면 압력과 온도는 상승하고 건조도가 낮은 습증기는 과냉액이 되며 건조도가 높은 습증기는 과열증기가 된다.

07 건조도가 x인 습증기의 비체적을 v_x 라 했을 때 다음 중 맞는 것은? (단, v'는 포화액의 비체적이고, v''는 건포화증기의 비체적이다.)

① $v_x = v' + x(v' - v'')$
② $v_x = v'' + x(v'' - v')$
③ $v_x = v' + x(v'' - v')$
④ $v_x = v'' + x(v' - v'')$

08 다음 중 증발열(잠열)에 대한 설명으로 맞는 것은?
① 내부증발열과 외부증발열의 합이다.
② 건포화 증기의 엔탈피이다.
③ 증발에 따르는 내부에너지의 증가이다.
④ 체적 팽창에 의하여 나타나는 일의 열상당량이다.

Solution 증발잠열이란 증기 1kg이 포화온도 하에서 포화액 상태에서 건포화증기가 될 때까지 요구되는 열량으로 이 구간에서는 건포화증기의 비엔탈피와 포화액의 비엔탈피 차로 계산할 수 있다.

09 다음 중 과열도의 설명으로 옳은 것은?
① 포화온도-과열증기온도
② 과열증기온도-압축수의 온도
③ 포화온도-압축수의 온도
④ 과열증기온도-포화온도

10 포화액의 건조도는 몇 %인가?
① 0
② 50
③ 80
④ 100

11 습증기 구역에서 등온선과 일치하는 것은?
① 정압선
② 정적선
③ 단열선
④ 건조도선

12 증기선도(h-s 선도, 몰리에르 선도)에서 잘 알 수 없는 것은?
① 과열증기의 엔트로피
② 습증기의 엔탈피
③ 포화수의 엔탈피
④ 습증기의 엔트로피

Solution h-s선도를 몰리에르 선도(Mollier chart)라 하면 몰리에르 선도는 건조도가 높은 습증기와 과열증기의 상태량을 구하는데 적당하다. 과냉액과 포화액 범위는 혼잡하여 상태량을 구하는데 어려움이 있다. 몰리에르 선도는 증기터빈 설계에 이용되고 있다.

13 수증기의 몰리에르 선도에서 다음과 같은 두 개의 값을 알아도 습증기의 상태가 결정되지 않는 것은?
① 비체적과 엔탈피
② 온도와 엔탈피
③ 온도와 압력
④ 엔탈피와 엔트로피

Solution 습증기 구역 내에서는 등온변화와 정압변화가 일치하기 때문에 등압선과 등온선이 겹쳐 나타나므로 이 것만으로는 열역학적 상태량을 결정할 수 없다.

Answer 07 ③ 08 ① 09 ④ 10 ① 11 ① 12 ③ 13 ③

14 습증기 구역에서 정압변화는 동시에 등온변화이다. 정압변화로서 건조도가 x_1으로부터 x_2까지 증가할 때의 가열량 q_{12}로 다음 중 맞는 것은? (단, γ는 증발잠열이다.)

① $x_1 \gamma$ ② $(x_2 - x_1)\gamma$ ③ $x_2 \gamma$ ④ $(x_1 + x_2)\gamma$

Solution
$h_1 = h' + x_1(h'' - h') = h' + x_1\gamma$ $h_2 = h' + x_2(h'' - h') = h' + x_2\gamma$
$h_2 - h_1 = (x_2 - x_1)\gamma$

15 15℃의 물 $2.5m^3$ 중에 100℃의 건포화 증기를 도입하여 그 온도가 35℃로 되었다. 물 속에 도입된 증기량은 몇 kg인가? (단, 증발열은 2264.35kJ/kg이다.)

① 66.43 ② 82.76 ③ 76.89 ④ 54.38

Solution 열역학 제0법칙
$\sum Q = 0$
$Q_{얻} = Q_{잃} = m[\gamma + C_w \Delta t]$
$2.5 \times 10^3 \times 4.2 \times (35 - 15) = m \times [2264.35 + 4.2 \times (100 - 35)]$
$m = 82.76 \, [kg]$

16 압력 1.4MPa, 건조도 0.85인 습포화증기 $4.5m^3$의 질량은 몇 kg인가?
(단, $v' = 0.0011476m^3/kg$, $v'' = 0.1436m^3/kg$이다.)

① 12.65 ② 21.24 ③ 27.86 ④ 36.82

Solution
$v_x = \dfrac{V}{m} = v' + x(v'' - v')$
여기서, m은 습증기의 질량이다.
$\dfrac{4.5}{m} = 0.0011476 + 0.85 \times (0.1436 - 0.0011476)$
$m = 36.82 \, [kg]$

17 체적 350ℓ의 탱크 내에 습포화 증기 70kg이 들어 있다. 온도가 360℃일 경우 포화수 및 건포화증기의 비체적이 $v' = 0.0017468m^3/kg$, $v'' = 0.0081m^3/kg$이라면 건조도 x를 구한 것으로 다음 중 맞는 것은?

① 0.92 ② 0.72 ③ 0.52 ④ 0.48

Solution
$v_x = \dfrac{V}{m} = v' + x(v'' - v')$
$\dfrac{350 \times 10^{-3}}{70} = 0.0017468 + x(0.0081 - 0.0017468)$, $x = 0.52$

18 압력 4.85MPa의 건포화증기의 포화온도는 263℃이고 포화액의 비체적과 건포화증기의 비체적은 각각 $v' = 0.0012826m^3/kg$, $v'' = 0.04026m^3/kg$이고 비엔탈피는 $h' = 1151.43kJ/kg$, $h'' = 2803.92kJ/kg$이다. 이 증기의 내부증발열은 몇 kJ/kg인가?

① 1463.45 ② 1535.54 ③ 1678.23 ④ 1723.87

Solution ① 증발잠열
$\gamma = h'' - h' = 2803.92 - 1151.43 = 1652.49 \, [kJ/kg]$
② 외부증발잠열
$\psi = P(v'' - v') = 4.85 \times 10^3 \times (0.04026 - 0.0012826) = 189.04 \, [kJ/kg]$
③ 내부증발잠열
$\gamma = \rho + \psi$, $\rho = 1652.49 - 189.04 = 1463.45 \, [kJ/kg]$

Answer 14 ② 15 ② 16 ④ 17 ③ 18 ①

19 7.8kPa의 일정 압력하에서 0℃의 물 1kg당 550kJ의 열을 가할 때 건조도는 x는? (단, 7.8kPa의 포화액 비엔탈피와 건포화증기의 비엔탈피는 각각 $h' = 171.4 \text{kJ/kg}$, $h'' = 661 \text{kJ/kg}$이다.)

① 0.55　　　② 0.66　　　③ 0.77　　　④ 0.88

Solution
$P = \text{const}$
$q_{12} = h_x = h' + x(h'' - h')$
$550 = 171.4 + x \times (661 - 171.4)$, $x = 0.77$

20 h-s선도에서 압력 0.1MPa, 건도 0.9인 포화증기의 엔트로피값은 압력 0.1MPa, 건도 0.8인 포화증기의 엔트로피 값보다 어떠한가?

① 작다.　　　② 크다.　　　③ 같다.　　　④ 작거나 같다.

21 압력 610kPa인 물의 포화온도는 280℃, 건포화증기의 비체적은 $0.035 \text{m}^3/\text{kg}$ 이다. 이 압력하에서 건포화증기의 상태로부터 78℃만큼 과열시키면 비체적은 $0.045 \text{ m}^3/\text{kg}$ 이 된다. 이 때 필요한 과열열은 몇 kJ/kg인가? (단, 이 때 정압비열은 3.35kJ/kg이다.)

① 261.3　　　② 278.4　　　③ 284.5　　　④ 297.3

Solution $q_s = C_P \Delta T = 3.35 \times 78 = 261.3 \text{ [kJ/kg]}$

22 압축수를 온도변화 없이 압력을 낮추었을 때 다음 중 맞는 것은?

① 건포화증기가 된다.　　　② 과열증기가 된다.
③ 습도가 증가한다.　　　④ 건조도가 증가한다.

23 1.0MPa에서 포화액과 건포화증기가 혼합되어 이 혼합물의 엔탈피가 945kJ/kg이라면 이 혼합물 중의 포화액의 함량(y)은 약 몇 %인가? (단, 1.0MPa에서의 포화액과 건포화증기의 비엔탈피는 각각 763.5kJ/kg과 2778.5kJ/kg이다.)

① 71　　　② 81　　　③ 91　　　④ 100

Solution
$h_x = h' + x(h'' - h') = h' + (1-y)(h'' - h')$
$945 = 763.5 + (1-y) \times (2778.5 - 763.5)$, $y = 0.91$

24 습증기를 가역단열압축하면 건조도는 어떻게 변화하는가?

① 감소　　　② 감소 또는 증가　　　③ 증가　　　④ 불변

25 다음은 교축 과정에서 압력과 엔탈피 관계를 옳게 표현한 것은? (단, 교축전 상태 P_1, h_1, 교축후 상태 P_2, h_2 이다.)

① $P_1 = P_2$, $h_1 = h_2$　② $P_1 < P_2$, $h_1 = h_2$　③ $P_1 = P_2$, $h_1 > h_2$　④ $P_1 > P_2$, $h_1 = h_2$

26 포화액과 포화증기의 구분이 없어지는 상태의 기체의 경우 고온, 고압에서 나타난다. 이들의 상태를 무엇이라고 부르는가?

① 임계점　　　② 삼중점　　　③ 포화점　　　④ 비점

Solution 임계점을 기준으로 포화액선과 건포화증기선으로 구분된다. 임계점이란 주어진 압력과 온도하에서 더 이상 액상으로서 존재할 수 없는 상태로 고온·고압 상태면 과열증기 상태가 될 것이다.

Answer 19 ③　20 ②　21 ①　22 ④　23 ③　24 ②　25 ④　26 ①

27 다음 온도의 포화수 중 증발열이 가장 많이 소요되는 것은?

① 200℃   ② 25℃   ③ 0℃   ④ -20℃

> Solution 증발열이란 액체를 가열하여 기체로 만들기 위한 열량으로 액체의 온도가 낮을수록 기체로 만들기 위한 열량은 크다.

28 몰리에르(Mollier)선도는 종축과 횡축에 무엇을 표시한 선도인가?

① 엔탈피-엔트로피 선도   ② 압력-비체적 선도
③ 체적-엔트로피 선도   ④ 온도-엔탈피 선도

> Solution 몰리에르(Mollier)선도는 h-s선도이다. 세로축에 엔탈피, 가로축에 엔트로피이다.

29 1MPa, 300℃에서 50m/sec의 속도로 엔트로피가 7.1229kJ/kg K인 과열 수증기가 터빈에 공급되어 150kPa에서 200m/sec의 속도로 배출된다. 과정은 가역단열과정으로 가정할 때 배출되는 수증기에는 몇 %의 포화물이 포함되어 있는가? (단, 포화수증기의 엔트로피 $s_g = 7.2233 kJ/kgK$, 증발엔트로피 $s_f = 5.7897 kJ/kgK$ 이다.)

① 20.1%   ② 7%   ③ 1.2%   ④ 18.5%

> Solution $s_x = s' + x(s'' - s') = s_f + (1-y)(s_g - s_f)$
> $7.1229 = 5.7897 + (1-y) \times (7.2233 - 5.7897)$, $y = 0.07 = 7\,[\%]$

30 건포화증기를 단열 압축하면 어떻게 되는가?

① 압력이 높아지고 습도가 증가한다.   ② 온도는 변하지 않는다.
③ 온도가 낮아지면 습증기가 된다.   ④ 온도가 높아지면 과열증기가 된다.

> Solution T-S선도에서 단열압축 변화를 보면 온도 상승, 압력상승으로 과열증기가 된다는 것을 알 수 있다.

31 1MPa 압력의 습증기를 교축 열량계를 통과하여 압력이 100kPa, 123℃의 과열증기가 되었다. 이 습증기의 건도는 얼마인가? (단, 1MPa에서 포화증기 및 포화수의 엔탈피는 각각 2784 kJ/kg, 760kJ/kg이고, 100kPa에서 123℃의 과열증기의 엔탈피는 2730kJ/kg이다.)

① 0.033   ② 0.273   ③ 0.733   ④ 0.973

> Solution 교축 열량계 통과시 변화는 등엔탈피 변화이다.
> $h = Const$
> $h_x = h' + x(h'' - h')$
> $2730 = 760 + x(2784 - 760)$, x=0.973

32 다음 T-s 선도에서 액체열을 나타내는 면적은?

① 1-2-c-b-1
② 0-1-b-a-0
③ 2-3-d-c-2
④ 0-1-2-c-a-0

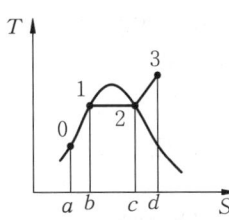

> Solution 액체열이란 주어진 압력(표준대기압)하에서 임의의 상태의 과냉액을 포화온도까지 가열하는데 필요한 열로 감열이라고도 한다.

Answer 27 ④ 28 ① 29 ② 30 ④ 31 ④ 32 ②

33 습증기를 가역단열압축하면 건도는 어떻게 변하는가?

① 감소 또는 증가   ② 감소   ③ 증가   ④ 불변

> **Solution** 가역단열압축하면 압력과 온도는 증가한다. 그러면 건도가 낮은 습증기들은 과냉액상태로 변화할 것이고 건도가 높은 습증기들은 과열증기로 변해 갈 것이다. 그러므로 건도는 감소 또는 증가한다.

34 다음 중에서 완전가스의 상태식을 적용하여도 좋은 상태로 가장 적당한 것은?

① 100℃ 포화수증기
② 5기압, 200℃의 과열수증기
③ 임계상태의 포화수증기
④ 1기압, 200℃, 상대습도 70%의 습공기 중의 수증기

> **Solution** 과열증기는 이상기체(완전가스)로 가정할 수 있으므로 이상기체 상태방정식을 적용할 수 있다. 포화액에서 건포화증기까지의 상태 변화는 증기표나 증기선도를 이용하여 문제를 해결하여야 한다.

35 다음 그림은 물, 수증기에 대한 T-S선도이다. 여기에서 곡선 abcd가 정압선인 경우, 증발 잠열(증발열)을 표시하는 면적은 어떻게 나타나겠는가?

① ab21a
② bc32b
③ cd43c
④ abc31a

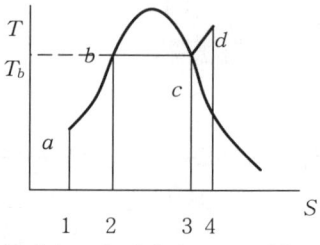

> **Solution** 증발잠열이란 포화액이 건포화증기로 변화하는데 필요한 열량으로 이 때의 온도는 포화온도로써 온도 변화 없이 그대로 유지된다.

36 다음 T-S선도에서 빗금 친 부분은 무엇을 나타내는가?

① 엔탈피
② 엔트로피
③ 열량
④ 일량

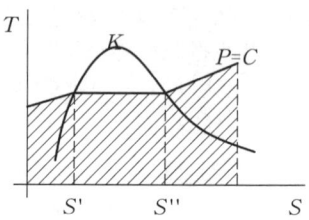

> **Solution** P-V선도에서 면적은 일량의 크기를 나타내고 T-S선도에서 면적은 열량의 크기를 나타낸다.
> $\delta Q = T \cdot dS$

37 물 1kg이 압력 294kPa에서 증발할 때 증가한 체적이 $0.8m^3$이었다면, 이 때의 외부 증발열은 얼마나 되겠는가?

① 235.2 kJ/kg   ② 127.2 kJ/kg   ③ 260.4 kJ/kg   ④ 370 kJ/kg

> **Solution** $\psi = P(v'' - v') = 294 \times 0.8 = 235.2$ [kJ/kg]

38 일정 압력하에서 0℃의 물에 540kJ/kg의 열을 가했을 경우, 압력이 8kPa인 증기의 건조도는? (단, 8kPa의 h'=171.35 kJ/kg, h''=660.8 kJ/kg이다.)

① 약 0.753   ② 약 0.558   ③ 약 0.403   ④ 약 0.389

Answer   33 ①   34 ②   35 ②   36 ③   37 ①   38 ①

> **Solution** $h_x = h' + x(h'' - h')$; $540 = 171.35 + x(660.8 - 171.35)$, $x = 0.753$

39 압력 600kPa의 물의 포화온도는 274℃, 건포화증기의 비체적은 $0.033m^3/kg$ 이다. 이 압력하에서 건포화증기의 상태로부터 75℃만큼 과열되면, 비체적은 $0.043m^3/kg$ 이 된다. 과열의 열량은 몇 kJ/kg인가? (단, 이 때 평균 정압비열은 3.4kJ/kg℃이다.)

① 255　　　　② 227　　　　③ 194　　　　④ 150

> **Solution** 건포화증기를 과열증기로 만드는에 필요한 열량은 다음과 같다.
> $q_s = C_P \varDelta t = 3.4 \times 75 = 255 \ [kJ/kg]$

40 포화수가 갖는 열량에서 액체열은?
① 포화수가 갖는 엔탈피와 같다.　　② 포화수가 갖는 내부에너지보다 작다.
③ 포화수의 엔탈피보다 작다.　　　 ④ 잠열량과 같다.

> **Solution** 액체열이란 정압하에서 물을 가열하여 포화액까지 만드는데 필요한 열량으로 이 때의 가열량은 엔탈피 변화와 같다.

41 1.002MPa에서 포화물과 포화증기가 혼합되어 있다. 이 혼합물의 엔탈피가 942kJ/kg이라면 이 혼합물 중의 포화물의 함량은 얼마인가? (단, 1.002MPa에서의 포화물과 포화증기의 엔탈피는 각각 763.2kJ/kg과 2778.2 kJ/kg이다.)

① 91.13%　　　② 46.75　　　③ 41.56　　　④ 81.02%

> **Solution** $h_x = h' + x(h'' - h') = h' + (1-y)(h'' - h')$
> $942 = 763.2 + (1-y)(2778.2 - 763.2)$, $y = 0.9113$

42 포화증기를 정적하에서 압력을 높이면 어떻게 되며, 압력 일정하에서 온도를 높이면 어떻게 되겠는가?
① 모두 포화증기 그대로이다.
② 모두 과열증기로 변화한다.
③ 정적하에서 압력을 가하면 포화증기가 되나 압력 일정하에서 온도를 높이면 과열증기가 된다.
④ 정적하에서 압력을 가하면 과열증기가 되나 압력 일정하에서 온도를 높이면 포화증기가 된다.

> **Solution** P-V 증기 선도에서 건포화증기를 정적하에서 압력을 높이면 과열증기가 됨을 알 수 있고 T-S 증기 선도에서 압력 일정하에 온도를 높이면 또한 과열증기가 됨을 알 수 있다.

43 건포화증기를 정적하에서 압력을 낮추면 건도는 어떻게 되는가?
① 증가한다.　　② 감소한다.　　③ 불변이다.　　④ 증가할 수도 있다.

> **Solution** P-V증기 선도에서 보면, 건포화증기를 정적하에서 압력을 낮추면 습증기가 되므로 건도는 감소한다.

44 체적 400L의 탱크 안에 습포화증기 64kg이 들어 있다. 온도가 350℃일 경우 포화수 및 포화증기의 비체적 $v' = 0.0017468 m^3/kg$, $v'' = 0.008811 m^3/kg$ 라면 건조도는 몇 %인가?

① 52　　　　② 61　　　　③ 64　　　　④ 69

> **Solution** $v_x = \dfrac{V}{m} = v' + x(v'' - v')$
> $\dfrac{400 \times 10^{-3}}{64} = 0.0017468 + x(0.008811 - 0.0017468)$, x=0.64

Answer 39 ①　40 ①　41 ①　42 ②　43 ②　44 ③

45 물의 상태 변화를 표시하는 다음 선도에서 상태변화 1→2가 등온변화를 나타내는 것은?

① 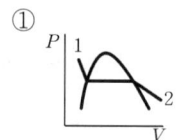　② 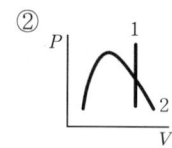　③ 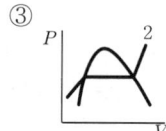　④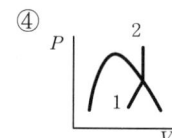

> **Solution** V가 일정할 때 압력과 온도는 비례하므로 그 관계를 적용시키면 체적이 감소하면 압력과 온도는 증가하고 체적이 증가하면 압력과 온도가 감소한다.

46 1kg의 물을 등압하에서 가열할 때의 상태변화를 나타내는 P-V 선도는 다음 그림과 같다. 이 그림에서 압축수를 나타내는 점은?

① C점
② E점
③ A점
④ B점

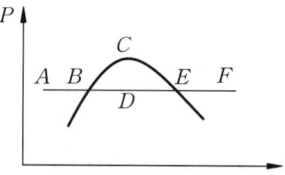

> **Solution** C: 임계점, A: 과냉액(압축수), B: 포화액, D: 습증기, E: 건포화증기, F: 과열증기

47 습증기 구역에서 등온변화와 일치하는 변화는?

① 단열변화　② 정적변화　③ 정압변화　④ 교축변화

> **Solution** 습증기란 포화온도상태에서 포화액에서 건포화증기까지의 상태로 수증기의 변화과정의 전 과정이 정압상태에서 이루어진다.

48 체적 $0.5m^3$의 용기에 액체상태와 증기상태의 물 2kg이 들어 있으며, 압력 0.5MPa에서 평형을 이루고 있다. 용기 내의 액체상태 물의 질량은 몇 kg인가? (단, 0.5MPa에서 수증기 포화액의 비체적은 $0.001093m^3/kg$, 포화증기의 비체적은 $0.3749m^3/kg$이다.)

① 0.3788　② 1.6659　③ 1.3318　④ 0.6682

> **Solution**
> $$v_x = \frac{V}{m} = v' + x(v'' - v')$$
> $$\frac{0.5}{2} = 0.001093 + x(0.3749 - 0.001093), \quad x = 0.6659$$
> $$y = 1 - x = \frac{m_f}{m} \; ; \; 1 - 0.6659 = \frac{m_f}{2}, \quad m_f = 0.6682 \, [kg]$$

49 그림에서 A점은 무엇을 나타내는가?

① 임계점
② 삼중점
③ 승화점
④ 응고점

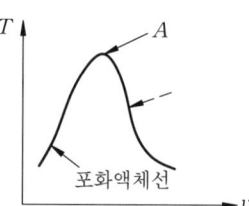

Answer　45 ①　46 ③　47 ③　48 ④　49 ①

chapter 6 혼합(混合)가스, 반완전(半完全) 가스와 공기(空氣)

1 혼합가스(混合 gas)

1. 이상기체(理想氣體)의 혼합물(混合物)

(1) 동일체적에서 두 기체의 혼합

그림6-1에서와 같이 체적이 V인 용기에 질량 m_A의 기체 A가 온도 T, 압력 P_A의 상태에 있다. 또 하나의 체적이 동일한 용기에는 질량 m_B의 기체 B가 온도 T, 압력 P_B의 상태로 있다. 두 용기의 기체를 하나의 용기에 혼합하였을 때 온도 T에서의 압력을 P라 하고 각 성분기체 A, B와 혼합기체가 모두 이상기체라면 다음과 같은 식이 성립한다.

$$n_A = \frac{m_A}{M_A}, \quad P_A V = n_A \overline{R} T$$

$$n_B = \frac{m_B}{M_B}, \quad P_B V = n_B \overline{R} T$$

$$n = n_A + n_B, \quad PV = n\overline{R}T \tag{6-1}$$

여기서, 혼합기체의 압력 P는 압력 P_A와 P_B의 합으로 생각할 수 있다. 이것을 돌턴(Dalton)의 분압 법칙이라 하고 압력 P_A와 P_B를 혼합기체의 분압(分壓)이라 한다.

$$P = P_A + P_B \tag{6-2}$$

$$P = \sum_{i=1}^{n} P_i = P_1 + P_2 + P_3 + \cdots + P_n \quad \bigstar\bigstar\bigstar \tag{6-3}$$

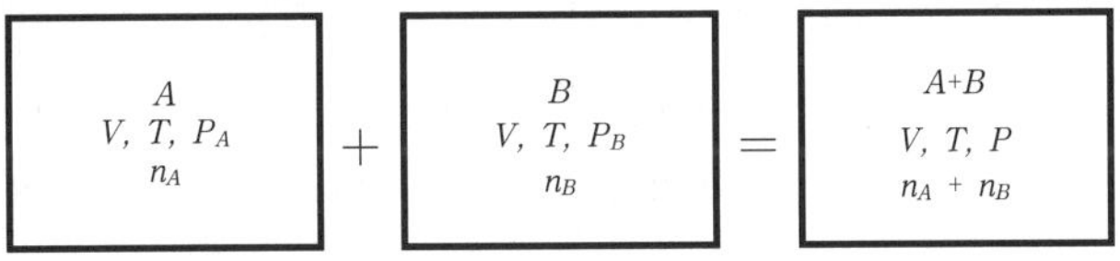

$$\boxed{\begin{array}{c} A \\ V,\ T,\ P_A \\ n_A \end{array}} + \boxed{\begin{array}{c} B \\ V,\ T,\ P_B \\ n_B \end{array}} = \boxed{\begin{array}{c} A+B \\ V,\ T,\ P \\ n_A + n_B \end{array}}$$

그림6-1 동일체적 하에서 혼합기체

(2) 동일압력에서 두 기체의 혼합

그림6-2에서와 같이 동일한 온도 T, 압력 P에서 체적이 각각 V_A와 V_B인 두 기체를 혼합하여 온도 T, 압력 P에서의 체적을 V라 하고 각 성분기체 A, B와 혼합기체가 모두 이상기체라면 다음과 같은 식이 성립한다.

$$PV_A = n_A \overline{R} T$$

$$PV_B = n_B \overline{R} T$$

$$PV = n\overline{R}T \qquad [6\text{-}4]$$

여기서, 혼합기체의 체적 V는 체적 V_A와 V_B의 합으로 생각할 수 있다. 이것을 Amagat의 법칙이라 하고 체적 V_A와 V_B는 분체적(分體積)이라 한다.

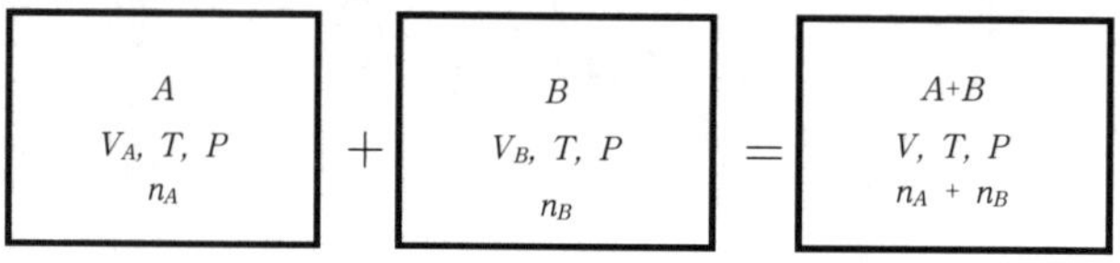

| A
V_A, T, P
n_A | + | B
V_B, T, P
n_B | = | A+B
V, T, P
$n_A + n_B$ |

그림6-2 동일압력 하에서 기체의 혼합

$$V = V_A + V_B \qquad [6\text{-}5]$$

$$V = \sum_{i=1}^{n} V_i = V_1 + V_2 + V_3 + \cdots + V_n \qquad [6\text{-}6]$$

(3) 혼합기체의 비중량

밀폐된 용기 속에 혼합기체의 각 성분의 비중량을 $\gamma_1, \gamma_2, \gamma_3, \cdots, \gamma_n$ 이라 하면 혼합기체의 전체 중량은 다음과 같이 표현된다.

$$G = G_1 + G_2 + G_3 + \cdots + G_n = \gamma_1 V_1 + \gamma_2 V_2 + \gamma_3 V_3 + \cdots + \gamma_i V_i = \gamma V \qquad [6\text{-}7]$$

식 [6-7]에서 혼합기체의 비중량 γ를 표현하면

$$\gamma = \gamma_1 \frac{V_1}{V} + \gamma_2 \frac{V_2}{V} + \gamma_3 \frac{V_3}{V} + \cdots + \gamma_n \frac{V_n}{V} = \sum_{i=1}^{n} \gamma_i \frac{V_i}{V} \qquad [6\text{-}8]$$

$$\gamma = \gamma_1 \frac{P_1}{P} + \gamma_2 \frac{P_2}{P} + \gamma_3 \frac{P_3}{P} + \cdots + \gamma_n \frac{P_n}{P} = \sum_{i=1}^{n} \gamma_i \frac{P_i}{P} \qquad [6\text{-}9]$$

이다.

(4) 혼합기체의 기체상수

밀폐된 용기 속에 n종의 가스가 혼합된 혼합기체의 온도를 T라 하면

$$PV = mR_m T$$

$$(P_1 + P_2 + P_3 + \cdots + P_n)V = (m_1 R_1 + m_2 R_2 + m_3 R_3 + \cdots + m_n R_n)T \qquad [6\text{-}10]$$

$$(m_1 R_1 + m_2 R_2 + m_3 R_3 + \cdots + m_n R_n) = \frac{(P_1 + P_2 + P_3 + \cdots + P_n)V}{T} \qquad [6\text{-}11]$$

$$P_1 V = m_1 R_1 T, \quad P_2 V = m_2 R_2 T, \quad P_3 V = m_3 R_3 T, \cdots, P_n V = m_n R_n T \qquad [6\text{-}12]$$

이다. 식 [6-11]에 식 [6-12]을 대입 정리하면 혼합기체의 가스상수 R_m은

$$mR_m = m_1 R_1 + m_2 R_2 + m_3 R_3 + \cdots + m_n R_n \qquad [6\text{-}13]$$

$$R_m = \frac{\sum_{i=1}^{n} m_i R_i}{m} \quad \bigstar\bigstar\bigstar \qquad [6\text{-}14]$$

이다. 여기서, m은 혼합기체의 전체질량이다. 공학단위에서는 질량 m을 중량 G로 바꾸면 된다.

$$R_m = \frac{8314}{M} \ [\text{J/kgK}]$$

$$M = \sum_{i=1}^{n} M_i \left(\frac{V_i}{V}\right) = \sum_{i=1}^{n} M_i \left(\frac{P_i}{P}\right)$$

$$R_m = \frac{8314}{\sum_{i=1}^{n} M_i r_i} \quad [J/kgK] \qquad [6\text{-}15]$$

$$R_m = \frac{848}{\sum_{i=1}^{n} M_i r_i} \quad [kg_f \cdot m/kgK] \qquad [6\text{-}16]$$

(5) 혼합기체의 비열

혼합기체의 비열이란 혼합가스의 온도 1℃를 높이는데 필요한 열량으로 혼합기체 1℃ 높이는 데 필요한 열량은 각 성분가스를 1℃ 높이는데 필요한 열량의 합과 같다.

$$mC_m = m_1 C_1 + m_2 C_2 + m_3 C_3 + \cdots + m_n C_n = \sum_{i=1}^{n} m_i C_i \qquad [6\text{-}17]$$

식 [6-17]로부터 혼합가스의 비열 C_m을 구하면 다음과 같다.

$$C_m = \frac{m_1 C_1 + m_2 C_2 + m_3 C_3 + \cdots + m_n C_n}{m} = \frac{\sum_{i=1}^{n} m_i C_i}{m} \quad [kJ/kg℃] \;\star\star\star \qquad [6\text{-}18]$$

여기서, m은 혼합기체의 전체질량이다. 공학단위에서는 질량 m을 중량 G로 바꾸면 된다.

(6) 혼합기체의 온도

밀폐된 용기에 들어 있는 혼합 전 각 성분 기체들의 온도는 T_1, T_2, T_3, …, T_n이고, 혼합 후 온도가 T_m일 때 열적 평형 상태를 이루므로

$$\begin{aligned}&\sum Q = 0 \\ &m_1 C_1 (T_m - T_1) + m_2 C_2 (T_m - T_2) + m_3 C_3 (T_m - T_3) \\ &+ \cdots + m_n C_n (T_m - T_n) = 0\end{aligned} \qquad [6\text{-}19]$$

이다. 식 [6-19]에서 혼합기체의 온도 T_m을 구하면 다음과 같다.

$$T_m \sum_{i=1}^{n} m_i C_i = \sum_{i=1}^{n} m_i C_i T_i$$

$$T_m = \frac{\sum_{i=1}^{n} m_i C_i T_i}{mC} \;\star\star \qquad [6\text{-}20]$$

여기서, m은 혼합기체의 전체질량이다. 공학단위에서는 질량 m을 중량 G로 바꾸면 된다.

2. 이상기체 혼합물의 내부에너지와 엔탈피

이상기체의 내부에너지와 엔탈피는 온도만의 함수이므로 혼합가스의 내부에너지와 엔탈피는 각 기체 성분의 내부에너지와 엔탈피의 합으로 구한다.

$$U_m = m_1 u_1 + m_2 u_2 + m_3 u_3 + \cdots + m_n u_n = \sum_{i=1}^{n} m_i u_i = mC_{Vm} T_m \qquad [6\text{-}21]$$

$$H_m = m_1 h_1 + m_2 h_2 + m_3 h_3 + \cdots + m_n h_n = \sum_{i=1}^{n} m_i h_i = mC_{Pm} T_m \qquad [6\text{-}22]$$

여기서, u는 각 성분 기체의 비내부에너지, U_m은 혼합가스의 내부에너지이고 h는 각 성분 기체의 비엔탈피, H_m은 혼합가스의 엔탈피이다.

혼합기체의 정적비열과 정압비열은 식 [6-18]을 이용하여 다음과 같이 구한다.

$$C_{Vm} = \frac{\sum_{i=1}^{n} m_i C_{Vi}}{m} \quad [6\text{-}23]$$

$$C_{Pm} = \frac{\sum_{i=1}^{n} m_i C_{Pi}}{m} \quad [6\text{-}24]$$

여기서, m은 혼합기체의 전체질량이다. 공학단위에서는 질량 m을 중량 G로 바꾸면 된다.

3. 이상기체 혼합물의 엔트로피

그림6-3와 같이 압력이 P_A, 온도가 T_A인 m_A 질량의 이상기체 A와 압력이 P_B, 온도가 T_B인 m_B 질량의 이상기체 B가 혼합되어 압력 P와 온도 T의 혼합기체가 될 때 엔트로피의 변화에 대해서 정리한다.

혼합기체가 이상기체이므로 식 [4-30]을 이용하여 혼합 전·후 엔트로피 변화량을 구하면

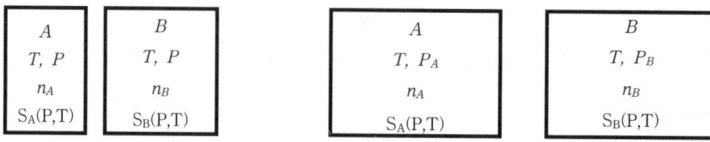

그림6-3 혼합기체의 엔트로피

$$\Delta S = \Delta S_A + \Delta S_B$$
$$= m_A C_{PA} \ln\left(\frac{T}{T_A}\right) - m_A R_A \ln\left(\frac{P}{P_A}\right) + m_B C_{PB} \ln\left(\frac{T}{T_B}\right)$$
$$- m_B R_B \ln\left(\frac{P}{P_B}\right) \quad [6\text{-}25]$$

이다. 식 [6-25]은 혼합기체의 엔트로피를 압력과 온도의 함수로 표현한 것이고 체적과 온도의 함수로 표현하면 다음과 같다.

$$\Delta S = m_A C_{VA} \ln\left(\frac{T}{T_A}\right) + m_A R_A \ln\left(\frac{v}{v_A}\right) + m_B C_{VB} \ln\left(\frac{T}{T_B}\right)$$
$$+ m_B R_B \ln\left(\frac{v}{v_B}\right) \quad [6\text{-}26]$$

2 반완전(半完全) 가스

이상기체는 실제로 존재하지 않는 이상적인 기체이므로 실제기체에 조금이라고 가까운 성질을 갖는 기체를 생각하지 않을 수 없다. 그것이 반완전가스(semi-perfect gas or half ideal gas)이다.

1. 반완전 가스의 성질

(1) 반완전 가스의 가정

① 반완전 가스의 상태식은 완전가스의 상태식을 만족한다. 여기서, 완전가스의 상태식이란 이상기체 방정식을 의미한다.
② 이상기체의 비열은 상수 또는 온도 만의 함수로 취급하지만 반완전 가스는 온도만의 함수이며 정압비열과 정적비열은 일정하지 않고 온도에 따라 변화한다.

③ 반완전 가스의 정압비열과 정적비열의 차는 일정하다.
④ 내부에너지는 Joule의 법칙을 따른다.

2. 반완전 가스의 정압비열과 정적비열

반완전 가스의 비열은 온도만의 함수로 다음과 같이 온도의 다항식으로 표현하는 것이 일반적이다.

$$C_P = a_P + bT + cT^2 + dT^3 + \cdots$$
$$C_V = a_V + bT + cT^2 + dT^3 + \cdots \qquad [6\text{-}27]$$

3. 實際氣體(real gas)의 상태방정식

(1) 압축성인자(壓縮性因子 ; compressibility factor)

압축성인자는 완전가스 상태식으로부터 다음과 같이 정의되고 실제기체가 이상기체에 어느 정도 접근하는가를 나타내는 척도로 생각할 수 있다.

$$Z = \frac{Pv}{RT} \quad \bigstar\bigstar\bigstar \qquad [6\text{-}28]$$

식 [6-28]에서 Z가 압축성인자이고 압축성계수라고도 하며 이상기체의 압축성인자 Z는 1이 된다.

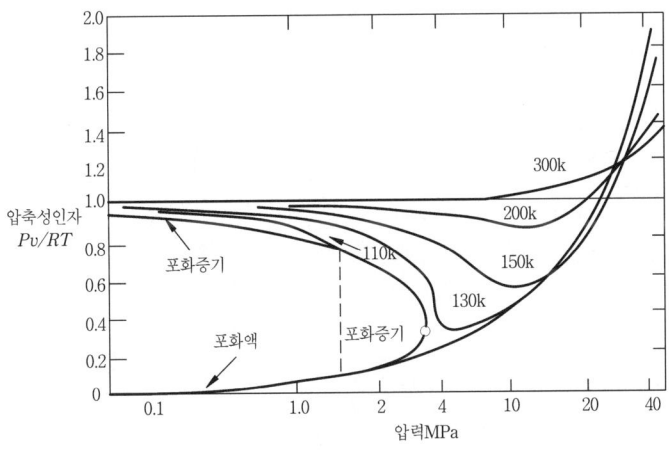

그림6-5 질소(N_2)의 압축성인자

압력이 0에 접근함에 따라 Z의 값이 1에 수렴하고, 그 수렴의 정도는 온도가 높아짐에 따라 빨라진다.

(2) Van der Waals 상태식

실제기체의 이론적 모델로 유용하게 적용해온 상태방정식이 Van der Waals 상태식이다. 이 식을 정리하면

$$\left(P + \frac{a}{\overline{v}^2}\right)(\overline{v} - b) = \overline{R}T \qquad [6\text{-}29]$$

이고, 이 식 [6-29]에서 $\overline{v}$는 1몰당 비체적이며 $\overline{R}$는 일반기체상수이다. 그리고 a와 b는 기체에 따라 주어지는 상수이다.

3 공기(空氣 : air)

공기는 지구를 둘러싸고 있는 대기의 하층부를 구성하는 무색 투명하고 냄새가 없는 기체이다. 대기 중에서 공기는 항상 수분을 함유하고 있는데 이와 같이 수분이 함유된 공기를 습공기(濕空氣 : moist air, humid air)라 한다. 표준상태(0℃, 1atm)에서 건공기는 질소 (N_2), 산소 (O_2), 아르곤 (Ar) 그리고 이산화탄소 (CO_2) 등으로 조성되어 있다.

1. 수증기

압력과 온도가 높지 않은 경우 습공기는 건공기와 수증기가 혼합된 완전가스로 취급한다. 일반적으로 수증기에서는 0℃의 포화수의 엔탈피를 0으로 하고 임의의 압력 P, 온도 t인 수증기의 엔탈피는 다음과 같이 구한다.

$$h_w = \gamma_0 + C_{Pw}t = 597.1 + 0.444t \quad [kcal/kg] \tag{6-30}$$

여기서, γ_0는 0℃ 포화수를 0℃ 건포화증기로 만드는데 필요한 증발잠열이고, C_{Pw}는 수증기의 정압비열이다.

① 상대습도(相對濕度 : relative humidity)

임의의 습공기가 가지는 분압 P_w와 그 온도와 동일 온도의 포화습공기가 가지는 수증기의 분압 P_s와의 비이다.

$$\phi = \frac{P_w}{P_s} \times 100 = \frac{\gamma_w}{\gamma_s} \times 100 \quad ★★ \tag{6-31}$$

② 노점온도(露點溫度 ; dew temperature)

어떤 습공기의 수증기 분압에 대한 수증기의 포화온도이다.

chapter 6 – 실전연습문제

01 분자량 30, 기체상수 277J/kg K인 기체 1kg과 분자량 40, 기체상수 208J/kg K인 기체 2kg을 혼합한 혼합기체상수의 값으로 다음 중 맞는 것은?

① 227J/kg K ② 231J/kg K ③ 242.5J/kg K ④ 254J/kg K

Solution
$$R_m = \frac{\sum_{i=1}^{n} m_i R_i}{m} = \frac{1 \times 277 + 2 \times 208}{1+2} = 231 \ [\text{J/kgK}]$$

02 기체의 경우 압력이 0에 가까워지면 $Z = \dfrac{Pv}{RT}$ 의 값은 어떻게 되는가?

① 1에 가까워진다. ② 0에 가까워진다.
③ ∞의 값을 갖는다. ④ 온도 T에 따라 값이 달라진다.

Solution
$Z = \dfrac{Pv}{RT} = F(P_r, T_r)$

여기서, Z는 무차원량의 압축성인자라 하고, P_r은 환산압력으로 $\dfrac{P}{P_c}$ 이고, T_r은 환산온도 $\dfrac{T}{T_c}$ 이다. P_c 와 T_c 는 임계압력과 임계온도이다. 환산압력이 0에 가까워지면 압축성인자 Z는 1에 가까워진다.

03 공기 10kg과 수증기 2kg이 혼합되어 10m³의 용기 안에 들어있다. 이 혼합기체의 온도가 60℃일 때, 이 혼합기체의 압력은 몇 kPa이겠는가? (단, 수증기 및 공기의 기체상수는 각각 461.2J/kgK 및 287J/kg K이다.)

① 약 80 ② 약 126.3 ③ 약 90 ④ 약 130.7

Solution
$m = m_1 + m_2 = 10 + 2 = 12 \ [\text{kg}]$
$$R_m = \frac{m_1 R_1 + m_2 R_2}{m} = \frac{10 \times 287 + 2 \times 461.2}{12} = 316.03 \ [\text{J/kgK}]$$
$PV = mR_m T$; $P \times 10 = 12 \times 316.03 \times (60+273)$, $P = 126.29 \times 10^3 \ [\text{Pa}]$

04 30℃에서 상대습도가 70%로 알려져 있다. 이에 해당하는 노점온도는? 다음의 포화증기표를 사용하여 가장 가까운 온도를 찾으시오.

온도(℃)	20	22	24	26	28	30
포화압력(mmHg)	17.5	19.8	22.4	25.2	28.3	31.8

① 20℃ ② 22℃ ③ 24℃ ④ 28℃

Solution 습공기의 수증기 분압 P_w, 수증기의 포화온도 P_s

상대습도: $\phi = \dfrac{P_w}{P_s}$, $P_w = \phi \times P_s = 0.7 \times 31.8 = 22.26 \ [\text{mmHg}]$

노점온도란 어떤 습공기의 수증기 분압에 대한 수증기의 포화온도이므로 위의 표에서 포화압력 22.4mmHg의 포화온도 24℃가 노점온도가 된다.

Answer 01 ② 02 ① 03 ② 04 ③

05 대기 100kg의 성분이 산소 23.2kg, 질소 76.8kg이라면 이 대기의 기체상수는 몇 J/kg K인가? (단, 산소의 분자량은 32, 질소의 분자량은 28이다.)

① 288.32　　　② 293.2　　　③ 296.3　　　④ 299.32

Solution
$$R_m = \frac{m_1 R_1 + m_2 R_2}{m} = \frac{m_1 \frac{\overline{R}}{M_1} + m_2 \frac{\overline{R}}{M_2}}{m}$$
$$= \frac{23.2 \times \frac{8314}{32} + 76.8 \times \frac{8314}{28}}{100} = 288.32 \ [J/kg \ K]$$

06 산소 2kg과 질소 6kg으로 된 혼합기체의 정압비열은? (단, 산소의 정압비열은 0.9216 kJ/kg℃, 질소의 정압비열은 1.0416 kJ/kg℃이다.)

① 0.952kJ/kg℃　　② 0.24kJ/kg℃　　③ 0.937kJ/kg℃　　④ 1.012kJ/kg℃

Solution
$$C_m = \frac{\sum_{i=1}^{n} m_i C_i}{m} = \frac{2 \times 0.9216 + 6 \times 1.0416}{2+6} = 1.012 \ [kJ/kg℃]$$

07 대기의 온도가 낮아져서 습공기가 노점온도에 이를 때까지 어떤 현상이 일어나는가?

① 수분의 부분압이 낮아진다.　　② 절대습도가 낮아진다.
③ 절대습도가 높아진다.　　　　④ 상대습도가 높아진다.

Solution 습공기의 수증기 분압 P_w, 수증기의 포화온도 P_s

상대습도: $\phi = \frac{P_w}{P_s}$

노점온도란 어떤 습공기의 수증기 분압에 대한 수증기의 포화온도로 정의된다.
습공기 노점온도에 가까워지면 습공기의 수증기 분압이 증가함으로 상대습도가 증가한다.

08 수증기 2kg과 공기 11kg이 혼합되어 4.2 m³의 일정한 용기 안에 들어 있다. 이 혼합기체의 온도가 128℃일 때 혼합기체의 압력은 몇 MPa인가? (단, 수증기 기체 상수는 0.47kJ/kgK이다.)

① 0.3　　　② 0.4　　　③ 0.5　　　④ 0.6

Solution
$$R_m = \frac{m_1 R_1 + m_2 R_2}{m_1 + m_2} = \frac{2 \times 0.47 + 11 \times 0.287}{2+11} = 0.32 \ [kJ/kgK]$$
$$P_m V = m R_m T$$
$$P_m = \frac{m R_m T}{V} = \frac{13 \times 0.32 \times 10^3 \times (128+273)}{4.2} = 0.4 \times 10^6 \ [Pa] = 0.4 \ [MPa]$$

09 분자량 40, 기체상수 210J/kgK인 기체 2kg과 분자량 50, 가스상수 155J/kgK인 기체 3kg을 혼합시켰을 때 혼합기체의 평균기체상수는 몇 J/kgK인가?

① 177　　　② 266　　　③ 321　　　④ 467

Solution
$$R_m = \frac{m_1 R_1 + m_2 R_2}{m_1 + m_2} = \frac{2 \times 210 + 3 \times 155}{2+3} = 177 \ [kJ/kgK]$$

Answer　05 ①　06 ④　07 ④　08 ②　09 ①

chapter 7 가스 및 증기의 유동

1 노즐, 디퓨져, 오리피스, 이젝터

1. 노즐(nozzle)

(1) 노즐의 목적

유체의 열에너지 또는 압력에너지를 운동에너지로 변화시켜 주는 기구가 노즐이다. 고속의 유체분류(流體噴流 ; fluid jet)는 고압구역의 유체를 저압구역으로 팽창시킴으로서 운동에너지를 증가시키는 것이 주목적인 열·유체 요소이다.

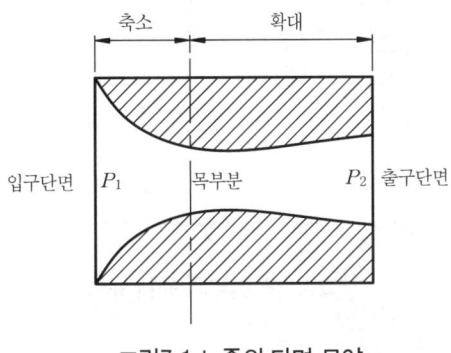

그림7-1 노즐의 단면 모양

(2) 노즐의 종류

사용목적에 따른 노즐의 종류로는 축소노즐(convergent), 확대노즐(divergent) 그리고 축소·확대노즐(convergent-divergent nozzle) 또는 라벨노즐(Lavel nozzle) 등이 있다.
① 축소·확대노즐 : 아음속 흐름을 가속시켜 초음속 흐름으로 변화시키는 기구이다.
② 확대각 : 보통 $6 \sim 15°$
③ 노즐 목 : 노즐의 최소단면적 부분으로 축소·확대노즐에서 음속을 넘지 못한다.

2. 디퓨져(diffuser)

디퓨져의 목적은 운동에너지를 감소시켜 압력에너지를 증가시키기 위한 기구이다. 그 기능은 노즐과 반대이고 유체 압축기 등에 사용되고 있다.

3. 오리피스(orifice)

오리피스의 모양은 둥글거나 네모로 단면을 갑자기 축소시켜 압력차가 생기게 하여 그 압력차를 측정하고 관내의 유량을 측정하는 데 사용된다.

4. 이젝터(ejector)

압력이 있는 증기·공기·물을 노즐로부터 분사시켜 주위의 증기나 물을 배출하거나 응축시키는 장치이다. 그리고 분류(噴流)펌프의 하나로 추기(抽氣)나 양수(揚水)에 사용되며, 복수기(復水器)에 혼입된 공기를 배출하기 위해 증기를 구동유체(驅動流體)로 사용하는 증기 이젝터가 널리 사용되고 있다.

2 유동의 기초 방정식

1. 유체의 유동에 관한 연속방정식

유체가 정상상태로 그림7-2와 같은 관 속을 흐를 때, 단면 1과 2에 질량보존의 법칙을 적용시켜 연속방정식(連續方程式)을 표현하면 다음과 같다.

$$\dot{m} = \rho AV = \text{const} \quad \bigstar\bigstar\bigstar \qquad [7\text{-}1]$$

여기서, A는 유동단면적(m^2), V는 유속(m/sec), ρ 는 밀도(kg/m^3) 그리고 $\dot{m}$ 은 질량유량(kg_m/sec)이다.

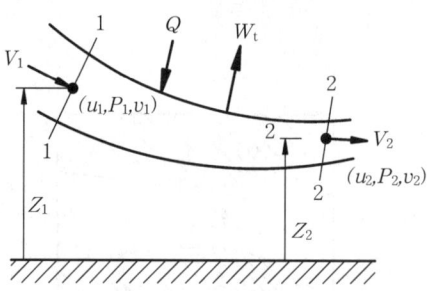

그림7-2 관 속의 유체 유동

1단면과 2단면에 질량유량을 적용시키면

$$\rho_1 A_1 V_1 = \rho_2 A_2 V_2 \qquad [7\text{-}2]$$

이고, 밀도 대신에 비체적 v(m^3/kg)을 대입시키면 다음과 같다.

$$\frac{A_1 V_1}{v_1} = \frac{A_2 V_2}{v_2} \qquad [7\text{-}3]$$

2. 정상류의 일반 에너지 관계식

기체의 유동에 관한 에너지 보존 관계식은 제2장에서 개방계 열역학 제1법칙으로 정리하였다.

$$_1q_2 = (h_2 - h_1) + \frac{1}{2}(V_2^2 - V_1^2) + g(Z_2 - Z_1) + w_t \quad [\text{kJ/kg}] \qquad [7\text{-}4]$$

$$_1\dot{Q}_2 = \dot{m}_1 q_2 = \dot{m}(h_2 - h_1) + \frac{\dot{m}}{2}(V_2^2 - V_1^2) + \dot{m}g(Z_2 - Z_1) + \dot{m}w_t \, [\text{kW}] \quad \bigstar\bigstar\bigstar \qquad [7\text{-}5]$$

3. 단열유동(斷熱流動)

단열유동이란 노즐이나 오리피스를 기체가 통과하는 동안에 외부에 대하여 열이나 일의 출입이 없고 마찰 등을 무시한 유동이다. 이와 같은 단열유동시 정상류 일반 에너지식에서

$_1q_2 = 0$, $Z_2 = Z_1$, $w_t = 0$ 로 놓으면

$$(h_1 - h_2) = \frac{1}{2}(V_2^2 - V_1^2) \tag{7-6}$$

이다. 여기서, $h_1 - h_2$는 단열 열낙차 또는 단열 열강하(heat drop)라 한다. 식 [7-6]에서 V_1이 V_2에 비해서 아주 작으면 V_1은 무시해도 좋다. 특히 노즐 유동의 문제를 풀 때, $V_2 \gg V_1$이므로 V_2는

$$V_2 = \sqrt{2(h_1 - h_2)} \ [m/sec] \ \bigstar\bigstar\bigstar\bigstar\bigstar \tag{7-7}$$

이다.

3 노즐 속의 유동

노즐 속의 기체 유동은 단열팽창유동으로 가정할 수 있으므로 식 [7-6]으로부터 비엔탈피 변화(단열낙차)는

$$(h_1 - h_2) = \frac{1}{2}(V_2^2 - V_1^2) = C_P(T_1 - T_2)$$

$$= \frac{kR}{k-1}(T_1 - T_2) = \frac{kRT_1}{k-1}\left(1 - \frac{T_2}{T_1}\right)$$

$$= \frac{kP_1v_1}{k-1}\left[1 - \left(\frac{P_2}{P_1}\right)^{\frac{k-1}{k}}\right] \tag{7-8}$$

이다. V_1를 무시하면 V_2는

$$V_2 = \sqrt{2(h_1 - h_2)} = \sqrt{2\frac{kP_1v_1}{k-1}\left[1 - \left(\frac{P_2}{P_1}\right)^{\frac{k-1}{k}}\right]} \ \bigstar \tag{7-9}$$

이다. 노즐 출구 속도를 질량유량으로 표현하면

$$V_2 = \frac{\dot{m}}{\rho_2 A_2} = \dot{m}\frac{v_2}{A_2} = \sqrt{2\frac{kP_1v_1}{k-1}\left[1 - \left(\frac{P_2}{P_1}\right)^{\frac{k-1}{k}}\right]} \tag{7-10}$$

이다. 식 [7-10]으로부터 질량유량은

$$\dot{m} = \frac{A_2V_2}{v_2} = \frac{A_2}{v_2}\sqrt{2\frac{kP_1v_1}{k-1}\left[1 - \left(\frac{P_2}{P_1}\right)^{\frac{k-1}{k}}\right]}$$

$$= A_2\sqrt{2\frac{k}{k-1}\frac{P_1}{v_1}\left[\left(\frac{P_2}{P_1}\right)^{\frac{2}{k}} - \left(\frac{P_2}{P_1}\right)^{\frac{k+1}{k}}\right]} \tag{7-11}$$

이다. 유출 질량유량 $\dot{m}$을 최대로 하는 압력 P_2를 구하려면 다음과 같은 조건으로부터 계산하면 된다.

$$\frac{d\dot{m}}{dP_2} = 0$$

$$\frac{d}{dP_2}\left(A_2\sqrt{2\frac{k}{k-1}\frac{P_1}{v_1}\left[\left(\frac{P_2}{P_1}\right)^{\frac{2}{k}} - \left(\frac{P_2}{P_1}\right)^{\frac{k+1}{k}}\right]}\right) = 0$$

여기서, $\frac{P_2}{P_1} = X$로 놓으면

$$\frac{d\left[\left(\frac{P_2}{P_1}\right)^{\frac{2}{k}} - \left(\frac{P_2}{P_1}\right)^{\frac{k+1}{k}}\right]}{dX} = 0$$

이다. 이것을 미분하여 정리하면

$$X = \frac{P_2}{P_1} = \left(\frac{2}{k+1}\right)^{\frac{k}{k-1}}$$

이다. 2단면을 노즐의 목이라 하면, 그 부분의 압력은

$$P_2 = P_c = P_1\left(\frac{2}{k+1}\right)^{\frac{k}{k-1}} \;\star\star \qquad [7\text{-}12]$$

이다. 여기서, P_c는 임계압력(臨界壓力 ; critical pressure)이다. 그리고 $\frac{P_c}{P_1}$을 임계압력비(critical pressure ratio)라 하고 임계압력상태에서 임계비체적은 단열변화 조건으로부터 구할 수 있다.

$$\frac{P_c}{P_1} = \left(\frac{v_1}{v_c}\right)^k = \left(\frac{2}{k+1}\right)^{\frac{k}{k-1}}$$

$$v_c = v_1\left(\frac{k+1}{2}\right)^{\frac{1}{k-1}} \;\star\star \qquad [7\text{-}13]$$

최대 질량유량을 구하기 위한 압력 P_2를 결정하였으므로 식 [7-11]에 식 [7-12]를 대입 정리하여 최대 질량유량을 계산하면

$$\dot{m}_{max} = A_2\sqrt{2\frac{k}{k+1}\frac{P_1}{v_1}\left(\frac{2}{k+1}\right)^{\frac{2}{k-1}}} = A_2\sqrt{k\frac{P_1}{v_1}\left(\frac{2}{k+1}\right)^{\frac{k+1}{k-1}}}$$

$$= A_2\sqrt{k\frac{P_c}{v_c}} \; [kg/sec] \qquad [7\text{-}14]$$

이다. 식 [7-14]로 기체가 노즐 목을 지날 때의 질량유량을 구할 수 있고, 그 때의 속도는 식 [7-10]을 적용하여 구하면

$$V_2 = \frac{\dot{m}}{\rho_2 A_2} = v_2\sqrt{2\frac{k}{k+1}\frac{P_1}{v_1}\left(\frac{2}{k+1}\right)^{\frac{2}{k-1}}}$$

$$= \sqrt{2\frac{k}{k+1}P_1 v_1} = \sqrt{kP_2 v_2} = \sqrt{kRT_2} \qquad [7\text{-}15]$$

이다. 이 속도를 최대속도, 한계속도, 임계속도 그리고 음속(音速 ; sonic velocity)이라고도 한다.

$$V_2 = V_c = \sqrt{kP_c v_c} = \sqrt{kRT_c} \;\star\star\star \qquad [7\text{-}16]$$

식 [7-16]에서 T_c는 임계온도로 다음과 같이 구한다.

$$\frac{T_c}{T_1} = \left(\frac{v_1}{v_c}\right)^{k-1} = \left(\frac{2}{k+1}\right) \;\star\star \qquad [7\text{-}17]$$

노즐 출구 압력 P_2가 임계압력 P_c보다 높을 때 노즐 목이 없는 단면축소 노즐(convergent nozzle)이며 노즐 출구 압력 P_2가 임계압력 P_c보다 낮은 경우를 단면확대 노즐이라 한다.

식 [7-16]으로 음속은 온도만의 함수이며 유속을 음속으로 나눈 값을 마하수(Mach number)라 한다.

$$M = \frac{V}{V_c} = \frac{V}{\sqrt{kRT_c}} \qquad [7\text{-}18]$$

단면축소 노즐에서 가속은 입구에서 마하수가 1보다 작을 때 발생하며, 출구에서 마하수가 1에 도달하면 출구에서의 속도는 더 가속되지 않고 유량도 더 이상 증가하지 않는다. 이와 같은 현상을 초킹(choking)이라 한다. 마하수가 1보다 작으면 아음속(亞音速 ; subsonic flow)이고 1이면 음속(音速 ; sonic flow), 1보다 크면 초음속(超音速 ; supersonic flow)이다.

1. 비가역 단열변화

노즐 속의 유동을 가역 단열과정으로 가정하여 살펴보았다. 그러나 실제 유동은 비가역 단열변화로 보아야 한다. 왜냐하면, 노즐 속을 기체가 흐를 때 표면상에서 발생하는 유체의 마찰 저항 그리고 와류(eddy flow) 현상 등에 의한 손실이 존재하기 때문이다.

기체가 노즐을 비가역으로 통과하면 출구의 압력과 온도는 가역변화를 하는 경우보다 상승하고 비체적은 감소한다. 이와 같은 변화를 나타내는 그림7-3의 h-s선도를 보면, 실선은 가역 단열 팽창 변화를 나타내고 점선은 비가역 단열팽창 변화이다.

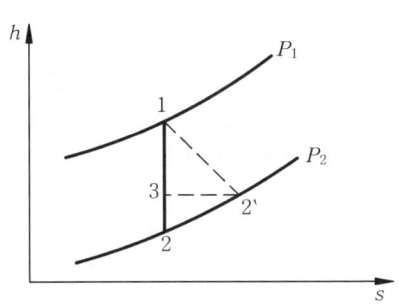

그림7-3 노즐 속의 비가역 유동의 h-s선도

2. 노즐효율

가역과정의 단열 열낙차 (h_1-h_2) 와 비가역과정의 참열낙차 $(h_1-h_{2'})$ 와의 비를 노즐효율(nozzle efficiency) 또는 단열효율(斷熱效率)이라 한다.

$$\eta = \frac{h_1-h_2'}{h_1-h_2} = \frac{h_1-h_3}{h_1-h_2} \quad \bigstar\bigstar\bigstar\bigstar \qquad [7\text{-}19]$$

여기서, h_1은 노즐 입구의 비엔탈피, h_2는 가역과정으로 빠져 나올 때 노즐 출구의 비엔탈피, h_2'는 비가역과정으로 빠져 나올 때 노즐 출구의 비엔탈피이다.

3. 노즐의 손실계수(coefficient of loss)

에너지 손실에 대한 단열 열낙차의 비율을 노즐의 손실계수라 하고 다음과 같은 식으로 표현할 수 있다.

$$S = \frac{h_3-h_2}{h_1-h_2} = 1-\eta \qquad [7\text{-}20]$$

4. 속도계수(velocity coefficient)

속도계수(速度係數)란 가역과정의 노즐 출구 속도와 비가역 과정의 노즐 출구 속도와의 비이다. 가역과정의 노즐 출구 속도는 식 [7-7]로부터 계산이 가능하므로 속도계수의 정의를 식으로 표현하면

$$\phi = \frac{V_2'}{V_2} = \sqrt{\frac{h_1-h_2'}{h_1-h_2}} = \sqrt{\eta} = \sqrt{1-S}$$

이다. 비가역 과정의 노즐 출구 속도는 실제속도로 V_2'는

$$V_2' = \phi V_2 = \sqrt{2(h_1-h_2')} \quad \bigstar\bigstar\bigstar\bigstar \qquad [7\text{-}21]$$

이다.

chapter 7 — 실전연습문제

01 압력 196kPa, 온도 $t_1 = 300℃$ 인 과열증기를 압력 $P_2 = 98$kPa 로 분출시킬 때 출구의 속도는 몇 m/sec인가? (단, h-s 선도에서 $h_1 = 3034$kJ/kg 이고 $h_2 = 2467$kJ/kg 이다.)

① 532　　　② 752　　　③ 1065　　　④ 1503

Solution 과열증기가 터빈을 통과한다고 보면 입구속도를 무시했을 때, 열역학 제1법칙으로부터 출구속도를 구하는 식을 정리할 수 있고 이 식을 이용하여 답을 구하면 다음과 같다.

$$V = \sqrt{2(h_1 - h_2)} = \sqrt{2 \times (3034 - 2467) \times 10^3} = 1064.89 \, [\text{m/sec}]$$

02 압력이 784kPa, 온도가 600℃인 공기가 노즐(Nozzle)에서 등엔트로피적으로 팽창하여 압력이 98kPa, 온도가 150℃로 되었다면 출구상태의 마하수는 얼마인가?(단, 기체상수 R=287J/kg K이다.)

① 2.15　　　② 2.21　　　③ 3.23　　　④ 2.54

Solution 노즐 출구 최대속도를 구하면 다음과 같다.

$$V_2 = \sqrt{\frac{2k}{k-1} RT_1 \left[1 - \left(\frac{P_2}{P_1}\right)^{\frac{k-1}{k}}\right]}$$

$$= \sqrt{\frac{2 \times 1.4}{1.4 - 1} \times 287 \times (600 + 273) \times \left[1 - \left(\frac{98}{784}\right)^{\frac{1.4-1}{1.4}}\right]} = 886.37 \, [\text{m/sec}]$$

$$C = \sqrt{kRT_2} = \sqrt{1.4 \times 287 \times (150 + 273)} = 412.26 \, [\text{m/sec}]$$

$$M = \frac{V_2}{C} = \frac{886.37}{412.26} = 2.15$$

03 압력 12kPa인 건포화 증기가 노즐로부터 3kPa로 분출될 때 k=1.135일 경우 임계압력 P_C 는 몇 kPa인가?

① 4.65　　　② 5.78　　　③ 6.93　　　④ 7.89

Solution 노즐목에서 압력

$$P_C = P_2 = P_1 \left(\frac{2}{k+1}\right)^{\frac{k}{k-1}} = 12 \times \left(\frac{2}{1.135+1}\right)^{\frac{1.135}{0.135}} = 6.93 \, [\text{kPa}]$$

04 압력 2.35MPa, 450℃인 과열증기(엔탈피 3352kJ/kg)를 0.156MPa(엔탈피 2693kJ/kg)로 단열적으로 분출할 경우 출구의 속도가 1060m/s이었다. 이 때의 속도계수는 얼마나 되겠는가?

① 0.896　　　② 1.083　　　③ 0.923　　　④ 1.936

Solution
$$V_2 = \sqrt{2(h_1 - h_2)} = \sqrt{2 \times (3352 - 2693) \times 10^3} = 1148.04 \, [\text{m/sec}]$$

$$\phi = \frac{V_{2실제}}{V_{2이론}} = \frac{1060}{1148.04} = 0.923$$

05 아음속으로부터 초음속으로 속도를 변화시킬 수 있는 노즐은?

① 축소노즐　　② 축소·확대노즐　　③ 확대노즐　　④ 일정단면적 노즐

Solution 축소·확대 노즐은 아음속 흐름을 가속시켜 초음속 흐름으로 변화시키는 기구이다.

Answer　01 ③　02 ①　03 ③　04 ③　05 ②

06 축소·확대 노즐 속을 포화증기가 가역 단열 과정으로 흐르는 동안 엔탈피의 감소가 418.6kJ/kg이다. 입구에서의 속도를 무시한다면 출구에서의 속도는 얼마인가?

① 874.61 m/s ② 914.97 m/s ③ 964.56 m/s ④ 994.73 m/s

Solution $V_2 = \sqrt{2(h_1-h_2)} = \sqrt{2 \times 418.6 \times 10^3} = 914.97 \text{ [m/sec]}$

07 노즐의 흐름에서 가역단열인 경우와 비가역단열인 경우 출구 속도는 어느 쪽이 더 큰가?

① 가역단열과정 ② 비가역단열과정 ③ 다 같다. ④ 알 수 없다.

Solution 비가역과정시 마찰이 수반됨으로 마찰 저항 때문에 노즐 내부에 속도가 느리다.

08 증기 노즐 유동에서 압력 2.45MPa, 비체적이 0.826m³/kg인 건포화증기의 임계속도는 몇 m/s인가? (단, k=1.135이다.)

① 325 ② 464 ③ 582 ④ 624

Solution 임계온도 $T_c = T_1\left(\dfrac{2}{k+1}\right) = \dfrac{P_1 v_1}{R}\left(\dfrac{2}{k+1}\right)$

$V_c = \sqrt{kRT_c} = \sqrt{kP_1 v_1 \left(\dfrac{2}{k+1}\right)}$

$= \sqrt{1.135 \times 2.45 \times 10^6 \times 0.0826 \times \left(\dfrac{2}{1.135+1}\right)} = 463.86 \text{ [m/s]}$

09 노즐에서 건포화 증기가 압력 300kPa에서 10kPa까지 팽창할 때 출구에서 임계압력은 몇 kPa인가? (단, k=1.135이다.)

① 173.23 ② 273.23 ③ 373.23 ④ 473.23

Solution 노즐목에서 압력

$P_C = P_2 = P_1 \left(\dfrac{2}{k+1}\right)^{\frac{k}{k-1}} = 300 \times \left(\dfrac{2}{1.135+1}\right)^{\frac{1.135}{0.135}} = 173.23 \text{ [kPa]}$

10 터빈(Turbine)에 증기가 100m/s의 속도로 분출된다. 이 때 증기 1kg에 대한 속도에너지에 의한 손실은 몇 kJ인가?

① 1kJ ② 3kJ ③ 5kJ ④ 7kJ

Solution $E_k = \dfrac{1}{2}mV^2 = \dfrac{1}{2} \times 1 \times 100^2 \times 10^{-3} = 5 \text{ [kJ]}$

11 1.176MPa, 300℃의 과열증기 $(v = 0.2183 m^3/kg)$ 18000kg/h를 속도 30m/sec로서 보내면 관의 지름은 몇 cm인가?

① 18.64 cm ② 12.52 cm ③ 20.63 cm ④ 21.52 cm

Solution $\dot{m} = \rho A w = \dfrac{Aw}{v}$

$\dfrac{18000}{3600} = \dfrac{\pi \times d^2 \times 30}{4 \times 0.2183}$, $d = 0.2152 \text{ [m]}$

Answer 06 ② 07 ① 08 ② 09 ① 10 ③ 11 ④

12 노즐의 목(Throat)에서의 마하(Mach) 수가 1이 되면 목은 임계상태에 도달했다고 하는데 배압(背壓)을 약간 변화시키면 목까지 압력분포나 노즐의 유량은 어떻게 되겠는가?

① 감소한다.   ② 변화하지 않는다.   ③ 증대한다.   ④ 감소하거나 증대한다.

Solution 임계압력, 임계비체적 그리고 임계온도는 노즐 입구조건에 영향을 받으므로 배압의 변화에 따라서는 변화하지 않는다.

① 임계압력: $P_c = P_1 \left(\dfrac{2}{k+1}\right)^{\frac{k}{k-1}}$

② 임계비체적: $v_c = v_1 \left(\dfrac{2}{k+1}\right)^{\frac{-1}{k-1}}$

③ 임계온도: $T_c = T_1 \left(\dfrac{2}{k+1}\right)$

④ 임계속도: $V_c = \sqrt{kP_c v_c}$

13 1.568MPa의 건포화증기에 대한 임계속도는? (단, k=1.135, $v = 0.1263 m^3/kg$ 이다.)

① 476.47 m/s   ② 454.49 m/s   ③ 458.87 m/s   ④ 475.78 m/s

Solution $V_c = \sqrt{\dfrac{2k}{k+1} P_1 v_1} = \sqrt{\dfrac{2 \times 1.135}{1.135+1} \times 1.568 \times 10^6 \times 0.1263} = 458.87 \text{ [m/s]}$

① 임계압력

$P_c = P_1 \left(\dfrac{2}{k+1}\right)^{\frac{k}{k-1}} = 1.568 \times \left(\dfrac{2}{1.135+1}\right)^{\frac{1.135}{0.135}} = 0.905 \text{ [MPa]}$

② 임계비체적

$v_c = v_1 \left(\dfrac{2}{k+1}\right)^{\frac{-1}{k-1}} = 0.1263 \times \left(\dfrac{2}{1.135+1}\right)^{\frac{-1}{0.135}} = 0.2049 \text{ [m}^3\text{/kg]}$

③ 임계속도

$V_c = \sqrt{kP_c v_c} = \sqrt{1.135 \times 0.905 \times 10^6 \times 0.2049} = 458.79 \text{ [m/s]}$

14 노즐의 최소 단면적을 A, 임계압력을 P_c, 비체적을 v_c, 비열비를 k라 할 때, 최대유량 $\dot{m}_c$를 구하는 식은?

① $\dot{m}_c = A \sqrt{\dfrac{k}{2} \dfrac{P_c}{v_c}}$ ② $\dot{m}_c = A \sqrt{k \dfrac{P_c}{v_c}}$

③ $\dot{m}_c = A \sqrt{\dfrac{k}{k-1} \dfrac{P_c}{v_c}}$ ④ $\dot{m}_c = A \sqrt{2k \dfrac{P_c}{v_c}}$

Solution 매 초당 각 단면을 흐르는 질량유량

$\dot{m} = \dfrac{A_1 V_1}{v_1} = \dfrac{A_2 V_2}{v_2}$

$\dot{m}_c = \dfrac{AV_c}{v_c} = A \sqrt{kP_c \dfrac{v_c}{v_c^2}} = A \sqrt{k \dfrac{P_c}{v_c}}$

15 노즐(Nozzle)로 유체가 25m/sec의 속도로 들어가서 400m/sec의 속도로 분출된다. 열손실이 없다고 할 때 엔탈피(Enthalpy) 변화는 몇 kJ/kg인가?

① 80   ② 40   ③ 20   ④ 10

Solution 개방계인 노즐 속으로 유체가 빠른 속도로 빠져나가므로 단위 질량당 개방계 열역학 1법칙을 나타내는 관계식으로부터 구하면 다음과 같다.

$h_1 - h_2 = \dfrac{V_2^2 - V_1^2}{2} = \dfrac{400^2 - 25^2}{2} \times 10^{-3} = 79.69 \text{ [kJ/kg]}$ <감소>

Answer 12 ②   13 ③   14 ②   15 ①

16 임계압력이 0℃에서 760mmHg인 때의 공기의 임계속도는 약 몇 m/sec인가?

① 323　　　② 331　　　③ 314　　　④ 347

> **Solution** $V_c = \sqrt{kRT} = \sqrt{1.4 \times 287 \times (0+273)} = 331.2 \, [\text{m/sec}]$

17 다음 사항 중 틀린 것은 어느 것인가?

① 단열된 정상 유로에서 압축성 유체의 운동에너지의 상승량은 도중의 비체적인 변화과정에 관계없이 엔탈피의 강하량과 같다.
② 교축현상을 동반하는 변화의 해석을 할 때는 온도-엔트로피 선도가 이용된다.
③ 흐름이 음속 이상이 될 때는 임계상태 이후의 축소 노즐의 압력 분포나 유량은 배압의 영향을 받지 않는다.
④ 단열된 노즐을 유체가 유동할 때, 노즐 내에서는 마찰 손실이 생기며, 마찰열은 유체에 재차 회수된다.

> **Solution** 유체가 관로를 흐를 때 유체가 관과 접촉하여 생기는 마찰이나 와류 등에 의하여 유체는 마찰일을 해야 한다. 이 일은 열로 변하여 관에 가해진다.

18 노즐에서 단열팽창하였을 때 비가역과정에서 보다 가역과정의 경우 출구속도는?

① 늦다.　　　② 빠르다.
③ 변화가 없다.　　　④ 가역, 비가역과 무관하다.

> **Solution** 비가역 과정의 단열팽창시 마찰로 인하여 유동저항이 커지므로 출구속도는 가역변화시 보다 늦어진다. 또한 비엔탈피 강하량도 감소한다.

19 392kPa, 500℃의 공기를 노즐에서 팽창시킬 때, 임계압력은?

① 207kPa　　　② 250kPa　　　③ 271.4kPa　　　④ 314.2kPa

> **Solution** $P_c = P_1 \left(\dfrac{2}{k+1}\right)^{\frac{k}{k-1}} = 392 \times \left(\dfrac{2}{1.4+1}\right)^{\frac{1.4}{0.4}} = 207.09 \, [\text{kPa}]$

20 어떤 증기 터빈에 0.4kg/s로 증기가 공급되어 260kW의 출력을 낸다. 입구의 증기 엔탈피 및 속도는 각각 $h_1 = 3000 \text{kJ/kg}$, $v_1 = 720 \text{m/s}$, 출구의 증기 엔탈피 및 속도는 각각 $h_2 = 2500 \text{kJ/kg}$, $v_2 = 120 \text{m/s}$이면 이 터빈의 열손실은 몇 kW가 되는가?

① 15.9kW　　　② 40.8kW　　　③ 20.0kW　　　④ 104kW

> **Solution**
> $_1\dot{Q}_2 = \dot{m}(h_2 - h_1) + \dfrac{\dot{m}}{2}(V_2^2 - V_1^2) + \dot{W}_t$
> $= 0.4 \times (2500 - 3000) + \dfrac{0.4}{2} \times (120^2 - 720^2) \times 10^{-3} + 260 = -40.8 \, [\text{kW}]$

21 노즐의 출구압력을 감소시키면 질량유량이 증가하다가 어느 압력 이상 감소하면 질량유량이 더 이상 증가하지 않는 현상을 무엇이라 하는가?

① 초킹　　　② 초음속　　　③ 단열열낙차　　　④ 충격파

> **Solution** ① 초음속이란 마하수가 1보다 큰 경우이고 작은 경우는 아음속이라 한다.
> ② 단열열낙차란 단열팽창변화에 의한 엔탈피 감소를 의미한다.
> ③ 충격파란 유속이 초음속에서 아음속으로 바뀌는 순간 발생하는 얇은 불연속면을 의미한다.

Answer 16 ②　17 ④　18 ②　19 ①　20 ②　21 ①

chapter 8 기체 압축기

1 압축기에 대한 기초사항

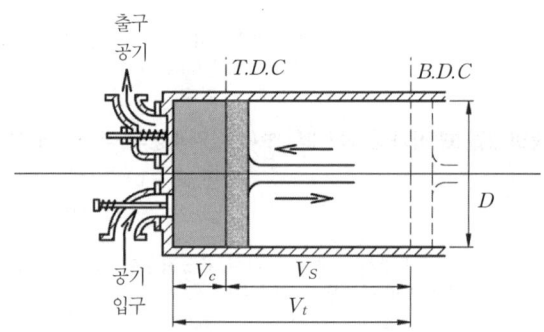

그림8-1 실린더와 피스톤

(1) 행정(stroke)

실린더의 직경을 통경(bore)이라 하고 실린더 내부에서 피스톤의 이동 거리를 행정이라 한다. 실린더 내부에서 피스톤이 움직여 체적이 최소일 때 피스톤의 위치를 상사점(TDC : top dead center or head end dead center)이라 하고 체적이 최대일 때의 피스톤의 위치를 하사점(BDC : bottom dead center or crank end center)이라 한다.

(2) 통극비(clearance ratio)

피스톤이 상사점에 있을 때 가스가 차지하는 체적을 통극체적(clearance volume ; 극간체적, 간극체적, 연소실체적)이라 하고 실린더 내부에서 상사점과 하사점 사이의 공간에 해당하는 체적을 행정체적(stroke volume or displacement volume)이라 한다. 통극비는 행정체적에 대한 통극체적의 비로 정의되며 간극비, 극간비라고도 한다.

$$\lambda = \frac{V_c}{V_s} \times 100 \, [\%] \, \star \quad [8\text{-}1]$$

여기서, λ가 통극비이고 V_c는 통극체적, V_s가 행정체적이다.

$$V_s = \frac{\pi D^2}{4} S \quad [8\text{-}2]$$

식 [8-2]에서 D는 통경이고 S는 행정이다.

(3) 실린더 체적(cylinder volume)

피스톤이 하사점에 있을 때 통극체적과 행정체적의 합으로 기통체적이라고도 한다.

$$V_t = V_c + V_s \quad [8\text{-}3]$$

여기서, V_t가 실린더 체적이다.

(5) 압축비(compression ratio)

압축비란 통극체적에 대한 실린더 체적의 비이다.

$$\varepsilon = \frac{V_s + V_c}{V_c} = \frac{V_t}{V_c} = 1 + \frac{1}{\lambda} \quad ★★★★ \qquad [8-4]$$

식 [8-4]에서 ε이 압축비이고 항상 1보다 크다.

2 정상류 압축일

통극체적이 없는 일반 압축기나 원심 압축기(centrifugal compressor)로 기체를 P_1에서 P_2까지 등온과정, 가역 단열과정 그리고 폴리트로픽과정으로 가압하는 경우에 대한 각각의 압축일을 구해 본다. 이 때 기체는 완전가스로 정상유동하는 것으로 생각하며 유동시 압축기의 입구와 출구의 속도 차는 거의 없으므로 무시하며 마찰 또한 없는 것으로 가정한다.

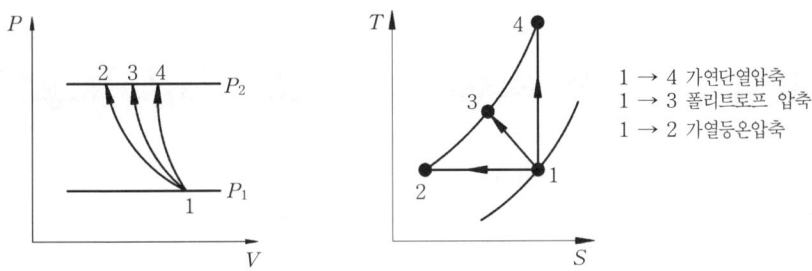

그림8-2 정상류 압축일의 P-v선도와 T-s선도

압축기에 적용하기 위한 정상류 에너지 방정식은

$$_1Q_2 = \Delta H + W_t = mC_P(t_2 - t_1) + W_c \qquad [8-5]$$

이다. 여기서, 압축기의 압축일은 공업일이므로 $W_t = W_c$이다.

(1) 등온변화시 압축일

$T_1 = T_2 = T$ 이므로 $\Delta H = 0$ 이고 $_1Q_2 = W_c$ 이다.

$$W_c = \int_1^2 VdP = \int_1^2 mRT\frac{dP}{P} = mRT\ln\left(\frac{P_2}{P_1}\right) = P_1V_1\ln\left(\frac{P_2}{P_1}\right)$$

$$= P_2V_2\ln\left(\frac{V_1}{V_2}\right) = mRT\ln\left(\frac{V_1}{V_2}\right) \qquad [8-6]$$

(2) 가역 단열변화시 압축일

식 [8-5]에서 Q=0이므로

$$W_c = mC_P(T_2 - T_1) = m\frac{kR}{k-1}(T_2 - T_1) = m\frac{kR}{k-1}T_1\left(\frac{T_2}{T_1} - 1\right)$$

$$= \frac{k}{k-1}P_1V_1\left[\left(\frac{P_2}{P_1}\right)^{\frac{k-1}{k}} - 1\right] \qquad [8-7]$$

이다.

(3) 폴리트로프 변화시 압축일

식 [8-5]에서

$$_1Q_2 = mC_n(T_2-T_1) = mC_P(T_2-T_1) + W_c$$

$$\begin{aligned}W_c &= -mC_n(T_2-T_1) + mC_P(T_2-T_1) \\ &= mC_v \frac{n-k}{n-1}(T_1-T_2) + mC_P(T_2-T_1) \\ &= m\frac{R}{k-1}\frac{n-k}{n-1}T_1\left(1-\frac{T_2}{T_1}\right) - m\frac{kR}{k-1}T_1\left(1-\frac{T_2}{T_1}\right) \\ &= mR\frac{n}{n-1}T_1\left(\frac{T_2}{T_1}-1\right) = \frac{n}{n-1}P_1V_1\left[\left(\frac{P_2}{P_1}\right)^{\frac{n-1}{n}}-1\right]\end{aligned}$$ [8-8]

이다.

폴리트로프 변화시 압축기에 적용하는 폴리트로프 지수의 범위는 1<n<k 이다. 이와 같은 범위에서 폴리트로프 변화만을 고려할 때 압축일의 크기는 단열변화의 압축일이 최대, 폴리트로프변화의 압축일이 그 다음이며 등온변화의 압축일이 최소이다. 단열변화시 n=k이고 등온변화시 n=1이므로 폴리트로픽 지수가 커질수록 압축일은 증가하고 폴리트로픽 지수가 감소하면 압축일은 감소하게 된다.

3 단열효율(斷熱效率)과 체적효율(體積效率)

(1) 압축기의 단열효율(adiabatic efficiency of compressor)

보통 압축기는 가역 단열압축으로 가정한다. 그러나 실제 압축기는 비가역 상태이므로 압축기를 빠져나오는 기체의 압력과 온도는 증가하므로 그림8-3과 같은 T-s선도에서 점선으로 변화하며 실선은 가역 단열변화를 나타낸다. 단열효율이란 비가역 단열 압축하는데 필요한 실제일에 대한 가역 단열 압축하는데 필요한 이상적인 일로 정의되고 수식으로 표현하면 다음과 같다.

$$W_c = \varDelta h = h_2 - h_1, \quad W_c' = h_2' - h_1$$

$$\eta = \frac{W_c}{W_c'} = \frac{h_2 - h_1}{h_2' - h_1} = \frac{T_2 - T_1}{T_2' - T_1} \quad \bigstar\bigstar\bigstar$$ [8-9]

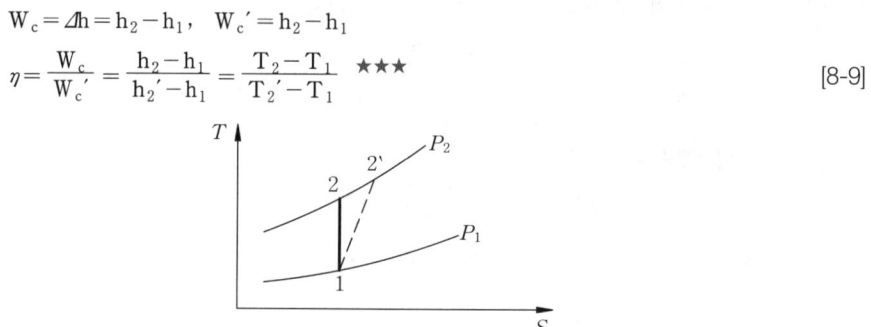

그림 8-3 가역과 비가역 단열 압축시 T-s선도

(2) 체적효율(volume efficiency)

이론 행정체적에 대한 실제 흡입 체적의 비를 체적효율 또는 흡입효율이라 한다.

그림8-4에서 1-2과정은 폴리트로픽 압축 변화이며 3-4과정은 폴리트로픽 팽창 변화이고 V_3가 극간체적, V_1-V_3은 행정체적, V_1-V_4는 실제 행정체적이다.

$$\lambda = \frac{V_c}{V_s} = \frac{V_3}{V_1 - V_3}$$

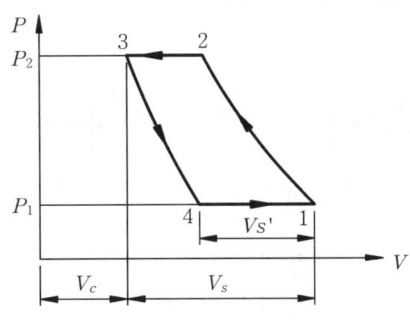

그림8-4 압축기의 P-V선도

$$\eta_V = \frac{V_s'}{V_s} = \frac{V_1 - V_4}{V_s} = \frac{V_s(1+\lambda) - V_4}{V_s} = 1 + \lambda - \frac{V_4}{V_s}$$

$$\frac{V_4}{V_3} = \frac{V_4}{\lambda V_s} = \left(\frac{P_3}{P_4}\right)^{\frac{1}{n}} = \left(\frac{P_2}{P_1}\right)^{\frac{1}{n}}$$

$$\eta_V = 1 + \lambda - \lambda \left(\frac{P_2}{P_1}\right)^{\frac{1}{n}} \;\; \bigstar\bigstar\bigstar \qquad [8\text{-}10]$$

식 [8-10]에서 폴리트로픽 지수 n이 커질수록 체적효율은 증가한다. 등온과정, 폴리트로픽 (1<n<k)과정 그리고 단열과정 중에서 동일한 조건 상태라면 단열과정의 체적효율이 가장 크다.

4 다단 압축기(multi-stage compressor)

다단 압축을 하는 이유는 각 단의 사이에서 공기의 압축열을 냉각시킴으로써 전체의 압축일을 감소시킬 수 있고 체적효율을 증가시킬 수 있기 때문이다. 각단의 사이에서 이루어지는 냉각을 중간냉각(inter-cooling)이라 하며, 여기서는 2단 압축기를 대상으로 하여 중간냉각 상태의 중간 압력과 압축일에 대해서 정리하기로 한다.

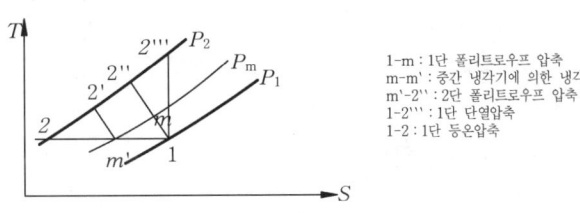

그림8-5 2단 압축기의 P-v와 T-s선도

그림8-5에서와 같이 주어진 압력 P_1에서 2단 압축기를 사용하여 P_2까지 압축시 중간 냉각 상태의 압력을 P_m이라 할 때 단위 kg(질량)당 압축일을 계산하면

$$w_c = \int_1^m v dP + \int_m^2 v dP$$
$$= \frac{n}{n-1} RT_1 \left[\left(\frac{P_m}{P_1}\right)^{\frac{n-1}{n}} - 1\right] + \frac{n}{n-1} RT_m' \left[\left(\frac{P_2}{P_m}\right)^{\frac{n-1}{n}} - 1\right]$$

이다. 여기서, 중간 냉각은 초온 T_1 까지 이루어지므로 $T_m' = T_1$ 이다. 그러면 단위 kg당 압축일은 다음과 같이 정리된다.

$$w_c = \frac{n}{n-1} RT_1 \left[\left(\frac{P_m}{P_1}\right)^{\frac{n-1}{n}} + \left(\frac{P_2}{P_m}\right)^{\frac{n-1}{n}} - 2 \right] \text{[kJ/kg]} \quad [8\text{-}11]$$

식 [8-11]에서 압축일을 최소로 하기 위한 중간압력 P_m 은 다음과 같은 조건으로부터 구한다.

$$\frac{n-1}{n} = X, \quad \left(\frac{P_m}{P_1}\right)^X + \left(\frac{P_2}{P_m}\right)^X$$

$$\frac{d}{dP_m} \left[\left(\frac{P_m}{P_1}\right)^X + \left(\frac{P_2}{P_m}\right)^X \right] = 0 \quad [8\text{-}12]$$

식 [8-12]로 중간압력을 구하면 압축일은 최소로 할 수 있고 체적효율 또한 증가시킬 수 있다.

$$X \frac{P_m^{X-1}}{P_1^X} - X \frac{P_2^X}{P_m^{X+1}} = 0$$

$$\frac{P_m^{X-1}}{P_1^X} = \frac{P_2^X}{P_m^{X+1}}, \quad P_m^{2X} = P_1^X \cdot P_2^X, \quad P_m^2 = P_1 \cdot P_2$$

$$P_m = \sqrt{P_1 \cdot P_2} = P_1 \sqrt{\frac{P_2}{P_1}} \quad \bigstar\bigstar\bigstar \quad [8\text{-}13]$$

이와 같이 중간압력을 구하여 식 [8-11]의 압축일 표현식을 다음과 같이 수정할 수 있다.

$$\frac{P_m}{P_1} = \frac{P_2}{P_m} = \sqrt{\frac{P_2}{P_1}}$$

$$w_c = \frac{2n}{n-1} RT_1 \left[\left(\frac{P_2}{P_1}\right)^{\frac{n-1}{2n}} - 1 \right] \quad [8\text{-}14]$$

식 [8-13]를 이용하여 다단 압축기의 각 단의 중간압력을 구하면

$$P_m = P_1 \sqrt[z]{\frac{P_2}{P_1}} \quad [8\text{-}15]$$

이다. 여기서, Z는 단수가 된다. 예를 들어 3단 압축기이면 P_1 과 P_2 압력 사이의 2단 중간압력은 다음과 같고

$$P_{m1} = P_1 \sqrt[3]{\frac{P_2}{P_1}} \quad \bigstar\bigstar$$

3단 중간 압력은 다음과 같이 구한다.

$$P_{m2} = P_{m1} \sqrt[3]{\frac{P_2}{P_1}}$$

Z단 압축기의 압축일은 식 [8-14]로부터 정리하면

$$w_c = \frac{Zn}{n-1} RT_1 \left[\left(\frac{P_2}{P_1}\right)^{\frac{n-1}{Zn}} - 1 \right] \quad [8\text{-}16]$$

이다. 이 때 각단의 압축 후의 온도는 다음과 같이 구한다.

$$\frac{T_2}{T_1} = \left(\frac{P_2}{P_1}\right)^{\frac{n-1}{Zn}} \quad [8\text{-}17]$$

chapter 8 실전연습문제

01 다음 중 정상류 압축일이 최소인 과정은?

① 등온 과정 ② 등엔트로피 과정 ③ 정적 과정 ④ 폴리트로프 과정

Solution 압축일의 크기 : 정적과정>단열과정>폴리트로프과정>등온과정

02 압축기가 폴리트로프 압축을 할 때 폴리트로프지수 n이 커질수록 압축일은 어떻게 되는가?

① 작아진다. ② 커진다.
③ 클 수도 있고 작을 수도 있다. ④ 변화가 없다.

Solution • 압축일의 크기
정적과정($n=\infty$)>단열과정($n=k$)>폴리트로프과정($1<n<k$)>등온과정($n=1$)

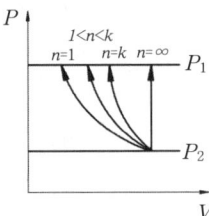

03 다음 그림과 같은 2단 압축기에서 일이 최소가 되는 중간압력은?

① $P_i = \left(\dfrac{P_4}{P_1}\right)^{\frac{1}{2}}$

② $P_i = \left(\dfrac{P_1}{P_4}\right)^{\frac{1}{2}}$

③ $P_i = \sqrt{P_1 \cdot P_4}$

④ $P_i = \dfrac{P_4}{P_1}$

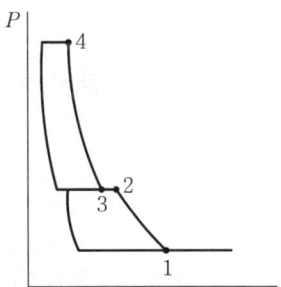

Solution 2단 압축을 하는 목적은 압축일을 감소시키고 체적효율을 증대시키기 위한 것이다. 2단 압축기에서 중간 압력은 최저압력과 최고압력의 제곱근으로 결정된다.

04 왕복형 압축기의 극간체적 V_c, 행정체적 V_s의 비인 극간비 γ_v를 옳게 나타낸 것은?

① V_s/V_c ② V_c/V_s ③ $1-V_s/V_c$ ④ $1+V_c/V_s$

Solution 통극비(간극비, 극간비)란 행정체적에 대한 극간체적(간극체적, 통극체적, 연소실체적)로 정의된다.

Answer 01 ① 02 ② 03 ③ 04 ②

05 실린더 지름이 7.5cm이고 피스톤 행정이 10cm인 압축기의 지압선도로부터 구한 평균 유효압력이 2bar일 때 한 사이클 당 압축일은 몇 kJ인가?

① 2.2kJ ② 0.088kJ ③ 88.4kJ ④ 22.0kJ

Solution
$W_t = P_m AS = 2 \times 10^2 \times \dfrac{\pi \times 0.075^2}{4} \times 0.1 = 0.0884 \, [kJ]$

06 흡입압력 98kPa를 2.646MPa까지 3단압축 했을 때 2단의 중간압력은 몇 kPa인가?

① 123 ② 189 ③ 247 ④ 294

Solution
$P_{m1} = P_1 \sqrt[3]{\dfrac{P_2}{P_1}} = 98 \times \sqrt[3]{\dfrac{2.646 \times 10^3}{98}} = 294 \, [kPa]$

$P_{m2} = P_{m1} \sqrt[3]{\dfrac{P_2}{P_1}} = 294 \times \sqrt[3]{\dfrac{2.646 \times 10^3}{98}} = 882 \, [kPa]$

07 4사이클 단기통 가솔린 기관이 있다. 통경이 6.8cm, 행정이 8cm이며, 1800rpm일때 도시 평균 유효압력이 120kPa이다. 이 기관의 도시 마력은 몇 kW인가?

① 0.523 ② 11 ③ 0.922 ④ 24

Solution
4사이클 기관이면 $\dfrac{N}{4}$ 회전마다 폭발하는 것으로 보고 도시 마력을 구하면 다음과 같이 계산할 수 있다.

$L = P_m A V = P_m \dfrac{\pi d^2}{4} \dfrac{2SN}{60 \times 4}$

$= 120 \times \dfrac{\pi \times 0.068^2}{4} \times \dfrac{2 \times 0.08 \times 1800}{4 \times 60} = 0.523 \, [kW]$

08 1.01325bar, 온도 20℃인 공기 2kg을 $Pv^{1.32} = C$ 인 변화를 거쳐 2단 압축으로 압력이 24.5bar까지 압축되었다. 가장 적당한 중간 압력은 몇 MPa인가?

① 0.342 ② 0.498 ③ 0.532 ④ 0.648

Solution
$P_m = \sqrt{P_1 \cdot P_2} = \sqrt{1.01325 \times 24.5} = 4.98 \, [bar]$

09 극간체적비가 0.05인 단단 압축기가 대기압 757mmHg, 21℃의 공기를 흡입하여 0.49MPa까지 등온 압축하였다면 체적효율은 몇 %인가?

① 0.769 ② 0.807 ③ 0.672 ④ 0.879

Solution 등온변화이면 폴리트로프 지수 n=1이므로 체적효율은 다음과 같다.

$\eta_V = 1 + \lambda - \lambda \left(\dfrac{P_2}{P_1}\right)^{\frac{1}{n}} = 1 + \lambda - \lambda \left(\dfrac{P_2}{P_1}\right)$

$= 1 + 0.05 - 0.05 \times \left(\dfrac{0.49 \times 10^6 \times 760}{757 \times 101325}\right) = 0.807$

Answer 05 ② 06 ④ 07 ① 08 ② 09 ②

9 가스 동력 사이클

열기관(熱機關 ; heat engine)은 연료의 연소시 발열반응에 의하여 얻은 열에너지를 지속적인 유효일로 변환시키는 기계로서 내연기관(內燃機關 ; internal combustion engine)과 외연기관(外燃機關 ; external combustion engine)이 있다. 내연기관은 연료의 연소가스를 동작유체로 이용하는 열기관이며 종류로는 가솔린기관, 디젤기관, 로터리기관, 개방 사이클의 가스터빈, 그리고 제트엔진 등이 있다. 외연기관은 동작유체가 보일러 및 기타 열교환기를 통해 외부로부터 열을 공급 받는 기관으로 증기기관, 증기터빈 그리고 밀폐 사이클의 가스터빈 등이 있다.

1 공기 표준 사이클(air standard cycle)

열기관의 동작유체를 공기로 생각하여 이상기체로 가정하고 열역학적 기본 특성을 다룬 사이클이다. 한 사이클을 이룰 때 다음과 같은 가정 하에서 공기 표준 해석이 이루어진다.

(1) 공기 표준 사이클의 기본 가정
① 동작 물질은 비열이 일정한 완전가스로 고려되는 공기이다.
② 밀폐 사이클을 이루고 고열원에서 열을 받아 저열원으로 열을 방출한다.
③ 압축과 팽창은 가역단열변화로 취급한다.
④ 연료의 연소시 열해리 현상은 수반되지 않는다.
⑤ 각 과정은 모두 가역 과정으로 이루어진다.

2 오토 사이클(Otto cycle)

전기점화기관(spark ignition internal combustion engine ; 불꽃점화기관, 가솔린 기관)의 이상 사이클로 두 개의 정적과정과 두 개의 단열과정으로 구성되며 정적과정에서 연소가 이루어져 정적사이클(등적사이클)이라고도 한다.

(1) 오토 사이클의 구성
① 1-2과정 : 단열압축
② 2-3과정 : 정적가열-가열량 Q_1
③ 3-4과정 : 단열팽창
④ 4-1과정 : 정적방열-방열량 Q_2

(2) 실제일(유효일)

$$W = Q_1 - Q_2 = mC_V(T_3 - T_2) - mC_V(T_4 - T_1) \qquad [9\text{-}1]$$

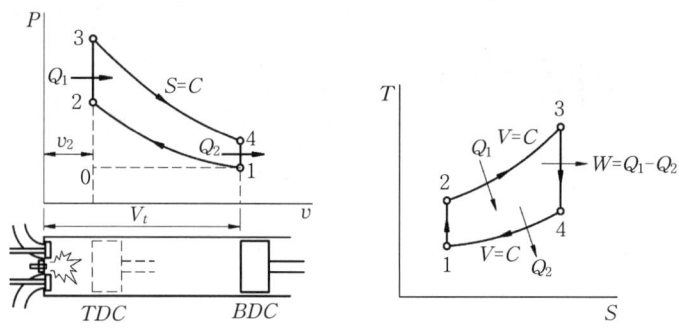

그림9-1 오토 사이클의 P-V선도와 T-S선도

(3) 압축비(壓縮比 ; compression ratio)

그림9-1의 P-V선도에서 V_2는 통극체적, V_1-V_2는 행정체적이고 압축비 ε는

$$\varepsilon = \frac{V_1}{V_2} \bigstar\bigstar\bigstar \qquad [9-2]$$

이다.

① 1-2과정의 상태변화에서 온도와 체적과의 관계

$$\frac{T_2}{T_1} = \left(\frac{V_1}{V_2}\right)^{k-1} = \varepsilon^{k-1} \qquad [9-3]$$

② 3-4과정의 상태변화에서 온도와 체적과의 관계

$$\frac{T_4}{T_3} = \left(\frac{V_3}{V_4}\right)^{k-1} = \left(\frac{V_2}{V_1}\right)^{k-1} = \left(\frac{1}{\varepsilon}\right)^{k-1} \qquad [9-4]$$

(4) 이론 열효율

$$\eta_O = \frac{W}{Q_1} = \frac{Q_1-Q_2}{Q_1} = 1 - \frac{Q_2}{Q_1}$$
$$= 1 - \frac{(T_4-T_1)}{(T_3-T_2)} = 1 - \left(\frac{1}{\varepsilon}\right)^{k-1} \bigstar\bigstar\bigstar\bigstar\bigstar \qquad [9-5]$$

① 오토 사이클의 열효율은 압축비만의 함수이고 압축비가 클수록 열효율은 증가한다.
② 가솔린기관의 압축비는 5~10정도로 하는 것이 좋다.

(5) 평균유효압력(平均有效壓力 ; mean effective pressure)

평균유효압력은 1사이클당 이론 행정체적에 대한 유효일로 정의되며 오토 사이클의 평균유효압력을 수식으로 표현하면 다음과 같다.

$$P_m = \frac{W}{V_1-V_2} = \frac{\eta_O Q_1}{V_1\left(1-\frac{V_2}{V_1}\right)} = \frac{Q_1}{V_1}\frac{\varepsilon}{\varepsilon-1}\left[1-\left(\frac{1}{\varepsilon}\right)^{k-1}\right] \qquad [9-6]$$

3 디젤 사이클(Diesel cycle)

압축착화기관(저속 디젤 기관)의 이상 사이클로 1개의 정압과정, 1개의 정적과정과 2개의 단열과정으로 구성되며 정압과정에서 연소가 이루어져 정압사이클(등압사이클)이라고도 한다.

(1) 디젤 사이클의 구성

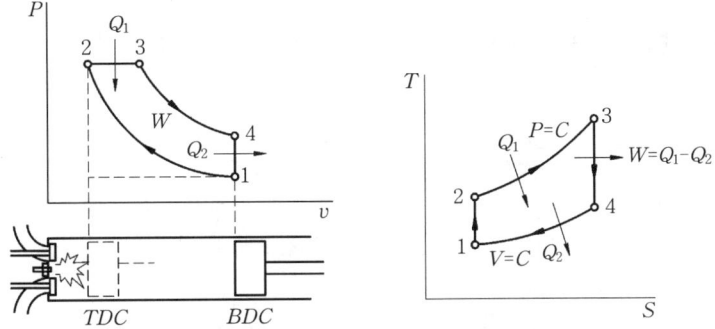

그림9-2 디젤 사이클의 P-V선도와 T-S선도

① 1-2과정 : 단열압축
② 2-3과정 : 정압가열 - 가열량 Q_1
③ 3-4과정 : 단열팽창
④ 4-1과정 : 정적방열 - 방열량 Q_2

(2) 실제일(유효일)

$$W = Q_1 - Q_2 = mC_P(T_3 - T_2) - mC_V(T_4 - T_1) \quad [9\text{-}7]$$

(3) 압축비와 연료 단절비

① 압축비(compression ratio)

$$\varepsilon = \frac{V_1}{V_2} \quad \bigstar\bigstar\bigstar \quad [9\text{-}8]$$

② 연료 단절비(斷切比 ; cut off ratio, 연료 체절비)

$$\sigma = \frac{V_3}{V_2} \quad \bigstar\bigstar\bigstar \quad [9\text{-}9]$$

(4) 이론 열효율

$$\eta_D = 1 - \frac{Q_2}{Q_1} = 1 - \frac{C_V(T_4 - T_1)}{C_P(T_3 - T_2)} = 1 - \frac{(T_4 - T_1)}{k(T_3 - T_2)} \quad [9\text{-}10]$$

① 1-2과정 : 단열압축 변화

$$\frac{T_2}{T_1} = \left(\frac{V_1}{V_2}\right)^{k-1} = \varepsilon^{k-1}$$

$$T_2 = T_1 \varepsilon^{k-1} \quad [9\text{-}11]$$

② 2-3과정 : 정압 변화

$$\frac{T_3}{T_2} = \frac{V_3}{V_2} = \sigma$$

$$T_3 = T_2 \sigma = T_1 \varepsilon^{k-1} \sigma \quad [9\text{-}12]$$

③ 3-4과정 : 단열팽창 변화

$$\frac{T_4}{T_3} = \left(\frac{V_3}{V_4}\right)^{k-1}$$

$$T_4 = T_3\left(\frac{V_3}{V_4}\right)^{k-1} = T_3\left(\frac{\sigma V_2}{V_4}\right)^{k-1} = T_3\left(\frac{\sigma}{\varepsilon}\right)^{k-1}$$

$$T_4 = \left(\frac{\sigma}{\varepsilon}\right)^{k-1} T_1 \varepsilon^{k-1} \sigma = T_1 \sigma^k \tag{9-13}$$

식 [9-11], [9-12] 그리고 [9-13]을 식 [9-10]에 대입하여 디젤 사이클의 열효율식을 정리하면

$$\eta_D = 1 - \left(\frac{1}{\varepsilon}\right)^{k-1} \frac{\sigma^k - 1}{k(\sigma - 1)} \quad \text{★★★} \tag{9-14}$$

이다. 디젤 사이클의 열효율은 압축비와 연료 단절비만의 함수이고 압축비가 증가하면 열효율은 증가한다. 그러나 연료 단절비가 증가하면 열효율은 감소하며 디젤기관의 압축비는 13~20정도가 적당하다.

(5) 평균유효압력

$$P_m = \frac{W}{V_1 - V_2} = \frac{\eta_D Q_1}{V_1\left(1 - \frac{V_2}{V_1}\right)}$$

$$= \frac{Q_1}{V_1} \frac{\varepsilon}{\varepsilon - 1}\left[1 - \left(\frac{1}{\varepsilon}\right)^{k-1} \frac{\sigma^k - 1}{k(\sigma - 1)}\right] \tag{9-15}$$

4 사바테 사이클(Sabathe cycle)

고속 디젤 기관의 이상 사이클로 1개의 정압과정, 2개의 정적과정과 2개의 단열과정으로 구성되며 혼합(복합, 합성) 사이클, 등적등압 사이클 또는 이중연소사이클이라고도 한다.

(1) 사바테 사이클의 구성

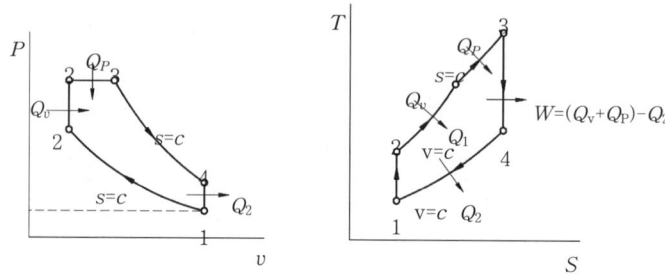

그림9-3 사바테 사이클의 P-V선도와 T-S선도

① 1-2과정 : 단열압축과정
② 2-2'과정 : 정적가열과정-정적 가열량 Q_V : 공기를 단열압축하여 연료를 분사하는 과정
③ 2'-3과정 : 정압가열과정-정압 가열량 Q_P : 공기를 단열압축하여 연료를 분사하는 과정
④ 3-4과정 : 단열팽창과정
⑤ 4-1과정 : 정적방열과정-정적 방열량 Q_2

(2) 실제일(유효일)

$$W = Q_1 - Q_2 = [Q_V + Q_P] - Q_2$$
$$= mC_V(T_2' - T_2) + mC_P(T_3 - T_2') - mC_V(T_4 - T_1) \tag{9-16}$$

(3) 압축비와 연료 단절비, 폭발비

① 압축비(compression ratio)

$$\varepsilon = \frac{V_1}{V_2} \;\star\star\star \qquad [9\text{-}17]$$

② 단절비(cut off ratio)

$$\sigma = \frac{V_3}{V_2'} = \frac{V_3}{V_2} \;\star\star\star \qquad [9\text{-}18]$$

③ 폭발비(압력비 ; explosion ratio)

$$\rho = \frac{P_2'}{P_2} = \frac{P_3}{P_2} \;\star\star\star \qquad [9\text{-}19]$$

(4) 이론 열효율

$$\eta_S = 1 - \frac{Q_2}{Q_1} = 1 - \frac{mC_V(T_4 - T_1)}{mC_V(T_2' - T_2) + mC_P(T_3 - T_2')}$$

$$= 1 - \frac{(T_4 - T_1)}{(T_2' - T_2) + k(T_3 - T_2')} \qquad [9\text{-}20]$$

① 1-2과정 : 단열압축 변화

$$\frac{T_2}{T_1} = \left(\frac{V_1}{V_2}\right)^{k-1} = \varepsilon^{k-1}$$

$$T_2 = T_1 \varepsilon^{k-1} \qquad [9\text{-}21]$$

② 2-2' 과정 : 정적 변화

$$\frac{T_2'}{T_2} = \frac{P_2'}{P_2} = \rho$$

$$T_2' = T_2 \rho = T_1 \varepsilon^{k-1} \rho \qquad [9\text{-}22]$$

③ 2'-3과정 : 정압 변화

$$\frac{T_3}{T_2'} = \frac{V_3}{V_2'} = \sigma$$

$$T_3 = T_2' \sigma = T_1 \varepsilon^{k-1} \sigma \cdot \rho \qquad [9\text{-}23]$$

④ 3-4과정 : 단열팽창 변화

$$\frac{T_4}{T_3} = \left(\frac{V_3}{V_4}\right)^{k-1}$$

$$T_4 = T_3 \left(\frac{V_3}{V_4}\right)^{k-1} = T_3 \left(\frac{\sigma V_2}{V_4}\right)^{k-1} = T_3 \left(\frac{\sigma}{\varepsilon}\right)^{k-1}$$

$$T_4 = \left(\frac{\sigma}{\varepsilon}\right)^{k-1} T_1 \varepsilon^{k-1} \sigma \cdot \rho = T_1 \sigma^k \cdot \rho \qquad [9\text{-}24]$$

식 [9-21], [9-22], [9-23] 그리고 [9-24]을 식 [9-20]에 대입하여 사바테 사이클의 열효율식을 정리하면

$$\eta_S = 1 - \left(\frac{1}{\varepsilon}\right)^{k-1} \frac{\rho \sigma^k - 1}{(\rho - 1) + \rho k(\sigma - 1)} \;\star\star \qquad [9\text{-}25]$$

이다. 사바테 사이클의 열효율은 압축비, 연료 단절비 그리고 폭발비만의 함수이고 압축비와 폭발

비가 클수록 열효율은 증가하고 연료 단절비가 증가하면 열효율은 감소한다. 식 [9-25]는 폭발비 $\rho=1$ 이면 디젤 사이클의 열효율 식이 되고 연료 단절비 $\sigma=1$ 이면 오토 사이클의 열효율 식이 된다.

(5) 평균유효압력

$$P_m = \frac{W}{V_1 - V_2} = \frac{\eta_S Q_1}{V_1\left(1 - \frac{V_2}{V_1}\right)}$$

$$= \frac{Q_1}{V_1} \frac{\varepsilon}{\varepsilon - 1}\left[1 - \left(\frac{1}{\varepsilon}\right)^{k-1} \frac{\rho\sigma^k - 1}{(\rho-1) + \rho k(\sigma-1)}\right] \qquad [9\text{-}26]$$

(6) 각 기본 사이클의 비교

① 최고 압력, 초온, 초압, 가열량이 일정할 때 열효율의 크기

$$\eta_{Otto} < \eta_{Sabathe} < \eta_{Diesel} \quad \bigstar \qquad [9\text{-}27]$$

② 최저온도, 압력, 공급 열량 및 압축비가 일정할 때 열효율의 크기

$$\eta_{Otto} > \eta_{Sabathe} > \eta_{Diesel} \quad \bigstar \qquad [9\text{-}28]$$

오토 사이클과 디젤 사이클의 압축비를 실제적으로는 같게 할 수 없고 디젤 사이클의 압축비가 오토 사이클의 압축비보다 훨씬 높다.

5 브레이튼 사이클(Brayton cycle)

가스터빈 기관의 가역 이상 사이클은 브레이튼 사이클(Brayton cycle)로 두 개의 정압과정과 두 개의 단열과정으로 이루어진 등압연소 사이클 또는 줄(Joule) 사이클이라고도 한다. 항공기, 자동차, 발전소, 선박 등에 사용된다.

(1) 가스터빈의 구성 요소

개방형 가스터빈 기관의 구성 요소는 압축기(compressor), 연소기(combustion) 그리고 터빈(turbine)이다. 대기에서 흡입한 공기를 압축기로 압축시켜 연소기로 보내고 연소기에서는 연료를 분사하여 등압 연소를 시킨다. 이 때 발생한 고온·고압의 가스를 터빈에 통과시켜 동력을 얻는다.

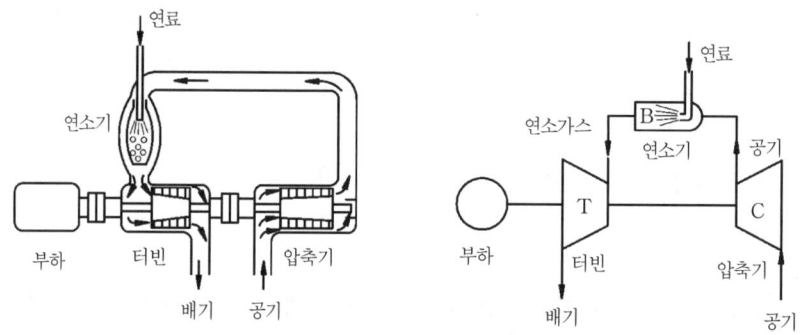

그림9-4 개방형 가스터빈 기관

① 압축기(壓縮機 : compressor) : 공기나 기체를 필요한 압력까지 압축시키는 기계
② 연소기(燃燒機 : combustion chamber) : 혼합가스를 압축·점화 폭발시키는 곳

③ 터빈(turbine) : 유체를 동익(動翼)에 분사시켜 그 운동에너지를 회전운동으로 바꾸어 동력을 얻는 기계이다. 종류로는 회전식 원동기, 수차, 증기터빈, 가스터빈 등이 있다.

(2) 브레이튼 사이클의 구성

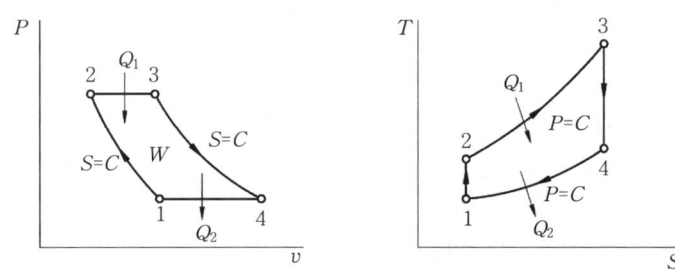

그림9-5 브레이튼 사이클의 P-V선도와 T-S선도

① 1-2과정 : 단열압축(압축기)
② 2-3과정 : 정압가열(연소기)-가열량 Q_1
③ 3-4과정 : 단열팽창(터빈)
④ 4-1과정 : 정압방열-방열량 Q_2

(3) 실제일(유효일)

$$W = Q_1 - Q_2 = mC_P(T_3 - T_2) - mC_P(T_4 - T_1) \qquad [9\text{-}29]$$

(4) 압력 상승비(압축압력비 ; compression pressure ratio)

$$\gamma = \frac{P_2}{P_1} = \frac{P_3}{P_4} \quad \bigstar\bigstar\bigstar \qquad [9\text{-}30]$$

(5) 이론 열효율

$$\eta_B = \frac{W}{Q_1} = 1 - \frac{Q_2}{Q_1} = 1 - \frac{mC_P(T_4 - T_1)}{mC_P(T_3 - T_2)} = 1 - \frac{(T_4 - T_1)}{(T_3 - T_2)} \qquad [9\text{-}31]$$

① 1-2과정 : 단열압축 변화

$$\frac{T_2}{T_1} = \left(\frac{P_2}{P_1}\right)^{\frac{k-1}{k}} = \gamma^{\frac{k-1}{k}}$$

$$T_1 = T_2 \left(\frac{1}{\gamma}\right)^{\frac{k-1}{k}} \qquad [9\text{-}32]$$

② 3-4과정 : 단열팽창 변화

$$\frac{T_4}{T_3} = \left(\frac{P_4}{P_3}\right)^{\frac{k-1}{k}} = \left(\frac{1}{\gamma}\right)^{\frac{k-1}{k}}$$

$$T_4 = T_3 \left(\frac{1}{\gamma}\right)^{\frac{k-1}{k}} \qquad [9\text{-}33]$$

식 [9-32]와 [9-33]을 식 [9-31]에 대입시켜 정리하면 브레이튼 사이클의 열효율은

$$\eta_B = 1 - \left(\frac{1}{\gamma}\right)^{\frac{k-1}{k}} = 1 - \frac{T_1}{T_2} = 1 - \frac{T_4}{T_3} \quad \bigstar\bigstar\bigstar\bigstar \qquad [9\text{-}34]$$

이다. 식 [9-34]에서 압력상승비가 증가할수록 브레이튼 사이클의 열효율은 증가한다. 그러나 γ가 너무 크면 출력이 감소하므로 적당한 온도 T_2를 결정해야 한다.

최대 출력을 내는 온도 T_2를 구하면 다음과 같다.

$$\frac{T_1}{T_2} = \frac{T_4}{T_3}, \quad T_4 = T_3\frac{T_1}{T_2}$$

$$W = mC_P(T_3 - T_2 - T_4 + T_1)$$

$$\frac{dW}{dT_2} = \frac{d}{dT_2}[mC_P(T_3 - T_2 - T_4 + T_1)] = 0$$

$$\frac{d}{dT_2}\left(T_3 - T_2 - T_3\frac{T_1}{T_2} + T_1\right) = 0$$

$$-1 + T_3\frac{T_1}{T_2^2} = 0, \quad T_2^2 = T_1 \cdot T_3$$

$$T_2 = \sqrt{T_1 \cdot T_3} \quad ★★ \tag{9-35}$$

(6) 단열효율(斷熱效率)

실제 가스터빈 기관에서 압축기와 터빈은 비가역 상태로 변화하므로 출구 온도는 상승하고 압축일과 팽창일은 줄어든다. 단열효율(斷熱效率; adiabatic efficiency)이란 실제일과 가역 단열일의 비이다.

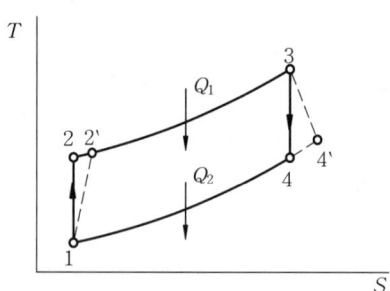

그림9-6 실제가스터빈 기관의 T-S선도

① 터빈 단열효율

$$\eta_T = \frac{h_3 - h_4'}{h_3 - h_4} = \frac{T_3 - T_4'}{T_3 - T_4} \quad ★★★ \tag{9-36}$$

② 압축기 단열효율

$$\eta_C = \frac{h_2 - h_1}{h_2' - h_1} = \frac{T_2 - T_1}{T_2' - T_1} \quad ★★★ \tag{9-37}$$

③ 실제 브레이튼 사이클의 열효율

$$\eta_B' = \frac{(h_3 - h_4') - (h_2' - h_1)}{h_3 - h_2'} \tag{9-38}$$

6 기타 가스터빈 사이클 ★

(1) 에릭슨 사이클(Ericsson cycle)

두 개의 등온과정과 두 개의 정압과정으로 이루어진 사이클이다.

(2) 스털링 사이클(Stirling cycle)

두 개의 등온과정과 두 개의 정적과정으로 이루어진 사이클이다.

① 역 스털링 사이클 : 헬륨(He)을 냉매로 하는 극저온용(極低溫用)의 가스 냉동기의 기준 사이클이다.

(3) 아트킨스 사이클(Atkinson cycle)

두 개의 단열과정과 한 개의 정적가열과정, 한 개의 정압방열과정으로 이루어진 정적가스터빈 사이클이다.

(4) 르누아 사이클(Lenoir cycle)

한 개의 단열과정, 한 개의 정압, 한 개의 정적과정으로 이루어진 사이클이다.

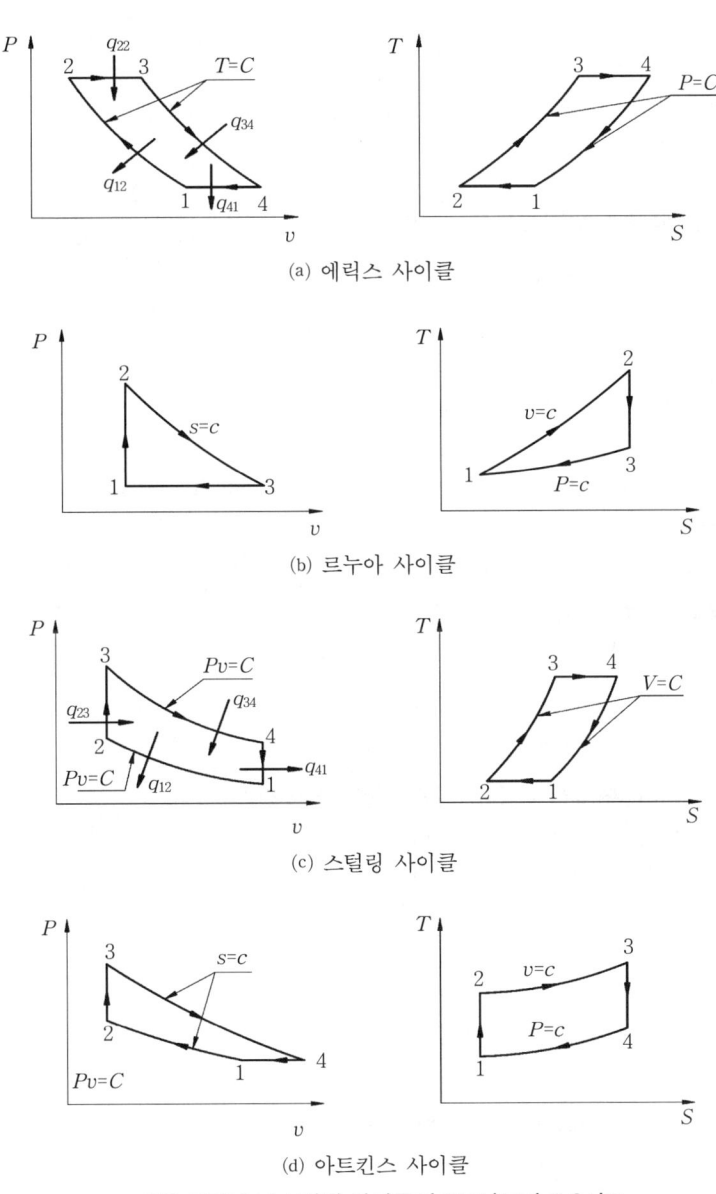

(a) 에릭스 사이클

(b) 르누아 사이클

(c) 스털링 사이클

(d) 아트킨스 사이클

그림9-7 기타 가스터빈 사이클의 P-V선도와 T-S선도

chapter 9 실전연습문제

01 공기를 동일 압력까지 압축시 비가역 단열압축 후의 온도는 가역단열 압축 후의 온도에 비하여 어떠한가?
① 높다.
② 낮다.
③ 동일
④ 경우에 따라 다르다.

Solution 비가역변화시 마찰이 수반되어 마찰열이 동작물질에 부가됨으로 온도는 증가한다.

02 복합사이클(Sabathe cycle)의 이론 열효율은 $\eta = 1-\left(\dfrac{1}{\varepsilon}\right)^{k-1}\dfrac{\rho\sigma^k-1}{(\rho-1)+\rho k(\sigma-1)}$ 이다. 어떠할 때 디젤사이클의 이론 열효율과 일치되는가? (단, ε은 압축비, ρ는 압력비, σ는 연료단절비, k는 비열비이다.)
① $\rho=1$ ② $k=1$ ③ $\varepsilon=1$ ④ $\sigma=1$

Solution $\rho=1$ 이면 $\eta_s = \eta_D$ 이고 $\sigma=1$ 이면 $\eta_s = \eta_o$ 이다.

03 공기표준 브레이튼(Brayton) 사이클에서 최저 압력이 98MPa이고, 최고 압력이 392MPa이며 최고 온도가 700℃라고 하면 이론 열효율은? (단, k=1.4라 한다.)
① 0.327 ② 0.335 ③ 0.355 ④ 0.375

Solution
$\gamma = \dfrac{P_2}{P_1} = \dfrac{392}{98} = 4$
$\eta_B = 1-\left(\dfrac{1}{\gamma}\right)^{\frac{k-1}{k}} = 1-\left(\dfrac{1}{4}\right)^{\frac{0.4}{1.4}} = 0.327$

04 다음은 디젤 사이클에 대한 설명이다. 틀린 것은 어느 것인가?
① 일정한 압력하에서 열이 공급된다.
② 일정한 체적하에서 열이 방출된다.
③ 저·중속 디젤기관의 표준 이론 사이클이다.
④ 사이클의 이론 열효율은 cut-off-ratio만의 함수이다.

Solution $\eta_D = 1-\left(\dfrac{1}{\varepsilon}\right)^{k-1}\dfrac{\sigma^k-1}{k(\sigma-1)}$
위의 디젤 사이클의 효율 공식에서 보듯이 체절비와 압축비의 함수이다.

05 오토사이클에 있어서 압축비의 값을 6에서 8로 올리면 그 이론 열효율은 약 몇 % 증가하는가?
① 10% ② 8% ③ 6% ④ 4%

Answer 01 ① 02 ① 03 ① 04 ④ 05 ③

Solution 오토사이클의 열효율 공식: $\eta_O = 1 - \left(\dfrac{1}{\varepsilon}\right)^{k-1}$

① $\varepsilon = 6$ 일 때
$\eta_O = 1 - \left(\dfrac{1}{6}\right)^{1.4-1} = 0.512$

② $\varepsilon = 8$ 일 때
$\eta_O = 1 - \left(\dfrac{1}{8}\right)^{1.4-1} = 0.565$

압축비의 값을 6에서 8로 올리면 이론 열효율은 (0.565−0.512)×100=5.3%증가한다.

06 20kW 디젤기관에서 마찰손실이 그 출력의 15%일 때 손실에 의해서 발생되는 열량은 얼마인가?

① 6.4 kW   ② 6 kW   ③ 4 kW   ④ 3 kW

Solution 출력이 20kW이므로 마찰손실에 의해 발생하는 열량은 그 출력의 15%이다.
$Q_f = 20 \times 0.15 = 3$ [kW]

07 다음은 오토(Otto) 사이클의 온도-엔트로피(T-S) 선도이다. 이 사이클의 열효율을 온도의 항으로 표현한 것으로 옳은 것은?

① $\eta_O = 1 - \dfrac{(T_c - T_d)}{(T_b - T_a)}$

② $\eta_O = 1 - \dfrac{(T_b - T_a)}{(T_c - T_d)}$

③ $\eta_O = 1 - \dfrac{(T_a - T_d)}{(T_b - T_c)}$

④ $\eta_O = 1 - \dfrac{(T_b - T_c)}{(T_a - T_d)}$

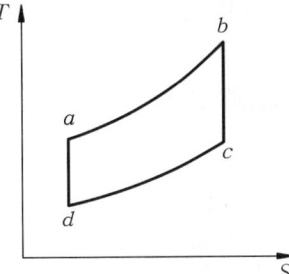

Solution $\eta_O = 1 - \dfrac{Q_2}{Q_1} = 1 - \dfrac{mC_V(T_c - T_d)}{mC_V(T_b - T_a)} = 1 - \dfrac{(T_c - T_d)}{(T_b - T_a)}$

08 작업유체(working substance)를 단열 압축하여 고온고압으로 하면 점화하지 않아도 분사된 연료는 자연착화되어 일정한 압력하에서 연소하는 사이클(Cycle)은 다음 중 어느 것인가?

① Diesel cycle   ② Otto cycle   ③ Sabathe cycle   ④ Brayton cycle

Solution ① Otto cycle : 전기점화(불꽃점화) 기관의 이상사이클
② Diesel cycle : 압축착화 기관의 이상사이클, 저속디젤기관의 기본 사이클
③ Sabathe cycle : 고속 디젤기관이 기본사이클
④ Brayton cycle : 가스터빈기관의 기본 사이클

09 이론사이클을 행하는 가스터빈에 있어서 흡입공기의 온도 20℃, 압력 1bar, 터빈의 입구온도 580℃, 압력비를 7이라고 하면 압축기 출구온도는? (단, k=1.4로 한다.)

① 231 K   ② 225 K   ③ 238 K   ④ 511 K

Solution 브레이튼 사이클의 1→2과정 압축기는 단열압축과정으로 가정한다.

$\gamma = \left(\dfrac{P_2}{P_1}\right) = \left(\dfrac{T_2}{T_1}\right)^{\frac{k}{k-1}}$ $7 = \left(\dfrac{T_2}{20+273}\right)^{\frac{1.4}{0.4}}$, $T_2 = 510.89$ [K]

Answer 06 ④ 07 ① 08 ① 09 ④

10 정압연소로서 가스터빈의 표준 사이클이 되는 사이클은?
① 랭킨(Rankine) 사이클 ② 브레이튼(Brayton) 사이클
③ 냉동(refrigerator) 사이클 ④ 재열(reheating) 사이클

> **Solution** ① 랭킨(Rankine) 사이클: 증기원동소의 기본 사이클
> ② 브레이튼(Brayton) 사이클: 가스터빈 이상 사이클, 정압연소 사이클
> ③ 냉동(refrigerator) 사이클 : 역카르노 사이클, 역브레이튼 사이클, 증기압축 냉동 사이클 등이 있다.
> ④ 재열(reheating) 사이클 : 랭킨 사이클의 터빈에서 단열팽창 도중에 있는 증기를 재가열하여 터빈일을 증가시키고 터빈 출구의 건도를 높이기 위한 증기원동소 사이클이다.

11 브레이튼 사이클(Brayton cycle)의 열공급 및 방출은?
① 정적하에서 열이 들어오고, 정적하에서 열이 나간다.
② 정압하에서 열이 들어오고, 정적하에서 열이 나간다.
③ 정압하에서 열이 들어오고, 정압하에서 열이 나간다.
④ 정적 및 정압하에서 열이 들어오고, 정적하에서 열이 나간다.

> **Solution** 브레이튼 사이클은 2개의 정압과정과 2개의 단열과정으로 구성된다. 단열변화란 열의 입·출입이 차단된 상태변화이므로 정압과정에서 열의 입·출입이 이루어진다.

12 브레이튼 사이클(Brayton cycle)은 다음 무슨 사이클에 가장 적합한가?
① 정적연소 사이클 ② 정압연소 사이클 ③ 등온연소 사이클 ④ 합성연소 사이클

> **Solution** 브레이튼(Brayton) 사이클 : 가스터빈의 이상 사이클이며 흡열과정이 정압과정에서 이루어지기 때문에 정압연소 사이클이라고도 부른다.

13 다음 사항 중 틀린 것은?
① 원자로에서 가스를 가열하는 경우는 밀폐사이클이 된다.
② 가스터빈 사이클의 기본형은 브레이튼(Brayton) 사이클이다.
③ 브레이튼 사이클의 이론 열효율은 압력비와 가스의 비열비에 의해서 정해진다.
④ 제트기관의 사이클은 스터링(Stirling) 사이클과 동일하다.

> **Solution** ① 스털링(Stirling) 사이클: 2개의 정적과정과 2개의 등온과정으로 구성된 사이클로 열효율은 카르노 사이클과 같고 역 스터링 사이클은 He를 냉매로하는 극저온용의 기체 냉동기 기준 사이클이 된다.
> ② 르누아(Lenoir) 사이클: 정적, 정압, 단열과정으로 구성된 사이클로 펄스제트 추진 계통의 사이클과 유사하다.

14 오토 사이클에서 열효율을 55%로 하려면 압축비를 얼마로 하면 되겠는가? (단, k=1.4라고 한다.)
① 약 6.7 ② 약 7.8 ③ 약 7.4 ④ 약 8.5

> **Solution** $\eta_O = 1 - \left(\dfrac{1}{\varepsilon}\right)^{k-1}$; $0.55 = 1 - \left(\dfrac{1}{\varepsilon}\right)^{0.4}$, $\varepsilon = 7.36$

15 오토 사이클과 디젤 사이클에 있어서 최고 압력과 최고 온도가 동일하다면 두 사이클의 압축비는?
① 디젤 사이클의 압축비가 크다. ② 오토 사이클의 압축비가 크다.
③ 두 사이클의 압축비가 같다. ④ 이 조건만으로 비교할 수 없다.

> **Solution** 단열압축 초의 조건이 같은 상태에서 최고 압력과 최고 온도가 동일한 지점까지 단열압축 후 체적을 비교해 보면 디젤사이클의 체적이 오토 사이클의 체적보다작다. 압축비는 단열압축 후의 체적이 작을수록 크다.

Answer 10 ② 11 ③ 12 ② 13 ④ 14 ③ 15 ①

16 고속 디젤기관에 사용되는 사이클은 다음 중 어느 사이클인가?

① 정적 사이클   ② 정압 사이클   ③ 합성 사이클   ④ 카르노 사이클

Solution
① 정적 사이클(Otto cycle) : 전기점화(불꽃점화) 기관의 이상사이클, 정적 사이클
② 정압 사이클(Diesel cycle) : 압축착화 기관의 이상사이클, 저속디젤기관의 기본 사이클, 정압 사이클
③ 합성 사이클(Sabathe cycle) : 고속 디젤기관의 기본사이클, 합성(복합) 사이클
④ 카르노 사이클(Carnot cycle) : 가역 이상 열기관 사이클

17 효율이 85%인 터빈에 들어갈 때의 증기의 엔탈피가 3390kJ/kg이고, 가역 단열과정에 의해 팽창할 경우에 출구에서의 엔탈피가 2135kJ/kg이 된다고 한다. 이 터빈의 실제일은 몇 kJ/kg인가?

① 1476   ② 1255   ③ 1067   ④ 906

Solution 터빈의 단열효율 $\eta_T = \dfrac{\text{실제일}(W)}{\text{가역터빈일}(W_{th})}$

$0.85 = \dfrac{W}{3390 - 2135}$, $W = 1066.75 \text{[kJ/kg]}$

18 다음은 이론 공기 사이클인 오토 사이클(η_{tho}), 디젤 사이클(η_{thd}), 사바데 사이클(η_{ths})을 비교하여 설명한 것이다. 이 중 맞지 않는 것은?

① 오토 사이클에 있어서 공급열량에는 관계없이 압축비의 증가만으로써 효율은 높아진다.
② 디젤 사이클에 있어서 압축비의 증가와 더불어 효율은 높아지나 반대로 차단비의 증가와 더불어 효율은 감소함으로 공급열량에 관계된다.
③ 사바데 사이클에 있어서 압축비 및 압력비의 증가와 더불어 효율은 높아진다.
④ 공급열량 및 최대 압력이 일정할 때 각 효율의 크기는 $\eta_{tho} < \eta_{thd} < \eta_{ths}$ 이다.

Solution
① 오토 사이클의 효율은 압축비만의 함수이다.
② 디젤 사이클의 효율은 압축비와 연료단절비만의 함수이다.
③ 사바데 사이클의 효율은 압축비, 연료단절비, 압력비 만의 함수이다.
④ 최고 압력이 일정할 때 효율의 크기: $\eta_{thd} > \eta_{ths} > \eta_{tho}$

19 디젤기관의 압축비가 16일 때 압축전의 공기 온도가 90℃라면, 압축후의 공기의 온도는 얼마인가? (단, 공기의 비열비 k=1.4이다.)

① 1100.41 K   ② 798.12 K   ③ 808.45 K   ④ 827.17 K

Solution 디젤 사이클의 1-2과정이 단열압축과정으로 이 변화에서 압축비를 체적으로 계산한다.

$\varepsilon = \dfrac{V_1}{V_2} = 16$, $\dfrac{T_2}{T_1} = \left(\dfrac{V_1}{V_2}\right)^{k-1}$

$\dfrac{T_2}{90+273} = 16^{0.4}$, $T_2 = 1100.41 \text{ [K]}$

20 그림에서 $T_1 = 561K$, $T_2 = 1010K$, $T_3 = 690K$, $T_4 = 383K$ 인 공기를 작업유체로 하는 브레이튼 사이클(Brayton cycle)의 이론 열효율은? (단, 공기의 정압비열은 $C_P = 1.004\text{kJ/kg℃}$ 이다.)

① 0.39   ② 0.43
③ 0.32   ④ 0.42

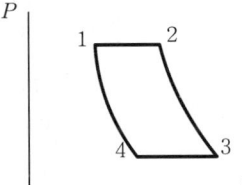

Solution
$\gamma = \dfrac{P_1}{P_4} = \left(\dfrac{T_1}{T_4}\right)^{\frac{k}{k-1}}$

$\eta_B = 1 - \left(\dfrac{1}{\gamma}\right)^{\frac{k-1}{k}} = 1 - \left(\dfrac{T_4}{T_1}\right) = 1 - \left(\dfrac{383}{561}\right) = 0.32$

Answer   16 ③   17 ③   18 ④   19 ①   20 ③

21 압축비 5인 가솔린 기관이 k=1.3인 고온공기로 작동되고 있다. 기계효율 86%, 기관효율 70%이라면 제동 열효율은?

① 0.196 ② 0.231 ③ 0.253 ④ 0.286

Solution 가솔린 기관의 기본 사이클은 오토 사이클이다.
$\eta_b = \eta_{th} \times \eta_m \times \eta_e$
여기서, η_b 는 제동효율, η_{th} 는 이론열효율, η_m 는 기계효율 그리고 η_e 는 기관 효율이다.
$\eta_b = \eta_{th} \times \eta_m \times \eta_e = \left[1 - \left(\frac{1}{\varepsilon}\right)^{k-1}\right] \times \eta_m \times \eta_e = \left[1 - \left(\frac{1}{5}\right)^{1.3-1}\right] \times 0.86 \times 0.7 = 0.231$

22 다음 중 가솔린 기관의 기본 사이클은 어느 것인가?

① 정적사이클 ② 복합 사이클 ③ 정적·정압사이클 ④ 정압사이클

Solution 오토 사이클이 가솔린 기관은 기본 사이클이다. 오토 사이클은 정적과정에서 흡열이 이루어지기 때문에 정적사이클이라고도 한다.

23 압축비가 7인 Otto 사이클 기관의 이론 열효율은 몇 %인가? (단, k=1.3이다.)

① 23.56 ② 34.67 ③ 44.22 ④ 50.39

Solution $\eta_O = 1 - \left(\frac{1}{\varepsilon}\right)^{k-1} = 1 - \left(\frac{1}{7}\right)^{1.3-1} = 0.4422 \times 100 = 44.22 \, [\%]$

24 실린더의 간극체적이 행정체적의 22%일 때 오토 사이클의 열효율은 몇 %인가? (단, k=1.4이다.)

① 96.43 ② 88.76 ③ 64.38 ④ 49.62

Solution $V_c = 0.22 V_s, \quad \varepsilon = \frac{V_c + V_s}{V_c} = 1 + \frac{V_c}{0.22 V_c} = 5.55$
$\eta_O = 1 - \left(\frac{1}{\varepsilon}\right)^{k-1} = 1 - \left(\frac{1}{5.55}\right)^{1.4-1} = 0.4962 \times 100 = 49.62 \, [\%]$

25 공기를 동작물질로 하는 오토 사이클 기관의 최고 온도가 2500K, 최저온도가 300K이다. 압축비를 5, 단열압축 초의 압력을 98kPa, k=1.4일 때 최고압력과 평균 유효압력은 얼마인가?

① 4083.3kPa, 937.51kPa
② 4083.3kPa, 932.79kPa
③ 932.79, 4083.3kPa
④ 937.51kPa, 4083.3kPa

Solution ① 1-2과정: 단열압축
$\varepsilon = \frac{V_1}{V_2} = 5, \quad \frac{V_1}{V_2} = \left(\frac{P_2}{P_1}\right)^{\frac{1}{k}}, \quad \frac{T_2}{T_1} = \left(\frac{V_1}{V_2}\right)^{k-1} = \varepsilon^{k-1}$
$P_2 = P_1 \varepsilon^k = 98 \times 5^{1.4} = 932.79 \, [kPa], \quad T_2 = 300 \times 5^{0.4} = 571.1 \, [K]$

② 2-3과정: 정적흡열
$\frac{P_3}{P_2} = \frac{T_3}{T_2}, \quad P_3 = \frac{2500}{571.1} \times 932.79 = 4083.3 \, [kPa]$

③ 3-4과정: 단열팽창
$\frac{T_4}{T_3} = \left(\frac{V_3}{V_4}\right)^{k-1} = \left(\frac{V_2}{V_1}\right)^{k-1} = \left(\frac{1}{\varepsilon}\right)^{k-1}, \quad T_4 = 2500 \times \left(\frac{1}{5}\right)^{0.4} = 1313.26 \, [K]$

④ $q_1 = C_v (T_3 - T_2) = 0.72 \times (2500 - 571.1) = 1388.81 \, [kJ/kg]$
$v_1 = \frac{RT_1}{P_1} = \frac{287 \times 300}{98000} = 0.879 \, [m^3/kg]$
$P_m = \frac{Q_1}{V_1} \frac{\varepsilon}{\varepsilon - 1} \left[1 - \left(\frac{1}{\varepsilon}\right)^{k-1}\right] = \frac{q_1}{v_1} \frac{\varepsilon}{\varepsilon - 1} \left[1 - \left(\frac{1}{\varepsilon}\right)^{k-1}\right]$
$= \frac{1388.81}{0.879} \times \frac{5}{4} \times \left[1 - \left(\frac{1}{5}\right)^{0.4}\right] = 937.51 \, [kPa]$

Answer 21 ② 22 ① 23 ③ 24 ④ 25 ①

chapter 10 증기동력 사이클

증기동력(蒸氣動力)사이클(vapor power cycle)이란 고온부에서 유체로 열을 전달하여 증발(蒸發)시키고 저온부에서 응축과정(凝縮過程)을 거치며 열을 방출하고 일을 발생하는 사이클이다. 이와 같은 증기 사이클 열기관으로는 터빈 기관과 왕복 증기 기관 등이 있고 화력발전소, 원자력 발전소, 선박 등에 사용되고 있다.

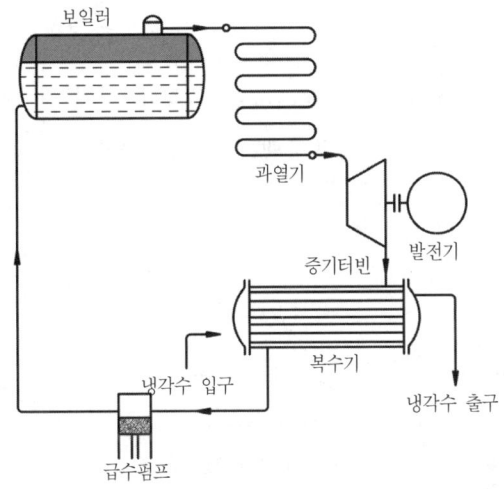

그림10-1 증기원동소의 기본 구성

1 랭킨 사이클(Rankine cycle)

랭킨 사이클은 그림10-2에서 보듯이 보일러(boiler), 터빈(turbine), 응축기(condenser) 그리고 급수펌프(feed pump) 등으로 구성된다. 작동유체인 물을 보일러에서 정압 상태로 가열하여 과열 증기로 만들어 터빈 노즐을 통과시켜 단열팽창 일을 얻는다. 터빈 노즐을 통과하면서 변화된 습 증기는 복수기에서 냉각·응축시켜 물로 만들고 급수펌프를 이용하여 다시 보일러로 보낸다. 이와 같은 과정이 반복되는 밀폐 사이클인 랭킨 사이클은 증기 원동소의 이상 사이클이다.

(1) 랭킨 사이클의 선도

랭킨 사이클 선도는 증기 선도에 보일러, 터빈, 응축기와 급수펌프 등의 상태변화를 표현한 그림10-3과 같고 2개의 정압변화와 2개의 단열변화로 이루어진다.
① 1-2과정(보일러) : 정압가열과정-가열량 q_1 [kJ/kg, kcal/kg]
② 2-3과정(터빈) : 단열팽창과정-터빈일 w_T [kJ/kg, kcal/kg]

③ 3-4과정(응축기) : 정압(등온)방열과정-방열량 q_2 [kJ/kg, kcal/kg]
④ 4-1과정(급수펌프) : 단열(정적)압축과정-펌프일 w_P [kJ/kg, kcal/kg]

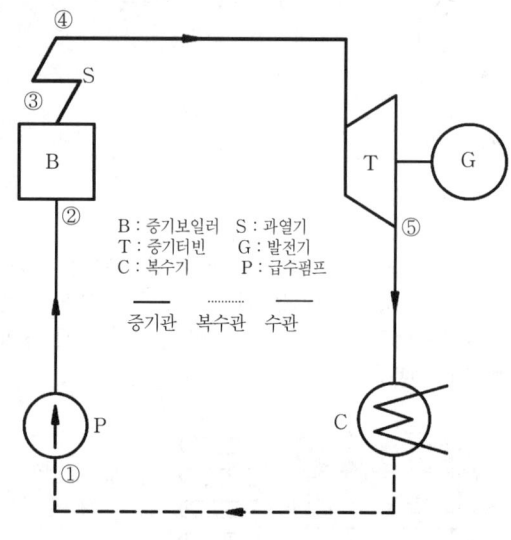

그림10-2 랭킨 사이클의 구성

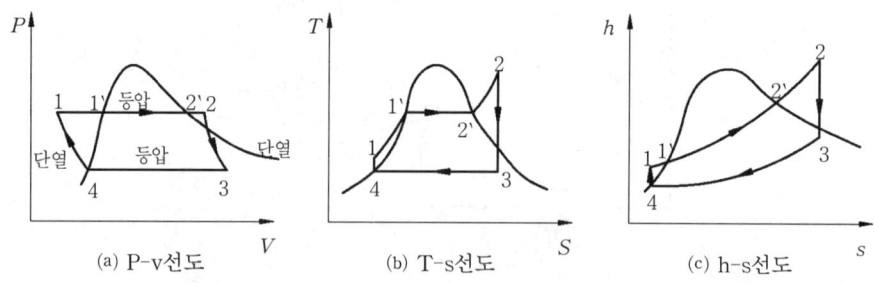

그림10-3 랭킨 사이클의 각종 선도

(2) 랭킨 사이클의 열효율

① 가열량과 방열량

$$\delta q = dh - vdP = dh$$
$$q_1 = h_2 - h_1, \quad q_2 = h_3 - h_4 \quad \text{[10-1]}$$

여기서, h_1은 보일러 입구이 비엔탈피이면서 급수펌프 출구의 비엔탈피, h_2는 보일러 출구의 비엔탈피이면서 터빈 입구의 비엔탈피, h_3는 터빈 출구의 비엔탈피이면서 응축기 입구의 비엔탈피, h_4는 응축기 출구의 비엔탈피이면서 급수펌프 입구의 비엔탈피이다.

② 터빈일과 펌프일

$$\delta q = dh + w_t = 0$$
$$w_T = h_2 - h_3, \quad w_P = h_1 - h_4 \quad \text{[10-2]}$$

③ 펌프일을 고려했을 때 열효율

$$\eta_R = \frac{w}{q_1} = \frac{q_1 - q_2}{q_1 =} 1 - \frac{q_2}{q_1}$$

$$= \frac{w_T - w_P}{q_1} = \frac{(h_2-h_3)-(h_1-h_4)}{h_2-h_1} \quad ★★★★ \qquad [10\text{-}3]$$

④ 펌프일을 무시했을 때 열효율

$$\eta_R = \frac{h_2-h_3}{h_2-h_4} \quad ★★ \qquad [10\text{-}4]$$

(3) 증기소비율(specific steam consumption)

터빈에서 단위에너지를 발생시키는데 소요되는 증기량을 증기소비율이라 한다.

① 비엔탈피가 kcal/kg 일 때-공학(중력)단위

$$SR = \frac{860}{w_T} = \frac{860}{h_2-h_3}[kg/kWh] = \frac{632.3}{h_2-h_3}[kg/PSh] \qquad [10\text{-}5]$$

② 비엔탈피가 kJ/kg 일 때-SI단위

$$SR = \frac{3600}{w_T} = \frac{3600}{h_2-h_3}[kg/kWh] \quad ★★★ \qquad [10\text{-}6]$$

(4) 열소비율(specific heat consumption)

단위에너지당 증기에 의해 소비되는 열량이 열소비율이다.

① 공학단위

$$HR = \frac{860}{\eta_R}[kcal/kWh] = \frac{632.3}{\eta_R}[kcal/PSh] \qquad [10\text{-}7]$$

② SI단위

$$HR = \frac{3600}{\eta_R}[kJ/kWh] \quad ★★★ \qquad [10\text{-}8]$$

(5) 이론적으로 열효율을 증가시키는 방법

① 고온측의 온도를 높인다.
② 저온측의 온도를 낮춘다.
③ 저온측과 고온측의 온도차를 크게 한다.
④ 과열도를 크게 한다.
⑤ Carnot cycle에 가깝게 한다.

2 재열(再熱) 사이클(reheat cycle)

보일러에서 만들어진 과열증기를 터빈에서 단열팽창 도중 증기를 터빈으로부터 빼내어 다시 가열해서 터빈일을 증가시켜 건도를 증가시키고 열효율을 증가시킨 사이클이 재열(再熱) 사이클(reheat cycle)이다.

(1) 펌프일을 무시했을 때 재열 사이클의 효율

$$\eta = \frac{(h_2-h_3)+(h_4-h_5)}{(h_2-h_6)+(h_4-h_3)} \quad ★ \qquad [10\text{-}9]$$

(2) 재열 사이클의 주된 목적

실제적으로 발생하는 내부 손실을 감소시키고 효율비(efficiency ratio)를 높이는데 있다. 여기서, 효율비란 이론 열효율과 실제 열효율의 비를 의미한다.

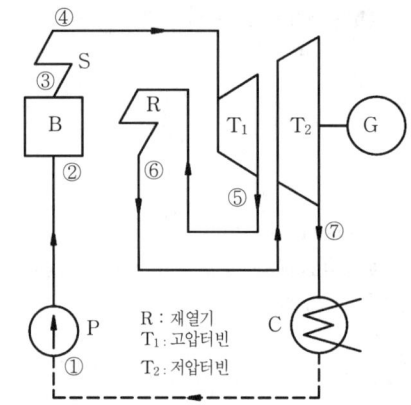

그림10-4 재열 사이클의 구성

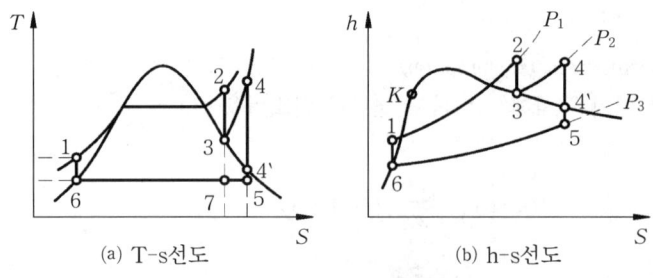

(a) T-s선도　　　　　(b) h-s선도

그림10-5 재열 사이클의 각종 선도

3 재생(再生) 사이클(regenerative cycle)

랭킨 사이클에서 효율을 증가시키기 위해 과열증기를 터빈에서 단열팽창 도중 증기의 일부를 추출하여, 그 추출한 것을 이용하여 복수기로부터 보일러로 들어가는 저온의 급수를 가열시켜 온도가 높아진 급수를 보일러로 보내 보일러의 공급열량을 감소시킨 사이클이 재생(再生) 사이클(regenerative cycle)이다.

(1) 펌프일을 무시했을 때 재생 사이클의 열효율

$$\eta = \frac{h_2 - h_3 + (1-m_1)(h_3 - h_4) + (1-m_1-m_2)(h_4 - h_5)}{h_2 - h_1} \; \bigstar \qquad [10\text{-}10]$$

(2) 추출량

① 추출량 m_1

$$m_1(h_3 - h_1) = (1-m_1)(h_1 - h_8)$$

$$m_1 = \frac{h_1 - h_8}{h_3 - h_8} \qquad [10\text{-}11]$$

② 추출량 m_2

$$m_2(h_4 - h_8) = (1-m_1-m_2)(h_8 - h_6)$$

$$m_2 = \frac{(1-m_1)(h_8 - h_6)}{h_4 - h_6} \qquad [10\text{-}12]$$

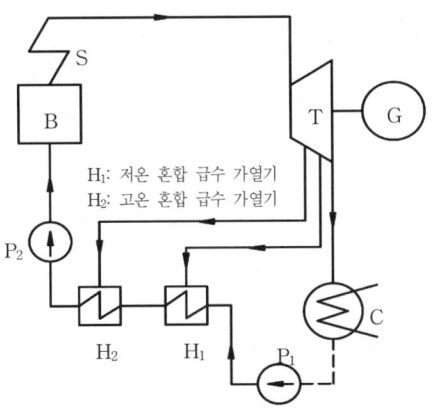

그림10-6 재생 사이클의 구성

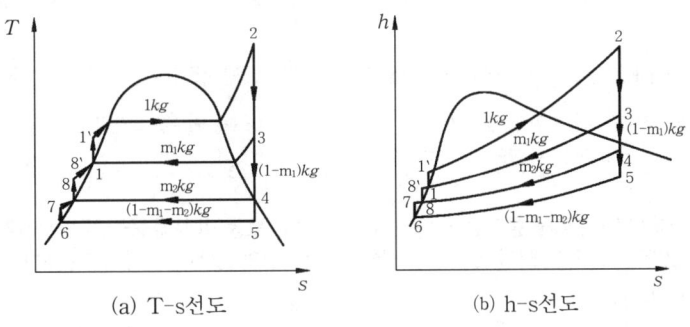

(a) T-s선도   (b) h-s선도

그림10-7 재생 사이클의 각종 선도

4 재열·재생 사이클(再熱·再生 cycle)

재열 사이클과 재생 사이클을 병용한 사이클을 재생·재열 사이클 또는 혼합(복합) 사이클이라 한다.

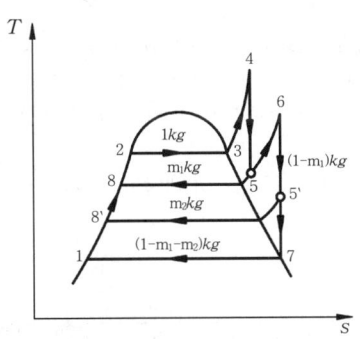

그림10-8 재열·재생 사이클의 T-s선도

(1) 2단 재열·재생 사이클에서 펌프일을 무시했을 때 열효율

$$\eta = \frac{(h_4-h_5)+(h_6-h_2)-m_1(h_6-h_7)-m_2(h_5{'}-h_7)}{(h_4-h_8)+(1-m_1)(h_6-h_5)} \ \bigstar \qquad [10\text{-}13]$$

chapter 10 · 실전연습문제

01 다음 중 랭킨 사이클의 열효율식으로 맞는 것은? (단, 펌프일은 무시한다.)

① $\eta_R = \dfrac{h_3 - h_5}{h_4 - h_6}$ ② $\eta_R = \dfrac{h_4 - h_5}{h_4 - h_1}$ ③ $\eta_R = \dfrac{h_4 - h_5}{h_4 - h_6}$ ④ $\eta_R = \dfrac{h_5 - h_6}{h_4 - h_6}$

Solution 1점-보일러입구이면서 펌프출구, 4점-보일러출구이면서 터빈입구, 5점-터빈출구이면서 응축기 입구, 6점-응축기 출구이면서 펌프입구

02 초압 5.88MPa의 포화증기를 배압 4.9kPa까지 단열팽창시킬 경우 보일러 내에서의 수열량은 얼마인가? (단, 급수펌프일을 무시 할 때 $h_2 = 136.71 \text{kJ/kg}$, $h_3 = 2794.26 \text{kJ/kg}$, $h_4 = 1806 \text{kJ/kg}$ 이다.)

① 1669.29kJ/kg ② 988.26kJ/kg ③ 2520.85kJ/kg ④ 2657.56kJ/kg

Solution 1점-급수펌프입구, 2점-보일러입구, 3점-터빈입구, 4점-응축기입구
$q_1 = h_3 - h_2 = 2794.26 - 136.7 = 2657.56 \,[\text{kJ/kg}]$

03 랭킨 사이클에서 터빈 출구 증기는 습증기가 되는 것이 보통이다. 효율을 개선시키기 위하여 초온이 주어졌을 때, 초압을 올리게 되면 최종증기(터빈출구 증기)의 상태는 어떻게 되는가?

① 건도가 증대한다. ② 건도가 감소한다.
③ 비체적이 커진다. ④ 엔트로피가 증대된다.

Solution 초온이 일정한 상태에서 초압이 상승하면 터빈 출구 증기의 엔트로피 감소 및 비체적 감소로 이어진다.

04 초압 2.94MPa, 응축기 압력이 4.9kPa일 경우 펌프일은 몇 kJ/kg인가? (단, 포화액의 비체적 $v' = 0.001 \text{m}^3/\text{kg}$ 이다.)

① 2.94 ② 1.95 ③ 0.97 ④ 0.48

Solution · 급수펌프는 단열압축과정 또는 정적과정으로 가정할 수 있다.
$w_P = v'(P_1 - P_2) = 0.001 \times (2.94 \times 10^3 - 4.9) = 2.94 \,[\text{kJ/kg}]$
여기서, P_1은 보일러의 압력(초압)이고 P_2는 응축기의 압력(배압)이다.

05 랭킨 사이클에서 터빈입·출구에서의 증기의 엔탈피가 각각 3541.86kJ/kg, 2102.94 kJ/kg일 때 이론 증기소비율은 몇 kg/kWh인가?

① 2.5 ② 2.7 ③ 2.9 ④ 3.2

Solution $SR = \dfrac{3600}{w_T} = \dfrac{3600}{h_2 - h_3} = \dfrac{3600}{3541.86 - 2102.94} = 2.5 \,[\text{kg/kWh}]$

Answer 01 ③ 02 ④ 03 ② 04 ① 05 ①

06 일단 추기 재생사이클에서 추기점 압력하에서 포화수의 엔탈피가 535.08kJ/kg, 추기 엔탈피가 2688kJ/kg, 터빈의 단열 열낙차는 1365kJ/kg이었다. 터빈 입구에서의 증기 엔탈피 3540.6kJ/kg이고 추기량은 0.154일 때 재생사이클의 열효율을 펌프일을 무시하고 구하면 얼마인가?

① 34.67%   ② 45.42%   ③ 56.23%   ④ 66.89%

Solution 포화수(펌프입구) 엔탈피 h_1, 추기 엔탈피 h_3, 터빈입구 엔탈피 h_2, 터빈출구 엔탈피 h_4,

단열 열낙차: $h_2 - h_3 + (1-m_1)(h_3 - h_4)$, $\eta = \dfrac{h_2 - h_3 + (1-m_1)(h_3 - h_4)}{h_2 - h_1}$

$= \dfrac{1365}{3540.6 - 535.08} \times 100 = 45.42 \,[\%]$

07 랭킨 사이클의 각 점의 엔탈피는 다음과 같을 때, 이론 열효율은 몇 %인가?

보일러 입구 : 291.48kJ/kg	보일러출구 : 3488.52kJ/kg
터빈출구 : 2630.88kJ/kg	복수기출구 : 288.12kJ/kg

① 22.78   ② 26.72   ③ 28.45   ④ 31.03

Solution $\eta = \dfrac{(터빈입구 - 터빈출구) - (급수펌프출구 - 급수펌프입구)}{보일러출구 - 보일러입구}$

$= \dfrac{(3488.52 - 2630.88) - (291.48 - 288.12)}{3488.52 - 291.48} \times 100 = 26.72 \,[\%]$

08 사이클의 고온측에서 이상적 특성을 갖는 작업물질을 사용하여 작동압력을 높이지 않고도 작동 유효온도범위를 증가시킬 수 있는 사이클로 다음 중 맞는 것은?

① 카르노 사이클   ② 랭킨 사이클   ③ 재열 사이클   ④ 2유체 사이클

09 증기소비율이 2.5kg/kWh이고 터빈입구에서 엔탈피가 3354.88kJ/kg, 응축기 출구에서의 엔탈피가 119.95kJ/kg, 펌프일이 11.72kJ/kg인 랭킨 사이클에서 열소비율은 몇 kJ/kWh인가?

① 6341.97   ② 7252.73   ③ 8124.58   ④ 9345.12

Solution $SR = \dfrac{3600}{w_T}$; $w_T = \dfrac{3600}{2.5} = 1440 \,[kJ/kg]$

$w_P =$ 펌프출구 엔탈피 $-$ 펌프입구 엔탈피

펌프출구 엔탈피 $= 11.72 + 119.95 = 131.67 \,[kJ/kg]$

$\eta_R = \dfrac{w_T - w_P}{보일러출구 \text{ 엔탈피} - 보일러입구 \text{ 엔탈피}}$

$= \dfrac{1440 - 11.72}{3354.88 - 131.67} \times 100 = 44.31 \,[\%]$

$HR = \dfrac{3600}{\eta_R} = \dfrac{3600}{0.4431} = 8124.58 \,[kJ/kWh]$

10 재생 사이클의 근본 목적은?

① 배열을 감소시켜 열효율 증가   ② 터빈의 건도를 증가시켜 부식을 방식
③ 압력을 높여 열효율 증가   ④ 공급열량을 증가시켜 열효율감소

Answer 06 ② 07 ② 08 ④ 09 ③ 10 ①

11 랭킨 사이클의 각 점의 증기 엔탈피는 다음과 같다. 보일러 입구 69.4kJ/kg, 보일러 출구 830.6kJ/kg, 복수기 입구 626.4kJ/kg, 복수기 출구 68.4kJ/kg인 사이클의 효율은? (단, 펌프일은 무시한다.)

① 27.85%　　　② 29.58%　　　③ 26.79%　　　④ 28.82%

Solution
$$\eta_R = \frac{\text{터빈입구} - \text{터빈출구}}{\text{보일러출구} - \text{펌프입구}} = \frac{830.6 - 626.4}{830.6 - 68.4} \times 100 = 26.79 \ [\%]$$

12 다음의 기본 랭킨 사이클에서 2→2'→3→3'의 상태변화는?

① 단열압축
② 등압냉각
③ 단열팽창
④ 등압가열

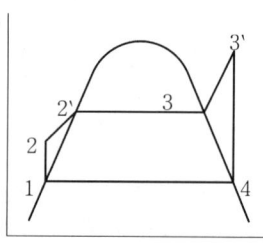

Solution 선도에서 2 → 2' → 3 → 3'는 보일러로 정압가열 과정이다.

13 다음 사이클 중에서 동작유체 단위질량당의 팽창일에 비하여 압축일이 가장 적게 소요되는 사이클은?

① 브레이튼 사이클　② 오토 사이클　③ 랭킨 사이클　④ 디젤 사이클

Solution 브레이튼, 오토, 디젤 사이클은 공기표준사이클로 동작유체가 공기이고 랭킨 사이클은 동작유체가 증기로 급수펌프에서 압축일이 소요되는데 급수펌프에서 동작유체는 물이므로 공기보다는 상대적으로 쉽게 압축이 가능하여 급수펌프의 압축일은 무시하기도 한다.

14 수증기를 사용하는 재열 사이클에서 수증기를 재열함으로써 얻어지는 가장 큰 장점은 무엇인가?

① 효율소득이 커진다.
② 배열이 감소한다.
③ 터빈 저압단에서 습분 함유량을 안전한 값으로 감소시킨다.
④ 펌프일을 감소시키므로 사이클 일을 증가시킨다.

Solution 재열 사이클이란 랭킨 사이클의 터빈에서 단열팽창 도중에 있는 증기를 재가열하여 터빈일을 증가시키고 터빈 출구의 건도를 높이는 목적의 사이클이다.

15 엔탈피 126kJ/kg인 물을 보일러에서 가열하여 엔탈피 2952kJ/kg인 증기 m=10ton/h를 만들고, 이것을 증기터빈에 송입하였더니 출구엔탈피가 2583kJ/kg이었다. 이 경우 보일러에서의 가열량을 구하면 그 값은? (단, 보일러에서는 정압가열이며 터빈에서는 단열팽창이다.)

① 7850 kW　　② 6742 kW　　③ 640 kW　　④ 570kW

Solution
$$_1\dot{Q}_2 = \Delta \dot{H} = \dot{m}\Delta h = \frac{10 \times 10^3}{3600} \times (2952 - 126) = 7850 \ [\text{kW}]$$

16 증기를 가역 단열과정을 거쳐 팽창시키면 증기의 엔트로피는?

① 증가한다.　　　　　　　　② 감소한다.
③ 변하지 않는다.　　　　　　④ 경우에 따라 증가도 하고, 감소도 한다.

Solution 증기 원동소 이상 사이클인 랭킨 사이클의 T-s 선도나 h-s 선도에서 단열압축과 단열 팽창시 엔트로피의 변화가 일정하다는 것을 확인할 수 있다. 단열변화는 등엔트로피 변화이다.

Answer 11 ③　12 ④　13 ③　14 ③　15 ①　16 ③

17 다음 중 랭킨 사이클(Rankine Cycle)에 관한 사항으로 부적당한 것은? 다
① 복수기의 압력이 낮아지면 방출열량이 적어진다.
② 복수기의 압력이 낮아지면 열효율이 증가한다.
③ 터빈의 배기온도를 낮추면 터빈 효율은 증가한다.
④ 터빈의 배기온도를 낮추면 터빈 날개가 부식한다.

> **Solution** 터빈의 배기온도를 낮추어 습증기를 배출하게 되면 터빈 날개가 부식될 위험이 있으며 결과적으로 터빈 효율은 감소하게 될 것이다.

18 랭킨 사이클에서 보일러 압력과 온도가 일정하고 복수기 압력이 낮을수록 어떤현상이 발생하겠는가?
① 열효율이 증가한다.　　② 터빈 효율이 증가한다.
③ 열효율이 감소한다.　　④ 터빈 출구의 증기의 건도가 높아진다.

> **Solution** 랭킨 사이클 선도에서 복수기 압력을 감소시키면 방열량의 감소로 이론적인 열효율은 증가한다. 그러나 터빈 날개의 부식 위험이 있기 때문에 복수기 압력을 낮추는데는 한계가 있다.

19 다음 사항 중 틀린 것은?
① 랭킨 사이클의 열효율은 터빈 입구의 과열증기 상태와 복수기의 진공도에 의해서 거의 결정된다.
② 랭킨 사이클의 열효율을 열역학적으로 개선한 것이 재생 랭킨 사이클이다.
③ 증기 터빈에서 복수기의 배압은 냉각수의 온도에 의해서 정해지므로 자유로이 바꿀 수 없다.
④ 랭킨 사이클의 열효율은 터빈의 입구 압력, 입구 온도의 영향만을 받는다.

> **Solution** 증기 원동소의 이상 사이클인 랭킨 사이클의 열효율을 증가시키는 방법은 보일러의 초압을 높이고 복수기의 배압을 낮추면 된다. 이것은 이론적인 방법이고 실제로는 보일러의 폭발의 위험과 터빈 날개의 부식 때문에 제한적으로 사용되는 방법이고 터빈일을 증가시켜 열효율을 증가시킨 재생사이클이 있고 공급열을 감소시켜 열효율을 증가시키는 재열사이클 그리고 재생·재열 혼합사이클 등이 있다.

20 증기터빈의 입구증기는 과열증기이고 터빈 출구의 증기는 습증기이다. 터빈에서 단열팽창할 때 터빈의 열효율이 커지면 어떠한 현상이 발생하는가?
① 터빈 출구의 온도가 올라간다.　　② 터빈 출구의 온도가 떨어진다.
③ 터빈 출구의 습증기의 건도가 감소한다.　④ 터빈 출구의 습증기의 건도가 증가한다.

> **Solution** 터빈에서 단열팽창으로 터빈일을 증가시켜 열효율 상승을 가져올 수 있지만 터빈출구의 습증기가 늘어나 터빈 날개를 부식시킬 수 있다. 습증기의 양이 커진다는 것은 건도가 감소하고 습도가 증가한다는 의미이다.

21 다음의 기본 랭킨 사이클에서 보일러에서 물이 가열되는 열량을 엔탈피의 값으로 표시하였을 때 올바른 것은? (단, h는 비엔탈피이다.)

① $h_5 - h_1$
② $h_4 - h_5$
③ $h_4 - h_2$
④ $h_2 - h_1$

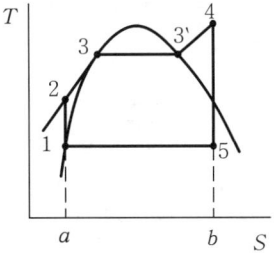

> **Solution** 랭킨 사이클 선도에서 보일러의 공급열량을 보일러 출구와 입구의 비엔탈피 차로 표현하면 $q_1 = h_4 - h_2$ 이고 복수기에서 방출 열량은 $q_2 = h_5 - h_1$ 이다.

Answer　17 ③　18 ①　19 ④　20 ③　21 ③

22 재열 랭킨 사이클에서 재열의 주목적은?

① 펌프일을 감소시킨다.
② 복수기 압력을 감소시킨다.
③ 터빈 출구 습증기의 질(건도)을 높인다.
④ 이론 열효율을 증가시키는 것이 목적이다.

> **Solution** 재열 사이클은 랭킨 사이클의 터빈에서 단열팽창 도중에 있는 증기를 재가열하여 터빈일을 증가시키고 터빈 출구의 건도를 높이는 것이 주 목적이다.

23 다음은 증기 사이클의 P-V 선도이다. 이는 어떤 종류의 사이클인가?

① 재생 사이클
② 재생·재열 사이클
③ 재열 사이클
④ 급수가열 사이클

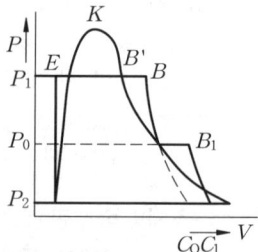

> **Solution** 정압과정의 보일러에서 재열과정이 존재하고 단열팽창 과정의 터빈일을 증가시킨 사이클이다.

24 랭킨 사이클의 각점 증기 엔탈피는 다음과 같다. 보일러 입구 69.4kJ/kg, 보일러출구 830.6 kJ/kg, 복수기 입구 626.4 kJ/kg, 복수기 출구 68.4 kJ/kg이다. 이 사이클의 효율은? (단, 펌프일은 무시한다.)

① 27.85%   ② 29.85%   ③ 26.69%   ④ 28.82%

> **Solution**
> $$\eta_R = \frac{\text{터빈입구 비엔탈피} - \text{터빈출구 비엔탈피}}{\text{보일러출구 비엔탈피} - \text{펌프입구 비엔탈피}}$$
> $$= \frac{830.6 - 626.4}{830.6 - 68.4} \times 100 = 26.79 \ [\%]$$

25 다음 중 단열과정과 정압과정만으로 이루어지는 사이클은?

① 랭킨 사이클   ② 오토 사이클   ③ 디젤 사이클   ④ 카르노 사이클

> **Solution**
> ① 랭킨 사이클: 2개의 단열과정과 2개의 정압과정으로 구성
> ② 오토 사이클: 2개의 단열과정과 2개의 정적과정으로 구성
> ③ 디젤 사이클: 2개의 단열과정과 1개의 정압·1개의 정적과정으로 구성
> ④ 카르노 사이클: 2개의 단열과정과 2개의 등온과정으로 구성

26 증기터빈의 저압단에서의 증기의 건도를 높이는데 가장 큰 효과가 있는 사이클은 다음 중 어느 것인가?

① 포화증기를 사용하는 랭킨 사이클
② 과열증기를 사용하는 랭킨 사이클
③ 재열 사이클
④ 재생 사이클

> **Solution** 재열 사이클이란 랭킨 사이클의 터빈에서 단열팽창 도중에 있는 증기를 재가열하여 터빈일을 증가시키고 터빈 출구의 건도를 높이는 것이 목적인 사이클이다.

Answer 22 ③ 23 ③ 24 ③ 25 ① 26 ③

27 랭킨 사이클(Rankine cycle)의 각점의 증기 엔탈피는 다음과 같다. 이 때 사이클의 열효율은 몇 %인가?

> 보일러 입구: 69.4 kJ/kg, 보일러 출구: 830.6kJ,
> 터빈 출구: 626.4kJ/kg, 복수기 출구: 68.6kJ/kg

① 16.4 ② 20.6
③ 26.8 ④ 30.4

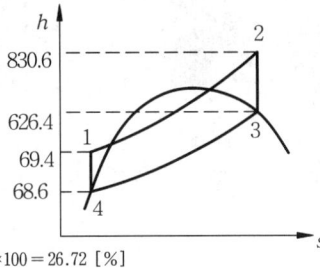

Solution
$$\eta_R = \frac{(h_2-h_3)-(h_1-h_4)}{h_2-h_1} = \frac{(830.6-626.4)-(69.4-68.6)}{830.6-69.4} \times 100 = 26.72\,[\%]$$

28 열효율이 25%이고 수증기 1kg당의 출력이 800 kJ인 증기기관의 증기소비율은 몇 kg/kWh인가?

① 1.13 ② 4.5 ③ 800 ④ 18

Solution 증기소비율이란 증기터빈에서 1kWh당 소비되는 증기량이다.
$$SR = \frac{3600}{W_T} = \frac{3600}{800} = 4.5\,[kg/kWh]$$

29 랭킨 사이클(Rankine cycle)에서 보일러 압력과 온도가 일정할 때 복수기 압력이 높을수록 열효율은 어떻게 되는가?

① 감소한다.   ② 증가한다.
③ 불변이다.   ④ 증가하고 감소도 한다.

Solution 보일러 압력과 온도가 일정할 때 복수기 압력이 증가하면 방출량이 늘어나 터빈일량이 줄어들고 결과적으로 열효율이 감소하게 된다.

30 랭킨 사이클을 터빈 입구 상태와 응축기 압력을 그대로 두고 재생 사이클로 바꾸었다. 재생 사이클의 특징을 원래의 랭킨 사이클에 비교해서 말한 것 중 틀린 것은?

① 터빈일이 크다.
② 사이클 효율이 높다.
③ 응축기의 방열량이 작다.
④ 보일러에서 가해야 할 열량이 작다.

Solution 재생사이클은 터빈에서 팽창도중의 증기를 일부 추출하여 보일러에 공급된 물을 예열하고 복수기에서 방출되는 증기의 일부 열량을 급수 가열에 이용하는 사이클이다.

31 Rankine 사이클로 작동되는 단순증기 원동기의 열효율을 바르게 나타낸 것은?

① $\dfrac{면적\ 14ba1}{면적\ 123ba1}$

② $\dfrac{면적\ 12341}{면적\ 123ba1}$

③ $\dfrac{면적\ 12341}{면적\ 14ba1}$

④ $\dfrac{면적\ 14ba1}{면적\ 12341}$

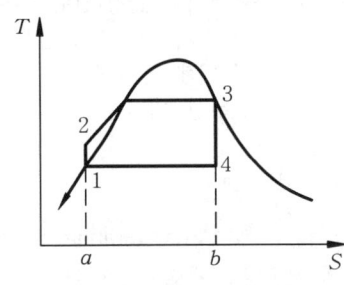

Solution $\eta = \dfrac{W}{Q_2} = \dfrac{면적\ 12341}{면적\ 123ba1}$

Answer 27 ③ 28 ② 29 ① 30 ① 31 ②

chapter 11 냉동 사이클

열은 스스로 저온체에서 고온체로 이동하지는 못한다. 그러나 기계적인 일을 이용해서 저온체로부터 열을 강제로 빼앗아 고온체로 이송시킬 수는 있다. 저온체의 기계적인 일을 이용해서 저온체로부터 강제로 열을 빼앗는 기계를 냉동기(冷凍機 ; refrigerating machine)라 하고 저온체에서 흡수한 열을 고온체로 이동시키는 기계를 열펌프(heat pump)라 한다. 냉동사이클(refrigerating cycle)이란 기계적 일을 이용하여 저열원에서 열을 흡수하고 고열원으로 이송시키는 일련의 과정이 되풀이되는 순환 사이클이다. 그러므로 냉동사이클에는 냉동기와 열펌프의 기능이 함께 포함된다. 냉동사이클에는 역카르노 사이클, 역브레이튼 사이클 그리고 증기압축냉동 사이클 등이 있다.

1 냉동 사이클의 기초사항

(1) 냉매(冷媒 ; refrigerant)

냉매란 냉동 사이클에서 저온의 열원으로부터 고온의 열원에 열을 운반하는 동작물질이다. 사용하고 있는 냉매로는 암모니아(NH_3), 탄산가스(CO_2), 프레온12(CF_2Cl_2), 메틸클로라이드(CH_2Cl), 아황산 가스(SO_2) 등이 있고 상온에서 액화가 가능한 가스라면 냉매로 사용할 수 있으나 물리적, 화학적 그리고 생리적으로 안정된 조건을 갖추고 있어야 한다. 그 조건은 다음과 같다.
① 저온에서도 대기압 이상의 포화증기압을 갖고 있을 것
② 상온에서는 비교적 저압으로도 액화가 가능할 것
③ 증발잠열이 클 것
④ 가스의 비체적은 작을 것
⑤ 임계온도는 상온보다 높을 것
⑥ 응고점은 낮을 것
⑦ 화학적으로 불활성이고 안정하며, 고온에서 냉동기의 구성 재료를 부식, 열화시키지 않을 것
⑧ 액체 상태에서나 기체 상태에서 점성이 작을 것
⑨ 액체 상태에서나 기체 상태에서 열전도율이 양호할 것
⑩ 폭발성, 인화성, 독성, 자극성 등이 없을 것
⑪ 누설이 없을 것
⑫ 가격이 저렴할 것

(2) 냉동능력(冷凍能力 ; refrigerating capacity)

냉동기가 저온의 물체로부터 단위 시간마다 흡수하는 열량을 냉동능력(冷凍能力 ; refrigerating capacity)이라 한다. 냉동능력을 표시하는 방법으로는 냉동효과, 냉동능력, 체적냉동효과 그리고 냉동톤 등이 있다.

① 냉동효과(冷凍效果 ; refrigerating effect)
   냉동기에서 냉매 1kg이 흡수하는 열량[kJ/kg, kcal/kg]을 냉동효과라 한다.
② 냉동능력(冷凍能力 ; refrigerating capacity)
   냉동기에서 1시간당 흡수하는 열량[kJ/h, kcal/h]을 냉동능력이라 한다.
③ 체적냉동효과(體積冷凍效果 ; volumetric refrigerating effect)
   증기압축냉동기의 압축기 입구에서 증기의 단위체적당 흡열량[kJ/m^3, $kcal/m^3$]을 체적냉동효과라 한다.
④ 냉동톤(ton of refrigeration)
   1냉동톤은 0℃의 물 1ton을 24hr에 0℃의 얼음으로 만들 수 있는 냉동능력으로 정의되며 1RT로 표현한다. 얼음 1kg을 융해시키는데 필요한 융해잠열이 79.68kcal/kg이므로 1RT는

$$1RT = \frac{79.68 \times 1 \times 10^3}{24} = 3320 \text{kcal/h} \qquad [11\text{-}1]$$

$$1RT = 3320 \times \frac{4.187}{3600} = 3.86 \text{kW} \qquad [11\text{-}2]$$

이다.

(3) 성적계수(成績係數 ; coefficient of performance)

성적계수는 냉동효과를 표시하는 기준으로 성능계수 또는 동작계수라고도 한다.
① 냉동기 성적계수

$$\varepsilon_r = \frac{Q_L}{W} = \frac{Q_L}{Q_H - Q_L} \quad ★★★★★ \qquad [11\text{-}3]$$

여기서, Q_H는 고온체의 방출열량, Q_L은 저온체의 흡열량, W는 냉동기의 유효일이고 ε_r은 냉동기 성적계수이다.
② 열펌프 성적계수

$$\varepsilon_h = \frac{Q_H}{W} = \frac{Q_H}{Q_H - Q_L} \quad ★★★ \qquad [11\text{-}4]$$

여기서, ε_h가 열펌프 성적계수이다.

2 가역 이상 냉동 사이클

완전가스를 동작유체로 하며 성적계수가 가장 큰 가역 이상 냉동 사이클은 역카르노 사이클로 그림10-1과 같다.

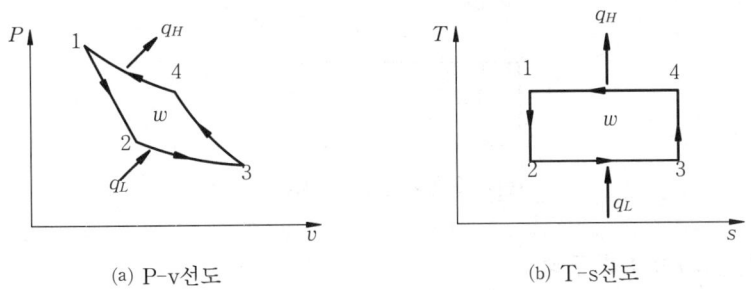

(a) P-v선도 (b) T-s선도

그림11-1 역카르노 사이클

(1) 역카르노 사이클의 구성
① 1-2과정 : 단열팽창 변화
② 2-3과정 : 등온팽창 변화로 흡열-흡열량(냉동효과) q_L
③ 3-4과정 : 단열압축 변화
④ 4-1과정 : 등온압축 변화로 방열-방열량 q_H

(2) 성적계수
① 냉동기 성적계수

$$q_L = \Delta s T_L, \quad q_H = \Delta s T_H \qquad [11\text{-}5]$$

$$\varepsilon_r = \frac{q_L}{w} = \frac{q_L}{q_H - q_L} = \frac{T_L}{T_H - T_L} \quad \text{★★★★★} \qquad [11\text{-}6]$$

여기서, Δs 는 가역변화의 엔탈피 변화량, T_L 은 저열원의 온도, T_H 는 고열원의 온도이다.

② 열펌프 성적계수

$$\varepsilon_h = \frac{q_H}{w} = \frac{q_H}{q_H - q_L} = \frac{T_H}{T_H - T_L} \quad \text{★★★} \qquad [11\text{-}7]$$

③ 냉동기 성적계수와 열펌프 성적계수의 관계

$$\varepsilon_h = \varepsilon_r + 1 \qquad [11\text{-}8]$$

3 공기 냉동 사이클

이상기체로 가정한 공기를 냉매로 하여 정압과정에서 흡열과 방열이 이루어지는 역브레이튼 사이클을 공기 냉동 사이클(air refrigerating cycle)이라 한다.

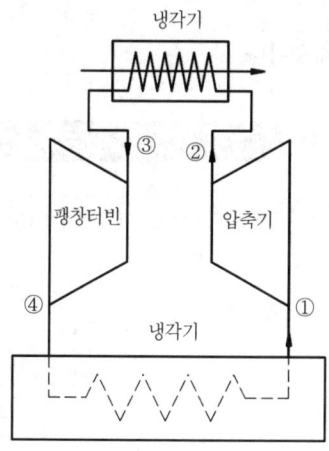

그림11-2 공기 냉동 사이클의 구성도

(1) 역브레이튼 사이클의 구성
① 1-2과정 : 단열팽창 변화-터빈(팽창기)
② 2-3과정 : 정압변화로 흡열-흡열량(냉동효과) q_2

③ 3-4과정 : 단열압축 변화-압축기
④ 4-1과정 : 정압변화로 방열-방열량 q_1

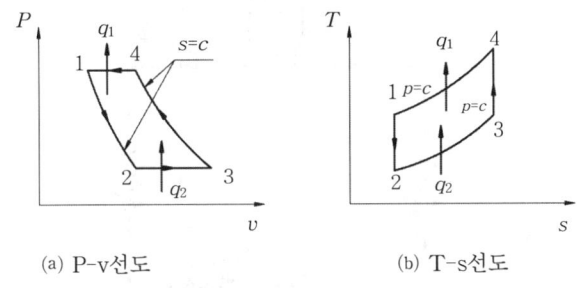

(a) P-v선도   (b) T-s선도

그림11-3 역브레이튼 사이클

(2) 성적계수

$$\varepsilon_r = \frac{q_2}{q_1 - q_2} = \frac{C_P(T_3 - T_2)}{C_P(T_4 - T_1) - C_P(T_3 - T_2)} = \frac{1}{\frac{(T_4 - T_1)}{(T_3 - T_2)} - 1} \quad [11\text{-}9]$$

① 1-2과정 : 단열팽창

$$\frac{T_2}{T_1} = \left(\frac{P_2}{P_1}\right)^{\frac{k-1}{k}}, \quad T_2 = T_1 \cdot \left(\frac{P_2}{P_1}\right)^{\frac{k-1}{k}} \quad [11\text{-}10]$$

② 3-4과정 : 단열압축

$$\frac{T_4}{T_3} = \left(\frac{P_4}{P_3}\right)^{\frac{k-1}{k}}, \quad T_3 = T_4 \cdot \left(\frac{P_3}{P_4}\right)^{\frac{k-1}{k}} = T_4 \cdot \left(\frac{P_2}{P_1}\right)^{\frac{k-1}{k}} \quad [11\text{-}11]$$

식 [11-10]과 [11-11]를 식 [11-9]에 대입하면 성능계수는

$$\varepsilon_r = \frac{1}{\left(\frac{P_1}{P_2}\right)^{\frac{k-1}{k}} - 1} = \frac{T_2}{T_1 - T_2} = \frac{T_3}{T_4 - T_3} \quad ★★★★★ \quad [11\text{-}12]$$

이다.

4 증기 압축 냉동 사이클

가장 많이 사용되고 있는 냉동 사이클은 냉동장치로 증발하기 쉬운 액체를 증발시켜 그 잠열을 이용하는 방법의 증기 압축 냉동 사이클(vapour compression refrigeration cycle)이다.

(1) 증기 압축 냉동 사이클의 구성

그림11-4와 같이 증기 압축 냉동 사이클은 압축기, 응축기, 팽창밸브, 증발기 등으로 구성된다.
① 압축기(compressor)
 증발기로부터 증발된 냉매(증기)를 압축시켜 응축기로 보내는 장치이다.
② 응축기(condenser)
 압축기로부터 나온 고온·고압의 냉매(가스)를 물 또는 공기로 냉각시켜 응축시키는 장치이다.

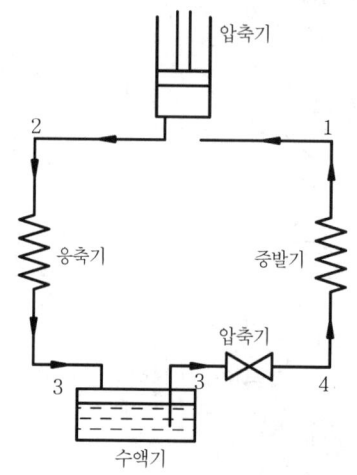

그림11-4 증기 압축 냉동 사이클의 구성

③ 팽창밸브(expansion valve)
　팽창밸브의 역할은 적정량의 액체냉매를 저압의 증발기측으로 보내고, 고압 냉매는 팽창밸브를 통과하는 사이에 급격히 저온·저압의 습증기로 된다.
④ 증발기(evaporator)
　냉동목적을 달성할 수 있는 곳으로서 냉매는 여기서 열을 얻어 증발하고 주위는 저온으로 된다.

(2) 증기 압축 냉동 사이클 선도

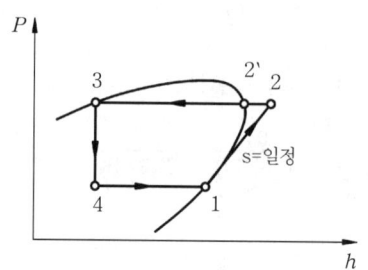

그림11-5 증기 압축 냉동 사이클의 P-h선도

① 1-2과정 : 단열압축 변화(압축기)
② 2-3과정 : 정압 변화로 방열(응축기-냉매로부터 열을 방출시키는 과정)-방열량 q_1
③ 3-4과정 : 등엔탈피 변화(팽창밸브-압력강하 현상)
④ 4-1과정 : 정압(등온) 변화로 흡열(증발기-냉매에 열을 공급하는 과정)-흡열량 q_2

(3) 성능계수

$$\varepsilon_r = \frac{q_2}{w} = \frac{h_1 - h_4}{h_2 - h_1} = \frac{h_1 - h_3}{h_2 - h_1} \;\; \bigstar\bigstar\bigstar\bigstar\bigstar \tag{11-13}$$

1. 다단 압축 냉동 사이클

　냉매의 증발온도가 낮아지고 압축비가 높아지면 체적효율이 저하되고 냉동효과가 감소하게 된다. 이 경우에 1단 압축은 비경제적이므로 다단압축(multistage compression)을 하는 것이 좋다. 보통 암모니아 냉동기에서는 압축기 온도가 100℃이상, 압축비가 6을 넘을 때는 2단 압축을 하고 20을 넘을 때는 3단 압축을 한다.

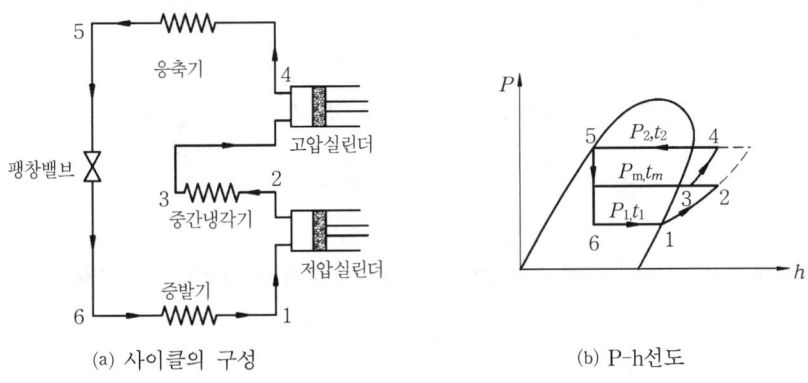

(a) 사이클의 구성   (b) P-h선도

그림11-6 2단 압축 1단 팽창밸브의 증기 냉동 사이클

(1) 2단 압축 냉동사이클의 구성 및 과정

① 1-2과정 : 단열압축 변화-1단 압축기(저압실린더)
② 2-3과정 : 정압 변화로 중간 냉각(중간 냉각기)-중간압력 P_m, 중간온도 T_m
③ 3-4과정 : 단열압축 변화-2단 압축기(고압실린더)
④ 4-5과정 : 정압 변화로 방열(응축기-냉매로부터 열을 방출시키는 과정)-방열량 q_1
⑤ 5-6과정 : 등엔탈피 변화(팽창밸브-압력강하 현상)
⑥ 6-1과정 : 정압(등온) 변화로 흡열(증발기-냉매에 열을 공급하는 과정)-흡열량 q_2

(2) 성능계수

$$\varepsilon_r = \frac{q_2}{w} = \frac{h_1 - h_6}{(h_4 - h_3) + (h_2 - h_1)} \tag{11-14}$$

(3) 중간 압력

제8장의 다단 압축기에서 정리하였듯이 중간압력은

$$P_m = \sqrt{P_1 \cdot P_2} \quad \text{★★} \tag{11-15}$$

이다.

chapter 11 실전연습문제

01 이상적인 냉동 사이클의 기본 사이클은 다음 중 어느 것인가?
① 카르노 사이클
② 브레이튼 사이클
③ 역브레이튼 사이클
④ 역카르노 사이클

02 응축기 온도 42℃, 증발기온도 -22℃의 이상 냉동 사이클의 성능계수로 다음 중 맞는 것은?
① 2.19 ② 2.54 ③ 3.92 ④ 4.91

Solution
$$\varepsilon_r = \frac{T_L}{T_H - T_L} = \frac{-22 + 273}{42 + 22} = 3.92$$

03 온도 T_L 인 저온체에서 흡수한 열량을 q_L, 온도 T_H 인 고온체에서 버린 열량을 q_H 라 할 때 열펌프 성능계수로 맞는 것은?

① $\dfrac{q_H}{q_H - q_L}$ ② $\dfrac{T_L}{T_H - T_L}$ ③ $\dfrac{q_L}{q_H - q_L}$ ④ $\dfrac{T_H - T_L}{T_H}$

Solution
$$\varepsilon_h = \frac{q_H}{w} = \frac{q_H}{q_H - q_L} = \frac{T_H}{T_H - T_L}$$

04 증발기 입구의 엔탈피를 h_4, 출구에서의 엔탈피를 h_1, 응축기 입구의 엔탈피를 h_2, 응축기 출구의 엔탈피를 h_3 라 할 때 냉동효과 q_2 를 나타내는 식으로 다음 중 맞는 것은?

① $q_2 = h_3 - h_2$ ② $q_2 = h_1 - h_4$ ③ $q_2 = h_3 - h_1$ ④ $q_2 = h_2 - h_1$

05 다음 냉동기의 냉동능력을 표시하는 방법 중 잘못된 것은?
① 냉동톤의 능력을 나타내는 냉매의 순환량
② 1시간에 냉동기가 흡수하는 열량
③ 냉매 1kg이 흡수하는 열량
④ 압축기 입구에서 증기의 단위 체적당 흡수열량

06 공기 냉동기에서 압축기 입구의 온도가 -5℃, 압축기 출구의 온도가 105℃, 팽창기 입구의 온도가 10℃, 팽창기 출구에서 온도가 -70℃라면 냉동기 성적계수는 얼마인가?
① 1.78 ② 2.44 ③ 2.87 ④ 3.24

Solution
$$\varepsilon_r = \frac{T_1}{T_2 - T_1} = \frac{-5 + 273}{105 + 5} = 2.44$$

Answer 01 ④ 02 ③ 03 ① 04 ② 05 ① 06 ②

07 이론 증기 압축 냉동 사이클에서 등엔탈피 과정은 다음의 어느 곳에서 발생하는가?

① 증발기 　　② 응축기 　　③ 팽창밸브 　　④ 압축기

Solution 증발기－정압(등온) 변화, 응축기－정압변화, 압축기－단열압축(등엔트로피변화)

08 냉동용량이 6RT인 냉동기의 성적계수가 3.5라면 이 냉동기를 작동시키기 위한 동력은 몇 kW인가?

① 3.12 　　② 4.67 　　③ 5.38 　　④ 6.62

Solution $\varepsilon_r = \dfrac{\dot{Q}_L}{\dot{W}}$;　$\dfrac{6 \times 3.86}{\dot{W}} = 3.5$,　$\dot{W} = 6.62 \text{ [kW]}$

09 냉동기가 0℃ 물로 0℃의 얼음 2ton을 만드는데 15.75×10^4 kJ의 일이 소요된다면 이 냉동기의 성적계수는 얼마인가?

① 3.4 　　② 4.3 　　③ 5.6 　　④ 6.7

Solution 얼음의 융해잠열이 1kg당 336kJ이므로 냉동효과는 다음과 같다.
$Q_L = 2 \times 10^3 \times 336 = 672000 \text{kJ}$
$\varepsilon_r = \dfrac{Q_L}{W} = \dfrac{672000}{157500} = 4.3$

10 냉각탑이란 물을 무엇으로 냉각하는 장치인가?

① 냉각수 　　② 공기 　　③ 암모니아 　　④ 프레온

Solution 냉각탑(Cooling Tower)이란 냉동기의 응축기에 사용하는 냉각용수를 재차 사용하기 위하여 실외공기와 직접 접속시켜 이 물을 냉각하는 일종의 열교환장치이다.

11 냉동용량이 10냉동톤인 어느 냉동기의 성적계수가 4.80라면 이 냉동기를 작동하는데 필요한 동력은 약 몇 kW인가?

① 8 　　② 6 　　③ 5 　　④ 4

Solution $\varepsilon_R = \dfrac{\dot{Q}_2}{\dot{W}}$,　$4.8 = \dfrac{10 \times 3.86}{\dot{W}}$,　$\dot{W} = 8.04 \text{ [kW]}$

12 암모니아를 냉매로 하는 냉동기에서 응축기의 온도 30℃, 증발기의 온도 -30℃일때 성적계수를 구하면?(단, 암모니아 P-h선도에서 $h_1 = 391.9 \text{kJ/kg}$, $h_2 = 474.4 \text{kJ/kg}$, $h_3 = 136.1 \text{kJ/kg}$ 이다.)

① 1.5
② 3.1
③ 5.2
④ 7.9

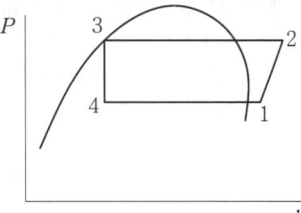

Solution $\varepsilon_R = \dfrac{q_2}{w} = \dfrac{h_1 - h_3}{h_2 - h_1} = \dfrac{391.9 - 136.1}{474.4 - 391.9} = 3.1$

Answer　07 ③　08 ④　09 ②　10 ②　11 ①　12 ②

13 이상냉동 사이클에서 응축기 온도가 35℃, 증발기 온도가 -5℃이면 동작계수는 얼마인가?

① 7.0   ② 6.7   ③ 0.92   ④ 0.84

Solution 이상 냉동 사이클이면 역카르노 사이클이므로 성적계수(동작계수)는 고열원과 저열원의 온도만으로 구할 수 있다.

$$\varepsilon_R = \frac{T_L}{T_H - T_L} = \frac{-5+273}{35-(-5)} = 6.7$$

14 단위 시간당 252000kJ를 흡수하는 냉동기의 용량은 몇 냉동톤인가?

① 22.06   ② 13.3   ③ 17.07   ④ 18.07

Solution 1RT=3320kcal/h

$$\frac{252000}{4.2 \times 3320} = 18.07 \text{RT}$$

15 다음 그림은 브레이튼 사이클의 역인 공기표준 냉동사이클의 가장 간단한 형태를 나타낸 것이다. 그림에서 냉동효과는 무엇으로 표시하는가?

① 면적 a1234ba로 표시된다.
② 면적 41ab4로 표시된다.
③ 면적 12341로 표시된다.
④ (면적 12341)÷(면적41ab4)로 표시된다.

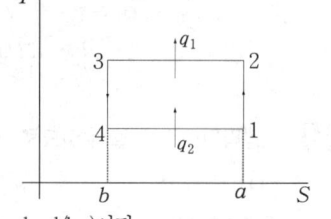

Solution 냉동효과란 증발기에서 냉매 1kg이 흡수하는 열량(kJ/kg, kcal/kg)이다.

16 프레온12를 냉매로 하는 표준 냉동 사이클에서 증발온도 -15℃, 응축기 온도 30℃이고 포화액체의 엔탈피 h'=427kJ/kg, 포화증기의 엔탈피 h"=482kJ/kg이라면 성능 계수는 다음 중 어느 것인가?

① 4.24   ② 5.73   ③ 6.48   ④ 3.87

Solution 표준 냉동 사이클이면 역카르노 사이클이므로 성적계수는 고열원 (T_H) 과 저열원 (T_L) 의 온도만으로 구할 수 있다.

$$\varepsilon_R = \frac{T_L}{T_H - T_L} = \frac{-15+273}{30-(-15)} = 5.73$$

17 다음은 냉동톤(Ton of Refrigeration)에 대한 사항을 열거한 것이다. 잘못 설명된 것은 어느 것인가?

① 1냉동톤은 0℃의 물 1ton을 1일간(24시간)에 0℃의 얼음으로 냉동시키는 능력으로 정의한다.
② 1냉동톤은 3.86kW이다.
③ 표준냉동톤은 32°F의 얼음 1ton(2200lb)을 24시간에 32°F의 물로 용해시키는데 필요한 열량을 말한다.
④ 1냉동톤은 3320kJ/h이다.

Solution 1냉동톤이란 0℃의 물 1ton을 하루에 0℃의 얼음으로 냉동시키는 능력을 의미한다.

$$1\text{RT} = \frac{1000 \times 80}{24} \approx 3320\text{kcal/h} = \frac{3320 \times 4.2}{3600} \approx 3.86\text{kW}$$

Answer 13 ② 14 ④ 15 ② 16 ② 17 ④

18 증기 냉동기에서 냉매가 순환되는 경로를 올바르게 나타낸 것은?

① 증발기 → 압축기 → 응축기 → 수액기 → 팽창밸브
② 증발기 → 응축기 → 수액기 → 팽창밸브 → 압축기
③ 압축기 → 수액기 → 응축기 → 증발기 → 팽창밸브
④ 압축기 → 증발기 → 팽창밸브 → 수액기 → 응축기

Solution 증기 압축 냉동사이클 선도에서 동작물질의 순환은 증발기로 열을 흡입하여 건포화증기가 된 것을 압축기로 가압하여 과열증기로 만들고 응축기에서 열을 방출하여 포화액 상태가 된 것이 수액기를 거쳐 팽방밸브로 이동이 이루어진다.

19 이상적인 냉동사이클의 기본 사이클은 다음 중 어느 것인가?

① 카르노 사이클 ② 브레이튼 사이클 ③ 랭킨 사이클 ④ 역카르노 사이클

Solution 냉동사이클에는 가역이상 냉동사이클인 역카르노 사이클이고, 공기표준 냉동사이클인 역브레인튼 사이클 그리고 증기압축 냉동사이클 등이 있다.

20 어떤 냉동기에서 0℃의 물로 0℃의 얼음 2ton을 만드는 데 50kWh의 일이 소요된다면 이 냉동기의 성능계수는? (단, 얼음의 융해잠열은 334kJ/kg이다.)

① 1.05   ② 2.31   ③ 2.67   ④ 3.71

Solution $\varepsilon_R = \dfrac{\dot{Q}_L}{\dot{W}} = \dfrac{2 \times 10^3 \times 334}{50 \times 3600} = 3.71$

21 역카르노 사이클로 작동하는 냉동기가 30kW 일을 받아서 저온체로부터 84kJ/s의 열을 흡수한다면 고온체로 방출하는 열량은 몇 kJ/s인가?

① 147   ② 227   ③ 2530   ④ 114

Solution 역카르노 사이클은 가역이상 냉동사이클이고 유효일(실제일)은 고열원의 방열량에서 저열원의 흡열량의 차로 결정된다. 그러므로 단위 시간당 고열원의 방열량은 다음과 같이 구한다.

$\dot{Q}_1 = \dot{W} + \dot{Q}_2 = 30 + 84 = 114 \text{ [kJ/s]}$

22 냉동용량이 10냉동톤인 어느 냉동기의 성능계수가 4.8이라면, 이 냉동기를 작동하는 데 필요한 동력은 몇 kW인가?

① 8.04   ② 9.01   ③ 7.03   ④ 5.06

Solution $\varepsilon_R = \dfrac{\dot{Q}_L}{\dot{W}}$; $4.8 = \dfrac{10 \times 3.86}{\dot{W}}$, $\dot{W} = 8.04 \text{ [kW]}$

23 10냉동톤의 능력을 갖는 역카르노 냉동기의 방열 온도가 25℃, 흡열기의 온도가 -20℃이다. 이 냉동기를 운전하기 위하여 필요한 이론 마력은 몇 kW인가?

① 6.86 kW   ② 11.25 kW   ③ 13.25 kW   ④ 14.6 kW

Solution $\varepsilon_R = \dfrac{T_L}{T_H - T_L} = \dfrac{\dot{Q}_2}{\dot{W}}$

$\dfrac{-20 + 273}{25 - (-20)} = \dfrac{10 \times 3.86}{\dot{W}}$, $\dot{W} = 6.87 \text{ [kW]}$

Answer 18 ① 19 ④ 20 ④ 21 ④ 22 ① 23 ①

24 어떤 냉동기 능력이 80냉동톤으로서 -5℃와 15℃ 사이에서 작동된다고 하면, 이 냉동기의 성적계수는 얼마인가?

① 12.2　　　　② 13.4　　　　③ 14.8　　　　④ 15.3

Solution
$$\varepsilon_R = \frac{T_L}{T_H - T_L} = \frac{-5+273}{15-(-5)} = 13.4$$

25 다음 냉동기 사이클에 대한 설명으로 틀린 것은?

① 냉동 사이클의 경우 저열원으로부터 흡수한 열량이 클수록 경제성이 높다고 할 수 있다.
② 1냉동톤은 0℃의 물 1톤을 1시간에 0℃의 얼음으로 만드는 냉동능력을 말한다.
③ 냉매에 관한 증기선도는 압력-엔탈피 선도를 이용한다.
④ 냉동 사이클은 등엔탈피 과정을 포함한다.

Solution 1냉동톤이란 0℃의 물 1톤을 24시간에 0℃의 얼음으로 만들 수 있는 능력을 말하고 증기압축 냉동 사이클은 증기선도의 P-h 선도를 이용하며 구성요소 중 팽창밸브는 등엔탈피로 변화한다.

26 다음 그림은 임의의 냉동사이클이다. Q_1은 냉매가 고열원 방출하는 열량, Q_2는 냉매가 흡수하는 열량이라 할 때 성적계수 COP는? (단, W=공급에너지이다.)

① $COP = \dfrac{Q_1 - Q_2}{Q_1}$

② $COP = \dfrac{AW}{Q_2}$

③ $COP = Q_2 \cdot AW$

④ $COP = \dfrac{Q_2}{Q_1 - Q_2}$

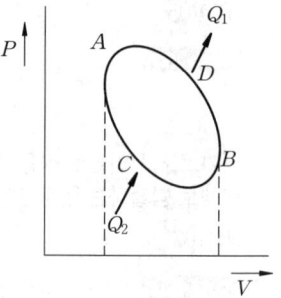

Solution
$$\varepsilon_R = \frac{Q_L}{W} = \frac{Q_2}{Q_1 - Q_2}$$

27 다음 그림과 같은 습(증기)압축 냉동 사이클에서 성적계수(COP)를 표시하는 식은 다음 중 어느 것인가? (단, h는 엔탈피, T는 절대온도, S는 엔트로피이다.)

① $\varepsilon_R = \dfrac{h_4 - h_1}{h_2 - h_3}$

② $\varepsilon_R = \dfrac{h_2 - h_1}{h_3 - h_2}$

③ $\varepsilon_R = \dfrac{h_2 - h_1}{h_1 - h_4}$

④ $\varepsilon_R = \dfrac{h_1 - h_4}{h_2 - h_1}$

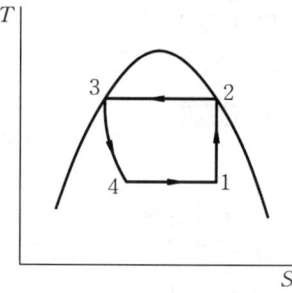

Solution 그림의 T-S선도 1-2과정은 압축기, 2-3과정은 응축기, 3-4과정은 팽창밸브, 4-1 과정은 증발기이다.
$$\varepsilon_R = \frac{h_1 - h_4}{h_2 - h_1}$$

Answer　24 ②　25 ②　26 ④　27 ④

28 단위시간당 60000kJ를 흡수하는 냉동기의 용량은 몇 냉동톤인가?

① 13.3 ② 17.07 ③ 4.32 ④ 18.07

Solution $\dfrac{60000}{3600 \times 3.86} = 4.32 \text{RT}$

29 과열과 과냉이 없는 증기압축 냉동 사이클에서 응축온도가 일정할 때 증발온도가 높을수록 성능계수는?

① 증가한다.
② 감소한다.
③ 증가할 수도 있고, 감소할 수도 있다.
④ 증발온도는 성능계수와 관계없다.

Solution 응축기 온도가 일정한 상태가 유지되면서 증발온도가 올라가면 증발기 흡열량이 커지므로 냉동기 성능계수는 증가한다.
$\varepsilon_R \propto Q_2$

30 증기압축 냉동 사이클을 구성하고 있는 다음의 기기들 중에서 냉매의 엔탈피가 일정한 값을 유지하는 것은?

① 압축기 ② 응축기 ③ 증발기 ④ 팽창밸브

Solution
① 증발기: 정압 흡열과정(등온과정)
② 압축기: 단열압축과정
③ 응축기: 정압 방열과정
④ 팽창밸브: 등엔탈피과정

31 압력 P_1 및 P_2 사이에서 ($P_1 > P_2$) 작용하는 이상 공기 냉동기의 성능계수는 얼마인가? (단, $P_2/P_1 = 0.5$, k=1.4이다.)

① 1.22 ② 3.32 ③ 4.57 ④ 5.57

Solution 역브레이튼 사이클의 성능계수를 구하는 문제

$$\dfrac{T_2}{T_1} = \left(\dfrac{P_2}{P_1}\right)^{\frac{k-1}{k}} = 0.5^{\frac{0.4}{1.4}} = 0.82$$

$$\varepsilon_R = \dfrac{Q_2}{W} = \dfrac{T_2}{T_1 - T_2} = \dfrac{T_2/T_1}{1 - T_2/T_1} = \dfrac{0.82}{1 - 0.82} = 4.56$$

32 완전히 단열된 밀실에서 냉장고를 계속 가동시키고 있다. 만일 냉장고의 문이 열려 있고 밀실 내에서 이상적인 교반이 이루어지고 시간당 2kW의 전력을 냉장고가 소모한다고 한다면, 다음 중 옳은 것은?

① 밀실내의 온도는 일정하게 유지된다.
② 밀실내의 온도는 올라간다.
③ 밀실내의 온도가 내려간다.
④ 온도가 올라갔다 내려갔다 한다.

Solution 밀실과 문이 열린 냉장고의 두 열원 사이의 열 이동으로 열평형을 이루어 갈 것이고 냉장고는 시간당 2kW의 전력을 소모할 때 발생하는 일량이 전부 열량으로 바뀌어 밀실로 열 이동이 발생하므로 밀실내의 온도는 상승하게 된다. 즉, 냉동기는 냉매(冷媒)를 압축·순환시켜 냉장고 내의 열을 흡수하여 외부로 발산시킴으로써, 냉장고 안을 저온으로 유지하는 작용을 한다

Answer 28 ③ 29 ① 30 ④ 31 ③ 32 ②

33 가역 냉동기의 능력이 100RT이고, −5℃와 15℃ 사이에서 작동하고 있다. 이 냉동기가 10℃의 물로부터 얼음을 24시간 만들어내고 있을 때 성능계수는 얼마인가?

① 11.3   ② 12.3   ③ 13.4   ④ 14.4

Solution 가역 이상 냉동 사이클이면 역카르노 사이클이므로 성적계수(동작계수)는 고열원과 저열원의 온도만으로 계산이 가능하다.

$$\varepsilon_R = \frac{T_L}{T_H - T_L} = \frac{-5+273}{15-(-5)} = 13.4$$

34 응축기에서 10kPa, 건도 0.96인 수증기를 매시 1000kg 응축시키는데 필요한 냉각수의 유량은? (단, 냉각수는 15℃에서 들어오고 25℃에서 나간다. 그리고 10kPa의 포화액과 포화증기의 엔탈피는 각각 $h_f = 191.83\text{kJ/kg}$, $h_g = 2584.7\text{kJ/kg}$이며, 물의 비열은 4.18kJ/kg℃이다.)

① 7.61kg/sec   ② 9.67kg/sec   ③ 15.2kg/sec   ④ 20.97kg/sec

Solution 응축기의 방출열량은 냉각수가 얻은 열량과 같고 응축기는 정압과정으로 방출열량은 그 때 엔탈피 변화와 같다.

$$h_x = h' + x(h'' - h') = h_f + x(h_g - h_f)$$
$$= 191.83 + 0.96 \times (2584.7 - 191.83) = 2488.99 \text{ [kJ/kg]}$$
$$\dot{m}(h_x - h_f) = \dot{m}_w \times C_w \times (t_2 - t_1)$$
$$1000 \times (2488.99 - 191.83) = \dot{m}_w \times 4.18 \times (25 - 15)$$
$$\dot{m}_w = 54955.98 \text{ [kg/h]} = 15.27 \text{ [kg/sec]}$$

35 냉매가 암모니아인 냉동기의 증발온도가 -10℃, 응축온도가 25℃인 표준사이클의 성적계수는 얼마인가? (단, 다음 그림을 참조하여 가장 가까운 답을 고르시오.)

① 5.5   ② 5.8   ③ 6.3   ④ 6.6

Solution
$$\varepsilon_R = \frac{_1q_2}{W} = \frac{h_1 - h_4}{h_2 - h_1} = \frac{399 - 128}{442 - 399} = 6.3$$

36 그림과 같은 냉동 사이클의 성능계수는 얼마인가? (단, $h_1 = 184.62\text{kJ/kg}$, $h_2 = 217.2\text{kJ/kg}$, $h_3 = 59.6\text{kJ/kg}$, $h_4 = 59.6\text{kJ/kg}$ 이다.)

① 4.82
② 0.26
③ 3.84
④ 0.21

Solution
$$\varepsilon_R = \frac{h_1 - h_4}{h_2 - h_1} = \frac{184.62 - 59.6}{217.2 - 184.62} = 3.84$$

Answer 33 ③ 34 ③ 35 ③ 36 ③

chapter 12 연소(燃燒)

연소(燃燒 ; combustion)의 사전적 의미는 물질이 산소와 화합할 때 다량의 빛과 열을 발하는 현상이다. 즉, 연료 속에 포함되어 있는 가연물질이 공기 중의 산소와 반응하여 열과 빛을 함께 발생시키며 화학반응이 수반되는 현상이다. 화학반응(化學反應 ; chemical reaction)은 물질 그 자체 또는 다른 물질과의 상호작용에 의하여 다른 물질로 변하는 현상이다. 연소시 연료의 성분 원소 중에서 연료로서 다량의 열을 발생하는 성분은 주로 탄소와 수소이며, 거의 모든 연료들은 이 성분들을 소량씩 포함하고 있다. 연소와 화학반응 현상에 대한 심도 있는 내용은 공업열역학에서 다루지 않고 연소공학 또는 내연기관과 같은 과목에서 다루어야 할 것이다. 단지, 본 장에서는 연료, 연소반응식, 발열량, 연소에 필요한 공기량, 연소가스 온도 등의 내용만을 다루기로 한다.

1 연소반응식(燃燒反應式)

열기관에서 연료의 연소는 복잡한 현상으로 그 이론적 접근이 쉽지는 않다. 그러나 공업적으로 다루는 과정에서 그 복잡한 변화에 대해서는 다룰 필요 없이 가연물질의 성분과 공기(산소) 그리고 그들의 반응에 의해서 생성되는 최후의 생성물에 대해서만 생각하면 된다. 공업적으로 사용되고 있는 연료 중에서 주요한 가연물질 성분은 탄소와 수소이고, 그밖에 소량의 황을 함유하고 있는 경우도 있으므로, 이들 원소의 연소반응식과 일반적으로 많이 사용되는 연료의 완전연소에 대한 연소반응식에 대해서 정리하기로 한다.

1. 탄소(炭素 ; carbon)

(1) 완전연소(完全燃燒)

탄소(C)가 산소(O_2)와 결합하여 완전연소가 이루어지면 이산화탄소(CO_2)를 발생시킨다.

① 화학반응식 및 양적 관계

$$C + O_2 = CO_2 + 97200 \text{ kcal/kmol} \qquad [12\text{-}1]$$

몰 : 1kmol   1kmol   1kmol   97200kcal/kmol
질량 : 12kg   32kg   44kg   97200kcal
       1kg   2.67kg   3.67kg   8100kcal/kg
체적 : 22.4Nm^3 22.4Nm^3 22.4Nm^3

위의 체적의 단위 Nm^3 은 Normal m^3 의 약자이다. 단위입방미터 1Nm^3 은 표준상태(1atm, 0℃)에서 체적이 1 m^3 임을 의미하고 표준상태에서 기체 1kmol의 체적은 22.4Nm^3 이다.
식 [12-1]은 1kmol의 탄소가 1kmol의 산소와 결합하여 1kmol의 이산화탄소가 되면서, 이 때 97200kcal의 연소열을 발생한다는 것을 나타낸다. 또한 탄소 1kg을 공기 중에서 완전연소 시키려면 필요한 산소량은 2.67kg이며 생성되는 이산화탄소의 양은 3.67kg이고 이 때 연소열은 8100kcal임을 나타내는 화학반응식이다.

(2) 불완전연소(不完全燃燒)

① 화학반응식 및 양적 관계

$$C + \frac{1}{2}O_2 = CO + 29400 \text{ kcal/kmol} \quad \star\star \qquad [12\text{-}2]$$

```
몰  :   1kmol      0.5kmol      1kmol       29400kcal/kmol
질량: 12kg         16kg         28kg        29400kcal
       1kg         1.33kg       2.33kg      2450kcal/kg
체적: 22.4Nm³      11.2Nm³      22.4Nm³
```

2. 수소(水素 ; hydrogen)

수소와 산소가 결합하면 물 또는 수증기가 생성된다. 그 화학반응식과 양적 관계는 다음과 같다.

(1) 물일 경우

$$H_2 + \frac{1}{2}O_2 = H_2O + 68400 \text{ kcal/kmol} \qquad [12\text{-}3]$$

```
몰  :   1kmol      0.5kmol      1kmol       68400kcal/kmol
질량: 2kg          16kg         18kg        68400kcal
       1kg         8kg          9kg         34200kcal/kg
체적: 22.4Nm³      11.2Nm³      22.4Nm³
```

(2) 증기일 경우

$$H_2 + \frac{1}{2}O_2 = H_2O + 57600 \text{ kcal/kmol} \qquad [12\text{-}4]$$

```
몰  :   1kmol      0.5kmol      1kmol       57600kcal/kmol
질량: 2kg          16kg         18kg        57600kcal
       1kg         8kg          9kg         28800kcal/kg
체적: 22.4Nm³      11.2Nm³      22.4Nm³
```

3. 유황(硫黃 ; sulfur)

$$S + O_2 = SO_2 + 80000 \text{ kcal/kmol} \quad \star\star \qquad [12\text{-}5]$$

```
몰  :   1kmol      1kmol        1kmol       8000kcal/kmol
질량: 32kg         32kg         64kg        80000kcal
       1kg         1kg          2kg         2500kcal/kg
체적: 22.4Nm³      22.4Nm³      22.4Nm³
```

식 [12-5]은 1kmol의 유황(S_2)이 1kmol의 산소와 결합하여 1kmol의 이산화황(SO_2)이 되면서, 이 때 80000kcal의 연소열을 발생한다는 것을 나타낸다. 또한 유황 1kg을 공기 중에서 연소시키려면 필요한 산소량은 1kg이며 생성되는 이산화황의 양은 2kg이고 이 때 연소열은 2500kcal임을 나타내는 화학반응식이다. 이산화황은 인체에 해로운 성분으로 대기를 오염시키는 물질이다.

4. 일산화탄소(一酸化炭素 ; carbon monoxide)

탄소 또는 그 화합물의 연소시 산소가 부족하거나 연소온도가 낮으면 완전연소가 일어나지 못하여 불완전 연소생성물인 일산화탄소(CO)가 생성된다. 또는 이산화탄소(탄산가스)가 높은 온도에서 탄소에 의해 환원될 때 생기는 가스가 일산화탄소(산화탄소)이다.

$$CO + \frac{1}{2}O_2 = CO_2 + 67600 \text{ kcal/kmol} \quad \star\star \qquad [12\text{-}6]$$

```
몰  :   1kmol      0.5kmol      1kmol       67600kcal/kmol
질량: 28kg         16kg         44kg        67600kcal
       1kg         0.57kg       1.57kg      2414.29kcal/kg
체적: 22.4Nm³      11.2Nm³      22.4Nm³
```

일산화탄소는 연탄의 연소가스나 자동차의 배기가스 중에 많이 포함되어 있으며 큰 산불이 일어날 때도 주위에 산소가 부족하여 많은 양의 일산화탄소가 발생되기도 하고 담배를 피울 때 담배연기 속에 함유되어 배출되기도 한다. 석탄과 석유를 대량으로 소비하는 공장지대에서는 상당한 양의 일산화탄소가 배출될 수도 있다. 또한, 가정에 공급되고 있는 도시가스의 주성분이 일산화탄소이다.

5. 탄화수소(炭化水素 ; hydrocarbon)

탄소와 수소로만 이루어져 있는 유기화합물의 총칭을 탄화수소라 한다. 탄화수소의 종류로는 메탄, 에탄, 프로판, 부탄, 에틸렌, 벤젠 등이 있다. 이와 같은 탄화수소의 연소시, 화학반응식 및 양적 관계를 식으로 표현하면 다음과 같다.

$$C_xH_yO_z + \left(x + \frac{y}{4} - \frac{z}{2}\right)O_2 = xCO_2 + \frac{y}{2}H_2O + H_1 \text{kcal/kmol} \quad [12\text{-}7]$$

여기서, H_1은 저위발열량이다.

(1) 메탄(methane ; CH_4)

$$CH_4 + 2O_2 = CO_2 + 2H_2O + H_1 \text{ kcal/kmol} \quad ★★ \quad [12\text{-}8]$$

```
몰  :  1kmol      2kmo       1kmol      2kmol
질량 : 16kg       64kg        44kg       36kg
        1kg        4kg        2.75k      2.25kg
체적 : 22.4Nm³   44.8Nm³   22.4Nm³   44.8Nm³
```

(2) 에탄(ethane ; C_2H_6)

$$C_2H_6 + 3\frac{1}{2}O_2 = 2CO_2 + 3H_2O + H_1 \text{ kcal/kmol} \quad ★★ \quad [12\text{-}9]$$

```
몰  :  1kmol      3.5kmol     2kmol      3kmol
질량 : 30kg       112kg       88kg       54kg
        1kg       3.73kg      2.93kg     1.8kg
체적 : 22.4Nm³   78.4Nm³    44.8Nm³   67.2Nm³
```

(3) 에틸렌(ethylene ; C_2H_4)

$$C_2H_4 + 3O_2 = 2CO_2 + 2H_2O + H_1 \text{ kcal/kmol} \quad [12\text{-}10]$$

```
몰  :  1kmol      3kmol       2kmol      2kmol
질량 : 28kg       96kg        88kg       36kg
        1kg       3.43kg      3.14kg     1.29kg
체적 : 22.4Nm³   67.2Nm³    44.8Nm³   44.8Nm³
```

(4) 벤젠(benzene ; C_6H_6)

$$C_6H_6 + 7\frac{1}{2}O_2 = 6CO_2 + 3H_2O + H_1 \text{ kcal/kmol} \quad [12\text{-}11]$$

```
몰  :  1kmol      7.5kmol     6kmol      3kmol
질량 : 78kg       240kg       264k       54kg
        1kg       3.08kg      3.38kg     0.69kg
체적 : 22.4Nm³   168Nm³     134.4Nm³  67.2Nm³
```

(5) 부탄(butane ; C_4H_{10})

$$C_4H_{10} + 6\frac{1}{2}O_2 = 4CO_2 + 5H_2O + H_1 \text{ kcal/kmol} \quad [12\text{-}12]$$

```
몰  :  1kmol      6.5kmol     4kmol      5kmol
질량 : 58kg       208kg       176k       90kg
        1kg       3.59kg      3.03kg     1.55kg
체적 : 22.4Nm³   145.6Nm³   89.6Nm³   112Nm³
```

(6) 프로판(propane ; C_3H_8)

$$C_3H_8 + 5O_2 = 3CO_2 + 4H_2O + H_1 \text{ kcal/kmol} \quad [12\text{-}13]$$

몰 : 1kmol   5kmol   3kmol   4kmol
질량 : 44kg   160kg   132kg   72kg
        1kg   3.64kg   3kg   1.64kg
체적 : 22.4Nm^3 112Nm^3 67.2Nm^3 89.6Nm^3

2 연료의 발열량(發熱量)

1. 발열량(發熱量 ; calorific value)

(1) 고위발열량과 저위발열량

연료 중에는 수소나 약간의 수분이 포함되어 있고 그 성분들은 연소시 수증기로써 연소가스에 포함된다. 그 수분을 응축시켜서 생기는 증발열을 회수하였을 때의 발열량이 고위발열량(高發熱量 ; higher calorific value)이고 저위발열량(低發熱量 ; lower calorific value)은 증발열이 회수되지 않았을 때 발열량이다. 즉, 물의 증발열이 포함되어 있는 발열량이 고위발열량이고 포함되어 있지 않은 것이 저위발열량이다. 수소의 연소시 고위발열량 68400kcal/kmol이고 저위발열량은 57600kcal/kmol이다. 여기서, 고위발열량과 저위발열량의 차가 물의 증발열로 10800kcal/kmol이다. 이것을 계산하여 보면, 수소 1kmol의 질량은 18kg이고 물 1kg의 증발열은 600kcal(2511kJ)이므로 수소 연소시 물의 증발열은

$$18 \times 600 = 10800 \text{ [kcal]}$$

이다.

① 고위발열량(高發熱量 ; higher calorific value)

$$H_h = 8100c + 34000\left(h - \frac{o}{8}\right) + 2500s \text{ [kcal/kg]} \ \star \quad [12\text{-}14]$$

여기서, c는 연료 1kg중 함유된 탄소량(kg), h는 연료 1kg중 함유된 수소량(kg), o는 연료 1kg중 함유된 산소량(kg), s는 연료 1kg중 함유된 유황의 양(kg)이고 H_h는 고위발열량(kcal/kg)이다.

$\left(h - \frac{o}{8}\right)$는 유효수소(有效水素 ; available hydrogen) 또는 자유수소(自由水素 ; free hydrogen)라 한다. 연료 중에 포함되어 있는 산소는 이미 연료 중의 수소와 결합하여 연소 전에 이미 산소와 반응하여 물이 되므로 연소할 수 있는 수소의 양은 줄어들게 된다. 이때 연소하는 수소를 유효수소라고 한다. 식 [12-14]를 S·I단위의 표현식으로 수정하여 표현하면 다음과 같다.

$$H_h = 33920c + 142400\left(h - \frac{o}{8}\right) + 10470s \text{ [kJ/kg]} \quad [12\text{-}15]$$

② 저위발열량(低發熱量 ; lower calorific value)

$$H_l = 8100c + 29000\left(h - \frac{o}{8}\right) + 2500s - 600w \text{ [kcal/kg]}$$

$$= H_h - 600(9h + w) \text{ [kcal/kg]} \quad [12\text{-}16]$$

여기서, w는 연료 1kg중에 포함된 수분의 양(kg)이고 H_l은 저위발열량(kcal/kg)이다. 식 [12-16]을 S·I단위의 표현식으로 수정하여 표현하면 다음과 같다.

$$H_l = H_h - 2511(9h + w) \text{ [kJ/kg]} \quad [12\text{-}17]$$

3 완전연소에 필요한 공기량 및 연소가스량

가연물질 원소의 연소에 필요한 산소량 및 생성된 연소 가스량은 연소반응식으로부터 구할 수 있다. 연소시 필요한 산소는 공기로부터 얻어지므로 공기의 조성에 대해서 알아둘 필요성이 있다.

표 12-1 건공기의 조성(0℃, 1atm)

조 성	N_2	O_2	Ar	CO_2	Ne	He
체적(%)	78.10	20.93	0.933	0.030	1.8×10^{-3}	5.2×10^{-4}
중량(%)	75.51	23.15	1.286	0.046	1.2×10^{-3}	0.7×10^{-4}

1. 탄소의 완전 연소시 필요한 공기량

탄소 1kg의 완전연소에 필요한 산소는 2.67kg, 1.87Nm³이고 생성물인 이산화탄소는 3.67kg, 1.87Nm³이다. 이와 같은 것은 탄소의 연소반응식 [12-1]로부터 알 수 있다. 이것으로부터 탄소 1kg를 완전 연소시키는데 필요한 공기량과 체적을 구하려면 공기중의 산소의 체적비와 중량(질량)비를 알아야 한다. 이것은 [표 12-1]로부터 알 수 있고, 탄소 1kg를 완전 연소시키는데 필요한 공기량과 체적을 계산하면 다음과 같다.

$$\frac{2.67}{0.2315} = 11.53 \ [kg] \ , \quad \frac{1.87}{0.21} = 8.9 \ [Nm^3] \ \bigstar\bigstar$$

2. 고체, 액체 연소에 필요한 공기량

(1) 이론 공기량

이론 산소량은 연료중 가연물질이 화학적으로 완전히 산화되기 위해 필요한 산소량으로 외부에서 유입되어야 할 산소의 이론적 최소량이다. 산소는 공기의 공급으로부터 유입되므로 이론 공기량은 이론 산소량을 기준하여 산출되며 별도의 조건이 없는 경우에는 표준 건조공기 중 산소의 용적조성을 21%, 중량(질량)조성을 23.2%로 하여 계산한다.

연료 1kg을 완전 연소시키기 위하여 필요한 이론 공기량을 kg과 Nm³으로 구하면 다음과 같이 정리할 수 있다.

① 중량(질량)으로 계산

$$L_o = \frac{1}{0.232}(2.667c + 8h + s - o) \ [kg]$$
$$= 11.49c + 34.5\left(h - \frac{o}{8}\right) + 4.31s \ [kg] \ \bigstar \qquad [12-18]$$

② 체적으로 계산

$$L_o = \frac{1}{0.21}(1.867c + 5.6h - 0.7o + 0.7s) \ [Nm^3]$$
$$= 8.89c + 26.7\left(h - \frac{o}{8}\right) + 3.33s \ [Nm^3] \ \bigstar \qquad [12-19]$$

(2) 실제 공기량

① 공기 과잉계수

$$\mu = \frac{L}{L_o} \ \bigstar \qquad [12-20]$$

여기서, L은 실제 공기량, L_o은 이론 공기량이고 μ는 공기 과잉계수로 항상 1보다 크다. 실제 연소시 이론 공기량보다 더 많은 공기가 요구된다.

② 공기 과잉률

$$(\mu - 1) = \frac{L - L_o}{L_o} \qquad [12-23]$$

chapter 12 ─ 실전연습문제

01 화학반응의 평형상수는 온도에 따라 변화하는데 다음 중 옳은 것은 어느 것인가?
① 온도가 상승하면 발열반응에서는 증가한다.
② 온도가 하강해도 일정하다.
③ 온도가 하강하면 흡열반응에서는 감소한다.
④ 온도가 상승하면 흡열반응에서는 감소한다.

Solution 화학반응의 평형상수(K)는 이상기체에서 온도만의 함수이다.
① 온도가 하강하면 흡열반응에서는 감소하고 발열반응에서는 증가한다.
② 온도가 상승하면 흡열반응에서는 증가하고 발열반응에서는 감소한다.

02 $H_2 + \frac{1}{2}O_2 = H_2O$ 의 반응에서 온도는 변화시키지 않고 압력을 증가시키면 H_2O 성분은 어떻게 되는가?
① 감소한다.   ② 증가한다.
③ 같다.   ④ 감소하다가 증가한다.

Solution 압력이 증가하면 화학반응은 몰수가 작은 쪽으로 진행된다.

$$H_2 + \frac{1}{2}O_2 = H_2O$$

몰: 1kmol   0.5kmol   1kmol

03 옥탄의 완전연소 방정식은 다음과 같다. 옥탄 1kg을 완전 연소시켜서 생성된 이산화탄소의 양은 몇 kg인가?

옥탄의 완전연소 방정식: $C_8H_{18} + 12.5O_2 = 8CO_2 + 9H_2O$

① 3.09   ② 3.51   ③ 4.68   ④ 5.04

Solution 옥탄 1kmol과 산소 12.5kmol이 반응하여 이산화탄소 8kmol과 물(수증기) 9kmol이 생성되므로 옥탄 114kg을 완전 연소시키는데 필요한 산소량은 400kg이며 생성된 이산화탄소의 양은 352kg이다. 따라서 옥탄 1kg을 완전 연소시키면 이산화탄소량은 3.09kg이 발생한다.

04 $2CO + O_2 \Leftrightarrow 2CO_2$ 의 화학 반응이 1atm, 400K에서 평형을 이루었다. 일정한 온도하에서 압력을 4.5atm으로 증가시키면 반응은 어떻게 진행되겠는가?
① 오른쪽으로 진행된다.
② 왼쪽으로 진행된다.
③ 어느 쪽이라고 단적으로 말할 수 없다.
④ 아무런 반응도 일어나지 않는다.

Solution 압력이 증가하면 화학반응은 몰수가 작은 쪽으로 진행된다.

$$2CO + O_2 \Leftrightarrow 2CO_2$$

몰 : 2kmol   1kmol   2kmol

Answer 01 ③   02 ②   03 ①   04 ①

05 탄소 1.5kg을 완전 연소시키는데 필요한 공기량은 몇 Nm^3인가?

① 1.87   ② 2.67   ③ 3.67   ④ 13.36

Solution $C + O_2 \Leftrightarrow CO_2$

탄소 1kg의 완전연소에 필요한 산소는 2.67kg, $1.87Nm^3$이고 생성물인 이산화탄소는 3.67kg, $1.87Nm^3$이다. 탄소를 완전 연소시키는데 필요한 공기량은 공기의 체적비를 이용하여 다음과 같이 계산된다.

$$\frac{1.87 \times 1.5}{0.21} = 13.36 \ [Nm^3]$$

06 중유의 연소에 의한 배기가스를 분석한 결과 다음과 같은 결과를 얻었다. 공기과 잉계수를 계산한 것으로 다음 중 맞는 것은?

조성비 : 이산화탄소(CO_2) 13.4%, 산소(O_2) 3.1%, 질소(N_2) 83.5%

① 0.162   ② 1.162   ③ 2.162   ④ 3.162

Solution $\mu = \dfrac{0.21 N_2}{0.21 N_2 - 0.79 O_2} = \dfrac{0.21 \times 0.835}{0.21 \times 0.835 - 0.79 \times 0.031} = 1.162$

07 탄소 2kg이 완전 연소시 필요한 산소량과 완전 연소시켰을 때 발생하는 이산화탄소는 몇 kg인가?

① 2.67, 7.34   ② 5.34, 7.34   ③ 2.67, 3.67   ④ 5.34, 3.67

Solution

	C	+	O_2	=	CO_2
몰:	1kmol		1kmol		1kmol
질량:	12kg		32kg		44kg
	1kg		2.67kg		3.67kg
	2kg		5.34kg		7.34kg

08 28kg의 일산화탄소(CO)를 완전 연소시키려면 몇 kg의 산소가 필요한가?

① 16   ② 28   ③ 32   ④ 44

Solution

	2CO	+	O_2	=	$2CO_2$
몰 :	2kmol		1kmol		2kmol
질량:	2×28kg		32kg		2×44
	28kg		16kg		44kg

09 다음과 같은 조성의 석탄 2kg을 완전 연소시키는데 필요한 이론 공기량 몇 kg인가? (단, 조성비: 탄소 64%, 수소 5.3%, 산소 8.8%, 황 0.1%, 수분 9.0%, 회분 12%)

① 8.81   ② 13.21   ③ 17.62   ④ 26.43

Solution ① 1kg의 이론 공기량

$$L_o = \frac{1}{0.232}(2.667c + 8h + s - o)$$
$$= \frac{1}{0.232}(2.667 \times 0.64 + 8 \times 0.053 + 0.001 - 0.088) = 8.81 \ [kg]$$

10 연료 속에 들어있는 성분을 표시한 것 중 연소에서 발열성에 속하는 것은 어느 것인가?

① 산소   ② 질소   ③ 회분   ④ 수소

Solution 발열성(發熱性)이란 열을 내는 성질을 의미하는 것으로 가연 원소로는 탄소(C), 수소(H) 및 유황(S)의 3원소가 있다.

Answer 05 ④ 06 ② 07 ② 08 ① 09 ③ 10 ④

11 10kmol의 탄소(C)를 완전 연소시키는데 필요한 최소 산소량은 몇 kmol인가?

① 5　　　　② 10　　　　③ 15　　　　④ 20

Solution 탄소가 완전 연소할 때 이산화탄소가 생기므로 그 화학 반응식은 다음과 같다.
$$C + O_2 = CO_2 + 97200 \text{ kcal/kmol}$$
위의 화학 반응식에서 탄소 1kmol를 완전 연소시키는데 필요한 산소는 1kmol이다. 그러므로 탄소 10kmol를 완전 연소시키려면 산소 10kmol이 필요하다.

12 $CO + \frac{1}{2}O_2 \leftrightarrow CO_2$ 의 화학반응이 평형상태를 이루었다. 혼합물의 온도를 일정하게 유지하면서 압력을 증가시키면 어떠한 반응이 일어나는가?

① 반응이 우측으로 더 진행된다.
② 반응이 좌측으로 더 진행된다.
③ 반응이 일어나지 않는다.
④ 온도에 따라 다르다.

Solution 온도가 일정한 상태에서 압력이 증가하더라도 연소 반응 속도는 증가하므로 일산화탄소가 산소와 결합하는 반응이 빨라져 화학반응은 좌에서 우로 더욱더 진행된다.

13 황 32kg이 완전 연소하는 데 필요한 최소 산소량은 몇 kg인가?

① 32　　　　② 28　　　　③ 24　　　　④ 64

Solution 황이 완전연소하면 이산화황이 발생하므로 화학반응식은 다음과 같다.
$$S + O_2 = SO_2 + 80000 \text{ kcal/kmol}$$
황 1kg을 완전 연소시키는데 필요한 산소는 1kg이다.

14 1kg의 수소 (H_2) 가 완전 연소할 때, 9kg의 H_2O 가 생성된다면, 필요한 최소 산소량은 몇 kg인가?

① 26　　　　② 8　　　　③ 16　　　　④ 32

Solution $H_2 + \frac{1}{2}O_2 = H_2O + 68400 \text{ kcal/kmol}$
위의 화학반응식에서 수소 2kg을 완전 연소시키면 물(H_2O) 18kg을 얻을 수 있다. 이 때 필요한 산소는 16kg이다. 그러므로 수소 1kg을 완전 연소시켜 물 9kg을 얻으려면 산소는 8kg이면 된다.

15 어떤 석유의 질량 분석결과 C=80%, H_2=20% 이었다. 이 석유를 10%의 과잉 공기로 완전연소시킬 때 연료 1kg당 공급해야할 공기량은?

① 20.7 kg　　② 19.7 kg　　③ 18.7 kg　　④ 17.7 kg

Solution 고체·액체 연소에 요하는 공기량
$$L_0 = \frac{\frac{32}{12}c + \frac{16}{2}h + \frac{32}{32}s - o}{0.232}$$
$$= \frac{\frac{32}{12} \times 0.8 + \frac{16}{2} \times 0.2}{0.232} = 16.09 \text{ [kg]}$$
$$L_0' = 16.09 + 160.09 \times 0.1 = 17.7 \text{ [kg]}$$

Answer 11 ②　12 ①　13 ①　14 ②　15 ④

16 중유(重油)를 보일러에서 연소시키고 연도(煙道) 가스를 건(乾)가스로 하여 분석하였다. 아래와 같은 성분이 있었는데 이 중에서 건가스에 대한 체적비율이 제일 많은 것은?

① CO_2 ② CO ③ O_2 ④ N_2

Solution · 건가스의 체적비율은 아래와 같다.
① CO_2 : 14~15%, ② CO : 0.1~0.2%, ③ O_2 : 5~6%, ④ N_2 : 70~80%
· 이것을 순서로 표현하면 $N_2 > CO_2 > O_2 > CO$ 이다.

17 이산화탄소(CO)를 공기 중에서 연소할 때 과잉 공기의 양이 많을수록 평형 연소생성물 중에는 어떤 현상이 일어나게 되는가?

① 일산화탄소 (CO) 의 양이 감소한다.
② 이산화탄소 (CO_2) 의 양이 증가한다.
③ 일산화탄소 (CO) 와 이산화탄소 (CO_2) 의 양이 증가한다.
④ 이산화탄소 (CO_2) 의 양은 감소하고, 일산화탄소 (CO) 의 양은 증가한다.

Solution $CO + \frac{1}{2} O_2 = CO_2 + 67600 kcal/kmol$

18 연료의 고위발열량을 H_h, 저위발열량을 H_l, 증기의 증발잠열을 H_s 라 할 때, 다음 관계식 중에서 옳은 것은 어느 것인가?

① $H_l = H_h$ ② $H_h = H_l - H_s$ ③ $H_h = H_l + H_s$ ④ $H_h = H_s - H_l$

Solution 고위발열량(H_h): 수분을 응축시켜서 그 증발열을 회수하였을 때 발열량 저위발열량(H_l): 증발열이 회수되지 않았을 때 발열량

19 탄소 2kg이 완전연소할 때 생성되는 CO_2 가스의 양은 몇 kg이 되겠는가?

① 2.75   ② 3.67   ③ 5.33   ④ 7.33

Solution $C + O_2 = CO_2 + 9720$ [kcal/kmol]
탄소(C) 12kg(1kmol)을 완전 연소시키는데 산소(O_2) 32kg(1kmol)이 필요하고 이산화탄소(CO_2)는 44kg(1kmol)이 발생한다. 그러므로 탄소 2kg을 완전 연소시키면 이산화탄소는 7.33(44/6)kg이 생성된다.

20 25℃, 0.1MPa의 탄소와 산소가 완전연소하는 비율로 들어와서 완전연소한 후 25℃, 0.1MPa 상태로 내보내는 연소실에서 탄소 1kmol 당 393.522kJ의 열이 발생한다. 이 연소실에 탄소 2kg이 들어갈 때 연소실에서 발생하는 열량은?

① 32793.5kJ   ② 65.587kJ   ③ 393.522kJ   ④ 787.044kJ

Solution 탄소 1kmol이면 12kg이다. 그러므로 다음과 같이 계산된다.
$393.522 \times \frac{2}{12} = 65.587$ [kJ]

Answer 16 ④   17 ②   18 ③   19 ④   20 ②

Part 03

기계유체역학

제1장 __ 유체의 정의 및 성질
제2장 __ 유체의 정역학
제3장 __ 유체의 운동학
제4장 __ 운동량이론과 응용
제5장 __ 점성유동
제6장 __ 차원해석과 상사법칙
제7장 __ 관로 유동
제8장 __ 개수로 유동
제9장 __ 압축성 유동

chapter 1 유체의 정의 및 성질

1 유체(流體)의 정의(定義)

1. 유체(流體 ; fluid)

지구상에 존재하는 대부분의 물질은 고체(固體 ; solid), 액체(液體 ; liquid), 기체(氣體 ; gas) 중에서 어느 한 상태로 존재한다. 이와 같은 3체 중에서 액체와 기체를 유체(流體 ; fluid)라 한다. 유체를 정의하면 다음과 같다.

"유체에 가한 전단력이 아무리 미소하다 할지라도 그것에 의해 변형, 즉 움직임이 발생하고 전단응력이 작용하는 한계속에서 움직이며 변형하는 물질이 바로 유체이다."

2. 유체의 점성(粘性 ; viscosity)

(1) 점성에 따른 유체의 분류

① 점성유체(粘性流體 ; viscous fluid) : 점성이 있는 유체를 점성유체 또는 실제유체(real fluid)라 하고 점성유체의 흐름을 점성유동(粘性流動 ; viscous flow)이라 하며 실제유체의 유동이라고도 한다.
② 비점성유체(非粘性流體 ; invicid fluid) : 점성을 무시한 유체로 실제로는 존재하지 않는 유체로서 이상유체(理想流體 ; ideal fluid) 또는 완전유체(完全流體 ; perfect fluid)라고도 하며 비점성유체의 흐름을 비점성유동(非粘性流動 ; invicid flow)이라 한다.

(2) 점성유체의 분류

① 뉴턴유체(Newtonian fluid) : 뉴턴의 점성법칙(粘性法則)을 만족하는 유체이다. 뉴턴(Newton)의 점성법칙은 뒤에서 설명하기로 한다.
② 비뉴턴유체(non-Newtonian fluid) : 뉴턴의 점성법칙을 만족하지 않는 유체이다.

(3) 온도 상승에 따른 점성의 변화

① 액체의 점성 : 온도가 증가하면 액체입자들의 응집성이 감소함으로 액체의 점성은 감소한다.
② 기체의 점성 : 온도가 증가하면 기체입자들의 운동 에너지의 증가로 기체의 점성은 증가한다.

3. 유체의 압축성(壓縮性 ; compressibility)

(1) 압축성에 따른 유체의 분류

① 압축성 유체(壓縮性流體 ; compressible fluid) : 유체를 압축하여 발생하는 압력 변화에 대해 밀도의 변화를 무시할 수 없는 유체를 압축성 유체라 하고 압축성 유체의 흐름을 압축성 유동(壓縮性流動 ; compressible flow)이라 한다. 이것을 수식으로 표현하면 식 [1-1]과 같다.

$$\frac{\partial \rho}{\partial P} \neq 0 \qquad\qquad\qquad\qquad\qquad [1\text{-}1]$$

여기서, ρ는 밀도이고 P는 압력이다.

② 비압축성 유체(非壓縮性流體; incompressible fluid) : 유체에 힘을 가하였을 때 압력의 변화에 대해 밀도 변화가 거의 없는 유체를 비압축성 유체라 하고 비압축성 유체의 흐름을 비압축성 유동(非壓縮性流動; incompressible flow)이라 한다.

$$\frac{\partial \rho}{\partial P} = 0 \qquad\qquad\qquad\qquad\qquad [1\text{-}2]$$

일반적으로 액체를 비압축성 유체라 하고 기체를 압축성 유체라 한다. 그러나 기체라 하더라도 음속이 유속보다 훨씬 빨라 마하수가 0.3보다 작으면 온도와 밀도의 변화를 무시할 수 있으므로 비압축성 유체로 취급한다.

(2) 액체를 압축성 유체로 취급하는 경우
① 수압관 속의 수격작용(水擊作用; water hammering)
② 디젤 기관에 있어서 연료수송관의 충격파(衝擊波; shock wave)

(3) 기체를 비압축성 유체로 취급하는 경우
① 건물 주위의 통풍
② 저속으로 흐르는 자동차, 항공기, 기차 주위의 기류

2 단위 및 차원(units and dimensions)

1. 단위(單位; units)

물리량을 정량적으로 표현하기 위해 정해 놓은 것이 단위(單位; units)이다. 기계공학 분야에서 거론되는 모든 물리량을 표현하기 위해서는 기본 물리량이 요구된다. 그 기본 물리량이란 물질의 양을 규정하는 질량(質量; mass), 변위의 크기를 규정하는 길이(length) 그리고 시간(時間; time)이다. 이와 같은 기본 물리량과 힘의 단위를 기본단위라 하며 질량을 기본단위로 선택하는 경우를 절대단위계(絶代單位系), 그리고 힘을 기본단위로 선택하는 경우는 공학단위계(工學單位系) 또는 중력단위계(重力單位系)라 한다.

기본단위의 조합으로 구성된 단위를 유도단위 또는 조합단위라 한다. 예를 들면 체적, 속도, 가속도, 밀도, 일, 동력 등을 표현하기 위한 단위가 유도단위이다. 절대단위계에서 힘의 단위는 유도단위이지만 공학단위계에서는 질량이 유도단위가 된다.

표1-1 기본단위(基本單位)

量(quality)	單位(SI units)
길이(length)	m(meter)
질량(mass)	kg(kilogram)
힘(force)	N(Newton)
시간(time)	S(second)

(1) 절대단위계(絶代單位系)
질량(mass), 길이(length), 시간(time)을 기본단위로 하여 물리량을 표현한 단위계이다.
① C · G · S단위계 : 기본 물리량의 기본단위로 길이는 cm, 질량은 g, 시간은 sec를 사용하여 물

리량을 표현한 단위계이다. 뉴턴(Newton)의 운동 제2법칙으로 힘을 정의하고 C·G·S단위로 힘(force)의 단위를 표현하면

$$F = ma$$
$$1[\text{dyne}] = 1[\text{g}] \times 1[\text{cm/sec}^2]$$

이다. 여기서, F는 힘[dyne], m은 질량[g], a는 가속도[cm/sec^2]를 나타낸다.

② M·K·S단위계 : 기본 물리량의 기본 단위로 길이는 m, 질량은 kg$_m$, 시간은 sec를 사용하여 물리량을 표현한 단위계이다. 힘의 단위를 표현하면

$$1[\text{N}] = 1[\text{kg}_m] \times 1[\text{m/sec}^2]$$

이다. 여기서, 힘의 단위 N은 뉴턴(Newton)이다.

$$1[\text{N}] = 1[\text{kg}_m] \times 1[\text{m/sec}^2] = 10^3[\text{g}] \times 10^2[\text{cm/sec}^2] = 10^5[\text{dyne}]$$

(2) 공학단위계(工學單位系) 또는 중력단위계(重力單位系)

중력장 내에서 사용할 수 있도록 표준 중력가속도 $g = 9.8[\text{m/sec}^2]$을 고려하여, 기본 물리량의 기본단위로 길이는 m, 중량은 kg$_f$, 시간은 sec를 사용하여 물리량을 표현한 단위계이다. 중력장 내에서 중량의 표현은

$$W = mg$$
$$1[\text{kg}_f] = 1[\text{kg}_m] \times 9.8[\text{m/sec}^2] = 9.8[\text{N}]$$

이다. 여기서, W는 중량(물체의 무게) 이고 시간단위 sec는 s로 표현하기도 한다.

(3) 국제단위계(國際單位系 ; S·I 단위 ; international system of units)

절대단위의 M·K·S 단위계가 국제적으로 통일된 단위로 사용되고 있다. 이것을 S·I 단위라 한다.

표1-2 단위계(單位系)

단위계	힘	질량	길이	시간	온도
미터절대단위계 (CGS 단위계)	dyne (dyne)	gram (g)	centimeter (cm)	second (s)	Kelvin (K)
미터공학단위계	kilogram force (kg$_f$)	kilogram mass (kg)	meter (m)	second (s)	Kelvin (K)
국제단위계 (SI 단위계)	Newton (N)	kilogram (kg)	meter (m)	second (s)	Kelvin (K)

표1-3 10의 지수 크기의 척도와 단위에 사용되는 약자

지수	명칭	약자	지수	명칭	약자
10^{-18}	atto	a	10^{-3}	milli	m
10^{-15}	femto	f	10^3	kilo	k
10^{-12}	pico	p	10^6	mega	M
10^{-9}	nano	n	10^9	giga	G
10^{-6}	micro	μ	10^{12}	tera	T

비고 ① Pa : Pascal-압력의 단위
② 10^3 Pa = kPa, 10^6 Pa = MPa, 10^9 Pa = GPa

2. 차원(次元 ; dimension)

물리현상을 표현하고자 사용하는 모든 물리량들은 길이(length), 질량(mass), 시간(time) 또는 힘 등의 기본 물리량으로 하여 표현이 가능하다. 그 기본 물리량을 차원(次元 ; dimension)이라 하며 기본 물리량의 조합으로 표현된 물리량을 유도차원(誘導次元 ; dependent dimension)이라 한다. 유도차원은 기본 물리량의 기본차원(基本次元 ; primary dimension)으로 질량은 M, 길이는 L, 시간은 T로 힘은 F로 표현하여 MLT계 차원과 FLT계 차원으로 분류한다.

표1-4 각종 물리량들의 단위와 차원

양	SI 단위	공학단위	FLT계	MLT계
길이	m	m	$[L]$	$[L]$
질량	kg	$kg_f \cdot s^2/m$	$[FL^{-1}T^2]$	$[M]$
시간	s	s	$[T]$	$[T]$
면적	m^2	m^2	$[L^2]$	$[L^2]$
부피(체적)	m^3	m^3	$[L^3]$	$[L^3]$
속도	m/s	m/s	$[LT^{-1}]$	$[LT^{-1}]$
가속도	m/s^2	m/s^2	$[LT^{-2}]$	$[LT^{-2}]$
각속도	rad/s	rad/s	$[T^{-1}]$	$[T^{-1}]$
비중량	$kg/m^2 \cdot s^2$	kg_f/m^3	$[FL^{-3}]$	$[ML^{-2}T^{-2}]$
밀도	kg/m^3	$kg_f \cdot s^2/m^4$	$[FL^{-4}T^2]$	$[ML^{-3}]$
운동량	$kg \cdot m/s$	$kg_f \cdot s$	$[FT]$	$[MLT^{-1}]$
힘, 무게	N, $kg \cdot m/s^2$	kg_f	$[F]$	$[MLT^{-2}]$
토크	$kg_f \cdot m^2/s^2$	$kg_f \cdot m$	$[FL]$	$[ML^2T^{-2}]$
압력(응력)	N/m^2(Pa), bar	kg_f/cm^2	$[FL^{-2}]$	$[ML^{-1}T^{-2}]$
에너지, 일	J, N·m, $kg \cdot m^2/s^2$	$kg_f \cdot m$	$[FL]$	$[ML^2T^{-2}]$
동력	W, $kg \cdot m^2/s^2$	$kg_f \cdot m/s$	$[FLT^{-1}]$	$[ML^2T^{-3}]$
점성 계수	$N \cdot s/m^2$	$kg_f \cdot s/m^2$	$[FL^{-2}T]$	$[ML^{-1}T^{-1}]$
동점성 계수	m^2/s	m^2/s	$[L^2T^{-1}]$	$[L^2T^{-1}]$
온도	℃, K	℃, K	$[T]$	$[T]$
공학기체상수	$kJ/kg \cdot K$	m/K	$[LT^{-1}]$	$[LT^{-1}]$

(1) MLT계 차원

기본 물리량의 기본차원인 질량을 $[M]$, 길이를 $[L]$, 시간을 $[T]$로 하여 물리량들을 표현하는 방법이다.

(2) FLT계 차원

기본 물리량의 기본차원인 힘을 $[F]$, 길이를 $[L]$, 시간을 $[T]$로 하여 물리량들을 표현하는 방법이다.

(3) 힘의 차원

힘을 FLT계와 MLT계 차원으로 표현하면

$$F = ma$$
$$[F] = [MLT^{-2}]$$
이다.

3 유체의 기본성질(基本性質; primary property)

1. 밀도(密度; density)

단위체적(體積; volume)당 유체의 질량(質量; mass)이 밀도(密度; density)이다.

$$\rho = \frac{m}{V} \;\bigstar\bigstar\bigstar \qquad [1\text{-}3]$$

여기서, ρ가 밀도, m이 질량, V는 체적이다. 액체의 밀도는 온도와 압력의 변화에 따라 거의 변화가 없으나 기체의 밀도는 온도와 압력의 변화에 따라 크게 달라진다. 표준대기압(1[atm]), 4[℃] 상태하에서 물의 밀도는

$$\rho_w = 1000[\text{kg}_m/\text{m}^3] = 10^2[\text{kg}_f \cdot \text{sec}^2/\text{m}^4]$$

이다.

(1) 밀도의 단위와 차원
① SI 단위 : kg_m/m^3
② 중력단위 : $\text{kg}_f \cdot \text{sec}^2/\text{m}^4$
③ 차원 : $[ML^{-3}] = [FL^{-4}T^2]$

2. 비중량(比重量; specific weight)

단위체적당 유체의 중량(重量; weight)이 비중량(比重量; specific volume)이다.

$$\gamma = \frac{W}{V} = \frac{mg}{V} = \rho g \;\bigstar\bigstar\bigstar \qquad [1\text{-}4]$$

여기서, γ는 비중량이고 W는 중량이다. 표준대기압(1atm), 4[℃] 상태하에서 물의 비중량은

$$\gamma_w = \rho_w g = 1000 \times 9.8 = 9800[\text{N}/\text{m}^3] = 1000[\text{kg}_f/\text{m}^3]$$

이다.

(1) 비중량의 단위와 차원
① SI 단위 : N/m^3
② 중력단위 : kg_f/m^3
③ 차원 : $[ML^{-2}T^{-2}] = [FL^{-3}]$

3. 비체적(比體積; specific volume)

단위질량당 유체가 점유한 체적이 비체적(比體積; specific volume)이다. 이와 같은 비체적의 정의는 절대적인 개념이다.

$$v = \frac{V}{m} = \frac{1}{\rho} \;\bigstar\bigstar\bigstar \qquad [1\text{-}5]$$

(1) 비체적의 단위와 차원
① SI 단위 : m^3/kg_m
② 차원 : $[M^{-1}L^3]=[F^{-1}L^4T^{-2}]$

(2) 공학단위계에서 비체적
단위중량당 유체가 점유한 체적으로 정의하고 이것은 중력단위계(공학단위계)에서만 성립한다.
$$v_s = \frac{V}{W} = \frac{1}{\gamma}\,[m^3/kg_f] \qquad [1\text{-}6]$$
여기서, v_s는 중력단위계에서의 비체적을 의미한다.

4. 비중(比重 ; specific gravity)

어떤 물질과 동일 체적의 표준 대기압(1atm), 4[℃] 상태하의 물의 중량(질량)에 대한 그 물질의 중량(질량)의 비가 비중(比重 ; specific gravity)이다. 이것을 수식으로 표현하면
$$S = \frac{W}{W_w} = \frac{\rho}{\rho_w} = \frac{\gamma}{\gamma_w} \;\bigstar\bigstar\bigstar \qquad [1\text{-}7]$$
이다. 여기서, 하첨자 w는 물(water)을 의미한다. 따라서 비중이란 물의 밀도에 대한 어떤 물질의 밀도 또는 물의 비중량에 대한 어떤 물질의 비중량으로 표현되는 무차원 수(dimensionless number)이다.

4 뉴턴(Newton)의 점성법칙(粘性法則)

1. 점성계수(粘性係數 ; coefficient of viscosity)
$$\tau = \mu\frac{du}{dy} = \frac{F}{A}[kg_f/m^2,\ N/m^2,\ Pa]\;\bigstar\bigstar\bigstar\bigstar\bigstar \qquad [1\text{-}8]$$
여기서, F가 전단력이고 A는 전단면적으로 유체와 접하고 있는 평판의 면적이다.

$\frac{du}{dy}$는 속도구배(速度勾配 ; velocity gradient) 또는 각 변형속도, 각 변형률이라 한다.

여기서, 비례상수 μ는 이것을 점성계수(粘性係數 ; coefficient of viscosity)라 하며 온도와 압력의 변화에 따라 변화하는 값이다. 그리고 식 [1-8]를 뉴턴(Newton)의 점성법칙(粘性法則 ; law of viscosity)이라 하며, 이 식을 만족하는 유체를 뉴턴유체(Newtonian fluid), 만족하지 못하는 유체를 비뉴턴유체(non-Newtonian fluid)라 한다.

(1) 점성계수의 단위와 차원
① SI 단위 : $N\cdot sec/m^2 = Pa\cdot sec$
② 중력단위 : $kg_f\cdot sec/m^2$
③ C・G・S단위 : $1[dyne\cdot sec/cm^2]=1[poise]$
　$1[dyne]=1[g]\times 1[cm/sec^2]$
　$1[poise]=10^{-1}[N\cdot sec/m^2]=\frac{1}{98}[kg_f\cdot sec/m^2]$
　$1[cp]=1[centi\ poise]=10^{-2}[poise]$
④ 차원 : $[FL^{-2}T]=[ML^{-1}T^{-1}]$

2. 두 평행 평판 사이의 점성유동

그림 1-1과 같이 두 평행한 평판 사이에 뉴턴(Newton)유체를 채우고 아래 평판은 고정시키고 위 평판을 수평 방향으로 F라는 힘을 가해 V라는 속도로 움직이게 한다. 두 평판 사이의 간격을 h라 할 때 아래 고정 평판에서 발생하는 최대 전단응력은 뉴턴의 점성법칙을 적용시켜 구할 수 있다.

$$\tau = \mu \frac{du}{dy} = \mu \frac{V}{h} \tag{1-9}$$

위 평판에 가해지는 전단력(점성력)을 구하면

$$F = \tau A = \mu \frac{VA}{h} [\text{N, kg}_f] \tag{1-10}$$

이다.

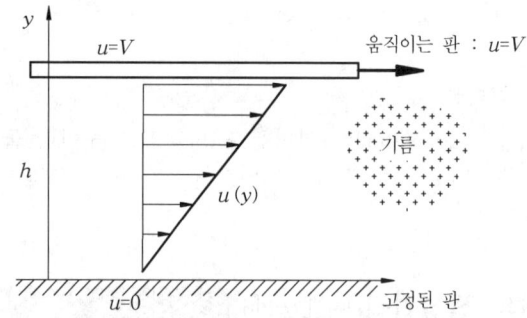

그림1-1 두 평행 평판 사이의 점성유동

3. 동점성계수(動粘性係數 ; kinematic viscosity)

동점성계수(動粘性係數 ; kinematic viscosity)는 점성효과의 전파속도를 나타내는 척도이다.

$$\nu = \frac{\mu}{\rho} \;\; \star\star\star \tag{1-11}$$

여기서, ν는 동점성계수, μ는 점성계수, ρ는 밀도이다.

(1) 동점성계수의 단위와 차원

① 단위 : m^2/sec
② C·G·S단위 : 1[stokes]=1[cm^2/sec]=10^{-4}[m^2/sec]
  1[cst]=1[centi stokes]=10^{-2}[stokes]
③ 차원 : $[L^2 T^{-1}]$

5 압력(壓力 ; pressure)

1. 압력(壓力)의 정의(定義)

단위면적당 작용하는 수직력으로 압력(壓力 ; pressure)을 정의한다. 이것은 수직력(전압력) F가 면 A에 균일하게 작용한다는 전제(前提) 하에 정의 한 것으로 엄밀히 표현하면 평균압력의

의미이다. 이것을 수식으로 표현하면

$$P = \frac{F}{A} \qquad [1\text{-}12]$$

이다. 여기서, P가 압력이다.

(1) 압력의 단위와 차원

압력의 단위는 여러 가지로 표현할 수 있는 데, 여기서는 정의에 입각한 측면에서 표현하고 뒤에서 표준대기압에 대해서 정리할 때 추가 정리하기로 한다.

① SI 단위 : $1[N/m^2]=1[Pa]$, $1[bar]=10^5[Pa]=1000[mbar]$
② 중력단위 : $1[kg_f/cm^2]=1\times10^4[kg_f/m^2]$
③ 차원 : $[FL^{-2}]=[ML^{-1}T^{-2}]$

2. 대기압(大氣壓 ; atmospheric pressure)

지구를 둘러싸고 있는 기체층을 대기라 하며 지구의 표면에 가까운 부분을 공기(空氣)라 한다. 그 공기에 의하여 눌리는 압력을 기압계로 측정한 것을 대기압(大氣壓 ; atmospheric pressure)이라 한다.

(1) 국소 대기압(局所 大氣壓 ; local atmospheric pressure)

대기압은 지구의 위도와 기후에 따라서 달라지는데 이것을 국소 대기압 또는 국부 대기압이라 한다.

(2) 표준 대기압(標準 大氣壓 ; standard atmospheric pressure)

표준 대기압이란 0[℃], 표준 중력가속도하에서 높이 760[mm]의 수은주가 그 밑면에 가하는 압력으로 그 크기를 정하고 이것을 1기압(atm)이라 한다. 또한 지구 전체의 국소 대기압을 평균한 값의 의미를 내포하고 있다. 표준 대기압의 크기는 다음과 같이 정리된다.

$$1[atm]=760[mmHg]=10.33[mAq](H_2O)=1.0332[kg_f/cm^2]$$
$$=10332[kg_f/m^2]=101325[Pa]=1.01325[bar]=14.7[psi](lb/in^2)$$

① 공학기압 : $1[at]=1[kg_f/cm^2]$

3. 계기압력(計器壓力)과 절대압력(絕對壓力)

(1) 계기압력(計器壓力 ; gage pressure)

국소 대기압을 기준으로 측정된 압력으로 정압과 부압이 있다.
① 정압(+) : 국소 대기압 이상에서 측정한 압력이다.
② 부압(−) : 국소 대기압 이하에서 측정한 압력으로 진공압(眞空壓 ; vacuum pressure)이라고도 한다.

(2) 절대압력(絕對壓力 ; absolute pressure)

완전진공을 기준으로 한 압력으로 다음과 같은 식으로 계산하며 항상 양의 값을 갖는다. 이 식에서 P_a가 절대압력이고, P_o는 국소대기압 또는 표준대기압, P_g는 계기압력이다.

$$P_a = P_o \pm P_g \qquad [1\text{-}13]$$

여기서, 계기압력은 정압이면 +로 계산하고 부압(진공압)이면 −로 계산한다.

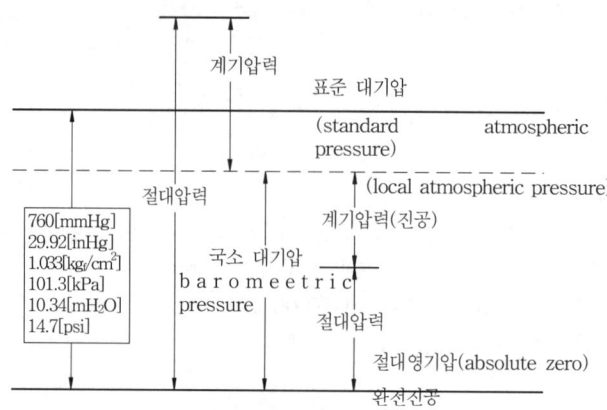

그림1-2 절대압력과 계기압력의 관계

6 동력(動力 ; power)

1. 동력(動力)의 정의(定義)

동력(動力 ; power)이란 단위 시간당 일량으로 정의하고 공률(工率)이라고도 한다. 이것을 수식으로 표현하면

$$L = \frac{W}{\Delta t} = \frac{Q}{\Delta t} = F \cdot V = T \cdot \omega \, [\mathrm{kg_f \cdot m/sec,\ PS,\ kW}] \tag{1-14}$$

$$T = 716.2 \frac{HP}{N} = 974 \frac{H_{kW}}{N} \, [\mathrm{kg_f \cdot m}] \; \bigstar\bigstar\bigstar\bigstar$$

$$T = 716.2 \times 9.8 \frac{HP}{N} = 974 \times 9.8 \frac{H_{kW}}{N} \, [\mathrm{N \cdot m,\ J}] \tag{1-15}$$

이다. 여기서, L이 동력이고 W는 일량, Q는 가열량, F는 물체에 가해지는 힘, V는 물체가 움직이는 속도, T는 회전 토크, ω는 각속도, Δt는 시간변화량이다.

(1) 동력의 단위와 차원

① 중력단위와 S·I 단위
  1[PS]=75[kg$_f$·m/sec]=632.3[kcal/hr]=0.735[kW]
  1[kW]=102[kg$_f$·m/sec]=860[kcal/hr]=1.36[PS]
② 차원
  $[FLT^{-1}] = [ML^2 T^{-3}]$

7 이상기체(理想氣體 ; ideal gas)

1. 완전가스의 상태방정식

이상기체(완전가스)에만 만족하는 보일(Boyle)-샬(Charles)의 법칙으로부터 상태방정식은

$$\frac{PV}{T} = mR \;\star\star\star \qquad [1\text{-}16]$$

이다. 여기서, m은 유체의 질량이고 R은 기체상수(氣體常數 : gas constant) [J/kg K] 또는 가스정수라 한다. 식 [1-16]를 체적이 아니라 비체적 v[m³/kg]로 상태방정식을 표현하면

$$Pv = RT \qquad [1\text{-}17]$$
$$P = \rho RT \qquad [1\text{-}18]$$

이다. 여기서, P는 절대압력[Pa], ρ는 밀도 [kgm/m³], T는 절대온도[K]이다.

(1) 공기(air)의 기체상수(氣體常數 : gas constant)

표준대기압(1[atm], 101325[Pa]), 0[℃] 상태에서 공기의 비체적은 $\frac{1}{1.293}$[m³/kg]이다. 식 [1-17]를 이용하여 공기의 기체상수 R를 구하면

$$R = \frac{Pv}{T} = \frac{101325 \times \frac{1}{1.293}}{0+273} = 287 \; [\text{J/kg K}]$$

이다.

(2) 일반기체상수(一般氣體常數 : universal gas constant)

일반기체상수와 기체상수의 관계는 다음과 같이 정리된다.

$$R = \frac{\overline{R}}{M} = \frac{8314}{M} \; [\text{J/kg K}] \;\star\star \qquad [1\text{-}19]$$

만약 질소의 기체상수 R를 구하고자 하면

$$R = \frac{8314}{M} = \frac{8314}{28} = 296.93 [\text{J/kgK}]$$

이다.

(3) 공학단위계에서 완전가스의 상태방정식

$$R = \frac{\overline{R}}{M} = \frac{848}{M} [\text{kg}_f\text{-m/kg K}] \qquad [1\text{-}20]$$

① 공기의 기체상수
R =29.27[kg_f-m/kg K]=287[J/kg K]

8 유체의 2차적 성질(性質)

1. 체적탄성계수(體積彈性係數 ; bulk modulus of elasticity)

유체의 압축성을 나타내는 척도로 유체에 압력이 가해졌을 때, 체적 변화율에 대한 압력 변화량으로 정의하고 수식으로 표현하면 다음과 같다.

$$K = \frac{\Delta P}{-\Delta V/V} \;\star\star\star \qquad [1\text{-}21]$$

이 식에서 K가 체적탄성계수(體積彈性係數 ; bulk modulus of elasticity)이고 ΔP는 압력변화량, $-\Delta V/V$는 체적 변화율이다. 여기서 -부호는 압력이 증가하면 체적은 감소하게 되므로 체적

탄성계수를 항상 양의 값으로 만들기 위한 것이다. 식 [1-21]을 미소 체적 변화율에 대한 미소 압력 변화량의 개념으로 표현할 수 있고 체적 변화율은 비체적 변화율로, 비체적 변화율은 밀도 변화율 그리고 비중량 변화율로 나타낼 수 있다. 이것을 수식으로 표현하면

$$K = \frac{dP}{-dv/v} = \frac{dP}{d\rho/\rho} = \frac{dP}{d\gamma/\gamma} \qquad [1\text{-}22]$$

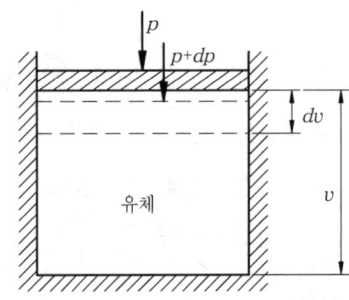

그림1-3 외부 압력에 의한 체적의 변화

이다. 여기서, 비체적 변화율은 감소하지만 밀도 변화율과 비중량 변화율은 증가한다. 체적탄성계수가 클수록 압축이 어려운 유체이다.

(1) 체적탄성계수의 단위와 차원

① SI 단위 : N/m^2=Pa
② 중력단위 : kg_f/cm^2
③ 차원 : $[FL^{-2}]=[ML^{-1}T^{-2}]$

(2) 이상기체의 등온변화시 체적탄성계수

$$K = P \; ★★ \qquad [1\text{-}23]$$

이상기체의 등온변화시 체적탄성계수는 그 때의 절대압력과 같다.

(3) 이상기체의 단열변화시 체적탄성계수

$$K = \varkappa P \; ★★ \qquad [1\text{-}24]$$

여기서, $\varkappa$는 비열비이다.

(4) 음속(音速 ; sonic velocity)

유체 속에서 물체가 움직이면 물체에 의해서 유체가 교란(攪亂)되어 압력파가 생기고 그 압력파는 주위로 전달된다. 그 전달속도를 압력파의 전파속도 또는 음속이라 한다. 압력파의 전파속도 C를 구하는 식은 다음과 같고 이 식은 압축성 유동에서 정리하기로 한다.

$$C = \sqrt{\frac{dP}{d\rho}} = \sqrt{\frac{K}{\rho}} \; ★★★ \qquad [1\text{-}25]$$

극히 작은 압력파로 인한 유체의 밀도 변화는 가역단열과정으로 근사시킬 수 있으므로 이상기체의 경우 압력파의 전파속도는

$$C = \sqrt{\frac{K}{\rho}} = \sqrt{\frac{kP}{\rho}} = \sqrt{kRT} \; ★★★ \qquad [1\text{-}26]$$

이다. 여기서, R은 기체상수[J/kgK]이고 T는 절대온도[K]이다. 기체상수 R의 단위가 $kg_f \cdot m/kg\ K$의 공학단위이면 압력파의 전파속도는

$$C = \sqrt{\frac{xP}{\rho}} = \sqrt{xgRT} \qquad [1\text{-}27]$$

이다.

(5) 마하수(Mach number)

마하수란 관성력과 탄성력의 비로 정의되며 유체 유동의 압축성을 판정하는 지표로 이용되고 있다. 마하수 M을 계산하는 식은

$$M = \frac{V}{C} = V\sqrt{\frac{\rho}{K}} \;\;\star\star\star \qquad [1\text{-}28]$$

이다. 여기서, V는 물체의 속도(유체의 속도)이고 C는 음속(압력파의 전파속도)이다. Mach수가 작은 값을 가지면 물체의 속도 V값에 대하여 체적탄성계수 K가 상대적으로 큰 값을 가지므로 유체의 흐름은 비압축성 유동이다. 보통 기체의 유동에서 밀도의 변화가 1[%] 미만일 때 비압축성 유동으로 취급하며 마하수에 따른 유체 유동은 다음과 같이 분류한다.
① $M < 1$: 아음속(亞音速 ; subsonic velocity)
② $M = 1$: 음속(音速 ; sonic velocity)
③ $M > 1$: 초음속(超音速 ; supersonic velocity)

2. 압축율(壓縮率 ; compressibility)

압축율(壓縮率 ; compressibility)은 체적탄성계수의 역수이고 유체의 종류에 따라 압축율의 크기는 다르며 압축율이 작다는 것은 압축하기가 어렵다는 것을 의미한다. 모든 유체는 외부로부터 압력을 받으면 압축되고 압축시 가해진 에너지는 탄성에너지 형태로 유체 내부에 축적되며 외부의 압력을 제거했을 때 가역과정이라면 유체를 압축 초기상태로 완전히 되돌아가게 한다. 즉, 가역과정에서 유체는 완전 탄성체로 가정할 수 있다.

압축율 β를 나타내는 식은

$$\beta = \frac{1}{K} \;\;\star\star \qquad [1\text{-}29]$$

이다.

(1) 압축율의 단위와 차원

① SI 단위 : m^2/N
② 중력단위 : cm^2/kg_f
③ 차원 : $[F^{-1} L^2] = [M^{-1} LT^2]$

9 표면장력과 모세관 현상

1. 표면장력(表面張力 ; surface tension)

액체 내부에 있는 분자들 사이에 작용하는 인력(引力)들은 일정하여 힘의 균형을 이루지만, 기체와 액체 또는 혼합될 수 없는 두 액체 사이의 경계면에서는 분자인력(分子引力)의 불평형 때문에 액체의 내부로 향하는 힘을 받게 된다. 이 힘에 의하여 액체 표면은 수축하게 되고 경계면(액체 표면)에는 장력이 작용하게 된다. 이 때 발생한 단위길이당 장력을 표면장력(表面張力 ; surface tension)이라 한다. 액체와 기체가 접한 경계면에서는 액체 분자의 응집력이 기체 분자의 응집력보다 크므로 액체의 안쪽으로 수축되며 그 자유표면에는 표면장력이 발생한다. 또한 액체

와 기체의 경계면에서는 부착력보다 응집력이 크기 때문에 기체 속에서 액체 방울은 구형 모양을 갖는다. 그래서 빗방울이나 비눗방울 등이 구(球)형상을 갖는 것이다. 밀도가 다른 두 액체의 경우 밀도가 큰 액체 분자들의 인력이 더 크다. 따라서 경계면에서는 밀도가 큰 액체쪽으로 수축하게 된다.

(1) 표면장력의 단위

표면장력의 단위는 표면장력 즉, 단위길이당 작용하는 장력의 정의로부터 알 수 있다.

$$\sigma = \frac{F}{L} \qquad [1\text{-}30]$$

여기서, σ가 표면장력, F는 장력, L은 표면장력이 작용하고 있는 길이이다.
① S·I단위 : N/m
② 중력단위 : kg_f/m
③ 차원 : $[FL^{-1}]=[MT^{-2}]$

(2) 물방울에 작용하는 표면장력

그림1-4과 같은 물방울의 직경을 D, 내부 초과 압력을 P라 할 때 물방울 표면에서 발생하는 표면장력을 구하면

$$\pi D \times \sigma = \frac{\pi d^2}{4} \times P$$

$$\sigma = \frac{PD}{4} \; \bigstar\bigstar\bigstar \qquad [1\text{-}31]$$

이다. 식[1-31]은 비방울, 물방울의 표면장력을 구할 때 적용한다.

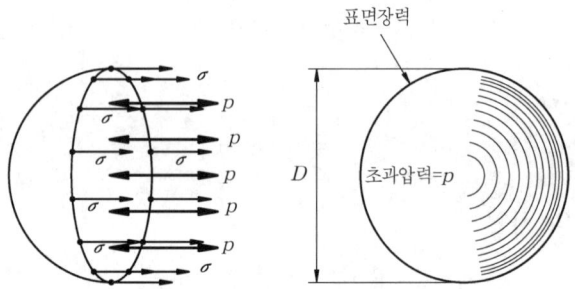

그림1-4 물방울 표면에 작용하는 표면장력

표면장력이 작용하는 표면을 내·외 양면으로 보면 다음과 같다.

$$2\sigma \cdot \pi d = \triangle P \cdot \frac{\pi d^2}{4}, \quad \sigma = \frac{\triangle P \cdot d}{8} \qquad [1\text{-}32]$$

식[1-32]는 비누방울, 비누풍선의 표면장력을 구할 때 적용하고 있다.

(3) 기타 표면장력의 예

① 잔잔한 수면위에 가는 바늘이 뜨는 현상
② 컵에 물을 채울 때 컵 상단 평면보다 약간 높게 더 채울 수 있는 현상
③ 모세관 현상
④ 테이블 위에 떨어진 물방울의 볼록한 현상

2. 모세관 현상(毛細管 現象 ; capillarity in tube)

모세관 현상(毛細管 現象 ; capillarity in tube)이란 응집력과 부착력에 의하여 자유표면 보다 액주의 높이가 높거나 낮게 되는 현상이다. 응집력(凝集力 ; cohesion)이란 같은 유체의 분자끼리는 끌어당기는 힘이고 부착력(부착력 ; adhesion)이란 다른 유체의 분자들끼리 끌어당기는 힘이다. 그림1-5의 (a)와 같이 물 속에 가는 유리관을 세우면 유리관 내로 물이 상승하게 된다. 이것은 부착력이 응집력보다 커서 나타나는 현상이고 그림 1-5(b)와 같이 수은 속에서 유리관을 세운 경우는 응집력이 부착력보다 커서 나타나는 현상이다.

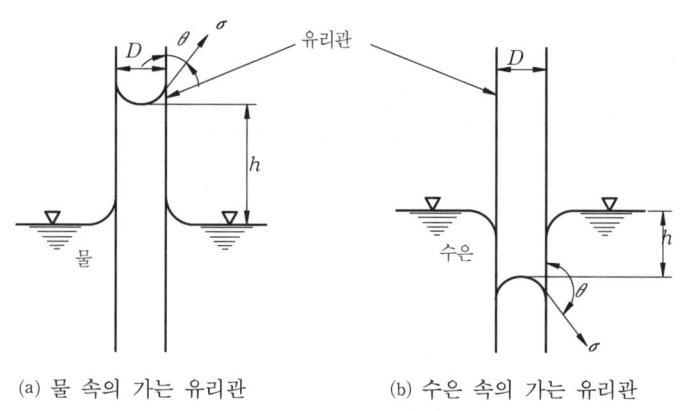

(a) 물 속의 가는 유리관   (b) 수은 속의 가는 유리관

그림1-5 모세관 현상

(1) 유리관 속의 액체의 상승 높이

그림1-5의 (a)와 같은 모세관 현상에서 표면장력의 수직방향 성분과 상승된 액체의 중량은 동일하므로 액체의 상승 높이는

$$\gamma \frac{\pi d^2}{4} h = \pi d \sigma \cos \theta$$

$$h = \frac{4\sigma \cos \theta}{\gamma d} \; ★★ \qquad\qquad [1\text{-}33]$$

이다. 여기서, h는 액체의 상승높이, d는 유리관의 직경, θ는 접촉각, γ는 액체의 비중량, σ는 표면장력이다. 식 [1-33]로 구한 값이 −값이면 액체의 하강을 의미한다.

chapter 1 실전연습문제

01 다음 중 유체의 정의로 가장 적당한 것은?
① 그릇 내부가 충만될 때까지 항상 팽창하는 물질이다.
② 미소 전단응력이라 할지라도 물질 내부에 이것이 생기면 정지상태를 유지 할 수 없는 물질이 유체이다.
③ 흐르는 물질은 모두 유체로 간주해도 된다.
④ 전단력과는 관계없이 흐르는 물질이면 모두 유체이다.

Solution 미소 전단력에도 연속적으로 유동하는 물질로 액체와 기체를 유체라 한다.

02 다음 중 이상유체의 설명으로 가장 적당한 것은?
① 유동시 관벽과 유체의 마찰을 무시할 수 없는 유체
② 유동시 압축되더라도 밀도의 변화가 없는 유체
③ 유동시 유체간의 전단응력을 고려한 유체
④ 유동시 유체간의 점성의 영향이 없는 유체

Solution 점성을 무시할 수 있는 비점성유체를 이상유체라 한다.

03 비점성 유체의 설명으로 다음 중 가장 적당한 것은?
① 실제유체를 말한다.
② 전단응력이 존재하는 유체이다.
③ 유체 유동시 마찰저항을 무시할 수 없는 유체이다.
④ 유체 유동시 유체마찰을 무시할 수 있는 유체이다.

04 점성유체의 설명으로 다음 중 가장 적당한 것은?
① 유체의 유동시 속도 구배가 발생하지 않는다.
② 유체 유동시 관마찰 손실이 발생하지 않는다.
③ 뉴턴의 점성법칙을 만족하지 않는다.
④ 유체가 유동할 때 유체마찰에 의한 전단응력이 발생한다.

05 다음 중 실체 유체의 설명으로 가장 적당한 것은?
① 유체마찰에 의한 전단응력이 발생하지 않는 유체이다.
② 유동시 유체마찰을 고려한 유체이다.
③ 이상유체를 뜻한다.
④ 압축성을 고려한 유체이다.

Answer 01 ② 02 ④ 03 ④ 04 ④ 05 ②

06 다음 중 뉴턴 유체에 대한 올바른 표현은 어느 것인가?

① 유체 유동시 전단응력과 속도구배의 변화가 비례하지 않아 직선적인 관계를 갖는 유체이다.
② 유체 유동시 전단응력과 속도 구배의 변화가 비례하지만 직선적인 관계를 갖지 않는 유체이다.
③ 유체 유동시 전단응력과 속도구배의 변화가 비례하여 원점을 통과하는 직선적인 관계를 갖는 유체이다.
④ 유체 유동시 속도구배와 전단응력과는 어떤 관계도 갖고 있지 않는 유체이다.

Solution 뉴턴의 점성법칙 : $\tau = \mu \dfrac{du}{dy}$

여기서, 전단응력 τ와 속도구배 $\dfrac{du}{dy}$는 비례 관계에 있다.

07 다음 중 온도의 증가에 따른 점성의 변화를 올바르게 설명하고 있는 것은 어느 것인가?

① 온도 증가에 따라 액체의 점성은 감소하고 기체의 점성은 증가한다.
② 온도 증가에 따라 액체의 점성은 증가하고 기체의 점성은 감소한다.
③ 온도 증가에 따라 모든 유체의 점성은 증가한다.
④ 온도 증가에 따라 모든 유체의 점성은 감소한다.

Solution ① 액체의 점성 : 온도가 증가하면 유체 입자들의 응집성이 줄어 점성은 감소한다.
② 기체의 점성 : 온도가 증가하면 입자들의 운동 에너지 증가로 점성은 증가한다.

08 작은 바늘을 잔잔한 물에 조심해서 흘려 놓으면 가라앉지 않고 뜬다. 작은 바늘이 잔잔한 수면 위에서 뜨는 이유와 관계있는 것으로 다음 중 맞는 것은?

① 점성력   ② 표면장력   ③ 부력   ④ 전압력

Solution 액체 내부의 분자는 분자간 인력(응집력)에 의해 평형상태를 유지하고 있다. 그러나 자유표면의 액체분자는 외부로부터 받는 인력은 없기 때문에 자유표면 내부로 수축하려는 장력이 작용하는데 이 때 단위길이당 장력을 표면장력이라 한다. 이러한 표면장력의 예로는 잔잔한 수면 위에 작은 바늘이 뜨는 현상, 모세관 현상, 물방울 형성, 컵에 물을 채울 때 컵 상단의 평면보다 약간 높게 채울 수 있는 현상 등이 있다.

09 다음 중 차원이 틀린 것은?

① $\mu = ML^{-1}T^{-1}$ ② $\gamma = ML^2T^{-2}$ ③ $P = ML^{-1}T^{-2}$ ④ $F = MLT^{-2}$

Solution ① 점성계수(μ) : $FL^{-2}T = ML^{-1}T^{-1}$
② 비중량(γ) : $FL^{-3} = ML^{-2}T^{-2}$
③ 압력(P) : $FL^{-2} = ML^{-1}T^{-2}$
④ 힘(F) : $F = MLT^{-2}$

10 점성계수 μ의 단위가 틀린 것은?

① g/s-cm   ② poise   ③ N-s²/m   ④ dyne-s/cm²

Solution • 절대단위의 C·G·S 단위
1[poise] = 1[dyne-sec/cm²] = 1[g/cm-sec]

Answer 06 ③ 07 ① 08 ② 09 ② 10 ③

11 길이가 350[mm]이고 지름이 각각 152mm와 150mm인 이중 동심 관 사이에 점성계수가 0.98[N-sec/m²]인 기름을 채우고 외부 원통을 고정해 놓고 내부 실린더를 150[rpm]으로 회전시키려 할 때 필요한 회전력(N)은 얼마인가?

① 160.79　　② 170.63　　③ 180.54　　④ 191.69

Solution
$$\tau = \frac{F}{A} = \mu \frac{du}{dy}$$
$$\frac{F}{\pi \times 0.151 \times 0.35} = 0.98 \times \frac{\pi \times 150 \times 150}{0.001 \times 60 \times 1000}$$
$$F = 191.69[N]$$

별해
$$U = \frac{\pi dN}{60 \times 1000} = \frac{\pi \times 150 \times 150}{60 \times 1000} = 1.178 \ [m/s]$$
$$A = \pi d\, L = \pi \times 0.15 \times 0.35 = 0.165 \ [m^2]$$

위의 해설에서 면적은 회전력(전단력)이 평균직경 원주상에 작용하는 것으로 보고 푼 것이고 별해에서는 내부 실린더의 원주상에 작용하는 것으로 보고 푼 것이다. 뉴턴의 운동법칙과 관련하여 일관성 있게 풀자면 별해도 틀린 것은 아니라고 생각된다.

$$\frac{F}{A} = \mu \frac{U}{h} \ ; \ F = \mu A \frac{U}{h}$$
$$F = 0.98 \times 0.165 \times \frac{1.178}{0.001} = 190.48 \ [N]$$

12 표면장력의 차원은 다음 중 어느 것인가?

① F　　② FL^{-1}　　③ FL^{-2}　　④ FL^{-3}

Solution $FL^{-1} = MT^{-2}$

13 실린더 내에서 압축된 액체가 압력 1000[kg_f/cm²]에서는 0.4[m³]인 체적을, 압력 2000[kg_f/cm²]에서는 0.396[m³]의 체적을 갖는다면 이 액체의 체적탄성계수는 얼마인가?

① $10^5[kg_f/cm^3]$　　② $10^5[kg_f/m^3]$　　③ $10^5[kg_f/m^2]$　　④ $10^5[kg_f/cm^2]$

Solution
$$K = \frac{\Delta P}{-\Delta V/V} = \frac{2000 - 1000}{-(0.396 - 0.4)/0.4} = 10^5 \ [kg_f/cm^2]$$

14 지름이 40[mm]인 비누방울의 내부 초과압력이 20[N/m²]일 때 표면장력 σ는 얼마인가?

① 0.1[N/m]　　② 0.25[N/m]　　③ 0.05[N/m]　　④ 0.02[N/m]

Solution
$$\sigma = \frac{\Delta Pd}{8} = \frac{20 \times 0.04}{8} = 0.1 \ [N/m]$$

15 압력 P[kg_f/cm²]에 해당하는 비중 S인 액체의 액주 높이는 몇 mm 인가?

① 10[P S]　　② 10[P/S]　　③ 1000[P S]　　④ 10,000[P/S]

Solution
$P_g = \gamma h$
$P \times 10^4 = S \times 1000 \times h \ ; \ h = 10 P/S \ [m], \ h = 10,000 P/S \ [mm]$

16 10[mm]의 간극을 가지는 평행평판 사이에 점성계수가 14.7[Poise]인 액체가 채워져 있다. 아래 평판을 고정하고 위 평판을 2[m/sec]의 속도로 움직일 때 액체 속에 일어나는 전단응력은 몇 kPa 인가?

① 0.00294　　② 0.0294　　③ 0.294　　④ 2.94

Solution
$$\tau = \mu \frac{u}{h} = 14.7 \times 10^{-1} \times \frac{2}{0.01} \times 10^{-3} = 0.294 \ [kPa]$$

| Answer | 11 ④　12 ②　13 ④　14 ①　15 ④　16 ③ |

17 어떤 기름의 동점성계수가 1.5[Stokes]이고 비중량이 0.00833[N/m³]이다. 점성계수는 몇 N·s/m² 인가?

① 1.27×10^{-6} ② 1.27×10^{-7} ③ 1.27×10^{-8} ④ 1.27×10^{-9}

Solution $\mu = \nu\rho = 1.5 \times 10^{-4} \times \dfrac{0.00833}{9.8} = 1.27 \times 10^{-7} [\text{N} \cdot \text{s/m}^2]$

18 지름의 비가 1 : 2 인 2개의 모세관을 물속에 수직으로 세울 때 모세관 현상으로 물이 관속으로 올라가는 높이의 비는?

① 1 : 4   ② 1 : 2   ③ 2 : 1   ④ 4 : 1

Solution $h = \dfrac{4\sigma \cdot \cos\beta}{\gamma \cdot d}$ 의 식에 의하면 직경 d 에 반비례한다.

19 비중 0.88 인 벤젠의 밀도는 몇 kg_m/m³ 은 얼마인가?

① 88.0   ② 89.8   ③ 102   ④ 880

20 뉴턴 유체(Newtonian fluid)는 다음 법칙 중 어느 것을 만족시키는 유체인가? (단, F: 힘, τ: 전단응력, M: 질량, μ: 점성계수, u: 속도성분, a: 가속도, y: u의 방향에 수직한 좌표, P: 압력, v_s: 비체적, R: 기체상수, T: 절대온도이다.)

① $F = Ma$ ② $Pv_s = RT$ ③ $\tau = \mu\dfrac{du}{dy}$ ④ $\tau = \mu\dfrac{du}{dy} + \tau_0$

21 절대압력과 계기압력과의 관계에 대한 다음 설명 중 제일 적합한 것은?

① 절대압력은 계기압력보다 항상 크다.
② 절대압력은 계기압력보다 항상 작다.
③ 절대압력은 계기압력보다 클 수도 있고 작을 수도 있다.
④ 절대압력과 계기압력은 항상 같다.

22 중력의 가속도가 3.5[m/s²]인 유성에서 질량 1.4[kg]은 중량으로 몇 N인가?

① 0.49   ② 4.9   ③ 49   ④ 490

Solution $W = mg' = 1.4 \times 3.5 = 4.9 [\text{N}]$

23 점성에 관한 Newton의 법칙은 다음 양들을 관계시킨다. 옳은 것은 어느 것인가?

① 압력, 속도, 점성계수   ② 전단응력, 점성계수, 거리
③ 전단응력, 점성계수, 각변형률   ④ 압력, 점성계수, 각변형률

24 다음 중 표준 대기압의 값이 아닌 것은 어느 것인가?

① 14.7[psi]   ② 760[mmHg]   ③ 11.0[kg/cm²]   ④ 29.92[inch Hg]

Solution 1[atm]=760[mmHg]=10.33[mAq]=1.0332[kg_f/m²]=101325[Pa](N/m²)

Answer 17 ② 18 ③ 19 ④ 20 ③ 21 ① 22 ② 23 ③ 24 ③

25 비중량이 γ 이고, 비체적이 v_s 일 때 그 관계가 옳은 것은?

① $\gamma v_s = 10$ ② $v_s = \dfrac{1}{\gamma}$ ③ $\gamma = 1000\, v_s$ ④ $\gamma = \dfrac{102}{v_s}$

Solution 공학단위계에서 비체적은 비중량의 역수이다.

26 체적이 12[m³], 무게가 98000[N]인 디젤유의 비중은 얼마인가?

① 0.833 ② 1.2 ③ 7.34 ④ 9.2

Solution $S = \dfrac{\gamma}{\gamma_w} = \dfrac{98000}{12 \times 9800} = 0.833$

27 아래 유체 중에서 체적 탄성계수가 가장 큰 것은 어느 것인가?

① 공기 ② 알콜 ③ 물 ④ 수은

Solution 20[°C] 표준상태에서 체적탄성계수
① 공기 : 1.0345×105 [Pa]
② 알콜 : 1.206625×109 [Pa]
③ 물 : 2.2×109 [Pa]
④ 수은 : 26.201000×109 [Pa]

28 대기압이 750[mmHg]일 때 어떤 압력계의 읽음이 980[kPa]이었다. 이 압력을 mmHg 단위의 절대압력으로 고치면 얼마인가?

① 2806[mmHg] ② 6606[mmHg] ③ 4428[mmHg] ④ 8100.60[mmHg]

Solution $P_a = P_o \pm P_g = 750 + \dfrac{980000}{101325} \times 760 = 8100.60\,[\text{mmHg}]$

29 압력의 차원은?

① $ML^{-2}T^{-2}$ ② MLT^{-2} ③ $ML^{-1}T^{-2}$ ④ $ML^{-2}T^{-1}$

Solution $[FL^{-2}] = [ML^{-1}T^{-2}]$

30 체적탄성계수 $K = 2.04428$[GPa]의 기름을 상온에서 체적을 1/100로 압축하는데 필요한 압력은 몇 MPa인가?

① 0.204428 ② 2.04428 ③ 20.4428 ④ 204.428

Solution $K = \dfrac{\Delta P}{-\Delta V/V}$; $\Delta P = 2.04428 \times 10^3 \times \dfrac{1}{100} = 20.4428\,[\text{MPa}]$

31 질량이 10[kg]인 물체를 스프링식 저울로 달아보았더니 19.6[N]이었다. 이 점의 중력가속도 g'는 얼마인가?

① 1.96[m/s²] ② 9.80[m/s²] ③ 19.6[m/s²] ④ 98.0[m/s²]

Solution $W = mg'$
$g' = \dfrac{19.6}{10} = 1.96\,[\text{m/sec}^2]$

Answer 25 ② 26 ① 27 ④ 28 ④ 29 ③ 30 ③ 31 ①

32 비중량 8624[N/m³]의 기름 20[L]의 무게는?

① 17.248[N]   ② 172.48[N]   ③ 1724.8[N]   ④ 17248[N]

Solution $W = \gamma V = 8624 \times 20 \times 10^{-3} = 172.48\,[\text{N}]$

33 전단응력을 τ, 유체속도를 u, 점성계수를 μ, 벽면으로부터 거리를 y로 표시하면 뉴턴의 점성법칙은 다음 중 어느 것인가?

① $\tau = \mu \dfrac{dy}{du}$ ② $\tau = \mu \dfrac{du}{dy}$ ③ $\tau = \dfrac{1}{\mu} \dfrac{dy}{du}$ ④ $\tau = \mu \sqrt{\dfrac{dy}{du}}$

34 그림과 같이 액체의 점성계수를 측정하기 위하여 수조로부터 모세관을 연결하여 관의 한 점으로부터 정압을 측정할 수 있게 액주계를 달아 놓았다. 액주계의 높이 H가 나타내는 뜻은? (단, 표면장력 무시한다.)

① 모세관의 길이에서 생기는 손실수두와 같다.
② 수조 내의 액체가 갖는 단위중량당의 총에너지를 나타낸다.
③ 모세관에 흐르는 액체의 전압(정압+동압)과 같다.
④ 모세관에 흐르는 액체의 동압을 나타낸다.

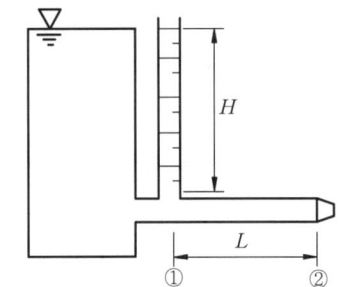

Solution   문제9번은 7장 내용으로 ①과 ②의 단면에 베르누이 방정식을 적용시켜 정리한다.

$$\dfrac{P_1}{\gamma} + \dfrac{V_1^2}{2g} + Z_1 = \dfrac{P_2}{\gamma} + \dfrac{V_2^2}{2g} + Z_2 + h_L$$

$$\dfrac{P_1}{\gamma} = H = h_L$$

35 이상유체를 정의한 것 중 옳은 것은?

① 실제유체이다.   ② 뉴턴 유체이다.
③ 점성이 없는 비압축성 유체이다.   ④ 점성이 있는 유체이다.

36 밀도가 98[kg_m/m³]인 유체의 비중량은 얼마인가?

① 9604[N/m³]   ② 0.22544[N/m³]   ③ 960.44[N/m³]   ④ 82.94[N/m³]

Solution $\gamma = \rho g = 98 \times 9.8 = 960.4\,[\text{N/m}^3]$

37 점성에 관한 다음 설명 중 틀린 것은?

① 액체의 점성은 분자간 결합력에 관련된다.
② 기체의 점성은 분자간 운동량 교환에 관계된다.
③ 온도를 증가하면 기체의 점성은 감소된다.
④ 일반적으로 압력에 영향을 받지 않는다.

38 점성계수 $\mu = 18.072 \times 10^{-6}$[N-sec/m²]인 건조공기의 동점성계수는 얼마인가? (단, 건조공기의 비중량은 11.8[N/m³]으로 한다.)

① 0.15[stokes]   ② 1.50×10^{-9}[m²/sec]   ③ 15[cm²/sec]   ④ 1.50×10^{-5}[stokes]

Solution $\nu = \dfrac{\mu}{\rho} = \dfrac{g\mu}{\gamma} = \dfrac{9.8 \times 18.072 \times 10^{-6}}{11.8} = 15.01 \times 10^{-6}\,[\text{m}^2/\text{sec}]$
$\nu = 0.1501\,[\text{cm}^2/\text{sec}] = 0.1501\,[\text{stokes}]$

Answer   32 ②   33 ②   34 ①   35 ③   36 ③   37 ③   38 ①

39 다음 중 동점성계수를 구하는 식은? (단, μ는 점성계수, ρ은 밀도, g는 중력가속도, γ는 비중량 이다.)

① $\dfrac{\rho}{\mu}$ ② $\dfrac{\gamma}{\mu g}$ ③ $\dfrac{\mu g}{\gamma}$ ④ $\dfrac{\rho}{\gamma g}$

40 점성계수의 단위인 poise 는 다음 중 어느 것인가?

① dyne/cm sec   ② Pa·sec²/cm   ③ dyne·sec/cm²   ④ cm²/sec

> **Solution** 1[poise]=1[dyne-s/cm²]=1[g/cm s]

41 점성계수 $\mu=0.098$[N·sec/m²]인 유체가 평판 위를 $U=750y-2.5\times10^{-6}y^3$[m/s]의 속도분포로 흐를 때 벽면에서의 전단응력은 몇 N/m² 인가? (단, y는 벽면으로부터 m 단위로 잰 수직거리이다.)

① 7.35   ② 73.5   ③ 735   ④ 0.735

> **Solution** $\tau = \mu\dfrac{dU}{dy} = \mu\dfrac{d}{dy}(750y-2.5\times10^{-6}y^3)\Big|_{y=0} = 0.098\times750 = 73.5$[Pa]

42 어느 액체의 비중이 3.2 이다. 이 액체의 비체적은 얼마인가?

① $\dfrac{1}{3.2}\times10^{-3}$[m³/kg]   ② 3.2×10^{-3}[m³/kg]
③ 0.32×10^{-4}[m³/kg]   ④ $\dfrac{1}{3.2}\times10^{-4}$[m³/kg]

> **Solution** $\rho = S\rho_w = 3.2\times1000 = 3200$[kg$_m$/m³]
> $v = \dfrac{1}{\rho} = \dfrac{1}{3200} = 3.125\times10^{-4}$[m³/kg$_m$]

43 표면장력이 0.07[N/m]인 물방울의 내부 압력이 외부 압력보다 10[N/m²]만큼 크게 되려면 물방울의 지름은 몇 cm 인가?

① 1.4   ② 2.8   ③ 0.14   ④ 0.28

> **Solution** $\sigma = \dfrac{Pd}{4}$: $0.07 = \dfrac{10\times d}{4}$, $d=0.028$[m]=2.8[cm]

44 체적탄성계수에 대한 설명으로 다음 중 맞는 것은?

① 온도와 함께 감소한다.   ② 압력의 증가에 따라 증가한다.
③ 점성계수에 비례한다.   ④ 비중량과 같은 단위를 가진다.

> **Solution** $K = \dfrac{\Delta P}{-\Delta V/V}$; 체적탄성계수는 압력에 비례하고 체적변화율에 반비례한다.

45 비중이 S인 액체의 표면으로부터 X[m] 깊이에 있는 점의 압력은 수은주로 몇 m 인가? (단, 수은의 비중은 13.6이다.)

① $\dfrac{100SX}{13.6}$ ② $\dfrac{SX}{13.6}$ ③ $13.6SX$ ④ $13600SX$

> **Solution** $P = S\gamma_w X = 13.6\gamma_w X_s =$ Const
> 여기서, X_s가 액체의 표면으로부터 수은주의 깊이이다.
> $X_s = \dfrac{SX}{13.6}$[m]

Answer 39 ③   40 ③   41 ②   42 ①   43 ②   44 ②   45 ②

46 안지름 5[mm]인 액주계로 압력을 측정하니 수주가 400[mm]이었다. 관속의 액체는 물이며, 이 때 표면의 장력은 74.186×10^{-3} [N/m]이고 접촉각을 10°라 하면 실제의 게이지 압력은 수주로 몇 mm 인가?

① 88.85[mmAq]   ② 199.40[mmAq]   ③ 299.46[mmAq]   ④ 394.04[mmAq]

Solution
$$h = \frac{4\sigma \cos\theta}{\gamma d} = \frac{4 \times 74.186 \times 10^{-3} \times \cos 10°}{9800 \times 0.005} \times 10^3 = 5.96 \, [\text{mm}]$$
$P_g = 400 - 5.96 = 394.04 [\text{mmAq}]$

47 점성계수 μ가 0.6[poise], 비중이 0.6 인 유체의 동점성계수는?

① 2.78[stokes]   ② 1.0[stokes]   ③ 0.6[stokes]   ④ 0.36[stokes]

Solution
$$\nu = \frac{\mu}{\rho} = \frac{g\mu}{\gamma} = \frac{g\mu}{S\gamma_w} = \frac{9.8 \times 0.6 \times 10^{-1}}{0.6 \times 9800} = 1.0 \times 10^{-4} [\text{m}^2/\text{sec}]$$
$\nu = 1.0 [\text{cm}^2/\text{sec}] = 1.0 [\text{stokes}]$

48 체적탄성계수에 대한 다음 설명 중 맞는 것은?
① 압축하기 쉬운 유체는 체적탄성계수가 크다.
② 유체의 온도와 직접적인 관계가 있다.
③ 체적탄성계수는 압력의 차원을 갖는다.
④ 압력이 증가하면 체적탄성계수는 작아진다.

49 다음 중 뉴턴유체라 할 수 없는 것은?

① 물   ② 알콜   ③ 암모니아수   ④ 모르타르

Solution 뉴턴 유체란 뉴턴의 점성법칙을 만족하는 유체이다.
$$\tau = \mu \frac{du}{dy}$$

50 15[℃]의 물 속을 압력파가 전달되는 속도는 몇 m/s 인가?
(단, 상온의 물의 압축율 $\beta = 0.51 \times 10^{-5} [\text{cm}^2/\text{N}]$이다.)

① 1600   ② 1400   ③ 1200   ④ 1000

Solution
$$K = \frac{1}{\beta}$$
$$C = \sqrt{\frac{dP}{d\rho}} = \sqrt{\frac{K}{\rho}} = \sqrt{\frac{1}{1000 \times 0.51 \times 10^{-5} \times 10^{-4}}} = 1400.28 \, [\text{m/sec}]$$

51 다음 중 유체의 특성을 잘 나타내고 있는 것은?
① 용기 속에서 가득 채워질 때까지 팽창하는 물질이다.
② 비압축성 물질이다.
③ 전단력의 작용하에서 정지 상태로 있을 수 없는 물질이다.
④ 내부의 전단응력이 모든 방향으로 동일한 물질이다.

52 동점성 계수와 비중이 각각 0.00118[m²/sec]와 1.264인 액체의 점성 계수는 몇 Pa·s 인가?

① 1492.0   ② 14.62   ③ 0.153   ④ 1.492

Solution $\mu = \nu\rho = 0.00118 \times 1000 \times 1.264 = 1.492 [\text{N-sec/m}^2]$

Answer 46 ④ 47 ② 48 ③ 49 ④ 50 ② 51 ③ 52 ④

53 실린더에서 압축된 액체가 압력 98[MPa]에서는 0.4[m³]인 체적을 압력 196[MPa]에서는 0.396[m³]인 체적을 갖는다. 이 액체의 체적탄성계수는 몇 GPa인가?

① 9800　　　② 980　　　③ 98　　　④ 9.8

Solution
$$K = \frac{\Delta P}{-\frac{\Delta V}{V}} = \frac{(196-98)\times 10^6 \times 0.4}{(0.4-0.396)} = 9.8\,[\text{GPa}]$$

54 10[kg]의 질량을 갖는 물체를 중력가속도 $g=3[\text{m/sec}^2]$인 곳에서 용수철저울로 달았다. 무게는 몇 N인가?

① 10　　　② 30.6　　　③ 30　　　④ 32.6

55 이상기체를 등온압축할 때 체적탄성계수는? (단, P는 압력, x는 비열비이다.)

① $-P$　　　② xP　　　③ P　　　④ $\frac{1}{P}$

56 점성계수 $\mu = 0.98[\text{N}\cdot\text{sec/m}^2]$인 유체가 수평 평면벽 위를 벽에 평행하게 흐른다. 벽면 근방에서의 속도분포가 $u=1.5-150(0.1-Y)^2$이라고 할 때 벽면에서의 전단응력은 몇 N/m² 인가? (단, $Y[\text{m}]$는 벽면에 수직한 방향의 좌표, u는 벽면 근방에서의 접선속도[m/sec]이다.)

① 3　　　② 29.4　　　③ 0　　　④ 0.306

Solution
$$\tau = \mu\frac{du}{dy} = \mu\frac{d}{dy}[1.5-150(0.1-Y)^2]\bigg|_{y=0} = 0.98\times 2\times 150\times 0.1 = 29.4[\text{Pa}]$$

57 물의 체적탄성계수가 $K=2\times 10^5[\text{kPa}]$일 때 물의 체적을 4[%] 감소시키면 얼마의 압력을 가하여야 하는가?

① 5[MPa]　　　② 6.5[MPa]　　　③ 7[MPa]　　　④ 8[MPa]

Solution
$$\Delta P = K\frac{-\Delta V}{V} = 2\times 10^8 \times 0.04 = 8\,[\text{MPa}]$$

58 0.5[m³]의 체적을 갖는 물체를 물 속에 가라앉히는데 1500[N]의 힘이 들었다. 만일 어떤 다른 액체 속으로 이 물체를 가라앉히는데 1200[N]의 힘이 들었다면 이 액체의 비중은 얼마인가?

① 0.69　　　② 0.80　　　③ 0.94　　　④ 1.25

Solution 문제33번은 2장의 부력의 개념을 이용하여 푼다.
$$F_{B1} = \gamma_w V = W + W'\ ;\ W = 9800\times 0.5 - 1500 = 3400[\text{N}]$$
$$F_{B2} = S\gamma_w V = W + W'\ ;\ S = \frac{3400+1200}{9800\times 0.5} = 0.939$$

59 비중 0.85인 기름의 10[m] 깊이에서의 압력을 kPa로 구하면?

① 83.3[kPa]　　　② 833[kPa]　　　③ 8.33[kPa]　　　④ 0.83[kPa]

Solution 2장의 정수압에 관한 문제
$$P = \gamma h = 0.85\times 9800\times 10 = 83300[\text{Pa}]$$

Answer　53 ④　54 ③　55 ③　56 ②　57 ④　58 ③　59 ①

60 유체의 비중량 γ, 밀도 ρ 및 중력가속도 g 와의 관계를 바르게 나타낸 식은?

① $\gamma = \rho/g$ ② $\gamma = g/\rho$ ③ $\gamma = \rho g$ ④ $\rho = \gamma + g$

61 물의 체적을 1.5[%] 축소시키는데 필요한 압력은 몇 MPa 인가?
(단, 물의 압축률은 $4.75 \times 10^{-5} \times 10^{-6}$[m²/N]이다.)

① 31.57[MPa]   ② 315.7[MPa]   ③ 456.2[MPa]   ④ 523.1[MPa]

Solution $\Delta P = \dfrac{1}{\beta} \dfrac{-\Delta V}{V} = \dfrac{1.5 \times 10^{-6}}{100 \times 4.75 \times 10^{-5}} = 315.79$ [MPa]

62 체적탄성계수의 단위는?
① 압력의 단위와 같다.   ② 체적의 단위와 같다.
③ 압력의 단위와 역수이다.   ④ 단위체적당의 열량과 같다.

63 비중량이 γ 이고, 비체적이 v_s 일 때 그 관계가 옳은 것은?

① $\gamma v_s = 10$ ② $v_s = \dfrac{g}{\gamma}$ ③ $\gamma = 1000\, v_s$ ④ $\gamma = \dfrac{102}{v_s}$

Solution S·I 단위계에서 비체적은 밀도의 역수이다.
$v_s = \dfrac{1}{\rho} = \dfrac{g}{\gamma}, \quad \gamma = \rho g$

64 간격이 10[mm]인 평행평판 사이에 점성계수가 14.20[poise]인 기름이 가득 차 있다. 아래쪽 판을 고정하고 위의 평판을 2.5[m/s]인 속도로 움직일 때, 기름 속에서 발생하는 최대 전단응력은?

① 280[Pa]   ② 320[Pa]   ③ 210[Pa]   ④ 355[Pa]

Solution $\tau = \mu \dfrac{U}{h} = 14.2 \times 10^{-1} \times \dfrac{2.5}{0.01} = 355$ [Pa]

65 절대압력이 607[kPa]이고 온도가 27[°C]인 산소의 밀도는 몇 kg/m³ 인가? (단, 산소의 분자량은 32이고 일반기체상수는 8314[N·m/kmol K]이다.)

① 7.8   ② 6.7   ③ 4.8   ④ 3.2

Solution $P = \rho RT$; $607 \times 10^3 = \rho \times \dfrac{8314}{32} \times (27 + 273)$, $\rho = 7.79$[kg/m³]

66 다음은 유체를 정의한 것인데 어느 것이 가장 옳은가?
① 공기 안에 중단될 때까지 항상 팽창하는 물질
② 흐르는 모든 물질
③ 흐르는 물질 중 전단응력이 생기지 않는 물질
④ 여전히 작은 전단응력이라도 물질 내부에 전단응력이 생기면 정지상태로 있을 수 없는 물질

67 다음 설명 중 실제유체에 대한 것은?
① 점성을 무시할 수 없다.   ② 점성을 무시할 수 있다.
③ 점성과는 관계가 없다.   ④ 이상유체라고도 한다.

Answer　60 ③　61 ②　62 ①　63 ②　64 ④　65 ①　66 ④　67 ①

68 비누풍선속의 압력 P를 표면장력 T와 비누풍선 지름 d로 표시하면?

① $P = \dfrac{8T}{d}$ ② $P = \dfrac{T}{2d}$ ③ $P = \dfrac{T}{d}$ ④ $P = \dfrac{2d}{T}$

Solution $T = \dfrac{\Delta P d}{8}$; $\Delta P = P = \dfrac{8T}{d}$

69 다음은 유체마찰과 고체마찰의 차이를 설명한 것이다. 옳지 않은 것은?
① 유체마찰은 유체입자끼리의 미끄럼에 의하여 일어난다.
② 유체마찰은 유체와 고체 벽 사이의 미끄럼에 의하여 생긴다.
③ 고체마찰의 크기는 두 고체간의 압력에 정비례한다. 그러나 유체마찰에 의한 저항은 많은 경우 압력에 무관하다.
④ 고체마찰의 크기는 접촉면의 대소에 직접 관계하지 않는다. 반면에 유체마찰의 크기는 대체로 접촉면 넓이에 비례한다.

70 유체(fluid)를 연속체로 가정할 수 있는 조건은 다음 중 어느 것인가? (여기서, L은 문제의 특성길이(characteristic length)이며 λ는 분자의 평균운동거리(molecular mean free path)이다.)
① $L \gg \lambda$
② $L \cong \lambda$
③ $L \ll \lambda$
④ 위의 조건에 관계없이 언제나 연속체로 가정할 수 있다.

Solution 유체를 연속체로 간주하기 위해서는 주어진 영역 내에서 문제의 특성길이가 분자의 평균운동거리보다 커야 한다.

71 온도 30[°C], 압력 392[kPa]의 질소 10[m³]을 등온압축하여 체적이 2[m³]이 되었을 때 압축 후의 체적탄성계수는 얼마인가?

① 7.35[kPa] ② 898[kPa] ③ 1568[kPa] ④ 1960[kPa]

Solution $\dfrac{P_2}{P_1} = \dfrac{V_1}{V_2}$; $P_2 = 392 \times \dfrac{10}{2} = 1960$ [kPa]

$K = \dfrac{\Delta P}{-\dfrac{\Delta V}{V}} = \dfrac{(1960-392) \times 10}{(10-2)} = 1960$ [kPa]

별해
$R = \dfrac{8314}{M} = \dfrac{8314}{28} = 296.93$ [J/kgK]
$\rho = \dfrac{P}{RT} = \dfrac{392 \times 10^3}{296.93 \times (30+273)} = 4.36$ [kg$_m$/m³]
$K = P_2 = 1960$ [kPa]

72 다음 중 비압축성 유체에 관하여 바르게 말한 것은?
① 유체 내의 모든 곳에서 압력이 일정하다.
② 유체의 속도나 압력의 변화에 관계없이 밀도가 일정하다.
③ 모든 실제 유체를 말한다.
④ 액체만을 말한다.

Answer 68 ① 69 ③ 70 ① 71 ④ 72 ②

73 뉴턴(Newton) 유체의 점성계수에 관한 설명 중 맞는 것은?

① 흐름 성질 및 속도와 밀도에 좌우된다.
② 유체의 성질이다.
③ 유체의 온도 압력의 함수이다.
④ 흐름의 속도가 증가하면 증가한다.

74 비누방울의 반경이 R, 외부압력이 P_0, 비누막의 두께를 무시할 수 있다고 가정하면 비누방울의 내부 압력 P는? (단, 막응력을 σ라 한다.)

① $P = P_0 + \dfrac{3}{R}\sigma$ ② $P = P_0 + \dfrac{2}{R}\sigma$ ③ $P = P_0 + \dfrac{4\pi}{R}\sigma$ ④ $P = P_0 + \dfrac{2\pi}{R}\sigma$

Solution
$\sum F = 0\,;\ PA - P_0 A = \sigma L,\ P\dfrac{\pi D^2}{4} - P_0 \dfrac{\pi D^2}{4} = \sigma \pi D$
$P\dfrac{D}{4} - P_0 \dfrac{D}{4} = \sigma,\ P = \dfrac{4}{D}\sigma + P_0$

75 비누방울이 반지름 r_1에서 r_2로 팽창했을 때 소요되는 일은? (단, σ는 표면장력, 비누방울은 완전한 구로 가정한다.)

① $4\pi(r_2^2 - r_1^2)\sigma$ ② $\dfrac{\pi}{4}(r_2^2 - r_1^2)\sigma$ ③ $\dfrac{\pi}{4}(r_1 - r_2)\sigma$ ④ $\dfrac{4\pi}{3}(r_2^2 - r_1^2)\sigma$

Solution
① 구의 체적: $V = \dfrac{\pi d^3}{6} = \dfrac{4\pi r^3}{3}$
② 미소 구의 체적: $dV = 4\pi r^2 dr$
③ 구 내부의 압력: $P = \dfrac{4\sigma}{d} = \dfrac{2\sigma}{r}$
④ 팽창일: $W_{1\to 2} = \displaystyle\int_{r_1}^{r_2} P dV = \int_{r_1}^{r_2} 8\pi \sigma r\, dr$
$W_{1\to 2} = 4\pi\sigma(r_2^2 - r_1^2)$

76 1[atm] 20[°C]에서 표면장력 0.07252[N/m]인 물방울의 내부 초과 압력이 490[N/m²]이라면 물방울의 지름은 몇 mm 인가?

① 0.592 ② 0.296 ③ 5.92 ④ 2.96

Solution
$\sigma = \dfrac{Pd}{4}\,;\ d = \dfrac{4 \times 0.07252}{490} = 0.592\,[\text{mm}]$

77 압력이 1[bar]인 상온의 공기가 단열가역 변화를 할 때 체적탄성계수는 몇 Pa 인가?

① 1.01325×10^5[Pa] ② 1.4×10^5[Pa] ③ 14175[Pa] ④ 101325[Pa]

Solution
$K = xP = 1.4 \times 10^5\,[\text{Pa}]$

78 뉴턴유체(Newtonian fluid)의 특성을 가장 옳게 설명한 것은?

① 점도가 영이다.
② 밀도가 일정하다.
③ 밀도가 온도와 압력의 함수이다.
④ 전단응력과 속도 기울기의 비가 일정하다.

Answer 73 ① 74 ② 75 ① 76 ① 77 ② 78 ④

chapter 2 유체의 정역학

1. 정지 유체 속에서 압력

(1) 임의의 한점에 작용하는 압력은 모든 방향에서 같아야 한다.
(2) 동일 수평선상의 임의의 두 점에서 작용하는 압력도 같다.
(3) Pascal의 원리

유압 잭은 그림2-1과 같이 핸들을 올리면 기름 저장 탱크로부터 대기압 상태에 있는 유체가 펌핑실(pumping chamber)로 들어가고 핸들을 내리면 체크 밸브가 열려 높은 압력을 가진 유체가 램(ram)을 들어올릴 수 있는 기기이다. 이와 같은 기기를 유압기기라 하고 파스칼의 원리를 유압기기의 원리라고도 표현한다.

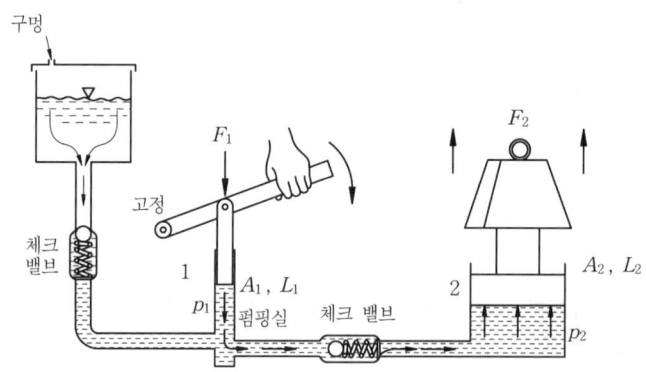

그림2-1 유압 잭의 원리

그림2-1에서 핸들에 F_1의 힘을 가해 L_1만큼 눌러 피스톤이 F_2의 힘으로 L_2만큼 상승할 때 발생하는 손실을 무시한다면 펌핑실과 피스톤에서 이루어진 일은 같다. 이와 같은 현상은 수압기에서도 동일하게 발생하며 이것을 수식으로 정리하면 다음과 같다.

① 체적의 변화

$$L_1 A_1 = L_2 A_2$$
$$V_1 = V_2 \tag{2-1}$$

② 펌핑실과 피스톤이 유체에 한 일의 관계

$$U_1 = F_1 L_1 = P_1 A_1 L_1 = P_1 V_1 = P_1 V_2 \tag{2-2}$$
$$U_2 = F_2 L_2 = P_2 A_2 L_2 = P_2 V_2 \tag{2-3}$$

여기서, U_1과 U_2가 같으려면

$$P_1 = P_2 \tag{2-4}$$

의 관계에 있어야 한다.

2. 정지 유체 속의 수직 방향 압력

그림2-2와 같이 단면적 A의 연직원기둥 $abcd$의 수직방향에 대한 정적 힘의 평형식을 세우면

$$\sum F_y = 0 \; ; \; PA - P_0 A - W = 0$$

이다. 여기서, W는 연직원기둥 $abcd$ 액체의 무게이고 P_0는 자유표면에 작용하는 대기압이다. 대기압 P_0는 계기압력으로는 0이므로

$$PA - \gamma Ah = 0$$
$$P = \gamma h \; \bigstar\bigstar\bigstar\bigstar\bigstar \qquad [2\text{-}5]$$

이다. 이 식에서 γh로 계산된 압력을 정수압(靜水壓 ; hydrostatic pressure)이라 한다. 즉, 정지 상태에 있는 액체의 무게에 의해서 발생하는 압력을 정수압이라 한다. 예를 들어 용기에 물을 담아두었을 때 용기 밑면에서 받는 압력은 용기에 담긴 물의 무게 때문에 발생하는 수직응력으로 이것이 정수압력이다.

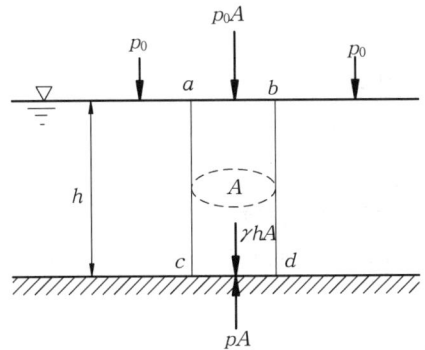

그림2-2 정지유체 속에서 유체의 원기둥에 작용하는 정수압

3. 액주계(液柱計 ; manometer)

수압계(水壓計 ; pressure gauge) 원리에 의한 압력 측정 장치로써 보통 유리관 또는 용기 및 관에 연결시켜 액주의 높이를 측정하여 압력 또는 압력차를 측정하는 계기(計器)를 액주계(液柱計 ; manometer)라 한다.

(1) 피에조미터(piezometer)

피에조미터는 대기압 보다 약간 높은 압력을 측정하는데 사용 것으로 액주계의 액체가 압력을 측정하려는 액체와 동일하다. 그림2-3에서 A 점의 계기압력은

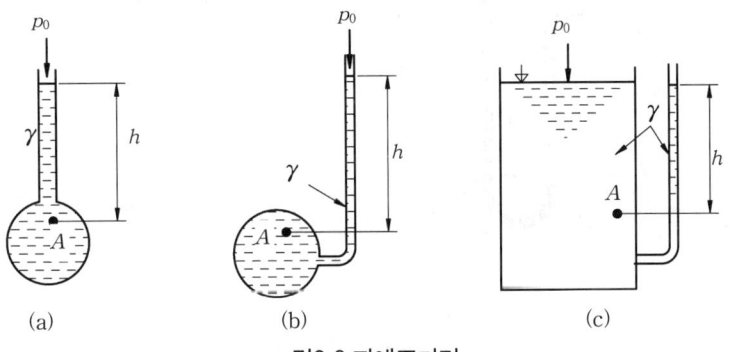

그림2-3 피에조미터

$$P_A = \gamma h = \rho g h = S\gamma_w h = S\rho_w g h \qquad [2\text{-}6]$$

이다. 여기서, 하첨자 w 는 물(水 ; water)을 나타낸다. 그러므로 γ_w 는 물의 비중량이고, ρ_w 는 물의 밀도, S 는 유체의 비중이다.

① 경사 액주계 : 압력의 변화가 적은 경우 또는 압력 측정의 정도를 높이기 위해 사용하는 액주계이다. 그림2-4에서 A 점의 계기압력은

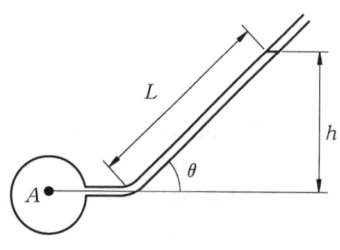

그림2-4 경사 액주계 그림2-5 U자형 액주계

$$P_A = \gamma h = \gamma L \sin\theta \qquad [2\text{-}7]$$

이다.

② U 자형 액주계 : 피에조미터를 사용하여 측정하기에 너무 높은 압력일 경우 U자형 액주계에 비중이 큰 제2의 액체를 사용한 것으로 그림2-5과 같다. 그림2-5에서 A 점의 계기압력은

$$P_C = P_D$$
$$P_A + \gamma_1 h_1 = \gamma_2 h_2$$
$$P_A = \gamma_2 h_2 - \gamma_1 h_1 \qquad [2\text{-}8]$$

이다.

(2) **시차액주계**(differential manometer)

U 자형 액주계와 함께 액주계의 액체가 압력을 측정하려고 하는 유체와 다른 경우의 액주계로 시차액주계는 두 관 또는 두 용기 속의 압력차를 측정할 때 사용하는 것으로 U 자형 시차액주계와 역U자형 시차액주계가 있다. 시차액주계는 차압액주계라고도 한다.

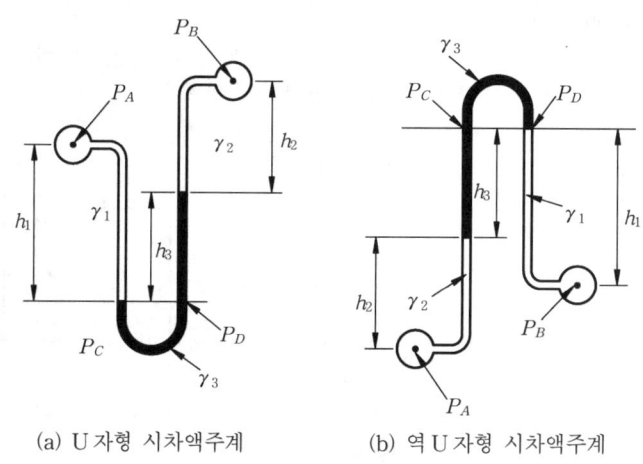

(a) U자형 시차액주계   (b) 역U자형 시차액주계

그림2-6 시차액주계

① U 자형 시차액주계

그림2-6의 (a)에서 $P_A - P_B$를 구하면 다음과 같다.

$$P_C = P_D$$
$$P_A - P_B = \gamma_2 h_2 + \gamma_3 h_3 - \gamma_1 h_1 \tag{2-9}$$

② 역U자형 시차액주계

그림2-6의 (b)에서 $P_A - P_B$를 구하면 다음과 같다.

$$P_C = P_D$$
$$P_A - P_B = \gamma_2 h_2 + \gamma_3 h_3 - \gamma_1 h_1 \tag{2-10}$$

③ 벤튜리미터(venturimeter)

그림2-7에서 A점과 B점의 압력차를 구하면 다음과 같다.

$$P_C = P_D$$
$$P_A - P_B = (\gamma_s - \gamma) h \tag{2-11}$$

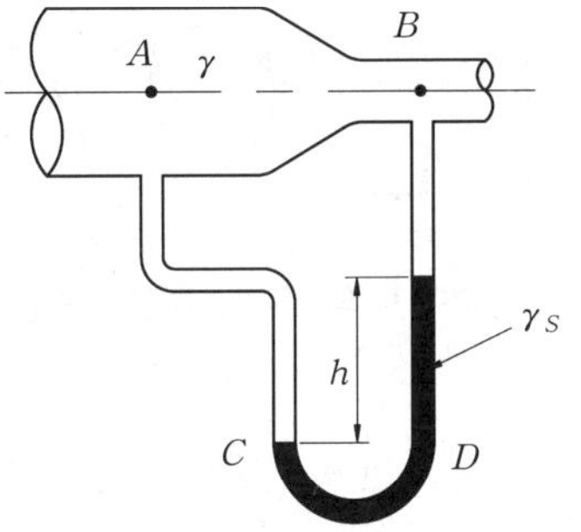

그림2-7 벤튜리 미터

1 액체(液體) 속의 전압력(全壓力)

1. 평면(平面)에 작용하는 전압력(全壓力)

(1) 수평면에 작용하는 힘

비중량 γ인 정지유체 속에 수평면이 잠겨있을 때, 수평면에 작용하는 전압력은 다음과 같다.

$$F = PA = \gamma \bar{h} A \, [\text{kg}_f, \text{N}] \,\star\star\star \tag{2-12}$$

여기서, $\bar{h}$는 유체의 자유표면에서 물체(수평면)의 중심까지의 수직깊이이고 A는 평면의 한쪽 면적, 방향은 면에 수직한 방향이며 작용점은 평면의 도심이다.

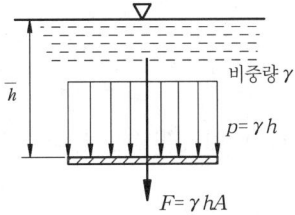

그림2-8 수평면에 작용하는 전압력

(2) 수직 평판에 작용하는 힘

그림2-9과 같이 비중량이 γ인 정지유체 속에 수직 평판이 잠겨있을 때

$$F = \gamma \bar{h} A \ [\text{kg}_f, \text{N}] \ \bigstar\bigstar\bigstar \tag{2-13}$$

이다.

$$h_p = \bar{h} + \frac{I_G}{A\bar{h}} \ \bigstar\bigstar\bigstar \tag{2-14}$$

여기서, I_G는 도심에서 x축에 대한 단면 2차 모멘트 $[\text{cm}^4, \text{m}^4]$이다. 전압력의 작용점 h_p는 압력분포의 중심점이 된다.

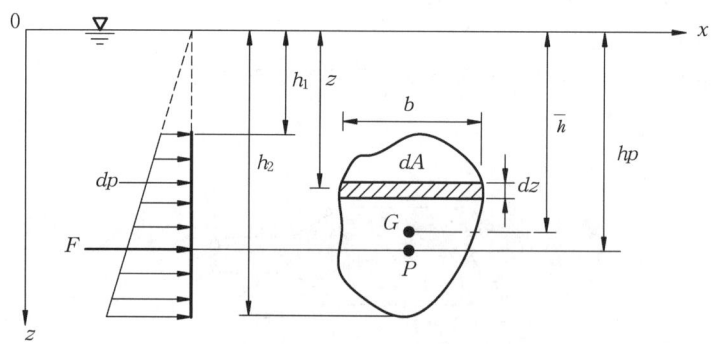

그림2-9 수직 평판에 작용하는 전압력

(3) 경사 평면에 작용하는 힘

그림2-10과 같이 자유표면에 대해 θ만큼 기울어진 경사 평면에 작용하는 전압력을 구하여 본다. 그림과 같이 경사면과 자유표면이 만나는 선을 x축, x축과 직교하는 축을 y축으로 하고, x축과 y축이 만나는 교차점을 원점으로 취한다.

① 전압력

$$F = \gamma \sin\theta \cdot \bar{y} A = \gamma \bar{h} A \ \bigstar\bigstar\bigstar \tag{2-15}$$

여기서, θ는 경사각이고 G_x는 x축에 대한 단면 1차 모멘트, $\bar{y}$는 x축에서 도심까지 경사거리, $\bar{h}$는 자유표면에서 도심까지 거리이다.

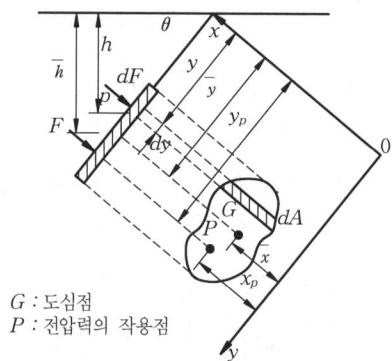

G : 도심점
P : 전압력의 작용점

그림2-10 경사 평면에 작용하는 전압력

② 전압력의 작용점

$$y_P = \bar{y} + \frac{I_{Gx}}{A\bar{y}} \;\star\star\star \quad [2\text{-}16]$$

$$h_p = y_p \sin\theta \quad [2\text{-}17]$$

여기서, y_p는 x축에서 전압력의 작용점(압력중심 ; center of pressure)까지 경사거리, h_p는 자유표면에서 전압력의 작용점까지 수직깊이이다.

2. 곡면(曲面)에 작용하는 전압력(全壓力)

그림2-11과 같이 곡면이 유체 속에 잠겨있을 때, 곡면 AB에 작용하는 전압력은 그림(b)와 같은 자유물체도에 나타낸 것과 같이 자유물체도에 작용하는 힘들은 그 크기와 방향이 위치에 따라 변화하므로 수평분력과 수직분력을 분해하여 구한 다음, 이들을 합성(合成)하여 최종 결정한다.

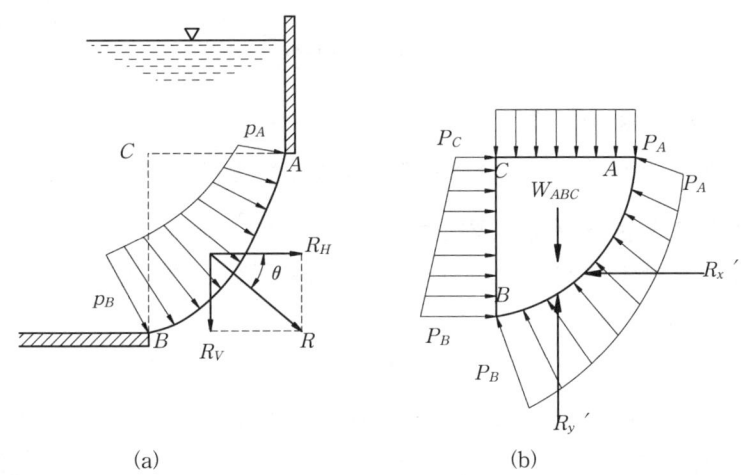

그림2-11 곡면에 작용하는 힘

(1) 수평분력

R_H는 곡면을 수직평면에 투영시켰을 때 발생하는 투영면적에 작용하는 전압력으로 구한다.

$$R_H = \gamma \bar{h} A \;\star\star\star \quad [2\text{-}18]$$

여기서, A는 투영면적이고 $\bar{h}$는 자유표면에서 투영평판의 도심까지의 수직깊이이다.

(2) 수직분력

수직분력은 곡면이 떠받치고 있는 연직 상방향의 유체의 무게와 같다. 이것을 식으로 나타내면

$$R_V = \gamma V \;\star\star\star \quad [2\text{-}19]$$

이다. 여기서, γ는 유체의 비중량이고 V는 곡면판의 연직 상방향의 체적이다.

(3) 합성력

위에서 R_H와 R_V를 구했으므로 그 합력의 크기와 방향은 다음과 같이 구한다.

$$R = \sqrt{R_H^2 + R_V^2} \quad [2\text{-}20]$$

$$\tan\theta = \frac{R_V}{R_H} \quad [2\text{-}21]$$

2 부력과 부양체

1. 부력(浮力 ; buoyant force)

부력이란 유체 속에 잠겨 있거나 떠 있는 물체가 유체로부터 받는 연직 상방향의 힘(전압력)이다.

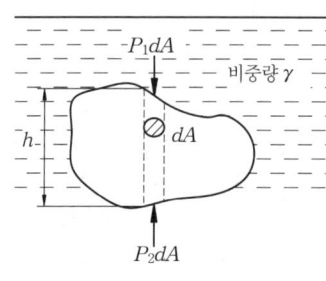

그림2-12 부력

$$F_B = \gamma V \, [\text{kg}_f, \text{N}] \; \bigstar\bigstar\bigstar \tag{2-22}$$

여기서, γ는 유체의 비중량이고 V는 유체 속에 잠긴 물체의 체적, F_B는 부력이다.

(1) 유체 속에 떠 있는 물체에 작용하는 부력

물체가 유체 속에서 떠 있을 때 부력 F_B는 물체의 무게 W와 같다.

$$F_B = W \; \bigstar\bigstar\bigstar$$
$$\gamma_f \cdot V = \gamma_b \cdot V_t \tag{2-23}$$

여기서, γ_f는 유체의 비중량, V는 유체 속에 잠긴 물체의 체적, γ_b는 물체의 비중량, V_t는 물체의 전체 체적이다.

(2) 유체 속에 잠긴 물체에 작용하는 부력

① 경우Ⅰ : 유체 속에 떠 있는 물체에 외력을 가해 물체를 강제로 잠기게 할 때 부력은

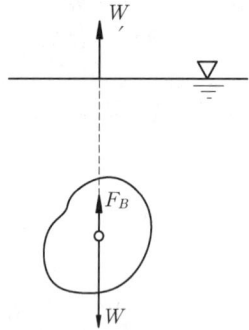

그림2-13 유체 속에 스스로 잠긴 물체에 작용하는 부력

$$F_B = W + W' \; \bigstar\bigstar\bigstar \tag{2-24}$$

이다. 여기서, W'는 물체에 작용하는 외력이다.

② 경우Ⅱ : 유체 속에 물체가 스스로 잠겼을 때 부력은

$$F_B = W - W' \text{ ★★★}$$ [2-25]

이다. 여기서, W' 는 유체 속에서 물체의 무게이다.

2. 부양체(浮揚体 ; floating body)

부양체란 물 속에 떠 있는 선박과 같이 물체의 일부가 대기 중에 노출되어 있는 물체이다.

(1) 경심(傾心 ; metacenter)

그림2-14과 같이 부양체가 θ 만큼 오른쪽으로 기울어졌을 때 부력의 작용점은 B에서 B'로 이동하게 되고 부력은 연직 상방향을 향한다. 이 때 부심 B'에서 연직 상방향을 향하는 부력의 작용선과 부양축의 교점 M을 경심(傾心) 또는 메타센터(metacenter)라 한다.

(2) 경심고(傾心高 ; metacentric height)

그림2-14에서 부양체의 무게 중심 G와 M 사이의 거리를 경심고(경심의 높이) 또는 메타센터의 높이라 한다. 그 경심의 높이를 구하면 다음과 같다.

$$\overline{GM} = \frac{I_O}{V} - \overline{GB}$$ [2-26]

이다.

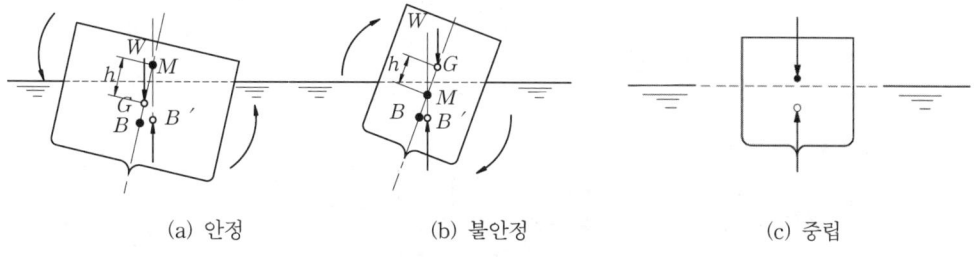

(a) 안정   (b) 불안정   (c) 중립

그림2-15 부양체의 안정성

(3) 부양체의 안정성

그림2-15와 같이 부양체의 안정성은 경심과 무게중심과의 상대적 위치에 따라 달라지는데 경심이 무게중심보다 위에 있으면 복원 모멘트가 발생하여 안정하며, 이와 반대로 경심이 무게중심보다 아래 있으면 부양체가 전복되는 불안정한 상태이며 경심과 무게중심이 일치하면 중립상태가 된다.

① 안정 조건

$$\overline{GM} > 0 \; ; \; \frac{I_O}{V} > \overline{GB}$$ [2-27]

② 중립 조건

$$\overline{GM} = 0 \; ; \; \frac{I_O}{V} = \overline{GB}$$ [2-28]

③ 불안정 조건

$$\overline{GM} < 0 \; ; \; \frac{I_O}{V} < \overline{GB}$$ [2-29]

(4) 복원 모멘트

$$M = W \cdot \overline{GM} \cdot \sin\theta \qquad [2\text{-}30]$$

식[2-47]에서 W는 부양체의 무게이고 복원 모멘트는 경심고의 크기에 비례한다.

3 상대평형(相對平衡 ; relative equilibrium)

공간상의 정지좌표계에 대해서는 운동을 하나 유체 내에 설정된 좌표계에 대해서는 입자간의 상대운동은 존재하지 않아 마치 고체가 움직이는 것과 같이 평형상태를 유지하면서 움직이는 경우를 유체의 상대적 평형운동이라 한다. 이와 같은 유체운동의 예로는 용기 내에 있는 유체가 등가속도로 움직이는 경우, 한 축을 중심으로 등속원운동을 하는 경우 등이 있다.

1. 수평 등가속도를 받는 유체

그림2-16과 같이 용기에 유체를 담고 수평방향으로 등가속도 운동을 시키면 자유표면이 기울어진다. 이 때 수평방향과 수직방향의 압력분포에 대해서 생각해 보자.

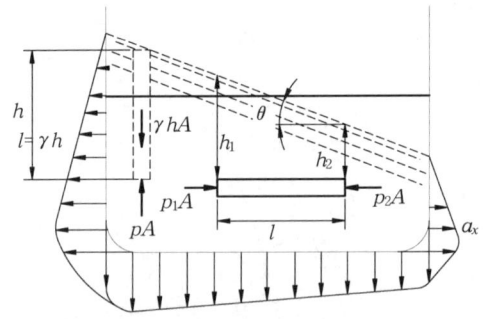

그림2-16 수평 등가속도를 받는 유체

(1) 수직방향의 압력분포

그림2-16에서 점선으로 표현된 유체 요소에만 작용하는 수직방향에 대한 힘의 평형을 생각해 보면

$$\Sigma F_y = 0 \ ; \ PA - \gamma hA = 0$$
$$P = \gamma h \qquad [2\text{-}31]$$

이다. 수직방향의 압력은 정지유체의 경우와 같이 유체의 비중량과 자유표면으로부터 수직 깊이로 계산할 수 있음을 알 수 있다.

(2) 수평방향의 압력분포

그림2-16에서 실선으로 표현된 유체 요소에만 작용하는 수평방향에 대한 힘의 평형을 생각해 보면

$$\Sigma F_x = m a_x$$
$$P_1 A - P_2 A = \rho l A a_x$$

이다. 자유표면이 기울어진 정도를 구해보면

$$P_1 - P_2 = \rho l a_x \qquad [2\text{-}32]$$

$$\gamma(h_1 - h_2) = \frac{\gamma}{g} l a_x$$

$$\tan \theta = \frac{a_x}{g} = \frac{\Delta h}{l} \;\bigstar\bigstar\bigstar\bigstar \qquad [2\text{-}33]$$

이다. 여기서, a_x는 용기의 수평방향 등가속도이고 θ는 자유표면이 기울어진 각도를 나타낸다.

2. 연직 상 방향 등가속도를 받는 유체

그림2-17과 같이 유체를 담고 있는 용기를 연직 상 방향으로 a_y의 등가속도 운동을 시켰을 때 수평방향의 압력차는 없으며 수직방향의 압력차는 다음과 같이 구한다.

$$\sum F_y = ma_y$$

$$P_2 A - P_1 A - \gamma h A = \rho h A a_y$$

$$P_2 - P_1 = \Delta P = \gamma h \left(1 + \frac{a_y}{g}\right) \;\bigstar\bigstar\bigstar \qquad [2\text{-}34]$$

수직방향의 압력차는 중력에 의한 압력변화와 가속도 운동에 의한 압력 변화가 합쳐진 것만큼 발생한다. 이 번에는 유체를 담고 있는 용기가 자유낙하 하는 경우를 생각해 보자. 이 때 수직방향의 압력차는

$$\Delta P = \gamma h \left(1 + \frac{a_y}{g}\right) = \gamma h \left(1 + \frac{-g}{g}\right) = 0 \qquad [2\text{-}35]$$

이다. 따라서 유체 내부의 수평·수직방향으로 압력변화는 없다.

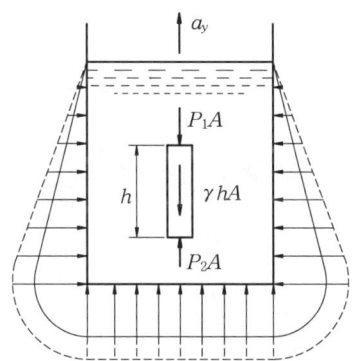

그림2-17 연직 상 방향 등가속도를 받는 유체

3. 등속 원운동을 받는 유체

그림2-18과 같이 유체를 담고 있는 용기를 중심축을 기준으로 각속도 ω로 등속회전운동을 시키면 자유표면은 포물선 형태로 변화한다.

(1) 용기의 반경방향(수평방향)의 압력변화

$$\sum F_r = dm \cdot a_r$$

$$PdA - \left(P + \frac{\partial P}{\partial r} dr\right) dA = \rho dA dr \cdot (-r\omega^2)$$

$$P - P_0 = \gamma \frac{r^2 \omega^2}{2g} \qquad [2\text{-}36]$$

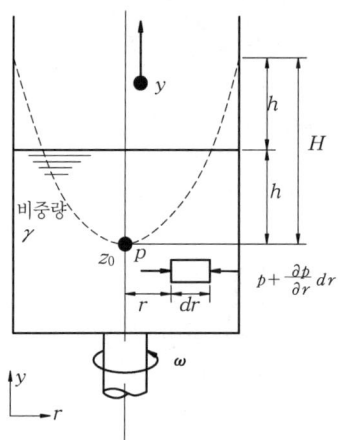

그림2-18 등속 원운동을 받는 유체

(2) 연직방향의 압력변화

연직방향의 압력변화는 정지유체에서 수직방향의 압력변화와 같다.

$$\frac{\partial P}{\partial y} = -\gamma$$

등압면에서 압력변화를 나타내는 방정식을 세우면

$$P = F(r, y)$$
$$dP = \frac{\partial P}{\partial r}dr + \frac{\partial P}{\partial y}dy = 0$$
$$\frac{\gamma}{g}r\omega^2 dr - \gamma dy = 0$$

이다. 기준면으로부터 올라간 수면의 높이 h를 구하면

$$\frac{dy}{dr} = \frac{r\omega^2}{g}$$
$$y - y_0 = \frac{r^2\omega^2}{2g}$$
$$h = \frac{V^2}{2g} = \frac{(r\omega)^2}{2g} \qquad [2\text{-}37]$$

이다. 여기서, V는 반경 r인 지점에서 속도(m/sec)이고 ω는 각속도(rad/sec)이다. 따라서 수평방향의 압력차는 다음과 같다.

$$P - P_0 = \gamma\frac{r^2\omega^2}{2g} = \gamma h$$
$$h = \frac{r^2\omega^2}{2g} = \frac{V^2}{2g} \; \bigstar\bigstar\bigstar\bigstar \qquad [2\text{-}38]$$

chapter 2 실전연습문제

01 그림에서 수직인 평판에 작용하는 전압력과 자유표면으로부터의 작용점은? (단, 유체는 물이다.)

① 392[kN] 수면하 5.672[m]
② 274.4[kN] 수면하 5.831[m]
③ 196[kN] 수면하 5.267[m]
④ 548.8[kN] 수면하 5[m]

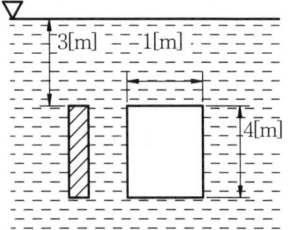

Solution $F = \gamma \bar{h} A = 9800 \times 5 \times 4 \times 1 = 196 \,[\text{kN}]$
$h_p = \bar{h} + \dfrac{I_G}{\bar{h}A} = 5 + \dfrac{1 \times 4^3}{5 \times 1 \times 4 \times 12} = 5.267 \,[\text{m}]$

02 유체에 잠겨 있는 곡면에 작용하는 전압력의 수직성분은 어떻게 구하는가?

① 곡면에 작용하는 전압력의 수평성분과 동일하다.
② 곡면이 떠받치고 있는 유체의 무게와 같다.
③ 곡면의 중앙점에 작용하는 압력과 곡면의 면적을 곱하여 구한다.
④ 곡면이 떠받치고 있는 유체의 중심점을 지나는 수평면에 곡면을 투영한 투영면에 작용하는 힘으로 구한다.

03 유체에 잠겨 있는 곡면에 작용하는 전압력의 수평성분은 어떻게 구하는가?

① 전압력의 수직성분 방향에 수평인 수평면에 투영한 투영면의 원심의 압력과 투영면을 곱한 값과 같다.
② 전압력의 수평성분 방향에 수직인 수직면에 투영한 투영면의 원심의 압력과 곡면의 면적을 곱한 값과 같다.
③ 수평면에 투영하여 얻은 투영면에 작용하는 압력과 면적의 곱과 같다.
④ 전압력의 수평성분 방향에 수직인 수직면에 투영한 투영면의 원심의 압력과 투영면의 면적을 곱한 값과 같다.

04 다음 중 부력에 대한 설명으로 가장 적당한 것은?

① 유체 속에 잠겨 있는 물체를 평형시키기 위해 반드시 요구되는 힘이다.
② 물체를 둘러싸고 있는 유체에 의하여 물체 표면에 작용하는 연직 상방향의 힘이다.
③ 물체에 의하여 배제된 유체만의 부피이다.
④ 유체에 의하여 부양체 표면에만 작용하는 힘이다.

05 다음은 부양체의 안정성에 대하여 설명한 것이다. 맞는 것은?

① 부양체의 중심이 경심과 일치할 때만 안전하다.
② 부양체의 중심이 경심보다 위에 있을 때만 안전하다.
③ 경심이 부양체의 중심보다 위에 있을 때만 안전하다.
④ 부심이 부양체의 중심과 일치할 때만 안정하다.

Answer   01 ③   02 ②   03 ④   04 ②   05 ③

06 부력의 작용선에 대한 표현으로 가장 타당한 것은?

① 물체에 의하여 배제된 유체의 체심(체적의 원심)을 통과한다.
② 부양체를 수평면에 투영한 투영면의 중심을 통과한다.
③ 부양체의 중심을 통과한다.
④ 유체에 잠겨 있는 물체의 중심을 통과한다.

07 길이 a, 높이 b인 용기에 물이 h의 높이로 가득 채워져 있다. 이 용기가 수평방향으로 a_x 인 가속도로 운동하기 때문에 그림과 같이 수면이 경사하여 넘쳐 흐리려고 한다. 이때의 가속도는 얼마인가?

① $a_x = \dfrac{2a(b-h)}{g}$
② $a_x = \dfrac{2a(h-b)}{g}$
③ $a_x = \dfrac{2g(h-b)}{a}$
④ $a_x = \dfrac{2g(b-h)}{a}$

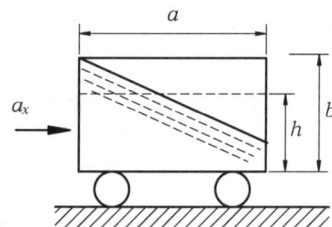

Solution
$\tan\theta = \dfrac{H}{L} = \dfrac{a_x}{g}$
$a_x = g \times \dfrac{(b-h)\times 2}{a} = \dfrac{2g(b-h)}{a}$

08 U자관에서 어떤 액체 25[cm]의 높이와 수은 3.3[cm] 높이가 평형을 이루고 있다. 이 액체의 비중은? (단, 수은의 비중은 13.6이다.)

① 1.8
② 1.52
③ 2.067
④ 15.2

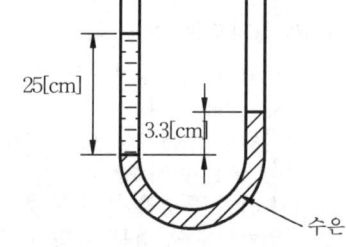

Solution
$\gamma \times 0.25 = 13.6 \times 9800 \times 0.033$
$S = \dfrac{\gamma}{\gamma_w} = \dfrac{17592.96}{9800} = 1.8$

09 그림과 같이 원판 수문이 물속에 설치되어 있다. 그림 중 C는 압력의 중심이고 G는 원판의 도심이다. 원판의 지름을 d라 하면 η는?

① $\eta = \overline{y} + \dfrac{d^2}{12\overline{y}}$
② $\eta = \overline{y} + \dfrac{d^2}{16\overline{y}}$
③ $2\overline{y} + \dfrac{d^2}{12\overline{y}}$
④ $\eta = 2\overline{y} = \dfrac{d^2}{16\overline{y}}$

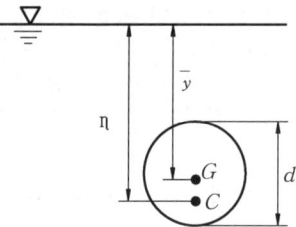

Solution
$\eta = \overline{y} + \dfrac{I_G}{A\overline{y}} = \overline{y} + \dfrac{\frac{4\pi d^4}{64}}{\pi d^2 \overline{y}} = \overline{y} + \dfrac{d^2}{16\overline{y}}$

Answer 06 ① 07 ④ 08 ① 09 ②

10 안지름 2[m]이고 높이가 3[m]인 통에 깊이 1.5[m]의 물을 넣고 원통을 중심축에 대하여 60[rpm]으로 회전시킬 때 수면의 최고점과 최저점의 최고 수직 높이차는 몇 m 정도인가?

① 2.01 ② 0.28 ③ 1.13 ④ 0.37

Solution
$V = R \cdot \dfrac{2\pi N}{60} = 1 \times \dfrac{2 \times \pi \times 60}{60} = 6.28 \, [\text{m/s}]$

$h = \dfrac{V^2}{2g} = \dfrac{6.28^2}{2 \times 9.8} = 2.01 \, [\text{m}]$

11 그림에서 4[m]×8[m]인 직사각형 평판이 수평면과 30°로 기울어지게 물 속에 놓여 있다. 이 때의 평판 윗면에 작용하는 전압력은 몇 kN인가?

① 1368
② 1468
③ 1568
④ 1678

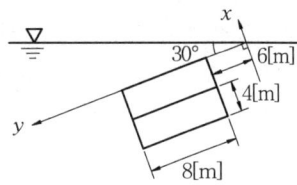

Solution
$F = \gamma \bar{y} \sin \theta A$
$= 9.8 \times 10 \times \sin 30° \times 4 \times 8 = 1568 [\text{kN}]$

12 비중이 0.25인 물체를 물에 띄웠을 때 물 밖으로 나오는 부피는 전체 물체부피의 얼마에 해당하는가?

① 4/3 ② 3/5 ③ 5/3 ④ 3/4

Solution
$F_B = W$; $\gamma_물 V_{잠.체} = S \gamma_물 V$
물 밖으로 나온 부피는 다음과 같다.
$V_{out} = V - V_{잠.체} = (1 - 0.25)V = 0.75V = 3/4 V$

13 1[m]×1[m]×1[m]의 내부치수를 가지는 탱크에 물을 0.5[m³]넣고, 수평방향으로 일정한 가속도 9.8[m/s²]으로 운동시킬 때 탱크의 뒤쪽 아래의 모서리 A점에 작용하는 압력은 몇 N/m²인가?

① 500
② 1000
③ 9800
④ 4900

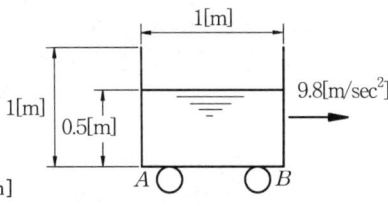

Solution
$\tan \alpha = \dfrac{h}{L} = \dfrac{a_x}{g}$; $h = 0.5 \times \dfrac{9.8}{9.8} = 0.5 \, [\text{m}]$
$P_A = \gamma (h + 0.5) = 9800 \times (0.5 + 0.5) = 9800 \, [\text{N/m}^2]$

14 그림과 같이 관 속을 흐르는 액체가 비중이 0.8인 기름일 때 만일 $h = 500 \, [\text{mm}]$라 하면 A점의 압력은?

① $-0.4[\text{m}]$수주 abs
② $0.4[\text{m}]$수주 gauge
③ $-0.4[\text{m}]$수주 gauge
④ $-0.6[\text{m}]$수주 gauge

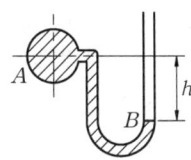

Solution
$P_A = -\gamma h = -0.8 \times 9800 \times 0.5 = -3920 [\text{N/m}^2]$
$P_A = -\dfrac{3920}{101325} \times 10.33 = -0.4 \, [\text{mAq}]$

Answer 10 ① 11 ③ 12 ④ 13 ③ 14 ③

15 위가 열려있는 직원주통 속에 액체를 가득 넣고 원주의 연직축을 회전축으로 하여 어떤 일정 각속도로 회전했더니, 액체 체적의 반이 밖으로 흘러나갔다. 이 회전이 계속되고 있을 때, 원주 밑면의 중심점에서의 게이지 압력으로 다음 중 제일 가까운 값은? (단, 처음 회전을 하기 전의 정지상태에서 원주 밑의 중심점에서의 압력을 P_0 라 한다.)

① 0   ② $\frac{1}{4}P_0$ ③ $\frac{1}{3}P_0$ ④ $\frac{1}{2}P_0$

Solution 용기 속의 액체가 가득 차 있는 상태에서 절반의 액체가 넘쳐흘러 빠져나가고 벽면을 따라 열려 있는 용기 벽 끝까지 올라가면 중심축 쪽에서는 바닥까지 하강한다. 그러므로 중심축 바닥에서 압력은 0이다.

16 압력 10[kg/cm²]은 몇 mAq 인가?

① 10[mAq]   ② 13.6[mAq]   ③ 50[mAq]   ④ 100[mAq]

Solution $\frac{10}{1.0332} \times 10.33 = 99.98$ [mAq]

17 4018[kPa]의 압력을 받고 있는 바닷물고기는 수중 약 몇 m에서 서식하고 있는 것인가? (단, 해수의 비중은 1.025이다.)

① 4   ② 40   ③ 400   ④ 1400

Solution $P = \gamma h$; $4018 \times 10^3 = 1.025 \times 10^3 = 1.025 \times 9800 \times h$, $h = 400$[m]

18 측정기기 중 압력 측정의 용도로 사용되는 것은?

① Dynamometer   ② Wear gage   ③ Orifice   ④ Manometer

19 정지상태의 유체압력의 성질 중에서 맞지 않는 것은?

① 항상 용기 면에 직각으로 작용한다.
② 유체 중의 한 점에 작용하는 압력은 모든 방향에서 크기가 같다.
③ 밀폐된 그릇속의 유체에 가한 압력은 모든 방향으로 균일한 세기로 전달된다.
④ 유체가 액체일 경우, 압력은 액면으로부터 깊이에 관계없이 일정하다.

20 5.65[m/sec²]의 일정한 가속도로 달리고 있는 기차 위에 물그릇을 놓았다. 이 물은 수평면에 대하여 몇 도의 각도로 기울어지겠는가?

① 60°   ② 45°   ③ 30°   ④ 15°

Solution $\tan \alpha = \frac{a_x}{g}$, $\alpha = \tan^{-1}\left(\frac{5.65}{9.8}\right) = 30°$

21 그림과 같은 상자 속에 수심 2[m]로 물이 채워져 있다. 이 상자가 연직상방향으로 9.8[m/s²]으로 가속할 때, B점과 A점의 압력차 $P_A - P_B$ 는 몇 kPa인가?

① 39.2   ② 29.2
③ 19.2   ④ 49.2

Solution
$P_A - P_B = \gamma h \left(1 + \frac{a_y}{g}\right)$
$P_A - P_B = 9800 \times 2 \times \left(1 + \frac{9.8}{9.8}\right) \times 10^{-3} = 39.2$ [kPa]

Answer 15 ① 16 ④ 17 ③ 18 ④ 19 ④ 20 ③ 21 ①

22 어떤 물체가 공기 중에서 무게는 588[N]이고, 수중에서 무게는 98[N]이었다. 이 물체의 체적과 비중은?

① $V=0.05[m^3]$, $S=1.2$
② $V=50[m^3]$, $S=1.0$
③ $V=0.0[m^3]$, $S=0.85$
④ $V=0.01[m^3]$, $S=0.98$

Solution $W=F_B+W'$; $588=9800 \times V+98$, $V=0.05[m^3]$
$W=S\gamma_w V$; $S=\dfrac{588}{9800 \times 0.05}=1.2$

23 U자형 액주계에서 수은이 50[cm]의 높이차를 나타내고 있다. 수은 대신 물을 사용한다면 액주계의 높이차는 몇 cm 인가?

① 50　　② 630　　③ 680　　④ 730

Solution $P=\gamma_s h_s = \gamma_w h_w$
$13.6 \times 9800 \times 0.5 = 9800 \times h_w$; $h_w=6.8[m]$

24 무게가 196[kN]인 피스톤 위에 무게가 W 인 물체를 올려놓았더니 수은이 피스톤 아랫면보다 5[m] 높이 올라가서 평형상태가 되었다. 수은 비중이 13.6이고 피스톤 단면적이 1[m²]일 때 물체의 무게는 몇 kN인가?

① 470.4
② 646.8
③ 666.4
④ 862.4

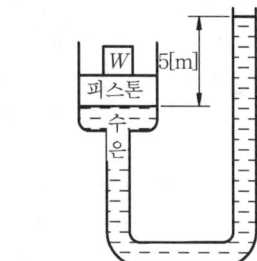

Solution $P=\dfrac{W+196 \times 10^3}{A}=\gamma h$
$W+196000=13.6 \times 9800 \times 5$, $W=470.4[kN]$

25 그림에서 B점의 압력 P_B와 A점의 압력 P_A와의 압력 차 P_A-P_B는?

① 23.05[kN/m²]
② 19.15[kN/m²]
③ 27.87[kN/m²]
④ 19.41[kN/m²]

Solution P_A-P_B
$=0.899 \times 9800 \times (0.24-0.15)+13.6 \times 9800 \times 0.15-9800 \times 0.14$
$=19.41 \times 10^3[Pa]$

26 그림과 같은 곡면에 유체가 작용하는 수직성분의 힘은 몇 N인가? (단, 액체의 비중량은 $\gamma N/m^3$이다.)

① 3γ
② $\dfrac{\pi}{2}\gamma$
③ $\left(\dfrac{\pi}{8}+2\right)\gamma$
④ $\left(\dfrac{\pi}{2}+2\right)\gamma$

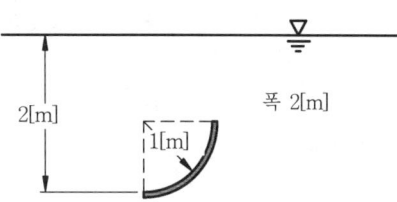

Solution $F_V=\gamma\left(1 \times 1 \times 2 + \dfrac{\pi}{4} \times 2\right)=\gamma\left(2+\dfrac{\pi}{2}\right)$

Answer 22 ① 23 ③ 24 ① 25 ④ 26 ④

27 폭×높이= $a \times b$ 인 직사각형 수문의 도심이 수면에서 h 의 깊이에 있을 때 압력 중심 위치는 수면 아래 어디에 있는가?

① $\frac{2}{3}h$ ② $\frac{1}{3}h$ ③ $h+\frac{bh^3}{12}$ ④ $h+\frac{b^2}{12h}$

Solution $h_p = \overline{h} + \frac{I_G}{A\overline{h}} = h + \frac{ab^3}{12abh} = h + \frac{b^2}{12h}$

28 액체 속에 잠겨진 곡면에 작용하는 힘의 수평분력은?
① 곡면의 수직 상방의 액체의 무게와 같다.
② 곡면에 의해서 지지된 액체의 무게와 같다.
③ 그 면심에서 압력에 면적을 곱한 것과 같다.
④ 곡면의 수직 투영면에 작용하는 힘과 같다.

29 어떤 액체 25[cm] 높이가 수은 4[cm]의 높이와 서로 평형을 이루었다면 이 액체의 비중은? (단, 수은의 비중은 13.6이다.)

① 7.352   ② 2.176   ③ 2.067   ④ 7.041

Solution $P = (\gamma h)_a = (\gamma h)_s$
$S \times 9800 \times 0.25 = 13.6 \times 9800 \times 0.04$, $S = 2.176$

30 안지름 20[cm]의 원통형 용기의 축을 수직으로 놓고 물을 넣어 축을 중심으로 1분간 300회전의 회전수로서 용기를 돌린다. 수면의 최고점과 최저점의 높이의 차를 구하라.

① 40.4[cm]   ② 50.4[cm]   ③ 60.4[cm]   ④ 70.4[cm]

Solution $H = \frac{V^2}{2g} = \frac{R^2\omega^2}{2g} = \frac{0.1^2}{2 \times 9.8} \times \left(\frac{2 \times \pi \times 300}{60}\right)^2 = 0.504 \,[\text{m}]$

31 원통형의 면 ABC 에 수평방향으로 작용하는 힘은? (단, 유체의 비중은 1이다)

① 117600[N]
② 30791.6[N]
③ 121951.2[N]
④ 3079.16[N]

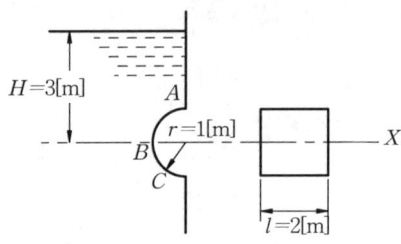

Solution $F = \gamma \overline{h} A = 9800 \times 3 \times 2 \times 2 = 117600[\text{N}]$

32 10[m] 입방체의 개방된 유조에 비중 0.85의 기름이 가득차 있을 때 유조 밑면이 받는 압력은 계기압력으로 몇 kPa인가?

① 85   ② 8.5   ③ 83.3   ④ 0.085

Solution $P = \gamma h = 0.85 \times 9800 \times 10 \times 10^{-3} = 83.3[\text{kPa}]$

Answer 27 ④ 28 ④ 29 ② 30 ② 31 ① 32 ③

33 그림과 같은 수문이 있을 경우 전압력의 작용점은?

① 수면에서 약 0.7[m]의 위치이다.
② 수면에서 약 1[m]의 위치이다.
③ 수면에서 약 1.3[m]의 위치이다.
④ 수면에서 약 1.5[m]의 위치이다.

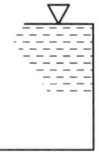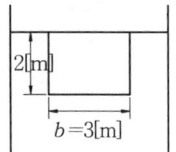

Solution
$$h_p = \frac{2h}{3} = \frac{2\times 2}{3} = 1.33 \text{ [m]}$$
별해 : $h_p = \overline{h} + \frac{I_G}{hA} = 1 + \frac{3\times 2^3}{12\times 1\times 2\times 3} = 1.33 \text{ [m]}$

34 다음 그림과 같은 탱크에 물이 들어있다. AB면(5[m]×3[m])에 작용하는 힘으로 다음 중 제일 가까운 값은?

① 88.2[kN]
② 406.7[kN]
③ 371.42[kN]
④ 955.5[kN]

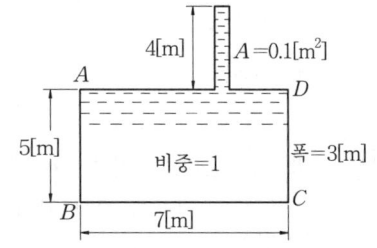

Solution $F = \gamma \overline{h} A = 9800\times 6.5\times 5\times 3 = 955.5\text{[kN]}$

35 액면에서 깊이 100[cm]에 있는 액체의 압력이 6860[Pa]이었다. 이 액체의 비중량은 얼마인가?

① 2940[N/m³]   ② 4410[N/m³]   ③ 5390[N/m³]   ④ 6860[N/m³]

Solution $P = \gamma h$; $6860 = \gamma \times 1$, $\gamma = 6860\text{[N/m}^3\text{]}$

36 가로 3[m], 세로 6[m]의 구형 평판에 그림과 같이 수면과 30° 경사지게 놓여 있다. 평면 윗면에 작용하는 전압력은?

① 793.8[kN]
② 1587.6[kN]
③ 44.1[kN]
④ 79.38[kN]

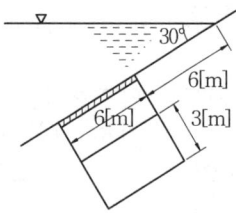

Solution $F = \gamma \overline{h} A = \gamma \overline{y} \sin\theta\, A$
$= 9800\times 9\times \sin 30°\times 6\times 3 = 793.8\text{[kN]}$

37 밑면의 지름이 10[cm]인 직립된 통의 용기에 높이 20[cm] 가량 물이 들어있다. 이때 밑면에서 받는 전압력은 얼마인가?

① 31.4[N]   ② 15.4[N]   ③ 35[N]   ④ 43[N]

Solution $F = PA = \gamma h A = W$
$F = W = \gamma V = 9800\times \frac{\pi\times 0.1^2}{4}\times 0.2 = 15.4\text{ [N]}$

Answer 33 ③ 34 ④ 35 ④ 36 ① 37 ②

38 그림과 같은 액주계에 물과 기름이 들어 있다. 압력차 $P - P_2$ 의 값을 수주로 나타내면 얼마인가? (단, 기름의 비중량 $\gamma_{oil} = 850[\text{kg/m}^3]$이다.)

① 0[cm]
② 1.5[cm]
③ 10[cm]
④ 15[cm]

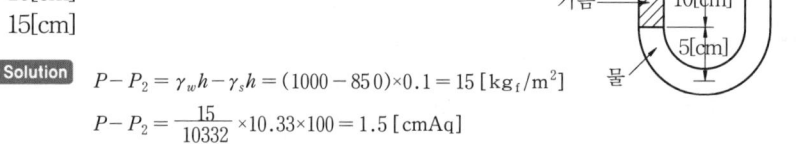

Solution $P - P_2 = \gamma_w h - \gamma_s h = (1000 - 850) \times 0.1 = 15 \,[\text{kg}_f/\text{m}^2]$
$P - P_2 = \dfrac{15}{10332} \times 10.33 \times 100 = 1.5 \,[\text{cmAq}]$

39 일정한 수평 가속도를 받고 있는 용기에 담겨진 액체의 수면의 기울기가 0.255일 때 수평가속도는?

① 26[m/sec²]   ② 0.25[m/sec²]   ③ 2.5[m/sec²]   ④ 62[m/sec²]

Solution $\tan\theta = \dfrac{a_x}{g}$; $a_x = 0.255 \times 9.8 = 2.5 \,[\text{m/sec}^2]$

40 파스칼의 원리를 올바르게 기술한 것은?

① 밀폐된 액체에 가한 압력은 액체의 모든 부분과 그릇의 벽에 같은 크기로 전달된다.
② 밀폐된 액체에 가한 압력은 벽에 수직으로 전달된다.
③ 밀폐된 액체에 가한 압력은 밀도에 따라 다른 크기로 전달된다.
④ 밀폐된 용기의 압력은 그 체적에 비례한다.

41 다음 그림에서 탱크 A 점의 계기압력은 얼마이겠는가? (단, 탱크 속은 물이고 $H=40[\text{cm}]$이다.)

① 대기압보다 압력이 3920[N/m²]만큼 높다.
② 대기압보다 압력이 3.92[N/m²]만큼 높다.
③ 대기압보다 압력이 3920[N/m²]만큼 낮다.
④ 대기압보다 압력이 3.92[N/m²]만큼 낮다.

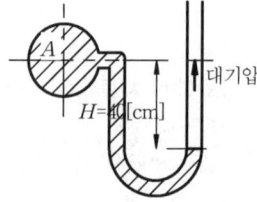

Solution $P_A = -\gamma_w h = -9800 \times 0.4 = -3920 \,[\text{N/m}^2]$

42 U자관에서 어떤 액체 25[cm]의 높이와 수은 3.8[cm] 높이가 평형을 이루고 있다. 이 액체의 비중은? (단, 수은의 비중은 13.6이다.)

① 8.95   ② 2.067   ③ 1.52   ④ 1.24

Solution 문제5와 같은 문제이다.
$P = \gamma_a h_a = \gamma_s h_s$
$S \times 9800 \times 0.25 = 13.6 \times 9800 \times 3.8 \times 10^{-2}$, $S = 2.0672$

43 그림과 같은 직사각형의 수문에서 O점으로부터 전압력의 작용점까지의 거리는 얼마인가? (단, 수문의 폭은 2[m]이다.)

① 7.5[m]
② 7.6[m]
③ 7.7[m]
④ 7.8[m]

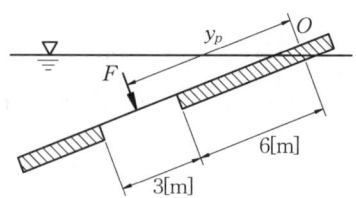

Answer 38 ② 39 ③ 40 ① 41 ③ 42 ② 43 ②

Solution
$$y_p = \bar{y} + \frac{I_G}{A\bar{y}}$$
$$= 7.5 + \frac{2 \times 3^3}{12 \times 7.5 \times 3 \times 2} = 7.6 \, [m]$$

44 빙산은 그 체적의 몇 분의 몇이 노출되어 있는가? (단, 얼음의 밀도는 9016[N/m³], 해수의 밀도는 10094[N/m³]이다.)

① 약 1/5   ② 약 2/5   ③ 약 1/10   ④ 약 3/10

Solution $F_B = W_i$; $\gamma_B V_B = \gamma_i V$, $V_B = \frac{9016}{10094} V = 0.8932 \, V$

$V_O = V - V_B = (1 - 0.8932)V = 0.1068 V \approx \frac{1}{10} V$

45 그림에서 압력차 $P_x - P_y$ 는 얼마인가?

① 25676[N/m²]
② 256.76[N/m²]
③ 33516[N/m²]
④ 335.16[MN/m²]

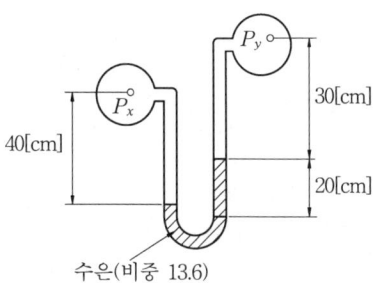

Solution $P_x - P_y$
$= 9800 \times 0.3 + 13.6 \times 9800 \times 0.2 - 9800 \times 0.4$
$= 25676[Pa]$

46 정지하고 있는 유체 속에서의 어떤 한 점에 대한 압력은?

① 수직 하방향에서 제일 큰 값을 가진다.
② 수직 상방향에서 제일 큰 값을 가진다.
③ 수평 방향에서 제일 큰 값을 가진다.
④ 모든 방향에서 동일하다.

47 상부가 개방된 깊이 3[m]인 탱크에 비중 0.88인 기름이 꽉 채워져 있다. 탱크의 밑변이 받는 절대압력은 얼마인가? (단, 액면에는 1[atm]의 대기압이 작용하고 있다.)

① 25.9[kPa]   ② 259[kPa]   ③ 127.2[kPa]   ④ 1272[kPa]

Solution $P_a = P_o + P_g$
$= 101325 + 0.88 \times 9800 \times 3 = 127.2[kPa]$

48 공기 중에서 17,640[N]인 돌이 물에 잠겨 있다. 물에서의 무게가 12,740[N]이면 이 돌의 비중은 얼마인가?

① 2.6   ② 1.38   ③ 2.4   ④ 3.6

Solution $F_B = W - W'$; $9800 \times V = 17640 - 12740$, $V = 0.5[m^3]$

$W = \gamma V$; $\gamma = \frac{17640}{0.5} = 35280 \, [N/m^3]$, $S = \frac{35280}{9800} = 3.6$

Answer 44 ③   45 ①   46 ④   47 ③   48 ④

49 오른쪽 그림에서 압력계 A의 압력은 몇 kPa 인가?

① -19.992
② 34.3
③ 54.292
④ 14.308

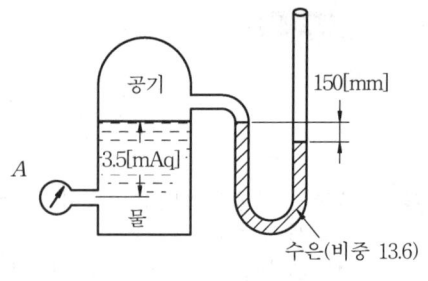

Solution
$P_{air} = -\gamma_s h$
$\quad\quad = -13.6 \times 9800 \times 0.15 = -19992 [N/m^2]$
$P_A = P_{air} + \gamma_w h_w$
$\quad\quad = -19992 + 9800 \times 3.5 = 14.308 [kPa]$

50 오른쪽 그림에서 압력 중심은 자유표면 아래 어디에 있는가?

① $\dfrac{h}{2}$ ② $\dfrac{3}{4}h$
③ $\dfrac{2}{3}h$ ④ $\dfrac{h}{4}$

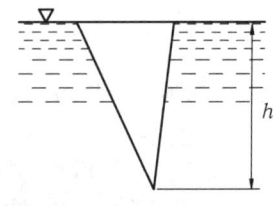

Solution
$h_p = \bar{h} + \dfrac{I_G}{\bar{h}A} = \dfrac{h}{3} + \dfrac{bh^3 \times 3 \times 2}{36 \times h \times bh} = \dfrac{h}{2}$

51 부력의 작용선은?

① 유체 속에 잠겨 있는 물체의 중심을 통과한다.
② 부양체의 중심을 통과한다.
③ 물체에 의해서 배제된 유체의 중심을 통과한다.
④ 잠겨진 물체의 상방향에 있는 액체의 중심을 통과한다.

52 밑면 1[m]×1[m] 높이가 0.5[m]인 나무토막 위에 1960[N]의 추를 올려놓고 물에 띄웠다. 나무의 비중을 0.60이라 할 때 물 속에 잠긴 부분의 부피는 몇 m³인가?

① 0.5   ② 0.45   ③ 0.3   ④ 0.25

Solution $F_B = W + W'$
$9800 \times V_B = 0.6 \times 9800 \times 1 \times 1 \times 0.5 + 1960,\quad V_B = 0.5[m^3]$

53 그림과 같은 탱크에 물이 들어있다. 반면 AB에 작용하는 힘은 몇 kN인가? (단, 탱크의 나비는 1.5[m]이다.)

① 122.5
② 142.1
③ 151.9
④ 161.7

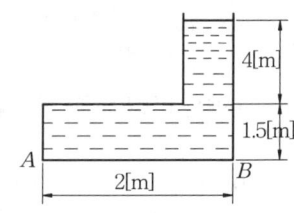

Solution $F = \gamma \bar{h} A = 9800 \times 5.5 \times 2 \times 1.5 = 161.7[kN]$

Answer 49 ④ 50 ① 51 ③ 52 ① 53 ④

54 유체 속에 잠겨진 물체에 작용되는 부력은?
① 물체의 중력과 같다.
② 물체의 중력보다 크다.
③ 그 물체에 의해서 배제된 액체의 무게와 같다.
④ 유체의 비중량과는 관계없다.

55 경심(metacenter)의 높이는?
① 부심과 메터센터 사이의 거리
② 부심에서 부양축에 내린 수선
③ 중심과 부심 사이의 거리
④ 중심과 메터센터 사이의 거리

56 그림과 같은 수문이 열리지 않도록 하기 위하여 그 하단 A 점에서 받쳐 주어야 할 힘 F_p 는 얼마인가?
① 41230N
② 22866N
③ 19466N
④ 17423N

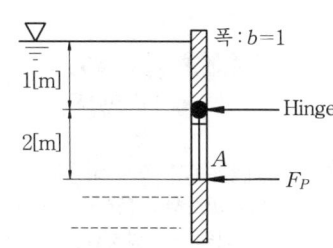

Solution
$$F_p \times 2 = F \times (h_p - 1) = \overline{\gamma h} A \times \left(\overline{h} + \frac{I_G}{hA} - 1 \right)$$
$$F_p \times 2 = 9800 \times 2 \times 2 \times 1 \times \left(2 + \frac{1 \times 2^3}{12 \times 2 \times 2 \times 1} - 1 \right)$$
$$F_p = 22866.67 [N]$$

57 다음 그림과 같은 용기 안에 물(γ=9800[N/m³]), 기름(γ_{oil}=7840[N/m³]) 그리고 공기(P_a=196[kPa])가 들어 있다. 점 A 에서의 압력은 몇 kPa 인가?
① 213.6
② 232.4
③ 260.3
④ 280.2

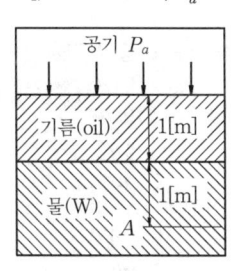

Solution
$$P_A = P_a + \gamma_{oil} h_{oil} + \gamma_w h_w$$
$$= 196 + 7840 \times 1 \times 10^{-3} + 9800 \times 1 \times 10^{-3}$$
$$= 213.64 [kPa]$$

58 자유 수면하 5[m]인 곳에 도심을 가진 폭 2[m], 길이 3[m]인 구형 평판이 수면과 30° 경사지게 놓여있다. 전압력의 작용점의 위치는 수면에서 얼마만한 깊이에 있는가?
① 5[m]
② 10[m]
③ 10.075[m]
④ 5.0375[m]

Solution
$$y_p = \overline{y} + \frac{I_G}{yA} = \frac{5}{\sin 30°} + \frac{2 \times 3^3}{12 \times \frac{5}{\sin 30°} \times 2 \times 3} = 10.075 \text{ [m]}$$
$$h_p = y_p \sin 30° = 10.075 \times \sin 30° = 5.0375 [m]$$

Answer   54 ③   55 ④   56 ②   57 ①   58 ④

59 그림에서 수문을 넘어지지 않게 하는 지지점의 최소 높이 y를 계산하면 얼마인가?

① 0.6[m]
② 0.4[m]
③ 0.8[m]
④ 1.0[m]

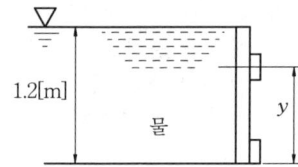

Solution 전압력이 작용하는 지점을 지지점으로 한다.
$$h_p = \bar{h} + \frac{I_G}{hA} = \bar{h} + \frac{bh^3}{\bar{h} \times bh \times 12} = 0.6 + \frac{1.2^2}{0.6 \times 12} = 0.8 \,[m]$$
$$h = 1.2 - 0.8 = 0.4 \,[m]$$
별해 : 바닥으로부터 압력분포의 1/3인 지점
$$h = 1.2 \times \frac{1}{3} = 0.4 \,[m]$$

60 비중이 0.65인 물체를 물에 띄우면 전체 체적의 몇 %가 물 속에 잠기는가?

① 35   ② 60   ③ 65   ④ 70

Solution $\gamma_w V_B = \gamma V$;
$V_B = 0.65 \,V$

61 밀폐된 용기 속에 비중이 0.8인 기름이 들어 있고, 위 공간에는 공기가 들어 있다. 공기의 압력이 9.8[kPa]로서 기름표면에 미치고 있다. 기름 표면으로부터 1[m] 깊이에 있는 점의 압력은 수면하 몇 m 깊이 압력과 동일하겠는가? (단, 물의 비중량은 9800[N/m3]이다.)

① 0.8   ② 1.8   ③ 100   ④ 800

Solution $P = P_{air} + \gamma_{oil} h = \gamma_w h_w$
$9.8 + 0.8 \times 9.8 \times 1 = 9.8 \,h$, , $h = 1.8 [m]$

62 수평으로 놓인 고정된 평판 사이에 뉴턴 유체가 흐를 때 속도 분포는 다음과 같이 표시할 수 있다. $u = -\frac{1}{2\mu}\frac{dp}{dx}(ay - y^2)$ 아래에 있는 고정평판에 작용하는 전단응력은?

① $-\frac{a}{2}\frac{dp}{dx}$
② 0
③ $-\frac{y}{2}\frac{dp}{dx}$
④ $\frac{a}{2}$

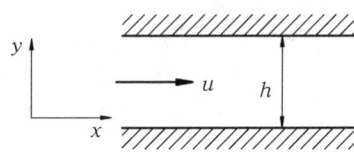

Solution $\tau = \mu \frac{du}{dy} = -\frac{1}{2}\frac{dp}{dx}(a - 2y)$
$y = 0$에서 $\tau = -\frac{a}{2}\frac{dp}{dx}$ 이다.

63 계기압력이란 무엇인가?

① 측정 위치에서 대기압을 기준으로 하는 압력
② 표준대기압을 기준으로 하는 압력
③ 절대압력 0을 기준으로 하여 측정하는 압력
④ 임의의 압력을 기준으로 하는 압력

Answer 59 ② 60 ③ 61 ② 62 ① 63 ①

64 액체가 등각속도로 수직원통 내에서 중심축에 대하여 ω의 각속도로 회전하고 있을 때 액면의 경사각 θ는 다음 어느 식으로 표시되는가?

① $\tan\theta = \dfrac{\omega^2 r}{g}$ ② $\tan\theta = \dfrac{\omega^2 r^2}{2g}$

③ $\tan\theta = \dfrac{\omega r}{g}$ ④ $\tan\theta = \dfrac{\omega^2 r}{2g}$

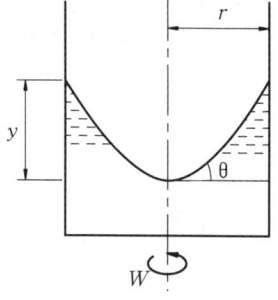

$\tan\theta = \dfrac{y}{r} = \dfrac{r^2\omega^2}{2g} \times \dfrac{1}{r} = \dfrac{r\omega^2}{2g}$

65 절대압력을 정하는데 기준이 되는 것은?
① 게이지 압력   ② 표준대기압   ③ 국소대기압   ④ 완전진공

66 다음 그림과 같은 조건에서 삼각형 수문(그림에서 AB)에 작용하는 전압력을 구한 것은? (단, 삼각형 수문의 꼭지점은 A이며, 면적은 밑변이 1.25[m], 높이가 2[m]이다.)

① $P_{AB} \fallingdotseq 23.8\,[\text{kN}]$
② $P_{AB} \fallingdotseq 43.8\,[\text{kN}]$
③ $P_{AB} \fallingdotseq 13.8\,[\text{kN}]$
④ $P_{AB} \fallingdotseq 53.8\,[\text{kN}]$

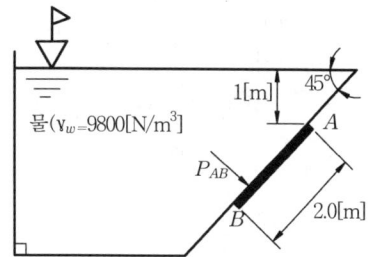

$F = \gamma \bar{h} A$
$= 9800 \times \left(1 + 2 \times \dfrac{2}{3} \times \sin 45°\right) \times \dfrac{1.25 \times 2}{2}$
$= 23.8 \times 10^3\,[\text{m}]$

삼각형의 도심은 꼭지점에서 $\dfrac{2}{3}h$인 지점이다.

67 다음 그림과 같은 U자관 상호간에 혼합되지 않고 화학작용도 하지 않는 두 종류의 액체가 담겨져 있다. ρ_A=1000[kg/m³], L_A=50[cm], ρ_B=500[kg/m³]일 때 L_B는 몇 cm 인가?

① 100   ② 50
③ 75   ④ 25

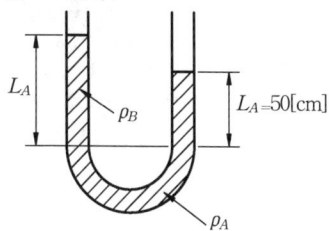

$\rho_A L_A = \rho_B L_B$
$1000 \times 50 = 500 \times L_B$
$L_B = 100\,[\text{cm}]$

Answer 64 ④ 65 ④ 66 ① 67 ①

68 그림에서 표시한 축수 안에서 지름이 30[cm]인 축이 5[m/sec]의 속도로 축 방향으로 운동하고 있다. 축수와 축 사이에는 $\mu=0.049[N\cdot sec/m^2]$의 기름이 유막을 형성할 때 축을 5[m/sec]의 속도로 유지시키려면 몇 kgf 의 힘이 필요한가? (단, 유막에서의 속도분포는 선형분포라 가정한다.)

① 2.5[kgf]
② 10[kgf]
③ 94.2[kgf]
④ 9.2[kgf]

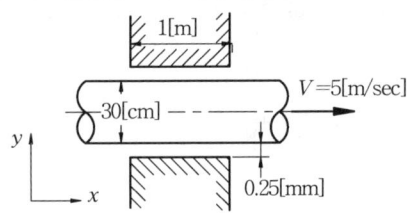

Solution
$$F = \tau A = \mu \frac{du}{dy} A$$
$$= \frac{0.049}{9.8} \times \frac{5}{0.25 \times 10^{-3}} \times \pi \times 300.25 \times 10^{-3} \times 1$$
$$= 94.33[kgf]$$

69 한 변이 2[m]인 위가 열려 있는 정육면체 통에 물을 가득 담아 수평방향으로 $9.8[m/sec^2]$의 가속도로 잡아끌 때 통에 남아있는 물의 양은 얼마인가?

① 8[m³]
② 4[m³]
③ 2[m³]
④ 1[m³]

Solution
$$V = AL = 2^3 \ [m^3]$$
$$\tan \theta = \frac{h}{L} = \frac{a_x}{g} \ ; \ h = L, \ V' = 2^2 = 4 \ [m^3]$$

70 A, B 두 원관 속을 기체가 미소한 압력차로 흐르고 있을 때 이 압력차를 측정하자면 어떤 압력계를 써야 하는가?

① 간섭계
② 오리피스
③ 마이크로마노미터
④ 브르돈 압력계

Solution (1) 간섭계(interferometer)
  ① 2개의 반사경, 2개의 반투과경으로 구성되며 한 개의 광원으로부터의 단색광을 이용하여 밀도변화를 측정한다.
  ② 동일한 광원에서 나오는 빛을 두 갈래 이상으로 나누어 진행경로에 차이가 생기도록 한 후 빛이 다시 만났을 때 일어나는 간섭현상을 관찰하는 기구이다.
(2) 마이크로마노미터 : 정지유체에서 미세한 압력차를 측정할 때 사용한다.
(3) 부르돈 압력계 : 흐르는 유체 속에서 압력차를 측정할 때 사용한다.

Answer 68 ③ 69 ② 70 ④

71 부르돈 압력계 (Bourdon gauge)에서 압력은 어떻게 되는가?

① 액주의 중량과 평형을 이룬다.
② 탄성력과 평형을 이룬다.
③ 마찰력과 평형을 이룬다.
④ 게이지 압력과 평형을 이룬다.

Solution (1) 절대압력을 측정하는 기구
　　① Aneroid 압력계
　　② 수은 기압계
(2) 계기압력을 측정하는 기구
　　① Bourdon 압력계
　　② 액주계(manometer)
(3) 기계적 압력계
　　① Aneroid 압력계
　　② Bourdon 압력계

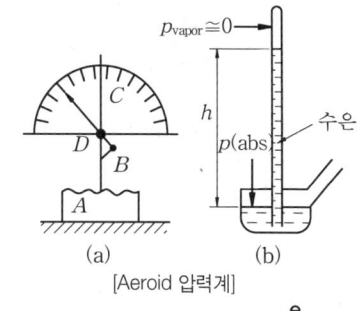
[Aeroid 압력계]

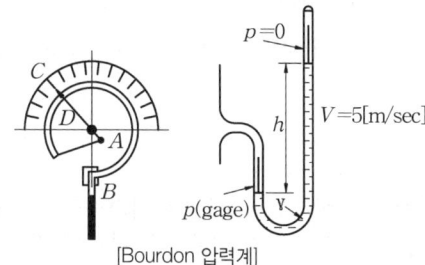
[Bourdon 압력계]

72 깊이를 모르는 물밑에서 직경 1[cm]의 구형 공기기포가 수면(1기압)까지 부상되었을 때 2[cm]로 팽창한다. 기포내의 공기는 등온변화를 한다고 하면 물의 깊이는?

① 약 10[m]　② 약 20[m]　③ 약 40[m]　④ 약 80[m]

Solution $P_1 V_1 = P_2 V_2$; $P_1 = \dfrac{101325 \times 0.02^3}{0.01^3} = 810,600 \, [N/m^2]$

$P_1 = \gamma h$; $810600 = 9800 \times h$, $h = 82.71 [m]$

$P_{1g} = 810600 - 101325 = 9800 \times h$, $h = 72.375 [m]$

73 단면적이 30[cm²]인 원통형의 물체를 물 위에 놓았더니 그림과 같이 떠있었다. 물체의 무게는 몇 N 인가?

① 1.47
② 2.94
③ 0.00147
④ 0.00294

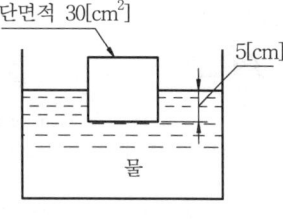

Solution $F_B = \gamma_물 V_{잠.체} = W$
$W = 9800 \times 30 \times 10^{-4} \times 0.05 = 1.47 [N]$

74 정지 유체 속에서의 압력의 변화 dP 와 깊이의 변화 dy 와의 관계는 비중량을 γ, 밀도를 ρ 라고 할 때 다음 중 어느 것인가?

① $dy = -\gamma dP$
② $dP = -\rho dy$
③ $dy = dP$
④ $dP = -\gamma dy$

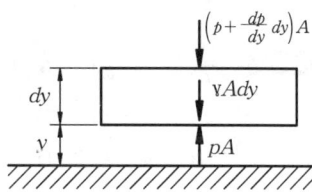

Answer　71 ②　72 ④　73 ①　74 ④

Solution
$\Sigma F_y = 0$
$$PA - \left(P + \frac{dP}{dy}dy\right)A - \gamma A dy = 0$$
$$dP = -\gamma dy$$

75 그림과 같이 바깥지름 20[mm]의 유리관에 납을 넣어 물에 넣었더니 90[mm] 내려갔다. 다음에 그 유리관을 어떤 기름 중에 넣었더니 110[mm] 내려갔다. 이 때 기름의 비중은?

① 1.218
② 0.72
③ 0.818
④ 0.618

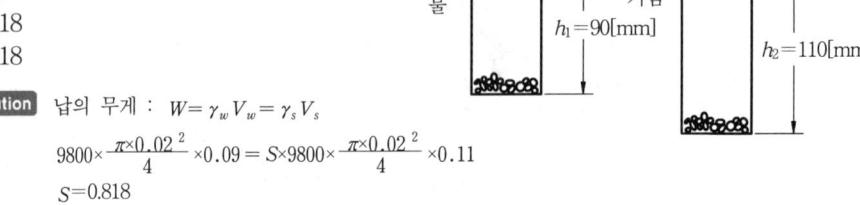

Solution 납의 무게 : $W = \gamma_w V_w = \gamma_s V_s$
$$9800 \times \frac{\pi \times 0.02^2}{4} \times 0.09 = S \times 9800 \times \frac{\pi \times 0.02^2}{4} \times 0.11$$
$$S = 0.818$$

76 그림과 같이 8[m]×4[m]의 수직 수문 평판 AB가 있다. B점에서 힌지(hinge)로 연결되어 있을 때 이 문을 열기 위한 힘 F는 몇 kN 인가?

① 5546.88   ② 2773.44
③ 1044.288 ④ 27734

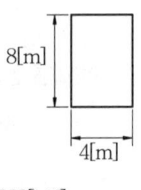
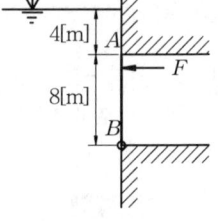

Solution $F_P = \gamma \bar{h} A$
$= 9800 \times 8 \times 4 \times 8 = 2508800[N]$
$h_p = \bar{h} + \frac{I_G}{A\bar{h}} = 8 + \frac{4 \times 8^3}{12 \times 4 \times 8 \times 8} = 8.67 \ [m]$
$\Sigma M_B = 0 \ ; \ F \times 8 = 2508800 \times (12 - 8.67), \ F = 1044.288[kN]$

77 안지름 5[mm]인 액주계로 압력을 측정하니 수주 400[mm]이다. 관 속의 액체는 물이며 이 때 표면장력은 74.186×10^{-3}[N/m]이고 접촉각을 10°라 하면 실제의 계기압력은 수주로 몇 mmAq 인가?

① 88.85   ② 199.40
③ 299.46 ④ 394.04

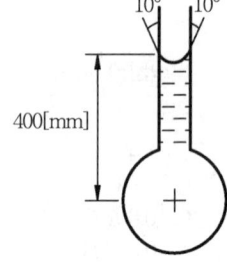

Solution $h = \frac{4\sigma \cos \beta}{\gamma d} = \frac{4 \times 74.186 \times 10^{-3} \times \cos 10°}{9800 \times 0.005}$
$= 0.005964[m] = 5.964[mm]$
$P = 400 - h = 400 - 5.964 = 394.04[mmAq]$

78 그림과 같이 50[cm]×3[m]의 수문 평판 AB를 30°로 기울어지게 놓았다. A점에서 힌지(hinge)로 연결되어 있으며 이 문을 열기 위한 힘 F는 몇 kN인가?

① 6.37   ② 5.88
③ 8.33   ④ 7.35

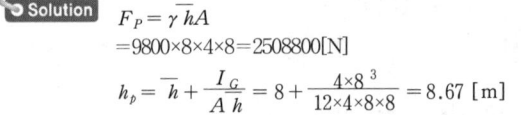

Solution $F_P = \gamma \bar{y} \sin\theta A = 9800 \times 1.5 \times \sin 30° \times 0.5 \times 3 = 11025[N]$
$y_P = \bar{y} + \frac{I_G}{\bar{y}A} = 1.5 + \frac{0.5 \times 3^3}{12 \times 1.5 \times 0.5 \times 3} = 2 \ [m]$
$\Sigma M_A = 0 \ ; \ F \times 3 = 11025 \times 2, \ F = 7.35[kN]$

Answer   75 ③   76 ③   77 ④   78 ④

79 그림과 같이 물이 담겨 있는 버킷을 4.9[m/s²]의 가속도로 위로 끌어올릴 때 A점의 계기압력은 몇 Pa 인가?

① 2940 ② 4410
③ 480.2 ④ 1440.6

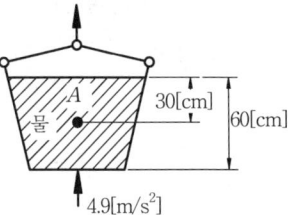

Solution
$$P = \gamma h \left(1 + \frac{a_y}{g}\right)$$
$$= 9800 \times 0.3 \times \left(1 + \frac{4.9}{9.8}\right) = 4410 \, [\text{Pa}]$$

80 그림의 수면에서 4[m]인 곳에 45°로 기울어지게 설치된 지름 2[m]의 원형수문이 있다. 수문의 자중을 무시하고 수문이 받는 전압력을 그림을 참조하여 구하면 얼마인가?

① 12.531[kN] ② 10.573[kN]
③ 144.921[kN] ④ 13.61[kN]

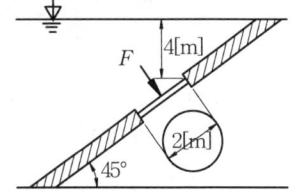

Solution
$$F = \gamma \bar{h} \sin\theta A$$
$$= 9800 \times (4 + 1 \times \sin 45°) \times \frac{\pi \times 2^2}{4} = 144.921 \, [\text{kN}]$$

81 수압기에 대한 설명 중 맞는 것은 어느 것인가?

① 수압기는 아르키메데스(Archimedes)의 원리를 이용하여 만든 기계이다.
② 수압기는 파스칼(Pascal)의 원리를 적용한 기계이다.
③ 수압기는 힘을 줄여 쓰기 위한 기계이다.
④ 수압기의 고안자는 베르누이(Bernoulli)이다.

82 한 변의 길이 60[cm]의 정사각형을 밑면으로 하고 높이 130[cm]인 직육면체의 탱크에 물을 가득 채웠다. 압력의 중심 위치는 수면하 몇 m에 있는가?

① 0.87 ② 0.77 ③ 0.74 ④ 0.64

Solution
$$h_p = \frac{2}{3} h = \frac{2}{3} \times 1.3 = 0.87 \, [\text{m}]$$
별해 : $h_p = \bar{h} + \frac{I_G}{A\bar{h}} = 0.65 + \frac{0.6 \times 1.3^3}{12 \times 0.65 \times 0.6 \times 1.3} = 0.87 \, [\text{m}]$

83 체적 2×10^{-3}[m³]의 돌이 물속에서의 무게가 40[N]이었다면 공기 중에서의 무게는 몇 N 인가?

① 19.6 ② 42 ③ 59.6 ④ 2

Solution
$F_B + W' = W$
$9800 \times 2 \times 10^{-3} + 40 = W$, $W = 59.6[\text{N}]$

84 수직축에 대하여 일정한 회전이 있을 때 등압면에서는 회전축에 대칭인 포물선들이 나타난다. 이 포물선의 형태들은 다음 중 어느 것에 의존하는가?

① 각가속도
② 각속도
③ 압력
④ 압력과 온도

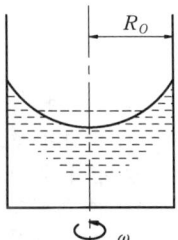

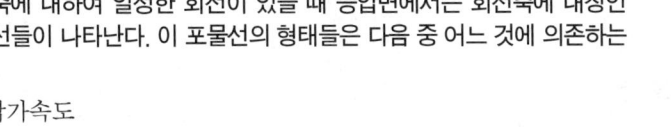

Answer 79 ② 80 ③ 81 ② 82 ① 83 ③ 84 ②

85 피스톤 A_2의 반지름이 A_1의 반지름의 2배이며 A_1과 A_2에 작용하는 압력을 각각 P_1, P_2라 하면 P_1과 P_2 사이의 관계는?

① $P_1 = 2P_2$ ② $P_2 = 4P_1$
③ $P_1 = P_2$ ④ $P_2 = 2P_1$

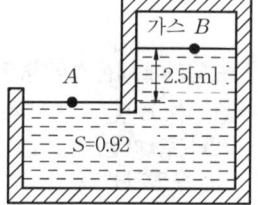

Solution
$P_1 = \dfrac{F_1}{A_1} = \dfrac{F_1}{\pi r^2}$
$P_2 = \dfrac{F_2}{A_2} = \dfrac{F_2}{4\pi r^2}$
$U_{1 \to 2} = F_1 S_1 = F_2 S_2$
$U_{1 \to 2} = P_1 A_1 S_1 = P_1 V_1$, $U_{1 \to 2} = P_2 A_2 S_2 = P_2 V_2$
$V_1 = V_2$, $P_1 = P_2$
여기서, V는 체적, U는 가역일량이다.

86 그림과 같은 장치에서 A점의 압력에는 대기압이 작용하고 있을 때, B점의 절대압력은 얼마인가?
(단, A점과 B점의 수직거리는 2.5[m]이고, 기름의 비중은 0.92이다.)

① 78.785[kPa]   ② 791.840[kPa]
③ 123.774[kPa] ④ 22.05[MPa]

Solution
$P_B = -S\gamma_w h$
$= 0.92 \times 9800 \times 2.5 = -22540[Pa]$
$P_{Babs} = 101325 - 22540 = 78785[Pa]$

87 부양체(浮陽體)의 안정은 물체의 중심(重心), 경심(傾心; metacenter)과 관계가 있다. 다음 설명 중 틀린 것은?

① 경심이 중심보다 위에 있으면 안정하다.
② 경심과 중심이 일정할 때는 중립 평형 상태이다.
③ 경심이 중심보다 아래 있으면 불안정하다.
④ 경심과 중심간의 거리가 클수록 안정하다.

88 속도분포의 방정식이 $u = ay^2$일 때 내벽면으로부터 수직거리 20[cm], 40[cm]에서의 속도구배는?
(단, 여기서 u, y는 각각 m/sec와 m의 단위를 갖는다.)

① 0.04 a[1/sec], 0.06 a[1/sec]   ② 0.8 a[1/sec], 0.6 a[1/sec]
③ 0.4 a[1/sec], 0.6 a[1/sec]   ④ 0.4 a[1/sec], 0.8 a[1/sec]

Solution
① 속도구배 : $\dfrac{du}{dy} = 2ay$
② 20[cm]일 때 : $\dfrac{du}{dy} = 2a \times 0.2 = 0.4a$
③ 40[cm]일 때 : $\dfrac{du}{dy} = 2a \times 0.4 = 0.8a$

89 물 위에 떠 있는 물체는?

① 물체의 무게보다 큰 부력을 받는다.
② 물체의 질량과 같은 양의 부력을 받는다.
③ 그 물체의 체적과 같은 양의 물을 배제한다.
④ 그 물체의 무게와 같은 양의 물을 배제한다.

Answer 85 ③ 86 ① 87 ④ 88 ④ 89 ④

90 그림과 같은 직경 10[cm]인 반구의 용기가 유리면 위에 놓여져 있다. 꼭대기에 작은 구멍을 뚫어 용기 내에 물을 가득 채울 때 용기가 물에 의해서 들어 올려지지 않기 위해서는 용기의 무게는 최소 몇 N이 되어야 하겠는가? (단, 물의 비중량 $\gamma=9800[N/m^3]$이다.)

① 0.817[N]　　② 1.283[N]
③ 3.848[N]　　④ 4.665[N]

 $F = PA = \gamma h A = \gamma R \dfrac{\pi D^2}{4} = 9800 \times 0.05 \times \dfrac{\pi \times 0.1^2}{4}$
$= 3.848[N]$

91 어느 바다 속의 압력이 968.45[bar]이다. 이 바다 속의 깊이는? (단, 해수의 비중량은 10045[N/m³]이다.)

① 9540[m]　　② 9640[m]　　③ 9688[m]　　④ 9878[m]

 $P = \gamma h$;
$h = \dfrac{P}{\gamma} = \dfrac{968.45 \times 10^5}{10045} = 9641.115\,[m]$

92 그림과 같은 직각 삼각형으로 된 평판이 자유표면에 한 변을 두고 물 속에 수직으로 놓여 있을 때 물의 비중량을 γ라고 하면 이 평판에 작용하는 전압력은?

① $\gamma h^3/12$　　② $\gamma h/2$
③ $\gamma h^2/6$　　④ $\gamma h^3/8$

$F = \gamma \bar{h} A = \gamma \times (\dfrac{h}{3}) \times (\dfrac{1}{2} \times \dfrac{h}{2} \times h) = \gamma \dfrac{h^3}{12}$

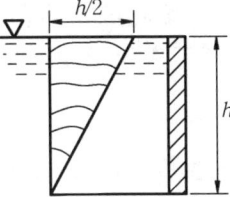

93 정지유체에 작용하는 압력의 성질과 거리가 먼 것은?
① 밀폐된 그릇 속의 유체에 가한 압력은 모든 방향으로 균일한 세기로 전달된다.
② 한 점에 작용하는 압력의 세기는 어느 방향에서나 같다.
③ 유체의 압력은 유체와 접촉하는 벽면에 항상 수직으로 작용한다.
④ 일정 깊이의 임의 요소에 작용하는 압력은 같은 크기와 같은 방향을 갖는다.

94 밑변의 지름 2[m], 높이 1[m]의 직원뿔형 용기에 깊이 0.5[m]까지 물을 넣었다. 밑변이 받는 힘은 약 얼마인가?

① 76.9[kN]　　② 37.5[kN]
③ 30.8[kN]　　④ 8.98[kN]

직원뿔형 용기의 밑변이 받는 힘은 유체의 무게로 계산한다.

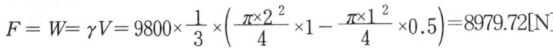
$F = W = \gamma V = 9800 \times \dfrac{1}{3} \times \left(\dfrac{\pi \times 2^2}{4} \times 1 - \dfrac{\pi \times 1^2}{4} \times 0.5 \right) = 8979.72[N]$

95 밀폐된 탱크 속에 그림과 같이 압축공기와 기름($S_{oil}=0.9$)이 들어 있다. 이 탱크에 수은($S_{Hg}=13.6$)을 사용하는 U튜브에 액주계가 연결되어 있다. 높이가 각각 $h_1=90[mm]$, $h_2=20[mm]$, $h_3=30[mm]$라면 탱크 위의 압력게이지가 지시하는 압력은?

① 309[Pa]　　② 320[Pa]
③ 3028[Pa]　　④ 3745[Pa]

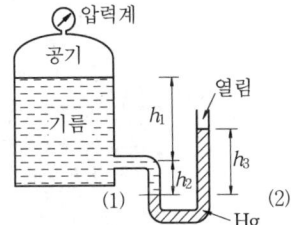

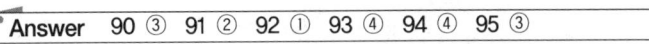
Answer　90 ③　91 ②　92 ①　93 ④　94 ④　95 ③

> **Solution** $P + S_{oil}\gamma_w(h_1+h_2) = S_{Hg}\gamma_w h_3$
> $P = 13.6 \times 9800 \times 0.03 - 0.9 \times 9800 \times (0.09+0.02) = 3028.2\,[\text{Pa}]$

96 다음 중 유체의 밀도를 측정하는 방법이 아닌 것은?
① 비중계를 이용하는 방법
② 질량을 알고 있는 추를 이용하는 방법
③ 이미 알고있는 체적의 용기를 이용하여 액체의 질량을 재는 방법
④ 작은관으로 액체를 통과시켜 일정량의 액체가 통과하는데 요하는 시간으로 측정하는 방법

97 유체 중의 한 점에 작용하는 수직응력이 모든 방향에서 같은 경우는?
① 단지 유체가 마찰이 없는 유체일 때
② 단지 유체가 마찰이 없고 비압축성일 때
③ 단지 유체가 점성이 없고 비압축성일 때
④ 유체의 입자와 입자 사이에 상대적인 운동이 없을 때

> **Solution** 정지유체 속에서 한 점에 작용하는 압력은 모든 방향에서 동일하다. 정지유체 속에서는 유체의 입자와 입자 사이에 상대운동이 없으므로 점성을 무시할 수 있다.

98 어떤 액체의 밀도가 액체 표면으로부터 깊이 h에 따라 선형으로 변화할 때 깊이에 따른 압력을 식으로 표현하면? (단, $\rho = \rho_0 + Kh$, ρ_0=액체 표면에서의 밀도, K=상수이다.)
① $\rho_0 gh$
② $(\rho_0 + Kh)gh$
③ $(\rho_0 - Kh)gh$
④ $\left(\rho_0 + \dfrac{K}{2}h\right)gh$

> **Solution** $dP = \gamma dh = \rho g dh$
> $P = \int_0^h \rho g dh = \int_0^h (\rho_0 + Kh)g dh$
> $P = \rho_0 gh + \dfrac{K}{2}gh^2 = \left(\rho_0 + \dfrac{K}{2}h\right)gh$

99 반지름 1[m], 높이 2m인 원통용기에 물을 가득 채우고 수직축을 중심으로 각속도 3[rad/s]로 회전운동 할 때, 용기의 중심에서 바닥면에 작용하는 압력은 몇 bar(gage)인가?
① 45900
② 0.151
③ 0.459
④ 15100

> **Solution** $V = R \cdot \omega = 1 \times 3 = 3\,[\text{m/s}]$
> $H = \dfrac{V^2}{2g} = \dfrac{3^2}{2 \times 9.8} = 0.46\,[\text{m}]$
> $P_0 = \gamma(2-H) = 9800 \times (2-0.46) \times 10^{-5} = 0.151\,[\text{bar}]$

100 그림과 같이 왼쪽에는 밀도가 1000[kg/m³]인 액체(A), 오른쪽에는 밀도가 1500 [kg/m³]인 액체(B)가 벽으로 분리되어 있다. 벽의 폭이 10[m]일 때, 이 벽은 어느쪽으로 몇 kN의 힘을 받는가?
① 왼쪽으로 196
② 오른쪽으로 196
③ 왼쪽으로 392
④ 오른쪽으로 392

> **Solution** $F_A = \gamma \bar{h} A = 1000 \times 9.8 \times 5 \times 10 \times 10 = 4900\,[\text{kN}]$
> $F_B = \gamma \bar{h} A = 1500 \times 9.8 \times 4 \times 8 \times 10 = 4704\,[\text{kN}]$
> $\sum F = F_A - F_B = 4900 - 4704 = 196\,[\text{kN}]$

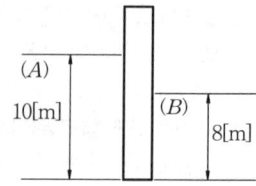

Answer 96 ② 97 ④ 98 ④ 99 ② 100 ②

chapter 3 유체(流體)의 운동학(運動學)

1 유체유동의 유형

1. 정상류와 비정상류

(1) 정상류(定常流 ; steady flow)

유동장(流動場)의 임의의 한 점에서 시간의 변화에 대한 유동특성이 일정한 유체의 흐름을 정상류라 한다.

$$\frac{\partial V}{\partial t}=0,\ \frac{\partial P}{\partial t}=0,\ \frac{\partial T}{\partial t}=0,\ \frac{\partial \rho}{\partial t}=0\ ★★ \tag{3-1}$$

여기서, V는 속도(速度 ; velocity), P는 압력(壓力 ; pressure), ρ는 밀도(密度 ; density), T는 온도(溫度 ; temperature)이다.

정상류의 유동특성은 시간에 대해서 무관하고 일정하지만 유동장의 모든 점에서 모두 같다는 의미는 아니다. 유동특성은 시간에 무관하고 일정하지만 위치에 따라서는 변화한다는 뜻이다. 즉 정상류는 시간에 무관하고 공간좌표만의 함수이다.

(2) 비정상류(非定常流 ; unsteady flow)

유동장(流動場)의 임의의 한 점에서 시간의 변화에 대한 유동특성이 변화하는 흐름을 비정상류라 한다.

$$\frac{\partial V}{\partial t}\neq 0,\ \frac{\partial P}{\partial t}\neq 0,\ \frac{\partial T}{\partial t}\neq 0,\ \frac{\partial \rho}{\partial t}\neq 0\ ★★ \tag{3-2}$$

2. 등류와 비등류

(1) 등류(等流 ; uniform flow)

한 유동장의 주어진 영역 내에서 모든 점의 속도가 공간좌표에 관계없이 동일 할 때, 이 유동을 등류(等流) 또는 균속도 유동(均速度流動)이라 한다. 속도를 V, 임의의 방향의 좌표를 S, 시간을 t라 할 때 균속도 유동의 표현식은 다음과 같다.

① 비정상 균속도 유동

$$\frac{\partial V}{\partial S}=0,\ \frac{\partial V}{\partial t}\neq 0\ ★★ \tag{3-3}$$

② 정상 균속도 유동

$$\frac{\partial V}{\partial S}=0,\ \frac{\partial V}{\partial t}=0\ ★★ \tag{3-4}$$

(2) 비등류(非等流 ; nonuniform flow)

한 유동장의 주어진 영역 내에서 모든 점의 속도가 위치에 따라 변화할 때, 이 유동을 비등류(非等流) 또는 비균속도 유동(非均速度流動)이라 한다. 속도를 V, 임의의 방향의 좌표를 S, 시간을 t라 할 때 비균속도 유동의 표현식은 다음과 같다.

① 비정상 비균속도 유동

$$\frac{\partial V}{\partial S} \neq 0, \quad \frac{\partial V}{\partial t} \neq 0 \quad ★★ \tag{3-5}$$

② 정상 비균속도 유동

$$\frac{\partial V}{\partial S} \neq 0, \quad \frac{\partial V}{\partial t} = 0 \quad ★★ \tag{3-6}$$

2 유선, 유적선, 유맥선, 유관

1. 유선(流線 ; streamline)

(1) 유선의 정의

유선(流線 ; streamline)이란 유동장(流動場)에서 유체 흐름의 어느 순간에 각 점에서 속도 벡터의 방향과 접선방향이 일치하도록 그려진 연속적인 가상곡선이다. 하나의 유선은 다른 유선과 교차하지 않는다.

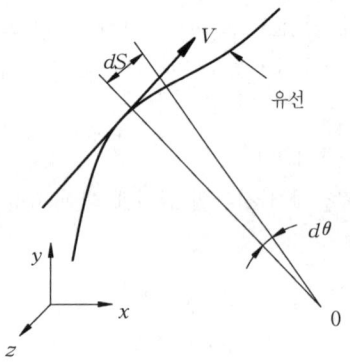

그림3-1 유선의 방정식

(2) 유선의 방정식

임의의 순간에 한 유체 입자는 유선을 따라 움직이므로 그림3-1과 같이 유선상의 임의 한 점에서 속도 V에 의한 미소변위를 ds라 하자. 이 때 속도와 미소변위의 벡터 외적을 유선의 방정식이라 한다.

$$\vec{V} \times \vec{ds} = 0 \quad ★★★ \tag{3-7}$$

$$\frac{dx}{u} = \frac{dy}{v} = \frac{dz}{w} \quad ★★★ \tag{3-8}$$

2. 유적선(流跡線 ; pathline)

한 유체 입자가 일정한 기간 내에 흘러간 경로(자취, 흔적)를 유적선(流跡線 ; pathline)이라 한다. 비정상 유동시 임의 점에서 속도 벡터의 방향은 시간에 따라 변화하게 되고 따라서 유선도 시시각각 위치와 방향을 바꾸게 된다. 즉 비정상 유동에서 한 유체 입자는 어느 순간 한 유선을 따라 움직이다가 다음 순간에는 다른 유선을 따라 운동하게 된다. 그러나 정상류에서는 임의 점에서 속도 벡터의 방향이 변화하지 않으므로 유선은 시간이 경과하더라도 변하지 않고 따라서 유선은 유적선과 일치한다.

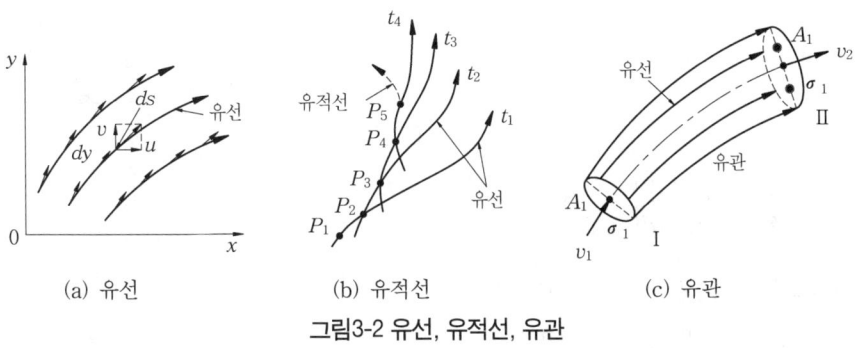

(a) 유선   (b) 유적선   (c) 유관

그림3-2 유선, 유적선, 유관

3. 유맥선(流脈線 ; streakline)

공간 내의 한 점을 통과한 모든 유체 입자들의 순간궤적을 유맥선(流脈線 ; streakline)이라 한다. 예를 들어 물감이나 연기를 유동 중에 흘려보냈을 때 흘러간 흔적이 유맥선이다. 정상류 흐름에서 유선과 유적선 그리고 유맥선은 일치한다.

4. 유관(流管 ; streamtube)

그림3-2와 같이 유동장 속에서 폐곡선을 통과하는 유선들에 의해 형성되는 공간, 즉 유선으로 둘러싸인 유선의 다발을 유관(流管 ; streamtube)이라 한다. 미소 단면적의 유관은 하나의 유선으로 취급할 수 있고 반대로 유선은 작은 유관으로 생각할 수 있다.

3 유체 유동의 지배 방정식

1. 연속방정식(連續方程式 ; continuity equation)

연속방정식이란 관로나 수로와 같은 유동장에 흐르는 유체에 질량보존의 법칙을 적용시켜 얻은 방정식이다.

(1) 1차원 연속방정식

질량보존의 법칙을 그림3-3와 같은 정상류로 흐르고 있는 유동장에 적용시키면 질량의 변화는 일정하다. 즉 유동장으로 흘러들어온 단위시간당 질량은 유동장의 출구로 빠져나간 단위시간당 질량과 동일하다. 이것을 식으로 표현하면 다음과 같다.

$$\rho_1 A_1 V_1 = \rho_2 A_2 V_2$$
$$\rho A V = const \;\bigstar\bigstar\bigstar\bigstar\bigstar \tag{3-9}$$

식[3-9]을 1차원 정상류 연속방정식이라 하고 이것을 미분하여 표현하면 다음과 같다.

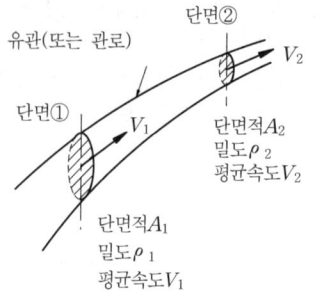

그림3-3 검사체적-Ⅱ

$$d\rho AV + \rho dAV + \rho AdV = 0$$
$$\frac{d\rho}{\rho} + \frac{dA}{A} + \frac{dV}{V} = 0 \;\star\star \tag{3-10}$$

① 질량유량 (質量流量 ; mass flowrate)

$$\dot{m} = \rho AV \;[\text{kg}_m/\text{sec}] \;\star\star\star\star \tag{3-11}$$

② 중량유량(重量流量 ; weight flowrate)

$$\dot{W} = \gamma AV [\text{kg}_f/\text{sec}, \text{N/sec}] \;\star\star \tag{3-12}$$

③ 체적유량(體積流量 ; volumetric flowrate, discharge)

$$Q = AV \;[\text{m}^3/\text{sec}] \;\star\star\star\star\star \tag{3-13}$$

(2) 3차원 연속방정식

① 3차원 비정상류 압축성 유체의 연속방정식

$$\nabla \cdot (\rho \vec{V}) = -\frac{\partial \rho}{\partial t} \;\star\star \tag{3-14}$$

여기서, ∇ 는 구배연산자(gradient operator)이고 식[3-23]을 풀어 표현하면 다음과 같다.

$$\frac{\partial(\rho u)}{\partial x} + \frac{\partial(\rho v)}{\partial y} + \frac{\partial(\rho w)}{\partial z} = -\frac{\partial \rho}{\partial t} \;\star\star \tag{3-15}$$

② 3차원 정상류 압축성 유체의 연속방정식

$$\nabla \cdot (\rho \vec{V}) = \frac{\partial(\rho u)}{\partial x} + \frac{\partial(\rho v)}{\partial y} + \frac{\partial(\rho w)}{\partial z} = 0 \;\star\star \tag{3-16}$$

③ 3차원 정상류 비압축성 유체의 연속방정식

$$\nabla \cdot \vec{V} = \frac{\partial u}{\partial x} + \frac{\partial v}{\partial y} + \frac{\partial w}{\partial z} = 0 \;\star\star \tag{3-17}$$

$$\div \vec{V} = 0 \tag{3-18}$$

$\nabla \cdot \vec{V}$ 를 속도 $\vec{V}$ 의 다이버젼스(divergence)라 한다.

④ 2차원 정상류 비압축성 유체의 연속방정식

$$\frac{\partial u}{\partial x} + \frac{\partial v}{\partial y} = 0 \;\star\star\star \tag{3-19}$$

2. 오일러의 운동방정식(Euler equation of motion)

어떤 유동장의 유선을 따라 유동하고 있는 비점성 유체의 미소체적에 Newton의 운동 제2법칙을 적용시켜 얻은 미분방정식을 오일러의 운동방정식(Euler equation of motion)이라 한다.

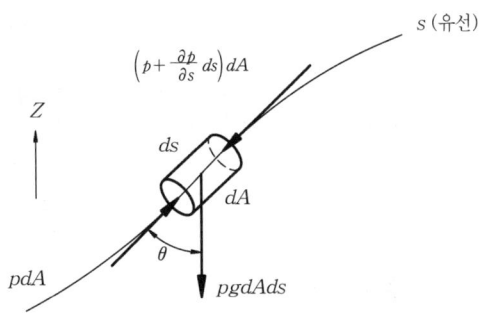

그림3-4 비점성 유동의 운동방정식 해석

$$\frac{dP}{\rho} + VdV + gdz = 0 \qquad [3\text{-}20]$$

$$\frac{dP}{\gamma} + \frac{VdV}{g} + dz = 0 \qquad [3\text{-}21]$$

(3) 오일러 운동방정식의 기본 가정

식[3-20] 또는 식[3-21]을 유도할 때 적용된 기본 가설은 다음과 같다.
① 유체입자는 유선을 따라 흐른다.
② 유체의 흐름은 정상류이다.
③ 비점성(유체 마찰 무시) 유체의 흐름이다.

3. 베르누이 방정식(Bernoulli's equation)

오일러의 운동방정식 [3-20]를 유선방향에 대하여 적분하면

$$\int \frac{dP}{\rho} + \int VdV + \int gdZ = C$$

$$\int \frac{dP}{\rho} + \frac{V^2}{2} + gZ = C \qquad [3\text{-}22]$$

또는

$$\int \frac{dP}{\gamma} + \frac{V^2}{2g} + Z = C \qquad [3\text{-}23]$$

이다. 이와 같이 오일러의 운동방정식을 유선방향에 따라 적분하여 얻은 식을 베르누이 방정식(Bernoulli's equation)이라 한다.

(1) 비압축성 유체의 베르누이 방정식

비압축성 유체에서는 ρ=일정 이므로 비압축성 유체의 베르누이 방정식은 식[3-22]와 [3-23]로부터 정리하면

$$\frac{P}{\rho} + \frac{V^2}{2} + gZ = \mathrm{H} \qquad [3\text{-}24]$$

또는

$$\frac{P}{\gamma} + \frac{V^2}{2g} + Z = \mathrm{H} \;\star\star\star\star\star \qquad [3\text{-}25]$$

이다. 베르누이 방정식 [3-25]는 정상류 비압축성 유체의 단위중량당 에너지 보존 방정식이라 표

현할 수도 있다. 그래서 식[3-25]의 첫번째 항은 단위중량당 압력에너지, 두 번째 항은 단위중량당 운동에너지, 세번째 항은 단위중량당 위치 에너지라 한다. 그리고 그 합을 단위중량당 총 기계적 에너지라 하고 어떤 한 유선을 따라 총 단위중량당 총 기계적 에너지는 일정하다. 이론적으로 유선이 다르면 단위중량당 총 기계적 에너지도 일정하지 않을 수도 있다. 그러나 유체 유동을 해석하는데 있어서는 모든 유선에 대한 단위중량당 총 기계적 에너지는 일정한 것으로 가정한다. 베르누이 방정식의 각 항의 차원은 [L]이고 단위는 [N·m/N], [kg$_f$·m/kg$_f$], [m]이다. 단위중량당 에너지를 수두(水頭 ; head)라 표현하여 베르누이 방정식의 각 항을 정리하면 다음과 같다.

① $\dfrac{P}{\gamma}$: 압력수두(壓力水頭 ; pressure head)

② $\dfrac{V^2}{2g}$: 속도수두(速度水頭 ; velocity head)

③ Z : 위치수두(位置水頭 ; potential head)

④ H : 전수두(全水頭 ; total head)

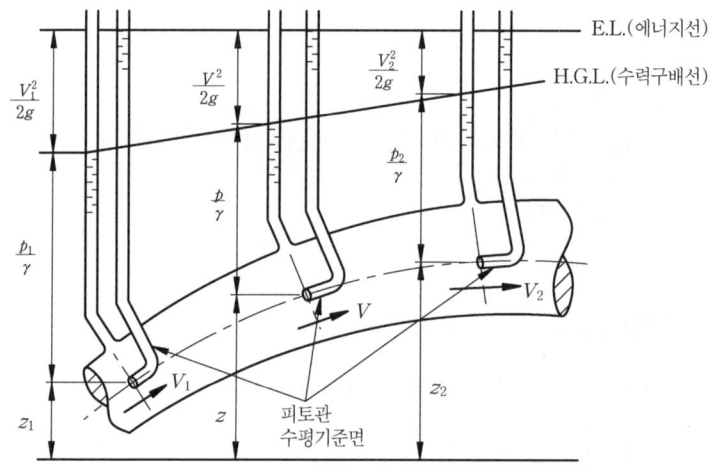

그림3-5 수력구배선과 에너지선

전수두란 압력수두, 속도수두, 위치수두의 합으로 그림3-5의 ①단면과 ②단면에 적용시키면

$$\dfrac{P_1}{\gamma} + \dfrac{V_1^2}{2g} + Z_1 = \dfrac{P_2}{\gamma} + \dfrac{V_2^2}{2g} + Z_2 = H \qquad [3\text{-}26]$$

이다. 식[3-26]은 한 유선상의 모든 점에서 전수두는 항상 일정함을 나타낸다.

(2) 베르누이 방정식 유도시 기본 가정

식[3-24]과 식[3-25]의 베르누이 방정식을 유도시 기본 가설은 다음과 같다.
① 유체입자는 유선을 따라 흐른다.
② 유체의 흐름은 정상류이다.
③ 비점성(유체 마찰 무시) 유체의 흐름이다.
④ 비압축성 유체이다.

(3) 수력구배선과 에너지선

① 에너지선(energy line) : 그림3-5과 같이 전수두(total head)를 나타내는 선을 에너지선(energy line)이라 하며 E.L로 나타낸다.
② 수력구배선(水力句配線 ; hydraulic grade line) : 한 유선상의 모든 점에서 압력수두와 위치수두의 합을 연결한 선을 수력구배선(水力句配線 ; hydraulic grade line)이라 하고 H.G.L로 나타

낸다. 그림3-5과 같이 액주계의 높이를 연결한 선이 수력구배선이고 항상 속도수두 만큼 아래에 위치한다.

4. 수정 베르누이 방정식(modified Bernoulli's equation)

(1) 손실수두를 고려한 베르누이 방정식

실제유체(점성유체) 유동의 문제에서는 점성(유체마찰) 때문에 마찰손실이 발생하므로 그림 3-6과 같이 단면①과 단면② 사이에 베르누이 방정식을 적용시키면

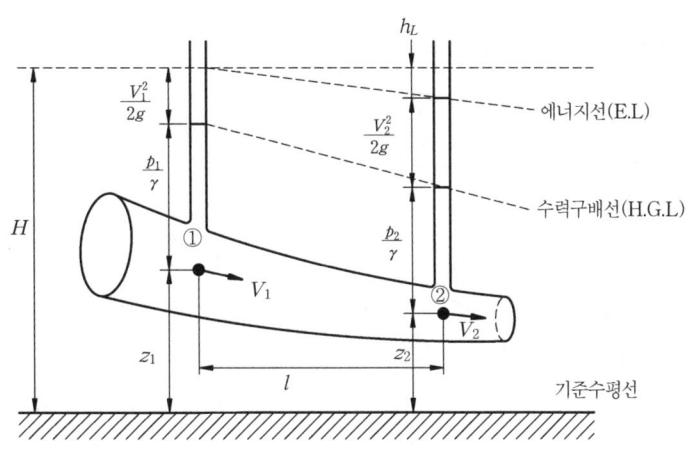

그림3-6 실제유체의 유동 관로

$$\frac{P_1}{\gamma} + \frac{V_1^2}{2g} + Z_1 = \frac{P_2}{\gamma} + \frac{V_2^2}{2g} + Z_2 + h_L \text{★★★★★} \quad [3\text{-}27]$$

이다. 여기서, h_L 은 손실수두(損失水頭 ; loss head)이다.

(2) 펌프 수두를 고려한 베르누이 방정식

펌프(pump)는 액체를 수송하는 장치이고 기체를 수송하는 장치는 송풍기(送風機 ; blower)이다. 실제유체의 유동관로에 펌프를 설치하여 유체를 이송할 때 베르누이 방정식은 다음과 같이 적용시킨다.

$$\frac{P_1}{\gamma} + \frac{V_1^2}{2g} + Z_1 + h_P = \frac{P_2}{\gamma} + \frac{V_2^2}{2g} + Z_2 + h_L \text{★★★} \quad [3\text{-}28]$$

여기서, h_P 는 펌프수두(pump head)이다.

(3) 터빈 수두를 고려한 베르누이 방정식

터빈(turbine)은 물이 가지고 있는 에너지를 받아 기계적 에너지로 변환시켜 주는 기계로 수차(水車 ; turbine)를 의미한다. 실제 유동 관로에 수차(turbine)가 설치되어 있을 때 베르누이 방정식은 다음과 같이 적용시킨다.

$$\frac{P_1}{\gamma} + \frac{V_1^2}{2g} + Z_1 = \frac{P_2}{\gamma} + \frac{V_2^2}{2g} + Z_2 + h_T + h_L \text{★★★} \quad [3\text{-}29]$$

여기서, h_T 는 터빈 수두(turbine head)이다.

4 공률(工率 ; power)

펌프나 터빈을 이용한 유동에서 유체에 전달동력을 구하는 방법은 다음과 같다.

$$L = \gamma QH \ [\text{kg}_f \cdot \text{m/sec, PS, kW}] \ \bigstar\bigstar\bigstar\bigstar\bigstar \quad [3\text{-}30]$$

여기서, γ는 유체의 비중량 [kg$_f$/m^3, N/m^3], Q는 체적유량 [m^3/sec], H는 전수두[m]이다. 만약 유동하는 유체가 물이라면 전달된 동력은 수동력(水動力)이 된다. 비중량의 단위에 따라 전달동력을 구하는 식은 다음과 같이 적용된다.

$$L = \frac{\gamma QH}{75} \ [\text{PS}] = \frac{\gamma QH}{102} \ [\text{kW}] \quad [3\text{-}31]$$

여기서, 비중량 γ의 단위는 [kg$_f$/m^3]이고, [N/m^3]의 S.I 단위라면 전달동력은

$$L = \frac{\gamma QH}{1000} \ [\text{kW}] \quad [3\text{-}32]$$

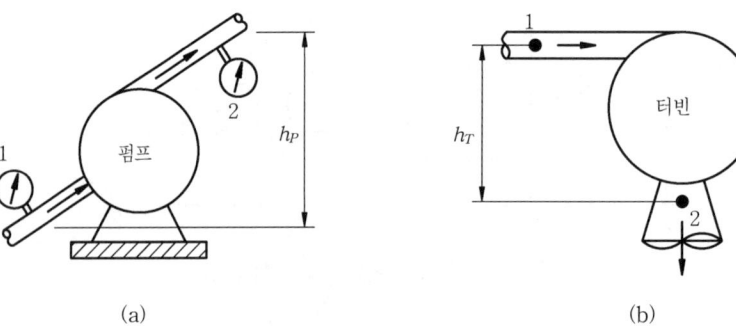

그림3-7 펌프(pump)와 터빈(turbine)

이다. 식[3-28]에서 펌프 수두 h_P는 단위중량의 유체에 공급한 에너지를 나타내므로 펌프동력을 구할 때는 식[3-30]에서 전수두 대신에 펌프 수두를 대입하면

$$L_P = \gamma Q h_P \ [\text{kg}_f \cdot \text{m/sec, PS, kW}] \ \bigstar\bigstar\bigstar \quad [3\text{-}33]$$

이고 터빈 동력은 다음과 같이 터빈 수두를 이용하여 구하면 된다.

$$L_T = \gamma Q h_T \ [\text{kg}_f \cdot \text{m/sec, PS, kW}] \ \bigstar\bigstar\bigstar \quad [3\text{-}34]$$

5 연속방정식과 베르누이 방정식의 응용

1. 오리피스(orifice)

오리피스(orifice)란 유량을 측정할 수 있는 예리한 끝을 가진 원형단면의 구멍으로 유로의 단면을 바꾸는 기구인 스로틀(throttle ; 교축)의 한 종류이다. 그림3-8과 같이 오리피스가 설치된 용기의 자유표면을 ①점, 오리피스 구멍 출구를 ②점으로 하여 베르누이 방정식을 적용시키면 다음과 같다.

$$Z_1 = \frac{V_2^2}{2g} + Z_2$$
$$V_2 = \sqrt{2gh} \quad [3\text{-}35]$$

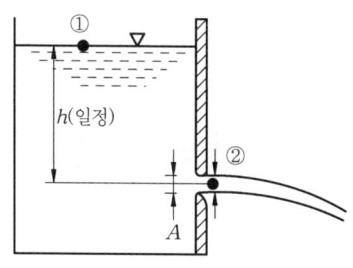

그림3-8 오리피스(orifice)

(1) 토리첼리(Torricelli)의 정리

$$V = \sqrt{2gh} \;\; \star\star\star \qquad [3\text{-}36]$$

(2) 유량(discharge)

① 이론유량

$$Q = A \cdot V = \frac{\pi d^2}{4} \cdot \sqrt{2gh} \qquad [3\text{-}37]$$

② 실제속도

$$V_a = C_v \sqrt{2gh} \;\; \star\star\star \qquad [3\text{-}38]$$

여기서, V_a는 실제속도이고 C_v는 유속계수(coefficient of velocity)이다.

③ 실제유량

$$Q_a = CAV = CA\sqrt{2gh} \;\; \star\star\star \qquad [3\text{-}39]$$

여기서, Q_a는 실제유량이고 C는 유량계수(coefficient of discharge)이다.

2. 피토관(pitot tube)

피토관(pitot tube)은 동압을 측정하는 속도 계측기이다. 다음과 같은 2가지 경우에 대하여 정리하기로 한다.

(1) 직수평관 내에 교란되지 않는 유속을 측정하기 위한 피토관

그림3-9과 같이 ①점과 ②점 사이에 베르누이 방정식을 적용시키면 다음과 같다.

$$\frac{V_1^2}{2g} + \frac{P_1}{\gamma} = \frac{P_2}{\gamma} \qquad [3\text{-}40]$$

여기서, P_1은 정압(static pressure)이고 피토관 입구는 정체점(stagnation point)이며 P_2는 정체압(stagnation pressure) 또는 전압(total pressure)이라 한다.

$$P_2 = P_1 + \frac{\rho V_1^2}{2} \;\; \star\star\star \qquad [3\text{-}41]$$

여기서, $\frac{\rho V_1^2}{2}$은 동압(dynamic pressure)이라 한다. 그림3-10의 피토관에서 정체압과 정압의 차를 계산하면

$$P_2 - P_1 = h(\gamma_s - \gamma) \qquad [3\text{-}42]$$

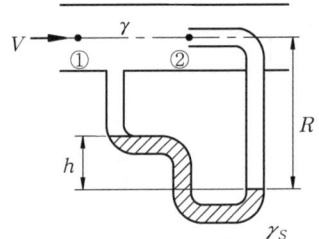

그림3-9 관내 유속을 측정하기 위한 피토관

이고 식[3-41]과 [3-42]로부터 관의 속도를 구하면 다음과 같다.

$$V_1 = \sqrt{2gh\left(\frac{\gamma_s}{\gamma} - 1\right)} \;\star\star\star \qquad [3\text{-}43]$$

여기서, $\dfrac{\gamma_s}{\gamma} = \dfrac{\rho_s}{\rho} = \dfrac{S_s}{S}$ 이고 유량(discharge)을 구하면

$$Q = A_1 V_1 = A_1 \sqrt{2gh\left(\frac{\gamma_s}{\gamma} - 1\right)} \qquad [3\text{-}44]$$

이다.

(2) 유동 중 강물의 유속을 측정하기 위한 피토관

수평으로 흐르는 강물에 피토관을 놓아두면 그림3-10과 같이 피토관 내로 물이 H만큼 상승한다. 이 때 강물의 흐름속도를 구하려면 ①점과 ②점 사이에 베르누이 방정식을 적용시키면 된다.

$$\frac{V_1^2}{2g} + \frac{P_1}{\gamma} = \frac{P_2}{\gamma} \qquad [3\text{-}45]$$

$$\frac{\rho V_1^2}{2} = P_2 - P_1 = \gamma H \qquad [3\text{-}46]$$

$$V_1 = \sqrt{2gH} \;\star\star\star \qquad [3\text{-}47]$$

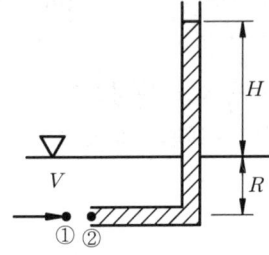

그림3-10 강물의 유속을 측정하기 위한 피토관

3. 벤튜리미터(venturi meter)

(1) 속도(velocity)

그림3-11와 같이 축소·확대관 사이에 마노미터(manometer)를 설치하여 정압을 측정함으로써 유량을 구할 수 있는 유량 계측기이다. 그림3-11에서 단면 ①과 단면 ②사이에 연속방정식과 베르누이 방정식을 적용시켜 단면 ②의 통과 속도를 구하면

$$Q = A_1 V_1 = A_2 V_2$$

$$\frac{P_1}{\gamma} + \frac{V_1^2}{2g} = \frac{P_2}{\gamma} + \frac{V_2^2}{2g}$$

$$\frac{P_1 - P_2}{\gamma} = \left[1 - \left(\frac{A_2}{A_1}\right)^2\right]\frac{V_2^2}{2g} = \frac{h(\gamma_s - \gamma)}{\gamma} \tag{3-48}$$

$$V_2 = \sqrt{\frac{2gh\left(\frac{\gamma_s}{\gamma} - 1\right)}{1 - \left(\frac{d_2}{d_1}\right)^4}} \;\; \star\star\star \tag{3-49}$$

이다.

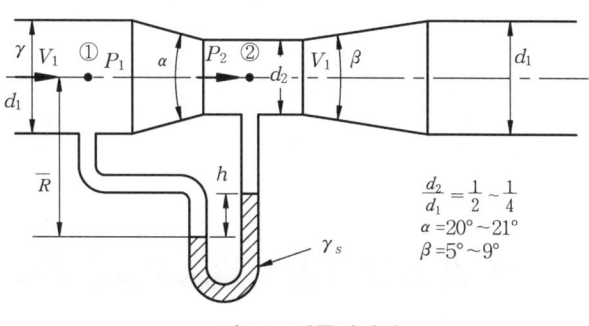

그림3-11 벤튜리미터

(2) 이론유량

이론 유량은 식[3-49]를 이용하여 연속방정식으로부터 구한다.

$$Q = A_2 V_2 = \frac{\pi d_2^2}{4} \cdot \sqrt{\frac{2gh\left(\frac{\gamma_s}{\gamma} - 1\right)}{1 - \left(\frac{d_2}{d_1}\right)^4}} \tag{3-50}$$

(3) 실제유량

실제유량은 이론유량에 유량계수를 도입하여 다음과 같이 표현할 수 있다.

$$Q_a = CA_2 V_2 = C\frac{\pi d_2^2}{4} \cdot \sqrt{\frac{2gh\left(\frac{\gamma_s}{\gamma} - 1\right)}{1 - \left(\frac{d_2}{d_1}\right)^4}} \tag{3-51}$$

여기서, C를 유량계수(coefficient of discharge) 또는 벤튜리미터(venturi meter)계수라 한다.

4. 사이펀(siphon)

그림3-12과 같이 한쪽의 액체를 다른 낮은 쪽으로 옮기기 위하여 사용하는 U자형 또는 V자형의 흡수관을 사이펀(siphon)이라 한다.

사이펀의 출구 속도를 구하기 위하여 ①점과 ②점에 베르누이 방정식을 적용하면

$$Z_1 = \frac{V_2^2}{2g} + Z_2$$

$$V_2 = \sqrt{2g(Z_1 - Z_2)} \tag{3-52}$$

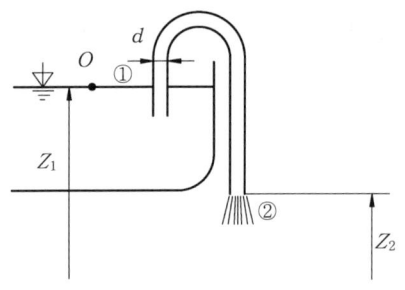

그림3-12 사이펀

이다. 따라서 이론유량은 다음과 같다.

$$Q = \frac{\pi d^2}{4} \cdot \sqrt{2g(Z_1 - Z_2)} \qquad [3\text{-}53]$$

6 유체계측(流體計測)

1. 정압측정(靜壓測定)

(1) 피에조미터(piezometer)

그림3-13와 같이 수평관에 피에조미터 구멍(작은 구멍)을 뚫어 액주계를 설치하고 액주의 높이차를 측정하여 정압(靜壓 ; static pressure)을 구한다. 이 때 관의 표면은 매끄러울수록 구멍은 작을수록 좋다.

(2) 정압관(靜壓管 ; static tube)

그림3-14와 같이 유체의 유동방향과 일치하도록 정압관을 설치하고 액주계의 높이 Δh를 측정하여 정압을 구한다.

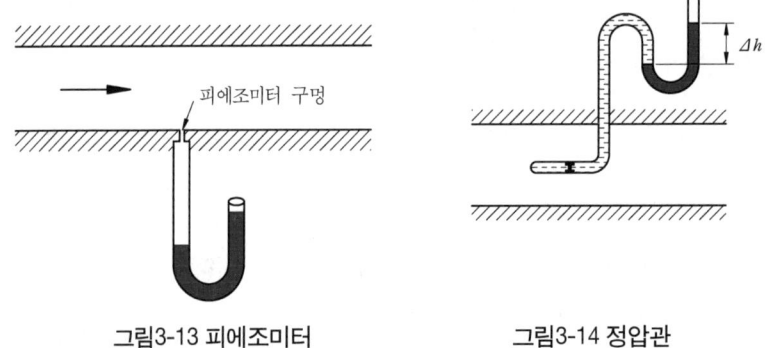

그림3-13 피에조미터   그림3-14 정압관

2. 유속측정(流速測定)

(1) 피토관(pitot tube)

그림3-15과 같이 직각의 유리관을 유체 속에 넣었을 때 관 안으로 흘러 들어온 유체의 높이 Δh를 측정하고 식[3-47]을 이용하여 유속을 계산한다.

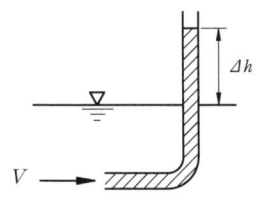
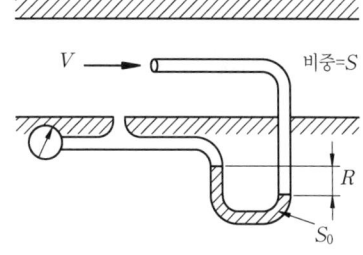

그림3-15 피토관   그림3-16 시차액주계

(2) 시차액주계(difference manometer)

그림3-16과 같이 피에조미터와 피토관을 조합하여 만든 시차액주계에서 R 값을 측정하면 식 [3-43]로부터 유속을 계산할 수 있다.

(3) 피토-정압관(pitot-static tube)

그림3-17과 같이 피토관과 정압관을 조합하여 만든 피토-정압관에서 R 값을 측정하고 식 [3-43]로부터 유속을 계산할 수 있으나 유체의 교란으로 인한 유속의 보정이 필요하게 된다. 이와 같은 점을 고려하여 유속을 구하면 다음과 같다.

$$V = C_v \sqrt{2gR\left(\frac{\gamma_0}{\gamma} - 1\right)} \qquad [3\text{-}54]$$

여기서, C_v는 실험에 의해 결정되는 유속계수이다.

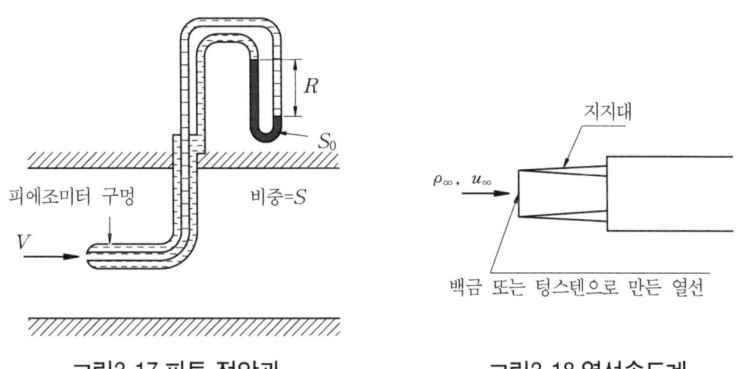

그림3-17 피토-정압관   그림3-18 열선속도계

(4) 열선속도계(hot-wire anemometer)

두 개의 작은 지지대 사이에 연결된 백금 또는 텅스텐으로 만든 열선을 유동장에 넣고 전기적으로 가열하면 열선의 온도가 상승하면서 발생된 열은 대류 현상에 의해 열선으로부터 발산하게 된다. 열선속도계는 이와 같은 현상을 이용하여 난류와 같은 매우 빠른 유체 유동의 속도를 측정하기에 적당한 계측기이다.

3. 유량측정(流量測定)

(1) 오리피스(orifice)

그림3-19와 같이 관의 이음매 사이에 오리피스를 끼워 넣고 R 값을 측정하면 유량을 알 수 있는 계측기이다.

오리피스의 전·후로 베르누이 방정식과 연속방정식을 적용시켜 유량을 구하면

$$Q = CA_0 \sqrt{2gR\left(\frac{\gamma_0}{\gamma}-1\right)} \qquad [3\text{-}55]$$

이다. 여기서, C는 유량계수, A_0는 오리피스의 단면적이다. 오리피스의 종류에는 설치위치에 따라 입구 오리피스, 도중 오리피스와 출구 오리피스 등이 있다. 그림3-19는 도중 오리피스에 해당한다.

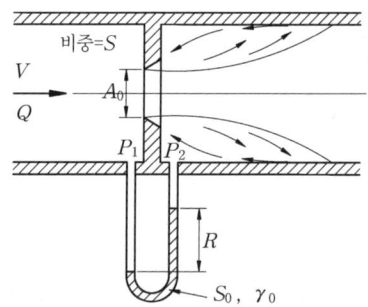

그림3-19 오리피스를 이용한 유량측정

(2) 노즐(nozzle)

그림3-20과 같은 유동 노즐에서 유량을 계산하면

$$Q = CA\sqrt{2gR\left(\frac{\gamma_0}{\gamma}-1\right)} \qquad [3\text{-}56]$$

이다. 여기서, A는 노즐의 단면적이고 C는 유량계수로 유속계수 C_v를 이용하여 계산하면 다음과 같다.

$$C = \frac{C_v}{\sqrt{1-\left(\frac{d_2}{d_1}\right)^4}} \qquad [3\text{-}57]$$

(3) 벤튜리미터(venturi meter)

그림3-20과 같이 단면이 점차 축소하는 관으로 두 단면에 액주계를 설치하여 R값을 측정함으로써 유량을 식[3-51]로 계산할 수 있다.

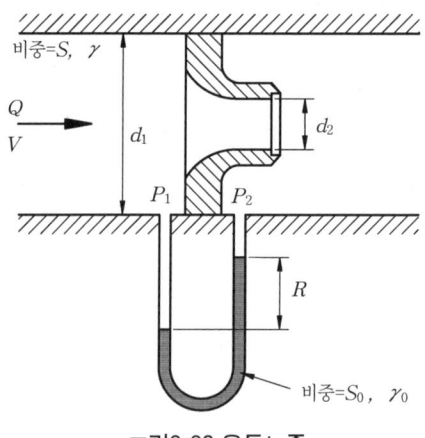

그림3-20 유동노즐

chapter 3 — 실전연습문제

01 안지름 200mm인 관속을 흐르고 있는 이상기체의 평균풍속이 20[m/s]인 어떤 기체는 매초 몇 kg 흐르겠는가? (단, 관속의 정압은 196[kPa], 온도는 15[°C], 기체상수 $R=287[J/kgK]$이다.)

① 2.37[kg/sec] ② 1.49[kg/sec] ③ 2.25[kg/sec] ④ 4.3[kg/sec]

Solution $P = \rho RT$; $\rho = \dfrac{196 \times 10^3}{287 \times (15 + 273)} = 2.37\,[kg_m/m^3]$

$\dot{m} = \rho AV = 2.37 \times \dfrac{\pi \times 0.2^2}{4} \times 20 = 1.49\,[kg_m/s]$

02 물이 3[m³/s]의 유량으로 안지름 10[cm]의 관속을 흐를 때의 평균속도는?

① 382[m/s] ② 382[cm/s] ③ 382[m/min] ④ 382[cm/min]

Solution $Q = AV$; $V = \dfrac{4 \times 3}{\pi \times 0.1^2} = 381.97\,[m/s]$

03 베르누이 방정식이 적용되는 것 중 부적합한 것은?

① 유체의 모든 임의의 두 점 사이에서 적용될 수 있다.
② 정상 상태의 흐름에 적용될 수 있다.
③ 비압축성 유체에 적용될 수 있다.
④ 마찰이 없는 이상기체의 유동에 적용될 수 있다.

Solution 베르누이 방정식의 기본 가설
① 유체의 흐름은 정상류이다.
② 유체 입자는 유선을 따라 흐른다.
③ 비압축성유체이다.
④ 유체 마찰은 무시한다.

04 비중량 γ인 비압축성 유체가 원관 속을 흐르고 있을 때 수력구배선의 높이는 다음 중 어느 것인가? (단, P, V, Z는 압력, 유속, 위치수두를 나타낸다.)

① $\dfrac{V^2}{2g}$ ② $\dfrac{P}{\gamma}+\dfrac{V^2}{2g}$ ③ $Z+\dfrac{V^2}{2g}$ ④ $Z+\dfrac{P}{\gamma}$

Solution ① 수력구배선(H.G.L)=위치수두+압력수두
② 에너지선(E.L)=수력구배선(H.G.L)+속도수두

05 다음 중에서 어느 것이 옳은가?

① 유체의 속도가 빠르면 압력이 작아진다.
② 유체의 속도는 압력에 비례한다.
③ 유체의 압력과 유체의 속도는 비례한다.
④ 유체의 속도는 압력과 관계가 없다.

Answer 01 ② 02 ① 03 ① 04 ④ 05 ①

06 회전계(tachometer)의 원리를 나타내는 식은? (단, ω=유체의 회전각속도, R=회전 원통의 반지름, H=액면의 원통 중심선과 원통면의 접촉점과의 거리, g=중력가속도이다.)

① $\omega = R\sqrt{2gH}$ ② $\omega = \dfrac{1}{R}\sqrt{2gH}$ ③ $\omega = 2\sqrt{gHR}$ ④ $\omega = \dfrac{1}{2}\sqrt{gHR}$

▶ Solution 회전차의 원주속도는 회전차의 반경과 각속도의 곱으로 구한다.
$$V = R\cdot\omega = \sqrt{2gH}$$

07 비중 0.80인 알콜이든 U자관 압력계가 있다. 이 압력계의 한 끝은 피토(pitot)관의 전압부에 다른 끝을 정압부에 연결하여 피토(pitot)관으로 기류의 속도를 재려고 한다. U자관의 읽음의 차가 78.8[mm], 대기의 압력 770[mmHg], 온도 21[°C] 일 때 기류의 속도는 얼마인가?

① 38.8[m/sec]   ② 27.5[m/sec]   ③ 43.5[m/sec]   ④ 31.8[m/sec]

▶ Solution
$$\rho = \dfrac{P}{RT} = \dfrac{770\times101325}{760\times287\times(21+273)} = 1.22\,[\mathrm{kg_m/m^3}]$$
$$V = \sqrt{2gh\left(\dfrac{\rho_s}{\rho}-1\right)} = \sqrt{2\times9.8\times0.0788\times\left(\dfrac{0.8\times1000}{1.22}-1\right)} = 31.8\,[\mathrm{m/s}]$$

08 다음 식 중 질량 유량과 관계가 없는 것은? (단, ρ는 유체의 밀도, A는 관의 단면적, V는 유체속도이다.)

① $\rho AV = 0$ ② ρAV=일정
③ $d(\rho AV) = 0$ ④ $\dfrac{d\rho}{\rho} + \dfrac{dA}{A} + \dfrac{dV}{V} = 0$

09 그림과 같이 사이펀에 의하여 용기속의 물이 매분 4.8[m³]씩 방출된다고 하면, 사이폰 내의 손실수두는?

① 0.668[m]   ② 0.330[m]
③ 1.043[m]   ④ 1.826[m]

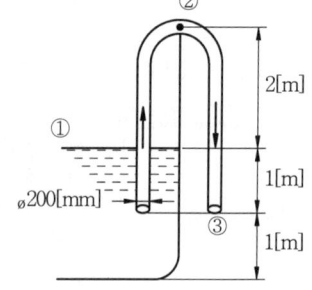

▶ Solution
$$Q = A_3 V_3,\quad V_3 = \dfrac{4\times4.8}{60\times\pi\times0.2^2} = 2.55\,[\mathrm{m/s}]$$
$$Z_1 = \dfrac{V_3^2}{2g} + Z_3 + h_L,\quad h_L = 1 - \dfrac{2.55^2}{2\times9.8} = 0.668\,[\mathrm{m}]$$

10 물의 분류가 연직하방으로 낙하하고 있다. 표고 10[m]인 곳에서 분류의 지름은 5[m], 속도는 20[m/sec]였다. 표고 5[m]인 곳에서의 분류의 속도는 얼마정도 인가?

① 10.30[m/sec]   ② 26.34[m/sec]   ③ 17.38[m/sec]   ④ 22.32[m/sec]

▶ Solution
$$\dfrac{V_1^2}{2g} + Z_1 = \dfrac{V_2^2}{2g} + Z_2\;;\;\dfrac{20^2}{2\times9.8} + (10-5) = \dfrac{V_2^2}{2\times9.8}$$
$$V_2 = 22.32\,[\mathrm{m/s}]$$

11 베르누이 방정식이 아닌 것은?

① $\dfrac{dA}{A} + \dfrac{d\rho}{\rho} + \dfrac{dV}{V} = 0$ ② $\dfrac{P_1}{\gamma} + \dfrac{V_1^2}{2g} + Z_1 = \dfrac{P_2}{\gamma} + \dfrac{V_2^2}{2g} + Z_2$
③ $\dfrac{dP}{\gamma} + d\left(\dfrac{V^2}{2g}\right) + dZ = 0$ ④ $\dfrac{P}{\gamma} + \dfrac{V^2}{2g} + Z = \mathrm{const}$

▶ Solution ①는 1차원 연속방정식의 미분형이다.

Answer 06 ② 07 ④ 08 ① 09 ① 10 ④ 11 ①

12 물이 안지름 600[mm]의 파이프 내를 3[m/sec]의 평균속도로 흐를 때 유량은 몇 m³/sec 인가?

① 0.85　　② 3.4　　③ 5.6　　④ 2.8

Solution $Q = AV = \dfrac{\pi \times 0.6^2}{4} \times 3 = 0.85 \, [\text{m}^3/\text{s}]$

13 관내를 흐르는 물의 유속을 측정하기 위하여 피토관으로 측정하니 $\Delta H = 0.01$[mHg]이었다. 수은의 비중량이 13600[kg/m³]이라면 물의 속도는 얼마인가?

① 12.63[m/sec]　　② 46.65[m/sec]　　③ 1.57[m/sec]　　④ 51.63[m/sec]

Solution $V = \sqrt{2g\Delta H\left(\dfrac{\gamma_s}{\gamma_w} - 1\right)} = \sqrt{2 \times 9.8 \times 0.01 \times \left(\dfrac{13600}{1000} - 1\right)} = 1.57 \, [\text{m/s}]$

14 다음 그림에서 $H = 6$[m], $h = 5.75$[m]이다. 이 때 손실수두는 약 몇 m인가?

① 1[m]　　② 0.5[m]
③ 0.75[m]　　④ 0.25[m]

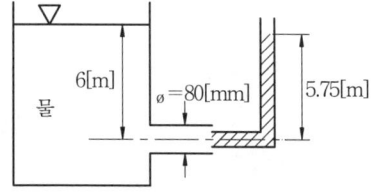

Solution $Z_1 = Z_2 + h_L$
$h_L = Z_1 - Z_2 = 6 - 5.75 = 0.25 \, [\text{m}]$

15 유체의 입자가 일정한 시간 내에 지나간 자취를 유적선이라 할 때 유선과 유적선 일치하는 경우는?

① 모든 상태에서　　② 압축성 유동에서　　③ 정상 유동에서　　④ 점성 유동에서

Solution 비정상 유동에서 한 유체 입자는 어느 순간 한 유선을 따라 움직이다가 다음 순간에는 다른 유선을 따라 운동하게 된다. 그러나 정상류에서는 임의 점에서 속도 벡터의 방향이 변화하지 않으므로 유선은 시간이 경과하더라도 변하지 않고 따라서 유선은 유적선과 일치한다.

16 직경 10[cm]와 20[cm] 관으로 구성된 관로에 물이 흐르고 있다. 10[cm] 관에서의 평균속도가 5[m/sec]일 때 20[cm] 관에서의 평균속도는 얼마정도 인가?

① 0.05[m/sec]　　② 1.2[m/sec]　　③ 1.25[m/sec]　　④ 1.2[m/sec]

Solution $Q = A_1 V_1 = A_2 V_2$; $10^2 \times 5 = 20^2 \times V_2$, $V_2 = 1.25$[m/s]

17 그림에서 원통형 탱크의 지름이 30[cm]이고 수면하 45.9175[cm](약 46[cm])인 지점에 연결된 지름이 2[cm]인 원관을 통하여 3[m/sec]의 속도로 물이 유출되고 있다. 탱크의 수면은 얼마의 속도로 강하 하겠는가?

① 1.33[cm/sec]　　② 90[cm/sec]
③ 13.8[cm/sec]　　④ 6[cm/sec]

Solution $\dfrac{V_1^2}{2g} + Z_1 = \dfrac{V_2^2}{2g} + Z_2$

$\dfrac{V_1^2}{2 \times 9.8} = \dfrac{3^2}{2 \times 9.8} - 0.459175$, $V_1 = 0.01303$[m/s]

별해
$Q = A_1 V_1 = A_2 V_2$; $30^2 \times V_1 = 2^2 \times 3$, $V_1 = 0.01303$[m/s]

Answer　12 ①　13 ③　14 ④　15 ③　16 ③　17 ①

18 다음 중 유선의 방정식을 나타내는 식은? (단, x, y, z 방향의 속도 성분은 u, v, w, 시간 t, 밀도 ρ, 단면적 A 이다.)

① $\dfrac{dx}{u} = \dfrac{dy}{v} = \dfrac{dz}{w}$
② $\dfrac{\partial u}{\partial x} = \dfrac{\partial u}{\partial y} = \dfrac{\partial w}{\partial z} = 0$
③ $\dfrac{\partial P}{\partial t} = \dfrac{\partial \rho}{\partial t}$
④ $\dfrac{dA}{A} = \dfrac{d\rho}{\rho} = \dfrac{dv}{v} = 0$

Solution $\vec{V} \times d\vec{S} = 0$ 또는 $\dfrac{dx}{u} = \dfrac{dy}{v} = \dfrac{dz}{w}$

19 원관 내의 층류 흐름에서 점성에 의한 마찰계수는?
① 레이놀즈 수에 비례한다. ② 레이놀즈 수의 제곱에 비례한다.
③ 레이놀즈 수의 반비례한다. ④ 레이놀즈 수와는 관계없다.

Solution 7장 문제-층류의 관마찰계수 $\lambda = \dfrac{64}{Re}$

20 관내에 흐르는 물의 수두가 50[cm]라면 평균유속은 얼마정도인가?
① 11.5[m/sec] ② 2.21[m/sec] ③ 3.13[m/sec] ④ 4.43[m/sec]

Solution 속도수두 $h = \dfrac{V^2}{2g}$, $V = \sqrt{2gh} = \sqrt{2 \times 9.8 \times 0.5} = 3.13$ [m/s]

21 그림과 같이 비중이 0.75인 기름이 관을 통과하고 있다. U자관 내에는 수은이 들어 있다. 만약 A 점의 압력이 0.5[kg/cm²]이면 h 의 높이는 약 얼마인가? (단, 수은의 비중은 13.6이다.)

① 30[cm]
② 40[cm]
③ 45[cm]
④ 90[cm]

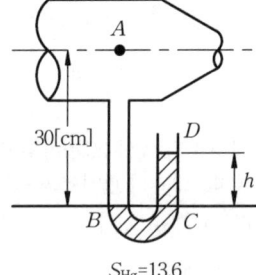

Solution $0.5 \times 10^4 + 0.75 \times 1000 \times 0.3 = 13.6 \times 1000 \times h$
$h = 0.3842$[m] $= 38.42$[cm]

22 $\dfrac{P}{\gamma} + \dfrac{V^2}{2g} + Z = \text{const}$ 로 표시되는 Bernoulli의 방정식에서 우변의 상수값에 대해서 일반적인 경우는 어느 것인가?

① 특별히 정해진 점들에 관해서 같은 값이 된다.
② 유체 흐름상의 모든 점에서 동일한 값을 가진다.
③ 유체 내의 모든 점에서 같은 값이다.
④ 동일한 유선에 대해서 같은 값을 가진다.

23 유체역학에서 연속 방정식은?
① 뉴턴의 제2운동법칙이 유체중의 모든 점에서 만족되어야 함을 요구한다.
② 에너지와 일 사이의 관계를 나타낸 것이다.
③ 한 유선 위에 두 점에 대한 단위체적당의 운동량의 관계를 나타낸 것이다.
④ 한 유관에 따른 질량유량의 관계를 나타낸 것이다.

Answer 18 ① 19 ③ 20 ③ 21 ② 22 ④ 23 ④

24 그림과 같이 직각으로 된 유리관을 흐르는 물에 대해 놓았을 때 올라온 수면의 높이 AB가 10[cm]이다. 이 흐르는 물의 속도는 몇 m/sec인가?

① 0.7   ② 1.4
③ 1.59 ④ 2.52

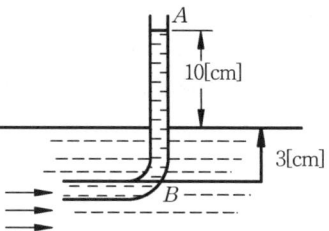

Solution $V = \sqrt{2g\Delta h} = \sqrt{2 \times 9.8 \times 0.1} = 1.4$ [m/s]

25 다음 방정식 중 압축성 정상유동에 관한 연속방정식을 가장 간단하게 표시한 것은 어느 것인가? (단, ρ는 유체의 밀도, t는 시간, $\vec{V}$는 유체의 속도, u, v, w는 $\vec{V}$의 x, y, z방향의 성분이다. $\nabla \cdot \vec{V} = div\vec{V}$이다.)

① $\dfrac{\partial u}{\partial x} + \dfrac{\partial v}{\partial y} + \dfrac{\partial w}{\partial z} = 0$ ② $\nabla \cdot \rho\vec{V} = 0$

③ $\dfrac{\partial \rho}{\partial t} + \dfrac{\partial}{\partial x}(\rho u) + \dfrac{\partial}{\partial y}(\rho v) + \dfrac{\partial}{\partial z}(\rho w) = 0$ ④ $\rho \nabla \cdot \vec{V} = 0$

Solution ①는 정상류 비압축성 3차원 연속방정식
②는 정상류 압축성 3차원 연속방정식
③는 비정상류 압축성 3차원 연속방정식 ; $\nabla \cdot (\rho\vec{V}) = -\dfrac{\partial \rho}{\partial t}$
④는 정상류 비압축성 3차원 연속방정식

26 유체역학에서 연속방정식은 어느 법칙의 일종인가?

① 질량보존의 법칙이다.   ② 에너지 보존의 법칙이다.
③ 관성의 법칙이다.   ④ 뉴턴의 제2법칙이다.

27 Euler 운동방정식은 모든 점에서 다음과 같은 것의 수학적 표현이다. 적당한 것은?

① 유입 질량유량과 유출 질량유량이 같다.
② 단위질량당의 힘이 가속도와 같다.
③ 에너지는 시간에 따라 변화하지 않는다.
④ Newton의 제3운동법칙이 유지된다.

28 관(pipe) 속에 물이 흐르고 있다. 피토(pitot) 관을 수은이 든 U자관에 연결하여 전압과 정압을 측정한 바 85[mm]의 액면차가 생겼다. 피로관 위치에 있어서 m/sec의 단위로 표시할 때 유속은 다음 중 어느 것인가? (단, 수은의 비중은 13.6 이다.)

① 2.34[m/sec]   ② 3.14[m/sec]   ③ 4.31[m/sec]   ④ 4.58[m/sec]

Solution $V = \sqrt{2gh\left(\dfrac{\gamma_s}{\gamma_w} - 1\right)} = \sqrt{2 \times 9.8 \times 0.085 \times (13.6 - 1)} = 4.582$ [m/s]

29 그림과 같은 관로에 물이 흐르고 있다. 큰 관과 작은 관의 압력이 같을 때 작은 관의 유속은 얼마 정도인가?

① 5.64[m/sec]   ② 9.74[m/sec]
③ 48.76[m/sec] ④ 94.8[m/sec]

Solution $\dfrac{V_1^2}{2g} + Z_1 = \dfrac{V_2^2}{2g} + Z_2$

$\dfrac{6^2}{2 \times 9.8} + 3 = \dfrac{V_2^2}{2 \times 9.8}$, $V_2 = 9.74$[m/s]

Answer 24 ② 25 ② 26 ① 27 ② 28 ④ 29 ②

30 초당 중량 4[kg]의 공기가 내경 200[mm]의 곧은 관내를 흐르고 있을 때 공기의 비중량이 1.2[kg/m³]이었다면 평균속도는 얼마 정도인가?

① 106[m/sec] ② 12.74[m/sec] ③ 10.6[m/sec] ④ 87.4[m/sec]

Solution $\dot{W} = \gamma A V$

$$V = \frac{4 \times 4}{1.2 \times \pi \times 0.2^2} = 106.1 \ [m/s]$$

31 그림과 같은 탱크에 비중 0.8인 유체가 3[m] 깊이로 들어있고 그 위에 1.2[kg/cm²]의 압력으로 공기가 작용하고 있다. 유체의 처음 분출속도로 제일 유사한 값은? (단, 공기의 저항은 무시한다.)

① 5.422[m/sec] ② 7.668[m/sec]
③ 9.073[m/sec] ④ 17.146[m/sec]

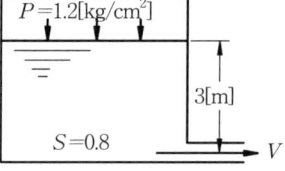

Solution $\frac{P_1}{\gamma} + Z_1 = \frac{V_2^2}{2g} + Z_2$

$$\frac{1.2 \times 10^4}{0.8 \times 1000} + 3 = \frac{V_2^2}{2 \times 9.8}, \quad V_2 = 18.78 [m/s]$$

32 안지름이 2[m]인 직관 내를 물이 3[m/sec]의 속도로 흐르고 있다. 여기에 재질이 같은 작은 직관을 흐름과 같은 방향으로 직접 연결하여 관내의 유속을 12[m/sec]로 하려면 작은 관의 안지름을 다음 중 어느 것으로 하면 제일 좋은가?

① 0.5[m] ② 1[m] ③ 6[m] ④ 8[m]

Solution $Q = A_1 V_1 = A_2 V_2$; $d_1^2 V_1 = d_2^2 V_2$

$2^2 \times 3 = d_2^2 \times 12$, $d_2 = 1[m]$

33 다음 정상류에 관한 설명 중 맞는 것은?
① 에너지 손실이 없는 이상기체의 흐름이다.
② 한 점에서의 흐름의 특성은 시간에 따라 변하지 않는다.
③ 흐름의 특성이 일정한 비율로 시간에 따라 변한다.
④ 위치 변화에 따라 흐름의 특성이 변하지 않는다.

34 유속 2[m/sec]로서 매초 50[L]의 물을 유출하는데 필요한 관의 안지름은?

① 0.0178[m] ② 0.0318[m] ③ 0.178[m] ④ 0.318[m]

Solution $Q = AV$; $50 \times 10^{-3} = \frac{\pi \times d^2}{4} \times 2$, $d = 0.178[m]$

35 직경이 80[mm]이고, 수정계수 C가 0.94인 노즐이 직경 220[mm] 관에 부착되어 물이 분출되고 있다. 이 220[mm] 관의 수두가 9[m]일 때 노즐 출구에서의 유속은 얼마 정도인가?

① 6.24[m/sec] ② 9.25[m/sec] ③ 12.48[m/sec] ④ 15.73[m/sec]

Solution $\frac{P}{\gamma} = \frac{V^2}{2g}$; $V = \sqrt{2 \times 9.8 \times 9} = 13.28 \ [m/s]$

$V' = CV = 0.94 \times 13.28 = 12.48 \ [m/s]$

36 다음 중 중량 유량의 단위로 맞는 것은?

① m³/sec ② kg_f/sec ③ kg·m/sec ④ L/hr

Answer 30 ① 31 ④ 32 ② 33 ② 34 ③ 35 ③ 36 ②

37 중량유량과 체적유량의 단위 표시가 옳은 것은?

① kg/sec, m³/sec　② kg·m/sec, m³/sec　③ kg·m/sec, L/sec　④ kg/sec, ft/sec

38 5[m]의 높이에 있는 물의 수압은 8[kg/cm²]이고 10[m/sec]의 속도로서 흐르고 있다. 이 유수의 전수두는 얼마인가?

① 70[m]　② 80[m]　③ 90[m]　④ 10[m]

 $H = \dfrac{P}{\gamma} + \dfrac{V^2}{2g} + Z = \dfrac{8 \times 10^4}{1000} + \dfrac{10^2}{2 \times 9.8} + 5 = 90 \,[\mathrm{m}]$

39 그림과 같은 사이펀에서 흐를 수 있는 유량은 몇 m³/hr 인가?

① 4.818[m³/h]　② 17346[m³/h]
③ 289[m³/h]　④ 1156[m³/h]

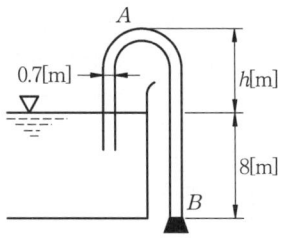

$Z_1 = \dfrac{V_2^2}{2g} + Z_2$
$V_2 = \sqrt{2 \times 9.8 \times 8} = 12.52\,[\mathrm{m/s}]$
$Q = AV = \dfrac{\pi \times 0.7^2}{4} \times 12.52 \times 3600 = 17345.74\,[\mathrm{m/hr}]$

40 내경이 각각 10cm와 20[cm]로 된 관이 서로 연결되어 있다. 20[cm] 관에서의 평균 유속이 2.4[m/sec] 일 때 10[cm] 관에서의 평균유속은 얼마 정도인가?

① 4.8[m/sec]　② 9.6[m/sec]
③ 0.96[m/sec]　④ 6.0[m/sec]

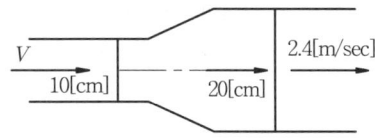

 $Q = A_1 V_1 = A_2 V_2$
$10^2 \times V_1 = 20^2 \times 2.4$,　$V_1 = 9.6\,[\mathrm{m/sec}]$

41 유선이란?

① 유동 단면의 중심을 열한 선이다.
② 층류에서만 정의되는 선이다.
③ 속도 벡터에 수직한 선이다.
④ 유체흐름의 모든 점에서 접선방향으로 속도 벡터 방향을 갖는 연속적인 선이다.

42 전수두 100[m], 유량 10[m³/s]인 터빈에서 발생하는 최대 동력은 몇 kW인가?

① 13300　② 7060　③ 3270　④ 9804

$L_T = \gamma QH = 9800 \times 10 \times 100 \times 10^{-3} = 9800\,[\mathrm{kW}]$
별해 : $L_T = \gamma QH = \dfrac{1000 \times 10 \times 100}{102} = 9804\,[\mathrm{kW}]$

43 그림에서 물이 들어있는 탱크 밑의 ② 부분에 작은 구멍이 뚫려 있을 때 이 구멍으로부터 흘러나오는 물의 속도는 다음 중 어느 것 인가? (단, 물의 자유표면 ① 및 ②에서의 압력을 P_1, P_2 라 하고 작은 구멍으로부터 표면까지의 높이를 h 라고 한다. 또 구멍은 작고 정상류로 흐른다.)

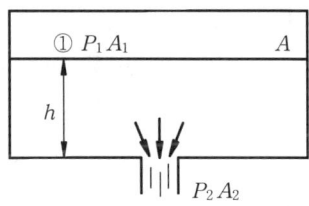

Answer　37 ①　38 ③　39 ②　40 ②　41 ④　42 ④　43 ④

① $V_2 = \sqrt{h + 2g\left(\dfrac{P_1 - P_2}{\gamma}\right)}$ ② $V_2 = \sqrt{h - 2g\left(\dfrac{P_1 - P_2}{\gamma}\right)}$

③ $V_2 = \sqrt{2g\left(h - \dfrac{P_1 - P_2}{\gamma}\right)}$ ④ $V_2 = \sqrt{2g\left(\dfrac{P_1 - P_2}{\gamma} + h\right)}$

Solution
$$\dfrac{P_1}{\gamma} + Z_1 = \dfrac{P_2}{\gamma} + \dfrac{V_2^2}{2g} + Z_2$$
$$\dfrac{V_2^2}{2g} = \dfrac{P_1 - P_2}{\gamma} + Z_1 - Z_2, \quad Z_1 - Z_2 = h$$
$$V_2 = \sqrt{2g\left(\dfrac{P_1 - P_2}{\gamma} + h\right)}$$

44 Euler의 방정식은 유체유동에 대하여 어떠한 관계를 표시하는가?
① 유동장의 1점에 있어 어떤 순간에 여기를 통과하는 유체분자의 가속도와 그것에 미치는 힘과의 관계를 표시한다.
② 유체가 가지는 에너지의 이것이 하는 일과의 관계를 표시한다.
③ 유선에 따른 유체의 질량이 어떻게 변화하는가를 표시한다.
④ 유체분자의 운동 경로와 힘의 관계를 나타낸다.

45 수력구배선(H.G.L)이란?
① 에너지선($E \cdot L$) 보다 위에 있어야 한다.
② 항상 수평이다.
③ 위치 수두와 속도 수두의 합을 나타내며 주로 에너지선 밑에 위치한다.
④ 위치 수두와 압력 수두와의 합을 나타내며 주로 에너지보다 아래에 위치한다.

46 흐르는 물의 속도가 1.4[m/sec], 압력이 1기압일 때 속도수두와 압력수두는 얼마 정도인가?
① 속도수도 10[m], 압력수두 0.1[m] ② 속도수도 10[m], 압력수두 10[m]
③ 속도수도 0.1[m], 압력수두 10[m] ④ 속도수도 1[m], 압력수두 1[m]

Solution
속도수두 : $\dfrac{V^2}{2g} = \dfrac{1.4^2}{2 \times 9.8} = 0.1\,[m]$

압력수두 : $\dfrac{P}{\gamma} = \dfrac{1 \times 101325}{9800} = 10.34\,[m]$

47 안지름이 30[cm]인 수평원관 속의 물이 평균유속 5[m/sec]로 흐르고 있다. 어느 단면에서 계측한 정압이 수주 140[mm]이었다, 이 단면을 통과하는 물의 동력은 몇 kW 인가?
① 3[kW] ② 9.8[kW] ③ 6[kW] ④ 4.9[kW]

Solution
$$H = \dfrac{P}{\gamma} + \dfrac{V^2}{2g} = 0.14 + \dfrac{5^2}{2 \times 9.8} = 1.42\,[m]$$
$$L_H = \gamma QH = 9800 \times \dfrac{\pi \times 0.3^2}{4} \times 5 \times 1.42 \times 10^{-3} = 4.92\,[kW]$$

48 수면이 5[m]로 일정하게 유지되는 수조에 오리피스가 부착되어 있다. 이 오리피스의 속도계수 C_v = 0.96 이면 실제유속은 얼마인가?
① 9.5 ② 1.5 ③ 8.3 ④ 8.5

Solution
$V = C_v \sqrt{2gh} = 0.96 \times \sqrt{2 \times 9.8 \times 5} = 9.5\,[m/s]$

Answer 44 ① 45 ④ 46 ③ 47 ④ 48 ①

49 어떤 2차원 유동장 내에서 속도벡터는 다음과 같다. $V = 2x\,i + yj$ 점(1, 2)을 지나는 유선의 기울기를 구하여라.

① 1   ② 1/2   ③ 1/4   ④ 1/8

Solution 유선의 방정식에 적용 ; $\dfrac{dx}{2x} = \dfrac{dy}{y}$

유선의 기울기 : $\dfrac{dy}{dx} = \dfrac{y}{2x} = \dfrac{2}{2 \times 1} = 1$

50 흐름의 식 중에서 연속적 흐름이 가능한 것은?

① $u = 4xy + y^2, \quad v = 6xy + 3x$
② $u = 2x^2 - y^2, \quad v = -4xy$
③ $u = 2x^2 - y^2, \quad v = 4xy + 3x$
④ $u = 4x^2 - y^2, \quad v = -4xy$

Solution 2차원 연속방정식을 만족하는 것을 찾는다.

$\dfrac{\partial u}{\partial x} + \dfrac{\partial v}{\partial y} = 0 \;;\; \dfrac{\partial(2x^2 - y^2)}{\partial x} + \dfrac{\partial(-4xy)}{\partial y} = 4x - 4x = 0$

51 원관 내에 유체가 정상 층류 유동할 때 가장 중요한 힘은 다음 중 어느 것인가?

① 관성력과 점성력 ② 압력과 관성력 ③ 중력과 압력 ④ 압력과 점성력

52 베르누이 방정식을 실제유체에 적용시키려면?

① 실제 유체에는 적용이 불가능하다.
② 베르누이 방정식의 위치 수두를 수정해야 한다.
③ 손실수두를 고려하여 베르누이 방정식을 수정하여 적용한다.
④ 베르누이 방정식은 이상유체와 실제 유체에 같이 적용된다.

53 안지름이 600[mm]인 관속을 압력 320[kPa], 온도 34[°C]인 공기가 158.4[ton/hr] 비율로 흐르고 있을 때 관속의 평균속도는 얼마인가? (단, 공기의 기체상수는 287[N·m/kgK]이다.)

① 42.85[m/sec]   ② 52.6[m/sec]   ③ 67.2[m/sec]   ④ 75.3[m/sec]

Solution $\rho = \dfrac{P}{RT} = \dfrac{320 \times 10^3}{287 \times (34 + 273)} = 3.632\,[\text{kg}_m/\text{m}^3]$

$\dot{m} = \rho AV \;;\; \dfrac{158.4 \times 10^3}{3600} = 3.632 \times \dfrac{\pi \times 0.6^2}{4} \times V$

$V = 42.85[\text{m/s}]$

54 2차원의 흐름 속의 한 점 A에 있어서 유선 간격은 4[cm]이고 평균 유속은 12[m/s]이다. 다른 한 점 B에 있어서의 유선 간격이 2[cm]일 때 B의 평균 유속은 얼마인가? (단, 유체의 흐름은 비압축성 유동이다.)

① 24[m/sec]   ② 12[m/sec]   ③ 24[cm/sec]   ④ 12[cm/sec]

Solution $Q = (AV)_A = (AV)_B$

$t_A V_A = t_B V_B, \quad 4 \times 12 = 2 \times V_B$

$V_B = 24[\text{m/s}]$

Answer 49 ① 50 ② 51 ④ 52 ③ 53 ① 54 ①

55 그림과 같이 헤드 H[m]에서 오리피스의 유출속도가 V[m/sec]라면 유출속도를 2[V]로 하려면 H를 몇 배로 해야 하는가?

① $2H$ ② $3H$
③ $4H$ ④ $5H$

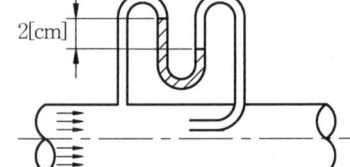

> **Solution** $V=\sqrt{2gH}$; $2V=2\sqrt{2gH}=\sqrt{2g(4H)}$

56 그림과 같은 원관 속을 30[°C], 196[kPa](절대)의 공기가 흐르고 있을 때 피토관 속의 물의 높이차가 2[cm]이다. 이 흐르는 공기의 속도는? (단, 공기의 기체상수는 $R=287$[N·m/kg·K]이다.)

① 7.2[m/sec] ② 10.2[m/sec]
③ 13.0[m/sec] ④ 18.6[m/sec]

> **Solution** $\rho_a = \dfrac{P}{RT} = \dfrac{196\times 10^3}{287\times(30+273)} = 2.254\ [\text{kg}_m/m^3]$
> $V=\sqrt{2gh\left(\dfrac{\rho_w}{\rho_a}-1\right)}=\sqrt{2\times 9.8\times 0.02\times\left(\dfrac{1000}{2.254}-1\right)}=13.17\ [m/s]$

57 피토-정압관을 이용하여 흐르는 물의 속도를 측정하려고 한다. 액주계에는 비중 13.6인 수은이 들어있고 액주계 내의 수주의 높이가 28[cm]일 때 흐르는 물의 속도는 얼마인가? (단, 피토-정압관의 보정계수 $C=0.96$이다.)

① 6.87[m/sec] ② 7.98[m/sec] ③ 7.54[m/sec] ④ 5.47[m/sec]

> **Solution** $V=\sqrt{2gh\left(\dfrac{\rho_s}{\rho_w}-1\right)}=\sqrt{2\times 9.8\times 0.28\times(13.6-1)}=8.32\ [m/s]$
> $V'=CV=0.96\times 8.32=7.98[m/s]$

58 지름이 15[cm]인 관에 원유(비중 0.88)가 흐르고 있다. 피토 정압관(수은 : 비중 13.6)에 의하여 4[cmHg]의 시차를 나타낸다. 중심선에서의 유속은 약 얼마인가? (단, 보정계수 $C=1$이다.)

① 124.14[m/s] ② 10.64[m/s] ③ 3.36[m/s] ④ 392.58[m/s]

> **Solution** $V=\sqrt{2gh\left(\dfrac{\rho_s}{\rho_o}-1\right)}=\sqrt{2\times 9.8\times 0.04\times\left(\dfrac{13.6}{0.88}-1\right)}=3.37\ [m/s]$
> $V'=CV=1.0\times 3.37=3.37[m/s]$

59 압력이 19.6[kPa], 속도가 3.2[m/sec]인 물이 어떤 송수관 속을 흐르고 있다. 이 관의 안지름이 140[cm]일 때 물의 동력은 얼마나 되겠는가? (단, 물의 비중은 1이다.)

① 121.7[kW] ② 14.7[kW] ③ 19.4[kW] ④ 96.7[kW]

> **Solution** $H=\dfrac{P}{\gamma}+\dfrac{V^2}{2g}=\dfrac{19.6\times 10^3}{9800}+\dfrac{3.2^2}{2\times 9.8}=2.52[m]$
> $L_H=\gamma QH=9.8\times\dfrac{\pi\times 1.4^2}{4}\times 3.2\times 2.52=121.65\ [kW]$

60 유체의 에너지 보존법칙과 가장 관계가 없는 것은?

① 위치수두 ② 속도수두 ③ 배관수두 ④ 압력수두

> **Solution** 베르누이 방정식은 정상류 비압축성 유동의 단위 kg당 에너지 방정식으로 표현하기도 한다. 베르누이 방정식은 압력수두, 속도수두, 위치수두의 합으로 표현된다.

Answer 55 ③ 56 ③ 57 ② 58 ③ 59 ① 60 ③

61 공기가 게이지압력 2.06[bar]의 상태로 지름이 0.15[m]인 관 속을 흐르고 있다. 이 때 대기압은 1.03[bar]이고 공기 유속이 4[m/s]라면 질량유량(mass flow rate)을 계산하면 약 몇 kg/s인가? (단, 공기의 온도는 37[°C]이고, 가스정수는 287.1[N·m/kgK]이다)

① 0.25　　② 2.45　　③ 0.026　　④ 25

Solution
$$\rho = \frac{P}{RT} = \frac{(2.06+1.03)\times 10^5}{287.1\times(37+273)} = 3.47\,[kg_m/m^3]$$
$$\dot{m} = \rho AV = 3.47 \times \frac{\pi \times 0.15^2}{4} \times 4 = 0.25\,[kg_m/s]$$

62 공기의 유속을 측정하기 위하여 피토관을 사용했다. 물을 담은 U 자관의 수주의 높이의 차가 10[cm]였다. 공기의 비중량을 12.25[N/m³]이라 할 때 공기의 유속은?

① 19.8[cm/sec]　　② 19.8[m/sec]　　③ 39.6[cm/sec]　　④ 39.6[m/sec]

Solution
$$V = \sqrt{2gh\left(\frac{\gamma_w}{\gamma_a}-1\right)} = \sqrt{2\times 9.8 \times 0.1 \times \left(\frac{9800}{12.25}-1\right)} = 39.57\,[m/s]$$

63 질량 불변의 법칙을 나타낸 오일러의 연속방정식 중에서 $\frac{\partial u}{\partial x}+\frac{\partial v}{\partial y}+\frac{\partial w}{\partial z}=0$은 다음 중 어느 경우에 해당하는가? (단, x, y, z는 직각좌표계이고, u, v, w는 각각 축방향의 유속성분이다.)

① 압축성 유체　　② 점성 유체　　③ 비압축성 유체　　④ 비점성 유체

64 물이 6[m/sec]의 속도로 유동하고 있다. 비중이 1.25인 액체를 포함한 시차액주계가 피토우관에 설치되어 있다. 게이지 기둥의 차는 몇 m인가?

① 0.216　　② 7.346　　③ 1.836　　④ 1.216

Solution
$$V = \sqrt{2gh\left(\frac{\gamma_s}{\gamma}-1\right)}\,;\ 6^2 = 2\times 9.8 \times h \times (1.25-1),\ h=7.35\,[m]$$

65 다음 중 유량측정과 관계가 없는 것은?

① 오리피스(orifice)　　② 위어(weir)　　③ 피토(pitot)관　　④ 벤튜리(venturi)미터

66 유량을 측정하는 장치가 아닌 것은?

① 오리피스　　② 위어　　③ 벤튜리미터　　④ 마노미터

67 열선 풍속도계는 무엇을 측정하는데 사용되는 것인가?

① 유동하고 있는 기체속도　　② 유동하고 있는 기체의 정체점의 온도
③ 유동하고 있는 기체의 밀도 변화　　④ 액체 흐름에 대한 압력변화

68 다음의 유량측정장치 중 관의 단면에 축소 부분이 있어서 유체를 그 단면에서 가속시킴으로써 생기는 압력강하를 이용하지 않는 것은?

① 노즐　　② 오리피스　　③ 로터미터　　④ 벤튜리미터

69 가장 정확한 유량측정장치 중의 하나는?

① 벤튜리미터　　② 피토관　　③ 피에조미터　　④ 정압관

Answer　61 ①　62 ④　63 ③　64 ②　65 ③　66 ④　67 ①　68 ③　69 ①

70 다음 중 기체유동의 국소 속도를 직접 측정하는 것은?

① 위어 ② 오리피스 ③ 열선 풍속계 ④ 로터미터

71 다음 중 베르누이방정식을 적용할 수 있는 가정은?

① 정상류, 뉴턴 유체, 압축성, 동일 유선상
② 정상류, 무마찰, 비압축성, 동일 유선상
③ 정상류, 무마찰, 압축성, 유선에 무관
④ 정상류 또는 비정상류, 무마찰, 유선에 무관

72 잠수 오리피스에서의 유속이 10[m/sec]라고 하면 오리피스 상·하류에서의 수면차는 얼마인가? (단, 잠수 오리피스의 속도계수를 0.96이라고 한다.)

① 2.54 ② 3.54 ③ 4.54 ④ 5.54

> **Solution**
> $V_{th} = \sqrt{2gh}$, $V = C_V V_{th} = C_V \sqrt{2gh}$
> $10 = 0.96 \times \sqrt{2 \times 9.8 \times h}$, $h = 5.54$ [m]

73 잠수 오리피스에서의 속도가 8[m/s]라고 하면 상류의 수면은 오리피스 위 몇 m 인가? (단, 속도계수를 0.96으로 한다.)

① 3.54 ② 4.54 ③ 6.54 ④ 2.54

> **Solution**
> $V = C_V V_{th} = C_V \sqrt{2gh}$; $8 = 0.96 \times \sqrt{2 \times 9.8 \times h}$, $h = 3.54$ [m]

74 다음 설명 중 틀린 것은?

① 유체의 흐름에 있어서 유동특성이 시간에 따라 변하는 흐름을 정상류라 한다.
② 유체의 흐름에 있어서도 모든 점에서 속도벡터의 방향과 일치되는 연속적인 선을 유선이라 한다.
③ 연속방정식은 질량보존의 법칙을 만족시킨다.
④ 어떤 폐곡선을 통과하는 여러 개의 유선으로 이루어지는 것을 유관이라 한다.

75 다음 그림에서 마찰손실과 제반손실이 없다고 가정하고 표면장력의 영향도 무시한다면 분류에서 반지름 r의 값은?

① $r = \dfrac{\pi D^2}{4} \left(\dfrac{H+y}{H} \right)^{\frac{1}{2}}$

② $r = \dfrac{D}{2} \left(\dfrac{H}{H+y} \right)^{\frac{1}{4}}$

③ $r = \dfrac{D}{4} \left(\dfrac{H}{H+y} \right)^{\frac{1}{4}}$

④ $r = \dfrac{D}{2} \left(\dfrac{H}{H+y} \right)^{\frac{1}{2}}$

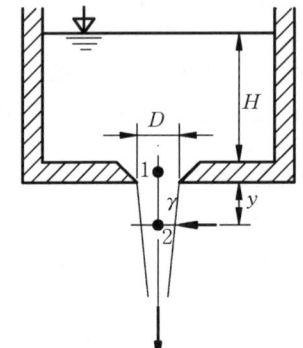

> **Solution**
> $\dfrac{P_0}{\gamma} + \dfrac{V_0^2}{2g} + Z_0 = \dfrac{P_1}{\gamma} + \dfrac{V_1^2}{2g} + Z_1$; $H = \dfrac{V_1^2}{2g}$, $V_1 = \sqrt{2gH}$
> $\dfrac{P_0}{\gamma} + \dfrac{V_0^2}{2g} + Z_0 = \dfrac{P_2}{\gamma} + \dfrac{V_2^2}{2g} + Z_2$; $H + y = \dfrac{V_2^2}{2g}$, $V_2 = \sqrt{2g(H+y)}$
> $Q = A_1 V_1 = A_2 V_2$; $\dfrac{\pi D^2}{4} \times (2gH)^{\frac{1}{2}} = \pi r^2 \times [2g(H+y)]^{\frac{1}{2}}$
> $r = \dfrac{D}{2} \left(\dfrac{H}{H+y} \right)^{\frac{1}{4}}$

Answer 70 ③ 71 ② 72 ④ 73 ① 74 ① 75 ②

76 어떤 2차원 유동장 내에서 속도 벡터는 다음과 같다. 이 때 점(1, 1)을 지나는 유선의 방정식은?

$$\vec{V} = -x\,i + y\,j$$

① $y = x$ ② $y = \dfrac{1}{x}$ ③ $y = x^2$ ④ $y = \dfrac{1}{x^2}$

Solution 유선의 방정식 $\dfrac{dx}{x} = \dfrac{dy}{y}$ 의 식을 적분하여 정리한다.

$\ln C - \ln(x) = \ln(y)$; $\ln\left(\dfrac{C}{x}\right) = \ln(y)$, $\dfrac{C}{x} = y$

여기서, 상수 $C = 1$ 이다.

$y = \dfrac{1}{x}$

77 야구공이 그림과 같이 시계방향으로 회전하면서 진행할 때 공의 궤도는 어떻게 되겠는가?

① 위로 굽는다.
② 아래로 굽는다.
③ 위로 굽다가 아래로 굽는다.
④ 수평을 유지한다.

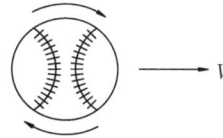

Solution 야구공의 위는 속도가 감소하고 압력이 증가하게 된다. 아래는 속도의 증가로 압력이 감소하게 된다. 이와 같은 압력변화에 의하여 야구공은 아래로 휘게 된다.

78 두 개의 가벼운 공이 천장에 매달려 있다. 공 사이로 공기를 불어 넣으면 두 개의 공은 어떻게 되겠는가?

① 뉴턴의 법칙에 따라 벌어진다.
② 뉴턴의 법칙에 따라 달라붙는다.
③ 베르누이 방정식에 따라 벌어진다.
④ 베르누이 방정식에 따라 달라붙는다.

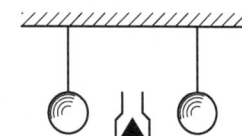

Solution 베르누이방정식에 의하면 두 개의 공 안쪽으로 속도가 빨라지는 만큼 압력은 낮아지고 바깥쪽은 압력이 높아져 자연적으로 공은 안쪽으로 달라붙게 된다.

79 그림과 같은 벤튜리관에 물이 흐르고 있다. 단면 1과 단면 2의 단면적비가 2이고 압력수두차가 Δh 일 때 단면 1에서의 속도를 구하라.

① $\dfrac{\sqrt{g\Delta h}}{3}$ ② $\sqrt{\dfrac{g\Delta h}{2}}$

③ $\sqrt{\dfrac{2g\Delta h}{3}}$ ④ $\sqrt{g\Delta h}$

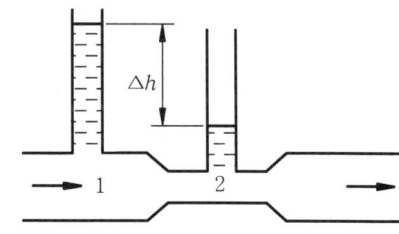

Solution $\dfrac{P_1 - P_2}{\gamma} = \Delta h = \dfrac{V_2^2}{2g} - \dfrac{V_1^2}{2g}$

$\Delta h = \dfrac{V_1^2}{2g}\left(\dfrac{A_1^2}{A_2^2} - 1\right) = \dfrac{3V_1^2}{2g}$, $V_1 = \sqrt{\dfrac{2g\Delta h}{3}}$

80 정상류와 관계가 있는 식은? (단, u : 유속, s : 거리, t : 시간이다.)

① $\dfrac{\partial u}{\partial s} = 0$ ② $\dfrac{\partial u}{\partial s} \neq 0$ ③ $\dfrac{\partial u}{\partial t} = 0$ ④ $\dfrac{\partial u}{\partial t} \neq 0$

Solution ① → 등류, ② → 비등류, ③ → 정상류, ④ → 비정상류

Answer 76 ② 77 ② 78 ④ 79 ③ 80 ③

81 물이 들어있는 수조에 수면으로부터 10[m] 깊이에 지름 10[cm]의 노즐이 달려 있다. 이 노즐의 속도계수가 0.9 라 할 때 1 분간에 흘러나오는 유량은 몇 m³/min 인가? (단, 수조의 수면은 항상 일정하다.)

① 5.93   ② 4.39   ③ 3.42   ④ 2.94

Solution
$V = \sqrt{2gh} = \sqrt{2 \times 9.8 \times 10} = 14 \text{ [m/s]}$

$Q = AV' = \dfrac{\pi \times 0.1^2}{4} \times 0.9 \times 14 \times 60 = 5.94 \text{ [m}^3/\text{min]}$

82 그림에서 최소 지름부분 A의 지름이 10[cm], 유출구 B의 지름이 40[cm]의 관으로부터 유량 50[L/s]로서 유출하고 있을 때 A 부분에서 물을 흡상하는 높이는 몇 m 정도인가?

① 2.06   ② 4.32
③ 5.45   ④ 6.93

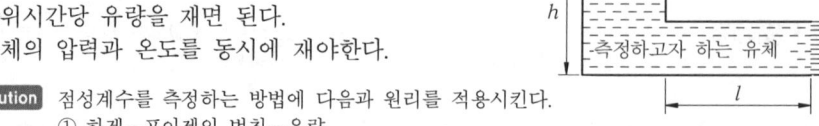

Solution
① 연속방정식으로 속도를 구한다.
$Q = A_A V_A = A_B V_B$
$50 \times 10^{-3} = \dfrac{\pi \times 0.1^2}{4} \times V_A = \dfrac{\pi \times 0.4^2}{4} \times V_B$
$V_A = 6.37 \text{ [m/s]}, \quad V_B = 0.4 \text{ [m/s]}$

② 베르누이 방정식을 적용시켜 A 부분의 압력을 구한다.

$\dfrac{P_A}{\gamma} + \dfrac{V_A^2}{2g} = \dfrac{P_B}{\gamma} + \dfrac{V_B^2}{2g}$

$h = \dfrac{P_A}{\gamma} = \dfrac{0.4^2 - 6.37^2}{2 \times 9.8} = -2.06 \text{ [m]}$

A 부분의 압력수두가 곧 흡상 높이가 된다.

83 다음 그림과 같은 장치로서 관 속으로 흐르는 유체의 공식을 사용하여 유체의 점성계수를 측정하고자 한다. 그림에 나타난 값 이외에 다음 어느 것을 측정하면 유체의 점성계수를 측정할 수 있겠는가?

① 대기의 압력을 재면 된다.
② 유체의 온도를 재면 된다.
③ 단위시간당 유량을 재면 된다.
④ 유체의 압력과 온도를 동시에 재야한다.

Solution 점성계수를 측정하는 방법에 다음과 원리를 적용시킨다.
① 하겐-포아젤의 법칙-유량
② 스토크스 법칙-항력
③ 뉴턴의 점성법칙-전단응력

84 수면의 높이 H인 오리피스에서 유출하는 물의 속도수두는 다음 값 중 어느 것인가? (단, 속도계수는 C_v라 한다.)

① C_v/H ② $C_v H$ ③ $C_v^2 H$ ④ C_v^2/H

Solution $V = C_v \sqrt{2gH} \; ; \; \dfrac{V^2}{2g} = C_v^2 H$

85 벤튜리관의 입구의 안지름을 30[cm], 목부의 안지름을 10[cm]라 하고, 유량 0.083 [m³/s]의 경우 입구와 목부와의 수두는 얼마인가? (단, 벤튜리의 유량계수를 0.98 이라 한다.)

① 9.2[m]   ② 4.5[m]   ③ 5.9[m]   ④ 7.2[m]

Answer 81 ① 82 ① 83 ③ 84 ③ 85 ③

Solution
$$\frac{P_1}{\gamma}+\frac{V_1^2}{2g}=\frac{P_2}{\gamma}+\frac{V_2^2}{2g}\;;\;\frac{P_1-P_2}{\gamma}=\frac{V_2^2}{2g}(1-A_2^2/A_1^2)$$
$$Q=CA_2V_2\;;\;V_2=\frac{0.083\times 4}{0.98\times\pi\times 0.1^2}=10.784\,[\text{m/s}]$$
$$\frac{P_1-P_2}{\gamma}=H=\frac{10.784^2}{2\times 9.8}\times\left(1-\frac{10^4}{30^4}\right)=5.86\,[\text{m}]$$

86 원유가 그림과 같은 관로를 흐르고 A 에서의 속도가 2.4[m/s]이면 개관 B 에 있어서의 원유의 높이는?

① 1[m] ② 1.5[m]
③ 2[m] ④ 2.5[m]

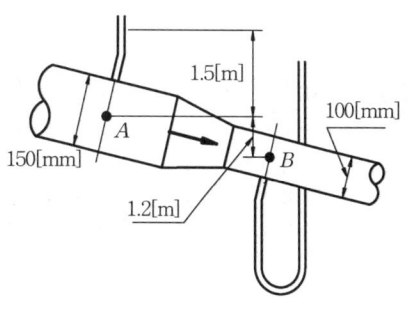

Solution $Q=A_AV_A=A_BV_B$
$150^2\times 2.4=100^2\times V_B$, $V_B=5.4\,[\text{m/s}]$
$$\frac{P_A}{\gamma}+\frac{V_A^2}{2g}+Z_A=\frac{P_B}{\gamma}+\frac{V_B^2}{2g}+Z_B$$
$$\frac{P_B}{\gamma}=1.5+\frac{(2.4^2-5.4^2)}{2\times 9.8}+1.2=1.51\,[\text{m}]$$

87 85[L/s]의 유량과 15[kW]의 수차추력을 낼 때의 압력수두 h는?

① 10.5[m] ② 18[m]
③ 30[m]   ④ 24[m]

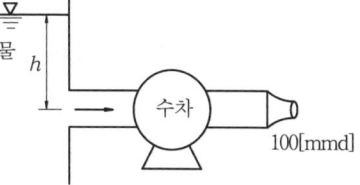

Solution $L=\gamma Qh$; $h=\dfrac{15\times 10^3}{9800\times 85\times 10^{-3}}=18\,[\text{m}]$

88 피토트(pitot)-정관(靜管)이 밀도 1.23[kg$_m$/m³]의 공기유동과 주의 깊게 축이 유동방향에 일치하도록 놓여있다. 만약 부속된 시차액주계가 150[mm] 수주의 읽음을 나타냈다면 공기유동의 속도는 얼마인가?

① 24.5[m/s] ② 48.9[m/s]
③ 15.2[m/s] ④ 40.7[m/s]

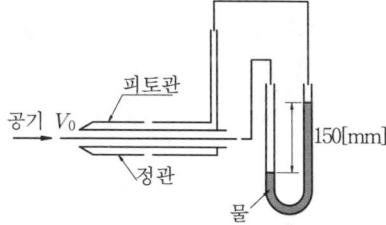

Solution $V=\sqrt{2gh(\gamma_s/\gamma-1)}$
$=\sqrt{2\times 9.8\times 0.15\times(1000/1.23-1)}=48.86\,[\text{m/s}]$

89 체적유량과 관계가 없는 것은 다음 중 어느 것인가?

① 압축성유체, 특히 기체의 유량   ② L^3T^{-1}
③ 연속방정식   ④ L/min 또는 m³/s

90 수력발전용인 도수관의 밑수면부터의 높이 50[m]인 곳에서의 단면의 수압을 686 [kPa], 유속을 10[m/s]로 하고 손실수두를 무시할 경우 밑수면에서의 전수두는 약 얼마이겠는가?

① 12.5[m] ② 1250[m] ③ 125[m] ④ 1.25[m]

Solution $H=\dfrac{P}{\gamma}+\dfrac{V^2}{2g}+Z=\dfrac{686\times 10^3}{9800}+\dfrac{10^2}{2\times 9.8}+50=125.1\,[\text{m}]$

Answer 86 ② 87 ② 88 ② 89 ① 90 ③

91 어떤 수평관 속에 물이 2.8[m/s]의 평균속도와 45.1[kPa]의 압력으로 흐르고 있다. 이 물의 유량이 0.75[m³/s]이고 손실수두를 무시할 경우 물의 동력은? (단, 물의 비중량은 9800[N/m³]이다.)

① 50[PS]　② 42[PS]　③ 56[PS]　④ 24[PS]

Solution
$H = \dfrac{P}{\gamma} + \dfrac{V^2}{2g} = \dfrac{45.1 \times 10^3}{9800} + \dfrac{2.8^2}{2 \times 9.8} = 5\,[\text{m}]$
$L = \gamma Q H = 9800 \times 0.75 \times 5 \times 10^{-3} \times 1.36 = 50\,[\text{PS}]$

92 정상류를 다음 중 제일 가깝게 설명한 것은?
① 시간이 경과함에 따라 점차적으로 흐름의 특성이 변하는 흐름
② 유동의 특성이 모든 점에서 시간에 따라 변하지 않는 흐름
③ 유체의 상태가 시간에 따라서 일정한 비율로 변하여 흐르는 흐름
④ 서로 연속된 부분에서 흐름의 특성이 층류로 되는 흐름

93 그림과 같이 설치된 피토 정압관의 액주계 눈금이 H일 때 이 액주계 눈금 높이 H에 해당하는 유속은?

① $V = \sqrt{2gH\left(\dfrac{S}{S_0} - 1\right)}$
② $V = \sqrt{2gH\left(1 - \dfrac{S}{S_0}\right)}$
③ $V = \sqrt{2gH\left(\dfrac{S_0}{S} - 1\right)}$
④ $V = \sqrt{2gH\left(1 - \dfrac{S_0}{S}\right)}$

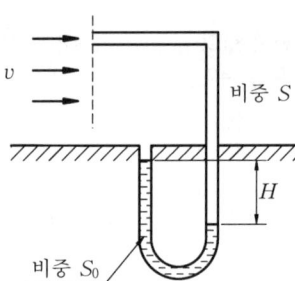

94 다음 식 중에서 연속방정식이 아닌 것은? (단, 관을 통하여 정상상태로 흐르고 있는 유체의 임의 두 단면을 A_1, A_2, 속도를 V_1, V_2, 밀도를 ρ_1, ρ_2라 한다.)

① $A_1 V_1 = A_2 V_2$　② $\rho_1 A_1 V_1 = \rho_2 A_2 V_2$
③ $\dfrac{dA}{A} + \dfrac{d\rho}{\rho} + \dfrac{dV}{V} = 0$　④ $d(\rho A V) = 0$

Solution
① 체적유량 $Q = A_1 V_1 = A_2 V_2$
② 단위 시간당 유입질량은 단위시간당 유출질량과 같다.
  질량유량 $\dot{m} = \rho A V = const\;;\;\rho_1 A_1 V_1 = \rho_2 V_2 A_2$

95 지름 10[cm]인 유동 노즐이 지름 15[cm]의 수관 끝에 부착되어 있다. 이 관에는 물(비중 1)이 흐를 때 노즐 입구와 출구에 설치된 물-수은(비중 13.6) 시차액주계가 250[mmHg]이다. 이 때의 유량은? (단, 유량계수는 0.75이다.)

① 0.0463[m³/s]　② 0.0516[m³/s]　③ 0.0586[m³/s]　④ 0.098[m³/s]

Solution
$Q = C_v A_2 V_2 = C_v \times \dfrac{\pi \times d_2^2}{4} \times \dfrac{\sqrt{2gh(S_s/S_w - 1)}}{\sqrt{1 - (d_2^4/d_1^4)}}$
$= 0.75 \times \dfrac{\pi \times 0.1^2}{4} \times \dfrac{\sqrt{2 \times 9.8 \times 0.25 \times (13.6 - 1)}}{\sqrt{1 - (10^4/15^4)}} = 0.0517\,[\text{m}^3/\text{s}]$

Answer　91 ①　92 ②　93 ③　94 ①　95 ②

96 그림과 같이 수평으로 놓인 원통관 내에 물이 흐르고 있다. 단면 ①에서의 평균유속은 0.6[m/s]이며, 압력은 1.5[N/m²]이다. 단면 ②에서의 평균유속은 얼마인가?

① 1.2[m/s]
② 2.4[m/s]
③ 0.3[m/s]
④ 단면 ②에서의 압력을 알아야 구할 수 있다.

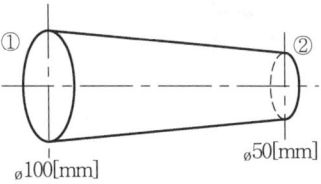

Solution $Q = A_1 V_1 = A_2 V_2$
$100^2 \times 0.6 = 50^2 \times V_2$, $V_2 = 2.4$ [m/s]

97 안지름 40[mm]인 수평으로 놓인 곧은 파이프 속에 물이 흐르고 있을 때 거리 L 만큼 떨어진 단면 ①과 단면 ②에 장치한 시차액주계의 읽음이 1200[mmHg]일 때 관벽에서의 마찰력은?

① 191.1[N]   ② 201.05[N]   ③ 210.7[N]   ④ 220.5[N]

Solution 제5장 실제유체유동에 대한 문제이다.
$$F = \tau \cdot A = \frac{r}{2} \frac{\Delta P}{L} \cdot \pi dL = \frac{\pi dr}{2} \Delta P$$
$$F = \frac{\pi \times 0.04 \times 0.02}{2} \times \frac{1200}{760} \times 101325 = 201.05 \text{ [N]}$$

98 그림과 같이 $H=10$[m]인 적은 오리피스가 분출할 경우 분수의 높이는? (단, 적은 오리피스의 $C_v =$ 0.96 이고, 공기와 낙하수의 저항은 무시한다.)

① 9.216[m]   ② 7.321[m]
③ 3.363[m]   ④ 1.736[m]

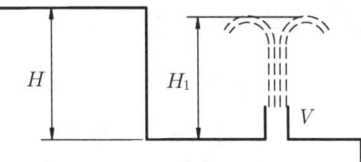

Solution $V = C_v \sqrt{2gH}$
$= 0.96 \times \sqrt{2 \times 9.8 \times 10} = 13.44$ [m/sec]
$V^2 = 2gH_1$; $H_1 = \frac{V^2}{2g} = \frac{13.44^2}{2 \times 9.8} = 9.216$ [m]

99 수직 상방으로 향한 노즐로부터 물을 분출하고 있다. 노즐 출구에서 물의 속도가 20[m/s]이라면 물의 최고 상승 높이는 얼마인가?

① 20.4[m]   ② 24.9[m]   ③ 26.4[m]   ④ 29.8[m]

Solution $V - V_0 = -2gH$; $H = \frac{V_0^2}{2g} = \frac{20^2}{2 \times 9.8} = 20.41$ [m]

100 내경이 50[mm]인 180° 곡관(bend)을 통하여 물(ρ=1000[kg$_m$/m³])이 5[m/s]의 속도와 0의 계기압력으로 흐르고 있다. 물에 의하여 곡관에 작용하는 힘은 몇 N 인가?

① 0   ② 24.5   ③ 49.1   ④ 98.2

Solution 제4장 운동량방정식 관련 문제이다.
$\sum F = \rho Q(V_2 - V_1)$; $F_x = \rho AV(V+V) = 2\rho AV^2$
$F_x = 2 \rho AV^2 = 2 \times 1000 \times \frac{\pi \times 0.05^2}{4} \times 5^2 = 98.2$ [N]

101 다음 중 정상 비균속도 유동을 나타내는 식은? (단, S : 임의 방향의 좌표, q : 속도, t : 시간을 나타낸다.)

① $\frac{\partial q}{\partial t} = 0$, $\frac{\partial q}{\partial S} = 0$ ② $\frac{\partial q}{\partial t} \neq 0$, $\frac{\partial q}{\partial S} \neq 0$ ③ $\frac{\partial q}{\partial t} \neq 0$, $\frac{\partial q}{\partial S} = 0$ ④ $\frac{\partial q}{\partial t} = 0$, $\frac{\partial q}{\partial S} \neq 0$

Answer 96 ② 97 ② 98 ① 99 ① 100 ④ 101 ④

102 지름이 150[cm]인 원통형 물탱크의 수면 아래 78[cm]인 곳의 측벽에 지름이 20[mm]인 노즐(nozzle)을 설치하였다. 10초 후에 탱크의 수면이 25[cm] 강하하였다고 하면 노즐을 통하여 흐르는 유량은 m³/sec로 얼마인가? (단, 흐름은 정상유동이라고 가정한다.)

① 0.0342 ② 0.057 ③ 0.067 ④ 0.0442

Solution
$V_1 = \dfrac{\Delta S}{\Delta t} = \dfrac{0.25}{10} = 0.025 \,[\text{m/sec}]$, $Q = A_1 V_1 = \dfrac{\pi \times 1.5^2}{4} \times 0.025 = 0.0442 \,[\text{m}^3/\text{sec}]$

$V_2 = \dfrac{Q}{A_2} = \dfrac{4 \times 0.0442}{\pi \times 0.02^2} = 140.69 \,[\text{m/sec}]$

103 유선(流線)에 관계하는 다음 설명 중 옳지 않은 것은?
① 유선으로 만들어지는 관을 유관(流管)이라 하며, 두께가 없는 관벽을 형성한다.
② 유선 위에 있는 유체의 속도 벡터는 유체에 접선방향이다.
③ 비정상 유동에서는 속도는 유선에 따라 시간적으로 변화할 수 있으나, 유선 자체는 움직일 수 없다.
④ 유선은 정상유동일 때 유체의 입자가 흐르는 궤적이다.

Solution 유적선 : 유선은 정상유동일 때 유체의 입자가 흐르는 궤적이다.

104 지름이 일정하고 곧은 관내에 유체가 일정한 속도로 흐를 때는 몇 차원 유동으로 취급할 수 있는가?
① 1차원유동 ② 2차원유동 ③ 3차원유동 ④ 비정상 3차원유동

105 다음 중 가속도를 나타내는 편미분방정식은? (단, S는 위치, t는 시간, V는 속도이다.)

① $a = V \cdot \dfrac{\partial V}{\partial t} + V \cdot \dfrac{\partial V}{\partial S}$
② $a = V \cdot \dfrac{\partial V}{\partial S} + \dfrac{\partial V}{\partial t}$
③ $a = V \cdot \dfrac{\partial V}{\partial t} + \dfrac{\partial V}{\partial S}$
④ $a = V \cdot \dfrac{\partial V}{\partial t} + \dfrac{\partial V}{\partial S}$

Solution 가속도 a가 시간과 위치의 함수일 때 물질도함수의 정의를 이용하여 표현하면
$a = \dfrac{DV}{Dt} = \dfrac{\partial V}{\partial t} + V \cdot \dfrac{\partial V}{\partial S}$ 이다.

106 등속류(uniform flow)란? (단, $\vec{V}$는 속도벡터, S는 임의 방향의 좌표, t는 시간이다.)
① 흐름이 정상이면 언제나 일어난다.
② $\dfrac{\partial \vec{V}}{\partial S} = 0$ 일 때 일어난다.
③ $\dfrac{\partial \vec{V}}{\partial t} = 0$ 인 곳에서 일어난다.
④ 임의의 한 점에서 속도벡터가 일정할 때만 일어난다.

107 3차원 유동의 속도장이 $\vec{V} = -x\,i + 2y\,j + (5-z)\,k$ 와 같이 주어질 때 (2, 1, 1)을 지나는 유선의 방정식은?

① $x^2 y = 4$, $2z + x = 5$
② $xy^2 = 4$, $2z + x = 5$
③ $x^2 y = 4$, $z + 2x = 5$
④ $xy^2 = 4$, $z + 2x = 5$

Solution
① $\dfrac{dx}{u} = \dfrac{dy}{v}$
$-\dfrac{dx}{x} = \dfrac{dy}{2y}$; $-\ln x + \ln C = \dfrac{1}{2}\ln y$, $\ln \dfrac{C}{x} = \ln y^{1/2}$, $\dfrac{C}{x} = y^{1/2}$, $C = 2$, $x^2 y = 4$
② $\dfrac{dx}{u} = \dfrac{dz}{w}$
$-\dfrac{dx}{x} = \dfrac{dz}{50-z}$, $\ln x + \ln C = \ln(5-z)$, $Cx = (5-z)$, $C = 2$, $2x + z = 5$

Answer 102 ④ 103 ④ 104 ① 105 ② 106 ② 107 ③

108 유동장 안에서 속도가 $V(x, y, z, t) = 10x^2 yt\hat{i}$ 로 표현될 때 위치 $x=1$, $y=1$, $z=1$, 시각 $t=1$ 에서의 x방향 가속도 성분 a_x 는 다음 중 어느 것인가? (단, $V = V_x i + V_y j + V_z k$, $a = a_x i + a_y j + a_z k$ 이다.)

① 10 ② 110 ③ 200 ④ 210

Solution
$V_x = u = V = 10\, x^2 yti$
$a_x = \dfrac{DV_x}{Dt} = \dfrac{\partial V}{\partial t} + u\dfrac{\partial V}{\partial x} + v\dfrac{\partial V}{\partial y} + w\dfrac{\partial V}{\partial z} = \dfrac{\partial V}{\partial t} + u\dfrac{\partial V}{\partial x}$
$a_x = 10\, x^2 y + 10x^2 yt \cdot 20xyt = 10 \times 1^2 \times 1 + 10 \times 1^2 \times 1 \times 1 \times 20 \times 1 \times 1 \times 1 = 210\,[\text{m/s}^2]$

109 그림과 같이 물이 유량 Q로 저수조로 들어가고, 속도 $V = \sqrt{2gh}$ 로 저수조 바닥에 있는 면적 A_2 의 구멍을 통해 빠져나간다. 저수조의 수면 높이가 감소하는 속도 $\dfrac{dh}{dt}$ 는? (단, 노즐의 단면적은 A 이다.)

① $\dfrac{0}{A_2}$ ② $\dfrac{A_2\sqrt{2gh}}{A_1}$
③ $\dfrac{Q - A_1\sqrt{2gh}}{A_2}$ ④ $\dfrac{Q - A_1\sqrt{2gh}}{A_1}$

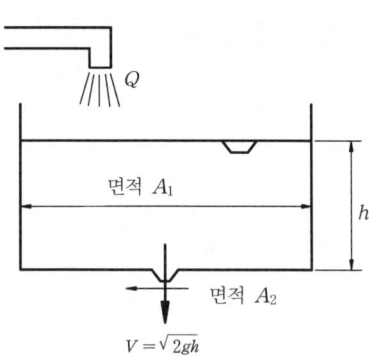

Solution
$\dfrac{dh}{dt} = V_i - V_o = \dfrac{Q - A_1\sqrt{2gh}}{A_1}$

110 비행기에 부착되어 비행기의 속도를 측정하기에 가장 적합한 장치는?

① 벤튜리미터 ② 오리피스 ③ 피토관 ④ 타코미터

Solution
① 타코제너레이터 : 서보 모터의 속도 검출기
② 유량측정기 : 벤튜리미터, 오리피스, 위어, 노즐
③ 유속측정기 : 피토관, 피토-정압관, 열선속도계

111 유량 2.3[m³/min], 축동력 12[kW]인 원심 펌프의 게이지 압력을 측정하였더니 토출측이 200[kPa], 흡입측이 -40[kPa]이었다. 토출측 압력계는 흡입측보다 50[cm] 위에 설치되어 있다. 송출구경 125[mm], 흡입구경 150[mm]일 때의 펌프 효율은 몇 %인가? (단, 물의 비중량은 9800[N/m³]이다.)

① 75[%] ② 77[%] ③ 79[%] ④ 81[%]

Solution
$L_{\text{out}} = \gamma QH = \Delta PQ = (200 + 40) \times \dfrac{2.3}{60} = 9.2\,[\text{kW}]$
$\eta_P = \dfrac{L_{\text{out}}}{L_{\text{in}}} = \dfrac{9.2}{12} \times 100 = 76.67[\%]$

112 물 제트(jet)가 수직 하방향으로 떨어지고 있다. 높이 12[m] 지점에서 제트 지름은 5[cm], 속도는 20[m/s]이었다. 높이 4[m] 지점에서의 제트 속도는 얼마인가?

① 32.5[m/s] ② 325[m/s] ③ 23.6[m/s] ④ 236[m/s]

Solution
$\dfrac{V_1^2}{2g} + Z_1 = \dfrac{V_2^2}{2g} + Z_2$
$\dfrac{20^2}{2 \times 9.8} + (12 - 4) = \dfrac{V_2^2}{2 \times 9.8}$, $V_2 = 23.6\,[\text{m/s}]$

Answer 108 ④ 109 ④ 110 ③ 111 ② 112 ③

chapter 4 운동량이론과 그 응용

1 유체의 운동량 방정식

1. 역적과 운동량

Newton의 운동 제2법칙에 의하면 물체에 작용한 외력의 합은 그 물체의 시간에 대한 운동량의 변화율과 같다. 운동량(運動量 ; momentum)이란 질량 m인 물체가 속도 V로 운동할 때 질량과 속도의 상승적을 말한다. 이것을 식으로 표현하면 다음과 같다.

$$\sum \vec{F} = \frac{d}{dt}(m \cdot \vec{V}) \qquad [4\text{-}1]$$

$$\sum \vec{F} \cdot dt = d(m \cdot \vec{V}) \qquad [4\text{-}2]$$

식[4-2]를 시간에 대해서 적분하면

$$\sum \vec{F} \cdot t = m(\vec{V_2} - \vec{V_1}) \qquad [4\text{-}3]$$

이다. 식[4-3]에서 우변 항은 운동량의 변화를 나타내고 좌변 항은 역적을 의미한다. 역적(力積, impulse)이란 물체에 작용한 외력의 합과 시간의 적으로 결정된 물리량으로 충격력(衝擊力)이라고도 표현한다. 식[4-3]을 역적과 운동량의 원리라 한다. 질량이 m인 물체가 V_1인 속도로 움직이고 있을 때 t시간 동안 $\sum F$의 힘이 작용하여 V_2의 속도로 변화했을 때, 역적은 운동량의 변화와 같다. 이것이 역적과 운동량의 원리이다.

(1) 역적(力積 ; impulse ; 衝擊力)

$$\vec{I} = \sum \vec{F} \cdot t \;\star\star \qquad [4\text{-}4]$$

① 공학단위 : $kg_f \cdot sec$
② S・I단위 : $N \cdot sec$
③ 차원 : $[FT] = [MLT^{-1}]$

(2) 운동량(運動量 ; momentum)

$$\vec{G} = m\vec{V} \;\star\star \qquad [4\text{-}5]$$

① 공학단위 : $kg_f \cdot sec$
② S・I단위 : $kg_m \cdot m/sec$
③ 차원 : $[MLT^{-1}] = [FT]$

2. 운동량 방정식

역적과 운동량의 원리를 운동량 방정식(運動量方程式 ; momentum equation)이라 한다. 그림 4-1과 같은 곡관 속의 1차원 정상류에 운동량 방정식을 적용하여 운동량 방정식을 변형시켜 보자.

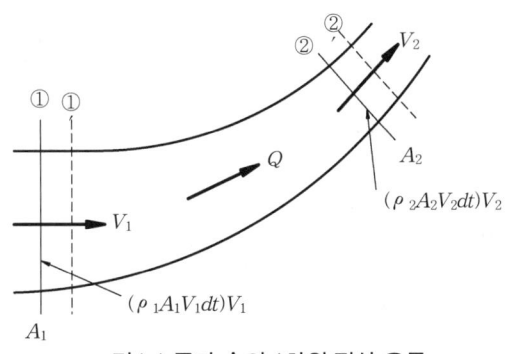

그림4-1 곡관 속의 1차원 정상 유동

그림4-1서 단면 ①~② 사이에 있던 유체가 dt의 미소시간 후에 ①´~②´ 사이로 이동하였다면 운동량 방정식을 다음과 같이 표현할 수 있다.

$$\sum \vec{F} \cdot dt = (\rho_2 A_2 V_2 dt)\vec{V_2} - (\rho_1 A_1 V_1 dt)\vec{V_1}$$
$$= \rho_2 Q_2 dt \vec{V_2} - \rho_1 Q_1 dt \vec{V_1}$$

여기서, V_1과 V_2는 ①단면과 ②단면에서 평균속도이고 비압축성 유체 유동이라면 위의 표현식은 다음과 같다.

$$\sum \vec{F} = \rho Q (\vec{V_2} - \vec{V_1}) ★★★★★ \quad [4\text{-}6]$$

식[4-6]을 직교좌표계 x, y, z 방향에 대하여 스칼라(scalar)식으로 표현하면

$$\sum F_x = \rho Q (V_{2x} - V_{1x}) ★★★★★$$
$$\sum F_y = \rho Q (V_{2y} - V_{1y}) ★★★★★$$
$$\sum F_z = \rho Q (V_{2z} - V_{1z}) ★★★★★ \quad [4\text{-}7]$$

이다.

3. 절대속도와 상대속도

(1) 절대속도(絶對速度 ; absolute velocity)

정지좌표계를 기준으로 하여 물체가 움직이는 속도를 표현한 것이 실제속도(絶對速度 ; absolute velocity)이다.

(2) 상대속도(相對速度 ; relative velocity)

운동좌표계를 기준으로 하여 물체가 움직이는 속도를 표현한 것이 상대속도(相對速度 ; relative velocity)이다. 이것은 물체와 관측자의 움직임을 고려한 속도를 표현하고자 한 것이다. 물체 A의 절대속도를 V_A, 물체 B의 절대속도를 V_B라 할 때 물체 A에 대한 물체 B의 상대속도는 다음과 같이 표현된다.

$$V_{B/A} = V_B - V_A \quad [4\text{-}8]$$

2 관(管 ; pipe) 유동시 작용하는 힘

1. 곡관 유동

그림4-2와 같이 유체가 곡관 속을 흐를 때 단면 ①과 ② 사이에 유체 운동량 방정식을 적용하여 유체가 곡관에 미치는 힘을 성분들을 구해보자.

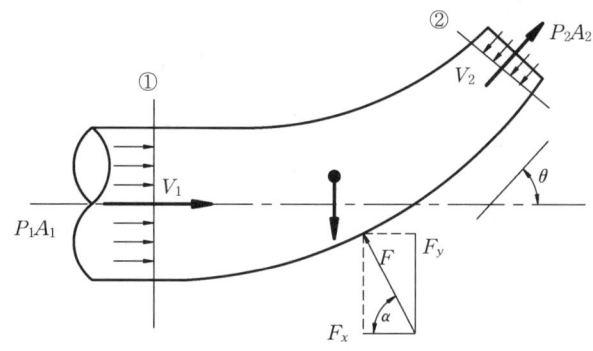

그림4-2 곡관 유동

(1) 유체가 곡관의 x방향으로 미치는 힘

$$\Sigma F_x = \rho Q(V_{2x} - V_{1x})$$
$$P_1 A_1 - P_2 A_2 \cos\theta - F_x = \rho Q(V_2 \cos\theta - V_1)$$
$$F_x = P_1 A_1 + \rho Q V_1 - (P_2 A_2 + \rho Q V_2) \cos\theta \; \bigstar \qquad [4\text{-}9]$$

(2) 유체가 곡관의 y방향으로 미치는 힘

$$\Sigma F_y = \rho Q(V_{2y} - V_{1y})$$
$$F_y - W - P_2 A_2 \sin\theta = \rho Q V_2 \sin\theta$$
$$F_y = W + (P_2 A_2 + \rho Q V_2) \sin\theta \; \bigstar \qquad [4\text{-}10]$$

(3) 유체가 곡관에 미치는 힘과 방향

① 유체가 곡관에 미치는 힘

$$F = \sqrt{F_x^2 + F_y^2} \qquad [4\text{-}11]$$

② 유체가 곡관에 미치는 힘의 방향

$$\tan\alpha = \frac{F_y}{F_x} \qquad [4\text{-}12]$$

3 분류(噴流 ; jet)가 평판에 작용하는 힘

1. 고정 및 이동 평판에 작용하는 힘

(1) 고정평판에 작용하는 힘

그림4-3과 같이 분류가 고정평판에 수직으로 분사되어 충돌할 때 고정평판에 받는 힘을 구하기 위해 운동량 방정식을 적용한다. 여기서, A는 분류의 단면적이고 V는 분류의 분사속도이다.

$$\Sigma F_x = \rho Q(V_{2x} - V_{1x})$$
$$F_x = \rho Q V = \rho A V^2 \; \bigstar\bigstar\bigstar \qquad [4\text{-}13]$$

(2) 이동평판에 작용하는 힘

그림4-4과 같이 평판이 충격을 받아 u의 속도로 움직일 때 분사유량은 AV이지만 충돌유량은

$$Q = A(V - u) \qquad [4\text{-}14]$$

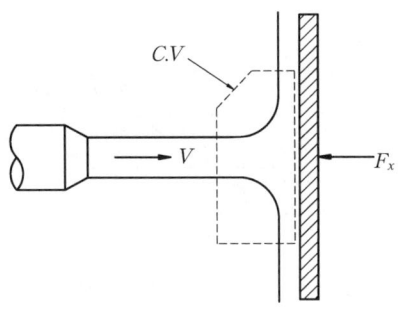

그림4-3 고정평판

이고 운동량 방정식을 적용하여 이동평판에 작용하는 힘을 구하면

$$F_x = \rho Q(V-u) = \rho A(V-u)^2 \;\text{★★★} \tag{4-15}$$

이다.

평판이 u의 속도로 움직일 때 동력은 유체가 평판에 미치는 힘으로부터 구한다.

$$L = F_x \cdot u = \rho A(V-u)^2 \cdot u \;\text{★★★} \tag{4-16}$$

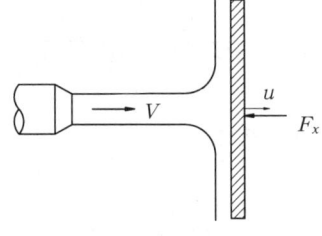

그림4-4 이동평판

① 공학단위(중력단위)

$$L_P = \frac{F_x \cdot u}{75} \, [\text{PS}]$$

$$L_{kW} = \frac{F_x \cdot u}{102} \, [\text{kW}]$$

여기서, F_x의 단위는 kg_f이다.

② S·I 단위

$$L_{kW} = F_x \cdot u \, [\text{kW}]$$

$$L_{PS} = L_{kW} \times 1.36 = F_x \cdot u \times 1.36 \, [\text{PS}]$$

여기서, F_x의 단위는 kN이다.

2. 고정평판에 경사 분류의 충돌

(1) 고정평판에 충돌 후 좌·우측으로 흘러간 유량

$$Q = Q_1 + Q_2 \tag{4-17}$$

$$\rho Q_2 V - \rho Q_1 V + \rho Q V \cos\theta = 0 \tag{4-18}$$

식[4-17]와 [4-18]으로부터

$$Q_1 = \frac{Q}{2}(1 + \cos\theta), \quad Q_2 = \frac{Q}{2}(1 - \cos\theta) \;\text{★★} \tag{4-19}$$

이다.

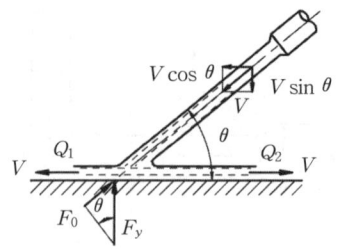

그림4-5 고정평판에 경사 분류의 충돌

(2) 유체 분류가 평판의 y방향으로 미치는 힘

$$\Sigma F_y = \rho Q(V_{2y} - V_{1y})$$
$$F_y = \rho Q V \sin\theta = \rho A V^2 \sin\theta \; \bigstar\bigstar\bigstar \qquad [4\text{-}20]$$

(3) 유체의 분류 방향으로 평판에 미치는 힘

$$F_0 = F_y \sin\theta = \rho Q V \sin^2\theta \; \bigstar\bigstar \qquad [4\text{-}21]$$

4 분류(噴流 ; jet)가 날개에 작용하는 힘

1. 고정날개 및 이동날개에 작용하는 힘

(1) 고정날개에 작용하는 힘

그림4-6과 같이 각도 θ 만큼 구부러진 매끄러운 고정날개(fixed vane)가 있다. 이와 같은 날개는 곡면판이라고도 표현하며 노즐에서 분사된 분류가 곡면판에 유입되어 흐를 때 운동량 방정식을 적용시켜 곡면판에 미치는 힘을 구하면 다음과 같다.

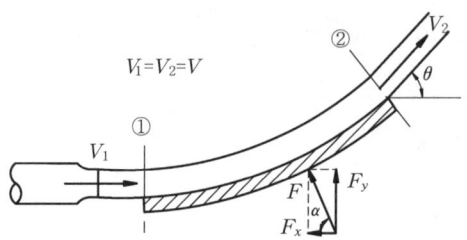

그림4-6 고정날개의 유동

① 유체 분류가 고정 날개의 x방향으로 미치는 힘

$$\Sigma F_x = \rho Q(V_{2x} - V_{1x})$$
$$F_x = \rho Q V(1 - \cos\theta) = \rho A V^2 (1 - \cos\theta) \; \bigstar\bigstar\bigstar\bigstar \qquad [4\text{-}22]$$

② 유체 분류가 고정 날개의 y방향으로 미치는 힘

$$\Sigma F_y = \rho Q(V_{2y} - V_{1y})$$
$$F_y = \rho Q V \sin\theta = \rho A V^2 \sin\theta \; \bigstar\bigstar\bigstar\bigstar \qquad [4\text{-}23]$$

③ 유체 분류가 평판에 미치는 합력과 방향

$$F = \sqrt{F_x^2 + F_y^2}, \quad \tan\alpha = \frac{F_y}{F_x} \qquad [4\text{-}24]$$

(2) 이동 날개에 작용하는 힘

그림4-7과 같이 유체가 곡면판에 접하면서 유동하는 이동 날개를 생각해 보자. 그림에서 A는 분류의 단면적, V는 분사속도, u는 날개의 이동속도, F_x와 F_y는 날개로부터 유체에 가해지는 x, y방향의 반력이고 분류와 날개와의 상대속도는 $V-u$이다. 날개가 1개일 때 F_x와 F_y을 운동량 방정식을 이용하여 구하면 다음과 같다.

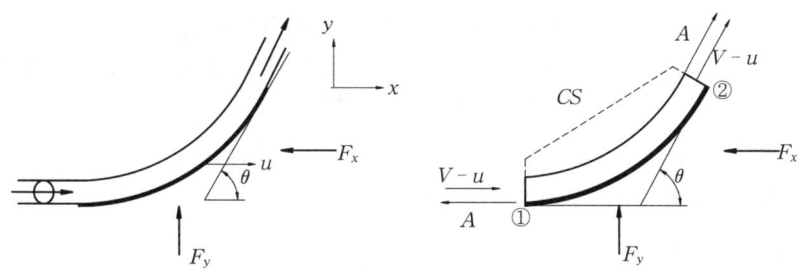

그림4-7 이동 날개의 유동

① 노즐 분사유량

$$Q_0 = AV \quad [4\text{-}25]$$

② 충돌유량

$$Q = A(V-u) \quad [4\text{-}26]$$

③ 날개가 x방향의 우측으로 이동할 때 유체 분류가 날개에 미치는 힘

$$\sum F_x = -F_x = \rho Q[(V-u)\cos\theta - (V-u)]$$
$$F_x = \rho Q(V-u)(1-\cos\theta) = \rho A(V-u)^2(1-\cos\theta) \;\bigstar\bigstar\bigstar \quad [4\text{-}27]$$
$$\sum F_y = F_y = \rho Q(V-u)\sin\theta$$
$$F_y = \rho A(V-u)^2 \sin\theta \;\bigstar\bigstar\bigstar \quad [4\text{-}28]$$

④ 날개가 x방향의 좌측으로 이동할 때 유체 분류가 날개에 미치는 힘

$$Q = A(V+u) \quad [4\text{-}29]$$
$$\sum F_x = -F_x = \rho Q[(V+u)\cos\theta - (V+u)]$$
$$F_x = \rho Q(V+u)(1-\cos\theta) = \rho A(V+u)^2(1-\cos\theta) \;\bigstar\bigstar\bigstar\bigstar \quad [4\text{-}30]$$
$$\sum F_y = F_y = \rho Q(V+u)\sin\theta$$
$$F_y = \rho A(V+u)^2 \sin\theta \;\bigstar\bigstar\bigstar \quad [4\text{-}31]$$

⑤ 날개가 얻는 동력 : 분류가 미치는 힘에 의해 날개가 움직일 때 유체에 의한 단위시간당 일을 얻을 수 있다. 이와 같은 점을 이용한 터보 기계는 이동 날개 상에서 유체의 유동에 의해 발생하는 힘을 이용한 유체기계이다.

$$L = F_x \cdot u \;\bigstar\bigstar\bigstar\bigstar \quad [4\text{-}32]$$

(3) 날개열에 작용하는 힘

수차와 같이 회전차의 원주방향으로 날개가 둘러져 설치되어 있으면 날개를 통과하는 유량은 노즐로부터 분출되는 유량과 동일해진다. 따라서 연속 날개에 미치는 힘과 유체로부터 날개열이 얻는 동력은 다음과 같다.

$$Q_0 = Q = AV$$

$$F_x = \rho Q(V-u)(1-\cos\theta) \;\bigstar\bigstar \tag{4-33}$$
$$L = F_x \cdot u = \rho Q(V-u)(1-\cos\theta) \cdot u \;\bigstar\bigstar \tag{4-34}$$

5 프로펠러 유동

그림4-8와 같이 유체가 V_1의 속도로 유입되어 프로펠러(propeller)의 회전에 의해 V_4의 속도로 유출될 때 프로펠러를 지나는 동안 유속 V는 변화하지 않고 일정한 것으로 생각할 수 있다. 프로펠러가 유체에 가해준 힘을 운동량방정식으로부터 구하면

$$\Sigma F = \rho Q(V_4-V_1)\; ; \; F = \rho Q(V_4-V_1) = \rho A V(V_4-V_1) \tag{4-35}$$
$$\Sigma F = \rho Q(V_3-V_2) = 0\; ; \; F = (P_3-P_2)A \tag{4-36}$$

이다. 식[4-35]와 식[4-36]로부터

$$F = (P_3-P_2)A = \rho A V(V_4-V_1) \;\bigstar\bigstar\bigstar\bigstar \tag{4-37}$$
$$(P_3-P_2) = \rho V(V_4-V_1) \tag{4-38}$$

이다. 단면①과 ②, ③과 ④에 베르누이 방정식을 적용하고 $P_1 = P_4$을 대입시켜 정리하면

$$P_1 + \frac{\rho V_1^2}{2} = P_2 + \frac{\rho V_2^2}{2}$$
$$P_3 + \frac{\rho V_3^2}{2} = P_4 + \frac{\rho V_4^2}{2}$$
$$V_2 = V_3 = V$$
$$P_3 - P_2 = \frac{\rho}{2}(V_4^2 - V_1^2) \tag{4-39}$$

이다.

식[4-38]과 식[4-39]로부터 프로펠러를 지나는 유속 V는

$$V = \frac{V_1+V_4}{2} \;\bigstar\bigstar \tag{4-40}$$

이다. 이 때 프로펠러의 출력은

$$L_{out} = F \cdot V_1 = \rho Q(V_4-V_1) \cdot V_1 \tag{4-41}$$

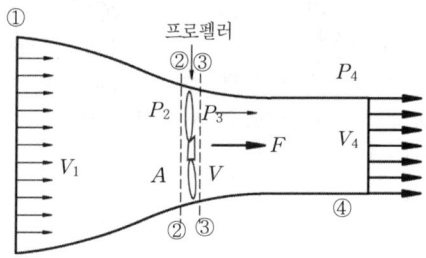

그림4-8 프로펠러 유동

이고 프로펠러의 입력은

$$L_{in} = F \cdot V = \rho Q(V_4-V_1) \cdot V = \frac{\rho Q}{2}(V_4^2 - V_1^2) \tag{4-42}$$

이다. 프로펠러 입력은 단면①과 ④사이에서 운동 에너지 차와 같다. 프로펠러의 이론효율을 구하면

$$\eta = \frac{L_{out}}{L_{in}} = \frac{V_1}{V} \;\text{★★★} \tag{4-43}$$

이다.

6 분사추진(噴射推進 ; jet propulsion)

1. 탱크의 벽에 붙어있는 노즐에 의한 추진

그림4-9와 같은 물 탱크차의 벽에 노즐을 설치하여 물 분류를 속도 V로 분출하면 탱크는 물 분류의 반대방향으로 움직인다.

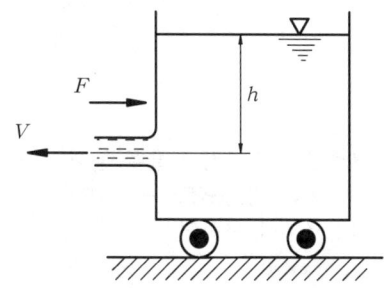

그림4-9 물탱크차의 물 분류에 의한 추진

노즐에서 분출되는 물 분류의 이론속도는 베르누이(Bernoulli) 방정식을 적용시켜 구하면

$$V = \sqrt{2gh} \tag{4-44}$$

이고 추진력은 운동량방정식으로부터 정리하면

$$F = \rho QV = \rho AV^2 = \rho A(2gh) = 2\gamma Ah \;\text{★★★} \tag{4-45}$$

이다. 노즐에서 분출되는 물 분류의 실제속도 V'와 실제유량 Q'는 다음과 같이 표현된다.

$$V' = C_v \sqrt{2gh} \tag{4-46}$$

$$Q' = C_c AV' = CA\sqrt{2gh} \tag{4-47}$$

여기서, C_v는 유속계수, C_c는 수축계수 그리고 C는 유량계수이다.

$$C = C_c \cdot C_v \tag{4-48}$$

2. 비행기(제트기)의 추진

제트 비행기는 대기 중에서 공기를 흡입하여 공기를 압축기로 압축하고 연소실에서 압축된 공기와 연료를 혼합 연소시켜 나온 고온·고압으로 된 가스를 터빈을 통해 대기 중에 분출시킴으로서 제트 비행기는 분출된 연소가스의 반대 방향으로 움직인다.

그림4-10에서 제트 비행기 입구의 질량유량 $\rho_1 Q_1$, 유입속도 V_1이고 출구에서 질량유량 $\rho_2 Q_2$, 유출속도 V_2라 할 때, 제트 비행기의 추진력은 운동량 방정식으로부터 정리하면

$$F = \rho_2 Q_2 V_2 - \rho_1 Q_1 V_1 = \dot{m}_2 V_2 - \dot{m}_1 V_1 \;\text{★★★} \tag{4-49}$$

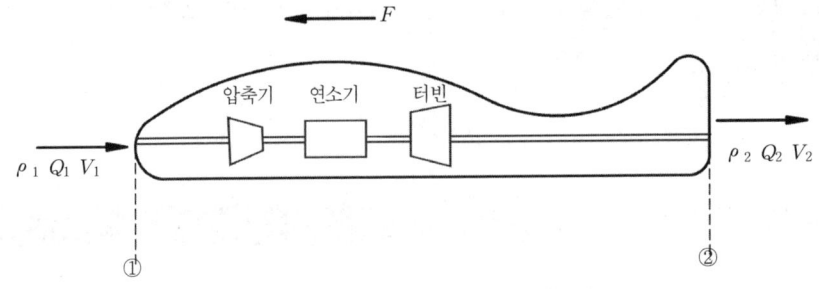

그림4-10 제트 비행기의 추진

이고 제트 비행기의 추진동력은

$$L_{in} = F \cdot V_1 = (\rho_2 Q_2 V_2 - \rho_1 Q_1 V_1) \cdot V_1 \qquad [4\text{-}50]$$

이다.

3. 로켓의 추진

그림4-11와 같은 로켓에서 연료를 연소시켜 노즐을 통해 분출시키면 분출되는 연소가스의 반대 방향으로 움직인다. 이 때의 추진력을 운동량방정식으로부터 구하면

$$F = \dot{m}V = \rho QV = \rho AV^2 \;\text{★★★} \qquad [4\text{-}51]$$

이고 여기서, ρQ는 질량유량이고 V는 분출속도이다.

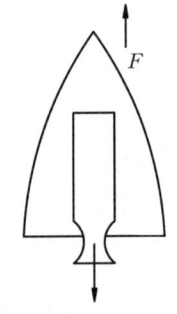

그림4-11 로켓의 추진

7 수정계수(correction factor)

유체 유동시 운동 에너지와 운동량을 계산할 때 실제속도로 계산하지 않고 평균속도로 계산하였다. 그럼으로써 발생하는 부정확함을 보정하기 위한 것이 수정계수이다.

1. 운동 에너지 수정계수

운동 에너지 수정계수를 α라 하면

$$\alpha = \frac{1}{A} \int_A \left(\frac{u}{V}\right)^3 dA \;\text{★★} \qquad [4\text{-}52]$$

이다.

2. 운동량 수정계수

운동량 수정계수를 β라 하면

$$\beta = \frac{1}{A} \int_A \left(\frac{u}{V}\right)^2 dA \;\text{★★} \qquad [4\text{-}53]$$

이다.

chapter 4 ● 실전연습문제

01 다음 중 운동 에너지 수정계수를 표시하는 식은? (단, V는 평균속도, v는 실제속도이고 A는 유동단면이다.)

① $\alpha = \dfrac{1}{A} \int_A \left(\dfrac{v}{V}\right) dA$ ② $\alpha = \dfrac{1}{A} \int_A \left(\dfrac{v}{V}\right)^2 dA$

③ $\alpha = \dfrac{1}{A} \int_A \left(\dfrac{v}{V}\right)^3 dA$ ④ $\alpha = \dfrac{v^2}{2g}$

02 그림과 같이 평판이 속도 u=5[m/sec]로 움직일 때 노즐 직경이 20[mm]이고 분류(비중=1) 속도가 15[m/s]이면 어떤 평판이 분류 방향으로 미치는 힘은?

① 2.3[kg]   ② 31.4[kg]
③ 3.2[kg]   ④ 32[kg]

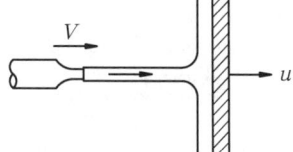

Solution $F = \rho A (V-u)^2 = 102 \times \dfrac{\pi \times 0.02^2}{4} \times (15-5)^2 = 3.2\,[\text{kg}_f]$

별해 : $F = \rho A (V-u)^2 = 1000 \times \dfrac{\pi \times 0.02^2}{4} \times (15-5)^2 = 31.42\,[\text{N}]$

03 150[m/s]의 속도로 2[m³/sec]의 물을 분출하는 제트가 135° 구부러질 때 고정 날개에 작용하는 수평방향의 분력은 몇 kg인가?

① 990[kg]   ② 8962[kg]   ③ 21637[kg]   ④ 52237[kg]

Solution $F = \rho Q V (1 - \cos\theta)$
$= 102 \times 2 \times 150 \times (1-\cos 135°) = 52237.48\,[\text{kg}_f]$

별해 : $F = 1000 \times 2 \times 150 \times (1 - \cos 135°) = 5.12 \times 10^5\,[\text{N}]$

04 그림과 같은 차 위에 물 탱크와 펌프가 장치되어 펌프 끝의 지름 5[cm]의 노즐에서 매초 0.09[m³]의 물이 수평으로 분출된다고 하면 그 추력은?

① 약 420[kg]   ② 약 412[kg]
③ 약 20.6[kg]   ④ 약 42[kg]

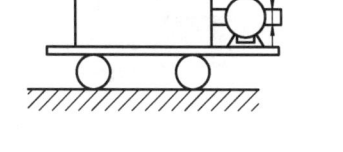

Solution $F = \rho Q V = \rho \dfrac{Q^2}{A} = 102 \times \dfrac{4 \times 0.09^2}{\pi \times 0.05^2} = 420.78\,[\text{kg}_f]$

별해 : $F = 1000 \times \dfrac{4 \times 0.09^2}{\pi \times 0.05^2} = 4125.3\,[\text{N}]$

05 어떤 로켓이 산소연료 5[kg_m/sec]와 산소 80[kg_m/sec]를 태워 기체를 5[km/sec]로 방출한다. 이 기체에 의해 로켓에 생기는 추진력은 몇 kg인가?

① 43367   ② 42500   ③ 400000   ④ 40816

Solution $F = \dot{m} V_{out} = 85 \times 5 \times 10^3 = 425000\,[\text{N}]$
$F = \dfrac{425000}{9.8} = 43367.35\,[\text{kg}_f]$

Answer 01 ③   02 ③   03 ④   04 ①   05 ①

06 스프링 상수(spring constant) 1[kg/m]인 4개의 스프링으로 평판 A를 벽 B에 그림과 같이 붙였다. 유량 0.01[m³/sec], 속도 10[m/sec]인 좁은 수류가 평판 A의 중앙에 직각으로 충돌할 때 A, B 사이의 단축되는 거리는?

① 1.23[m]　　② 2.55[m]
③ 5.30[m]　　④ 6.02[m]

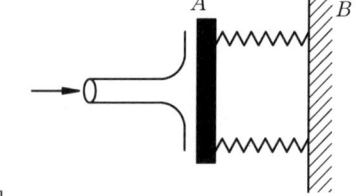

Solution　$F = \rho QV = 4kx$
$10^2 \times 0.01 \times 10 = 4 \times 1 \times x$, $x = 2.55$ [m]
별해 : 스프링상수 $k = 9.8$ [N/m]라면
$1000 \times 0.01 \times 10 = 4 \times 9.8 \times x$, $x = 2.55$ [m]

07 다음 그림과 같은 터빈 날개의 분류가 V[m/sec]의 속도로 날개에 따라 들어올 때 날개를 고정시키는 데 필요한 x성분의 힘 F_x는?

① $\rho QV(\cos\alpha + \sin\beta)$
② $\rho QV(\cos\alpha + \cos\beta)$
③ ρQV
④ $\rho QV\cos(\alpha + \beta)$

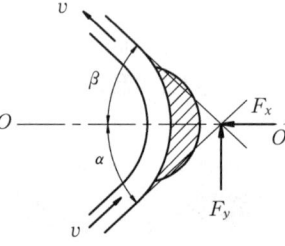

Solution　$\sum F_x = \rho Q(V_{2x} - V_{1x})$
$-F_x = \rho Q(-V\cos\beta - V\cos\alpha)$,
$F_x = \rho QV(\cos\alpha + \cos\beta)$

08 그림과 같이 곡면판이 분류를 받고 있다. 분류속도 V[m/sec], 유량을 Q[m³/sec], 밀도 ρ[kg·sec²/m⁴], 유출방향을 θ라 하면 곡면판 x방향에 받는 힘을 나타내는 식은?

① $\rho QV\tan\theta$
② $\rho QV\cos\theta$
③ $\rho QV\sin\theta$
④ $\rho QV(1-\cos\theta)$

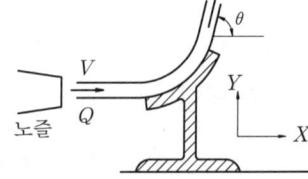

Solution　$\sum F_x = \rho Q(V_{2x} - V_{1x})$
$-F_x = \rho Q(V\cos\theta - V)$, $F_x = \rho QV(1-\cos\theta)$

09 이동날개에 분류를 분출시켜 분류방향으로 30[kg]의 힘을 가했다. 이 때 날개는 분류방향으로 20[m/sec]의 속력으로 이동 되었다. 얻어진 공률은 몇 마력(PS)인가?

① 1.1　　② 8　　③ 600　　④ 0.4

Solution　$L = F \cdot u = \dfrac{30 \times 20}{75} = 8$ [PS]
별해 : 분류방향으로 미치는 힘이 $30 \times 9.8 = 294$[N]이라면
$L = 294 \times 20 \times 10^{-3} \times 1.36 = 8$ [PS]이다.

10 수평면과 45° 경사를 갖는 지름이 250[mm]인 원관으로부터 상방향으로 유출하는 물 제트의 유출속도가 9.8[m/s]라고 한다면 출구로부터의 물체의 최고 수직상승 높이는 몇 m 인가?

① 2.45[m]　　② 3[m]　　③ 3.45[m]　　④ 4.45[m]

Solution　연직 상방향 운동의 개념을 이용하여 풀면 다음과 같다.
$V^2 - V_0^2 = -2gh$
$h = \dfrac{V_0^2}{2g} = \dfrac{(9.8 \times \sin 45°)^2}{2 \times 9.8} = 2.45$ [m]

Answer　06 ②　07 ②　08 ④　09 ②　10 ①

11 지름 2.45[cm]인 수류와 직각으로 둔 평판에 충돌하여 72.5[kg]의 힘을 평판에 가했다. 수량은 몇 m³/sec 인가?

① 0.19   ② 0.019   ③ 0.029   ④ 0.29

Solution
$$F = \rho Q V = \rho \frac{Q^2}{A} \;;\; 72.5 \times \frac{\pi \times 0.0245^2}{4} = 102 \times Q^2$$
$$Q = 0.0183 \,[\text{m}^3/\text{s}]$$

12 아래 그림과 같은 수조 차의 탱크 측벽에 설치된 노즐에서 분출하는 분수의 힘에 의하여 그 반작용으로 난류 반대방향으로 수조차가 힘 F를 받아서 움직인다. 속도계수: C_v, 수축계수: C_c, 노즐의 단면적: A, 비중량: γ, 분류의 속도: V로 놓고 노즐에서 유량계수 $C=C_v$, $C_v=1$로 놓으면 F는 얼마인가?

① $F \fallingdotseq \gamma A h$ ② $F \fallingdotseq 2\gamma A h$
③ $F \fallingdotseq \frac{1}{2} \gamma A h$ ④ $F \fallingdotseq \gamma \sqrt{Ah}$

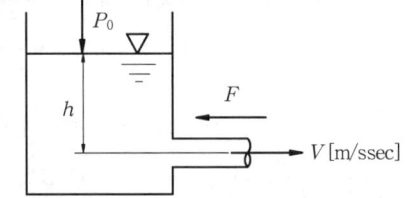

Solution
$$F = \rho Q V = \rho A V^2 = \rho A (2gh) = 2\gamma A h$$

13 그림과 같이 속도 5[m/sec]로 움직이는 평판에 속도 10[m/sec]인 수류가 직각으로 충돌하고 있다. 분류의 단면적이 0.05[m²]이라 하면 평판이 받는 힘은 몇 kg이 되겠는가?

① 266[kg]
② 128[kg]
③ 65[kg]
④ 462[kg]

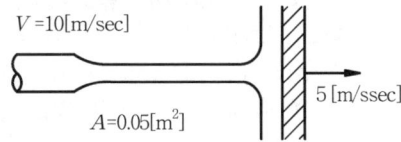

Solution
$$F = \rho A (V-u)^2 = 102 \times 0.05 \times (10-5)^2 = 127.5 \,[\text{kg}_f]$$
별해 : $F = 1000 \times 0.05 \times (10-5)^2 = 1250 \,[\text{N}] = 127.55 \,[\text{kg}_f]$

14 안지름 6[cm]인 물총 실린더 속에 들어 있는 물을 294[N]의 힘으로 피스톤을 누르면 좁은 구멍으로부터의 분출속도는? (단, 물의 비중량은 9800[N/m³]이고 여러 가지 손실은 없는 것으로 가정한다.)

① 14.4[m/sec]   ② 18.6[m/sec]
③ 24.0[m/sec]   ④ 8.2[m/sec]

Solution
$$P = \frac{F}{A} = \frac{294 \times 4}{\pi \times 0.06^2} = 103981.23 \,[\text{Pa}]$$
에너지보존법칙을 적용: 압력에너지=운동에너지
$$\frac{P}{\gamma} = \frac{V^2}{2g} \;;\; \frac{103981.23}{9800} = \frac{V^2}{2 \times 9.8}, \; V = 14.42 \,[\text{m/s}]$$

15 물 분류의 단면적이 1.9625×10^{-3}[m²]이고 고정 평판 단위면적당 작용한 힘이 4[kg/m²]라면 분류의 속도는 얼마이겠는가? (단, 평판의 단면적은 6[m²]이다.)

① 11.98[m/sec]
② 1095[m/sec]
③ 119.8[m/sec]
④ 10.95[m/sec]

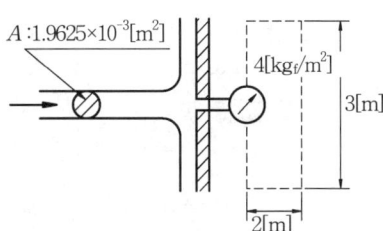

Answer 11 ② 12 ② 13 ② 14 ① 15 ④

> **Solution**
> $F = \rho A V^2 = PA_p$
> $102 \times 1.9625 \times 10^{-3} \times V^2 = 4 \times 6$, $V = 10.95$ [m/s]
> 별해 : 평판에 작용하는 단위면적당 힘은 39.2[Pa]이라면 분류의 속도는 다음과 같다.
> $1000 \times 1.9625 \times 10^{-3} \times V^2 = 39.2 \times 6$, $V = 10.95$ [m/s]

16 그림과 같은 수조 차의 탱크 측벽에 안지름 50[cm]의 노즐을 붙여 깊이 4[m] 만큼 물을 부었다. 물의 분출로 인한 차가 받는 추력은 몇 kg$_f$ 인가? (단, 유량계수와 속도계수를 1로 하고, 물의 비중량은 1000[kg/m³]이다.)

① 303.9[kg]   ② 1570.8[kg]
③ 392.7[kg]   ④ 1365.3[kg]

> **Solution**
> $F = \rho A V^2 = 102 \times \dfrac{\pi \times 0.5^2}{4} \times (2 \times 9.8 \times 4) = 1570.17$ [kg$_f$]
> 별해 : $F = 1000 \times \dfrac{\pi \times 0.5^2}{4} \times (2 \times 9.8 \times 4) = 15393.8$ [N] $= 1570.8$ [kg$_f$]

17 로켓에서 산소의 소비 중량이 합하여 W [kg/s]이며, 배기가스의 속도가 u[m/sec] 일 때 로켓의 추력 P [kg]는?

① $P = \dfrac{W}{g} u$ ② $P = \dfrac{W}{g} u^2$ ③ $P = W \cdot u^2$ ④ $P = E \cdot u^2$

> **Solution**
> $F = \dot{m} V$; $P = \dfrac{W}{g} \cdot u$

18 그림과 같은 고정날개에 물이 40[kg/s]으로 분사될 때 분류의 방향으로 분류가 날개에 충격에 의해 작용하는 x 방향의 힘은? (단, 분류의 속도는 10[m/sec]이고 손실은 무시한다.)

① 0.02[kg]   ② 2.0[kg]
③ 20.4[kg]   ④ 35.3[kg]

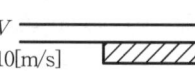

> **Solution**
> $F = \rho Q V(1 - \cos \theta) = \dot{m} V(1 - \cos \theta)$
> $= 40 \times 10 \times (1 - \cos 60°) = 200$ [N] $= 20.41$ [kg$_f$]

19 속도 10[m/sec]의 분류가 $+x$ 방향으로 분출되고 있다. 이 분류를 고정 깃(blade)으로 120° 구부린다면 깃을 떠날 때의 분류의 속도성분은?

① $V_x = -5$[m/sec], $V_y = 8.66$[m/sec]   ② $V_x = 5$[m/sec], $V_y = 8.66$[m/sec]
③ $V_x = -10$[m/sec], $V_y = 0$ ④ $V_x = -10$[m/sec], $V_y = 10$[m/sec]

> **Solution**
> $V_x = -V \cos 60° = -10 \times \cos 60° = -5$ [m/s], $V_y = V \sin \theta = 10 \times \sin 60° = 8.66$ [m/s]

20 그림과 같은 구부러진 판에 유량 10[L/sec], 유속 10[m/sec]의 물 제트가 충돌하고 있다. 이 때 고정부에 걸리는 모멘트를 계산하여라.

① 20.4[kg·m]   ② 10.2[kg·m]
③ 32.5[kg·m]   ④ 45.6[kg·m]

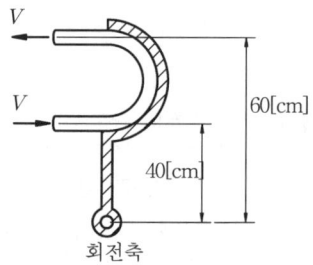

> **Solution**
> $F = \rho Q V(1 - \cos 180°)$
> $= 102 \times 10 \times 10^{-3} \times 10 \times (1 - \cos 180°) = 20.4$ [kg$_f$]
> $T = F \cdot S = 20.4 \times 0.5 = 10.2$ [kg$_f$·m]
> 별해 : $F = 1000 \times 10 \times 10^{-3} \times 10 \times (1 - \cos 180°) = 200$ [N]
> $T = 200 \times 0.5 = 100$ [J] $= 10.2$ [kg$_f$·m]

Answer 16 ② 17 ① 18 ③ 19 ① 20 ②

21 그림과 같이 60°로 구부러진 날개가 5[m/sec]로 움직이고 있다. 이 때 노즐로부터 10[m/sec]인 물의 분류가 분출되어 날개에 부딪친다. 분류가 날개를 떠나는 순간에 절대속도를 노즐에서 분출되는 분류 방향 성분은 각각 몇 m/sec 인가?

① $V_x = 7.5$, $V_y = 4.33$
② $V_x = 5$, $V_y = 8.66$
③ $V_x = 7.5$, $V_x = 2.38$
④ $V_x = 9.6$, $V_y = 4.33$

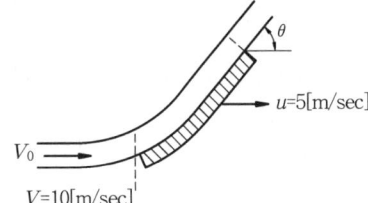

Solution
$V_{출구} = V - u = 10 - 5 = 5$ [m/s]
$V_x = V_{출구} \cos\theta + u = 5 \times \cos 60° + 5 = 7.5$ [m/s]
$V_y = V_{출구} \sin\theta = 5 \times \sin 60° = 4.33$ [m/s]

22 속도 3[m/s]로 움직이는 평판에 이것과 같은 방향인 수직으로 10[m/s]의 속도를 가진 분류가 충돌한다. 분류가 평판에 미치는 힘 F는 얼마인가? (단, 유체의 밀도를 ρ라 하고 제트의 단면적을 A라 한다.)

① $F = 10\rho A$ ② $F = 100\rho A$ ③ $F = 7\rho A$ ④ $F = 49\rho A$

Solution
$F = \rho A (V - u)^2 = \rho A (10 - 3)^2 = 49 \rho A$

23 지름이 25[mm]인 노즐에서 물이 15[m/s]의 속도로 분류하고 40° 경사한 평판에 분출하여 충돌 때 분류 방향의 분력은 몇 N인가?

① 28.2[N] ② 34.67[N] ③ 45.63[N] ④ 62.34[N]

Solution
$F_y = \rho A V^2 \sin\theta$
$= 1000 \times \dfrac{\pi \times 0.025^2}{4} \times 15^2 \times \sin 40° = 70.99$ [N]
$R = F_y \sin\theta = 70.99 \times \sin 40° = 45.63$ [N]

24 지름 3.8[cm]인 20[°C] 글리세린 $\rho=1261$[kg/m³]의 젯이 단일 깃에 의하여 80°의 각도만큼 변형되었다. 젯의 속도는 10.7[m/s]이고, 입사되는 젯 방향으로 3[m/s]의 속도로 노즐로부터 퇴거하고 있다. 마찰이 없는 유동이라 가정하고 깃에 작용하는 전체 힘을 계산한 값은?

① 210[N] ② 158[N] ③ 109[N] ④ 72[N]

Solution
$F_x = \rho A (V - u)^2 (1 - \cos\theta)$
$= 1261 \times \dfrac{\pi \times 0.038^2}{4} \times (10.7 - 3)^2 \times (1 - \cos 80°) = 70.07$ [N]
$F_y = \rho A (V - u)^2 \sin\theta$
$= 1261 \times \dfrac{\pi \times 0.038^2}{4} \times (10.7 - 3)^2 \times \sin 80° = 83.5$ [N]
$F = \sqrt{F_x^2 + F_y^2} = \sqrt{70.07^2 + 83.5^2} = 109.00$ [N]

25 지름이 70[mm]인 소방노즐에서 물 제트가 50[m/s]의 속도로 건물 벽에 수직으로 충돌하고 있다. 벽이 받는 힘은 약 얼마인가?

① 8807[N] ② 7560[N] ③ 9530[N] ④ 9617.3[N]

Solution
$F = \rho A V^2 = 1000 \times \dfrac{\pi \times 0.07^2}{4} \times 50^2 = 9621.13$ [N]

Answer 21 ① 22 ④ 23 ③ 24 ③ 25 ④

26 운동량 방정식에서의 수정계수는?

① $\dfrac{1}{A}\int_A\left(\dfrac{v}{V}\right)^2 dA$ ② $\dfrac{1}{A}\int_A\left(\dfrac{v}{V}\right) dA$ ③ $\dfrac{1}{A}\int_A\left(\dfrac{v}{V}\right)^4 dA$ ④ $\dfrac{1}{A}\int_A\left(\dfrac{v}{V}\right)^3 dA$

27 유체 운동량의 법칙은 어떤 경우에 적용할 수 있는가?
① 점성유체에만 적용할 수 있다.
② 정상유동하는 이상유체에만 적용할 수 있다.
③ 압축성유체에만 적용할 수 있다.
④ 운동하고 있는 모든 유체에 적용할 수 있다.

28 배가 물 위를 8[m/s]로 지나간다. 배 뒤의 프로펠러를 지난 후의 물의 후류의 속도는 6[m/s]이다. 프로펠러의 지름을 0.6[m]라 하면 추력은 몇 kN 인가?
① 16.88 ② 18.66 ③ 19.77 ④ 20.22

Solution 출구속도는 상대속도로 구하면 $V_4 = 8 + 6 = 14$ [m/s]이다.
$$V = \dfrac{V_1 + V_4}{2} = \dfrac{8 + 14}{2} = 11\text{ [m/s]}$$
$$F = \rho Q(V_4 - V_1) = \rho A V(V_4 - V_1)$$
$$= 1000 \times \dfrac{\pi \times 0.6^2}{4} \times 11 \times (14 - 8) \times 10^{-3} = 18.66\text{ [kN]}$$

29 단면적이 50[cm²]이고, 속도가 40[m/s]인 물 제트가 20[m/s] 속도로 분류와 같은 방향으로 이동하는 단일 이동날개에 분사될 때 단위 시간당 운동량의 변화를 일으키는 질량은?
① 100[kgm/sec] ② 110[kgm/sec] ③ 120[kgm/sec] ④ 130[kgm/sec]

Solution $\dot{m} = \rho A(V - u) = 1000 \times 50 \times 10^{-4} \times (40 - 20) = 100\text{ [kg}_m\text{/s]}$

30 그림과 같은 스프링쿨러에서 물이 10[L/s]로 흐르고 있다. 이 때 스프링쿨러의 시동 회전력은 약 몇 N·m 인가? (단, 노즐의 내경은 50[mm], 물의 밀도는 1000[kg$_m$/m³]이다.)
① 1.06 ② 2.06
③ 3.06 ④ 4.06

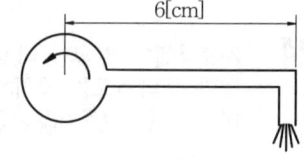

Solution
$$F = \rho Q V = \rho \dfrac{Q^2}{A} = 1000 \times \dfrac{4 \times (10 \times 10^{-3})^2}{\pi \times 0.05^2} = 50.93\text{ [N]}$$
$$T = F \cdot L = 50.93 \times 0.06 = 3.06\text{ [N·m]}$$

31 어떤 로켓 엔진이 매초 m_O 의 산소와 m_H 의 수소를 혼합연소하여 배기 노즐을 통해 V_j 속도로 배출하고 있다. 모든 압력을 무시할 때 로켓의 추력은 얼마이겠는가?
① $(m_O + m_H)V_j$ ② $(m_O - m_H)V_j$ ③ $(m_O + m_H)/V_j$ ④ $(m_O - m_H)/V_j$

Solution $F = \overline{m}_{out} V_{out} = (m_O + m_H)V_j$

32 그림과 같이 벽에 붙어 있는 180° 의 깃에 단면적 A_0 로 분사된 물이 부딪치고 있다. 물이 벽에 미치는 힘을 구하라.
① 0 ② $\dfrac{1}{2}\rho A_0 V^2$
③ $\rho A_0 V^2$ ④ $2\rho A_0 V^2$

Solution $F = \rho A_0 V^2 (1 - \cos 180°) = 2\rho A_0 V^2$

Answer 26 ① 27 ④ 28 ② 29 ① 30 ③ 31 ① 32 ④

33 수평으로 놓인 노즐에서 물이 분출되고 있다. 이 노즐의 지름은 5[cm]이고 압력이 $98 \times 10^4 [N/m^2]$이다. 노즐에 걸리는 힘을 구하면 얼마인가?

① 4.9[kN]　　② 3.9[kN]　　③ 2.9[kN]　　④ 1.9[kN]

Solution　$F = PA = 98 \times 10^4 \times \dfrac{\pi \times 0.05^2}{4} = 1924.23 \, [N]$

34 역적-운동량의 방정식 $\sum F = \rho Q(V_2 - V_1)$을 적용할 수 있는 유동에 대한 가정으로 다음 중 맞는 것은?

① 유관의 양끝 단면에서 유속이 균일하다.　② 유동이 비정상유동이다.
③ 비압축성 유체의 유동이다.　　　　　　　④ 압축성 유체의 유동이다.

Solution　기본가정 : 정상유동이며 균일유동에 적용한다.

35 그림과 같은 동일 모양의 4개의 노즐을 가진 터빈의 회전수가 100[rpm]이며, 각 노즐에서 분출되는 물 (비중 1)의 유량이 각각 0.005[m³/s], 출구속력은 10[m/s]이다. 이 터빈에서 얻은 동력을 구하시오.

① 1.42[PS]　　② 2.84[PS]
③ 13.92[PS]　　④ 5.67[PS]

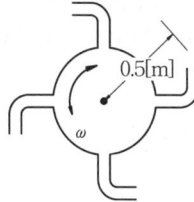

Solution　$F = \rho QV = 4 \times 1000 \times 0.005 \times 10 = 200 \, [N]$
$T = F \cdot r = 200 \times 0.5 = 100 \, [N \cdot m]$
$L = T \cdot \omega = 100 \times 10^{-3} \times \dfrac{2 \times \pi \times 100}{60} \times 1.36 = 1.424 \, [PS]$

36 운동량에 관한 설명 중 틀린 것은? (단, ρ : 밀도, Q : 유량, V : 속도, m : 질량을 각각 나타낸다.)

① 압축성, 점성 유체에도 적용된다.
② 뉴턴의 운동 제1법칙과 관련이 있다.
③ 운동량 ρQV는 mV에서 유도된다.
④ 운동량이 일정할 때 외력은 시간과 반비례한다.

Solution　뉴턴의 운동 제2법칙으로부터 역적과 운동량 관계식이 유도된다.
$\sum F = m\dfrac{dV}{dt}$; $\sum F = \rho Q(V_2 - V_1)$

37 노즐의 직경이 10cm이고, 유속이 5[m/sec]인 분류가 평판과 충돌할 때 평판경사가 30° 이라면 평판을 지지하는데 필요한 힘 F는 몇 N 인가? (단, 유체는 물이며 평판의 무게는 고려하지 않는다.)

① 10　　② 78.5
③ 98.1　④ 101.7

Solution　$F = \rho AV^2 \sin\theta = 1000 \times \dfrac{\pi \times 0.1^2}{4} \times 5^2 \times \sin 30° = 98.17 \, [N]$

38 어떤 프로펠러 항공기에 1500[HP]의 동력을 공급한 결과 이 항공기는 11,760[N]의 추력과 80[m/sec]의 비행속도를 얻었다. 프로펠러 효율은 몇 % 인가?

① 70　　② 80　　③ 85　　④ 90

Solution　$\eta = \dfrac{11760 \times 80 \times 10^{-3} \times 1.36}{1500} \times 100 = 85 \, [\%]$

Answer　33 ④　34 ①　35 ①　36 ②　37 ③　38 ③

39 유체가 그림과 같이 마찰이 없는 오리피스(orifice)를 통해 평행판에 부딪칠 때 평행판이 움직이지 않을 h_2의 높이는? (단, h_1의 수두는 일정하게 유지되고, 두 오리피스의 지름은 동일하다고 가정한다.)

① $h_2 = \frac{3}{2}h_1$ ② $h_2 = 2h_1$
③ $h_2 = \frac{1}{2}h_1$ ④ $h_2 = \sqrt{2h_1}$

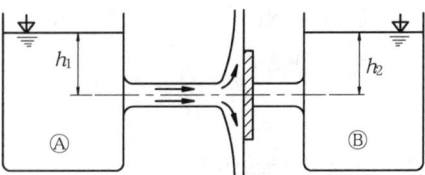

◎ Solution $\sum F_x = 0$; $F_A = F_B$
F_A는 평판을 유체가 때리는 운동량이고 F_B는 오른쪽 탱크의 정수압이다.
$F_A = \rho A V^2 = \rho A \cdot 2gh_1$
$F_B = PA = \gamma h_2 A = \rho g h_2 A$
$h_2 = 2h_1$

40 그림과 같이 단면적이 0.13[m²]로 균일한 원관 속을 유량 0.84[m³/s]의 물이 흐르고 있을 때 관을 지지하는데 필요한 힘 R은 몇 kN 인가? (단, 관의 입구 ①의 점과 출구 ②점에서의 압력은 게이지 압력으로 78.5[kPa]이다.)

① 30.2
② 29.3
③ 24.5
④ 7.84

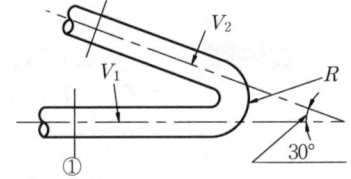

◎ Solution
$R_x = P_1A + P_2A\cos 30° - \rho Q(-V_2\cos 30° - V_1) = (PA + \rho QV)(1 + \cos 30°)$
$= \left(78.5 \times 10^3 \times 0.13 + 1000 \times \frac{0.84^2}{0.13}\right)\times(1 + \cos 30°) = 29171 [N]$
$R_y = (PA + \rho QV)\sin 30° = \left(78.5 \times 10^3 \times 0.13 + 1000 \times \frac{0.84^2}{0.13}\right)\times \sin 30° = 7816.35[N]$
$R = \sqrt{R_x^2 + R_y^2} = \sqrt{29171^2 + 7816.35^2} = 30200 [N] = 30.2[kN]$

41 지름 300mm인 연직(鉛直) 실린더의 두부(頭部)에 마찰이 없는 피스톤이 장치되어 있고 실린더에는 70[°C]의 물이 채워져 있다. 피스톤의 외부는 102[kPa]의 대기압이 미치고 있다. 그 상태에서 물이 비등하게 되면 피스톤에 작용하는 최소의 힘은 몇 kN 인가? (단, 70[°C]에서 물의 포화증기압은 31.2[kPa]이다.)

① 4   ② 4.5   ③ 5   ④ 5.5

◎ Solution $F = (P_{out} - P_{in})A = (102 - 31.2) \times \frac{\pi \times 0.3^2}{4} = 5 [kN]$

42 그림은 선미로부터 물을 분출하여 그 반작용으로 배를 움직이게 하는 제트 추진 보트의 모습이다. 배의 속력을 u, 물의 분출 속력을 V라 하면 추진 효율이 최대가 될 조건은 어느 것인가?

① $u = V$
② $u = 2V$
③ $u = \frac{V}{2}$
④ $u = 3V$

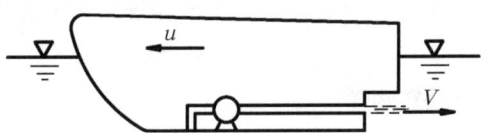

Answer 39 ② 40 ① 41 ③ 42 ③

> **Solution** 비행기 프로펠러의 설계효율은 가장 최적의 조건하에서 이론효율과 거의 일치하고 이 때 85[%] 정도의 효율을 갖는다. 선박의 프로펠러는 지름의 한계 때문에 최대 60[%]의 효율을 갖는다. 프로펠러의 효율이 100[%]이면 $V_p = u$ 이지만 $u = V$ 가 되어 추력이 발생하지 않는다.
>
> ① 프로펠러 통과속도 : $V_p = \dfrac{u+V}{2}$
>
> ② 프로펠러 효율 : $\eta = \dfrac{u}{u + \dfrac{1}{2}(V-u)} = \dfrac{u}{\dfrac{u+V}{2}} = \dfrac{u}{V_p}$
>
> ③ 프로펠러 이론효율이 최대가 될 수 있는 조건은 위의 식에서 $\dfrac{1}{2}(V-u)$의 값이 최소일 때 이다.

43 다음과 같은 수평으로 놓인 노즐이 있다. 노즐의 입구는 면적이 0.1[m²]이고, 출구의 면적은 0.02[m²]이다. 정상, 비압축성이며 점성의 영향이 없다면 출구의 속도가 50[m/s]일 때 입구와 출구의 압력차 ($P_1 - P_2$)는? (단, 이 공기의 밀도는 1.23[kg/m³]이다.)

① 1.48[kPa]
② 14.8[kPa]
③ 2.96[kPa]
④ 29.6[kPa]

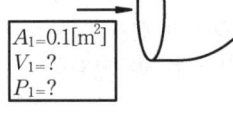

$A_1 = 0.1[m^2]$
$V_1 = ?$
$P_1 = ?$

$A_2 = 0.02[m^2]$
$V_2 = 50[m/s]$
$P_2 = P_{atm}$

> **Solution** $Q = A_1 V_1 = A_2 V_2$; $V_1 = \dfrac{0.02 \times 50}{0.1} = 10\,[m/s]$
>
> $\dfrac{P_1}{\gamma} + \dfrac{V_1^2}{2g} = \dfrac{P_2}{\gamma} + \dfrac{V_2^2}{2g}$; $P_1 - P_2 = \dfrac{\rho}{2}(V_2^2 - V_1^2)$
>
> $P_1 - P_2 = \dfrac{1.23}{2} \times (50^2 - 10^2) \times 10^{-3} = 1.476\,[kPa]$

Answer 43 ①

chapter 5 점성유동(粘性流動)

1 층류(層流)와 난류(亂流)

1. 층류(層流; laminar flow)

유체입자들이 얇은 층을 이루며 층과 층 사이에 입자의 교환 없이 질서정연하게 미끄러지면서 흐르는 유동을 층류유동이라 한다. Newton 유체가 층류로 흐를 때 전단응력은 각변형속도에 비례하므로 Newton의 점성법칙을 만족한다.

$$\tau = \mu \frac{du}{dy} \tag{5-1}$$

2. 난류(亂流; turbulent flow)

유체입자들이 불규칙적이고 무질서하게 난동(亂動)을 일으키며 흐르는 흐름을 난류란 한다. 난류유동에서는 유체의 유동속도가 불규칙하며 층류유동에 비하여 더 많은 전단응력이 발생하게 된다. 난류유동에서 전단응력은 다음과 같이 표현할 수 있다.

$$\tau = (\mu + \eta) \frac{d\overline{u}}{dy} \tag{5-2}$$

여기서, $\overline{u}$는 평균속도이고 η는 와점성계수(渦粘性係數; eddy viscosity)로 난류의 정도와 유체 밀도에 따라 결정되며 일반적으로 점성계수 μ보다 큰 값을 갖는다. 점성력(粘性力; viscous force)은 층류가 난류에 비해 크다.

3. 천이유동(遷移流動; transition flow)

천이유동이란 층류에서 난류로 또는 난류에서 층류로 변화하는 유동상태이다.

4. 레이놀즈 수(Reynold's number)

레이놀즈 수란 실제유체 유동에 있어서 점성력(粘性力)과 관성력(慣性力)의 비로 정의되며 층류와 난류를 구분하는 척도이고 무차원수이다.

$$\text{레이놀즈 수}(Re) = \frac{\text{관성력}}{\text{점성력}} \tag{5-3}$$

층류와 난류는 유동특성이 다르므로 그 유동이 층류인지 난류인지를 먼저 예측할 필요가 있다.

(1) 원관 유동에서 레이놀즈 수

직경이 일정한 수평원관 내의 유동에서 레이놀즈 수는

$$Re = \frac{Vd}{\nu} = \frac{\rho Vd}{\mu} \text{★★★★★}$$ [5-4]

이다. 여기서, ρ는 유체의 밀도, μ는 유체의 점성계수, ν는 유체의 동점성계수, V는 평균유속, d는 관의 직경이다. 실험결과에 의하면 수평원관 내의 유동에서 층류와 난류는 다음과 같은 레이놀즈 수에 따라 구분된다.

① 층류 : $Re < 2100$
② 난류 : $Re > 4000$
③ 천이유동 : $2100 < Re < 4000$
④ 상임계 레이놀즈 수 : 층류에서 난류로 변하는 레이놀즈 수로 $Re = 4000$ 이다.
⑤ 하임계 레이놀즈 수 : 난류에서 층류로 변하는 레이놀즈 수로 $Re = 2100$ 이다. 하임계 레이놀즈 수는 학자에 따라 2,000~2,300 에서 선택하기도 한다.

2 수평원관 속에서 층류 유동

그림5-1과 같이 직경이 d인 수평원관 속을 비압축성 점성유체가 층류흐름으로 정상유동 하고 있다. 이 때 유체의 유동 방향에 따른 수평원관의 단면적과 유속은 일정하다.

1. 전단응력(剪斷應力 ; shearing stress)

그림5-1에 유체 운동량방정식을 적용시켜 전단응력을 구한다.

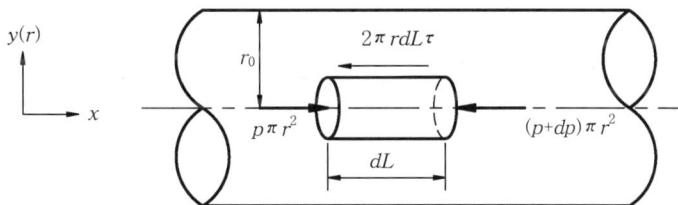

그림5-1 수평원관 속에서 층류유동

$$\sum F = \rho Q(V_2 - V_1) = 0$$
$$\tau = -\frac{r}{2}\frac{dP}{dL} \text{★★★}$$ [5-5]

수평원관 속에서 전단응력분포는 그림5-2에서 보듯이 관 벽에서 최대이고 관 중심에서 최소이다.

$r = 0$ 에서 $\tau = 0$
$r = r_0$ 에서 $\tau_{max} = -\frac{r_0}{2}\frac{dP}{dL}$

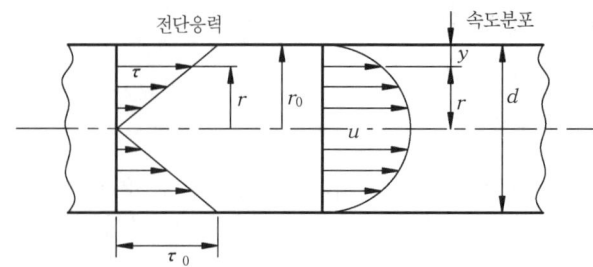

그림5-2 수평원관 속에서 전단응력과 속도분포

2. 유속(流速 ; fluid velocity)

층류유동에서 전단응력은 Newton의 점성법칙을 만족해야 하므로 식[5-5]는

$$\tau = -\frac{r}{2}\frac{dP}{dL} = -\mu\frac{du}{dr} \qquad [5\text{-}6]$$

$$u(r) = -\frac{1}{4\mu}\frac{dP}{dL}(r_0^2 - r^2) \;\bigstar\bigstar\bigstar \qquad [5\text{-}7]$$

이다. 그림5-2에서 보듯이 속도분포는 관 벽에서 0이고 관 중심에서 최대이다. 즉, 유속은 관 벽에서 중심까지 선형적 포물선으로 증가한다.

$r=0$ 에서 $u_{max} = -\frac{r_0^2}{4\mu}\frac{dP}{dL}$

$r=r_0$ 에서 $u(r)=0$

$$\frac{u(r)}{u_{max}} = 1 - \left(\frac{r}{r_0}\right)^2 \;\bigstar\bigstar \qquad [5\text{-}8]$$

3. 유량(流量 ; discharge)

미소유량으로부터 적분하여 구하면

$$dQ = u(r)dA$$

$$Q = -\frac{\pi r_0^4}{8\mu}\frac{dP}{dL} \qquad [5\text{-}9]$$

이다. 여기서, $-\frac{dP}{dL}$ 는 단위길이당 압력강하의 의미로 $\frac{\Delta P}{L}$ 로 표현한다면 유량은

$$Q = \frac{\Delta P \pi d^4}{128\mu L} \;\bigstar\bigstar\bigstar\bigstar\bigstar \qquad [5\text{-}10]$$

이다. 이 식[5-10]를 하겐-포아젤 방정식(Hagen Poiseuille equation)이라 한다.

4. 평균속도(平均速度 ; mean velocity)

수평원관 속을 빠져나가는 유체의 평균속도를 유량으로부터 구하면

$$u_{mean} = \frac{Q}{A} = \frac{4Q}{\pi d^2} = \frac{\Delta P d^2}{32\mu L} \;\bigstar \qquad [5\text{-}11]$$

이고 최대속도는 평균속도의 2배이다.

$$u_{mean} = -\frac{r_0^2}{8\mu}\frac{dP}{dL} = \frac{u_{max}}{2}$$
$$u_{max} = 2u_{mean} \quad ★★$$
[5-12]

5. 압력강하(壓力降下)

식[5-10]의 하겐-포아젤 방정식으로부터 압력강하를 구하면

$$\Delta P = \frac{128\mu LQ}{\pi d^4} \quad ★★★$$
[5-13]

이다.

6. 손실수두(損失水頭 ; loss of head)

손실수두는 수정베르누이 방정식으로부터 구하여 표현하면

$$\frac{P_1}{\gamma} = \frac{P_2}{\gamma} + h_L$$
$$h_L = \frac{\Delta P}{\gamma} = \frac{128\mu LQ}{\gamma \pi d^4} \quad ★★★$$
[5-14]

이다.

3 항력(抗力)과 양력(揚力)

그림5-3과 같이 유체 속에서 물체가 움직일 때 또는 유동하는 유체 속에 물체가 놓여 있을 때 물체는 유체로부터 힘을 받는다. 이 때 유체 유동방향과 평행한 방향으로 작용하는 성분의 힘을 항력(抗力 ; drag)이라 하고 유동방향과 직각방향으로 작용하는 성분의 힘을 양력(揚力 ; lift)이라 한다. 항력을 D, 양력을 L로 놓으면 합력 R은

$$R = \sqrt{D^2 + L^2}$$
[5-15]

이다. 이 합력 R이 유체로부터 물체가 받는 힘이다.

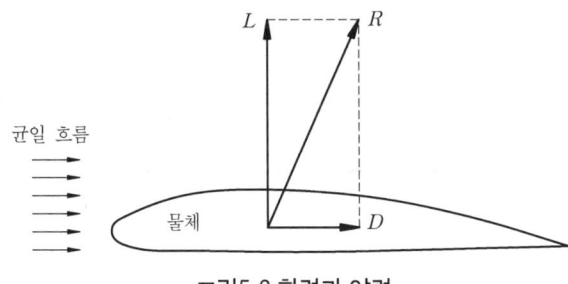

그림5-3 항력과 양력

1. 항력(抗力 ; drag)

(1) 마찰항력(摩擦抗力 ; friction drag)과 압력항력(壓力抗力 ; pressure drag)

항력은 유체 속에서 물체가 받는 유체저항(流體抵抗 ; fluid resistance)이라고도 하고 마찰항력

과 압력항력으로 나눈다. 마찰항력(摩擦抗力 ; friction drag)이란 물체의 표면 부근에서 유체의 점성 때문에 발생하는 힘이고 압력항력(壓力抗力 ; pressure drag)이란 물체가 놓인 상류와 하류에서 물체의 표면에 미치는 압력차가 생겨 물체가 유동방향으로 유체로부터 받는 힘이다. 압력항력은 물체의 형상에 따라 변화하기 때문에 형상항력(形狀抗力 ; form drag)이라고도 한다. 마찰항력과 압력항력의 합을 전항력(全抗力 ; total drag) 또는 유체저항(流體抵抗 ; fluid resistance)이라 한다.

$$D = D_f + D_P \tag{5-16}$$

$$D = (C_f + C_P)A\frac{\rho V^2}{2} = C_D A\frac{\rho V^2}{2} \;\;\text{★★★★} \tag{5-17}$$

식[5-16]에서 A는 유동방향에 직각인 평면에 물체를 투영한 면적, C_f는 마찰항력계수, C_P는 압력항력계수, C_D는 항력계수(抗力係數 ; drag coefficient)이다. 항력계수는 물체의 형상, 유동방향, 유체의 점성, 물체의 표면조도 등에 따라 변화한다. 표5-1에는 물체의 모양에 따른 항력계수를 정리하였다.

표5-1 물체의 모양에 따른 항력계수

물체의 모양	기준면적	R_e	C_D
원통 실린더 $l/d = \infty$	$d \cdot l$	$10^4 \leq Re \leq 1.5 \times 10^5$	1.2
사각 실린더 $a/b = \infty$	$a \cdot b$	$> 10^4$	2.0
반구	$\dfrac{\pi d^2}{4}$	$> 10^4$	2.3 1.12
삼각 실린더 60°	$\dfrac{\pi d^2}{4}$	$> 10^4$	1.39

(2) 스토크스의 법칙(Stokes's law)

구(球 ; sphere) 주위로 점성 비압축성 유체가 흐를 때 레이놀즈 수가 1보다 작으면 [$Re < 1$] 구가 받는 항력 D는

$$D = 3\pi\mu dV \tag{5-18}$$

이다. 여기서, μ는 점성계수, d가 구의 직경이고 식[5-18]이 스토크스의 법칙(Stokes's law)이다.

2. 양력(揚力 ; Lift)

물체에 작용하는 양력을 구하는 식은

$$L = C_L A \frac{\rho V^2}{2} \quad \bigstar\bigstar\bigstar\bigstar \quad [5\text{-}19]$$

이고 여기서, C_L은 양력계수, A는 투상면적이다.

3. 익형(翼型 ; airfoil or wing)

날개 단면의 형상을 익형이라 한다. 익형은 항공기 날개(airfoil), 회전차 날개(vane) 등의 단면 형상으로 양력을 최대로 하고 항력을 최소화시켜야 하는 물체의 한 예이다. 이와 같은 익형의 모양은 그림5-4와 같다.

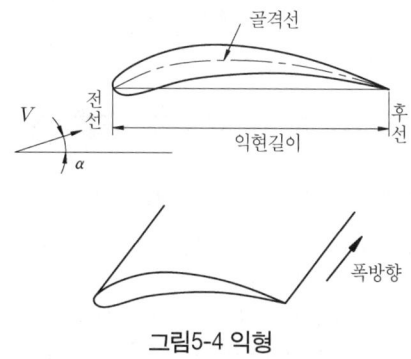

그림5-4 익형

그림5-4에서 선단과 후단을 연결한 직선을 익현(翼弦 ; wing chord)이라 하고 그 길이를 익현길이(chord length), 익현과 유체의 유동방향과 이루는 각을 영각(迎角 ; angle of attack), 익형의 윗면과 아랫면의 중앙을 잇는 선을 골격선(骨格線 ; camber line)이라 한다. 익형의 폭을 b, 익현길이를 l이라 할 때 종횡비(縱橫比 ; aspect ratio)는 b/l이다. 익형에 미치는 힘, 양력과 항력은 각각 식[5-19]과 식[5-17]으로 계산하면 되고 양력을 계산할 때 투상면적 A는 날개의 폭 b에 익현길이 l를 곱하여 구하고 날개의 양력계수 C_L은 익형의 모양과 영각에 따라 크게 변화한다. 영각이 20° 이상으로 증가하면 양력계수는 급격히 감소하고 항력계수는 크게 증가한다. 이 현상을 실속(失速 ; stall)이라 한다.

4 경계층(境界層 ; boundary layer)

경계층의 개념은 1900년대 독일의 Prandtl이 제안한 것으로 물체 주위로 점성유체가 흐를 때 물체의 근접거리에서는 점성의 영향을 받으나 물체로부터 멀어지면 점성의 영향은 점점 감소하여 결국 이상유체의 흐름으로 취급하여도 무방한 상태로 된다. 이와 같이 점성과 비점성이 구분되는 얇은 층 즉, 물체로부터 점성의 영향을 받는 얇은 층을 경계층(境界層 ; boundary layer)이라 한다. 또한 Newton의 점성법칙으로부터 점성유체의 유동시 발생하는 속도구배가 점성의 영향 때문임을 알았다. 이 개념을 이용하면 경계층은 물체 근방에서 속도구배가 존재하는 층이라고 정의할 수도 있다. 경계층 유동의 예로서 그림5-5와 같은 점성유체의 평판유동을 들 수 있다. 평판의 선단(先端)으로부터 점성의 영향이 미치는 경계층이 형성되고 경계층 내에서 속도구배는 매우 크게 변화하게 된다. 그리고 점성전단응력도 속도구배에 비례하여 큰 값으로 변화한다. 경계층 밖의 영역에서는 점성의 영향이 거의 없어 이상유체의 흐름으로 가정할 수 있다. 이와 같은 비회전 이상유체의 흐름을 포텐셜 유동(potential flow)이라 한다.

평판유동에서 레이놀즈수는

$$Re_x = \frac{Vx}{\nu} = \frac{\rho Vx}{\mu} \quad \text{★★★★★} \tag{5-20}$$

이다. 여기서, V는 평판의 선단으로부터 멀리 떨어진 상류(上流)의 균일한 속도(자유흐름속도)이고 x는 평판의 선단으로부터 거리, ν와 μ는 유체의 동점성계수와 점성계수이다. 평판유동에서 레이놀즈수의 값은 평판의 선단으로부터 거리 x에 따라 달라지므로 평판의 하류(下流)로 흘러내려 갈수록 유동은 난류 흐름으로 발달하게 되며 다음과 같은 구간들이 존재한다.

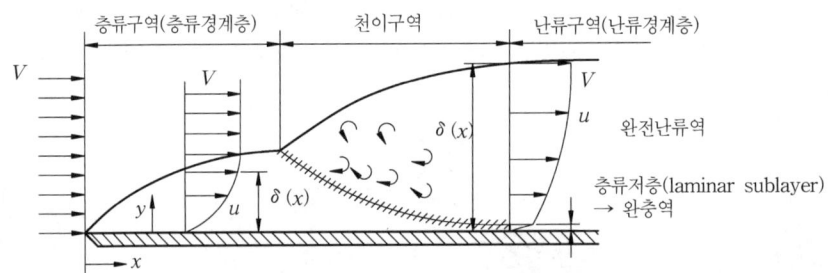

그림5-5 평판 위를 흐르는 점성유체의 경계층 성장

① **층류경계층**(層流境界層 ; laminar boundary layer) : 평판 선단으로부터 어느 정도 거리까지는 층류의 성질을 갖는 경계층을 의미한다.
② **천이구역**(transition zone) : 층류경계층이 어느 정도 성장해 가면 난류유동으로 발달하여 간다. 이와 같이 층류경계층에서 난류경계층으로 변하는 과도구간을 천이역(遷移域 ; transition region) 또는 천이대(遷移帶)라 한다.
③ **난류경계층**(亂流境界層 ; turbulent boundary layer) : 평판의 하류에서 난류의 성질을 갖고 있는 경계층을 의미한다.
④ **층류저층**(層流底層 ; laminar sublayer) : 난류경계층 내부에서 성장한 층류층으로 점성저층(粘性底層) 또는 층류막(層流膜)이라고도 한다. 층류 흐름 내에서 속도분포는 거의 포물선 형태로 변화하나 난류층 내의 벽면 근처에서 속도는 선형적으로 변화한다.
⑤ **완충역**(緩衝域 ; buffer layer) : 난류경계층 내에서 층류저층과 완전 난류역 사이에 유동의 불연속은 없으며 층류와 난류를 완충시키는 구간이 존재하는데 이 구간을 완충역이라고 한다. 이와 같은 평판유동에서 임계 레이놀즈 수는 5.0×10^5 이다. 레이놀즈 수가 5.0×10^5 보다 작으면 층류유동이고 5.0×10^5 보다 크면 난류유동이다.

1. 경계층의 두께

점성의 영향 때문에 경계층 안쪽과 바깥쪽의 속도변화는 점차적으로 발생하게 되는데 경계층 내에서 최대속도를 u, 경계층 외부의 속도는 자유흐름속도와 같으므로 V라 하자. 그리고 u와 V가 같아질 때의 두께를 경계층 두께라 한다. u와 V가 일치하는 곳을 찾아 경계층 두께를 정확히 측정하기는 어렵다. 그러므로 경계층 내의 속도가 자유흐름속도의 99[%]가 되는 위치를 측정하여 경계층 두께로 정한다. 이것을 수식으로 표현하면 식[5-21]과 같다. 이 때 물체표면을 x축, 물체와 수직을 이루고 있는 방향을 y축으로 잡는다.

$$y = \delta(x) \text{ 에서 } \frac{u(x, \delta)}{V} = 0.99 \quad \text{★★★} \tag{5-21}$$

여기서, δ가 경계층 두께이다.

(1) 평판 유동에서 경계층 두께

그림5-5와 같은 평판 유동에서 층류 경계층 두께와 난류 경계층 두께를 정리하면 다음과 같다.

① 층류경계층 두께 : 선단으로부터 층류경계층이 생성한다고 가정할 때 경계층 두께 δ(Blasius 표현)는

$$\frac{\delta}{x} = \frac{5.0}{Re_x^{1/2}} \; ★★★ \qquad [5\text{-}22]$$

이다. 층류경계층의 두께는 $x^{1/2}$ 에 비례한다.

② 난류경계층 두께 : 선단으로부터 난류경계층이 생성한다고 가정할 때 경계층 두께 δ(Karman 표현)는

$$\frac{\delta}{x} = \frac{0.376}{Re_x^{1/5}} \; \text{또는} \; \frac{\delta}{x} = \frac{0.16}{Re_x^{1/7}} \; ★★★ \qquad [5\text{-}23]$$

이다. 난류경계층의 두께는 $x^{4/5}$ 또는 $x^{6/7}$ 에 비례한다.

2. 경계층(境界層)의 박리(剝離)와 후류(後流)

그림5-6과 같이 원통의 물체 주위로 점성유체가 흘러 물체 뒷부분의 하류로 갈수록 표면마찰에 의한 저항이 증가하고 압력이 상승하게 되어 역류(逆流)가 발생하게 된다. 이와 같은 원통 주위의 유체의 흐름을 정리하면 다음과 같다.

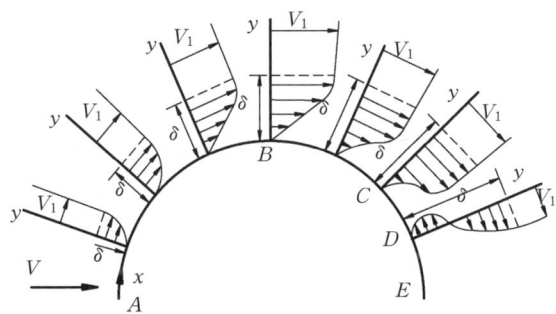

그림5-6 원통 주위의 점성유체의 흐름

(1) 순구배 구역

그림5-6에서 $A \rightarrow B$ 구간을 순구배 구역이라 한다. 이 구간에서는 유체가 AB 의 고체 면을 따라 흐를 때 속도가 증가하고 압력이 감소한다. 그리고 B 점에서 유속이 최대가 된다.

$$\frac{\partial u}{\partial x} > 0, \; \frac{\partial P}{\partial x} < 0 \qquad [5\text{-}24]$$

(2) 역구배 구역

그림5-7에서 $B \rightarrow E$ 구간을 역구배 구역이라 한다. 이 구간에서는 유체가 BE 의 고체 면을 따라 표면 저항이 증가하게 되므로 유속은 감소하고 압력은 증가하게 된다.

$$\frac{\partial u}{\partial x} < 0, \; \frac{\partial P}{\partial x} > 0 \qquad [5\text{-}25]$$

이 구간에서는 벽으로부터 멀리 떨어진 유체의 흐름은 관성과 유속이 크기 때문에 높은 압력에도 불구하고 하류까지 유동이 유지되나 벽 근방의 유체의 흐름은 유속과 관성이 감소하여 증가한 압력을 견디면서 하류까지 유동이 유지되기 어렵다.

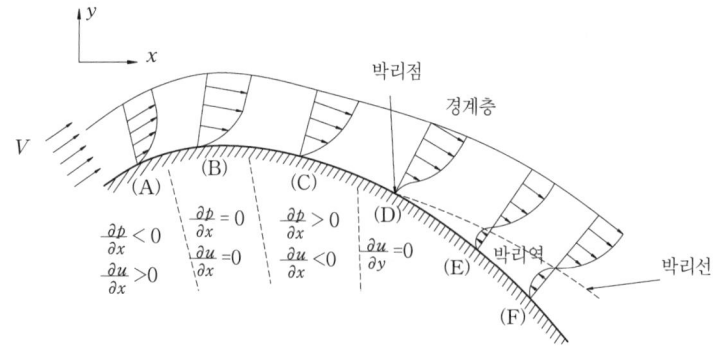

그림5-7 경계층의 역압력 구배와 박리

따라서 경계층 내의 벽 표면으로부터 유체입자들은 이탈하여 소용돌이치며 흐르는 역류현상이 발생하게 된다.

① 역압력 구배 : 경계층의 한 계면에서 유속은 감소하는 반면에 압력은 증가하게 된다. 이것을 역압력 구배라 한다. 그림5-7에서 유체가 BCD면을 따라 흐르는 구역이 역압력 구배 구역이다.

② 박리(剝離 ; separation) : 벽면 근방 유체층의 유체 입자들이 물체 뒷부분에서 속도 감소와 압력 증가(역압력 구배 때문에 발생)로 인하여 유선을 이탈하는 현상을 박리(剝離)라 한다. 이때 이탈이 시작되는 점을 박리점(separation point)이라 한다. 박리가 시작되는 지점은 $\frac{\partial u}{\partial y}|_{y=0}=0$ 인 지점으로 그림5-6에서는 C점이 되고 그림5-7에서는 D점이 된다.

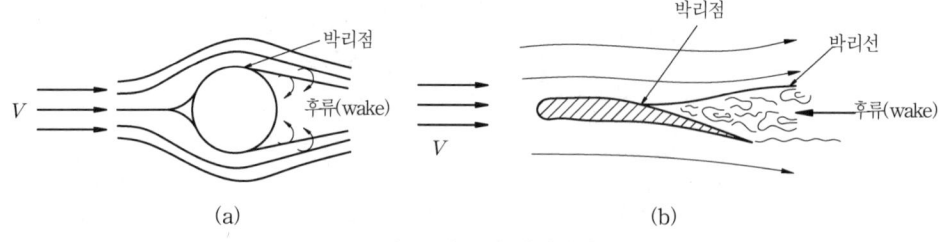

그림5-8 후류와 압력항력

③ 후류(後流 ; wake) : 박리가 시작되어 물체 뒷면에서는 불규칙한 유체의 흐름 구역이 발생한다. 이 구역을 박리역(separation region)이라 한다. 이 박리역이 하류로 연장되면서 속도구배가 큰 회전유동이 발생하게 되는데 이와 같은 현상을 후류(後流)라 한다. 후류는 압력손실 때문에 발생한다.

④ 압력항력(壓力抗力 ; pressure drag) : 후류 현상 때문에 물체 전·후방의 압력차로 인하여 물체가 유동 방향으로 유체로부터 받는 힘을 압력항력(壓力抗力)이라 한다. 그림5-8에서 C점이 박리점이며 그 뒤로 박리역이 연장되어 후류현상이 발생되고 있음을 보여준다.

(3) 층류와 난류 흐름에서 박리현상

층류 흐름시 유체입자들의 운동성보다 난류 흐름시 유체입자들의 운동성이 더 크다. 그러므로 층류 경계층과 난류 경계층의 역압력 구배 영역에서 난류 유체 입자들이 역압력 구배를 더 잘 견디면 하류로 흘러갈 것이다. 따라서 난류 경계층에서 발생하는 박리점이 층류 경계층에서 발생하는 박리점 보다 물체의 뒤쪽으로 밀려나 발생하게 된다.

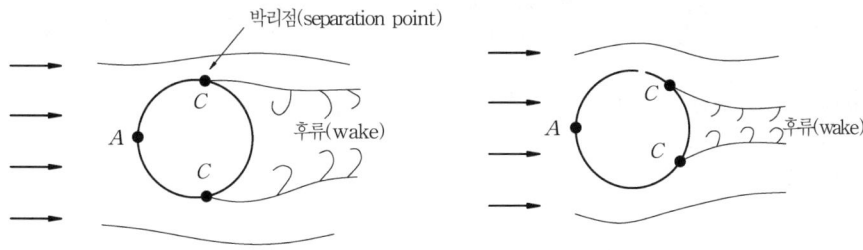

(a) 층류 박리(laminar separation)　　　(b) 난류 박리(turbulent separation)

그림5-9 층류와 난류 흐름에서 박리현상

3. 원주(圓柱) 주위의 유동

원주(圓柱) 주위의 유동에서 레이놀즈 수는

$$Re = \frac{Vd}{\nu} \qquad [5\text{-}26]$$

이다. 여기서, V는 원주 상류의 균속도, d는 원주의 직경, ν는 동점성계수이다. 임계 레이놀즈 수(critical Reynolds number)는 4×10^5으로 이 범위에서 층류 경계층에서 박리한 흐름은 곧 난류로 천이하고 임계 레이놀즈 수 이상으로 되면 압력이 상승하게 되어 난류 경계층으로 박리된다. 이 때 항력계수는 현저히 줄어들고 후류의 폭은 좁아져 하류로 유체 흐름이 이어진다.

그림5-10과 같이 원주 주위로 이상유체가 흘러갈 경우 원주 표면의 임의의 점에서 유속 v를 구하면

$$v = 2V \sin\theta \quad ★★★ \qquad [5\text{-}27]$$

이다. 여기서, θ는 정체점에서 시계방향으로 임의의 지점까지의 각을 나타낸다. 그리고 베르누이 방정식을 적용시켜 원주상의 임의의 점의 압력분포를 구하면

$$\frac{P-P_\infty}{\gamma} = \frac{V^2-v^2}{2g} = \frac{V^2}{2g}(1-4\sin^2\theta) \qquad [5\text{-}28]$$

이다. 정압과 동압의 비를 압력계수라 하는데 정리하면 다음과 같다.

$$\frac{P-P_\infty}{\rho V^2/2} = 1-4\sin^2\theta \qquad [5\text{-}29]$$

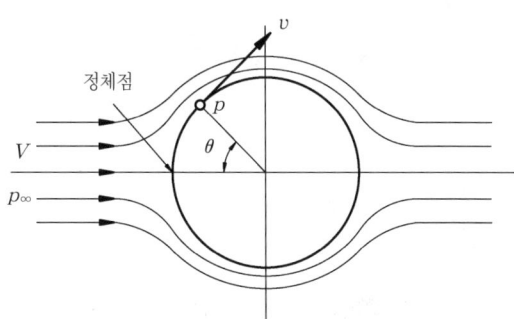

그림5-10 원주 주위의 이상유체의 흐름

5 유동함수(流動函數)

압력과 속도를 구하기 위해서는 연속방정식과 운동량방정식을 동시에 풀어야 한다. 그러나 유동함수(流動函數)를 도입하면 연속방정식을 사용하지 않고도 운동량방정식만으로 계산이 가능하다.
2차원 정상류 비압축성유동의 연속방정식을 유동함수 $\psi(x,\ y)$에 관한 식으로 표현하면 다음과 같다.

$$\frac{\partial u}{\partial x}+\frac{\partial v}{\partial y}=0 \qquad [5\text{-}30]$$

$$\frac{\partial}{\partial x}\left(\frac{\partial \psi}{\partial y}\right)+\frac{\partial}{\partial y}\left(-\frac{\partial \psi}{\partial x}\right)=0 \qquad [5\text{-}31]$$

식[5-30]과 식[5-31]을 비교하면

$$u=\frac{\partial \psi}{\partial y},\quad v=-\frac{\partial \psi}{\partial x} \ \bigstar\bigstar\bigstar\bigstar \qquad [5\text{-}32]$$

이다. 식[5-32]를 벡터식의 속도장(速度場)을 표현하면 다음과 같다.

$$\vec{V}=\frac{\partial \psi}{\partial y}\hat{i}-\frac{\partial \psi}{\partial x}\hat{j} \qquad [5\text{-}33]$$

▶ 극좌표계에서 유동함수 표현

$\psi = f(r,\ \theta)$

① 반경방향 유속

$$v_r=\frac{1}{r}\frac{\partial \psi}{\partial \theta}$$

② 횡 방향 유속

$$v_\theta=-\frac{\partial \psi}{\partial r}$$

6 와도(渦度)와 비회전 유동(非回轉流動)

유체 내부에 회전 변형이 존재할 때 속도장 $\vec{V}$을 공간의 함수로 표현하면

$$\vec{V}=u\hat{i}+v\hat{j}+w\hat{k} \qquad [5\text{-}34]$$

이다. 각 방향의 속도성분을 이용하여 $x,\ y,\ z$ 방향의 각속도를 구하면 다음과 같다.

$$\omega_x=\frac{1}{2}\left(\frac{\partial w}{\partial y}-\frac{\partial v}{\partial z}\right) \qquad [5\text{-}35]$$

$$\omega_y=\frac{1}{2}\left(\frac{\partial u}{\partial z}-\frac{\partial w}{\partial x}\right) \qquad [5\text{-}36]$$

$$\omega_z=\frac{1}{2}\left(\frac{\partial v}{\partial x}-\frac{\partial u}{\partial y}\right) \qquad [5\text{-}37]$$

위 식의 표현은 각속도가 속도 벡터의 회전(curl)에 $\frac{1}{2}$이 됨을 보여준 것이다.

$$\vec{\omega}=\omega_x\hat{i}+\omega_y\hat{j}+\omega_z\hat{k}=\frac{1}{2}curl\vec{V}=\frac{1}{2}\begin{vmatrix}\hat{i}&\hat{j}&\hat{k}\\ \frac{\partial}{\partial x}&\frac{\partial}{\partial y}&\frac{\partial}{\partial z}\\ u&v&w\end{vmatrix} \qquad [5\text{-}38]$$

$$\vec{\zeta} = 2\vec{\omega} = \text{curl}\,\vec{V}\,\bigstar\bigstar \tag{5-39}$$

식[5-39]에서 $\vec{\zeta}$는 와도(vorticity)이다. 유동시 와도가 0이면 유체 흐름은 비회전 유동(非回轉流動)이다.

$$\text{curl}\,\vec{V} = 0 \,\bigstar\bigstar\bigstar \tag{5-40}$$

식[5-33]과 같은 속도장의 와도는 다음과 같이 표현할 수 있다.

$$\text{curl}\,\vec{V} = 2\omega_z \hat{k} = -\nabla^2 \psi \hat{k} \tag{5-41}$$

$$\nabla^2 \psi = \frac{\partial^2 \psi}{\partial x^2} + \frac{\partial^2 \psi}{\partial y^2} \tag{5-42}$$

비점성·비압축성유동이면 $\omega_z = 0$이며 식[5-41]는 0이다.

$$\nabla^2 \psi = \frac{\partial^2 \psi}{\partial x^2} + \frac{\partial^2 \psi}{\partial y^2} = 0 \tag{5-43}$$

식[5-42]은 2계 Laplace방정식이다.

7 속도 포텐셜

비회전성 유동이면 다음과 같은 식이 성립한다.

$$\nabla \times \vec{V} = 0, \quad \vec{V} = \nabla \phi \tag{5-44}$$

식[5-41]에서 ϕ는 속도 포텐셜 함수이다. 이와 같은 속도 포텐셜 함수는 유동함수와 유사하며 이것을 알고 있으면 속도성분을 구할 수 있다.

$$u = \frac{\partial \phi}{\partial x},\ v = \frac{\partial \phi}{\partial y},\ w = \frac{\partial \phi}{\partial z}\,\bigstar\bigstar\bigstar\bigstar \tag{5-45}$$

xy 좌표상의 비회전·비압축성유동이면 속도 포텐셜 함수, 유동함수 그리고 속도와의 관계는 다음과 같이 정리된다.

$$u = \frac{\partial \psi}{\partial y} = \frac{\partial \phi}{\partial x} \tag{5-46}$$

$$v = -\frac{\partial \psi}{\partial x} = \frac{\partial \phi}{\partial y} \tag{5-47}$$

▶ 좌표계에서 속도 포텐셜 표현

$\phi = f(r,\ \theta)$

$v_r = \dfrac{\partial \phi}{\partial r}$

$v_\theta = \dfrac{1}{r}\dfrac{\partial \phi}{\partial \theta}$

chapter 5 — 실전연습문제

01 회전 벡터의 크기와 회전 각속도의 크기 사이의 관계는?

① 전연 무관계하다.
② 회전 벡터의 크기는 각속도 크기의 2배이다.
③ 각속도 크기는 회전 벡터 크기의 2배이다.
④ 각속도 크기는 회전 벡터 크기와 동일하다.

Solution $\vec{\zeta} = 2\vec{\omega} = \text{curl}\,\vec{V}$
여기서, $\vec{\zeta}$는 와도(vorticity), $\vec{\omega}$는 각속도이다.

02 유체가 100[mm] 관으로 유입하여 200[mm] 관으로 유출한다. 100[mm] 관에서 레이놀즈 수가 3000 일 때 200[mm] 관에서 레이놀즈 수는 약 얼마인가?

① 1500 ② 3000 ③ 4500 ④ 6000

Solution $Q = A_1 V_1 = A_2 V_2$, $\dfrac{V_1}{V_2} = \dfrac{d_2^2}{d_1^2}$

$\dfrac{Re_1}{Re_2} = \dfrac{V_1 d_1}{V_2 d_2} = \dfrac{d_2}{d_1}$, $Re_2 = Re_1 \dfrac{d_1}{d_2} = 3000 \times \dfrac{100}{200} = 1500$

03 두 고정된 평행평판 사이에 실제 액체가 흐를 때 속도분포는 어떠한가?

① 전단면에 걸쳐 일정하다.
② 평면으로부터의 거리 y와 평판 사이의 거리 a에 대한 비 y/a의 1/3 제곱에 비례한다.
③ 포물선 분포를 가진다.
④ 양 평판에서의 속도는 0이고 중앙 면까지 선형적으로 증가한다.

Solution 두 고정된 평행 평판 유속을 구하면
$$u(y) = -\dfrac{1}{2\mu}\dfrac{dP}{dL}(h^2 - y^2)$$
이다. 속도분포는 벽면에서 0 이고 중심에서 최대이고 벽면에서 중심까지 선형적 포물선으로 증가한다.

$y = 0$ 에서 $u_{\max} = -\dfrac{h^2}{2\mu}\dfrac{dP}{dL}$

$y = \pm h$ 에서 $u(y) = 0$

04 레이놀즈 수는 어떻게 표현할 수 있는가?

① 관성력 대 점성력 ② 점성력 대 중력
③ 중력 대 관성력 ④ 점성력 대 중력

05 다음 표시 중에서 레이놀즈 수가 아닌 것은 어느 것인가? (단, V는 속도, L은 길이, D는 지름, ρ는 밀도, γ는 비중량, μ는 점성계수, ν는 동점성 계수, g는 중력 가속도를 표시한다.)

① $\rho VD/\mu$ ② VD/ν ③ $\gamma VD/g\mu$ ④ VD/μ

Answer 01 ② 02 ① 03 ③ 04 ① 05 ④

06 유체 운동에 있어서 와동의 발생 소멸의 원인이 되는 것은 다음 중 어느 것인가?

① 중력작용과 압력작용   ② 중력작용과 열작용
③ 압력작용과 점성작용   ④ 점성작용과 열작용

07 원관 내의 물의 유동 에너지 하임계 Reynolds 수는 대략 얼마인가?

① 5000   ② 2100   ③ 7260   ④ 1000

08 어떤 유체가 직경이 400[mm]인 수평원관에 흐르고 있다. 이 때 길이 100[m]에서 압력강하가 1[kgf/cm²]이었다면 관 벽에서 전단응력 몇 kgf/m² 인가?

① 10   ② 20   ③ 16   ④ 32

Solution
$$\tau = \frac{r_0}{2}\frac{\Delta P}{L} = \frac{0.2}{2} \times \frac{1\times 10^4}{100} = 10\,[\mathrm{kg_f/m^2}]$$

09 $\mu = 1.1 \times 10^{-4}$[kgf·sec/m²]인 물이 직경 1[cm]인 수평원관 속에서 층류로 흐르고 있다. 이 때 1000[m] 길이에서 압력강하 $\Delta P = 0.2$[kg/cm²]이면 유량 Q는 몇 cm³/s 인가?

① 4.46   ② 16.76   ③ 967.2   ④ 123.41

Solution
$$Q = \frac{\Delta P \pi d^4}{128\mu L} = \frac{0.2\times 10^4 \times \pi \times 0.01^4}{128\times 1.1\times 10^{-4}\times 1000}\times 10^6 = 4.46\,[\mathrm{cm^3/s}]$$

10 평균속도가 V인 유체속에서의 익형의 항력계수는? (단, D는 항력, ρ는 밀도, L는 익형장이다.)

① $D/\rho VL$ ② $2D/\rho VL$ ③ $2D/\rho V^2 L$ ④ $D/\rho V^2 L$

Solution
$$D = C_D A \frac{\rho V^2}{2} \ ; \ C_D = \frac{2D}{L\rho V^2}$$
면적 $A = L$(익현의 길이)$\times b$(폭)에서 단위 폭으로 보면 면적은 다음과 같다.
$A = L\,[\mathrm{m^2/m}]$

11 경계층 밖의 포텐셜 흐름의 속도가 2[m/sec]일 때 보통 경계층의 두께는 경계층 내의 속도가 얼마일 때의 값이 되는가?

① 9.8[m/s]   ② 19.6[m/s]   ③ 0.99[m/s]   ④ 1.98[m/s]

Solution
$$\frac{U}{U_\infty} = 0.99, \ U = 0.99\,U_\infty = 0.99\times 2 = 1.98\,[\mathrm{m/s}]$$

12 유동과 나란한 평판주위를 28[℃]의 물(동점성 계수 $\nu = 0.842\times 10^{-6}$[m²/sec]이 유동한다. 만일 경계층 밖의 물이 10m/s인 등속류로 유동한다면 평판을 따라 천이가 발생하는 거리(지점)는? (단, 이때 임계 레이놀즈 수는 5×10^5이라고 가정한다.)

① 42.1[m]   ② 0.0421[m]   ③ 0.421[m]   ④ 4.21[m]

Solution
$$Re_x = \frac{U_\infty x}{\nu} \ ; \ 5\times 10^5 = \frac{10\times x}{0.842\times 10^{-6}}, \ x = 0.0421\,[\mathrm{m}]$$

Answer   06 ③   07 ②   08 ①   09 ①   10 ③   11 ④   12 ②

13 프란틀의 혼합거리(mixing length)에 대한 설명 중 옳은 것은?

① 전단응력과 무관하다. ② 벽에서 0이다.
③ 항상 일정하다. ④ 층류유동문제를 계산하는데 유용하다.

Solution • Prandtl 의 혼합거리
① 난동하는 유체입자가 운동량변화 없이 움직일 수 있는 거리로 정의된다.
② 혼합거리는 벽으로부터 잰 수직거리에 비례한다.($L = ky$)

14 형상(압력)항력의 원인은?

① 표면마찰
② 후류의 발생
③ 충격파의 발생
④ 전방 정체점 가까이에서 포텐셜(potential)의 파괴

Solution 점성유동 중에 있는 물체의 후방에서 후류가 발생하여 압력이 감소하게 된다. 이로 인하여 물체의 전·후방 압력차로 물체가 받는 유동방향의 힘을 압력항력이라 한다.

15 5[cm]의 지름을 가진 구가 공기 속을 20[m/sec]의 속도로 날고 있다. 이 때 항력은 얼마인가? (단, 공기의 밀도는 $1.2[\text{kg}_m/\text{m}^3]$이고 항력계수는 0.4이다.)

① $1.92 \times 10^{-2}[\text{kg}]$ ② $3.21 \times 10^{-2}[\text{kg}]$ ③ $4.28 \times 10^{-2}[\text{kg}]$ ④ $2.14 \times 10^{-2}[\text{kg}]$

Solution $D = C_D A \dfrac{\rho V^2}{2} = 0.4 \times \dfrac{\pi \times 0.05^2}{4} \times \dfrac{1.2 \times 20^2}{2} = 0.188 \, [\text{N}] = 1.92 \times 10^{-2}[\text{kg}_f]$

16 그림과 같이 간격 $2R$인 무한대의 평판들에 의하여 경계 지어진 통로에서의 포물선속도 분포로 변화한다. 이 때 최대속도를 V_c라 하면 유량은?

① $\dfrac{2}{3} RV_c$ ② $\dfrac{4}{3} RV_c$
③ $\dfrac{1}{3} RV_c$ ④ $\dfrac{1}{2} RV_c$

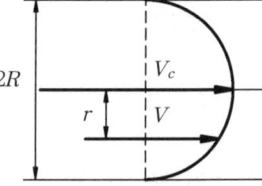

Solution $V_{\text{mean}} = \dfrac{2}{3} V_c$, $Q = AV_{\text{mean}} = 2R \times \dfrac{2}{3} V_c = \dfrac{4}{3} RV_c$

17 두 평행평판 사이를 점성계수가 층류로 흐를 때 속도분포는?

① 직선 ② 쌍곡선
③ 포물선 ④ 직선과 포물선의 조합

18 지름이 20cm인 일정단면의 수평 직원관에 비압축성 점성유체가 그림의 1지점과 2지점의 압력차 $(P_1 - P_2)$가 $2[\text{kg}/\text{cm}^2]$이면 관이 유체에 작용하는 마찰력은?

① 438[kg]
② 628[kg]
③ 235[kg]
④ 835[kg]

Solution $\Sigma F = 0 \; ; \; (P_1 - P_2)A = F_s$
$F_s = 2 \times 10^4 \times \dfrac{\pi \times 0.2^2}{4} = 628.32 \, [\text{kg}_f] = 6.158 [\text{kN}]$

Answer 13 ② 14 ② 15 ① 16 ② 17 ③ 18 ②

19 경계층에 관한 설명 중 틀린 것은?

① 경계층 내에서의 속도구배는 경계층 밖에서의 속도구배보다 작다.
② 경계층 밖에서의 흐름은 포텐셜 흐름이다.
③ 층류 경계층의 두께는 평판 선단에서의 거리 $x^{-\frac{1}{2}}$에 비례한다.
④ 경계층 내에서는 흐름이 진행함에 따라 마찰력은 증가한다.

Solution 층류 경계층 두께 ; $\delta = 5xRe^{-1/2}$, $\delta \propto x^{1/2}$

20 점성계수 0.625×10^{-2}[kg$_f$·s/m^2], 안지름이 20[cm]인 관속에서 비중이 0.8인 기름이 유량 0.02[m^3/sec] 일 때 이 흐름의 상태는?

① 난류　　　　② 층류　　　　③ 천이구역　　　　④ 정상

Solution $Q = AV$; $V = \dfrac{4 \times 0.02}{\pi \times 0.2^2} = 0.637$ [m/s]

$Re = \dfrac{\rho Vd}{\mu} = \dfrac{0.8 \times 1000 \times 0.637 \times 0.2}{0.625 \times 10^{-2} \times 9.8} = 1664 < 2100$

21 정지하고 있는 고체 위를 지나는 실제유체에 대한 경계조건은 고체면에서 어떠한가?

① 속도의 모든 성분이 0이 된다.　　　② 속도의 접선성분만 0이 된다.
③ 속도의 모든 성분이 0이 아니다.　　④ 속도의 법선 성분이 0이 된다.

Solution 점착조건(no-slip condition)이라 하여 고체면과 접한 실제유체 층의 속도성분은 항상 0이다.

22 동점성 계수가 15.68×10^{-6}[m^2/sec]인 공기가 평판 위를 길이 방향으로 이동하여 0.5[m/sec]의 속도로 흐르고 있다. 선단으로부터 10[cm]되는 곳의 경계층 두께의 2배가 되는 경계층의 두께를 가지는 곳은 선단으로부터 몇 cm 되는 곳인가?

① 14.14[cm]　　② 20[cm]　　③ 40[cm]　　④ 46.4[cm]

Solution $Re_x = \dfrac{Vx}{\nu} = \dfrac{0.5 \times 0.1}{15.68 \times 10^{-6}} = 3188.776 < 5 \times 10^5$

$\delta = 5xRe_x^{-1/2} = 5 \times 0.1 \times 3188.776^{-1/2} = 0.00885$ [m]

$2\delta = 5xRe_x^{-1/2} = 5x^{1/2}\left(\dfrac{V}{\nu}\right)^{-1/2}$

$2 \times 0.00885 = 5 \times x^{1/2} \times \left(\dfrac{0.5}{15.68 \times 10^{-6}}\right)^{-1/2}$,

$x = 0.4$ [m]

23 10[°C]의 물이 내경 20[mm]인 원관 속을 흐를 때 하임계 속도를 구하시오. (단, 물의 동점성 계수는 0.0131[cm^2/s]이고, 임계 레이놀즈 수는 2320이다.)

① 0.125[m/s]　　② 0.152[m/s]　　③ 0.125[cm/s]　　④ 0.152[cm/s]

Solution $Re = \dfrac{Vd}{\nu}$; $2320 = \dfrac{V \times 0.02}{0.0131 \times 10^{-4}}$, $V = 0.152$ [m/s]

24 원형관 속에 유체가 흐르고 있다. 다음 흐름 중에서 층류의 경우는?

① 레이놀즈 수가 4,000이다.　　② 레이놀즈 수가 20,000이다.
③ 레이놀즈 수가 21,000이다.　　④ 레이놀즈 수가 200이다.

Answer 19 ③　20 ②　21 ①　22 ③　23 ②　24 ④

25 다음 중 레이놀즈 수와 가장 관계가 작은 것은? (단, V는 속도, d는 지름, ρ는 밀도, ν는 동점성계수, μ는 점성계수이다.)

① $\dfrac{Vd}{\nu}$ ② $\dfrac{\rho Vd}{\mu}$ ③ $\dfrac{관성력}{점성력}$ ④ $\dfrac{부력}{점성력}$

26 원관 속의 흐름이 층류일 때 임의의 단면을 단위 시간에 흐르는 유체의 운동에너지는 얼마인가? (단, Q는 유량이고, V는 유체의 평균속도, γ는 비중량이다.)

① $\dfrac{Q\gamma V^2}{2g}$ ② $\dfrac{QV^2}{2g}$ ③ $\dfrac{\gamma V^2}{2Qg}$ ④ $\dfrac{QV^2}{2}$

 Solution $T = \dfrac{1}{2}\dot{m}V^2 = \dfrac{\rho QV^2}{2} = \dfrac{\gamma QV^2}{2g}$

27 평판에서 생기는 층류 경계층의 두께 δ는 평판 선단으로부터의 거리 x와 어떤 관계가 있는가?

① x에 비례한다. ② $x^{\frac{1}{2}}$에 반비례한다.
③ $x^{\frac{1}{2}}$에 비례한다. ④ $x^{\frac{1}{3}}$에 비례한다.

28 레이놀즈 수에 대한 다음 설명 중 틀린 것은?

① 원관 이외의 흐름에는 적용하지 않는다. ② 층류와 난류를 구분하는 척도이다.
③ 레이놀즈 수 6000은 난류에 속한다. ④ 레이놀즈 수 1000은 층류에 속한다.

 Solution 원관 흐름의 유동장에서 레이놀즈 수 6000이면 난류이동이고 레이놀즈 수가 1000이면 층류유동이다.

29 37.5[℃]인 원유가 0.3[m³/s]로 원관에 흐르고 있다. 임계 레이놀즈 수가 2100일 때 층류로 흐를 수 있는 관의 최소 직경은 몇 m인가? (단, 원유가 37.5[℃]에서 $\nu = 6 \times 10^{-5}$[m²/s]이다.)

① 1.36 ② 2.17 ③ 3.03 ④ 0.466

 Solution $Re = \dfrac{Vd}{\nu} = \dfrac{Qd}{A\nu} = \dfrac{4Q}{\pi d\nu}$
$2100 = \dfrac{4 \times 0.3}{\pi \times d \times 6 \times 10^{-5}}$, $d = 3.032$ [m]

30 반지름 R이고 길이가 L인 직원관 속의 흐름이 층류이고 입구와 출구에서의 압력이 P_1, P_2이다. 관벽에 생기는 전단응력은 얼마인가?

① $\dfrac{L(P_1 - P_2)}{2R}$ ② $\dfrac{R(P_1 - P_2)}{2L}$ ③ $\dfrac{R}{2L(P_1 - P_2)}$ ④ $\dfrac{R}{2(P_1 - P_2)}$

 Solution $\tau = -\dfrac{r}{2}\dfrac{dP}{dL} = \dfrac{R}{2}\dfrac{P_1 - P_2}{L}$

31 수평원관을 유동하는 유체의 전단응력은?

① 전단면에 걸쳐 일정하다.
② 관벽에서 0이고 중심선에서 최대이며 등분포한다.
③ 중심선에서 0이고 반지름에 비례하면서 관 벽까지 직선으로 증가한다.
④ 중심선에서 0이고 반지름의 제곱에 비례하여 변한다.

Answer 25 ④ 26 ① 27 ③ 28 ① 29 ③ 30 ② 31 ③

32 다음 보기 중에서 실제유체나 이상유체 어느 것에도 적용되는 것은?

① 질량보존의 법칙   ② 수정계수   ③ 뉴턴의 점성법칙   ④ 압축성 유체

Solution ① 실제유체 : 질량보존의 법칙, 뉴턴의 점성법칙, 압축성유체
② 이상유체 : 수정계수, 질량보존의 법칙

33 항공기와 선박의 프로펠러 효율을 비교해 보면?

① 모두 같다.   ② 항공기 > 선박   ③ 항공기 < 선박   ④ 프로펠러 효율은 없다

34 익폭 8[m], 익현장 1.5[m]인 익형으로 된 비행기가 110[m/sec]의 속도로 날고 있다. 이 때에 익형의 영각이 1°, 양력계수가 0.326, 항력계수가 0.0680이라고 하면 비행에 필요한 동력은 몇 PS인가? (단, 공기의 비중량 γ_a=11.76[N/m³]이다.)

① 1032   ② 886.6   ③ 530.8   ④ 1326

Solution
$$L = D \cdot V = C_D A \frac{\rho V^2}{2} \cdot V$$
$$L = 0.068 \times (8 \times 1.5) \times \frac{11.76 \times 110^3}{2 \times 9.8} \times 10^{-3} \times 1.36 = 886.25 \,[PS]$$

35 지름 1[cm]의 원관에 유속 1.2[m/sec]의 물이 흐르고 있다. 이때의 물의 동점성 계수 ν=1.788×10^{-6}[m²/sec]라 하면 레이놀즈 수는 얼마인가?

① 2320   ② 3451   ③ 4597   ④ 6711

Solution $Re = \frac{Vd}{\nu} = \frac{1.2 \times 0.01}{1.788 \times 10^{-6}} = 6711.41$

36 직경이 10[cm]인 원관 속에 비중이 0.85인 기름이 0.01[m³/s]로 흐르고 있다. 기름의 동점성계수가 1.5×10^{-5}[m²/s]일 때 이 흐름은?

① 층류   ② 난류   ③ 천이구역 흐름   ④ 등속류

Solution $Re = \frac{Vd}{\nu} = \frac{Qd}{A\nu} = \frac{4Q}{\pi d \nu}$
$Re = \frac{4 \times 0.01}{\pi \times 0.1 \times 1.5 \times 10^{-5}} = 8488.264$

37 유체가 비회전운동일 때 만족되어야 하는 식은?

① $\frac{\partial u}{\partial y} + \frac{\partial v}{\partial x} = 0$ ② $\frac{\partial u}{\partial x} = \frac{\partial v}{\partial y}$ ③ $\frac{\partial u}{\partial y} = \frac{\partial v}{\partial x}$ ④ $\frac{\partial^2 u}{\partial x^2} + \frac{\partial^2 v}{\partial y^2} = 0$

Solution $\text{curl} \vec{V} = (\nabla \times \vec{V})_z = \omega_z = \frac{\partial v}{\partial x} - \frac{\partial u}{\partial y} = 0$

38 점성계수 μ=10×10^{-4}[N·s/m²]인 물이 지름 d=0.1m인 관내를 평균 유속 V=10[m/sec]로 흐르고 있다. 레이놀즈 수는 얼마인가?

① 10^6 ② 10^4 ③ 10^2 ④ 10^9

Solution $Re = \frac{Vd}{\nu} = \frac{\rho Vd}{\mu} = \frac{1000 \times 10 \times 0.1}{10 \times 10^{-4}} = 1.0 \times 10^6$

Answer 32 ① 33 ② 34 ② 35 ④ 36 ② 37 ③ 38 ①

39 안지름 $d=10$[cm]의 수평관로에 의하여 유속 $V=2$[m/sec]로 100[m]의 거리에 물을 수송할 때 관마찰손실에 의한 압력강하는 몇 kPa인가? (단, 관마찰계수 $f=0.03$이다.)

① 60   ② 50   ③ 40   ④ 30

Solution $\Delta P = \gamma h_L = \gamma f \dfrac{L}{d} \dfrac{V^2}{2g} = 9800 \times 0.03 \times \dfrac{100}{0.1} \times \dfrac{2^2}{2 \times 9.8} = 60 \times 10^3$ [Pa]

40 난류에서의 전단응력과 속도구배의 비를 나타내는 점성계수는?

① 유동의 혼합길이와 평균속도 기울기의 함수이다.
② 유체의 성질이므로 온도가 주어지면 일정한 상수이다.
③ 뉴턴의 점성법칙으로 구한다.
④ 임계 레이놀즈 수를 이용하여 결정한다.

Solution 난류전단응력 : $\tau_t = \rho \ell^2 \left| \dfrac{d\overline{u}}{dy} \right| \dfrac{d\overline{u}}{dy} = \eta \dfrac{d\overline{u}}{dy}$

여기서, ℓ은 혼합거리이고 η는 와점성계수이다.

$\eta = \rho \ell^2 \left| \dfrac{d\overline{u}}{dy} \right|$

Prandtl의 혼합거리 ℓ은 벽으로부터의 수직거리 y에 비례하는 것으로 가정

$\ell = ky$

혼합거리는 유체 흐름 상태에 따라 변화는 값으로 k는 난동상수 또는 von Karman 상수라 한다. 따라서 난류전단응력은 다음과 같다.

$\tau_t = \rho k^2 y^2 \left(\dfrac{d\overline{u}}{dy} \right)^2$

41 20[℃]의 물이 지름 2[cm]의 원관 속을 흐르고 있다. 층류로 흐를 수 있는 최대 평균 속도는 얼마인가? (단, 임계 레이놀즈 수는 2100이며, 20[℃] 물의 동점성계수는 1.006×10^{-6}[m²/s]이다.)

① 42.5[m/s]   ② 10.5[m/s]   ③ 2.45[m/s]   ④ 0.105[m/s]

Solution $Re = \dfrac{Vd}{\nu}$; $2100 = \dfrac{V \times 0.02}{1.006 \times 10^{-6}}$, $V = 0.10563$ [m/s]

42 후류에 대한 다음 설명 중 옳은 것은 어느 것인가?

① 표면마찰이 주원인이다.   ② 항상 박리점 후방에 생긴다.
③ 항상 면형 항력이 지배적일 때 생긴다.   ④ 압력구배가 양(+)인 포텐셜 흐름이다.

Solution 후류 : 박리점 이후에 소용돌이치는 불규칙한 흐름이다.

43 넓은 층류의 유동장을 지름 d인 구의 입자가 운동할 때 받는 항력 D_r은? (단, 유체의 점성계수를 μ, 구의 속도를 V라 한다.)

① $D_r = 3\pi \mu dV$ ② $D_r = 3\pi \mu g dV$ ③ $D_r = \dfrac{3\pi \mu dv}{g}$ ④ $D_r = \dfrac{3\pi \mu dv}{\mu g}$

44 익폭 10[m], 익현장 1.8[m]인 익형을 갖는 비행기가 11.2[m/s]의 속도로 날고 있다. 양력계수 0.326이면 비행기가 받는 양력은? (단, 본체의 영향은 무시하고 공기의 비중량은 11.9[N/m³]이다.)

① 45[N]   ② 446.9[N]   ③ 245[N]   ④ 24.5[N]

Solution $L = C_L A \dfrac{\rho V^2}{2} = 0.326 \times (10 \times 1.8) \times \dfrac{11.9 \times 11.2^2}{9.8 \times 2} = 446.91$ [N]

Answer 39 ①   40 ①   41 ④   42 ②   43 ①   44 ②

45 경계층의 원리(separation)가 일어나는 원인은?
① 압력이 증기압 이하로 떨어지기 때문
② 압력 구배가 0으로 감소할 때
③ 경계층의 두께가 0으로 감소할 때
④ 역압력 구배 때문

46 다음의 한 쌍의 힘들 중에서 어느 두 힘이 가까이 놓인 두 평행평판 사이의 층류 유동에서 가장 중요한가?
① 관성력과 점성력   ② 압력과 관성력   ③ 중력과 압력   ④ 점성력과 압력

47 임계 레이놀즈 수라는 것은?
① 1차 유동에서 2차 유동으로 바뀔 때의 레이놀즈 수
② 직선운동에서 회전운동으로 바뀔 때의 레이놀즈 수
③ 저속에서 고속으로 바뀔 때의 레이놀즈 수
④ 난류에서 층류운동으로 바뀔 때의 레이놀즈 수

48 속도 포텐셜 Φ가 다음 식으로 주어질 때 점(1, 3, 2)에서의 x 방향의 유속은?

$$\Phi(x,\ y,\ z) = 2x^2 + 3xy + 4zx^2$$

① 37   ② $2+3y+4z$ ③ $4+3y+12z$ ④ 29

Solution $u = \dfrac{\partial \Phi}{\partial x},\ v = \dfrac{\partial \Phi}{\partial y},\ w = \dfrac{\partial \Phi}{\partial z}$

$\dfrac{\partial \Phi}{\partial x} = 4x + 3y + 8zx = 4 \times 1 + 3 \times 3 + 8 \times 2 \times 1 = 29$

49 정지해 있는 평판에 층류가 흐를 때 박리가 판 표면에서 일어나기 시작한 조건은 다음 중 어느 것인가?
(단, P는 압력, u는 속도를 나타낸다.)

① $\dfrac{\partial u}{\partial y} = 0$

② $u = 0$

③ $\dfrac{\partial u}{\partial x} = 0$

④ $\rho u \dfrac{\partial u}{\partial x} = \dfrac{\partial P}{\partial x}$

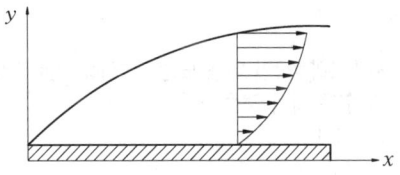

50 원관 속을 층류상태로 흐르는 유체의 속도분포가 $u = 3y^{\frac{1}{2}}$ (u는 m/s, y는 관 벽으로부터의 거리 m)일 때 관 벽에서 30[mm] 떨어진 곳의 유체의 속도 기울기를 구하면?

① 0.87[m/s]   ② 8.66[m/s]   ③ 2.74[m/s]   ④ 27.4[m/s]

Solution $\dfrac{\partial u}{\partial y} = \dfrac{\partial}{\partial y}(3y^{1/2}) = \dfrac{3}{2}y^{-1/2} = \dfrac{3}{2 \times \sqrt{0.03}} = 8.66\ [/s]$

51 균일한 흐름이 물체 위를 흐를 때 물체의 선단으로부터 경계층 내의 흐름을 올바르게 나타낸 것은?
① 층류 → 천이 → 난류
② 난류 → 천이 → 층류
③ 층류 → 난류 → 천이
④ 난류 → 층류 → 천이

Answer 45 ④ 46 ① 47 ④ 48 ④ 49 ① 50 ② 51 ①

52 속도 포텐셜 함수가 $\Phi = -4xy$ 일 때 유동장의 속도 벡터는?

① $-4y\hat{i}-4x\hat{j}$ ② $-4x+4y$ ③ $-4x\hat{i}-4y\hat{j}$ ④ $-4x^2y^2$

> **Solution** $\vec{V} = \frac{\partial \Phi}{\partial x}\hat{i} + \frac{\partial \Phi}{\partial y}\hat{j}$; $\vec{V} = -4y\hat{i}-4x\hat{j}$

53 경계층에 관한 설명 중 틀린 것은?

① 경계층 바깥의 흐름은 포텐셜 흐름이다.
② 균일속도가 크고, 유체의 점성이 클수록 경계층의 두께는 얇아진다.
③ 경계층 내에서는 점성의 영향이 크다.
④ 경계층은 평판을 따라 하류로 갈수록 두꺼워진다.

> **Solution** ① 균일속도가 크고 유체의 점성이 작을수록 경계층 두께는 얇다.

54 저항계수 $C_D = 0.2$, 운동방향의 투영면적 $A = 0.25[m^2]$인 물체가 속도 20[m/sec]로 물속을 움직일 때 물체가 받는 힘은 몇 N인가? (단, 물의 밀도는 $\rho = 100[kg/m^3]$이다.)

① 1000 ② 5000 ③ 10000 ④ 20000

> **Solution** $D = C_D A \frac{\rho V^2}{2} = 0.2 \times 0.25 \times \frac{100 \times 20^2}{2} = 1000\,[N]$

55 지름 250[mm]인 관 속을 평균속도 1.2[m/s]로 유체가 흐르고 있다. 흐름상태가 층류하면 최대속도는 몇 m/s인가?

① 1.2 ② 2.4 ③ 0.6 ④ 3.0

> **Solution** $u_{max} = 2u_{mean} = 2 \times 1.2 = 2.4\,[m/s]$

56 지름 10[cm]인 유동 노즐이 15[cm] 관에 부착되어 있다. 이 관에 물이 흐를 때 노즐입구와 출구에 설치된 수은 시차 액주계가 250[mmHg]를 가리켰다. 이때 유량 Q는 몇 m³/s 인가? (단, 유량계수 C는 1.056이다.)

① 0.0452 ② 0.452 ③ 0.0517 ④ 0.517

> **Solution** $Q = C_v A_2 V_2 = C_v \frac{\pi d_2^2}{4} \sqrt{\frac{2gh\left(\frac{\gamma_o}{\gamma}-1\right)}{1-\frac{d_2^4}{d_1^4}}}$
>
> $Q = 0.75 \times \frac{\pi \times 0.1^2}{4} \times \sqrt{\frac{2 \times 9.8 \times 0.25 \times (13.6-1)}{1-\left(\frac{10}{15}\right)^4}} = 0.0517\,m^3/s$

57 안지름 1[cm]의 원관 내를 유동하는 0[℃]의 물의 층류 임계속도는 대략 얼마인가? (단, 0[℃]의 물의 동점성계수는 0.01794[cm²/sec]이다.)

① 0.37[cm/sec] ② 3.7[cm/sec] ③ 37[cm/sec] ④ 370[cm/sec]

> **Solution** $Re = \frac{Vd}{\nu}$; $2100 = \frac{V \times 0.01}{0.01794 \times 10^{-4}}$, $V = 0.377\,[m/s]$

Answer 52 ① 53 ② 54 ① 55 ② 56 ③ 57 ③

58 경계층을 옳게 설명한 것은?
① 정지 유체 중에서 물체와 유체 경계에 유체 분자의 운동에 의해 경계층이 생긴다.
② 완전 유체인 경우에 특히 발생하는 현상이다.
③ 물체 형상(形狀)을 소위 유선형으로 하면 경계층은 없어진다.
④ 물체가 받는 저항은 경계층에 관계있다.

59 유체 유동 속에 잠겨있는 물체에 작용하는 양력은?
① 항상 중량의 방향과 반대방향이다.
② 물체에 작용하는 유체력의 합력이다.
③ 접근속도에 직각방향으로 물체에 작용하는 동력학적 유체력의 성분이다.
④ 부력이 원인이다.

60 전방 정체점에서 $\theta=45°$ 인 원주표면에서 공기의 유속은? (단, 공기는 이상유체로 보고 원주에서 멀리 떨어진 상류의 유속은 V 이다.)
① $V/2$ ② $V/\sqrt{2}$ ③ $\sqrt{2}\,V$ ④ $2V$

Solution $V_0 = 2V_\infty \sin\theta = 2V\sin 45° = \sqrt{2}\,V$

61 다음 후류(wake)에 관한 설명 중 맞는 것은?
① 표면마찰이 주원인이다.
② $(dp/dx)<0$ 인 영역에서 일어난다.
③ 박리점 후방에서 생긴다.
④ 압력이 높은 구역이다.

62 다음 보기 중에서 경계층의 박리(separation)현상이 일어나는 것은?
① 유속이 감소하고 압력이 증가할 때
② 유속이 증가하고 압력이 감소할 때
③ 경계층 두께가 0으로 감소될 때
④ 경계층의 속도 기울기가 변하기 때문에

Solution 박리는 역압력구배 때문에 발생하고 조건은 다음과 같다.
$$\frac{du}{dx}<0,\ \frac{dP}{dx}>0$$

63 Ostwald 점도계에 이용되는 법칙은?
① Archimedes의 법칙
② Hagen-Poiseuille의 법칙
③ Newton의 법칙
④ Darcy and Weisbach의 법칙

Solution Ostwald 점도계는 Hagen-Poiseuille의 법칙을 적용시켜 점성계수를 구한다.

64 2차원 포텐셜 유동에서 용출(source)에 대한 설명 중 옳은 것은?
① 속도 포텐셜은 반경에 의존하지 않는다.
② 유선들이 동심원들이다.
③ 속도 포텐셜은 반경에 반비례한다.
④ 하나의 직선에 수직인 모든 방향으로 균일하게 흐르는 유동이다.

Solution ① 유동면 xy 평면에 수직한 직선상에서 유체가 일정유량으로 방사되어 모든 유체가 직선으로부터 직선과 수직하게 xy 평면을 따라 방사선방향의 무한원점으로 흘러나가는 유동을 2차원 용출이라 한다.
② 유선은 방사선이다.
③ 속도 포텐셜은 $\ln(r)$ 에 비례한다.

Answer 58 ④ 59 ③ 60 ③ 61 ③ 62 ① 63 ② 64 ④

65 60[cm] 안지름의 수평원관에 정상류에 층류 흐름이 있다. 이 관의 길이 60[m]에 대한 수두손실이 9[m] 이었다. 이 관에 대하여 관 벽으로부터 10[cm] 떨어진 지점에서의 전단응력의 크기는?

① 15[kg$_f$/m²]   ② 10[kg$_f$/m²]   ③ 20[kg$_f$/m²]   ④ 30[kg$_f$/m²]

Solution $\Delta P = \gamma h_L = 1000 \times 9 = 9000 \ [\text{kg}_f/\text{m}^2]$
$\tau = \dfrac{r}{2} \dfrac{\Delta P}{L} = \dfrac{0.2}{2} \times \dfrac{9000}{60} = 15 \ [\text{kg}_f/\text{m}^2]$

66 다음 중 점성계수를 측정할 수 있는 것은 어느 것인가?

① 오스왈드법   ② 피토관   ③ 슈리렌법   ④ 벤튜리미터

67 복소속도 포텐셜 $W = 20 \log (z)$ 일 때, 유속이 5가 되는 점은?

① 용출점에서 20 되는 점   ② 용출점에서 5 되는 점
③ 용출점에서 4 되는 점   ④ 용출점에서 100 되는 점

Solution $V_r = \dfrac{\partial W}{\partial z} = \dfrac{20}{z} = \dfrac{\Lambda}{2\pi z} = 5 \ ; \ z = 4$

68 경계층에 관한 다음 설명 중 옳지 않은 것은?

① 경계층은 물체가 유체 유동에서 받는 마찰저항에 관계한다.
② 경계층은 얇은 층이지만 매우 큰 속도구배가 나타나는 곳이다.
③ 경계층은 오일러(Euler) 방정식에서 취급할 수 있다.
④ 경계층은 나비어 스토크스(Navier Stokes) 방정식에서 취급할 수 있다.

Solution Euler 방정식은 비점성유체에, Navier Stokes 방정식은 점성유체에 적용시킨다.

69 2차원 비회전 유동의 유량함수 ψ와 포텐셜 함수 ϕ의 관계는?

① $\dfrac{\partial \phi}{\partial x} = \dfrac{\partial \psi}{\partial y}$ ② $\dfrac{\partial \phi}{\partial x} = -\dfrac{\partial \psi}{\partial y}$ ③ $\dfrac{\partial \phi}{\partial y} = \dfrac{\partial \psi}{\partial x}$ ④ $\dfrac{\partial x}{\partial y} = \dfrac{\partial \psi}{\partial \phi}$

70 수평원관에서 층류흐름에 대한 압력손실 ΔP는 다음 식으로 주어진다. $\Delta P = \dfrac{128 a \cdot b \cdot c}{\pi d^4}$ 이 식에서 a는 유체의 점성계수, b는 원관의 길이, d는 원관의 지름을 의미할 때 c는 무엇을 의미하는가?

① 유량   ② 비중량   ③ 밀도   ④ 체적탄성계수

71 평판 상의 흐름에 있어 레이놀즈 수는? (단, ν는 동점성계수, U_0는 흐름의 속도, x는 선단으로 측정한 거리이다.)

① $\dfrac{U_0 x}{\nu}$ ② $\dfrac{P U_0 x}{\nu}$ ③ $\dfrac{U - x}{\mu}$ ④ $\dfrac{U_o d}{\nu}$

72 난류 유동은 어떤 경우에 일어나는가?

① 대단히 점성이 큰 유체의 유동에서
② 대단히 좁은 유로 또는 모세관 속의 유동에서
③ 대단히 느린 유체 운동에서
④ 위의 것 모두 옳지 않다.

Answer 65 ① 66 ① 67 ③ 68 ③ 69 ① 70 ① 71 ① 72 ②

73 그림과 같이 물의 유동방향에 대해 30° 만큼 경사진 판이 있다. 윗면에서의 물의 속도가 V_u, 아랫면에서의 물의 속도가 V_d이고 판의 면적이 A일 때 판에 미치는 양력은 얼마나 되겠는가? (단, 판의 무게는 무시한다.)

① $\dfrac{\rho A}{4}(V_u^2 - V_d^2)$

② $\dfrac{\sqrt{3}\rho A}{4}(V_u^2 - V_d^2)$

③ $\rho A(V_u^2 - V_d^2)$

④ $\dfrac{\rho A}{\sqrt{3}}(V_u^2 - V_d^2)$

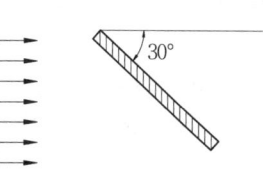

Solution 판의 윗면 ①과 아래면 ②에 베르누이 방정식을 적용시킨다.

$$\dfrac{P_1}{\gamma} + \dfrac{V_u^2}{2g} = \dfrac{P_2}{\gamma} + \dfrac{V_d^2}{2g} \; ; \; P_2 - P_1 = \dfrac{\rho}{2}(V_u^2 - V_d^2) \quad \cdots\cdots\cdots\cdots\cdots\cdots \text{I}$$

판의 윗면과 아래면에 작용하는 압력차에 의한 연직상방향의 힘의 성분을 찾으면

$$L = P_2 A \cos 30° - P_1 A \cos 30° = (P_2 - P_1)A \cos 30° \quad \cdots\cdots\cdots\cdots\cdots \text{II}$$

식 I과 II로부터 양력을 정리하면 다음과 같다.

$$L = \dfrac{\rho A}{2}\cos 30°(V_u^2 - V_d^2) = \dfrac{\sqrt{3}\rho A}{4}(V_u^2 - V_d^2)$$

74 똑같은 단면을 가진 날개가 그림과 같이 빠른 점성류에 놓일 때 바르게 표현한 것은 다음 중 어느 것인가? (단, 항력은 압력저항과 표면 마찰저항으로 되어 있고 흐름 분리현상이 일어나면 압력저항이 표면 마찰저항보다 훨씬 크다는 사실을 이용하라.)

① 항력이 같다.
② A의 항력이 B보다 크다.
③ A의 항력이 B보다 적다.
④ A의 항력이 B보다 클수록 적을 수도 있다.

Solution A보다 B경우의 익형이 앞 정점에서 흐름 분리에 의한 압력 상승이 높다. 따라서 압력저항이 커지고 압력항력 또한 증가한다.

75 레이놀즈 수가 0.6 보다 작을 때 구(球)의 항력은? (단, 구의 지름은 d, 속도는 V, 유체의 점성계수는 μ라 한다.)

① $\pi d\mu V^2$ ② $\pi d\mu V$ ③ $3\pi d\mu V$ ④ $3\pi d\mu V^2$

76 강제회전운동(forced vortex)은?

① 자유회전운동(free vortex)과 반대방향으로 회전한다.
② 유체가 고체처럼 회전할 때 일어난다.
③ 항상 자유회전운동과 함께 일어난다.
④ 속도가 반지름에 따라서 감소한다.

Solution ① 자유와동(free vortex flow) : 유체가 동심원상(同心圓上)에서 유동하되 속도의 크기는 중심(특이점)으로부터의 거리에 반비례해서 변하고 방향은 접선을 향하는 유동이다. 중심(특이점)을 포함하지 않는 영역에서 자유와동은 비회전유동이며 순환은 0이다. 그러나 특이점을 포함하는 영역에서는 회전유동이다.
② 강제와동(forced vortex or rotational vortex flow) : 고체가 회전하듯이 $V_\theta = r\omega$를 만족시키는 유동으로 회전유동이라고도 한다.

Answer 73 ② 74 ③ 75 ③ 76 ②

77 관속의 흐름에 대하여 레이놀즈 수를 Q, d 및 ν의 함수로 표시하면 다음 중 어느 것인가?

① $N_R = \dfrac{Q}{4\pi d\nu}$ ② $N_R = \dfrac{4Q}{\pi d\nu}$ ③ $N_R = \dfrac{dQ}{4\pi\nu}$ ④ $N_R = \dfrac{\pi d\nu}{4Q}$

Solution $Re = \dfrac{Vd}{\nu} = \dfrac{dQ}{A\nu} = \dfrac{4Q}{\pi d\nu}$

78 유체를 큰 탱크로부터 100[mm] 길이, 4[mm] 지름의 관을 통해 끌어내고 있다. 600[s] 사이에 13×10^{-4}[m³]의 유체가 관으로부터 측정 컵에 낙하할 때 관에서의 수두손실이 1[m]이다. 이 때 동점성계수 ν는?

① 0.00028[m²/s] ② 0.00014[m²/s] ③ 0.00035[m²/s] ④ 0.00017[m²/s]

Solution $\Delta P = \dfrac{128\mu LQ}{\pi d^4} = \rho g h_L$

$\nu = \dfrac{\mu}{\rho} = \dfrac{g h_L \pi d^4}{128 LQ} = \dfrac{9.8 \times 1 \times \pi \times 0.004^4 \times 600}{128 \times 0.1 \times 13 \times 10^{-4}} = 0.000284$ [m²/s]

79 다음 사항 중 경계층에 대해서 맞지 않은 것은?

① 그 외부는 포텐셜 흐름이다.
② 그 내부는 내부 마찰이 큰 흐름이다.
③ 그 내부는 속도 기울기가 큰 부분이다.
④ 레이놀즈 수가 크면 그 두께는 커진다.

Solution ① 층류 경계층 두께 : $\delta = 5xRe^{-1/2}$
② 난류 경계층 두께 : $\delta = 0.376xRe^{-1/5}$
③ 레이놀즈 수가 증가하면 경계층두께는 작아진다.

80 평행 평판 사이에 유체가 흐르고 있다. 평판 표면에 작용하는 전단응력은?

① 평판상에서의 법선방향의 속도 기울기에 비례한다.
② 최대 유속에 비례한다.
③ 평균유속에 비례한다.
④ 평판상에서의 법선방향의 압력 기울기에 비례한다.

Solution $\tau = -y\dfrac{dP}{dL} = -\mu\dfrac{du}{dy}$
고정평행평판에서 전단응력분포는 중심에서 0이고 벽면에서 최대로 중심에서 벽면 쪽으로 1차 직선으로 증가한다.

81 2차원 흐름 안에 그림과 같은 단면을 가진 기둥이 있고 이 물체 주위에는 순환이 발생하고 있다. 흐름을 비회전 흐름이라 가정할 때 순환에 관한 설명을 옳게 한 것은?

① 물체 주위의 폐곡선 A에 대한 순환은 폐곡선 B에 대한 것보다 작다.
② 물체 주위의 폐곡선 A에 대한 순환은 폐곡선 B에 대한 것보다 크다.
③ 물체 주위의 폐곡선 A, B에 대한 순환은 같다.
④ 2차원 비회전 흐름이므로 물체 주위의 순환은 0이다.

Answer 77 ② 78 ① 79 ④ 80 ① 81 ④

82 물체 표면에 가까운 곳에서 속도분포가 $u = u_0 \sin ky$ 로 표시될 수 있다고 한다. 물체 표면에 작용하는 전단응력(shearing stress)은 다음 중 어느 것으로 표시되는가? (단, u_0는 주류부의 유속, k는 상수, y는 물체표면에 수직한 방향의 좌표, μ는 점성계수이다.)

① 0 ② $Pu_0 \sin y$ ③ $\mu u_0 \cos k$ ④ $\mu k u_0$

Solution
$$\tau = \mu \frac{du}{dy} = \mu \frac{d}{dy}(u_0 \sin ky)$$
$$\tau_w = \mu k u_0 \cos ky \mid_{y=0} = \mu k u_0$$

83 세이볼트형 점도계로 동점성계수를 두 액체에 대하여 측정한 결과 $\mu = 0.461\,St$인 액체는 $t=97$초, $\mu = 0.18\,St$인 액체는 $t=46$초이었다. 이 경우 $\mu = C_1 t + C_2/t$에서 C_1과 C_2는?

① $C_1 = 0.00317$, $C_2 = 14.59$
② $C_1 = 0.0046$, $C_2 = 1.55$
③ $C_1 = 0.0044$, $C_2 = 14.59$
④ $C_1 = 0.005$, $C_2 = -2.3$

Solution
$$\mu = C_1 t + C_2/t$$
$$0.461 = 97 C_1 + \frac{C_2}{97}, \quad 44.717 = 9409 C_1 + C_2 \quad \cdots\cdots ①$$
$$0.18 = 46 C_1 + \frac{C_2}{46}, \quad 8.28 = 2116 C_1 + C_2 \quad \cdots\cdots ②$$
식 ①과 식 ②를 연립하여 C_1과 C_2를 구한다.
$$C_1 = 0.005, \quad C_2 = -2.3$$

84 다음 중 자유 vortex 흐름에 있어서 원주 방향의 유속을 옳게 설명한 것은?

① 반지름에 반비례한다. ② 반지름과 중력 가속도에 비례한다.
③ 압력에 반비례한다. ④ 반지름에 비례한다.

Solution
자유와동(free vortex flow) : 유체가 동심원상(同心圓上)에서 유동하되 속도의 크기는 중심(특이점)으로부터의 거리에 반비례해서 변하고 방향은 접선을 향하는 유동이다. 중심(특이점)을 포함하지 않는 영역에서 자유와동은 비회전유동이며 순환은 0이다. 그러나 특이점을 포함하는 영역에서는 회전유동이다.

85 강도 m의 3차원 용출점에 대한 속도 포텐셜은 $\phi = \frac{m}{4\pi}\frac{1}{r}$이다. 이 흐름에 대한 Stokes의 유동함수는 다음 중 어느 것인가?

① $\phi = \frac{m}{4\pi} \cos \theta$
② $\phi = \frac{m}{4\pi} \sin \theta$
③ $\phi = \frac{m}{2\pi} \cos \theta$
④ $\phi = \frac{m}{2\pi} \sin \theta$

Solution
용출점에서 용출되는 유량을 m (3차원 용출의 세기)이라하고 용출점을 좌표원점으로 잡으면 방사방향의 속도성분 $V_r = \frac{m}{4\pi r^2}$이고 접선성분 $V_\theta = 0$이다. 그러므로 3차원 용출의 속도 포텐셜 $\phi = \frac{m}{4\pi}\frac{1}{r}$이고 이것에 대응하는 3차원 용출의 유동함수는 구좌표계의 공액관계식으로부터 정리하면 다음과 같다.
$$\phi = \frac{m}{4\pi} \cos \theta$$

Answer 82 ④ 83 ④ 84 ① 85 ①

86 유체 경계층 내에서는?
① 속도의 분포가 일정하다.
② 속도의 분포가 일정하지 않다.
③ 전단응력의 값이 일정하다.
④ 전단응력이 전혀 없다.

87 다음 중 Stokes의 법칙과 관계되는 점도계는?
① Ostwald 점도계
② 낙구식 점도계
③ Saybolt 점도계
④ 회전식 점도계

88 다음 중 하겐-포아젤 방정식을 나타내는 것은? (단, μ는 점성계수, Q는 유량, P는 압력을 나타낸다.)

① $Q = \dfrac{\pi R^4}{8\mu L}(P_1 - P_2)$

② $Q = \dfrac{\pi R^3}{6\mu L}(P_1 - P_2)$

③ $Q = \dfrac{8\pi R^4}{\mu L}(P_1 - P_2)$

④ $Q = \dfrac{6\pi R^2}{\mu L}(P_1 - P_2)$

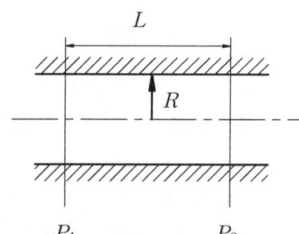

> **Solution** $Q = \dfrac{\Delta P \pi D^4}{128\mu L} = \dfrac{\pi R^4}{8\mu L}(P_1 - P_2)$

89 자유 볼텍스(free vortex) 흐름에서 반지름과 속도와의 관계는?
① 반지름 증가에 따라 속도는 증가한다.
② 반지름 증가에 따라 속도는 감소한다.
③ 반지름 증가에 따라 속도는 제곱으로 증가한다.
④ 반지름 증가에 따라 속도는 제곱으로 감소한다.

> **Solution** 자유와동(free vortex flow) : 속도의 크기는 중심(특이점)으로부터의 거리(반경)에 반비례해서 변하고 방향은 접선을 향하는 유동이다.

90 압축성 점성유동의 운동을 지배하는 미분방정식은?
① 오일러(Euler) 방정식
② 베르누이(Bernoulli) 방정식
③ 나비에-스토크스(Navier-Stokes) 방정식
④ 달시(Darcy) 방정식

91 지름 6[cm]의 공이 공기 속을 35m/s의 속도로 비행할 때 소요동력은 몇 kW인가? (단, 항력계수는 0.74이고 공기의 밀도는 12.054[kg$_m$/m^3]로 한다.)
① 92[W]
② 47[W]
③ 539[W]
④ 60[W]

> **Solution** $D = C_D A \dfrac{\rho V^2}{2} = 0.74 \times \dfrac{\pi \times 0.06^2}{4} \times \dfrac{12.054 \times 35^2}{2} = 15.45$ [N]
> $L = D \cdot V = 15.45 \times 35 \times 10^{-3} = 0.541$ [kW]

Answer 86 ② 87 ② 88 ① 89 ② 90 ③ 91 ③

92 속도 U의 균일 유동 중에 놓인 반지름 a의 회전하는 실린더가 있고, 주변 유동의 속도 포텐셜은 다음과 같다. "가"에 정체점이 존재할 때 순환(Γ)은 얼마인가?

$$\phi = Ur\left(1 + \frac{a^2}{r^2}\right)\cos\theta + \frac{\Gamma}{2\pi}\theta$$

① 0 ② $-\pi Ua$
③ $2\pi Ua$ ④ $-4\pi Ua$

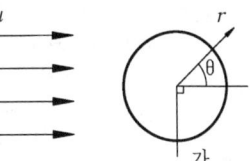

Solution

$V_\theta = \frac{1}{r}\frac{\partial\phi}{\partial\theta} = 0$

$\frac{\partial\phi}{\partial\theta} = -Ur\left(1 + \frac{a^2}{r^2}\right)\sin\theta + \frac{\Gamma}{2\pi} = 0$

$r = a,\ \theta = 270°,\ -Ua\left(1 + \frac{a^2}{a^2}\right)\sin 270° + \frac{\Gamma}{2\pi} = 0$

$\Gamma = -4\pi aU$

93 평행 흐름 V속에 놓인 물체 둘레의 순환이 Γ일 때, 이 물체에 발생하는 양력 L은(Kutta-Joukowski의 정리)? (단, 유체의 밀도는 ρ 라 한다.)

① $L = \Gamma/\rho V$ ② $L = \rho\Gamma/V$
③ $L = \rho V\Gamma$ ④ $L = V\Gamma/\rho$

Solution

순환은 양력을 유발시키는 원동력이다. 순환(Γ ; 폐곡선을 따른 흐름)이란 유동장에서 한 폐곡선을 따라 흐르는 유량과 관계하는 물리량으로서, 폐곡선에 접하는 속도의 접선성분과 폐곡선의 길이를 곱한 값으로 정의한다.

$\Gamma = \sum V_t \Delta S$ or $\Gamma = \oint_C V_t dS$

▶ Kutta-Joukowski 가설

이상유동 이론에 의하면 어떤 2차원 물체 주위에 순환 Γ가 발생하면, 그 물체에는 단위 길이 당의 양력이 발생한다. 이것을 식으로 표현하면 다음과 같다.

$\frac{F_L}{L} = \rho U\Gamma$

이와 같은 식은 비행기 날개든, 원통이든 물체 주위에 순환이 발생하면 성립한다. 즉, 물체 단면의 기하학적 형상에는 관계없이 적용할 수 있다. 여기서, F_L은 양력, L은 물체의 길이, U는 자유유동속도, ρ 는 밀도이다. Kutta-Joukowski 가설은 이상유동이론에 입각하여 도출한 법칙으로서 점성효과가 무시될 수 있는 유동에 대해서만이 활용할 수 있다.

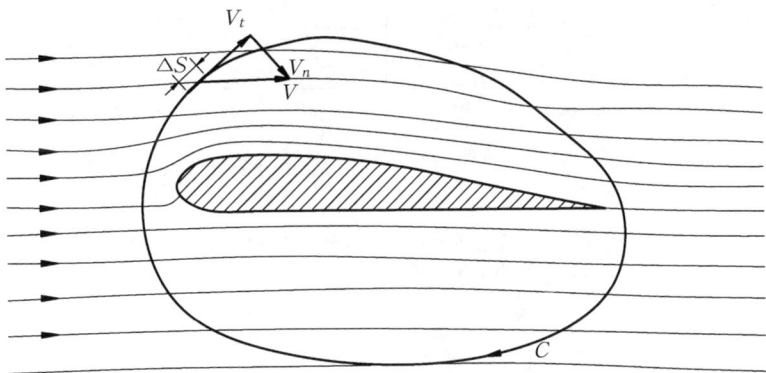

Answer 92 ④ 93 ③

94 주어진 유속에 대하여 구에 작용하는 유체의 항력을 A라 하고 단면적이 동일한 유선형 물체에 작용하는 항력을 B라고 할 때 A와 B에 관한 설명으로 맞는 것은?

① A와 B는 같다.
② A는 B보다 작다.
③ A는 B보다 크다.
④ A는 B보다 클 수도 있고 작을 수도 있다.

Solution 항력계수는 물체의 형상, 유동방향, 유체의 점성, 물체의 표면조도 등에 따라 변화한다. 본 문제에서는 다른 6조건 다 무시하고 단지, 항력계수를 비교하면 다음 그림과 같다.

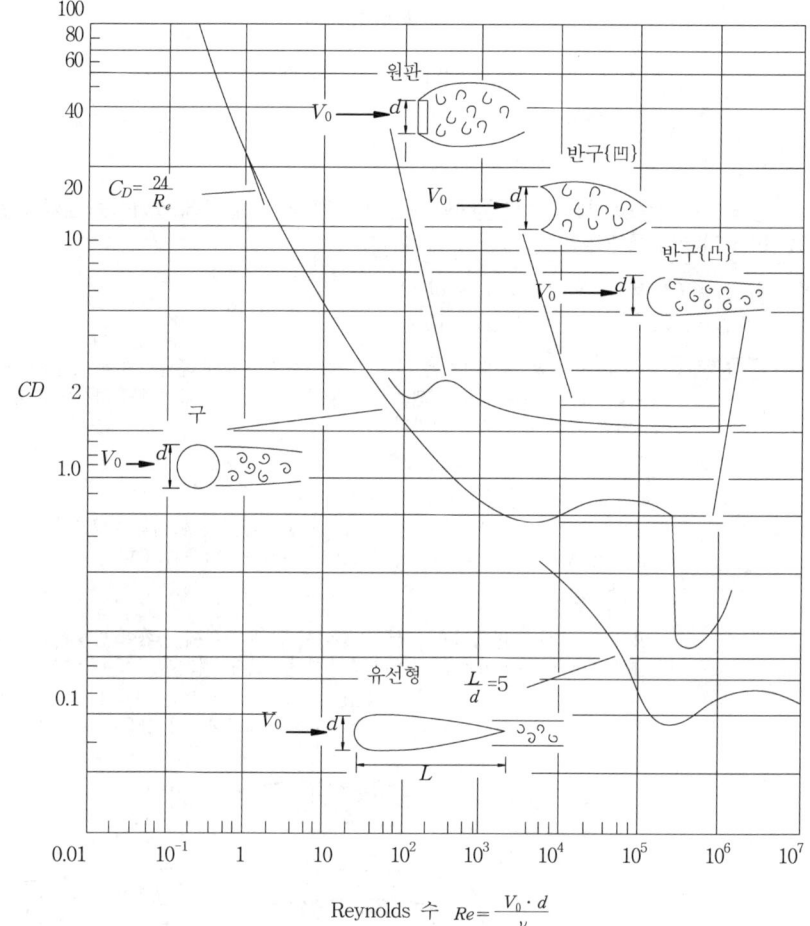

항력계수는 구의 형상이 유선형의 경우보다 크므로 항력은 A가 B보다 크다.
양력은 B의 유선형이 A의 구보다 크다.

Answer 94 ③

95 비점성 비압축성 유체의 균일한 유동에 정지된 원형 실린더가 놓여 있다고 할 때, 반지름 R인 실린더 유동함수가 $\psi = Ur\left(1 - \dfrac{R^2}{r^2}\right)\sin\theta$로 주어진다. 여기서, r은 원통의 중심에서의 거리이고 θ는 각도이다. $\theta = 90°$이고 반지름 R인 곳에서의 유체의 속도는?

① U
② $0.5U$
③ $2U$
④ $4U$

Solution
$V_\theta = -\dfrac{\partial \psi}{\partial r}$
$\dfrac{\partial \psi}{\partial r} = \dfrac{\partial}{\partial r}\left[U\left(r - \dfrac{R^2}{r}\right)\sin\theta\right] = U\left(1 + \dfrac{R^2}{r^2}\right)\sin\theta$
$r = R$, $\theta = 90°$를 대입 정리하면 $V_\theta = 2U$이다.

96 어떤 물체의 속도가 원래 속도의 2배가 되었을 때 항력계수가 1/2로 줄었다면 이 물체가 받는 저항은 원래 저항의 몇 배인가?

① 1/2 배   ② 4 배   ③ 1.414 배   ④ 2배

Solution
$D = C_D A \dfrac{\rho V^2}{2}$; $D \propto C_D \cdot V^2$; $D \propto \dfrac{1}{2} \times 2^2$

97 골프공에 홈(딤플)이 나 있는 이유를 유체역학적으로 가장 잘 설명한 것은?

① 미관상 보기 좋아서
② 점성저항을 줄여 공을 멀리 날아가게하기 위하여
③ 압력저항을 줄여 공을 멀리 날아가게하기 위하여
④ 재료를 절약하여 가볍게 하여 멀리 날아가게하기 위하여

Solution 난류 경계층 내에서는 유체입자가 큰 운동량을 가지므로 역압력구배를 헤쳐 나갈 수 있는 에너지를 갖기 때문에 박리가 하류로 전이된다. 인위적으로 난류경계층을 만든 예가 골프공이다. 골프공 표면에 홈을 파서 강제적으로 빨리 난류경계층으로 천이시켜 항력을 감소시킨다. 이와 같이 항력의 감소로 홈이 없을 때 보다 더 멀리 날아갈 수 있게 된다.

98 이상유체 유동에서 원통 주위의 순환(circulation)이 없을 때 양력과 항력은 각각 얼마인가?

① $F_L = PV^2 D$, $F_D = \dfrac{1}{2} PV^2 D$
② $F_L = 0$, $F_D = \dfrac{1}{4} PV^2 D$
③ $F_L = PV^2 D$, $F_D = PV^2 D$
④ $F_L = 0$, $F_D = 0$

Solution 순환은 양력과 항력을 발생시키는 원동력이 되는 유동특성이다. 그러므로 순환이 없으면 항력과 양력은 0이다.

Answer 95 ③ 96 ④ 97 ③ 98 ④

99 간격 h_0 만큼 떨어진 두 평판 사이의 유동에서 아래 평판으로부터 높이 h 인 곳의 속도분포가 다음과 같이 주어졌다. 기준 간격이 $h_0=50$[mm], 최대속도가 $V_{max}=0.3$m[/s]일 때, 유동의 평균속도는 얼마인가?

① 0.1[m/s] ② 0.2[m/s]
③ 0.25[m/s] ④ 0.4[m/s]

$$\frac{V}{V_{max}} = 2\frac{h}{h_0}\left(1-\frac{h}{h_0}\right)$$

Solution
① 높이 h 인 곳에서 속도 : $V = 12h\left(1-\frac{h}{0.05}\right) = 12h - 240h^2$
② 단위 폭당 유량 q
$q = \int_0^h V dh = \int_0^{0.05}(12h-240h^2)dh = (6h^2-80h^3)\vert_0^{0.05} = 0.005\,[m^2/s]$
$V_{mean} = \frac{q}{h_0} = \frac{0.005}{0.05} = 0.1\,[m/s]$

참고 : 두 평판 사이의 유동이 층류이면 중앙에서 최대유속은 $V_{max} = \frac{3}{2}V_{mean}$ 이다.
문제 상에서 주어진 속도분포가 층류 속도분포라면 위의 조건을 만족할 것이다.
그러나 중앙($h=0.025$[m])에서 속도를 구해보면 $V_{중}=0.15$[m/s]이다.
$V_{mean} = \frac{2\times 0.3}{3} = 0.2\,[m/s]$

100 이상유체 유동장에서 유동함수가 $\Psi = x^2 - y^2$ 으로 주어질 때 이 유동장의 속도포텐셜은 어떤 것인가?(여기서, C는 임의의 상수이다.)

① $-2x^2y^2+C$ ② $-x^2+C$ ③ $-2xy+C$ ④ $-(x^2+y^2)+C$

Solution
$u = \frac{\partial \Psi}{\partial y} = \frac{\partial \Phi}{\partial x}$, $v = -\frac{\partial \Psi}{\partial x} = \frac{\partial \Phi}{\partial y}$
$u = -2y = \frac{\partial \Phi}{\partial x}$; $\Phi = \int -2y\,dx = -2xy + C$

101 다음 중 평판에서의 경계층과 관련하여 맞지 않는 것은?
① 평판을 따라 하류로 갈수록 경계층 두께는 커진다.
② 평판에서 멀리 떨어진 곳의 자유유동속도가 커질수록 경계층 두께는 커진다.
③ 경계층 내부의 유동은 점성유동이다.
④ 경계층 외부는 비점성유동으로 생각할 수 있다.

102 그림과 같이 포텐셜 유동이 원주 주위를 흐르고 있다. 원주 표면상에서 상류 유속과 같은 유속이 나타나는 위치(θ)는?

① 0° ② 30°
③ 45° ④ 90°

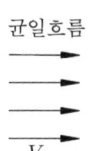

Solution
$V_{suf} = 2V_\infty \sin\theta = V_\infty$
$2\sin\theta = 1$; $\theta = \sin^{-1}\left(\frac{1}{2}\right) = 30°$

103 조종사가 2000[m]의 상공을 일정속도로 낙하산으로 강하하고 있다. 조종사의 무게가 1000[N], 낙하산 지름이 7[m], 항력계수가 1.3일 때 속도는 몇 m/s인가? (단, 공기밀도 ρ는 1[kg/m³]이다.)

① 4.99 ② 6.3 ③ 7.5 ④ 8

Solution
$F_D = C_D A \frac{\rho V^2}{2}$; $1000 = 1.3 \times \frac{\pi \times 7^2}{4} \times \frac{1\times V^2}{2}$, $V = 6.32\,[m/s]$

Answer 99 ① 100 ③ 101 ② 102 ② 103 ②

chapter 6 차원해석과 상사법칙

1 차원해석(次元解析 ; dimensional analysis)

유체 정역학에 관한 문제와 층류유동에 관한 문제는 이론적 해석만으로 엄밀해를 구할 수 있는 경우가 많다. 그러나 난류와 같은 유체 거동의 문제는 지배방정식(governing equation)을 이용한 이론적 해석만으로 정확한 해를 구하기란 어려움이 따른다. 그래서 이러한 점을 보완하기 위한 방법으로 실험이 요구된다. 어떤 유체 유동에 관한 실험을 하는데 시간과 비용이 많이 소요되며, 그 실험 결과의 정확성 또한 불확실하므로 실험에 앞서 사전에 충분한 검토를 하여 정확한 실험 계획을 수립하여야 한다. 이러한 문제점들을 해결해 주는 훌륭한 도구로 사용되고 있는 것이 차원해석(次元解析 ; dimensional analysis)이다. 차원해석이란 동차성(同次性)의 원리(原理)를 이용하여 물리적 현상을 지배하는 물리량들을 무차원수로 만들고 이들 무차원수의 함수관계를 결정하는 절차이다.

1. 동차성(同次性)의 원리(原理)

물리적 관계를 나타내는 방정식에서 좌변과 우변의 차원은 같아야 하며 합(合)과 차(差)를 표시할 때도 각 항은 동일한 차원을 갖고 있어야 한다. 이것이 동차성의 원리(principle of dimensional homogeneity)이다. 이것은 이미 여러 수식에 적용하고 있었던 개념이다. 예를 들면 다음과 같다.

(1) 유체의 운동량방정식

$$\sum F = \rho Q (V_2 - V_1) \qquad [6\text{-}1]$$

(2) 베르누이 방정식

$$\frac{P}{\gamma} + \frac{V^2}{2g} + Z = H \qquad [6\text{-}2]$$

2. 차원해석법(次元解析法)

(1) 버킹함(Buckingham)의 π 정리(定理) ★★★

복잡한 유동장에 관여하는 무차원수만을 구하고자 할 때 멱적법을 보다 체계화시킨 버킹함 (Buckingham)의 π 정리를 이용한다. 자연계에서 어떤 물리적 현상을 지배하는 물리변수 n 개에 기본차원수가 m 개일 때, 그 물리적 현상을 (n-m)개의 독립 무차원 매개변수로 표현할 수가 있다. 이것이 버킹함(Buckingham)의 π 정리이다. π 정리를 좀 더 구체적으로 표현해 보자. 어떤 물리적 현상을 지배하는 물리량 x_i 의 개수를 n, 포함하는 기본차원의 개수를 m 이라 할 때 물리적

함수 관계는

$$f(x_1, x_2, x_3, \cdots\cdots, x_n) = 0 \qquad [6\text{-}3]$$

이고 이 식을 독립 무차원 함수로 표현하면

$$g(\pi_1, \pi_2, \pi_3, \cdots\cdots, \pi_{n-m}) = 0 \qquad [6\text{-}4]$$

이다. 여기서, π는 무차원수이다. 이 무차원수를 구하는 방법을 요약하면 다음과 같다.
① 어떤 물리현상을 지배하는 물리변수들을 찾아 다음과 같은 함수관계로 표현한다.

$$f(x_1, x_2, x_3, \cdots\cdots, x_n) = 0$$

② 기본차원을 선정한다. 기본차원으로는 질량 M, 길이 L, 시간 T를 선택하기로 한다.
③ n개의 물리량 중에서 기본차원수 m개만큼 반복변수를 선택한다. 반복변수를 선택하는데 있어서 어떤 법칙이 있는 것은 아니나, 다음 관례에 따라 결정하는 것이 무난하다.
  ㉮ 기하학적 특성을 대표하는 변수 : 길이, 면적 등
  ㉯ 운동학적 특성을 대표하는 변수 : 속도, 유량, 압력 등
  ㉰ 유체의 질량 또는 무게를 대표하는 변수 : 밀도, 점성계수, 비중량 등
  ㉱ 종속변수는 반복변수로 선택하지 않는다.
  ㉲ 반복변수의 개수는 기본차원수와 동일하게 선택하고 기본차원을 모두 포함해야 한다.
④ 결정된 반복변수를 이용하여 ($n-m$)개의 독립 무차원 매개변수를 결정한다. 예를 들면 기본차원을 M, L, T로 하는 물리변수 $x_1, x_2, x_3, \cdots\cdots, x_n$ 중에서 기본차원을 포함하고 있는 물리량 3개를 반복변수(x_1, x_2, x_3)로 결정하여 독립 무차원 매개변수를 표현하면 다음과 같다.

$$\pi_1 = x_1^{a_1} \cdot x_2^{b_1} \cdot x_3^{c_1} \cdot x_4 = M^0 L^0 T^0$$
$$\pi_2 = x_1^{a_2} \cdot x_2^{b_2} \cdot x_3^{c_2} \cdot x_5 = M^0 L^0 T^0$$
$$\vdots$$
$$\pi_{n-m} = x_1^{a_{n-m}} \cdot x_2^{b_{n-m}} \cdot x_3^{c_{n-m}} \cdot x_n = M^0 L^0 T^0 \qquad [6\text{-}5]$$

⑤ 위의 식들에서 좌변에는 물리변수들의 차원을 대입하고 동차성의 원리에 따라 우변의 멱수가 0이 되도록 a, b, c의 값을 계산하여 $n-m$개의 무차원수를 결정한다.
⑥ 변수 중 동일차원을 갖는 변수가 있을 때는 대표성을 갖는 변수를 기준하여 그 변수에 대한 비를 무차원수로 한다.
⑦ $n-m$개의 무차원수가 결정되면 함수관계는 다음과 같이 표현된다.

$$g(\pi_1, \pi_2, \pi_3, \cdots\cdots, \pi_{n-m}) = 0$$

지금까지 정리한 내용을 오리피스 유동에 적용하여 그 유동장을 지배하는 무차원수를 구해보자. 오리피스 유동을 지배하는 물리적 함수관계를 표현하면

$$f(\Delta P, \rho, \mu, V, d, d_0) = 0 \qquad [6\text{-}6]$$

이고 각 물리량들의 MLT 차원은 아래와 같이 표현된다.

$$\Delta P = [ML^{-1}T^{-2}], \quad \rho = [ML^{-3}],$$
$$\mu = [ML^{-1}T^{-1}], \quad V = [LT^{-1}],$$
$$d = [L], \quad d_0 = [L]$$

따라서, 물리변수 $n=6$이고 기본차원수 $m=3$이다. 독립 무차원수는 $n-m=3$이므로 π_1, π_2, π_3의 무차원수를 결정할 수 있다. 먼저, 동일차원을 갖고 있는 변수 d와 d_0의 비를 하나의 무차원수로 결정한다.

$$\pi_1 = \frac{d_0}{d} \tag{6-7}$$

그리고 반복변수로는 기하학적 특성을 대표하는 변수로 직경 d, 운동학적 특성을 대표하는 변수로 속도 V, 질량을 대표하는 변수 ρ를 선택한다.

$$\pi_2 = \rho^{a_1} V^{b_1} d^{c_1} \Delta P = [ML^{-3}]^{a_1} \cdot [LT^{-1}]^{b_1} \cdot [L]^{c_1} \cdot [ML^{-1}T^{-2}]$$
$$= [M^0 L^0 T^0] \tag{6-8}$$
$$\pi_3 = \rho^{a_2} V^{b_2} d^{c_2} \mu = [ML^{-3}]^{a_2} \cdot [LT^{-1}]^{b_2} \cdot [L]^{c_2} \cdot [ML^{-1}T^{-1}]$$
$$= [M^0 L^0 T^0] \tag{6-9}$$

식[6-8]으로부터 무차원수 π_2를 결정하면

$$a_1 + 1 = 0, \quad -3a_1 + b_1 + c_1 - 1 = 0, \quad -b_1 - 2 = 0$$
$$a_1 = -1, \quad b_1 = -2, \quad c_1 = 0$$
$$\pi_2 = \frac{\Delta P}{\rho V^2} \tag{6-10}$$

이다. 식[6-9]로부터 무차원수 π_3를 결정하면

$$a_2 + 1 = 0, \quad -3a_2 + b_2 + c_2 - 1 = 0, \quad -b_2 - 1 = 0$$
$$a_2 = -1, \quad b_2 = -1, \quad c_2 = -1$$
$$\pi_3 = \frac{\rho V d}{\mu} \tag{6-11}$$

이다. 독립 무차원수를 함수관계로 나타내면

$$g\left(\frac{\Delta P}{\rho V^2}, \frac{\rho V d}{\mu}, \frac{d_0}{d}\right) = 0 \tag{6-12}$$

이다. 또는 이 식을 식[6-12]과 같이 표현하기도 한다.

2 상사법칙(相似法則 ; low of similarity) ★★★

공학적 문제를 다루는데 있어서 이론적 해석만으로 해결이 가능한 것은 극히 제한적이다. 그래서 실험에 의존하여 문제를 해결하는 경우가 많다. 실험을 할 때 실형(實形 ; prototype)을 사용하면 시간과 비용이 크므로 실형실험보다 모형실험(模形實驗 ; model studies)을 하게 된다. 모형실험을 할 때 모형(模形 ; model type)과 실형 사이에 유체의 흐름을 동일하게 만들 조건이 필요하다. 그 조건을 상사법칙(相似法則 ; low of similarity) 또는 상사율(相似律 ; similitude)이라 하고 실형과 모형 사이에는 기하학적 상사, 운동학적 상사 그리고 역학적 상사 등의 상사법칙이 만족되어야 한다.

1. 기하학적 상사(幾何學的 相似 ; geometric similarity)

기하학적 상사(幾何學的 相似 ; geometric similarity)란 경계를 이루고 있는 물체를 포함하여 실형과 모형 사이에 서로 대응하는 모든 치수의 비 즉, 길이와 면적 그리고 부피가 일정해야 함을 의미한다.

(1) 길이(length)

$$\frac{L_m}{L_p} = L_r \qquad [6\text{-}13]$$

(2) 면적(area)

$$\frac{A_m}{A_p} = \frac{L_m^2}{L_p^2} = L_r^2 \qquad [6\text{-}14]$$

(3) 부피(volume)

$$\frac{V_m}{V_p} = \frac{L_m^3}{L_p^3} = L_r^3 \qquad [6\text{-}15]$$

여기서, 하첨자 m은 모형(model), p는 실형(prototype) 그리고 r은 모형과 실형의 비(ratio)를 나타내는 기호이며 L_r은 선장비(線長比 ; length ratio)라 한다.

2. 운동학적 상사(運動學的 相似 ; kinematic similarity)

유선이 기하학적 상사를 이루는 실형과 모형 사이에 각각 대응하는 점에서 속도, 가속도 그리고 유량 등의 값은 일정한 관계에 있어야 한다. 이것을 운동학적 상사(運動學的 相似 ; kinematic similarity)라 한다.

(1) 속도(速度 ; velocity)

$$\frac{V_m}{V_p} = \frac{L_m/T_m}{L_p/T_p} = \frac{L_r}{T_r} \qquad [6\text{-}16]$$

(2) 가속도(加速度 ; acceleration)

$$\frac{a_m}{a_p} = \frac{L_m/T_m^2}{L_p/T_p^2} = \frac{L_r}{T_r^2} \qquad [6\text{-}17]$$

(3) 유량(流量 ; discharge)

$$\frac{Q_m}{Q_p} = \frac{L_m^3/T_m}{L_p^3/T_p} = \frac{L_r^3}{T_r} \qquad [6\text{-}18]$$

3. 역학적 상사(力學的 相似 ; dynamic similarity)

기하학적 상사와 운동학적 상사 하에 있는 실형과 모형 사이에 서로 대응하는 점에 대해서는 작용하는 힘의 방향이 일치해야 하고 또한 그 크기의 비가 일정해야 한다는 조건을 만족하여야 한다. 이와 같은 조건을 역학적 상사(力學的 相似 ; dynamic similarity)라 한다. 물체에 작용하는 힘의 합은 Newton의 운동법칙에 따라 관성력과 같아야 한다.

$$\sum F = ma \quad ; \quad F_p + F_\mu + F_g + F_\sigma + F_k = ma = F_i \qquad [6\text{-}19]$$

$$\frac{F_p}{F_i} + \frac{F_\mu}{F_i} + \frac{F_g}{F_i} + \frac{F_\sigma}{F_i} + \frac{F_k}{F_i} = 1 \qquad [6\text{-}20]$$

식[6-19] 또는 식[6-20]과 같이 나타낸 식은 실형과 모형 사이에서 일정한 힘의 비로 다음과 같이 표현할 수 있다.

$$\frac{(F_\mu)_m}{(F_\mu)_p} = \frac{(F_i)_m}{(F_i)_p} \text{ or } \left(\frac{F_\mu}{F_i}\right)_m = \left(\frac{F_\mu}{F_i}\right)_p \qquad [6\text{-}21]$$

$$\frac{(F_p)_m}{(F_p)_p} = \frac{(F_i)_m}{(F_i)_p} \text{ or } \left(\frac{F_p}{F_i}\right)_m = \left(\frac{F_p}{F_i}\right)_p \qquad [6\text{-}22]$$

$$\frac{(F_g)_m}{(F_g)_p} = \frac{(F_i)_m}{(F_i)_p} \text{ or } \left(\frac{F_g}{F_i}\right)_m = \left(\frac{F_g}{F_i}\right)_p \qquad [6\text{-}23]$$

$$\frac{(F_\sigma)_m}{(F_\sigma)_p} = \frac{(F_i)_m}{(F_i)_p} \text{ or } \left(\frac{F_\sigma}{F_i}\right)_m = \left(\frac{F_\sigma}{F_i}\right)_p \qquad [6\text{-}24]$$

$$\frac{(F_k)_m}{(F_k)_p} = \frac{(F_i)_m}{(F_i)_p} \text{ or } \left(\frac{F_k}{F_i}\right)_m = \left(\frac{F_k}{F_i}\right)_p \qquad [6\text{-}25]$$

여기서, 유동하는 유체에 의하여 물체가 받는 힘 F_μ는 점성력, F_p는 압력에 의한 힘, F_σ는 표면장력에 의한 힘, F_g는 중력, F_k는 탄성력이다. 위에서 정리한 식들은 무차원수로서 이와 같은 중요 무차원수를 정리하면 다음과 같다.

(1) 레이놀즈 수(Reynolds number)

① 물리적 의미

$$\text{레이놀즈 수} = \frac{\text{관성력}}{\text{점성력}}$$

② 수식적 표현

$$Re = \frac{VL}{\nu} = \frac{\rho VL}{\mu} \;\bigstar\bigstar\bigstar\bigstar \qquad [6\text{-}26]$$

이와 같은 레이놀즈 수는 거의 모든 유체 유동장에서 중요한 무차원수이다. 예를 들면 관속 유동, 비행기의 양력과 항력, 잠수함, 경계층 유동, 압축성 유체의 유동, 풍동 실험, 유체기계 등에 적용시킬 수 있다.

(2) 프루드 수(Froude number)

① 물리적 의미

$$\text{프루드 수} = \frac{\text{관성력}}{\text{중력}}$$

② 수식적 표현

$$Fr = \frac{V}{\sqrt{Lg}} \;\bigstar\bigstar\bigstar\bigstar \qquad [6\text{-}27]$$

이와 같은 푸루우드 수는 자유표면유동에 있어 중요한 무차원수이다. 예를 들면 개수로 유동, 수력도약, 수면 위에 떠 있는 배의 조파저항 등에 적용할 수 있다.

(3) 오일러수(Euler number)

① 물리적 의미

$$\text{오일러 수} = \frac{\text{압축력}}{\text{관성력}}$$

② 수식적 표현

$$Eu = \frac{P}{\rho V^2}$$

이와 같은 오일러 수는 두 점 사이의 압력차가 큰 유동에서 중요한 무차원수이다.

(4) 압력계수(壓力係數 ; pressure coefficient)
① 물리적 의미

$$압력계수 = \frac{압력}{동압}$$

② 수식적 표현

$$Cp = \frac{P}{\rho V^2/2} \qquad [6\text{-}28]$$

(5) 마하수(Mach number)
① 물리적 의미

$$마하수 = \frac{속도}{음파속도} \quad ★★★$$

② 수식적 표현

$$M = \frac{V}{C} \qquad [6\text{-}29]$$

여기서, C는 음속(음파속도)으로 $\sqrt{\dfrac{K}{\rho}}$ 이고 K는 체적탄성계수이다.

(6) 코우시수(Cauchy number)
① 물리적 의미

$$코우시수 = \frac{관성력}{탄성력}$$

② 수식적 표현

$$Ca = \frac{\rho V^2}{K} \qquad [6\text{-}30]$$

마하수와 코우시 수는 압축성유체의 유동에서 아주 중요한 무차원수이다.

(7) 웨버수(Weber number)
① 물리적 의미

$$웨버수 = \frac{관성력}{표면장력}$$

② 수식적 표현

$$We = \frac{\rho V^2 L}{\sigma} \quad ★★★ \qquad [6\text{-}31]$$

이와 같은 웨버수는 물방울이나 기포생성, 액체의 박막유동(薄膜流動 ; flow of thin film) 등과 같은 두 유체의 접촉면을 갖는 유동에서 중요한 무차원수이다.

(8) 비열비(specific heat ratio)
① 물리적 의미

$$비열비 = \frac{엔탈피}{내부에너지}$$

② 수식적 표현

$$x = \frac{C_P}{C_V} \qquad [6\text{-}32]$$

여기서, C_P는 정압비열이고 C_V는 정적비열이다.

(9) 양력계수(揚力係數 ; lift coefficient)**와 항력계수**(抗力係數 ; drag coefficient)

모형실험을 통해 얻고자 하는 결과는 유체 속에 잠겨있는 물체에 작용하는 힘이다. 이 힘과 관성력과의 비를 력계수(力係數 ; force coefficient)라 하며 다음과 같이 표현된다.

$$C = \frac{F}{A\left(\dfrac{\rho V^2}{2}\right)} \qquad [6\text{-}33]$$

여기서, F는 관성력, A는 힘이 분포되는 면적, C는 력계수이다. 력계수는 힘 F가 항력과 양력일 때 항력계수와 양력계수로 표현된다.

$$C_D = \frac{F_D}{A\left(\dfrac{\rho V^2}{2}\right)} \qquad [6\text{-}34]$$

$$C_L = \frac{F_L}{A\left(\dfrac{\rho V^2}{2}\right)} \qquad [6\text{-}35]$$

여기서, C_D와 C_L이 항력계수, 양력계수이고 F_D와 F_L은 항력과 양력이다. 지금까지 정리한 무차원수들은 실형과 모형실험에서 같아야 한다. 예를 들어 실형과 모형 사이에서 항력계수의 값이 같다면 다음과 같은 표현식이 성립된다.

$$\left[\frac{F_D}{A\left(\dfrac{\rho V^2}{2}\right)}\right]_m = \left[\frac{F_D}{A\left(\dfrac{\rho V^2}{2}\right)}\right]_p \quad ★★★ \qquad [6\text{-}36]$$

chapter 6 ● 실전연습문제

01 다음 보기 중 표현이 올바르지 못한 것은?
① 한 개의 차원은 여러 가지 단위로 표시할 수 없다.
② 차원 해석으로 물리적 현상의 실험식을 세울 수 있다.
③ 반복변수는 기본 차원을 모두 포함하는 변수로 택한다.
④ 기본 차원으로는 질량, 길이, 시간을 선택한다.

02 차원해석의 반복변수에 대한 설명으로 맞는 것은?
① 종속변수를 포함해야 한다.
② 기본차원을 포함하는 변수를 택해야 한다.
③ 가능한한 같은 차원을 갖는 2개의 변수(물리량)을 택해야 한다.
④ 중요하지 않은 변수를 택해야 한다.

> **Solution** 반복변수란?
> ① 기본차원을 포함하고 있는 것으로 무차원수 만큼 남기고 선택한다.
> ② 기하학적 상사, 운동학적 상사, 역학적 상사를 만족시켜야 한다.
> ③ 반복변수의 수는 기본차원의 수만큼 선택해야 한다.
> ④ 종족변수는 반복변수로 선택해서는 안 된다.
> ⑤ 중요한 변수를 반복변수로 택한다.

03 밀도 ρ, 중력가속도 g, 유속 V, 점성력 F로 얻을 수 있는 무차원수는?

① $\dfrac{Fg}{\rho V}$ ② $\dfrac{F^2 V^3}{\rho^2 g}$ ③ $\dfrac{g^2 F}{\rho V^6}$ ④ $\dfrac{F^2 \rho}{gV}$

> **Solution**
> $\Pi = \rho^\alpha g^\beta V^\gamma F = [ML^{-3}]^\alpha [LT^{-2}]^\beta [LT^{-1}]^\gamma [MLT^{-2}]$
> $\Pi = M^{\alpha+1} L^{-3\alpha+\beta+\gamma+1} T^{-2\beta-\gamma-2} = M^0 L^0 T^0$
> $\alpha + 1 = 0, \ -3\alpha + \beta + \gamma + 1 = 0, \ -2\beta - \gamma - 2 = 0$
> $\alpha = -1, \ \beta = 2, \ \gamma = -6$
> $\Pi = \dfrac{g^2 F}{\rho V^6}$

04 물리량이 다음과 같은 함수 관계를 가질 때 무차원수는 몇 개인가?
$$f(Q, \ V, \ D, \ \nu, \ a, \ N) = 0$$
① 5 ② 2 ③ 3 ④ 4

> **Solution** $\Pi = n - m = 6 - 2 = 4$

05 풍동 시험에서 중요한 무차원수는 다음 중 어느 것인가?
① Re, M ② Fr, We ③ Fr, M ④ Re, Ca

> **Solution** 풍동실험은 압축성 유동실험이므로 레이놀즈 수와 마하수의 무차원 수가 중요하다.

Answer 01 ① 02 ② 03 ③ 04 ④ 05 ①

06 $Lm : Lp = 1 : 21$ 의 모형 잠수함을 해수에서 실험하고자 한다. 실형 잠수함을 7.2[m/sec]로 운전하고자 할 때, 모형 잠수함의 속도는 몇 m/sec 인가?

① 0.3 ② 151.2 ③ 26.8 ④ 1.34

Solution
$Re_m = Re_p$; $\dfrac{V_m L_m}{\nu_m} = \dfrac{V_p L_p}{\nu_p}$
$V_m = 7.2 \times 21 = 151.2 [\text{m/s}]$

07 전길이가 180[m]인 배가 9m/sec의 속도로 진행 할 때의 모형으로 실험할 때 속도는 얼마인가? (단, 모형 전길이는 5[m]이다.)

① 0.16[m/sec] ② 1.13[cm/sec] ③ 1.5[m/sec] ④ 40[m/sec]

Solution
$Fr_m = Fr_p$; $\dfrac{V_m}{\sqrt{gL_m}} = \dfrac{V_p}{\sqrt{gL_p}}$
$V_m = \sqrt{\dfrac{9^2 \times 5}{180}} = 1.5 \,[\text{m/s}]$

08 다음 중 차원이 틀린 것은?

① 역적 = MLT^{-2} ② 일 = ML^2T^2 ③ 운동량 = MLT^{-1} ④ 동력 = ML^2T^{-3}

09 다음 중 동력의 차원으로 맞는 것은?

① ML^2T^{-3} ② $ML^{-1}T^{-2}$ ③ MLT^{-2} ④ ML^2T^{-2}

10 다음 중 운동량의 차원으로 맞는 것은?

① $ML^{-1}T^{-1}$ ② MLT^{-2} ③ $ML^{-1}T$ ④ MLT^{-1}

11 길이 150[m]의 기선이 8[m/sec]의 속도로 향해한다. 물속의 조파저항을 연구하는 경우 길이 1.5[m]의 기하학적으로 닮은 모형의 속도는?

① 12[m/sec] ② 8[m/sec] ③ 1[m/sec] ④ 0.8[m/sec]

12 어느 문제에 관련되는 차원상수를 포함하는 측정량이 8개이다. 기본단위의 개수가 4개이면 무차원량의 개수는?

① 2 ② 3 ③ 4 ④ 8

13 길이 600[m]의 기선이 15[km/h]로 항해할 때의 물속에서의 조파저항을 연구하기 위해서 길이 6[m]의 기하학적으로 닮은 모형의 속도를 구하면?

① 2.0[km/h] ② 2.5[km/h] ③ 1.5[km/h] ④ 1.0[km/h]

Solution
$Fr_m = Fr_p$; $\dfrac{V_m}{\sqrt{gL_m}} = \dfrac{V_p}{\sqrt{gL_p}}$
$V_m = \sqrt{\dfrac{15^2 \times 6}{600}} = 1.5 \,[\text{km/h}]$

Answer 06 ② 07 ③ 08 ① 09 ① 10 ④ 11 ④ 12 ③ 13 ③

14 지름이 150[mm]인 관 속으로 15[°C]의 물이 3[m/s]로 흐르고 있다. 또한 지름이 75[mm]인 관 속으로는 30[°C]의 기름이 흐르고 있다. 이 두 흐름이 역학적 상사가 되려면 기름의 속도는 몇 m/sec 가 되어야 하는가? (단, 물의 동점성계수는 $\nu_w = 1.13 \times 10^{-6}$[m²/s]이고, 기름의 동점성계수는 $\nu_o = 2.96 \times 10^{-6}$[m²/s]이다.)

① $V_o = 12$　　② $V_o = 15.72$　　③ $V_o = 19.2$　　④ $V_o = 13.9$

Solution $Re_m = Re_p$

$$\frac{V_m L_m}{\nu_m} = \frac{V_p L_p}{\nu_p} \; ; \; V_m = \frac{3 \times 150 \times 2.96 \times 10^{-6}}{75 \times 1.13 \times 10^{-6}} = 15.72 \, [\text{m/s}]$$

15 상사비가 1:100 인 강의 모형에서 표면유속이 20cm/s이었다. 역학적 상사가 이루어지려면 실형의 표면유속은 얼마로 하는 것이 다음 중 제일 좋겠는가?

① 1.5[m/s]　　② 2[m/s]　　③ 0.02[m/s]　　④ 200[m/s]

Solution $\frac{V_m^2}{L_m g} = \frac{V_p^2}{L_p g} \; ; \; \frac{0.2^2}{1} = \frac{V_p^2}{100}, \; V_p = 2 \, [\text{m/s}]$

16 $L_m/L_p = 1/25$ 인 기하학적으로 상사한 댐이 있다. 모형 댐의 상응에서 유속이 1[m/s]일 때 실형의 대응점에서의 유속은?

① 25[m/sec]　　② 0.04[m/sec]　　③ 5[m/sec]　　④ 0.2[m/sec]

Solution $\frac{V_m^2}{L_m g} = \frac{V_p^2}{L_p g} \; ; \; V_2^2 = 25, \; V_2 = 5 \, [\text{m/s}]$

17 속도, 가속도, 힘의 차원을 표시한 것 중 맞는 것은? (단, L은 길이, T는 시간, M은 질량이다.)

① $LT^{-1}, \; LT^{-2}, \; MLT^{-1}$　　② $LT^{-1}, \; LT^{-1}, \; MLT^{-1}$
③ $LT^{-1}, \; LT^{-2}, \; MLT^{-2}$　　④ $LT^{-1}, \; LT^{-1}, \; MLT^{-2}$

18 길이 100[m]로서 시속 18노트인 선박의 모형시험을 길이 5m인 모형선으로 하자면 모형선의 속도를 얼마로 해야 하는가?

① 1.80 노트　　② 4.02 노트　　③ 0.36 노트　　④ 36 노트

Solution $\frac{V_m^2}{L_m g} = \frac{V_p^2}{L_p g} \; ; \; V_m = \left(\frac{V_p^2}{L_p} L_m\right)^{1/2} = \left(\frac{18^2}{100} \times 5\right)^{1/2} = 4.02[\text{노트}]$

19 $F = \frac{Q\gamma V}{g}$ 일 때 F의 단위는? (단, Q는 유량, γ는 비중량, V는 속도, g는 중력가속도이다.)

① 뉴턴(Newton)　　② m/s　　③ N/m²　　④ N·s

Solution $F = \frac{Q\gamma V}{g}$ 을 차원으로 정리하면 다음과 같다.

$$F = [L^3 T^{-1}][FL^{-3}][LT^{-1}][L^{-1}T^2] = [F]$$

> **Answer** 14 ② 15 ② 16 ③ 17 ③ 18 ② 19 ①

20 $P=\gamma(비중량) \times h(수두)$에서 구한 P의 차원은?

① ML^{-2} ② $ML^{-2}T^2$ ③ $ML^{-1}T^{-2}$ ④ $ML^{-2}T^{-2}$

Solution 주어진 물리량 P는 압력이다.
$[FL^{-2}] = [ML^{-1}T^{-2}]$

21 어떤 유동문제에 있어서 9개의 변수가 있다. 기본차원을 M.L.T 할 때, 버킹함(Buckingham)의 Π정리로써 차원해석을 한다면 몇 개의 Π를 얻을 수 있나?

① 4 ② 6 ③ 9 ④ 12

Solution $\Pi = n - m = 9 - 3 = 6$

22 배의 모델 시험에 있어서 모형과 원형간의 역학적 상사를 만족시키는데 가장 중요한 무차원수는 다음 중 어느 것인가?

① Re, Fr ② Re, We ③ We, Eu ④ Eu, Re

23 유동 중에 미치는 힘 가운데 유체의 압축성에 의한 힘만이 중요할 때에는 항력 계수는 어떤 무차원수 만의 함수로 되는가?

① 오일러수 ② 레이놀즈수 ③ 프루드수 ④ 프란틀수

Solution 항력계수 : $C_D = \dfrac{F_D}{A\left(\dfrac{\rho V^2}{2}\right)}$

마하수와 코우시수는 압축성유체 유동에서 아주 중요한 무차원수이다.

① 마하수 $= \dfrac{물체의\ 속도}{음속}$

② 코우시수 $= \dfrac{관성력}{탄성력}$

③ 오일러수 $= \dfrac{압축력}{관성력}$

24 A, B, C가 상수가 아닌 물리량일 때 $A = B \times C$가 성립하려면?

① A, B, C의 차원은 같아야 한다.
② A, B, C의 단위는 같아야 한다.
③ A, B, C의 단위 차원은 같아야 한다.
④ A의 차원은 $B \times C$의 차원은 같아야 한다.

Solution 동차성의 원리를 만족해야 한다.

25 다음 무차원수들 중 힘의 비로 표현되지 않는 것은?

① 레이놀즈 수(Reynolds number) ② 프루드수(Froude number)
③ 웨버수(Wever number) ④ 프란틀수(Prandtl number)

Solution 프란틀수 $= \dfrac{유체의\ 확산계수}{열전도계수}$; $Pr = \dfrac{\nu}{\alpha}$

Answer 20 ③ 21 ② 22 ① 23 ① 24 ④ 25 ④

26 다음에서 무차원이 아닌 것은?
① 마찰계수 ② 동점성계수 ③ 단면수축계수 ④ 속도계수

Solution 동점성계수 $\nu = [L^2 T]$

27 상사법칙에서 원관(pipe) 내에 유체가 층류 유동할 때 가장 중요한 힘은 다음 중 어느 것인가?
① 점성력과 관성력 ② 중력과 관성력 ③ 중력과 압력 ④ 압력과 표면장력

Solution 원관 유동에서 가장 중요한 무차원수는 레이놀즈 수이다.

28 어떤 물리법칙이 5개의 물리량으로 주어지며 기본 차원의 수는 3개이다. 무차원수는 몇 개인가?
① 2개 ② 1개 ③ 3개 ④ 4개

29 레이놀즈 수의 정의로 가장 적합한 것은?
① $\dfrac{관성력}{점성력}$ ② $\dfrac{중력}{점성력}$ ③ $\dfrac{관성력}{중력}$ ④ $\dfrac{관성력}{압력}$

30 1 : 100 모형 배를 설계속도에서 실험한 결과 조파저항(wave resistance)이 1.25[N] 일 때 실형배의 조파 저항은? (단, 점성저항은 무시하며, 프루드의 상사법칙을 만족시키고 모형배와 실형배는 동일한 유체를 사용한다고 가정한다.)
① 1.25[N] ② 125[N] ③ 125×10⁴[N] ④ 125×10⁵[N]

Solution ① 속도
$$Fr_m = Fr_p ; \quad \frac{V_m}{\sqrt{L_m g}} = \frac{V_p}{\sqrt{L_p g}}$$
$$V_p = \frac{V_m \sqrt{L_p}}{\sqrt{L_m}} = V_m \times \sqrt{100} = 10 V_m$$
② 조파항력
$$C_{Dm} = C_{Dp} ; \quad \left[\frac{F_D}{A\left(\frac{\rho V^2}{2}\right)}\right]_m = \left[\frac{F_D}{A\left(\frac{\rho V^2}{2}\right)}\right]_p$$
$$\left[\frac{1.25}{V^2}\right]_m = \left[\frac{F_D}{100^2 \times (10V)^2}\right]_p, \quad F_D = 125 \times 10^4 [N]$$

31 중력 단위계에서 질량의 차원은 다음 중 어느 것인가?
① FLT ② $FL^{-2}T^{-1}$ ③ FLT^{-2} ④ $FL^{-1}T^2$

Solution $[F] = [MLT^{-2}]$

32 저속흐름 안에서 물체가 받는 표면저항을 모형 실험할 때 기하학적 상사와 다음 중 또 무엇을 같게 하여야 하나?
① 마하수 ② 대표길이 ③ 레이놀즈 수 ④ 등압

Answer 26 ② 27 ① 28 ① 29 ① 30 ③ 31 ④ 32 ③

33 상사비가 1 : 100 인 강의 모형에서 표면 유속이 20m/sec이었다. 역학적 상사가 이루어지려면 실형의 표면 유속은 얼마로 하는 것이 다음 중 가장 좋은가?

① 1.5[m/sec] ② 2[m/sec] ③ 0.12[m/sec] ④ 200[m/sec]

Solution
$Fr_m = Fr_p$; $\dfrac{V_m}{\sqrt{L_m g}} = \dfrac{V_p}{\sqrt{L_p g}}$

$V_p = \dfrac{V_m \sqrt{L_p}}{\sqrt{L_m}} = 20 \times \sqrt{100} = 200$ [m/s]

34 수상 항공기가 130[km/h]로 이수한다. 관성력과 중력의 상사가 보증되기 위해 $\dfrac{1}{60}$ 인 모형은 얼마의 속도로 예인되어야 하는가?

① 16.73[km/h] ② 17.83[km/h] ③ 18.9[km/h] ④ 19.53[km/h]

Solution
$Fr_m = Fr_p$; $\dfrac{V_m}{\sqrt{L_m g}} = \dfrac{V_p}{\sqrt{L_p g}}$

$V_m = \dfrac{V_p \sqrt{L_m}}{\sqrt{L_p}} = \dfrac{130}{\sqrt{60}} = 16.78$ [km/h]

35 수면에 떠 있는 배의 저항문제에 있어서 원형과 모형 간에 이루어지는 역학적 상사에 있어서 가장 중요한 무차원수는?

① 마하수, 웨버수
② 마하수, 오일러수
③ 웨버수, 오일러수
④ 레이놀즈수, 프루드수

Solution 물에 떠있는 배의 저항에는 관성력, 중력, 압력, 마찰저항 등이 중요하다.

36 점성계수의 차원으로 다음 중 맞는 것은?

① $FT^2 L^2$ ② FTL^{-2} ③ FTL^{-1} ④ $FT^{-1}L^{-2}$

Solution $\mu = [FL^{-2}T] = [ML^{-1}T^{-1}]$

37 높이 1.5[m]의 자동차가 108[km/hr]의 속도로 주행할 때의 공기흐름 상태를 1[m]의 모형을 사용해서 풍속실험하면, 이 풍동의 공기속도는 몇 m/sec 인가?

① 20 ② 30 ③ 45 ④ 67

Solution
$Re_m = Re_p$

$\dfrac{V_m L_m}{\nu_m} = \dfrac{V_p L_p}{\nu_p}$; $V_m = 108 \times \dfrac{10^3}{3600} \times 1.5 = 45$ [m/s]

38 다음 중 무차원 항이 아닌 것은 어느 것인가?

① Reynolds 수 ② Mach 수 ③ Weber 수 ④ 음속

Solution 음속 ; $C = [LT^{-1}]$

Answer 33 ④ 34 ① 35 ④ 36 ② 37 ③ 38 ④

39 기체와 액체 또는 액체와 액체(밀도가 서로 다른)의 접경면, 또는 표면장력파(capillary wave), 물방울이 형성하는 유동 등에 매우 중요한 무차원수는?

① 레이놀즈수 ② 웨버수 ③ 마하수 ④ 프루드수

Solution 웨버수 $= \dfrac{관성력}{표면장력}$

40 압력강하 ΔP, 밀도 ρ, 길이 L, 유량 Q에서 얻을 수 있는 무차원수는?

① $\dfrac{\rho Q}{\Delta P L^2}$ ② $\dfrac{\rho L}{\Delta P Q^2}$ ③ $\dfrac{\Delta PLQ}{\rho}$ ④ $\sqrt{\dfrac{\rho}{\Delta P}} \cdot \dfrac{Q}{L^2}$

Solution
$\Pi = \Delta P^\alpha \rho^\beta L^\gamma Q$
$\Pi = [ML^{-1}T^{-2}]^\alpha [ML^{-3}]^\beta L^\gamma [L^3 T^{-1}]$
$\Pi = M^{\alpha+\beta} L^{-\alpha-3\beta+\gamma+3} T^{-2\alpha-1} = M^0 L^0 T^0$
$\alpha + \beta = 0, \ -\alpha - 3\beta + \gamma + 3 = 0, \ -2\alpha - 1 = 0$
$\alpha = -\dfrac{1}{2}, \ \beta = \dfrac{1}{2}, \ \gamma = -2$
$\Pi = \Delta P^{-1/2} \rho^{1/2} L^{-2} Q = \dfrac{\rho^{1/2} Q}{\Delta P^{1/2} L^2} = \sqrt{\dfrac{\rho}{\Delta P}} \dfrac{Q}{L^2}$

41 어떤 잠수함이 13[mile/h]의 속도로 잠항하는 상태를 관찰하기 위하여 실물의 1/10의 길이의 모형을 만들어 같은 해수에서 시험한다면 모형의 속도는 몇 mile/h 인가?

① 1.3 ② 13 ③ 130 ④ 1300

Solution $Re_m = Re_p$
$\dfrac{V_m L_m}{\nu_m} = \dfrac{V_p L_p}{\nu_p}; \ V_m = 13 \times 10 = 130 [\text{mile/h}]$

42 길이, 속도, 시간, 동점성계수를 각각 L, V, t, ν로 표시할 때 함수 $F(L, V, t, \nu) = 0$에서 Π 파라미터(독립 무차원함수)는 몇 개인가?

① 1 ② 2 ③ 3 ④ 4

Solution $\Pi = n - m = 4 - 2 = 2$

43 동점성계수가 $8.39 \times 10^{-6} [\text{m}^2/\text{sec}]$인 원유가 안지름 1000[mm] 관속을 평균유속 2.8m/s로 흐른다. 이것을 기하학적으로 상사인 안지름 100[mm]의 관으로 물을 사용하여 모형실험을 할 때 다음 중 제일 적당한 물의 속도는 어느 것인가? (단, 물의 동점성계수는 $1.141 \times 10^{-6} [\text{m}^2/\text{sec}]$이다.)

① 3.39[m/s] ② 3.80[m/s] ③ 205.80[m/s] ④ 20.58[m/s]

Solution $Re_m = Re_p$
$\dfrac{V_m L_m}{\nu_m} = \dfrac{V_p L_p}{\nu_p}; \ V_m = \dfrac{2.8 \times 1000 \times 1.141 \times 10^{-6}}{100 \times 8.39 \times 10^{-6}} = 3.81 \ [\text{m/s}]$

44 웨버수가 나타내는 물리적인 의미는?

① 관성력/중력 ② 관성력/탄성력 ③ 관성력/표면장력 ④ 관성력/압력

Answer 39 ② 40 ④ 41 ③ 42 ② 43 ② 44 ③

45 원심 펌프로 윤활유를 압송하고 있다. 이 펌프의 회전속도는 1200[rpm]이고, 윤활유의 동점성계수는 0.0009[m²/s]이며 이 원심 펌프의 모형을 만들어서 20[°C]의 공기를 이용하여 모형 시험을 하려고 한다. 모형 펌프의 지름을 원형 펌프의 3배로 하였을 때, 모형 펌프의 회전수는? (단, 공기의 동점성계수 1.56×10^{-4}[m²/s]이다.)

① 38[rpm]　　② 23[rpm]　　③ 32[rpm]　　④ 69[rpm]

Solution $Re_m = Re_p$

$$\frac{V_m L_m}{\nu_m} = \frac{V_p L_p}{\nu_p} \; ; \; \frac{N_m \frac{L_m^2}{2}}{\nu_m} = \frac{N_p \frac{L_p^2}{2}}{\nu_p}$$

$$N_m = \frac{1200 \times 1 \times 1.56 \times 10^{-4}}{3^2 \times 0.0009} = 23.11 \text{ [rpm]}$$

46 물 위를 2[m/s]의 속도로 항진하는 길이 2.5m의 모형선에 작용하는 조파저항이 5[kg$_f$]이다. 길이 40m인 실물의 배가 이것과 상사인 조파 상태로 항진하자면 실물의 속도를 몇 m/sec로 하여야 하는가?

① 8　　② 7　　③ 5　　④ 4

Solution $Fr_m = Fr_p$

$$\frac{V_m^2}{L_m g} = \frac{V_p^2}{L_p g} \; ; \; \frac{2^2}{2.5} = \frac{V_p^2}{40}, \; V_p = 8 \text{ [m/s]}$$

47 비교적 빠른 점성류에서 물체의 저항계수 C_D는 레이놀즈 수의 함수[$C_D = f(Re)$]이다. 기하학적으로 상사한 물체에 대하여 모델로부터 저항계수를 측정하여 원형의 저항계수를 알려고 한다. 옳은 것은?

① 레이놀즈 수를 같게 하면 된다.
② 속도를 같게 하면 된다.
③ 레이놀즈 수와 속도를 동시에 같게 하면 된다.
④ 위의 어느 것도 옳지 않다.

48 중력과 표면장력의 의하여 지배되고 있는 유동현상의 모형을 제작하고자 한다. 그 모형척도에 대한 식을 세우면? (단, σ_m, σ_p는 모형과 원형의 표면장력이고 ρ_m, ρ_p는 모형과 원형의 밀도이다.)

① $\dfrac{L_m}{L_P} = \dfrac{\sigma_m \rho_p}{\sigma_p \rho_m}$　　② $\dfrac{L_m}{L_P} = \sqrt{\dfrac{\sigma_m \rho_p}{\sigma_p \rho_m}}$

③ $\dfrac{L_m}{L_P} = \sigma_m \rho_m + \sigma_p \rho_p$　　④ $\dfrac{L_m}{L_P} = \sigma_m \rho_p + \sigma_p \rho_m$

Solution $\dfrac{중력}{표면장력}$; $\left(\dfrac{\rho g L^3}{\sigma/L}\right)_m = \left(\dfrac{\rho g L^3}{\sigma/L}\right)_p$, $\left(\dfrac{\rho L^2}{\sigma}\right)_m = \left(\dfrac{\rho L^2}{\sigma}\right)_p$

$$\frac{L_m}{L_P} = \sqrt{\frac{\sigma_m \rho_p}{\sigma_p \rho_m}}$$

Answer 45 ②　46 ①　47 ①　48 ②

49 안지름 150mm 파이프에 20[℃]의 물이 4m/s로 흐른다. 이것과 기하학적으로 상사인 안지름 75mm 파이프에 40℃의 암모니아가 흐를 때, 이 두 흐름이 역학적상사를 이루려면 암모니아의 유속은 몇 m/s로 하면 좋은가? (단, 물의 동점성계수는 1.006×10^{-6}[m²/s], 암모니아의 동점성계수는 0.34×10^{-6} [m²/s], 암모니아의 밀도는 581[kg$_m$/m³]이다.)

① 4.65 ② 8 ③ 2 ④ 2.7

Solution
$$Re_m = Re_p \; ; \; \frac{V_m L_m}{\nu_m} = \frac{V_p L_p}{\nu_p}$$
$$\frac{V_m \times 0.075}{0.34 \times 10^{-6}} = \frac{4 \times 0.15}{1.006 \times 10^{-6}}, \; V_m = 2.7 \, [\text{m/s}]$$

50 Reynolds의 상사법칙은 다음 중 어느 것이 중요하게 영향을 미칠 때 인가?

① 표면장력 ② 점성력 ③ 중력 ④ 탄성력

51 길이의 비가 1:20 인 모형 잠수함을 해수를 이용하여 실험한 결과 속도가 60[m/s]일 때 마찰항력이 588[N]이었다. 원형 잠수함의 마찰항력은 몇 N이겠는가?

① 117.6 ② 29.4 ③ 245 ④ 588

Solution ① 속도
$$Re_m = Re_p \; ; \; \frac{V_m d_m}{\nu_m} = \frac{V_p d_p}{\nu_p}$$
$$V_p = \frac{V_m d_m}{d_p} = \frac{60}{20} = 3 \, [\text{m/s}]$$
② 조파항력
$$C_{Dm} = C_{Dp} \; ; \; \left[\frac{F_D}{A\left(\frac{\rho V^2}{2}\right)} \right]_m = \left[\frac{F_D}{A\left(\frac{\rho V^2}{2}\right)} \right]_p$$
$$\left[\frac{588}{60^2} \right]_m = \left[\frac{F_D}{20^2 \times 3^2} \right]_p, \; F_D = 588 \, [\text{N}]$$

52 다음 중 무차원인 것은 어느 것인가?

① 비중량 ② 체적탄성계수 ③ 비중 ④ 동점성계수

53 역학적 상사성이 성립하기 위해 프루드(Froude) 수를 같게 해야 되는 흐름은?

① 자유표면을 가지는 유체의 흐름 ② 점성계수가 큰 유체의 흐름
③ 표면장력이 문제가 되는 흐름 ④ 압축성을 고려해야 되는 유체의 흐름

Solution ① 프루드 수는 자유표면유동에서 중요한 무차원수이다.
② 웨버수는 표면장력이 중요한 유체 유동에서 중요한 무차원수이다.

54 다음 중에서 무차원이 아닌 것은?

① 레이놀즈 수 ② 마찰계수 ③ 점성계수 ④ 마하수

Answer 49 ④ 50 ② 51 ④ 52 ③ 53 ① 54 ③

55 관성력을 점성력으로 나눈 비의 무차원 수는?

① 레이놀즈 수　② 코우시수　③ 푸루드 수　④ 웨버수

56 변수 Q, g, L, ν 로 구해지는 무차원 함수 중 반복변수로 Q, L 을 택했을 때의 것은? (단, Q: 유량, g: 중력가속도, L: 길이, ν: 동점성계수이다.)

① $Q/L\nu$, L^3g/ν　　② Q^2/gL^5, ν^2/gL^3
③ Q^2/gL^5, $Q/L\nu$　　④ Q^2/gL^5, Q^3g/ν^5

> **Solution**
> $\Pi_1 = Q^\alpha L^\beta g = [L^3T^{-1}]^\alpha[L]^\beta[LT^{-2}] = [L^0T^0]$
> $\Pi_2 = Q^x L^y \nu = [L^3T^{-1}]^x[L]^y[L^2T^{-1}] = [L^0T^0]$
> $\alpha = -2$, $\beta = 5$, $x = -1$, $y = 1$

57 무차원수인 스트라홀 수(Strouhal number)와 가장 관련 없는 것은?

① 속도　② 주파수　③ 관지름이나 길이　④ 압력

> **Solution**
>
> | (1) 스트라홀 수(Strouhal number) | (2) 프란틀 수(Prandtl number) |
> |---|---|
> | ① 물리적 의미 : 진동/평균속도
② 정의 : $S_t = \dfrac{\omega L}{V}$, $f = 2\pi\omega$
③ 중요성 : 주기적 흐름 | ① 물리적 의미 : 열확산/열전도
② 정의 : $P_r = \dfrac{\mu C_p}{x}$
③ 중요성 : 열대류 |
> | (3) 에컬트 수(Eckert number) | (4) 그라쇼프 수(Grashof number) |
> | ① 물리적 의미 : 운동에너지/엔탈피
② 정의 : $E_c = \dfrac{V^2}{C_pT_0}$
③ 중요성 : 확산 | ① 물리적 의미 : 부양력/점성력
② 정의 : $G_r = \dfrac{\beta\Delta TgL^3\rho^2}{\mu^2}$
③ 중요성 : 자연대류 |

58 기하학적으로 상사한 두 물체가 동일 액체 속을 운동할 때 물체 둘레를 흐르는 유체가 역학적으로 상사를 이루려면 다음 중 무엇이 같아야 하는가?

① 프루드 수　　　　　　② 관성력과 압력의 비
③ 점성력에 대한 압력의 비　　④ 레이놀즈 수

59 30[m]의 폭을 가진 방수로에 20[cm]의 수심과 5[m/s]의 유속으로 물이 흐르고 있다. 이 흐름의 Froude 수는 얼마인가?

① 0.57　② 1.57　③ 2.57　④ 3.57

> **Solution**
> $Fr = \dfrac{V}{\sqrt{Lg}} = \dfrac{5}{\sqrt{0.2 \times 9.8}} = 3.57$

60 어뢰의 성능을 시험하기 위해 모형을 만들어서 수조안에서 24.4[m/s]의 속도로 끌면서 실험하고 있다. 원형(prototype)의 속도가 6.1[m/s]라면 모형과 원형의 크기 비는 얼마인가?

① 1:2　② 1:4　③ 1:8　④ 1:10

> **Solution**
> $Re_m = Re_p$; $\dfrac{V_m L_m}{\nu_m} = \dfrac{V_p L_p}{\nu_p}$
> $\dfrac{L_m}{L_p} = \dfrac{V_p}{V_m} = \dfrac{6.1}{24.4} = \dfrac{1}{4}$; $L_m : L_p = 1 : 4$

Answer 55 ①　56 ③　57 ④　58 ④　59 ④　60 ②

chapter 7 관로유동(管路流動)

1 원관에서 손실

1. 달시-바이스바하(Darcy-Weisbach) 방정식

그림7-1과 같은 수평원관에 압축성의 영향이 크게 작용하지 않는 유체 흐름시 발생하는 압력손실 ΔP를 다음과 같이 차원해석을 적용시켜 표현해 보자.

압력손실 ΔP에 관계하는 변수들에는 조도(粗度 ; roughness) e, 직경 d, 밀도 ρ, 점성계수 μ, 평균속도 V, 길이 L 등이 있다. 이것을 함수형으로 표현하면 다음과 같다.

$$F(\Delta P, d, L, e, \rho, \mu, V) = 0 \tag{7-1}$$

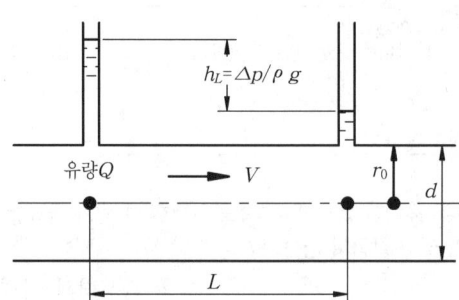

그림7-1 수평원관의 유체 유동시 압력강하에 따른 손실수두

실제 물리변수 7개, 기본 차원수 3개이므로 무차원수는 다음과 같이 4개이다.

$$\pi = m - n = 7 - 3 = 4 \tag{7-2}$$

먼저 기하학을 대표하는 변수 d를 기준으로 무차원수를 만들면 다음과 같이 2개의 무차원수를 만들 수 있다.

$$\pi_1 = \frac{L}{d}, \quad \pi_2 = \frac{e}{d} \tag{7-3}$$

그리고, 반복변수로 d, 운동학을 대표하는 변수 V와 질량을 대표하는 변수 ρ을 택하여 세 번째 무차원수를 구하면

$$\pi_3 = \rho^\alpha V^\beta d^\gamma \Delta P \tag{7-4}$$

$$\pi_3 = (ML^{-3})^\alpha (LT^{-1})^\beta (L)^\gamma (ML^{-1}T^{-2})$$

$$= M^{\alpha+1} L^{-3\alpha+\beta+\gamma-1} T^{-\beta-2} = M^0 L^0 T^0$$

$$\alpha + 1 = 0, \quad -3\alpha + \beta + \gamma - 1 = 0, \quad -\beta - 2 = 0$$

$$\alpha = -1, \quad \beta = -2, \quad \gamma = 0$$

$$\pi_3 = \frac{\Delta P}{\rho V^2} \tag{7-5}$$

이다. 네 번째 무차원수를 구하면

$$\pi_4 = \rho^\alpha V^\beta d^\gamma \mu \qquad [7\text{-}6]$$

$$\pi_4 = (ML^{-3})^\alpha (LT^{-1})^\beta (L)^\gamma (ML^{-1}T^{-1})$$

$$= M^{\alpha+1} L^{-3\alpha+\beta+\gamma-1} T^{-\beta-1} = M^0 L^0 T^0$$

$$\alpha+1=0, \ -3\alpha+\beta+\gamma-1=0, \ -\beta-1=0$$

$$\alpha=-1, \ \beta=-1, \ \gamma=-1$$

$$\pi_4 = \frac{\rho V d}{\mu} \qquad [7\text{-}7]$$

이다. 실제로는 식[7-7]의 역수로 정리되지만 사용하기는 식[7-7]를 더 많이 사용하고 있다. 이와 같은 무차원수는 레이놀즈 수이다. 지금까지 정리하여 얻은 무차원수로 이들의 관계를 함수형으로 나타내면 다음과 같다.

$$F\left(\frac{\Delta P}{\rho V^2}, \ \frac{L}{d}, \ \frac{\rho V d}{\mu}, \ \frac{e}{d}\right) = 0 \qquad [7\text{-}8]$$

이와 같은 함수형의 관계로부터 압력강하량을 구하는 식을 만들면

$$\Delta P = f\left(\frac{\rho V d}{\mu}, \ \frac{e}{d}\right) \frac{L}{d} \frac{\rho V^2}{2} \qquad [7\text{-}9]$$

이고 이 식을 변형시켜 수평원관의 손실수두를 구하면 다음과 같다.

$$\Delta P = \gamma h_L = \gamma \lambda \frac{L}{d} \frac{V^2}{2g} \qquad [7\text{-}10]$$

$$h_L = \lambda \frac{L}{d} \frac{V^2}{2g} \ \bigstar\bigstar\bigstar\bigstar\bigstar \qquad [7\text{-}11]$$

여기서, h_L 이 손실수두이고 λ 는 관마찰계수(pipe friction factor)라 한다. 관마찰계수는 레이놀즈 수(Re)와 상대조도(e/d)의 함수로 식[7-9]로부터 다음과 같이 표현된다.

$$\lambda = f\left(\frac{\rho V d}{\mu}, \ \frac{e}{d}\right) \qquad [7\text{-}12]$$

식[7-9], 식[7-11]과 같이 정리된 식을 달시-바이스바하(Darcy-Weisbach) 방정식이라 한다.

2. 관마찰계수

(1) 층류영역에서 관마찰계수

$Re < 2100$ 인 층류흐름에서 관마찰계수를 구하기 위하여 Hagen-Poiseuille의 방정식을 이용하면

$$\Delta P = \frac{128 \mu L Q}{\pi d^4} = \gamma h_L = \rho g \lambda \frac{L}{d} \frac{V^2}{2g} \qquad [7\text{-}13]$$

이고 λ 인 관마찰계수를 정리하면

$$\lambda = \frac{64}{Re} \ \bigstar\bigstar\bigstar\bigstar \qquad [7\text{-}14]$$

이다. 식[7-14]과 같이 층류흐름에서 관마찰계수는 레이놀즈 수만의 함수이고 상대조도 e/d 에는 무관하다.

(2) 천이영역에서 관마찰계수

$2100 < Re < 4000$의 범위에서 관마찰계수는 레이놀즈 수와 상대조도의 함수이므로 무디선도(Moody diagram)를 이용하여 구한다.

(3) 난류영역에서 관마찰계수

$Re > 4000$ 인 난류흐름에서 관마찰계수는 다음과 같다.

① 매끄한 관 : 관마찰계수는 레이놀즈 수만의 함수로 Blasius의 실험식으로 계산할 수 있다.

$$\lambda = 0.3164 Re^{-\frac{1}{4}}, \quad 3000 < Re < 100000 \quad \bigstar\bigstar\bigstar \qquad [7\text{-}15]$$

(4) 무디선도(Moody diagram)

그림7-2와 같이 상대조도 (e/d)와 레이놀즈 수 (Re) 와의 관계에서 관마찰계수를 구하는 선도를 무디선도라 한다.

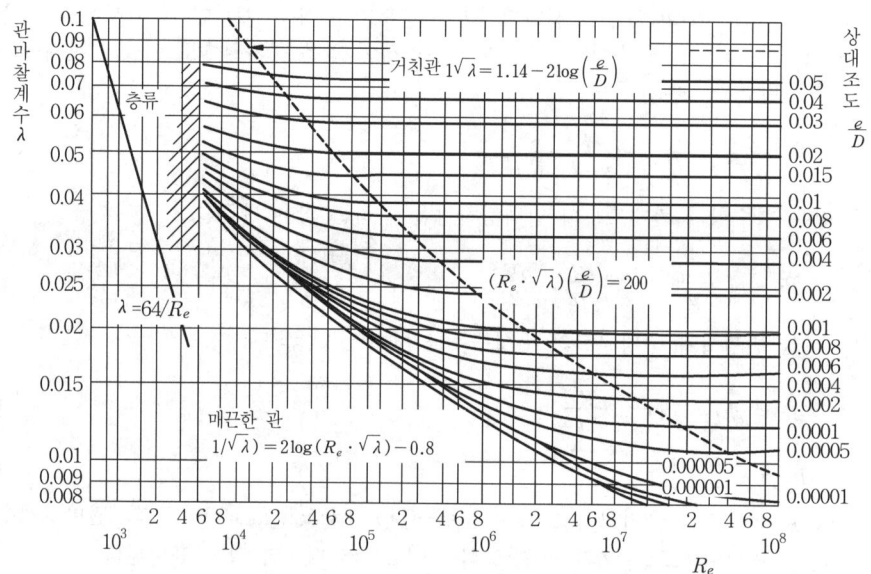

그림7-2 Moody 선도-관마찰계수

2 비원형관에서 손실

비원형관의 점성유동 해석은 원관의 점성유동 해석에 이용되었던 방정식에 수력반경(hydraulic radius)의 개념을 적용시키면 가능하다. 이와 같은 방법은 비원형관의 난류유동 해석에 적용해 왔던 전통적인 방법이다.

1. 수력반경(hydraulic radius)

유동단면적을 A, 접수길이를 P라 할 때 수력반경은

$$R_h = \frac{A}{P} \quad \bigstar\bigstar\bigstar \qquad [7\text{-}16]$$

이다.

(1) 원형관의 수력반경

직경이 d인 원형관의 수력반경을 정리하면

$$R_h = \frac{A}{P} = \frac{d}{4} \qquad [7\text{-}17]$$

이다. 그러므로 직경 d는 수력반경의 4배이다. 여기서, d는 비원형단면을 가상 원형단면화했을 때 지름으로 수력지름(水力直徑 ; hydraulic diameter)이라 표현하기도 한다.

$$d = 4R_h \qquad [7\text{-}18]$$

(2) 구형단면의 수력반경

$b \times h$인 구형단면의 수력반경은

$$R_h = \frac{bh}{2(b+h)} \qquad [7\text{-}19]$$

이다.

2. 비원형단면의 레이놀즈 수와 압력손실

직경이 d인 원형단면에 적용시켰던 공식에 식[7-18]를 대입하여 계산한다.

(1) 레이놀즈 수

$$Re = \frac{V \cdot d}{\nu} = \frac{V \cdot 4R_h}{\nu} \qquad [7\text{-}20]$$

(2) 상대조도

$$\frac{e}{d} = \frac{e}{4R_h} \qquad [7\text{-}21]$$

(3) 손실수두

$$h_L = \lambda \frac{L}{d} \frac{V^2}{2g} = \lambda \frac{L}{4R_h} \frac{V^2}{2g} \qquad [7\text{-}22]$$

① 층류유동시 관마찰계수는 다음식으로 구한다.

$$\lambda = \frac{64}{Re}$$

② 난류유동시 관마찰계수는 Moody 선도로부터 주어진 레이놀즈 수 Re 와 상대조도 $\frac{e}{4R_h}$에 대한 관마찰계수 λ를 구한다.

(4) 압력강하량

$$\Delta P = \gamma \cdot h_L = \gamma \cdot \lambda \frac{L}{4R_h} \frac{V^2}{2g} \qquad [7\text{-}23]$$

3 부차적 손실

유체가 관로를 흐를 때, 직관의 관벽에서 발생하는 마찰 손실 이외에 단면적의 변화, 유동의 방향 변화, 장해물에 의한 유동 저항, 단면 교축에 의한 유동 항 등에 의해서도 손실이 발생하게 된다. 이와 같은 손실을 부차적 손실(副次的損失 ; minor losses)이라 하고 다음과 같은 식으로 계산한다.

$$h_L = K \frac{V^2}{2g} \quad ★★ \tag{7-24}$$

여기서, K는 손실계수(損失係數; loss coefficient)라 하며 기하학적 측면에서 결정되는 실험상수이다. 부차적 손실은 주로 관 입구와 출구, 단면적 변화부, 벤드(bend), 엘보(elbow), 밸브(valve) 및 기타 배관부품 등에서 발생한다.

1. 돌연확대관과 돌연축소관에서의 손실

(1) 돌연확대관의 손실

그림7-3과 같은 돌연확대관 정상류 비압축성 유체가 단면을 따라서 흐를 때, 단면 ①과 ②에 연속방정식, x방향 운동량방정식 그리고 베르누이 방정식을 세우면 다음과 같다.

$$h_L = \frac{(V_1 - V_2)^2}{2g} = K \frac{V_1^2}{2g} \quad ★★★ \tag{7-25}$$

$$K = \left[1 - \left(\frac{d_1}{d_2} \right)^2 \right]^2 \quad ★★ \tag{7-26}$$

여기서, K는 돌연확대관의 손실계수이다. 만약, $d_2 \gg d_1$이면 $K \approx 1.0$에 근사한다.

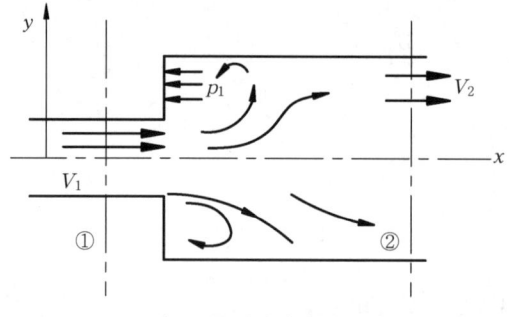

그림7-3 돌연확대관의 손실

(2) 돌연축소관의 손실

그림7-4와 같은 돌연축소관의 ⓪, ② 단면에 연속방정식, x방향 운동량방정식, 그리고 베르누이 방정식을 세우면 다음과 같다.

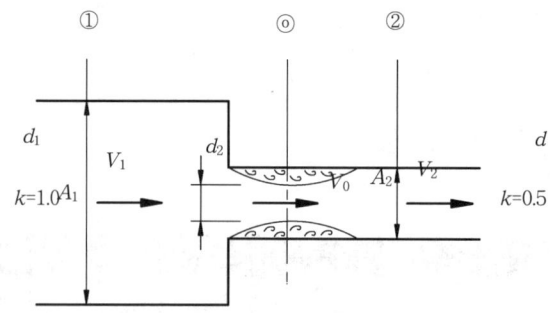

그림7-4 돌연축소관의 손실

$$h_L = \frac{(V_0 - V_2)^2}{2g} = K \frac{V_2^2}{2g} \quad ★★★ \tag{7-27}$$

$$K = \left[\frac{1}{C_c} - 1\right]^2 \text{★★}$$
[7-28]

여기서, K는 돌연축소관의 손실계수이고, C_c는 축소계수(contraction coefficient) 또는 수축계수, d_0는 수축부의 직경이다.

$$C_c = \frac{A_0}{A_2} = \left(\frac{d_0}{d_2}\right)^2 \text{★★★}$$
[7-29]

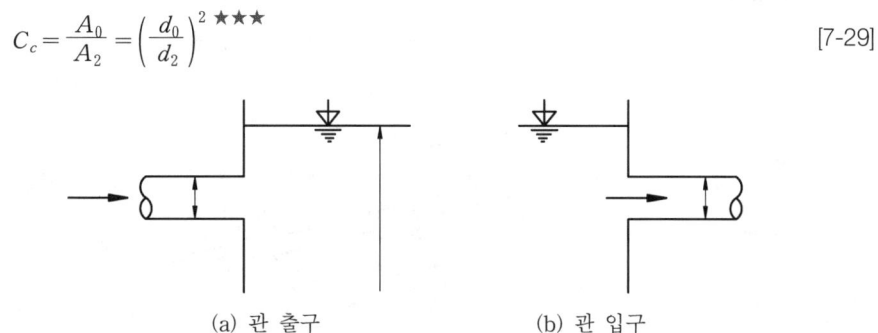

(a) 관 출구   (b) 관 입구

그림7-5 관출구 손실 및 관입구 손실

손실계수 K값은 실험으로부터 얻을 수 있는 값이다. 그러나 유체가 저장 탱크로부터 관에 흘러드는 경우 사각 에지 입구(square-edged inlet)라면 손실계수는 0.5에 근사한다.

2. 점차확대관과 점차축소관에서의 손실

(1) 점차확대관의 손실

점차확대관(diffuser)은 유체의 운동에너지를 감소시키고 압력에너지를 상승시키고자 할 때 사용하는 관으로 확대각 θ에 따라서 마찰손실이 매우 다르다는 것을 알 수 있다.

① 손실수두

$$h_L = K\frac{(V_1 - V_2)^2}{2g}$$
[7-30]

② 확대각 θ는 5~8° 범위에서 손실계수는 최소이다. 확대각이 작으면 확대관의 길이가 길어져 손실의 대부분은 벽 전단력에 의하여 발생한다.

③ 확대각 θ가 62~65° 범위에서 손실계수는 최대이다. 확대각이 크면 확대부에서 경계층의 박리가 발생하여 유체의 운동 에너지를 압력 에너지로 원활히 변화시키지 못하고 소산시켜 손실을 증가시킨다.

3. 관의 상당길이

부차적 손실의 크기를 관 마찰에 의한 손실로 표현된 관의 길이로 나타낼 수 있다. 이와 같이 표현한 관의 길이를 관의 상당길이(equivalent length of pipe)라 한다. 배관망을 해석할 때 일일이 부차적 손실을 계산하여 반영하지 않고 관의 상당길이를 계산하여 직관길이에 더하여 달시-바이스바하(Darcy-Weisbach)식만으로 손실수두를 계산할 수 있다. 관의 상당길이 L_e을 구하면

$$\lambda \frac{L_e}{d} \frac{V^2}{2g} = K\frac{V^2}{2g}$$

$$L_e = \frac{K \cdot d}{\lambda} \text{★★★}$$
[7-31]

이다.

4 병렬관

병렬관(parallel pipes)이란 그림7-6과 같이 하나의 관로에서 몇 개의 관로로 분기하였다가 다시 하나의 관로로 합쳐지는 관이다. 이 때 분기관은 원래의 관과 평행하게 배열되도록 해야 한다.

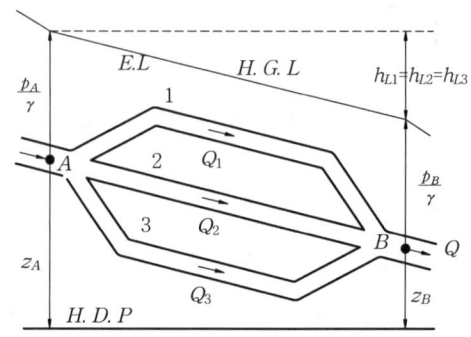

그림7-6 병렬관

이와 같은 병렬관에서 유량을 표현하는 관계식은

$$Q = Q_1 + Q_2 + Q_3 = A_1 V_1 + A_2 V_2 + A_3 V_3 = (AV)_A = (AV)_B \quad ★★ \tag{7-32}$$

이고 베르누이 방정식을 적용시켜 손실수두를 계산하며 다음과 같다.

$$h_L = \frac{(P_A - P_B)}{\gamma} + (Z_A - Z_B) = h_{L1} = h_{L2} = h_{L3} \quad ★★ \tag{7-33}$$

$$h_L = h_{L1} = h_{L2} = h_{L3} = \lambda \frac{L}{d} \frac{V^2}{2g} \tag{7-34}$$

chapter 7 　실전연습문제

01 원관 유동에서 중요한 무차원수는?

① 레이놀즈수　② 프루드수　③ 오일러수　④ 코오시수

Solution 원관 유동을 지배하는 성질로 가장 중요한 것 중에 하나가 점성이다. 이와 같은 성질에 의하여 유체의 마찰저항이 발생하게 된다. 그래서 층류유동 같은 경우 속도 분포가 포물선 형태이다.

02 지름이 50[mm]인 원형관에 $5.0 \times 10^3 [cm^3/sec]$의 물이 흐를 때 1[m] 당 손실수두가 20[mm]이였다. 이때의 관마찰계수는 얼마인가?

① 0.001105　② 0.00302　③ 0.01302　④ 0.01402

Solution
$$h_L = \lambda \frac{L}{d} \frac{V^2}{2g}$$
$$0.02 = \lambda \times \frac{1}{0.05 \times 2 \times 9.8} \times \left(\frac{4 \times 5.0 \times 10^{-3}}{\pi \times 0.05^2}\right)^2, \quad \lambda = 0.00302$$

03 동점성계수 $1[cm^2/sec]$의 기름이 안지름 5[cm]의 관을 150[cm/sec] 속도로 흐른다. 이때 관마찰계수는?

① 0.85　② 0.752　③ 0.085　④ 0.298

Solution
$$Re = \frac{Vd}{\nu} = \frac{150 \times 5}{1} = 750 < 2100$$
$$\lambda = \frac{64}{Re} = \frac{64}{750} = 0.0853$$

04 깊이 y에 비하여 폭 b가 매우 큰 개수로의 수력지름 R_h는?

① $\frac{b}{y}$　② $\frac{b}{y+b}$　③ $\frac{by}{y+b}$　④ y

Solution $R_h = \frac{by}{2y+b} \simeq \frac{by}{b} = y$, $D_h = 4R_h = 4y$

05 지름 d인 관에 액체가 가득 차 흐를 때 수력반경 R_h는?

① $2d$　② $4d$　③ $0.5d$　④ $\frac{d}{4}$

Solution $R_h = \frac{A}{P} = \frac{\pi d^2}{4\pi d} = \frac{d}{4}$

06 지름 75[mm]인 매끈한 관을 통하여 물을 300[cm/sec]의 속도로 보내려 한다. 무디선도로부터 관마찰계수는 0.03임을 알았다. 관길이가 200[m]이면 압력강하는 몇 MPa인가?

① 2.1[MPa]　② 3.6[MPa]　③ 0.36[MPa]　④ 1.5[MPa]

Solution
$$h_L = \lambda \frac{L}{d} \frac{V^2}{2g} = 0.03 \times \frac{200}{0.075} \times \frac{3^2}{2 \times 9.8} = 36.735 \text{ [m]}$$
$$P = \gamma h_L = 9800 \times 36.735 \times 10^{-6} = 0.36 \text{ [MPa]}$$

Answer　01 ①　02 ②　03 ③　04 ④　05 ④　06 ③

07 그림에서 전수두 H는 관의 길이를 L, 지름이 D라고 할 때 성립되는 식은?

① $H = \left(f\dfrac{L}{D} + 1\right)\dfrac{V^2}{2g}$

② $H = \left(0.5 + f\dfrac{L}{D} + 1\right)\dfrac{V^2}{2g}$

③ $H = \left(0.5 + f\dfrac{L}{D}\right)\dfrac{V^2}{2g}$

④ $H = f\dfrac{L}{D}\dfrac{V^2}{2g}$

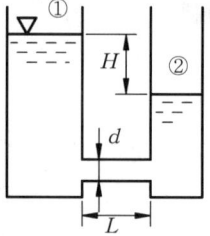

Solution
$\dfrac{P_1}{\gamma} + \dfrac{V_1^2}{2g} + Z_1 = \dfrac{P_2}{\gamma} + \dfrac{V_2^2}{2g} + Z_2 + h_L$

$Z_1 - Z_2 = H = h_L$

$h_L = K_1\dfrac{V^2}{2g} + \lambda\dfrac{L}{D}\dfrac{V^2}{2g} + K_2\dfrac{V^2}{2g}$

① 관에서 송출되어 큰 탱크에 방출될 때 부차적 손실의 저항계수는 1이다.
② 유체가 탱크 벽에서 수직관으로 유출될 경우 저항계수는 0.5이다.

08 단면적이 0.4[m²]에서 단면적의 0.2[m²]로 돌연 축소하는 관이 있다. 축소계수 C_c가 0.681이면, 축소부의 단면적은 몇 m²인가?

① 0.1362 ② 0.2724 ③ 0.5448 ④ 0.0681

Solution
$C_c = \dfrac{A_0}{A_2}$, $A_0 = C_c A_2 = 0.681 \times 0.2 = 0.1362\,[\text{m}^2]$

09 관의 상당길이 L_e는? (단, K는 부차손실계수, d는 관의 지름, f는 관마찰계수이다.)

① $\dfrac{K}{fd}$ ② $\dfrac{Kd}{f}$ ③ $\dfrac{fd}{K}$ ④ $\dfrac{f}{Kd}$

10 다음 기술한 것 중 맞는 것은?
① 평행관에서 모든 관의 손실 수두는 일치하지 않는다.
② 전수두와 유량이 같을 때 두 관로는 등가가 아니다.
③ 관로망의 구성에 있어서 임의의 두 점의 압력은 관로의 경로에 관계없이 같다.
④ 단일관(직관)에서 전수두는 각 관의 손실 수두의 합과 다르다.

Solution 관로망에서 임의의 두 점에서의 압력차는 두 점의 관로를 어떠한 경로로 구성하더라도 같아야 한다.

11 일반적으로 관 마찰계수 λ는?
① 상대 조도와 오일러수의 함수이다.
② 레이놀즈수와 프루드수의 함수이다.
③ 마하수와 레이놀즈수의 함수이다.
④ 상대 조도와 레이놀즈수의 함수이다.

12 다음 기술한 것 중 맞는 것은?
① 원주 확대관에서 저항계수가 가장 큰 확대각은 6~7°이다.
② 관에서 송출되어 큰 탱크에 방출될 때 부차적 손실의 저항계수는 0.5이다.
③ 유체가 탱크 벽에서 수직관으로 유출될 경우 저항계수는 1이다.
④ 점차 확대관에서 저항계수가 가장 클 때의 확대각은 62~63°이다.

Answer 07 ② 08 ① 09 ② 10 ③ 11 ④ 12 ④

13 레이놀즈 수가 500인 관에 대한 마찰계수는 얼마인가?

① 0.24 ② 0.024 ③ 0.128 ④ 0.012

Solution $\lambda = \dfrac{64}{Re} = \dfrac{64}{500} = 0.128$

14 층류유동에 있어서 관마찰계수 λ 는?

① 레이놀즈 수와 관의 상대조도에 관계된다.
② 마하수와 레이놀즈 수에 관계된다.
③ 관의 길이와 지름 및 레이놀즈 수에 관계된다.
④ 레이놀즈 수에만 관계된다.

15 거친 내벽을 가진 원관 내 유동에서 관마찰계수가 조도에 관계하는 다음 설명 중 적당하지 않은 것은?

① 층류에서의 관마찰계수는 조도에 관계하지 않는다.
② 난류에서도 조립(組粒)이 층류지층에 덮여 있으며 관마찰계수는 조도에 관계하지 않는다.
③ 난류에서의 관마찰계수는 조도에 관계하지 않는다.
④ 난류에서도 관마찰계수는 상대조도에 관계하지 않는 레이놀즈 수 영역이 있다.

16 천이구역에서의 관마찰계수 λ 는 어느 것의 함수인가?

① Reynold number(레이놀즈 수)만의 함수이다.
② 관 벽면상의 조도의 크기만의 함수이다.
③ 속도와 점성계수의 함수이다.
④ Reynold수와 상대조도의 함수이다.

17 관 속에서 유체가 흐를 때 유동이 난류라면 손실수두는?

① 속도에 정비례한다.
② 속도의 제곱에 반비례한다.
③ 지름의 제곱에 반비례하고 속도에 정비례한다.
④ 대략 속도의 제곱에 비례한다.

Solution $h_L = \lambda \dfrac{L}{d} \dfrac{V^2}{2g}$; $h_L \propto V^2$

18 완전히 난류구역이고 거친관의 유체흐름에 관한 설명으로 옳은 것은?

① 손실수두는 속도의 제곱에 따라서 변화한다.
② 마찰계수는 레이놀즈 수에만 관계한다.
③ 난류막은 조도면을 덮는다.
④ 거친관과 매끈한 관은 같은 마찰계수를 갖는다.

19 안지름 100[mm]인 파이프 내를 2.3[m³/min]의 비율로 물이 흐르고 있다. 15[m] 사이에서 나타나는 손실 수두는? (단, 관마찰계수 $\lambda = 0.01$로 한다.)

① 0.92[m] ② 1.82[m] ③ 2.13[m] ④ 1.02[m]

Solution
$h_L = \lambda \dfrac{L}{d} \dfrac{V^2}{2g} = \lambda \dfrac{L}{2dg} \left(\dfrac{4Q}{\pi d^2} \right)^2$
$= 0.01 \times \dfrac{15}{2 \times 0.1 \times 9.8} \times \left(\dfrac{4 \times 2.3}{\pi \times 0.1^2 \times 60} \right)^2 = 1.82 \, [m]$

Answer 13 ③ 14 ④ 15 ③ 16 ④ 17 ④ 18 ① 19 ②

20 안지름이 305[mm], 길이가 500m인 주철관을 통하여 유속 2.5[m/sec]로 흐를 때 압력수두 손실은 몇 m 인가? (단, 관마찰계수 f는 0.03 이다.)

① 5.47　　　　② 13.6　　　　③ 15.7　　　　④ 30

Solution　$h_L = f \dfrac{L}{d} \dfrac{V^2}{2g} = 0.03 \times \dfrac{500}{0.305} \times \dfrac{2.5^2}{2 \times 9.8} = 15.68$ [m]

21 관 속에서 액체가 흐르고 있을 때 관마찰에 가장 많이 관계되는 것은

① 레이놀즈 수와 상대조도　　　　② 마하수와 레이놀즈 수
③ 웨버수와 레이놀즈 수　　　　　 ④ 프루드 수와 레이놀즈 수

22 갑자기 확대되는 관에서 손실수두는?

① $\dfrac{V_1^2 - V_2^2}{2g}$　　② $\dfrac{(V_1 - V_2)^2}{2g}$　　③ $\dfrac{V_2^2 - V_1^2}{2g}$　　④ $\dfrac{V_1 - V_2}{2g}$

23 글로브 밸브(부차적 손실계수 $K=10$)에 의한 손실을 안지름이 20[cm]이고 관마찰계수가 0.025인 관의 길이로 환산한다면 관의 상당길이는 몇 m 인가?

① 30[m]　　　　② 40[m]　　　　③ 50[m]　　　　④ 80[m]

Solution　$L_e = \dfrac{Kd}{f} = \dfrac{10 \times 0.2}{0.025} = 80$ [m]

24 달시(Darcy)의 방정식 $H_L = f \dfrac{L}{D} \dfrac{V^2}{2g}$ 에서 f에 대한 설명으로 다음 중에서 제일 적합한 것은?

① 레이놀즈 수에만 관계되는 계수이다.
② 마하수와 레이놀즈 수에 관계되는 계수이다.
③ 관의 길이와 지름 및 레이놀즈 수에 관계되는 계수이다.
④ 레이놀즈 수와 관의 상대조도에 관계되는 계수이다.

Solution　관마찰계수 $f(\lambda)$는 일반적으로 레이놀즈 수와 상대조도의 함수이다.

25 직경 0.4[m]인 관에 물이 0.5[m³/s]로 흐를 때 길이 300[m]에 대해서 동력손실이 60 [kW]였다. 이 때 관마찰계수 f는 얼마인가? (단, 물의 비중량은 9800[N/m³]이다.)

① 0.015　　　　② 0.020　　　　③ 0.025　　　　④ 0.030

Solution　$L = \gamma Q h_L = \gamma Q f \dfrac{L}{d} \dfrac{V^2}{2g}$

$60 \times 10^3 = 9800 \times 0.5 \times f \times \dfrac{300}{0.4 \times 2 \times 9.8} \times \left(\dfrac{4 \times 0.5}{\pi \times 0.4^2}\right)^2$, $f = 0.0202$

26 한 변의 길이가 L 인 정삼각형의 수력지름 D_h (hydraulic diameter)는 얼마인가? (단, A는 단면적, P는 둘레의 길이를 나타낸다.)

① $D_h = \dfrac{4A}{P} = \dfrac{L}{\sqrt{3}}$　　　　　　② $D_h = \dfrac{4A}{P} = L$

③ $D_h = \dfrac{4A}{P} = \dfrac{L}{4\sqrt{3}}$　　　　　④ $D_h = \dfrac{4A}{P} = \sqrt{3}L$

Answer　20 ③　21 ①　22 ②　23 ④　24 ④　25 ②　26 ①

> **Solution** 정삼각형의 높이 : $h = L \sin 60° = \dfrac{\sqrt{3}}{2} L$
>
> $D_h = d = 4R_h = 4\dfrac{A}{P} = \dfrac{4\sqrt{3}L^2}{2 \times 2 \times 3L} = \dfrac{L}{\sqrt{3}}$

27 동점성계수가 $1.086 \times 10^{-4}[\text{m}^2/\text{sec}]$인 유체가 안지름이 10[m]인 직원관내를 평균속도 0.2[m/sec]로 흐르고 있다. 관마찰계수는 얼마인가?

① 0.027   ② 0.034   ③ 2.8   ④ 0.012

> **Solution** $Re = \dfrac{Vd}{\nu} = \dfrac{0.2 \times 10}{1.086 \times 10^{-4}} = 18416.21 > 4000$
>
> $\lambda = 0.3164 Re^{-1/4} = 0.3164 \times 18416.21^{-1/4} = 0.0272$

28 단면적 30[cm²]인 입구로 3[m/sec]의 속도로 물이 흘러 들어오고 있다. 그리고 단면적이 10[cm²]인 단면 ②를 통하여 5m/sec의 속도로 흘러 나가고 있다. 단면 ③의 단면적이 20[cm²]일 때 단면 ③을 통하여 나가는 속도는?

① 2[m/sec]
② 4[m/sec]
③ 5[m/sec]
④ 4.5[m/sec]

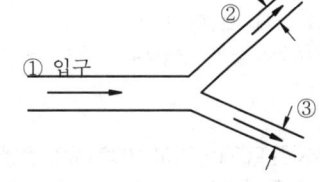

> **Solution** $Q_1 = Q_2 + Q_3$; $A_1V_1 = A_2V_2 + A_3V_3$
>
> $30 \times 10^{-4} \times 3 = 10 \times 10^{-4} \times 5 + 20 \times 10^{-4} \times V_3$
>
> $V_3 = 2 \ [\text{m/s}]$

29 안지름 10[cm]인 파이프 내를 평균 유속 5[m/sec]로 물이 흐르고 있다. 길이 10[m] 사이에 나타나는 손실수두는 얼마인가? (단, 관마찰계수는 0.013이다.)

① 1.2[m]   ② 1.66[m]   ③ 2.5[m]   ④ 3.2[m]

> **Solution** $h_L = \lambda \dfrac{L}{d} \dfrac{V^2}{2g} = 0.013 \times \dfrac{10}{0.1} \times \dfrac{5^2}{2 \times 9.8} = 1.658 \ [\text{m}]$

30 완전 층류 구역에서 마찰계수 f는?

① 단지 레이놀즈수의 함수이다.
② 단지 상대조도의 함수이다.
③ 프루드 수와의 레이놀즈 수의 함수이다.
④ 프루드 수와 상대조도의 함수이다.

31 지름 200[mm]인 곧은 주철관 속을 0.1[m³/sec]의 기름이 흐르고 있다. 관의 길이가 100[m]일 때 손실수두는 몇 m인가? (단, 기름의 동점성계수는 $0.7 \times 10^{-3}[\text{m}^2/\text{sec}]$이고, 관마찰계수는 0.0234이다.)

① 6.0   ② 7.0   ③ 8.0   ④ 9.0

> **Solution** $h_L = \lambda \dfrac{L}{d} \dfrac{V^2}{2g} = \lambda \dfrac{L}{2dg} \left(\dfrac{4Q}{\pi d^2}\right)^2$
>
> $= 0.0234 \times \dfrac{100}{2 \times 0.2 \times 9.8} \times \left(\dfrac{4 \times 0.1}{\pi \times 0.2^2}\right)^2 = 6.05 \ [\text{m}]$

Answer 27 ①   28 ①   29 ②   30 ①   31 ①

32 관류가 그림과 같이 크랭크를 유입하는 것과 같을 때에 생기는 수두 손실은? (단, V_1, V_2 는 속도이고, K 는 손실계수, g 는 중력가속도이다.)

① $\dfrac{V_1^2}{2g}$

② $K \cdot \dfrac{(V_1 - V_2)}{2g}$

③ $K \cdot \dfrac{(V_1 + V_2)}{2g}$

④ $k \cdot \dfrac{(V_1 - V_2)^3}{2g}$

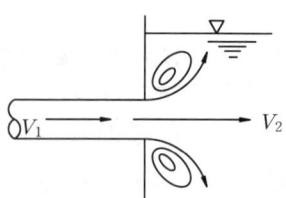

Solution $h_L = K \dfrac{V_1^2}{2g} \simeq \dfrac{V_1^2}{2g}$

33 원관 속의 액체의 층류 유동에 있어서 관마찰계수는?

① 상대조도만의 함수이다. ② 마하수만의 함수이다.
③ 레이놀즈 수만의 함수이다. ④ 프루드 수만의 함수이다.

34 안지름 20[cm] 길이 1000[m]인 유관속을 물이 매초 50[L]로 흐르고 있을 때, 관마찰 계수를 $\lambda = 0.03$ 으로 가정한다면 마찰 손실 수두는 약 얼마인가?

① 1.935[m] ② 19.35[m] ③ 193.5[m] ④ 1935[m]

Solution
$h_L = \lambda \dfrac{L}{d} \dfrac{V^2}{2g} = \lambda \dfrac{L}{2dg} \left(\dfrac{4Q}{\pi d^2} \right)^2$

$= 0.03 \times \dfrac{1000}{0.2 \times 2 \times 9.8} \times \left(\dfrac{4 \times 50 \times 10^{-3}}{\pi \times 0.2^2} \right)^2 = 19.39 \, [m]$

35 길이 750[m]인 관로 속을 물이 2.5[m³/sec]로 흐르고 있다. 출구의 밸브를 1.2초 사이에 폐쇄하면 관속의 압력상승을 가져오는 힘은 몇 N인가? (단, 수관속의 음속은 $a = 1000[m/s]$ 이다.)

① 22.5[kg/cm²] ② 2.5[kg/cm²] ③ 25.5[mmAq] ④ 25.5[mAq]

Solution $\Delta P \cdot A = \rho Q a$
$F = \Delta P \cdot A = 1000 \times 2.5 \times 1000 = 2.5 \times 10^6 [N] = 25.51 \times 10^4 [kg_f]$

36 아래의 그림에서 물이 흐를 때 ACD 와 ABD 사이에서 발생하는 손실수두는?

① 관로 ACD 와 ABD 사이에서 생기는 손실은 같다.
② ACD 에서 생기는 손실이 ABD 에서 보다 2배 크다.
③ ACD 에서 생기는 손실이 ABD 에서 보다 4배 크다.
④ ACD 에서 생기는 손실이 ABD 에서 생기는 손실의 8배 크다.

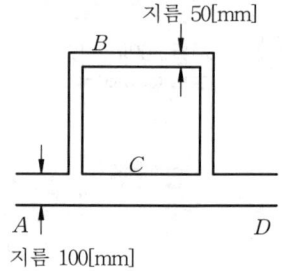

Solution 각 관에서 손실수두는 경로와 관계없이 일치하여야 한다.

Answer 32 ① 33 ③ 34 ② 35 ① 36 ①

37 지름 50[mm]의 오리피스(orifice)로부터 유체가 분출할 때 수축부에서의 지름이 45[mm]이었다. 수축계수 C_c는 어느 것인가?

① 0.81 　　② 0.9 　　③ 0.6 　　④ 0.95

> **Solution** $C_c = \dfrac{A_0}{A_2} = \dfrac{d_0^2}{d_2^2} = \dfrac{45^2}{50^2} = 0.81$

38 공기가 아음속 풍동 내를 흐르고 있다. 밀도가 ρ_1인 점에서의 속도는 100[m/sec]이다. 단면적이 앞의 점 보다 $\dfrac{1}{3}$이 되는 점에서 밀도가 $\dfrac{\rho_1}{2}$일 때 유속은? (단, 정상상태라 가정한다.)

① 300[m/sec] 　　② 400[m/sec] 　　③ 500[m/sec] 　　④ 600[m/sec]

> **Solution** $\dot{m} = \rho_1 A_1 V_1 = \rho_2 A_2 V_2$
> $\rho_1 \times A_1 \times 100 = \dfrac{\rho_1}{2} \times \dfrac{A_1}{3} \times V_2$, $V_2 = 600$ [m/s]

39 지름 d인 원형 단면과 한변의 길이가 b인 정사각형 단면인 두 경우에 있어서 관길이, 흐름의 단면적, 유량, 관마찰계수 f가 각각 같다고 하고 원형단면의 수두손실은 h_1, 4각형 단면의 수두손실을 h_2라고 할 때 수두손실의 비 $\dfrac{h_2}{h_1}$는?

① 0.996 　　② 1.023 　　③ 0.886 　　④ 1.13

> **Solution** $\dfrac{\pi d^2}{4} = b^2$, $b = \dfrac{\sqrt{\pi}}{2} d$
> $R_h = \dfrac{b^2}{4b} = \dfrac{b}{4}$
> $\dfrac{h_2}{h_1} = \dfrac{f \dfrac{L}{4R_h} \dfrac{V_2^2}{2g}}{f \dfrac{L}{d} \dfrac{V_1^2}{2g}} = \left(\dfrac{d}{4R_h}\right) = \left(\dfrac{d}{b}\right) = \left(\dfrac{2}{\sqrt{\pi}}\right) = 1.13$

40 같은 지름의 원관을 직각으로 접촉하고 관내 평균속도 2[m/sec]로 물을 보낸다. 관의 만곡에 의한 손실수두는? (단, 손실계수는 0.98이다.)

① 0.2[m] 　　② 0.4[m] 　　③ 0.37[m] 　　④ 0.17[m]

> **Solution** $h_L = K \dfrac{V^2}{2g} = 0.2$ [m]

41 다음은 원추확대 관에서의 손실계수에 대한 설명이다. 맞는 것은?
① 확대각 θ에 관계없이 일정하다.
② 확대각 $\theta=7°$에서 최소 $\theta=62°$에서 최대이다.
③ 확대각 $\theta=6°$에서 최소 $\theta=20°$에서 최대이다.
④ 확대각 $\theta=60°$에서 최소 $\theta=90°$에서 최대이다.

Answer 37 ① 38 ④ 39 ④ 40 ① 41 ②

42 수력 반지름은 다음 중 어느 것인가?

① 물에 접해있는 주변 길이를 π로 나눈 값
② 물에 접해있는 주변 길이를 2π로 나눈 값
③ 유동 단면적을 2π로 나눈 값
④ 유동 단면적을 물에 접해있는 주변 길이로 나눈 값

43 물이 그림과 같이 점차 확대 관속을 흐를 때 $d=100$[mm] 단면에서의 속도 V_2는 얼마인가?

① 0.50[m/sec]
② 0.75[m/sec]
③ 1.00[m/sec]
④ 1.25[m/sec]

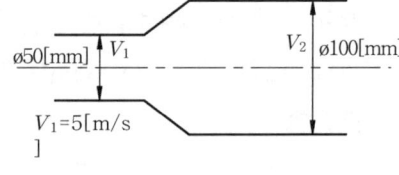

◎ Solution $Q = A_1 V_1 = A_2 V_2,\ d_1^2 V_1 = d_2^2 V_2$
$50^2 \times 5 = 100^2 \times V_2,\ V_2 = 1.25\ [m/s]$

44 레이놀즈 수가 1270 일 때 관마찰계수는 얼마인가?

① 0.005   ② 0.5   ③ 0.05   ④ 0.025

◎ Solution $f = \dfrac{64}{Re} = \dfrac{64}{1270} = 0.05$

45 층류 구역과 난류 구역의 중간 천이구역에서 관마찰계수 f는?

① 레이놀즈수(Re)와 상대조도($\dfrac{e}{d}$)와의 함수가 된다.
② 마하수(M)와 코오시수(N_C)와의 함수가 된다.
③ 상대조도($\dfrac{e}{d}$)의 오일러수(N_O)의 함수가 된다.
④ 언제나 레이놀즈 수(Re)의 함수가 된다.

46 단관계통의 문제에 있어서 어느 배관계가 다른 배관계와 등가관이 되려면 다음의 2양이 같아야 한다. 옳은 것은?

① 손실수두와 유량   ② 관 길이와 유량
③ 관 길이와 관 지름   ④ 마찰계수와 관지름

◎ Solution ① 다음과 같은 관의 상당길이로부터 마찰계수(f)와 관지름(d)이 같으면 등가이다.
$L_e = \dfrac{K \cdot d}{f}$
② 관의 길이와 관의 직경이 달라도 유량과 손실수두가 같다면 등가관이다.

47 저항계수 $C_D=0.2$, 운동방향의 투영면적 $A=0.25$[m²]인 물체가 속도 29[m/sec]로 물속을 움직일 때 물체가 받는 힘은 약 몇 kN 인가? (단, 물의 밀도 $\rho=980$[kg/m³]이다.)

① 10   ② 21   ③ 51   ④ 108

◎ Solution $D = C_D A \dfrac{\rho V^2}{2} = 0.2 \times 0.25 \times \dfrac{980 \times 29^2}{2} \times 10^{-3} = 20.6\ [kN]$

Answer   42 ④   43 ④   44 ③   45 ①   46 ①   47 ②

48 지름 0.4[m]인 원관에 물이 0.5[m³/s]로 흐를 때 길이 300[m]에 대해서 동력손실이 60[kW]였다. 이 때 관마찰계수 f는 얼마인가? (단, 물의 비중량은 9800[N/m³]이다.)

① 0.015　　　② 0.020　　　③ 0.025　　　④ 0.030

Solution
$L_f = \gamma Q h_L$; $h_L = \dfrac{60}{9.8 \times 0.5} = 12.245\,[\text{m}]$

$h_L = f\dfrac{L}{d}\dfrac{v^2}{2g} = f\dfrac{L}{2dg}\left(\dfrac{4Q}{\pi d^2}\right)^2$

$12.245 = f \times \dfrac{300}{2 \times 0.4 \times 9.8} \times \left(\dfrac{4 \times 0.5}{\pi \times 0.4^2}\right)^2$,　$f = 0.020$

49 안지름 50[mm]의 관을 기름이 2.5[m/sec]의 속도로 흐를 때 관마찰계수는 얼마인가? (단, 기름의 동점성계수는 $1.31 \times 10^{-4}\,[\text{m}^2/\text{sec}]$이다)

① 0.0013　　　② 0.1250　　　③ 0.954　　　④ 0.0671

Solution
$Re = \dfrac{Vd}{\nu} = \dfrac{2.5 \times 0.05}{1.31 \times 10^{-4}} = 954.199 > 2100$

$f = \dfrac{64}{Re} = \dfrac{64}{954.199} = 0.067$

50 부차적 손실계수 값이 5인 밸브를 관마찰계수가 0.250이고 지름이 2[cm]인 관으로 환산한다면 관의 상당길이는 몇 m 인가?

① 4　　　② 0.4　　　③ 2.5　　　④ 0.25

Solution
$L_e = \dfrac{Kd}{f} = \dfrac{5 \times 0.02}{0.25} = 0.4\,[\text{m}]$

51 레이놀즈 수가 1000인 관에 대한 마찰계수 f의 값은 어느 것이 맞는가?

① 0.064　　　② 0.022　　　③ 0.032　　　④ 0.016

Solution
$f = \dfrac{64}{Re} = \dfrac{64}{1000} = 0.064$

52 수면의 차이가 H인 두 저수지 사이에 지름 d, 길이 L인 관로가 연결되어 있을 때 관로에서의 평균유속을 나타내는 식은? (단, f는 관마찰계수이고 K_1, K_2는 관 입구와 출구에서 부차적 손실계수이다.)

① $V = \sqrt{\dfrac{2gHd}{K_1 + fL + K_2}}$

② $V = \sqrt{\dfrac{2gH}{K_1 + f + K_2}}$

③ $V = \sqrt{\dfrac{2gH}{K_1 + \dfrac{f}{L} + K_2}}$

④ $V = \sqrt{\dfrac{2gH}{K_1 + \dfrac{fL}{d} + K_2}}$

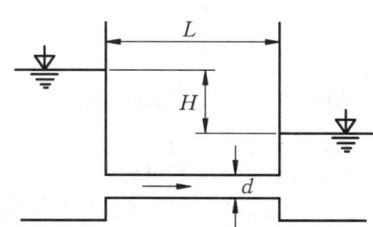

Answer　48 ②　49 ④　50 ②　51 ①　52 ④

Solution
$$\frac{P_1}{\gamma} + \frac{V_1^2}{2g} + Z_1 = \frac{P_2}{\gamma} + \frac{V_2^2}{2g} + Z_2 + h_L$$
$$Z_1 - Z_2 = H = h_L$$
$$h_L = H = K_1\frac{V^2}{2g} + f\frac{L}{d}\frac{V^2}{2g} + K_2\frac{V^2}{2g}$$
$$V = \sqrt{\frac{2gH}{K_1 + \frac{fL}{d} + K_2}}$$

53 안지름 15[cm]인 관속에 한 변의 길이가 6[cm]인 정사각형 관이 중심을 같이하고 있다. 원관과 정사각형 관 사이에 평균유속 1.2[m/s]인 물이 흐른다면 관의 길이 20[m] 사이의 압력손실 수두는 몇 m인가? (단, 관마찰계수는 0.04이다.)

① 0.74　　② 3.92　　③ 7.43　　④ 9.8

Solution
$$P = \pi d + 4a = \pi \times 15 + 4 \times 6 = 71.124 \,[\text{cm}]$$
$$A = \frac{\pi d^2}{4} - a^2 = \frac{\pi \times 15^2}{4} - 6^2 = 140.715 \,[\text{cm}^2]$$
$$R_h = \frac{A}{P} = \frac{140.715}{71.124} = 1.98 \,[\text{cm}]$$
$$h_L = \lambda \frac{L}{4R_h}\frac{V^2}{2g} = 0.04 \times \frac{20}{4 \times 0.0198} \times \frac{1.2^2}{2 \times 9.8} = 0.742 \,[\text{m}]$$

54 평판상의 층류흐름에서 점성에 의한 마찰계수는?

① 레이놀즈 수에 비례한다.　　② 레이놀즈 수의 제곱근에 비례한다.
③ 레이놀즈 수의 제곱근에 반비례한다.　　④ 레이놀즈 수와는 관계없다.

Solution Blasius의 마찰법칙에서 마찰항력계수는 다음과 같고 이것은 평판상의 층류경계층에 적용하고 있다.
$$C_f = \frac{1.328}{\sqrt{Re}}$$

55 물에 잠겨 있는 유출구로 물이 유출될 때 출구에서의 손실은?

① 손실이 없다.　　② $\frac{V^2}{4g}$　　③ $\frac{V^2}{2g}$　　④ $\frac{V^2}{g}$

Solution 출구손실은 특별한 경우를 제외하고는 다음과 같다.
$$h_L = \frac{V^2}{2g}$$

56 블라시우스(Blasius)의 난류에 대한 관마찰계수는 다음 중 어느 것인가?

① $f = \dfrac{0.3164}{Re^{\frac{1}{4}}}$　　② $f = \dfrac{64}{Re}$　　③ $f = \dfrac{0.37}{Re^{\frac{1}{6}}}$　　④ $f = \dfrac{0.074}{Re^{\frac{1}{5}}}$

57 원관 내부의 난류운동에서 거친 관이 매끄러운 관과 같은 마찰계수를 갖는 것은?

① 조도가 중유막의 두께보다 훨씬 작을 때
② 마찰계수가 레이놀즈 수에만 의존할 때
③ 마찰계수가 상대조도만 의존할 때
④ 마찰계수가 레이놀즈 수와 상대조도에 모두 의존할 때

Answer　53 ①　54 ③　55 ③　56 ①　57 ②

58 돌연 확대관에서의 손실수두는?

① 속도수두에 직접 비례한다.
② 압력수두에 직접 비례한다.
③ 위치수두에 직접 비례한다.
④ 유량에 반비례한다.

59 그림과 같이 큰 수조에서 관을 통하여 물을 분출시킬 때 관에 의한 수두손실이 1.5[m]라면 물의 분출속도는 몇 m/s 인가?

① 8.85
② 11.3
③ 12.5
④ 14.7

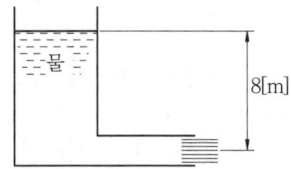

Solution
$$Z_1 = \frac{V_2^2}{2g} + Z_2 + h_L$$
$$8 = \frac{V_2^2}{2g} + 1.5, \quad V_2 = 11.29 \, [\text{m/s}]$$

60 30[cm](폭)×20[cm](높이)의 구형 단면관로를 액체가 반(높이10[cm])이 찬 상태로 흐르고 있다. 이 때의 수력의 반지름은?

① 3[cm]
② 6[cm]
③ 10[cm]
④ 12[cm]

Solution
$$R_h = \frac{A}{P} = \frac{30 \times 10}{30 + 2 \times 10} = 6 \, [\text{cm}]$$

61 안지름 70[mm]인 직원관에 풍속 30[m/s]인 공기를 보낸 바, 원관의 길이 1[m] 사이의 정압차가 16[mmAq]가 되었다. 공기의 밀도를 1.22[kg_m/m³]로 하여 이 원관의 관마찰계수를 구하면?

① 0.02
② 0.07
③ 0.002
④ 1.22

Solution
$$\Delta P = \rho g h_L = \rho g \lambda \frac{L}{d} \frac{V^2}{2g} = \rho \lambda \frac{L}{d} \frac{V^2}{2}$$
$$\frac{0.016}{10.33} \times 101325 = 1.22 \times \lambda \times \frac{1}{0.07} \times \frac{30^2}{2}, \quad \lambda = 0.02$$

별해 : $Q = \frac{\pi d^2}{4} V = \frac{\Delta P \pi d^4}{128 \mu L}$

$$\mu = \frac{4 \Delta P d^2}{128 VL} = \frac{4 \times 0.016 \times 101325 \times 0.07^2}{10.33 \times 128 \times 30 \times 1} = 8.011 \times 10^{-4} \, [\text{Pa·s}]$$

$$Re = \frac{\rho V d}{\mu} = \frac{1.22 \times 30 \times 0.07}{8.011 \times 10^{-4}} = 3198.103$$

공기의 흐름은 천이유동이고 관마찰계수의 근사치를 다음과 같이 정리한다.

$$\lambda = \frac{64}{Re} = \frac{64}{3198.103} = 0.02$$

62 표면표고 30 인 용기로부터 표면표고 75의 용기로 0.56[m³/s]의 물을 양수하는데 얼마의 동력의 펌프가 필요하겠는가? (단, 펌프와 관로에 있어서의 수두손실은 12[m]이다.)

① 50[kW]
② 150[kW]
③ 250[kW]
④ 313[kW]

Solution
$$H = Z_2 - Z_1 + h_L = 75 - 30 + 12 = 57 \, [\text{m}]$$
$$L = \gamma Q H = 9.8 \times 0.56 \times 57 = 312.82 \, [\text{kW}]$$

63 안지름 5[cm]에 길이가 200[m]의 곧은 관로를 통하여 매초당 4[L]의 물이 흐르고 있다. 상당구배는 얼마인가? (단, 이 관로의 마찰손실계수는 0.025이다.)

① 0.105
② 1.605
③ 1.707
④ 0.908

Answer 58 ① 59 ② 60 ② 61 ① 62 ④ 63 ①

Solution
$$V = \frac{4Q}{\pi d^2} = \frac{4 \times 4 \times 10^{-3}}{\pi \times 0.05^2} = 2.04 \, [\text{m/s}]$$
$$\frac{h_L}{L} = \frac{\lambda}{d} \frac{V^2}{2g} = \frac{0.025}{0.05} \times \frac{2.04^2}{2 \times 9.8} = 0.106$$

64 원추확대관(점차확대관)에서 가장 적은 손실계수를 갖는 원추각은 얼마인가?
① 7° 근방　② 15° 근방　③ 30° 근방　④ 45° 근방

65 관내에 흐르는 유체의 손실수두는?
① 관의 길이에 정비례하고 관의 직경에 반비례한다.
② 관의 길이와 관의 직경에 정비례한다.
③ 관의 길이와 관의 직경에 비례한다.
④ 관의 길이에 반비례하고 관의 직경에 정비례한다.

66 일정한 유량의 물이 원관 속을 층류로 흐른다고 가정할 때 직경을 3배로 하면 손실수두는 몇 배로 되는가?
① 1/2　② 1/8　③ 1/16　④ 1/81

Solution
$$h_{L1} = \frac{\Delta P}{\gamma} = \frac{128\mu L Q}{\pi d_1^4 \rho g}, \quad h_{L2} = \frac{\Delta P}{\gamma} = \frac{128\mu L Q}{\pi d_2^4 \rho g}$$
$$\frac{h_{L2}}{h_{L1}} = \frac{d_1^4}{d_2^4} = \frac{d^4}{(3d)^4} = \frac{1}{81}$$

67 다음 사항 중 틀린 것은?
① 하겐-포아젤 방정식은 층류에만 적용된다.
② 관내 층류흐름에서 관마찰계수는 $64/Re$ 이다.
③ 달시(Darcy)식은 층류, 난류 흐름에 모두 적용할 수 있다.
④ 완전한 난류구역에서 관마찰계수 f는 레이놀즈 수에만 관계된다.

68 그림과 같은 펌프의 압력계의 읽음은 얼마 정도인가? (단, 관 내 유속은 12[m/s], 관의 안지름 100[mm], 관마찰계수는 0.03, 밸브의 손실계수는 1.5이다. 또 입구 손실계수는 0.5이다.)
① 약 4.96[bar]
② 약 5.44[bar]
③ 약 2.84[bar]
④ 약 4.14[bar]

Solution ① 손실수두
$$h_L = \left(K_1 + K_2 + \lambda \frac{L}{d}\right) \frac{V^2}{2g}$$
$$= \left(0.5 + 1.5 + 0.03 \times \frac{2.5}{0.1}\right) \times \frac{12^2}{2 \times 9.8} = 20.2 \, [\text{m}]$$
② 수면을 ①단면, 압력계를 ②단면으로 하여 수정베르누이방정식을 적용
$$0 = \frac{P_2}{\gamma} + \frac{V_2^2}{2g} + Z_2 + h_L$$
$$0 = \frac{P}{9800} + \frac{12^2}{2 \times 9.8} + 1.5 + 20.2$$
$$P = -284660[\text{N/m}^2] = -2.85[\text{bar}]$$

Answer　64 ①　65 ①　66 ④　67 ④　68 ③

69 물 탱크의 수면 아래 1[m]의 측벽에 안지름 10[mm], 길이 1[m]의 원형 파이프를 붙여서 물을 이 파이프로 유출시킬 때의 유량은 몇 m³/s 인가? (단, 관의 마찰계수 $f=0.03$ 이다.)

① 1.74×10^{-4}　　② 2.67×10^{-4}　　③ 2.96×10^{-4}　　④ 3.05×10^{-4}

Solution
$$h_L = f\frac{L}{d}\frac{V^2}{2g}$$
$$Z_1 = \frac{V_2^2}{2g}+Z_2+h_L \ ; \ Z_1-Z_2 = \left(1+f\frac{L}{d}\right)\frac{V_2^2}{2g}$$
$$1 = \left(1+0.03\times\frac{1}{0.01}\right)\times\frac{V_2^2}{2\times9.8}, \ V_2 = 2.21\,[\text{m/s}]$$
$$Q = AV_2 = \frac{\pi\times0.01^2}{4}\times2.21 = 1.74\times10^{-4}\,[\text{m}^3/\text{s}]$$

70 다음 그림에서 관입구의 부차적 손실계수 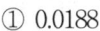는? (단, 관의 안지름 20[mm], 관마찰계수 0.0188이다.)

① 0.0188
② 0.273
③ 0.425
④ 0.621

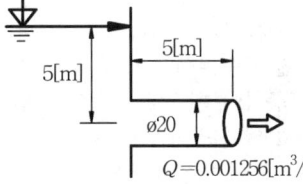

Solution
① 관속을 통과하는 유속
$$V = \frac{4Q}{\pi d^2} = \frac{4\times0.001256}{\pi\times0.02^2} = 4.0\,[\text{m/sec}]$$
② 베르누이 방정식으로부터 손실수두를 구한다.
$$Z_1 = \frac{V_2^2}{2g}+Z_2+h_L \ ; \ h_L = 5-\frac{4^2}{2\times9.8} = 4.18\,[\text{m}]$$
③ 관 입구의 부차적 손실과 관의 손실을 고려한 손실수두
$$h_L = K\frac{V^2}{2g}+f\frac{L}{d}\frac{v^2}{2g}$$
④ 손실계수
$$4.18 = \left(K+0.0188\times\frac{5}{0.02}\right)\times\frac{4^2}{2\times9.8}, \ K = 0.425$$

71 2[m³]의 탱크에 지름이 0.05[m]의 파이프를 통하여 물(점성계수 0.001[Pa·sec])을 채우려고 한다. 파이프 내의 유동이 계속 층류를 유지시키면서 물을 완전히 채우려면 최소 몇 시간이 걸리겠는가? (단, 임계 레이놀즈 수는 2000이다.)

① 2.35　　② 25.4　　③ 7.1　　④ 0.7

Solution
$$f = \frac{64}{Re} = \frac{64}{2000} = 0.032$$
$$\Delta P = \gamma h_L = \gamma f\frac{L}{d}\frac{V^2}{2g} = \frac{128\mu LQ}{\pi d^4}, \ Q = AV = \frac{\pi d^2}{4}V$$
$$\gamma f\frac{L}{2dg}\left(\frac{4Q}{\pi d^2}\right)^2 = \frac{128\mu LQ}{\pi d^4}$$
$$9800\times\frac{0.032}{2\times9.8}\times\frac{16\times Q}{\pi\times0.05} = 128\times0.001$$
$$Q = 7.85\times10^{-5}\,[\text{m}^3/\text{s}]$$
$$t = \frac{V}{Q} = \frac{2}{7.85\times10^{-5}\times3600} = 7.08\,[\text{hr}]$$

Answer 69 ① 70 ③ 71 ③

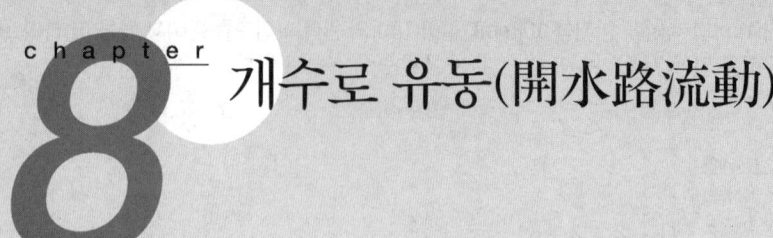

chapter 8 개수로 유동(開水路流動)

1 개수로(開水路)의 흐름 상태

강, 하천, 운하, 하수도, 인공수로, 관개용수로 등의 유동장은 관로(管路)와 다르게 완전히 고체 경계면에 둘러싸이지 않고 대기와 접한 자유표면을 갖고 있는 유로(流路)들이다. 이와 같은 유로(流路)를 개수로(開水路 ; open channel)라 한다. 관로 유동에 있어서는 압력차가 중요한 유동의 원인이 되지만 개수로에서 압력은 대기압이므로 유동에 큰 영향을 주지는 못한다. 유로의 경사면에 작용하는 중력이 개수로 유동의 주원인이 됨을 알 수 있다. 관로 유동일지라도 액체 유동시 자유표면을 갖고 있다면 개수로 유동으로 취급한다. 개수로의 수력구배선(H.G.L)은 항상 유체의 자유표면과 일치하고 에너지선(E.L)은 유체의 자유표면보다 속도수두만큼 위에 있다. 개수로 유동의 단면으로는 원형, 삼각형, 사각형, 사다리꼴 등이 일반적이고 개수로에 흐르는 유체는 액체만이 가능하다. 본 장에서 다루는 액체는 물로 한정하며 흐름의 특성은 단면형상이나 수심이 변하기 때문에 위치에 따라 불규칙적이다. 개수로 유동을 지배하는 힘의 성분은 관성력, 중력, 점성력 등이다. 그러므로 레이놀즈 수(Re)와 프루드수(Fr) 등이 개수로 유동에서 중요한 무차원수가 된다.

1. 층류(層流)와 난류(亂流)

개수로 흐름에서 레이놀즈 수는 관례적으로 수력반경(水力半徑 ; hydraulic radius)을 사용하여 다음과 같은 식으로 표현한다.

$$Re = \frac{VR_h}{\nu} = \frac{\rho VR_h}{\mu} \quad ★★★★★ \qquad [8\text{-}1]$$

개수로 유동의 임계 레이놀즈 수는 500이며 레이놀즈 수에 따른 유동 상태는 다음과 같이 분류한다.

층류 : $Re < 500$
천이유동 : $500 < Re < 750$
난류 : $Re > 750$

대부분의 개수로에서 수력반경이 크기 때문에 유동 상태는 난류이며 마찰계수는 레이놀즈 수와 관계없이 벽의 조도(粗度)에 의해서 결정된다. 그러므로 개수로 유동장에서 레이놀즈 수는 크게 중요한 무차원수는 아니다.

2. 상류(常流)와 사류(射流)

관성력과 중력의 비로 정의되는 프루드 수를 개수로 흐름에 적용하면

$$Fr = \frac{V}{\sqrt{gy}} \quad ★★ \qquad [8\text{-}2]$$

이다. 여기서, y는 수심을 나타내고 V는 유체의 유동속도, $\sqrt{gy}$는 수심이 y인 물에서 발생한 기본 표면파(表面波 ; surface wave)가 전파하는 속도이다.

상류 : $Fr < 1$, $V < \sqrt{gy}$
임계유동 : $Fr = 1$, $V = \sqrt{gy}$
사류 : $Fr > 1$, $V > \sqrt{gy}$

위에서 표현한 것과 같이 유체의 흐름을 상류(常流 ; tranquil flow), 임계유동(臨界流動 ; critical flow), 사류(射流 ; rapid flow or shooting flow) 등으로 분류할 수 있다. 상류는 느린 흐름으로 아임계유동(亞臨界流動 ; subcritical flow)이라고도 하고 사류는 빠른 흐름으로 초임계유동(超臨界流動 ; super critical flow)이라고도 한다. 개수로 유동에서 가장 중요한 무차원수는 프루드 수이다.

3. 등류(等流)와 비등류(非等流)

(1) 등류(等流 ; uniform flow)

개수로의 유동단면과 수심이 일정하게 유지되며 하류로 유체가 흘러가는 동안 유속의 변화가 없는 흐름이 등류이고 균속도 유동이라고도 한다. 등류 흐름의 발생 원인은 관성력과 점성력이 평형을 이루고 있기 때문이다.

$$\frac{\partial V}{\partial S} = 0 \qquad [8\text{-}3]$$

(2) 비등류(非等流 ; nonuniform flow)

개수로 유동장에서 유동단면과 수심이 변화하여 하류로 유체가 흘러가는 동안 유속이 일정하게 유지되지 못하는 흐름이 비등류이며 비균속도 유동이라고도 한다.

$$\frac{\partial V}{\partial S} \neq 0 \qquad [8\text{-}4]$$

2 정상류·등류 흐름

정상류·등류 흐름은 그림8-1과 같이 단면이 일정하고 경사가 일정한 긴 수로의 개수로에서 중력의 유동방향 성분과 마찰저항이 평형상태에 있는 유동이다. 이와 같은 유동장에서 에너지선의 기울기를 S, 개수로를 흐르는 길이 L 사이의 손실수두를 h_L 이라고 하면 다음과 같은 식이 성립한다.

$$\sin\theta = \frac{h_L}{L} = S \qquad [8\text{-}5]$$

등류 흐름에서 수면과 에너지선은 평행하다. 그러므로 수면의 기울기, 수로 바닥의 기울기 및 에너지선의 기울기는 모두 일치한다.

1. 등류 흐름에서의 힘의 평형

(1) 벽면의 전단응력

그림8-1과 같은 등류 흐름에서 단면적 A, 거리 L, 벽면의 전단응력을 τ_0, 개수로의 수평경사각을 θ, 접수길이를 P, 체적 AL 인 개수로에 힘의 평형식을 세우면

$$P_1 A + W\sin\theta - P_2 A - \tau_0 PL = 0 \qquad [8\text{-}6]$$

이다. 여기서, 압력은 $P_1 = P_2$ 이므로

$$\gamma AL \sin\theta = \tau_0 PL \qquad [8\text{-}7]$$

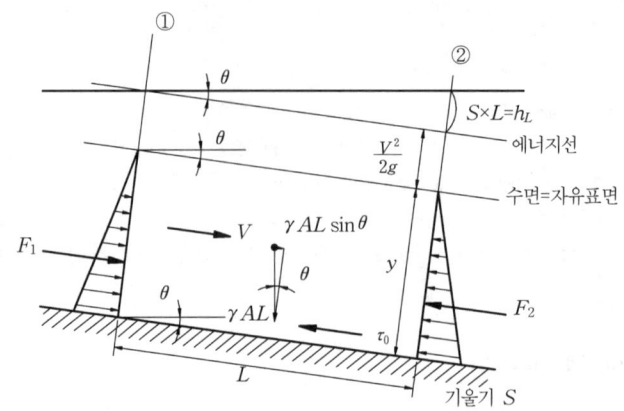

그림8-1 정상류 · 등류 흐름의 개수로

이다. 식[8-7]로부터 벽면의 전단응력은 다음과 같은 식으로 표현된다.

$$\tau_0 = \gamma \frac{A}{P} \sin \theta = \gamma R_h S \tag{8-8}$$

(2) 벽면의 전단응력을 알고 있을 때 유동속도

벽의 전단응력을 구하는 방법으로 앞에서 언급했던 것과 같이 다음과 같은 식을 적용할 수 있다.

$$\tau_0 = C_f \frac{\rho V^2}{2} \tag{8-9}$$

여기서, C_f는 마찰계수이고 식[8-8]과 식[8-9]를 이용하여 유동속도를 구하면

$$V = \sqrt{\frac{2g}{C_f}} \cdot \sqrt{R_h \cdot S} \tag{8-10}$$

이다.

(3) 손실수두를 알고 있을 때 유동속도

손실수두 h_L은 다음과 같이 표현할 수 있고

$$h_L = \lambda \frac{L}{4R_h} \frac{V^2}{2g} \tag{8-11}$$

에너지선의 기울기 S는 $\frac{h_L}{L}$ 이므로 유동속도는

$$V = \sqrt{\frac{8g}{\lambda}} \cdot \sqrt{R_h \cdot S} \tag{8-12}$$

이다.

2. Chezy의 공식

개수로를 등류로 흐를 때 유동속도는 식[8-10] 또는 식[8-12]를 사용하면 구할 수 있다. 이 표현식을 변형시키면

$$V = C\sqrt{R_h \cdot S} \tag{8-13}$$

이다. 식[8-13]을 Chezy의 공식이라 하고 여기서, C는 Chezy 상수 또는 유속계수라 한다. 개수로에서 수력반경과 경사도(에너지선의 기울기)를 알면 유량 Q를 계산할 수 있다.

$$Q = AV = AC\sqrt{R_h \cdot S} \tag{8-14}$$

3 최대효율단면(最大效率斷面)

개수로 바닥의 기울기와 유동단면의 모양 그리고 벽면조건 등을 고려하여 최대 유량을 통과시킬 수 있는 단면을 최대효율단면(最大效率斷面 ; most efficient cross section)이라고 한다. 최대효율단면은 최적수력단면(最適水力斷面 ; best hydraulic cross section) 또는 최량수력단면(最良水力斷面 ; best hydraulic cross section)이라고도 표현한다. 최대효율단면을 만들려면 주어진 유량에 대하여 수력반경이 최대가 되도록 또는 접수길이를 최소가 되도록 해주면 된다. Chezy-Manning 식에서 유량은 다음과 같이 정리된다.

$$A = CP^{\frac{2}{5}}$$ [8-15]

여기서, C는 n, Q, S에 의해서 결정되는 상수이다.

1. 직사각형 단면의 개수로

그림8-2와 같은 직사각형 단면의 개수로에서 유동단면적과 접수길이는

$$A = by, \quad P = b + 2y$$

이다. 최대효율단면을 만들기 위한 조건은 다음과 같다.

$$b = 2y \;\star$$ [8-16]

직사각형 단면에서 최대효율단면의 조건은 폭이 높이의 2배 일 때 이다.

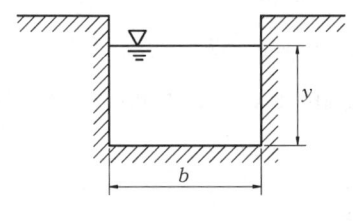

그림8-2 직사각형 단면의 개수로   그림8-3 사다리꼴 단면의 개수로

2. 사다리꼴 단면의 개수로

그림8-3과 같은 사다리꼴 단면의 개수로에서 유동단면적과 접수길이는

$$A = by + my^2, \quad P = b + 2\sqrt{m^2 y^2 + y^2}$$

이다. 최대효율 단면을 만들기 위한 조건은 다음과 같다.

$$P = 2\sqrt{3}\, y, \quad A = \sqrt{3}\, y^2$$ [8-17]

$$b = \frac{2}{3}\sqrt{3}\, y = \frac{P}{3} \;\star$$ [8-18]

사다리꼴 단면의 최대효율단면 조건은 경사각 $\theta = 60°$, 밑면과 측면의 길이가 동일할 때이다.

4 비에너지와 임계깊이

1. 비(比)에너지(specific energy)

비에너지란 개수로의 바닥에서 에너지선(E.L)까지의 높이이다. 즉 위치수두와 속도수두의 합으로 표현된다. 직사각형 수로의 단위 폭 당 유량을 q 라 하면 비에너지 E는 다음과 같은 식으로 표현된다.

$$q = yV = \text{const}$$

$$E = y + \frac{V^2}{2g} = y + \frac{q^2}{2gy^2} \qquad [8\text{-}19]$$

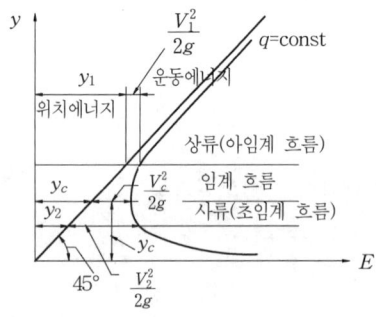
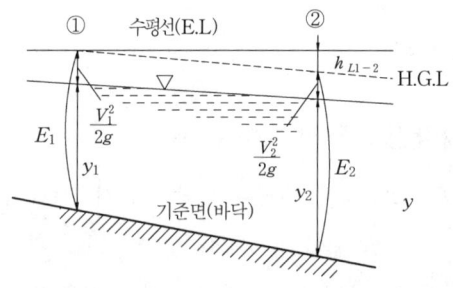

그림8-4 비에너지 선도   그림8-5 개수로의 비등류 흐름

2. 임계(臨界)깊이와 공액(共軛)깊이

(1) 임계깊이(critical depth)

비에너지가 최소가 되는 수심을 임계깊이(critical depth)라 한다. 최소 비에너지는 다음과 같은 조건으로부터 정리할 수 있다.

$$\frac{dE}{dy} = 0 \qquad [8\text{-}20]$$

$$1 - \frac{2q^2}{2gy^3} = 0$$

$$y = \left(\frac{q^2}{g}\right)^{\frac{1}{3}} = y_c \qquad [8\text{-}21]$$

여기서, y_c 가 임계깊이이다. 이와 같은 임계깊이를 식[8-29]에 대입시키면 최소비에너지는

$$E_{\min} = E(y_c) = \frac{3}{2} y_c \quad \bigstar\bigstar \qquad [8\text{-}22]$$

이다.

(2) 공액깊이(alternate depth)

그림8-4에서 보면 임계깊이를 제외하고는 임의의 비에너지에 대하여 2개의 깊이가 존재한다는 것을 알 수 있다. 이 들 중 하나는 상류지점이고 다른 하나는 사류지점이 된다. 이와 같이 하나의 비에너지에 대한 두 개의 깊이를 공액깊이라 한다.

3. 임계속도(臨界速度 ; critical velocity)

임계깊이에서의 흐름을 임계유동이라 하며 이 때의 유속을 임계속도라 한다. 식[8-33]으로부터

임계속도 V_c를 구하면 다음과 같다.

$$q^2 = g y_c^3 = V_c^2 y_c^2$$
$$V_c = \sqrt{gy_c} \qquad [8\text{-}23]$$
$$\frac{V_c}{\sqrt{gy_c}} = Fr = 1 \; ★ \qquad [8\text{-}24]$$

임계유동에서는 프루드 수는 1이다.

(1) 상류(常流 ; tranquil flow)

임계깊이 보다 깊은 흐름을 상류 또는 아임계(亞臨界) 흐름(subcritical flow)이라 한다.
$$y > y_c, \;\; V < V_c, \;\; Fr < 1 \qquad [8\text{-}25]$$

(2) 사류(射流 ; rapid flow)

임계깊이 보다 얕은 흐름을 사류 또는 초임계(超臨界) 흐름(supercritical flow)이라 한다.
$$y < y_c, \;\; V > V_c, \;\; Fr > 1 \qquad [8\text{-}26]$$

5 수력도약(水力跳躍 ; hydraulic jump)

개수로 흐름이 급경사지에서 완만한 경사지로 변화할 때 운동 에너지가 감소하면서 위치 에너지가 증가하는 현상이 나타난다. 이와 같은 현상을 수력도약(水力跳躍 ; hydraulic jump)현상이라 한다.

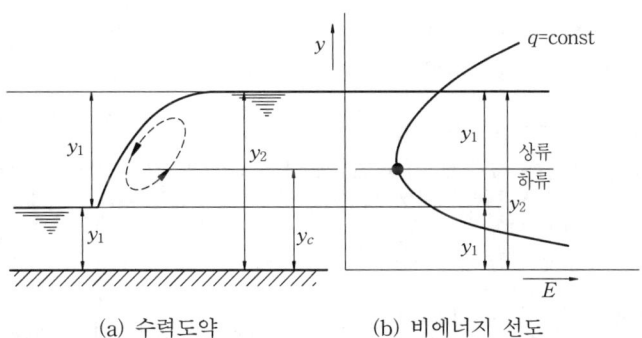

(a) 수력도약   (b) 비에너지 선도

그림8-6 수력도약 현상과 비에너지 선도

1. 수력도약 후의 깊이

그림8-6의 단위폭당 흐르는 개수로 흐름에 단면 ①과 단면 ② 사이에 연속방정식, 운동량방정식을 적용시키면

$$q = y_1 V_1 = y_2 V_2 \qquad [8\text{-}27]$$
$$\Sigma F_x = \rho(q_2 V_2 - q_1 V_1) \; ; \; \frac{\gamma y_1^2}{2} - \frac{\gamma y_2^2}{2} = \rho(y_2 V_2^2 - y_1 V_1^2) \qquad [8\text{-}28]$$

이다. 이 두 식을 연립하여 수력도약 후의 깊이 y_2를 구하면 다음과 같다.

$$y_2 = \frac{y_1}{2}\left(-1 + \sqrt{1 + \frac{8V_1^2}{y_1 g}}\right) \; ★★★ \qquad [8\text{-}29]$$

식[8-29]으로부터 수력도약이 일어날 조건을 정리하면 다음과 같다.

① $\dfrac{V_1^2}{y_1 g}=1$, $Fr=1$이면 $y_1=y_2$이다.

② $\dfrac{V_1^2}{y_1 g}>1$, $Fr>1$이면 $y_1<y_2$이다.

③ $\dfrac{V_1^2}{y_1 g}<1$, $Fr<1$이면 $y_1>y_2$이다.

이와 같은 조건들에서 수력도약이 일어날 수 있는 경우는 $\dfrac{V_1^2}{y_1 g}>1$ 일 때이다.

2. 수력도약으로 인한 손실수두

단면 ①과 단면 ② 사이에 베르누이 방정식을 적용시켜 표현하면 다음과 같고

$$\dfrac{V_1^2}{2g}+y_1=\dfrac{V_2^2}{2g}+y_2+h_L \qquad [8\text{-}30]$$

여기에 연속방정식을 대입하여 손실수두를 구하면 다음과 같다.

$$h_L=\dfrac{(y_2-y_1)^3}{4 y_1 y_2} \;\bigstar\bigstar\bigstar \qquad [8\text{-}31]$$

6 개수로(開水路)의 유량측정(流量測定)

1. 위어(Weir)

위어는 개수로의 유량을 측정하기 위한 것이다. 개수로에 장애물을 설치하고 물이 장애물을 넘어 흐를 때 위어 상단에서 수면까지 높이 H를 측정함으로써 유량을 구할 수 있다.

(1) 예봉 위어(sharp crested weir)

개수로의 대유량 측정에 사용하는 것으로 유량은 다음과 같은 식으로 구한다.

$$Q=kbH^{\frac{3}{2}}[\text{m}^3/\text{min}] \;\bigstar \qquad [8\text{-}32]$$

여기서, k는 유량계수이고, b는 위어의 폭, H는 위어의 수두이다.

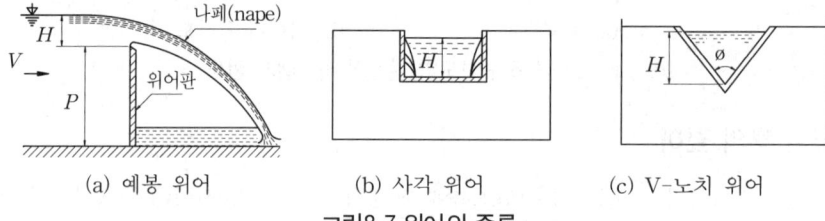

(a) 예봉 위어　　　(b) 사각 위어　　　(c) V-노치 위어

그림8-7 위어의 종류

(2) 4각 위어(rectangular weir)

개수로의 중간유량 측정에 사용하는 것으로 유량은 식[8-32]으로 계산한다.

(3) 3각 위어(triangular weir)

개수로의 소유량 측정에 사용하는 것으로 V-노치 위어라고도 하며 유량은 다음과 같은 식으로 구한다.

$$Q=kH^{\frac{5}{2}} \;\bigstar \qquad [8\text{-}33]$$

chapter 8 ─ 실전연습문제

01 개수로 흐름에서 가장 중요한 두 힘은 다음 중 어느 것인가?
① 중력과 관성력   ② 표면장력과 탄성력   ③ 중력과 점성력   ④ 표면장력과 관성력

Solution 개수로 흐름에서 가장 중요한 무차원수는 프루드 수이다.

02 개수로의 흐름에 대한 다음 설명 중 옳은 것은?
① 에너지선은 자유표면과 일치한다.   ② 수력구배선은 자유표면과 일치한다.
③ 수력구배선은 에너지선과 일치한다.   ④ 수력구배선은 에너지선과 언제나 평행하다.

Solution 개수로에서는 수력구배선과 유체의 자유표면이 항상 일치하고 에너지선은 자유표면보다 속도수두 만큼 위에 위치한다.

03 사류(rapid flow) 유동을 얻을 수 있는 경우는 다음 중 어느 것인가? (단, 여기서 Re는 레이놀즈 수이고 Fr은 프루드 수이다.)
① $Re > 500$ ② $Re < 500$ ③ $Fr > 1$ ④ $Fr < 1$

Solution 사류와 상류 흐름을 구분하는 척도는 프루드 수(Fr)이고 층류와 난류를 구분하는 척도는 레이놀즈 수(Re)이다.

04 임계깊이(critical depth)란?
① 비에너지와 유량이 일정할 때 최대 깊이
② 주어진 유량에 대해 비에너지가 최대로 하는 깊이
③ 주어진 비에너지에 대해 유량이 최소로 하는 깊이
④ 주어진 유량에 대해 비에너지가 최소로 하는 깊이

Solution 비에너지가 최소가 되는 수심을 임계깊이(critical depth)라 한다.

05 삼각 위어(V-노치 위어)를 통하여 흐르는 유량은?
① $H^{-\frac{1}{2}}$에 비례   ② $H^{\frac{1}{2}}$에 비례   ③ $H^{\frac{3}{2}}$에 비례   ④ $H^{\frac{5}{2}}$에 비례

06 수력도약(hydraulic jump)이란?
① 유체가 빠른 흐름에서 느린 흐름으로 변하면서 수심이 깊어지는 현상
② 아임계 흐름에서 초임계 흐름으로 변하면서 일어나는 현상이다.
③ 층류와 난류를 구분하는 무차원수이다.
④ 등류에서 속도의 변화이다.

07 수력도약에 의한 손실수두는?
① $h_L = \dfrac{8(y_1-y_2)^2}{4y_1 y_2}$ ② $h_L = \dfrac{8(V_1-V_2)^2}{4y_1 y_2}$ ③ $h_L = \dfrac{8(V_1-V_2)^2}{2g}$ ④ $h_L = \dfrac{(y_2-y_1)^3}{4y_1 y_2}$

Answer 01 ① 02 ② 03 ③ 04 ④ 05 ④ 06 ① 07 ④

08 수력도약 전의 깊이가 $y_1=1[m]$, 유속 $V_1=15[m/s]$일 때 수력도약 후의 깊이 y_2 를 구하라.

① 3.3[m]　　② 4.3[m]　　③ 5.3[m]　　④ 6.3[m]

Solution $y_2 = \dfrac{y_1}{2}\left(-1+\sqrt{1+\dfrac{8V_1^2}{y_1 g}}\right) = \dfrac{1}{2}\times\left(-1+\sqrt{1+\dfrac{8\times 15^2}{1\times 9.8}}\right) = 6.295\,[m]$

09 수력도약이 일어나는 원인 중 옳은 것은?
① 개수로에서 유량이 갑작스런 감소로 일어나는 에너지 손실
② 개수로에 흐르는 액체의 운동 에너지가 갑자기 위치 에너지로 변화
③ 개수로에서 유로단면이 갑자기 증가하면 액체가 팽창
④ 비가역과정이므로 비가역량만큼 수면이 상승

10 수력 반지름은 다음 중 어느 것인가?
① 물과 접해 있는 주변 길이를 π로 나눈 값이다.
② 물과 접해 있는 주변 길이를 2π로 나눈 값이다.
③ 물과 접해 있는 주변의 임의의 4 개 점을 대각선 방향으로 이은 선분의 평균치의 반이다.
④ 유동 단면적을 물에 접해 있는 주변 길이로 나눈 값이다.

11 폭 4[m], 깊이 1[m]인 구형의 개수로에 물이 가득차 흐르고 있다. 개수로의 수력반지름을 구하면 얼마인가? (단, 이 개수로의 경사도는 0.0004이다.)

① 0.0133　　② 0.783　　③ 0.67　　④ 1.0

Solution $R_h = \dfrac{A}{P} = \dfrac{by}{b+2y} = \dfrac{4\times 1.0}{4+2\times 1.0} = 0.67\,[m]$

12 깊이에 비하여 너비(폭)가 매우 넓은 개수로에서 수력반경은?

① $\dfrac{y}{3}$　　② $\dfrac{y}{2}$　　③ $\dfrac{2y}{3}$　　④ y

Solution $R_h = \dfrac{A}{P} = \dfrac{by}{b+2y} = \dfrac{by}{b} = y$

13 수로에서 경제적인 단면이 될 수 없는 것은?
① 같은 유량에서 접수 길이를 최소로 하면 경제적인 단면이 될 수 있다.
② 사각형 수로에서 경제적인 단면의 수심은 폭의 반일 때 이다.
③ 사다리꼴 단면에서 수로 폭과 측벽의 길이가 같은 45°일 때 경제적인 단면이 된다.
④ 같은 유량에서 접수 길이가 최소로 되면 단면도 최소가 된다.

Solution 사다리꼴 단면의 최대효율단면 조건은 경사각 $\theta=60°$, 밑면과 측면의 길이가 동일할 때이다.

14 다음 중 수력도약이 발생될 수 있는 조건으로 알맞은 것은? (단, v_1, y_1은 수력도약 전 유속과 수심이다.)

① $\dfrac{v_1^2}{gy_1} > 1$　　② $\dfrac{v_1^2}{2y_1} < 1$　　③ $\dfrac{v_1^2}{gy_1} = 0$　　④ $y_1 = y_2$

Solution 수력도약이 일어날 조건 : $y_2 = \dfrac{y_1}{2}\left(-1+\sqrt{1+\dfrac{8V_1^2}{y_1 g}}\right)$

$\dfrac{V_1^2}{y_1 g} > 1$, $Fr > 1$이면 $y_1 < y_2$ 이다.

Answer 08 ④　09 ②　10 ④　11 ③　12 ④　13 ③　14 ①

15 관로(pipe line)에서의 유량을 측정하는 장치가 아닌 것은?

① 노즐(nozzle) ② 오리피스(orifice) ③ 위어(weir) ④ 벤튜리미터

Solution 위어(weir)는 개수로의 유량을 측정할 수 있는 계측기이다.

16 다음 그림에서 노즐(nozzle)에서의 출구속도는 얼마 정도인가?

① 5.9[m/s] ② 7.3[m/s]
③ 9.9[m/s] ④ 12.6[m/s]

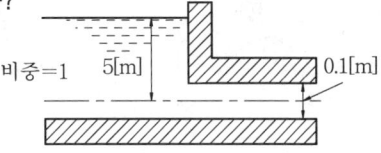

Solution
$$Z_1 = \frac{V_2^2}{2g} + Z_2$$
$$V_2 = \sqrt{2g(Z_1 - Z_2)} = \sqrt{2 \times 9.8 \times 5} = 9.9 \,[\text{m/s}]$$

17 유동단면의 폭이 2[m]이고, 깊이가 1[m]인 개수로에서 수력반지름 R_h 은 몇 m 인가?

① 0.5 ② 1 ③ 1.5 ④ 2

Solution $R_h = \dfrac{A}{P} = \dfrac{2 \times 1}{2 + 2 \times 1} = 0.5 \,[\text{m}]$

18 유량을 측정하기 위한 직사각 위어가 있다. 위어 수두를 H 라고 할 때 유량은?

① $H^{-1/2}$ 에 비례 ② $H^{1/2}$ 에 비례 ③ $H^{3/2}$ 에 비례 ④ $H^{5/2}$ 에 비례

19 그림과 같은 3각 위어에서 유량공식은 어느 것인가?

① $Q = \dfrac{8}{15} C \cdot \sin \dfrac{\theta}{2} \sqrt{2gH^5}$

② $Q = \dfrac{8}{15} C \cdot \cos \dfrac{\theta}{2} \sqrt{2gH^5}$

③ $Q = \dfrac{8}{15} C \cdot \tan \dfrac{\theta}{2} \sqrt{2gH^5}$

④ $Q = \dfrac{8}{15} C \cdot \cot \dfrac{\theta}{2} \sqrt{2gH^5}$

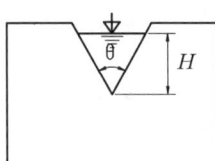

20 $y_1 = 30[\text{cm}]$, $V_1 = 7[\text{m/s}]$로 흐르는 개수로에서 수력도약이 일어났다. y_2 는 몇 cm인가?

① 159[cm] ② 162[cm] ③ 175[cm] ④ 147[cm]

Solution $y_2 = \dfrac{y_1}{2}\left(-1 + \sqrt{1 + \dfrac{8V_1^2}{y_1 g}}\right) = \dfrac{0.3}{2} \times \left(-1 + \sqrt{1 + \dfrac{8 \times 7^2}{0.3 \times 9.8}}\right) = 1.59 \,[\text{m}]$

21 수력도약이 일어나기 전·후의 수심이 각각 3[m], 5[m]이었다. 수력도약에 의한 손실수두는 몇 m 인가?

① 0.133 ② 0.423 ③ 1.212 ④ 1.683

Solution $h_L = \dfrac{(y_2 - y_1)^3}{4 y_1 y_2} = \dfrac{(5-3)^3}{4 \times 3 \times 5} = 0.133 \,[\text{m}]$

22 수로깊이가 y, 임계깊이가 y_c 일 때 초임계흐름의 영역을 표시하는 관계는?

① $y_c = 0$ ② $y_c > y$ ③ $y_c = y$ ④ $y_c < y$

Solution 임계깊이 $y_c = \sqrt[3]{\left(\dfrac{q^2}{g}\right)}$

① 아임계흐름(subcritical flow) : $y_c < y$, ② 초임계흐름(supercritical flow) : $y_c > y$

Answer 15 ③ 16 ③ 17 ① 18 ③ 19 ③ 20 ① 21 ① 22 ②

chapter 9 압축성유동(壓縮性流動)

1 정상류 압축성유동의 에너지 방정식

정상류 압축성유체가 흐르고 있는 그림9-1과 같은 유동장에 에너지 보존법칙을 적용시켜 보자. 에너지보존법칙에 의하면 단면 ①의 유동장 입구로 들어온 에너지들과 단위시간당 공급된 열량 $_1\dot{Q}_2$의 합은 단면 ②의 유동장 출구로 나오는 에너지들과 단위시간당 계가 외부에 한일 $\dot{W}_t$의 합은 동일하다. 이것을 수식으로 표현하면 다음과 같다.

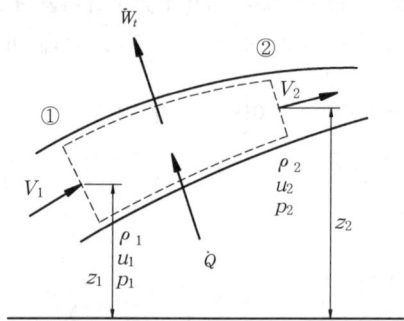

그림9-1 정상류 압축성유동의 에너지 방정식

$$_1\dot{Q}_2 + \rho_1 A_1 V_1 \left(u_1 + \frac{P_1}{\rho} + gz_1 + \frac{V_1^2}{2} \right)$$
$$= \dot{W}_t + \rho_2 A_2 V_2 \left(u_2 + \frac{P_2}{\rho} + gz_2 + \frac{V_2^2}{2} \right) \quad [9\text{-}1]$$

여기서, $\rho AV = \dot{m}$ 은 질량유량, u는 비내부 에너지, $\frac{P}{\rho}$는 비유동일, gz은 단위 질량당 위치 에너지(비위치 에너지), $\frac{V^2}{2}$은 단위질량당 운동에너지(비운동 에너지)이다. 식[9-1]은 단위시간당 정상류 압축성유동의 에너지 방정식이다. 또한 식[9-1]을 단위시간당, 단위질량당 에너지 방정식으로 표현하면 다음과 같다.

$$_1\dot{q}_2 + \left(\frac{P_1}{\rho} + gz_1 + \frac{V_1^2}{2} + u_1 \right) = \dot{w}_t + \left(\frac{P_2}{\rho} + gz_2 + \frac{V_2^2}{2} + u_2 \right) \quad [9\text{-}2]$$

$$_1\dot{q}_2 + \left(h_1 + gz_1 + \frac{V_1^2}{2} \right) = \dot{w}_t + \left(h_2 + gz_2 + \frac{V_2^2}{2} \right) \quad [9\text{-}3]$$

식[9-3]에서 h는 비엔탈피이다. 비엔탈피는 비내부 에너지와 비유동 에너지의 합이다.

$$h = u + \frac{P}{\rho} \quad [9\text{-}4]$$

이와 같은 정상류 압축성유동의 에너지 방정식은 개방계의 열역학 제1법칙으로 알려져 있다. 그리고 정상류 비압축성유동의 에너지 방정식으로는 베르누이 방정식을 이용한다.

2 마하수와 마하각

1. 압력파(壓力波)의 전파속도(傳播速度)

유체 속에서 물체가 움직이면 물체 주위의 유체는 교란되어 사방으로 움직여 나간다. 이때 교란된 유체를 음파(音波 ; acoustic wave) 또는 압력파(壓力波)라 하고 압력파가 전파하는 속도(速度 ; velocity)를 음속(音速 ; acoustic velocity or speed of sound)이라 한다. 그림9-2와 같은 유동장의 검사체적에 연속방정식과 운동량방정식을 적용시켜 음속을 구하여 보자.

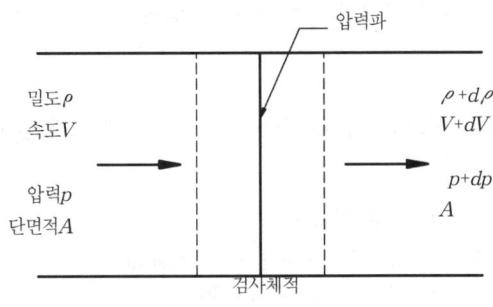

그림9-2 압력파의 전파속도

(1) 연속방정식

$$\dot{m} = \text{const}$$
$$\rho dV + V d\rho = 0 \qquad [9-5]$$

(2) 운동량방정식

$$\sum F = \rho Q (V_2 - V_1)$$
$$dP = -\rho V dV \qquad [9-6]$$

(3) 음 속

식[9-5]에 식[9-6]을 대입시키면

$$-\frac{dP}{V} + V d\rho = 0 \qquad [9-7]$$

이다. 식[9-7]에서 압력파의 전파속도 V를 구하면

$$V = \sqrt{\frac{dP}{d\rho}} \quad ★★★ \qquad [9-8]$$

이다. 이와 같이 표현된 압력파의 전파속도를 음속이라 하고 앞으로는 C로 표현하기로 한다.

(4) 단열변화시 음속

식[9-8]은 임의의 매체(媒体) 속에서 음속을 정의하는 식이다. 임의의 매체(媒体) 속에서 압력파의 전파는 매우 빠른 속도로 이루어지기 때문에 압력과 온도의 변화는 무시할 수 있다. 이와 같은 변화는 단열변화(등엔트로피 변화)로 가정하고 임의의 매체를 이상기체(완전가스)로 취급함으로서 음속을 구할 수 있다. 먼저, 체적탄성계수를 이용하여 식[9-8]의 밀도 변화에 대한 압력 변화를 변형시키면

$$\frac{dP}{d\rho} = \frac{K}{\rho} \quad [9\text{-}9]$$

이다. 여기서, $K = xP$로 놓을 수 있으므로 음속 C를 이상기체방정식을 적용시켜 표현하면

$$C = \sqrt{\frac{dP}{d\rho}} = \sqrt{\frac{K}{\rho}} = \sqrt{\frac{xP}{\rho}} = \sqrt{xRT} \;\star\star\star \quad [9\text{-}10]$$

이다. 여기서, x는 단열비이다.

2. 마하수(Mach number)

압축성유동에서 가장 중요한 무차원수는 마하수(Mach number)이다. 마하수의 정의는

$$M = \frac{V}{C} \;\star\star\star \quad [9\text{-}11]$$

이다. 여기서, V는 물체의 속도이고 C는 음속이다. 마하수에 따라 압축성유동을 다음과 같이 분류한다.

(1) 아음속유동(亞音速流動 ; subsonic flow)

마하수가 1보다 작은 유체의 유동을 아음속유동(subsonic flow)이라 한다. 이 때 물체의 속도가 압력파의 전파속도보다 느리다. 그러므로 교란된 유체 속에 항상 물체가 잠겨있게 된다.

$M < 1$: 아음속 흐름
① $M < 0.3$: 아음속 비압축성유동(subsonic incompressible flow)
② $0.3 \leq M < 1$: 아음속 압축성유동(subsonic compressible)

(2) 음속유동(音速流動 ; sonic flow)

마하수가 1일 때 유체의 흐름을 음속유동(sonic flow) 또는 천이음속유동(遷移音速流動 ; transonic flow)이라 한다. 이 때 물체의 속도와 음속은 같다.

$M = 1$: 음속 흐름

(3) 초음속유동(超音速流動 ; supersonic flow)

마하수가 1보다 큰 유체의 흐름을 초음속유동(supersonic flow)이라 한다. 이 때 물체의 속도는 압력파의 전파속도보다 빠르다. 그러므로 물체는 항상 교란된 유체 밖에 놓이게 된다.

$M > 1$: 초음속 흐름

(4) 극초음속유동(극초음속유동 ; hypersonic flow)

마하수가 5 이상일 때 유체의 흐름을 극초음속유동(hypersonic flow)이라 한다.

$M \geq 5$: 극초음속 흐름

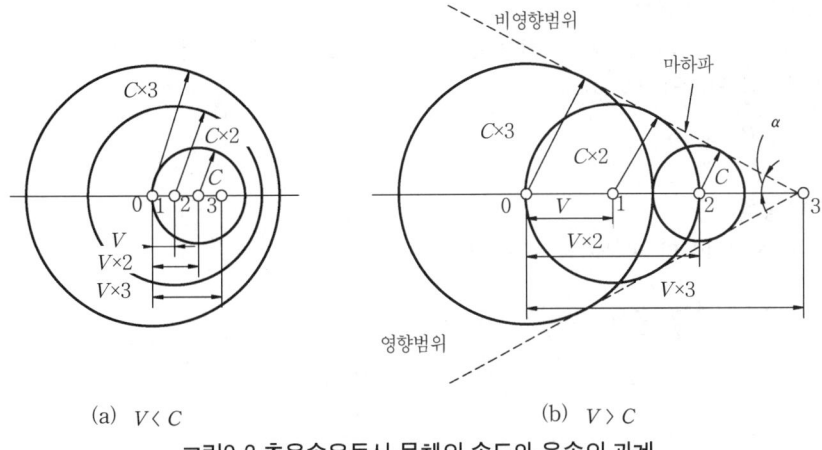

(a) $V < C$　　　　　　　　(b) $V > C$

그림9-3 초음속유동시 물체의 속도와 음속의 관계

3. 마하각(Mach angle)

그림[9-3]은 물체의 속도와 음속의 관계를 표시한 것이다. 그림(a)는 음속이 물체의 속도 보다 2배 빠른 경우로 3초 후의 물체의 움직임과 압력파의 움직임을 나타낸 것이다. 이것으로부터 물체는 시간이 지나 위치가 변화하더라도 후방에서 일어난 영향을 항상 받게 됨을 알 수 있다. 그림 (b)는 그림(a)와 반대로 물체의 속도가 음속보다 2배 빠른 경우 압력파와 물체의 움직임을 도시한 것이다. 이 때 압력파는 점선을 따라 전파되며 점선 안쪽은 유체의 교란 구역이며 바깥쪽은 비교란 구역이 된다. 물체는 항상 교란된 유체 밖에 있으므로 물체의 전방에서는 후방에서 일어난 영향을 전혀 받지 않게 된다. 그림에서 점선을 따르는 원추면을 마하파(Mach wave)라 하고 점선과 물체의 운동방향이 이루는 각 μ를 마하각(Mach angle)이라 하며 다음과 같은 식으로 표현된다.

$$\mu = \sin^{-1} \frac{C}{V} \quad ★★ \tag{9-12}$$

3 축소-확대 노즐 속의 유동

1. 면적변화에 따른 속도변화

그림9-4와 같은 축소-확대 노즐 속으로 이상기체가 정상류 상태로 흐를 때, Euler 운동방정식과 연속방정식에 음속을 적용하여 면적변화에 따른 속도변화를 구해보자.

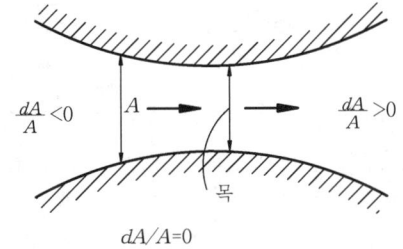

그림9-4 축소-확대 노즐 속의 이상기체 흐름

(1) Euler의 운동방정식

축소-확대 노즐 속의 이상기체 흐름은 수평유동이므로 위치 에너지를 무시한 Euler 운동방정식을 표현하면 다음과 같다.

$$\frac{dP}{\rho} + VdV = 0 \quad [9\text{-}13]$$

(2) 연속방정식

1차원 연속방정식의 미분형을 표현하면 다음과 같다.

$$\frac{d\rho}{\rho} + \frac{dV}{V} + \frac{dA}{A} = 0 \quad [9\text{-}14]$$

(3) 음 속

$$C = \sqrt{\frac{dP}{d\rho}} \quad [9\text{-}15]$$

식[9-15]의 음속 표현식을 변형하면 다음과 같다.

$$dP = C^2 d\rho \quad [9\text{-}16]$$

(4) 면적과 속도와의 관계

식[9-16]을 Euler 운동방정식인 식[9-13]에 대입시키면

$$\frac{d\rho}{\rho} = -\frac{V}{C^2} dV \quad [9\text{-}17]$$

이고, 이와 같은 식[9-17]을 연속방정식인 식[9-14]에 대입시키면

$$\frac{dA}{dV} = \frac{A}{V}\left(\frac{V^2}{C^2} - 1\right) = \frac{A}{V}(M^2 - 1) \;\star \quad [9\text{-}18]$$

이다. 식[9-18]로부터 면적변화와 속도변화의 관계를 얻을 수 있다.

2. 축소-확대 노즐 속의 아음속유동

축소-확대 노즐 속을 이상기체가 아음속으로 통과할 때, 식[9-18]로부터 단면적과 속도의 관계는

$$M < 1, \quad \frac{dA}{dV} < 0 \;\star\star \quad [9\text{-}19]$$

이다. 그러므로 단면적이 감소($dA < 0$)하면 속도는 증가($dV > 0$)하며 단면적이 증가($dA > 0$)하면 속도는 감소($dV < 0$) 한다. 또한 다른 유동특성들도 단면적 변화에 따라 그림9-5와 같이 변화하게 된다.

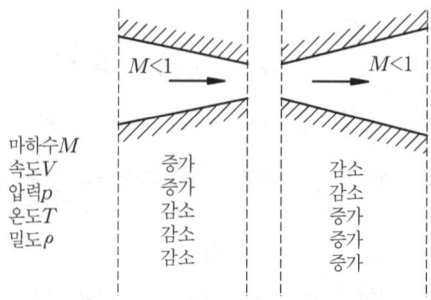

그림9-5 축소-확대노즐 속의 아음속유동

3. 축소-확대 노즐 속의 초음속유동

축소-확대 노즐 속을 이상기체가 초음속으로 통과할 때, 식[9-18]로부터 단면적과 속도의 관계는

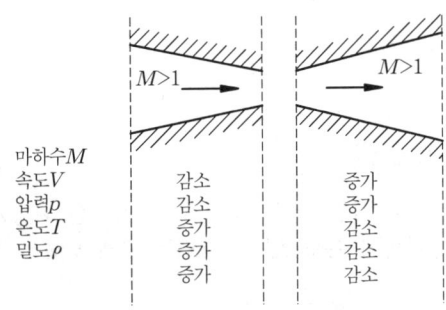

그림9-6 축소-확대 노즐 속의 초음속유동

$$M > 1, \quad \frac{dA}{dV} > 0 \quad \star\star \qquad [9\text{-}20]$$

이다. 그러므로 단면적이 감소($dA<0$)하면 속도도 감소($dV<0$)하고 단면적이 증가($dA>0$)하면 속도는 증가($dV>0$)한다. 기타 다른 유동특성들의 변화는 그림9-6과 같다.

4. 축소-확대 노즐 속의 음속유동

음속 유동이면 $M=1$인 흐름으로 면적과 속도의 관계는 식[9-18]로부터 다음과 같이 표현된다.

$$\frac{dA}{dV} = 0 \qquad [9\text{-}21]$$

식[9-21]에 의하면 단면적의 변화가 없는 부분은 노즐의 목 부분이고 이 곳에서 속도의 변화는 0이므로 음속을 얻을 수 있는 부분이 된다. 그러므로 아음속흐름을 초음속흐름으로 변화시키려면 축소 노즐만으로는 불가능하고 반드시 축소-확대 노즐을 사용해야 한다.

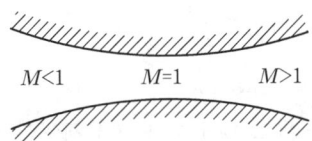

그림9-7 축소-확대 노즐 속의 아음속유동 → 초음속유동

4 이상기체의 단열흐름

1. 단열흐름의 에너지 방정식

이상기체가 가역단열흐름으로 관내를 고속으로 통과할 때, 단위질량당 에너지 방정식은

$$_1\dot{q}_2 = 0 \quad \dot{w}_t = 0$$

이므로 식[9-3]으로부터 정리하면

$$h_1 - h_2 = \frac{V_2^2}{2} - \frac{V_1^2}{2} \qquad [9\text{-}22]$$

이다. 관내 수평유동이므로 위치에너지 변화는 무시한다. 비엔탈피는 정압비열로부터 구할 수 있으므로 식[9-22]는

$$C_p(T_1 - T_2) = \frac{1}{2}(V_2^2 - V_1^2) \qquad [9\text{-}23]$$

이다.

2. 정체 상태시 유체역학적 성질

그림9-8과 같은 열의 출입이 차단된 단열용기 속에 정체된 이상기체가 단면적이 변화하는 관을 통하여 흐르고 있다. 용기속의 온도, 압력, 밀도를 구해보자.

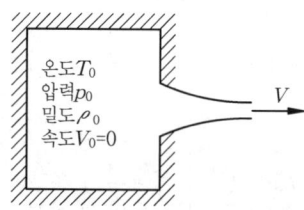

그림9-8 단열용기 속의 이상기체

(1) 정체온도(停滯溫度 ; stagnation temperature)

식[9-23]에 이상기체의 정압비열 관계식을 대입시켜 T_0 를 구하면 다음과 같다.

$$C_p(T_0 - T) = \frac{1}{2}(V^2 - V_0^2)$$

$$T_0 = T + \frac{x-1}{xR}\frac{V^2}{2} \star \qquad [9\text{-}24]$$

여기서, T_0 를 정체온도 또는 전온(全溫 ; total temperature)이라 한다. 식[9-24]에 이상기체 방정식과 마하수의 정의를 대입시키면 다음과 같은 식으로 변화시킬 수 있다.

$$\frac{T_0}{T} = 1 + \frac{x-1}{xRT}\frac{V^2}{2} = 1 + \frac{x-1}{2}M^2 \qquad [9\text{-}25]$$

(2) 정체압력(停滯壓力 ; stagnation pressure)

이상기체의 단열변화(등엔트로피변화)시 $P.V.T$ 관계식을 이용하여 정체압력 P_0 을 구하면 다음과 같다.

$$\frac{P_0}{P} = \left(1 + \frac{x-1}{2}M^2\right)^{\frac{x}{x-1}} \qquad [9\text{-}26]$$

(3) 정체밀도(停滯密度 ; stagnation density)

이상기체의 단열변화(등엔트로피 변화)시 $P.V.T$ 관계식을 이용하여 정체밀도 ρ_0 을 구하면 다음과 같다.

$$\frac{\rho_0}{\rho} = \left(1 + \frac{x-1}{2}M^2\right)^{\frac{1}{x-1}} \qquad [9\text{-}27]$$

3. 임계상태에서 유체역학적 성질

노즐 목에서 유속이 음속($M=1$)인 상태를 임계상태(臨界狀態 ; critical condition)라 한다. 노즐

목의 임계상태하에서 임계압력(臨界壓力), 임계속도(臨界速度), 임계온도(臨界溫度), 임계밀도(臨界密度)를 구하여 보자.

노즐 속의 기체 유동은 단열팽창유동으로 가정하였으므로 정상류 에너지 방정식으로부터 비엔탈피 변화(단열낙차)는

$$(h_0 - h) = \frac{1}{2}(V^2 - V_0^2) = C_P(T_0 - T)$$
$$= \frac{xP_0 v_0}{x-1}\left[1 - \left(\frac{P}{P_0}\right)^{\frac{x-1}{x}}\right] \qquad [9\text{-}28]$$

이다. V_0를 무시하면 V는

$$V = \sqrt{2(h_0 - h)} = \sqrt{2\frac{xP_0 v_0}{x-1}\left[1 - \left(\frac{P}{P_0}\right)^{\frac{x-1}{x}}\right]} \qquad [9\text{-}29]$$

이다. 노즐 출구 속도를 질량유량으로 표현하면

$$V = \frac{\dot{m}}{\rho A} = \dot{m}\frac{v}{A} = \sqrt{2\frac{xP_0 v_0}{x-1}\left[1 - \left(\frac{P}{P_0}\right)^{\frac{x-1}{x}}\right]} \qquad [9\text{-}30]$$

이다. 식[9-30]으로부터 질량유량은

$$\dot{m} = \frac{AV}{v} = \frac{A}{v}\sqrt{2\frac{xP_0 v_0}{x-1}\left[1 - \left(\frac{P}{P_0}\right)^{\frac{x-1}{x}}\right]}$$
$$= A\sqrt{2\frac{x}{x-1}\frac{P_0}{v_0}\left[\left(\frac{P}{P_0}\right)^{\frac{2}{x}} - \left(\frac{P}{P_0}\right)^{\frac{x+1}{x}}\right]} \qquad [9\text{-}31]$$

이다. 유출 질량유량 $\dot{m}$을 최대로 하는 압력 P를 구하려면 다음과 같은 조건으로부터 계산하면 된다.

$$\frac{d\dot{m}}{dP} = 0$$

$$\frac{d}{dP}\left(A\sqrt{2\frac{x}{x-1}\frac{P_0}{v_0}\left[\left(\frac{P}{P_0}\right)^{\frac{2}{x}} - \left(\frac{P}{P_0}\right)^{\frac{x+1}{x}}\right]}\right) = 0$$

여기서, $\frac{P}{P_0} = \mathrm{X}$로 놓으면

$$\frac{d\left[\left(\frac{P}{P_0}\right)^{\frac{2}{x}} - \left(\frac{P}{P_0}\right)^{\frac{x+1}{x}}\right]}{d\mathrm{X}} = 0$$

$$\left[\left(\frac{P}{P_0}\right)^{\frac{2}{x}} - \left(\frac{P}{P_0}\right)^{\frac{x+1}{x}}\right] = \mathrm{X}^{\frac{2}{x}} - \mathrm{X}^{\frac{x+1}{x}}$$

$$\frac{d\left(\mathrm{X}^{\frac{2}{x}} - \mathrm{X}^{\frac{x+1}{x}}\right)}{d\mathrm{X}} = 0$$

이다. 이것을 미분하여 정리하면

$$\mathrm{X} = \frac{P}{P_0} = \left(\frac{2}{x+1}\right)^{\frac{x}{x-1}}$$

이다. 노즐의 목 부분의 압력은

$$P = P_c = P_0 \left(\frac{2}{x+1}\right)^{\frac{x}{x-1}} \; ★★ \tag{9-32}$$

이다. 여기서, P_c는 임계압력(臨界壓力; critical pressure)이다. 그리고 $\dfrac{P_c}{P_0}$을 임계압력비(critical pressure ratio)라 하고 임계압력상태에서 임계비체적은 단열변화 조건으로부터 구할 수 있다.

$$\frac{P_c}{P_0} = \left(\frac{v_0}{v_c}\right)^x = \left(\frac{2}{x+1}\right)^{\frac{x}{x-1}}$$

$$v_c = v_0 \left(\frac{x+1}{2}\right)^{\frac{1}{x-1}} \tag{9-33}$$

$$\rho_c = \rho_0 \left(\frac{2}{x+1}\right)^{\frac{1}{x-1}} \tag{9-34}$$

여기서, ρ_c는 임계밀도(臨界密度; critical density)이다. 최대 질량유량을 구하기 위한 압력 P를 결정하였으므로 식[9-31]에 식[9-32]를 대입 정리하여 최대 질량유량을 계산하면

$$\dot{m}_{max} = A_c \sqrt{2 \frac{x}{x+1} \frac{P_0}{v_0} \left(\frac{2}{x+1}\right)^{\frac{2}{x-1}}} = A_c \sqrt{x \frac{P_0}{v_0} \left(\frac{2}{x+1}\right)^{\frac{x+1}{x-1}}}$$

$$= A_c P_0 \sqrt{\frac{x}{RT_0} \left(\frac{2}{x+1}\right)^{\frac{x+1}{x-1}}} \tag{9-35}$$

이다. 공기의 경우 $x = 1.4$이므로 $\dot{m}_{max}$은

$$\dot{m}_{max} = 0.686 \frac{A_c P_0}{\sqrt{RT_0}} \; ★ \tag{9-36}$$

이다. 식[9-35]로 기체가 노즐 목을 지날 때의 질량유량을 구할 수 있고, 그 때의 속도는 식[9-30]으로부터 구할 수 있다.

$$V_c = \frac{\dot{m}}{\rho_c A_c} = v_c \sqrt{2 \frac{x}{x+1} \frac{P_0}{v_0} \left(\frac{2}{x+1}\right)^{\frac{2}{x-1}}}$$

$$= \sqrt{2 \frac{x}{x+1} P_0 v_0} = \sqrt{x P_c v_c} = \sqrt{x R T_c} \tag{9-37}$$

이와 같은 속도를 최대속도, 한계속도, 임계속도 또는 음속(音速; sonic velocity)이라고도 한다. 임계온도 T_c는 단열변화 관계로부터 구하면

$$\frac{T_c}{T_0} = \left(\frac{v_0}{v_c}\right)^{x-1} = \left(\frac{2}{x+1}\right) \; ★★ \tag{9-38}$$

이다. 식[9-38]로부터 임계속도를 다음과 같이 표현할 수도 있다.

$$V_c = V_0 \sqrt{\frac{T_c}{T_0}} = V_0 \sqrt{\frac{2}{x+1}} \; ★★ \tag{9-39}$$

5 충격파(衝擊波; shock wave)

유체의 흐름이 갑자기 초음속에서 아음속으로 바뀌면 압력, 온도, 밀도 그리고 엔트로피의 변화가 급격히 상승하게 되며 매우 얇은 불연속면이 발생하게 된다. 이 때의 불연속면을 충격파(衝擊波; shock wave)라 한다.

chapter 9 실전연습문제

01 축소-확대노즐 속을 흐름 방향에 단면적이 커지는 노즐 안을 압축성유체가 초음속으로 흐르고 있다. 압력 P, 속도 V가 흐름 방향에 변화하는 양을 dP, dV로 나타낼 때 맞는 것은? (단, dP, dV는 흐름 방향에서 증대할 때 양(+)이다.)

① $dP>0$, $dV>0$ ② $dP>0$, $dV<0$ ③ $dP<0$, $dV>0$ ④ $dP<0$, $dV<0$

Solution $\dfrac{dA}{dV} = \dfrac{A}{V}\left(\dfrac{V^2}{C^2}-1\right) = \dfrac{A}{V}(M^2-1)$에서 $M>1$ 위한 조건은 다음과 같다.
단면적이 감소($dA<0$) : 속도감소($dV<0$), 압력증가($dP>0$)
단면적이 증가($dA>0$) : 속도증가($dV>0$), 압력감소($dP<0$)

02 1차원 흐름에서 수직 충격파가 발생하면?

① 속도, 온도, 밀도가 증가한다. ② 속도, 압력, 밀도가 증가한다.
③ 압력, 밀도, 온도가 증가한다. ④ 엔트로피는 일정하게 유지된다.

Solution 유체의 흐름이 갑자기 초음속에서 아음속으로 바뀌면 압력, 온도, 밀도 그리고 엔트로피의 변화가 급격히 상승하게 된다.

03 시속 2650[km]로 제트기가 해발 5km의 상공을 비행할 때 마하수는 얼마인가? (단, 해면상의 온도는 15[℃]이고, 해발 1[m]마다 0.0065[℃]만큼 온도가 감소하고 공기의 비열비 $k=1.4$, 기체 상수는 287[N·m/kg·k]로 한다.)

① 2.9 ② 2.2 ③ 2.3 ④ 3.4

Solution 해발 5[km]에서 온도 $T = 15-5\times10^3\times0.0065 = -17.5[℃]$
$C = \sqrt{xRT} = \sqrt{1.4\times287\times(-17.5+273)} = 320.41\ [m/s]$
$M = \dfrac{V}{C} = \dfrac{2650\times10^3}{3600\times320.41} = 2.3$

04 상온의 물 속을 압력파가 전달하는 속도는 몇 m/s인가? (단, 상온의 물의 압축률은 $5.0\times10{-10}[m^2/N]$이다.)

① 1300 ② 1370 ③ 1414 ④ 1440

Solution $C = \sqrt{\dfrac{dP}{d\rho}} = \sqrt{\dfrac{K}{\rho}} = \sqrt{\dfrac{1}{\beta\rho}} = \sqrt{\dfrac{1}{5.0\times10^{-10}\times1000}} = 1414.21\ [m/s]$

05 입구온도 600[K], 입구압력 70ata인 공기가 노즐 내에서 팽창할 때 임계압력은 얼마인가? (단, 공기의 비열비 $x=1.4$, 기체상수 $R=287[J/kgK]$이다.)

① 36.98[ata] ② 27.42[ata] ③ 50[ata] ④ 20.5[ata]

Solution $P_c = P_0\left(\dfrac{2}{x+1}\right)^{\frac{x}{x-1}} = 70\times\left(\dfrac{2}{2.4}\right)^{\frac{1.4}{0.4}} = 36.98\ [ata]$

Answer 01 ③ 02 ③ 03 ③ 04 ③ 05 ①

06 비열비 γ, 기체상수 R, 절대온도 T인 완전기체 내에서의 음속은?

① $\sqrt{\gamma RT}$에 비례한다.　　　② $\dfrac{RT}{\gamma}$에 비례한다.

③ $\dfrac{\gamma R}{T}$에 비례한다.　　　④ $\dfrac{\gamma T}{R}$에 비례한다.

07 압축성 이상유체(compressible ideal fluid)의 운동을 지배하는 기본방정식은 연속방정식, 운동량방정식 외에 필요한 방정식은 다음 중 어느 것인가?

① 에너지방정식과 상태방정식　　　② 에너지방정식
③ 상태방정식　　　④ 더 이상 필요 없다.

08 유체의 비중량에 관한 다음 기술에서 틀린 것은 어느 것인가?

① 모든 가스의 일반기체상수는 8314[J/kmol·K]이다.
② 이상기체의 비중량은 압력에 비례하고 절대온도에 반비례한다.
③ 모든 기체의 비중량은 보일-tif의 법칙에서 구해진다.
④ 모든 가스 1[kmol]이 차지하는 체적은 22.4[m³]이다.

09 안지름 100[mm]인 관속을 압력 490[kPa], 온도 15[°C]인 공기가 20[kg$_m$/s]의 비율로 흐를 때 평균유속은? (단, 공기의 기체상수는 287[J/kgK]이다.)

① 557.84[m/s]　② 43.8[m/sec]　③ 58.1[m/sec]　④ 429.32[m/sec]

Solution $\rho = \dfrac{P}{RT} = \dfrac{490000}{287 \times (15+273)} = 5.928\,[\mathrm{kg_m/s}]$

$\dot{m} = \rho A V,\ V = \dfrac{4 \times 20}{5.928 \times \pi \times 0.1^2} = 429.57\,[\mathrm{m/s}]$

10 3[m/s]의 속도로 운동하는 유체질량 1[kg]이 할 수 있는 운동 에너지는?

① 4.5[N·m]　② 0.45[N·m]　③ 0.045[N·m]　④ 45[N·m]

Solution $T = \dfrac{1}{2}mV^2 = \dfrac{1}{2} \times 1 \times 3^2 = 4.5\,[\mathrm{N \cdot m}]$

11 마찰이 없는 유동에 대한 다음의 글 중에서 옳은 것은?

① 확산관에서 속도는 항상 감소한다.
② 수축-확산관의 목에서 속도는 항상 음속이다.
③ 초음속유동에서 속도의 증가를 얻기 위하여는 면적은 감소해야 한다.
④ 수축-확산관의 목에서 음속을 초과할 수 없다.

Solution 축소-확대 노즐의 노즐 목에서는 아음속 또는 음속 유도만 가능하다.

12 초음속 흐름에서 수직 충격파가 발생했다면 충격파 뒤의 흐름 속도는?

① 음속　② 초음속　③ 극초음속　④ 아음속

Solution 충격파는 초음속 유동에서 갑자기 아음속 유동으로 바뀔 때 발생한다.

Answer　06 ①　07 ①　08 ③　09 ④　10 ①　11 ④　12 ④

13 수직 충격파는?

① 가역과정이다.　　　　　　　　② 비가역과정이다.
③ 수축 노즐에서 발생한다.　　　④ 등엔트로피 과정이다.

> **Solution** 충격파는 실제 자연계에서 일어나는 현상으로 충격파가 발생하면 온도증가, 유체 마찰열 증가 등으로 인한 엔트로피의 증가가 수반되므로 비가역현상이다.

14 압축성 유체의 단열 흐름에서의 축소-확대 노즐에서 충격파가 발생되었을 때 그 전·후에 대해서 만족하는 방정식은?

① 연속 방정식, 에너지 방정식, 모멘텀 방정식, 상태 방정식
② 상태 방정식, 모멘텀 방정식, 등엔트로피 관계
③ 연속 방정식, 상태 방정식, 등엔트로피 관계
④ 질량 보존 법칙, 상태방정식, 에너지 방정식, 등엔트로리 관계

> **Solution** 충격파는 비가역현상으로 등엔트로피 관계가 성립하지 않는다.

15 30[°C]인 공기 중에서 음속은 얼마인가? (단, 공기의 기체상수 $R = 29.27$[kg·m/kg K], 비열비는 1.4이다.)

① 340[m/sec]　　② 124[m/sec]　　③ 349[m/sec]　　④ 440[m/sec]

> **Solution** $C = \sqrt{xgRT} = \sqrt{1.4 \times 9.8 \times 29.27 \times (30+273)} = 348.83$ [m/sec]

16 제트기가 시속 1150[km]로서 해면상을 날을 때의 마하수는? (단, 공기의 기체상수 $R = 29.27$[kg·m/kg K], 비열비 $k = 1.4$ 온도는 15[°C]이다.)

① 0.785　　② 0.578　　③ 0.939　　④ 0.857

> **Solution** $C = \sqrt{xgRT} = \sqrt{1.4 \times 9.8 \times 29.27 \times (15+273)} = 340.08$ [m/sec]
> $M = \dfrac{V}{C} = \dfrac{1150 \times 10^3}{3600 \times 340.08} = 0.939$

17 축소-확대 노즐의 확대 부분의 유속은?

① 언제나 아음속이다.　　　　② 언제나 초음속이다.
③ 초음속이 불가능하다.　　　④ 초음속이 가능하다.

> **Solution** 축소-확대노즐에서 축소부는 아음속만 가능, 노즐 목에서는 아음속 또는 음속, 확대부에서는 초음속 유동이 가능하다.

18 음속 341[m/sec]인 공기 속을 초음속으로 나는 총알이 마하각이 40°일 때 이 총알의 속도는 몇 m/sec인가?

① 450　　② 500　　③ 530　　④ 580

> **Solution** $\mu = \sin^{-1}\dfrac{C}{V}$; $V = \dfrac{C}{\sin \mu} = \dfrac{341}{\sin 40°} = 530.5$ [m/s]

19 15[°C]의 물 속을 압력파가 전달되는 속도는 몇 m/s 인가? (단, $K = 2 \times 10^4$[kg/cm²]이다.)

① 1369.34　　② 1400.28　　③ 1432.96　　④ 1450.38

> **Solution** $C = \sqrt{\dfrac{K}{\rho}} = \sqrt{\dfrac{2 \times 10^4 \times 10^4}{102}} = 1400.28$ [m/s]

| Answer | 13 ② | 14 ① | 15 ③ | 16 ③ | 17 ④ | 18 ③ | 19 ② |

20 이상기체에서의 음속은 다음 중 어느 것에 의존하는가?

① 온도　　② 압력과 온도　　③ 체적　　④ 기체의 팽창계수

Solution $C=\sqrt{xRT}$, 여기서 R은 기체상수이고 T는 절대온도, x는 비열비이다.

21 음속이 320[m/sec]이고, 유속이 960[m/sec]일 때 마하수(Mach number)는?

① 3　　② 3.3　　③ 0.33　　④ 1.5

Solution $M=\dfrac{V}{C}=\dfrac{960}{320}=3$

22 마하수 1인 곳의 절대온도를 T_c라 하면, 비열비 $x=1.4$인 기체에서 T_c의 값은? (단, T_0를 정체온도라 한다.)

① $0.358\,T_0$　　② $0.634\,T_0$　　③ $0.833\,T_0$　　④ $0.864\,T_0$

Solution $\dfrac{T_c}{T_0}=\left(\dfrac{v_0}{v_c}\right)^{x-1}=\left(\dfrac{2}{x+1}\right)=\dfrac{2}{1.4+1}=0.833$

23 1차원 흐름에서 수직 충격파가 발생하면 감소하는 것은?

① 압력　　② 엔트로피　　③ 마하수　　④ 온도

24 다음 물의 체적탄성계수는 19.6×10^4[N/cm²]이다. 이 물에서의 음속 C는 몇 m/s 얼마인가?

① 140　　② 340　　③ 19300　　④ 1400

Solution $C=\sqrt{\dfrac{K}{\rho}}=\sqrt{\dfrac{19.6\times10^8}{1000}}=1400\,[\text{m/sec}]$

25 10[m/s]로 상온의 공기 중으로 나는 물체 표면의 이론 온도증가는 몇 ℃인가?
(단, 기체상수 $R=287$[J/kg K]이고 비열비 $x=1.4$이다.)

① 0.05　　② 0.5　　③ 5　　④ 50

Solution $T_0=T+\dfrac{x-1}{xR}\dfrac{V^2}{2}$

$T_0-T=\dfrac{x-1}{xR}\dfrac{V^2}{2}=\dfrac{0.4}{1.4\times287}\times\dfrac{10^2}{2}=0.05\,[°C]$

26 공기 중의 소리속도 C는 $C=\left(\dfrac{\partial P}{\partial \rho}\right)_s$로 주어지며 소리의 속도 C는 온도와 관계 있다. 다음 중 맞는 것을 골라라. (단, T는 주위의 절대온도이다.)

① $C\propto\sqrt{T}$　　② $C\propto T^2$　　③ T에 관계없이 일정　　④ $C\propto T^3$

Solution 공기 중의 단열 흐름시 압력파의 전파속도를 정리하면 다음과 같다.
$C=\sqrt{xRT}$

27 물속에서 소(小)압축파의 속도는? (단, 물의 체적탄성계수 $E=20.286\times10^8$[N/m²]이다.)

① 340[m/s]　　② 1424[m/s]　　③ 343[m/s]　　④ 1025[m/s]

Solution $C=\sqrt{\dfrac{K}{\rho}}=\sqrt{\dfrac{20.286\times10^8}{1000}}=1424.29\,[\text{m/sec}]$

Answer 20 ①　21 ①　22 ③　23 ③　24 ④　25 ①　26 ①　27 ②

28 비행기의 속력이 일정하면 일반적으로 마하수는?

① 마하수는 비행고도와 관계없이 일정하다.
② 마하수는 비행고도가 높아지면 커진다.
③ 마하수는 비행고도가 높아지면 작아진다.
④ 마하수는 대기압에 따라 달라진다.

▶ Solution 비행고도가 높아지면 온도가 감소하므로 음속은 감소한다. 그러면 비행기의 속력은 일정하므로 마하수는 커진다.

29 축소-확대 노즐의 목에서 이상유체의 가능한 유속은?
① 초음속   ② 음속 또는 아음속   ③ 언제나 아음속   ④ 초음속 또는 아음속

30 다음 변수 중에서 무차원수가 아닌 것은?
① 레이놀즈 수   ② 음속   ③ 마하수   ④ 프루드 수

31 다음 중 임계압력비를 나타낸 것은? (단, P_0는 용기 속의 압력, P는 속도가 노즐의 목에서 음속인 상태의 압력, x는 비열비이다.)

① $\dfrac{P}{P_0} = \left(\dfrac{2}{x+1}\right)^x$ ② $\dfrac{P}{P_0} = \dfrac{2}{x+1}$

③ $\dfrac{P}{P_0} = \left(\dfrac{2}{x+1}\right)^{\frac{x}{x-1}}$ ④ $\dfrac{P}{P_0} = \left(\dfrac{2}{x+1}\right)^{\frac{1}{x-1}}$

32 다음 중에서 음속(acoustic velocity)과 관계없는 것은? (단, 매질은 기체이다.)
① 비열비(x)   ② 가스정수(R)   ③ 절대온도(T)   ④ 표면장력(σ)

▶ Solution $C = \sqrt{xRT}$

33 음원이 이동하는 속도를 V, 모든 방향으로 전파하는 음속을 a라 할 때 도플러(doppler) 효과가 나타날 때는?
① $V = 0$ ② $0 < V < a$ ③ $V = a$ ④ $V > a$

▶ Solution

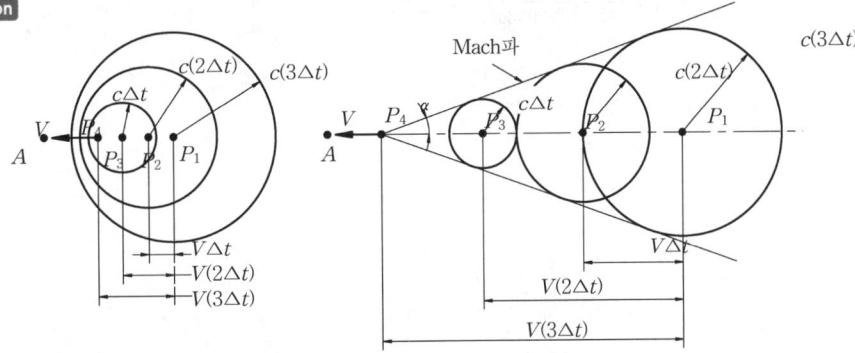

초음속의 1차원유동을 하는 유동장의 한 공간에서 계속 음파를 발진할 때 Mach 추 외부에서는 이 소리를 들을 수 없으나, 내부에서는 들을 수 있다. 소리를 들을 수 없는 Mach 추 외부를 격

Answer 28 ② 29 ② 30 ② 31 ③ 32 ④ 33 ②

조역, 소리를 들을 수 있는 Mach 추 내부를 가청역이라 한다. 아음속의 경우, 비록 비대칭이기는 하지만 음파는 모든 방향으로 전파하여 나간다. 그러므로 아음속유동에서 격조역은 존재하지 않는다. 격조역의 존재 여부가 아음속 유동과 초음속 유동사이의 근본적인 차이가 된다. 발음원의 발진 주파수를 f_0[Hz]라고 하면 발진체 전면에서 들을 수 있는 주파수는

$$f = \frac{f_0}{1 - V/C}$$

이다. 발진체의 운동으로 야기되는 주파수의 이와 같은 변화현상을 도플러 효과라 한다.

34 목(throat)의 면적이 6.2[cm²]인 수축 노즐을 흐르는 공기 유동의 정체점 온도 및 압력이 각각 400[K]와 200[kPa]이다. 배압(back pressure)이 45[kPa]일 때 공기 유동의 질량 유량은 얼마인가? (단, 공기의 기체상수는 R_{air} = 287[J/kg K]이다.)

① 0.1[kg]　② 0.15[kg]　③ 0.2[kg]　④ 0.25[kg]

Solution

최대 질량 유동률 $\dot{m}_{max} = A^* \frac{P_0}{\sqrt{T_0}} \sqrt{\frac{x}{R}\left(\frac{2}{x-1}\right)^{\frac{x+1}{x-1}}}$

$x = 1.4$를 위 식에 대입시키면 최대 질량 유동률은 다음과 같다.

$\dot{m}_{max} = 0.686 A^* \frac{P_0}{\sqrt{RT_0}}$

$= 0.686 \times 6.2 \times 10^{-4} \times \frac{200 \times 10^3}{\sqrt{287 \times 400}} = 0.251 \, [\text{kg}_m/\text{sec}]$

35 고압 탱크로부터 공기(비열비 1.4)가 축소−확대 노즐로 유입되어 초음속유동으로 가속될 때, 마하수 1.7 인 곳에서 절대온도는 탱크 내부 절대온도의 몇 배인가?

① 0.4~0.5　② 0.5~0.6　③ 0.6~0.7　④ 0.7~0.8

Solution

$\frac{T_0}{T} = 1 + \frac{x-1}{2} M^2 = 1 + \frac{0.4}{2} \times 1.7^2 = 1.578$

$T = \frac{1}{1.578} T_0 = 0.634 T_0$

36 제트 비행기가 온도 -47[°C]인 고도 30[km]에서 880[km/h]의 속도로 비행하고 있다. 비행기의 속도 V와 주어진 고도에서의 음속 C와 이 비(V/C)는?

① 0.7　② 0.81　③ 0.91　④ 1.0

Solution

$C = \sqrt{xRT} = \sqrt{1.4 \times 287 \times (-47 + 273)} = 301.34 \, [\text{m/s}]$

$M = \frac{V}{C} = \frac{880 \times 10^3}{3600 \times 301.34} = 0.81$

Answer 34 ④　35 ③　36 ②

Part 04

유압기기

제1장 __ 유압기기의 개요
제2장 __ 유압 작동유
제3장 __ 유압장치의 구성
제4장 __ 유압 펌프
제5장 __ 유압제어 밸브
제6장 __ 작동기(Actuator)
제7장 __ 유압회로 및 응용
제8장 __ 유압공학 관련 용어해설

chapter 1 유압기기의 개요

1 유압기기

유압유를 유압 펌프에 의해 압력 에너지로 변환시키고 배관을 지나는 동안 압력, 유량, 방향의 기본적인 제어를 함으로써 유압 모터나 유압 실린더로 유도한 후 다시 기계적인 일로 바꾸는 일련의 기기 및 결합체를 유압기기 또는 유압장치라 한다.

2 유압장치의 구성요소

유압장치란 유압유에 압력 에너지를 주어, 그 압력 에너지로 하여금 기계적 일을 하도록 한 시스템이다.

(1) power unit(동력장치)
동력원-펌프, 기름 탱크, 여과기, 전동기로 구성된다.

(2) 제어 밸브류 ★★★
압력 에너지를 전달·조정하는 유압 요소로 압력제어 밸브, 유량제어 밸브, 방향제어 밸브 등이 있다.

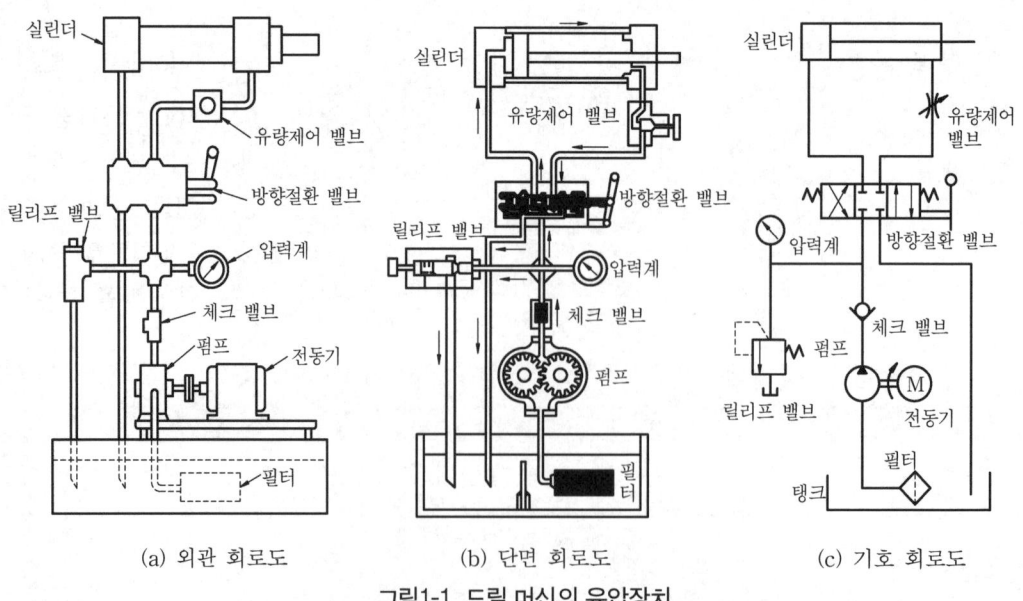

(a) 외관 회로도　　(b) 단면 회로도　　(c) 기호 회로도

그림1-1 드릴 머신의 유압장치

① 압력제어 밸브 : 힘의 크기를 제어한다.
② 유량제어 밸브 : 속도를 제어한다.
③ 방향제어 밸브 : 방향을 제어한다.

(3) 액츄에이터(작동기)

압력 에너지를 기계적 에너지로 변환시키는 유압 요소로 유압 실린더와 유압 모터가 있다.

(4) 파이프류

위의 장치들을 연결시키고 작동유를 수송하는 요소로 동관, 고무 호스, 알루미늄관 등이 있다.

(5) 기타 부속품

압력 게이지, 축압기(accumulator), 필터, 여과기 등이 있다.

3 유압회로

유압회로도는 유압장치를 도면으로 나타내기 위한 것으로 외관회로도, 단면회로도, 기호회로도 등이 있다. 그림1-1을 참고하고 보통은 기호회로도를 사용하므로 유압기기의 구성요소들의 기호를 알아두어야 한다.

유압기기를 기호 <미국 유압 표준기호 : JIC(joint industry conference)>로 표시하면 다음과 같다.

표1-1 관로 및 접속 ★★

번호	명칭	기호	비고
1.1	주관로	————	
1.2	파일럿 관로	----------	
1.3	드레인 관로	-·-·-·-	
1.4	관로의 접속		
1.5	휨 관로		
1.6	관로의 교차		
1.7	통기 관로		공기구멍 연속적으로 공기를 빼는 경우
1.8 1.8.1 1.8.1(1) 1.8.2(2)	급속이음 분리된 상태 체크 밸브 없음 체크 밸브 있음 (셀프 실 이음)		급속이음 : 호스의 접속용 이음으로서 신속하게 착탈이 가능한 것.

표1-2 펌프 및 모터 ★★★

번호	명칭	기호		비고
2.1	일정용량형 유압 펌프	(1)	(2) 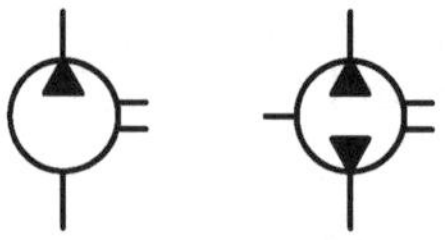	(1) 한 방향 흐름 (2) 양 방향 흐름
2.2	가변용량형 유압 펌프	(1)	(2) 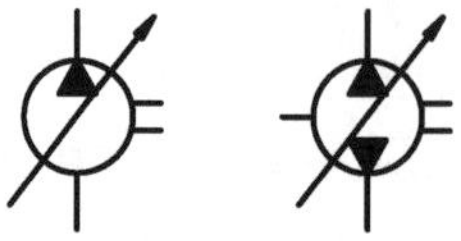	
2.3	일정용량형 유압 모터	(1)	(2) 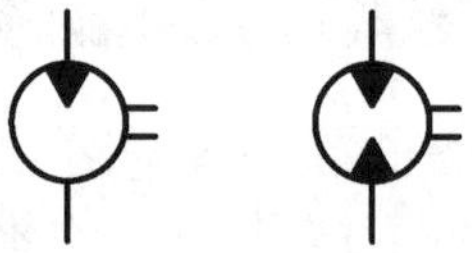	
2.4	가변용량형 유압 모터	(1)	(2) 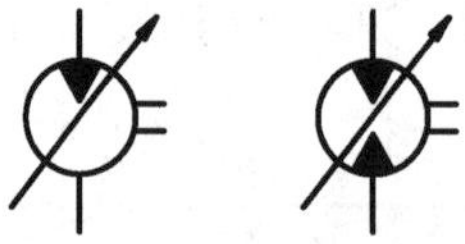	
2.5	일정용량형 유압 펌프·모터			
2.6	가변용량형 유압 펌프·모터		(3) 	

표1-3 실린더 ★★

번호	명칭	기호		비고
3.1 3.1.1	단동실린더 스프링 없음	(1)	(2) 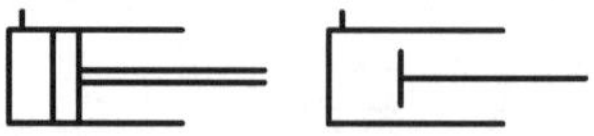	
3.1.2	스프링 있음			
3.1.3	램형 실린더			

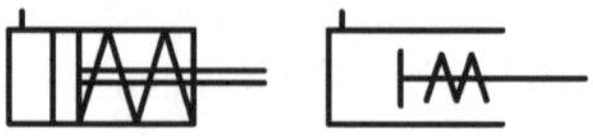

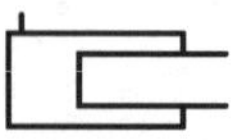

번호	명칭	기호	비고
3.2 3.2.1	복동 실린더 한쪽 로드형	(1)　　　(2) 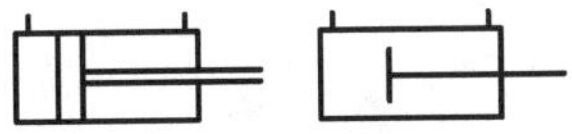	
3.2.2	양쪽 로드형	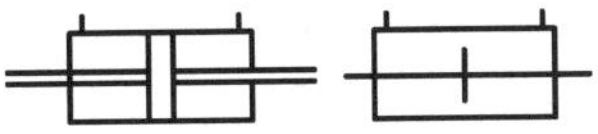	
3.3 3.3.1 3.3.2	텔리스코프형 실린더 단동 복동	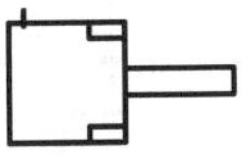	엘리베이터, 미사일 발사대, 덤프트럭 등 ① 매우 긴 행정을 요하는 경우 ② 부하가 초기에는 큰 힘을 필요로 하고 행정이 진행됨에 따라 점점 감소하는 경우

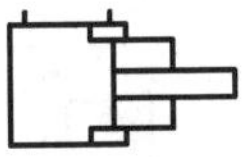

표1-4 제어방식 ★★★★

번호	명칭	기호	비고
4.1	스프링 방식		
4.2 4.2.1	인력 방식 인력 방식(기본 기호)	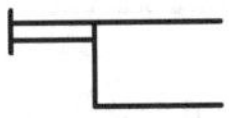	
4.2.2	레버 방식	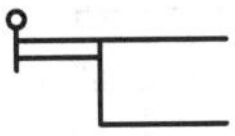	
4.2.3	누름단추방식	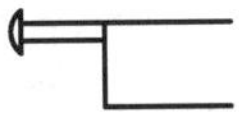	
4.2.4	페달 방식	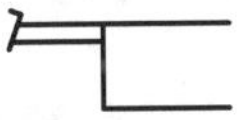	
4.3 4.3.1	전자(電磁)방식 단일 코일형	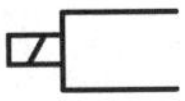	Solenoid 방식 - 전자조작방식 - 전자파일럿조작방식
4.3.2	복수 코일형	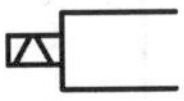	

표1-5 압력제어 밸브 ★★★★★

번호	명칭	기호	비고
5.1	릴리프 밸브 및 안전 밸브 내부	(1)　　(2) 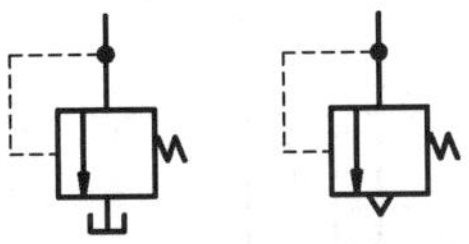	
5.1.1 5.1.2	파일럿 밸브 외부 파일럿 밸브	(1)　(2)　(3) 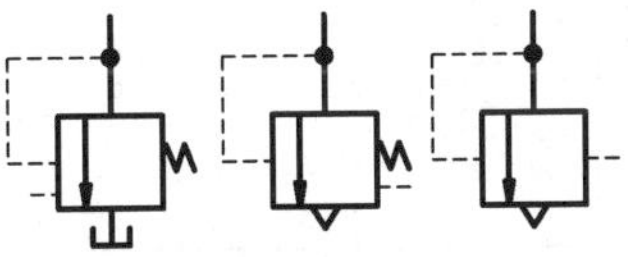	

번호	명칭	기호	비고
5.2	언로드 밸브	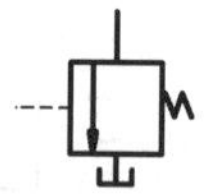	무부하 밸브
5.3 5.3.1 5.3.2	시퀀스 밸브 내부 파일럿 방식 외부 파일럿 방식	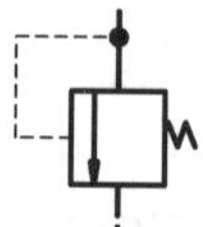 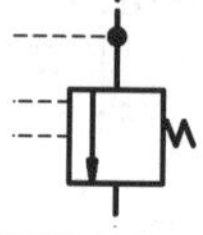	
5.4	감압 밸브	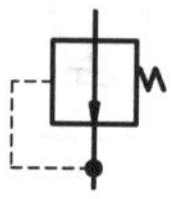	
5.5	일정비 감압 밸브	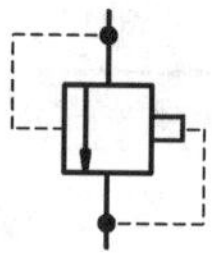	일정비율 감압 밸브 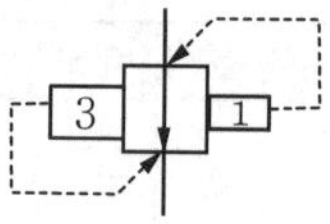

표1-6 유량제어 밸브 ★★★

번호	명칭	기호	비고
6.1	바이패스형	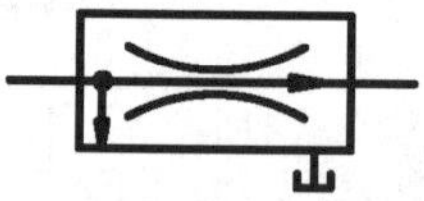	

표1-7 방향제어 밸브 ★★

번호	명칭	기호	비고
7.1	기본 표시 2포트 2위치 변환 밸브 4포트 3위치 변환 밸브	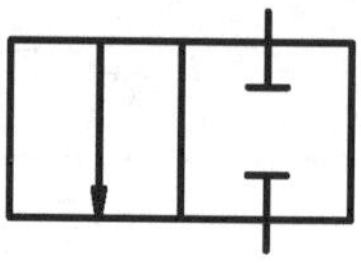 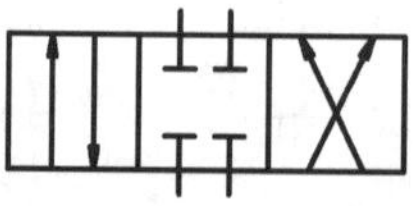	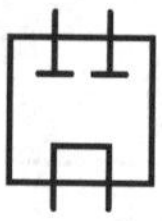 펌프를 무부하로 운전 텐덤 센터 : 센터 바이패스형 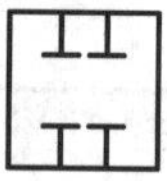 크로우즈드 센터 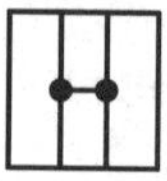 오픈센터  조리개 붙이 오픈센터

			 조리개 붙이 ABR 접속
7.2	전기, 유압식 서보 밸브	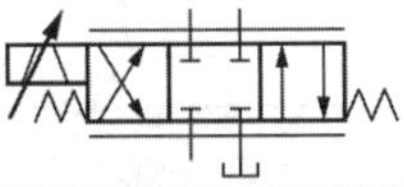	

표1-8 체크 밸브 ★★

번호	명칭	기호	비고
8.1	체크 밸브		
8.2	파일럿 조작 체크 밸브	(1)  (2) 	
8.3	급속 배기 밸브	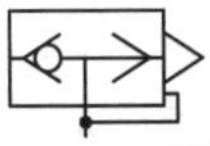	

표1-9 부속기기 ★★★

번호	명칭	기호	비고
9.1	압력 스위치	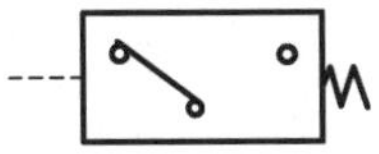	리밋스위치 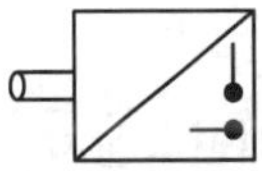
9.2	어큐뮬레이터 (축압기)		기체식  중량식  스프링식 
9.3	필터		
9.4	소음기	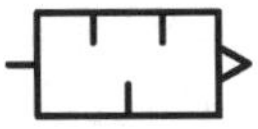	아날로그 변환기 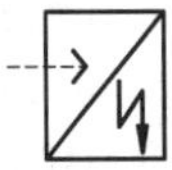
9.5	압력계		
9.6	온도계		토크계 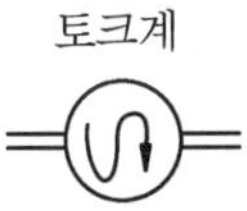

제1장 유압기기의 개요

9.7 9.7.1	유량계 순간지시방식	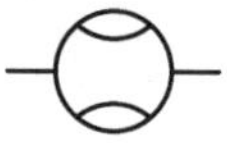	
9.7.2	적산지시방식	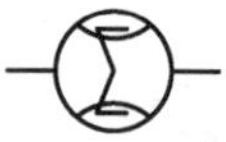	

4 공유압장치의 예

1. 유압 잭-자동차 수리
2. 의자 높이 조절 기구
3. 자동차 브레이크
4. 사무실 출입문 상부에 부착된 기구
5. 포크레인, 불도저 등의 건설기계
6. 유압을 이용한 리프트 트럭
7. 유압을 이용한 항공기 착륙 장치

(1) 유체전동기구-토크 컨버터 ★★★
입력축과 출력측의 토크를 변화시키기 위하여 펌프 회전차와 터빈 회전차 중간에 스테이터를 설치한 유체전동기구이다. 구성요소는 다음과 같다.
① 입력축에 펌프(임펠러) 회전차
② 출력축에 터빈(런너) 회전차
③ 안내깃(스테이터)

(2) 유체변속장치
① 두 축 사이에 동력을 전달할 때, 두 축 사이의 속도비를 무단계(無段階)로 변속시킬 수 있는 장치로서 구동축과 피동축 사이에 액체를 운동전달의 매개로 사용한 연결체이다.
② 원동축(原動軸)과 부하(負荷)를 유체(流體)를 매개로 결합해서 동력을 전달하고, 부하의 변동에 따라 자동으로 변속장치를 하는 유체 변속장치이다. 가장 기본적인 토크컨버터는 원동축에 의해 구동되는 펌프 날개차, 피동축을 회전시키는 터빈 날개차 및 안내날개로 이루어져 있다.
③ 원리는 2개의 선풍기를 마주 놓고 한쪽의 선풍기에 스위치를 넣어 회전시키면 공기의 작용으로 다른 것도 회전하는데 있다. 이 한 쌍의 선풍기를 터빈 휠로 하여 케이스로 덮고, 그 속에 액체(오일)를 가득 넣으면, 회전력이 보다 효과적으로 전달된다. 더구나 한 쌍의 터빈 사이, 즉 액체의 귀로(歸路)에 해당되는 곳에 고정날개를 설치하면 회전력(토크)이 증대한다. 게다가 피구동측(被驅動側)의 회전속도가 느릴 때는 토크가 증대되고, 속도가 빨라짐에 따라 토크가 작아지는 성질이 있다.

(3) 쇼크업소버(Shock absorber) : 스프링, 고무, 공기압, 유압 등을 이용하여 운동에너지를 흡수하여 기계적 충격을 완화시키는 장치로 차량, 항공기 등에 장착된다.

5 유압장치의 특징

1. 장 점 ★★★★★

① 동작속도를 자유로이 바꿀 수 있다.
② 커다란 조작력을 간단히 얻으며 그 조절도 용이하다.
③ 전기적 조작과 조합이 간단하게 된다.
④ 원격조작(remote control)이 된다.
⑤ 과부하에 대해서 안전장치로 만드는 것이 용이하다.
⑥ 입력에 대한 출력의 응답이 빠르다.
⑦ 무단변속이 가능하다.
⑧ 충격이나 진동을 용이하게 감쇄시킨다.
⑨ 공기압에 비하여 조작이 안전하고 응답이 빠르다.

6 파스칼의 원리

파스칼의 원리란 정지된 유체 내의 압력은 모든 방향으로 똑같이 전달된다는 것으로 유압 프레스 및 유압 잭의 원리에 적용된다. ★★★★★

$$P_1 = \frac{F_1}{A_1}, \quad P_2 = \frac{F_2}{A_2} \qquad\qquad V_1 = V_2$$
$$A_1 \cdot S_1 = A_2 \cdot S_2$$

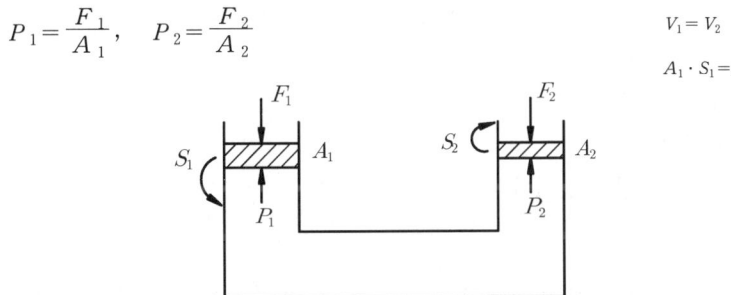

그림 1-2. 파스칼의 원리

(1) 유체가 한 일

$$W = F_1 S_1 = \frac{A_1}{A_2} F_2 S_1 = P_2 A_1 S_1 = P_2 V = P_2 A_2 S_2 = F_2 S_2$$

$$P_1 = P_2$$
$$\therefore \ W = F_1 S_1 = F_2 S_2$$

chapter 2 유압 작동유

1 유압유의 구비조건

(1) 동력을 확실히 전달시키기 위하여 비압축성이어야 한다.
(2) 동력 손실을 최소화하기 위하여 장치의 오일 온도 범위에서 회로 내를 유연하게 유동할 수 있는 점도가 유지되어야 한다.
(3) 운동부의 마모를 방지하고 실(seal) 부분에서의 오일 누설을 방지할 수 있는 정도의 점도를 가져야 한다.
(4) 장시간 사용하여도 화학적으로 안정하여야 한다.
(5) 녹이나 부식 등의 발생을 방지하여야 한다.
(6) 외부로부터 침입한 먼지나 오일 속에 혼입한 공기 등의 분리를 신속히 할 수 있어야 한다.
(7) 증기압을 낮추어야 한다.
(8) 비열, 열전달이 커야 한다.
(9) 내화성이 커야 한다.
(10) 체적탄성계수와 비등점이 높아야 한다.

2 물과 기름의 비교

(1) 물-수압 프레스에 이용
① 점성이 작다.
② 고압에서 누설이 많다.
③ 녹이 잘 슬고 마모가 촉진된다.

(2) 기름(oil)
① 윤활성이 양호하다.
② 부식 및 녹을 방지할 수 있다.
③ 포화온도가 높다.
④ 열에 민감하여 화재의 위험성이 있다.
⑤ 누설시 공해 문제가 발생한다.
⑥ 수명이 길다.

(3) 공 기
① 압축성이 크기 때문에 탄성체로 간주한다.
② 유량의 변화가 곤란하다.
③ 고압시 폭발 위험이 있다. (10 kgf/cm² 이하에서 사용하며, 그 이상에서는 체적이 크게 증가한다.)
④ 취급이 간편하며, 해가 없고, 따로 귀환 배관이 필요없다.

3 작동유에 공기가 혼입된 경우

(1) 압축성이 증대하여 유압기기의 작동이 불규칙적으로 움직인다.
(2) 캐비테이션 발생한다.

> 캐비테이션이란
> 유압유에 공기 혼합시 유압 회로내에 압력 변화가 생겨 저압부에서 기포가 포화상태로 되어 기름 속에 공동부가 생기는 공동현상이다.

> 캐비테이션 방지책
> 유압유에 흡입관내의 평균유속의 3.5 m/sec 이하가 되도록 한다.

(3) 윤활작용이 저하한다.
(4) 산화촉진이 증가한다.

4 유압유의 종류

(1) 석유계 유압유
파라핀계 원유를 정제한 윤활유로 화재의 위험이 크다.
① 산업기계용-내마모성 작동유
② 차량용, 건설기계용-가솔린 엔진유, 디젤 엔진유

(2) 난연성 작동유-내화성 작동유

- 합성형 유압유
  - 인산 에스테르계
  - 인산 에스테르계 + 염화탄화수소
  - 염화탄화수소
  - 지방산 에스테르계
- 수성형 유압유
  - 물-글리콜계
  - 유화계
    - W/O(유중수형유화액) : 기름속에 물을 넣는 경우
    - O/W형(수중유형유화액) : 물속에 기름을 넣는 경우

(3) 인산에스테르계 유압유 장점
① 유동성 우수하다.
② 윤활성이 나쁘다.
③ 저온에서 변화가 적고, 고온에서 변화가 크다.
④ 항착화성이 우수하다.

5 작동유 첨가제 ★★★

(1) 산화방지제
황화합물, 인산화합물, 아민 및 페놀 화합물 등을 사용한다.

(2) 방청제
유기산 에스테르, 지방산염, 유기린 화합물, 아민 화합물-부식방지제이다.

(3) 소포제
실리콘유, 실리콘의 유기화합물-거품 없애는 첨가제이다.

(4) 점도지수향상제
고분자 중합체의 탄화수소-고분자화합물 : 기름의 유동성을 유지하는 작용을 한다.

(5) 유성향상제
① 유기린 화합물이나 유기 에스테르와 같은 극성화합물-마찰방지제이다.
② 융착방지제라고도 하며 시이저(scizure)라는 눌어 붙음 현상도 있다.

(6) 청정제
(7) 유동점강하제
파라핀은 저온에서 결정을 만든다. 저온에서 이 결정을 방지하고 흐름을 용이하게 하기 위해 사용하는 첨가제이다.

6 작동유의 물리적 성질

(1) 점 도 ★★★★★
작동유는 작동 부품 사이를 적당히 차폐(seal)하는 데 충분한 점도를 가져야 하며, 점도가 너무 크면 펌프 효율의 저하, 공동현상발생, 소음발생, 유동저항을 초래하고 밸브의 응답속도가 늦어진다.
점도가 작을 때 나타나는 현상은 다음과 같다.
① 내부·외부 기름 누출이 증대된다.
② 마모의 증대와 압력유지가 곤란하다.
③ 펌프의 용적효율이 저하한다.

(2) 유동점 ★★
유동점은 동계 운전에서 고려하여야 하며, 원유의 종류, 정제법, 첨가제의 유무에 따라 차이가 있다.

> ❖ Check Point
> 유압유를 냉각하였을 때 고체가 석출 또는 분리되기 시작하는 온도를 의미한다.

(3) 발화점이나 인화점은 높을 것.
① 인화점 : 170~220℃

7 점도지수(VI : Viscosity Index) ★★★

온도 변화에 대한 점도 변화의 정도를 표시하는 척도이다.

$$VI = \frac{L-U}{L-H} \times 100$$

- U : oil의 100°F에서 세이볼트 점도
- L : $VI=0$인 오일의 100°F에서 세이볼트 점도
- H : $VI=100$인 오일의 100°F에서 세이볼트 점도

점도지수가 작을수록 온도 변화에 대한 점도변화가 크다. 이것이 미치는 영향은 다음과 같다.
① 낮은 온도에서도 점도가 증가하여 펌프의 시동이 곤란하다.
② 펌프 흡입 쪽에서 공동현상이 발생한다.
③ 마찰 손실에 대한 압력 손실이 크다.
그러므로, 유압유를 선택할 때는 점도지수가 될 수록 높은 것을 선택하여야 한다.

8 플래싱 ★★★

유압기기를 처음 운전할 때 또는 장치내의 슬러지를 용해하기 위한 작업이다.

chapter 3 유압장치의 구성

1 유압회로의 구성

유압회로의 구성을 블록선도라 표현하면 아래 그림과 같고 에너지 변환 흐름은 전동기 → 펌프 → 제어 밸브 → 액추에이터 → 부하 순이다.

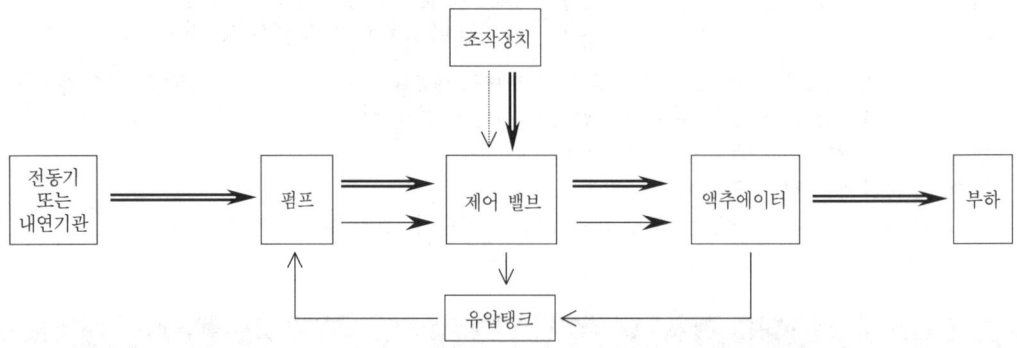

⇒ : 동력전달방향
→ : 유압유의 흐름 방향
⇢ : 전기신호 흐름 방향

그림 3-1 유압회로의 구성

2 배 관

에너지를 저장하고 있는 작동 유체를 수송하는 역할을 한다.

(1) 관로의 종류
① 주관로 : 흡입관로, 압력관로 및 배기관로를 포함하는 주가되는 관로이다.
② 파일럿 관로 : 파일럿 방식에서 작동시키기 위한 작동유를 유도하는 관로이다.
③ 플렉시블 관로 : 고무 호스와 같이 유연성이 있는 관로이다.
④ 바이패스 관로 : 필요에 따라서 작동유체의 전량 또는 그 일부를 갈라져 나가게 하는 통로이다.

(2) 고무 호스를 사용하는 목적 ★★★
① 금속관으로는 배관이 곤란한 곳의 연결에 사용한다.
② 두 금속관의 중심선이 일치하지 않을 때의 관 연결에 사용한다.
③ 이동하는 배관과 고정 배관과의 연결에 사용한다.

④ 진동을 흡수하여 진동체와 격리하고자 할 경우 사용할 수 있다.
⑤ 유압회로의 서지압력 흡수를 위해 사용한다.

> 서지 압력
> 과도적으로 상승한 압력의 최대값
> 파일럿 압력(pilot pressure)
> 파일럿 관로로 들어오는 작동유에 의해 발생하는 압력

(3) 관이음
① 플레어 이음(filar fitting) : 본체, 너트, 슬리브로 구성

> 플레어 작업
> 관의 선단부를 원추형의 펀치로 나팔형으로 펴는 작업

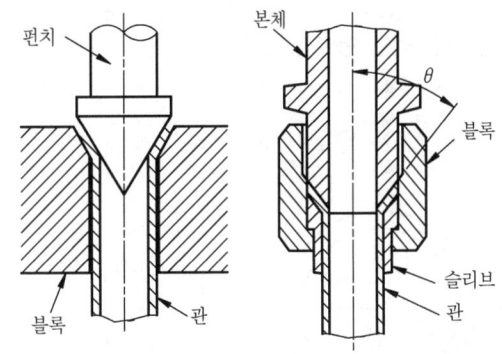

(a) 플레어 링의 가공　(b) 플레어 이음의 정지

그림3-2 플레어 이음

② 플레어리스 이음(flareless fitting) : 커넥터, 슬리브, 너트로 구성되고 고압의 유압 배관용으로 사용되며 플레어작업이 필요없다.
③ 용접 이음 : 영구적인 이음방법이다.

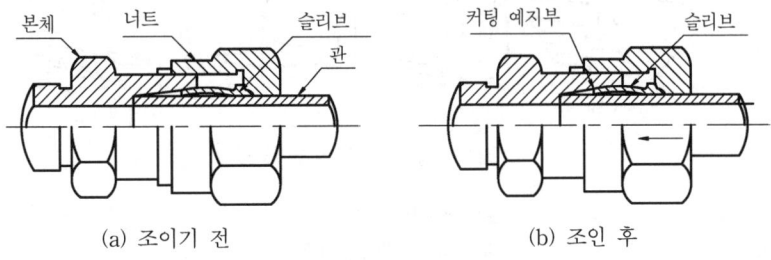

(a) 조이기 전　　　　　　　　(b) 조인 후

그림3-3 플레어리스 이음

⑤ 나사 이음 : 소형관 이음에 주로 사용한다.
⑥ 플랜지 이음 : 여러 개의 볼트로 사용하며 대형관 이음에 주로 사용하는 방법이다.

3 실(seal)

기름의 누설과 외부에서의 이물질 침입을 방지하기 위한 요소이다.
① 가스켓(gasket) : 고정부분에 사용하는 시일장치이다. ★★★
② 패킹(packing) : 운동부분에 사용하는 시일장치이다. ★★★

(1) 실의 구비조건(packing의 구비조건)
① 양호한 유연성을 갖고 있어야 한다.
② 내유성이 양호해야 한다.
③ 내열·내한성이 좋아야 한다.
④ 기계적 강도를 갖고 있어야 한다.
⑤ 유체의 대한 저항이 커야 한다.

(2) 실의 재료
① 마·무명, 피혁, 천연고무 등을 사용한다.
② 합성고무와 합성수지는 고압, 고온, 특수 유압유 등에 사용한다.
③ 연강, 스테인레스강, 세라믹, 카본 등도 사용한다.

(3) 시일의 종류 ★★★
① O링 : 가장 널리 사용하며 재료는 니트릴 고무이다.

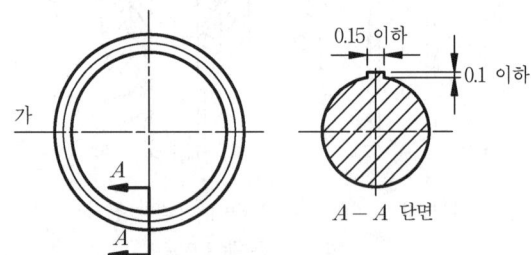

그림3-4 O-링의 형상

② 성형 패킹 : V형, L형, J형, U형 등이 있다.

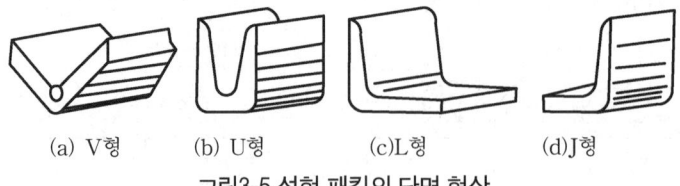

(a) V형   (b) U형   (c) L형   (d) J형

그림3-5 성형 패킹의 단면 형상

③ 기계식 실(mechanical seal) : 펌프와 연결된 전동축 둘레의 기름 누설을 방지하는 시일
④ 오일 실(oil seal) : 유압 펌프의 회전축, 변환 밸브의 왕복축 등의 실 장치로 합성고무 재료를 사용한다.
⑤ 그랜드 패킹(gland packings) : 축을 둘러 싸고 있는 패킹을 그랜드로 눌러 누설을 방지한다. 마찰로 인한 기계손실로 효율은 저하된다.
⑥ 래비린스 패킹(labyrinth packing) : 회전체에 사용하는 비접촉형 실 장치이다.

4 유압 파워 유닛(동력원)

(1) 압유 탱크
유압유의 저장을 위한 오일 탱크(oil tank)이다.

(2) 여과기
압유청정을 위한 요소로 필터와 스트레이너가 있다.
① 필터(filter) : 미세한 불순물을 제거한다. ★★★
② 스트레이너(strainer) : 비교적 큰 불순물을 제거한다. ★★★

1) 필터의 종류
① 표면식 필터 : 다공질의 종이나 직물을 고온에서 성형하여 만든 것으로 주로 바이패스 회로에 사용한다.
② 적층식 필터 : 엷은 여과면을 다수 겹쳐서 사용(철망, 종이, 금속 등의 원판)한다. 주로 고압용에 사용된다.
③ 다공체식 필터 : 스테인레스, 청동 등의 미립자를 다공질로 소결시켜 만든 것이다.
④ 흡착식 필터 : 활성백토, 알루미나를 흡착제로 사용한 것으로 고무질, 아교질 등의 산화 주성분 여과가 가능하다.
⑤ 자기식 필터 : 영구자석을 이용한 것으로 철분, 자성체 불순물 등을 여과한다.

(3) 축압기(accumulator) ★★★★★

1) 용도
① 압력 에너지의 축적 : 회로내 소정의 압력을 유지시키는 역할을 한다.
② 맥동·충격의 제거 : 밸브류, 배관, 계기류 파손을 방지 한다.
③ 액체를 수송하는 역할을 한다.

2) 종류
① 중량식 : 저압 대용량에서 사용한다.
② 스프링식 : 소형 중·저압용으로 사용한다.
③ 공기압식 : 작동액이 물인 경우 대형 축압기 등에 사용한다.
④ 실린더식
⑤ 블래더식

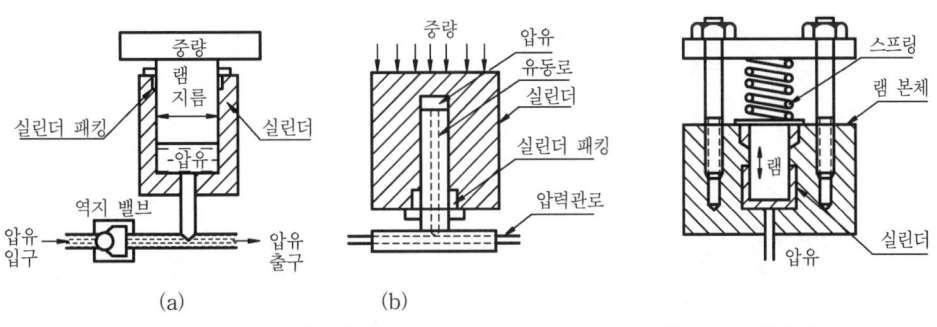

그림3-6 중량식 축압기   그림3-7 스프링식 축압기

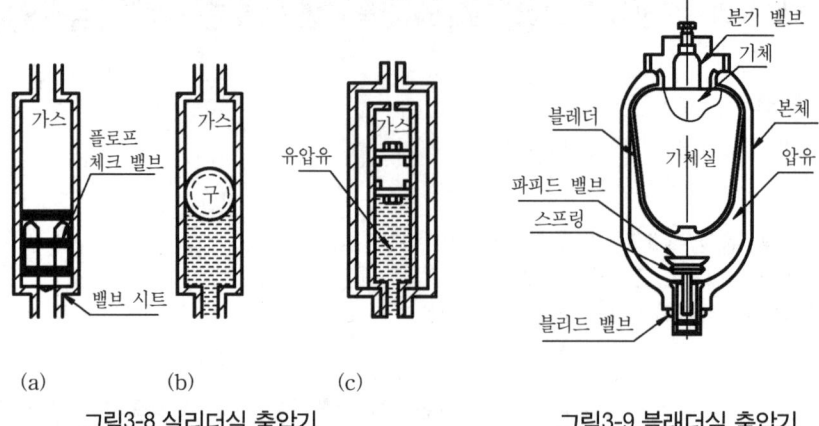

그림3-8 실린더식 축압기   그림3-9 블래더식 축압기

3) 용량선정-압력에너지 축적용

$$P_0 V_0 = PV$$

P_0 : 기체의 봉입 압력(kg_f/m^2, N/m^2)
V_0 : 축압기 용적(m^3)

① 축압기 내에서 압유가 압축되었을 때 체적의 변화량을 구하라. ★★★

$$\Delta V = V_2 - V_1 = P_0 V_0 \left(\frac{1}{P_2} - \frac{1}{P_1} \right)$$

P : 축압기내에서 압유가 압축되었을 때 압력
V : 축압기내에서 압유가 압축되었을 때 체적

4) 축압기 장착과 취급에 관한 주의사항 ★★
① 진동이 심한 곳에서는 충분한 지지구로 고정해야 한다.
② 축압기에 용접, 가공, 구멍 뚫기 등은 절대 금물이다.
③ 펌프와 축압기 사이에는 역지 밸브를 설치하여 압유가 펌프쪽으로 흐르지 않도록 한다.

chapter 4 유압 펌프

유압 펌프는 유압유에 압력 에너지는 주로 요소로 용적형 펌프와 비용적형 펌프 중 용적형 펌프가 주로 사용되고 있다.

(1) **용적형 펌프** : 부하 압력이 변동하여도 토출량이 일정한 펌프이다.
(2) **비용적형 펌프** : 부하 압력에 따라 토출량이 변화하는 펌프이다.

1 동력과 효율

(1) 펌프 동력
실제 펌프 토출 출력은 다음과 같이 구한다.

$$L_p = FV = PAV = PQ \text{[kg-m/sec]}$$
$$Q = Q_{th} - \Delta Q$$

P : 송출압력(kg/m^2, N/m^2, Pa)
Q_{th} : 이론유량
Q : 송출량(m^3)
ΔQ : 손실량

$$L_P = \frac{PQ}{75} \text{[PS]} = \frac{PQ}{102} \text{[kW]} \;\star\star\star\star\star$$

(2) 펌프 축 동력
펌프가 갖고 있는 이론 소요동력이다.

$$L_s = \frac{L_p}{\eta} \;\star\star\star\star\star$$

η : 펌프 효율(펌프의 전효율)

(3) 체적효율
이론 송출량(Q_i)에 대한 실제 송출량(Q_0)

$$\eta_v = \frac{Q_o}{Q_i} = \frac{Q_i - \Delta Q}{Q_i} = 1 - \frac{\Delta Q}{Q_i} = \frac{Q_0}{q \cdot N} \;\star\star\star$$

q : 유압 펌프의 1회전당 배제용량(cc/rev)
N : 펌프의 회전수(rev/sec)

① 고속회전으로 체적효율 저하 : 피스톤형 기관에서 고속회전과 저속회전 중 체적효율의 저하는 고속회전이 크다.

(4) Torque 효율

$$\eta_t = \frac{T_{th}}{T_{th} + \Delta T}$$

- ΔT : 회전 토크 손실
- T_{th} : 이론 토크
- $T_{th} + \Delta T$: 실제 토크

(5) 전효율

$$\eta = \eta_v \times \eta_t \text{ ★★★}$$

(6) 동력 & Torque

$$L = PQ = PqN$$
$$Q = q \cdot N [\text{cc/min, m}^3/\text{sec}]$$

q : 회전당 토출량(cc/rev)

$$L = T\omega = T 2\pi N$$
$$T = \frac{Pq}{2\pi} \text{ ★★★}$$

여기서, T는 이론 토크이다.

2 펌프의 종류 및 운전 조건

원동기로부터 공급받은 회전 에너지를 압력을 가진 유체 에너지로 변환하는 기기를 유압 펌프라 한다.

(1) 유압 펌프의 종류

1) 토출량에 따른 분류
   ① 정용량형 펌프 : 토출량의 변화가 없는 펌프이다.
   ② 가변용량형 펌프 : 토출량의 변화가 존재하는 펌프이다.

2) 기구에 따른 분류(용적형 펌프) ★★
   ① 회전형
      ㉮ 기어 펌프
         ㉠ 내접 기어형
         ㉡ 외접 기어형
      ㉯ 베인 펌프
         ㉠ 압력 평형형 펌프
         ㉡ 압력 불평형형 펌프
   ② 왕복형
      ㉮ 피스톤형 펌프(플런저펌프)
         ㉠ 액셜형(축류)
         ㉡ 레이디얼형(반경류)

> 터보형 펌프(비용적형 펌프)
> ① 원심 펌프,   ② 축류 펌프,   ③ 사류 펌프

> 유압 펌프의 적당한 온도 : 30~50℃

(2) 유압 펌프의 연속 운전조건 ★

펌프의 종류		압력(kg/cm²)	송출량(ℓ/sec)	회전수(rpm)
플런저 펌프	축류	70~350	2~1500	600~6000
	반경류	50~250	2~800	600~1800
기어 펌프		35~175	5~400	1200~5000
베인 펌프		35~210	2.5~950	1000~2000
가변 용량형 베인 펌프		17.5~70	5~110	1000~2000

① 유압 펌프의 송출 압력 ★★
 ㉮ 저압 : 40 kg/cm² 이하
 ㉯ 중압 : 40~70 kg/cm²
 ㉰ 중·고압 : 30~84 kg/cm²
 ㉱ 고압 : 70~210 kg/cm²
 ㉲ 초고압 : 210 kg/cm² 이상

(3) 기어 펌프

케이싱 속에서 두 개의 기어가 맞물려 회전하면서 펌핑 작용을 한다. 용적형 펌프와 비용적형 펌프가 있는데, 용적형 펌프는 부하 압력이 변동하여도 토출량이 일정하고, 비용적형 펌프는 부하 압력에 따라 토출량이 변화하는 펌프이다.

1) 기어 펌프의 특징 ★★
① 구조가 간단하고 운전 및 보수가 용이하다.
② 가격이 싸고 신뢰도가 높다.
③ 산업용 유압 펌프로 이용된다.
④ 정용량형 펌프로 가능하나 가변용량형 펌프로는 불가능하다.
⑤ 누설량이 많으며 효율이 낮고 소음이 크다.

> 내접 기어는 외접 기어 펌프에 비해 진동이 작고 이의 마멸도 낮으며 고속회전, 저 토크에 적합하다.

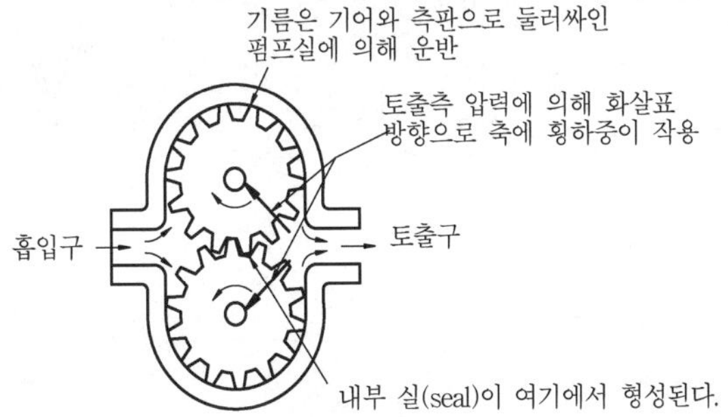

그림4-1 외접 기어 펌프

2) 용량
   ① 이론 토출량
   $$Q_i = 2\pi m^2 bNz \;\star\star$$
   - m : 모듈
   - b : 치폭
   - N : 치수

   ② 실제 토출량
   $$Q_0 = Q_i - \Delta Q = qN - \Delta Q$$
   - ΔQ : 손실유량
   - q : 회전당 토출량

3) 폐입현상

   토출측까지 운반된 오일의 일부는 기어의 맞물림에 의해 두 기어의 틈새에 폐쇄되어 다시 원래의 흡입측으로 되돌려지는 현상을 폐입현상이라 한다. 폐입현상을 방지하기 위해서는 릴리프 홈이 적용된 기어를 사용한다.

(4) 베인 펌프

로터의 베인이 반지름 방향으로 홈 속에 끼여 있어서 캠링의 내면과 로터와 함께 회전하면서 오일을 토출한다.

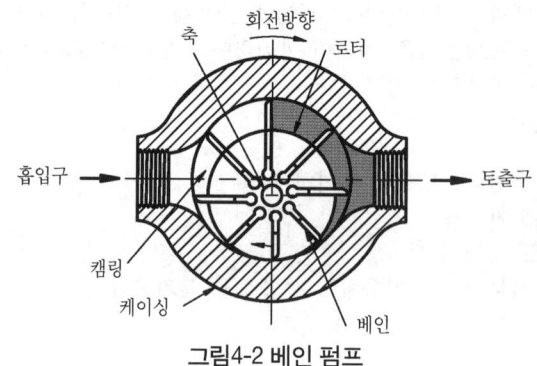

그림4-2 베인 펌프

1) 베인 펌프의 특징 ★★
   ① 로터와 캠링을 사용함으로 송출 압력에 비해 맥동이 작다.
   ② 구조가 간단하며 형상이 작다.
   ③ 고장이 작고, 수리 및 관리가 용이하다.
   ④ 깃의 마모에 의한 압력 저하가 발생하지 않으므로 기밀이 유지된다.
   ⑤ 오일의 점성을 유지하기 위한 청결도에 주의를 요한다.
   ⑥ 높은 공작정밀도를 요구한다.

2) 토출량
   ① 두께가 없는 경우
   $$Q_0 = 2\pi DebNZ \;\star\star$$
   - e : 편심량
   - b : 로터의 폭
   - z : 잇수
   - D : 캠링의 안지름

② 두께가 있는 경우

$$Q_0 = 2beN(\pi D - zt) \quad ★★$$
t : 베인의 두께

3) 베인 펌프의 종류 및 특징
　① 1단(단단) 베인 펌프(single-stage vane pump)
　　㉮ 베인 펌프의 기본형이다.
　　㉯ 최고 토출 압력이 35~70 kg/cm², 최고토출유량 300 ℓ/min 이다.
　　㉰ 카트리지-2장의 부시, 캠링, 로터, 베인으로 구성
　　㉱ 수명이 길다.-축과 베어링에 편심하중이 걸리지 않는다.
　② 2단 베인 펌프(two-stage vane pump)
　　㉮ 최고압력이 140~210 kg/cm²이다.
　　㉯ 부하분배 밸브(load dividing valve)가 부착되어 있다.
　　㉰ 1개의 본체, 내부에 2개의 카트리지를 직렬로 연결하여 2배의 압력을 낼 수 있는 펌프이다.
　③ 이중(이연) 베인 펌프(double vane pump)
　　㉮ 설비비가 저렴하다.
　　㉯ 1개의 펌프 유닛을 가지고 2개의 유압 펌프를 얻을 수 있다.
　　㉰ 1개의 본체 내의 2개의 카트리지를 병렬로 연결하여 1개의 원동기로 구동되는 펌프이다.

(5) 피스톤 펌프(piston pump)
　실린더 내부에서 피스톤 왕복운동에 의한 용적 변화를 이용하여 펌프 작용을 한다. 압력이 210 kg/cm² 이상으로 초고압 펌프라고 한다.

1) 피스톤 펌프의 특징 ★★★
　① 가변용량형 펌프로 많이 사용한다.
　② 구조가 복잡하고 가격이 비싸다.
　③ 흡입능력이 가장 낮다.
　④ 고속, 고압의 유압장치에 적합하다.
　⑤ 다른 유압 펌프에 비해 체적효율이 좋다.
　⑥ 면적이 적다.

2) 피스톤 펌프의 종류 및 특징
　① 축방향 피스톤 펌프(axial piston pump) : 구동축, 실린더 블록, 밸브 플레이트로 구성되어 피스톤의 운동방향이 실린더 블록의 중심과 같은 방향의 펌프로 사축식과 사판식이 있다. 실린더 블록 축과 구동축 사이의 각이 일정하면 정용량형 펌프, 변화하면 가변용량형 펌프라고 한다. 가변용량형 제어방법에는 레버 제어방식, 핸들 제어방식, 서보 제어방식 등이 있다.
　　㉮ 사축식 : 실린더 블록 축과 구동축의 각도를 바꾸는 방식이다.
　　㉯ 사판식 : 실린더 블록 축과 구동축을 동일 축상에 배치하고 경사판의 각도를 바꾸어서 피스톤의 행정을 조정하는 방식이다.
　　※ 특징
　　　㉠ 구조가 간단하다.
　　　㉡ 유동저항이 적다.
　　　㉢ 진동에 대한 안전성이 좋다.
　② 반경방향 피스톤 펌프(radial piston pump) : 피스톤의 운동방향이 실린더 블록의 중심선에 직각

인 평면내에 방사성으로 나열되어 있는 펌프이다. 압력이 커지면 다른 펌프보다 소음이 크지만 효율이 좋다. 슬라이더 블록을 반대 방향으로 옮기면 구동축의 회전방향을 변화시키지 않고도 기름의 송출 방향을 바꿀 수 있다는 장점이 있다. 회전 캠형과 회전 피스톤형 두 가지가 있다.
㉮ 회전 캠형(고정 실린더식) : 실린더는 고정되고 편심 캠링의 회전에 의해 피스톤(4~8개)이 방사상으로 왕복운동을 하여 펌프 작용을 하는 것이 정용량형 펌프이다.
㉯ 회전 피스톤형(실린더) : 중앙부에 고정한 핀톨에 4개의 구멍이 있고, 상·하부에 흡입구 및 토출구가 있다. 편심된 실린더가 회전하면 바깥 하우징 안쪽의 피스톤이 회전하면서 왕복운동 하여 펌프 작용을 한다. 이것은 가변용량형 펌프이다.

(6) 기타 유압 펌프
1) 터보형 유압 펌프
   ① 원심 펌프
   ② 축류 펌프
   ③ 사류 펌프

2) 특수 펌프
   ① 마찰 펌프
     ㉮ 구조가 간단하다.
     ㉯ 소형으로 제작 및 보수가 용이하다.
     ㉰ 비교 회전도가 작다.
     ㉱ 가격이 저렴하다.
     ㉲ 갑자기 압력이 높아지면 펌프 마찰이 증가한다.
   ② 제트 펌프 : 노즐로 분사하며 분사된 유체를 수송하는 펌프이다.
   ③ 기포 펌프

(7) 펌프 소음의 원인 ★★★
① 펌프의 상부 커버(top cover)를 고정시킬 볼트가 헐겁다.
② 원동기와 펌프의 센터(center) 축이 맞지 않다.
③ 공기가 유입되어 있다.
④ 회전이 너무 빠르거나 점도가 큰 경우 소음이 발생한다.

(8) 펌프 처음 시동시 유의사항
① 펌프와 작동유의 온도차가 클 때는 시동하지 말 것.
② 릴리프 밸브 조정나사 위치를 바꾸지 말고 시운전할 것.
③ 신제품에는 압력을 주고 시동 걸고 처음 5분 정도는 간헐적으로 작동하여 훈련할 것.

chapter 5 유압제어 밸브

1 유압제어 밸브의 종류

(1) 압력제어 밸브 ★
  압력에 의한 힘을 이용하여 일의 크기를 결정하는 밸브이다.
  $$F = PA$$

(2) 유량제어 밸브 ★
  단면적의 가감으로 유속을 적절하게 조절할 수 있는 밸브이다.
  $$Q = AV$$

(3) 방향제어 밸브 ★
  유압유 흐름의 정지, 방향변환을 조절하기 위한 밸브이다.

2 압력제어 밸브(pressure control valve)

파일럿 압력에 의한 방법(파일럿 작동식)과 출구쪽 압력에 의하여 제어하는 방법(직동식)이 있다.

(1) 릴리프 밸브(relief valve) ★★★★★
  유체압력이 설정값을 초과할 때 배기시켜 회로내의 유체 압력을 설정값 이하로 일정하게 유지시키는 밸브이다.
  ① 직동형
  ② 내부 파일럿형
  ③ 외부 파일럿형
  ※ cracking pressure : 릴리프 밸브가 열리는 순간의 압력으로 이때부터 배출구를 통하여 오일이 흐르기 시작한다. ★★

(2) 감압 밸브(reducing valve) ★★
  고압의 압축 유체를 감압시켜 사용조건이 변동되어도 설정 공급 압력을 일정하게 유지시킨다.
  ① 직동형
      ㉮ 릴리프형
      ㉯ 논 릴리프형
      ㉰ 블러드형
  ② 내부 파일럿형
  ③ 외부 파일럿형

(3) **시퀀스 밸브**(sequence valve) ★★★
   유압실린더들이 순차적으로 작동할 때 작동순서를 회로의 압력에 의해 제어하는 밸브이다.

(4) **카운터 밸런스 밸브**(counter balance valve) ★★★
   부하가 급격히 제거되었을 때 그 자중이나 관성력 때문에 소정의 제어를 못하게 되거나 램의 자유낙하를 방지하거나 귀환유의 유량에 관계없이 일정한 배압을 걸어주는 역할을 한다. 주로 배압 제어용으로 사용된다.

(5) **무부하 밸브**(unloading valve) ★★★
   작동압이 규정압력 이상으로 달했을 때 무부하 운전을 하여 배출하고 이하가 되면 밸브를 닫고 다시 작동하게 된다. 열화방지 및 동력절감 효과를 갖게 된다.

(6) **기 타** ★★
   ① 안전 밸브 : 기기나 관 등의 파괴를 방지하기 위하여 회로의 최고 압력을 한정시키는 밸브이다.
   ② 압력 스위치 : 회로의 압력이 설정값에 도달하면 배부에 있는 마이크로 스위치가 작동하여 전기회로를 열거나 닫게하는 기기이다.(유체 압력의 상승·하강 현상을 감지하여 작동하는 스위치이다.)
      ㉮ 다이어프램형
      ㉯ 벨로즈형
      ㉰ 부르동관형
      ㉱ 피스톤형
   ③ 유체 퓨즈 : 융막의 파열에 의하여 유압회로의 최고압력을 판정하기 위한 요소이다.

> **채터링 현상** ★★
> 감압 밸브, 체크 밸브, 릴리프 밸브 등에서 밸브 시트를 두드려 높은 소음을 내는 자력진동 현상이다.

3 유량제어 밸브

유량의 흐름을 제어하는 밸브로 주로 실린더의 속도를 제어하는데 사용한다.

(1) **교축 밸브**(throttle valve)
   유로의 단면적을 교축하여 유량을 제어하는 밸브로 연료와 공기의 혼합량을 조절한다.

(2) **속도제어 밸브**

(3) **스톱 밸브** ★
   하나의 라인의 흐름을 열거나 닫는 역할을 하는 밸브이다.

4 방향제어 밸브

(1) **체크 밸브**(check valve) ★★★★★
   한 방향의 유동은 허용하나 역방향의 유동은 완전히 제지하는 역할을 하는 밸브로 역지 밸브라고도 한다.

5 기 타

(1) 감속 밸브(deceleration valve)
유압 모터나 유압 실린더의 속도를 가속 또는 감속시킬 때 사용하는 밸브이다.

(2) 서보 밸브(servo valve)
입력 신호에 따라 유체의 유량과 압력을 제어하는 밸브로 토크 모터, 유압 증폭부, 안내 밸브 등으로 구성된다.

(3) 포핏 밸브(poppet valve) ★★
밸브 몸체가 밸브 시트면에 직각방향으로 이동하는 형식의 밸브

(4) 셔틀 밸브(shuttle valve) ★★
2개의 입구와 1개의 공통 출구를 가지고 출구는 입구 압력의 작용에 의하여 한 쪽 방향에 자동적으로 접속되는 밸브이다.

(5) 용어

① 인터플로(interflow) ★
　밸브의 전환 도중에서 과도적으로 생긴 밸브 포트간의 흐름을 의미하는 유압 용어
② 언더랩 : 슬라이드 밸브 등에서 중립점에 있을 때, 미리 포트가 열리고 유체가 흐르도록 되어 있는 중복된 상태를 의미한다.
③ 노멀위치 : 밸브 몸체와 위치를 나타내는 용어로 조작력이 작용하지 않을 때 밸브 몸체의 위치를 의미한다.

chapter 6 작동기(Actuator)

1 액츄에이터

유체의 압력 에너지를 이용하여 기계적인 에너지로 변환하는 유압기기 요소로 유압 실린더와 유압 모터 등이 있다.

> 작동에는 회전운동, 직선운동, 요동의 각운동 등을 한다. ★★★

(1) 액츄에이터의 분류
① 유압 실린더
② 유압 모터
③ 요동 모터

(2) 플런저 모터
① radial piston motor
  ㉮ 구조 복잡하다.
  ㉯ 값이 비싸다.
  ㉰ 누설이 적다.
  ㉱ 회전속도 범위가 넓다.
  ㉲ 가동 특성이 양호하다.
② axial piston motor : radial piston motor 보다 용적효율이 크고, 고속에 적당하다.

2 유압 실린더

(1) 유압 실린더의 구조 ★
① 실린더(통)
② 피스톤과 피스톤 로드
  ㉮ 피스톤 패킹 : V 패킹, U 패킹, 컵 시일, O-링, 피스톤 링 등이 사용된다.
③ 엔드캡
  ㉮ 실린더 덮개의 종류
    ㉠ 나사고정방식
    ㉡ 타이로드 방식
    ㉢ 실린더 링 고정 방식
④ 유출입구 및 시일

(2) 유압실린더의 분류

① 단동형 실린더 : 피스톤의 한쪽에만 압유를 공급하여 작동한다. 복귀행정은 중력이나 기계적 스프링으로 가능하다.
② 복동형 실린더 : 일반적 유압 실린더이며, 핀 로드형, 양 로드형, 이중 피스톤형 등이 있다. ★★★
③ 다단형 실린더 : 초기 동작에 큰 힘이 필요하고 행정의 진동에 따라서 점점 필요한 힘이 감소하는 형식의 실린더이다. 엘리베이터나 덤프 카 등에 사용한다.
④ 단동형 램 : 한 방향으로만 조작력이 필요하다.
⑤ 복동형 램 : 피스톤 랩(piston lap)을 붙여 사용한다.

3 유압 모터

압유가 가진 압력을 출력축의 회전력으로 변환하는 기기이다. 에너지 변환 관계에서 보면 유압펌프의 반대 개념이다.

(1) 이론 토크

$$T_{th} = \frac{pq}{2\pi} = \frac{pQ}{2\pi N}$$

- T_{th} : 이론 토크(kg$_f$-m)
- p : 압력차(kg$_f$/m^2)
- Q : 유량(m^3/sec)
- $Q = q \cdot N$
- q : 모터 1회전당 배제용량(m^3/rev)
- N : 회전수(rps, rpm)

(2) 동력과 효율 ★★★

$$L_m = \frac{PQ}{102} \text{ [kW]} = \frac{PQ}{75} \text{ [PS]}, \quad \eta = \frac{L_s}{L_m}$$

- p : 모터의 공급유와 배유의 압력차(kg$_f$/m^2)
- Q : 모터에 공급되는 유량(m^3/s)
- η : 모터 효율
- L_m : 모터의 유동력(유압 모터에 공급되는 압유가 단위시간당 가지고 들어간 에너지)
- L_s : 축동력

(3) 체적효율 ★

$$\eta_v = \frac{\text{이론유량}(Q)}{\text{실제유량}(Q + \Delta Q)}$$

- ΔQ : 유출 유량

(4) 기계효율

압유로부터 회전자가 받는 동력과 축동력과의 비이다.

$$\eta_m = \frac{L_s}{PQ_e}$$

- P : 모터의 입·출구 사이의 압력차(kg$_f$/m^2)
- Q_e : 유효유량(이론유량)[m^3/sec]

(5) 토크 효율 ★

$$\eta_T = \frac{\text{실제 토크}(T - \Delta T)}{\text{이론 토크}(T)}, \quad \eta_T = \eta_m$$

$$\eta = \eta_T \eta_v = \eta_m \eta_v$$

- η_T : 토크 효율
- η : 전효율

chapter 7 유압회로 및 응용

1. 조합회로(최대압력 제한회로)

릴리프 밸브 2개를 사용하여 다른 2종류의 회로 압력을 설정하는 회로로 동력의 소비 및 유온의 상승이 적고 기기의 보수가 유리하며 프레스 등에 사용한다.

2. 미터 인 회로(meter in circuit) ★★★★★

실린더의 입구측에 장치하여 유압 유량을 조정하여 실린더의 속도를 제어한다.

3. 미터 아웃 회로 ★★★★★

실린더 출구측에 설치한 회로로 실린더로부터 유출되는 유량을 제어한다.

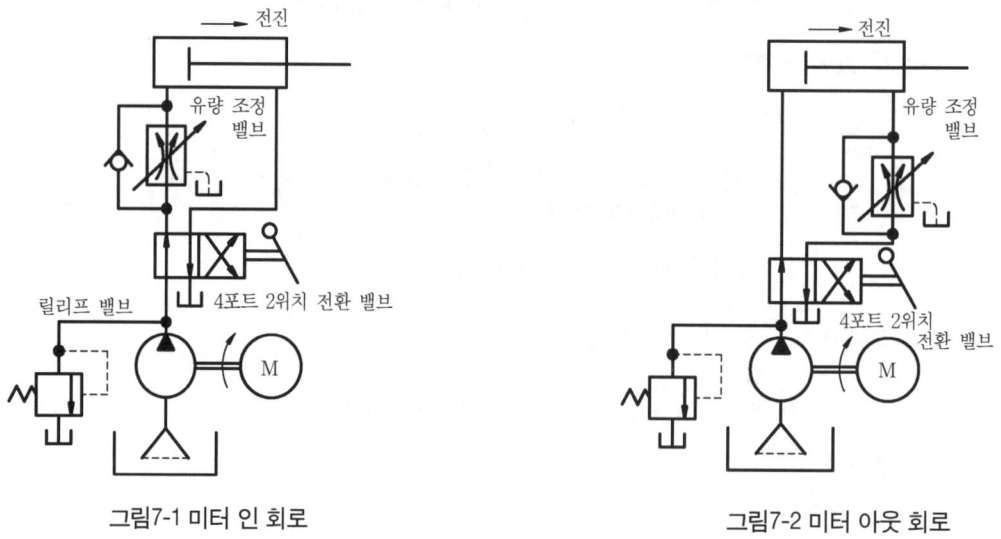

그림7-1 미터 인 회로　　　　　그림7-2 미터 아웃 회로

4. 카운터 밸런스 회로 ★★★★★

부하가 급격히 감소되더라도 피스톤이 급진되지 않도록 제어하는 회로이다.

5. 감압회로

주 조작회로압(1차압)의 변화에도 불구하고 회로의 일부를 그것보다 낮은 2차 압으로 유지하는 회로이다.

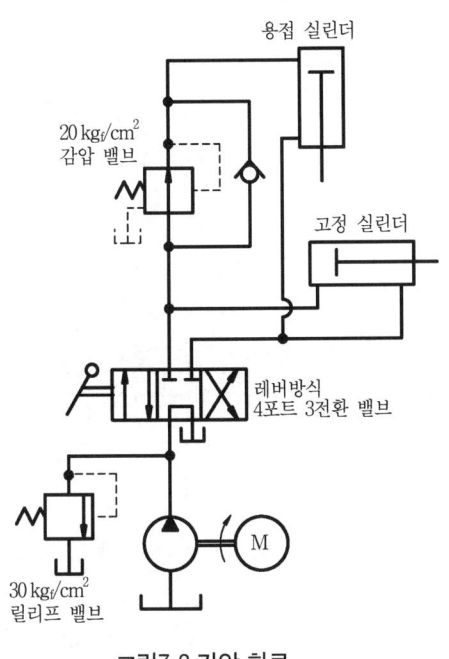
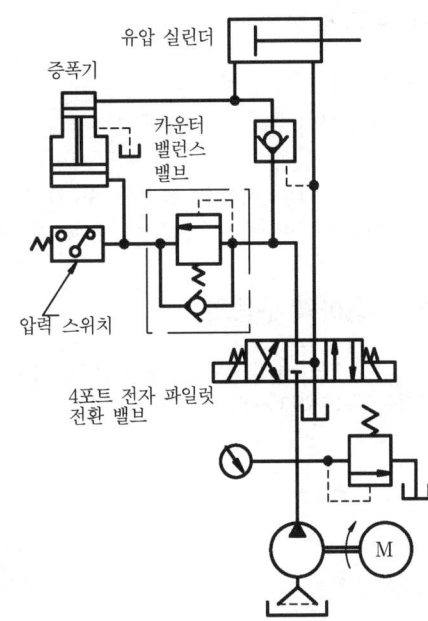

그림7-3 감압 회로   그림7-4 증압 회로

6. 증압회로

① 순간적으로 고압을 필요로 할 때 사용한다.
② 공기압을 유압으로 변환하여 큰 힘을 얻고자 할 때 사용한다.

7. 블리드 오프 회로(blead off circuit) ★★★★★

실린더 입구측의 분기회로에 유량제어 밸브를 설치하여 실린더 입구측의 불필요한 압유를 배출시켜 작동 효율을 증진시킨 회로이다.

8. 차동회로 ★★★

펌프 토출량과 로드측에서 귀환하는 압유를 합류시켜 실린더 입구로 공급하여 속도 증대를 도모한 회로이다.

> 속도제어회로의 종류
> 미터 인 회로, 미터 아웃 회로, 블리드 오프 회로, 차동회로 등

9. 로킹 회로 ★★★

실린더 행정 중 임의의 위치에서 또는 행정단에 실린더를 고정시켜 놓을 필요가 있을 때라 할지라도 부하가 클 때 또는 장치내의 압력저하에 의하여 실린더의 피스톤이 이동되는 경우가 발생할 때 이 피스톤의 이동을 방지하는 회로이다.
즉, 고정시켜 놓은 실린더를 움직이지 못하도록 하는 방향제어 회로이다.

10. 로직 밸브(logic valve)

(1) 특 징
① 응답성이 우수하고 고속변환이 가능하다.
② 누설, 진동, 소음 등 배관에 기인하는 트러블을 줄이므로 신뢰성이 향상된다.
③ 유압장치의 비용을 절감할 수 있다.
④ 압력손실이 작아 고압, 대 유량 시스템에 적합하다.

11. 일정마력 구동회로

정용량형 유압 펌프를 일정압력, 일정유량 이하에서 운전하여 가변용량형 유압 모터를 구동시키는 유압 모터 회로이다.

유압공학 관련 용어해설

- 그랜드패킹 : 패킹상자에 넣어 누출을 방지하는 패킹의 총칭이다.
- 관로 : 작동 유체를 연결하여 주는 역할을 하는 관 또는 그 계통
- 감압 밸브 : 유량 또는 입구쪽 압력에 관계없이 출력쪽 압력을 입구쪽 압력보다 작은 설정압력으로 조정하는 압력제어 밸브
- 규제흐름 : 유량이 미리 설정된 값으로 제어된 흐름, 다만, 펌프의 토출 이외의 것에 사용한다.
- 난류 : 유체의 점도가 적으며, 치수가 비교적 큰 경우에 존재하며, 수많은 불규칙한 맴돌이 등을 포함한 것과 같은 흐름이고, 유체의 마찰저항이 커지며, 고체와 유체 사이의 열전도 등도 급증한다.
- 난연성유압유 : 잘 타지 않아서 화재의 위험을 최대한 예방하는 것이며, 물글리콜계, 인산에스틸계, 염소화 탄화수소계, 지방산 디에스텔계 등의 합성유압유가 있다.
- 노이즈 : 회로에 가해지는 신호 이외에 남아도는 불규칙 신호이다.
- 디셀러레이션 밸브 : 작동기를 감속 또는 증속시키기 우하여 캠 조작 등으로 유량을 천천히 변환시키는 밸브이다.
- 드레인 : 기기의 통로나, 관로에서 탱크나 매니폴드 등으로 돌아오는 액체 또는 액체가 돌아오는 현상
- 랩 : 몸체와 스풀이 겹치는 정도를 말하며, 언더 랩(under lap)과 오버 랩(over lap)이 있다.
- 릴리프 밸브 : 회로의 압력이 밸브의 설정값에 달하였을 때 유체의 일부 또는 전량을 빼돌려서 회로 내의 압력을 설정값으로 유지시키는 압력제어 밸브, 릴리프 밸브가 닫히는 압력
- 릴리프 붙이감압 밸브 : 한쪽 방향의 흐름에는 감압 밸브로 작동하고, 역방향의 흐름에는 그 유입쪽의 압력을 감압 밸브로서의 설정압력으로 유지시켜 주는 릴리프 밸브로서 작동하는 밸브
- 블리드오프방식 : 액츄에이터로 흐르는 유량의 일부를 탱크로 분기하므로서 작동 속도를 조절하는 방식
- 벤트포트 : 대기로 개방되어 있는 뽑기 구멍
- 백업링 : 습동부의 실에 O링 등을 사용하면 마찰저항으로 O링이 O링 홈에서 빠져나와 파손되는 일이 있다. 이를 방지할 목적으로 O링과 함께 같은 홈에 넣는 테프론 피혁 나일론제 등의 O링 보호기구를 말한다.
- 서보 밸브 : 전기 기타의 입력신호에 의하여 유량 또는 압력을 제어하는 밸브이다.
- 서보기구 : 물체의 위치, 방향, 자세 등을 제어량으로 하여 목표값에 대한 임의의 변화에 따를 수 있도록 구성한 제어기구이며, 제어량이 기계적 위치일 것, 목표값이 광범위하게 변화할 것, 입력의 에너지는 적고 힘의 증폭이 될 수 있을 것, 원방제어가 많을 것 등의 특징이 있다.
- 시퀀스 밸브 : 2개 이상의 분기회로를 갖는 회로 내에서 그의 작동순서를 회로의 압력 등에 따라서 제어하는 밸브

- 스로틀 밸브 : 조임작용에 따라서 유량을 규제하는 밸브, 보통 압력 보상이 없는 것을 말한다.
- 스위블조인트 : 선회 가능한 관의 이음(돌림 이음)
- 스풀 : 원통 모양의 밸브
- 스틱 : 스풀이 밸브 본체에 강하게 접촉하여 작동이 무거워지는 현상
- 서지압력 : 과도적으로 상승한 압력의 최대값
- 어큐뮬레이터 : 작동유를 가입 상태에서 저장하는 용기(압축기)
- 액츄에이터 : 유압 실린더나 유압 모터와 같이 유압을 기계력으로 변화시키는 작동기
- 오리피스 : 교축 통로(판에 구멍을 뚫어서 통로를 연결하는 구조가 많다.)
- 유량조정 밸브 : 배압 또는 부압에 따라서 생긴 압력의 변화에 관계없이 유량을 설정된 값으로 유지시켜 주는 유량제어 밸브
- 언로드 밸브 : 일정한 조건으로 펌프를 무부하로 하여 주기 위하여 사용되는 밸브, 보기를 들면 계통의 압력이 설정의 값에 달하여 펌프를 무부하로 하고, 또한 계통 압력이 설정값까지 저하되면 다시 계통으로 압력 유체를 공급하는 압력제어 밸브
- 압력제어 밸브 : 압력을 제어하는 밸브의 총칭
- 안전 밸브 : 기기나 관 등의 파괴를 방지하기 위하여 회로의 최고 압력을 한정시키는 밸브
- 채터링 : 밸브 시트를 타격하여 소음을 발생하는 진동 현상
- 체크 밸브 : 한 방향으로만 흐름을 허용하는 밸브
- 파일럿 밸브 : 다른 밸브를 조작하기 위한 보조용 밸브
- 플로우컨트롤 밸브 : 압력의 대소에 관계없이 일정한 유량을 유지하기 위한 밸브(유량제어 밸브)
- 포트 : 작동 유체 통로의 열린 부분
- 캐비테이션 : 유압이 진공에 가깝게 되어 기포가 생기며, 이것이 파괴되어 국부적 고압이나 소음을 발생하는 현상
- 카운터밸런스 밸브 : 추의 낙하를 방지하기 위한 밸브로서 유압을 가하여 하강시킬 경우에도 열리며, 유압을 제거하면 폐쇄된다.
- 크랭킹 압력 : 릴리프 밸브가 열리기 시작하는 압력
- 컷오프 : 펌프 출구측 압력이 설정압력에 가깝게 되었을 때 가변 토출량 제어가 작용하여 유량을 감소시키는 것.

PART 8 ─ 실전연습문제

01 다음은 유압회로의 기호규약이다. 틀린 것은?
① 기호는 흐름의 유로와 그 접속부품의 기능 조작을 표시한다.
② 기호는 액압과 공기압과의 회로도에 사용되는 도시 기호를 정한 것이며, 동력의 전달과 제어를 포함한 회로를 표시하여야 한다.
③ 기호에서는 밸브의 포트나 스풀의 구조위치를 표시하여야 한다.
④ 기호는 기름 탱크와 그 접속 및 벨트의 배관을 제외하고 회전하거나 뒤집어도 된다.

Solution ① 포트(port) : 작동유체 통로의 열린 부분
② 스풀(spool) : 원통형 미끄럼면에 내접하여 축방향으로 이동하여 유로를 개폐하는 꼬챙이 모양의 구성 부품

02 안지름 45mm의 단로드 실린더에서 60kg/cm²의 유압으로 피스톤을 일정 속도로 작동시켰다. 이 때 로드에 걸리는 부하가 850 kg 이었다. 귀환유압(반대측 압력)을 0이라고 할 때 마찰저항은 얼마인가?
① 104.26 kg   ② 296.5 kg   ③ 580.42 kg   ④ 790 kg

Solution 마찰저항
$$W = PA - R = 60 \times \frac{\pi}{4} \times 4.5^2 - 850 = 104.26 \,[kg]$$

03 유압장치에 사용하는 기름이 가져야 할 조건을 설명한 것 중 타당하다고 생각되는 것은?
① 유압장치에 사용하는 펌프는 용적형 펌프이므로 불의의 충격에 견디게끔 하기 위하여 기름은 압축성이 큰 액체이어야 한다.
② 운동부에 유막이 두껍게 형성되어 마모를 방지하고 밀봉부에서 기름의 누출을 막기 위하여 점도가 가급적 커야 한다.
③ 기름은 장시간 사용하면 불순물이 많이 혼재하게 되므로 이 불순물을 산화시키기 위하여 실(seal)제와의 적합성이 좋지 않아야 한다.
④ 동력을 정확히 전달하기 위하여 비압축성이어야 하고 열을 잘 방출할 수 있어야 한다.

04 한쪽 방향으로의 흐름은 자유로우나 역방향의 흐름을 허용하지 않는 밸브는?
① 체크 밸브   ② 셔틀 밸브   ③ 언로드 밸브   ④ 카운터 밸런스 밸브

Solution ① 체크 밸브(check valve) : 한 쪽 방향으로만 유체의 흐름을 가능하도록 하고 반대방향으로는 흐름을 저지시키는 밸브
② 카운터 밸런스 밸브(counter balance valve) : 추의 낙하를 방지하기 위하여 배압을 유지시켜 주는 압력제어 밸브
③ 언로드 밸브(unloading pressure valve) : 일정한 조건으로 펌프를 무부하로 하여 주기 위하여 사용하는 밸브
④ 셔틀 밸브(shuttle valve) : 1개의 출구와 2개 이상의 입구가 있고 출구가 최고 압력쪽 입구를 선택하는 기능을 가진 밸브

05 다음 중 유압회로의 기호에 나타내지 않는 것은?
① 유로   ② 제어방법   ③ 스풀의 구조   ④ 제어 위치수

Answer　01 ③　02 ①　03 ④　04 ①　05 ③

06 다음 중 작동유의 산화 방지제로서 적당한 것은?
① 아민 및 페놀 화합물 ② 탄화수소 화합물
③ 실리콘의 유기 화합물 ④ 유기연 화합물

07 금속의 고체마찰이나 늘어붙음을 방지하기 위한 유압유의 첨가제는?
① 점도지수향상제 ② 산화방지제 ③ 유성향상제 ④ 유동점강화제

08 유압 호스(hose)의 사용 목적이 아닌 것은?
① 유압회로의 서지압력 흡수 ② 결합부의 상대위치가 변하는 경우
③ 진동흡수 ④ 고압회로

> Solution 서지 압력(surge pressure) : 과도적으로 상승한 압력의 최대값

09 입력축과 출력축의 토크를 변화시키기 위하여 펌프 회전차와 터빈 회전차 중간에 스테이터를 설치한 유체전동기구는?
① 유체 커플링 ② 축압기 ③ 토크 컨버터 ④ 방향 전환 밸브

> Solution 유체 커플링(fluid coupling, hydraulic coupling) : 원축과 종축을 일직선상에 놓고 각 축에 펌프와 수차의 깃차를 직결하여 이것을 원축의 펌프로 일정한 물을 수차에 보내어 종축을 회전시키는 커플링이다.

10 다음 그림은 어떤 유압 표시기호인가?
① 파일럿 조작 체크 밸브
② 셔틀 밸브
③ 급속배기 밸브
④ 압력원

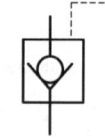

11 다음 중 유압 모터의 효율을 잘못 설명한 것은?
① 체적효율=이론유량/실제공급유량 ② 토크 효율=제동 토크/이론 토크
③ 토크 효율=이론 토크/제동 토크 ④ 전효율=체적효율×토크효율

> Solution 유압 펌프의 토크 효율=이론 토크/실제 토크(제동 토크)

12 비교적 큰 불순물을 제거할 목적으로 사용되는 여과기는?
① 필터 ② 스트레이너 ③ 유압부스터 ④ 가스켓

> Solution 유압부스터 : 낮은 압력의 유체동력을 높은 압력의 유체동력으로 변환하는 장치로 증압기라고도 한다.

13 다음의 유압작동 유체에서 요구되는 성질이 아닌 것은?
① 증기압이 높을 것. ② 비열과 열전달율이 클 것.
③ 체적탄성계수와 비등점이 높을 것. ④ 내화성이 클 것.

> Solution 기체와 접하고 있을 때 모든 액체는 경계면을 통하여 증발하려 한다. 증발된 증기분자는 액체 표면의 상부공간 속에서 분압을 형성한다. 이 때의 분양을 증기압이라 한다. 증기압이 높은 액체일수록 증발이 쉽다.

Answer 06 ① 07 ③ 08 ④ 09 ③ 10 ① 11 ③ 12 ② 13 ①

14 압력 70kg/cm² 에서 토출량이 50l/min, 회전수 1200rpm인 유압 펌프가 있는데 소비동력이 7kW일 때 펌프의 전효율은?

① 61% ② 71% ③ 82% ④ 92%

Solution
$$\eta = \frac{L_p}{L_s} = \frac{P \cdot Q}{102 \times L_s} = \frac{70 \times 50 \times 10^4 \times 10^{-3} \times 100}{102 \times 60 \times 7} = 82\%$$

15 패킹의 종류가 아닌 것은?

① V형 ② L형 ③ U형 ④ C형

16 유압 펌프의 송출압력을 저압, 중압, 중고압, 고압, 초고압으로 분류한다. 다음 중 고압에 해당하는 압력 범위로 가장 적당한 것은?

① 75~140 kg/cm² ② 210~350 kg/cm² ③ 84~210 kg/cm² ④ 35~84 kg/cm²

17 다음 그림은 무슨 기호인가?

① 일정량 용량형 유압 펌프 모터
② 공기압 모터
③ 가변 용량형 유압 펌프 모터
④ 진공 펌프

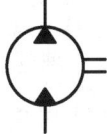

18 유압유의 물리적 성질 중에서 동계운전시에 가장 고려해야 할 성질은?

① 압축성 ② 유동점 ③ 인화점 ④ 비중과 밀도

19 압력 70 kgf/cm², 토출량 50 ℓ/min, 회전수 1500 rpm인 유압 펌프의 소비동력이 7.5 kW 이다. 이 펌프의 전효율은?

① 72.75% ② 76.25% ③ 82.75% ④ 86.25%

Solution
$$\eta = \frac{L_p}{L_s} = \frac{P \cdot Q}{102 \times L_s} = \frac{70 \times 10^4 \times 50 \times 10^{-3}}{102 \times 60 \times 7.5} \times 100 = 76.25\%$$

20 어큐뮬레이터(accumulator)의 장점을 설명한 것으로 맞지 않는 것은?

① 기름의 누출시 보충을 해준다.
② 갑작스런 충격압력을 막아주는 역할을 한다.
③ 펌프의 대용으로도 사용되며 안전장치 역할도 한다.
④ 축적된 압력 에너지의 방출 사이클 시간을 연장한다.

21 유압 실린더에서 피스톤 로드가 부하를 미는 힘이 5000kgf, 피스톤 속도가 3.8m/min인 경우 실린더 안지름이 8cm라면 소요동력은 얼마인가? (단, 단일 로드를 갖는 실린더이다.)

① 3.27PS ② 4.22PS ③ 5.92PS ④ 6.27PS

Solution
$$L = R \times \frac{V}{75} = \frac{5000 \times 3.8}{75 \times 60} = 4.22 \text{ PS}$$

 Answer 14 ③ 15 ④ 16 ③ 17 ① 18 ② 19 ② 20 ④ 21 ②

22 다음 중 유압유의 점도가 낮을 때 유압장치에 미치는 영향 중에서 틀린 것은?
① 내부 및 외부의 기름 누출 증대
② 마모의 증대와 압력유지 곤란
③ 펌프의 용적효율 저하
④ 기계효율의 저하(동력손실 증가)

23 회로내의 압력이 규정 압력에 도달하면 펌프의 전유량을 직접 탱크로 되돌려 보냄으로서 펌프를 무부하로 하여 동력을 절약할 수 있는 자동제어 밸브의 명칭은?
① 니들 밸브(needle valve)
② 교축 밸브(restricting valve)
③ 체크 밸브(check valve)
④ 언로딩 밸브(unloading valve)

> **Solution** ① 니들 밸브 : 노즐 또는 관내에 있어 물의 유량을 적절하게 조절하는 밸브이다.
> ② 교축 밸브 : 원판의 회전에 의하여 관로의 열림을 축소하고 마찰에 의하여 압력을 감소시키는데 사용하는 밸브이다.

24 유압회로에 대한 소음을 줄이기 위하여 주의하여야 할 사항에 속하지 않는 것은?
① 공동현상을 방지할 것.
② 긴 관로의 변환 밸브는 천천히 작동시킬 것.
③ 기름 댐퍼를 사용하지 말 것.
④ 펌프의 흡입압력에 제한을 둘 것.

> **Solution** 댐퍼(damper) : 운동하고 있는 물체나 진동하고 있는 물체를 정지시키기 위하여 운동 에너지의 일부 또는 전부를 흡수하는 장치이다.

25 유압유를 냉각하였을 때 파라핀 또는 그 밖의 고체가 석출 또는 분리되기 시작하는 온도는?
① 유동점
② 응고점
③ 흐린점
④ 전환온도

26 유압유 속에 공기가 혼입되어 있을 때 펌프나 밸브를 통과하는 유압회로에 압력변화가 생겨 저압부에서 기포가 포화상태로 되어 혼합되어 있던 기포가 분리하여 기름속에 공동부가 생기는 현상을 무엇이라 하는가?
① 캐비테이션 현상
② 서징 현상
③ 체터리 현상
④ 역류현상

27 다음 그림은 KS 유압 도면 기호에서 무엇을 나타낸 것인가?
① 기름 탱크
② 어큐뮬레이터
③ 압력 스위치
④ 급속 배기 밸브

28 유압기기에 쓰여지는 펌프는 다음과 같은 것들이 많이 쓰여지고 있다. 이 중 가장 관계가 적은 것은?
① 왕복식 펌프
② 회전식 펌프
③ 터보형 펌프
④ 기어식 펌프

29 유압작동유가 압축되었을 때 미치는 영향이 아닌 것은?
① 점도가 감소한다.
② 효율이 나빠진다.
③ 기름의 온도가 상승한다.
④ 압력 손실이 커진다.

> **Solution** 점도는 압력이 올라가면 지수함수적으로 증가한다.

Answer 22 ④ 23 ④ 24 ③ 25 ① 26 ① 27 ③ 28 ③ 29 ①

30 다음 그림의 기호는 무슨 유압기호인가?

① 무부하 릴리프 밸브
② 가변 교축 밸브
③ 직렬형 유량조절 밸브
④ 바이패스형 유량조정 밸브

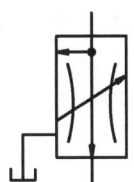

31 유압 펌프로부터의 토출유의 일부를 바이패스시켜 오일 탱크에 되돌리고 그 복귀유의량을 제어하는 방법의 회로는?

① 차동회로 ② 블리드 오프 회로 ③ 배압 회로 ④ 가변 펌프 회로

> Solution 블리드 오프 회로 : 액츄에이터로 흐르는 유량의 일부를 탱크로 분기함으로서 작동 속도를 조절하는 방식

32 다음은 유량조정 밸브에 의한 제어 회로를 나타낸 것이다. 옳지 않은 것은?

① 미터 인 회로(metter-in-circuit)
② 미터 아웃 회로(metter-out-circuit)
③ 카운터 밸런스 회로(counter balance circuit)
④ 블리드 오프 회로(bleed-off-circuit)

> Solution 속도제어 회로에는 미터 인 회로, 미터 아웃 회로, 블리드 오프 회로, 차동 회로 등이 있다.

33 다음 그림의 기호는 어떤 밸브를 나타내는 기호인가?

① 시퀸스 밸브
② 카운터 밸런스 밸브
③ 무부하 밸브
④ 일정비율 감압 밸브

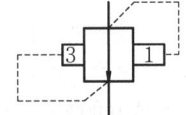

> Solution 일정비율 감압 밸브 : 출구쪽 압력을 입구쪽 압력에 대하여 소정의 차이만큼 감압시켜 주는 밸브

34 그림은 피스톤이 어느 일정한 힘으로 장시간 무부하를 걸고 있는 동안 펌프를 무부하로 운전시키기 위하여 구성한 무부하 회로이다. A의 위치에 어느 종류의 절환 밸브(direction control valve)를 사용하면 좋은가?

① 클로스트센터형 사접속 삼위치 밸브
   (closed center type 4 port 3 positiion)
② 센터바이패스형 사접속 삼위치 밸브
   (center bypass type 4 port 3 position)
③ 오픈센터형 사접속 삼위치 밸브
   (open center type 4 port 3 position)
④ 삼접속 2위치 밸브(3 port 2 position)

> Solution ① 클로즈드 센터 : 변환 밸브의 중립 위치에서 모든 포트가 닫혀 있는 흐름의 형태의 절화 밸브
> ② 오픈 센터 : 변환 밸브의 중립위치에서 모든 포트가 서로 통하고 있는 흐름의 형태의 절환 밸브

35 다음 필터 중 유압유 중에 용입되어 있는 고무질, 아교질 등의 산화 주성분을 주로 여과하는 것은?

① 표면식 필터 ② 적층식 필터 ③ 다공체식 필터 ④ 흡착식 필터

Answer 30 ④ 31 ② 32 ③ 33 ③ 34 ② 35 ④

36 그림과 같은 실린더 내에 피스톤에서 $F=500N$ 의 힘이 발생했을 때 얼마의 유압이 필요한가? (단, 실린더의 안지름은 40mm로 한다.)

① 0.398 MPa ② 0.577 MPa
③ 0.79 MPa ④ 0.64 MPa

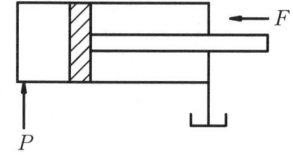

Solution $P = \dfrac{F}{A} = \dfrac{500}{\dfrac{\pi}{4} \times 0.04^2} \times 10^{-6} = 0.398\,MPa$

37 두 개 이상의 분기회로(分岐回路)를 갖는 회로 중에서 그 작동순서를 회로의 압력 또는 유압 실린더 등의 운동에 의해서 규제하는 자동 밸브는?

① 릴리프 밸브(relief valve)
② 카운터 밸런스 밸브(counter balance valve)
③ 언로딩 밸브(unloading valve)
④ 시퀀스 밸브(sequence valve)

38 축압기는 고압용기이므로 장착과 취급에 각별한 주의사항이 요망된다. 이에 맞지 않는 항은?

① 점검보수에 편리하고 진동이 심한 곳에서는 충분한 지지구로 충분히 고정할 것.
② 축압기에 용접, 가공, 구멍뚫기 등은 절대 금물이다.
③ 기체의 예압력은 밸브가 열려 유속이 최소로 되었을 때의 걸리는 정적압력
④ 펌프와 축압기와의 사이에는 역지 밸브를 설치하여 압유가 펌프쪽으로 역류를 방지할 것.

39 회로압의 과부하를 막고 회로 압력을 일정값 이하로 유지함과 동시에 유압 모터의 회전력과 유압 실린더의 추력을 제한하는 밸브는?

① 무부하 밸브(unloading valve) ② 방향전환 밸브
③ 릴리프 밸브(relief valve) ④ 시퀀스 밸브(sequence valve)

40 다음 중 고정부분에 사용하는 실(seal) 장치는?

① 그랜드 패킹(grand packing) ② 가스켓(gasket)
③ 미캐니컬 패킹(mechancial packing) ④ 칸막이(weir)

41 그림에서 피스톤의 지름을 각각 50mm, 60mm로 하고 작은 피스톤에 40kg$_f$의 힘을 가한 경우 큰 피스톤을 10mm 움직이면 작은 피스톤은 얼마나 움직이는가?

① 11.4mm
② 12.0mm
③ 13.2mm
④ 14.4mm

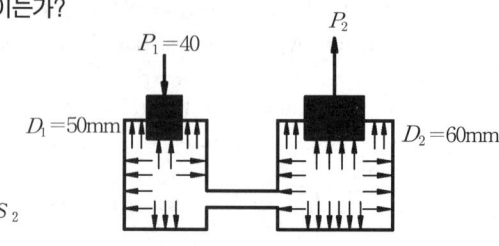

Solution $V_1 = V_2$, $\dfrac{\pi}{4}D_1^2 \times S_1 = \dfrac{\pi}{4}D_2^2 \times S_2$
$50^2 \times S_1 = 60^2 \times 10$, $S_1 = 14.4\,[mm]$

Answer 36 ① 37 ④ 38 ③ 39 ③ 40 ② 41 ④

42 다음 기호가 나타내는 명칭은?

① 리밋 스위치
② 아날로그 변환기
③ 압력 스위치
④ 전자 변환기

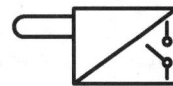

> Solution 압력 스위치 : 유체 압력이 소정의 값에 달하였을 때 전기 접점을 개폐시키는 기기이다.

43 유압유의 사용 온도 범위는 다음 중 어느 경우가 가장 적합한가?

① 10~50℃   ② 50~80℃   ③ -10~20℃   ④ 0~80℃

44 엷은 여과면을 다수 겹쳐 쌓아서 사용하는 필터는?

① 표면식 필터   ② 다공체식 필터   ③ 적층식 필터   ④ 흡착식 필터

45 다음 중 필요에 따라 유체의 일부 또는 전량을 분기시키는 관로는?

① 바이패스 관로   ② 드레인 관로   ③ 통기관로   ④ 주관로

> Solution 드레인 관로 : 드레인이란 기기의 통로나 관로에서 탱크나 매니폴드 등으로 돌아오는 액체 또는 액체가 돌아오는 현상이다. 드레인을 귀환 관로 또는 탱크 등으로 연결하는 관로를 드레인 관로 라 한다.

46 유압 펌프를 운전하는데 적당한 온도 범위는 다음 중 어느 것이 최적인가?

① 30~50℃   ② 10~25℃   ③ 70~80℃   ④ 180~200℃

47 작동유의 산성을 나타내는 척도로 보통 사용하는 것은?

① 탄화수소(산의 양)   ② 소포성   ③ 중화수(알칼리 양)   ④ 산화 안정성

> Solution 산화 안정성 : 유압유의 산성을 나타내는 척도로 유압유의 수명을 예측하는 수단으로 사용된다.

48 다음 기호는 무슨 밸브의 명칭인가?

① 바이패스형 유량조절 밸브
② 직렬형 유량조절 밸브
③ 체크 밸브 유량조절 밸브
④ 기계조작형 감압 밸브

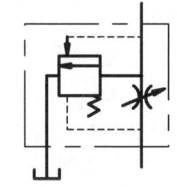

> Solution 유량조절 밸브 : 배압 또는 부압에 따라서 생긴 압력의 변화에 관계없이 유량을 설정된 값으로 유지시켜 주는 유량제어 밸브이다.

49 다음 중 작동유의 방청제(傍聽劑 ; anticovrosiv)로 가장 적당한 것은?

① 이온 화합물   ② 인산화합물   ③ 유기산 에스텔   ④ 실리콘 유

50 유압유(油壓油)가 갖추어야 할 조건을 나열한 것 중 옳지 않은 것은?

① 유동성, 윤활성이 좋을 것.   ② 산화에 안정할 것.
③ 점도지수가 낮을 것.   ④ 소포성(消泡性)이 좋을 것.

> Solution 유압유를 선택할 때는 점도지수가 높은 것을 선택한다.

Answer 42 ③ 43 ① 44 ③ 45 ① 46 ① 47 ④ 48 ① 49 ③ 50 ③

51 다음 중 유체 토크 컨버터의 구성요소와 거리가 가장 먼 것은?
① 릴리프 밸브   ② 스테이터   ③ 펌프 회전차   ④ 터빈 회전차

52 다음 중 서보 밸브의 구성요소로서 가장 적합한 것은?
① 유압중압부, 안내 밸브, 스트레이너, 탱크
② 토크 모터, 유압중압부, 안내 밸브, 반환 밸브
③ 토크 모터, 유압중압부, 피스톤, 안내 밸브
④ 토크 모터, 유압중압부, 릴리프 밸브, 피스톤

> **Solution** 서보 밸브 : 전기 그 밖의 입력 신호에 따라 유량 또는 압력을 제어할 수 있는 밸브이다.

53 유압유의 구비조건이 아닌 것은?
① 유체 마찰 저항이 적을 것.
② 압축성 유체일 것.
③ 화학적, 물리적 변화가 적을 것.
④ 녹이나 부식의 발생을 방지할 수 있을 것.

54 다음 기호 중 회로의 교차를 표시하는 것은?

① 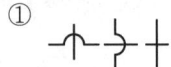   ②    ③    ④

55 축압기의 용량이 5 ℓ, 기체의 봉입압력이 250kPa일 때 작동유압이 $P_1=700\text{kPa}$로부터 $P_2=400\text{kPa}$까지 변화할 때 방출 유량은 몇 ℓ 인가?
① 약 1.01   ② 약 1.34   ③ 약 1.48   ④ 약 1.73

> **Solution**
> $$\Delta V = V_2 - V_1 = P_0 V_0 \left(\frac{1}{P_2} - \frac{1}{P_1} \right)$$
> $$= 250 \times 10^3 \times 5 \times 10^{-3} \times \left(\frac{1}{400 \times 10^3} - \frac{1}{700 \times 10^3} \right) = 1.34 l$$

56 작동유의 점도가 너무 높은 경우의 영향과 가장 먼 항목은 다음 중 어느 것인가?
① 기계 효율의 저하
② 내부마찰의 증대에 의한 온도 상승
③ 소음이나 공동 현상의 원인
④ 유압 펌프, 모터 등의 용적 효율의 저하

> **Solution** 점도가 너무 크면 효율이 떨어지고 소음이 발생하며, 마찰저항이 증가하여 펌프의 송출 압력이 증가하며 밸브의 응답속도가 늦어진다. 또한 펌프 입구에서 캐비테이션이 일어날 수 있다.

57 서지압의 방지에서 배관, 밸브, 계기류를 보호하기 위해 설치된 것은?
① 어큐뮬레이터   ② 액츄에이터   ③ 드로틀   ④ 디퓨셔

58 부하가 급격히 제거되었을 때 관성력 때문에 소정의 제어를 못할 경우 삽입되는 회로는?
① 카운터 밸런스 회로   ② 시퀀스 회로
③ 언로드 회로   ④ 감압 회로

Answer 51 ① 52 ② 53 ② 54 ① 55 ② 56 ④ 57 ① 58 ①

59 패킹의 재료로는 다음의 성능이 요망된다고 한다. 이에 맞지 않는 것은?
① 금속에 밀착하고 기름이 새는 것을 막기 위해서는 유연성이 있을 것.
② 동력시일에 대해서는 내마모성이 요망된다.
③ 패킹이 유체와 접하므로 그 유체에 의해 연화되는 재질일 것.
④ 사용하는 유체에 대해서 저항성이 있을 것.

> **Solution** 패킹은 유체로부터 받는 힘이 있으므로 이 힘에 저항할 수 있는 강도를 갖고 있어야 한다.

60 구조가 복잡하고 값이 비싸나 누설이 작고 회전속도 범위가 넓으며 기동특성이 양호한 유압 모터는?
① 기어 모터
② 베인 모터
③ 레이디얼 피스톤 모터
④ 액셜 피스톤 모터

61 다음 중 윤활유의 성질에 포함되지 않는 것은?
① 산화성이 많고 발화점이 낮을 것.
② 강인한 유막을 형성할 것.
③ 인화점, 발화점이 높을 것.
④ 점도의 변화가 적을 것.

62 유압기기에서 다음 유압유가 구비해야 할 조건 중 옳지 않은 것은?
① 넓은 온도 변화에 걸쳐 점도 변화가 작을 것.
② 기체 및 증기의 상태에서 독성이 적을 것.
③ 압력의 변화 및 전단에 의한 점도 변화가 작을 것.
④ 증기압이 높고, 비등점이 낮을 것.

63 공작기계에서 작업시 유온상승을 예방할 수 있는 방법을 열거한 것 중 맞는 것은?
① 관내의 유속을 바르게 한다.
② 가변용량형 펌프 회로를 이용한다.
③ 관의 길이를 길게하여 열발산이 쉽도록 한다.
④ 탱크의 용량을 크게 한다.

> **Solution** 가변용량형 펌프 : 1회전 마다의 이론 토출량이 변화되지 않는 펌프이다.

64 미터 아웃 회로(meter-out circuit)를 가장 옳게 설명한 것은?
① 유량제어 밸브를 실린더의 입구측에 설치한 회로
② 유량제어 밸브를 실린더의 출구측에 설치한 회로
③ 압력유지 밸브를 실린더의 입구측에 설치한 회로
④ 속도조정 밸브를 실린더의 출구측에 설치한 회로

> **Solution** 미터 아웃 회로는 속도제어 회로이다. 유량제어 밸브는 유량을 제어하는 밸브의 총칭적 표현이다.

65 유압 작동유의 필요 성질을 열거한 것 중 틀린 것은?
① 점도지수가 높을 것.
② 유동점이 높을 것.
③ 방청성 및 소포성이 좋을 것.
④ 산화 안정성이 좋을 것.

66 다음 중 고속회전에 가장 알맞은 윤활유의 종류는?
① 고점도의 윤활유
② 고온도의 윤활유
③ 저점도의 윤활유
④ 저비중의 윤활유

Answer 59 ③ 60 ③ 61 ① 62 ④ 63 ② 64 ④ 65 ② 66 ③

67 다음 기호는 무슨 밸브인가?

① 저압 우선형 셔틀 밸브
② 급속 배기 밸브
③ 파일럿 조작 체크 밸브
④ 서보 밸브

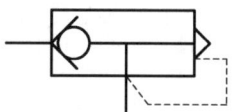

68 압력 6.86MPa, 유량 40 ℓ/min로 작동하고 있는 유압 펌프의 소요 동력은 얼마인가? (단, 펌프 효율은 85%이다.)

① 4.6 kW ② 5.4 kW ③ 6.4 kW ④ 7.3 kW

Solution $\eta_v = \dfrac{P \cdot Q}{L_s}$, $L_s = \dfrac{6.86 \times 10^6 \times 40 \times 10^{-3}}{0.85 \times 60} = 5.4\, kW$

69 유압 실린더의 작동이 불확실한 이유로서 적당치 않은 것은?

① 실린더내의 기름이 충만되어 있다.   ② 패킹이 손상되어 있다.
③ 작동유의 온도 상승이 지나치게 크다.   ④ 작동유에 이물이 혼입되어 있다.

70 다음 그림은 속구의 어떤 압기호인가?

① 비기구
② 급속이음
③ 회전이음
④ 공기구멍

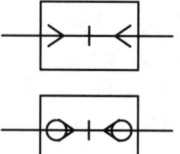

Solution 호스의 접속용 이음으로서 신속하게 착탈이 가능한 것이 급속이음(quick disconnet coupling)이다.

71 유압 시스템이 갖고 있는 장점을 기술한 것 중 맞는 것은?

① 무단변속이 가능하다.
② 먼 거리까지 쉽게 에너지를 전달할 수 있다.
③ 에너지의 저장성이 좋다.
④ 작업요소의 운동속도가 빠르다.

72 펌프 토출압 70kg/cm², 토출량 30 ℓ/min인 유압 펌프의 동력은?

① 3.74PS ② 4.67PS ③ 5.84PS ④ 7.30PS

Solution $L_P = \dfrac{P \cdot Q}{75} = \dfrac{70 \times 10^4 \times 30 \times 10^{-3}}{75 \times 60} = 4.67\, PS$

73 다음 유압 회로는 펌프 출구 직후에 릴리프 밸브를 설치하여 최대 압력을 제한하려는 것이다. 이에 맞는 회로의 명칭은?

① 카운터 밸런스 회로
② 조압회로
③ 시퀀스 회로
④ 감압회로

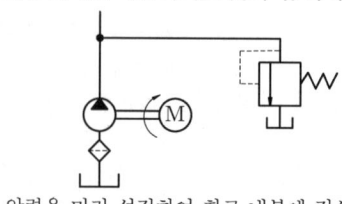

Solution 조압회로 : 릴리프 밸브를 기본으로 한 것으로 회로 압력을 미리 설정하여 회로 내부에 정상압력보다 큰 압력이 작용하게 되면 작동유의 일부가 릴리프 밸브를 통하여 탱크로 되돌아가게 하는 회로이다.

Answer 67 ② 68 ③ 69 ① 70 ② 71 ① 72 ② 73 ②

74 다음 중 유압유의 구비 조건이 아닌 것은?
① 장시간 사용하여도 화학적으로 안정되어야 한다.
② 압축성이 있어야 한다.
③ 열을 방출시킬 수 있어야 한다.
④ 산화 안정성이 있어야 한다.

75 다음 중 필요에 따라 유체의 일부 또는 전량을 분기시키는 관로는?
① 바이패스 관로　② 드레인 관로　③ 통기관로　④ 주관로

> **Solution** 통기관로 : 대기로 언제나 개방되어 있는 회로

76 펌프의 무부하 운전에 대한 장점이 아닌 것은?
① 구동동력 경감　　　　② 유압유의 점도저하 방지
③ 작업시간 단축　　　　④ 고장방지 및 수명연장

77 유압회로 내의 압력을 일정하게 유지하든가 적당한 압력으로 감압(減壓)하든가 회로의 압력을 설정한 작동순서에 따라 변화시키는 등 압력에 관해서 제어하는 밸브(valve)를 무슨 밸브라고 하는가?
① 압력제어 밸브(pressure control valve)　② 감압 밸브(pressure reducing valve)
③ 유체 퓨즈(hydraulic fuse)　　　　　　　④ 압력 스위치(pressure switch)

> **Solution** 압력제어 밸브의 종류 : 릴리프 밸브, 감압 밸브, 시퀀스 밸브, 무부하 밸브, 카운터 밸런스 밸브 등

78 고압용이고 영구적으로 분리할 필요가 없는 조인트에 적합한 것은?
① 용접 조인트　② 나사 조인트　③ 플레어 조인트　④ 플랜지 조인트

79 서보 밸브(servo valve)는 어떤 작용을 하는가?
① 작동유의 유량을 조절하여 전기적 신호로 변환시키는 밸브이다.
② 유압을 전기적 신호로 만드는 밸브이다.
③ 미약한 전기압력 신호를 유압으로 변환시키는 밸브이다.
④ 작동유의 유속을 조절하여 전기적 신호로 변화시키는 밸브이다.

80 방향전환 밸브에서 밸브와 주관로와의 접속구 수를 무엇이라고 하는가?
① 방수(mumber of way)　　　　② 포트수(numbeer of port)
③ 위치수(number of position)　④ 스풀수(number of spool)

81 유압 구동의 특징을 설명한 것이다. 틀린 것은?
① 원격 조작 및 자동조작이 용이하다.
② 주기적인 운동을 간단한 장치로 할 수 있다.
③ 열변형 또는 온도변화에도 공작 정밀도가 저하하지 않는다.
④ 무단변속이 가능하다.

Answer 74 ② 75 ① 76 ③ 77 ① 78 ① 79 ③ 80 ② 81 ③

82 가스켓(gasket)의 용어 설명으로 알맞은 것은?
① 고정 부분에 사용되는 실(seal)
② 운동 부분에 사용되는 실(seal)
③ 대기로 개방되어 있는 구멍
④ 흐름의 단면적을 감소시켜 관로내 저항을 갖게 하는 기구

83 그림과 같이 제시된 회로는 다음 중 어느 것인가?
① 미터 인 회로
② 미터 아웃 회로
③ 블리드 오프 회로
④ 차동회로

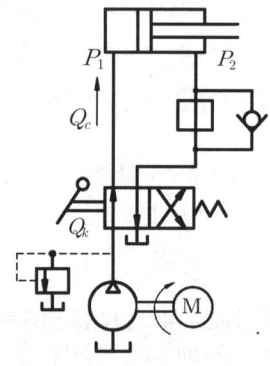

84 자동차의 파워 스티어링에 유압을 적용한 경우 핸들의 복귀가 좌우 모두 나쁘게 느껴질 때 그 원인에 대한 설명으로 가장 적당한 것은?
① 탱크내의 유량부족에 의한 공기의 흡입
② 필터가 막혔음
③ 배관의 찌그러짐이나 이물질의 혼입
④ 오일의 점도가 높고, 베인이 나오지 않음

85 유압 프레스의 작동원리는 다음 어느 이론에 바탕을 둔 것인가?
① 파스칼의 원리
② 보일의 법칙
③ 아르키메데스의 원리
④ 토리체리의 원리

86 그림에서 $W = 300\,kg_f$ 의 물체를 피스톤 ①로 작동시켜서 들어 올리려고 한다. 유압 피스톤 ①을 $10\,kg_f$ 의 힘으로 밀 때 그 지름 D_1은 몇 cm로 할 것인가?
① 5.42
② 6.39
③ 7.22
④ 8.36

 Solution
$$P_1 = P_2, \quad \frac{W_1}{A_1} = \frac{W_2}{A_2}$$
$$\frac{10}{D_1^2} = \frac{300}{35^2}$$
$$D_1 = 6.39\,cm$$

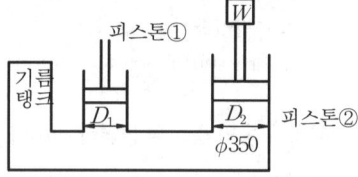

87 다음 펌프 중 구동축의 회전 방향을 변화시키지 않고 기름의 송출 방향을 바꿀 수 있는 펌프는?
① 외접 기어 펌프
② 레이디얼 플런저 펌프
③ 복합 베인 펌프
④ 내접 기어 펌프

Answer 82 ① 83 ② 84 ④ 85 ① 86 ② 87 ②

88 다음 그림은 어떤 유압기호인가?
① 처짐관로 ② 접속관로
③ 교차관로 ④ 통기관로

89 다음 중 작동유의 방청제로서 가장 적당한 것은?
① 이온 화합물 ② 인산 화합물 ③ 유기산 에스텔 ④ 실리콘 유

90 다음 중 유압유의 점도가 낮을 때 유압장치에 미치는 영향 중에서 틀린 것은?
① 내부 및 외부의 기름 누출 증대 ② 마모의 증대와 압력 유지 곤란
③ 펌프의 용적 효율 저하 ④ 기계 효율의 저하(동력 손실 증가)

▶ Solution 유압 펌프의 동력손실은 유압류의 점도가 높을 때 크게 증가한다.

91 압력이 70kgf/cm², 유량이 30 ℓ/min인 유압 모터에서 1분간의 회전수는 몇 rpm인가? (단, 유량(q_n)= 20 cc/rev 이다.)
① 500 ② 1000 ③ 1500 ④ 2000

▶ Solution $Q = q \cdot N$
$N = \dfrac{30 \times 10^3}{20} = 1500 \, \text{rpm}$

92 다음 그림은 어떤 접속구인가?
① 배기구 ② 공기구멍
③ 회전이음 ④ 급속이음

93 다음 중 실린더에서 유출하는 유량을 복귀측에 직렬로 유량 체크 밸브를 설치하여 유량을 제어하는 것은?
① 전자회로 ② 미터 인 회로(meter in circuit)
③ 미터 아웃 회로(meter out circuit) ④ 언로드 회로

94 윤활유 중에 발생하는 기포를 파괴하는 작용을 하는 첨가재를 무엇이라고 하는가?
① 청정제 ② 소포제 ③ 유동점 강하제 ④ 유성 향상제

95 작동유의 일반적인 성질 중 좋지 않은 것은?
① 오랫동안 사용할 수 있을 것.
② 적당한 점도가 있을 것.
③ 윤활성이 있고 유막이 약할 것.
④ 운전온도 범위 내에 있어서 적당한 유동성이 있을 것.

▶ Solution 완전윤활을 위해서는 유막이 깨지지 않고 견딜 수 있을 정도가 되어야 한다.

Answer 88 ① 89 ③ 90 ④ 91 ③ 92 ② 93 ③ 94 ② 95 ③

96 절삭과 급속 귀환 공정을 하는 공작기계에서 절삭시 사용할 고압 펌프와 귀환시 사용할 저압 대용량 펌프를 병행해서 사용할 때 동력을 최대로 절감하려면 어떤 밸브를 사용하는 것이 좋은가?

① 감압 밸브(reducing valve) ② 시퀀스 밸브(sequence valve)
③ 무부하 밸브(unloading valve) ④ 릴리프 밸브(relif valve)

97 다음 중에서 유압유의 첨가제가 아닌 것은?

① 점도 지수 향상제 ② 인화점 향상제 ③ 소포제 ④ 유성 향상제

> **Solution** 인화점(flash point) : 인화성 물질이 일정한 조건하에서 가열되어 불꽃 또는 화염 등으로 연소될 수 있을 정도의 가스를 발생시킬 수 있는 온도를 인화점이라 한다.

98 유압 잭(jack)은 다음 중 어느 것을 이용하는가?

① 베르누이 정리 ② 보일 샬의 법칙 ③ 레이놀즈의 이론 ④ 파스칼의 원리

99 유압장치에서 조직 사이클 고정부에서 짧은 행정 또는 순간적으로 고압을 필요로 할 경우에 사용하는 회로는?

① 감압 회로 ② 로킹 회로 ③ 증압 회로 ④ 통기 회로

100 다음 중 유압 작동유가 구비하여야 할 조건이 되지 못하는 것은?

① 넓은 온도변화에 대하여 점도변화가 작을 것.
② 적당한 유막강도가 있고 윤활성이 좋을 것.
③ 투명도가 높고 독특한 색을 가질 것.
④ 공기의 흡수도가 많을 것.

> **Solution** 유압유 속의 공기는 유압유와 분리가 잘 될 수 있어야 하고 유압유 속으로 공기가 혼입되지 않도록 하는 것이 좋다.

101 다음 중 유압장치의 주요 구성요소가 아닌 것은?

① 동력원(power unit) ② 연결부(connection unit)
③ 제어부(control unit) ④ 구동부(actuator)

102 유압기기의 작동 유체로서 물과 기름을 설명한 것으로 틀린 것은?

① 기름은 윤활성이 있어 수명이 길다.
② 물은 녹이 잘 슬고, 고압에서 누설이 쉽다.
③ 물은 점성이 적고, 마모도 촉진하게 되므로 특별한 재료를 사용해야 한다.
④ 기름은 열에 민감하나 녹이 잘 슬고 마모의 촉진이 쉽다.

103 미끄럼 밸브에서 랜드 부분과 포트 부분 사이에 중복된 상태 또는 그 량을 무엇이라고 하는가?

① 초크(choke) ② 벤트 포트(vent port)
③ 랩(lap) ④ 공동현상(cavitation)

> **Solution** 랩(lap) : 몸체와 스풀이 겹치는 정도를 말하며, 언더 랩과 오버 랩이 있다.

Answer 96 ③ 97 ② 98 ④ 99 ③ 100 ④ 101 ② 102 ④ 103 ③

104 방향제어 밸브 내에서 스풀의 동작시 발생되는 오버 랩 중 네거티브 오버 랩(negative overlap)의 설명으로 올바른 것은?

① 밸브의 동작시 압력의 작용으로 열리지 않는다.
② 밸브의 전환시 피크 압력이 발생한다.
③ 일반적으로 서보 밸브에 적용된다.
④ 밸브의 전환시 밸브 내 모든 유로가 연결된다.

> **Solution** 언더 랩(under lap) : 미끄럼 밸브 등에서 밸브가 중립점에 있을 때 포트가 열려 있어 유체가 흐르도록 되어 있는 상태를 의미하는 것으로 네거티브 오버 랩도 이와 유사한 의미이다.

105 유압 실린더의 부하가 갑자기 감소하여 피스톤이 급진하는 것을 방지하거나, 피스톤이나 램의 자유 낙하를 방지하기 위한 밸브는?

① 시퀀스 밸브
② 카운터 밸런스 밸브
③ 파일럿 조작 방향제어 밸브
④ 압력 보상형 유량제어 밸브

106 4/3-way 방향제어 밸브를 이용하여 무부하 회로를 구성하려 한다. 중립위치의 형태로 가장 적당한 것은?

① 탠덤 센터
② 오픈 센터
③ 클로즈드 센터
④ 스콜 센터

107 부하가 급격히 제거되었을 때 관성력 때문에 소정의 제어를 못할 경우 삽입되는 회로는?

① 카운터 밸런스 회로
② 시퀀스 회로
③ 언로드 회로
④ 감압 회로

108 작동유의 산성을 나타내는 척도로 보통 사용되는 것은?

① 산화 안전성
② 중화수
③ 항 유화성
④ 소포성

109 다음의 유압 시스템 구성요소 중 유압 에너지를 생성하거나 이용하는 것이 아닌 것은?

① 작업요소
② 최종제어요소
③ 신호처리요소
④ 동력공급장치

110 한쪽방향의 흐름에는 설정된 배압을 부여하고 반대방향의 흐름에는 자유흐름이 되는 밸브는?

① 릴리프 밸브
② 시퀀스 밸브
③ 언로드 밸브
④ 카운터 밸런스 밸브

111 유압 작동유가 갖추어야 할 성질 중 아닌 것은?

① 유동성
② 윤활성
③ 압축성
④ 산화 안정성

112 유압회로 중 실린더의 부하 변동에 관계없이 임의의 위치에 고정시킬 수 있는 회로의 명칭은?

① 부스터 회로
② 언로드 회로
③ 로킹 회로
④ 시퀀스 회로

Answer 104 ④ 105 ② 106 ① 107 ① 108 ① 109 ③ 110 ④ 111 ③ 112 ③

113 유압 액츄에이터(actuator) 중 직선 왕복운동을 하는 것은?
① 유압 모터　　　　　　　　② 유압 실린더
③ 요동형 액츄에이터　　　　④ 피스톤형 요동 모터

> Solution 작동기(actuator)는 직선왕복운동, 회전운동, 요동운동 등을 하는 작업요소이다. 회전운동하는 액츄에이터는 유압 모터이다.

114 그림에서 실린더 B의 반지름은 실린더 A의 반지름의 2배이다. 힘 F_1과 F_2 사이의 관계는
① $F_2 = 4F_1$
② $F_2 = 2F_1$
③ $F_1 = F_2$
④ $F_1 = 4F_2$

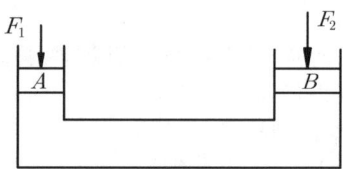

> Solution $P_A = P_B$, $\dfrac{F_1}{A_A} = \dfrac{F_2}{A_B}$, $F_1 = \dfrac{F_2}{4}$, $F_2 = 4F_1$

115 A-6-6-2040 유압 브레이크 장치의 주요 구성 부분에 해당되지 않는 것은?
① 브레이크 슈　　② 브레이크 드럼　　③ 휠 실린더　　④ 피트먼 암

116 다음 그림과 같은 밸브의 명칭으로 가장 적합한 것은?
① 3포트 2위치 전환 밸브
② 2포트 3위치 전환 밸브
③ 6포트 2위치 전환 밸브
④ 2포트 6위치 전환 밸브

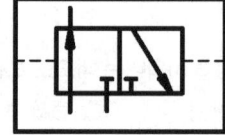

117 유압기본회로에서 폐회로의 특성 설명으로 틀린 것은?
① 동력손실이 적어 열발생이 적다.
② 회로 내의 압력은 부하에 의해 발생한다.
③ 펌프 한 대에 대하여 유압 모터 여러 대를 사용하는 것이 원칙이다.
④ 액츄에이터의 속도제어는 가변 펌프의 토출량의 변화로 되어 진다.

> Solution 기본적으로 작동기의 속도제어에는 유량제어 밸브를 이용한다.

118 지름이 50mm인 유압 실린더를 이용하여 1ton의 물체를 50mm/sec의 속도로 밀어 올리려고 할 때, 다음 중 가장 적합한 유압 펌프의 펌프 동력은 몇 kW 인가? (단, 유압 시스템의 모든 손실은 무시한다.)
① 0.1　　　　② 0.5　　　　③ 1　　　　④ 2

> Solution $H_{kw} = \dfrac{1000 \times 0.05}{102} = 0.5\text{kW}$

Answer   112 ③　113 ②　114 ①　115 ④　116 ①　117 ④　118 ②

119 유압 실린더의 작동이 불확실한 이유로서 적당하지 않는 것은?

① 작동유의 온도 상승이 지나치게 크다.
② 실린더 내의 기름이 충만되어 있다.
③ 작동유에 이물이 혼입되어 있다.
④ 패킹이 손실되어 있다.

120 그림과 같은 유압 기본 로직회로에서 A와 B의 입력이 만족할 때 출력 C가 되는 회로는?

① AND 회로
② OR 회로
③ NOT 회로
④ NOR 회로

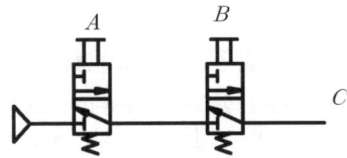

> **Solution** ① OR 회로 : A와 B의 입력 중 하나만 만족할 때 출력 C가 되는 회로
> ② NOR 회로 : A와 B의 입력이 off 일 때 출력 C가 되는 회로
> ③ NOR 회로 : A와 B의 입력 중 하나만 만족할 때 출력 C가 off 되는 회로

121 보기와 같은 유압도시기호의 명칭으로 가장 적합한 것은?

① 다이어프램형 실린더
② 쿠션 장착 실린더
③ 단동 실린더
④ 복동 실린더

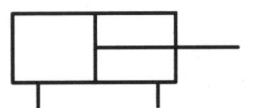

122 다음 중 작동유에 수분이 혼입되었을 때 나타나는 현상이 아닌 것은?

① 윤활능력 저하   ② 기기의 작동불량
③ 작동유의 산화촉진   ④ 작동유의 흑화현상 발생

123 유압장치에서의 설명으로 올바른 것은?

① 힘의 크기를 유량제어 밸브, 속도를 압력제어 밸브, 일의 방향을 방향제어 밸브로 제어한다.
② 힘의 크기를 압력제어 밸브, 속도를 유량제어 밸브, 일의 방향을 방향제어 밸브로 제어한다.
③ 힘의 크기를 유압 액츄에이터, 속도를 유량제어 밸브, 일의 방향을 방향제어 밸브로 제어한다.
④ 힘의 크기를 유량제어 밸브, 속도를 유압 액츄에이터, 일의 방향을 방향제어 밸브로 제어한다.

124 다음 중 압력제어 밸브가 아닌 것은?

① 릴리프 밸브   ② 시퀀스 밸브   ③ 스로틀 밸브   ④ 카운터 밸런스 밸브

> **Solution** 스로틀 밸브 : 원판의 회전에 의하여 관로의 열림을 축소하고 마찰에 의하여 압력을 내리는데 사용하는 밸브이다.

Answer 119 ② 120 ① 121 ④ 122 ④ 123 ② 124 ③

125 다음 중 작동유의 점도가 너무 낮을 때 나타나는 현상이 아닌 것은?
① 펌프 효율 저하
② 기기의 마모 증가
③ 시동저항 증가
④ 누설손실 증가

126 유압장치에서 장치의 최대 사용압력을 결정하려고 한다. 다음 중 어느 밸브를 사용하여야 하는가?
① 압력 릴리프 밸브
② 3방향 감압 밸브
③ 방향제어 밸브
④ 압력보상형 밸브

127 보기와 같은 유압 회로의 명칭으로 적합한 것은?
① 재생 회로(regenerative circuit)
② 카운터 밸런스 회로(counter valance circuit)
③ 감속 회로(deceleration circuit)
④ 제동 회로(brake circuit)

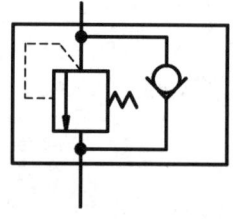

128 다음 그림은 무슨 전환 밸브의 기호인가?
① 5포트 교축
② 4포트 파일럿
③ 5포트 파일럿
④ 4포트 교축

129 기름 속에 용해되는 가스는 일정 온도하에서 액체에 흡수된다. 이 때 흡수되어지는 가스의 체적비율은?
① 가스의 압력에 비례한다.
② 가스의 압력에 반비례한다.
③ 가스의 압력의 제곱에 비례한다.
④ 가스의 압력의 제곱에 반비례한다.

> **Solution** 체적비율은 원래 체적에 대한 체적 변화량이다. 기본적으로 온도 일정하에서 압력과 체적도 반비례한다.

130 다음 중 유압 펌프로 사용되지 않는 것은?
① 기어 펌프
② 플런저 펌프
③ 베인 펌프
④ 터빈 펌프

> **Solution** 터빈 펌프(turbine pump) : 물의 속도를 서서히 저하시키므로서 효율을 좋게 하기 위하여 안내깃을 갖는 원심 펌프

131 다음 설명 중 유압장치의 장점이 아닌 것은?
① 작동체의 속도를 무단 변속시킬 수 있다.
② 에너지의 축적이 가능하다.
③ 소형의 장치로서 큰 힘을 낼 수 있다.
④ 기름의 유속에 제한이 있으므로 작동체의 속도에도 제한이 있다.

Answer 125 ③ 126 ① 127 ② 128 ③ 129 ② 130 ④ 131 ④

132 작동유의 구비조건 중 옳지 않은 것은 어느 것인가?
① 인화점이 높을 것.
② 화학적으로 안정되어 있을 것.
③ 소포성이 적을 것.
④ 윤활성, 방청성이 좋을 것.

▶ Solution 소포성 : 거품의 발생이 적을 것.

133 오일 탱크(oil tank)의 용량은 펌프 토출량의 몇 배 정도의 크기가 가장 적당한가?
① 3배 이하
② 3~6배 정도
③ 12~15배 정도
④ 16~20배 정도

134 다음 그림의 기호는 무슨 방식의 조작 기호인가?
① 누름 버튼
② 누름-당김 버튼
③ 당김 버튼
④ 레버 버튼

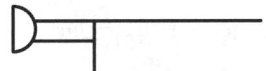

135 회전수 n(rpm), 압력 P(kg/cm^2), 기어 펌프의 누설량 q(ℓ/min), 펌프 1회전당 송출량 D(ℓ/rev)일 때 실제 송출량 Q(ℓ/min)는?
① $Q = nD - q$
② $Q = nq - D$
③ $Q = \pi nD - q$
④ $Q = n\pi - qD$

▶ Solution ① 이론 유량 : $Q_{th} = D \cdot n [\ell/min]$
② 실제 유량 : $Q = Q_{th} - q = D \cdot n - q$

136 회로 회전체에 사용되는 것으로 비접촉형 시일 장치는?
① 그랜드 패킹(grand packing)
② 미캐니컬 패킹(mechanical packing)
③ 셀프실 패킹(self seal packing)
④ 래비린스 패킹(labyrinth packing)

▶ Solution 래비린스 패킹(labyrinth packing) : 축과 실이 접촉하지 않은 상태로 축만 회전하는 패킹 장치

137 다음 그림은 전기, 유압식 서보 기구의 블록 선도(block diagram)이다. 빈칸의 요소(element)는 무엇인가?
① 위치 검출기
② 전압 조정기
③ 유압 조절기
④ 제어 대상

▶ Solution 위치 검출기 : 유압 실린더의 위치를 정확하게 이동시켜가기 위하여 위치 검출기를 두고 위치 검출을 하여 피드백시킨다.

138 릴리프 밸브는?
① 압력제어 밸브이다.
② 유량조절 밸브이다.
③ 방향제어 밸브이다.
④ 속도제어 밸브이다.

Answer 132 ③ 133 ② 134 ③ 135 ① 136 ④ 137 ① 138 ①

139 출력 토크 5.6kg·m, 회전수 30rpm으로 하는 회전 피스톤 모터를 설계하려고 한다. 모터의 크기를 210 cm³/rev로 할 때 필요한 압유의 압력을 구하면? (단, 모터의 토크 효율 및 용적 효율을 각각 90%라고 가정한다.)

① 17.4 kg/cm² ② 18.6 kg/cm² ③ 19.4 kg/cm² ④ 20.6 kg/cm²

Solution
$$\eta_T = \frac{T}{T_{th}}, \quad T_{th} = \frac{T}{\eta_T} = \frac{p \cdot q}{2\pi}$$
$$\frac{5.6}{0.9} = \frac{P \times 210 \times 10^{-6}}{2\pi}, \quad p = 18.6 \text{ kg/cm}^2$$

140 회로압력을 일정하게 하거나 최고압력을 규제하여 장치를 보호하는 역할을 하는 유압 밸브는?

① 감압 밸브 ② 릴리프 밸브 ③ 시퀀스 밸브 ④ 언로드 밸브

141 다음 그림은 어떤 기호 표시인가?

① 브레이크 밸브
② 양방향 릴리프 밸브
③ 카운터 밸런스 밸브
④ 일정비율 감압 밸브

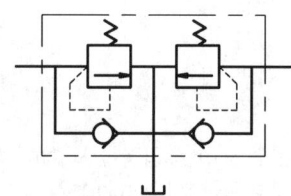

142 유압장치의 흡입측에서 작동유의 온도로 가장 적당한 것은?

① 약 55℃ 이하 ② 약 105℃ 이하 ③ 약 125℃ 이하 ④ 약 150℃ 이하

Solution 유압장치의 최적온도는 45~55℃이다. 유압유가 50℃ 이하에서는 산화속도가 완만하지만 70℃ 이상에서는 그 속도가 급속히 진행된다.

143 기어 펌프에서 이론 송출량이 65.5 ℓ/min, 체적효율이 0.9 일 때 실제 송출량은?

① 58.95 l/min ② 72.22 l/min ③ 54.75 l/min ④ 60.45 l/min

Solution
$$\eta_V = \frac{\text{실제송출량}}{\text{이론송출량}}, \quad 0.9 = \frac{Q}{65.5}, \quad Q = 58.95 \, l/\min$$

144 작동유로 인하여 기계효율, 누설, 공동현상, 마모, 압력손실 등에 큰 영향을 주는 것은?

① 온도 ② 점도 ③ 습도 ④ 비중

145 유압유의 점도에 가장 큰 영향을 미치는 것은?

① 하중 ② 속도 ③ 압력 ④ 온도

146 유압기기에서 포트(port)수를 가장 잘 설명한 것은?

① 관로와 접촉하는 유량 밸브 접촉구의 개수
② 관로와 접촉하는 전환 밸브 접촉구의 개수
③ 관로와 접촉하는 교축 밸브 접촉구의 개수
④ 관로와 접촉하는 체크 밸브 접촉구의 개수

Answer 139 ② 140 ② 141 ① 142 ① 143 ① 144 ② 145 ④ 146 ①

147 유압 펌프의 크기를 표시하는 방법 중 옳은 것은?
① 압력과 그 때의 속도로 표시한다.
② 압력과 그 때의 토출력으로 표시한다.
③ 압력과 그 때의 힘으로 표시한다.
④ 압력과 그 때의 토출량으로 표시한다.

148 유압 가동의 장점이 아닌 것은?
① 원격조작 및 무단변속이 가능하다.
② 과부하에 대한 안전장치의 조합이 간단하다.
③ 전기회로에 비하여 유압회로의 구성작업이 간단하다.
④ 에너지의 축적이 가능하다.

149 회로의 압력이 밸브의 설정값에 달하였을 때 유체의 일부 또는 전량을 빼돌려서 회로내의 압력을 설정값으로 유지시키는 압력 제어 밸브는?
① 릴리프 밸브(relief valve)
② 무부하 밸브(unloading valve)
③ 시퀀스 밸브(sequence valve)
④ 카운터 밸런스 밸브(counter balance valve)

150 펌프의 압력 $P=200 kgf/cm^2$, 토출량 $Q=20\ \ell/min$, 용적효율 $\eta_v=0.95$ 일 때 누설손실은 약 얼마인가?
① 0.25 ℓ/min ② 0.5 ℓ/min ③ 0.75 ℓ/min ④ 1.05 ℓ/min

Solution
$\eta_v = \dfrac{Q_{th} - \triangle Q}{Q_{th}}$, $0.95 = \dfrac{20}{Q_{th}}$, $Q_{th} = 21.05 \ell/min$
$\Delta Q = 21.05 - 20 = 1.05 \ell/min$

151 유압 펌프 중 초고압(210 kgf/cm² 이상)에 적합한 펌프는?
① 기어 펌프(gear pump)
② 베인 펌프(vane pump)
③ 2단 베인 펌프
④ 회전 피스톤 펌프(rotary piston pump)

152 유압유(油壓油)의 구비 조건이 아닌 것은?
① 비압축성 유체에 가까울 것.
② 압축성 유체일 것.
③ 유체의 마찰저항이 적을 것.
④ 녹이나 부식발생을 방지할 수 있을 것.

153 다음 밸브 중 유압 실린더, 유압 모터의 감속 및 정지를 하게 하는 밸브로서 감속 밸브라고 하는 것은?
① 솔레노이드 밸브(solenoid valve)
② 슬리브 밸브(sleeve valve)
③ 파일럿 밸브(pilot valve)
④ 디셀러레이션 밸브(deceleration valve)

Solution 디셀러레이션 밸브 : 액츄에이터를 감속시켜 주기 위하여 캠 조작 등으로 유량을 서서히 감소시켜 주는 밸브이다.

Answer 147 ④ 148 ③ 149 ① 150 ④ 151 ④ 152 ② 153 ④

154 유체의 흐름이 없을 때에도 일정 압력을 유지하는데 사용하는 유압 부품은?

① 오일 탱크　　② 가변 용량 탱크　　③ 어큐뮬레이터　　④ 스트레이너

> **Solution** 어큐뮬레이터(accumulator) : 유체를 에너지원으로 사용하기 위하여 가압상태로 저축하는 용기

155 유압기기의 기호표시로서 맞는 것은?

① 2포트 수동 전환 밸브
② 2포트 전자 변환 밸브
③ 3포트 수동 전환 밸브
④ 3포트 전자 변환 밸브

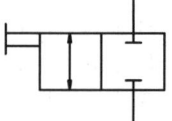

156 유압유의 점도가 지나치게 클 때 발생하는 원인 중 잘못된 사항은?

① 펌프의 용적효율이 떨어진다.
② 내부마찰이 증가하고 유압이 상승한다.
③ 유동저항이 증대하고 압력손실이 증가한다.
④ 동력손실이 증가하므로 기계효율이 떨어진다.

> **Solution** 유압유의 점도가 낮을 때 유압유의 누설이 증가하게 되어 펌프의 용적효율이 감소하게 된다.

157 다음 그림에서 2개의 피스톤이 균형하게 유지하기 위한 피스톤의 단면적비(A_1/A_2)는 얼마인가?

① $\frac{1}{10}$
② $\frac{1}{20}$
③ $\frac{1}{30}$
④ $\frac{1}{400}$

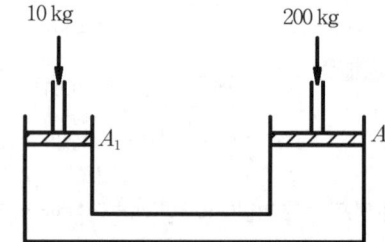

> **Solution** $P = \frac{F_1}{A_1} = \frac{F_2}{A_2}, \ \frac{A_1}{A_2} = \frac{F_1}{F_2} = \frac{10}{200} = \frac{1}{20}$

158 호스를 사용하는 목적 중 가장 거리가 먼 것은?

① 두 금속관의 중심선이 일치하지 않을 때 관의 연결에 사용
② 사용압력이 저압일 때만 사용
③ 이동하는 배관과 고정배관의 연결에 사용
④ 진동을 흡수하여 격리하고자 할 경우에 사용

> **Solution** 두 금속관의 중심선이 일치하지 않을 때 관의 연결에 사용할 수 있는 것으로 호스를 사용할 수도 있을 것이다. 그러나 플렉시블관도 사용할 수 있다.

159 기어 펌프의 결점에 대한 설명 중 잘못된 것은?

① 효율이 타 펌프에 비해 낮다.　　② 소음과 진동이 심하다.
③ 기름 속에 기포가 발생한다.　　④ 고점액의 수송 성능이 우수하다.

> **Answer** 154 ③　155 ①　156 ①　157 ②　158 ①　159 ④

160 작동유 속에 용입된 용해 공기가 기포로 분리되는 상태를 무엇이라 하는가?
① 노킹(knocking) 현상 ② 서징(surging) 현상
③ 수격작용(water hammering) ④ 공동현상(cavitation)

Solution 공동현상(cavitation) : 유동하고 있는 액체의 압력이 국부적으로 저하되어 포화증기압 또는 용해 공기 등이 분리되어 기포를 일으키는 현상. 이것들이 흐르면서 퍼지게 되면 국부적으로 초고압이 생겨, 소음 등을 발생시킨다.

161 다음의 기술 사항은 유압계통에 사용되는 어느 기기의 사용 조건을 표시한 것인가?

- 동력원인 유압 펌프가 작동되고 있지 않을 때 또는 언로딩 밸브의 작동에 의하여 유압이 발생하지 않는 상태에 있을 때 사용한다.
- 유압계통에 고장이 생겼을 때 비상용 유압원으로 사용한다.
- 압력원인 유압 펌프 용량 이상 많은 유량이 필요할 때 유압계통의 보조유압원으로 사용한다.
- 유압 펌프 및 작업에서 발생하는 유압과의 완충제로서 사용한다.

① 쇽크업 소버 ② 공기 분리 탱크 ③ 기름 보조 탱크 ④ 축압기

162 베인 펌프에서 사용하는 압유의 적정 점도는 몇 centistokes인가?
① 0.25 ② 25 ③ 35 ④ 250

163 다음 중 축압기를 유압장치에 사용하는 목적은 어느 것인가?
① 압력 있는 유압류의 축적용 ② 유압유의 감속용
③ 유압유의 증속용 ④ 여러 밸브의 자동조절용

164 다음 그림은 무엇을 나타내는가?
① 스톱 밸브
② 언로드 밸브
③ 체크 밸브
④ 릴리브 밸브

165 유압장치에서 부하에 전달되는 동력을 100kW, 피스톤 속도를 10m/min로 할 때 피스톤에 발생하는 힘은?
① 612kg ② 6120kg ③ 61200kg ④ 612000kg

Solution $L = \dfrac{F \times V}{102}$ $100 = \dfrac{F \times 10}{102 \times 60}$, $F = 61200$ kg$_f$

166 원심 펌프에서 유체의 비중량을 r(kg$_f$/m³), 유량을 Q(m³/s), 수(水) 동력을 L(PS)라 할 때, 전(全) 양정 H(m)를 구하는 식은?

① $H = \dfrac{75L}{rQ}$ ② $H = \dfrac{rQ}{75}L$ ③ $H = \dfrac{102L}{rQ}$ ④ $H = \dfrac{rQ}{102L}$

Answer 160 ④ 161 ④ 162 ③ 163 ① 164 ① 165 ③ 166 ①

167 다음 회로도는 무엇을 나타내는 기호인가?

① 냉각기
② 여과기
③ 가열기
④ 온도조절기

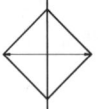

　◎ Solution　냉각기(radiator) : 일반적으로 열을 발생시키는 장치의 총칭

168 유압회로를 작성하는 착안 사항에 속하지 않는 것은?

① 간단한 회로 구성일 것.　　　　② 방열관계에서 열발생이 클 것.
③ 유압기기의 목적에 맞는 회로일 것.　④ 표준품일 것.

169 다음 기호는 무슨 조작방식의 명칭인가?

① 인력
② 버튼
③ 레버
④ 페달

170 다음 펌프 중 토출압력이 최대인 유압 펌프는?

① 기어 펌프　　② 원심 펌프　　③ 플런저 펌프　　④ 베인 펌프

171 램의 지름이 150mm, 추력 F=5ton, 피스톤 속도 v=4m/min 일 때 1분당 필요한 유량은?

① 약 50.7 l/min　② 약 60.7 l/min　③ 약 70.7 l/min　④ 약 80.0 l/min

　◎ Solution　$Q = A \cdot V = \frac{\pi}{4} \times 0.15^2 \times 4 = 70.7 \, l/min$

172 유압기기의 늘어붙어 마모, 부식 등의 현상을 일으키는 원인이 아닌 것은?

① 점도가 불량한 작동유 사용　　② 불순물이 혼입된 작동유 사용
③ 투명하나 색이 엷은 작동유 사용　④ 산화에 의해서 인화된 작동유 사용

173 릴리프 밸브에 관한 설명 중에서 가장 적합하지 않은 것은 어느 것인가?

① 회로의 파괴를 방지한다.
② 압력을 일정하게 유지한다.
③ 회로 내의 압력을 설정값 이하로 제한한다.
④ 토출량을 저압인 채로 탱크로 되돌아 가게 한다.

174 본체, 슬리브, 너트의 3가지 부품으로 형성되어 있으며, 너트의 조임에 높은 접촉면을 얻을 수 있으므로 고압에 적당한 조인트는?

① 나사 조인트　② 용접 조인트　③ 플랜지 조인트　④ 플레어 조인트

Answer　167 ①　168 ②　169 ④　170 ③　171 ③　172 ③　173 ④　174 ④

175 배관 내의 유로의 모양(방향 변환과 단면의 변화)에 따른 압력 손실에 관한 다음 설명 중 틀린 것은?
① 긴 엘보가 짧은 엘보보다 작다.
② 단면의 축소시가 확대시보다 적다.
③ 전개시에는 글로브 밸브가 게이트 밸브보다 적다.
④ 45°밴드가 45°엘보보다 적다.

> Solution 압력손실은 관의 길이에 비례하므로 엘보 길이가 길면 마찰에 의한 압력손실은 증가할 것이다.

176 구멍뚫기가 끝나고 갑자기 무부하가 되었을 경우 피스톤 마개가 튀어나오는 것을 방지하는데 사용되는 회로는 다음 중 어느 것인가?
① 미터 아웃 회로 ② 감속회로 ③ 차동회로 ④ 블리드 오프 회로

177 다음 그림은 무엇을 나타내는 기호인가?
① 압력계
② 온도계
③ 유량계
④ 유속계

178 유압회로에서 다음 그림의 기호는 무엇을 표시하는가?
① 유속 조정 밸브이다.
② 유량 조정 밸브이다.
③ 방향 조정 밸브이다.
④ 압력 조정 밸브이다.

179 비평형 베인 펌프의 케이싱 안지름이 50mm, 로터의 폭이 20mm, 베인의 수가 10개, 베인 1매당 두께가 2mm, 편심량이 3.5mm이며, 1500rpm으로 운전할 때에 이론 송출량은 얼마인가?
① 239.9 cm³/sec ② 959.6 cm³/sec ③ 479.8 cm³/sec ④ 1919.1 cm³/sec

> Solution $Q = 2beN(\pi D - zt) = \dfrac{2 \times 2 \times 0.35 \times 1500 \times (\pi \times 5 - 10 \times 0.2)}{60} = 479.8 \text{ cm}^3/\text{sec}$

180 다음의 기호 중에서 고정형 조정 밸브는 어느 것인가?

①   ②  ③  ④

181 축압기의 용도가 아닌 것은?
① 유압 에너지의 축적 ② 맥동 제거
③ 유속의 증가 ④ 2차 회로의 구동

Answer 175 ① 176 ④ 177 ③ 178 ② 179 ③ 180 ④ 181 ③

182 다음 그림은 A, B 두 실린더가 순차적으로 작동이 행하여지는 회로이다. 무슨 회로인가?

① 언로더 회로(unloader circuit)
② 시퀀스 회로(sequence circuit)
③ 카운터 밸런스 회로(counterbalance circuit)
④ 디컴프레션 회로(decompression circuit)

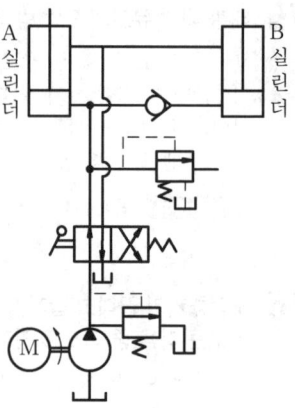

> **Solution** 디컴프레션(decompression) : 프레스 등으로 유압실린더의 압력을 천천히 빼어 기계손상의 원인이 되는 회로의 충격을 작게하는 것.

183 가변용량 베인 펌프에서 캠링의 안지름 d_2=70mm, 로터의 바깥지름 d_1=65mm, 로터의 폭 20mm, 그 편심량 e=4.5mm일 경우 회전수 n=2000rpm에서의 무부하 유량은 얼마인가?

① 79.17 l/min ② 77.51 l/min ③ 74.98 l/min ④ 72.45 l/min

> **Solution** $Q = 2\pi DebNz = 2\pi \times 7 \times 0.45 \times 2 \times 2000 = 79.168 l/\min$

184 유압 밸브의 3대 목적에 들지 않는 것은?

① 유량조정 ② 유온(油溫) 조절 ③ 압력제어 ④ 흐름의 방향 전환

185 모터의 출력축 회전수 N(rpm), 이론적 회전수 No(rpm)일 때 N/No는?

① 항상 1보다 크다.
② 항상 1보다 작다.
③ 항상 1과 같다.
④ 항상 1보다 조금 클 수 있다.

> **Solution** 일반적으로 $N < N_0$이다.

186 다음은 작동유의 성질에 관한 설명이다. 맞는 것은 어느 것인가?

① 작동유로서는 점도지수가 낮을수록 좋다.
② 작동유로서는 소포성이 높을수록 좋다.
③ 작동유로서는 항유화성이 낮을수록 좋다.
④ 작동유로서는 산가가 높을수록 좋다.

187 작동유의 점성에 관계없이 유량을 조절할 수 있으며, 조정범위가 크고 미세량도 조정 가능한 밸브는?

① 서보 밸브 ② 체크 밸브 ③ 교축 밸브 ④ 안전 밸브

| Answer | 182 ② | 183 ① | 184 ② | 185 ② | 186 ② | 187 ③ |

188 터보(비용적)형 펌프(pump)의 종류에 해당되지 않는 것은?

① 벌류트 펌프   ② 축류 펌프   ③ 경사류 펌프   ④ 플런저 펌프

> **Solution** 플런저 펌프, 피스톤 펌프 : 피스톤 또는 플런저를 경사판, 캠, 크랭크 등으로 왕복운동시켜서 액체를 흡입쪽으로부터 토출쪽으로 밀어내는 형식의 펌프

189 오일 실(seal)의 가장 큰 목적은?

① 브레이크에 사용한다.
② 밸브와 같은 목적에 쓰인다.
③ 기름 누설, 토사와 먼지 침입을 방지한다.
④ 유압장치의 커버로 사용한다.

190 전기 신호에 의하여 전기회로의 개폐를 절환하는 기기로서 전기회로의 보호 또는 제어의 목적으로 사용되는 스위치는 다음 중 어느 것인가?

① 릴레이(relay) 스위치   ② 마이크로(micro) 스위치
③ 토글(toggle) 스위치   ④ 서멀(thermal) 스위치

191 다음의 유압회로에서 릴리프 밸브는 어느 것인가?

① A
② B
③ C
④ D

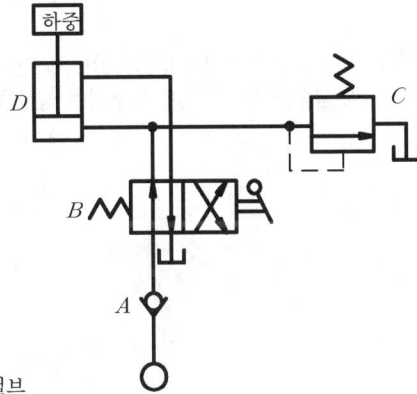

> **Solution**
> ① A : 체크 밸브
> ② B : 레버 스프링식 2포트 2위치 변환 밸브
> ③ D : 유압 실린더

192 나사 펌프에 대한 설명 중 가장 거리가 먼 항목은?

① 연속적 체적 이동이 발생하므로 진동이나 소음이 작다.
② 1축, 2축, 3축식이 있다.
③ 고점도액 수송에 적합하다.
④ 터보형으로 효율이 좋다.

> **Solution** 나사 펌프 : 케이싱 내에 나사가 달린 로터를 회전시켜 액체를 흡입쪽에서 토출쪽으로 밀어내는 형식의 펌프이다.

Answer 188 ④ 189 ③ 190 ① 191 ③ 192 ④

193 다음의 유압회로도는 어느 부분에 사용되고 있는가?

① 자중낙하 방지회로
② 시퀀스 밸브의 응용회로
③ 압력유지회로
④ 미터 인 회로

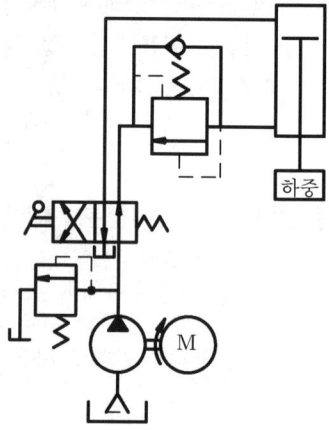

194 운전이 조용하며 고속회전이 가능하고 폐입현상이 없으며 맥동이 없는 일정량의 거품을 토출하는 펌프는?

① 피스턴 펌프 ② 외접 기어 펌프 ③ 나사 펌프 ④ 내접 기어 펌프

> **Solution** 폐입현상을 일으키는 펌프는 기어 펌프이고, 맥동이 작은 펌프는 피스톤 펌프이다.

195 유압 회로내의 압력이 설정압을 넣으면 유압에 의하여 막이 파열되어 유압유를 탱크로 귀환시키며, 압력 상승을 막아 기기를 보호하는 역할을 하는 유압 요소는?

① 압력 스위치 ② 유체 퓨즈 ③ 언로드 밸브 ④ 포핏 센서

Answer 193 ① 194 ③ 195 ②

Part 05

유체기계

제1장 __ 유체기계의 정의 및 분류
제2장 __ 펌프(pump)
제3장 __ 축류펌프와 사류펌프
제4장 __ 왕복펌프(Reciprocating Pump)
제5장 __ 수차(Turbine)
제6장 __ 공기기계
제7장 __ 유체전동장치

chapter 1 유체기계의 정의 및 분류

1 유체기계(fluid machinery)란?

유체에너지를 기계적에너지로 변환하든가 또는 기계적 에너지를 유체에너지로 변환하는 기계를 총칭한 표현이다.

2 유체기계의 분류

1. 에너지 변환 관점에 따른 분류

(1) 기계적에너지를 유체에너지로 변환시키는 기계

① 펌프(pump) : 액체의 압력 작용을 이용하여 관(pipe)을 통하여 유체를 수송하는 기계로 저지대(低地帶)의 유체를 고지대(高地帶)를 이송하고자 하는 유체기로 생각할 수도 있다.
② 송풍기(blower) : 공기의 유동을 일으키는 기계장치이다.
③ 압축기(compressor) : 기체를 압축시켜 그 압력을 높이는 기계장치이다.

(2) 유체에너지를 기계적에너지로 변환시키는 기계

① 수차(water turbine) : 높은 곳의 물이 낙하할 때 물의 위치에너지를 이용하여 러너(runner: 회전차) 속을 물이 지나게 해서 기계적 동력을 얻는 회전형 원동기이다.
② 풍차(win mill) : 바람의 힘을 이용해서 동력을 얻는 기계이다.
③ 유압모터(hydraulic motor) : 전동기나 엔진 등에 의해서 구동되는 유압펌프로 발생시킨 유체의 유압을 작동축에 주어 발생시키는 기계이다.

(3) 유체에너지를 기계적에너지로 변환하고 기계적에너지를 유체에너지로 변환할 수 있는 기계(유체전동장치 hydrodynamic power transmission)

① 유체커플링(hydrodynamic coupling : 유체클러치) : 유체를 매체로 하여 동력을 전달하는 장치이다.

② 유체토크컨버터(fluid torque converter : 유체변속장치) : 두 축 사이에 동력을 전달 할 때, 두 축 사이의 속도비를 무단계로 변속시킬 수 있는 장치로써 구동축과 피동축 사이에 액체를 운동전달의 매개로 사용하는 연결체이다.

2. 취급하는 유체의 종류에 따른 분류

(1) 수력기계

작동유체가 액체인 물로써 액체는 비압축성유체로 취급되며 종류로는 수차와 펌프 등이 있다. 액체기계라고도 표현된다.

(2) 공기기계

작동유체가 기체인 공기로써 기체는 일반적으로 압축성유체로 취급되고 있다. 기체기계라고도 표현된다.
① 팬, 송풍기, 풍차 등의 경우 작동유체는 비압축성유체로 취급된다. 팬의 경우 공기의 압력은 보통 0~0.01MPa 정도로 비압축성 유체로 취급되고 있다.
② 압축기, 진공펌프 등은 작동유체를 압축성유체로 취급하며 압축기(blower)의 경우 공기의 압력은 0.01~0.1MPa 정도로 압축성유체로 취급되고 있다.

3. 작용원리에 따른 분류

① 터보기계(turbo machinery ; 비용적식기계) : 회전하는 회전차의 동력학적 작용에 의한 방법으로 유체를 수송하는 기계이다. 원심식, 사류식, 축류식 등의 유체기계가 있다.
② 용적식기계(positive displacement machinery) : 피스톤(piston), 플런저(plunger) 또는 로우터(rotor) 등의 배제 작용에 의한 방법으로 유체를 수송하는 기계이다.
※ 열에너지기계를 기계적에너지로 변환시키는 기계
① 증기터빈 : 증기가 가진 열에너지를 기계적 일로 변환시키는 원동기이다.
② 가스터빈 : 고온·고압의 연소가스로 터빈을 가동시키는 회전형 열기관이다.

chapter 2 펌프(pump)

1 원심펌프의 종류

1. 안내깃의 유무에 의한 분류

① 볼류우트 펌프 : 안내깃이 없는 원심펌프로 1단의 양정이 낮은 것에 사용된다.

② 디퓨져 펌프 : 안내깃이 있는 터빈펌프로 볼류우트 펌프보다 고양정인 원심펌프이다.

③ 볼류우트 펌프와 디퓨져 펌프의 중간형으로 와실을 갖고 있는 원심펌프도 있다.

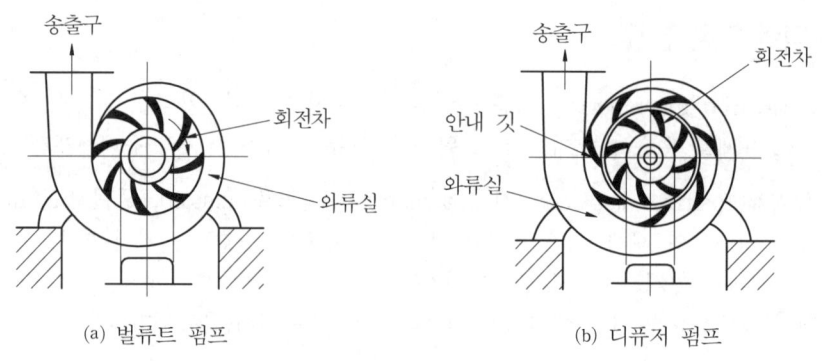

[그림 2-1 벌류트 펌프와 디퓨저 펌프]

2. 흡입구의 수에 의한 분류

① 단흡입 펌프 : 회전차의 한 쪽에서 만 유체를 흡입하는 펌프이다.

② 양흡입 펌프 : 회전차의 양 쪽에서 유체를 흡입하는 펌프이다.

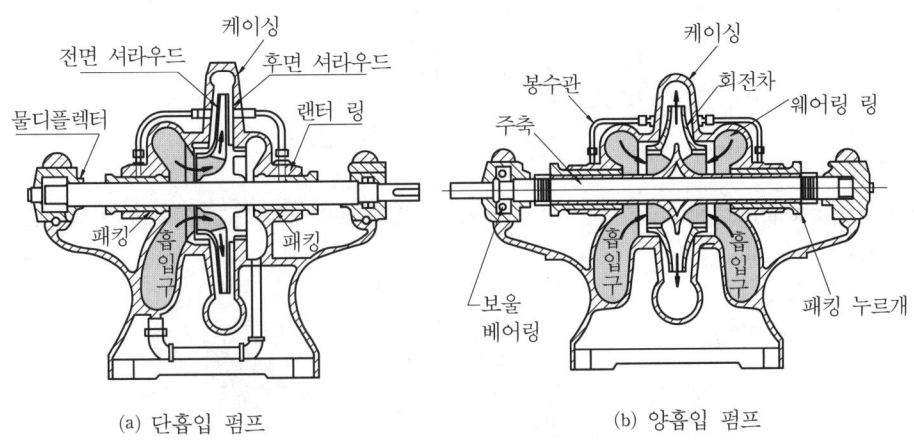

[그림 2-2 단흡입 펌프와 양흡입 펌프]

3. 단 수에 의한 분류

① 단단 펌프 : 1개의 회전차를 갖고 있는 펌프로 낮은 양정에 사용되고 있다.

② 다단 펌프 : 단일 축에 2개 이상의 회전차를 직렬로 연결한 펌프로 고양정에 적합하다.

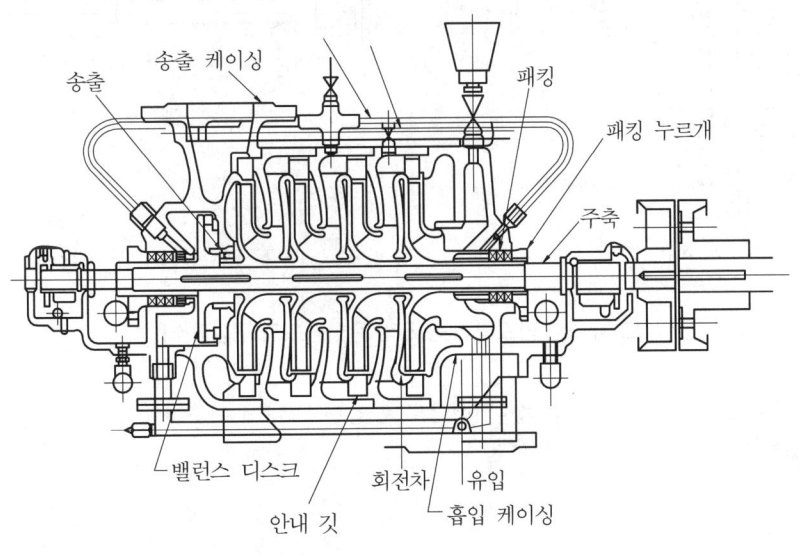

[그림 2-3 다단펌프]

4. 축의 형상에 의한 분류

① **횡축식** : 축이 수평으로 놓여 있는 펌프이다.
② **종축식** : 축이 수직으로 놓여 있는 펌프로 협소한 장소 및 고양정시 캐비테이션이 발생할 가능성이 있을 때 사용하는 것이 좋다.

5. 케이싱의 형상에 의한 분류

① 원통형
② 윤절형(sectional pump) : 케이싱 사이에 여러 개로 나누어진 회전차와 안내깃을 조립해 체결한 펌프이다.
③ 상하분할형
④ 배럴형 또는 2중동형

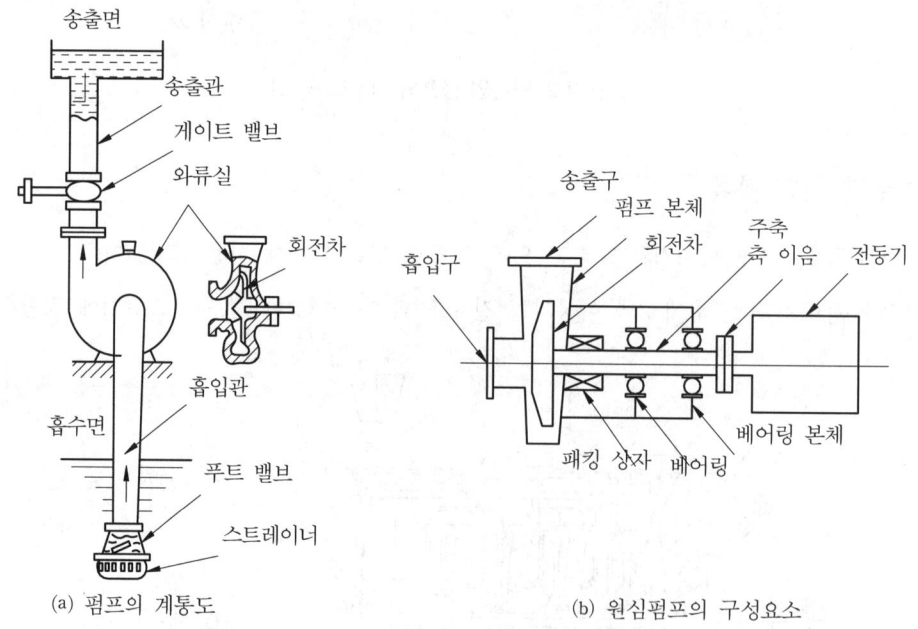

[그림 2-4 펌프의 계통도 및 원심펌프의 구성요소]

*풋밸브(foot value) : 운전이 정지되더라도 흡입관 내에 물이 역류하는 것을 방지하기 위해 사용한다.

2 양정과 유량

1. 펌프의 양정

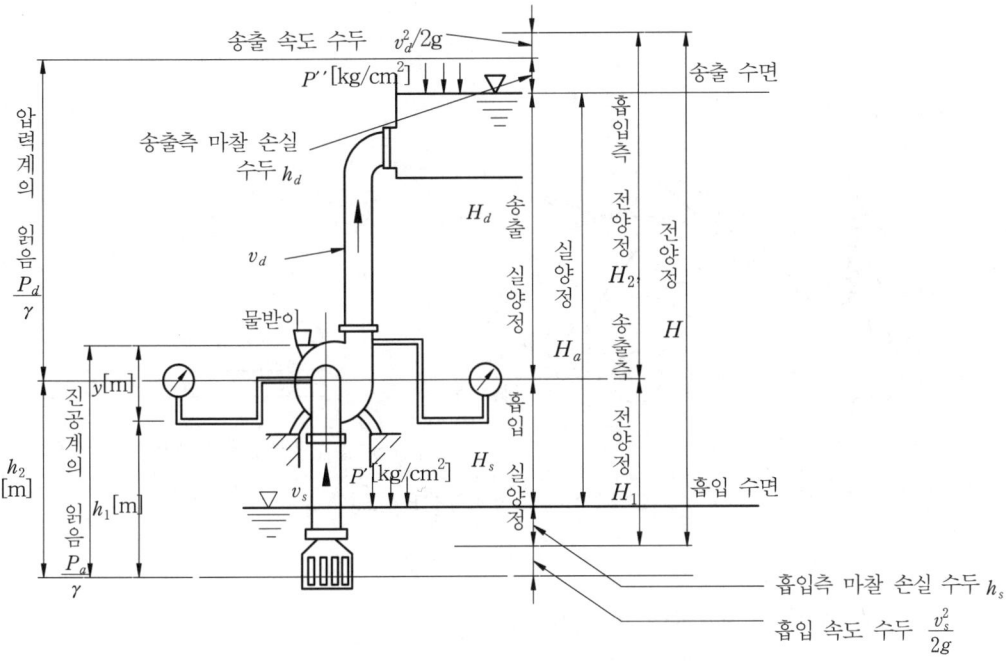

[그림 2-5 원심펌프의 양정]

펌프의 입구와 출구에서 액체의 단위 무게당 에너지를 펌프의 전양정 또는 총양정이라 한다.

$$H_m = \frac{P_2 - P_1}{\gamma} + y + \frac{V_2^2 - V_1^2}{2g} \quad ; \text{계기양정}$$

$$H = \frac{P' - P'}{\gamma} + H_a + h_l + \frac{V'^2 - V^2}{2g} = H_1 + H_2 \qquad [2\text{-}1]$$

2. 이론수두

(1) 깃수 무한의 경우 이론수두

① 조건
  ㉮ 두께를 무시할 정도로 얇은 깃이 무한히 많다고 가정한 깃이다.
  ㉯ 마찰이나 충돌 등으로 발생하는 손실이 없다고 가정한 유체 흐름의 깃이다.

② 회전차를 돌리는데 필요한 토크
각운동량 보존 법칙을 적용시켜 미소 시간에 따른 각운동량의 증가량을 구해 적분하여 표현한 식이 회전차의 토크이다.

$$T = \rho Q(r_2 V_2 \cos\alpha_2 - r_1 V_1 \cos\alpha_1) = \rho Q(V_{u2}r_2 - V_{u1}r_1) \qquad [2\text{-}2]$$

$\begin{cases} v_u: \text{곡선의 원주방향 분속도} \\ w: \text{상대속도(항상 깃의 접선방향)} \\ \quad \text{회전차에 대한 유체의 상대적 경로는 깃 곡선의} \\ \quad \text{①②가 된다.} \\ u: \text{원주속도} \\ v: \text{절대속도, } \alpha_1: \text{유입각, } \alpha_2: \text{유출각} \end{cases}$

③ 속도3각형-속도선도

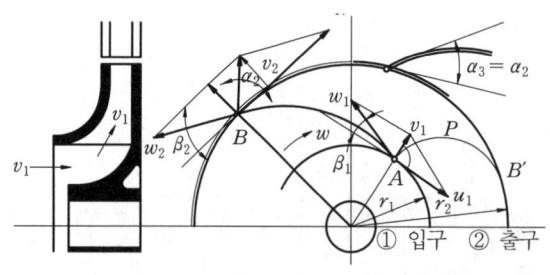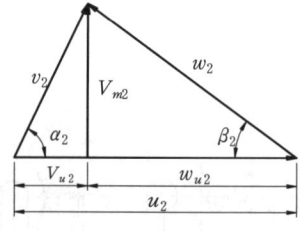

(a) 입구와 출구에서의 속도 선도   (b) 회전차 출구의 속도 3각형

[그림 2-6 원심펌프의 속도선도]

④ 회전차의 이론동력

$$L = T \cdot \omega \quad [kg \cdot m/\sec, \text{ Ps, kW}]$$

$$\omega [rad/\sec] = \frac{u}{r} = \frac{u_2}{r_2} = \frac{u_1}{r_1}$$

$$L = \rho Q(u_2 v_2 \cos\alpha_2 - u_1 v_1 \cos\alpha_1) = \frac{\gamma Q}{g}(u_2 v_2 - u_1 v_1) \qquad [2\text{-}3]$$

④ 이론수두 : 회전차에 의하여 단위 중량의 유체에 공급되는 에너지

$$L = \gamma Q H_{th\infty} = \rho g Q H_{th\infty} = \rho Q(u_2 v_2 \cos\alpha_2 - u_1 v_1 \cos\alpha_1)$$

$$H_{th\infty} = \frac{1}{g}(u_2 v_2 \cos\alpha_2 - u_1 v_1 \cos\alpha_1) = \frac{1}{g}(u_2 v_{u2} - u_1 v_{u1}) \qquad [2\text{-}4]$$

이와 같은 이론수두의 표현식을 오일러(Euler) 방정식이라 한다.

- 이론수두를 최대로 할 조건 : $\alpha_1 = 90°$, $v_{u1} = 0$

$$H_{th\infty} = \frac{1}{g} u_2 v_{u2} = \frac{u_2}{g}\left(u_2 - \frac{v_{m2}}{\tan\beta_2}\right) \qquad [2\text{-}5]$$

$$v_{u2} = u_2 - w_2 \cos\beta_2 = u_2 - \frac{v_{m2}}{\tan\beta_2}$$

$$Q = \pi D_2 b_2 v_{m2}$$

$\begin{cases} D_2: \text{출구지름} \\ b_2: \text{출구폭} \\ v_{m2}: \text{출구의 반경방향 분속도} \end{cases}$

- 입구와 출구에 cosine 법칙을 적용시켰을 경우 이론수두의 표현식

$$H_{th\infty} = \frac{v_2^2 - v_1^2}{2g} + \frac{u_2^2 - u_1^2}{2g} + \frac{w_1^2 - w_2^2}{2g} = H_{th\infty p} + H_{th\infty v} \quad [2\text{-}6]$$

$$w_1^2 = v_1^2 + u_1^2 - 2v_1 u_1 \cos\alpha_1, \quad w_2^2 = v_2^2 + u_2^2 - 2v_2 u_2 \cos\alpha_2$$

$$H_{th\infty p} = \frac{u_2^2 - u_1^2}{2g} + \frac{w_1^2 - w_2^2}{2g} = \frac{P_2 - P_1}{\gamma} \quad [2\text{-}7]$$

원심력에 의한 에너지 변화 + 단면변화에 의한 압력 증가[정압]

$$H_{th\infty v} = \frac{v_2^2 - v_1^2}{2g} \quad [2\text{-}8]$$

입·출구에서 운동에너지 차[동압]

⑤ 비에너지 : 단위 kg당 에너지

$$E_{th\infty} = gH_{th\infty} = u_2 v_2 \cos\alpha_2 - u_1 v_1 \cos\alpha_1 = u_2 v_{u2} - u_1 v_{u1} \quad [\text{J/kg}] \quad [2\text{-}9]$$

(2) 깃수 유한의 경우 이론수두

① 조건
  ㉮ 깃 수와 깃의 두께가 한정되어 있다.
  ㉯ 깃 열 내의 유체가 마찰이나 충돌 등에 의하여 손실이 생기지 않는다고 가정한 흐름이다.

② 실제수두 : 깃수 유한의 경우 이론수두

$$H_{th} = \frac{1}{g}(u_2 v_2' \cos\alpha_2' - u_1 v_1' \cos\alpha_1') = \frac{1}{g}(u_2 v_{u2}' - u_1 v_{u1}') = \frac{H_{th\infty}}{1+P} \quad [2\text{-}10]$$

P : 양정감소수

- $\alpha_1 = 90°$일 경우 즉, 유체의 유입이 반지름 방향일 때

$$H_{th} = \frac{u_2 v_2' \cos\alpha_2'}{g} = \frac{u_2 v_{u2}'}{g} \quad [2\text{-}11]$$

③ 미끄럼계수(Slip Coefficient)

$$K = \frac{v_{u2} - v_{u2}'}{u_2} = \frac{\Delta v_{u2}}{u_2} \quad [2\text{-}12]$$

3 동력과 효율

(1) 수동력

$$L_w = \frac{\gamma QH}{75} \quad [\text{PS}] = \frac{\gamma QH}{102} \quad [\text{kW}] \quad [2\text{-}13]$$

(2) 수력효율

$$\eta_h = \frac{H}{H_{th}} = \frac{H_{th} - h_l}{H_{th}} \quad [2\text{-}14]$$

H: 실제전헤드,
H_{th}: 이론헤드, 수력효율은 보통 0.8~0.96 정도이다.

(3) 체적효율

$$\eta_v = \frac{Q}{Q + \Delta Q} \quad [2\text{-}15]$$

ΔQ는 누설유량
$Q + \Delta Q$는 이론유량
Q는 실제유량

(4) 기계효율

$$\eta_m = \frac{L - L_m}{L} = \frac{\gamma \cdot (Q + \Delta Q) \cdot H_{th}}{102L} \quad [2\text{-}16]$$

L: 축동력, 소요동력, 제동동력
L_w: 수동력, 펌프동력
L_m: 손실동력

(5) 전효율

$$\eta = \eta_m \cdot \eta_h \cdot \eta_v$$
$$= \frac{\gamma \cdot (Q+\Delta Q) \cdot H_{th}}{102L} \cdot \frac{H}{H_{th}} \cdot \frac{Q}{Q+\Delta Q} = \frac{\gamma \cdot Q \cdot H}{102L} = \frac{L_w}{L} \quad [2\text{-}17]$$

4 상사법칙

(1) 크기가 다른 2개의 회전차의 상사

① 형상비 : $\dfrac{D_2}{D_2'} = \dfrac{b_2}{b_2'}$

② 속도비 : $\dfrac{u_2}{u_2'} = \dfrac{v_2}{v_2'} = \dfrac{v_{m2}}{v_{m2}'} = \dfrac{v_{u2}}{v_{u2}'} = \dfrac{N}{N'} \cdot \dfrac{D_2}{D_2'}$

$$u_2 = \frac{\pi D_2 N_2}{60} , \quad u_2' = \frac{\pi D_2' N_2'}{60}$$

③ 유량비 : $\dfrac{Q}{Q'} = \dfrac{\pi D_2 b_2 v_{m2}}{\pi D_2' b_2' v_{m2}'} = \left(\dfrac{D_2}{D_2'}\right)^3 \cdot \dfrac{N}{N'} \quad [2\text{-}18]$

④ 양정비 : $\dfrac{H}{H'} = \dfrac{\frac{1}{g} u_2 v_{u2}}{\frac{1}{g} u_2' v_{u2}'} = \left(\dfrac{D_2}{D_2'}\right)^2 \cdot \left(\dfrac{N}{N'}\right)^2 \quad [2\text{-}19]$

⑤ 축동력비 : $\dfrac{L_s}{L_s{'}} = \dfrac{\rho g Q H}{\rho g Q' H'} = \left(\dfrac{D_2}{D_2{'}}\right)^5 \cdot \left(\dfrac{N}{N'}\right)^3$ [2-20]

(2) 비교회전도(Specific Speed; 펌프의 비속도)

$\dfrac{H}{H'} = \left(\dfrac{D_2}{D_2{'}}\right)^2 \cdot \left(\dfrac{N}{N'}\right)^2$ 로부터

$\dfrac{D_2}{D_2{'}} = \left(\dfrac{N'}{N}\right) \cdot \left(\dfrac{H}{H'}\right)^{\frac{1}{2}}$

$\dfrac{Q}{Q'} = \left(\dfrac{D_2}{D_2{'}}\right)^3 \cdot \dfrac{N'}{N} = \left(\dfrac{H}{H'}\right)^{\frac{3}{2}} \cdot \left(\dfrac{N'}{N}\right)^2$

$\dfrac{N'}{N} = \dfrac{(Q/Q')^{1/2}}{(H/H')^{3/4}}$ [2-21]

여기서 $N' = N_s$, $Q' = 1\,\text{m}^3/\text{min}$, $H' = 1\text{m}$ 일 때 비속도는 $N_s = N \cdot \dfrac{Q^{1/2}}{H^{3/4}}$ [rpm, m^3/min, m] 이다.

즉, 단위 유량에 단위 수두를 발생시킬 경우 그 회전차에 주어야 할 매분 회전수이다. 그리고 n 단인 다단 펌프의 경우 양정은 H/n 로, 양흡입 펌프의 경우 유량은 $Q/2$ 로 대입하여 계산한다.

5 원심펌프의 성능에 영향을 미치는 요소

1. 회전차

실제 회전차의 경우 깃의 수에 제한이 있고 두께를 갖고 있으므로, 유체가 좁은 통로 속을 흐를 때 손실이 발생하게 된다. 이와 같은 손실은 회전차의 형상에 큰 영향을 받게 되므로 설계 시 고려 대상이 되어야 한다.

(1) 손실수두를 감소시키는 방법

① 깃 곡선을 완만하게 하기 위하여 곡률반경을 크게 한다.
② 회전차 내로 유체가 유동할 때 유동단면적을 유선형으로 하여 급하게 흐르지 않도록 한다.

(2) 마찰손실을 감소시키는 방법

① 깃 수를 줄이고 깃의 길이를 짧게 하여 유체와의 접촉을 줄여 마찰을 감소시킨다.
② 회전차 내·외표면을 매끄럽게 다듬질 가공하여 유체와의 마찰을 감소시킨다.

2. 깃 출구각

① 깃의 출구각이 클수록 효율은 감소한다.
② 일반적으로 깃 출구각은 20°~30°사이이다.
③ Stepanoff는 실험을 통해 비교회전도에 관계없이 깃 출구각을 22.5°로 제시했다.

3. 안내깃

① 회전차 출구 바깥둘레에 안내깃의 입구를 두고 펌프의 본체에 고정되어 있다.
② 안내깃의 수는 회전차의 깃 수보다 1매 정도 적다.
③ 회전차에 의해 운동에너지가 압력에너지로 변화되는데, 안내깃은 회전차 출구에 남아 있는 잔여 운동에너지를 압력에너지로 변화시켜 펌프의 전양정을 향상시킨다.
④ 디퓨저 펌프가 안내깃을 갖고 있는 원심펌프로 터빈펌프라고도 한다.

4. 와류실

회전차를 빠져 나온 유체들을 송출구까지 손실없이 적절한 유속으로 유동하게끔 유도하는 공간을 와류실(spiral casing)이라 한다.

5. 축봉장치(누설방지장치)

회전차의 회전축이 케이싱을 관통하게 되고 회전축이 회전하기 위한 최소한의 틈이 필요하고 베어링을 사용하여 축을 지지해야 한다. 이러한 때에 틈새로 펌프 내부로부터의 누설과 외기의 침입이 발생할 수 있다. 이것을 방지하기 위한 장치가 축봉장치이다. 또한 누설방지장치라고도 한다.

6 원심펌프의 연합운전

(1) 직렬(series)운전

다단펌프 처럼 고양정으로 유체를 이송하기 위한 운전방식이다.

(2) 병렬(parallel)운전

1대의 펌프로써 유량이 부족할 때에 2대 이상의 펌프를 연결하여 유량을 증가시키기 위한 운전방식이다.

7 특성곡선

펌프시험 장치에서 회전을 일정하게 유지하면서 펌프의 송출밸브를 조정하여 관로에 저항을 줌으로써 효율(η), 양정(H), 축동력(L)의 관계를 무차원으로 표시한 곡선이다.

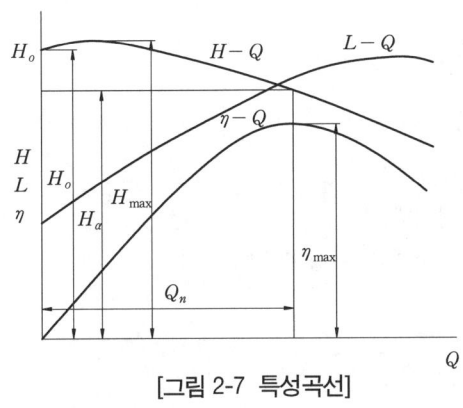

[그림 2-7 특성곡선]

8 공동현상(Cavitation)

유동 중 유체의 정압이 유체의 증기압 보다 낮아지게 되면 국부적으로 기포가 발생하며 그 기포가 모여 성장하여 공동부를 만드는 현상이다.

(1) 발생조건

펌프 흡입관 입구에서 유동 저항으로 인하여 압력저하가 발생하고 깃 뒷면에서 압력 강하가 더 커 최저압력이 액체에 대한 포화증기압과 같으면 공동현상이 일어날 한계조건이 된다.

(2) 총 흡입 양정

$$h_s = H_s - \sum f \cdot \frac{v_s^2}{2g} \qquad [2\text{-}22]$$

① 공동현상을 발생하는 한계 흡입수두

$$\Delta h = \frac{10}{\gamma}(P_a - P_v) + h_s \qquad [2\text{-}23]$$

$$-H_s = -h_s - \sum f \cdot \frac{v_s^2}{2g} = \frac{10}{\gamma}(P_a - P_v) - \sum f \cdot \frac{v_s^2}{2g} - \Delta h \qquad [2\text{-}24]$$

(3) 유효흡입 수두(NPSH) Δh 와 토오마(Thoma)의 캐비테이션 계수 σ

$$\Delta h = \sigma \cdot H \qquad [2\text{-}25]$$

① 유효 NPSH: Available net positive suction head
② 단흡입 펌프
$$\Delta h = 7.88 \times 10^{-5} \cdot N^{4/3} \cdot Q^{2/3}$$
[2-26]

③ 양흡입 펌프
$$\Delta h = 5 \times 10^{-5} \cdot N^{4/3} \cdot Q^{2/3}$$
[2-27]

(4) 공동현상에 의한 현상
① 소음과 진동이 수반된다.
② 유동깃에 침식 현상이 생긴다.
③ 양정 낮아지고 효율의 감소하는 현상이 발생한다.

(5) 캐비테이션 방지책
① 펌프 회전수를 감소시킨다.
② 흡입관의 손실을 가능한 작게 하기 위하여 흡입속도를 감소시킨다.
③ 단흡입 펌프면 양흡입 펌프로 바꾼다.
④ 펌프의 설치 위치를 낮춤으로써 유효흡입수두를 증가시킨다.

9 수격현상(Water Hammer)

(1) 원인
① 갑자기 유로가 좁아들 경우 즉, 관에 부착된 밸브가 닫히는 경우 유체가 밸브를 때려 운동에너지가 압력에너지로 변화하고 압축파를 형성하여 상류 방향으로 유동하며 다시 밸브쪽으로 되돌아 오면서 관벽을 타격하는 현상이 반복적으로 일어나는 현상이다.
② 펌프 운전 중 갑자기 펌프가 정전등의 이유로 멈추었다가 정상 운전되는 경우 정상 압력을 초과하여 압력변동이 수반되는 현상이다.

(2) 방지책
① 플라이휠(fly wheel)을 설치하는 방법 : 관성을 주기 위한 방법이다.
② 조압수조(surge tank)를 설치하는 방법 : 적정 압력을 유지하기 위하여 관로 중에 설치하는 방법이다.
③ 송출구 근처에 송출밸브를 설치하는 방법 : 송출구 압력을 제어하는 방법이다.

10 맥동현상(Surging)

맥동현상이란 유량과 양정이 주기적으로 변화하는 현상이다.

(1) 맥동현상이 일어날 조건
① 송출구 관로 중에 외부와 연결된 물탱크나 공기탱크가 있을 때 발생할 수 있다.
② 물탱크 송출구 뒤쪽에서 유량조절을 밸브로 할 때, 유량이 줄어들면 양정이 일시적으로 증가하여 펌프 저항이 증가하게 된다. 이와 같은 현상이 맥동현상이다.

(2) 맥동현상의 방지책
① 맥동현상 방지가 완벽하지는 않지만 깃 출구각을 감소시켜 작게 한다.
② 관로 속의 공기나 가스 등을 외부로 배출시켜 유체의 저항을 감소시킨다.
③ 송출밸브 후방의 밸브 조정으로 유량을 변화시킬 때 맥동현상시 양수량 이상으로 증가시키며 회전수 변화를 준다.

11 축의 평형

(1) 축추력(axial thrust force) 현상
단흡입 펌프의 회전차에서는 전면측판과 후면측판에 작용하는 정압의 차에 의하여 흡입측에서 축방향으로 추력이 작용하게 된다.

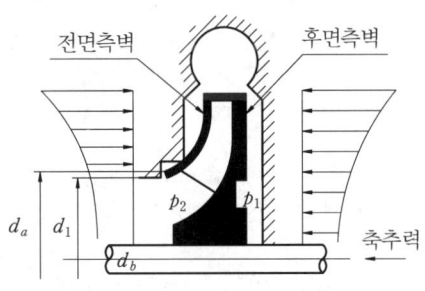

[그림 2-8 축추력 현상]

(2) 축추력의 방지법
① 회전차의 뒤쪽 측판을 지난 부분에 구멍을 뚫어 배면의 압력을 떨어뜨리기 위하여 평형공(balance hole)을 설치해 준다.
② 평형원판(balance disc)이나 평형피스톤(balance piston)을 사용하도록 한다.
③ 후면 슈라우드에 방사상의 보강대 리브(rib)를 대서 사용한다.
④ 다단 펌프의 경우에는 회전차를 서로 반대 방향으로 배열하여 축추력이 상쇄되게끔 하는 자기평형(self balance)법이 있다.
⑤ 스러스트 베어링을 사용한다.
⑥ 전후면슈라우드에 각각 웨이링 일을 붙이고 양측 벽사이에 압력차를 경감시키는 방법이 있다.

chapter 3 축류펌프와 사류펌프

1 축류펌프

(1) 축류펌프의 개요

축류펌프는 유동 방향이 회전차의 입구와 출구에서 축방향으로 흐르는 펌프이다.

① 대유량 저양정에 적합한 펌프이다. 즉, 유량 $Q = 8 \sim 400\,\text{m}^3/\text{min}$, 양정 $H = 10\,\text{m}$ 정도 이하이다.
② 비교회전도 $n_s = 1200 \sim 2000$ 정도의 터보식 펌프이다.
③ 프로펠러 날개는 유체를 흡입하는 역할을 한다.
④ 안내깃은 유체의 운동에너지를 압력에너지로 변환시키는 역할을 한다.
⑤ 프로펠러 펌프라고도 한다.
⑥ 가동익 축류펌프(카플란 펌프)는 회전차의 날개 각도를 조정할 수 있는 펌프이다.
⑦ 고정익 축류펌프는 회전차의 날개 각도를 조정할 수 없는 펌프이다.

(2) 축류펌프의 특징

① 비교회전도가 크다.
② 저양정에서도 회전수를 크게 할 수 있다.
③ 원동기와 직결할 수 있다.
④ 대유량에 비하여 형상이 작아 설치 면적, 기초공사 등의 점에서 유리하다.
⑤ 구조가 간단하다.
⑥ 유체손실이 적다.
⑦ 가동익 축류펌프의 경우 폭 넓은 유량 범위에서 양호한 효율을 얻을 수 있다.

(3) 축류펌프의 이론

① 이론헤드

$$H_{th} = \frac{u}{g}(v_{u2} - v_{u1})\ [m] \qquad [3\text{-}1]$$

$\begin{bmatrix} u : \text{원주속도} \\ v_{u2} = v_2 \cdot \cos\alpha_2 \\ v_{u1} = v_1 \cdot \cos\alpha_1 \end{bmatrix}$

$u_1 = u_2 = u$, $a_1 = 90°$ 일 때

$$H_{th} = \frac{u_2 \cdot v_2}{g} \cdot \cos a_2 \qquad [3\text{-}2]$$

② 전헤드

$$H = \eta_h \cdot H_{th} = \eta_h \cdot \frac{u}{g} \cdot (v_{u2} - v_{u1}) \qquad [3\text{-}3]$$

η_h : 수력효율

(4) 양력과 항력

① 양력(Lift)

$$L = C_L \cdot L \cdot \frac{\rho W_\infty^2}{2} \qquad [3\text{-}4]$$

L : 익현길이
W_∞ : 유효상대속도

② 항력(Drag) :

$$D = C_D \cdot L \cdot \frac{\rho W_\infty^2}{2} \qquad [3\text{-}5]$$

2 사류펌프

(1) 사류펌프의 개요

① 원심펌프와 축류펌프의 중간형 펌프이다. 원심펌프보다 고속으로 운전할 수 있고 소형경량이다. 축류펌프보다 고양정으로 사용되며 공동현상에 대하여 무리가 없다.
② 대유량, 소양정에 적합하다.
③ 와류형 사류펌프는 회전차에서 송출된 흐름이 와류케이싱으로 들어가 송출되는 펌프이다.
④ 횡축 사류펌프는 안내깃을 축 방향으로 성사시켜서 관과 연결시킨 펌프이다.
⑤ 양정은 3~20m, 비속도는 600~1300의 범위가 많다. 비속도가 비교적 작은 것은 체절운전이 가능하고 취급이 용이하다.
⑥ 공동현상의 발생이 적고 수명도 길다.
⑦ 단단 펌프로 사용되고 있다.
※ 체절운전이란 펌프 토출측의 배관이 모두 잠긴 상태에서 즉, 물이 전혀 방출되지 않고 펌프가 계속 작동되어 압력이 최상한점에 도달하여 더 이상 올라갈 수 없는 상태에서 펌프가 공회전하는 운전을 의미한다.

(2) 용도

① 농지관개용, 냉각수 순환용, 도크(dock) 배수용에 사용되고 있다.
② 상하수도용, 관개배수용, 공업용수의 수송에도 이용되고 있다.

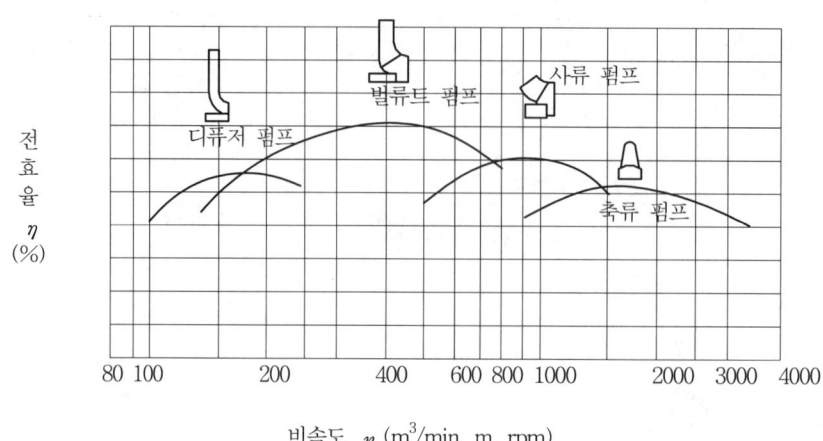

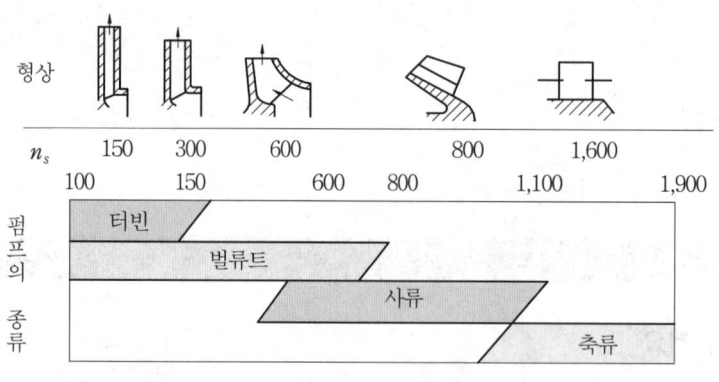

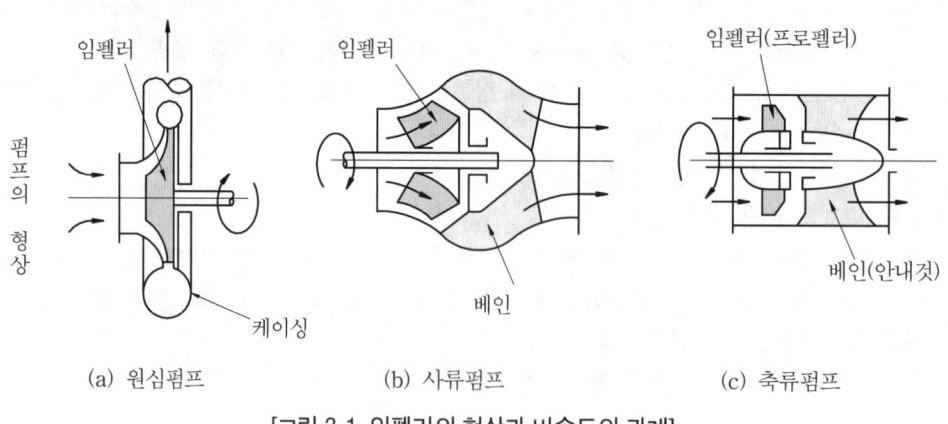

[그림 3-1 임펠러의 형상과 비속도의 관계]

chapter 4 왕복펌프(Reciprocating Pump)

1 이론 송출량

$$Q_{th} = V \cdot N = \frac{\pi d^2}{4} \cdot L \cdot N \quad [4\text{-}1]$$

V: 1회 이론행정 체적(m^3)

2 체적효율

$$\eta_v = \frac{Q}{Q_{th}} \quad [4\text{-}2]$$

(1) 실제송출량

$$Q = \eta_v \cdot Q_{th} = \eta_v \cdot \frac{\pi \cdot d^2}{4} \cdot L \cdot N \quad [4\text{-}3]$$

3 순간이론 속도 및 송출량

(1) 순간 이론 속도

$$x = \sqrt{L^2 - r^2 \sin^2\theta} - r\cos\theta = L\left(1 - \frac{1}{2}\frac{r^2}{L^2}\sin^2\theta\right) - r\cos\theta \quad [4\text{-}4]$$

$$V = \frac{dx}{dt} = r\omega\left(\sin\theta - \frac{1}{2}\frac{r}{L}\sin 2\theta\right)$$

θ ; 크랭크 아암의 각도 $\quad [4\text{-}5]$

(2) 순간 이론 송출량

$$S = L = 2r$$

$$Q = A \cdot V = A \cdot \frac{L}{2} \cdot \omega \cdot \left(\sin\theta - \frac{1}{2}\frac{r}{L}\sin 2\theta\right) \quad [4\text{-}6]$$

① 송출 : $\theta = 0 \sim \pi$
② 흡입 : $\theta = \pi \sim 2\pi$
③ 최대송출량 : $\theta = 90°$ 일 때

$$Q_{max} = A \cdot \frac{L}{2} \cdot \omega = A \cdot \frac{L}{2} \cdot 2\pi N = \pi ALN \qquad [4\text{-}7]$$

④ 평균송출량 :

$$Q_{mean} = \frac{Q_{max}}{\pi} \qquad [4\text{-}8]$$

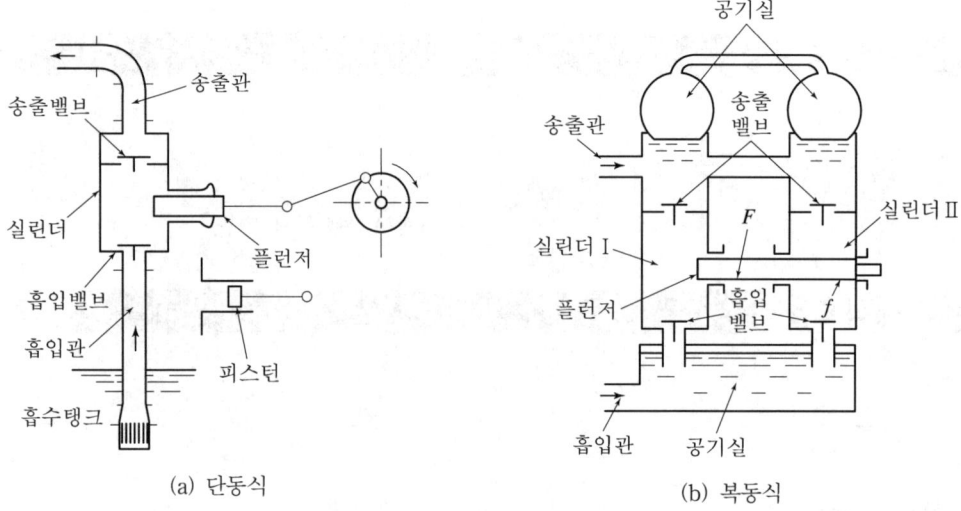

(a) 단동식 (b) 복동식

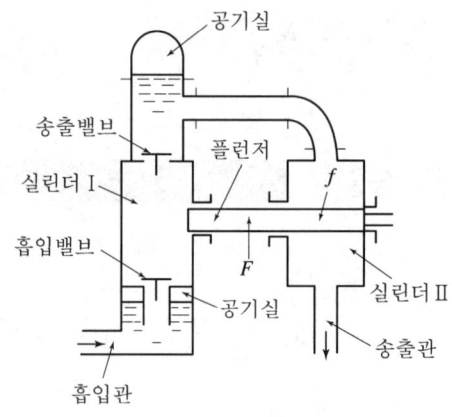

(c) 차동식

[그림 4-1 왕복펌프]

chapter 5 수차(Turbine)

1 수차의 개론

(1) 수차의 분류

① 중력수차
② 충격수차(펠톤수차)
③ 반동수차
   ㉮ 프란시스 수차
   ㉯ 프로펠러 수차

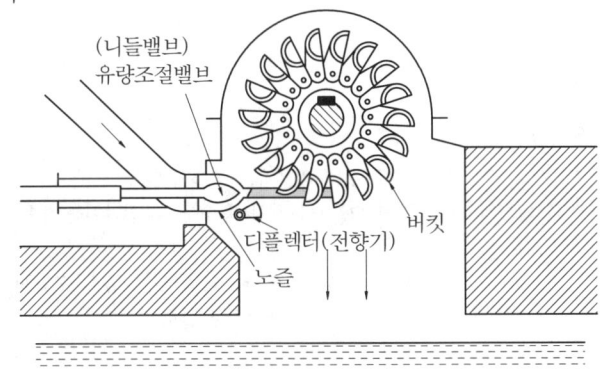

(a) 펠톤 수차

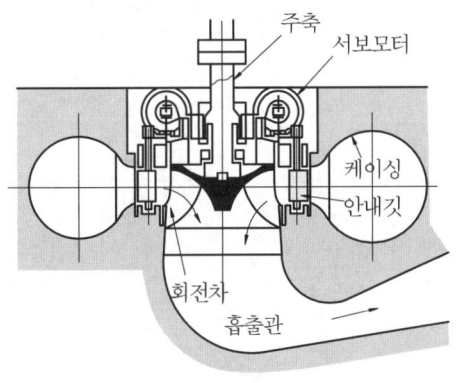

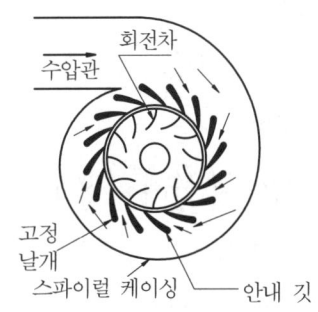

(b) 프란시스 수차

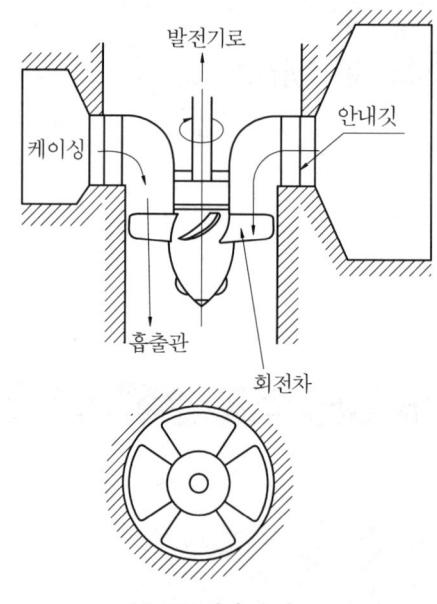

(c) 프로펠러 수차

[그림 5-1 수차의 분류]

(2) 수차의 출력

① 총낙차와 유효낙차

$$H = H_g - (h_1 + h_2 + h_3) \qquad \text{[5-1]}$$

$\begin{bmatrix} H : \text{유효낙차(유효수두)} \\ H_g : \text{총낙차(총수두, 자연낙차)-취수구 수면에서 방수면까지의 높이} \\ h_1 : \text{도수로의 손실수두}, \; h_2 : \text{수압관 내의 손실수두}, \\ h_3 : \text{방수로의 손실수두} \end{bmatrix}$

② 수차의 출력

$$L_{th} = \gamma \cdot Q \cdot H \qquad \text{[5-2]}$$

(3) 수차의 비교회전도

① 형상비

$$\frac{D_2}{D_2'} = \left(\frac{H}{H'}\right)^{1/2} \cdot \frac{N'}{N} \qquad \text{[5-3]}$$

② 동력비

$$\frac{L}{L'} = \left(\frac{D_2}{D_2'}\right)^5 \times \left(\frac{N}{N'}\right)^3 = \left(\frac{H}{H'}\right)^{5/2} \cdot \left(\frac{N'}{N}\right)^2 \qquad \text{[5-4]}$$

③ 회전수비

$$\frac{N'}{N} = \frac{(L/L')^{1/2}}{(H/H')^{5/4}} \qquad \text{[5-5]}$$

④ 비교회전도(비속도): 수차 모양이 기하학적 상사로써 수차내의 흐름이 유체역학적으로 상사일 때 단위낙차($H' = 1m$), 단위출력($L' = 1\text{kW}$)을 발생시키는 데 필요한 수차의 회전수를 비속도라 한다.

$$n_s = \frac{N \cdot L^{1/2}}{H^{5/4}} \qquad [5\text{-}6]$$

(4) 수차의 여러 가지 효율

① 펠톤 수차

㉮ 노즐효율(Nozzle Efficiency)

$$\eta_n = \frac{V^2/2g}{H} = C_V^2 \qquad [5\text{-}7]$$

C_V : 노즐의 속도계수

㉯ 버킷효율(Bucket Efficiency)

$$\eta_b = \frac{L_b}{\rho \cdot Q \cdot \dfrac{V^2}{2}} \qquad [5\text{-}8]$$

L_b : 버킷에 주는 동력($L_b = L_h$)

② 수력효율

㉮ 펠톤 수차

$$\eta_h = \frac{L_h}{L_{th}} = \frac{L_h}{\gamma \cdot Q \cdot H} = \eta_n \cdot \eta_b \qquad [5\text{-}9]$$

L_{th} : 이론출력, L_h : 수차의 축출력

㉯ 프란시스 수차

$$\eta_h = \frac{H_{th}}{H} = \frac{H - H_i}{H}$$

H : 유효낙차
H_t : 전손실수두
H_{th} : 이론수두

③ 기계효율

$$\eta_m = \frac{L}{L_h} = \frac{L_h - L_m}{L_h} \qquad [5\text{-}10]$$

L_m : 기계손실동력

④ 체적효율

$$\eta_v = \frac{Q'}{Q} = \frac{Q - \triangle Q}{Q} \qquad [5\text{-}11]$$

$\triangle Q$: 누설유량
Q' : 회전차내를 통과하는 유량
Q : 수차에 공급되는 유량

⑤ 전효율(Total Efficiency)
　㉮ 펠톤 수차
　　$\eta_t = \eta_n \cdot \eta_b \cdot \eta_m$ [5-12]
　　　　　η_n : 노즐효율
　　　　　η_b : 버킷효율
　　　　　η_m : 기계효율

　㉯ 프란시스 수차(반동수차) [5-13]
　　$\eta_t = \eta_h \cdot \eta_v \cdot \eta_m$
　　　　　η_h : 수력효율
　　　　　η_v : 체적효율

2 펠톤 수차(Pelton Turbine)

(1) 일반사항

① 200m 이상의 고낙차용으로 사용된다.
② 비교회전도 $n_s = 8 \sim 30$ 이다.
③ 버킷수는 보통 16~30개이다.
④ 충격수차라고도 한다.
⑤ 니이들밸브와 디플렉터(전향기)를 갖고 있다.
⑥ 다른 수차에 비하여 부분부하에 대한 효율이 좋다.
⑦ 캐비테이션이나 소음, 진동의 발생도 적다.

(2) 유효낙차

$$H = \frac{P}{\gamma} + \frac{V^2}{2g} = H_1 - h \quad\quad [5\text{-}12]$$

H_1 : 상수조 수면에서 노즐 중심을 통과하는 기준면에 대한 수직높이이다.
h : 입구손실수두 및 수압관 내의 유동으로 인한 손실수두이다.

(3) 노즐로부터 나오는 분류속도

$$V = C_v \cdot \sqrt{2gH} \quad\quad [5\text{-}13]$$

C_v : 속도계수, H : 유효낙차

(4) 버킷에 작용하는 힘과 동력

① 버킷에 작용하는 힘
$$F = \rho Q(v-u)(1-\cos\theta) \quad\quad [5\text{-}14]$$

② 버킷에 작용하는 동력
$$L = F \cdot u = \rho Q(v-u)(1-\cos\beta)u \quad\quad [5\text{-}15]$$

3 프란시스 수차

(1) 일반사항

① 적용낙차와 용량의 범위가 넓다.
② 중 낙차용으로 비교회전도 $n_s = 40 \sim 350$이다.
③ 적용낙차 범위는 20~500이다.
④ 구조나 원리면에서 벌류우트 펌프와 유사하다.
⑤ 수차 중에서 가장 많이 사용되고 있다.

(2) 프란시스 수차의 형식

① 노출형 : 15m 이하인 소형 저낙차 수차로 효율이 나쁘다.
② 드럼형 : 낙차가 30m이하로 수량이 많은 수차이며 효율이 불량하다.
③ 스파이럴형 : 낙차 50~400m, 출력은 수 kW~600kW로 대형수차이며 널리 사용되고 있는 수차이다.

(3) 프란시스 수차의 이론

원심펌프와 유사한 구조로 토크, 동력, 수두 등은 다음과 같다.

① 날개에 미치는 토크

$$T = \rho Q(r_1 V_1 \cos\alpha_1 - r_2 v_2 \cos\alpha_2) \qquad [5\text{-}16]$$

② 러너의 이론 동력

$$L_{th} = \rho Q(u_1 v_{u1} - u_2 v_{u2}) \qquad [5\text{-}17]$$

최대 이론동력은 $\alpha_2 = 90°$ 일 때로 다음과 같다.

$$L_{thmax} = \rho Q u_1 v_{u1} = \rho Q u_1 v_1 \cos\alpha_1 \qquad [5\text{-}18]$$

③ 이론수두

$$H_{th} = \frac{L_{th}}{\rho g Q} = \frac{1}{g}(u_1 v_{u1} - u_2 v_{u2})$$

$\alpha_2 = 90°$

$$H_{th} = \frac{1}{g} u_1 v_{u1} \qquad [5\text{-}19]$$

(4) 수력효율

$$\eta_{th} = \frac{H_{th}}{H} = \frac{u_1 v_1 \cos\alpha_1 - u_2 v_2 \cos\alpha_2}{gH}$$

$$= \frac{v_1^2 - v_2^2}{2gH} + \frac{u_1^2 - u_2^2}{2gH} - \frac{w_1^2 - w_2^2}{2gH} \qquad [5\text{-}20]$$

(5) 프란시스 수차의 효율

$$\eta = \eta_h \cdot \eta_v \cdot \eta_m$$

4 프로펠러 수차

(1) 일반사항

① 저낙차, 대유량에 사용된다.
② 낙차의 범위는 5~90m이다.
③ 비교회전도 n_s = 400~800이다.
④ 날개의 수는 보통 4~10매이다.
⑤ 날개의 각도를 조정할 수 없는 고정익의 수차를 프로펠러 수차라 한다.

(2) 카플란수차(Kaplan turbine)

날개의 각도를 조정할 수 있는 가동익의 수차이다.

chapter 6 공기기계

1 공기기계의 개요

액체를 수송하는 유체기계인 펌프나 수차의 원리와 유사하나 공기와 같은 기체에 기계적 에너지를 공급하여 압력에너지와 운동에너지로 변환을 시켜 이송하는 기계류가 공기기계이다. 공기기계를 분류하면 기체를 비압축성유체로 취급하는 저압식 공기기계와 압축성 유체로 취급하는 고압식 공기기계로 분류되고 저압식으로는 송풍기와 풍차, 고압식으로는 압축기, 진공펌프, 압축공기기계 등이 있다. 송풍기는 압력에 따라 팬(Fan)과 블로워(Blower)로 구분하는데 팬은 0~1000mmAq미만, 블로워는 0.1~10mAq미만의 압력에 사용한다. 압축기는 10mAq이상의 압력에 사용하는 공기기계이다.

2 송풍기

(1) 송풍기의 전압과 정압

① 송풍기 전압 : 송풍기의 전압이란 송풍기에 의하여 얻어진 전압의 증가량이다. 즉, 송풍기의 송출구의 전압 P_{t2}에서 흡입구의 전압 P_{t1}를 뺀 것이다.

$$P_t = P_{t2} - P_{t1} = \left(P_{s2} + \frac{\rho}{2} V_2^2\right) - \left(P_{s1} + \frac{\rho}{2} V_1^2\right) \ [\text{N/m}^2] \tag{6-1}$$

② 송풍기 정압 : 송풍기 전압에서 송풍기 출구의 동압을 뺀 것이다.

$$P_s = P_t - \frac{\rho}{2} V_2^2 \ [\text{N/m}^2] \tag{6-2}$$

(2) 전압공기동력과 정압공기동력

① 전압 공기 동력

$$L_{at} = \frac{P_t Q}{102} \ [\text{kW}] \tag{6-3}$$

② 정압 공기 동력

$$L_{as} = \frac{P_s Q}{102} \ [\text{kW}] \tag{6-4}$$

(3) 전압효율과 정압효율

① 전압효율

$$\eta_t = \frac{L_{at}}{L} \ [\%] \tag{6-5}$$

L[kW]: 축동력 또는 소요동력이다.

② 정압효율

$$\eta_s = \frac{L_{as}}{L} \ [\%] \tag{6-6}$$

(4) 상사법칙

2대의 구조가 상사한 송풍기에 적용한다. 풍량 [m³/min] Q_1, Q_2, 풍압 [N/m²=mmAq] P_1, P_2, 축동력 [kW] L_1, L_2, 비중량 [N/m³] γ_1, γ_2, 회전차의 바깥지름 [m] D_1, D_2, 회전수 [rpm] N_1, N_2 일 때 다음이 성립한다.

① 유량

$$\frac{Q_2}{Q_1} = \left(\frac{D_2}{D_1}\right)^3 \left(\frac{N_2}{N_1}\right) \tag{6-7}$$

② 압력

$$\frac{P_2}{P_1} = \frac{\gamma_2}{\gamma_1} \left(\frac{D_2}{D_1}\right)^2 \left(\frac{N_2}{N_1}\right)^2 \tag{6-8}$$

③ 동력

$$\frac{L_2}{L_1} = \frac{\gamma_2}{\gamma_1} \left(\frac{D_2}{D_1}\right)^5 \left(\frac{N_2}{N_1}\right)^3 \tag{6-9}$$

④ 비교회전도

$$n_s = N \frac{\sqrt{Q}}{(P/\gamma)^{3/4}} \tag{6-10}$$

(5) 원심송풍기의 이론 전압

① 공기 동력

$$L_{th} = \rho Q(u_2 V_2 \cos\alpha_2 - u_1 V_1 \cos\alpha_1) \tag{6-11}$$

② 이론 전압

$$P_{th} = \rho(u_2 V_2 \cos\alpha_2 - u_1 V_1 \cos\alpha_1) \tag{6-12}$$

(6) 축류송풍기의 이론 전압

① 공기 동력

$$L_{th} = \rho Q u(V_{u2} - V_{u1}) \tag{6-13}$$

② 이론 전압

$$P_{th} = \rho u(V_{u2} - V_{u1}) \tag{6-14}$$

(7) 원심송풍기의 분류 및 특징

① 다익팬(multiblade fan) : 반지름 방향의 익현의 길이는 짧고 회전축 방향의 깃 폭이 크다. 깃의 출구각 $\beta_2 \geq 90°$ (전경사 팬)고 48~64개의 깃을 갖는 구조로 시로코팬이라고도 한다. 동일 속도의 다른 팬에 비하여 풍량이 많고 주로 냉난방 환기, 건물 및 소형보일러에 사용되고 있다.

② 반경류형팬(radial fan) : 반지름 방향의 익현의 길이는 길고 회전축 방향의 깃 폭은 좁다. 깃의 출구각 $\beta_2 = 90°$ 이고 6~12개의 깃을 갖는 구조이고 다익팬에 비하여 효율은 양호하며 대형이다.

분류	깃 형상
다익팬 (multiblade fan)	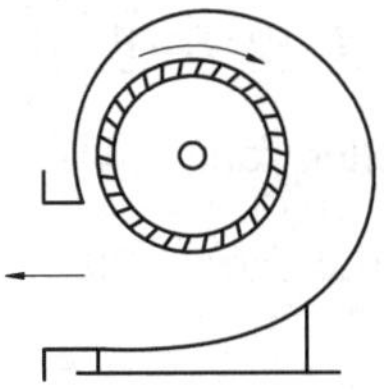
반경류형팬 (radial fan)	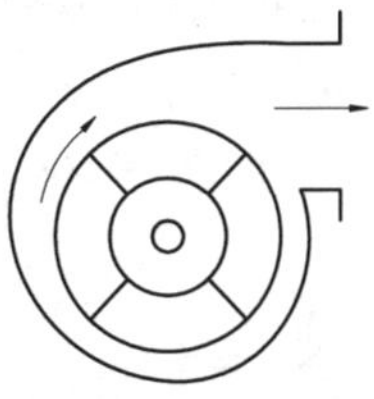
터보팬 (turbo fan)	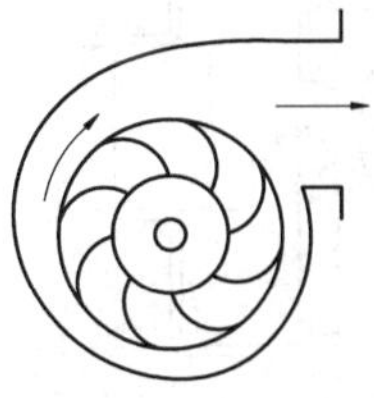
익형팬 (airfoil fan)	
한계부하팬 (limited fan)	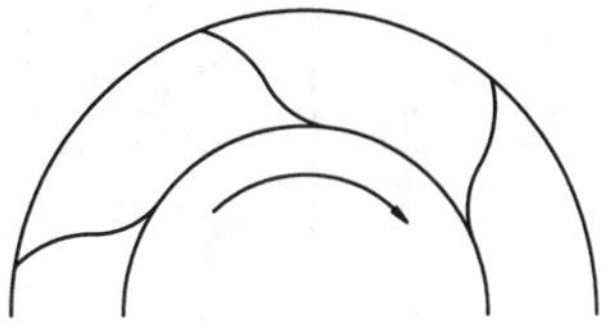

[그림 6-1 원심송풍기의 종류 및 깃 형상]

③ 터보팬(turbo fan) : 다익팬과 반경류형팬의 중간 정도이며 익현의 길이와 깃 폭은 반경류 팬과 유사하고 $\beta_2 \simeq 45°$ (후경사), 12~20개의 깃을 갖는 구조이다. 원심송풍기 중에서 가장 효율이 좋다.

④ 익형팬(airfoil fan) : 깃이 익형 모양이며 풍량이 설계점 이상으로 증가해도 축동력의 변화는 없으며 소음이 적고 효율이 양호한 반면 고가의 송풍기이다.

⑤ 한계부하팬(limited fan) : S자 모양의 깃의 회전차와 프로펠러형 안내깃이 고정되어 있는 송풍기이다. 익형팬 처럼 풍량이 설계점 이상으로 증가해도 축동력은 증가하지 않는 특성을 갖는다.

이와 같은 원심송풍기는 소음과 부하 변동에 따른 효율의 변화가 적다. 환기용, 가열로용 등으로 사용된다.

(8) 축류송풍기의 분류 및 특징

① 프로펠러팬(propeller fan) : 덕트가 없는 구조의 송풍기이다.

② 관축류팬(tube-axial fan) : 일반적인 풍압에서 풍량의 범위가 넓은 송풍기로 덕트를 갖고 있는 구조이다.

③ 베인축류팬(vane-axial fan) : 송출측에 공기의 안내깃을 설치한 것이 특징이고 이것이 관축류팬과 다른 점이다. 이와 같은 안내깃에 의해 회전방향의 흐름이 정압으로 유지되며 그만큼 효율의 상승을 기대할 수가 있다.

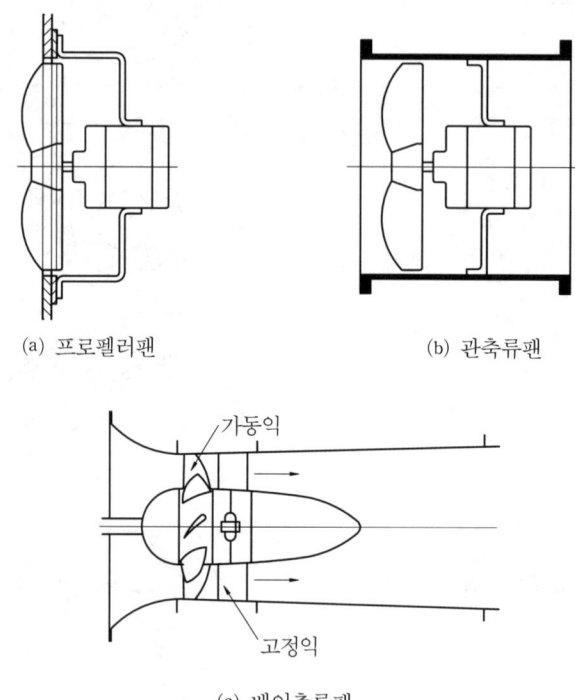

(a) 프로펠러팬　　(b) 관축류팬

(c) 베인축류팬

[그림 6-2 축류송풍기의 종류]

이와 같은 축류송풍기들은 주로 저압 대유량 용으로 사용되며 비속도 사용 범위는 1000~2500[m^3/min, m, rpm], 풍량은 5~20,000[m^3/min]이고 환기용, 냉각탑용, 풍동용, 통풍용, 배기용 등으로 이용되고 있다.

(9) 터보형 및 용적형 송풍기의 비교

① 터보형 : 풍량의 변화에 따른 토출압력은 크게 변화하지 않는다.
② 용적형 : 압력 변화에 따른 풍량은 거의 일정하다.
③ 용적형의 경우 풍량 조절이 필요한 경우 바이패스, 안전밸브, 공기탱크 등을 설치할 필요가 있다.

3 압축기(Compressor)

(1) 압축기의 일반사항

송출압력이 게이지압력으로 98kPa(1 kg_f/cm^2)이상 일 때 압축기라 한다. 터보형과 용적형으로 구분되며 터보형에는 원심압축기와 축류압축기가 있고 용적형으로는 왕복압축기와 회전압축기가 있다.

(2) 압축기 손실

① 유체 흐름상 손실 : 압축기의 성능에 가장 큰 영향을 미치는 손실이며 압축기 흡입구로부터 배출구에 이르기까지 유체의 마찰손실, 곡관이나 단면변화에 의한 부차적 손실, 회전차 입구와 출구에서의 충돌손실 등으로 발생되고 있다.
② 누설손실 : 회전차 입구와 케이싱 사이, 축의 케이싱을 통과하는 부분과 평형장치(balance-piston)사이 틈, 다단의 경우 각단의 격판과 축 사이의 틈 등에서 누설이 발생하게 되는데 이것을 방지하기 위하여 고정부분과 회전부분 사이에 래버린스 패킹(labyrinth packing)을 사용하고 있다.
③ 기계적 손실 : 베어링, 패킹상자, 기밀장치 등에서 발생하는 마찰로 인한 손실이다.

(3) 압축기 효율

① 유체효율 : 펌프나 수차에서는 수력효율이라 한다.

$$\eta_h = \frac{H}{H_{th}} \quad \text{[6-15]}$$

H : 실제전압수두, H_{th} : 이론전압수두

② 체적효율

$$\eta_v = \frac{Q}{Q + \Delta Q} \quad \text{[6-16]}$$

Q : 배출유량, ΔQ : 누설유량

③ 기계효율

$$\eta_m = \frac{L - \Delta L}{L} \tag{6-17}$$

L : 축동력, ΔL : 기계손실동력

④ 전효율 : 압축기의 공기동력과 축동력과의 비이다.

$$\eta = \frac{L_a}{L} = \eta_h \eta_v \eta_m \tag{6-18}$$

L_a : 압축기의 공기동력, L : 축동력

(4) 왕복형압축기

① 피스톤을 실린더 속에서 상하 왕복 운동시켜 기체를 흡입하여 고압으로 만들어 송출하는 기계이다.

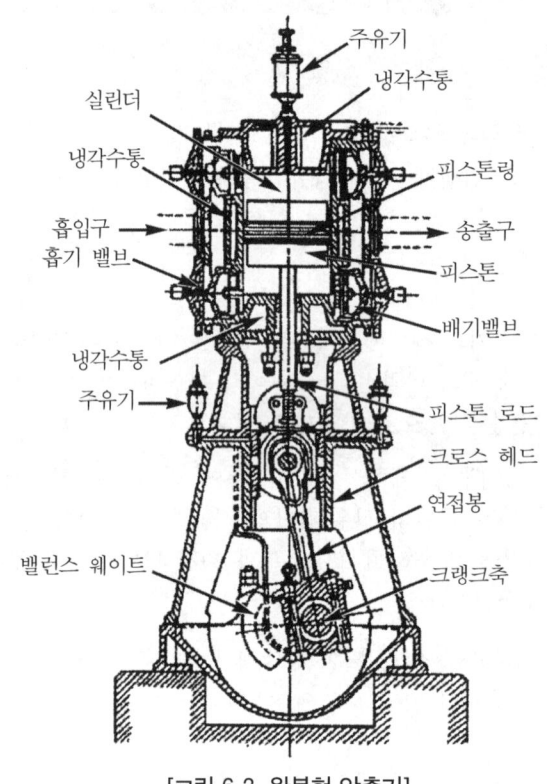

[그림 6-3 왕복형 압축기]

② 특징
- 기계적인 접촉부가 많고 고속회전이 불가능하다.
- 단위 동력당 공기량이 많다. 즉, 대풍량에 사용된다.
- 열효율이 좋다.
- 용량 조절이 간단하다.
- 송출 공기압이 일정하지 않아 공기탱크가 있어야 한다.

- 다른 압축기에 비해 대형이고 시설비가 고가이다.
- 압력비가 원심식보다 높다.
- 풍량은 압력변화에 따라 거의 변화가 없다.

③ 용도 : 소풍량, 초고압용으로 사용된다.

④ 라비린스 피스톤 : 윤활제의 혼입을 피할 필요가 있는 식료품 공업용, 화학공업용 등의 경우 피스톤링 대신에 라비린스패킹을 사용하는 피스톤이다.

⑤ 무급유 압축기 : 탄소수지제 피스톤링을 사용한 압축기이다.

(5) 회전형압축기

① 루츠압축기 : 2개의 로터(rotor) 회전으로 공기를 압축하는 방식이다.
- 회전수의 변화로 풍량을 조절할 수 있다.
- 회전수가 일정하면 압력이 변화해도 풍량을 변화시키기는 어렵다.
- 소유량에서 대유량까지 제작이 가능하다.
- 토출압력이 100kPa에 가까운 것은 2단압축으로 압축한다.
- 진공펌프로도 사용된다.

② 나사압축기 : 암수 2개의 회전자가 서로 반대방향으로 회전할 때 공기가 통과하며 체적에 변화에 의해 공기는 압축된다.

③ 가동익압축기 : 한 개의 회전자가 실린더 내에 실린더 벽면과 접하여 설치되고 회전자의 회전에 의해 실린더 내벽에 접하여 홈을 출입하며 체적의 변화가 이루어지고 이로 인하여 압력이 상승하도록 한 압축기이다.

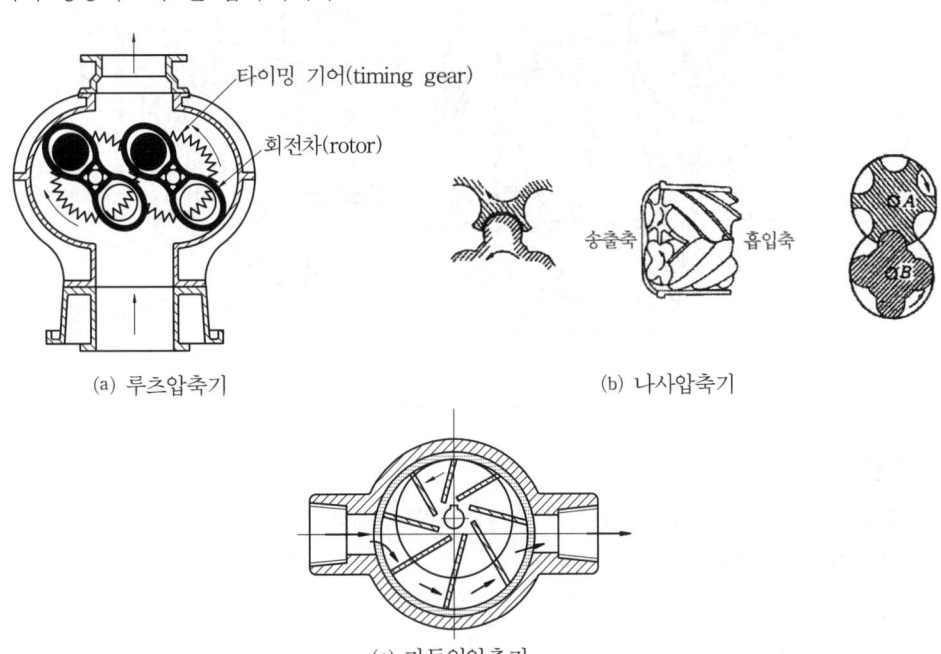

[그림 6-4 회전형압축기]

(6) 원심압축기

① 회전차의 회전에 의한 운동에너지를 압력에너지로 변환하여 축방향으로 흡입한 공기를 고압으로 만들어 반경방향으로 송출시키는 압축기이다.

② 중간냉각기: 압축온도가 상승하고 압축일량의 증가에 따라 열응력이 발생하여 기계요소들의 파손이 발생할 우려가 있어 중간냉각기를 설치하여 각 단에서 빠져 나온 기체가 다음 단으로 가는 도중 냉각기를 통해 온도를 낮춰 줌으로 열응력에 의한 파손을 예방할 수 있다. 냉각기 대신에 물재킷(water jacket)을 사용하기도 한다.

③ 특징
- 대유량 송출이 가능한 터보형 압축기라고도 한다.
- 가격이 저렴한 편이고 효율이 양호하다.

③ 용도
먼지가 많아도 사용이 가능하다는 특징을 갖고 있는 압축기로 제철소, 광산, 화학공업용 등으로 사용되고 있다.

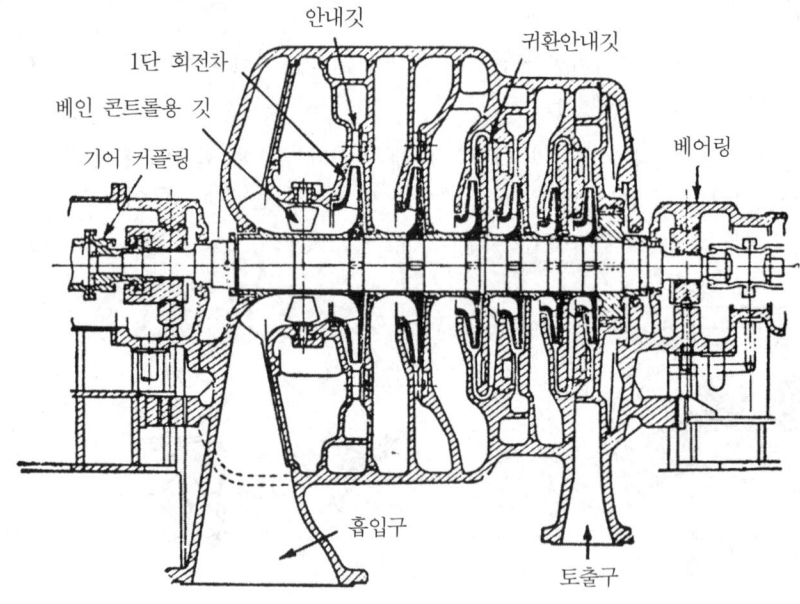

[그림 6-5 원심압축기]

(7) 축류압축기

① 회전자에 설치된 동익과 케이싱에 부착된 정익이 교대로 배열되어 익렬 배치가 여러 단 중첩되어 있는 구조이다.

② 특징
- 구조적으로 고속회전이 가능하다.
- 동일 풍량에 대해서 다른 형식에 비해 소형화 할 수 있다.

- 원심압축기 보다 대유량으로 사용할 수 있다.
- 저압소형 깃에서 고압대형 깃까지 제작 사용되고 있다.

③ 용도

보일러 통풍용, 터널 환기용, 항공기용으로 사용되고 있다.

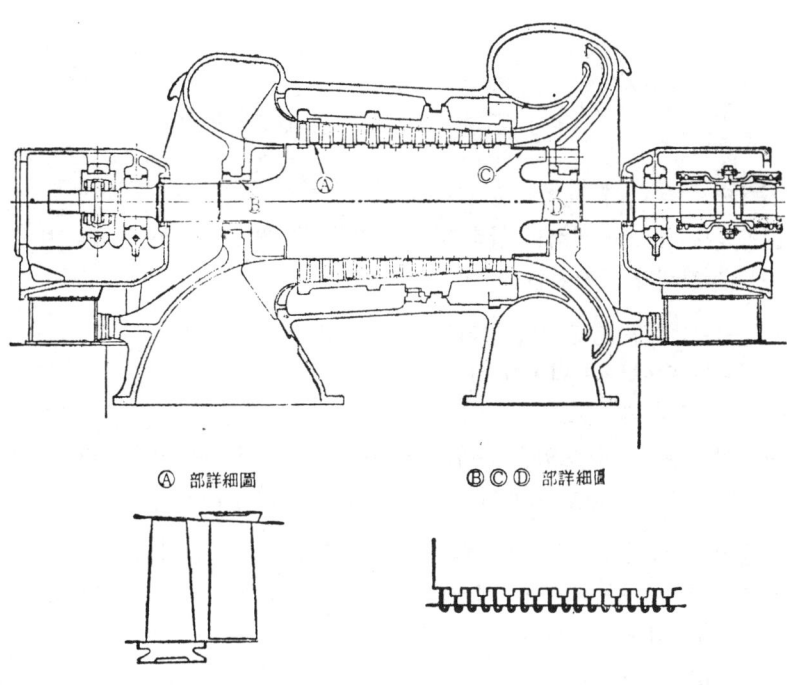

[그림 6-6 축류압축기]

4 진공펌프(Vacuum pump)

어떤 용기 내의 압력을 대기압 이하의 저압으로 유지하기 위하여 공기를 대기 중으로 배출시키는 펌프이다.

(1) 압축기와 다른 점

저압의 공기를 대기압까지 압축하여 배출한다는 점에서는 압축기와 동일하다. 그러나 운전조건으로는 다음과 같은 차이점이 있다.

① 흡입압력과 토출압력의 압력차가 100kPa로 작지만 흡입압력을 낮춤에 따라 압력비가 크게 상승하게 된다.

② 이에 따라 압력손실이 증가하면 소요동력이 상승하게 되고 부하는 흡입측에 걸려 기계의 기동에 따라 압력은 현저하게 변하게 된다.

③ 진공도가 저하되며 기체의 밀도가 작아 실린더 부피는 동력에 비해 크다는 것을 알 수 있다.

(2) 진공펌프 이론

① 폴리트로우프 과정이라 했을 때 최대 압축일량은 다음과 같다.

$$L_{max} = \frac{n}{n-1} P_1 V_1 (n-1) = n P_1 \cdot V_1 \qquad [6\text{-}19]$$

② 성능표시는 규정압력과 그 때의 배기량으로 표시한다.

③ 진공도

$$\phi = \left(1 - \frac{P}{P_a}\right) \times 100 \ [\%] \qquad \begin{bmatrix} P_a : 대기압 \\ P : 진공펌프에 의해 도달된 절대압력 \end{bmatrix} \qquad [6\text{-}20]$$

(3) 종류 및 특성

① **왕복형 진공펌프**: 구조는 왕복형 압축기와 같지만 압축기 보다 구동동력의 비율에 비해 대형이다. 자유밸브식과 미끄럼밸스식이 있다.

② **루츠식 진공펌프**: 루츠 송풍기의 원리와 구조가 같다.
  - 내부 요동부가 없어 고속회전이 가능하다.
  - 저진공으로 대풍량에 적합하다.
  - 내부 윤활이 필요 없어 오염을 피하는 공기를 다루는 경우에 적합하다.
  - 흡입공기에 약간의 수분이 함유되어 있어도 진공이 가능하다.

③ **액봉식 진공펌프**: 실린더에 적당한 양의 물을 넣고 실린더와 동심으로 설치된 회전차를 회전시키면 회전차와 수류와의 사이에 저압 및 고압의 공간이 생겨 공기가 흡입구와 토출구에 연동하여 압축되며 유동한다.

④ **유회전식 진공펌프**: 회전 압축기의 실린더 내에 기름을 소량 넣어 회전자와 실린더 사이에 유막을 형성시켜 누설을 막아 체적효율을 높이고, 충만한 기름으로 압축공기의 잔류를 막아 고진공이 가능한 펌프이다. 센코형, 게데형, 키니형 등의 종류가 있다.

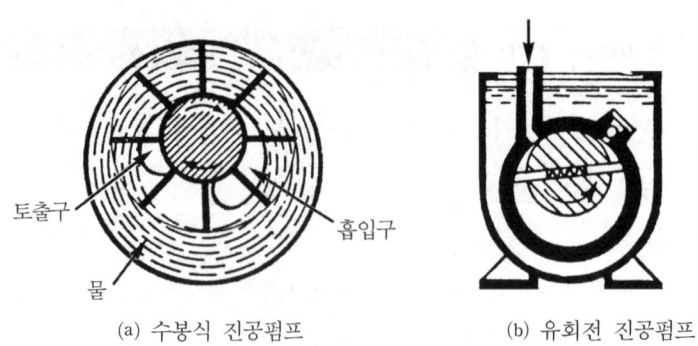

(a) 수봉식 진공펌프   (b) 유회전 진공펌프

[그림 6-7 진공펌프]

5 풍차(windmil)

(1) 풍차에 이용된 에너지

$$E = \frac{\rho}{2}(U_0 - U_2)(U_0 + U_2) \qquad [6\text{-}21]$$

여기서, ρ 는 밀도
U_0 는 풍속
U_2 는 풍차 후류의 풍속이다.

(2) 이론효율

① 풍차가 얻은 동력

$$L = AU_1 E = AU_1 \frac{\rho}{2}(U_0 + U_2)(U_0 - U_2) = \frac{\rho}{4} A(U_0 - U_2)(U_0 + U_2)^2 \qquad [6\text{-}22]$$

여기서, A 는 풍차 회전면의 면적,
U_1 은 풍차에서의 풍속이다.

$$U_1 = \frac{(U_0 + U_2)}{2} \qquad [6\text{-}23]$$

② 바람이 갖고 있는 동력

$$L_0 = \rho \frac{A}{2} U_0^3 \qquad [6\text{-}24]$$

③ 풍차의 이론효율

$$\eta_{th} = \frac{L}{L_0} = \frac{(U_0 - U_2)(U_0 + U_2)^2}{2U_0^3} \qquad [6\text{-}25]$$

∴ 이론 효율이 최대로 되는 조건 : $U_2 = \dfrac{U_0}{3}$

chapter 7 유체전동장치

1 유체전동장치 개요

유체전동장치란 기계적 에너지를 유체에너지로 변환시켰다가 다시 유체에너지를 기계적 에너지로 변환시키는 일련의 기계장치이다.

(1) 종류
① 정압전동장치 : 용적형 펌프와 전동기를 조합시킨 방식으로 주로 유압장치로 이용되고 있다.
② 동압전동장치 : 터보형 펌프(비용적형 펌프)와 수차를 조합시킨 방식으로 유체를 순차(順次)펌프와 수차의 내부를 순환시켜 동력학적으로 구동축에서 종동축으로 전달시켜 회전수 또는 토크변환을 시킬 수 있다.

(2) 유체전동장치의 특징
① 에너지 변환시 손실로 인하여 전달동력은 감소한다.
② 신속하고 정확한 동력전달이 이루어진다.
③ 입력축과 출력축 사이의 무단변속이 가능하다.
④ 충격과 진동 흡수력이 양호하며 제어가 용이하다.

2 유체커플링

유체를 매개로 하여 동력을 전달하는 장치로 입력축에 설치된 펌프 작용을 하는 회전차와 출력축에 설치된 터빈 작용을 하는 회전차로 구성된다.

(1) 커플링의 용도
① 자동차, 디젤기관 등에 사용된다.
② 선박의 기관과 프로펠러 축의 사이에 사용된다.
③ 송풍기, 펌프 그 밖의 기관과 그것을 운전하는 원동기의 사이에 끼워져 사용된다.

(2) 커플링의 특징

① 동력 전달과 차단시 기름의 출입에 의하여 이루어지므로 원리는 간단하다.
② 원동기 시동이 쉽다.
③ 과부하 상태에서도 원동기에 무리가 없다.
④ 축의 진동 흡수능력이 좋다.
⑤ 축이 일직선상에 놓여 있지 않아도 사용상에 지장이 없다.

(3) 커플링의 이론

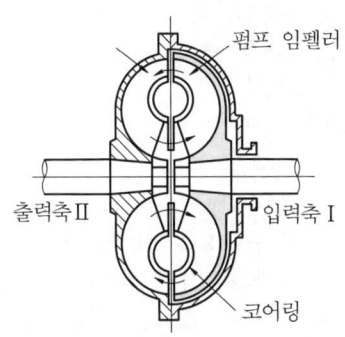

[그림 7-1 유체 커플링]

① 펌프의 양정

$$H_p = \frac{\eta_{hp}}{g} \omega_1 (r_2 v_{u2p} - r_1 v_{u1p}) \qquad [7\text{-}1]$$

$\begin{bmatrix} r_1, \ r_2 : \text{펌프 입구 및 출구의 반경} \\ v_{u1p}, \ v_{u2p} : \text{입구 및 출구의 절대속도의 접선방향의 성분} \\ \omega_1 : \text{입력축의 각속도} \\ \eta_{hp} : \text{회전차의 수력효율} \end{bmatrix}$

② 터빈의 낙차

$$H_t = \frac{\omega_2}{\eta_{ht} g} (r_2 v_{u2t} - r_1 v_{u1t}) \qquad [7\text{-}2]$$

$\begin{bmatrix} r_1, \ r_2 : \text{터빈 입구 및 출구의 반경} \\ v_{u1t}, \ v_{u2t} : \text{터빈 입구 및 출구의 절대속도의 접선방향의 성분} \\ \omega_2 : \text{출력축의 각속도} \\ \eta_{ht} : \text{회전차의 수력효율} \end{bmatrix}$

③ 터빈입구와 펌프의 출구사이에 틈 사이의 수두손실을 무시하면 다음이 성립한다.

$v_{u1p} r_1 = v_{u1t} r_1, \ v_{u2p} r_2 = v_{u2t} r_2$

$H_p = H_t$

$$\frac{\omega_2}{\omega_1} = \eta_{hp} \cdot \eta_{ht} \qquad [7\text{-}3]$$

④ 미끄럼

$$s = \frac{\omega_1 - \omega_2}{\omega_1} \quad \text{[7-4]}$$

⑤ 커플링의 효율

$$\eta = \eta_{ht} \cdot \eta_{hp} = \frac{\omega_2}{\omega_1} = 1 - s \quad \text{[7-5]}$$

위의 표현으로부터 미끄럼이 클수록 커플링의 효율은 감소한다는 것을 알수있다.

⑥ 펌프와 터빈의 토크

$$T_p = \rho Q(v_{u2p} r_2 - v_{u1p} r_1)$$
$$T_t = \rho Q(v_{u2t} r_2 - v_{u1t} r_1) \quad \text{[7-6]}$$

만약 방사상의 날개를 사용한다면, $v_{u2p} = w_1 r_2$, $v_{u1p} = w_2 r_1$ 이므로

$$T = \rho A w(w_1 r_2^2 - w_2 r_1^2) \quad \text{[7-7]}$$

이다.

$\begin{bmatrix} A : \text{유로의 단면적} \\ w_1, w_2 : \text{펌프입구와 출구의 상대속도} \end{bmatrix}$

(4) 드래그 토크(Drag Torque)

입력축은 회전하고 출력축이 정지해 있을 때 전달토크를 의미한다. 드래그 토크가 지나치게 크면 입력축측에 무리가 가게 되어 좋지 못하다. 드래그 토크를 줄이는 방법으로는 다음과 같은 것들이 있다.
① 순환유량을 줄여 외관상의 상유(上油)의 밀도를 줄인다.
② 배플판(baffle plate)을 사용하여 출구 상대속도(w_2)가 작을 때에 상대속도가 증가하지 않도록 하여 펌프 토크를 억제시킨다.
③ 배플판 대신에 둥근 고리모양의 밸브를 사용한다.
④ 기름탱크를 설치해 미끄럼이 큰 경우 기름이 기름탱크로 떨어지도록 하는 방법도 있다.

(5) 스쿠프관(scoop tube)

① 회전드럼 내부에서 회전축에 대해 직각방향으로 직선운동을 한다.
② 회전차에서 유출한 기름을 받는 역할을 한다. 기름을 빼내면 터빈 회전차 축의 속도가 변하여 변속이 이루어진다. 그 때 기름의 소요량을 빼내기 위하여 사용되는 관이다.
③ 스쿠프관의 위치에 따라 기름 층의 두께가 달라진다.
④ 회전차 내의 유량도 간접적으로 제어하게 된다.

(6) 가변 충진식 유체커플링

① 내부 유량을 조절할 수 있다.
② 회전차 내의 유량을 변화시킴으로서 전달토크를 임의로 변화시킬 수 있다.
③ 입력축의 회전속도를 일정하게 유지시키고 속도비를 자유로이 제어할 수 있도록 한 유체커플링이다.

3 유체토크컨버터

토크컨버터(Torque convertor)의 가장 간단한 구성은 펌프회전차, 터빈회전차와 안내깃으로 조합된 것이 있다. 안내깃은 고정자(stator)라고도 한다. 즉, 토크컨버터는 토크의 크기를 변화시키는 장치이다.

(1) 토크컨버터의 이론

① 펌프로 유체에 가한 토크

$$T_p = \rho Q(v_{u2}r_2 - v_{u1}r_1) \qquad [7\text{-}8]$$

② 터빈이 유체에 가한 토크

$$T_t = \rho Q(v_{u3}r_3 - v_{u2}r_2) \qquad [7\text{-}9]$$

③ 안내깃이 유체에 준 토크

$$T_s = \rho Q(v_{u1}r_1 - v_{u3}r_3) \qquad [7\text{-}10]$$

위의 식에서 펌프입구와 안내깃의 출구는 하첨자 1, 펌프의 출구와 터빈의 입구 하첨자에 2, 터빈출구와 안내깃의 입구에 하첨자 3, 펌프는 하첨자 p, 터빈은 하첨자 t, 안내깃에 하첨자 s를 붙이고 펌프축 및 터빈축의 각속도를 ω_1, ω_2라 한다.

④ 토크컨버터의 효율

$$\eta = \frac{T_t \omega_2}{T_p \omega_1} \qquad [7\text{-}11]$$

회로내에 안내깃이 있어서 저항이 증가하기 때문에 효율을 90%이상 얻는 것은 어렵고 토크비가 1이 되는 점을 클러치 점(clutch point)이라 표현한다.

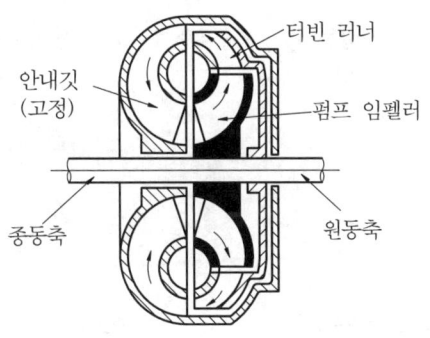

[그림 7-2 유체 토크컨버터]

⑤ 스테이터는 펌프와 터빈 사이에서 유체의 유동방향을 변화시켜 기관으로부터 펌프에 전달된 입력토크보다 터빈으로부터의 출력토크를 배가시킨다.

⑥ 토크컨버터는 유체커플링에서 펌프와 터빈의 적당한 각도로 만곡시키고, 유체의 유동방향을 변화시키는 역할을 하는 스테이터를 추가 한 구조이다.

part 7 — 실전연습문제

01 원심펌프의 작용원리로 다음 중 맞는 것은?

㉮ 펌프의 케이싱과 임펠러의 마찰을 이용한 펌프이다.
㉯ 펌프의 회전차인 임펠러의 회전에 의한 원심력을 이용한 펌프이다.
㉰ 익형날개의 항력을 이용한 펌프이다.
㉱ 베인에 작용한 유체의 양력을 이용한 펌프이다.

▶Solution 회전차의 회전에 의해 발생하는 원심력을 이용한 펌프이다.

02 송출량 $0.8m^3/min$, 총양정이 20m인 경우 펌프의 축동력은? (단, 펌프의 효율은 80%이고 상온의 물이다.)

㉮ 3.26 ㉯ 4.26 ㉰ 5.26 ㉱ 6.26

▶Solution $\eta = \dfrac{L_w}{L_s} = \dfrac{\gamma QH}{L_s}$, $0.8 = \dfrac{9800 \times 0.8 \times 20}{60 \times 1000 \times L_s}$, $L_s = 3.26\,kW$

03 흡입액면의 작용압력이 대기압이고 송출액면의 작용압력이 0.5MPa일 때 펌프의 전양정은 몇 m인가? (단, 송출액면과 흡입액면의 높이 차는 30m, 전손실수두는 4.1m, 흡입노즐과 송출노즐의 속도는 동일하며 액체는 상온의 청수이다.)

㉮ 45 ㉯ 55 ㉰ 75 ㉱ 85

▶Solution $H = \dfrac{P_2 - P_1}{\gamma} + \dfrac{V_2^2 - V_1^2}{2g} + (Z_2 - Z_1) + h_L$
$= \dfrac{0.5 \times 10^6}{9800} + 30 + 4.1 = 85.12\,[m]$

04 펌프의 회전차를 통과하는 유량을 Q_0, 송출유량을 Q, 누설 유량을 ΔQ라 할 때 펌프의 체적효율(η_v)을 구하는 식은 어느 것인가?

㉮ $\eta_v = \dfrac{\Delta Q - Q_0}{Q_0}$ ㉯ $\eta_v = \dfrac{Q_0 - \Delta Q}{Q_0}$

㉰ $\eta_v = \dfrac{Q - \Delta Q}{Q}$ ㉱ $\eta = \dfrac{Q_0 + \Delta Q}{Q}$

05 그림에서 실양정을 구하는 표현식은?

㉮ $H_a + H_d$
㉯ $H_a - H_d$
㉰ $H_d + H_s$
㉱ $H_a - H_s$

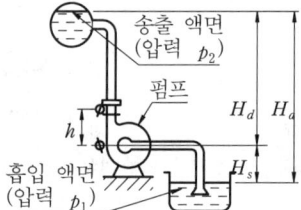

▶Solution H_a는 실양정, H_d는 송출실양정, H_s는 흡입실양정이라 한다.

Answer 01 ㉯ 02 ㉮ 03 ㉱ 04 ㉯ 05 ㉰

06 흡입실양정이 6.8m, 송출실양정이 25.6m인 원심펌프의 전양정은 얼마인가?

㉮ 18.8m　　㉯ 32.4m　　㉰ 64.8m　　㉱ 37.6m

> **Solution** 전양정 $H = H_d + H_s$ = 25.6+6.8=32.4m이다.

07 실양정이 29.5m, 손실수두 8.5m인 펌프장치에서 펌프의 전양정은 얼마인가?

㉮ 21m　　㉯ 42m　　㉰ 76m　　㉱ 38m

> **Solution** $H = H_a + h_l = 29.5 + 8.5 = 38\,m$

08 유량과 양정이 주기적으로 변화하는 현상을 무엇이라 하는가?

㉮ 공동현상　　㉯ 채터링현상　　㉰ 서징현상　　㉱ 오일링현상

> **Solution** 관속의 액체가 꽉 채워진 상태로 유동하다가 갑자기 속도가 변화할 때 급격한 압력의 변화로 이어져 충격과 진동이 수반되는 현상을 맥동(Surging)현상이라 한다.

09 공동현상(Cavitation) 방지책으로 다음 중 맞는 것은?

㉮ 펌프의 설치위치를 높게 한다.
㉯ 양흡입펌프를 단흡입펌프로 교체한다.
㉰ 손실수두를 가능한 크게 하지 않는다.
㉱ 펌프의 회전수를 높인다.

> **Solution**
> ① 펌프 회전수를 감소시킨다.
> ② 흡입관의 손실을 가능한 작게 하기 위하여 흡입속도를 감소시킨다.
> ③ 단흡입 펌프면 양흡입 펌프로 바꾼다.
> ④ 펌프의 설치 위치를 낮춤으로써 유효흡입수두를 증가시킨다.

10 어떤 원심펌프 회전차의 출구 반지름이 230mm, 회전수가 1500rpm, 깃 입구에서 절대속도와 원주속도가 이루는 각 $\alpha_1 = 90°$일 때, 깃 출구각 $\beta_2 = 22.5°$, 출구 상대속도 $w_2 = 14$m/s이다. 이론 양정은 몇 m인가? (단, 깃수 무한인 회전차 유동으로 가정한다.)

㉮ 85.4　　㉯ 75.4　　㉰ 65.4　　㉱ 55.4

> **Solution** $H_{th\infty} = \dfrac{1}{g} u_2 v_{u2} = \dfrac{u_2}{g}(u_2 - w_2 \cos\beta_2)$
>
> $u_2 = r_2 \times \omega = 0.23 \times \dfrac{2\pi \times 1500}{60} = 36.11\,m/\sec$
>
> $H_{th\infty} = \dfrac{1}{9.8} \times 36.11 \times (36.11 - 14 \times \cos 22.5°) = 85.4\,m$

11 깃수 무한일 때의 이론수두를 $H_{th\infty}$, 깃수 유한일 때 이론 수두를 H_{th}라 할 때 수력효율 η_h를 구하는 식으로 다음 중 맞는 것은? (단, h_l은 손실수두이다.)

㉮ $\eta_h = \dfrac{H_{th\infty}}{H_{th}}$　　㉯ $\eta_h = \dfrac{H}{H_{th}}$

㉰ $\eta_h = \dfrac{H_{th} - H_{th\infty}}{H_{th}}$　　㉱ $\eta_h = \dfrac{H - H_{th\infty}}{h_l}$

Answer　06 ㉯　07 ㉱　08 ㉰　09 ㉰　10 ㉮　11 ㉯

Solution 수력효율은 이론 전수두에 대한 실제 전수두로 표현되므로 $\eta_h = \frac{H_{th} - h_l}{H_{th}} = \frac{H}{H_{th}}$ 이다.

12 어떤 원심펌프의 회전수 1200rpm, 송출유량 1.0m³/min, 전양정 17m일 때 비교회전도 n_s로 다음 중 맞는 것은?

㉮ 143 [m, m³/min, rpm] ㉯ 163 [m, m³/min, rpm]
㉰ 183 [m, m³/min, rpm] ㉱ 203 [m, m³/min, rpm]

Solution $n_s = N \frac{Q^{1/2}}{H^{3/4}}$, $n_s = 1200 \times \frac{1.0^{1/2}}{17^{3/4}} = 143.33$ [m, m³/min, rpm]

13 양정 55m, 유량 1.8m³/min, 회전수 1480rpm인 원심펌프의 회전차와 형상이 상사하고 그 치수가 0.67배인 회전차를 갖는 펌프를 1800rpm으로 운전하는 경우 양정으로 다음 중 맞는 것은?

㉮ 36.5m ㉯ 25.6m ㉰ 15m ㉱ 10.5m

Solution $H' = H \left(\frac{D_2'}{D_2}\right)^2 \left(\frac{n'}{n}\right)^2 = 55 \times \left(\frac{1800}{1480}\right)^2 \times \left(\frac{0.67}{1}\right)^2 = 36.52\,\text{m}$

14 다음 그림은 펌프의 특성곡선이다. ⒶⒶ는 어떤 특성을 나타내는 곡선인가?

㉮ 효율
㉯ 양정
㉰ 유량
㉱ 축동력

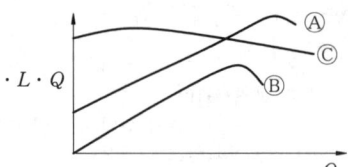

Solution 축동력곡선: Ⓐ, 효율곡선: Ⓑ, 양정곡선: Ⓒ

15 축류펌프의 익형에서 종횡비(aspect ratio)란 무엇인가?

㉮ 익폭과 익두께의 비 ㉯ 익폭과 익현 길이의 비
㉰ 익두께와 익현 길이의 비 ㉱ 익형의 가로 세로의 비

Solution 익폭과 익현의 길이와의 비를 종횡비라 한다.

16 어떤 왕복펌프의 피스톤 행정이 0.3m, 피스톤의 평균속도가 0.35m/s이다. 이 펌프의 회전수로 다음 중 맞는 것은?

㉮ 15rpm ㉯ 25rpm ㉰ 35rpm ㉱ 45rpm

Solution $v = \frac{2SN}{60}$, $0.35 = \frac{2 \times 0.3 \times N}{60}$, $N = 35\,\text{rpm}$

17 다음 중 왕복펌프의 특징으로 볼 수 없는 것은?

㉮ 동일유량의 원심펌프에 비해 대형이다.
㉯ 효율이 낮다.
㉰ 고압의 송출압력이 가능하다.
㉱ Priming(물맞이 콕, 마중콕)이 필요 없다.

Answer 12 ㉮ 13 ㉮ 14 ㉱ 15 ㉯ 16 ㉰ 17 ㉯

> **Solution** 왕복펌프의 특징으로는 다음과 같은 것들이 있다.
> ① 균일한 유동을 위해 공기실을 갖고 있는 것들이 있다.
> ② 저속운전에 적당하다.
> ③ 동일유량의 원심펌프에 비해 대형이다.
> ④ 송출압력은 펌프 회전수에 제한을 받지 않는다.
> ⑤ 송출압력은 고압으로 사용이 가능하다.
> ⑥ 송출유량은 적으나 고압이 요구될 때 사용된다.

18 다음 중 원심펌프의 특징으로 볼 수 없는 것은?
㉮ 소형 경량으로 사용된다.
㉯ 구조가 간단하며 취급이 어렵다.
㉰ 고속회전이 가능하다.
㉱ 효율이 높고 맥동(surging)이 적다.

> **Solution** 구조는 간단하며 취급이 용이하여 유지관리가 용이하다.

19 최저압력이 액체에 대한 포화증기압과 동일하면 공동현상(Cavitation)이 발생한다. 발생이유로써 적당하지 않은 것을 골라라?
㉮ Foot밸브의 저항 때문에
㉯ 위치수두의 증가 때문에
㉰ 흡입관 입구의 여과장치 때문에
㉱ 비점성 유체이기 때문에

> **Solution** 공동현상은 점성유체이든 비점성유체이든 발생가능성은 있다.

20 다음 중 축류펌프의 종류로 만 묶인 것은?
㉮ 가동익축류펌프-고정익축류펌프-입축축류펌프-횡축축류펌프
㉯ 고정익축류펌프-입축축류펌프-횡축축류펌프-
㉰ 횡축축류펌프
㉱ 입축축류펌프-횡축축류펌프

> **Solution** ① 가동익축류펌프 : 운전 도중에 날개의 각도를 조정할 수 있는 펌프
> ② 고정익축류펌프 : 회전차의 날개 설치각이 고정되어 있는 펌프
> ③ 입축형축류펌프 : 축의 방향이 세로축이며 공동현상이 적고 대구경에 적합하다.
> ④ 횡축형축류펌프 : 축의 방향이 가로축이며 펌프실의 높이가 낮아도 된다.

21 축류펌프의 장점으로 볼 수 없는 것을 골라라.
㉮ 고속회전에 적합하다.
㉯ 구조가 간단하고 취급이 용이하다.
㉰ 유량이 크고 저양정에 적합하다.
㉱ 운전 동력비가 많고 효율이 높다.

> **Solution** 축류펌프의 장점
> ① 구조가 간단하고 취급이 용이하며 가격이 저렴하다.
> ② 대유량에 저양정 펌프이다.
> ③ 풋밸브(Foot Valve), 송출밸브를 생략할 수 있다.
> ④ 고속회전에 적당하다.
> ⑤ 효율이 적고 운전동력비가 적게 든다.

Answer 18 ㉯ 19 ㉱ 20 ㉮ 21 ㉱

22 축류펌프의 특징으로 다음 중 틀린 것은?
㉮ 동익날개 축류펌프에서 양정 또는 유량에 따라 날개 각도를 조절할 수 있다.
㉯ 체절상태에서 시동이 가능하다.
㉰ 원심펌프는 체절상태의 축동력이 작다.
㉱ 광범위한 유량 범위에 대하여 효율이 좋다.

> **Solution** 축류펌프의 특징
> ① 체절상태에서 가장 큰 축동력을 필요로 한다.
> ② 원심펌프는 체절상태의 축동력이 작고 체절상태에서 신○이 가능하다.
> ③ 체절상태에서 시동이 불가능하다.
> ④ 횡축식 축류펌프의 경우 시동시 진공펌프를 이용하여 충수(充水)하여야 한다.
> ⑤ 종축식 축류펌프의 경우 회전차가 물속에 잠겨 있으므로 물맞이(priming) 장치가 필요 없다.
> ⑥ 가동날개 축류펌프에서 양정 또는 유량에 따라 날개 각도를 조절할 수 있으므로 축동력을 일정하게 할 수 있다.
> ⑦ 광범위한 유량 범위에 대하여 효율이 양호하다.

23 다음은 사류펌프에 대한 설명이다. 적당하지 않은 것을 골라라.
㉮ 원심펌프와 축류펌프의 중간 특성을 갖는다.
㉯ 원심펌프보다 고속회전이 가능하다.
㉰ 공동현상 발생 가능성이 높고 수명이 짧다.
㉱ 농지관개용, 냉각수 순환용, 도크 배수용에 사용한다.

> **Solution** 사류펌프에 대한 일반사항 및 특성
> ① 원심펌프와 축류펌프의 중간특성을 갖는 펌프이다.
> ② 원심펌프보다 고속회전 할 수 있다
> ③ 소형 경량으로 제작이 가능하다.
> ④ 횡축식은 10~20m, 입축식은 50~60m 정도의 양정에 사용된다.
> ⑤ 비교회전도는 650~1,300rpm으로서 비교회전도가 커지면 사류펌프에서 축류펌프로의 이행이 가까워진다.
> ⑥ 공동현상 발생가능성이 적고 수명도 길다.
> ⑦ 농지관개용, 냉각수 순환용, 도크(dock) 배수용에 사용한다.
> ⑧ 단단으로 사용되고 있다.
> ⑨ 단단 사류펌프의 전양정 한계는 NPSH(정미유효흡입양정)에 따라 다르다.

24 피스톤 또는 플런저의 왕복운동에 의하여 액체를 흡입하고 소요의 압력으로 송출하는 펌프는 다음 중 어느 것인가?
㉮ 왕복펌프　　㉯ 사류펌프　　㉰ 원심펌프　　㉱ 축류펌프

25 다음 중 왕복펌프의 구비조건으로 볼 수 없는 것은?
㉮ 기밀성이 우수해야 한다.
㉯ 밸브가 개폐되어 있을 때 유체의 유동저항이 적어야 한다.
㉰ 내충격성 및 내구성이 커야 한다.
㉱ 윤활성이 불량해도 상관없다.

26 왕복펌프의 밸브의 구비조건으로 적당하지 않은 것은?
㉮ 밸브의 개폐가 정확하여야 한다.
㉯ 밸브의 누설이 없어야 한다.

Answer 22 ㉯　23 ㉰　24 ㉮　25 ㉱

㉰ 개폐가 신속하고 고장이 적어야 한다.
㉱ 유체가 밸브 통과시 유동저항이 커야 한다.

> **Solution** 유체가 밸브를 통과할 때 유동저항이 작아야 한다. 유동저항이 크면 부차적 손실이 증가하여 왕복펌프의 소요동력이 증가하게 된다.

27 왕복펌프에 사용되는 밸브로 볼 수 없는 것은?
㉮ 원판밸브　　㉯ 원추밸브　　㉰ 볼밸브　　㉱ 니들밸브

> **Solution** 니들밸브는 가솔린기관의 기화기에서 연료의 양을 조절하는 밸브이다.

28 물이 보유하는 에너지 특히 위치에너지를 이용하여 기계적에너지로 바꾸는 기계를 무엇이라 하는가?
㉮ 펌프　　㉯ 수차　　㉰ 풍차　　㉱ 압축기

29 노즐로부터 분출된 분류는 압력과 속도에너지를 버킷(bucket)에 회전력을 발생시키는 수차는 다음 중 어느 것인가?
㉮ 펠톤수차　　㉯ 프로펠러수차
㉰ 카플란수차　　㉱ 프란시스수차

30 물이 안내깃을 지나는 사이에 물이 갖는 압력과 속도에너지를 기계적에너지로 변환시키는 방식의 수차로 묶인 것을 골라라.[다]
㉮ 프란시스수차, 펠톤수차　　㉯ 펠톤수차, 프로펠러수차
㉰ 프로펠러수차, 프란시스수차　　㉱ 프란시스수차, 중력수차

31 원심펌프와 유사한 원리로 적용범위가 광범위하고 가장 널리 사용되고 있는 수차로 낙차의 범위가 20~500m인 것은?
㉮ 프란시스수차　　㉯ 프로펠러수차
㉰ 충격수차　　㉱ 펌프수차

32 다음 중 대유량 저낙차에 적당하고 대표적인 수차가 카플란수차인 것은?
㉮ 프란시스수차　　㉯ 프로펠러수차　　㉰ 충격수차　　㉱ 펌프수차

33 물이 낙하할 때의 중력에 의한 충격력을 기계적 에너지로 변환하는 수차는 다음 중 어느 것인가?
㉮ 프란시스수차　　㉯ 프로펠러수차　　㉰ 충격수차　　㉱ 펌프수차

34 다음 중 수차의 분류로 볼 수 없는 것은?
㉮ 중력수차　　㉯ 반동수차　　㉰ 충격수차　　㉱ 공률수차

> **Solution** 수차의 분류
> ① 중력수차
> ② 충격수차 : 펠톤수차
> ③ 반동수차 : 프란시스수차, 프로펠러수차, 카플란수차

Answer　26 ㉱　27 ㉱　28 ㉯　29 ㉮　30 ㉰　31 ㉮　32 ㉯　33 ㉰　34 ㉱

35 다음 중 원심송풍기의 종류가 아닌것은?
㉮ 터보팬(turbo fan)   ㉯ 날개형팬(airfoil fan)
㉰ 한계부하팬   ㉱ 프로펠러팬(propeller fan)

▶ Solution 프로펠러팬은 축류송풍기의 종류이다.

36 동일속도의 다른 팬에 비해 풍량이 많으며 시르코팬이라고도 하며 냉난방환기, 건물 및 소형보일러에 사용되는 송풍기는?
㉮ multiblade fan   ㉯ radial fan
㉰ turbo fan   ㉱ airfoil fan

37 날개폭이 좁으며 다익형 팬보다 효율이 좋다. 대형이며 반지름 방향 날개형의 대표적 송풍기인 것은?
㉮ multiblade fan   ㉯ radial fan
㉰ turbo fan   ㉱ airfoil fan

38 날개 수는 다익형 팬과 레이디얼 팬의 중간 정도이며 효율은 원심송풍기 중에서 가장 좋은 것은 어느 것인가?
㉮ multiblade fan   ㉯ radial fan
㉰ turbo fan   ㉱ airfoil fan

39 날개형 송풍기로 고가이나 효율이 양호하며 소음이 적은 것은?
㉮ multiblade fan   ㉯ radial fan
㉰ turbo fan   ㉱ airfoil fan

40 다음 중 축류송풍기의 종류가 아닌 것은?
㉮ 프로펠러팬   ㉯ 도풍관이 있는 축류팬
㉰ 정날개가 있는 축류팬   ㉱ 풍차

▶ Solution
① 프로펠러팬(propeller fan)
② 관축류팬(tube-axial fan)
③ 베인축류팬(vane-axial fan)

41 케이싱 내의 2매의 날개를 가진 한쌍의 로터가 90° 위상으로 서로 역방향 회전을 하며 기체를 압축하는 기계는 다음 중 어느 것인가?
㉮ 왕복압축기   ㉯ 루츠압축기
㉰ 가동익압축기   ㉱ 나사압축기

42 대기압이하의 저압력 기체를 대기압까지 압축하여 송출하는 유체기계는?
㉮ 원심펌프   ㉯ 축류펌프
㉰ 진공펌프   ㉱ 나사펌프

Answer 35 ㉱ 36 ㉮ 37 ㉯ 38 ㉰ 39 ㉱ 40 ㉱ 41 ㉯ 42 ㉰

43 다음 중 원심펌프의 양수장치 요소가 아닌 것은?

㉮ 흡입관　　㉯ 송출관　　㉰ Foot 밸브　　㉱ 축봉장치

▶Solution 원심펌프의 양수장치 : 흡입관, 송출관, Foot 밸브, 슬루스 밸브

44 다음 중 원심펌프의 구성요소로 볼 수 없는 것을 골라라?

㉮ 회전차　　㉯ 와류실　　㉰ 안내깃　　㉱ 프로펠러

▶Solution 원심펌프의 구성요소 : 회전차, 본체, 안내날개, 와류실, 축이음, 베어링, 패킹상자 등

45 다음은 원심펌프의 특징이다. 적당하지 않은 것을 고르면?

㉮ 고속회전이 불가능하다.
㉯ 소형 경량이다.
㉰ 구조가 간단하고 취급이 용이하다.
㉱ 맥동이 적고 효율이 높다.

▶Solution 원심식 유체기계는 고속회전이 가능하다.

46 원심펌프의 누설손실과 관련이 없는 것을 고르시오.

㉮ 패킹박스 부
㉯ 축 추력 평형 장치부
㉰ 회전차 입구부의 웨어링 부분
㉱ 축을 회전시키는 원동기의 기계식실 부분

▶Solution 누설 손실
① 누설이 많이 발생하는 곳
② 베어링 부
③ 축 추력 평형 장치부
④ 회전차 입구부의 웨어링 부분
⑤ 봉수용에 쓰이는 압력수
⑥ 팽킹 박스 부

47 펌프 회전수 2900rpm, 유량 1.5m³/min, 양정이 230m인 2단 양흡입 원심펌프의 비교 회전도는 얼마인가?

㉮ 52.34 m³/min·m·rpm　　㉯ 71.52 m³/min·m·rpm
㉰ 93.45 m³/min·m·rpm　　㉱ 105.78 m³/min·m·rpm

▶Solution $n_s = N \dfrac{\sqrt{Q/2}}{(H/n)^{3/4}} = 2900 \times \dfrac{\sqrt{1.5/2}}{(230/2)^{3/4}} = 71.52 \, m^3/min \cdot m \cdot rpm$

48 전양정이 17m, 송출량이 0.12m³/s, 효율이 95%인 펌프의 축동력은 얼마인가? (단, 유체는 물이다.)

㉮ 21.04kW　　㉯ 15.73kW　　㉰ 13.25kW　　㉱ 10.56kW

▶Solution $\eta = \dfrac{L_w}{L_s} = \dfrac{\gamma QH}{L_s}$

$0.95 = \dfrac{9800 \times 0.12 \times 17}{L_s} \times 10^{-3}, \quad L_s = 21.04 \, kW$

Answer 43 ㉱　44 ㉱　45 ㉮　46 ㉱　47 ㉯　48 ㉮

49 사류펌프의 용도와 거리가 가장 먼 것을 고르시오.
- ㉮ 농지관계용
- ㉯ 열교환기 냉수 순환용
- ㉰ 도크의 배수용
- ㉱ 냉각수 순환용

Solution 사류펌프의 용도 : 농지관계용, 상·하수도용, 냉각수 순환용, 도크의 배수용

50 원심펌프는 어떤 힘에 의하여 양수를 하는가?
- ㉮ 원심력
- ㉯ 중력
- ㉰ 항력
- ㉱ 양력

51 축류펌프는 어떤 힘에 의하여 양수를 하는가?
- ㉮ 원심력
- ㉯ 중력
- ㉰ 양력
- ㉱ 항력

52 사류펌프는 어떤 힘에 의하여 양수를 하는가?
- ㉮ 원심력과 중력
- ㉯ 중력과 양력
- ㉰ 양력과 원심력
- ㉱ 원심력과 항력

53 양정이 10m, 비속도가 450인 벌류우트 펌프를 10극 3상 유도전동기로 직결하여 운전시 유량은 몇 m³/min인가? (단, 전원 주파수는 60Hz이다.)
- ㉮ 6.5
- ㉯ 8.9
- ㉰ 10.7
- ㉱ 12.35

Solution 펌프 회전수 $N = \dfrac{120f}{P} = \dfrac{120 \times 60}{10} = 720\,\text{rpm}$

$n_s = N\dfrac{\sqrt{Q}}{H^{3/4}}$, $450 = 720 \times \dfrac{\sqrt{Q}}{10^{3/4}}$, $Q = 12.35\,\text{m}^3/\text{min}$

54 전양정 22m, 유량 0.17m³/sec, $N = 1450\,\text{rpm}$ 의 원심펌프의 형상계수는 얼마인가?
- ㉮ 3.56
- ㉯ 2.34
- ㉰ 1.28
- ㉱ 0.177

Solution $N_s = \dfrac{N}{60} \dfrac{(Q/60)^{1/2}}{(gH)^{3/4}}$

여기서, 대입되는 값과 단위는 $N[\text{rpm}]$, $Q\,[\text{m}^3/\text{min}]$, $H[\text{m}]$이다.

$N_s = \dfrac{1450}{60} \times \dfrac{\sqrt{0.17}}{(9.8 \times 22)^{3/4}} = 0.177\,[\text{rps},\ \text{m}^3/\text{sec},\ \text{m}]$

55 사류펌프의 양정 범위로 다음 중 가장 적절한 것은?
- ㉮ 10~30m
- ㉯ 15~35m
- ㉰ 3~15m
- ㉱ 20~40m

56 사류펌프의 비속도 범위로 다음 중 가장 타당성 있는 것은?
- ㉮ 100~1200
- ㉯ 250~5000
- ㉰ 400~1500
- ㉱ 500~1700

Answer 49 ㉯ 50 ㉮ 51 ㉰ 52 ㉰ 53 ㉱ 54 ㉱ 55 ㉰ 56 ㉯

57 전양정 7.5m, 유량 20m³/min인 사류펌프에서 비속도가 980일 때 펌프 회전수는 몇 rpm인가?

㉮ 993　　㉯ 720　　㉰ 540　　㉱ 380

Solution $n_s = N\dfrac{\sqrt{Q}}{H^{3/4}}$, $980 = N\dfrac{\sqrt{20}}{7.5^{3/4}}$, $N = 993.13\,\text{rpm}$

58 다음 중 분사펌프(jet pump)의 특징이 아닌 것은?

㉮ 일반 펌프의 효율에 비하여 효율이 낮다.
㉯ 취급이 용이하고 동적 부분이 없으며 간단한 구조이다.
㉰ 충돌로 인한 유체의 분사로 유체의 해충제호
㉱ 내식성 재료의 구조이다.

59 기포펌프(air lift pump)와 관련 없는 것을 고르시오.

㉮ 구조가 간단하다.
㉯ 수리의 염려가 적다.
㉰ 수중에 이물이 포함되어 있어도 큰 문제가 없다.
㉱ 분사된 유체의 충돌로 인하여 잘 부서진다.

60 다음 중 수격펌프의 효율을 구하는 식으로 맞는 것은? (단, q는 양수유량[m³/sec], h는 양정[m], H는 낙차[m], Q는 물의 유량[m³/sec]이다.)

㉮ $\eta = \dfrac{q \cdot h}{Q \cdot H}$　　㉯ $\eta = \dfrac{q \cdot H}{Q \cdot h}$

㉰ $\eta = \dfrac{Q \cdot h}{q \cdot H}$　　㉱ $\eta = \dfrac{H \cdot h}{Q \cdot q}$

Solution $\eta = \dfrac{q \cdot h}{Q \cdot H}$
여기서, q는 양수유량[m³/sec], h는 양정[m], H는 낙차[m], Q는 물의 유량[m³/sec]이다.

61 수격펌프에서 도수관의 길이를 구하는 공식은? (단, h는 양정[m]이고 H는 낙차[m]이다.)

㉮ $L = h + \dfrac{0.3h}{H}$　　㉯ $L = H + \dfrac{0.3H}{h}$

㉰ $L = H + \dfrac{0.3h}{H}$　　㉱ $L = h + 0.3H$

Solution $L = h + \dfrac{0.3h}{H}$
여기서, h는 양정[m]이고 H는 낙차[m]이다.

62 수격펌프에서 도수관의 지름을 구하는 공식은? (단, Q는 물의 유량[m³/sec]이다.)

㉮ $D = 0.3\sqrt{60Q}$　　㉯ $D = 0.4\sqrt{60Q}$
㉰ $D = 0.5\sqrt{60Q}$　　㉱ $D = 0.6\sqrt{60Q}$

Solution $D = 0.3\sqrt{60Q}$
여기서, Q는 물의 유량[m³/sec]이다.

Answer 57 ㉮　58 ㉰　59 ㉱　60 ㉮　61 ㉮　62 ㉮

63 120kW의 출력을 내는 수차의 이론출력을 구하라. (단, 노즐의 효율 0.95, 버킷의 효율 0.92, 기계효율은 0.96이다.)

㉮ 93kW ㉯ 123kW ㉰ 143kW ㉱ 163kW

Solution $\eta = \dfrac{L}{L_{th}} = \eta_n \eta_b \eta_m$, $0.95 \times 0.92 \times 0.96 = \dfrac{120}{L_{th}}$, $L_{th} = 143.02$ kW

64 유효낙차가 280m인 펠톤수차의 회전차의 속도가 분류속도의 0.4일 경우, 이 수차의 회전속도는 몇 m/s 인가? (단, 속도계수 $C_v = 0.95$ 이다.)

㉮ 35.87 ㉯ 46.23 ㉰ 28.15 ㉱ 67.43

Solution 노즐 분류속도 $v = C_v\sqrt{2gH} = 0.95 \times \sqrt{2 \times 9.8 \times 280} = 70.38$ m/s
회전차의 회전속도 $u = 0.4v = 0.4 \times 70.38 = 28.152$ m/s

65 프란시스 수차의 유입각 45°, 물의 유입속도가 12m/sec, 회전차의 각속도는 25[rad/sec], 회전차의 입구 직경이 40cm, 유량은 0.55m³/sec일 때 유입하는 물이 회전차에 가한 동력은 약 몇 kW인가?

㉮ 10 ㉯ 23 ㉰ 34 ㉱ 45

Solution 회전차의 회전토크
$T = \rho Q r_1 v_1 \cos\alpha_1 = 1000 \times 0.55 \times 0.2 \times 12 \times \cos 45° = 933.38$ N·m
수차의 이론동력
$L_{th} = T \cdot \omega = 933.38 \times 25 \times 10^{-3} = 23.33$ kW

66 낙차 80m, 출력 150,000kW, 120rpm의 수차에서 비교회전도는 얼마인가?

㉮ 156.98 ㉯ 194.25 ㉰ 436.5 ㉱ 530.7

Solution $n_s = N\dfrac{L^{1/2}}{H^{5/4}} = 120 \times \dfrac{150000^{1/2}}{80^{5/4}} = 194.25$ [rpm, kW, m]

67 터보팬에서 송풍기 전압이 0.25mAq일 때 풍량은 4.5m³/min이고 축 동력이 0.6kW일 때 전압효율은 얼마인가?

㉮ 65% ㉯ 54.7% ㉰ 48.34% ㉱ 31%

Solution $\eta = \dfrac{L_T}{L_s} = \dfrac{P_t Q}{L_s} = \dfrac{0.25 \times 101325 \times 4.5}{10.3 \times 60 \times 1000 \times 0.6} \times 100 = 30.74\%$

68 송풍기 전압이 350mmAq이며 유량이 4.5m³/sec이다. 이 송풍기의 출구 동압이 22mmAq일 때 정압 공기 동력은 몇 kW인가?

㉮ 0.24 ㉯ 3.33 ㉰ 4.3 ㉱ 5.2

Solution 정압 $P_s = P_T - P_{d2} = 350 - 22 = 328$ mmAq
정압 공기 동력 $L = P_s Q = \dfrac{0.328}{10.3} \times 101325 \times \dfrac{4.5}{60} \times 10^{-3} = 0.242$ kW

Answer 63 ㉰ 64 ㉰ 65 ㉯ 66 ㉯ 67 ㉱ 68 ㉮

69 송풍기의 풍량이 900rpm, 15m³/sec으로 운전시 송풍기 전압이 50mmAq을 낸다. 만일 이 송풍기를 1500rpm으로 운전을 한다면 풍량은 몇 m³/sec인가?

㉮ 25   ㉯ 30   ㉰ 45   ㉱ 55

Solution $\dfrac{Q_2}{Q_1} = \dfrac{N_2}{N_1}$, $\dfrac{Q_2}{15} = \dfrac{1500}{900}$, $Q_2 = 25\text{m}^3/\text{min}$

70 다음 중 용적식 유체기계의 종류로 맞는 것은?

㉮ 혼류형   ㉯ 축류형   ㉰ 복류형   ㉱ 회전형

71 유효낙차 60m, 공급수량 2.0m³/sec인 수차의 이론출력은 몇 kW인가?

㉮ 1050   ㉯ 1176   ㉰ 1500   ㉱ 2000

Solution $L_{th} = \gamma Q H = 9.8 \times 2.0 \times 60 = 1176\text{kW}$

72 다음 수력원동기 중에서 충동수차(Impulse Turbine)에 종류로 맞는 것은?

㉮ 펠톤수차   ㉯ 카플란수차
㉰ 프란시스수차   ㉱ 프로펠러수차

73 다음 중 송풍기의 전압을 알고 있을 때 송풍기의 공기동력 L_a를 구하는 식으로 맞는 것은? (단, P_t는 전압이고 Q는 송풍량이다.)

㉮ $L_a = P_t \cdot Q$ ㉯ $L_a = \gamma \cdot P_t \cdot Q$
㉰ $L_a = P_t \cdot Q \cdot H$ ㉱ $L_a = \gamma \cdot P_t \cdot V$

Solution $L_a = P_t \cdot Q$
여기서, P_t는 전압이고 Q는 송풍량이다.

74 수력기계에서 공동현상이 발생하는 원인으로 다음 중 적당한 것은?

㉮ 고속   ㉯ 저속   ㉰ 고압   ㉱ 저압

Solution 공동현상(Cavitation) : 유체 속에서 압력이 낮은 곳이 생기면 물속에 포함되어 있는 기체가 물속에서 성장하여 압력이 낮은 곳에 모여 물이 없는 빈공간이 생긴 것을 공동현상이라 한다. 선박의 프로펠러나 터빈 등의 효율이 떨어지고 침식당하는 원인이 된다.

75 원심펌프에서 절대속도에 대한 설명으로 가장 타당한 것은?

㉮ 원주속도에서 상대속도를 뺀 값이다.
㉯ 상대속도를 원주속도로 나눈 값이다.
㉰ 상대속도와 원주속도의 합이다.
㉱ 상대속도에서 원속속도를 뺀 값이다.

Solution 임펠러 깃에 접한 상대속도 (w)와 회전운동에 의한 원주속도 (u)의 합으로 절대속도 (v)가 표현된다.
$\vec{v} = \vec{u} + \vec{w}$

Answer 69 ㉮ 70 ㉱ 71 ㉯ 72 ㉮ 73 ㉮ 74 ㉱ 75 ㉰

76 원심식, 축류식, 사류식 펌프를 고양정 순으로 보면 다음 중 맞는 것은?

㉮ 원심식-축류식-사류식 ㉯ 원심식-사류식-축류식
㉰ 사류식-축류식-원심식 ㉱ 축류식-사류식-원심식

77 동일한 성능의 펌프 2대를 직렬로 연결하여 운전했을 때 양정과 유량의 설명으로 다음 중 맞는 것은?

㉮ 유량의 변화는 없고 양정은 2배가 된다.
㉯ 유량은 2배가 되고 양정은 변화가 없다.
㉰ 유량은 2배가 되고 양정도 2배가 된다.
㉱ 유량과 양정 둘다 변화는 없다.

> **Solution** 직렬로 연결하면 양정이 2배, 병렬로 연결하면 양정이 2배 증가한다.

78 원심펌프에서 형상이 상사한 두 개의 회전차 사이의 유량은 어떻게 표현되는가?

㉮ $Q_2 = Q_1 \left(\dfrac{D_2}{D_1}\right)^3 \left(\dfrac{N_2}{N_1}\right)^4$ ㉯ $Q_2 = Q_1 \left(\dfrac{D_2}{D_1}\right)^3 \left(\dfrac{N_2}{N_1}\right)^3$

㉰ $Q_2 = Q_1 \left(\dfrac{D_2}{D_1}\right)^3 \left(\dfrac{N_2}{N_1}\right)^2$ ㉱ $Q_2 = Q_1 \left(\dfrac{D_2}{D_1}\right)^3 \left(\dfrac{N_2}{N_1}\right)$

> **Solution** 유량 $Q_2 = Q_1 \left(\dfrac{D_2}{D_1}\right)^3 \left(\dfrac{N_2}{N_1}\right)$: 유량×직경비의 3승×회전수비
>
> 전양정 $H_2 = H_1 \left(\dfrac{D_2}{D_1}\right)^2 \left(\dfrac{N_2}{N_1}\right)^2$: 전양정×직경비의 2승×회전수비의 2승
>
> 축동력 $L_2 = L_1 \left(\dfrac{D_2}{D_1}\right)^5 \left(\dfrac{N_2}{N_1}\right)^3$: 축동력×직경비의 5승×회전수비의 3승

79 물을 요구하는 높이까지 송출하는 유체기계를 펌프라 하는데, 그 요구하는 높이까지를 다음 중 무엇이라고 하는가?

㉮ 전양정   ㉯ 실양정   ㉰ 유효낙차   ㉱ 전압력

> **Solution** 실양정이란 흡입수면에서 토출수면까지 수직높이이다.

80 동일한 직경의 2대의 원심펌프에서 유량비로 다음 중 맞는 것은?

㉮ 회전수비   ㉯ 회전수비의 2승
㉰ 회전수비의 3승   ㉱ 회전수비의 4승

> **Solution** 유량 $Q' = Q\left(\dfrac{N'}{N}\right)$: 유량×회전수비
>
> 전양정 $H' = H\left(\dfrac{N'}{N}\right)^2$: 전양정×회전수비의 2승
>
> 축동력 $L' = L\left(\dfrac{N'}{N}\right)^3$: 축동력×회전수비의 3승

81 다음 중 벌류우트 펌프의 양수 원리로 맞는 것은?

㉮ 회전차의 회전시 원심력을 이용한다.
㉯ 회전차의 양력을 이용한다.

Answer 76 ㉯ 77 ㉮ 78 ㉱ 79 ㉯ 80 ㉮ 81 ㉮

㉰ 회전차의 항력을 이용한다.
㉱ 와류실과 회전차 사이의 점성력을 이용한다.

Solution 원심펌프는 원심력을 이용하여 운동에너지를 압력에너지로 변환시켜 유체를 수송한다.

82 전양정을 H[m], 유량 Q[m³/min], 회전수 N[rpm]이라고 할 때 펌프의 비교 회전도 n_s를 구하는 식으로 맞는 것은?

㉮ $n_s = N\dfrac{\sqrt{Q}}{H}$ ㉯ $n_s = N\dfrac{\sqrt{Q}}{H^{2/3}}$

㉰ $n_s = N\dfrac{\sqrt{Q}}{H^{3/4}}$ ㉱ $n_s = N\dfrac{\sqrt{Q}}{H^{4/5}}$

83 다음 중 고양정으로 사용하기에 가장 적당한 것은?

㉮ 단흡입펌프 ㉯ 양흡입펌프 ㉰ 단단펌프 ㉱ 다단펌프

Solution 다단펌프는 고양정으로 양흡입펌프는 대유량으로 사용된다.

84 다음 중 터보식 유체기계의 분류로 적당하지 않은 것은?

㉮ 사류펌프 ㉯ 축류수차 ㉰ 원심식 송풍기 ㉱ 플런저펌프

85 축류수차에서 $\dfrac{l}{b}$ 은? (단, l은 날개현의 길이, b는 날개현의 날개폭이다.)

㉮ 항력계수 ㉯ 종횡비 ㉰ 양력계수 ㉱ 솔리디티

Solution 솔리디티(Solidity)는 익렬 피치에 대한 날개현의 길이이다.(솔리디티= $\dfrac{l}{t}$)

86 회전수 600rpm, 전원주파수 50Hz일 때, 이 전동기의 극수는 몇 개인가?

㉮ 10 ㉯ 20 ㉰ 25 ㉱ 30

Solution $N = \dfrac{120f}{P}$; $600 = \dfrac{120 \times 50}{P}$, P=10

87 다음 중 축류펌프 형상계수의 범위로 가장 적당한 것은?

㉮ 400~800 ㉯ 800~1200 ㉰ 1200~1500 ㉱ 1500~2000

88 왕복펌프에서 유량변동을 평균화하기 위하여 설치하는 것으로 다음 중 맞는 것은?

㉮ foot valve ㉯ air chamber ㉰ check valve ㉱ surge tank

Solution ① foot valve : 펌프 흡입관로 하단에 설치하는 밸브이다.
② check valve : 유체의 흐름 방향을 한쪽 방향으로 만 흐르게 하는 밸브로 역지밸브라고도 한다.
③ surge tank : 서지압을 방지하기 위한 저압수조이다.
④ air chamber : 실린더 바로 위에 설치하여 송출되는 유체의 유동을 일정하게 하기 위하여 설치한다.

Answer 82 ㉰ 83 ㉱ 84 ㉱ 85 ㉯ 86 ㉮ 87 ㉮ 88 ㉯

89 펌프에서 발생되는 공동현상의 방지책으로 다음 중 맞는 것은?
㉮ 펌프의 설치 위치를 낮춘다.
㉯ 펌프의 회전수를 점점 더 증가시킨다.
㉰ 흡입관 도중의 밸브와 곡관 등을 많게 설비한다.
㉱ 양흡입을 단흡입으로 교체한다.

90 다음 중 맞는 것을 고르시오.
㉮ 공동현상에 의해 양정, 효율 등의 펌프 제반 성능이 증가한다.
㉯ 공동현상으로 소음과 진동이 수반된다.
㉰ 공동현상이 심할수록 작동이 양호하다.
㉱ 공동현상에 의해 임펠러에 부식이 발생하지는 않는다.

91 다음 중 수격작용(water hammer)의 방지책으로 맞는 것은?
㉮ 저압수조(surge tank)를 관로에 둔다.
㉯ 관로에서 일부 고압수를 방출한다.
㉰ 송출관로 쪽에 풋밸브(foot valve)를 설치한다.
㉱ 회전체의 관성모멘트를 작게 한다.

> **Solution** 수격작용(water hammer): 관로내의 물의 유동상태를 갑자기 변화시킴으로써 일어나는 압력파 현상이다.

92 벌류우트 펌프의 공동현상 방지책으로 다음 중 맞는 것은?
㉮ 흡입관의 손실수두를 크게 한다.
㉯ NPSH가 크게 펌프 설치한다.
㉰ 흡입관의 유속을 저속으로 한다.
㉱ 펌프의 회전수를 크게 증가시켜 운전한다.

> **Solution** Net Positive Suction Head : 정미유효흡입수두(NPSH)-펌프의 캐비테이션을 검토할 때의 수치로서, 펌프 입구에서의 액체의 압력이 그 온도에 있어서의 포화 증기 압력에 비해 얼마나 여유가 있는지를 나타낸다.

93 다음 중 양수식 발전소에 적합한 수차는 어느 것인가?
㉮ 펠톤수차   ㉯ 펌프수차   ㉰ 중력수차   ㉱ 프로펠러수차

> **Solution** 양수식 발전소 : 잉여 전력을 이용하여 펌프로 고지대의 저수지에 양수하여 물을 저장한 다음, 필요한 시기에 이 물을 이용하여 발전하는 방식의 발전소이다.

94 수차에서 유효낙차란?
㉮ 총낙차를 유효낙차라 한다.
㉯ 자연낙차를 유효낙차라 한다.
㉰ 자연낙차에서 취수구, 수문, 수로, 수압관 등에서 발생하는 손실수두를 뺀 값을 유효낙차라 한다.
㉱ 총낙차에서 취수구, 수문, 수로, 수압관 등에서 발생하는 손실수두를 더한 값을 유효낙차라 한다.

Answer 89 ㉮ 90 ㉯ 91 ㉮ 92 ㉰ 93 ㉯ 94 ㉰

> **Solution** 하천의 취수구 부근의 수위와 방수구 부근의 수위와의 차이를 자연 낙차 또는 총낙차라고 한다. 이 사이에 취수구, 수문, 수로, 수압관 및 방수로 등이 있는데 이들 시설 내에서 일어나는 손실 수두는 동력으로 변환될 수 없는 낙차이므로 이 손실 수두를 자연 낙차에서 제외한 것이 유효 낙차이다.

95 전양정을 H, 유효흡입수두를 Δh, 토마의 캐비테이션 계수를 σ 라 할 때 다음 중 맞는 식은? (단, g는 표준중력가속도 이다.)

㉮ $H = \sigma \cdot \Delta h \cdot g$ ㉯ $\Delta h = \dfrac{\sigma \cdot H}{g}$ ㉰ $H = \Delta h \cdot \sigma$ ㉱ $\Delta h = \sigma \cdot H$

96 다음 중 수차를 고낙차 순으로 배열한 것으로 맞는 것을 고르시오.

㉮ 충격수차-중력수차-펌프수차
㉯ 펠톤수차-프로펠러수차-중력수차
㉰ 프란시스수차-펠톤수차-펌프수차
㉱ 프로펠러수차-프란시스수차-펠톤수차

97 펠톤수차에서 유량을 조절하기 위한 장치로 볼 수 없는 것은?

㉮ 니들밸브(needle valve) ㉯ 공동현상(Cavitation)
㉰ 제트 브레이크(jet brake) ㉱ 디플렉터(deflector)

> **Solution** ① jet brake : 부하가 급격히 감소할 때, 수차축의 회전 상승을 막기 위한 것이다.
> ② deflector : 니들밸브(needle valve) 앞에 있고, 니들 밸브 조작 때 분류를 버킷으로부터 젖혀지게 하는 판이다. 펠턴 수차의 속도 조정을 할 때 갑자기 밸브를 닫으면 수격 작용을 일으키기 때문에 분류의 일부를 구부려 버킷에 닿지 않도록 하는 것이다.

98 다음 중 비교회전도가 가장 낮은 수차는 어느 것인가?

㉮ 충격수차인 펠톤수차 ㉯ 축류수차인 프로펠러수차
㉰ 원심식인 프란시스수차 ㉱ 사류수차

> **Solution** ① 펠톤수차 : $n_s = 8 \sim 30$ ② 프로펠러수차 : $n_s = 200 \sim 900$
> ③ 프란시스수차 : $n_s = 50 \sim 350$ ④ 사류수차 : $n_s = 100 \sim 350$

99 다음 중 프란시스수차의 낙차 범위로 맞는 것은?

㉮ 1000~2000m ㉯ 10~50m ㉰ 20~500m ㉱ 500m 이상

> **Solution** 프란시스수차는 통상적으로 40~500m의 중낙차 용으로 가장 많이 사용된다.

100 프란시스수차에서 흡출관(draft tube)의 설치 목적으로 다음 중 맞는 것은?

㉮ 흡출수두를 유효한 낙차로 이용하여 수차의 효율을 증가시키기 위하여 설치한다.
㉯ 반동에 의한 충격을 완화시키기 위하여 설치한다.
㉰ 자연낙차의 증가를 위하여 설치한다.
㉱ 기계적 강도를 증가시키기 위하여 설치한다.

> **Solution** 흡출관(draft tube) : 반동수차의 회전차에서 나오는 물은 흡출관이라고 하는 확대관에 의하여 방수로까지 안내되어 유효낙차가 높아지도록 하며 흡출수두란 수차의 회전차 출구와 방수면과의 차를 의미한다.

Answer 95 ㉱ 96 ㉯ 97 ㉯ 98 ㉮ 99 ㉰ 100 ㉮

Part 06

건설기계일반 및 플랜트배관

제1장 __ 건설기계일반
제2장 __ 건설플랜트 기계설비
제3장 __ 건설기계 설비재료
제4장 __ 플랜트 배관일반

chapter 10 건설기계일반

1 건설기계일반

1. 건설기계의 분류

본 장에서는 건설기계의 분류에 대해서만 정리하고 자세한 내용은 다음장부터 다루도록 한다. 건설기계의 종류 중 굴착기계, 운반기계, 포장기계, 준설기계 등에 대한 용도, 종류, 용량, 성능 등에 대해서 잘 정리해 두어야 한다.

(1) 작업 종류별 분류

① 굴착기계 : 토사 암석 등을 따내는 기계
  불도저 스크레이퍼, 타이어 도저, 셔블계, 루터 등이 있다.
② 정지기계 : 지균작업을 하는 기계로 모터 그레이더가 있다. 지면을 매끈하게 다듬어 끝맺음을 할 때 사용하는 기계이다.
③ 적재기계 : 휠로더, 트랙터셔블, 휠익스커베이터 등이 있다.
④ 운반기계(수송기계) : 덤프 트럭, 왜건, 트랙터 및 트레일러, 지게차, 컨베이어 등이 있다.
⑤ 포장기계 : 콘크리트 플랜트, 콘크리트 믹서, 콘크리트 펌프, 콘크리트 믹서 트럭, 콘크리트 피니셔, 아스팔트 플랜트, 롤러, 아스팔트 피니셔, 아스팔트 살포기(디스트리뷰티), 노상 안전기 등이 있다.
⑥ 다짐기계
  ㉠ 정적 하중 : 머캐덤롤러, 탠덤롤러, 탬핑롤러, 타이어롤러
  ㉡ 동적 하중 : 진동, 래머, 탬퍼 등이 있다. 이 중에서 래머와 탬퍼는 충격식 다짐기계이다.
⑦ 크레인(기중기) : 드래그 크레인, 타워 크레인, 데릭 크레인, 트랙터 크레인 등이 있다.
⑧ 준설기계 : 펌프 준설선, 버킷 준설선, 디퍼 준설선
⑨ 쇄석기계 : 조크러셔, 볼밀, 해머크러셔 등이 있다.
⑩ 기초공사용(항타 및 항발기) : 디젤파일해머, 파일드라이버 등으로 황타 및 항발기라고도 한다.
⑪ 기타 건설기계 : 천공기계, 쇄석기계, 공기압축기 등이 있다.

2 불도저(bulldozer)

1. 개요

① 운반용기계인 트랙터(tractor)의 전면부에 배토판(블레이드, 삽-앵글형, 스트레이트형)을 장착하여 후면에 굴착기계인 리퍼(ripper), 루터(rooter)등 부수장치를 부착하여 흙, 암반 등을 깎아 밀어내는 토공용 기계이다.
  ㉠ 굴토작업 : 흙파기
  ㉡ 송토작업 : 흙밀기
  ㉢ 확토작업 : 넓히기
② 불도저는 작업능률상 15~100m 범위에서 작업이 가능하다.
③ 견인력과 등판력이 크며 강력한 굴삭운반도 가능하다.
④ 작업조건에 따라 피치조정을 10°씩 할 수 있으나 삽은 변경할 수 없다. 그리고 흙의 손실을 감소하기 위해 홈통을 사용하여 작업을 한다.
⑤ 트랙터는 스크레이퍼(scraper), 롤러류(roller), 플로우(plow), 해로우(harrow)등을 견인할 수 있다.
⑥ 동력전달순서
  ㉠ 엔진 → ㉡ 토크변환기 → ㉢ 변속장치 → ㉣ 횡축기어 → ㉤ 조향클러치 → ㉥ 증감속장치 → ㉦ 트랙
⑦ 트랙터 5대 장치 : 기관(engine), 동력전달장치, 수행장치, 부속장치, 작업장치

2. 용도

① 토사의 단거리운반, 굴토, 송토 작업등이 가능하다.
② 경사지에서 작업할 수 있다.
③ 유압리퍼 : 도저의 종류로 굴착작업에 사용한다.
④ 삽을 전후로 10°씩 경사할 수 있으며 앵글로서는 30° 가능하다.

3. 규격

(1) 자중
ton으로 표시한다.

(2) 블레이드(삽)
나비 × 높이

4. 종류

외부형상에 의한 분류, 앞장치에 의한 분류, 부수장치에 의한 분류 등에 따른 종류가 있다.

(1) 외부형상에 의한 분류

① 무한궤도식(캐터필터, 크롤러형)
접지면적이 넓어 견인력이 커서 습지(濕地), 사지(沙地)에서 작업이 용이하다.
  ㉠ 특징
    ⓐ 접지압이 낮다. (0.05MPa) - 접지면적을 누르는 힘이 작다.
    ⓑ 견인력이 크다.

ⓒ 사지에서 작업이 가능하다.
ⓓ 구배작업능력이 크다. - 경사지에서 작업이 가능하다.
ⓔ 주행저항이 크고 승차감이 안 좋다.
ⓕ 기동성과 이동성이 불량하다.
ⓖ 유지보수 비용이 고가이다.
ⓛ 앞장치에 블레이드(삽)를 설치하면 도저가 되고, 버킷을 붙이면 셔블도저가 되며 전동효율을 높이기 위해 토크 컨버터를 장착한다.

그림 1-1 무한궤도식

② 타이어식(휠형)
무한궤도식보다 고속으로 운행할 수 있으며, 평탄하고 포장된 도로나 장거리 작업에 효과적이다.
㉠ 특징
ⓐ 접지압이 높다.(0.25MPa)
ⓑ 기동성이 양호하다.
ⓒ 주행저항이 적다.
ⓓ 땅을 다지는데 효과적이다.
ⓔ 평탄하지 않은 작업장소나 진흙에서 작업이 곤란하다.
ⓕ 암석, 암반지역 작업시 타이어가 손상된다.
ⓖ 견인력이 작다.

그림 1-2 타이어

(2) 앞장치에 의한 분류(블레이드에 의한 분류)

① 스트레이트 도저
일반적으로 불도저라고 하며 삽을 10° 경사시켜 점토, 송토, 성토 작업에 효과적이며, 삽은 변경할 수 없는 것이 특징이다.
㉠ 성토 : 흙으로 도우기 작업이다.
㉡ 송토 : 흙을 일구는 작업이다.

ⓒ 점토 : 차진흙

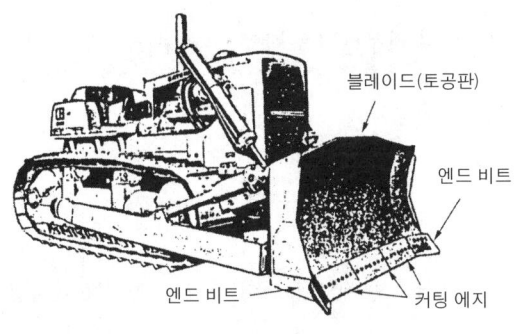

그림 1-3 블레이드의 구조

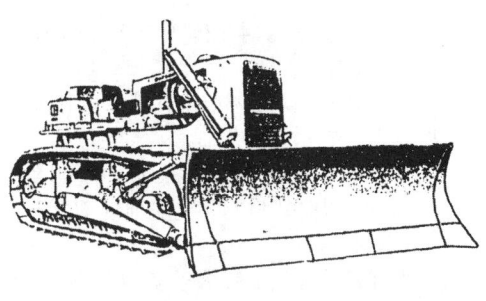

그림 1-4 앵글 도저

② 앵글 도저
　㉠ 불도저 및 틸트도저 보다 블레이드 길이가 길고 높이가 낮다.
　㉡ 블레이드를 수평으로 30° 회전시킬 수 있다.
　㉢ 경사지 측면작업, 절토작업, 굳은땅 옆으로 자르기, 제설 작업, 파이프 매설작업 등에 매우 효과적이다.

③ 틸트 도저
　㉠ 삽을 좌우로 20~25°까지 기울일 수 있다.
　㉡ 축구작업, 나무뿌리 파헤치기, 바윗돌 굴리기 등에 효과적이다.
　㉢ 좌우각은 틸트유압실린더로 조정되고 있다.
　　ⓐ 축구작업 : 흙을 쌓는 작업이다.
　　ⓑ 틸트작용 : 삽날이 좌우로 움직이는 작용이다.

그림 1-5 틸트 도저

(3) 부수장치(attachment)에 의한 분류

① 레이크 도저
　블레이드(삽) 대신에 레이크(rake) 판(쇠고리 모양)을 붙인 것이다.
　㉠ 용도 : 나무뿌리뽑기, 제초, 제석, 지반이 매우 굳은 땅의 굴착 등에 사용된다.
　㉡ 앞 장치에 블레이드를 바꾸어 다는데 따라 명칭이 달라지는데, U 블레이드를 붙이면 U 도저, 레이크를 붙이면 레이크 도저가 된다.

그림 1-6 레이크 블레이드

그림 1-7 트리 블레이드

② 트리 도저
　㉠ 트랙터 앞에 V자형 토공판을 붙여 상하 이동이 가능하다.
　㉡ 도로공사, 농지개간, 댐건설 등에서 큰돌 운반이나 나무뿌리를 작업을 할 수 있다.
③ 힌지 도저
　토사 운반, 흙 및 제설작업에 적당한 도저이다.
④ 푸시 도저
　㉠ 견인력을 높이기 위해 스크레이퍼를 뒤에서 미는 도저이다.
　㉡ 굴삭지반이 단단한 경우에만 사용하고 있다.
⑤ 리퍼(ripper)
　㉠ 대표적인 것으로 유압 리퍼가 있고, 대형은 암반 굴착 등에 사용되며, 소형은 농업용 심경굴착 등에 사용하고 있다.
　㉡ 용도 : 굴착이 곤란한 경우나 발파가 곤란한 암석 또는 옥석류의 제거, 아스팔트 포장파괴 등에 사용된다.

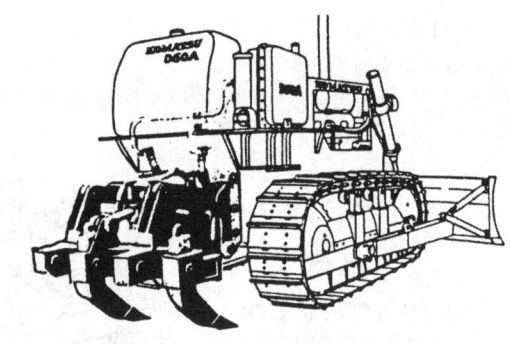

그림 1-8 리퍼

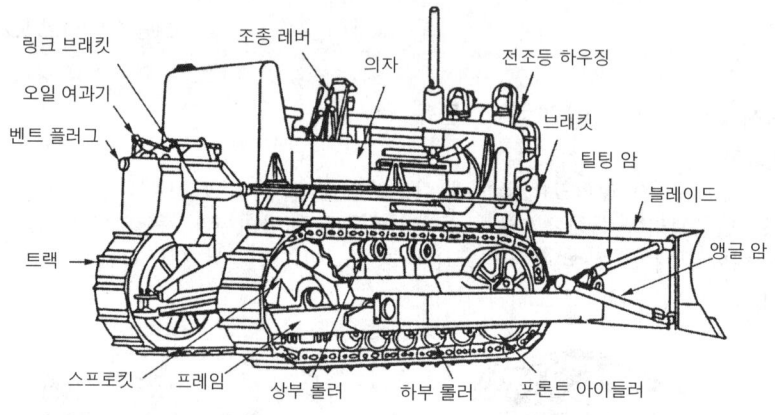

그림 1-9 불도저의 구조

⑥ 기타도저
　㉠ 버킷 도저 : 흙을 긁어 모으거나 퍼올리는 작업에 적합한 도저이다.
　㉡ 타이어 도저 : 저압의 고무 타이어식 도저로 무한궤도식보다 고속이고, 운반 토량의 증가가 가능하며 포장된 도로에 해를 주지 않는 도저이다.

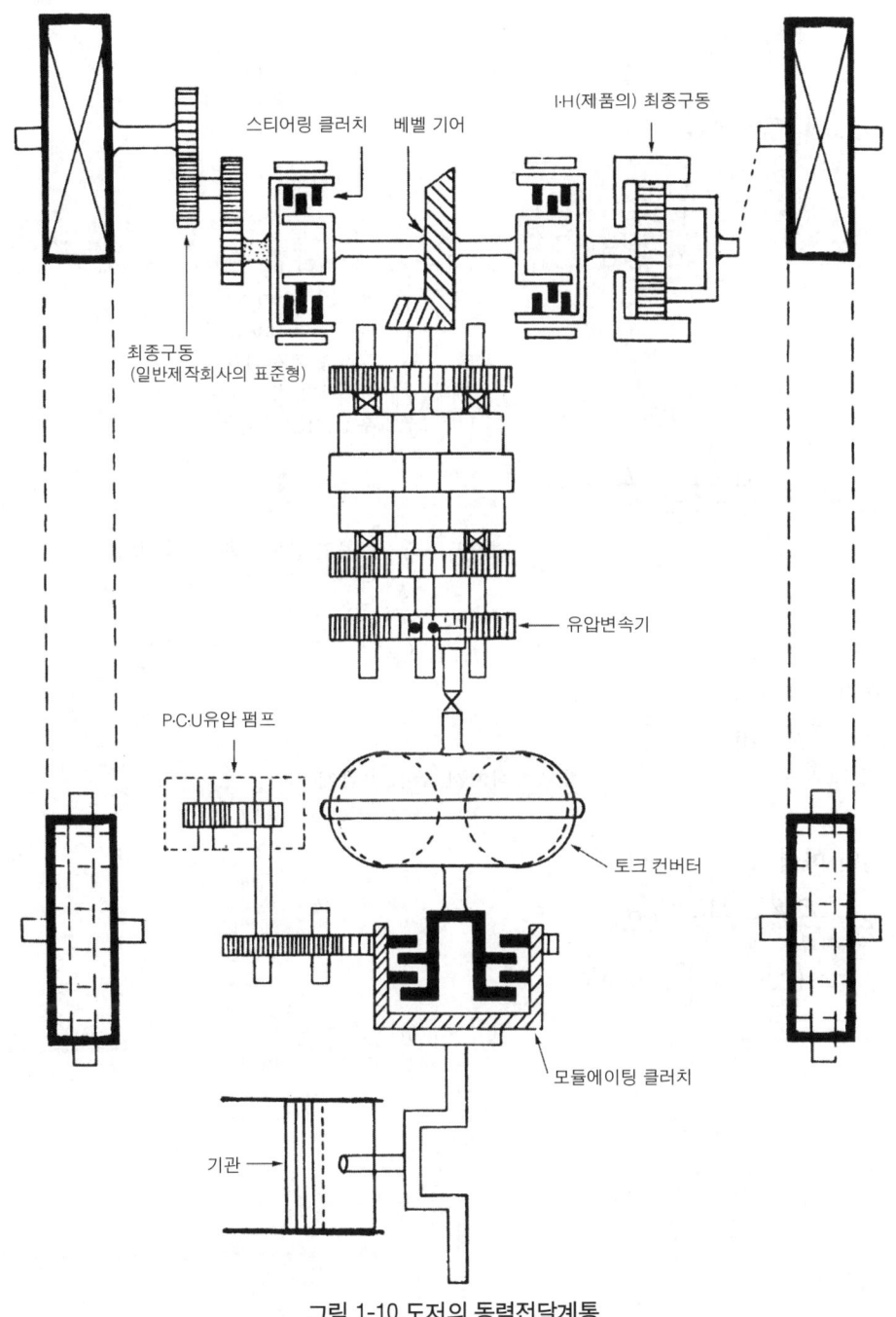

그림 1-10 도저의 동력전달계통

5. 도저의 작업량

(1) 시간당 작업량

① 블레이드(토공판) 용량 : 1회 흙 운반량, 압토량

$$q = \beta \times H^2$$

여기서, β : 블레이드 폭(m)
H : 블레이드 높이(m)

② 1회 사이클 시간

$$C_m = \frac{L_1}{V_1} + \frac{L_2}{V_2} + t$$

여기서, L : 작업거리(m)
V_1 : 전진속도(m/min)
V_2 : 후진속도(m/min)
t : 기어 변환시간(min)
L_1 : 전진작업거리(m)
L_2 : 후진 작업거리(m)

$$W = \frac{60 \cdot q \cdot f \cdot E}{C_m} \, (\text{m}^3/\text{hr})$$

여기서, q : 토공판 용량(1회 흙 운반량) m³
f : 토량 환산 계수
E : 작업 효율(%)
C_m : 1회 사이클당 시간(min)

(2) 견인력

$$F = \mu W$$

여기서, μ : 마찰계수
W : 차량 중량(kg)

(3) 견인 마력

① $L_p = \dfrac{F \times V}{75} = \dfrac{\mu W \cdot V}{75}$ (PS)

② $L_{kW} = \dfrac{F \times V}{102} = \dfrac{\mu W \cdot V}{102}$ (kW)

여기서, F : 견인력(kg)
V : 견인속도(m/s)

3 스크레이퍼

1. 개요

운반 장비로 캐리올(carry all)이라고도 하며 차체 밑바닥에 있는 삽을 내려서 토사를 끌어올려 차체 내부에 담아 실은 채로 운반하는 견인장비이기도 하다.

주로 비행장 건설이나 도로공사 등과 같은 대규모의 흙을 운반하는데 사용되며, 경제적인 운반거리는 100~500m 이다. 자주식과 견인식이 있다.

① 모터 스크레이퍼(자주식=동력식) : 500~1500 중거리 운반에 적당하다.
② 견인식 스크레이퍼 : 100~500의 중거리 운반에 적당하다.
③ 스크레이퍼 작업순서
　　㉠ 땅깎기(토사 절삭) → ㉡ 운반 → ㉢ 스프레딩(뿌리기) → ㉣ 방향변환

2. 용도

① 많은 토량을 굴착(굴삭) 운반할 수 있다.
② 무딘 토사나 토괴로 된 평탄한 지형에 적합하다.
③ 토사, 절토, 적재, 운반, 성토 작업을 할 수 있다.
④ 주용도는 토사운반 작업이다. (단, 밀어서는 운반하지 못한다.)

3. 규격

볼(bowl)의 평적(적재) 용량을 m^3으로 나타낸다.
① 볼(bowl) : 흙을 굴삭하여 실을 수 있는 적재함이다.

4. 동력전달 순서

엔진 → 토크 컨버터 → 유니버설 조인트 → 트랜스미션 → 피니언 베벨기어 → 엑슬(shaft) → 유성기어 → 휠

5. 분류 및 특징

① 동력식(자주식, 피견인식)
　　㉠ 자신의 동력으로 스스로 이동할 수 있다.
　　㉡ 이동속도가 빠르다.
　　㉢ 저압 타이어이며 튜브가 없다.
　　㉣ 험난지 작업이 곤란하다.
　　㉤ 작업거리 : 500~1500m 이내
② 견인식
　　㉠ 트랙터나 도저에 의해 견인된다.
　　㉡ 이동속도가 느리다.
　　㉢ 트랙의 동력조정장치(PCU)로 조정
　　㉣ 험난지 작업이 용이하다.
　　㉤ 작업거리 : 100~500m

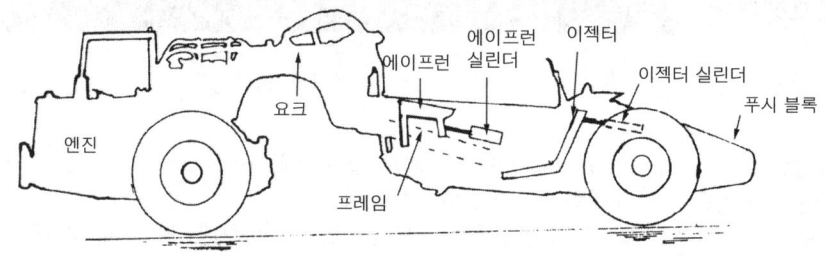

그림 1-11 동력 스크레이퍼

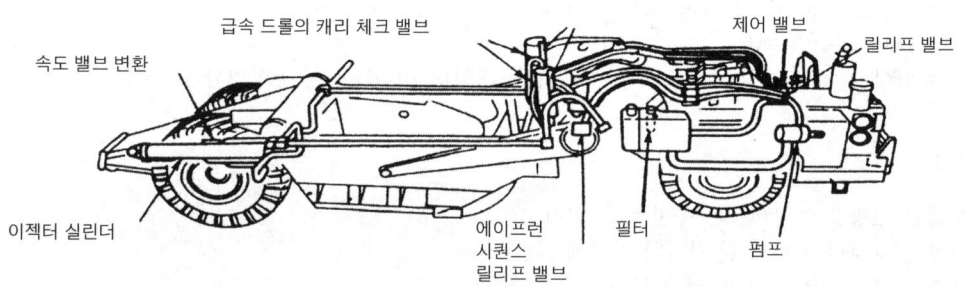

그림 1-12 견인식 스크레이퍼

6. 견인식 스크레이퍼 구성

① 볼(bowl)과 커팅에지(cutting edge)
　㉠ 볼 : 흙을 굴삭하고 담을 수 있는 적재함이다.
　㉡ 커팅에지 : 볼 보다 앞에 설치되어 스크레이퍼가 진행하면서 토사를 굴삭하는 역할을 한다.
② 에이프런(apron)
　볼의 입구를 상하로 개폐하는 기구로 유압식과 케이블식으로 구분된다.
③ 이젝터(ejector)
　볼(bowl)의 뒷면에 있으며, 볼 안에 있는 흙을 밀어내기도 하고, 흙을 적재하도록 넓은 공간을 만들어 주기도 한다.
　㉠ 흙을 적재시 볼을 낮게, 에이프런을 높게, 이젝터를 후진시켜 작업한다.
④ 요크(yoke)
　볼과 트랙터를 결합시켜 주는 구성요소이다.
⑤ 푸셔(pusher)
　견인력이 부족할 때 스크레이퍼를 트랙터로 밀어주는 역할을 한다.

7. 작업시 주의사항

① 토사 굴삭 및 적하 작업시는 하향 작업을 하는 것이 효과적이다.
② 회전하면서 적하 작업을 하여서는 안 된다.
③ 경사지에서 선회할 경우에는 언덕쪽으로 선회하여야 한다.
④ 볼을 갑자기 하강시키지 않아야 한다.
⑤ 연질토 절삭, 적재시는 볼의 상, 하 조작을 반복할 것이다.

4 셔블계 굴착기

1. 개요

일반적으로 셔블 굴착기의 구조를 크게 나누면 상부 선회체(엔진과 윈치), 하부 추진체, 전면부 장치(front attachment)의 3부분으로 나누어지며 셔블계 굴삭기라고도 한다.

전면부 장치(front attachment)를 교체함에 따라 백호, 파워셔블 드래그 라인, 어스드릴, 크레인, 클램셸, 파일 드라이버 등으로 사용이 가능하다.

① 굴삭기의 작업범위
　　㉠ 최대 굴삭깊이
　　㉡ 최대 굴삭반경
　　㉢ 최대 지상고
② 셔블 굴착시 등판 능력
　　%표시하며 30% 전후능력을 가지고 있다.

2. 주요 3대 구성요소

① 전면부장치(front attachment : 작업장치)
　　백호, 파워셔블, 드래그라인, 어스드릴, 크레인, 파일드라이버, 클램셸 등이 front attachment에 따른 셔블계 굴착기의 종류이다.
② 하부 추진체
　　상부 회전체와 전부 장치 등의 하중을 지지하고 장비를 이동시키는 역할을 한다.
③ 상부 선회체(본체)
　　하부 구동체 프레임에 스윙 베어링에 의하여 결합되어 360° 선회 할 수 있는 요소이다.

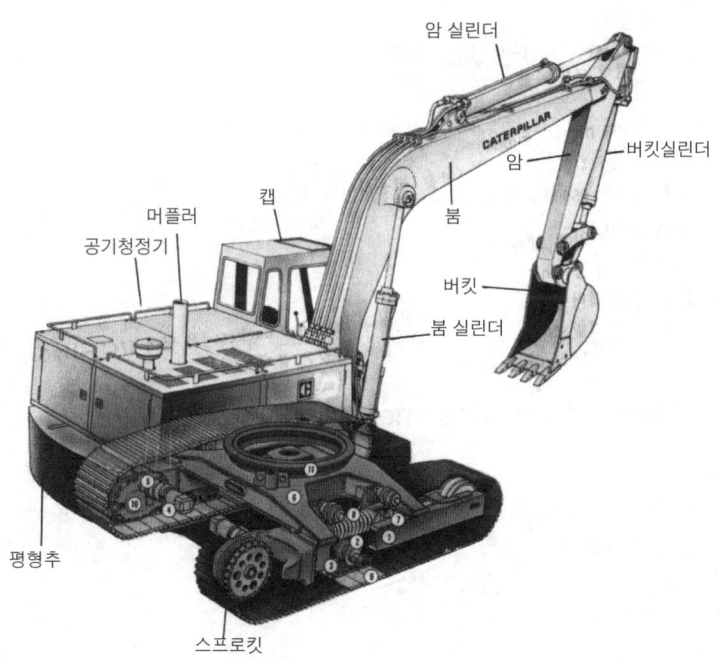

그림 1-13 굴삭기의 구조

3. 용도

① 땅을 깎거나 흙을 쏟을 때에 사용한다.
② 경사지 굴토작업에 효과적이다.

4. 굴삭기의 분류

(1) 주행장치에 따른 분류

① 크롤러형(crawler type : 무한궤도식)
  ㉠ 견인력이 크고 협소한 장소에서의 작업이 용이하며, 습지, 사지, 활지의 운행이 용이하고 안전성이 높다.
  ㉡ 포장도로 운행이 어렵다.
  ㉢ 주행속도는 3.2km/hr로 저속이다.
② 휠형(wheel type : 타이어형)
  ㉠ 포장도로와 교량 등의 운행이 좋다.
  ㉡ 작업장의 이동이 용이한 형식이다.
  ㉢ 주행속도 40km/hr 정도이다.
  ㉣ 작업능률은 크롤러형보다 좋다.
③ 트랙형(track type)
  ㉠ 작업능률이 불량하다.
  ㉡ 최대속도가 50km/h로 기동성이 좋다.
  ㉢ 넓은 작업장에 유리하며 도로 주행이 가능하다.

(2) 조작방법에 따른 분류

수동식, 유압식, 공기식, 전기식 등이 있다.
① 유압 셔블의 특징
  ㉠ 유압식 셔블용량은 $0.3~0.6m^3$ 정도
  ㉡ 소형이고 경량이며 구조가 간단하다.
  ㉢ 보수가 용이하며 front의 교환과 운전 조작이 간단하다.
  ㉣ 날끝에 본체의 중량을 걸 수 있다.
  ㉤ 바닥 파기와 도랑 굴착에 편리하다
② 기계로프식 셔블의 특징
  ㉠ 대형이다.
  ㉡ 굴착력이 강하다.
  ㉢ 레버조작이 어렵다.

5. 프런트 어태치먼트(front attachment)에 따른 굴착기의 종류 및 작업

① 백호(backhoe)
  ㉠ 작업위치보다 낮은 굴착에 쓰이고 하천, 건축의 기초 굴착에 사용된다.
  ㉡ 도랑파기, 지하철공사, 토사 장치작업 등에 효과적이다.
② 파워 셔블(power shovel) : 크롤러식 셔블
  ㉠ 작업위치보다 높은 산이나 절벽의 굴착에 사용된다.
  ㉡ 셔블의 순환동작 : 굴착 → 선회 → 적재 → 선회 복귀

③ 드래그 라인(drag line : 긁어 파기)
　㉠ 지면 밑에 있는 흩어진 작업물 굴착에 적합하다.
　㉡ 수중 굴착, 하천의 사리채취에도 사용된다.
④ 어스 드릴(earth drill)
　㉠ 무소음으로 대구경의 깊은 구멍 굴착에 사용한다.
　㉡ 소음과 진동이 적다는 것이 특징이다.
⑤ 크레인(crane)
　건축 또는 토목 공사시 중량물의 하역 작업에 적당하다.
⑥ 파일 드라이버(pile driver)
　콘크리트 말뚝이나 시트 파일을 박는 작업이 적당하다.
⑦ 클램셸(clam shell)
　㉠ 버킷의 유압호스를 클램셸 장치의 실린더에 연결하여 작동시켜 수중 굴착, 우물파기, 교각 수직 굴토, 차량 토사 적재, 벽 내부 굴착 등 건축 구조물의 기초자리 파기 작업이 가능하다.
　㉡ U형 홈의 굴착, 좁은 공간에서의 깊이 파기와 호퍼 파기 등도 가능하다.
⑧ 엑스카베터(excavator)
　유압식 백호에 사용되는 작업장치(front attachment) 중 작업장소보다 낮은 장소의 단단한 토질의 굴착에 적당한 굴삭기이다.

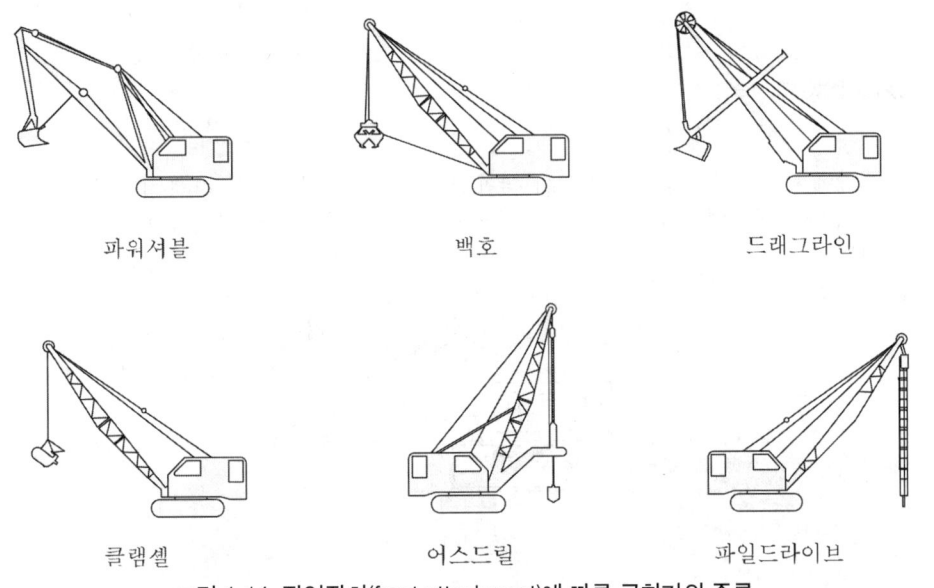

그림 1-14 작업장치(front attachment)에 따른 굴착기의 종류

6. 굴삭기의 성능 표시 방법

① 백호, 파워셔블, 드래그 라인, 클램셸
　㉠ 버킷(bucket)의 용량(m^3)으로 표시한다.
　㉡ 셔블디퍼의 용적(m^3)으로 표시한다.
　㉢ 백호의 버킷 용량 : $A \times L$

　　여기서 A : 안쪽의 측면적
　　　　　L : 평균 안쪽 넓이

② 어스 드릴(earth drill)
  굴착 구경으로 표시한다.
③ 파일 드라이버(pile driver)
  해머의 중량으로 표시한다.
④ 크레인
  ㉠ 최대 권상하중(ton)으로 표시한다.
  ㉡ 기중 능력을 ton으로 표시한다.

7. 작업량(셔블, 백호, 드래그라인, 클램셸)

파워셔블의 시간당 작업량은 다음과 같이 계산한다.

$$W = \frac{3600 q \cdot k \cdot f \cdot E}{C_m} \ (m^3/hr)$$

여기서, q : 버킷의 용량(m^3)
  k : 버킷 계수
  f : 토량 환산 계수
  E : 작업 효율
  C_m : 1회 사이클 당 시간(sec)

8. 스키머(skimmer)

① 개요
  선회대에 달린 붐을 따라 버킷이 체인의 힘으로 이동되면서 지표를 얇게 깎는 장비로서 좁은 장소에서 얇은 굴착에 적당한 장비이다. 대형 장비로는 작업이 곤란한 협소한 장소에서 굴착이 가능하다.

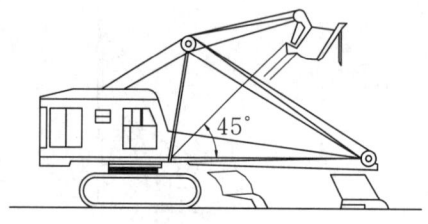

그림 1-15 스키머

8. 리퍼와 루터(ripper, rooter)

① 개요
  ㉠ 지반이 단단하고 견고하여 굴착이 곤란한 경우에 사용된다.
  ㉡ 대형 불도저의 뒤에 부착하여 자체의 중량으로 발톱날(2~3개)을 이용하여 단단한 지반을 긁어 파헤치는데 적당하다.

그림 1-16 리퍼와 루터

　　ⓒ 나무뿌리 파헤치기, 아스팔트나 콘크리트 포장 파헤치기, 암석 또는 옥석류의 제거, 굳은 땅 파
　　헤치기 등에 사용된다.

9. 타워 굴착기

① 개요
　　㉠ 제방위에 레일을 설치하고, 타워 및 앵커 사이를 버킷이 이동하면서 작업한다.
　　㉡ 하천을 굴착하거나 골재의 채취 등에 사용되는 장비로 주로 하천공사에 많이 이용되고 있다.

5　모터 그레이더(motor grader)

1. 개요

주로 정지작업(지균작업)을 하며 블레이더를 장착하여 지표를 긁어 땅을 고르는 장비로 토공기계의 대패라고도 불리우며 지면을 매끈하게 다듬어 끝맺음을 할 때 사용하는 토목공사용장비이다.
① 작업의 종류
　　㉠ 제설작업 : 눈을 제거하는 작업
　　㉡ 살포작업 : 골재나 아스팔트 등을 깔아주는 작업
　　㉢ 측구작업 : U형, V형 등 도랑배수작업

2. 용도

① 제설작업, 살포작업, 측구작업, 도로구축, 파이프 매설작업, 배수로작업, 도로유지보수작업(산토작업), 공항 등 넓은 면적의 정지작업 등을 할 수 있다.
② 하수구 파기, 경사면 다듬기, 흙의 긁어 뒤집기, 아스팔트 포장 재료의 배합 등의 작업도 할 수 있다.

3. 성능표시

① 블레이드(삽날)의 길이로 표시한다.
　　㉠ 대형 : 3.7m　　㉡ 중형 : 3.1m
　　㉢ 소형 : 2.7m　　㉣ 최근 도로 유지 작업용으로 1.8m 정도의 것도 있다.

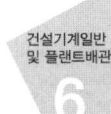

② 등판 능력으로 표시한다.
    언덕을 올라가는 능력은 약 25° 정도이다.

4. 주요 구성요소

유압 장치, 블레이드 장치, 스케어리 파이어장치 등으로 구성된다.
※ 모터그레이더 장치 : 기관차 그레이더
① 클러치 유압부스터 : 클러치 분리작용을 해주는 구성품이다.
② 차동장치 : 차량계 건설기계에서 선회하거나 커브길을 원활하게 돌게하는 기능을 하는 장치이다.
③ 텐덤장치 : 모터그레이더에만 있는 최종감속장치(탠덤 드라이브)이다.
   ㉠ 모터 그레이더 주차 브레이크는 외부 수축식이다.
   ㉡ 모터 그레이더는 차동장치 없이 탠덤장치가 설치되어 있다. 그 이유는 직진성을 좋게 하여 다듬질 정도를 높이고, 능률을 올리기 위해서이다.

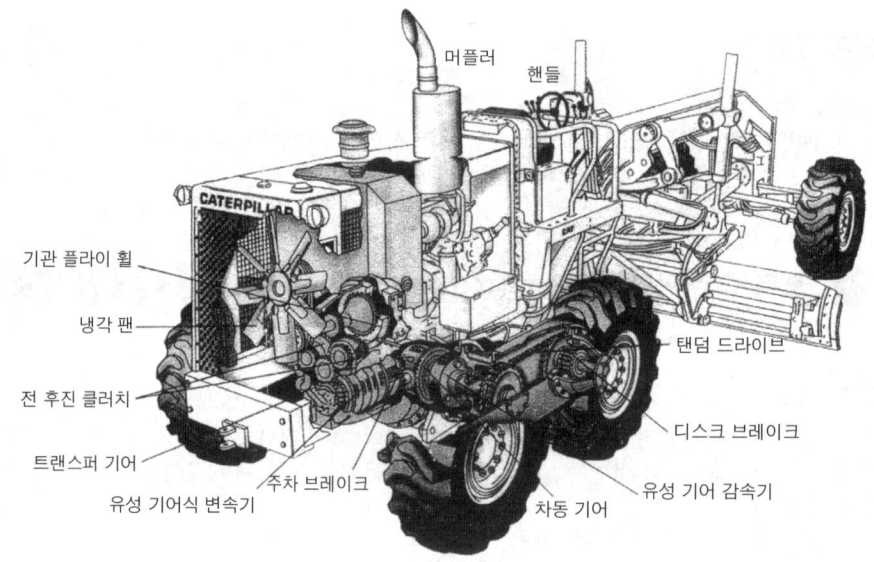

그림 1-17 모터 그레이더의 각부 명칭

5. 동력전달순서

엔진 → 클러치 → 변속기 → 구동장치 → 탠덤장치 → 후륜
① 전진시
   상부축 → 중간축 → 하부축
② 후진시
   상부축 → 유전축 → 중간축 → 하부축

6. 블레이드 추진각도와 절삭각도

① 추진각도
   그레이드 중심선과 블레이드 이루는 각은 70~90° 정도가 적당하다.

② 절삭각도

그레이드 본체와 배토판과의 각도를 조절하여 흙을 옆으로 밀어낼 때 45~60°, 끝 마무리에서는 90° 정도로 하는 것이 좋다.
㉠ 양각(추진각도, 절삭각도)은 단단한 흙에서는 크게 하고 연한 흙에서는 작게 한다.
㉡ 지균 및 산포작업시 삽날의 각도(전륜 경사레버의 각도)는 20~30°가 적당하다.

7. 기타 주요장치

① 리닝(leaning) 장치

리닝조작에 의하여 조향하며 리닝 장치는 앞바퀴를 좌우로 경사시키는 장치이다. 목적은 회전반 지름을 작게 하여 선회를 용이하게 하는데 있다.
㉠ 리닝 장치의 앞바퀴를 경사시킬 수 있는 각도는 20~30°이다.

② 스캐리파이어(scarifier : 쇠스랑)

지반을 파헤치는 역할을 하며 쇠스랑을 상·하로 작동시킬 때 사용하는 것을 스캐리파이어 상하레버라한다.

③ 탠덤 드라이브 장치

차량의 직진성을 좋게 하고 완충작용을 돕는 것으로 체인 유격은 2.5~10cm이며 동력전달 순서는 다음과 같다.
㉠ 체인식 : 스파라켓 수동스프라켓, 체인
㉡ 기어식 : 구동기어, 수동기어 - 아이들기어

④ 시어핀(shear pin)

작업조정 장치의 안전핀으로서 그레이더가 작업도중 무리한 하중이 걸릴 때 스스로 파괴되어 다른 부분의 고장을 방지하기 위한 요소이다. 엔진과 파워컨트롤 사이에 설치되며 특수연철의 재질로 되어 있다.

⑤ 스냅 파우어

핸들에 오는 충격을 완화시켜 주는 역할을 한다.

⑥ 기타

㉠ 오도미터(odometer) : 모터 그레이더의 작업거리 표시계이다.
㉡ 타이어(tire) : 보통 전륜은 고압타이어, 후륜은 저압타이어를 사용하며 하중분포는 앞바퀴 30%, 뒷바퀴 70%이다. 공기압은 전륜 35psi, 후륜 20~30psi이며 모래땅 연약지 작업시 20~22psi 정도로 낮춘다.

6 운반기계

1. 개요

보통 굴착기계도 수송을 겸하고 있으나 이들 외에도 벨트 컨베어, 버킷 엘리베이트, 차량궤도형, 삭도, 덤프트럭, 왜건, 윈치 등의 운반기계가 있다.

① 작업거리
㉠ 불도저 : 60m 단거리
㉡ 스크레이퍼 : 100~1500m 중·장거리
㉢ 트럭·기관차, 트레일러 : 1000m 이상 원거리

② 조향장치방식
　㉠ 윌롤러식
　㉡ 스쿠류 너트식
　㉢ 유압식
　㉣ 스티어링 부스터식

2. 덤프 트럭(dump truck)

① 특징
　㉠ 공사현장간의 이동이 편리하다.
　㉡ 장거리 운반도 할 수 있다.
　㉢ 투입 대수 증감에 의한 운반량의 조정이 원활하다.
　㉣ 고장이 발생한 때에는 작업 공정에 차질이 생길 수 있다.
　㉤ 운반로의 유지보수가 요구된다.
② 규격
　최대 적재량(ton), 엔진 출력 최고 주행속도, 최소 선회 반지름 등으로 표시한다.
③ 주행저항
　차량 주행시 작용하는 저항으로 다음 4가지가 있다.
　㉠ 회전저항, ㉡ 구배저항, ㉢ 가속저, ㉣ 공기저항
④ 덤프 트럭의 종류
　㉠ 3방 열림 덤프트럭 : 3방향으로 짐을 부릴 수 있는 트럭이다.
　㉡ 버텀(bottom) 덤프트럭 : 적재함의 밑바닥에서 적재물을 부리는 방식의 트럭이다.
　㉢ 사이드(side) 덤프트럭 : 적재함이 옆으로 경사지게 작동하므로 트럭의 선회 및 후진 동작이 필요하지 않으며 터널 공사시 쇄석 사토 작업 등에 능률적인 트럭이다.
　㉣ 리어(rear) 덤프트럭 : 짐칸을 뒤쪽으로 기울게 하여 짐을 부리는 트럭으로 토목공사에 가장 많이 사용되며 1차선의 좁은 도로 공사에 사용한다.
⑤ 덤프트럭의 작업량 계산
　㉠ 트럭의 소요 대수 계산

$$Q = \frac{\text{트럭의 사이클 타임}}{\text{적재 시간(1대 싣는 시간)}}$$

$$M = t + \frac{l}{V}$$

여기서, M : cycle time
　　　　t : 소요시간
　　　　l : 작업거리
　　　　V : 운반속도

　㉡ 덤프 트럭의 구배 저항

$$W_s = G \sin \alpha + \mu G$$

여기서, G : 총 중량
　　　　α : 구배(기울기)
　　　　μ : 마찰계수(저항계수)

⑥ 덤프트럭 동력 전달 순서
엔진 → 클러치 → 변속기 → 추진축 → 차동장치 → 차축 → 종감속기 → 구동륜

3. 기관차

① 개요
　㉠ 운반거리가 1km 이상인 경우에 사용한다.
　㉡ 터널공사, 방조제의 토운공사에 이용된다.

4. 트럭 트랙터 및 트레일러

① 개요
　㉠ 트럭 트랙터는 트레일러의 견인장치이다.
　㉡ 협소한 장소에서의 선회를 용이하게 하기 위해서 축간거리는 짧게 한다.
　㉢ 다단변속기 또는 보조 변속기를 장치하여 견인력을 증대시킨다.

② 종류
　㉠ 세미 트레일러
　㉡ 풀(full) 트레일러 : 트랙터의 의해 견인되며, 양 끝에 차축과 바퀴를 붙인 것으로 트랙터 드로운 왜건(tractor drown wagon)라고도 한다.

③ 규격표시
　견인할 수 있는 능력을 톤(ton)으로 표시한다.

그림 1-18 트랙터 및 트레일러

6. 삭도(索道, cableway)

① 개요
　㉠ 산간 양쪽에 철탑을 세우고 케이블을 연결한 후 60m마다 운반기를 배치하여 화물을 운반하도록 한 것이다.
　㉡ 고저차가 비교적 크고 1시간에 20ton 정도를 운반하는 단선식과 고저차가 적고 1시간에 20~200ton정도를 운반하는 복선식이 있다.

7. 호이스팅 머신(hoisting machine)

중량물을 달아 올려 운반하는 기계로 엘리베이터라고도 한다.

8. 컨베이어(conveyor)

자재 및 콘크리트 등의 수송에 주로 사용되며 설비가 용이하고 경제적이다.

① 종류
　㉠ 포터블(portable) 컨베이어 : 모래, 자갈의 운반과 채취에 사용된다.
　㉡ 스크루(screw) 컨베이어 : 모래, 시멘트, 콘크리트 운반에 사용된다.
　㉢ 벨트(belt) 컨베이어 : 운반거리에 관계없이 운반능력이 일정하며 계속 사용시에는 경제적으로 흙, 쇄석, 골재운반등에 사용되고 있다.
　　ⓐ 벨트의 속도로 규격을 표시한다.
　　ⓑ 운반능력 $Q = A \times V \times \gamma \times 60 [t/h]$
　　여기서 A : 적하면적(m^2)
　　　　　V : 벨트속도(m/mm)
　　　　　γ : 비중량(t/m^3)

9. 왜건(wagon)

① 개요
　모터 스크레이퍼와 유사한 기능을 갖고 있으며 자력으로 흙깔기를 할 수 없고 싣기 기계로부터 적재한 토사를 운반하는 기계이다.

10. 지게차(fork-lift)

① 개요
　앞바퀴 구동(전륜 구동)에 뒷바퀴로 환향하고 최소 회전반지름이 작으며, 주로 경화물의 적재, 적하 및 운반작업에 이용되고 있는 사용폭이 넓은 기계이다.
② 규격
　들어올릴 수 있는 용량을 톤(ton)으로 표시한다.
③ 마스트의 경사각(5~6° : 전경각)
　화물 적재시 포크를 수평으로 하여 운반 중에는 짐이 떨어지는 것을 방지하며 짐을 내릴 때는 마스터를 12°(후경각) 정도 해준다.
　㉠ 마스트(mast) : 마스트는 지게차의 기둥이며 U형의 아웃 마스트와 y형 이너 마스트가 있으며 롤러 베어링에 의해 움직인다.
　㉡ 포크(fork) : 포크는 마스트 훅과 웨이트 훅으로 되어 있고 전자는 아웃 마스트에 위치하고 후자는 평행용 무게의 양 옆에 설치되어 수리나 운반을 도와준다. 포크는 하이드롤릭 오일 탱크에서 기어 펌프에 의해 제어 밸브에 압입되는 오일을 제어 밸브 조작으로 틸트 실린더와 리프트 실린더로 흡입된다. 또한 유압이 낮게 되면 포크를 조작하는 힘이 약하게 되고 과대한 유압이 되면 패킹이나 호스, 파이프 등이 파손될 염려가 있으므로 항상 유압은 소정의 유압을 유지하고 취급에 주의해야 한다.

그림 1-19 지게차

④ 지게차의 구조
  ㉠ 마스트(mast)
    ⓐ 마스트는 핑거 보드 및 백 레스트가 가이드 롤러에 의해서 상하로 섭동할 수 있는 레일이다.
    ⓑ 인너 레일과 아웃 레일로 구성된다.
    ⓒ 리프트 실린더, 리프트 체인, 체인 스프로킷, 리프트 롤러, 틸트 실린더, 핑거 보드, 백 레스트, 캐리어, 포크 등이 부착되어 있다.
  ㉡ 리프트 체인(lift chain)
    ⓐ 리프트 체인은 리프트 실린더와 함께 포크의 상승 및 하강 작용을 돕는 역할을 한다.
    ⓑ 체인의 한쪽은 아웃 레일의 스트랩에 고정되고 다른 한쪽은 스프로킷을 통과하여 핑거 보드에 고정된다.
    ⓒ 좌우 포크의 수평 높이는 리프트 체인에 의해서 조정된다.
    ⓓ 리프트 체인의 길이는 핑거 보드 롤러의 위치로 조정된다.
    ⓔ 리프트 체인은 엔진 오일로 주유한다.
  ㉢ 핑거 보드(finger board) : 핑거 보드는 포크가 설치되어 수평판으로 백 레스트에 지지되어 있다.
  ㉣ 캐리어(carrier)
    ⓐ 포크를 롤러 베어링에 의해서 인너 레일을 따라 상승 및 하강 작용을 돕는 역할을 한다.
    ⓑ 상하 방향과 좌우 방향의 압력에 견딜 수 있도록 2° 기울여 설치되어 있다.
    ⓒ 포크 및 상승 및 하강 작용시 하중을 지지한다.
  ㉤ 백 레스트 : 핑거 보드 위에 설치되어 포크에 적재된 화물을 지지하는 역할을 한다.
  ㉥ 포크(fork)
    ⓐ 포크는 핑거 보드에 설치되어 화물을 들어올리는 역할을 한다.
    ⓑ 좌우 포크의 설치 간격은 파레트 폭의 1/2~3/4 정도이다
    ⓒ 화물을 적재 및 하역 작업을 할 때 시선은 포크 끝에 두는 것이 좋다.
  ㉦ 평형추(카운터 웨이트)
    ⓐ 지게차(포크 리프트) 프레임의 최후단에 설치되어 차체 앞쪽으로 쏠리는 것을 방지한다.
    ⓑ 화물의 적재 작업 및 하역 작업시 지게차의 균형을 유지시키는 역할을 한다.

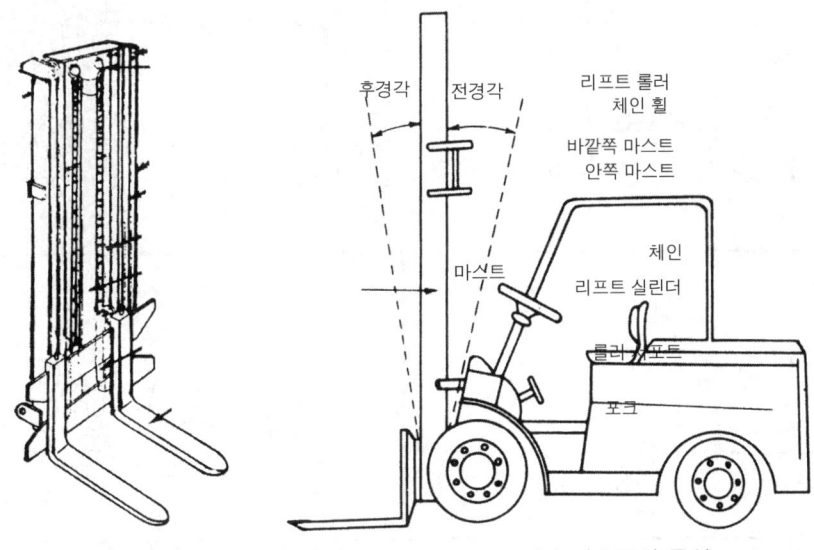

(a) 마스트 전경과 후경각   (b) 마스트의 구성

그림 1-20 마스트 구성과 각도

그림 1-21 그림으로 본 사고의 예

7 적재기계

연속식 적재기의 종류로는 버킷휠, 엑스카베이터, 스크루 엑스카베이터, 벨트로더 등이 있다.

1. 로더(loader)

① 개요
버킷으로 물체를 들어올린 다음 트럭에 뿌리고 다시 굴착 지점에 와서 퍼싣는 장비이다. 무한 궤도식으로서 경사지나 습지에서 작업이 용이하며 보통 자갈, 모래, 흙 등을 트럭에 적재시 적당한 기계이다.

② 종류
㉠ 크롤러형 로더 : 크롤러 트랙터 앞에 버킷(bucket)을 설치하여 험악한 늪지나 모래땅에서 작업을 수행하며, 수중작업도 가능하다. 장궤식 로더, 무한궤도식 로더, 셔블로더(shovel loader)라고도 한다.
㉡ 휠형 로더 : 휠형 트랙터 앞에 버킷(bucket)을 설치한 것으로, 평탄한 작업장에서 기동성이 우수하고 작업수행 능력이 크며 포장도로에서 작업이 용이하다. 차륜식 로더, 타이어식 로더 휠 로더(wheel loader)라고도 한다. 속도 조절장치로 변속 레버를 사용한다.

③ 용도
자갈, 모래, 흙 등을 트럭에 적재할 때 사용된다.

④ 규격표시
표준 버킷 평적 용량(m^3)으로 나타낸다.

⑤ 기타로더
㉠ 스키드 로더 : 갱도나 터널작업에 알맞은 적재기계이다.
㉡ 페이 로더(pay loader) : 덤프트럭에 토사를 적재하는데 사용하며 가급적 천천히 운행해야 하고, 무부하 운전시 버킷(bucket)을 올리지 않도록 한다.

8 크레인(Crane : 기중기)

1. 개요

보통 화물의 적재, 운반, 굴토 작업에 사용되는 기계로서 차체 전면에 훅, 클램 셸(clam shell), 드래그라인 등 전부 장치를 설치하여 다목적으로 사용되고 있는 장비로 기중기라고도 한다.

① 기중하중을 표시하는 인자
㉠ 붐의 길이
㉡ 붐의 각도
㉢ 작업 반경

② 기중기 데릭의 구성 요소
㉠ 마스트
㉡ 붐
㉢ 붐 휠
㉣ 와이어로프
와이어로프의 급유가 부족한 경우 와이어로프 마모가 빠르다.

③ 7가지 기본 운동
　㉠ 덤프(dump) : 짐을 부리고 내리는 작업이다.
　㉡ 호이스트(hoist) : 짐을 올리고 내리는 운동이다.
　㉢ 스윙(swing) : 상부 회전체를 돌리는 운동이다.
　㉣ 크라우드(crawd) : 흙파기 운동이다.
　㉤ 리트랙트(retract) : 삽 또는 버킷을 상부 회전체로 당기는 작업이다.
　㉥ 트래블(travel) : 하부 추진체의 전진 또는 후진 등 크레인을 이동하는 요소이다.
　㉦ 붐(boom) 호이스트 : 붐을 올리고 내리는 운동이다.

2. 규격

최대 권상 하중을 톤(ton)으로 표시 즉, 기중 능력을 ton으로 표시한다.

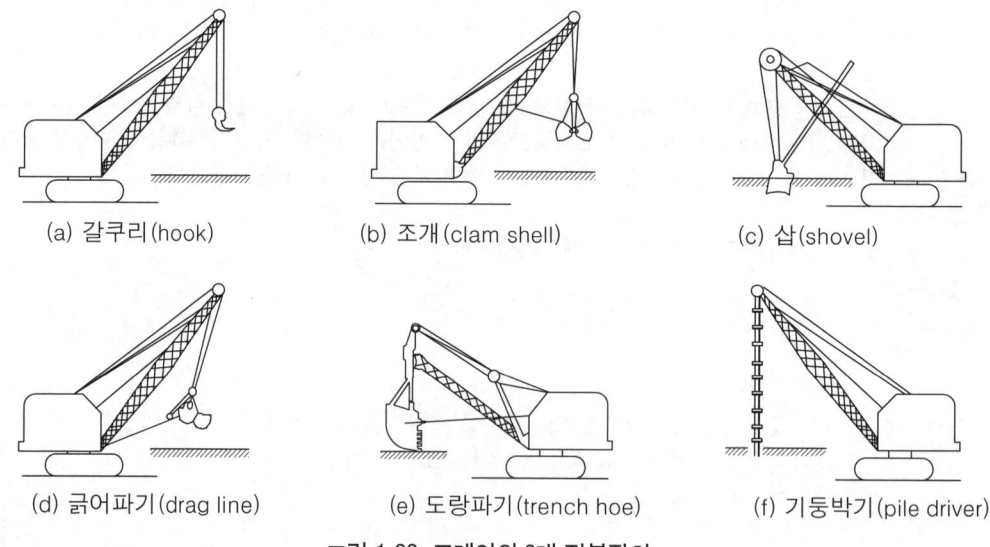

(a) 갈쿠리(hook)　　(b) 조개(clam shell)　　(c) 삽(shovel)

(d) 긁어파기(drag line)　　(e) 도랑파기(trench hoe)　　(f) 기둥박기(pile driver)

그림 1-22 크레인의 6대 전부장치

3. 크레인의 붐(boom)에 설치하는 전부장치의 종류 및 용도

① Hook(훅) : 화물의 적재 및 적하작업에 사용한다.
② Clam shell(클램 셸) : 구조물의 기초자리 파기, U형 홈의 굴착 및 수중작업과 좁은 공간에서의 깊이파기와 호퍼작업에 사용한다.
③ Shovel(셔블) : 토사굴토, 경사면의 굴토, 차량토사 적재에 사용한다.
④ Drag line(드래그라인) : 긁어파기, 수평굴토작업 등에 사용한다.
⑤ Trench hoe(트렌치 호 : 백호) : 배수로 작업, 매몰작업, 채굴작업, 송유관 매설작업 등의 도랑파기에 사용한다.
⑥ Pile driver(파일 드라이버) : 건설 기초공사 작업시 기둥박기 작업, 교량 항타 작업 등에 사용한다.

4. 붐(boom)의 운전 각도

붐의 최소 제한각은 20°, 최대 제한각은 78°, 보통 작업 각도는 45~65°이며 물체의 무게가 무거울수록 붐(boom)의 길이는 짧게 하고 각도는 크게 한다.

5. 분류

① 주행장치에 의한 분류
  ㉠ 크롤러 크레인(crawler crane) : 안전성이 좋고 30° 경사진 곳까지 올라갈 수 있으며, 연약지반이나 협소한 장소에서의 작업이 가능하나 불량하다.
  ㉡ 휠 크레인(wheel crane) : 크롤러 크레인의 크롤러 대신 고무 타이어를 장착한 것으로 원동기가 한 개로서 크레인 작동과 주행을 한 곳에서 운전사 1명이 조작 가능한 종류이다.
  ㉢ 트럭 크레인(truck crane) : 주행 트럭 위에 360° 선회용 크레인을 장착한 것으로 트럭 운전실과 크레인 운전실이 별도로 설치되어 있다. 기동성은 좋으나, 협소한 공간이나 습지대, 사지에서는 작업이 곤란하다. 아웃리거는 트럭크레인의 구성 요소이다.
    ⓐ 아웃리거(out-rigger : 스프링 현가장치) : 안전성을 유지시켜 주고 타이어에 하중을 받는 것을 방지하여 타이어 및 스프링 등 하중으로 인하여 마모 파손되는 것을 방지해 주는 역할을 한다.

② 사용 용도별 분류
  ㉠ 타워 크레인(tower crane)
    ⓐ 용도 : 주로 높이를 필요로 하는 고층빌딩이나 건축현장에서 사용한다.
  ㉡ 천정 크레인(over head crane)
  ㉢ 드래그 크레인(drag crane)
    ⓐ 용도 : 고층건물의 철골조립, 자재의 적재운반, 항만 하역작업 등에 사용된다.
  ㉣ 유압 크레인(hydraulic crane)
    ⓐ 용도 : 항만 하역공사, 토목공사, 전주작업, 중량물의 권상작업 등에 사용된다.
  ㉤ 가리데릭 크레인(derrilc crane)
    ⓐ 용도 : 하역작업, 중량물의 이동, 철골 조립작업 등에 사용된다.
    ⓑ 가리데릭은 360°, 삼각데릭은 270° 선회한다.

③ 크레인의 안전장치
  붐전도 방지장치, 권상과부하 장비 및 경보장치, 붐 과권 방지장치, 붐 권상 과권 경보장치(브레이크 제한스위치) 화물의 적하 방지 등을 위한 안전장치가 필요하다.
  ㉠ 권상·권하 조작에 필요한 안전장치
    ⓐ 제한스위치
    ⓑ 인터록장치
    ⓒ 기계브레이크
  ㉡ 과권방지 : 권상 와이어를 지나치게 너무 감으면 파손될 우려가 있으므로 방지하여야 한다.
  ㉢ 안전수칙
    ⓐ 작업중인 기중기 운전반경(작업반경) 내에 접근 금지시킨다.
    ⓑ 작업중인 조종사에게는 연락사항은 반드시 수신호로 해야 한다.
    ⓒ 조종사의 주의력을 혼란케 하는 일을 금지한다.
    ⓓ 운전전에 각 작동부분은 수분동안 공회전 시키도록 한다.
    ⓔ 붐을 반드시 규정된 안전각도를 유지해야 한다.
    ⓕ 하부 트럭 운전대 탑위로 스윙하지 말아야 한다.
    ⓖ 고압선으로부터 10[m] 이내 기중기를 접근시키지 않아야 한다.
    ⓗ 붐위 각을 20° 이하 78° 이상하지 말아야 한다.
    ⓘ 트럭 탑재 기중기를 평탄한 곳에 세우고 아웃 리거(out rigger)를 고이도록 한다.

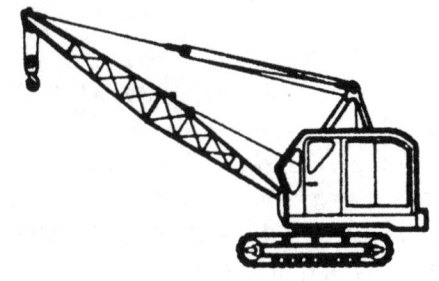

그림 1-23 크롤러식 기중기

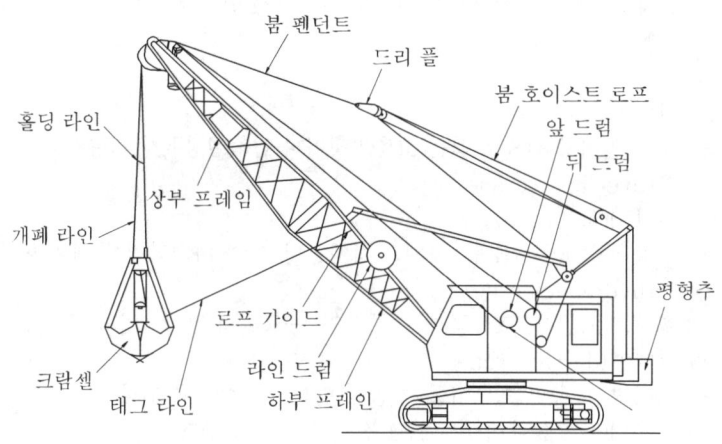

그림 1-24 클램셸 기중기

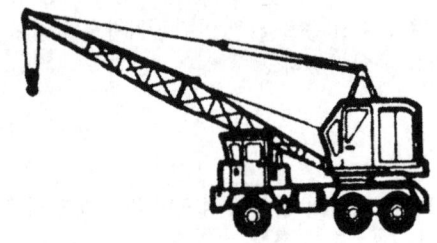

그림 1-25 트럭 탑재식 기중기

9 포장기계

1. 종류

① 콘크리트 포장기계
　콘크리트 플랜트, 콘크리트 믹서, 콘크리트 펌프, 콘크리트 피니셔, 콘크리트 스프레더 등이 있다.

② 아스팔트 포장기계
　아스팔트 믹싱 플랜트, 아스팔트 피니셔, 아스팔트 살포기(distributor), 아스팔트 스프레더, 아스팔트 커버 등이 있다.

③ 노상 안정기

(1) 콘크리트 플랜트(concrete plant)
① 개요

저장 장치로부터 오는 시멘트, 모래, 골재, 물 등을 계량장치에서 신속 정확히 계량하여 공급장치에 의하여 혼합기(mixer)에 공급, 혼합하므로써 균일한 품질의 콘크리트를 대량 생산하는 기계 설비로 배처플랜트(batcher plant)라고도 한다.

② 규격 표시

시간당 생산량을 톤(ton/hr)으로 나타낸다.

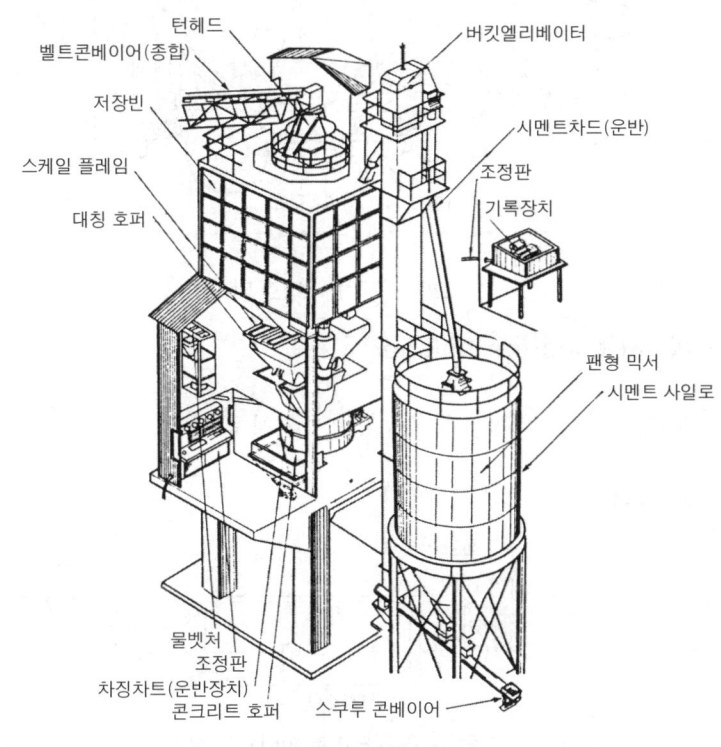

그림 1-26 콘크리트 플랜트

(2) 콘크리트 믹서(concrete mixer)
① 개요

모래, 자갈, 시멘트, 물 등을 혼합하여 공사현장에서 효과적으로 작업하기 위한 장비이다.

② 규격

용기내에서 1회 혼합할 수 있는 콘크리트 생산량(m^3)으로 표시한다.

③ 콘크리트 운반방법
  ㉠ 장거리는 믹서 트럭으로 운반한다.
  ㉡ 현장안에서는 손수레로 운반한다.
  ㉢ 버킷에 담아서 운반한다.
  ㉣ 콘크리트 펌프로 운반한다.

④ 콘크리트 믹서 비빔 방법

자중 및 드럼회전과 외력으로 분당 12~19회 정도 비빈다.

⑤ 콘크리트 믹서 청소 방법
   자갈을 먼저 넣고 드럼을 회전시켜 청소한다.
⑥ 회전저항
   콘크리트 믹서 트럭의 회전저항은 도로의 회전저항계수×전중량으로 표현한다.

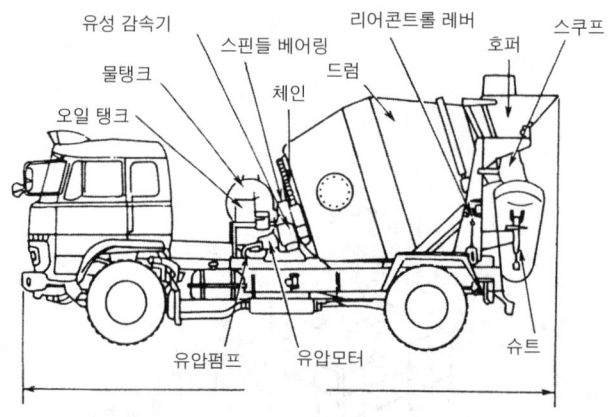

그림 1-27 콘크리트 믹서

(3) 콘크리트 피니셔(concrete finisher)
① 용도
   표면의 앞, 뒤 고르기 진동 등을 하면서 포장 표면을 마무리 한다.
② 규격
   시공할 수 있는 표준 폭(m)으로 나타낸다.

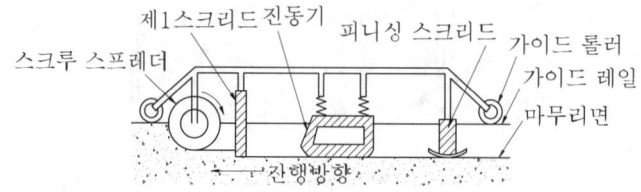

그림 1-28 콘크리트 피니셔의 작업

(4) 콘크리트 스프레더(concrete spreader)
① 용도
   콘크리트 피니셔 앞을 주행하면서 트럭믹서나 덤프트럭으로부터 콘크리트를 받아 운반하고 깔고, 다지는 장비이다.
② 규격
   시공할 수 있는 표준 폭으로 나타낸다.

(5) 아스팔트 믹싱 플랜트(asphalt mixing plant)
① 구성요소
   건조기 버너, 크로싱 롤러장치, 배기집진장치, 피드 호퍼, 골재건조장치, 아스팔트 캐틀, 계량장치 등으로 구성된다.
   ㉠ 아스팔트 캐틀 : 아스팔트 용해 솥이다.
   ㉡ 피더 호퍼 : 공급량을 조절한다.

ⓒ 집진장치 : 아스팔트 믹싱 플랜트에서 스크린 진동 등의 작동과정에서 일으키는 먼지를 흡수하여 공중으로 토출하는 장치이다.
② 용도
골재를 건조하고 아스팔트를 가열하여 골재와 혼합하는 일, 즉 아스팔트 혼합재를 만드는 기계이다.
③ 규격
아스팔트 혼합재(아스콘)의 시간당 생산량(m^3/hr)으로 표시한다.

(6) 아스팔트 피니셔(asphalt finisher)
① 개요
아스팔트 플랜트에서 덤프트럭으로 운반하여 온 아스팔트 혼합재를 노반상에 소정의 포장폭으로 균일하게 깔아 넓힌 다음, 일정한 두께로 깔아 고르는 장비로 아스팔트를 살포하여 고르고 진동하여 다지는 기계이다.
② 구성요소
㉠ 탬퍼 : 노면에 살포된 혼합재를 요구하는 두께로 포장면을 다져주는 장비이다.
㉡ 피더 : 호퍼의 바닥에 설치되어 혼합재를 스프레딩 스크루로 보내는 역할을 한다.
㉢ 호퍼(hopper) : 혼합재(아스팔트)를 저장하는 용기이다.
㉣ 스크리드 : 노면에 살포된 혼합재를 매끈하게 다듬질하는 판이다.

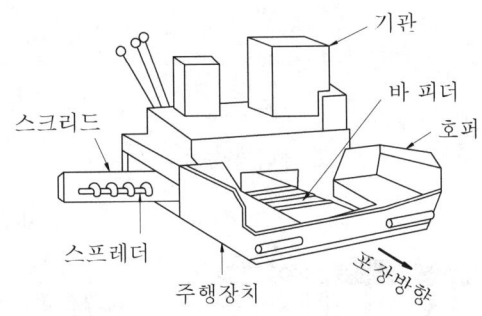

그림 1-29 아스팔트 피니셔 구성요소

③ 용도
도로상에 아스팔트를 일정한 규격과 두께로 깔아주는데 사용된다.
④ 규격
㉠ 아스팔트를 부설할 수 있는 표준 포장 나비(폭)로 표시한다.
㉡ 노반재 표준부설폭(최대포장폭)

(7) 아스팔트 살포기(asphalt distributor)
① 개요
아스팔트를 끓여서 최초로 도로 표면에 뿌리는 장비이다.
② 종류
자주식, 기어펌프식, 용액 가압식, 탑재식 등이 있다.
③ 규격
아스팔트 탱크의 용량(ℓ)으로 표시한다.

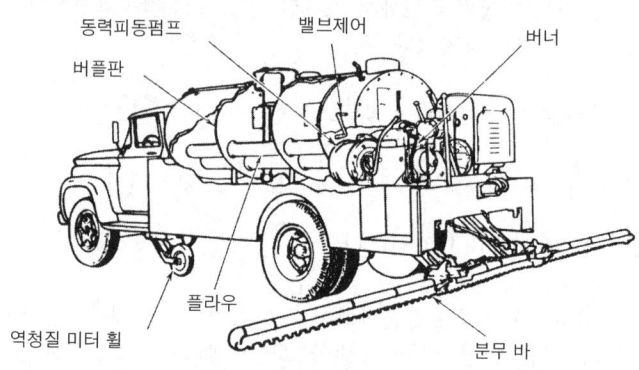

그림 1-30 아스팔트 살포기

(8) 노상 안정기(road stabilizer)
① 개요

노상을 진행하면서 각종 작업을 하면서 결합제, 물 등을 첨가, 혼합하여 표면고르기, 조여굳힘 등 여러 가지 작업을 동시에 할 수 있는 장비이다.

② 규격

유체 탱크의 용량(m^3)으로 나타낸다.

③ 특징
  ㉠ 기동성과 작업능률이 양호하다.
  ㉡ 땅을 파는 깊이의 조정이 쉽고 스프레더의 효율이 우수하다.

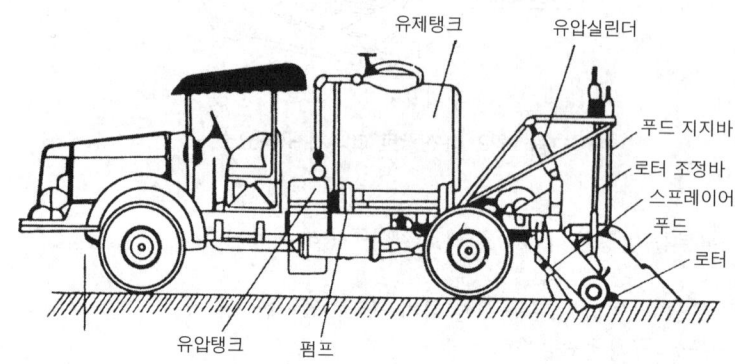

그림 1-31 노상 안정기

(9) 콘크리트 펌프
① 규격

콘크리트의 단위시간당 수송량(m^3/hr)로 표시한다.

② 종류
  ㉠ 피스톤식 : 기름의 고압을 이용하는 방식으로 최근에 많이 사용한다.
  ㉡ 스크류식(스퀴즈형)

③ 피스톤식의 특징
  ㉠ 유압식과 기계식이 있다.
  ㉡ 최근에 많이 이용된다.
  ㉢ 콘크리트 주입 호퍼, 흡입 및 토출밸브, 피스톤 등으로 구성된다.

10 다짐용기계(롤러 : roller)

롤러는 전압장비로서 아스팔트 포장공사에 많이 사용되며, 일명 전압기계라 한다.

1. 롤러의 종류

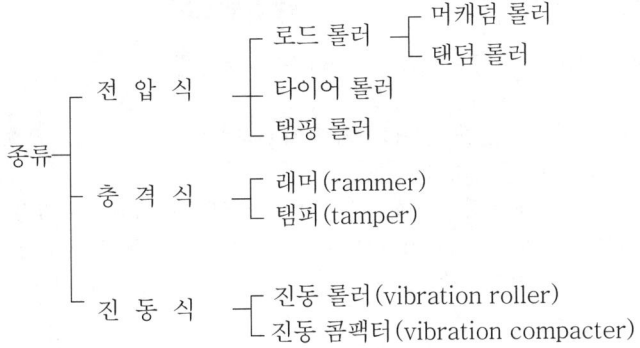

① 로드롤러 다짐효과
  ㉠ 바퀴의 폭
  ㉡ 바퀴의 선압
  ㉢ 바퀴에 걸리는 하중
② 로드롤러의 동력 전달 방식
  ㉠ 기관 → ㉡ 주클러치 → ㉢ 변속기 ㉣ 전·후진기어 → ㉤ 구동바퀴
③ 진동식
  진동롤러의 기전력 5~10 ton이다.

2. 규격

롤러의 중량은 톤(ton)으로 표시한다.
① 롤러 규격 8~15ton이면, 자체 중량이 8ton이고, 밸런스트(부가중량) 7ton 까지 적재 할 수 있는 롤러이다.
② 1회 통과에서 다져지는 폭(나비)을 롤러 다짐폭이라 한다.
③ 바퀴의 접지 중량을 그 바퀴의 폭으로 나눈값(N/m)을 접촉선압이라 한다.

3. 롤러의 종류 및 특징

① 머캐덤 롤러(macadam roller)
  ㉠ 3개의 롤러를 3륜 자동차와 같이 평행으로 배치한 롤러, 노반의 하층 부위, 자갈을 다지는데 사용된다.
  ㉡ 2축 3륜으로 구성되어 있다.
  ㉢ 정격 출력은 60~65PS이다.
② 탠덤 롤러(tandem roller)
  ㉠ 아스팔트 포장면의 끝 마무리 손질에 이용된다.
  ㉡ 롤러 속에는 비중이 큰 중유를 넣어 롤링 효과를 높인다.

ⓒ 축 배열과 바퀴의 배열은 2축 2륜과 3축 3륜이 있으며 찰흙, 점토 등의 연약 지반 다짐효과가 아주 좋다.

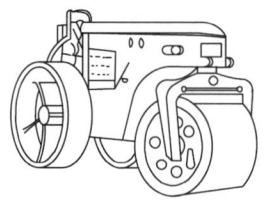
그림 1-32 머캐덤 롤러

그림 1-33 탠덤 롤러]

③ 타이어 롤러(tire roller)
  ㉠ 타이어 롤러는 비행장 활주로, 도로 및 포장재료 다지기에 사용된다.
  ㉡ 10~15cm 정도의 얇은 곳의 다짐에 큰 효과가 있다.
  ㉢ 타이어의 접지면적을 공기압과 하중에 의하여 변화시킬 수 있기 때문에 광범위한 토질 및 아스팔트의 다짐에서 골재(사질토, 신사토)를 파괴시키지 않고 요철 부분을 골고루 다질 수 있다.
  ㉣ 타이어를 상·하 요동시켜 접지압을 조성한다.

그림 1-34 타이어 롤러]

그림 1-35 탬핑 롤러

④ 탬핑 롤러(tamping roller)
  ㉠ 토질이 연약한 지반을 다지는데 사용된다.
  ㉡ 종류로는 턴 푸트롤러, 테이프 루트 롤러, 푸트 롤러 등이 있다.
⑤ 메시 롤러(mesh roller : 그리드 롤러)
  ㉠ 롤러면이 격자상으로 되어 있다.
  ㉡ 롤러 작용에 의해 많은 면적이 전하중이 작용하기 때문에 접지압이 크다.
  ㉢ 흙덩어리를 파쇄하는 효과가 있다.
⑥ 진동 롤러(vibration roller)
  ㉠ 기진기로 다짐바퀴를 진동시켜 다지는 기계이다.
  ㉡ 쇄석 자갈, 흙, 아스팔트, 콘크리트 등 다짐 등에 적합하다.

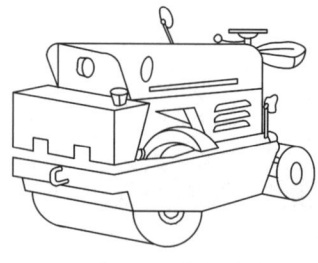
그림 1-36 진동 롤러

⑦ 충격식 다짐기계
  ㉠ 램머(rammer) : 가솔린의 폭발 에너지를 이용하여 기계 전체를 도약시켰다가 낙하하는 중량으로 다지는 장비이다.
  ㉡ 템퍼(tamper) : 흙을 쌓기 위한 구석, 도랑 등의 좁은 부분이나, 전주를 묻는 곳 등을 다지는데 사용하는 장비이다.

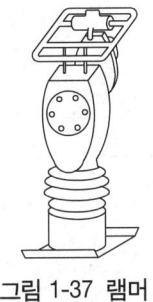
그림 1-37 램머

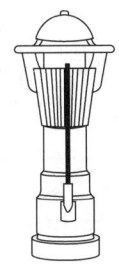
그림 1-38 템퍼

11 준설기계

1. 개요

준설기계란 물속의 흙을 파내는 작업을 하는 장비로 항만 공사에서 항로, 선유장, 하천, 수로 등의 수심증가 및 수심유지를 위하여 공유 수면의 매립과 암벽, 방파제 등 축항 공사의 기초 공사까지 작업할 수 있는 기계이다.

2. 준설선의 분류

① 형식에 의한 것(비자항식)
  매립공사에 사용, 선수에 cutter를 장착하고 현측의 흡양관을 통하여 흡양한다.
  ㉠ 펌프식   ㉡ 버킷식
  ㉢ 디퍼식   ㉣ 그래브식
② 능력에 의한 것(자항식)
  ㉠ 전동식
  ㉡ 디젤식
  ㉢ 증기터빈식

3. 준설선의 구조 및 용도

(1) 버킷(bucket) 준설선

① 개요
  ㉠ 해저의 토사를 버킷 컨베이어를 사용하여 연속적으로 굴착하며 준설선 토사는 토운선에 의해 수송된다.
  ㉡ 얕은 물 밑바닥의 흙을 다량으로 퍼올리는데 사용된다.
  ㉢ 종류로는 버킷의 연결방식에 따라 연속식, 단속식이 있다.

② 규격
주엔진의 연속출력(PS)으로 표시한다.

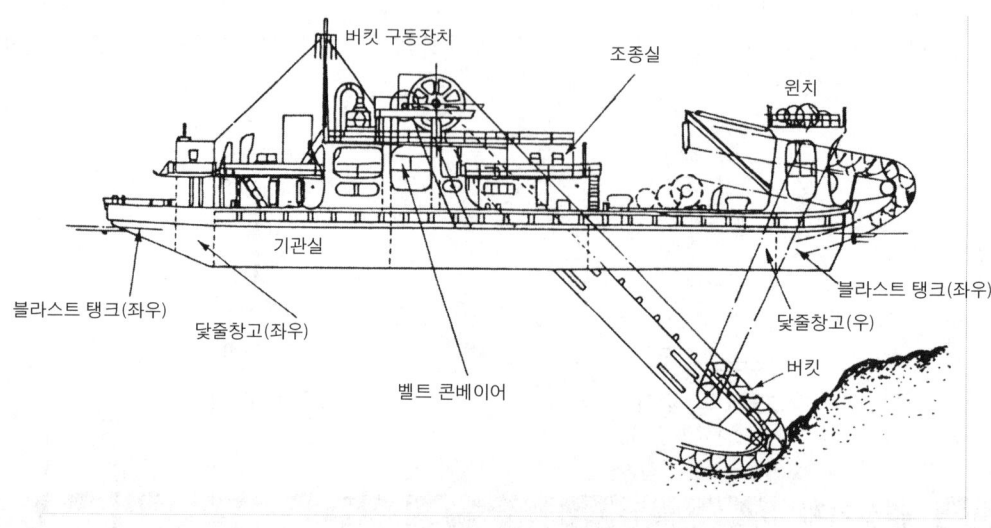

그림 1-39 버킷 준설선

(2) 디퍼(dipper) 준설선
① 개요
㉠ 굴착력이 강하고 견고한 지반이나 깨어진 암석을 준설하는데 사용된다.
㉡ 작업능률은 좋은 편이 못된다.
② 규격
버킷의 용량(m^3)으로 표시한다.

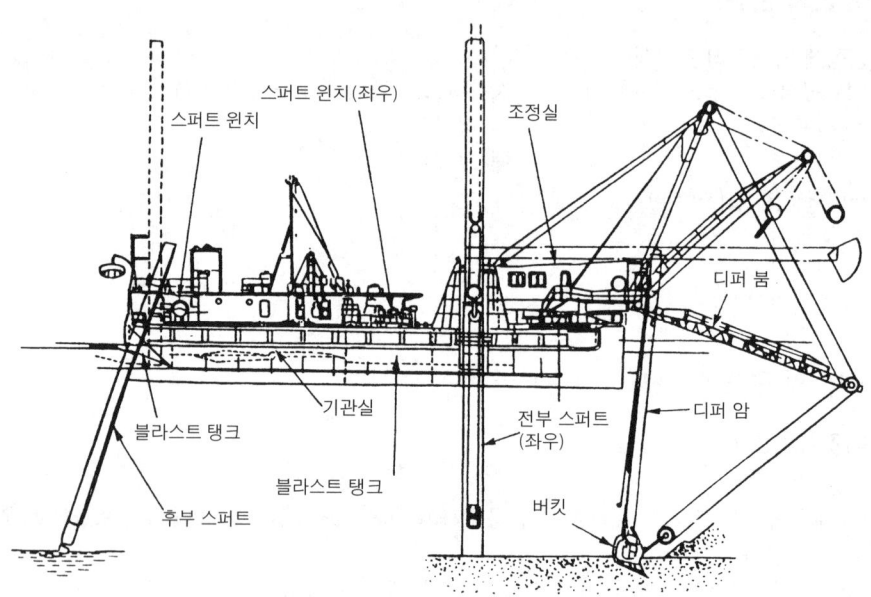

그림 1-40 디퍼 준설선

(3) 그래브(grav) 준설선

① 개요
　㉠ 선박위의 클램셸을 장치하여 특수한 기중기에 의하여 준설하는 장비이다.
　㉡ 소규모의 항로나 정박지 준설작업에 사용한다.
② 규격
　그래브 버킷 평적 용량(m^3)으로 나타낸다.

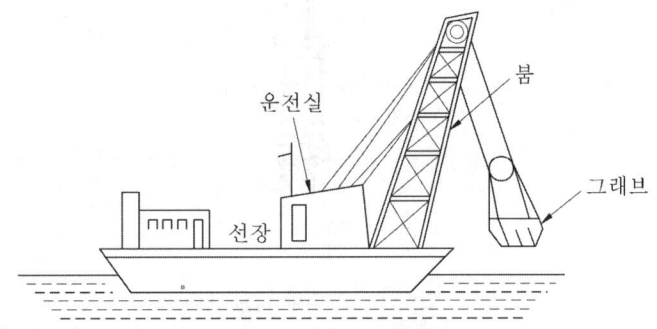

그림 1-41 그래브 준설선

(4) 펌프(pump) 준설선

① 개요
　배송관의 설치가 곤란하거나 배송거리가 장거리인 경우 저양정 펌프선을 이용하여 토사를 토운선으로 수송하거나 흙과 물을 같이 빨아올리는 장비로 항만 준설 또는 매립공사에 사용한다.
　㉠ 선체의 이동범위는 45~65°이다.
　㉡ 토운선 : 준설선으로 굴착한 토사를 운반하거나 버리기 위하여 사용하는 배로 자항식과 비자항식이 있다.
② 규격
　구동엔진의 정격 출력(PS)으로 표시한다.
③ 자항식과 비자항식
　㉠ 자항식 펌프(흡파 준설선) : 펌프로 물과 함께 투기장까지 이동하는 방식이다
　㉡ 비자항식 펌프 : 흡입된 토사를 따로 설치한 토량에 받아 토운선으로 투기장까지 운반하는 방식이다.

12 기타 건설기계

1. 항타 및 항발기

① Bouncing 현상 : 가벼운 항타기를 사용했을 때 반력에 의해 튀어 오르는 현상이다. 가벼운 해머나 파일 밑바닥에 딱딱한 물체가 있을 때 생긴다.

(1) 디젤 파일 해머(diesel pile hammer)

① 개요
　폭발력을 이용하여 파일(말뚝)을 박는 해머로서 동일 크기의 증기 및 진공해머의 2배 속도의 빠르기이다. 해머의 타격 횟수는 해머의 1분당 타격 횟수를 기준으로 한다.

② 규격
램의 중량(ton)으로 표현한다.

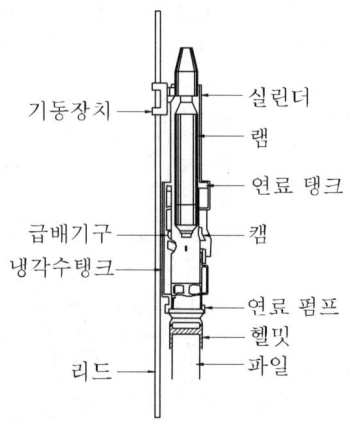

그림 1-42 디젤 파일 해머

(2) 기둥 해머

① 개요
실린더 안에 증기 또는 압축공기를 보내 피스톤의 상하 운동을 연속적으로 반복시켜 피스톤 로드 하단에 있는 램(ram)으로 기둥(pile)을 박는 장비이다.

② 종류
증기해머, 진동해머, 드롭해머 등이 있다.
㉠ 드롭해머 : 원거리에서 소량시공에 있어 동일 조건일 경우 설비비, 운전 경비를 적게하고자 할 때 사용한다.

③ 규격
㉠ 증기 해머 : 피스톤 중량(ton)으로 표시한다.
㉡ 진동 해머 : 모터의 출력 및 기전력으로 표시한다.

(3) 파일 드라이버(pile driver)

시가지의 큰 건물이나 구조물 등의 기초 공사 작업에 많이 사용되는 장비로서 작업할 때 소음과 진동이 작고 큰 지름의 깊은 구멍을 뚫는데 적합하다.
① 붐에 설치하여 드롭해머나 디젤해머 등을 사용할 수 있고 콘크리트 말뚝이나 시트 파일을 박는데 쓰인다.
② 파일 해머를 장비하여 항타 작업을 하는데 셔블계 굴삭기의 일종으로 드롭해머와 파워 해머 등을 사용할 수 있다. 드롭해머는 중추식, 파워해머는 디젤식과 진동식이 있다.

2. 공기 압축기(air compressor)

(1) 개요

대기중에 있는 공기를 흡입 압축하여 압축공기를 만들며, 고압의 상태로 만들어 각종 건설공사에 다목적용으로 사용되고 있다. 즉 저압의 공기를 고압으로 만드는 기계이다.

(2) 용도

채석작업, 페인팅, 쇄석작업, 타이어 공기 주입, 장비세척 등에 사용되고 있다.

(3) 규격
매분당 공기 토출량(m^3/min)으로 표시한다.

(4) 기타
① 기능 및 역할
  ㉠ 언로더(unloader) : 공기량을 조절하여 탱크로 보내는 역할을 한다.
  ㉡ 아프터 쿨러(after cooler) : 수분을 제거하는 역할을 한다.
  ㉢ 인터 쿨러(inter cooler) : 압축된 공기의 열을 냉각시켜 고압 실린더로 보내는 역할을 한다.
  ㉣ 리시브 탱크(receiver tank) : 1차 공기를 저장하는 탱크이다.
② 공기압축기 부품
  피스톤, 실린더, 밸브 등으로 구성된다.
③ 종류
  왕복형(엔진형), 로터리형, 스크루형 등이 있다.

3. 착암기(천공기)

(1) 개요
바위에 구멍을 뚫어 폭파를 도와주는 기계로서 공기압축기나 유압에 의해 작동되며, 해머밸브 기구, 회전기구, 추진기구로 구성되어 있다.
① 종류
  왜건 드릴, 착암기, 실드 굴진기, 싱커, 스토퍼, 콘크리트 브레이크, 레그 해머 등이 있다.
  ㉠ 전기식 착압기의 종류 : 솔레노이드 식, 진공전기식, 원심식 등이 있다.
  ㉡ 싱커 : 소형 경량으로 하향 천공한다.
  ㉢ 스토퍼 : 갱도에서 상향 천공한다.
  ㉣ 브레이크 : 유압 백호 굴삭기에 부착하여 사용한다.
  ㉤ 점보드릴(jumbo drill) : 1대의 대차 위에 수개 또는 수십개의 드리프터(drifter)를 장비하여 많은 작업량을 신속히 처리하고 자주 장치가 있는 착암기계이다.

(2) 규격
실린더 안지름 또는 공기 소비량(95cfm)으로 표시한다.
① cfm : Cubic feet per minute

(3) 천공기 종류 및 규격
① 크롤러식 : 착암기의 중량 및 매분당 공기 소비량으로 표시한다.
② 굴진식 : 사용설비 동력으로 표시한다.
③ 터널 굴진식 : 최대 굴착치수(mm)로 나타낸다.

4. 쇄석기

(1) 쇄석기(크러셔 ; crusher)
① 개요
  원석을 부수어서 작게 만드는 기계로서 쇄석을 만들어 공급하는 기능을 가지고 있으며 모든 쇄석 작업에 사용되며 주로 골재 생산에 사용되며 분쇄기라고도 한다.
② 종류
  ㉠ 1차 쇄석기 : 조 크러셔, jaw, 자이러 토리 등이 있다.

ⓒ 2차 쇄석기 : 콘 크러셔, 해머밀 크러셔, 더블 롤 크러셔 등이 있다.
ⓒ 3차 쇄석기 : 로드 밀, 볼 밀, 임팩트 크러셔, 해머 크러셔 등이 있다.
③ 규격 표시
시간당 쇄석 능력을 톤(ton)으로 표시[T.P.H(ton per hour)] 한다.
④ 쇄석기 종류에 따른 규격표시
㉠ 롤러 크러셔 : 롤의 지름 × 길이
㉡ 콘 크러셔 : 베드의 지름
㉢ 조 크러셔 : 조간 최대거리 × 쇄석판 나비
㉣ 로드 밀 및 볼 밀 : 드럼의 지름 × 길이
㉤ 자이러토리 : 콘케이브와 맨틀 사이의 간격 × 맨틀 지름
⑤ 성능에 영향을 주는 인자
㉠ 골재 원석의 종류
㉡ 파쇄비
㉢ 골재 굵기(입도)
⑥ 구성 요소
크러셔의 구성 요소는 그림 [1-43]과 같다.
㉠ 죠크러셔의 생산 능력은 출구간격의 크기와 비례한다.
㉡ 진동스크린(체)은 파쇄된 골재를 크기별로 선별하는 장치이다.
㉢ 벨트의 속도는 단위시간당 움직이는 벨트 길이로 한다.

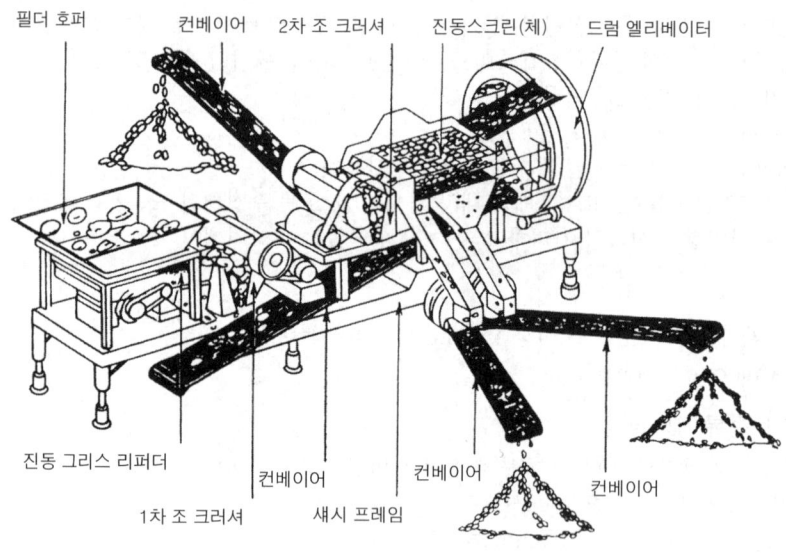

그림 1-43 쇄석기의 각부 명칭

⑦ 기타
㉠ 롤러 크러셔 : 2개의 롤러를 사용해 압축 파쇄시킨다.
㉡ 콘 크러셔 : 원뿔형 모양의 통속에 구동원뿔을 회전시켜 원석을 파쇄시킨다.
㉢ 조 크러셔 : 2개의 조(jaw)가 상·하 충격 파쇄시킨다.
㉣ 임팩트 크러셔 : 로터를 고속회전시켜 충격 파쇄시킨다.
㉤ 로드밀 : 충격과 마찰로 분쇄시킨다.
㉥ 자이러토리 크러셔 : 원뿔 회전축을 편심선회 운동시켜 원석을 파쇄시킨다.

chapter 1 실전연습문제

01 벼랑의 암석 굴착작업으로 다음 중 안전한 작업 방법은?
① 스프로킷을 앞쪽으로 두고 작업한다. ② 중력을 이용한 굴착을 한다.
③ 신호자는 조종자 뒤에서 신호를 한다. ④ 트랙 앞쪽에 트랙 보호 장치를 한다.

Solution 트랙의 앞쪽의 보호장치를 하여 함석 등에 의한 트랙 및 하부 주행체를 보호하며 작업에 임한다.

02 다음 중 셔블계 굴삭기 작업장치와 관계가 먼 것은?
① 백호 ② 유압 셔블 ③ 드래그 라인 ④ 클램 셸

Solution 클램 셸은 기중기의 작업장치에 속한다.

03 다음 중 굴삭기로서 행하기 어려운 작업은?
① 상차작업 ② 제설작업 ③ 평탄작업 ④ 굴삭작업

Solution 제설작업에 가장 효과적인 정비는 모터 그레이더이다.

04 다음 굴삭기 작업 중 틀린 것은?
① 버킷으로 옆으로 밀거나 스윙시 충격을 이용하지 말 것
② 하강하는 버킷이나 붐의 중력을 이용하여 굴착할 것
③ 굴착부를 주의 깊게 관찰하며 작업할 것
④ 과부하를 받으면 버킷을 지면에 내리고 모든 레버를 중립으로 리턴시킬 것

Solution 굴착작업시 중력이나 하중을 이용하여서는 안 된다.

05 타이어식 굴삭기의 조향방식은 어느 것인가?
① 전륜 조향식이며 기계식이다. ② 전륜 조향식이며 유압식이다.
③ 후륜 조향식이며 기계식이다. ④ 후륜 조향식이며 유압식이다.

Solution 타이어식 굴삭기의 조향방식은 전륜 조향으로 유압식을 사용한다.

06 일반적으로 하(下)붐에 장치되며 버킷의 권상, 권하시에 버킷의 요동방지 및 개폐용 로프의 모임 방지용으로 쓰이는 장치는?
① 태그 라인 ② 클램 셸 ③ 랙 ④ 활차

Solution • 태그 라인 : 버킷의 요동을 방지하기 위해서 버킷을 살짝 당기는 케이블 장치를 말한다.

07 무한궤도식 굴삭기는 몇 % 경사(구배)의 평탄하고 견고한 지면을 등판할 수 있는 능력을 갖추어야 하는가?
① 15[%] ② 25[%] ③ 30[%] ④ 40[%]

Solution • 등판능력 및 제동능력
① 무한궤도식 : 30[%], ② 타이어식 : 25[%]

Answer 01 ④ 02 ④ 03 ② 04 ② 05 ② 06 ① 07 ③

08 붐 호이스트(boom hoist) 장치 중 기계식 브레이크 기구에 대한 설명이다. 다음 중 옳은 것은?
① 조정 후에는 조정 너트를 풀어 둔다.
② 브레이크가 습하면 마찰 계수 관계로 소리가 난다.
③ 브레이크가 래칫판에 밀착한 상태로 틈새는 0.8~1.0[mm] 정도이다.
④ 브레이크는 항상 죄어서 움직이지 않게 한다.

> **Solution** 브레이크의 조정은 브레이크가 래칫판에 밀착한 상태로 틈새는 0.8~1.0[mm] 정도이며 조정 후에는 조정 너트를 조여 주어야 한다.

09 굴삭기의 트랙 유격은 무엇으로 조정하는가?
① 핀　　　② 상부 롤러　　　③ 프로펠러 체인　　　④ 조정 너트

> **Solution** •트랙의 긴장도 조정방법
> ① 기계식 : 조정 스크루를 회전시켜 조정하는 방법
> ② 유압식 : 그리스를 주입하는 방법

10 굴삭기의 작업에서 안전사항에 적당한 것은?
① 장거리 주행시에는 붐을 진행방향과 반대방향으로 향하게 한다.
② 흙이 묻은 와이어 로프는 윤활제를 급유하여 로프를 보호한다.
③ 후진시킬 때에는 후진 후 사람이나 장애물을 확인한다.
④ 무거운 하중은 5~10[cm] 들어 올려 보아서 안전을 확인한 후 본 작업에 임한다.

> **Solution** 하중을 알 수 있는 무거운 물건 또는 적하물은 5~10[cm] 정도 들어 올려 보아서 안전을 확인한 후 본 작업에 임한다.

11 무한궤도식 굴삭기 트랙의 구성품으로 알맞는 것은?
① 핀, 부싱, 롤러, 링크　　　② 슈, 링크, 부싱, 동판
③ 핀, 부싱, 링크, 슈　　　④ 슈, 링크, 동판, 롤러

> **Solution** • 트랙의 구성요소 : 링크, 핀, 부싱, 슈판으로 구성되어 있다.

12 무한궤도식 굴삭기의 전체 무게를 지지해 주는 부품은 다음 중 어느 것인가?
① 캐리어 롤러　　　② 트랙 롤러　　　③ 프런트 아이들러　　　④ 스프로킷

> **Solution** ① 캐리어(상부) 롤러 : 트랙의 늘어짐 방지
> ② 트랙(하부) 롤러 : 장비의 중량을 지면에 고르게 분포시킨다.
> ③ 프론트 아이들러 : 트랙을 유도하여 원활한 회전과 선회시 주행방법을 유도
> ④ 스프로킷 : 트랙에 구동력 전달

13 타이어식 굴삭기에서 브레이크 작동시 조향 핸들이 한쪽으로 쏠리는 원인이 아닌 것은?
① 타이어 공기압이 고르지 않다.
② 브레이크 라이닝의 접촉이 불량하다.
③ 브레이크 조정이 불량하다.
④ 마스터 실린더 체크 밸브 작용이 불량하다.

> **Solution** •제동시 조향 핸들이 한쪽으로 쏠리는 원인
> ① 한쪽만 제동시, ② 타이어 공기압 불균형, ③ 앞바퀴 정렬 불량　　④ 차축의 힘
> ⑤ 하브 허브 베어링의 마모 또는 느슨함, ⑥ 드럼의 편 마모
> ⑦ 한쪽 현가 스프링의 쇠약, ⑧ 한쪽 쇽업소버 불량

Answer　08 ③　09 ④　10 ④　11 ③　12 ②　13 ④

14 굴삭기 작업시 동력전달 순서로 맞는 것은 다음 중 어느 것인가?
① 엔진–유압 펌프–컨트롤 밸브–실린더
② 엔진–컨트롤 밸브–잭–유압 펌프
③ 엔진–고압 펌프–컨트롤 밸브–유압 펌프
④ 엔진–컨트롤 밸브–유압 펌프–잭

Solution • 작업시 동력전달 순서 : 엔진 → 메인 유압 펌프 → 조정 밸브(컨트롤 밸브) → 고압 파이프 → 유압 실린더(액츄에이터) → 작업장치

15 엑스커베이터의 회전장치의 부품이 아닌 것은?
① 회전 모터　② 링 기어　③ 피니언 기어　④ 레이디얼 펌프

Solution 레이디얼 펌프는 유압 펌프이다.

16 다음 중 굴삭기의 붐은 무엇에 의하여 상부 회전체에 연결되는가?
① 테이퍼 핀　② 푸트 핀　③ 링 핀　④ 코터 핀

Solution 상부 회전체와 전부장치의 연결은 푸트 핀에 의해 설치되어 있다.

17 굴삭기의 3대 주요 구성품으로 가장 적당한 것은?
① 상부 회전체, 하부 추진체, 중간 선회체
② 작업장치, 하부 추진체, 중간 선회체
③ 작업장치, 상부 선회체, 하부 추진체
④ 상부 조정장치, 하부 회전장치, 중간 동력장치

Solution 굴삭기의 구성은 전부(작업) 장치, 상부 선회체(상부회전체), 하부 추진체(하부 주행체)로 구성되어 있다.

18 다음은 휠 타입 굴삭기의 정지에 관한 사항이다. 맞는 것은?
① 가속 페달을 힘껏 누른다.
② 클러치를 밟고 변속 레버(변속 기어)를 중립 위치에 놓는다.
③ 버킷을 땅에 내려놓고 장비를 멈춘다.
④ 엔진을 먼저 끄고, 브레이크를 밟아 장비를 세운다.

Solution • 장비의 정지요령 : 브레이크 페달을 가볍게 밟아 속도를 감속한 후 클러치 페달과 브레이크 페달을 밟아 장비를 멈춘 다음 변속 레버를 중립의 위치로 한다.

19 유압식 굴삭기의 주행동력으로 이용되는 것은?
① 유압 모터　② 전기 모터　③ 변속기 동력　④ 차동장치

20 무한궤도에 의해 트랙터를 주행시키는 언더캐리지 장치에 속하지 않는 것은?
① 트랙 프레임　② 트랙 롤러　③ 평형 스프링　④ 제동 리저브탱크

Solution 언더캐리지 장치라 함은 하부 주행장치를 말한다.

21 무한궤도식 굴삭기의 주행요령 중 틀린 것은?
① 가능하면 평탄한 길을 택하여 주행한다.
② 요철이 심한 곳에서는 엔진 회전수를 높여 신속히 통과한다.

Answer 14 ①　15 ④　16 ②　17 ③　18 ②　19 ①　20 ④　21 ②

③ 돌 등이 주행 모터에 부딪히거나 올라타지 않도록 한다.
④ 연약한 땅을 피해서 간다.

> **Solution** 요철이 심한 곳이나 암반 지역을 통과할 때에는 천천히 통과하며 트랙의 장력을 느슨하게 하여 주행한다.

22 버킷의 산적 용량이란?
① 버킷의 상단에 평행하게 적재한 상태
② 버킷의 상단 위 5[cm] 지점까지 평행하게 적재한 상태
③ 버킷의 상단에서 적재물의 안전각이 1 : 2 가 되도록 실은 상태의 버킷 용량
④ 버킷의 상단에서 적재물의 안전각이 1 : 3 이 되도록 실은 상태의 버킷 용량

> **Solution** 버킷의 상단에서 적재물의 안전각이 1 : 2 가 되도록 실은 상태의 버킷 용량을 말한다.

23 버킷 용량이 0.7[m³]인 무한궤도식 굴삭기의 접지압은 다음 중 얼마 이하이어야 하는가?
① 0.5[kg/cm²] 이하   ② 0.75[kg/cm²] 이하   ③ 1.0[kg/cm²] 이하   ④ 1.3[kg/cm²] 이하

24 굴삭기로 정지 작업시 붐의 각도는 다음 중 어느 것이 가장 적당한가?
① 10~15°   ② 15~30°   ③ 35~40°   ④ 70~90°

> **Solution** 굴삭작업시의 붐의 각은 35~65°가 적합하며, 정지작업시의 붐의 각은 35~40°가 가장 적합하다.

25 굴삭기의 굴삭 작업은 주로 어느 것을 사용하여야 좋은가?
① 버킷 실린더   ② 디퍼스틱 실린더   ③ 붐 실린더   ④ 주행 모터

> **Solution** 굴삭의 작업은 디퍼스틱 실린더를 사용하는 것이 작업에 무리가 없으며 효과적이다.

26 하부 추진체가 휠로 되어 있는 굴삭기가 커브를 돌 때 회전을 원활하게 해주는 장치는?
① 변속기   ② 트랜스퍼 케이스   ③ 최종 구동장치   ④ 차동장치

> **Solution** 차동장치로서 랙과 피니언의 원리를 이용 선회시에 좌, 우 바퀴의 회전차를 발생하여 무리 없이 선회가 이루어지도록 한다.

27 굴삭기를 트레일러에 상차할 때의 사항으로 틀린 것은?
① 반드시 경사대를 사용하여 상차한다.
② 경사대는 충분한 강도가 있어야 한다.
③ 경사대가 없을 때에는 버킷으로 차체를 들어올려 상차한다.
④ 경사대에 오르기 전에 방향위치를 정확히 한다.

> **Solution** • 트레일러에 상차하는 방법
> ① 경사대를 이용하는 방법, ② 잭입 방법, ③ 기중기에 의한 탑승방법

28 유압 셔블의 특징을 설명한 것으로 틀린 것은?
① 회전 부분의 용량이 크다.   ② 보수가 쉽다.
③ 프런트의 교환이 쉽다.   ④ 주행이 용이하다.

Answer   22 ③   23 ②   24 ③   25 ②   26 ④   27 ①   28 ①

29 유압식 굴삭기의 환향은 무엇으로 행하여지는가?
① 환향 클러치 ② 유압 펌프 ③ 브레이크 페달 ④ 유압 모터

> **Solution** 유압식 굴삭기의 환향장치는 유압 모터에 의해 이루어진다.

30 크롤러식 굴삭기에서 상부 회전체의 회전에도 영향을 받지 않고 주행 모터에 오일을 공급할 수 있는 부품은 어느 것인가?
① 컨트롤 밸브 ② 센터 조인트 ③ 킹 핀 ④ 턴 테이블

> **Solution** • 센터 조인트 : 스위블 조인트라고도 하며, 배관의 일종인 기계적 이음체로서 상부 회전체의 회전에도 영향을 받지 않고 상부 회전체의 오일을 하부 주행모터에 공급하기 위한 장치이다.

31 다음은 무한궤도식 굴삭기와 타이어식 굴삭기의 운전 특성에 대한 설명이다. 틀린 것은?
① 무한궤도식은 기복이 심한 곳에서나 좁은 장소에서는 작업이 불가능하다.
② 타이어식은 주행속도가 빠르며 변속이 가능하다.
③ 무한궤도식은 습지, 사지에서 작업이 가능하다.
④ 타이어식은 장비의 이동이 쉽고 기동성이 양호하다.

32 다음 중 굴삭기의 하부 주행체를 구성하는 요소가 아닌 것은?
① 선회 로크 장치 ② 주행 모터 ③ 스프로킷 ④ 트랙

> **Solution** 선회 로크 장비를 주차, 이동시에 상부 선회체와 하부 추진체를 고정시키는 것으로 운전석에 설치되어 있다.

33 굴삭기의 파일 드라이브 작업에서 리드의 진동을 방지, 수직으로 박히도록 설치된 기구는?
① 호이스트 레버 ② 스트랩 ③ 스토퍼 ④ 버저

> **Solution** 스트랩은 파일 드라이브 작업에서 파일을 잡아주는 띠를 말한다.

34 셔블계 굴삭기의 조종방법 중 몇 도 정도의 언덕을 주행할 때 차체의 흘러내림을 방지하기 위하여 원칙적으로 올라갈 때 유동륜을 뒤로 보내고 내려갈 때는 앞으로 보내는가?
① 1~2도 ② 2~3도 ③ 4~6도 ④ 7~12도

> **Solution** 7~12도 이내의 범위이다.

35 버킷 용량이 0.6~1.0[m^3]인 굴삭기의 접지압(kg/cm^2)은?
① 0.5 ② 0.75 ③ 1.0 ④ 1.3

36 십자 레버를 가진 엑스커베이터는 동시에 몇 가지 동작이 가능한가?
① 1가지 ② 2가지 ③ 4가지 ④ 6가지

> **Solution** 좌, 우측의 레버로 동시에 4가지의 동작을 할 수 있다.

Answer 29 ④ 30 ② 31 ① 32 ① 33 ② 34 ④ 35 ② 36 ③

37 다음 중 굴삭기의 안전수칙에 대한 설명이 잘못된 것은?
① 버킷이나 하중을 달아 올린 채로 브레이크를 걸어 두어서는 안 된다.
② 운전석을 떠날 때에는 기관을 정지시켜야 한다.
③ 장비로부터 다른 곳으로 옮길 때에는 반드시 선회 브레이크를 풀어 놓고 장비로부터 내려와야 한다.
④ 무거운 하중은 5~10[cm] 들어 올려 보아 브레이크나 기계의 안전을 확인한 다음 작업에 임하도록 한다.

> **Solution** 장비를 주차시키거나 이동 또는 장비로부터 떠나고자 할 경우에는 선회 브레이크를 걸어야 한다.

38 굴삭기의 전체 무게를 지지해 주는 부품은 다음 중 어느 것인가?
① 캐리어 롤러　② 트랙 롤러　③ 프런트 아이들러　④ 스프로킷

39 무한궤도 주행식 굴삭기의 조향작용은 무엇으로 행하는가?
① 유압 모터　② 유압 펌프　③ 조향 클러치　④ 브레이크 페달

> **Solution** 유압식은 유압 모터에 의해 이루어지나 무한궤도식은 조향 클러치에 의해 이루어진다.

40 다음 중 크롤러 트랙의 탈선 원인으로 옳은 것은?
① 트랙의 서 회전
② 트랙이 너무 이완되었을 때
③ 파이널 드라이브의 마모
④ 트랙의 장력이 작을 때

41 하부 추진장치에 대한 조치사항 중 틀린 것은?
① 트랙의 장력은 38~50[mm]로 조정한다.
② 트랙장력의 조정방법에는 그리스 주입식이 있다.
③ 마멸 및 균열이 있으면 교환한다.
④ 프레임에 휨이 생기면 프레스로 수정하여 사용한다.

> **Solution** 트랙의 일반적인 장력은 25~40[mm] 정도이다.

42 아래 그림은 선회동작시 작동유의 흐름을 표시한 것이다. 빈칸에 맞는 것은?

```
펌프 → 컨트롤 밸브 → 브레이크 밸브 → 선회 모터 → 브레이크 밸브 →
 <      > → 작동유 탱크
```

① 컨트롤 밸브　② 선회 모터　③ 브레이크 밸브　④ 유압 펌프

43 다음 중 효과적인 굴삭작업이 아닌 것은?
① 붐과 암의 각도를 80~110° 정도로 선정한다.
② 버킷 투스의 끝이 암 작동보다 안으로 내밀어야 한다.
③ 버킷은 의도한 위치대로 하고 붐과 암은 계속 변화시키면서 굴착한다.
④ 굴삭 후 암을 오므리면서 붐을 상승위치로 변화시켜 하역위치로 스윙한다.

> **Solution** 붐과 암의 각도는 90°로 선정한다.

Answer 37 ③　38 ②　39 ③　40 ②　41 ①　42 ①　43 ①

44 굴삭기의 안전장치이다. 해당되지 않는 것은?
① 붐 과권 방지장치
② 오일의 누설 방지장치
③ 감아올리기 과하중 방치장치
④ 붐 전도 방지장치

> **Solution** 오일 누설방지장치라는 것은 없다.

45 로더의 종류로 맞는 것은?
① 저압 타이어식, 고압 타이어식
② 견인식 로더, 동력식 로더
③ 유압식 로더, 기계식 로더
④ 휠 로더, 셔블 로더

> **Solution** 로더의 종류로는 휠 타입형과 크롤러형이 있다.

46 크롤러형 로더로 할 수 있는 작업이 아닌 것은?
① 수직 굴토 작업   ② 제설 작업   ③ 골재의 처리   ④ 포장로 제거

> **Solution** 수직 굴토는 기중기의 클램 셸로 작업이 가능하다.

47 로더의 타이어 공기압력은 몇 psi인가?
① 45   ② 55   ③ 65   ④ 75

> **Solution** 로더의 타이어는 주로 저압 타이어가 사용되며 45[psi] 정도이다. (1[psi]는 0.07[kg$_f$/cm^2])

48 셔블의 동작 중 1순환하는 동작은 몇 가지인가?
① 3가지   ② 5가지   ③ 7가지   ④ 9가지

> **Solution** 주행, 붐, 상하, 암 작용, 버킷 작용 및 특수 작용으로 5가지가 된다.

49 로더 버킷의 평적 용량은 어떻게 표시하는가?
① m^3 ② cm^3 ③ yd^3 ④ ft^3

> **Solution** 평적 용량의 단위는 주 m^{3}로 표시한다.

50 굴삭 작업시 골재작업에 적합한 버킷은 어느 것인가?
① 암석 버킷   ② 스캘리턴 버킷   ③ 표준 버킷   ④ 표준 블레이드

> **Solution** 스캘리턴 버킷은 버킷에 구멍이 많이 뚫려 있다.

51 다음 중에서 로더의 시간당 작업량 계산식은 어느 것인가? (단, Q : 운전시간당 작업량(m^2/hr), q : 버킷 용량(m^3), E : 작업효율, K : 버킷계수, Cm : 1회 작업시간(sec), f : 도량환산 계수이다.)

① $Q = \dfrac{3,600 \times q \times k \times f \times E}{Cm}$

② $Q = \dfrac{3,600 \times q \times E \times Cm}{k \times f}$

③ $Q = \dfrac{3,600 \times q \times k \times f}{E \times Cm}$

④ $Q = \dfrac{3,600 \times q \times k \times f \times Cm}{E}$

Answer 44 ② 45 ④ 46 ① 47 ① 48 ② 49 ① 50 ② 51 ②

52 토사를 깎을 때 버킷의 경사각은 몇 도를 기울여야 하는가?
① 4°   ② 5°   ③ 6°   ④ 7°

Solution 출발할 때 5° 기울여야 하며 깊이는 붐을 약간 올리던가 버킷을 약간 복귀시켜서 조정한다.

53 지면보다 낮은 곳을 굴삭하는데 부적합한 장비는 어느 것인가?
① 굴삭기   ② 셔블   ③ 드래그 라인   ④ 클램 셸

Solution 셔블은 삽 작업으로 지하 작업에는 곤란하다.

54 로더의 작업 중 가장 효과적인 작업은?
① 토사 적재 작업   ② 굴토 작업   ③ 제설 작업   ④ 파이프 매설 작업

Solution 로더는 토사적재용 장비이다.

55 로더의 최대 하중을 적재한 버킷을 최후 경하여 버킷 밑부분을 건설기계 최저 지상고 까지 올린 상태는?
① 기준 부하 상태   ② 무부하 상태   ③ 기준 무부하 상태   ④ 최후경각 상태

Solution 기준 부하 상태라 한다.

56 페이 로더의 동력전달 설명 중 순서가 맞는 것은?
① 추진축-차동장치-액슬축-휠
② 토크 컨버터-추진축-차동장치-액슬축
③ 차동장치-액슬축-유성 기어-휠
④ 엔진-토크 컨버터-변속기-차동장치

Solution 엔진-토크 컨버터-변속기-추진축-차동장치-액슬축-휠의 순서로 동력이 전달된다.

57 그레이더에서 탠덤 드라이브의 역할은?
① 최종적으로 감속하여 견인력을 증가시킨다.
② 선회시 차동 장치의 역할을 한다.
③ 차량의 직진성과 완충작용을 돕는다.
④ 작업 장치의 안전성을 도모한다.

Solution • 탠덤 드라이브 장치 : 4개의 뒷바퀴를 같은 회전수를 유지하게 한다. 또한 2개의 바퀴가 똑같은 하중을 받게 하고 지면에서 오는 충격을 완화시켜준다.

58 그레이더의 지균작업시 블레이드 각도는 얼마가 좋은가?
① 10~20°   ② 20~30°   ③ 30~40°   ④ 40~50°

59 그레이더 러닝 장치로 앞바퀴를 경사시킬 수 있는 각도는?
① 20~30°   ② 30~40°   ③ 40~50°   ④ 50~60°

Solution 러닝의 각도는 20~30°이다.

Answer 52 ② 53 ② 54 ① 55 ① 56 ① 57 ③ 58 ② 59 ①

60 모터 그레이더 블레이드의 크기가 3[m]이었다. 이것은 무엇을 가르키는 숫자인가?

① 그레이더의 블레이드 번호 ② 블레이드의 길이
③ 블레이드의 두께 ④ 블레이드의 무게

Solution 모터 그레이더는 블레이드의 길이로 표시한다.

61 그레이더 랜덤 드라이브의 설명으로 틀린 것은?

① 구동 스프로킷이 수동 스프로킷을 회전시킨다.
② 체인은 롤러 체인으로 되어 있다.
③ 험탄지에서 작업시 지면으로 오는 충격을 완화시켜 준다.
④ 구동 스프로킷과 수동 스프로킷의 회전비는 2 : 1이다.

62 그레이더의 작업거리가 300[m] 이상이면 작업 요령은?

① 장비를 후진하려 전진 작업을 한다. ② 삽을 180° 회전시켜 후진 작업을 한다.
③ 장비를 180° 회전시켜 전진 작업을 한다. ④ 장비를 180° 회전시켜 후진 작업을 한다.

Solution • 그레이더의 작업요령
 ① 100[m] 이내 : 삽만 들고 후진 후 전진 작업
 ② 300[m] 이내 : 삽날만 회전 후 후진 작업
 ③ 300[m] 이상 : 장비를 회전 후 전진 작업

63 그레이더에서 산포 작업이란?

① 집적된 모래, 자갈 등을 펴는 작업 ② 집적된 큰 돌 등을 깨는 작업
③ 아스팔트 등을 산포하는 작업 ④ 풀 등을 깎아내는 작업

Solution 변속기의 산포작업이란 집적된 토사 등을 펴는 작업을 말한다.

64 그레이더의 작업 동력 순서로 옳은 것은?

① 엔진-메인 클러치-변속기-파워 컨트롤 장치-작업 장치
② 엔진-메인 클러치-파워 컨트롤 장치-작업 장치
③ 엔진-변속기-파워 컨트롤 장치-작업 장치
④ 엔진-파워 컨트롤 장치-작업장치

Solution 그레이더의 작업 동력전달 순서는 엔진-메인 클러치-변속기-파워 컨트롤 장치-작업 장치 순으로 전달된다.

65 그레이더의 쇠스랑 이빨은 몇 개인가?

① 9개 ② 11개 ③ 13개 ④ 15개

Solution 그레이더의 쇠스랑의 수는 9개이다.

66 모터 그레이더의 전륜에 가해진 충격이 핸들에 미칠 경우 다음 중 어느 것을 검사하여야 하는가?

① 서클 간격 ② 핸들 간극 ③ 토인 간극 ④ 스냅 파이버

Solution • 스냅 파이버 : 얇은 철판으로 되어 있으며 지면에서 조향 기어에 오는 충격을 완화한다.

Answer 60 ② 61 ④ 62 ③ 63 ① 64 ① 65 ② 66 ④

67 모터 그레이더의 제방 작업시 작업을 하는 요령으로 옳은 것은?
① 장비 전체를 경사지게 한다.　　② 서클을 측동해야 한다.
③ 삽만 측동한다.　　④ 서클을 회전시킨다.

> **Solution** • 서클 측동 레버 : 서클 측동 레버는 삽을 그레이더의 측면으로 뽑아서 세울 때 사용되며 레버를 밀게 되면 좌측으로 측동하고 당기면 우측으로 서클이 측동한다. 이 작업 자세는 법면(뱅크면) 작업시에 사용된다.

68 다음은 모터 그레이더에 관한 사항으로 옳은 것은?
① 메인 드라이브 기어가 있다.　　② 사이드 기어가 있다.
③ 디퍼렌셜 기어가 없다.　　④ 변속 기어 및 주축이 연결되어 있다.

> **Solution** 그레이더는 디퍼렌셜 기어 대신에 탠덤 드라이브 장치를 설치하고 있다.

69 모터 그레이더로 배수로 매몰 작업을 할 때 삽의 경사각도로 옳은 것은?
① 33°　　② 44°　　③ 50°　　④ 66°

> **Solution** 삽의 각도는 그레이더의 긴축선에 대하여 55°이다.

70 모터 그레이더의 규격은 무엇으로 호칭하는가?
① 블레이드의 무게　　② 블레이드의 길이
③ 블레이드의 회전 각도　　④ 블레이드의 두께

> **Solution** 그레이더의 규격은 블레이드의 길이로 표시한다.

71 오토 미터란?
① 모터 그레이더의 작업 거리 표시계　　② 롤러의 작업 거리 표시계
③ 스크레이퍼의 작업 거리 표시계　　④ 불도저의 작업량 표시계

> **Solution** 오토 미터는 그레이더의 작업 거리를 표시한다.

72 그레이더에서 탠덤 드라이브 장치의 역할은?
① 감속 작용을 하며 조향력을 돕는다.　　② 공회전 없이 회전하며 환향을 돕는다.
③ 직진성을 좋게 하고 완충 작용을 돕는다.　　④ 속도를 증가시키고 완충 작용을 한다.

73 그레이더 탠덤 드라이브의 역할을 설명한 것으로 옳은 것은?
① 지변에서 오는 충격을 완화시켜 준다.　　② 회전비를 증속시킨다.
③ 타이어를 보호한다.　　④ 오일의 순환을 원활하게 하는 장치이다.

74 그레이더의 용도가 아닌 것은?
① 제설 작업　　② 정지 작업　　③ 성토 작업　　④ 측능 경사 작업

> **Solution** 그레이더는 운동장, 비행장, 도로정지, 제방공사, 측구작업 등을 주로 수행한다.

75 그레이더가 가장 효과적으로 수행할 수 있는 작업은?
① 송토 작업　　② 확토 작업　　③ 절토 작업　　④ 산포 작업

Answer 67 ② 68 ③ 69 ③ 70 ② 71 ① 72 ③ 73 ① 74 ③ 75 ④

76 지균 작업, 측구 작업, 산포 작업, 제방 작업, 파이프 매설 작업을 할 수 있는 건설기계로 가장 적합한 장비는?

① 트랙터　　　② 믹서　　　③ 크레인　　　④ 그레이더

Solution 그레이더는 운동장, 비행장, 도로정지, 제방공사, 측구작업 등을 주로 수행한다.

77 스크레이퍼 아래 부분에 달려 전진하면서 지면을 깎는 장치는?

① 볼　　　② 이젝터　　　③ 커팅 에지　　　④ 요크

Solution
- 토사절삭, 상차적업 : 볼 낮춤 → 에이프런 올림→ 이젝터 뒤로한 후 에이프런은 15~30[cm], 볼의 커팅 에지는 3~4[cm] 깊이로 절삭 주행한다.

78 블레이드식의 굴삭 기계가 아닌 것은?

① 레이크 도저　　　② 불도저　　　③ 스크레이퍼　　　④ 타이어 도저

Solution 스크레이퍼는 절삭 작업을 하지만 블레이드식이라 하지는 않는다.

79 다음 중 스크레이퍼의 설명으로 틀린 것은?

① 적재 용량 3톤 이상
② 운반 장치를 가진 것
③ 굴삭 장치를 가진 것
④ 자주식이어야 한다.

Solution 토사의 굴삭 및 운반 장치를 가진 자주식인 것.

80 트랙터에 의해 견인되는 견인식 스크레이퍼의 이동거리는 몇 m인가?

① 100~150[m]　　　② 500~1,000[m]　　　③ 1,000~1,500[m]　　　④ 1,500~2,000[m]

Solution 견인식 스크레이퍼의 이동거리는 500[m] 이내의 거리가 표적이다.

81 스크레이퍼 작업에 대하여 다음의 설명 중 틀린 것은?

① 펌프 액션 공법은 건조한 모래를 싣는데 사용하면 유효하다.
② 운반 중에는 고속으로 주행할 수 있도록 볼을 될 수 있는 대로 낮게 한다.
③ 푸셔 도저는 작업 지반이 나쁠 때만 사용한다.
④ 굴착 깊이의 조정은 볼을 위, 아래로 작동하여 조정한다.

Solution 푸시 도저를 사용하는 것은 견인력을 높이기 위함이다.

82 스크레이퍼를 불도저로 운반하는 거리는 몇 m인가?

① 100[m] 이내　　　② 150[m] 이내　　　③ 200[m] 이내　　　④ 300[m] 이내

Solution 스크레이퍼를 도저로 운반하는 거리는 100[m] 이내가 적당하다.

83 스크레이퍼의 굴삭작업시 견인력을 증가시키기 위해 밀어주는 도저의 호칭은?

① 루터 도저　　　② 푸셔 도저　　　③ 생크 도저　　　④ 레이크 도저

Solution 푸셔 도저라 한다.

Answer　76 ④　77 ③　78 ③　79 ①　80 ①　81 ③　82 ①　83 ②

84 다음 중 스크레이퍼의 용도가 아닌 것은?

① 토사운반　　② 토사절토　　③ 토사적재　　④ 토사앞 고르기

Solution　스크레이퍼의 용도로는 토사의 절삭, 운반, 적재를 주목적으로 하는 장비이다.

85 스크레이퍼의 동력전달 순서는?

① 엔진-토크 컨버터-유니버설 조인트-트랜스미션-피니언 베벨기어-액슬축-플레네터리 기어-휠
② 엔진-클러치-트랜스미션-유니버설 조인트-피니언 베벨 기어-액슬축-플레네터리 기어-휠
③ 엔진-토크 컨버터-트랜스미션-피니언 베벨 기어-유니버설 조인트-액슬축-휠
④ 토크 컨버터-유니버설 조인트-트랜스미션-피니언 베벨 기어-플레네터리 기어-액슬축-휠

Solution　스크레이퍼의 동력전달 순서는 엔진-토크 컨버터-유니버설 조인트-트랜스미션-피니언 베벨 기어-액슬축-플레네터리 기어-휠 순으로 이루어진다.

86 스크레이퍼 볼의 설명 중 맞는 것은?

① 굴삭 작업을 한다.　　② 절삭날을 말한다.
③ 굴착하고 운반하는 용기를 말한다.　　④ 흙을 진동으로 밀어내는 장치를 말한다.

Solution　• 볼과 삽날 : 볼은 토사를 싣는 부분을 말하는데 이것은 유압 또는 케이블에 의해서 상하로 움직이게 되어 있다. 또한 볼의 앞부분에는 삽날이 있어서 볼 본체의 마모를 방지하고 굴삭력을 증가시킨다.

87 무한궤도식 트랙터의 장점이 아닌 것은?

① 견인력이 좋다.　　② 이동성이 빠르다.
③ 수중 작업이 가능하다.　　④ 수중 통과 능력이 좋다.

Solution　무한궤도식은 이동성이 휠식에 비해서 좋지 않다.

88 트랙형 불도저의 장점(휠형과 비교)를 설명한 것으로 틀린 것은?

① 이동성이 우수하다.　　② 견인력이 우수하다.
③ 물을 통과하기 용이하다.　　④ 물이 있어도 작업을 할 수 있다.

89 단단한 땅이나 포장 지역에서 송토 작업에 좋은 불도저는?

① 불도저　　② 타이어 불도저　　③ 틸트 불도저　　④ 앵글 불도저

Solution　포장 지대에서는 도로를 파손시킬 염려가 없는 타이어 불도저가 적합하다.

90 다음은 불도저의 종류이다. 관계없는 것은?

① 불도저　　② 앵글 불도저　　③ 틸트 불도저　　④ 덤프 불도저

91 불도저의 크기와 성능을 일반적으로 표시하는데 가장 부적당한 것은?

① 기관 출력　　② 전장비 중량　　③ 전연료 탱크 용량　　④ 최대 견인력

Answer　84 ④　85 ①　86 ③　87 ②　88 ①　89 ②　90 ④　91 ③

92 틸트 불도저로 할 수 없는 작업은?
① 축구 작업 ② 파이프 매설 작업
③ 나무뿌리 파헤치기 작업 ④ 바윗돌 굴리기 작업

▶ Solution 파이프 매설 작업은 앵글 불도저가 적합하다.

93 산허리를 깎아 한쪽으로 배토하는데 적당한 불도저는?
① 틸트 불도저 ② 셔블 불도저 ③ 앵글 불도저 ④ 스트레이트 불도저

94 앵글 불도저가 블레이드를 기울일 수 있는 각도는?
① 5~10° ② 20~30° ③ 30~40° ④ 45°

95 경사지에서 효과적으로 배토할 수 있는 장비는?
① 앵글 불도저 ② 래크 불도저 ③ 틸트 불도저 ④ 불도저

▶ Solution 경사지에서 앵글 불도저가 효과적으로 배토작업을 할 수 있다.

96 앵글 불도저 설명으로 틀린 것은?
① 블레이드가 스트레이트식에 비해 10~20[%] 무겁다.
② 스트레이트식에 비해 20~30[%] 길다.
③ 좌우로 블레이드가 움직여, 측면 절삭 능력이 작다.
④ 블레이드가 넓다.

97 앵글 불도저에 관한 설명 중 틀린 것은?
① 삽날의 적은 부분에 동력을 집중하는데 효과적이다.
② 삽날을 직각으로 설치하면 불도저의 구실을 한다.
③ 삽을 좌우로 30도 각 지울 수 있다.
④ 측면 매몰 작업에 효과적이다.

98 협소한 곳에서 소금, 석탄, 철광석 등을 모으는 작업에 적합한 장비는?
① 패이 로더 ② 포크레인 ③ 트리밍 불도저 ④ 트랙터 셔블

▶ Solution 삽의 각도를 바꾸어 긁어모을 수 있는 트리밍 불도저가 적합하다.

99 습지 불도저의 접지 압력은 얼마인가?
① 0.1~0.3 [kg_f/cm^2] ② 0.5~1.8 [kg_f/cm^2] ③ 1.1~5.1 [kg_f/cm^2] ④ 2.1~4.3 [kg_f/cm^2]

▶ Solution 습지 불도저의 슈는 일반 불도저보다 넓어 접지압이 적어진다. 보통 0.1~0.3 [kg_f/cm^2] 정도이다.

100 불도저 동력 전달 계통에서 최대의 견인력을 증가시켜 주는 장치로 다음 중 가장 적당한 것은?
① 스프로킷 ② 베벨 기어 장치 ③ 변속기 ④ 최종 구동 기어

101 트랙터의 동력 전달 계통이 아닌 것은?
① 트랜스미션 ② 전부 유동륜 ③ 마스터 클러치 ④ 환향 클러치

Answer 92 ② 93 ③ 94 ② 95 ① 96 ③ 97 ① 98 ③ 99 ① 100 ④ 101 ②

102 다음 중 크롤러형 트랙터의 동력 전달 계통이 아닌 것은?

① 변속기　　　② 주 클러치　　　③ 유도륜　　　④ 조향 클러치

> **Solution** 유도륜은 언더 캐리지에 해당된다.

103 견인마력이 32[PS], 속도가 2[m/sec]인 불도저의 견인력은 얼마인가?

① 1,200[kg]　　② 2,400[kg]　　③ 1,800[kg]　　④ 2,100[kg]

> **Solution**
> • 견인 마력
> $$PS = \frac{F \cdot V}{75}$$
> $$F = \frac{75 \cdot PS}{V} = \frac{75 \times 32}{2} = 1,200 [\text{kg} \cdot \text{m}]$$

104 견인력이 100[kg]이고, 불도저 셔블의 견인마력이 10[PS]일 때, 주행 속도는?

① 5.5[m/sec]　　② 6.5[m/sec]　　③ 7.5[m/sec]　　④ 8.5[m/sec]

> **Solution**
> $$10 = \frac{100 \times x}{75}$$
> $$\therefore x = \frac{75 \times 10}{100} = 7.5 [\text{m/sec}]$$

105 접지압이란?

① $\dfrac{\text{빈차의 무게}}{\text{접지 면적}}$　　② $\dfrac{\text{접지 면적}}{\text{작업 상태의 중량}}$

③ 접지 면적×작업 상태의 중량　　④ 작업 성능×작업 시간×접지 면적

106 불도저의 블레이드 폭이 2[m], 높이 0.8[m]일 때 블레이드의 용량은 몇 m²인가?

① 1.02　　② 1.28　　③ 1.84　　④ 2.04

> **Solution**
> $\theta = B \times H^2 = 2 \times 0.8^2 = 1.28$
> - θ : 블레이드 용량(m²)
> - B : 블레이드 폭
> - H : 블레이드 높이

107 잡목이나 작은 나무뿌리를 뽑는데 유의한 장비는?

① 레이크 불도저　　② 리퍼 불도저　　③ 불도저　　④ 슬롯 불도저

> **Solution** 트랙터 전부에 삽날 대신 레이크를 부착한 것으로 작은 나무뿌리 파괴나 큰돌 고르기 작업 등에 적합하다.

108 불도저가 홈통 작업을 하는 목적은 무엇인가?

① 흙을 빨리 다지기 위해서　　② 흙의 손실을 적게하기 위해서
③ 흙을 빨리 긁어모으기 위해서　　④ 흙을 빨리 적재하기 위해서

> **Solution** 홈통의 가운데에서 송토작업을 하며 삽의 양쪽에서 흙이 흘러나가는 것을 방지하므로 능률을 올릴 수 있다.

Answer 102 ③　103 ①　104 ③　105 ①　106 ②　107 ①　108 ②

109 불도저 작업시 유의할 사항 중 틀린 것은?
① 운행 중 각종 계기를 살피고 냄새나 잡음에 주의한다.
② 운행시 스로틀 레버는 항상 저속 위치에 둔다.
③ 후진시에는 후진 방향을 주시한다.
④ 환향시 환향 레버는 천천히 작용한다.

> Solution 운행 조건과 토량에 따라서 선택 레버를 조작한다.

100 불도저의 작업 범위를 설명한 것 중 관계가 없는 것은?
① 삽은 앵글 불도저와 상호 교환하여 사용할 수 있다.
② 절토, 성토 작업에 사용된다.
③ 삽의 상단 부분을 전후로 10° 정도 경사시킬 수 있다.
④ 경사지 작업이 가능하다.

111 다음 중 골재 살포기의 용도가 아닌 것은 어느 것인가?
① 노반의 다짐   ② 골재 고르기   ③ 골재 쇄석   ④ 골재의 살포

> Solution 골재 살포기는 골재를 살포한 후 고르고 다지는 작업을 행한다.

112 다음 중 골재 살포기의 규격은?
① 성토재 표준 다짐폭(mm)
② 골재의 다짐폭(cm)
③ 노반재 표준 다짐 두께(m)
④ 노반재 표준 부설폭(m)

113 다음은 골재 살포기의 장점이다. 아닌 것은?
① 평탄 고르기가 용이하다.
② 연약한 지반의 주행이 쉽다.
③ 이동성이 빠르다.
④ 강인한 견인력이 있다.

> Solution 골재 살포기는 크롤러식으로 이동성이 나쁘다.

114 골재 살포기에 대한 설명 중 틀린 것은?
① 익스텐션을 통해 고르기 폭을 조절한다.
② 호퍼 앞의 롤러를 이용해 덤프 트럭을 밀며 골재를 살포한다.
③ 크라운 컨트롤이 가능하다.
④ 크롤러식은 무거워서 연약지반 작업이 불가능하다.

> Solution 크롤러식(트랙형)은 접지압이 적어 연약한 지반에서도 작업이 가능하다.

115 다음에서 쇄석기에 사용되는 스크린의 크기 표시로 맞는 것은?
① 크로싱   ② 스테이지   ③ 메시   ④ 조

> Solution 진동 스크린은 단위면적당 골재 통과능력으로 표시한다. 메시(mash)란 평방인치당 구멍수를 나타낸다.

Answer 109 ② 110 ① 111 ② 112 ④ 113 ③ 114 ④ 115 ③

116 다음 쇄석과정 중 맞는 것은?

① 피드 호퍼-왕복피드-전달 컨베이어-조램버-피드 컨베이어 호퍼-피드 컨베이어-상부 스크린
② 피드 호퍼-왕복 호퍼-전달 컨베이어-조램버-피드 컨베이어-피드 컨베이어 호퍼-상부 스크린
③ 피드 호퍼-왕복 피드-조램버-피드 컨베이어 호퍼-피드 컨베이어-상부 스크린
④ 피드 호퍼-1차 크러셔-전달 컨베이어-선별기-2차 크러셔-컨베이어-선별산적

117 쇄석기의 종류이다. 다음 중 아닌 것은?

① 콘 크러셔　　② 조 크러셔　　③ 윈치 크러셔　　④ 자이러터리 크러셔

> **Solution** • 쇄석기의 종류
> ① 조 크러셔, ② 콘 크러셔, ③ 롤 크러셔, ④ 자이러터리 크러셔, ⑤ 밀, ⑥ 임팩트 크러셔

118 다음은 조 크러셔의 설명이다. 틀린 것은?

① 조 크러셔는 투입구가 몸체에 비해서 작다.
② 고정된 수치판과 요동하는 동치판을 마주보게 한 것이다.
③ 조 크러셔는 더블 토글형과 싱글 토글형이 있다.
④ 조 크러셔는 1차 파쇄에 적합하다.

> **Solution** 조 크러셔는 몸체에 비해 투입구가 크다.

119 다음에서 쇄석기의 종류로 적당하지 않은 것은?

① 해머 크러셔　　② 임팩트 크러셔　　③ 콘 크러셔　　④ 롤 크러셔

120 다음은 콘크러셔에 대한 설명이다. 틀린 것은?

① 파쇄비가 크다.
② 가늘게 파쇄할 수 없다.
③ 파쇄운동의 원리는 자이러터리 크러셔와 같다.
④ 속도가 자이러터리 크러셔보다 고속이다.

> **Solution** 콘 크러셔는 2차 파쇄작업에 적합하며, 작게 파쇄하는 작업에 효율적이다.

121 다음 중 쇄석기의 기종표시로 맞는 것은?

① 14TPH　　② 20TPH　　③ 06TPH　　④ 09TPH

122 다음은 임팩트 크러셔의 설명이다. 아닌 것은?

① 마모가 심한 결점이 있다.　　② 생산물은 입방체로 나온다.
③ 로터는 저속으로 회전한다.　　④ 파쇄비가 다른 크러셔보다 크다.

> **Solution** 임팩트 크러셔는 타격판을 장치한 로터로 고속회전시켜 충격력으로 파쇄작용을 한다.

123 다음에서 로드 밀(rod mill)이 생산하는 것은?

① 인조 모래　　② 인조 석분　　③ 조골재　　④ 세골재

> **Solution** 로드 밀은 여러 개의 강봉을 회전시켜 파쇄작업을 하며 세골재 생산에 적합하다.

Answer 116 ④ 117 ③ 118 ① 119 ① 120 ② 121 ② 122 ③ 123 ④

124 다음 중 쇄석기의 벨트 속도는?
① 단위 시간당의 벨트의 원주 속도로 한다.
② 단위 시간당 움직이는 벨트의 길이로 한다.
③ 롤러의 회전 속도로 한다.
④ 단위 시간당 움직이는 원석의 거리로 한다.

125 다음에서 압축형 크러셔가 아닌 것은?
① 콘 크러셔   ② 로드 밀   ③ 조 크러셔   ④ 자이러터리 크러셔

126 다음 중 크러셔의 성능에 영향을 주지 않는 것은?
① 원석의 굵기   ② 파쇄비   ③ 원석의 종류   ④ 엔진의 성능

127 쇄석기는 다음 중 무슨 형식이 사용되는가?
① 회전식 쇄석기와 충격식 쇄석기
② 조형 쇄석기 및 롤형 쇄석기
③ 조형 쇄석기 및 충격식 쇄석기
④ 롤형 쇄석기 및 충격식 쇄석기

> **Solution** 쇄석기는 조형, 롤형, 콘형 등이 있으며, 파쇄방법에는 압축식과 충격식이 있다.

128 다음 중 쇄석기의 분류에 들지 않는 것은?
① 제사기   ② 조 쇄기   ③ 황사기   ④ 중쇄기

129 다음 쇄석기의 생산능력 표시방법으로 맞는 것은?
① T.P.M   ② T.P.D   ③ T.P.S   ④ T.P.H

130 다음 중 쇄석기의 크기 표시는?
① 주간당 쇄석기가 원석을 쇄석하는 생산량으로 표시
② 톤당 쇄석기가 원석을 쇄석하는 생산량으로 표시
③ 1일당 쇄석기가 원석을 쇄석하는 생산량으로 표시
④ 쇄석기가 시간당 원석을 쇄석하는 생산량으로 표시

> **Solution** 보통 시간당의 쇄석량(TPH)으로 나타낸다. 또한 규격표시는 쇄석기 종류에 따라 다르다.

131 쇄석기의 크기 표시이다. 틀린 것은?
① 롤 쇄석기의 롤러 크기 : 롤의 지름(mm)×길이(mm)
② 해머 쇄석기 : 해머의 지름×해머 자루(mm)
③ 조 크러셔의 투입구의 크기 : 조간의 최대 거리(mm)×쇄석판의 폭(mm)
④ 자이러터리 쇄석기의 투입구의 크기 : 콘 케이블과 맨틀 사이의 간격(mm)×맨틀 지름(mm)

132 다음 중 쇄석기에 사용되는 컨베이어 벨트가 아닌 것은?
① 롤 컨베이어   ② 스크린 컨베이어   ③ 피드 컨베이어   ④ 딜리버리 컨베이어

> **Solution** 쇄석기에 사용되는 것은 피드 컨베이어(공급용) 롤 컨베이어(이송용), 딜리버리 컨베이어(분류용) 등이 있다.

Answer 124 ① 125 ② 126 ④ 127 ② 128 ③ 129 ④ 130 ④ 131 ② 132 ②

133 로드 밀에서 트러니언의 중앙을 통해서 자갈이나 모래를 배출하는 형식은 다음 중 어느 것인가?

① 주변 배출형　　② 중앙 배출형　　③ 오버 플로우형　　④ 끝부분 배출형

> Solution　로드 밀이란 강철봉을 회전시켜 파쇄하는 형식으로 트러니언 중앙을 통해 골재를 배출하는 형식을 오버 플로형이라 한다.

134 다음 중 자이러터리의 골재 파쇄 지름은?

① 30[mm]　　② 10[mm]　　③ 20[mm]　　④ 40[mm]

135 다음 중 쇄석기에 투입될 원석의 크기는?

① 감소 스테이지　　　　　　　　② 조(롤)+증가 스테이지
③ 조(롤)　　　　　　　　　　　　④ 조(롤)+감소 스테이지

136 다음은 콘크러셔의 특징을 설명한 것이다. 관계없는 것은?

① 맨틀 표면의 경사가 적어 밑의 지름이 작다.
② 고속도의 선회운동을 시켜서 파쇄하는 것이다.
③ 세립자에 대한 파쇄능력이 크다.
④ 골재를 균등한 크기의 쇄석으로 만들 수 있다.

> Solution　콘크러셔는 자이러터리 크러셔와 비슷하나 고속회전을 하여 작은 지름의 골재 생산에 적합하며 균등한 크기의 골재를 생산한다.

137 지게차의 마스트를 뒤로 기울이고 앞으로 기울이는 조작을 하는 것은?

① 틸트 레버　　② 포크　　③ 리프트 레버　　④ 마스트

> Solution　마스트의 경사각도는 틸트 레버에 의해 이루어진다.

138 창고나 공장을 출입할 때 주의할 점으로 틀린 것은?

① 부득이 포크를 올려서 출입하는 경우 출입구 높이에 주의한다.
② 차폭과 입구의 폭은 확인할 필요가 없다.
③ 손이나 발을 차체 밖으로 내밀지 말아야 한다.
④ 주의상태를 확인하고 나서 출입한다.

> Solution　창고나 공장을 출입할 때에는 차폭과 전고에 따라 출입구를 필히 확인하여야 한다.

139 지게차의 마스트 경사각 중 후경각은 몇도의 범위로 이루어져야 하나?

① 5~6°　　② 7~8°　　③ 8~10°　　④ 10~12°

> Solution　① 전경각 : 5~6°
> ② 후경각 : 10~12°

140 지게차 마스트의 전경각으로 다음 중 적당한 것은?

① 3~4°　　② 4~5°　　③ 5~6°　　④ 1~2°

Answer　133 ③　134 ②　135 ④　136 ①　137 ①　138 ②　139 ④　140 ③

141 지게차의 최대 올림 높이는 원칙적으로 얼마인가?

① 1,000[mm]   ② 2,000[mm]   ③ 3,000[mm]   ④ 2,500[mm]

> **Solution** ●지게차의 최대 올림 높이 : 지게차의 최대 올림 높이는 원칙적으로 3,000[mm]로 하고 필요한 경우에는 안정도 범위 내에서 최대 올림 높이를 조정할 수 있다.

142 지게차 구조에 대한 설명 중 틀린 것은?

① 동력전달은 앞바퀴에만 있다.
② 구동력을 크게하기 위해 전륜과 후륜을 동시에 동력을 전달한다.
③ 최종 구동장치에서 유성 기어장치를 구성하는 경우도 있다.
④ 앞 타이어는 단륜 또는 복륜으로 구성되어 있다.

> **Solution** 지게차는 앞바퀴로 구동하고 뒷바퀴는 조향 바퀴이다.

143 지게차를 운전할 때 포크의 높이는(운반시) 일반적으로 몇 cm를 올려야 하는가?

① 지상 20~30[cm] 정도 높인다.   ② 지상 50~80[cm] 정도 높인다.
③ 지상 100[cm] 정도 높인다.   ④ 높이에는 관계없이 멀리하도록 한다.

> **Solution** 운행시 포크의 높이는 일반적으로 30[cm] 정도를 들고 이동한다.

144 지게차의 능률적인 이동거리는?

① 약 150피트   ② 약 250피트   ③ 약 350피트   ④ 약 400피트

> **Solution** 지게차의 능률적인 이동거리는 100~200[m](약 250피트)가 가장 효과적이다.

145 지게차에 관한 내용이다. 틀린 것은?

① 지게차는 주로 경화물을 운반하거나 하역 작업을 한다.
② 지게차는 후륜 구동식으로 되어 있다.
③ 주로 디젤 엔진을 많이 쓴다.
④ 조향장치는 뒤차륜으로 한다.

> **Solution** 지게차는 전륜 구동식이다.

146 다음 지게차의 작업장치 중 둥근 목재나 파이프의 적재에 알맞는 것은?

① 블록 클램프   ② 사이드 시프트   ③ 하이 마스트   ④ 힌지드 포크

> **Solution** ●힌지드 포크 : 둥근 강관, 원목, 전주 등의 적재, 적하작업에 용이한 포크이다.

147 화물 적재시 주의사항으로 가장 옳은 것은?

① 정격용량 초과의 짐을 싣고 밸런스 웨이트 위에 사람을 태워도 좋다.
② 경사면에서 운행할 때 짐이 언덕으로 향하도록 한다.
③ 하중 오버와는 관계가 없다.
④ 화물 밑에는 절대로 접근하지 말며, 올린 화물은 조속히 내린다.

> **Solution** 장비에는 운전자 이외에 그 누구도 승차하여서는 안 된다.

Answer 141 ③ 142 ② 143 ① 144 ② 145 ② 146 ③ 147 ②

148 다음은 지게차 작업시 지켜야 할 안전수칙들이다. 틀린 것은?
① 후진시에는 반드시 뒤를 살필 것
② 전, 후진, 변속시에는 장비가 정지된 상태에서 행할 것
③ 주, 정차시는 반드시 주차 브레이크를 고정시킬 것
④ 이동시는 포크를 반드시 지상에서 80~90[cm] 정도 들고 이동할 것

149 지게차에서 화물을 적재, 적하하는 부분은?
① 유체 클러치   ② 롤러   ③ 포크   ④ 조향장치

> Solution 화물의 적재는 포크가 한다.

150 지게차의 전, 후 안정도에서 주행시 기준 무부하 상태일 때 몇 %의 구배에서 전도되어서는 안되는가?
① 4[%]   ② 6[%]   ③ 12[%]   ④ 18[%]

151 다음 중 지게차의 특징으로 볼 수 없는 것은?
① 전륜으로 조향을 한다.   ② 완충장치가 없다.
③ 엔진의 위치가 후미에 위치한다.   ④ 틸트 회로가 필요하다.

> Solution 지게차의 조향은 후륜 조향식이다.

152 지게차를 경사면에서 운전할 때 짐의 방향으로 맞는 것은?
① 짐이 언덕 아래쪽으로 가도록 한다.
② 짐이 언덕 위쪽으로 가도록 한다.
③ 짐의 방향과 관계없이 운전이 편리하도록 한다.
④ 짐의 크기에 따라 방향이 달라진다.

> Solution 경사면에서 화물의 방향은 언덕 쪽을 향해야 한다.

153 지게차의 동력전달 순서는?
① 기관 → 토크 컨버터 → 변속기 → 차동장치 → 차축 → 앞바퀴
② 기관 → 토크 컨버터 → 변속기 → 차동장치 → 차축 → 뒷바퀴
③ 기관 → 변속기 → 차축 → 클러치 → 차동장치 → 뒷바퀴
④ 기관 → 차동장치 → 클러치 → 액슬축 → 변속기 → 앞바퀴

> Solution •지게차의 동력전달 순서
> ① 직접조작 구동식 지게차 : 엔진 → 클러치 → 변속기 → 차동장치 → 액슬축 → 앞바퀴
> ② 동식 변속기 기계차 : 엔진 → 클러치 → 차동장치 → 차축 → 앞바퀴
> ③ 유압식 지게차 : 엔진 → 토크 변환기 → 파워 시프트식 변속기 → 차동장치 → 차축 → 앞바퀴

154 지게차에 화물을 싣고 운행할 때 주의점이 아닌 것은?
① 화물로 인하여 전방의 시야를 방해할 때에는 뒤로 운행한다.
② 노면이 좋지 않을 때에는 저속으로 운행한다.
③ 화물을 싣고 뒤로 내려올 때에는 천천히 내려온다.
④ 화물이 떨어질 염려가 있을 때는 빨리 브레이크 페달을 밟거나 회전하여야 한다.

> Solution 화물이 떨어질 염려가 있을 때에는 천천히 브레이크를 조작하여 정지하고 화물을 정리한다.

Answer 148 ④ 149 ③ 150 ④ 151 ① 152 ② 153 ① 154 ④

155 다음 중 지게차의 안전수칙으로 관계가 없는 것은?
① 후진 시에는 반드시 뒤를 살핀다.
② 짐을 되도록 높이 들고 이동한다.
③ 짐을 들면서 후진을 하면 안 된다.
④ 환향시에는 후부를 조심하고 살핀다.

Solution 짐을 되도록 지면에 가깝게 약 20~30[cm] 정도 들고 이동한다.

156 기중기의 붐의 각도가 커지면 어떻게 되는가?
① 붐의 길이가 짧아진다.
② 운전반경이 작아진다.
③ 작업반경이 커진다.
④ 임계하중이 적어진다.

Solution 기중기 붐의 각도와 운전반경은 작아지고 기중 능력은 커진다.

157 크롤러형 크레인은 작업 중에 무엇으로 안전성을 유지하는가?
① 붐   ② 평형추   ③ 트랙   ④ 아웃리거

Solution 크롤러형은 평형추로 타이어형은 아웃리거(outrigger)로 한다.

158 이동식 크레인의 일반적인 지브의 경사각은?
① 80~90°   ② 20~45°   ③ 10~20°   ④ 30~80°

Solution 경사각은 30~80° 범위가 적당하다.

159 기중기의 와이어 로프 취급 방법 중 틀린 것은?
① 경유로 세척한다.
② 엔진 오일을 주유한다.
③ 로프가 꼬이지 않도록 한다.
④ 새 것은 당기면서 감는다.

Solution 로프의 세척은 OE 또는 CW로 한다.

160 기중기의 작업 반지름이란?
① 회전체 중심에서 화물 중심까지의 거리
② 붐의 길이
③ 기중기의 총 길이
④ 기중기의 후부 선단에서 화물 선단까지의 거리

Solution •작업 반지름 : 상부 선회체의 중심점에서 들어올리는 화물의 중심점까지의 수평거리

161 드래그 라인의 작업 사이클을 순서대로 바르게 설명한 것은?
① 굴착 → 선회 → 덤프 → 선회 → 굴착
② 선회 → 덤프 → 굴착 → 선회 → 굴착
③ 선회 → 굴착 → 덤프 → 선회 → 굴착
④ 굴착 → 덤프 → 선회 → 굴착 → 덤프

Solution 드래그 라인의 작업 사이클은 굴착 → 선회 → 덤프 → 선회 → 굴착으로 이루어진다.

162 갈쿠리 부착 기중기에서 최대 안전 리프팅 용량의 결정사항 중 관계없는 것은?
① 작업 반지름 및 붐 각도
② 평형추의 무게
③ 갈쿠리의 크기
④ 작업물의 하중

Solution 갈쿠리란 훅을 말하는 것으로 크기와는 관계없다.

Answer 155 ② 156 ② 157 ② 158 ④ 159 ① 160 ① 161 ① 162 ③

163 붐이 하강하지 않는 이유 중 알맞는 것은?
① 붐과 호이스트 레버를 하강 방향으로 같이 작용시
② 붐 호이스트 브레이크가 물려 있을 때
③ 붐에 너무 낮은 하중이 걸려 있을 때
④ 붐이 과도하게 상승했을 때

> **Solution** 붐이 하강하지 않는 것은 붐 호이스트에 브레이크가 걸려있기 때문이다.

164 기중기 붐에 설치하여 작업할 수 없는 것은 어느 것인가?
① 클램 셸   ② 백호   ③ 파일 해머 장치   ④ 서클 회전장치

> **Solution** 서클 회전 장치는 모터 그레이더의 작업장치이다.

165 기중기에서 붐이 상승하지 않는다. 그 원인으로 틀린 것은?
① 붐 상승회로의 안전 밸브에 이상이 있다.
② 붐 하향회로의 안전 밸브에 이상이 있다.
③ 붐 실린더의 패킹에 결함이 있다.
④ 메인 압력 조정 밸브에 이상이 있다.

> **Solution** 붐 하향회로의 안전 밸브에 이상이 있으면 붐이 자연 하강하게 된다.

166 트럭 크레인의 장점이 아닌 것은?
① 기동력이 양호하다.   ② 습지, 사지에서 작업이 가능하다.
③ 기중시 안전성이 좋다.   ④ 이동성이 좋다.

167 기중기의 엔진에서 발생한 동력 전달 방법으로 다음 중 가장 적당한 것은?
① 엔진 → 자재 이음 → 메인 클러치 → 동력 전달장치
② 엔진 → 메인 클러치 → 자재 이음 → 동력 전달장치
③ 엔진 → 체인 → 자재 이음 → 동력 전달장치
④ 엔진 → 중간 축 → 체인 → 자재 이음 → 동력 전달장치

> **Solution** •기중기의 주행시 동력 전달 순서 : 엔진 → 마스터 클러치 → 감속기 및 트렌스퍼 체인 → 수평 구동축 → 수직 역전축 → 조클러치 → 수직 추진축 → 하부 베벨 기어 → 수평 추진축 → 스티어링 조클러치 → 드리븐 기어 → 체인 스프로킷 → 구동 스프로킷(구동 덤블러) → 트랙

168 드래그 라인 작업시 일반적으로 다음 중 가장 적당한 붐의 각도는 몇 도인가?
① 75~90°   ② 65~75°   ③ 45~65°   ④ 30~40°

> **Solution** •드래그 라인 : 긁어파기 작업으로 붐의 각은 작으며 일반적으로 30~40° 범위가 적당하다.

169 기중기로 기둥박기 작업을 할 때 안전수칙으로 틀린 것은?
① 호이스트 케이블의 고정상태를 점검한다.   ② 항타할 때 반드시 우드 캡을 씌운다.
③ 작업시 붐을 상승시키지 않는다.   ④ 붐의 각을 적게 한다.

> **Solution** 붐의 각은 커야 한다.

Answer 163 ② 164 ④ 165 ② 166 ② 167 ② 168 ④ 169 ④

170 권상 와이어를 너무 감으면 와이어가 절단되거나, 훅 블록이 시브와 충돌하여 기계를 파손시키게 된다. 이것을 방지하기 위하여 장치한 것은?

① 지브 기복 정지장치
② 과권 경보장치
③ 지브 전도 방지장치
④ 과부하 방지장치

Solution •권상 과권 방지 경보장치 : 권상 와이어를 너무 감으면 와이어 절단 및 후크 브록이나 기중 하중이 붐과의 충돌로 파손된다. 이것을 방지하기 위하여 호이스트 케이블의 필요한 위치에 추를 설치하고 이 추에 설치된 케이블을 통해 리밋 스위치(전자 접촉기)를 작동시키면 전기회로가 작동되어 경보 벨이 울리도록 한 장치

171 트럭 탑재식 기중기 작업에서 차체의 전도를 방지하는 것은 어느 것인가?

① 아웃 리거
② 밸런스 웨이트
③ 겐트리 프레임
④ 스프로킷

Solution •아웃 리거 : 기중기의 전, 후, 좌, 우 방향에 안전성을 주어 기중작업시에 전도되는 것을 방지

172 항타작업에 사용되는 디젤 파일 해머의 규격은 어떻게 표시하는가?

① 램의 중량
② 연료 소비량
③ 전체 길이
④ 파일의 폭발력

Solution 램의 중량으로 표시한다.

173 기중기의 훅 작업시 안전수칙이 아닌 것은?

① 붐의 각도 20도 이하로 하지 말 것
② 작업 반지름 내에 사람의 접근을 막을 것
③ 붐의 각을 70도 이상으로 하지 말 것
④ 가벼운 물건의 기중 작업시는 아웃 리거를 고이지 말 것

Solution 가벼운 물건일지라도 아웃 리거를 고여야 한다.

174 기중기의 지브 붐에 대한 설명으로 가장 알맞는 것은?

① 붐의 중간을 연장하는 붐이다.
② 붐의 끝단에 전장을 연장하는 붐이다.
③ 붐의 하단을 연장하는 붐이다.
④ 활차를 한 개 쓰기 위한 붐이다.

Solution •지브 붐 : 붐의 끝단을 연장하는 붐을 말한다.

175 진동 항타기의 진동수는 분당 몇 회 이상 이어야 하는가?

① 300회
② 500회
③ 500회
④ 600회

Solution 타격수를 보면 드롭 해머는 분당 4~8회, 증기 해머는 20~40회, 진동해머는 500회, 디젤 해머는 50회이다.

176 크레인의 드래그 라인으로 가장 효과적인 작업을 할 수 있는 것은 어느 것인가?

① 도랑파기 작업
② 절토 및 송토작업
③ 파일 드라이브 작업
④ 수중 굴토 작업

Solution 드래그 라인은 긁어 파기로 도랑파기 작업에 적합하다.

Answer 170 ② 171 ① 172 ① 173 ④ 174 ② 175 ③ 176 ①

177 기중기에서 권상 드럼의 풀림을 막기 위하여 할 일은?
① 레버 기구를 바르게 조종한다.　② 작업 부하를 경감한다.
③ 와이어 로프에 윤활유를 바른다.　④ 유량을 규정대로 보충한다.

178 기중기의 조작 상태를 설명한 것 중 틀린 것은?
① 클램 셸 장치 : 조개 장치를 조작　② 크레인 셔블 장치 : 삽 장치를 조작
③ 드래그 라인 장치 : 긁어파기 장치를 조작　④ 크레인 훅 장치 : 기둥 박기 장치를 조작

> **Solution** 크레인의 훅 장치는 중량물의 적재, 적하에 사용하며, 기둥 박기는 파일 드라이버 장치에 의한다.

179 다음 중 기중기에 없는 장치는?
① 엔진　② 메인 클러치　③ 선회 전동 장치　④ 탠덤 드라이브

> **Solution** 탠덤 드라이브는 모터 그레이더에 사용되는 장치이다.

180 다음에서 기중기의 종류에 들지 않는 것은?
① 무한궤식　② 체인식　③ 휠식　④ 트럭식

181 기중기의 운전반지름이 커지면 기중 능력은?
① 감소한다.　② 증가한다.　③ 변함이 없다.　④ 때에 따라 변한다.

> **Solution** • 붐 각에 따른 기중 능력 및 작업 반지름과의 관계
> ① 붐의 각과 작업 반지름 : 반비례
> ② 붐의 각과 기중 능력 : 비례
> ③ 작업 반지름과 기중 능력 : 반비례

182 기중기의 안전 하중이란 무엇을 말하는가?
① 붐의 최대 제한 각도에서 안전하게 리프팅 할 수 있는 하중
② 회전하면 작업할 수 있는 하중
③ 붐의 각도에 따라 안전하게 작업할 수 있는 하중
④ 최대로 리프팅 할 수 있는 하중

> **Solution** ① 정격 총하중 : 훅, 그래브, 버킷 등 달아 올림 기구를 포함한 최대의 하중
> ② 안전한계 총하중 : 각 붐의 길이 및 각 작업 반경에서의 안전한 상태에서 달아 올림 기구 장치인 훅, 그래브, 버킷 등의 중량을 포함한 상태의 하중
> ③ 호칭 하중 : 최대의 작업 하중
> ④ 작업 하중 : 안전하게 작업할 수 있는 작업 하중
> ⑤ 임계 하중 : 기중기가 최대로 들 수 있는 하중과 들 수 없는 하중

183 습지나 모래땅에서 작업할 때 다음 중 어느 크레인을 사용하는 것이 가장 좋은가?
① 트럭 크레인　② 크롤러 크레인　③ 휠 크레인　④ 탑재 크레인

184 항타기 작업시 바운싱이 일어나는 원인은 어느 것인가?
① 무거운 해머를 사용할 때　② 가벼운 해머를 사용할 때
③ 파일이 만곡되었을 때　④ 파일이 수직으로 박히지 않을 때

Answer 177 ① 178 ④ 179 ④ 180 ② 181 ① 182 ③ 183 ② 184 ②

> **Solution**
> • 바운싱 : 항타 작업시 해머의 타력에 의한 반동으로 되돌아오는 현상
> • 원인
>   ① 항타력이 적을 때
>   ② 해머의 중량이 가벼울 때
>   ③ 파일이 단단한 돌, 콘크리트, 철 등에 의해 박히지 않을 때

185 항타 작업시에 스프링 잉이란 무엇을 말하는가?
① 스프링 장치의 떨림　　　　　② 해머의 난타성
③ 해머의 과대 충격　　　　　　④ 파일의 가대한 측면진동

> **Solution**
> • 스프링 잉 : 항타 작업시 파일에 측면 진동이 발생하는 현상
> • 원인
>   ① 파일이 해머와 수직으로 박히지 않을 때
>   ② 파일이 만곡되었을 때
>   ③ 항타의 타격 속도가 너무 빠를 때

186 크롤러형 크레인의 최소회전 반경은 얼마정도를 유지하는가?
① 360[cm]　　② 425[cm]　　③ 250[cm]　　④ 400[cm]

> **Solution** 크레인의 최소 회전반지름은 3.6[m] 이내이다.

187 기중 작업시 크레인 붐의 각도로 다음 중 가장 적당한 것은?
① 66° 30′　　② 45° 30′　　③ 60° 30′　　④ 75° 30′

> **Solution** • 붐의 각도
>   ① 최소 회전각 : 20°, ② 최대 제한각 : 78°
>   ③ 혹 작업시 좋은각 : 66° 30′, ④ 작업에 좋은각 : 크레인 붐 66° 30′, 셔블 붐 45~65°

188 다음은 기중기 케이블의 주유에 사용되는 오일은?
① 휘발유　　② 석유　　③ 엔진 오일　　④ 그리스

> **Solution** 케이블의 주유는 엔진 오일을 사용한다.

189 기중기의 전부 장치에 해당되지 않은 것은?
① 클램 셸　　② 갈쿠리　　③ 긁어 파기　　④ 날

> **Solution** 기중기에는 블레이드로 하는 작업장치는 없다.

190 기중기에 사용되는 클러치의 작동 방식 중 틀린 것은?
① 기계식　　② 유압식　　③ 공기식　　④ 진공식

> **Solution** 진공식은 없으며 일반적으로 많이 사용되고 있는 것은 기계식과 유압식이 있다.

191 다음 중 기중기의 사용 용도로 틀린 것은?
① 파일 항타 작업　　　　　　② 차량의 화물 적재 및 적하 작업
③ 경지 정리 작업　　　　　　④ 철도 교량 작업

> **Solution** 경지 정리 작업은 토목장비의 용도이다.

Answer　185 ④　186 ①　187 ①　188 ③　189 ④　190 ④　191 ③

192 기중기의 기중작업 전 주의사항이 아닌 것은?
① 작업 대상물의 무게가 몇 톤인지 알아야 한다.
② 최대 작업 반지름이 몇 m인지를 알아야 한다.
③ 지브는 필요한 범위 내에서 가능한 한 길게 한다.
④ 각 지브의 길이는 작업 반지름에 맞추어 정격 총 하중의 범위를 지켜야 한다.

> **Solution** 지브는 보조 연장 붐으로 필요한 범위 내에서 최대한 짧게 하여야 한다.

193 크레인으로 작업할 수 없는 것은 어느 것인가?
① 지균 작업　　② 기둥 박기 작업　　③ 드래그 라인 작업　　④ 클램 셸 작업

> **Solution** 지균 작업은 땅 다짐 작업을 말한다.

194 기중기의 작업 중 시간당 능률을 올리기 위한 결정 사항이 아닌 것은?
① 부착물의 형식　　② 날씨 상태　　③ 기중기의 크기　　④ 기중기의 대수

> **Solution** 날씨의 상태와는 무관하다.

195 와이어 로프를 고정시키는 방법으로 가장 견고한 것은?
① 소켓 장치　　② 클립 장치　　③ 용접 고정　　④ 묶음 고정

> **Solution** • 로프를 고정시키는 방법과 강도
> ① 합금 고정법 : 100[%]
> ② 소켓 고정법 : 65~70[%]
> ③ 클립 고정법 : 80~85[%]
> ④ 스플아이스 고정법 : 75~90[%]
> ⑤ 딤블붙이 스플아이스 고정법 : 90~98[%]
> ⑥ 묶음 고정법 : 100[%]

196 기중기의 권상 장치는 달아 올리는 하중의 몇 %에 상당하는 정지하중을 유지할 수 있는 제동능력이 있어야 하는가?
① 80[%]　　② 100[%]　　③ 150[%]　　④ 180[%]

> **Solution** 기중기의 달아 올림장치는 하중의 150[%]에 상당하는 정지하중을 유지할 수 있는 제동능력이 있어야 한다.

197 크레인의 기둥 박기 작업시 안전수칙이 아닌 것은?
① 호이스트 케이블의 고정 상태를 점검한다.
② 항타할 때 반드시 우드 캡을 씌운다.
③ 작업시 붐을 상승시키지 않는다.
④ 붐의 각을 적게 한다.

> **Solution** 붐의 각을 크게 하여야 한다.

198 클램 셸의 형식과 크기를 선택할 때 고려하여야 할 사항이 아닌 것은?
① 작업물의 체적과 크기　　② 버킷의 용량
③ 작업의 지속시간　　　　④ 작업장의 거리

> **Solution** 버킷의 용량은 관계없이 작업물의 체적과 크기에 따라 선택한다.

Answer 192 ③　193 ①　194 ②　195 ①　196 ③　197 ④　198 ②

199 다음은 준설작업 방법이다. 틀린 것은?
① 여굴파기는 준설토량에 가산해 80~160[cm]가 좋다.
② 앵커의 투묘거리는 100~150[m]가 좋다.
③ 준설 두께가 5[m] 이상일 때는 나누어서 준설한다.
④ 준설 두께가 보통 커터 지름 0.5~1배 정도가 좋다.

> **Solution** 준설계획 수심확보를 위해 더 파는 것을 여굴파기라 하는데 준설토량에 가산해 30~60[cm] 정도가 적당한다.

200 다음 중 펌프 준설선의 작업시 스윙 각도는?
① 50~80°   ② 70~90°   ③ 70~100°   ④ 50~70°

201 다음에서 준설선의 기종이 아닌 것은?
① 버킷식   ② 펌프식   ③ 블레이드식   ④ 그래브식

202 다음 중 부압의 저하 및 배출압력의 저하로 펌프에 동요 및 준설기관의 무리를 초래하는 현상은?
① 초크 옵 현상   ② 취입 부압 현상   ③ 슬러징 현상   ④ 공동 현상

203 다음 중 어느 것에 의하여 준설 능력이 달라지는가?
① 디퍼의 용량   ② 에닌의 출력   ③ 토질의 종류   ④ 선박의 크기

> **Solution** 연토질인 경우 버킷 준설선이나 펌프 준설선이 적합하나 경토질인 경우는 디퍼 준설선이 사용된다.

204 다음 중 준설선 토사를 멀리 운반할 때는 어느 것이 적합한가?
① 비항 펌프선   ② 그래브선   ③ 디퍼선   ④ 버킷선

> **Solution** 토사를 멀리 분반할 때는 비항식 펌프 준설선이 적합. 이 형식은 해상 송토관을 이용하여 송토하므로 준설선이 움직일 필요가 없으나 타형식은 토사운반선이 별도로 있어야 한다.

205 비항 펌프선의 구조이다. 다음 중 관계없는 것은?
① 선체 앞부분의 래더   ② 중화물 운반의 크레인
③ 조선용 스파드   ④ 토사를 굴착하는 커터

> **Solution** 펌프 준설선은 스파드, 커터, 흡입관, 래더, 토출 파이프, 펌프 등으로 구성된다.

206 다음 중 펌프 준설선의 주요 용도는?
① 항로 개척작업   ② 해저 굴착작업   ③ 예인작업   ④ 매립작업

207 다음 중 버킷 준설선으로 퍼낼 수 없는 것은?
① 진흙   ② 암반   ③ 가는 모래   ④ 자갈

> **Solution** 버킷 준설선은 작업용량은 크나 암반의 굴착에는 부적합하다.

Answer 199 ① 200 ② 201 ③ 202 ③ 203 ③ 204 ① 205 ② 206 ④ 207 ②

208 다음 중 디퍼 준설선의 가장 큰 장점은?
① 원거리 운행이 가능하다.
② 단속식이므로 작업속도가 느리다.
③ 연속식이므로 작업속도가 빠르다.
④ 해저의 단단한 지반을 굴착할 수 있다.

> **Solution** 디퍼 준설선은 3개의 스파드로 선체를 고정하고 버킷을 이용하여 굴착하므로 강력한 굴착(경토질, 암반)을 할 수 있으나 준설단가가 비싸고 시간당 굴착량이 적은 단점이 있다.

209 다음 중 그래브 준설선의 장점은?
① 해저를 평탄하게 다짐할 수가 없다.
② 단가가 비싸다.
③ 준설장소가 협소한 곳에 적합하다.
④ 준설능력이 단속적이다.

> **Solution** 그래브 준설선은 규모가 작은 협소한 작업도 가능하며 구조가 간단하나 준설능력이 적고 준설단가가 비싸다.

210 다음에서 배출 파이프가 막혔을 때의 처리 방법은?
① 장애물이 있는 곳을 송수하여 제거한다.
② 파이프를 연결하여 장애물을 제거한다.
③ 장애물이 막힌 곳을 가열한 후 급냉시킨다.
④ 래더를 들어 정상이 될 때까지 송수한다.

> **Solution** 배출 파이프가 막히면 래더를 들고 뚫릴 때까지 물만 송수한다.

211 다음은 비항 펌프선의 장점이다. 아닌 것은?
① 매립 조성지에 유리하다.
② 토사를 배사관으로 직송할 수 있다.
③ 경토질 이외에서는 준설능력이 크다.
④ 전동 펌프선은 동력선 때문에 행동의 제한을 받는다.

> **Solution** 전기에 의해 작동하는 형식은 이동의 제한을 받는다.

212 자항 펌프선의 장점이다. 아닌 것은?
① 단단한 토질에 부적합하다.
② 항로 준설에 적합하다.
③ 원거리 배토장의 경우에 유리하다.
④ 작업능률이 좋다.

Answer 208 ④ 209 ③ 210 ④ 211 ④ 212 ①

chapter 2 건설플랜트 기계설비

1 건설플랜트 기계설비의 종류 및 특성

1. 개요

플랜트 건설에 있어서 기계공사에 사용되는 기계류로는 물을 운반하는 펌프류, 공기를 운반하는 팬류, 유체를 저장하는 저장조와 소형의 Vessel류, 발전용 대형 보일러와 터빈, 중량물을 옮기는 크레인류, 체인블록(Chain block), 재킹(Jacking), 인양장비 등 다양한 것들이 있다. 이러한 것들 중 건설플랜트의 기계설비에 필요한 주요 기계장치들로 볼 수 있는 것은 보일러, 터빈, 펌프 등이라 할 수 있다.

2. 보일러 및 부대설비

(1) 보일러의 정의
밀폐된 용기 속에 물을 채우고 용기 밖에서 열을 가하여 용기 속의 물을 증기로 변화시키는 장치이다. 발전용 보일러는 높은 압력과 온도의 증기를 발생시킬 수 있어야 한다.

(2) 보일러의 종류
① 드럼 유·무 : 드럼이 있는 것은 순환보일러, 드럼이 없는 것은 관류보일러이다.
② 사용 연료에 따라 : 석탄 연소보일러, 중유 연소 보일러, 석탄·중유 혼소 보일러, 가스보일러가 있다.
③ 연소방식에 따라 : 수평연소식 보일러, 수직연소식 보일러, 코너연소식 보일러 등이 있다.
④ 전열면 배치에 따라 : One Pass 보일러, Two Pass 보일러 등이 있다.
⑤ 통풍방식에 따라 : 자연통풍 보일러, 강제통풍 보일러 등이 있다.

(3) 보일러의 구성(본체)
① 절탄기(Economizer) : 보일러에서 배출되는 연소가스가 지닌 열을 이용하여 보일러 급수를 예열해 주는 장치이다.
  ㉠ 절탄기는 보일러의 효율을 높여주고, 급수와 드럼의 온도차를 줄여줌으로써 드럼의 열응력 발생을 저감시켜주는 효과가 있다.
  ㉡ 연소가스 통로에 설치되는데 과열기와 공기예열기 사이에 위치한다.
  ㉢ 절탄기의 재질로는 강관을 그대로 사용한다.
  ㉣ 나관 절탄기와 핀 부착형 절탄기가 있다.
② 드럼(Drum) : 드럼은 절탄기에서 보내주는 급수를 강수관을 통해 보일러 하부 헤더로 보내고 상승관을 통해 들어오는 기수 환합물을 분리하여 포화수는 강수관을 통해 다시 하부 헤더로, 포화증기

는 포화증기관을 통해 과열기로 보내는 기능을 한다. 드럼의 구성은 급수관, 강수관, 상승관, 격판, 기수분리기, 건조기, 포화증기관, 수위계 등이다.
③ 노(Furnace) : 연료와 공기가 혼합하여 연소하는 공간이다. 노벽의 종류로는 수냉벽, 공기냉각벽, 증기냉각벽 등이 있다.
④ 과열기(superheater) 및 재열기(Reheater) : 보일러 본체에서 생산된 포화증기를 그대로 터빈에 공급하지 않고 과열기로 보내 과열증기로 만들어 고압터빈을 돌리고, 포화증기에 가까운 상태로 팽창한 가스를 다시 가열하여 과열도를 높이는 장치가 재열기이다.

(4) 보일러 부대설비
① 통풍설비 : 노 내부로 연소용 공기를 공급하고, 연소가스를 대기로 배출시키는 설비이다. 구성은 송풍기와 공기나 가스가 통과하는 덕트로 구성된다.
② 공기예열기(Air Preheater) : 절탄기를 통과한 연소가스가 지니고 있는 열을 이용하여 연소공기를 예열하는 장치이다. 공기예열기를 사용함으로써 노 내에서 연소효율이 증가하고 배기가스의 온도를 낮추어 보일러 효율을 높여주는 효과가 있다. 전열방식에 다른 공기예열기의 종류로는 전도식과 재생식이 있다. 발전용 보일러에서는 모두 재생식 공기예열기가 사용되고 있다.
③ 제매기(soot Blower) : 보일러를 장시간 연속해서 운전하면 연료가 연소하면서 발생한 재, 그을음, 클링커(Clinker) 등이 전열면에 부착하여 열전달과 통풍을 방해하게 된다. 이것을 없애기 위하여 사용하는 것이 제매기이다.

(5) 보일러의 보조설비
① 연료유 연소설비
② 천연가스 연소설비
③ 미분탄 연소설비
④ 집진설비
⑤ 회처리설비

3. 터빈 및 보조기기

(1) 터빈
① 터빈의 정의 : 자연계의 에너지원을 이용하여 기계에너지, 즉 회전력으로 변환하는 장치이다. 터빈에서 발생한 기계에너지를 전기 에너지로 변화하여 전기를 생산하는 장치가 발전기이다.
② 수력발전
  ㉠ 수자원 에너지의 종류
    ⓐ 수력발전소 : 내륙지방의 강, 하천 등의 천연요새를 이용하는 방식이다.
    ⓑ 조력발전소 : 육지와 가까운 만에 해수의 밀물과 썰물 간 낙차를 이용하는 방식이다.
    ⓒ 파력발전소 : 에너지원으로 파도를 이용하여 발전하는 방식이다.
  ㉡ 수력터빈의 종류
    ⓐ 프란시스 수차(Francis Type) : 약 30~700m 범위의 낙차로 사용범위가 넓어 많이 적용되고 있다. 고낙차와 중낙차에 적당한 수차이다.
    ⓑ 벌브 수차(Bulb Type) : 약 5~25m 범위의 낙차가 적고 유량이 많은 곳에 적합하다.
③ 풍력발전 : 공기의 유동이 가진 속도에너지의 공기역학적(Aerodynamic) 특성을 이용하여 회전자를 회전시켜 기계적 에너지로 변환시키고, 그 기계적 에너지로부터 전기를 얻는 기술이다. 풍력발전의 구성품으로 회전자, 동력전달기기, 발전기기, 철탑구조물, 계통연계 및 제어기기 등이 있다.
④ 가스터빈 : 공기흡입장치, 압축기, 연소기, 가스터빈, 배기장치 등으로 구성된다.

⑤ 증기터빈
  ㉠ 증기 작동방식에 따른 종류 : 충동식과 반동식이 있다.
  ㉡ 축의 배열에 따른 분류 : 직결과 병렬 구조로 되어 있다.

(2) 터빈의 주기기

① 고정체
  ㉠ 고압·저압 케이싱 : 내부와 외부를 차단하는 압력용기이며, 고정익을 지지해 주고 회전익의 파손시 보호하는 역할을 한다.
  ㉡ 고정익 : 증기의 열에너지를 운동에너지로 바꾸는 안내역할과 증기의 통과량을 조절한다.
② 회전체
  ㉠ 로터 : 회전익의 언주방향의 운동력을 전달받아 회전력으로 바꾸어 발전기로 전달하는 역할을 한다.
  ㉡ 회전익 : 터빈 로터에 조립되어 증기로부터 받은 열에너지를 회전운동으로 바꾸어 주는 역할을 한다.

(3) 터빈 보조기기

① 조속장치   ② 윤활계통
③ 증기계통   ④ 습분 분리 재열기

4. 펌프(pump)

(1) 펌프의 정의

원동기의 동력을 이용하여 비압축성 유체를 이송하거나 압력을 높여 주는 회전기계이다. 주로 원료 공급, 순환, 제품출하, 약액주입 등의 목적으로 사용하고 있다. 펌프와 관련된 내용은 유체기계 과목에서 정리하였다.

5. 장치기기

① 압력용기(pressure vessel) : 액체 또는 기체를 저장, 분리, 이송, 혼합할 때 사용되는 장치이다.
② 반응기(reactor) : 용기 내에서 화학 반응을 행하는 용기를 총칭한다.
③ 탑류(column or tower) : 액체 혼합물에서 각 성분의 증기압의 차를 이용하여 고비점 성분과 저비점 성분을 분리하는 증류탑, 충전물이 내장된 충전탑, 트레이를 갖춘 트레이 타워 등이 있다.
④ 열교환기(heat exchanger) : 열교환 방식에 따라 냉각기, 가열기, 증발기 등이 있다.
⑤ 저장탱크(storage tank) : 장치의 전후에 공급되거나 생산되는 원료, 중간제품, 제품 혹은 부대설비 등의 가스상태 또는 액체를 저장하는 대형용기이다.

2 건축물 기계설비의 종류 및 특성

1. 공조설비

(1) 공기조화설비의 구성

① 열원(냉원) 장치 : 공기 가열 및 냉각을 위한 열원을 만드는 장치로 보일러, 냉동기, 냉온수기, 냉각탑 등이 있다.

② **공기조화 장치** : 공기의 온도, 습도를 조정하고 정화하여 요구하는 공기의 상태를 만들어 내는 장치로 공기여과기, 냉각코일, 공기세정기, 가습기, 에어필터, 송풍기 등으로 구성된다.
③ **열운반 장치** : 중앙기계실에서 냉온수나 공기를 실내로 공급하기 위한 설비로 송풍기, 덕트, 냉온수 펌프, 배관 등으로 구성된다.
④ **자동제어 장치** : 공조기기를 구성하는 많은 각종 설비를 자동으로 작동시키기 위한 장치이다.

(2) 공기조화 장치의 종류 및 특성
① **에어필터** : 여과재에 공기를 통과시켜 분진을 포집하는 장치로 공기 중의 먼지, 오염물질, 냄새를 제거하는 데 사용하는 장치이다.
② **냉각코일 및 가열코일** : 냉각코일은 냉방시에 급기를 냉각 감습하기 위한 장치이고 가열코일은 난방시에 급기를 가열하기 위한 장치이다.
③ 가습장치
④ 감습장치
⑤ 송풍기
⑥ 펌프

2. 냉동설비

(1) 압축기(compressor)
① **압축기** : 증발기에서 증발한 저온저압의 기체냉매를 흡입하여 다음의 응축기에서 응축 액화하기 쉽도록 응축 온도에 상당하는 포화압력까지 압력과 온도를 증대시켜 주는 기기이다.
② 압축기 종류 및 특징
   ㉠ 왕복동 압축기
      ⓐ 고속운전에 비해 능력 낮고 소형이다.
      ⓑ 고진공이 어렵고 체적효율이 낮다.
      ⓒ 동적·정적 균형이 좋고 진동이 적다.
      ⓓ 고속으로 윤활유 낭비가 심하다.
      ⓔ 무·부하 운전(용량제어)이 가능하다.
      ⓕ 윤활유의 열화 및 탄화 현상이 발생한다.
      ⓖ 부품의 호환성이 양호하다.
      ⓗ 마찰이 커 베어링 마멸이 크다
      ⓘ 강제 급유식 채택으로 윤활이 용이하다.
      ⓙ 소리로 고장 유·무 판단이 어렵다.
   ㉡ 회전식압축기
      ⓐ 부품수가 적고 구조가 단순하다.
      ⓑ 분해 조립 및 정비에 특수한 기술이 요구된다.
      ⓒ 연속적인 압축과 고진공이 가능하다.
      ⓓ 마모가 있을 경우 성능저하가 증가한다.
      ⓔ 진동과 소음이 거의 없다.
      ⓕ 흡입밸브가 없고 토출밸브는 역지밸브형이다.
      ⓖ 대형 압축기에 사용이 어렵다.
   ㉢ 스크류 압축기
      ⓐ 설치면적이 좁고 중·대용량용으로 사용한다.
      ⓑ 소음이 크고 진동과 맥동이 없다.
      ⓒ 자동운전에 적합하다.

ⓓ 흡입・토출밸브가 없어 구조가 간단하고 수명이 길다.
ⓔ 액압축 발생 우려가 있다.
ⓕ 유지관리하기가 어렵다.
ⓖ 별도의 오일펌프가 요구된다.
ㄹ) 스크롤압축기
　ⓐ 진동 및 소음이 적다.
　ⓑ 부품수가 적다.
　ⓒ 토크 변동이 작다.
　ⓓ 재팽창 손실이 없어 효율이 높다.
ㅁ) 원심식 압축기
　ⓐ 설치 면적이 작고 대용량에 적당하다.
　ⓑ 고장이 적고 보수가 용이하며 수명이 길다.
　ⓒ 진동이 적으나 소음이 크다.
　ⓓ 저압 냉매가 사용된다.
　ⓔ 취급이 간편하고 설비비가 고가이다.

(2) 응축기(condenser)

① 응축기 : 압축기에서 고압 증기로 압축된 냉매가스를 냉각시켜 액체 냉매로 만드는 장치이다. 열교환 매체에 따라 공랭식, 수냉식, 증발방식 등이 있다.
② 응축기의 종류 및 특징
　ㄱ) 입형 셸 튜브식
　　ⓐ 운전 중에도 냉각관 청소가 가능하다.
　　ⓑ 평행류로 냉각수 소비가 많다.
　　ⓒ 설치면적이 작고 전열이 양호하다.
　　ⓓ 냉각관부식이 쉽고 과냉각이 관란하다.
　　ⓔ 과부하에 견딜 수 있고 옥외설치가 가능하다.
　　ⓕ 가격이 저렴하다.
　ㄴ) 횡형 셸 튜브식
　　ⓐ 설치면적이 작고 소형, 경량화가 가능하다.
　　ⓑ 냉각관 청소가 어렵다.
　　ⓒ 입형에 비해 냉각수 소비가 적다.
　　ⓓ 냉각관 부식이 쉽고 과부하에 견디지 못한다.
　　ⓔ 전열이 양호하다.
　ㄷ) 7통로식
　　ⓐ 설치면적이 작고 수리가 용이하다.
　　ⓑ 구조가 복잡하고 제작비가 고가이다.
　　ⓒ 냉각수 소비가 적고 전열이 가장 우수하다.
　　ⓓ 냉각관 청소가 곤란하다.
　　ⓔ 부식이 쉽고 대용량에 부적합하다.
　ㄹ) 대기식
　　ⓐ 냉각관 청소가 용이하다.
　　ⓑ 설치장소가 넓고 제작비가 고비용이다.
　　ⓒ 대용량 사용이 가능하며 냉각효과가 좋다.
　　ⓓ 관이 길어지면 압력강하가 크고 부식이 쉽다.
　　ⓔ 냉각수 소비량이 다소 많은 편이다.

ⓜ 이중관식
　　ⓐ 냉각수 소비가 적고 전열이 양호하다.
　　ⓑ 냉각관 청소가 어렵고 냉매 누설 및 냉각관 부식 발견이 곤란하다.
　　ⓒ 설치면적이 작고 대용량에 부적합하다.
　　ⓓ 향류형으로 열교환하기 때문에 과냉각 냉매를 얻을 수 있다.
　　ⓔ 제작이 어렵고 제작비가 고가이다.
ⓗ 증발식
　　ⓐ 주로 실외에 설치하며 냉각수 소비가 적다.
　　ⓑ 수냉식에 비해 전열이 불량하다.
　　ⓒ 공랭식에 비해 열전달률이 높다.
　　ⓓ 구조가 복잡하고 설비비가 고가이다.
　　ⓔ 송풍기 및 순환펌프의 동력이 필요하다.
　　ⓕ 배관이 길어져 압력강하가 크다.
　　ⓖ 냉각탑을 사용하는 것보다 응축압력이 낮다.
ⓢ 공랭식
　　ⓐ 설치가 간단하고 통풍이 잘되는 곳에 두어야 한다.
　　ⓑ 전열이 불량하여 응축온도가 높다.
　　ⓒ 응축기의 크기가 대형이고 배관의 길이가 길어진다.
　　ⓓ 냉각수 관련 설비가 불필요하다.
　　ⓔ 송풍기에 의한 소음이 발생한다.
ⓞ 셸 앤드 코일식
　　ⓐ 소형이므로 경량화가 가능하고 제작비가 적게 든다.
　　ⓑ 냉각수량이 적으나 냉각관 청소가 곤란하다.
　　ⓒ 냉각관의 교환이 곤란하다.

(3) 팽창밸브
① 팽창밸브 : 냉매의 압력과 온도를 강하시키며 냉동부하의 변동에 대응할 수 있도록 냉매유량을 조절하여 냉동시스템의 균형을 유지하는 장치이다.
② 자동식 팽창밸브의 종류 및 특징
　㉠ 온도식 자동팽창밸브
　　ⓐ 소형 냉동 공조장치의 냉매유량제어에 가장 일반적으로 사용되는 방식이다.
　　ⓑ 내부 균압형과 외부 균압형이 있다.
　　ⓒ 압력강하가 작을 때는 내부 균압형을 사용하고 압력 강하가 클 때는 외부 균압형을 사용한다.
　㉡ 정압식 자동팽창밸브
　　ⓐ 증발기 내에서의 증발 압력을 일정하게 유지시키는 방식이다.
　　ⓑ 부하에 따른 냉매량 제어가 불가능하여 냉동부하의 변동이 적을 때 또는 냉수, 브라인 등의 동결방지용으로 사용한다.
　㉢ 플로트 팽창밸브
　　ⓐ 고압측 플로트 팽창밸브
　　ⓑ 저압측 플로트 팽창밸브

(4) 증발기(Evaporator)
① 증발기 : 저온 저압의 액 냉매가 증발작용에 의하여 주위의 냉동부하로부터 열을 흡수하여 냉동효과를 증가시키기 위한 장치이다.

② 증발기의 종류 및 특징
　㉠ 건식
　　ⓐ 증발기 내 냉매액 25%, 냉매가스 75%가 채워져 있다.
　　ⓑ 증발관 내에 냉매액보다 가스가 많아지므로 전열이 불량하다.
　　ⓒ 냉매액의 순환량이 적어 액분리기가 필요없다.
　　ⓓ 공기 냉각용으로 많이 사용한다.
　　ⓔ 냉매공급이 위에서 아래로 공급(Down Feed Type)되므로 오일 회수가 용이하여 오일 회수장치가 필요 없다.
　㉡ 반만액식
　　ⓐ 냉매액 50%, 냉매가스 50%이다.
　　ⓑ 냉매액이 건식보다 많아 전열이 양호하다.
　㉢ 만액식
　　ⓐ 증발기 내는 냉매액으로 항상 가득 차 있다.
　　ⓑ 액분리기가 필요하나 프레온 냉동장치의 경우는 액분리기를 설치하지 않아도 된다.
　　ⓒ 냉매액 75%, 냉매가스 25%가 채워져 있다.
　　ⓓ 냉매액량이 많아 전열이 양호하고 액체 냉각용에 주로 사용된다.
　㉣ 액순환식(액펌프식)
　　ⓐ 액펌프를 사용하여 강제 순환시킨다.
　　ⓑ 증발기 내에 오일이 고일 염려가 없다.
　　ⓒ 구조가 복잡하고 냉매펌프가 필요하다.
　　ⓓ 타 증발기 보다 전열이 양호하다.
　　ⓔ 제작비가 고가이다.

3. 난방설비

(1) 난방방식의 분류
① 개별난방, 중앙난방, 지역난방 등이 있다. 중앙난방에는 직접난방과 간접난방이 있고 직접난방에는 증기난방, 온수난방, 복사난방 등이 있으며 간접난방으로는 온풍난방이 있다.
② 난방방식의 비교
　㉠ 쾌감도 : 복사 > 온수 > 증기
　㉡ 부하변동이 심한 곳은 온수난방이 적합하다.
　㉢ 설비비 : 태양열 > 복사 > 온수 > 증기 > 온풍 순이다.

(2) 온수난방
① 온수난방은 방열기를 이용한 현열에 의한 난방이므로 쾌감도가 양호하다.
② 저장탱크 : 물의 온도변화에 따른 체적팽창과 장치 내의 압력을 흡수하여 장치의 파열을 방지하는 목적을 갖고 있다.
③ 온수난방 시공법
　㉠ 온수공급관의 구배는 상향구배를 원칙으로 한다.
　㉡ 배관 중에 공기가 고이지 않도록 팽창탱크 또는 공기밸브를 향해 1/250 이상의 상향구배로 시공한다.

(3) 증기난방
① 보일러에서 발생시킨 증기가 방열기에서 응축될 때의 잠열을 이용한 난방방식이다.
② 응축수 환수 방식에 진공환수식이 있다. 진공환수식은 진공펌프를 사용하여 순환하는 방식으로 증기의 순환이 빨라 대규모 건축물에 사용한다.

③ 진공환수식은 리프트 피팅(lift fitting) 이음을 사용한다. 리프트 피팅이음이란 방열기 보다 높은 위치에 환수관을 연결하여 환수관보다 높은 위치로 환수관의 응축수를 끌어올려 환수하는 배관 방법이다. 1단 흡상 높이는 1.5m 정도이며 리프트관은 환수관보다 한 치수 작은 것을 사용한다.
④ 하트포드 접속법(hartford connection) : 증기관과 환수관 사이에 균형관을 접속하여 환수관 누설로 인하여 보일러 수위가 파괴되는 것을 방지하기 위한 것이다. 즉, 보일러 내의 안전 수위를 유지하기 위한 접속법이다.

(4) 복사난방
건물의 바닥, 천장, 벽 등에 파이프 코일을 매설하고 열원에 의해 패널을 직접 가열하여 실내를 난방하는 방식이다.

(5) 온풍난방
열원장치에서 가열한 공기를 직접 실내에 공급하여 난방하는 방식이다.

(6) 지역난방
중앙식 냉난방의 일종으로 일정한 장소의 기계실에서 넓은 지역 내의 여러 건물에 증기나 고온수 혹은 냉수를 공급하여 냉난방을 하는 방식이다.

(7) 방열기(radiator)
방열기의 종류로는 주형방열기, 벽걸이 방열기, 대류방열기, 길드방열기, 유닛 히터 등이 있다.

4. 덕트설비

(1) 취출구(토출구, diffuser)
① 취출구 : 공기를 실내에 공급하기 위한 개구부로 설치 위치 및 형식에 따라 실내로의 취출 기류형상, 온도 분포, 환기 기능의 변화가 생긴다.
② 축류취출구의 종류 및 특징
  ㉠ 노즐형
    ⓐ 구조가 간단하여 극장, 로비, 공장에 사용하고 있다.
    ⓑ 소음발생이 적다.
    ⓒ 도달거리가 길다.
  ㉡ 펑커 루버형
    ⓐ 풍량 조절이 용이하다.
    ⓑ 목을 움직여 기류 방향 조절이 가능하다.
    ⓒ 선박의 환기용, 주방에 사용하고 있다.
  ㉢ 유니버설형(격자형)
    ⓐ 각 형의 몸체에 여러 개의 날개를 수직, 수평으로 설치하여 공기의 취출방향을 조절할 수 있다.
    ⓑ 날개 뒷면의 셔터(shutter),를 이용하여 풍량을 조절할 수 있다.
    ⓒ 셔터가 없어 풍량 조절이 불가능한 그릴(grille)형이 있고, 셔터가 붙어 있어 풍량 조절이 가능한 레지스터(register)가 있다.
    ⓓ 수직형, 수평형, 수직-수평형이 있다.
  ㉣ 라인형
    ⓐ 종횡비가 큰 취출구로서 천장, 창틀 위에 설치하는 종류이다.
    ⓑ 브리즈 라인형, 캄라인형, T-라인형 등이 있다.

ⓜ 다공판형
　　ⓐ 확산성능이 우수하다.
　　ⓑ 도달거리가 짧고 소음이 크다.
③ 복류취출구의 종류 및 특징
　㉠ 팬형(원형, 원추형)
　　ⓐ 구조가 간단하다.
　　ⓑ 기류방향의 균등성을 얻기가 힘들다
　　ⓒ 수평방사형으로 공기를 취출하여 우산모양이다.
　㉡ 아네모스탯형(원형, 각형)
　　ⓐ 확산반경이 크고 도달거리가 짧다
　　ⓑ 천장 취출구로 가장 많이 사용한다.
　　ⓒ 오염방지 링이 부착되어 있다.
④ 콜드 드래프트(cold draft) : 창 부근의 온도는 실내의 공기 온도보다 낮기 때문에 낮은 기온은 바닥 부근 아래쪽으로 흘러서 방의 내부쪽으로 들어오게 된다. 이 차가운 공기가 인체에 도달하면 인체 하부쪽 공기의 온도가 낮아지기 때문에 불쾌감을 느끼게 되는 현상이다.

(2) 흡입구
① 도어 그릴형(door grille) : 하부에 부착되어 고정식 베인 격자형의 흡입구의 종류이다.
② 루버형(louver) : 큰 가로 날개가 바깥쪽 아래로 경사지게 붙어서 고정되어 있으며 눈과 비의 침입을 방지하는 종류이다.
③ 머시룸형(mushroom) : 버섯모양으로 되어 있으며 극장 등의 좌석 밑에 설치하여 바닥의 먼지를 흡입하는 종류이다.

(3) 댐퍼(damper)
① 풍량 조절용 댐퍼(volume damper)
　㉠ 버터플라이 댐퍼(단익 댐퍼; butterfly damper) : 가장 구조가 간단하고 소형 덕트에 사용한다.
　㉡ 루버 댐퍼(다익 댐퍼; louver damper) : 2개 이상의 날개를 가진 댐퍼로 대형 덕트에 사용한다.
　㉢ 베인 댐퍼 : 송풍기의 흡입구에 설치하여 흡입풍량을 세밀하게 조절할 수 있다.
② 풍량 분배용 댐퍼
　㉠ 스플릿 댐퍼(split damper)
　　ⓐ 덕트의 분기부에 설치해서 풍량의 분배를 하는데 사용한다.
　　ⓑ 길이가 짧으면 기류에 흩어짐이 생기기 쉽다.
　　ⓒ 댐퍼 날개의 강도가 적으면 진동 및 소음이 발생한다.
③ 역류 방지용 댐퍼 : 종류로는 릴리프 댐퍼(relief damper)가 있다.
④ 밸런싱 댐퍼(balancing damper) : 고속덕트에서 정압조정용으로 사용할 수 있다.
⑤ 차단용 댐퍼
　㉠ 방화댐퍼(fire damper) : 화재 발생시 화재가 확산되는 것을 방지하기 위한 차단용 댐퍼이다.
　㉡ 방연댐퍼(smoke damper) : 실내의 화재시 발생한 연기가 다른 구역으로 이동하는 것을 방지하는 댐퍼이다.
⑥ 점검구(access door) : 덕트 내에 설치되어 댐퍼의 점검이나 조정 및 청소 등을 위하여 설치하는 것으로 공조기의 주요부분 외에 설치장소로는 다음과 같다.
　㉠ 방화댐퍼의 퓨즈를 교체할 수 있는 곳
　㉡ 풍량조절 댐퍼의 점검 및 조정이 가능한 곳
　㉢ 말단 코일이 있는 곳
　㉣ 먼지의 제거가 가능한 덕트의 말단 위치에 설치한다.

⑩ 에어 챔버가 있는 곳

(4) 환기
① 환기의 목적으로는 대표적으로 3가지가 있다.
　㉠ 실내공기의 정화 및 신선한 공기를 공급하는 것
　㉡ 발생열 제거하는 것
　㉢ 수증기를 제거하는 것
② 환기 방법으로는 자연환기와 팬을 이용하는 기계환기 방법이 있다.
　㉠ 제1종 환기법(병용식 기계환기)
　　ⓐ 팬을 사용하여 병원의 수술실, 대규모 보일러실, 변전실 등의 압력제어 조절이 가능하다.
　　ⓑ 급기와 배기 때 모두 팬을 사용한다.
　㉡ 제2종 환기법(압입식 기계환기)
　　ⓐ 급기는 팬을 사용하고 배기 자연배기 시키니다.
　　ⓑ 반도체 공장, 무균실 등의 청정실에 적합하다.
　　ⓒ 실내 압은 정압상태를 유지한다.
　㉢ 제3종 환기법(흡출식 기계환기)
　　ⓐ 급기는 자연급기이고 배기 때는 팬을 사용한다.
　　ⓑ 주방, 화장실 등의 오염실에 적합하다.
　　ⓒ 실내 압은 부압상태이다.
　㉣ 제4종 환기법(자연환기식)
　　ⓐ 자연급기에 자연배기를 적용한다.
　　ⓑ 급기구와 배기통, 모니터 루프, 루프 벤틸레이터 등에 사용한다.

(5) 덕트시공법
① 덕트 재료 : 아연도금강판을 주로 사용한다. 고강도에 가공의 용이성, 저렴한 가격 등의 특징이 있다.
② 덕트 보강
　㉠ 앵글 보강 : 장변 1000mm 이상의 덕트에 사용한다.
　㉡ 다이아몬드 브레이크
　　ⓐ 장변 450mm 이상의 덕트에 사용한다.
　　ⓑ 덕트 옆변 철판에 주름을 잡아 덕트의 강도를 높이는 방법이다.
　㉢ 리브 보강 : 장변 450mm 이상의 덕트에 사용한다.
　㉣ 고속 덕트 : 스파이럴 덕트를 사용한다.
③ 시공시 주의사항
　㉠ 아스팩트비(aspect ratio : 종횡비) : 덕트의 폭에 대한 덕트의 비
　　ⓐ 일반적으로 3 : 2로 하고 최소길이는 15cm 정도이다.
　　ⓑ 최대 10 : 1 이하로 하고 가능한 6 : 1 이하로 한다.
　㉡ 굽힘부는 가능한 한 큰 곡률반경으로 해준다.
　　ⓐ 반경비는 1.5~2로 한다. 반경비란 장변에 대한 곡률반경이다.
　　ⓑ 반경비가 1.5 이내가 될 경우에는 가이드 베인을 설치한다.
　㉢ 덕트의 확대각도는 15°(고속덕트 8°) 이하, 최소각도 30°(고속덕트 15°) 이하로 한다.
　㉣ 송풍기와 덕트의 접속은 캔버스 이음(canvas connection)을 하여 송풍기의 진동이 덕트에 전달되지 않도록 한다.
　㉤ 덕트의 경로는 될 수 있는 한 최단거리로 한다.

④ 배치 : 송풍기에서부터 덕트와 취출구의 배치계획은 건축설계계획과 함께 이루어져야 하며 덕트의 배치방식으로는 간선덕트방식, 개별덕트방식, 환상덕트방식 등이 있다.

5. 급수 · 급탕설비

(1) 급수설비
① 건물의 각종 위생기구에서 필요한 물을 공급하기 위한 기기와 장치들을 급수설비라 한다.
  ㉠ 급수기구가 충분한 기능을 발휘할 수 있는 수량을 공급할 수 있어야 한다.
  ㉡ 사용목적에 알맞은 수압을 유지할 수 있어야 한다.
  ㉢ 항상 위생적으로 안전한 물의 공급 등이 요구된다.
② 급수방식의 종류와 특징
  ㉠ 수도직결 방식 : 도로 밑의 수도 본관에서 분기하여 건물 내에 직접 급수하는 방식이다.
    ⓐ 구조가 간단하고 설비비가 저렴하며 소규모 건물에 이용되는 방식이다.
    ⓑ 급수 오염이 적으며 정전 시에도 급수가 가능하다.
    ⓒ 고층일수록 급수압이 감소하므로 수도 본관의 최소 소요압력이 최고층에 설치한 위생기구까지 급수할 수 있어야 한다.
  ㉡ 옥상탱크 방식 : 대규모 시설에서 일정한 수압을 얻고자 할 때 많이 이용되며 수돗물을 저수탱크에 모은 후 양수펌프에 의하여 고가 탱크에 양수하여 탱크에서 흡수관에 의해 급수하는 방식으로 가장 많이 사용하는 방식이다.
    ⓐ 정전, 단수 시 탱크에 받은 물을 사용할 수 있다.
    ⓑ 항상 일정한 수압으로 급수가 가능하다.
    ⓒ 옥상 탱크의 설치 면적 및 하중을 고려하여 건축물 구조를 강화해야 한다.
  ㉢ 압력탱크 방식 : 저수탱크에 저장된 물을 급수펌프로 압력탱크 내로 공급하면 가압된 공기압에 의하여 건물 상부로 급수하는 방식이다.
    ⓐ 탱크 설치위치에 제한을 받지 않는다.
    ⓑ 국부적으로 고압을 필요로 할 때 적합하다.
    ⓒ 정전이나 펌프 고장시 급수가 중단된다.
    ⓓ 압력탱크의 제작으로 제작비, 시설비가 고가이며 취급에 어려움이 있다.
  ㉣ 탱크가 없는 부스터 방식 : 수도 본관으로부터 물을 일단 물받이 탱크에 저수하여 급수 펌프만으로 건물 내의 소요개소에 급수하는 방식이다.
    ⓐ 자동제어 시스템으로 구성되어 고장 시 수리가 어렵다.
    ⓑ 전력소비가 많고 설비비가 많이 든다.
③ 급수배관 방식
  ㉠ 상향식 배관법 : 수평주관을 지하실 천장이나 1층 바닥 밑에 설치하고 수직관을 세워서 급수하는 방식이다.
    ⓐ 수도 직결식
    ⓑ 압력 수조식
    ⓒ 펌프 직송식
  ㉡ 하향식 배관법 : 수평주관을 제일 위층의 천장 안이나 옥상에 설치하고 수직관을 내려 급수하는 방식이다.

(2) 급탕설비
① 급탕방식
  ㉠ 개별식 급탕방식
    ⓐ 온수를 쉽게 얻을 수 있고, 소규모 건물에 급탕 개소가 적을 때 사용한다.

ⓑ 배관 열손실이 적어서 설비비, 유지비가 저렴하다.
ⓒ 중앙식 급탕방식
ⓐ 연료비가 절감되고 열효율이 높다.
ⓑ 가스를 사용하고 대규모 급탕을 실시한다.
ⓒ 호텔, 병원, 아파트 등과 같이 급탕개소가 많은 대규모 건축물에 적합하다.
ⓓ 기계실에 배치되어 관리가 용이하다.
② 급탕방식의 분류
㉠ 배관방식에 따른 분류
ⓐ 단관식 : 주택 등 소규모 설비에 적합하다.
ⓑ 복관식 : 아파트 등 중·대규모 시설에 적합하다.
㉡ 복관식에 따른 분류
ⓐ 상향식
ⓑ 하향식
ⓒ 상하혼용식
ⓓ 역환수방식(리버스 리턴방식)
㉢ 온수순환방식
ⓐ 중력순환식
ⓑ 강제순환식

(3) 배수통기설비
① 건물에서 발생한 각종 오수 및 잡배수를 신속히 밖으로 배출시키는 설비이다.
② 옥내 배수설비
㉠ 배수트랩 : 하수관 속에서 발생한 부패 가스가 배수관을 통하여 실내로 역류를 방지하는 장치이다.
ⓐ 사이펀식 트랩 : S트랩, P트랩, U트랩 등이 있다.
ⓑ 비사이펀식 트랩 : 벨 트랩, 드럼 트랩, 그리스 트랩, 가솔린 트랩 등이 있다.
㉡ 트랩 봉수 : 트랩 내부의 악취를 차단시키는 장치이다.
㉢ 봉수 파괴 : 트랩 내에 머리카락, 실 등이 있으면 모세관작용으로 봉수가 서서히 빨려나가 봉수가 파괴된다.
㉣ 통기 배관 : 봉수를 보호하기 위한 관이다.

6. 가스설비

(1) 도시가스 공급 설비
① 공급방식
㉠ 저압 공급방식 : 가스압력 $1kg/cm^2$ 미만의 압력으로 공급하는 방식이다.
㉡ 중압 공급방식 : 가스압력 $1 \sim 10kg/cm^2$ 미만의 압력으로 공급하는 방식이다.
㉢ 고압 공급방식 : 가스압력 $10kg/cm^2$ 미만의 압력으로 공급하는 방식이다.
② 도시가스 공급시설 및 공급순서
㉠ 저장설비 → 압축설비 → 압력조정설비 → 수송설비 → 사용량의 적산설비
㉡ 저장설비에는 가스홀더, 압축설비에는 압축기, 압력조정설비에는 정압기, 수송설비에는 도관, 사용량의 적산설비에는 가스미터 등이 있다.

chapter 2 · 실전연습문제

01 열원방식에서 에너지를 선택·결정할 때 고려되어야 할 사항으로 틀린 것은?
① 복합에너지 시스템으로서 시스템 구축
② 에너지원 확보의 안정성
③ 기기의 용량 분할의 필요성
④ 열원기기의 유지·보수관리 필요성

02 증기 사용압력이 가장 낮은 보일러는 다음 중 어느 것인가?
① 관류보일러 ② 노통 연관 보일러 ③ 입형보일러 ④ 수관보일러

> **Solution**
> ① 관류보일러 : 4~7kg/cm²
> ② 노통 연관 보일러 : 4~7kg/cm²
> ③ 입형보일러
>   ㉮ 증기 : 0.5kg/cm² 이하
>   ㉯ 온수 : 3kg/cm² 이하
> ④ 수관보일러 : 10kg/cm² 이상

03 배관설비 중 보일러의 안전수면을 유지시키기 위한 설비는?
① 플랜지 이음 ② 슬리브 이음 ③ 하트포드 접속관 ④ 리버스 리턴 배관

> **Solution**
> • 하트포드 접속관 : 보일러 측면에 관을 연결하여 안전 수면보다 높은 위치에 환수관을 접속하는 방법이다.

04 온풍난방의 특징으로 잘 못 설명된 것은?
① 실내 층고가 높을 경우에는 상하의 온도차가 작다.
② 예열부하가 거의 없으므로 기동시간이 아주 짧다.
③ 연소장치, 송풍장치 등이 일체로 되어 있어 설치가 간단하다.
④ 토출 공기 온도가 높으므로 쾌적도는 떨어진다.

> **Solution** 실내 층고가 높을 경우에는 상하의 온도차가 크다.

05 덕트의 배치방식에 관한 설명 중 잘못된 것은?
① 환상덕트 방식은 2개의 덕트 말단을 루프상태로 연결함으로써 덕트 말단에 가까운 취출구에서 송풍량의 언밸런스가 발생될 수 있다.
② 간선덕트 방식은 주덕트인 입상 덕트로부터 각 층에서 분기되어 각 취출구로 취출관을 연결한다.
③ 각개 입상덕트 방식은 호텔, 오피스빌딩 등 공기·수방식인 덕트병용 팬코일 유닛방식이나 유인 유닛방식 등에 사용된다.
④ 개별덕트 방식은 주덕트에서 각개의 취출구로 각개의 덕트를 통해 분산하여 송풍하는 방식으로 각 실의 개별 제어성은 우수하다.

> **Solution**
> • 환상덕트방식 : 2개의 덕트 말단을 루프상태로 연결하여 양쪽 덕트의 정압이 균일하다. 말단 공기 취출구의 압력조절이 용이하므로 송풍량의 언밸런스를 개선할 수 있다.

Answer 01 ④ 02 ③ 03 ③ 04 ① 05 ①

06 중앙식 공조방식의 특징으로 틀린 것은?
① 소형건물에 적합하며 유리하다.
② 송풍량이 많으므로 실내공기의 오염이 적다.
③ 덕트가 대형이고 개별식에 비해 설치공간이 크다.
④ 리턴 팬을 설치하면 외기 냉방이 가능하게 된다.

> **Solution** 대형공조실과 덕트 스페이스가 커 대형건물에 적합하다.

07 급탕설비에 관한 설명으로 맞지 않는 것은?
① 리버스리턴 배관은 배관 내 마찰손실수두를 줄이기 위한 것이다.
② 중앙식 급탕설비에서의 급탕온도는 일반적으로 60℃를 기준으로 한다.
③ 증기 취입식 기수 혼합 가열장치에는 소음을 줄이기 위하여 사일렌서를 설치한다.
④ 배관과 보일러 또는 저장탱크와의 접속에는 역류방지기를 설치한다.

> **Solution** 리버스 리턴배관은 각 지관에서의 온수 순환을 균일하게 하기 위해 사용한다.

08 지역냉난방설비에 대하여 잘못 설명된 것은?
① 사용자에게는 화재의 염려가 없다.
② 에너지의 효율적 이용 및 배열이용이 가능하다.
③ 대기오염물질이 증가한다.
④ 도시의 방재 수준의 향상이 가능하다.

09 수냉식 응축기와 공랭식 응축기의 작용을 혼합한 응축기는?
① 대기식 응축기   ② 7통로식 응축기   ③ 중방식 응축기   ④ 지수식 응축기

10 온풍난방에 대한 특징을 설명한 것으로 다음 중 맞지 않는 것은?
① 열효율이 나쁘고 연료가 많이 든다.
② 시스템 전체의 열용량이 적고 예열소요시간이 짧다.
③ 취출온도의 차가 커서 온도분포가 나쁘다.
④ 설비비가 저렴하다.

> **Solution** 온풍난방은 연료비가 적게 들고 열효율이 높다.

11 관류보일러의 특징으로 다음 중 맞는 것은?
① 간단히 고압의 증기를 얻기가 곤란하다.
② 드럼과 여러 개의 수관으로 구성되어 있다.
③ 부하변동에 대한 추종성이 좋다.
④ 취급이 용이하고 수처리가 필요 없다.

> **Solution** ●관류보일러의 특징
> ㉠ 보유수량이 적어 시동시간이 짧다.
> ㉡ 대유량 부적합, 수처리가 복잡, 소음이 크고 고가이다.
> ㉢ 부하변동에 따라 압력과 수위 변동이 심하다.
> ㉣ 보일러 효율이 아주 높다.

Answer 06 ① 07 ④ 08 ③ 09 ② 10 ① 11 ③

12 증기난방 방식에 대한 설명 중 잘 못된 것은?
① 부하기기에서 증기를 응축시켜 응축수 만을 배출시킨다.
② 배관방법에 따라 단관식과 복관식이 있다.
③ 환수방식에 따라 중력환수식과 진공환수식, 기계환수식으로 구분한다.
④ 제어성이 온수에 비해 양호하다.

> **Solution** 증기난방은 온수난방에 비해 방열량 조정이 어려워 부하변동에 대응이 곤란하므로 제어성이 불량하다.

13 난방설비 분류에서 간접난방법에 해당되는 것을 골라라?
① 복사난방   ② 증기난방   ③ 온풍난방   ④ 온수난방

> **Solution** 직접난방의 종류로는 증기난방, 온수난방, 복사난방 등이 있다.

14 공기조화방식에 있어 지구 환경보존과 에너지 절약 추세에 따른 특수 열원방식으로만 나열된 것을 골라라?
① 터보 냉동기, 축열방식
② 열회수방식, 흡수식 냉동기 + 보일러방식
③ 흡수식 냉온수기방식 + 보일러방식
④ 열병합발전방식, 축열방식

> **Solution**
> • 특수열원방식 : 열회수방식, 축열방식, 태양열방식, 열병합방식, 지역냉난방방식 등이 있다.
> • 일반열원방식 : 전동냉도기+보일러방식, 흡수냉동기+보일러방식, 흡수냉온수기방식, 히트펌프방식 등이 있다.

15 급수설비에서 발생하는 수격작용의 방지법으로 다음 중 잘못된 것은?
① 기구류 가까이에 공기실을 설치한다.   ② 관내의 유속을 낮게 한다.
③ 직선배관 대신 굴곡배관을 한다.   ④ 수전류 등의 폐쇄를 서서히 한다.

> **Solution** 수격작용이란 관로 내의 물의 흐름을 갑자기 변화시켜 압력의 변화로 인하여 관내의 충격음이 발생하고, 그 충격으로 진동이 발생하기도 하여 장치의 고장의 원인이 되는 현상이다. 이러한 것을 해결하는 방법 중 배관은 직선배관을 하는 것이 갑작스러운 유체 흐름의 변화를 가져오지 않는다.

16 복사 난방설비의 장점으로 올바르지 않은 것은?
① 실내에 방열기가 없기 때문에 바닥면의 이용도가 높다.
② 실내 상하의 온도차가 적고, 온도분포가 균등하다.
③ 매설배관이므로 준공 후의 보수·점검이 쉽다.
④ 인체에 대한 쾌감도가 높은 난방방식이다.

> **Solution** 복사 난방의 경우 수배관이 매설배관이므로 누설, 발견 및 보수가 어렵고 설비비가 많이 든다.

17 열원기기 선정의 기본적 사항으로 적당하지 않은 것은?
① 운전시간   ② 공조부하   ③ 기계실 위치   ④ 공해분제

18 온수난방 설비용 장치가 아닌 것은 다음 중 어느 것인가?
① 릴리프밸브   ② 순환펌프   ③ 관말트랩   ④ 팽창탱크

> **Solution** 관말트랩은 증기배관의 말단에 사용한다.

Answer 12 ④ 13 ③ 14 ④ 15 ③ 16 ③ 17 ① 18 ③

19 기계급기와 지연배기에 의한 환기방식으로 주로 클린룸과 수술실 등에서 주로 적용하는 환기법은 다음 중 어느 것인가?
① 4종환기법　　② 3종환기법　　③ 2종환기법　　④ 1종환기법

20 증기트랩에 관한 종류이다. 다음 설명 중 맞는 것은?
① 고압, 중압, 저압에 사용되며 작동시 구조상 증기가 약간 새는 결점이 있는 것이 충격식 트랩이다.
② 에어 리턴식이나 진공환수식 증기 배관의 방열기 및 관말 트랩이나 고압배관에 사용되는 것이 열동식 트랩이다.
③ 중압, 저압의 증기 환수용으로 사용되는 것이 버킷 트랩이다.
④ 다량의 응축수를 처리하는 곳에 사용되며, 고압증기용 기기 부속 트랩이 플로트 트랩이다.

> **Solution**　• 열동식 트랩 : $1kg/cm^2$ 이하의 저압배관, 방열기 출구, 관말 트랩용으로 사용한다.
> • 버킷 트랩 : 고압증기의 관말트랩용으로 사용한다.
> • 플로트 트랩 : 다량의 응축수를 처리하는 곳, 저압 증기용 기기 부속 트랩용으로 사용한다.

21 원통형 보일러에는 입형 및 횡형 보일러가 있다. 횡형 보일러 중 노통 보일러의 종류로 묶인 것은?
① 밸렉스 보일러와 라몽 보일러　　② 코니시 보일러와 밸렉스 보일러
③ 코니시 보일러와 랭커셔 보일러　　④ 랭커셔 보일러와 라몽 보일러

22 오수 정화시설에서 폭기 시설을 채택하는 가장 중요한 이유는 다음 중 어느 것인가?
① 소독을 원활하게 하기 위하여
② 산소가 충분히 공급되게 하기 위하여
③ 혐기성 박테리아의 촉진을 위하여
④ 혐기성 박테리아의 촉진을 위하여

> **Solution**　• 폭기시설 : 유기질의 분해가 왕성하게 행하여지게 하기 위해서는 충분한 산소의 보급이 중요하다. 오수를 공기를 잘 접촉시켜 산소를 보급시켜 충분하게 유기질의 분해를 행하게 하는 것이 폭기시설(폭기조)이다.

23 다음은 스프링클러 설비의 특징이다. 가장 거리가 먼 것은 무엇인가?
① 소화 후 복구가 용이하다.
② 초기 진화에 절대적인 효과가 있다.
③ 조작이 간편하고 안전하다.
④ 시공이 간단하고 초기기설비가 적게 든다.

24 증기난방설비에서 주철제방열기를 설치할 때 벽과의 간격으로 가장 적당한 거리는 다음 중 어느 것인가?
① 120mm 이상　　② 10~20mm　　③ 50~60mm　　④ 90~100mm

25 덕트 시공시 고려사항을 열거한 것이다. 다음 중 틀린 것은?
① 벽 등을 관통할 때는 반드시 천정 또는 보에 현수 지지구를 사용하여 고정한다.
② 공기의 흐름에 따른 마찰저항을 적게 한다.
③ 소음이나 진동이 발생하지 않도록 한다.
④ 덕트 내의 압력창에 의해 덕트가 변형되도록 한다.

> **Answer**　19 ③　20 ①　21 ③　22 ②　23 ④　24 ③　25 ④

26 다음은 도시가스의 공급방식이다. 가장 알맞은 것을 골라라.

① 원료 → 제조 → 압력조정 → 저장 → 압송 → 소비처
② 원료 → 제조 → 압송 → 저장 → 온도조절 → 소비처
③ 원료 → 제조 → 압송 → 저장 → 압력조정 → 소비처
④ 원료 → 제조 → 온도조절 → 저장 → 압송 → 소비처

27 다음 중 터보형 압축기가 아닌 것은?

① 원심식 압축기   ② 축류식 압축기   ③ 왕복형 압축기   ④ 혼류식 압축기

Solution 터보형은 원심식이다. 왕복형 압축기는 용적형의 종류이다.

28 중력 환수식 증기난방법에서 단관식의 설명으로 틀린 것을 골라라.

① 방열기 밸브는 응축수가 체류되지 않는 것을 선택하여 설치하여야 한다.
② 보일러에서 먼 곳에 있는 방열기는 난방이 불완전하여 소규모 난방에 이용된다.
③ 복관식에 비해 배관의 길이가 짧아진다.
④ 환수관이 있기 때문에 충분한 난방을 위해 공기빼기 밸브를 설치할 필요가 없다.

29 중앙식 급탕법과 비교한 개별식 급탕법의 특징이 아닌 것을 골라라.

① 연료비가 적게 든다.
② 배관의 길이가 짧아 열손실이 적다.
③ 필요한 즉시 높은 온도의 물을 쓸 수 있다.
④ 사용이 쉽고 시설이 편리하다.

30 대용량, 원거리 수송에 안전하게 공급할 수 있는 가스공급방식으로 고압으로 압송된 가스를 고압정압기에 의해 중압으로 감압하여 공장 등에 공급하고 또 지구정압기에서 저압으로 감압하여 수요자에게 공급하는 가스공급방식으로 적당한 것을 골라라.

① 중간압공급   ② 저압공급   ③ 고압공급   ④ 중압공급

31 각 층이 동일 평면으로 된 공동주택 등에 많이 사용되며, 최상부의 배수 수평관이 배수 수직관에 접속된 위치보다도 더욱 위로 배수 수직관을 끌어올려 대기 중에 개구한 통기관으로 적당한 것은?

① 환상 통기관   ② 신정 통기관   ③ 연합 통기관   ④ 회로 통기관

32 급수설비에서 급수방식을 분류했을 때 관련 없는 것은?

① 압력 탱크식   ② 상·하향 혼합식   ③ 수도 직결식   ④ 부스터식

33 이중 덕트 공기조화설비 방식의 장점으로 다음 중 맞는 것을 골라라.

① 덕트가 2중이므로 차지하는 면적이 넓다.
② 설비비가 비교적 적게 든다.
③ 운전비가 비교적 적게 든다.
④ 혼합 박스에서 온습도 조절을 자유롭게 할 수 있다.

Answer 26 ③ 27 ③ 28 ④ 29 ① 30 ③ 31 ② 32 ② 33 ④

34 도시가스 공급설비에서 부취제[腐臭劑]에 관한 설명으로 다음 중 가장 적당한 것은?
① 가스의 누설을 초기에 발견하여 중독 및 폭발사고를 방지하기 위함이다.
② 냄새를 제거하여 누설을 쉽게 감지할 수 없도록 하기 위함이다.
③ 독성이 없고 낮은 농도에서는 냄새 식별이 되지 않는 부취제이어야 한다.
④ 사용되는 부취제는 가스의 종류와 공급 지역에 따라 차이가 없도록 한다.

> **Solution** • 부취제(附臭劑) : 일종의 방향 화합물로 가스 등에 첨가하여 냄새로 식별이 가능하도록 하는 물질이다. 예를 들면 천연가스에 첨가하여, 가스누출 시 신속하게 이를 알아챌 수 있도록 하는 물질[메르캅탄(mercaptan)]로 사용된다.

35 압축공기 배관설비 부속장치에 대한 설명으로 다음 중 적당하지 않은 것은?
① 공기 흡입관은 압축될 공기를 흡입하기 위한 관이다.
② 분리기는 외부에서 흡입된 습기를 압축에 의해 분리하는 장치이다.
③ 공기탱크는 공기의 흡입측 압력을 증가시키기 위한 장치이다.
④ 공기 여과기는 공기 속의 먼지를 제거하기 위한 장치이다.

> **Solution** • 공기탱크 : 맥동방지용으로 설치한다.

36 스팀 사일런서(steam silencer)를 사용하여 증기를 직접 물속에 넣어 가열하는 급탕기로 다음 중 맞는 것은?
① 기수 혼합 급탕기 ② 전기 순간 온수기 ③ 저탕식 급탕기 ④ 가스 순간 급탕기

> **Solution** • 사일런서(silencer) : 급탕설비에서 물속에 증기를 직접 분출시켜 가열하게 되면 증기가 급격하게 냉각되므로 체적의 변화를 일으켜 소음이 발생된다. 이 소음 발생을 방지하기 위해 증기의 분출구에 사용하는 소음기의 일종이다.

37 공기조화장치에서 공기 중 먼지나 매연을 제거, 공기를 세척하고 습조조절의 기능이 있으며 입구에 루버가 있고 출구에 일리미네이트가 있는 것은 다음 중 어느 것인가?
① 공기 세정기 ② 가습기 ③ 공기 송풍기 ④ 공기 여과기

38 화학배관설비에서 화학장치 재료의 구비조건으로 다음 중 잘못 설명된 것은?
① 저온에서 재질의 열화가 있어야 한다.
② 접촉유체에 대하여 내식성이 커야 한다.
③ 접촉유체에 대하여 크리프 강도가 커야 한다.
④ 고온 고압에 대하여 기계적 강도를 갖어야 한다.

39 소방설비 중 건축물의 외벽, 창, 추녀 및 지붕 등에 장치하며 인접 건물로의 화재에 의한 연소를 방지하기 위한 수막을 형성하는 설비의 명칭으로 다음 중 적당한 것은?
① 연결 송수 설비 ② 트렌처 ③ 화재경보 설비 ④ 스프링클러 설비

40 설비작업 시에 생긴 유지분과 산화실리콘(SiO_2)을 제거할 목적으로 주로 보일러 세정에 사용하는 화학세정의 종류로 가장 적합한 것은 다음 중 어느 것인가?
① 중화 세정 ② 알칼리 세정 ③ 소다 세정 ④ 유기용제 세정

Answer 34 ① 35 ③ 36 ④ 37 ① 38 ① 39 ② 40 ③

41 배관설비계의 진동을 흡수하여 배관설비를 보호하는 것이 주요 목적인 지지장치로 다음 중 맞는 것은?
① 하트포트 ② 스톱밸브 ③ 거싯 스테이 ④ 브레이스

42 복사난방에 관한 설명으로 다음 중 맞는 것은?
① 적외선식 복사 난방은 공장이나 창고 또는 실외에서의 제한된 일부 구역을 난방 할 수 없다.
② 저온식은 패널의 표면 온도가 80~90℃이다.
③ 실내 공기의 대류가 심하고 공기가 오염되기 쉽다
④ 홀이나 공화당과 같이 천장이 높은 방에 적합하다.

43 소화설비 중 소방설비에 속하지 않는 것은 다음 중 어느 것인가?
① 자동 화재 속보 설비 ② 소화기
③ 동력 소방펌프 설비 ④ 옥내 소화전 설비

> **Solution** 소화설비에 속하는 것들은 소화기, 옥내소화전설비, 동력소방펌프설비, 옥외소화전설비, 스프링클러 설비 등이다.

44 펌프의 설치 방법에 관한 설명으로 다음 중 적당하지 않은 것은?
① 수격 작용을 방지하기 위해 공기밸브 또는 글로브밸브를 설치하도록 한다.
② 펌프의 설치는 유효 통로 및 다른 기기와 돌출부로부터 600mm 이상 작업 간격을 확보하도록 한다.
③ 편심 레듀사를 설치할 경우, 하부에서 흡입될 때는 윗면이 수평이 되도록 설치한다.
④ 편심 레듀사를 설치할 경우, 상부에서 흡입될 때는 아랫면이 수평이 되도록 설치한다.

45 보일러가 급수 부족으로 가열되었을 때의 안전 조치로 가장 적합한 방법으로 다음 중 맞는 것은?
① 소화 후 안전밸브를 이용한 안전장치를 작동시키면서 서서히 증기를 배출시키며 냉각시킨다.
② 댐퍼를 닫고 물을 모두 배출시킨다.
③ 냉각수를 급속히 급수하여 냉각시킨다.
④ 화실에 물을 부어서 습히 소화 및 냉각시킨다.

Answer 41 ④ 42 ④ 43 ① 44 ① 45 ④

chapter 3 건설기계 설비재료

1 철강재료의 종류, 용도 및 특성

1. 순철과 탄소강의 특성과 용도

(1) 철과 강

1) 철의 분류★★★

철강석을 용광로에 용해시켜 선철을 만들고 이 선철을 제강로에서 정련하여 강을 만들며, 용선로에서 용해시켜 주철을 만든다.
① 순철(pure iron)
  탄소함유량이 0.03[%] 이하인 철로써 전기재료, 용접 등에 사용된다.
② 강(steel)
  탄소강과 합금강으로 구분한다.
  ㉠ 탄소강(carbon steel) : 탄소함유량이 0.03~2[%] 이하인 철로써 주로 기계재료로 사용된다.
  ㉡ 합금강(특수강; alloy steel) : 탄소강 + 다른 금속(Mn, Cr, Ni, Mo, W)
③ 주철(cast iron)
  탄소함유량이 2.0 ~6.68[%] 이하의 철로써 여리고 약하여 주물재료로 사용된다.

2) 탄소 함유량에 따른 강의 분류★★★

① 아공석강 : 0.03~0.85[%] C−페라이트+펄라이트 조직
② 공석강 : 0.85[%] C−펄라이트 조직
③ 과공석강 : 0.85~2.0[%] C−펄라이트+시멘타이트 조직

3) 탄소 함유량에 따른 주철의 분류★★★

① 아공정 주철 : 2.0~4.3[%] C−오스테나이트+레데뷰라이트 조직
② 공정 주철 : 4.3% C−레데뷰라이트 조직
③ 과공정 주철 : 4.3~6.68[%] C−레데뷰라이트 조직+시멘타이트 조직

(2) 순철(pure iron)

1) 순철의 성질

① 항자력이 낮고, 투자율이 높아 전기재료(변압기나 발전기의 철심)로 사용된다.
② 단접성, 용접성 양호하다.

> **참고**
> ① 항자력 : 자기장에 영향을 받지 않는 힘
> ② 투자율 : 자성체가 자화하는 정도를 나타내는 물질상수

③ 유동성 및 열처리성이 불량하고 상온에서 전연성이 풍부하다.
④ 항복점, 인장강도가 낮고 연신율, 단면수축율, 충격값, 인성은 높다.
⑤ 비중은 7.87, 용융점은 1538[℃]이다.
⑥ 인장강도 $\sigma = 18\sim25 [kg/mm^2]$, 경도 $H_B = 60\sim70 [kg/mm^2]$이다.
⑦ 순철의 종류로는 암코철, 전해철, 카보닐철, 수소환원철 등이 있다.

2) 순철의 변태★★★★★
① A_2 변태 : 768[℃] – 자기변태점
② A_3 변태 : 910[℃] – 동소변태점
③ A_4 변태 : 1400[℃] – 동소변태점

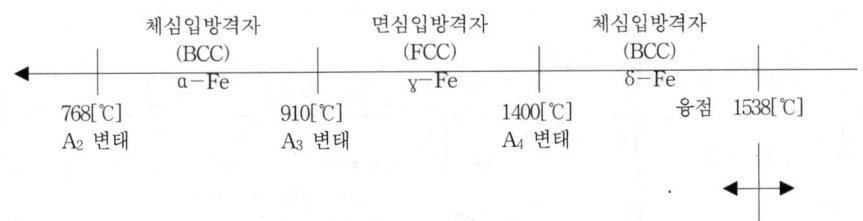

그림 3-1 순철의 변태

> **참고**
> ① A_0 변태 : 210[℃] – 시멘타이트의 자기 변태점
> ② A_1 변태 : 723[℃] – 순철에는 없고 강에서만 나타나는 변태

(3) 탄소강(carbon steel)

1) 철-탄소계 평형 상태도★★★★★

철-탄소계 평형 상태도에는 Fe-C(graphite)계와 Fe-Fe_3C(cementite)계가 있다. 그림2-2에서 Fe-C계 상태도는 점선으로, Fe-Fe_3C는 실선으로 표시하였다.

철-탄소계 평형 상태도에서 중요 내용을 요약 정리하면 다음과 같다.
① AHN-δ고용체 : δ-ferrite 조직의 체심입방격자(BCC)
② HJB-포정선(1492[℃]) : 융액 + δ고용체 ↔ γ고용체, 포정점 : 1492[℃], 0.18[%]C 지점
③ N-순철의 A_4 변태점(1400[℃]) : δ고용체 ↔ γ고용체
④ C-공정점 : 1147[℃], 4.3%C 지점
⑤ ECF-공정선 : 융액 ↔ γ고용체 + Fe_3C
⑥ G-순철의 A_3 변태점(910[℃]) : γ고용체 ↔ α고용체
⑦ M-순철의 A_2 변태점(768[℃])
⑧ MO-강의 A_2 변태점(768[℃])
⑨ S-공석점 : 723[℃], 0.77[%]C 지점

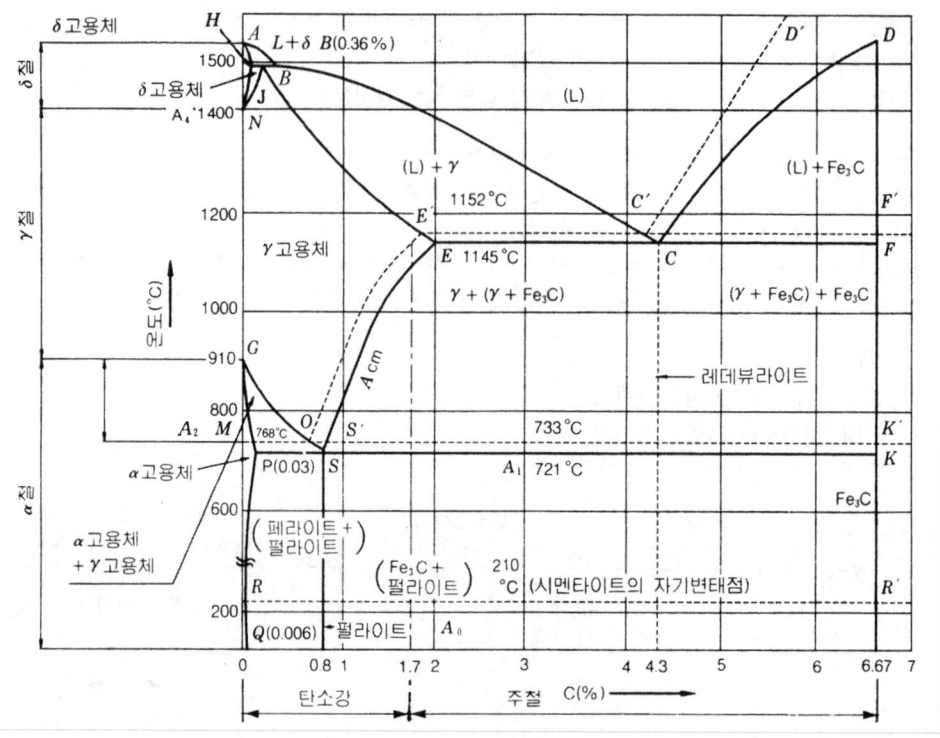

그림 3-2 철-탄소계 평형 상태도

2) 탄소강의 표준조직(normal structure)★★★★
   ① 페라이트(ferrite)
      ㉠ 탄소(C) 함량이 0.025[%] 이하인 α-고용체, 파면은 백색이다.
      ㉡ 극히 연하여 연성과 전성이 大, 인장강도 小
      ㉢ 상온에서 강자성체
      ㉣ 경도 H_B = 80, 연신율 40[%], 인장강도 35[kg/mm^2]
      ㉤ 최대 연신율을 갖는 조직
      ㉥ α고용체 : α-ferrite 조직의 체심입방격자(BCC)
   ② 펄라이트(perarlite)
      ㉠ 탄소(C) 함량이 0.85[%]의 α-고용체 + 탄화철(Fe_3C)
      ㉡ 연하지만 강도는 크다.
      ㉢ 오스테나이트가 페라이트와 시멘타이트 층(공석점)으로 변화된 조직
      ㉣ 경도 H_B = 200, 연신율 10[%], 인장강도 90[kg/mm^2]
      ㉤ 최대 인장강도를 갖는 조직
      ㉥ α-고용체 + 탄화철(Fe_3C) : perarlite 조직의 기계적 혼합물
   ③ 시멘타이트(cementite)
      ㉠ 탄소(C) 함량이 6.68[%]의 탄화철(Fe_3C)로 백색이다.
      ㉡ 경도와 취성(메짐성)이 크(大)고, 상온에서 강자성체이다.
      ㉢ 경도 H_B = 800, 연신율 0[%], 인장강도 35[kg/mm^2] 이하
      ㉣ 강의 표준 조직 중 경도가 최대-담금질을 해도 경화 不
      ㉤ 탄화철(Fe_3C) : cementite 조직의 금속간 혼합물

④ 오스테나이트(austenite)
  ㉠ A_1 변태점 이상에서 안정된 조직의 γ고용체
  ㉡ 인성이 크(大)고, 상자성체이다.
  ㉢ 경도 $H_B = 155$
  ㉣ γ고용체 : austenite의 면심입방격자(FCC)
⑤ 레데뷰라이트(ledeburite)
  ㉠ 상온에선 불안정한 γ고용체 + 탄화철(Fe_3C)
  ㉡ 오스테나이트와 시멘타이트가 층으로 된 조직
  ㉢ 탄화철이 흑연과 γ-철로 분해된다.
  ㉣ γ고용체 + 탄화철(Fe_3C) : ledeburite 조직의 기계적 혼합물

> **참고**
> 순철의 표준조직은 일반적으로 다각형 입자 형태이며 상온에서는 보통 체심입방격자 구조인 α 조직(ferrite structure)이다.

3) 탄소강의 성질★★

① 물리적·화학적 성질
  ㉠ 탄소량 증가에 따라 비중, 열팽창계수, 열전도도 등은 감소한다.
  ㉡ 탄소량 증가에 따라 비열, 전기저항, 항자력 등은 증가한다.
  ㉢ 탄소량 증가에 따라 내식성은 감소한다. 그러나 소량의 Cu를 첨가하면 내식성은 증가한다.
② 기계적 성질
  ㉠ 아공석강 : 탄소량의 증가에 따라 인장강도, 경도, 항복점 등은 증가, 열처리성 양호, 연성 및 인성 감소, 용접성 불량
  ㉡ 공석강 : 탄소량의 증가에 따라 인장강도, 경도 등은 최대로 증가, 연신율 및 단면수축률 등은 감소
  ㉢ 과공석강 : 탄소량의 증가에 인장강도는 감소, 경도는 증가
③ 온도에 따른 기계적 성질
  ㉠ 탄소강의 온도상승에 따라 탄성계수, 탄성한도, 항복점 등은 감소
  ㉡ 인장강도가 최대가 되는 점에서 연신율과 단면수축률은 최소가 되고 그 이후에는 온도상승에 따라 점차 증가한다.
④ 탄소강의 온도에 따른 취성(메짐성)★★★
  강을 여리게(연하게) 만드는 현상
  ㉠ 청열취성 : 200~300[℃]에서 청색의 산화피막 발생, 강도 증가(인장강도 최대), 연신율 감소 현상
  ㉡ 적열취성 : 다량의 황(S) 때문에 고온(900[℃])에서 발생, 망간과 결합(MnS)하여 적열취성 방지
  ㉢ 상온취성 : 상온에서 인(P) 때문에 발생
  ㉣ 고온취성 : 0.2[%]이상의 구리(Cu)를 함유한 상태의 고온에서 발생
  ㉤ 냉간취성 : 상온이하의 저온에서 인(P) 때문에 발생

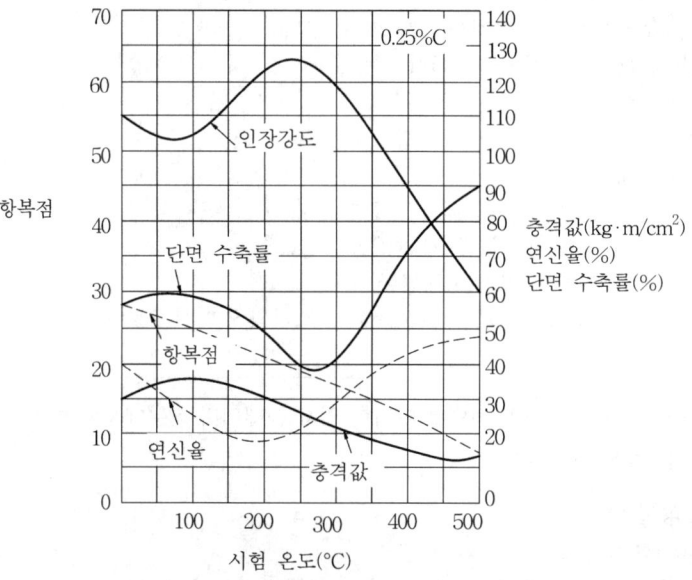

그림 3-3 온도에 따른 탄소강의 기계적 성질

4) 탄소강 중 탄소 이외의 원소가 미치는 영향★★★

① 규소(Si) : 경도, 탄성한계, 인장강도 등을 증가, 연신율, 충격값 등은 감소, 유동성 양호
② 망간(Mn) : 적열취성 방지, 강도, 경도, 인성 등을 증가, 주조성을 좋게, 담금질 효과 크게, 고온 가공을 용이하게 한다.
③ 인(P) : 경도, 강도 등을 증가, 절삭성이 양호, 편석 및 균열의 원인
④ 황(S) : 절삭성이 양호, 인장강도, 연신율, 충격값 등은 감소, 용접성 저하, 유동성 저하
⑤ 구리(Cu) : 인장강도, 탄성한도 등은 증가, 내식성 증가, 압연시 균열의 원인
⑥ 산소(O_2) : 적열 메짐성의 원인
⑦ 수소(H_2) : 백점, 헤어 크랙(hair crack)의 원인, 철을 여리게, 알칼리에 약함

　　헤어 크랙 : H_2 가스에 머리카락 모양으로 미세하게 균열이 생기는 것(박점)이다.

⑧ 질소(N_2) : 경도와 강도 증가

5) 탄소 함유량에 따른 탄소강의 분류★

① 극연강 : 0.12%C 이하, 인장강도 38[kg/mm^2] 이하, 강판, 강선, 못, 강관, 리벳 용
② 연강 : 0.13~0.2%C, 인장강도 38~44[kg/mm^2], 강관, 강봉, 볼트 용
③ 반연강 : 0.2~0.3%C, 인장강도 44~50[kg/mm^2], 기어, 레버, 너트 용
④ 반경강 : 0.3~0.4%C, 인장강도 50~55[kg/mm^2], 강판, 차축 용
⑤ 경강 : 0.4~0.5%C, 인장강도 55~60[kg/mm^2], 차축, 기어, 캠, 레일 용
⑥ 최경강 : 0.5~0.7%C, 인장강도 60~70[kg/mm^2], 축, 기어, 레일, 스프링, 피아노선 용
⑦ 탄소공구강 : 0.6~1.5%C, 인장강도 50~70[kg/mm^2], 절삭공구, 게이지 용
⑧ 표면경화용강 : 0.08~0.2%C, 인장강도 15~20[kg/mm^2], 기어, 캠, 축 용

(4) 강의 제조

1) 제강로의 종류

① 평로(open hearth furnace) : 선철, 고철, 철광석 등을 용해시킬 수 있는 것으로 불순물제거, 대량의 제강에 가장 적합한 로이다.
② 전로(converter) : 용해된 선철을 전로에 주입한 후 송풍된 공기를 이용하여 탄소(C), 규소(Si) 및 불순물을 산화, 연소시켜 강철을 만들 수 있는 로이다.
③ 전기로(electric furnace) : 전열을 이용하여 선철, 고철 등의 제강 원료를 용해하여 온도가 높고 성분의 조절이 자유로운 고순도의 강을 만든다. 탄소강, 합금강, 주강 등의 제조에 사용된다.
④ 도가니로(crucible furnace) : 공기·가스가 직접 닿지 않아 원료의 소모가 적은 소량의 합금강 제조에 사용된다.

2) 탈산 정도에 따른 강의 종류★★★

강괴란 용융된 강을 재틀에 옮긴 후 주철제와 주형에 주입하여 냉각한 것이다.
① 킬드강(killed steel) : 노 내에서 페로실리콘(Fe-Si), 알루미늄(Al) 등의 강력 탈산제에 의해 충분히 탈산된 강(완전탈산강)이다. 불순물이 적고, 기계적 성질이 양호하며 편석이 적다.
② 세미킬드강(semikilled steel) : 페로망간(Fe-Mn), 페로실리콘(Fe-Si), 알루미늄(Al) 등을 이용하여 약하게 탈산시켜 기포와 편석을 적게 한 강이다.
③ 캡트강(capped steel) : 페로망간으로 가볍게 탈산한 강을 다시 탈산시켜 편석과 수축공이 적은 강이다.
④ 림드강(rimmed steel) : 페로망간으로 가볍게 탈산시켜 기공이 많은 강으로 편석이 되기 쉽다.

2. 특수강의 특성과 용도

(1) 특수강의 종류

① 구조용 특수강 : 강인강, 표면경화용강, 스프링강, 쾌삭강 등
② 공구용 특수강(공구강) : 합금 공구강, 고속도강, 다이스강, 비철 합금 공구재료 등
③ 기타 : 내식·내열용 특수강(스테인레스강, 고 Cr강, 고 Ni강), 자성용 특수강, 전기용 특수강, 베어링강, 불변강 등

(2) 합금강에 영향을 주는 원소

① 강도 · 경도를 증가시키는 원소 : Ni, Cr, V, Co, Si 등
② 탄화를 쉽게 생성시키는 원소 : Cr, Ti 등

표 3-1 합금강의 첨가 원소★★★

원소명	특 성
니켈(Ni)	저온 충격저항을 증가, 결정입자 미세화, 강도·경도 증가, 인성 및 내마멸성 증가, 내식성 및 내산성 증가
망간(Mn)	인장강도, 경도, 인성, 점성 증가, 내마멸성 증가, 담금질성 향상, 적열 취성 방지
크롬(Cr)	내식성·내열성 증가, 내마멸성 증가, 자경성 증가
텅스텐(W)	고온 강도와 경도 증가, 내마멸성 증가, 내열성 증가, 인장강도 증가
몰리브덴(Mo)	담금질 깊이를 깊게, 내식성 증가, 뜨임 취성 방지
바나듐(V)	Mo과 비슷한 특성을 갖는다. 결정립의 조절
규소(Si)	내열성, 전자자기 특성 증가, 내식성 및 내마멸성 증가, 인장강도, 탄성한도, 경도 증가, 주조성 양호, 단접성 저하, 연신율 충격값 저하, 결정립 조대화, 가공성, 용접성 저하
코발트(Co)	고온 강도와 경도 증가
티탄늄(Ti)	탄화물 생성, 내식성 증가
구리(Cu)	공기 중 내산화성 증가

(3) 구조용 탄소강

① 일반 구조용 압연강 : 특별한 기계적 성질을 요구하지 않는다.
② 기계 구조용 탄소강(0.1~0.5[%] C+Si・Mn)
   ㉠ 평로, 전기로에서 제강한 킬드강이 사용된다.
   ㉡ 0.08~0.6[%] C까지 다양하다.
   ㉢ 기계 부품으로 사용시 열처리를 하여 적용한다.

(4) 구조용 합금강

1) 강인강

① Ni 강
   열처리성, 내마멸성 및 내식성을 증가시킨 강으로 질량 효과가 적고, 자경성이 있다.
② Cr 강
   담금질성과 뜨임 효과를 증가시켜 기계적 성질을 개선한 강이다.
③ Ni-Cr강 : Ni 강 + Cr 강★★
   ㉠ 연신율 및 충격값의 감소가 적다.
   ㉡ 경도가 크다.
   ㉢ 열처리 효과가 크다.
   ㉣ 열처리 : 800~850[℃]에서 담금질, 550~600[℃]에서 뜨임 처리로 소르바이트 조직을 얻음
④ Ni-Cr-Mo강
   구조용강에서 가장 우수한 강이다.★★★
   ㉠ Mo를 첨가하여 뜨임 취성(메짐성)을 방지할 수 있다.
   ㉡ 뜨임에 의한 연화 저항이 크다. ⇒ 고온 뜨임으로 인성 증가
⑤ Cr-Mo강
   담금질이 쉽고 뜨임 메짐이 작아 Ni-Cr강과 같이 많이 쓰인다.
   ㉠ 연삭 가공으로 다듬질 표면이 아름답다.
   ㉡ 용접성이 좋고 고온 강도가 크다.
⑥ Cr-Mo-Si강
   크로만실이라하고 철도용, 크랭크축 등에 사용한다.
⑦ Cr-Mn강
   스프링강의 일종으로 자동차, 내식 - 내열 스프링으로 이용된다.
⑧ 고력 강도강(Mn강)★★★
   ㉠ 듀콜강(저 망간강)-펄라이트 조직, 인장강도 및 내식성 우수, 용접성 양호, 조선, 차량, 교량, 토목구조물 등에 사용된다.
   ㉡ 하드 필드강(고 망간강)-오스테나이트조직, 인장 강도 및 점성계수 우수, 기차레일, 분쇄기 등에 사용된다.
   ㉢ 탄소강에 자경성을 부여한 강인강이다.

2) 표면경화용강

① **침탄용강** : 가공하기 쉽고 침탄 후 열처리를 하여 표면이 단단하고 내마멸성이 증가한다.
② **질화용강** : Al, Cr, Mo, V 및 Ti 등의 특수 원소를 함유한다. Al은 질화를 촉진시킨다.

3) 쾌삭강(free cutting steel)★★

   강의 피절삭성을 증가시키고 가공성을 향상시키며 공구의 수명을 길게 한다.
① 황(S) 쾌삭강 : 강+황(0.16[%])을 첨가한 것으로 정밀 나사용으로 사용된다.
② 납(Pb) 쾌삭강 : 강+납을 첨가한 것으로 자동차 중요부분(납 0.1~0.3[%])에 사용되고 절삭가 공시 납은 절삭성을 양호하게 한다.
③ 흑연 쾌삭강

(5) 공구용 합금강

1) 절삭공구 재료의 구비 조건★★★
① 가공 재료보다 강인성이 클 것
② 고온 경도, 인장강도와 내마멸성이 클 것
③ 성형성이 용이 할 것
④ 마찰이 적고 가격은 저렴할 것

2) 공구강의 종류★★★
① 탄소 공구강(0.6~1.5[%] C)
  고속절삭이나 강력 절삭용 공구재료로는 부적당하여 줄·정·끌·쇠톱날 등에 사용된다.
② 합금 공구강(alloy tool steel)
  탄소공구강 + Mn, Cr, W, Ni, Mo, V 첨가시킨 것이다.
  ㉠ 담금질 효과 양호, 결정입자 미세화, 경도 및 내마멸성 등이 증가한다.
  ㉡ 고온 경도가 커 절삭 공구, 형 단조용 공구로 사용된다.(바이트, 탭, 드릴, 절단기 등)
③ 고속도강(high speed steel)
  500~600[℃]에서도 경도가 저하되지 않고, 내마멸성도 커서 고속절삭이 가능하다.
  ㉠ 표준 고속도강 : W18[%], Cr4[%], V1[%]를 함유한 W계 고속도강이다.
    ⓐ 열처리 : 800~900[℃]에서 예열을 하고 1250~1300[℃]에서 2분간 담금질을 한 후 300[℃]정도로 공기중 서냉을 한다. 그리고 나서 500~580[℃]에서 20~30분간 뜨임처리를 한다.
    ⓑ 250~300[℃]에서 팽창율이 크고, 2차 경화로 강인한 소르바이트 조직을 형성한다.
  ㉡ 고급 고속도강 : 담금질 후 뜨임 경도를 증가시킬 수는 있으나 단조가 안되고 균열이 생기기 쉬운 Co계 고속도강이라 한다.
  ㉢ Mo계 고속도강
④ 주조 경질 합금강
  주조한 상태에서 금형에 주입하여 연마 성형하여 만든 공구강으로 열처리를 하지 않아도 경도가 크다. 절삭용 공구, 다이스, 드릴, 의료용 기구, 착암기의 비트(bit) 등의 용도로 사용된다.
  ㉠ 스텔라이트(stellite) : Co-Cr-W-C 합금으로 주조 경질 합금강의 대표적인 예이다.
⑤ 초경 합금(소결 경질 합금)
  금속 탄화물의 분말형 금속원소를 프레스로 성형한 다음 이것을 800~1000[℃]로 1차 소결을 하고 목적으로 하는 모양으로 만든 다음 1400~1500[℃]로 2차 소결하여 만든 합금이다. 종류로는 S종(강절삭용), D종(다이스용), G종(주물용, 주철용) 등이 있다.
  ㉠ 금속 탄화물의 종류 : 탄화 텅스텐(WC), 탄화 티탄(TiC), 탄화 탄탈륨(TaC), 탄화 크롬(Cr_3C_3)
  ㉡ 상품명 : 비디아(독일), 카볼로이(미국), 미디아(영국), 탕갈로이(일본) 등
  ㉢ 고망간강의 절삭이 가능하다.
⑥ 세라믹
  알루미나(Al_2O_3)를 주성분으로 하는 산화물계 합금(무기질의 고온소결재)이다.
  ㉠ 고온경도가 크다.
  ㉡ 내산성, 내마모성, 내열성 등은 우수하다.
  ㉢ 고속 정밀가공에 적합하다.
  ㉣ 충격에 약하다.
⑦ 게이지 강
  0.85~1.2[%] C, 0.9~1.45[%] Mn, 0.5~3.6[%] Cr, 0.5~3.0[%] W, Ni 등을 합성한 특수강으로 블록 게이지, 와이어 게이지 등의 용도로 사용된다. 특히, 치수변화를 방지하기 위해 담금질 후 시효처리 또는 심랭처리를 한다.

(6) 내식·내열 합금강

1) 내열강

① 조건 : 고온에서 기계적·화학적 성질이 양호한 합금이다.
② 내열성 증가 원소 : Cr, Al, Si, Ni 등
③ 자동차의 흡·배기 밸브, 증기 터빈의 날개, 보일러의 부품 등에 사용된다.
④ Si-Cr강 : 내연기관의 밸브재료
⑤ 초 내열 합금 : 탐켄, 헤스텔로이, 인코넬, 서밋 등

2) 스테인레스강(stainless steel)★★★

탄소강에 Ni과 Cr을 다량으로 첨가하여 내식성을 향상시킨 것으로 불수강이라고도 한다.

① 크롬(Cr)계 스테인레스강

Cr 13[%]를 함유한 마텐자이트계 스테인레스강이다.
㉠ 대기·수중 등에서는 녹이 잘 쓸지 않는 합금이다.
㉡ 황산·염산 등과 같은 크롬 산화막에는 침식되기 쉽고 내식성을 잃는다.
㉢ 질산과 유기산에도 잘 견디는 합금이다.
㉣ 담금질(920~1000[℃])성 우수, 용접성과 냉간가공성은 불량하다.
㉤ 페라이트계 스테인레스강: 강인성, 내식성이 있고 담금질이 안 되는 13Cr 스테인레스강이다.

② 크롬-니켈(Cr-Ni)계 스테인레스강

Cr18[%]+Ni 8[%]를 함유한 오스테나이트계 스테인레스강이다.
㉠ 13Cr계 스테인레스강보다 내식성과 내산성이 큰 비자성체이다.
㉡ 담금질에 의해 경화되지 않는다.
㉢ 산과 알칼리에 강하며 용접이 쉽다.
㉣ 염산, 황산, 염소 가스등에 부식이 쉽다.-부식 방지 원소: Ti, V, Nb 등
㉤ 화학공업용, 식기, 의료기구, 밸브, 자동차용, 파이프, 펌프 등에 사용된다.

3) 스프링강 : 탄성 한도가 높아 스프링을 만드는데 사용된다.★★

① 특성
㉠ 탄성한도, 피로 한도, 인성·진동이 심한 하중에 사용된다.
㉡ 반복 하중에 견디어야 한다.
㉢ Si를 첨가시켜 탄성한도를 증가시킨 것이다.
㉣ 탈탄 방지로 Mn을 첨가한다.
㉤ 솔바이트조직으로 비교적 경도가 높다.

② 종류
㉠ 고속도강 : 겹판 스프링 용
㉡ 규소-망간, 망간-크롬 강 : 겹판·코일 스프링 용
㉢ Cr-V강 : 소형 스프링, 피로한도 증가, 탈탄을 적게 한 정밀한 고급 스프링 재료로 사용된다.
㉣ Mn-Cr-B강 : 대형 스프링 용
㉤ Si-Cr강 : 코일 스프링 용
㉥ Cr-Mo강 : 대형 스프링 용
㉦ 고속도강, 스테인레스강 : 내열성·내식성을 요구하는 곳에 사용된다.

(7) 특수 용도용 합금강

1) 베어링강

① 조건 : 높은 강도·경도·내구성·탄성 한계, 피로한도 등이 요구되는 합금강이다.
② 용도 : 볼 베어링, 롤러 베어링 등

2) 자석강
① 조건
   ㉠ 전류 자기 보자력 및 항자력이 크다.
   ㉡ 진동, 충격 등에 자성이 쉽게 변하지 않는다.
   ㉢ 강한 영구자석 재료는 미세한 결정 입자가 많은 것이 좋다.
② 종류 : KS강, 신 KS강, MK강, OP강, 알루니코(alunico)

3) 비자성강
① 조건 : 투자율, 전기 저항이 크고, 보자력이 적다.
② 종류
   ㉠ 규소 강판 : Fe+Si에 산소를 제거하여 자성을 개선한 것이다.
   ㉡ 센더트 : S 5~11[%], Al 3~8[%] 함유한 것으로 풀림 상태에서 우수한 자성을 나타낸다.
   ㉢ 퍼멀로이 : Ni, Co, C, Fe의 합성으로 해저 전선용, 고주파 철심 등에 사용된다.

4) 불변강★★★★
주위 온도가 변화하여도 선팽창 계수나 탄성률이 변하지 않는 니켈(Ni) 26[%] 이상을 함유한 고니켈강으로 비자성체이며 강력한 내식성을 갖는다.
① 종류
   ㉠ 인바(invar) : Ni 36[%], Mn 0.4[%]의 200[℃] 이하에서 선팽창계수는 현저히 작고 내식성이 우수하며 줄자, 표준자, 시계추, 바이메탈 등의 용도로 사용된다.
   ㉡ 엘린바(elinvar) : Ni 36[%], Cr 13[%], Fe의 합금으로 탄성률은 온도 변화에 의해서도 거의 변화하지 않고 정밀저울, 정밀 계측기, 지진계, 시계 스프링, 정밀기계 등에 사용된다.
   ㉢ 초인바(super invar) : Ni 30~32[%], Co 4~6[%], 20℃에서 선팽창계수가 0.1×10^{-6}이고 정밀기계 부품의 재료, 줄자, 표준자, 계기류 등의 용도로 사용된다.
   ㉣ 코엘린바(coelinvar) : Ni 16[%], Cr 11[%], Co 26~58[%]가 함유된 것으로 탄성률 변화는 작고 공기·물에서도 부식이 잘 안 된다. 스프링, 태엽, 기상 관측용 기구에 사용된다.
   ㉤ 플래티나이트(platinite) : Ni 42~46[%]의 열팽창계수 $8 \sim 9.2 \times 10^{-6}$이다. 전구의 도입선과 같은 금속의 봉착 재료로 사용된다.

3. 주철의 특성과 용도

(1) 주철의 특성
주철은 탄소강에 비하여 메짐성(취성)이 크고 인장강도가 작으며 고온에서 소성변형이 쉽지 않다.

1) 주철의 성질★★
① 주조성이 우수하여 복잡한 물체의 제작이 가능하다.
② 단위 무게당의 가격이 제일 저렴한 금속이다.
③ 주조품(주물)의 표면이 단단하고 녹이 슬지 않는다.
④ 칠(도색)이 잘 된다.
⑤ 마찰 저항이 커 절삭가공이 쉽다
⑥ 인장강도, 굽힘강도, 충격값은 작고 압축강도는 크다.

2) 주철의 조직 : 유리탄소(흑연) + 화합탄소(펄라이트 또는 시멘타이트)
① 보통주철★★
   ㉠ 회주철 : 유리 탄소의 함유량이 많아 흑색의 연한 주철이다.
   ㉡ 백주철 : 화합 탄소의 함유량이 많아 백색의 단단한 주철이다.

ⓒ 반주철 : 회주철과 백주철의 혼합주철이다.
② 주철 중 흑연의 모양★
주철의 종류, 주입온도, 냉각 속도에 따라 편상, 성상, 유충상, 응집상, 괴상, 구상 흑연 모양 등이 있다.

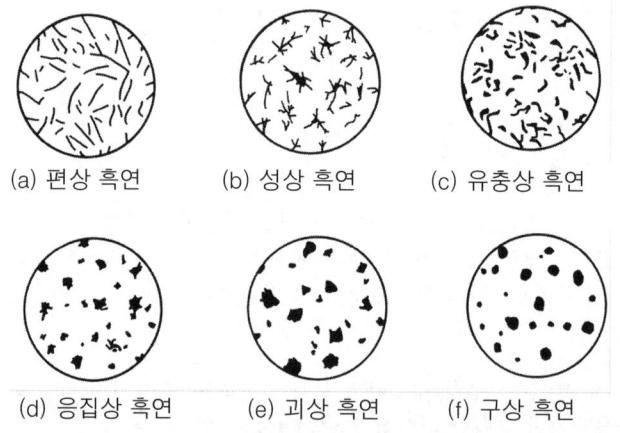

그림 3-4 주철 중 흑연의 모양

③ 마우러 조직도(Maurer's diagram)★★
탄소(C)와 규소(Si) 및 냉각 속도에 따른 주철의 조직도를 마우러 조직도라 한다. 주철의 조직 및 성질에 영향을 주는 원소는 탄소와 규소이며, 특히 규소는 흑연 발생에 큰 영향을 미친다.
㉠ Ⅰ 백주철 : P+C(펄라이트+시멘타이트)
㉡ Ⅱa 반주철 : P+C+흑연(펄라이트+시멘타이트+흑연)
㉢ Ⅱ 회주철 : P+흑연(펄라이트+흑연)
㉣ Ⅱb 회주철 : P+F+흑연(펄라이트+페라이트+흑연)
㉤ Ⅲ 회주철 : F+흑연(페라이트+흑연)

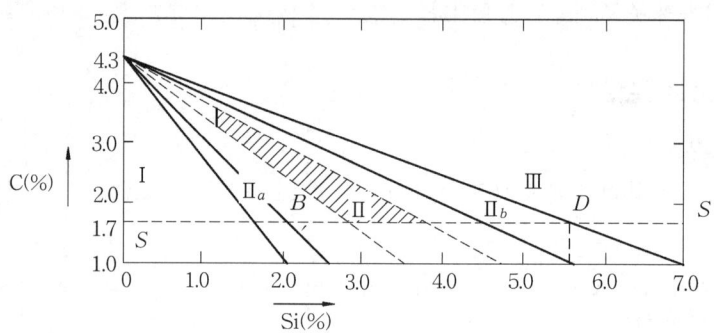

그림 3-5 마우러 조직도

(2) 주철의 성질

1) 물리적·화학적 성질★
① 탄소와 규소가 많을수록 비중은 작아지고 용융점은 낮아진다.
② 4.3[%] 이하의 탄소 함유량에서는 탄소의 증가와 더불어 주조성은 양호하나 용융점은 낮아진다.
③ 규소는 흑연화를 촉진시키며 얇은 주물일수록 규소의 양이 많아야 한다.
④ 망간(Mn)은 황(S)의 해를 제거하지만 흑연의 생성은 방해한다.

⑤ 인(P)은 유동성을 향상시켜 두께가 얇고 표면이 깨끗한 주물을 얻을 수 있게 한다. 유동성이란 용융금속이 주형내로 흘러 들어가는 성질이다. 일반적으로 탄소, 규소, 인, 망간 등이 많을수록 유동성은 좋아진다.
⑥ 황(S)은 유동성을 불량하게 하며 흑연의 생성을 방해한다.

2) 주철의 성장(growth of cast iron)★★

주철을 A_1 변태점 이상의 온도에서 장시간 유지 또는 가열과 냉각을 반복하거나 시멘타이트의 흑연화, 페라이트 중의 규소 산화 등으로 주철의 부피가 팽창하여 강도와 수명이 저하되는 현상이다. 이것을 방지하려면 흑연을 미세화 시켜야 한다.

(3) 주철의 종류

1) 보통 주철(회주철)★★★
① 성질 및 특징
㉠ GC 1~3종
㉡ 인장강도 10~20 [kg/mm^2]
㉢ 편상흑연 + 페라이트 조직
㉣ 강인성 작다
㉤ 단조 작업이 불가능하다.
㉥ 용융점 낮아 유동성이 양호하여 주조가 쉽다.
㉦ 내마멸성, 가공성 및 진동흡수능력이 양호하다.
② 용도
주물 및 일반 기계부품, 농기구, 공작기계의 베드 또는 프레임 및 기계구조물의 몸체 등

2) 고급 주철
① 성질 및 특징
㉠ GC 4~6종
㉡ 인장강도 25 [kg/mm^2] 이상
㉢ 펄라이트 + 미세 흑연 조직으로 펄라이트 주철이라 한다.
㉣ 인장강도와 충격치는 회주철보다 크다.
② 용도
강도를 요하는 부품에 사용한다.
③ 고급 주철 제조법
㉠ 란쯔(lanz) 법
㉡ 에멜(emmel-kruppstern) 법
㉢ 코살리(corsalli) 법
㉣ 피보와르스키(piwowarsky) 법
㉤ 미하나이트(meehanite) 법 : Fe-Si, Ca-Si 등을 첨가시켜 흑연 핵의 생성을 촉진시키는 방법으로 이것을 접종이라 한다.

3) 미하나이트 주철★★
① 흑연을 미세화하여 강도를 증가시킨 주철이다.
② 접종을 이용하여 과냉화처리를 하였다.
③ 인장강도 35~45 [kg/mm^2] (펄라이트 + 흑연 조직)의 고강도이다.
④ 내마멸성, 내열성, 내식성이 큰 주철이다.
⑤ 공작 기계의 안내면, 내연기관의 실린더 피스톤 등에 사용된다.

4) 합금 주철(특수주철; alloy cast iron) : 보통주철 + 특수 원소★★★★
   ① 첨가 원소의 종류와 영향
      ㉠ Al : 강력한 흑연화, 저항성 향상, 내열성 증대 등
      ㉡ Cr : 흑연화 방지, 탄화물을 안정화, 경도 증가, 내열성 및 내식성 향상 등
      ㉢ Mo : 흑연의 미세화, 내마모성 증가, 두꺼운 주물의 조직을 균일화시킨다.
      ㉣ Ni : 흑연화 촉진, 내열성, 내산성, 내알칼리성, 내마모성 등 증가
      ㉤ Cu : 경도 증가, 내마모성 및 내식성 향상 등
      ㉥ Si : 내열성 향상
      ㉦ Ti : 소량일 때 흑연화 촉진 및 미세화, 다량일 때 흑연화 방지
      ㉧ V : 강력한 흑연화 방지
   ② 합금 주철의 종류
      ㉠ 고력 합금 주철 : 보통주철+Ni, Cr, Mo 등을 첨가한 주철이다.
      ㉡ 내마모성 주철 : 보통주철 + Ni, Cr을 첨가한 주철과 보통주철 + Mo, Ni에 소량의 Cu, Cr을 첨가시킨 어시쿨러(acicular) 주철이 있다.
      ㉢ 내열 주철 : 니크로실랄(nicrosilal) 주철, 니레지스트(niresist) 주철, 고크롬 주철 등이 있다.

5) 냉경 주철(칠드 주철; chilled cast iron)★★★
   ① 칠(chill) : 소량의 규소를 함유한 주철에 미량의 망간(Mn)을 첨가하여 만든 냉경주물이다.
   ② 주철 표면은 백주철, 내부는 연한 회주철이다.
   ③ 각종 롤 및 기차 바퀴(철도차량) 등에 사용된다.
   ④ 내마멸성이 요구되는 기계부품의 용도에 사용된다.

6) 구상 흑연 주철★★★★
   편상 흑연 주철에 비하여 강도가 커 탄소강에 유사한 주철이다.
   ① 조직
      페라이트형, 펄라이트형, 시멘타이트형 등이 있다. 특히 페라이트와 펄라이트의 중간조직을 소눈 조직(bull's eye)이라 한다.
   ② 주철의 구상화
      Mg, Ca, Ce 등을 첨가하여 흑연을 구상화한 것이다.
      ㉠ 시멘타이트(cementite)형 : Mg 첨가량이 많고 C와 Si의 양은 적어 냉각속도가 빠르면 나타나는 조직이다.
      ㉡ 페라이트(ferrite)형 : Mg 첨가량이 적당하고 C와 Si가 많아 냉각속도가 느릴 때 나타나는 조직이다.
      ㉢ 펄라이트(pearlite)형 : 시멘타이트와 페라이트형의 중간상태이다.
   ③ 구상 흑연의 특성
      ㉠ 내마멸성, 내열성, 내산성 등이 우수하다.
      ㉡ 소형 자동차의 크랭크축, 캠축, 브레이크 드럼 등의 자동차 주물 재료로 사용된다.
      ㉢ 주조 처리시 인장강도가 50~70[kg_f/mm^2], 풀림 열처리 상태시 인장강도 45~55[kg_f/mm^2]이다.

7) 가단 주철(malleable cast iron)★★★
   주철의 취약성을 개량하기 위하여 백주철을 열처리하여 강인성을 부여시킨 주철이다.
   ① 백심 가단 주철 : 백주철을 철광석, 산화철 성분 등과 함께 풀림 처리를 하여 표면층으로부터 아주 깊은 지점까지 탈탄시킨 것으로 자전거, 자동차 부속품, 방직기 부속품 등에 사용된다.
   ② 흑심 가단 주철 : 저탄소, 저규소의 백주철을 풀림 처리하여 Fe_3C로 분해시켜 흑연을 입상으로 석출시킨 것으로 차량의 프레임, 강관의 연결이음쇠, 건축용 쇠붙이, 전선이음부 등의 용도로 사용된다.

③ 펄라이트 가단 주철 : 흑심 가단 주철의 흑연화를 완전히 하지 않고 제2의 흑연화를 시킨 주철로 내마모성이 요구되는 기어, 밸브, 공구 등의 용도로 사용된다. 고력 가단 주철이라고도 하며 인성은 낮지만 강력하고 내마멸성이 좋다.

2 비철강재료와 비금속재료의 종류, 용도 및 특성

1. 구리 · 알루미늄 및 그 합금의 특성과 용도

(1) 구리와 그 합금

1) 구리

① 구리의 제조
  적동강, 황동강, 휘동강을 용광로 → 전로 → 반사로 → 전기로에서 제련하여 제조한다.

② 구리의 성질★★
  ㉠ 비중 8.96, 용융점 1083[℃]로서 쉽게 산화되지 않는 금속이다.
  ㉡ 양도체, 비자성체이다.
  ㉢ 아름다운 색을 갖고 있으며, 다른 금속과 합금처리를 하면 귀금속인 성질을 얻는다.
  ㉣ 유연성, 전·연성 좋고 가공이 쉽다.
  ㉤ 내식성이 크다.
  ㉥ 바닷물에는 침식된다.
  ㉦ 가공도에 따라 인장강도는 증가한다.
  ㉧ 가공도에 따라 연신율은 감소한다.
  ㉨ 비스무트(Bi), 납(Pb) : 고온 가공이 곤란하다.

2) 구리 중의 불순물이 미치는 영향
  ① 비소(As) : 전기 전도도 감소
  ② 안티몬(Sb) : 경도 증가, 소성 감소, 전기 전도도 감소
  ③ 황(S) : 냉간 가공 곤란

3) 황동(brass) : 구리(Cu)+아연(Zn) 합금 ★★★★

① 황동의 특성
  ㉠ 주조성, 가공성, 내식성, 기계적 성질 등이 좋다.
  ㉡ 압연·단조가 쉽다.

② 실용 황동의 종류
  ㉠ 톰백 : 아연(Zn)이 5~20[%]인 합금-저 아연 합금류
  ㉡ 7-3황동(cartridge brass) : Cu 70[%], Zn 30[%] 함유된 대표적인 가공용 황동이다. 자동차용 방열기 부품, 소켓, 체결구, 일용품, 탄피, 장식품 등의 용도로 사용된다.
  ㉢ 6-4황동(muntz metal) : Cu 60%, Zn 40[%] 함유된 황동이다.
    ⓐ 내식성이 작고, 탈아연 부식이 크며 전·연성 또한 작다.
    ⓑ 강도가 크고 강력하므로 기계부품으로 사용된다.
    ⓒ 복수기용 판, 열간 단조품, 볼트, 너트, 대포탄피 등의 용도로 사용된다.

③ 특수 황동
  ㉠ 주석 황동 : 1[%] 정도의 주석(Sn)을 첨가시켜 산화 및 탈아연 현상을 막아 해수에 대한 내식성 및 내해수성을 개선시켜 선박용 재료, 용접용 재료로 사용된다.

ⓐ 어드미럴티 메탈(admiralty metal) : 7-3 황동(70Cu - 30Zn) + 주석(Sn) 1[%]의 황동으로 복수기, 증발기, 열교환기 등의 관용으로 사용된다.
ⓑ 네이벌 브래스(naval brass) : 6-4 황동(60Cu - 40Zn) + 주석 1[%]의 황동으로 복수기관, 용접봉, 밸브용으로 사용된다.

> **참고**
> 탈아연 현상 : 황동 속의 아연(Zn)이 해수에 쉽게 용해 부식되는 현상이다.

ⓒ 납(Pb) 황동 : 6-4 황동에 납 1~1.5[%] 첨가시켜 피절삭성을 개선시키고 강도와 연신율은 감소시킨 것으로 시계용, 치차 등에 사용되는 쾌삭 황동(free cutting brass; 연황동)이다.
ⓐ 하드 브래스(hard brass) : 계측기나 시계용 기어, 나사용으로 사용된다.
ⓓ 알루미늄(Al) 황동 : 7-3 황동에 소량의 알루미늄을 첨가시켜 내식성을 증가시킨 것이다.
ⓐ 알루미늄 브래스(aluminum brass) = 알브랙(albrac) : 내해수성이 양호한 황동이다.
ⓔ 규소 황동 : Si(0~16[%]) + Zn(10~16[%]) 황동으로 선박 부품 등의 주물로 사용된다.
ⓐ 실진 브론즈(silzin bronze) = 망가네스 브론즈(manganese bronze)
ⓕ 고강도 황동 : 6-4 황동 + Fe, Mn, Ni, Al, Sn 등을 첨가시킨 것으로 강도, 내식성 등을 개선시켜 선박용 프로펠러의 용도로 사용된다.
ⓐ 망가닌(manganin) : 황동에 Mn 10~15[%]를 첨가한 합금으로 표준저항기, 정밀기계 등의 부품으로 사용된다.
ⓖ 양은(양백, Ni 황동) : Ni를 넣은 황동으로 가정용품, 전기저항 재료, 스프링, 식기, 악기, 장식용 등으로 사용된다. 니켈 실버(nickel silver), 저먼 실버(german silver)라고도 한다.
ⓐ 경도가 크다.
ⓑ 부식이 잘되지 않는다.
ⓒ 색깔은 은과 비슷하다.
ⓓ 기계적 성질과 내식성이 우수하다.
ⓔ 탄성재료, 화학 기계용 재료로 사용된다.
ⓗ 철 황동 : 6-4황동 + Fe 1~2[%]를 첨가시킨 합금으로 광산선박용 기계 등으로 사용되며 델타메탈이라고도 한다.

4) 청동(bronze) : 구리(Cu) + 주석(Sn) 합금 ★★★★
① 청동의 특성
㉠ 내식성이 크다.
㉡ 해수 부식에 대한 저항력이 크다.
㉢ 인장강도는 Sn이 증가하면 증가하나, Sn이 20[%] 이상이면 인장강도는 감소한다.
㉣ 연신율은 Sn 4~5[%]에서 최대이고 Sn이 25[%] 이상이면 취성이 발생한다.
㉤ 황동보다 주조하기 쉽다.
② 청동의 종류
㉠ 포금(gun metal) : 주석(Sn) 10[%]를 포함한 청동이다.
ⓐ 강도가 크고 연신율이 작으며, 내마모성·내식성이 우수하다.
ⓑ 주조성(Zn : 2~5[%])과 절삭성(Pb : 3[%] 이하)이 양호하다.
ⓒ 어드미럴티 포금(admiralty gun metal) : Cu 88[%], Sn 10[%], Zn 2[%]의 합금
㉡ 인(P) 청동
ⓐ 내마모성과 내식성이 우수하다.
ⓑ 유동성이 양호하여 얇은 주물의 재료로 사용된다.
ⓒ 강도, 경도 및 탄성률 등 기계적 성질을 개선시킨다.
ⓓ 기어, 펌프 및 선박 등의 부품으로 사용된다.

ⓔ 스프링용 인청동 : P 0.05~0.15[%], Sn 7~8[%]로 자성이 없어 계기류 및 통신기기 재료로도 사용된다.
ⓒ 알루미늄(Al) 청동
ⓐ 황·청동에 비해 기계적 특성과 내식성, 내마모성, 내열성이 우수하다.
ⓑ 화학 기계 공업, 선박, 항공기, 차량 부품 등의 재료로 사용된다.
② 니켈 청동 : Cu+Ni(10~15[%])+Al(2~3[%])를 첨가한 합금이다.
ⓐ 어드밴스(advance) : Cu 54[%]+Ni 44[%]+Mn 1[%]의 합금-전기기기의 저항선에 사용
ⓑ 콘스탄탄(constantan) : Cu+Ni 45[%] 합금-열전대용, 전기저항선 등에 사용
ⓜ 망간(Mn) 청동
ⓐ 기계적 성질 및 내식성이 양호하다.
ⓑ 실용합금 : 망가닌(manganin), 이사벨린(isabellin), A-합금(A-alloy) 등
ⓗ 크롬(Cr) 청동
ⓐ 전도성과 내열성이 양호하다.
ⓑ 용접봉, 전극 재료 등으로 사용된다.
ⓢ 베릴륨(Be) 합금 : 베릴륨(Be) 외에 미량의 Co, Ni, Ag 등이 첨가된다.
ⓐ 구리 합금 중 강도와 경도가 가장 크다.
ⓑ 내식성, 내열성, 내피로성 등이 양호하다.
ⓒ 베어링, 기어, 스프링 등에 사용된다.

(2) 알루미늄과 그 합금

1) 알루미늄
① 알루미늄의 제조 : 보크사이트, 명반석, 토혈암에서 제조한다.
② 알루미늄(Al)의 성질★★
㉠ 주조성 용이하고 다른 금속과 친화력이 좋다.
㉡ 내식성이 좋고, 전기 및 열의 양도체이다.
㉢ Mg과 Be 다음으로 가볍다.
㉣ 전연성이 좋아 고온 및 상온 가공이 용이하다.
㉤ 송전선의 용도로 사용된다.
㉥ 염산, 황산, 묽은 질산, 인산 등에는 침식당한다.

2) 알루미늄 합금
① 주조용 알루미늄 합금★★★
㉠ 종류
ⓐ 일반용 : Al-Cu, Al-Si, Al-Zn, Al-Mg
ⓑ 내열용 : Al-Cu-Ni, Al-Si-Ni
ⓒ 내식용 : Al-Mg-Si
㉡ 실루민 : Al-Si계 합금으로 주조성은 좋으나 절삭성이 나빠 기계적 성질을 개선시킨 합금이다.

> **참고**
> 개량처리(modification treatment) : 주조시 기계적 성질이 나빠 주조할 때 0.05~0.1[%]의 금속 나트륨을 첨가하여 규소를 미세화하여 기계적 성질을 개선시키는 방법이다. 실루민은 이와 같은 개량처리를 한 합금이다.

㉢ 하이드로날륨(hydronalium) : Al-Mg계 내식성 합금으로 Al은 12[%] 이하이다.

② 다이캐스팅용 Al합금-주조용 알루미늄 합금★
　㉠ 성질
　　ⓐ 유동성이 좋다.
　　ⓑ 응고 수축에 대한 용탕, 보급성이 좋다.
　　ⓒ 열간 메짐성이 적다.
　　ⓓ 금형에 잘 부착되지 않아야 한다.
　㉡ 종류
　　ⓐ 실루민 : Al-Si계 합금(알팩스)
　　ⓑ 라우탈 : Al-Cu-Si계 합금, 피스톤, 기계부품용으로 사용되며 시효경화성이 있다.
　　ⓒ 하이드로날륨
③ Y합금-주조용 알루미늄 합금★★
　Cu 4[%], Ni 2[%], Mg 1.5[%] 등의 합금으로 내열성 알루미늄 합금이라고도 한다.
　㉠ 고온 강도가 크다.
　㉡ 모래형 또는 금형 주물 및 단조용으로 사용된다.
　㉢ 내연기관용 피스톤, 공냉 실린더 헤드 등으로 사용된다.
④ 내식성 Al합금★
　㉠ Al-Mn(알민; almin) : 가공성과 용접성이 양호하여 저장용 통이나 기름 통으로 사용된다.
　㉡ Al-Mn-Mg : 강하며 냉간가공 상태의 내력은 고강도 합금과 비슷하다.
　㉢ Al-Mg(하이드로날륨) : 내해수성, 피로강도의 온도에 따른 변화가 적고 용접도 가능하다.
　㉣ Al-Mg-Si(알드레이; aldrey) : 강도·인성·내식성 등이 양호하다.
⑤ 고강도 Al합금(강력 알루미늄 합금)★★★
　㉠ Al-Ca-Mg계
　　ⓐ 듀랄루민(duralumin) : Al(4[%]) + Cu(0.5[%]) + Mg(0.5[%]) + Mn 등의 합금으로 시효경화에 의해 강도가 크고 성형성도 좋다.
　　ⓑ 초듀랄루민(super duralmin) : Al + Cu(4.5[%]) + Mg(1.5[%]) + Mn(0.6[%]) 등의 합금이다.
　　　- 강도 및 내력이 크며, 연신율은 작고, 인장강도는 50[kg/mm^2] 이상이다.
　　　- 항공기의 주재료, 리벳 재료로 사용된다.
　㉡ Al-Zn-Mg계(초강 듀랄루민; extra super duralmin) : 항공기 재료로 사용되며 고강도 합금으로 인장강도는 54[kg/mm^2] 이상이나 내식성은 좋지 못하다. Al + 1.6%Cu + 5.6%Zn + 2.5%Mn + 0.3%Cr 합금이다.

2. 기타 비철금속의 특성과 용도

(1) 니켈과 그 합금

1) 니켈

① 니켈의 성질★★
　㉠ 백색의 인성이 있는 금속이다.
　㉡ 내산성이 떨어진다.-질산에 부식되기 쉽다.
　㉢ 열간 및 냉간 가공이 용이하다.
　㉣ 해수에 강하다.-내식성과 내열성이 우수하다.
　㉤ 면심입방격자이다.
　㉥ 자기 변태점은 353℃이다.
　㉦ 비중 8.9, 용융점 1455℃이다.

② 니켈의 용도

전기저항용 합금, 니켈 도금, 진공관, 화폐, 화학 및 식품 공업용 등으로 사용된다.

2) 니켈 합금

① Ni-Cu 합금

㉠ 성질
ⓐ 저온 고용체 형성이다.
ⓑ 새로운 상태 출연에 의한 급격한 성질의 변화가 없다
ⓒ 55~65[%] Ni에서 강도나 경도가 최대이다.
ⓓ 냉간가공 후 낮은 온도에서 풀림 처리를 하면 강도 및 탄성한도가 증가한다.

㉡ 실용합금의 종류★★★★★
ⓐ 어드벤스 : 10~30[%] Ni을 첨가한 것이다.
ⓑ 콘스탄탄(constantan) : 40~50[%] Ni을 첨가한 것으로 열전대용, 표준 저항선으로 사용된다.
ⓒ 모넬 메탈(monel metal) : Cu + Ni 60~70[%], Fe 1~3[%]을 첨가한 것으로 강도가 크고 내식성이 양호하며 화학공업용 재료로 널리 사용된다. 종류는 다음과 같다.★★★★★
 - KR 모넬 : Co 28[%]을 첨가하여 잘삭성을 향상시킨 것이다.
 - K 모넬 : Co 4[%]을 첨가하여 절삭성을 향상시킨 것이다.
 - R 모넬 : S 0.35[%]을 첨가하여 피절삭성을 개선시킨 것이다.
 - H 모넬 : Si 3[%]을 첨가하여 경화성, 경도를 증가시킨 것이다.
 - S 모넬 : Si 4[%]을 첨가하여 경화성, 경도를 증가시킨 것이다.

② Ni-Fe의 실용 합금★★★
㉠ 인바(invar)강 : 36[%] Ni, 0.2[%] C, 0.4[%] Mn을 첨가시킨 것으로 줄자, 표준자, 시계의 추, 바이메탈, 화재경보기, 자동온도조절기 등으로 사용되며 불변강이라고 한다.
㉡ 초인바(super invar)강 : Ni 30~32[%], Co 4~6[%], 20[℃]에서 선팽창계수가 0.1×10^{-6}이고 정밀기계 부품의 재료, 줄자, 표준자, 계기류 등의 용도로 사용된다.
㉢ 엘린바(elinvar)강 : Fe + 36[%] Ni + 12[%] Cr으로 시계의 스프링, 계측기기 등으로 사용된다.
㉣ 플래티나이트(platinite) : 42~48[%] Ni을 함유하고 있고 백금(Pt)의 대용, 진공관, 전구의 도입선 등에 사용된다.
㉤ 퍼멀로이(permalloy) : 10~30[%] Fe + 70~90[%] Ni를 함유한 것으로 투자율이 높다.

③ Ni-Mo 합금

염산에 대한 내식성이 좋아진다.
㉠ 15[%] Mo : 내염산, 내염화물 합금이다.
㉡ 30[%] Mo : 내식성이 최대, 890[℃] 이상에서 급냉시 기계적 성질이 우수하다.
㉢ 30[%] 이상의 Mo : 부식성 증가, 연성이 최소화되어 필요이상으로 경도가 증가한다.

④ Ni-Cr 합금

고온 산화에 견디고 고온 강도가 높아 고온용 발열체로써 사용된다.
㉠ 인코넬(inconel) : Ni 78~80[%], Cr 12~14[%]을 첨가한 것으로 내식성과 내열성이 우수하여 전열기 부품, 필라멘트, 열전쌍의 보호관 등의 용도로 사용된다.

(2) 마그네슘과 그 합금

1) 마그네슘(Mg)

① 마그네슘(Mg)의 성질★★
㉠ 비중 1.74-실용 금속 중 가장 가볍다.

ⓒ 강도가 작다.
ⓒ 절삭성이 양호하다.
ⓔ 열전도율이 낮다.
ⓜ 냉간가공성은 불량하나 열간가공성은 양호하다.
ⓗ 해수에 침식된다.
② 마그네슘의 용도 : 항공기용 재료로 사용된다.★★

2) 마그네슘 합금
① 일렉트론(electron)
Mg-Al-Zn에 납(Pb)과 망간(Mn)이 첨가된 합금으로 주물용으로 내연기관의 피스톤에 사용되기도 한다.
② 다우 메탈(dow metal)
Al 10% + Zn 첨가한 주물용 마그네슘합금이다.

(3) 기타 합금

1) 티탄(Ti)과 그 합금
① 티탄의 성질★★
㉠ 비중은 4.51이고 용융온도는 1730[℃]이다.
㉡ 고온 강도가 크고, 내식성이 우수하다.
㉢ 500[℃] 이상에서 내열성이 우수하다.
② 티탄의 용도★
가스 터빈과 항공기 구조재, 화학공업용 내식재, 원자로 구조재로 사용된다.
③ 티탄 합금의 종류
㉠ Ti-Mn : 판재, 구조재로 사용된다.
㉡ Ti-Al-V : 가스 터빈, 압축기의 날개 및 디스크에 사용된다.
㉢ Ti-Al-Sn : 가스 터빈 구조재로 사용된다.

2) 아연(Zn)과 그 합금
① 아연의 성질★★
㉠ 비중 7.14이고 용융 온도가 420℃이다.
㉡ 조밀육방구조의 청백색 또는 회백색이다.
㉢ 가공성이 비교적 좋고 냉간가공이 가능하다.
㉣ 주조한 아연은 경도가 필요이상 커 가공이 어렵다.
㉤ 순도가 높은 아연은 비교적 내식성이 좋다.
② 아연의 용도★
건전지, 인쇄판, 아연판, 아연도금, 다이캐스팅용 합금, 기타 합금 등의 용도로 사용된다.
③ 아연 합금의 종류
㉠ 다이캐스팅 합금
ⓐ 알루미늄 합금보다 강도가 높고 수명이 길다.
ⓑ 대표적인 합금은 자마크(zamak)이다.
ⓒ 자동차 부품, 전기기기, 광학기기 부품 등의 용도로 사용된다.
㉡ Zamak
ⓐ Zn+Cu, Al 4% 등을 첨가
ⓑ 내식성 및 가공성 불량, 강도는 증가
ⓒ 자동차 부품, 전기기기, 광학기기 부품 등으로 사용

ⓒ 베어링 합금 : Zn+Al 4[%]+Cu 3[%]+미량의 Mg을 첨가한 합금이다.
ⓓ 가공용 합금 : Zn-Cu 합금, Zn-Cu-Mg 합금, Zn-Cu-Ti 합금 등이 있다.
ⓔ 금형용 합금 : Zn+Al, Cu, 소량의 Mg를 첨가한 합금이다.

3) 납과 납 합금
① 납의 성질
ⓐ 비중은 11.3이고 용융온도는 327℃이다.
ⓑ 밀도가 높고 연하여 전·연성이 크고 소성가공이 용이하다.
ⓒ 용융온도가 낮아 주조성이 좋고 윤활성이 우수하다.
ⓓ 내식성이 양호하고 화학적으로 안정하다.
ⓔ 방사선을 차단하는 성질을 가지고 있다.
② 납의 용도
금속의 땜납, 수도관, 베어링 합금(화이트 메탈), 산류 탱크, 축전지, 케이블 피복, 패킹재, 원자로나 X선 차단재 등에 사용된다.
③ 납 합금
Pb-Sn(연납), Pb-Sb 등이 있다.

4) 주석과 그 합금
① 주석의 성질★★
ⓐ 비중은 7.3이고 용융온도는 232[℃]이다.
ⓑ 공기 중에서 무변색이다.
ⓒ 연하여 얇을수록 전·연성이 풍부하다.
ⓓ 가공경화가 어렵다.
ⓔ 알칼리에는 침식된다.
ⓕ 내식성이 우수하다.
② 주석의 용도
철의 도금(양철), 선박, 식기, 장신구, 베어링 합금 등에 사용된다.
③ 주석 합금
ⓐ Sn-Sb-Cu(퓨터, 브리티나 메탈) : Sn + 4~7[%] Sb + 1~3[%] Cu 합금
ⓑ 퓨즈용 합금 : 자동소화기, 화재경보기, 전기용 퓨즈 등의 용도로 사용된다.
ⓒ 활자 합금

5) 귀금속
① 귀금속의 성질
ⓐ 물 또는 공기와 잘 반응하지 않는다.
ⓑ 내식성이 우수하다.
② 귀금속의 용도
화폐, 장식품, 치과 재료, 화학기구, 전극 등등 그 사용 폭이 넓다.

6) 베어링 합금
① 베어링 합금의 성질
ⓐ 강도, 점성, 인성이 있어야 한다.
ⓑ 내식성, 주조성이 양호해야 한다.
ⓒ 마찰계수가 적어야 한다. 내마모성이 커야 한다.
② 베어링 합금의 종류★★★★
ⓐ Al계 베어링 합금 : 미끄럼 베어링의 용도로 사용된다.

ⓒ 화이트 메탈(white metal)
　ⓐ Pb 또는 Sn을 주성분으로 하는 베어링 합금의 총칭이다.
　ⓑ 배빗 메탈(babbit metal) : Sn-Sb-Cu 주성분의 주석계 화이트 메탈로 경도가 크고 충격과 진동에 잘 견딘다.
　ⓒ 앤티플릭션 메탈(antifriction metal) : 배빗 메탈의 대용으로 Pb을 주성분으로 한 합금이다.
ⓒ Cu계 베어링 합금 : 포금, 인청동, 납 청동계의 켈밋(kelmet : Cu-Pb), 알루미늄 청동 등이 있다.
㉣ Cd계 베어링 합금 : 화이트 메탈보다 고온 경도가 커 고속 베어링에 사용된다.
㉤ Zn계 베어링 합금 : 화이트 메탈보다 마찰계수가 크고 내해수성이 있어 선박의 스턴튜브의 베어링용으로 사용된다.
㉥ 오일리스 베어링 : 급유가 곤란하거나 전혀 급유하지 않아도 되는 베어링에 사용된다.

3. 비금속재료의 특성과 용도

(1) 내열재료

금속의 제련(製鍊) 및 가열(加熱)을 위한 노(爐)와 같이 고온도 공업에 사용하여 고열에도 잘 녹지 않는 무기재료를 총칭하여 내화물(refractory material)이라 한다.

1) 내열재료의 특징 및 성질
① 내화물이 열에 얼마나, 어느 정도 견딜 수가 있는가를 나타내는 척도를 내화도라 한다. 이 내화도에 따라 사용범위가 결정된다.
② 내화물의 내화도를 나타내는 것은 제게르 콘(seger cone)의 번호이다.
③ KS에서 1580[℃]의 제게르 콘 번호는 26번이다. 1580[℃] 이상의 화열에도 견디는 것으로 내화벽돌이 있다.
④ 화학적 부식에 강하다.
⑤ 기계적 강도가 크다.
⑥ 급격한 온도 변화에도 균열이 생기지 않는다.
⑦ 산성 내화벽돌 : 온도 변화에 약하지만 내화도는 높다.
⑧ 염기성 내화벽돌 : 내구성이 좋고 내식성이 양호하다.
⑨ 중성 내화벽돌 : 내식성은 양호하지만 장시간 사용할 경우 수축 때문에 문제가 발생한다.
⑩ 내열재료는 외부로 열이 발산하는 것을 막는다.

2) 내화물의 종류와 용도
① 소성 내화물 : 보통 내화벽돌, 유리용해 도가니, 제강용 노즐 등의 용도로 사용된다.
② 불소성 내화물 : 노내 라이너로 사용된다.
③ 분말 내화 모르타르
④ 수경 내화 모르타르

(2) 보온재료

보온재료는 다수의 미세한 작은 구멍을 갖은 물질인 다공질로 되어 있고 그 조직 중에 공기층이 있어 그 공기층이 보온역할을 하는 물질이다. 내동창고 등과 같이 외부의 열이 침입하는 것을 막을 목적에서 사용하는 재료이기도 하다.

1) 유기질 보온재료

보온재료로서 가장 적당한 것 중에 하나이지만 수분이 있으면 보온 효과가 떨어지므로 건조시킨 뒤 사용하도록 해야 한다.

2) 무기질 보온재료

고온 보온재로 사용되며 전기가 잘 통하지 않는 불량도체로 내열성은 우수하다. 섬유질 보온재와 분말보온재가 있다.
① 섬유질 보온재 : 석면, 암면, 슬래그 울, 글라스 울 등이 있다.
② 분말보온재 : 마그네슘, 규소토 등이 있다.

3) 알루미늄 단열재 : 여러 겹으로 겹쳐서 6~10[mm]의 적당한 두께로 하여 사용한다.

(3) 합성수지(플라스틱)

합성수지는 동·식물의 유기물질을 화학적으로 조합시킨 것으로 외부에서 힘을 가했을 때 자유로이 그 모양을 변화시킬 수 있는 가소성 재료이다. 이와 같은 합성수지(合成樹脂; synthetic resin)를 총칭하여 플라스틱(plastic)이라 한다.

1) 합성수지의 일반적 성질
① 비중은 1~1.5로 가볍고 단단하나 열에 취약하다.
② 가소성이 양호하여 성형이 쉽다.
③ 상당수는 투명하여 착색이 자유롭다.
④ 전기 절연성은 양호하나 열에는 취약하다.
⑤ 보온성과 내식성은 양호하다.
⑦ 대량 생산이 가능하여 가격이 싸다.

2) 열경화성수지의 종류와 용도
① 페놀 수지 : 전화기, 핸들, 식기, 판재, 접착제 등의 용도로 사용된다.
② 요소수지 : 완구, 가제도구, 전기부품 등의 용도로 쓰인다.
③ 멜라민 수지 : 접착제, 페인트, 도료 등의 용도로 쓰인다.
④ 규소수지 : 전기절연재료의 용도로 사용된다.
⑤ 폴리에스테르 : 판재 등의 용도로 사용된다.

3) 열가소성수지
① 스티렌 수지 : 전기재료, 통신기기, 가정용품 등의 용도로 쓰인다.
② 염화비닐 : 전선관, 수도관, 라이닝, 컨베이어, 벨트 등의 용도로 사용된다.
③ 폴리에틸렌 : 전선피복, 필름 등의 용도로 사용된다.
④ 초산 비닐 : 접착재, 도료, 성형재료, 타일, 필름 등의 용도로 사용된다.
⑤ 아크릴 수지 : 유리, 케이블 피복 재료 등의 용도로 사용된다.

(4) 패킹 재료

가스와 같은 유체가 새는 것을 방지하기 위해 사용되는 요소가 패킹(packing)이다.

1) 패킹 재료의 구비조건
① 탄력성과 유연성이 있을 것
② 강인성과 내구성이 양호할 것
③ 내화학성이 있을 것
④ 내열성, 내마모성, 내식성이 좋을 것
⑤ 가공이 잘 되고 가격이 저렴할 것

2) 패킹의 용도

펌프, 배관, 내연기관, 항공기, 자동차, 유압장치 등에서 구성부품의 접합부 및 접촉면에 사용되고 있다.

(5) 도료

도료는 물건의 겉에 칠하여 부식방지 및 외관상의 아름다움, 방화, 방수, 발광 및 전기절연 등의 목적을 위해 사용하는 재료로 페인트(paint), 바니스(varnish) 등이 있다.

1) 도료의 종류와 용도

① 수성 페인트 : 건축물의 시멘트 벽면 색칠에 주로 사용된다.
② 유성 페인트 : 건축물의 외장, 선박, 차량 등에 주로 사용된다.
③ 에나멜 페인트 : 각종 가구, 농기구, 건축, 기계 등의 도장에 쓰인다.
④ 유성 바니스 : 목공예, 가구, 실내의 투명칠, 차량 등의 도장에 쓰인다.
⑤ 정제 바니스 : 승용차, 가구, 기구, 건축물 등의 내부 도장에 쓰인다.
⑥ 옻칠 : 가구, 밥상, 장식품 등에 사용하는 천연수지이다.

(6) 유리

1) 유리의 주성분

규사 또는 석영이다. 석영, 탄산소다, 석회암을 섞어 가열하여 녹인 다음 급히 냉각시키는 방법이다.

2) 유리의 성질

① 열에 대한 저항이 크다.
② 비결정 물질의 불투명체이다.
③ 단단하지만 잘 깨진다.
④ 병이나 창 등에 사용된다.

3) 유리의 종류

① 무기질 유리 : 나트륨 유리, 칼륨 유리, 석영 유리, 납 유리 등이 있다.
② 유기질 유리 : 플라스틱 유리가 있다.

chapter 3 ● 실전연습문제

01 탄소강 중에 함유된 원소의 영향을 잘못 설명한 것은?
① Mn : 결정의 성장을 방지하고 표면소성을 저지한다.
② P : 경도 및 강도가 다소 증가되나 연신율이 감소되고, 편석이 생기기 쉬우며, 상온취성의 원인이 된다.
③ S : 압연, 단조성을 좋게하며 적열취성의 원인이 된다.
④ Si : 인장강도, 탄성한계, 경도 등을 크게하나 연신율, 충격값을 감소시킨다.

> **Solution** • 탄소강 중의 황의 영향
> ① 적열취성의 원인 ② 인장강도, 연신율, 충격값 감소
> ③ 용접성 저하   ④ 유동성 저하

02 탄소강에서 온도가 상승함에 따라 기계적 성질이 감소하지 않는 것은?
① 탄성계수   ② 탄성한계   ③ 항복점   ④ 단면수축률

> **Solution** • 온도 증가에 따른 기계적 성질
> ① 강도 감소, 연신율 증가
> ② 적열 상태에서 전연성이 아주 크다.
> ③ 소성가공이 쉽다.

03 탄소강에 첨가할 경우 결정립을 미세화시키는 원소는?
① P   ② V   ③ Si   ④ Al

> **Solution** ① P : 강도, 경도 증가, 절삭성 양호
> ② Si : 경도, 탄성한계, 인장강도 증가
> ③ Al : 산화의 저항성 향상, 내열성 증가

04 탄소량이 변화하면 탄소강의 성질도 변화된다. 탄소량이 증가하면 어떠한 현상이 나타나는가?
① 열팽창계수가 증가한다.   ② 열전도율이 증가한다.
③ 전기저항이 증가한다.   ④ 비중이 증가한다.

05 강과 주철은 어느 것을 기준으로 하여 구분하는가?
① 첨가 금속함유량   ② 탄소함유량   ③ 금속조직 상태   ④ 열처리 상태

06 탄소강에서 탄소량이 증가할수록 어떤 결과가 생기는가?
① 경도감소, 연성증가   ② 경도감소, 연성감소
③ 경도증가, 연성증가   ④ 경도증가, 연성감소

07 다음 중 탄소강의 용도로 적합한 것은?
① 항공기 구조용   ② 전기통신선로용   ③ 화학약품용   ④ 기계구조용

Answer 01 ③ 02 ④ 03 ② 04 ③ 05 ② 06 ④ 07 ④

08 크롬이 특수강의 재질에 미치는 가장 중요한 영향은?
① 결정립의 성장을 저해   ② 내식성을 증가
③ 강도를 증가   ④ 경도를 증가

09 다음 중 고속도 공구강의 성질로서 요구되는 사항과 가장 먼 항목은?
① 내충격성   ② 고온경도   ③ 전·연성   ④ 내마모성

> **Solution** • 전·연성 : 재료를 가느다란 선과 같이 신장할 수 있는 성질을 연성, 판과 같이 얇게 펼 수 있는 성질을 전성이라 한다.

10 다음 중 불변강이 아닌 것은?
① 인바   ② 엘린바   ③ 인코넬   ④ 슈퍼인바

> **Solution** • 인코넬 : 내식성 니켈계 합금
> ① Ni : 72~76[%], Cr : 14~17[%], Fe : 8[%]
> ② 내식성과 내열성 우수
> ③ 고온 내산화성 우수
> ④ 기계적 강도 우수
> ⑤ 전열기 부품, 열전쌍의 보호관, 진공관의 필라멘트 등에 사용

11 다음 특수목적용강 중 절삭 공구용 특수강인 것은?
① Ni-Cr 강   ② 불변경   ③ 내열강   ④ 고속도강

> **Solution** 일반적으로 널리 사용하는 공구강은 고속도강과 초경합금이다.

12 다음 중 스테인레스강에 가장 많이 함유되는 원소는?
① 아연(Zn)   ② 텅스텐(W)   ③ 크롬(Cr)   ④ 코발트(Co)

> **Solution** • 스테인레스강(stainless steel) : Cr 및 Ni 을 다량 첨가하여 내식성을 크게 향상시킨 강으로 녹이슬지 않는다고 하여 불수강이라고도 한다.

13 세라믹(ceramics) 공구의 특징이 아닌 것은?
① 내부식성, 내산화성이 크다.   ② 고속 및 고온절삭에 적합하다.
③ 인성이 크며 충격용에 적합하다.   ④ 내열성이 우수하다.

14 피절삭성이 양호하여 고속절삭에 적합한 강은?
① 레일강   ② 스프링강   ③ 쾌삭강   ④ 외륜강

> **Solution** • 쾌삭강 : 가공재료의 피절삭성을 높이고 제품의 정밀도와 절삭공구의 수명을 길게하기 위하여 개선한 구조용강

15 특수강에서의 Mo를 첨가하면 다음과 같은 주요 작용을 한다. 틀리는 것은?
① 담금질 향상   ② 뜨임취성 방지   ③ 크리프 특성 향상   ④ 저온강도 증대

16 다음 중 자경성(自硬性)이 가장 큰 합금은?
① 저-Mn 강   ② Si 강   ③ Mn-S 강   ④ 고-Mn 강

Answer 08 ② 09 ③ 10 ③ 11 ④ 12 ③ 13 ③ 14 ③ 15 ④ 16 ④

> **Solution** ● 자경성 : 공기중에 노출시키는 것만으로도 담금질효과를 갖는 성질로 자경화가 되는 금속으로는 Ni, Cr, Mn 등이 있다.

17 스프링강이 갖추어야 할 성질 중 틀린 것은?
① 항복강도가 커야 한다.　　　　　　② 탄성한도가 높아야 한다.
③ 충격값 및 피로한도가 커야 한다.　　④ 연신율이 높아야 한다.

18 특수강에 대한 설명 중 옳은 것은?
① 특수강을 용도 따라 분류하면 구조용 특수강, 단조용 특수강으로 대별된다.
② 특수강은 탄소강에 타 원소를 1개 이상 첨가한 것으로 합금강이라고도 부른다.
③ 탄소강의 기계적 성질을 개선하기 위하여 탄소 함유량을 다량 함유시킨 강철이다.
④ 특수강은 특수 목적과 특수 성질을 위하여 산소, 수소 등의 기체를 함유시킨 강철이다.

19 다음 중 18-8 스테인레스강과 관계없는 사항은?
① Cr-Ni 계　　　　　　　② 내식성이외에 내열성도 우수하다.
③ 페라이트 조직　　　　　④ 비자성체

20 합금강에서 소량의 Cr 이나 Ni 를 첨가하는 가장 중요한 이유는 무엇인가?
① 내식성을 증가시킨다.
② 경화능(hardenability)을 증가시킨다.
③ 마모성을 증가시킨다.
④ 담금질 후 마텐자이트(martensite) 조직의 경도를 증가시킨다.

21 발전기, 전동기, 변압기 등의 철심재료에 적합한 특수강은?
① 저탄소강에 Si 를 첨가한 강
② 탄소강에 Pb 또는 흑연을 첨가시켜 만든 강
③ 저탄소강에 Ni 을 첨가시켜 만든 강
④ 탄소강에 Mn 을 첨가한 강

22 팽창계수가 적고 탄성계수의 온도 의존성이 적어 시계의 스프링 등에 쓰이는 금속 재료는?
① Inconel　　② Elinvar　　③ High chrome　　④ Silzin Bronze

23 다음 중 경도가 크고 내마모성이 좋아서 대량 생산용 금형의 재료로 가장 적합한 것은?
① 초경 합금　　② 구리 합금　　③ 아연 합금　　④ 알루미늄 합금

> **Solution** ● 아연합금 : 용융점이 낮고 주조성 및 기계적 성질도 우수하므로 대부분 다이캐스팅용이나 금형주물용 합금으로 사용되며 가공용으로도 쓰인다.

24 스프링(spring)강에서 탄성한도를 높이기 위해서 흔히 첨가되는 원소는?
① P　　　　② Mn　　　　③ Mo　　　　④ Si

Answer　17 ④　18 ②　19 ③　20 ②　21 ①　22 ②　23 ①　24 ④

25 다음 자성강 중 단조에 의해서 성형시킬 수 있으며, 950[℃]에서 유냉한 상태로 사용하며, 용도로서는 발전기, 전기계기, 온도계, 오실로스코프 등에 쓰이는 자석강의 종류는?
  ① KM자석강   ② 석출형자석강   ③ KS자석강   ④ MT자석강

26 오스테나이트 망간강 또는 하드필드 망간강이라고 하며 내마멸성이 우수하고 경도가 크므로 각종 광산기계나 기차레일의 교차점 등의 재료에 쓰이는 것은?
  ① 고 Mn강   ② 저 Mn강   ③ Mn-Mo강   ④ Mn-Cr강

27 열간가공이 쉽고 다듬질 표면이 아름다우며, 특히 용접성이 좋고 고온강도가 큰 장점이 있는 합금강은?
  ① Ni-Cr강   ② Mn-Mo강   ③ Cr-Mo강   ④ W-Cr강

28 항온기의 온도조절용 변환기에 사용되는 재료는?
  ① Inconel   ② Hastelloy   ③ Bimetal   ④ Constantan

29 시계 스프링을 만드는 재질과 가장 적합한 것은?
  ① 엘린바   ② 트리디아   ③ 애드미럴티   ④ 미하나이트

30 주로 대형 겹판 스프링, 코일 스프링에 사용되는 강재의 종류는?
  ① 망간-바나듐 강재   ② 크롬-몰리브덴 강재
  ③ 망간-몰리브덴 강재   ④ 크롬-실리콘 강재

31 다음 중 주철의 성장을 방지하는 방법이 아닌 것은?
  ① 흑연을 미세하게 하여 조직을 치밀하게 한다.
  ② C, Si량을 감소시킨다.
  ③ 탄화물 안정 원소인 Cr, Mn, Mo, V 등을 첨가한다.
  ④ 주철을 720[℃] 정도에서 가열, 냉각시킨다.

32 다음 주철에 관한 설명 중 틀린 것은 어느 것인가?
  ① 주철 중에 전탄소량은 유리탄소와 화합탄소를 합한 것이다.
  ② 탄소(C)와 규소(Si)의 함량에 따른 주철의 조직관계를 마우러 조직도(Mauer's diagram)라 한다.
  ③ 주강은 일반적으로 전기로에서 용해한 용강을 주철에 부어 가공하지 않고, 완전 풀림 처리한다.
  ④ C, Si 양이 많고 냉각이 빠를수록 흑연화하기 쉽다.

  Solution • 주철의 성장 : 주철을 고온에서 가열 냉각을 반복하면 Fe_3C가 분해하여 흑연이 발생하면서 부피가 커지고 팽창한다.

33 합금 주철에서 강한 탈산제인 동시에 흑연화를 촉진하나, 많이 첨가하면 오히려 흑연화를 방지하는 원소는?
  ① 니켈   ② 티탄   ③ 몰리브덴   ④ 바나듐

Answer 25 ③ 26 ① 27 ③ 28 ③ 29 ① 30 ① 31 ④ 32 ④ 33 ②

> **Solution** ① Ni : 흑연화 촉진, 내식성 향상
> ② Mo : 내마모성 증가
> ③ V : 흑연화 방지

34 주조할 때 주물표면에 금속형을 대서 백선화시켜서 경도를 높이고 내마모성, 내압성을 크게 한 주철은?
① 구상흑연주철 ② 칠드주철 ③ 가단주철 ④ 규소주철

> **Solution** ① 구상흑연주철 : Mg 첨가하여 흑연을 구상화시키면 강도가 증대된다.
> ② 칠드주철 : 급랭하면 Fe_3C가 석출되어 파단면이 백색이고 경도 및 내마모성이 좋다.
> ③ 백심가단주철 : 백선을 산화철과 함께 500~1000[℃]로 가열 탈탄시킨다.
> ④ 흑심가단주철 : 백선을 흑연화시켜 제조한다.

35 구상흑연주철을 만들 때에 사용되는 첨가재는?
① Al ② Cu ③ Mg ④ Ni

> **Solution** • 구상흑연주철 : 용융상태의 주철 중에 마그네슘, 세륨 또는 칼슘 등을 첨가하여 흑연을 구상화 한 것

36 대형 가공용 본체의 금형용 소재로 사용되는 실용 주철의 탄소함유량은?
① 1.7~2.5[%] C ② 2.5~4.5[%] C ③ 4.5~5.5[%] C ④ 5.5~6.5[%] C

37 14[%] 정도의 Si를 포함한 고 Si 주철은?
① 칠드 주철 ② 마하나이트 주철 ③ 내열주철 ④ 내산주철

> **Solution** • 합금주철(alloy cast iron)
> ① 고력합금주철 : 보통 주철에 0.5~2.0[%] Ni, 크롬, 몰리브덴을 배합
> ② 내마멸성주철 : 보통 주철에 크롬, 몰리브덴, 구리 첨가
> ③ 내열주철 : 고크롬 주철, 나레지스타(Ni-Cr-Cu 주철), 니크롬실랄(Ni-Cr-Si 주철) 등이 있고 400[℃] 이상의 고온에서도 내산화성, 내성장성 및 고온강도 등을 유지
> ④ 내산주철 : 13~14.5[%] Si를 함유

38 주조시 주형에 냉금을 삽입하여 주물 표면을 급냉시키므로서 백선화시키고 경도를 증가시킨 내마모성 주철은?
① 합금주철 ② 구상흑연주철 ③ 가단주철 ④ 칠드 주철

> **Solution** ① 합금주철 : 보통 주철에 Ni, Cr, Mo, Si, Cu, V, Al, Ti 등을 첨가시켜 보통주철보다 기계적 성질과 내식성, 내열성, 내충격성 등의 특성을 갖도록 한 주철이다.
> ② 구상흑연주철 : 큐폴라 또는 전기로에서 용해한 다음 주입 직전 마그네슘 합금(Fe-Si-Mg), Ce 또는 Ca 등을 첨가해서 처리하여 흑연을 구상화한 것으로 인장강도 55~80[kg/mm^2], 연신율 2~6[%]로 탄소강에 유사한 기계적 성질을 가지고 있다.
> ③ 가단주철 : 보통 주철의 결점인 여리고 약한 인성을 개선하기 위하여, 백주철을 고온에서 장시간 열처리하여 시멘타이트 조직을 분쇄하거나 소실시켜 인성 또는 연성을 개선한 주철이다.

39 가단주철의 용도 중 가장 옳은 것은?
① 철도의 레일이나 차축재료에 많이 사용된다.
② 자동차 부속품, 관이음쇠 등에 사용된다.
③ 선박이나 항공기 등의 강력구조용 재료에 적당하다.
④ 고급 전선용 재료로 적당하다.

Answer 34 ② 35 ③ 36 ② 37 ④ 38 ④ 39 ②

40 주철의 특성 중 틀린 것은?
① 주조성이 우수하다. ② 복잡한 형상도 쉽게 제작할 수 있다.
③ 가격이 싸고 널리 사용된다. ④ 인장강도가 강에 비해 우수하다.

41 다음 주철 중 인장강도가 가장 낮은 것은?
① 백심가단주철 ② 구상흑연주철 ③ 회주철 ④ 흑심가단주철

> **Solution** • 주철의 인장강도
> ① 보통주철(회주철) : 100~350MPa 이상
> ② 백심가단주철 : 350~540MPa 이상
> ③ 흑심가단주철 : 270~360MPa 이상
> ④ 구상흑연주철 : 370~800MPa 이상

42 강철에 비하여 주철의 성질 중 가장 부족한 것은?
① 인장강도 ② 수축성 ③ 유동성 ④ 주조성

43 주철의 특징을 설명한 것이다. 틀린 항은?
① 유동성이 비교적 양호하다. ② 인성이 크며, 산(酸)에 대한 내식성이 크다.
③ 진동, 흡수능력이 크다. ④ 절삭성이 우수하다.

44 가단주철의 소재는 무엇인가?
① 백주철 ② 회주철 ③ 반주철 ④ 구상흑연주철

45 열처리에 의해서 주강과 같은 강인성을 나타내는 주철은 어느 것인가?
① 구상흑연주철 ② 가단주철 ③ 회주철 ④ 칠드주철

46 강과 주철은 어느 것을 기준으로 하여 구분하는가?
① 첨가 금속함유량 ② 탄소함유량 ③ 금속조직 상태 ④ 열처리 상태

47 진동 에너지, 흡수력이 우수하여 기어 덮개(gear voer) 또는 피아노 frame으로 사용되는 가장 적합한 재료는?
① 가단주철(malleable cast iron) ② 회주철(gray cast iron)
③ 18-8 stainless steel ④ 저탄소강(low carbon steel)

48 합금 주철에 첨가되는 Cu의 영향을 설명한 것이다. 틀리는 것은?
① 내마모성은 개선되나 내부식성이 좋지 않다.
② 경도가 증가한다.
③ 내마모성이 향상된다.
④ 흑연화를 촉진한다.

> **Solution** 주철에 구리를 첨가시키면 경도가 증가하고 내마모성이 향상되고 내식성이 양호해진다.

Answer 40 ④ 41 ③ 42 ① 43 ② 44 ① 45 ② 46 ② 47 ② 48 ①

49 구리-니켈계 합금에 소량의 규소를 첨가한 것으로 강도와 전기전도도가 높아 통신선과 전화선에 사용되는 합금은?

① 암즈청동   ② 켈밋   ③ 콜슨 합금   ④ 포금

50 연신율이 크고, 인장강도 25[kgf/mm^2]로 전구의 소켓이나 탄피용으로 쓰이는 황동은?

① 톰백   ② 7·3 황동   ③ 6·4 황동   ④ 함석 황동

> **Solution** • 6·4 황동
> ① 7·3 황동에 비하여 전연성이 낮고 인장강도가 크다.
> ② 내식성이 낮고, 탈아연부식이 쉽다.
> ③ 판재, 선재, 볼트, 너트, 열교환기, 파이프, 밸브, 탄피, 자동차부품, 일반판금용 재료로 널리 사용

51 양은(洋銀, Nickel-silver)의 구성 성분은?

① Cu-Ni-Fe   ② Cu-Ni-Zn   ③ Cu-Ni-Mg   ④ Cu-Ni-Pb

> **Solution** • 니켈 황동(양백, 양은, 니켈 실버) : 황동(Cu+Zn) + 니켈(Ni) 합금

52 켈밋(kelmet)은 베어링용 합금으로 많이 사용된다. 성분은 구리(Cu)에 무엇을 첨가한 합금인가?

① 아연(Zn)   ② 주석(Sn)   ③ 납(Pb)   ④ 안티몬(Sb)

> **Solution** • 켈밋(kelmet) : 구리(Cu)에 납(Pb)을 첨가시킨 금속, 고속·고하중용 베어링으로 자동차, 항공기 등에 널리 사용된다.

53 특수 청동합금에 유동성을 좋게하기 위해 첨가하는 원소는?

① 규소   ② 망간   ③ 인   ④ 아연

> **Solution** ① 규소(Si) : 적은 양은 다소 경도와 인장강도를 증가시키고, 함유량이 많아지면 내식성과 내열성 증가, 전기적 성질 개선을 가져온다.
> ② 망간(Mn) : 적은 양일 때 강인성과 내식성, 내산성을 증가시킨다. 함유량이 증가하면 내마멸성이 커진다. 황에 의한 취성 방지
> ③ 인(P) : 결정입자를 거칠게하며 경도, 인장강도는 증가하고 연신율, 충격값은 감소한다. 유동성을 개선시키고, 가공시에는 균열을 일으키는 상온취성의 원인이 된다.
> ④ 아연(Zn) : 철강재료의 부식방지, 주조성 양호, 냉간가공 우수

54 구리의 특성이 아닌 것은?

① 가공성 용이   ② 연성 양호   ③ 내식성 양호   ④ 접합성 불량

55 청동합금의 주성분은?

① Cu-Si   ② Cu-Al   ③ Cu-Zn   ④ Cu-Sn

56 다음 중 열기전력값이 높아 열전대선으로 이용되는 재료는?

① 80[%] Ni-Fe 합금(permalloy)   ② 40~50[%] Ni-Cu 합금(constantan)
③ 화이트 메탈(white metal)   ④ 인코넬(inconel)

Answer 49 ③ 50 ② 51 ② 52 ③ 53 ③ 54 ④ 55 ④ 56 ②

57 황동계 실용합금 중 톰백(tombac)에 관한 설명이 아닌 것은?
① 8~20[%] 의 Zn 을 함유하는 황동이다.
② 색깔이 금색에 가까워서 모조금으로 사용된다.
③ 전연성이 나쁘다.
④ 냉간가공이 쉽다.

58 다음 중 구리의 특성이 아닌 것은?
① 내식성이 우수하다. ② 열전도율이 높다.
③ 경도가 높다. ④ 전기전도율이 크다.

59 구리에 아연을 5~20[%] 함유한 것으로 색깔이 아름답고 장식품에 주로 많이 사용되는 황동은 어느 것인가?
① 포금 ② 문쯔 메탈 ③ 톰백 ④ 7·3 황동

60 다음의 기계재료 중 황동(brass) 합금에 속하지 않는 것은?
① 포금 ② 문쯔 메탈 ③ 톰백 ④ 델타 메탈

61 Ni 65~70[%] 정도로 함유한 Ni-Cu 계의 합금으로 내식성이 좋으므로 화학공업용 재료로 많이 쓰이는 재료는?
① 톰백 ② 알코이 ③ 모넬 메탈 ④ Y 합금

62 인청동의 인 함량은 몇 [%]정도가 적당한가?
① 5~6[%] ② 0.5~1.0[%] ③ 0.03~0.5[%] ④ 9~11[%]

63 주물용 알루미늄(Al) 합금 중 시효경화되지 않는 것은?
① 라우탈(lautal) ② Y 합금
③ 실루민(silumn) ④ 로엑스(Lo-Ex) 합금

> **Solution**
> ① 실루민(silumin) : Al-Si 계 합금으로 공정점 부근의 조직이 기계적 성질이 우수하고 용융점이 낮다.
> ② Y 합금 : Cu 4[%], Ni 2[%], Mg 1.5[%] 등을 함유하는 알루미늄 합금
> ③ Lo-Ex 합금 : Al-Si 계에 Cu, Mg, Ni를 1[%] 첨가한 금속

64 마그네슘(Mg)을 설명한 것 가운데서 잘못된 것은?
① 마그네슘(Mg)의 비중은 알루미늄의 약 2/3 정도이다.
② 구상흑연주철의 첨가제로도 사용된다.
③ 용융점은 약 930[℃]로 산화가 잘된다.
④ 전기전도도는 알루미늄보다 낮으나 절삭성은 좋다.

> **Solution** ● 마그네슘(Mg)
> ① 원자번호 : 12 ② 원자량 : 24.32
> ③ 비중 : 1.743 ④ 용융점 : 650[℃]
> ⑤ 비등점 : 1110[℃]

Answer 57 ③ 58 ③ 59 ③ 60 ① 61 ③ 62 ③ 63 ③ 64 ③

65 알루미늄이 공업재료로 사용되는 특성이 아닌 것은?
① 무게가 가볍다. ② 열전도도가 우수하다.
③ 강도가 작다. ④ 소성가공성이 우수하다.

> **Solution** • 알루미늄의 특징
> ① 비중이 2.7로 가벼운 금속이다.
> ② 주조성이 좋다.
> ③ 상온 및 고온가공이 쉽다.-소성가공이 우수
> ④ 내식성이 우수하다.
> ⑤ 전기 및 열의 양도체이다.
> ⑥ 순수 Al은 강도가 낮지만, 합금 상태에서는 강도가 커질 수 있다.

66 다음 중 절삭성이 우수하고 가벼우며, Al 합금용, 구상흑연주철 첨가제 및 사진용 프래시 등의 용도로 사용되는 것은?
① Mg ② Ni ③ Zn ④ Sn

> **Solution** • 마그네슘의 성질
> ① 비중이 1.74로 가장 가벼운 금속이다.
> ② 내식성 양호
> ③ 소성 가공성 양호
> ④ 주물용 알루미늄(Al)계 합금이 있다.

67 가공용 알루미늄 합금 중 항공기나 자동차 몸체용 고강도 Al-Cu-Mg-Mn 계의 합금명은?
① 듀랄루민 ② 하이드로날륨 ③ 라우탈 ④ 실루민

68 비중이 가벼워 항공기, 자동차 부품 등에 사용되는 합금은?
① Sn 합금 ② Cu 합금 ③ Mg 합금 ④ Ni 합금

69 알루미늄의 용도로서 적당하지 않는 것은?
① 드로잉 재료 ② 다이캐스팅 재료
③ 자동차 구조용 재료 ④ 절삭날 재료

> **Solution** 알루미늄은 고온경도가 떨어져 절삭날의 재료로 부적합하다.

70 알루미늄 합금으로 점도가 좋으며 대량 생산을 할 경우 어느 주조법이 가장 좋은가?
① 원심주조법 ② 칠드주조법 ③ 주물주조법 ④ 다이캐스팅법

71 비강도(比强度)가 커서 항공기 부품용 등에 가장 많이 쓰이는 합금은?
① Au 합금 ② Mg 합금 ③ Ni 합금 ④ Cr 합금

72 실루민(silumi)의 주성분은 무엇인가?
① Al-Si ② Al-Cu ③ Al-Zn ④ Al-Zr

Answer 65 ③ 66 ① 67 ① 68 ③ 69 ④ 70 ④ 71 ② 72 ①

73 니켈 60~70[%] 정도로 함유한 Ni-Cu계의 합금으로, 내식성이 좋으므로 화학공업용 재료로 많이 쓰이는 재료는?

① 톰백   ② 알코아   ③ Y 합금   ④ 모넬 메탈

> **Solution**
> ① 톰백 : Cu 80[%], Zn 5~20[%]를 함유한 저아연 합금의 총칭, 전연성이 양호하며 모조금, 금박대용으로 사용된다.
> ② Y 합금 : Cu 4[%], Ni 2[%], Mg 1.5[%] 등을 함유한 알루미늄 합금, 내연기관용 피스톤, 공냉 실린더 헤드, 주조, 단조용으로 사용

74 고 Ni 강으로 강력한 내식성을 가지고 있으며, 약한 자장으로 큰 투자율을 가지고 있으므로, 해저 전선용 코일 등에 쓰이고 있는 것은?

① 인바(invar)   ② 엘린바(elinvar)
③ 퍼멀로이(permalloy)   ④ 바이메탈(bimetal)

> **Solution** • 니켈 합금
> ① 인바 : 내식성이 양호, 열팽창 계수가 철의 1/10, 측량기구, 표준기구, 시계추, 바이메탈 등에 사용
> ② 엘린바 : 인바에 12[%] Cr 첨가, 온도변화에 다른 탄성계수의 변화가 거의 없고, 계측기기, 전자기장치, 각종 정밀부품 등에 사용
> ③ 슈퍼인바 : 인바에 5[%] 미만의 코발트 첨가, 열팽창계수가 가장 낮은 합금이다.

75 아연(Zn)의 설명이 잘못된 것은?

① 대기 중 표면에 염기성 탄산염(炭酸鹽)의 박막이 생겨 내부를 보호한다.
② 도금 및 합금으로 많이 사용한다.
③ 매우 단단한 금속으로 금형재로 사용된다.
④ 4[%]의 Al을 합금하면 다이캐스팅용으로 유명한 자막(zamak)이 된다.

76 고온에서 다른 재료에 비해 강도가 우수하기 때문에 항공기 외판 등에 사용하는 재료는?

① Ni   ② Cr   ③ W   ④ Ti

> **Solution** • 티탄(titanium)의 특징
> ① 비중 4.51
> ② 융점 1670℃
> ③ 용해 주조가 어렵다.
> ④ 전기 및 열의 전도성이 나쁘다.
> ⑤ 내식성 우수
> ⑥ 가스 터빈용, 항공기 구조용, 화학공업용, 원자로 구조용 재료로 사용

77 다음 재료 중 용융 온도가 낮아서 쉽게 주조하여 원하는 금형을 만들 수 있는 합금은?

① 초경 합금   ② 구리 합금   ③ 아연 합금   ④ 알루미늄 합금

> **Solution** • 금속의 용융 온도
> ① Fe ; 1538[℃]   ② Mg : 650[℃]
> ③ Hg : -38.8[℃]   ④ Cu : 1083[℃]
> ⑤ Ni : 1455[℃]   ⑥ W : 3400[℃]
> ⑦ Al : 660[℃]   ⑧ Zn : 420[℃]

Answer 73 ④ 74 ③ 75 ③ 76 ④ 77 ③

78 다음 중 베어링의 부시 메탈로서 가장 적당한 것은?
① 모넬 메탈　　② 다우 메탈　　③ 배빗 메탈　　④ 알드레이 메탈

79 프레스용 강판 중 각종 완구, 부엌용품, 캔 등에 사용되며 납땜의 흡입이 쉬운 것은?
① 냉간압연강판　　② 아연도금강판　　③ 주석도금강판　　④ 규소강판

80 티타늄(titanium)의 성질에 속하지 않은 것은?
① 비교적 비중이 작다.　　② 융점이 낮다.
③ 열전도가 낮다.　　④ 산화성 수용액 중에서 내식성이 크다.

Answer　78 ③　79 ③　80 ②

chapter 4 플랜트 배관일반

1 배관의 종류

1. 관의 종류와 용도

(1) 강관(鋼管; steel pipe)의 종류와 용도

물, 공기, 유류, 가스, 증기 등의 유체배관에 사용하는 관 재료로 용도적인 측면에서 보면 일반건축물, 공장, 선박, 가스배관, 광산 등 가장 광범위하게 사용되고 있다. 또한 특수 고압의 유압배관, 보일러의 수관이나 연관, 유전에 사용하는 보오링용 등 특수한 곳에도 사용되고 있다.

① 배관용
  ㉠ 배관용 탄소 강관(SPP; 호칭지름 15~650A)
    ⓐ 10kg/cm² 이하의 비교적 낮은 압력에 사용한다.
    ⓑ 물, 기름, 가스 및 공기 등에 사용할 수 있으며 가스관이라고도 한다.
    ⓒ 흑관과 백관이 있다.
    ⓓ 부식을 방지하기 위하여 아연도금을 한다.
    ⓔ SPP : carbon steel pipes for ordinary piping
  ㉡ 압력 배관용 탄소 강관(SPPS; 호칭지름 6~500A)
    ⓐ 호칭은 호칭지름과 두께(스케줄 번호)로 표시한다.
    ⓑ 10~100kg/cm²의 압력과 350℃ 이하의 온도에서 사용한다.
    ⓒ 보일러의 증기관, 수압관 등에 사용된다.
    ⓓ SPPS : carbon steel pipes for pressure service
    ⓔ 스케줄 번호= $10 \times \dfrac{P}{S}$, P : 사용압력(kgf/cm²), S : 허용압력(kgf/cm²)
    ⓕ 관의 두께 $t = \left(10 \times \dfrac{P}{S} \times \dfrac{D}{1750}\right) + 2.54$, D : 관의 외경(mm), t : 관의 두께(mm)
  ㉢ 고압 배관용 탄소 강관(SPPH)
    ⓐ 100kg/cm² 이상, 350℃ 이하의 배관에 사용한다.
    ⓑ 이음매 없는 관(seamless pipe)으로 사용되며 킬드강으로 만든다.
    ⓒ 내연기관의 연료분사관, 화학공업의 고압배관, 암모니아의 합성배관의 용도로 사용
    ⓓ SPPH : carbon steel pipes for high pressure service
  ㉣ 고온 배관용 탄소 강관(SPHT; 호칭지름 6~500A)
    ⓐ 호칭은 호칭지름과 두께(스케줄 번호)로 표시한다.
    ⓑ 350℃ 이상의 배관에 사용한다.
    ⓒ SPHT : carbon steel pipes for high temperature service

ⓓ 배관용 아크 용접 탄소 강관(SPW; 호칭지름 350~1500A)
  ⓐ 10kg/cm² 이하의 낮은 압력 배관에 사용한다.
  ⓑ 증기, 물, 기름, 가스 및 공기 등의 배관, 일반수도관, 가스수송관 등에 사용
ⓔ 배관용 합금 강관(SPA; 호칭지름 6~500A)
  ⓐ 주로 고온 배관용으로 사용하고 있다.
  ⓑ SPA : alloy steel pipes
ⓕ 배관용 스테인리스 강관(STS×TP; 호칭지름 6~500A)
  ⓐ 내식 및 내열용으로 사용한다.
  ⓑ 저온 및 고온용 배관에 사용한다.
ⓖ 저온 배관용 강관(SPLT; 호칭지름 6~500A)
  ⓐ 빙점 이하, 특히 저온도 배관에 사용한다.

② 수도용
 ㉠ 수도용 아연 도금강관(SPPW)
  ⓐ SPP관에 아연도금을 하여 내식성을 증가시킨 강관이다.
  ⓑ 정수두 100m 이하의 수도 배관(급수용)에 주로 사용한다.
  ⓒ SPPW : galvanized steel pipe for water service
 ㉡ 수도용 도복장 강관(STPW)
  ⓐ SPP관 또는 SPW관에 피복한 배관이다.
  ⓑ 정수두 100m 이하의 급수용 배관에 사용한다.

③ 열전달용
 ㉠ 보일러 열교환기용 탄소강관 : 관의 내외면에서 열의 전달을 목적으로 한 장소의 배관에 사용한다.
 ㉡ 보일러 열교환기용 합금강관
  ⓐ 관의 내외면에서 열의 전달을 목적으로 한 장소의 배관에 사용한다.
  ⓑ 보일러의 수관, 연관, 과열관, 공기예열관, 화학공업이나 석유공업의 열교환기관, 콘덴서관, 촉매 관, 가열로관 등에 사용한다.
 ㉢ 보일러 열교환기용 스테인리스 강관(STS×TB)
 ㉣ 저온 열교환기용 강관(STLT)
  ⓐ 빙점 이하, 특히 낮은 온도에서 관의 내외에서 열의 전달을 목적으로 하는 배관에 사용한다.
  ⓑ 열교환기관, 콘덴서관 등에 사용한다.

④ 구조용
 ㉠ 일반 구조용 탄소강관 : 토목, 건축, 철탑, 발판, 지주, 말뚝과 기타의 구조물용 관에 사용한다.
 ㉡ 기계 구조용 탄소 강관 : 기계, 자동차, 항공기, 자전거, 가구, 기구 등의 기계부품용 관에 사용한다.
 ㉢ 구조용 합금강관 : 자동차, 항공기 등의 기타의 구조물용 관으로 사용한다.

(2) 주철관(鑄鐵管; cast iron pipe)의 종류 및 용도

주철은 탄소 함량 2.0~6.68%의 재료로 급수관, 배수관, 통기관, 케이블 매설관, 오수관, 가스공급관, 광산용 양수관, 화학공업용 배관 등에 사용되고 있다.

① 수도용 수직형 주철관
 ㉠ 접합방법에 따라 소켓관과 플랜지관이 있다.
 ㉡ 정압수두에 따라 보통압관, 저압관이 있다.
 ㉢ 최대 사용 정수두는 보통압관이 75m 이하, 저압관이 45m이다.

② 수도용 원심력 사형 주철관
　㉠ 접합방법에 따라 소켓관과 기계이음관이 있다.
　㉡ 정수압에 따라 고압관(B), 보통압관(A), 저압관(LA) 등이 있다.
　㉢ 최대 사용 정수두는 고압관 100m 이하, 보통압관 75m 이하, 저압관 45m 이하이다.
　㉣ 기계적 특성으로는 재질이 균일하고 강도가 크다.
③ 수도용 원심력 금형 주철관
　㉠ 접합방법에 따라 소켓관과 기계이음관이 있다.
　㉡ 정수압에 따라 고압관, 보통압관이 있다.
　㉢ 최대 사용 정수두는 고압관 100m 이하, 보통압관 75m 이하이다.
④ 원심력 모르타르 라이닝 주철관
　㉠ 주철관 내벽의 부식을 방지할 목적으로 관 내면에 모르타르를 바른(라이닝) 관이다.
　㉡ 취급 시 큰 하중과 충격에 유의해야 한다.
⑤ 수도용 원심력 덕타일 주철관(구상 흑연 주철관)
　㉠ 보통주철(회주철)과 같이 관의 수명이 길다.
　㉡ 강도와 인성은 강관과 같다.
　㉢ 또한 내식성이 좋으며 가요성, 충격에 대한 연성이 양호하다.
　㉣ 가공성이 좋다.
⑥ 배수용 주철관
　㉠ 관 두께에 따라 1종과 2종의 두 가지가 있다.
　㉡ 건물 내의 오수 및 잡배수용으로 쓰이며 내압이 거의 없어 관 두께가 일반용보다 얇은 특징이 있다.

(3) 비철금속관의 종류 및 용도
비철금관의 종류로는 동관, 연관, 알루미늄관, 주석관 등이 있다.
① 동관
　㉠ 열교환기용관, 급수관, 압력배관, 급유관, 냉매관, 급탕관, 기타 화학공업용으로 사용된다.
　㉡ 동관의 표준치수로 K, L, M형 등 3가지가 있다. K형은 의료배관, L형은 의료배관, 급·배수배관, 급탕배관, 냉·난방배관, 가스배관, M형은 L형과 동일하다.
　㉢ 화학성분에 따라서는 이음매 없는 인탈산 동관과 이음매 없는 무산소 동관이 있다.
　　ⓐ 이음매 없는 인탈산 동관 : 열교환기용, 화학공업용, 급수, 급탕용, 가스관 등에 사용한다.
　　ⓑ 이음매 없는 무산소 동관 : 열교환기용, 전기용, 화학공업용, 급수, 급탕용 등에 사용한다.
② 연관
　㉠ 용도로는 수도관, 기구배수관, 가스배관, 화학공업용 배관 등에 사용된다.
　㉡ 수도용 연관 : 사용 정수두 75m 이하, 강도와 내구성이 양호하다.
　㉢ 일반용(공업용) 연관 : 1종, 2종, 3종이 있다. 1종은 화학공업용으로 2종은 일반용으로 3종은 가스용으로 사용된다.
　㉣ 배수용 연관 : 트랩과 배수관, 대변기와 오수관, 세정관과 기구연결관 등에 사용한다.
　㉤ 경연관 : 화학공업용으로 사용한다.
③ 알루미늄관
　㉠ 열교환기, 선박, 차량 등 특수 용도에 사용한다.
　㉡ 화학성분에 따라 1, 2, 3종이 있다. 그리고 연질과 경질로 나눈다.
④ 주석관
　㉠ 화학공장, 양조장 등에서 알코올, 맥주 등의 수송관으로 사용하고 있다.

(4) 비금속관의 종류 및 용도

비금속관의 종류로는 PVC관, 석면 시멘트관, 철근 콘크리트관, 원심력 철근 콘크리트관, 도관 등이 있다.

① PVC관
  ㉠ 물, 유류, 공기 등의 배관에 사용하고 있다.
  ㉡ 경질 염화비닐관 : 일반용, 수도용, 배수용 등으로 사용한다.
  ㉢ 폴리에틸렌관(polyethylene pipe) : 염화비닐관 보다 가볍고, 내열성과 보온성이 우수하며 인장강도가 작다.

② 석면 시멘트관
  수도용, 가스용, 배수용, 공업용수관 등의 매설관으로 사용하고 있다.

③ 철근 콘크리트관
  옥외 배수관 용으로 사용하고 있다.

④ 원심력 철근 콘크리트관
  상하수도, 배수로 등에 많이 사용되고 있다.

⑤ 도관(clay pipe)
  ㉠ 빗물 배수관으로 주로 사용되고 있다.
  ㉡ 두께에 따라 보통관, 후관, 특후관 등으로 나누며 보통관은 농업용, 후관은 도시 하수관용, 특후관은 철도용 배수관으로 사용되고 있다.

2. 관 이음재 및 접합법

(1) 강관의 접합

① 나사접합
  ㉠ 소구경관용 접합방법이다.
  ㉡ 관의 절단방법으로 수동공구에 의한 방법, 동력기계에 의한 방법, 가스절단방법 등이 있다.

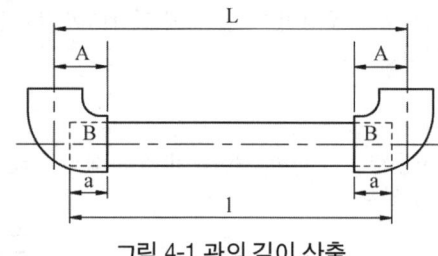

그림 4-1 관의 길이 산출

  ㉢ 관의 길이 산출법

  배관의 중심선 길이 $L = l + 2(A - a)$

  여기서, l : 관의 실제 길이를 구하는 공식
  A : 부속의 중심길이
  a : 관의 삽입길이

② 용접접합
  ㉠ 가스용접과 전기용접에 의한 방법이다.
  ㉡ 용접접합의 장점
    ⓐ 무게가 가볍다.
    ⓑ 보온피복 작업이 수월하다.

ⓒ 접합부 누수의 염려가 없고 강도가 크다.
ⓓ 유체의 마찰손실이 적다.
ⓔ 유지보수 비용이 줄어든다.
③ 플랜지접합
㉠ 관 끝에 플랜지를 용접접합 또는 나사접합을 하고 양 플랜지 사이에 개스킷을 넣어 볼트로 조여 붙이는 접합이다.
㉡ 배관의 중간이나 밸브, 펌프, 열교환기, 각종 기기의 접속 및 기타 보수, 점검을 위하여 관의 해체, 교환을 필요로 하는 곳에 사용되고 있다.

(2) 주철관의 접합

① 소켓접합(socket joint)
㉠ 급수관 : 소켓부 깊이의 1/3을 야안, 2/3을 납으로 채워 넣어 접합한다.
㉡ 배수관 : 소켓부 깊이의 2/3을 야안, 1/3을 납으로 채워 넣어 접합한다.
㉢ 이와 같이 소켓부에 납과 얀(yarn)을 넣는 접합 방식이다. 납이 굳은 후 코킹을 해야 한다.
② 플랜지접합(flange joint)
㉠ 계기, 제수밸브 등의 기구를 붙이거나 관을 착탈 할 필요가 있거나, 소켓이음이 불가능하거나 할 때 접합하는 방식이다.
㉡ 플랜지의 볼트를 조일 때는 볼트를 균등하게 대각선상으로 조이도록 한다.
㉢ 시일(개스킷) 재료로는 고무, 석면, 마, 납판 등이 사용된다.
③ 기계적 접합(mechanical joint)
㉠ 구조적으로 보면 소켓이음에 플랜지이음의 장점을 접목한 접합 방식이다.
㉡ 150mm 이하의 수도관용 접합에 사용된다.
㉢ 지진, 기타 외압에 대한 휨성(가요성)이 풍부하여 다소의 굴곡에도 누수가 발생하지 않는다.
㉣ 이음 작업이 간단하고 수중 작업도 용이한 이점이 있다.
④ 빅토리접합(victory joint)
㉠ 빅토리형 주철관을 고무링과 누름판(칼라)을 이용하여 접합하는 방식이다.
㉡ 내부의 압력이 증가할수록 고무링이 더 관 벽에 밀착대여 누수를 방지한다.
㉢ 가스 배관용으로 적합하다.
⑤ 타이톤접합(tyton joint)
㉠ 원형의 고무링 하나만으로 접합하는 방식이다.
㉡ 소켓 내부의 홈에는 고무링을 고정하도록 되어 있고 삽입구 끝 부분에는 고무링을 쉽게 끼워 넣을 수 있도록 구배져 있다.

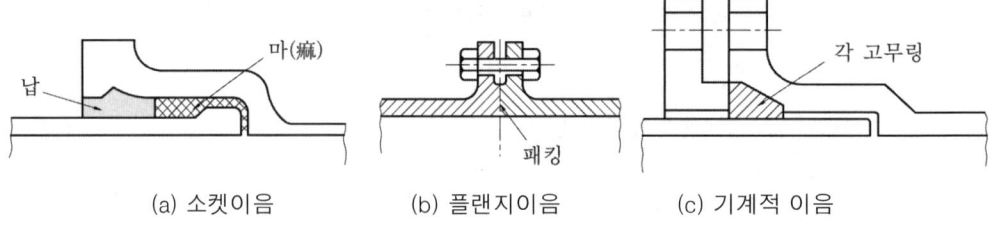

(a) 소켓이음   (b) 플랜지이음   (c) 기계적 이음

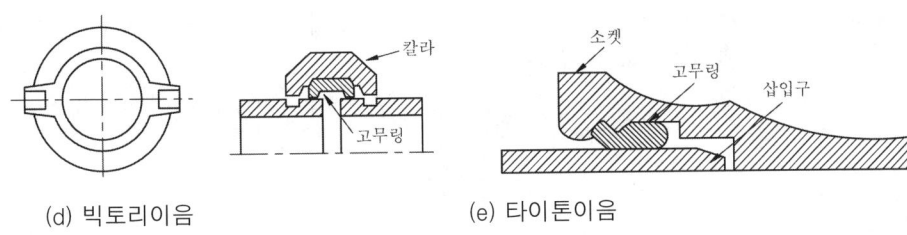

(d) 빅토리이음   (e) 타이톤이음

그림 4-2 주철관이음

(3) 동관 접합

① 플레어접합(flare joint)
　㉠ 원추 모양의 펀치로 눌러 나팔관 모양으로 확대하여 접합하는 방식으로 압축접합이라고도 한다.
　㉡ 기계의 점검, 보수 또는 관을 분해할 경우에 적합한 접합방식이다.

② 용접접합(weld joint)
　㉠ 관의 연결 부위에 동관을 끼우고 열을 가하여 용접을 하면 용접재가 모세관 현상에 의하여 틈새로 깊숙이 흘러들어가 접합되는 방식이다.
　㉡ 건축배관용 동관접합에 대부분 이용되는 방식이다.
　㉢ 용접접합에서 중요한 것 중 하나는 알맞은 온도로 가열하는 것이다. 과열되거나 미가열시에는 용접부위의 강도가 떨어져 수명이 짧아지는 결과가 발생된다.
　㉣ 연납용접(납땜접합)과 경납용접이 있다.
　㉤ 경납용접의 일반사항은 다음과 같다.
　　ⓐ 동관끼리 산소와 수소 용접 또는 산소와 아세틸렌 용접으로 접합 작업을 한다.
　　ⓑ 접합부 간에 발생하는 전해작용에 의한 부식현상이 일어나지 않도록 할 수 있다.
　　ⓒ 방사난방 시 온수관 접합 및 진동이 심한 곳에 적용할 수 있는 접합방식이다.

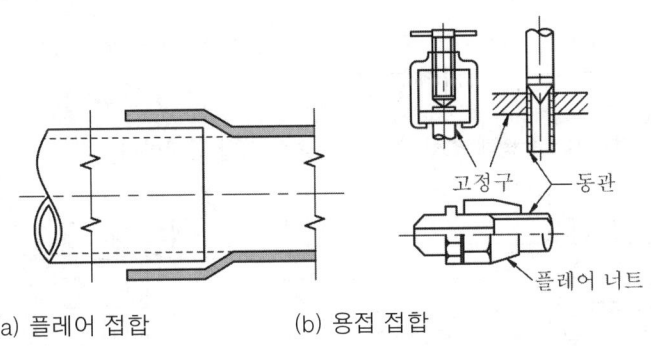

(a) 플레어 접합   (b) 용접 접합

그림 4-3 동관 접합

③ 분기관접합(branch pipe joint)
　㉠ 사용압력 20kgf/cm² 정도까지의 배관 접합에 사용하는 방식이다.

(4) 연관 접합

① 플라스탄 접합 : Pb 60%, Sn 40% 합금인 플라스탄 합금을 이용한 접합 방식이다.
　㉠ 직선접합 : 직선배관 접합방법으로 암관의 입구를 확대시켜 숫관을 끼우는 연결방식이다.
　㉡ 맞대기접합 : 관과 관을 서로 맞대어 연결하는 방식이고 플라스탄 합금과 연관의 용융온도 차이가 별로 없어 가열시 세심한 주위가 요구되는 접합방식이다.
　㉢ 수전 소켓접합 : 수도꼭지(급수전), 지수전, 계량기의 소켓을 연관에 접합하는 방식이다.
　㉣ 분기관접합 : T자형이나 Y자형의 지관으로 연관에 접합하는 방식이다.

ⓓ 만다린접합 : 입상관 끝에 90° 구부려 시공하므로 숙련이 요구되는 방식이다. 그 끝에 급수전 등의 수전 소켓을 접합하는 방식이다.

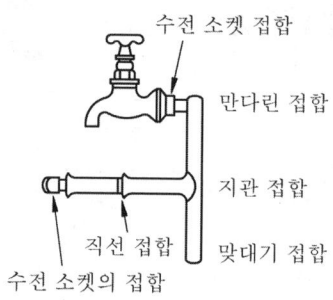

그림 4-4 플라스탄 접합

② 살붙임납땜 접합
　㉠ 양질의 땜납을 녹여 나온 납물을 접합부에 접착시켜 굳게 하여 접합하는 방식이다.
　㉡ 연관의 접속이 완전하며 수압에도 잘 견디는 접합 방식이다.

(5) PVC관의 접합
① 경질 염화비닐관의 접합
　㉠ 냉간접합법
　　ⓐ 나사접합 : 금속관과의 접합에 사용된다.
　　ⓑ 냉간삽입접합(TS joint) : 접착제를 사용하여 접합하는 방식이다.
　㉡ 열간 접합법
　　ⓐ 열단법 : 열가소성, 복원성, 용착성을 이용해서 50mm 이하의 소구경관용 접합에 사용된다.
　　ⓑ 이단법 : 65mm 이상의 대구경관용으로 숫관에 접착제를 발라 암관에 끼워 가열하여 복원력으로 접착부를 밀착 접합하는 방식이다.
　㉢ 플랜지 접합법
　　ⓐ 대형관 접합 및 관 분해 조립 요구시 필요한 접합 방식이다.

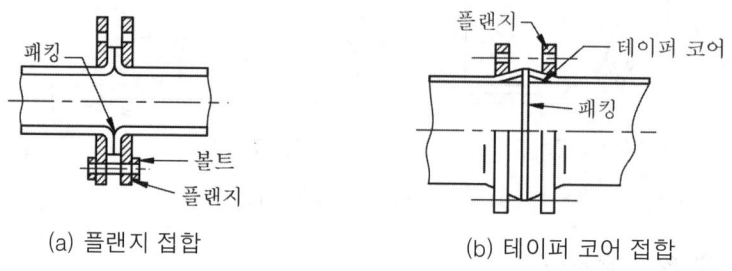

그림 4-5 플랜지 접합과 테이퍼 코어 접합

　㉣ 테이퍼 코어 접합법
　　ⓐ 강도가 약한 플랜지 접합을 보완하기 위한 방식이다.
　　ⓑ 50mm 이상의 대구경관용으로 사용된다.
　㉤ 용접접합

② 폴리에틸렌관의 접합
　㉠ 용착슬리브 접합
　　관 끝의 외면과 부속품의 내면을 동시에 가열 용융시켜 접합하는 방식이다.
　㉡ 테이퍼 접합
　　ⓐ 폴리에틸렌관 전용의 포금제 테이퍼 조인트를 사용하여 접합하는 방식이다. 포금은 청동의 종류이다.
　　ⓑ 50mm 이하의 소구경 수도관용으로 사용된다.
　㉢ 인서트 접합
　　ⓐ 가열 연화한 인서트를 끼우고 물로 냉각하여 클램프로 조여 접합하는 방식이다.
　　ⓑ 50mm 이하의 폴리에틸렌관 접합용으로 사용된다.

(6) 석면 시멘트관의 접합
① 기볼트 접합
　㉠ 1개의 슬리브, 2개의 플랜지와 고무링을 사용하여 접합하는 방식이다.
　㉡ 신축성과 굴절성이 양호하다.
　㉢ 원심력 철근 콘크리트관의 칼라 조인트 5~10개소 마다 1개의 기볼트를 사용하여 연결하는 방식이다.
② 칼라 접합
　㉠ 주철제의 특수칼라를 사용하여 접합하는 방식이다.
　㉡ 접합부 사이에 고무링을 끼워 수밀성을 유지시키는 접합이다.
③ 심플렉스 접합
　㉠ 석면 시멘트제 칼라와 2개의 고무링을 사용하여 접합하는 방식이다.
　㉡ 굽힘성과 내식성이 양호하다.
　㉢ 사용압력은 $10.5 kg_f/cm^2$이다.

(7) 철근 콘크리트관의 접합
① 칼라 접합
　㉠ 철근 콘크리트제 칼라로 소켓을 만든 후 콤포를 채워 접합하는 방식이다.
　㉡ 콘크리트관을 접합할 때 칼라 조인트의 칼라와 관 사이에 채워 넣어 수밀을 유지시키는 요소를 콤포라 한다.
② 모르타르 접합
　모르타르를 사용하고 굽힘성이 전혀 없으며 굴절성과 신축성이 유지되는 접합 방식이다.

(8) 도관의 접합
① 관과 관 사이의 접합부에 마(yarn)을 압입하고 모르타르를 발라 접합하는 방식이 있다.
② 관과 관 사이에 모르타르 만 사용하여 접합하는 방식이 있다.

(9) 이종관의 접합
① 강관과 연결 가능한 관 : 동관, 경질 염화비닐관, 주철관, 연관 등이다.
② 주철관과 연결이 가능한 관 : 경질 염화비닐관, 연관, 콘크리트관, 석면 시멘트관 등이다.
③ 경질 염화비닐관과 연결이 가능한 관 : 동관, 연관, 도관 기타 금속관 등이다.

3. 배관부속재료

(1) 관 연결용 부속재료

① 강관용

　㉠ 나사결합형
　　• 사용처별 분류
　　　ⓐ 배관의 방향을 바꿀 때 : 엘보우, 밴드
　　　ⓑ 관을 도중에서 분기할 때 : T, Y, 크로스
　　　ⓒ 동경관을 직선 결합할 때 : 소켓, 유니온, 니플
　　　ⓓ 이경관의 연결 : 이경 소켓, 이경 엘보우, 이경 티이, 부싱
　　　ⓔ 관 끝을 막을 때 : 플러그, 캡
　　　ⓕ 플랜지 부착기기에 접합할 때 : 플랜지

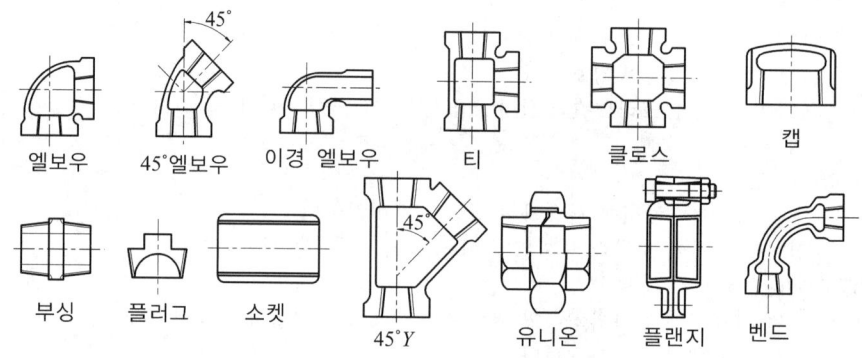

그림 4-6 나사결합형 사용처별 분류

　　• 유체의 상태에 따른 사용압력
　　　ⓐ 300℃ 이하의 증기, 공기, 가스 및 기름 : $10kg/cm^2$
　　　ⓑ 220℃ 이하의 증기, 공기, 가스 및 기름, 맥동수 : $14kg/cm^2$
　　　ⓒ 120℃ 이하의 정류수 : $20kg/cm^2$
　　• 연결 부속의 크기 표시방법
　　　ⓐ 지름이 같은 경우 : 호칭지름으로 표시한다.
　　　ⓑ 지름이 2개인 경우 : 지름이 큰 것을 첫 번째, 작은 것을 두 번째의 순서로 한다.
　　　　[ex] 32×25
　　　ⓒ 지름이 3개인 경우 : 동일 중심선 위 또는 평행 중심선 위에 있는 구멍 중에서 큰 것을 첫 번째, 작은 것을 두 번째, 나머지를 세 번째로 한다.
　　　　[ex] 32×32×25
　　　ⓓ 지름이 4개인 경우 : 지름이 큰 것을 첫 번째, 이것과 동일 또는 평행 중심선 위에 있는 것을 두 번째, 나머지 2개 중에서 지름이 큰 것을 세 번째, 작은 것을 네 번째로 한다.
　　　　[ex] 50×25×25×20

　㉡ 용접형
　　증기, 물, 기름, 가스, 공기 등 일반 배관의 맞대기 용접용으로 사용압력이 비교적 낮다.

　㉢ 플랜지
　　ⓐ 용도 : 배관 중간이나 밸브, 열교환기, 각종 기기의 접속 및 기타 보수, 점검을 위한 관의 해체, 교환을 필요로 할 경우 사용하기에 적당하다.
　　ⓑ 플랜지의 모양 : 원형, 타원형, 사각형 등이 있으며 타원형은 소구경관용으로 사용된다.
　　ⓒ 패킹시트의 모양 : 전면, 대평면, 소평면, 삽입형, 홈 시트(채널형) 등

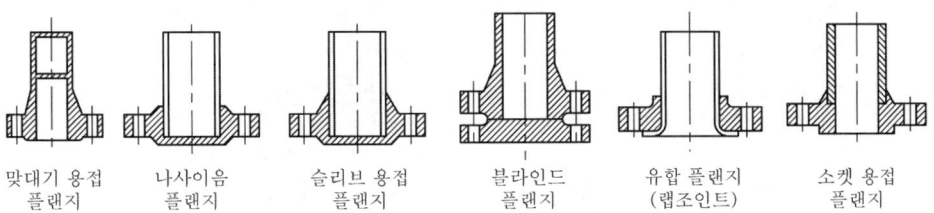

맞대기 용접 플랜지 / 나사이음 플랜지 / 슬리브 용접 플랜지 / 블라인드 플랜지 / 유합 플랜지 (랩조인트) / 소켓 용접 플랜지

그림 4-7 플랜지 관 부착법에 따른 분류

　　　ⓓ 플랜지의 관 부착법에 따른 분류 : 소켓용접형, 맞대기용접형, 나사 결합형, 삽입 용접형, 블라인드형, 랩 조인트 등이 있다.
　　　ⓔ 플랜지용 볼트 너트 : 배관 플랜지용 볼트로는 머신볼트와 스터드 볼트 등이 있다.
　　　ⓕ 플랜지용 개스킷 : 플랜지 접합부의 누설 방지용이다.
② 주철관용(주철관 이형관)
　㉠ 수도용
　　　ⓐ 분기점인 경우 : T형관, Y형관, ＋자관 등
　　　ⓑ 배관이 굴곡할 때 : 각종 곡관
　　　ⓒ 지름이 다른 경우 : 테이퍼관(편락관)
　　　ⓓ 기설배관에서 분기관을 낼 때 : 이음관, 플랜지 소켓관, 플랜지관
　　　ⓔ 소화전을 장치하는 곳 : 소화전관
　　　ⓕ 배관의 중심선을 약간 어긋나게 할 때 : 을(乙)자관
　　　ⓖ 배관의 끝 : 캡, 플러그, 마개 플랜지
　　　ⓗ 저수지의 유입구 또는 유출구 : 나팔관
　㉡ 배수용
　　　ⓐ 건물 내에 오수가 원활하게 흐르고 연결부에서 오물이 막히는 것을 방지한다.
　　　ⓑ 종류로는 곡관, Y관, T관, 확대관, U트랩, 이음관 등이 있다.

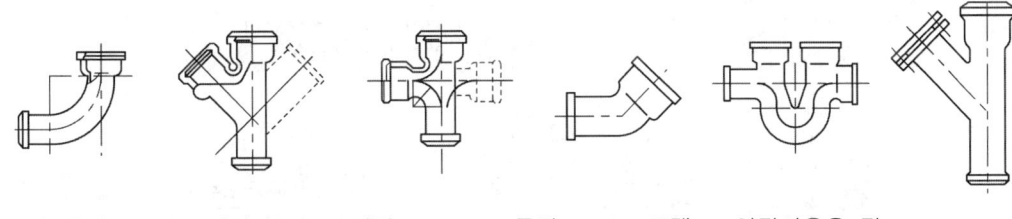

90° 곡관　　Y자관　　T자관　　45° 곡관　　U트랩　　연관이음용Y관

그림 4-8 배수용 주철관 이형관

③ 동관
　㉠ 플레어 연결부속
　　　ⓐ 황동제로 플레어 연결부속을 만들고 주로 플레어 접합에 사용된다.
　　　ⓑ 분리, 재결합 등이 쉽다.
　　　ⓒ 용접접합이 어려울 때나 화재의 위험 등이 있을 때 사용한다.
　㉡ 동합금 주물 연결부속
　　　ⓐ 청동주물로 연결부속 본체를 만들어 관과 연결하고 연결 부위를 기계적인 방법으로 다듬질을 한다.
　㉢ 순동 연결부속
　　　ⓐ 동관 접합에 널리 사용되고 있다.

ⓑ 냉온수 연결 배관, 도시가스, 의료용 산소 공급 배관 등에 사용된다.
ⓒ 엘보우, 티, 커플링, 슬리브(소켓), 줄임 소켓 등이 있다.
④ PVC관
㉠ 수도용 경질 염화비닐관 연결부속
ⓐ 열간접합용과 냉간접합용이 있는데 열간접합용에는 갑형과 을형이 있다.
ⓑ 소켓, 엘보우, 티 등과 수도꼭지를 설치하기 위한 수전소켓, 수전엘보우, 수전티 등이 있다.
㉡ 일반용 경질 염화비닐관 연결부속
ⓐ 배수관과 통기관에 사용하는 VG2 관(얇은 관)의 접합에 사용하는 냉간삽입식 연결부속이다.
ⓑ 분기 및 합류 부분에 Y관 또는 90° 관을 사용하여 배수가 잘 되도록 하였다.
ⓒ 오수가 잘 흐르고 오물이 막히지 않도록 곡률 반지름을 크게 하여 만들었다.
㉢ 폴리에틸렌관 연결부속
ⓐ 수도용이나 일반용 폴리에틸렌관에 공동으로 사용된다.
ⓑ 1종과 2종이 있다. 1종은 연질관, 2종은 경질관에 사용한다.
ⓒ 소켓, 이경 소켓, 엘보우, 티, 캡, 수전 소켓(갑형과 을형), 수전 엘보우, 유니언 소켓 등이 있다.

(2) 신축이음(expansion joint)

관 벽에 접하는 외부 온도와 관 속을 흐르는 유체의 온도 변화에 따라 관은 수축 또는 팽창을 한다. 이 때에 관의 신축에 직접적인 영향을 주는 것은 온도의 변화와 관의 길이이다. 철의 경우 선팽창계수가 1.2×10^{-5}/℃이므로 1℃ 온도차에 대하여 1m당 0.012mm 만큼 신축을 일으키게 된다. 이런 점 때문에 긴 직관의 배관에서 관 접합부나 관 부속 기기 부분에서 파손이 발생할 우려가 있다. 이러한 사고를 방지하기 위하여 배관의 도중에 설치하는 재료가 신축이음이다. 종류로는 다음과 같은 것들이 있다.

① 슬리브형 신축이음(sleeve type expansion joint)
㉠ 슬리브와 본체 사이에 패킹을 넣어 온수 또는 증기가 누설되는 것을 방지한다.
㉡ 패킹 재료로는 흑연 또는 기름으로 처리한 것을 사용한다.
㉢ 물 또는 압력 8kgf/cm² 이하의 포화증기, 공기, 가스, 기름 등의 배관의 용도로 사용하고 있다.
㉣ 호칭경 50A 이하는 청동제 이음의 나사 결합식, 65A 이상은 플랜지 결합식으로 슬리브 파이프는 청동제이며, 본체는 일부가 주철제이거나 전부가 주철제로 되어 있다.

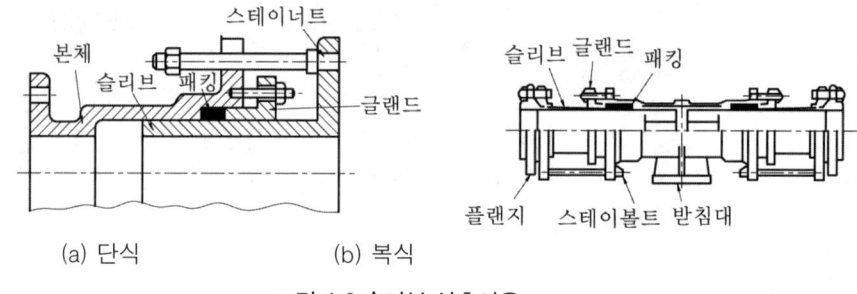

그림 4-9 슬리브 신축이음

• 특징
ⓐ 신축량이 크고 수축과 팽창으로 인한 응력이 발생하지 않는다.
ⓑ 배관에 곡선 부분이 있으면 신축이음에 비틀림이 발생하여 파손의 영향을 준다.
ⓒ 장기간 사용시 패킹의 마모로 누수가 발생할 수 있다.
ⓓ 직선으로 신축이음을 하므로 시공시 설치 공간이 루프형에 비해 적다.

② 벨로스형 신축이음(bellows type expansion joint)
  ㉠ 벨로스형은 패킹 대신 벨로스를 사용한다. 파형으로 주름을 잡아 만든 벨로스는 온도의 변화에 따라 변형하며 관내 유체의 누설을 방지한다.
  ㉡ 벨로스의 재료로는 인청동 또는 스테인리스강 등을 사용한다.
  ㉢ 벨로스형은 팩리스(packless) 신축이음이라고도 하며, 이음 방법으로는 나사이음식과 플랜지이음식이 있다.

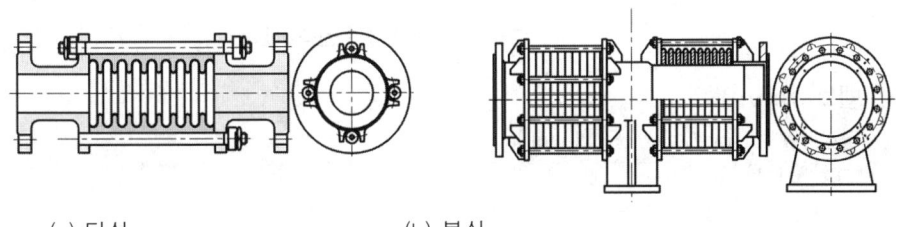

(a) 단식　　　　　　　(b) 복식

그림 4-10 벨로스형 신축이음

• 특징
  ⓐ 자체 응력, 누설 등이 없고 부식에 강한 재질을 사용한다. 주름이 잡혀 있는 곳에 유체가 고이면 부식이 발생할 수 있으므로 주의해야 한다.
  ⓑ 고압 배관에 적당하지 않으며 설치 공간이 넓지 않아도 된다.

③ 루프형 신축이음(loop type expansion joint)
  ㉠ 강관 또는 동관 등을 루프(loop) 모양으로 구부려 만들어 신축곡관이라고도 한다.
  ㉡ 그 구브림으로 인하여 배관의 신축이 가능하다.
  ㉢ 강관 루프의 경우 고온 고압용 배관에 사용되며 곡률반경은 관 지름의 6배 이상이 좋다.

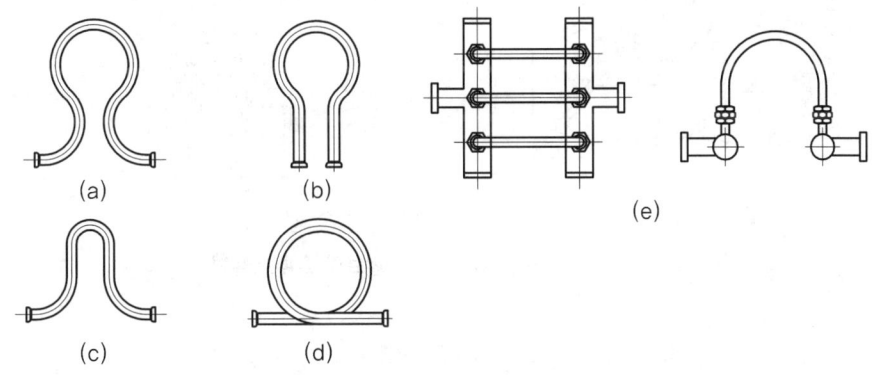

그림 4-11 루프형 신축이음

• 특징
  ⓐ 설치 공간이 넓어야 하고 고온 고압의 옥외 배관에 사용되고 있다.
  ⓑ 배관의 신축에 따른 자체 응력이 발생한다.
  ⓒ 관에 주름 굽힘이 되어 있을 경우 곡률반경을 관 지름의 2~3배로 한다.

④ 스위블형 신축이음(swivel type expansion joint)
  ㉠ 2개 이상의 엘보우를 사용하여 이음부의 나사회전을 이용해서 배관의 신축을 이 부분에서 흡수하도록 한 신축이음으로 스윙식이라고도 한다.
  ㉡ 온수 및 증기 난방용 배관에 주로 사용한다.

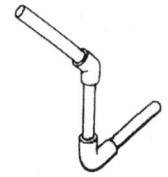 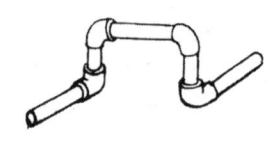 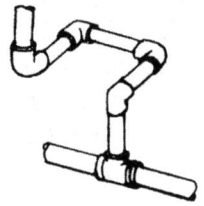

그림 4-12 스위블형 신축이음

(3) 밸브(valve)

① 글로브밸브(glove valve or stop valve)
  ㉠ 글로브밸브
    ⓐ 주로 유량조정용으로 사용되고 유체의 저항은 크나 가볍다.
    ⓑ 유체의 흐름 방향과 평행하게 밸브가 개폐된다.
    ⓒ 밸브디스크의 형상은 평면형, 원추형, 반원형, 부분원형 등이 있다.
    ⓓ 50A 이하는 포금제의 나사결합형, 65A 이상은 밸브, 밸브 시트는 포금제, 본체는 주철제의 플랜지형으로 되어 있다.
    ⓔ 가격이 저렴하다.

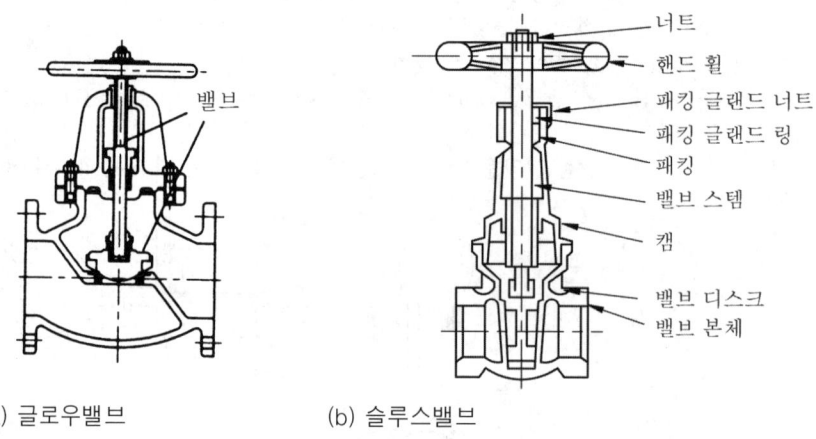

그림 4-13 글로우밸브와 슬루스밸브

  ㉡ 앵글밸브(angle valve)
    ⓐ 직각으로 굽어진 장소에 사용하기에 적당한 밸브이다.
    ⓑ 엘보우와 글로브밸브을 조합한 형태이며 유체의 저항을 방지할 수 있다.
  ㉢ 니들밸브(needle valve)
    ⓐ 밸브의 디스크 형상을 원추 모양으로 바꾸어서 유체가 통과하는 평면이 극히 작은 구조로 되어 있는 밸브다.
    ⓑ 유량이 적거나 고압일 때에 유량 조절을 누설 없이 정확히 행할 목적으로 사용되는 밸브이다.
② 슬루스밸브(sluice valve or gate valve)
  ㉠ 관로 개폐용으로 주로 사용되는 밸브로 배관용으로는 가장 많이 쓰인다.
  ㉡ 유량 조절용으로는 부적당한 반면, 찌꺼기(drain)가 체류해서는 안 되는 난방용 배관에는 적합하다. 완전히 막고 사용하거나 완전히 열고 사용해야 하는 단점이 있다.
  ㉢ 유체의 유동에 따른 파이프 내 마찰 저항 손실이 적다.

② 종류
  ⓐ 바깥나사식 : 50A 이하의 관용
  ⓑ 속나사식 : 65A 이상의 관용
③ 디스크 구조에 따른 종류
  ⓐ 웨지 게이트 밸브(wedge gate valve)
  ⓑ 패럴렐 슬라이드 밸브(parallel slide valve)
  ⓒ 더블 디스크 게이트 밸브(double disk gate valve)
  ⓓ 제수 밸브

③ 체크밸브(check valve)
  ㉠ 유체의 흐름을 한 방향으로 흐르게 하고 역류를 방지하는 밸브이다.
  ㉡ 종류에는 수직, 수평 배관용으로 스윙식이 있고 수평 배관용으로 리프트식이 있다.
  ㉢ 펌프의 수직 흡입관 하단에 사용되는 풋밸브(foot valve)도 역지변(체크밸브)의 일종이다.

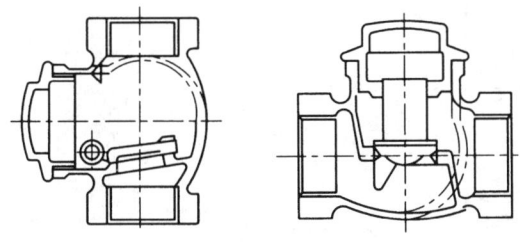

(a) 스윙식   (b) 리프트식

그림 4-14 체크밸브

④ 콕(cock)
  ㉠ 원통 또는 원뿔에 구멍을 뚫고 그 구멍의 축 주위를 90° 회전시켜 개폐하는 회전밸브의 일종으로 플러그 밸브(plug valve)라고도 한다.
  ㉡ 특징
    ⓐ 유체의 저항이 적고 유로를 급속히 개폐할 수 있는 구조이다.
    ⓑ 기밀 유지가 안 된다.
    ⓒ 고압 대용량에는 부적당하다.
  ㉢ 유체 흐름 방향에 따른 종류
    ⓐ 2방콕   ⓑ 3방콕   ⓒ 4방콕

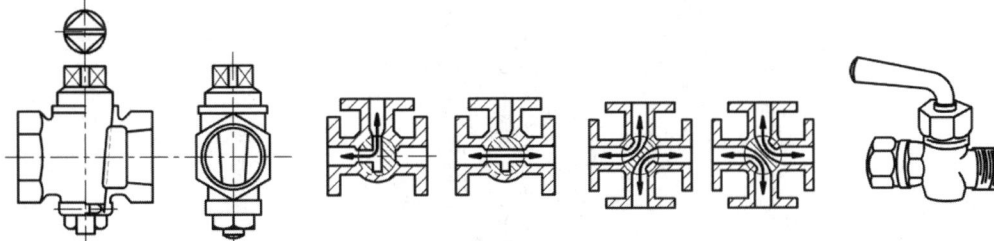

(a) 청동메인콕   (b) 2방콕   (c) 사방콕   (d) 핸들콕

그림 4-15 콕의 종류

⑤ 안전밸브(safety valve)
  ㉠ 압력분출시 작동이 정확해야 하며 분출 전 유체의 누설이 없어야 한다.
  ㉡ 유체의 압력이 정상으로 돌아 올 때, 즉시 분출이 정지되어야 한다.
  ㉢ 종류
      ⓐ 중추식 : 중추의 무게로 분출압력을 조절하는 방식이다.
      ⓑ 레버식 : 추와 레버를 사용하는 방식으로 추의 위치에 따라 분출압력을 조절할 수 있다.
      ⓒ 스프링식
        - 가장 많이 사용하는 방식으로 스프링의 탄성에 의하여 분출압력을 조절한다.
        - 형식에 따라서 단식, 복식, 이중식 등으로 분류한다.

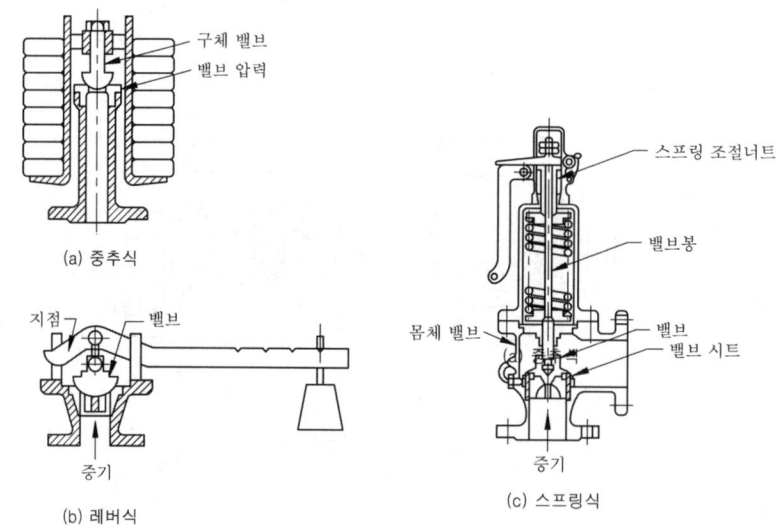

그림 4-16 안전밸브의 종류

⑥ 감압밸브(pressure reducing valve)
  ㉠ 고압관과 저압관 사이에 설치하여 고압 쪽의 압력을 요구하는 낮은 압력으로 낮추는 밸브이다.
  ㉡ 작동 방법에 따른 종류 : 피스톤식, 다이어프램식, 벨로스식 등이 있다.
  ㉢ 구조에 따른 종류 : 스프링식, 추식 등이 있다.
  ㉣ 압력 제어방식에 따른 종류 : 자력식, 타력식 등이 있다.

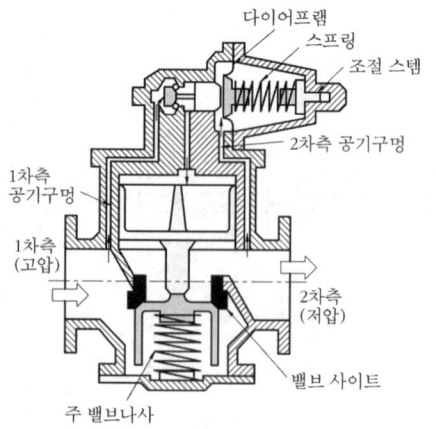

그림 4-17 감압밸브의 내부 구조

⑦ 솔레노이드밸브(solenoid valve)
  ㉠ 안전 및 제어장치용으로 사용되면 전자변이라고도 표현한다.
  ㉡ 전자기적 원리에 의해 작동한다.
  ㉢ 종류로는 파일로트식과 직동식이 있다. 직동식은 연료용으로 많이 쓰인다.
  ㉣ 바이패스 배관에 사용하지 못한다.
⑧ 공기빼기 밸브(air vent valve)
  ㉠ 액체 속에 포함된 공기와 그 밖의 기체를 액체에서 분리, 체류하게 하여 배관의 외부로 제거시키기 위한 밸브이다.
  ㉡ 난방장치에 주로 사용되고 있다.
⑨ 볼 탭(ball tap)
  탱크 내에 물 공급 시 급수구 쪽에 설치하여 탱크 내부의 수위 상승과 하강을 부력의 원리를 이용하여 조절해 주는 기구이다.
⑩ 수전
  ㉠ 급수, 급탕관의 끝에 연결하여 물의 흐름을 개폐하거나 유량을 조절하는 일종의 밸브이다.
  ㉡ 지수전 : 급수관의 도중에 설치하여 급수전(수도꼭지), 양수기 등으로의 통수를 막거나 부분 통수하는 장치이다. 갑지수전과 을지수전이 있다.
    ⓐ 갑지수전 : 급수장치의 수량조절용으로 사용한다.
    ⓑ 을지수전 : 공공수도와 부지경계점의 지하수도 분기관에 설치하여 급수장치 전체의 통수를 제한하는 용으로 사용한다.
  ㉢ 분수전 : 배수관에서 급수관을 분기할 때 도중에 부착하는 기구이다.
    ⓐ 급수소관 : 40mm 이하의 급수관을 분기할 때 사용한다.
    ⓑ 분수전의 관경에는 13, 16, 20, 25mm가 있다.

(4) 트랩(trap)

① 트랩의 종류
  ㉠ 작동원리에 따른 분류 : 기계식, 온도조절식, 열역학적 트랩 등이 있다.
  ㉡ 압력에 따른 분류 : 저압용, 중압용, 고압용, 초고압용 등이 있다.
  ㉢ 용도에 따른 분류 : 증기용, 배수용 등이 있다.
  ㉣ 접속방식에 따른 분류 : 나사식, 플랜지형, 소켓형 등이 있다.
② 증기 트랩(steam trap)
  ㉠ 방열기의 환수구 또는 배관의 아래 부분에 응축수가 모이는 곳에 설치하며 다음과 같은 구비조건을 갖는다.
    ⓐ 마찰저항이 적고 내마모성이 우수해야 한다.
    ⓑ 내구력이 있으며 내식성이 우수해야 한다.
    ⓒ 공기의 배기가 가능해야 한다.
    ⓓ 압력, 유량이 일정 범위 내에서 변화할 때에도 동작이 확실해야 한다.
    ⓔ 정지 후에도 응축수 빼기가 가능해야 한다.
  ㉡ 열동식 트랩
    ⓐ 본체 내에 벨로스(bellows)를 넣고 그 내부에 휘발성이 큰 액체를 채워둔다. 벨로스는 인청동 또는 스테인리스강의 재질로 만든 얇은 판으로 원통에 주름이 잡혀 있다. 온도 변화에 따라 팽창과 수축을 반복하게 된다. 벨로스 상부는 고정되어 있고 하부는 위·아래로 움직일 수 있는 형태로 되어 있다.
    ⓑ 에어 리턴(air return)식, 진공환수식 증기 배관의 방열기, 관말 트랩 등에 사용된다.
  ㉢ 버킷 트랩(bucket trap)
    ⓐ 밸브의 개폐에 부력을 이용한 것으로 응축수의 간헐적인 배출이 이루어진다.

ⓑ 중압, 고압의 증기 환수관용으로 사용되고 환수관을 트랩보다 높은 위치로 배관할 수 있다.
ⓒ 형식으로는 하향식과 상향식 등이 있다.
ⓓ 증기의 압력에 의해 응축수 배출시 1kgf/cm^{2}에 대하여 실제로 8mm 이하까지 응축수를 밀어 올릴 수 있다.
㉣ 플로트 트랩(float trap)
ⓐ 트랩속의 응축수가 고이면 플로트가 올라가 밸브를 열고 응축수가 환수구로 배출되면 다시 플로트가 내려가는 원리를 이용한 것이다.
ⓑ 많은 양의 응축수 처리가 가능하며 저압증기용으로 사용된다.
ⓒ 공기를 배출시키기 위해 열동식 트랩을 병용하여 사용하고 있다.
㉤ 충격증기 트랩(impulse steam trap)
ⓐ 높은 온도의 응축수는 압력이 떨어지면 증발하는데 이때 증발로 인하여 부피의 팽창을 가져오게 된다. 이와 같은 원리를 이용하여 밸브의 개폐에 이용한 트랩이다.
ⓑ 트랩 내부는 원판모양의 밸브 디스크와 시트로 이루어져 있다.
ⓒ 응축수의 양은 많으나 소형으로 사용되는 디스크 트랩(disk trap)이라고도 한다.
ⓓ 저압, 중압, 고압 등에 사용하며 작동시 증기가 다소 새는 경향이 있다.
㉥ 수봉 트랩
ⓐ U자관에 물을 가득 채워서 사용하며 응축수 만 통과시키고 공기 및 증기는 차단시키는 원리이다.
ⓑ 저압증기관에 주로 사용하는 형식이다.

③ 배수 트랩
하수관 및 건물 내의 배수관에서 발생하는 유해한 가스가 실내로 유입되는 것을 방지하기 위한 것이다.
㉠ 관 트랩
ⓐ S 트랩 : 세면기, 대변기, 소변기 등의 위생기구에 사용한다.
ⓑ P 트랩 : 벽면에 매설하는 배수 수직관 연결시 사용한다.
ⓒ U 트랩 : 건물 내부의 배수 수평주관 끝에 설치하여 사용한다. 가옥 트랩 또는 메인 트랩(main trap)이라 한다.

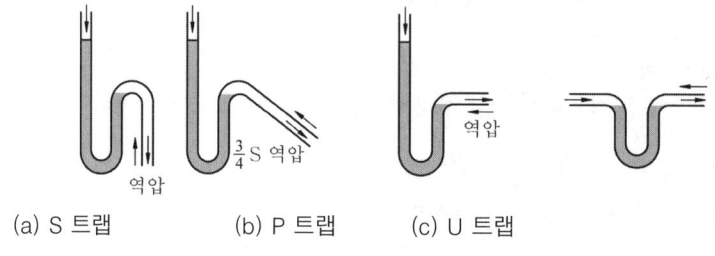

그림 4-18 관 트랩

㉡ 박스 트랩(box trap)
ⓐ 드럼 트랩(drum trap) : 요리장의 개숫물 배수에 사용하는 종류이다. 개숫물이란 음식 그릇을 씻은 물을 뜻하는 말이다.
ⓑ 벨 트랩(bell trap) : 바닥면의 배수에 사용하는 트랩이다.
ⓒ 가솔린 트랩(gasoline trap) : 배수 중의 가솔린, 기계유, 모래 등을 분리하기 위한 트랩이다. 기름 또는 휘발유를 많이 취급하는 자동차의 차고나 공장 등의 바닥 배수에 사용하고 있다.
ⓓ 그리스 트랩(grease trap) : 요리장에서 배수에 흘러 들어간 지방질이 배수관에서 냉각되어 배수관이 막히는 것을 방지하기 위한 트랩이다.

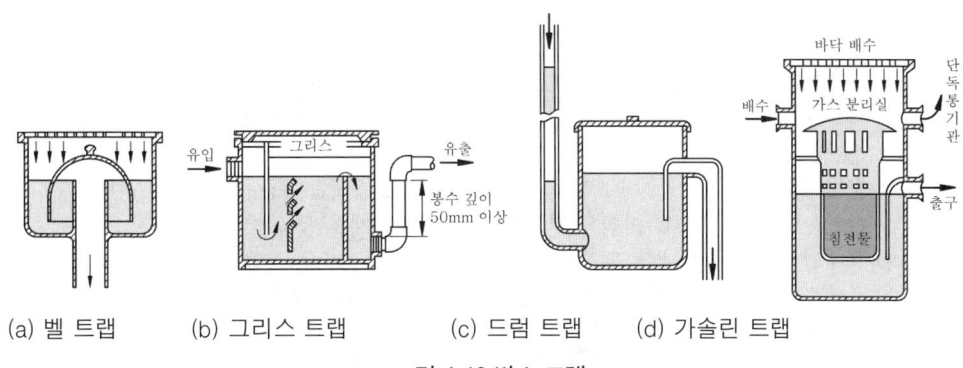

(a) 벨 트랩　　(b) 그리스 트랩　　(c) 드럼 트랩　　(d) 가솔린 트랩

그림 4-19 박스 트랩

(5) 스트레이너(strainer)

① 증기, 물, 유류배관 등에 설치되는 밸브, 기기 등의 앞에 설치하여 관내의 불순물을 제거하는 여과기의 종류이다.
② 종류로는 Y형, U형, V형 등이 있다.

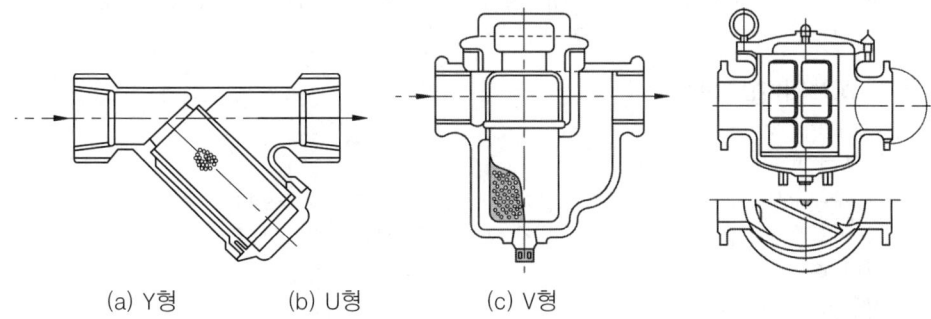

(a) Y형　　(b) U형　　(c) V형

그림 4-20 스트레이너의 종류

(6) 배관용 보온재

① 보온재의 구비조건
　㉠ 비중이 작을 것
　㉡ 열전도율이 작고 보온 능력이 양호할 것
　㉢ 흡수성이 적을 것
　㉣ 기공이 균일한 다공질 재료일 것
　㉤ 시공이 쉽고 장기간 사용이 가능할 것

② 보온재의 종류
　㉠ 유기질 보온재
　　ⓐ 펠트류 : 양모, 우모 이용, 곡면 등에도 시공 가능, 방습처리가 필요하다.
　　ⓑ 텍스류 : 톱밥, 목재, 펄프를 원료로 이용, 실내벽, 천장 등의 보온 및 방음의 용도로 사용
　　ⓒ 폼류 : 경질 폴리우레탄폼, 폴리스틸렌폼, 염화비닐폼 등의 종류가 있다.
　　ⓓ 탄화코르크 : 아스팔트가 결합된 재료, 냉장고, 건축용 보온, 배관 보랭재, 냉수·냉매 배관, 냉각기, 펌프 등의 보랭용으로 사용된다.
　㉡ 무기질 보온재
　　ⓐ 탄산마그네슘 : 보온판, 보온재 등으로 사용, 15%의 석면이 포함되어 있다.
　　ⓑ 유리섬유 : 보온대, 보온통, 판 등으로 성형, 방수처리가 필요하며 보온재로 냉장고, 일반 건축의 벽체, 덕트 등에 사용하고 있다.

ⓒ 폼 글래스 : 판상, 관상 등으로 제조되며 보온, 보냉재로 사용, 흡수성이 적고 기계적 강도가 크다.
ⓓ 규조토질 보온재 : 접착성, 열전도율이 높고 시공 후 건조시간이 길다.
ⓔ 석면 보온재(아스 베스트) : 패킹, 석면판, 슬레이트 등에 사용, 진동을 받는 부분, 곡관부, 플랜지부 등에 주로 사용된다.
ⓕ 암면 보온재 : 안산암, 현무암, 석회석 등을 원료로 사용, 흡수성이 적고, 알칼리에 강하고 산에는 약하며 400℃ 이하의 관, 덕트, 탱크 보온재로 사용된다.
ⓖ 광재면 : 암면과 유사한 재료이다.
ⓗ 규산 칼슘 보온재 : 반영구적으로 압축강도가 크고 내구성이 양호하다. 제철, 발전소, 선박, 화학공업용, 고온 배관 등에 사용된다.
ⓘ 보온 커버 : 보온 시공 후 미장, 방수, 커버 역할을 할 수 있도록 한 재료이다.
ⓙ 마스틱(mastic) : 보온 외장, 공조덕트 외장, 연기 배관 보호용, 송풍 덕트용, 소음방지용, 전력, 석유화학공장의 정류탑, 보일러, 탱크용, 연기배관, 원유탱크, 냉동실, 냉장고의 내벽 코팅 재료로 광범위하게 사용된다.
ⓒ 금속질 보온재
ⓐ 금속의 복사열에 대한 반사특성을 이용한 보온재이다.
ⓑ 대표적인 것이 알루미늄 박(泊)이다. 판 또는 박을 사용하여 공기층을 중첩시킨 것으로 10mm 이하의 공기층 일 때 가장 큰 효과가 있다.

(7) 패킹(packing) 재료
① 플랜지 패킹
㉠ 고무패킹
ⓐ 천연고무 : 급·배수, 공기의 밀폐용으로 사용, 탄성은 좋으나 흡수성이 없다.
ⓑ 네오프렌 : 합성고무제로 물, 공기, 기름, 냉매배관용으로 사용되고 있다.
㉡ 석면 조인트 시트 : 섬유가 가늘고 강한 광물질로 된 패킹제로 증기, 온수, 고온의 기름 배관에 적합한 재료이다.
㉢ 합성수지 패킹 : 가장 많이 사용되는 것은 테플론이다.
㉣ 금속 패킹 : 구리, 납, 연강, 스테인리스강제 금속이 많이 사용되며 누설 가능성이 있다.
② 나사용 패킹
㉠ 페인트 : 거의 모든 배관에 사용한다. 단, 고온의 기름배관에는 사용하기에 적당하지 않다.
㉡ 일산화연 : 냉매배관용으로 사용하며 페인트에 소량을 섞어 쓴다.
㉢ 액화 합성수지 : 내유성이 좋고 증기, 기름, 약품수송 배관에 사용되고 있다.
③ 그랜드 패킹
㉠ 석면 각형 패킹 : 내산성, 내열성이 좋고 대형 밸브에 적당하다.
㉡ 석면 얀 : 소형밸브, 수면계의 콕 등에 사용한다.
㉢ 아마존 패킹 : 면포와 내열고무 등 이용하여 만든 것이다.
㉣ 몰드 패킹 : 석면, 흑연, 수지 등을 배합시켜 만든 것으로 밸브, 펌프 등의 패킹에 사용한다.

(8) 방청 재료
① 광명단 도료
㉠ 풍화에 강하며 녹 방지에 우수하다.
㉡ 내수성이 강하며 흡수성이 적은 특징이 있다.
② 합성수지 도료
프탈산계, 요소멜라민계, 염화비닐계, 실리콘 수지계 등이 있고 증기관, 보일러, 압축기 등의 도장용으로 사용된다.

③ 산화철 도료
   녹 방지 효과가 없다.
④ 알루미늄 도료(은분)
   방청효과가 대단히 우수하며 난방용 방열기 등의 외부 도장에 사용된다.
⑤ 타르 및 아스팔트
   물과의 접촉을 방해한다.
⑥ 고농도 아연도료
   배관공사의 방청 도료로 사용되고 철을 부식으로 부터 방지하는 작용도 한다.

2 배관공작

1. 배관용 공구

(1) 강관 공작용 공구 및 기계

① 강관 공작용 공구
   ㉠ 파이프 커터(pipe cutter)
      ⓐ 관을 절단할 때 사용한다.
      ⓑ 크기는 관을 절단할 수 있는 관경으로 나타낸다.
      ⓒ 종류로는 1개의 날에 2개의 롤러, 날만 3개로 되어 있는 것이 있다.

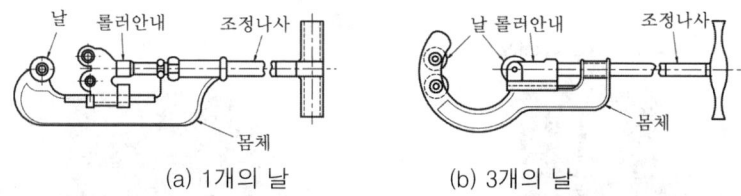

(a) 1개의 날   (b) 3개의 날

그림 4-21 파이프 커터

   ㉡ 쇠톱(hack saw)
      ⓐ 관과 환봉 등의 절단용 공구이다.
      ⓑ 종류로는 톱날을 끼우는 구멍(fitting hole)의 간격에 따라 200mm, 250mm, 300mm가 있다.
   ㉢ 파이프 리머(pipe reamer) : 관 절단 후 절단 부위의 거스러미를 제거하는 공구이다.
   ㉣ 수동용 나사 절삭기
      ⓐ 수동으로 나사를 절삭할 때 사용하는 공구이다.
      ⓑ 종류로는 오스터형, 리드형, 기타 비버형, 드롭 헤드형 등이 있다.
      ⓒ 오스터형(Oster type)
         - 4개의 날이 1조로 구성된다.
         - 작업시 넓은 공간이 필요하다.
      ⓓ 리드형(reed type)
         - 2개의 날이 1조로 구성되어 있다.
         - 날의 뒤쪽에는 4개의 조로 파이프의 중심을 맞출 수 있는 스트롤(scroll)이 있다.

(a) 오스터형   (b) 리드형   (c) 드롭헤드형

그림 4-22 나사 절삭기

ⓜ 파이프 렌치(pipe wrench)
  ⓐ 관 접속부의 관 부속품들을 분해, 조립 시에 사용하는 공구이다.
  ⓑ 크기는 사용할 수 있는 최대의 관을 물었을 때의 전 길이로 나타낸다.
  ⓒ 종류로는 스트레이트 파이프 렌치, 오프셋 파이프 렌치, 체인 파이프 렌치, 역체인 파이프 렌치가 있다.
  ⓓ 체인식 파이프 렌치 : 200mm 이상의 관 물림에 사용한다.
ⓗ 파이프 바이스(pipe vice)
  ⓐ 관의 절단, 나사절삭, 조립시 관을 고정하는데 사용한다.
  ⓑ 크기는 고정 가능한 관경의 치수로 나타낸다.
  ⓒ 대구경 관에는 체인바이스(chain vise)를 사용한다.
  ⓓ 관의 구부림 작업에는 기계바이스를 사용한다.

(a) 파이프 바이스   (b) 기계 바이스

그림 4-23 파이프 바이스

ⓢ 수평 바이스
  ⓐ 조립 및 밴딩 작업을 위해 관을 고정할 때 사용한다.
  ⓑ 크기는 조의 최대 폭으로 나타낸다.
ⓞ 해머
  ⓐ 못, 핀, 볼트, 쐐기 등을 박거나 뺄 때 사용한다.
  ⓑ 타격하는 용도에 따른 분류로 쇠해머, 플라스틱 해머, 동해머 등이 있다.
  ⓒ 상처를 남기지 않기 위해서는 플라스틱, 나무, 동해머 등을 사용한다.
ⓩ 줄(file)
  ⓐ 다듬질용으로 사용된다.
  ⓑ 단면의 형상에 따라 분류하면 평줄, 각줄, 원줄, 반원줄, 삼각줄 등이 있다.
ⓒ 정(chisel)
  ⓐ 정의 날끝각은 일반적으로 60°이다.
  ⓑ 종류로는 평정, 홈정, 캡정 등이 있다.

(2) 연관용 공구

① 봄볼 : 분기관 따내기 작업시 주관에 구멍을 뚫어내는 공구이다.
② 드레서 : 연관 표면의 산화물을 깎아 내는 공구이다.
③ 벤드벤 : 연관을 굽힐 때나 펼 때 사용하는 공구이다.
④ 턴핀 : 접합하려는 연관의 끝 부분을 소정의 관경으로 넓히는 공구이다.
⑤ 맬릿 : 턴핀을 때려 박든가 접합부 주위를 오므리는데 사용하는 공구이다.

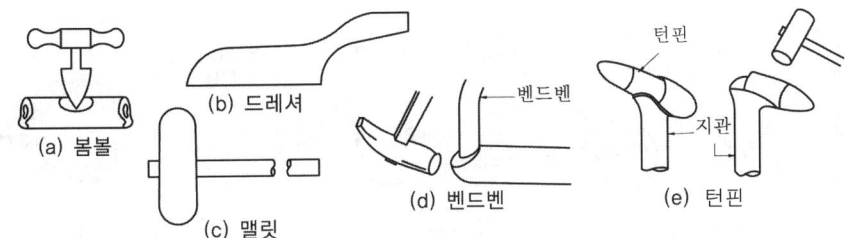

그림 4-24 연관용 공구

(3) 동관용 공구

① 토치램프 : 납땜이음, 구부리기 등의 부분적인 가열용으로 사용하는 공구로 경유용과 가솔린용이 있다.
② 사이징 툴 : 동관의 끝 부분을 원으로 정형하는 공구이다.
③ 플레어링 툴 세트 : 동관의 압축 접합용으로 사용하는 공구이다.
④ 튜브 벤더 : 동관 벤딩용으로 사용하는 공구이다.
⑤ 익스펜더 : 동관의 관 끝 확관용로 사용하는 공구이다.
⑥ 튜브커터 : 동관(소구경관) 절단용로 사용하는 공구이다.
⑦ 리머 : 동관 절단 후 관의 내외면에 생긴 거스러미를 제거하는 공구이다.
⑧ T-뽑기 : 동관의 분기관 접합을 위해 주관에 구멍을 낼 때 사용하는 공구이다.

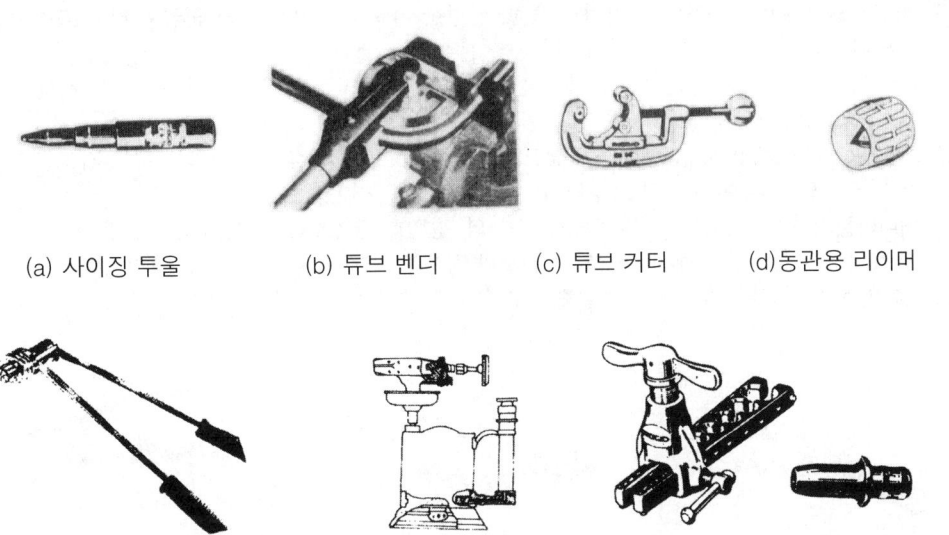

그림 4-25 동관용 공구

(4) 주철관용 공구

① 납 용해용 공구 세트 : 냄비, 파이어 포트(fire pot), 납물용 국자, 산화납 제거기 등으로 구성되어 있다.
② 클립(clip) : 소켓 접합시 용해된 납물의 비산을 방지하는 공구이다.
③ 링크형 파이프 커터 : 주철관 전용절단 공구이다.
④ 코킹 정 : 소켓 작업시 코킹(다지기)에 사용하는 정이다.

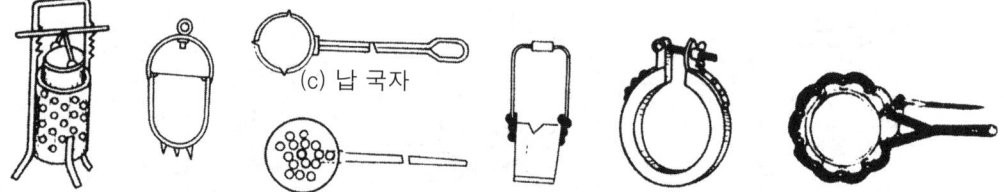

(a) 파이어포트 (b) 납 냄비 (c) 납 국자 (d) 산화납 제거기 (e) 납 운반기 (f) 클립 (g) 링크형 파이프 커터

그림 4-26 주철관용 공구

(5) PVC관용 공구

① 가열기 : PVC관의 접합 및 벤딩을 위해 관을 가열할 때 사용하는 장치이다.
② 열풍용접기(hot jet welder) : PVC관 접합 및 수리를 위한 용접기이다.
③ 파이프 커터 : PVC관 전용으로 관을 절단할 때 사용하는 공구이다.
④ 리머 : PVC관 절단 후 관 내면에 생긴 거스러미를 제거하는 공구이다.

(6) 관공작용 측정 공구

① 자(rule) : 배관 시공 중 직선치수 측정에 사용하는 공구로 강철제 곧은자, 접기자, 줄자 등이 있다.
② 디바이더(divider) : 두 점간의 거리 측정, 측정값의 이동과 자 눈금과의 비교, 원호, 반지름, 원 그리기 등에 사용되는 도구이다.
③ 켈리퍼스(calipers) : 지름이나 거리의 측정, 설정한 치수나 크기를 자의 눈금과 같이 표준이 되는 것과 비교하는데 사용하는 측정기이다.
④ 직각자(square) : 공작물의 직각도와 정확도를 시험할 때 또는 공작물의 치수 표시등을 할 때 사용하는 측정기이다.
⑤ 조합자(combination set) : 직각자에 분도기를 더한 것으로 측정자가 원하는 대로 각도를 임의로 조정, 측정할 수 있는 구조의 측정기이다.
⑥ 버니어캘리퍼스 : 본척의 끝에 있는 두 개의 평행한 조(jaw) 사이에 공작물을 끼우고 부척 (vernier)의 눈금에 의해서 본척의 눈금보다 적은 치수를 읽을 수 있게 한 측정기이다.
⑦ 수준기(level) : 배관 시공시 관을 배열해 놓고 수평 및 수직을 맞출 필요가 있을 때 사용하는 것이다.

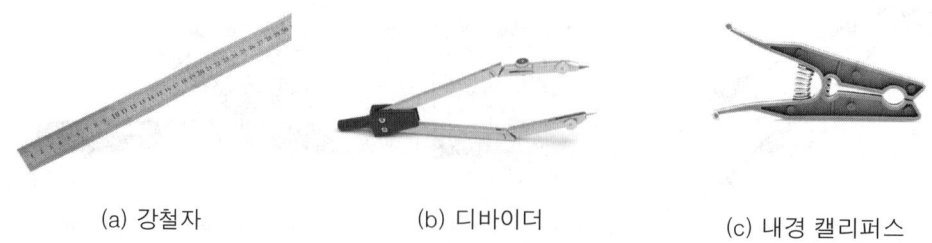

(a) 강철자 (b) 디바이더 (c) 내경 캘리퍼스

그림 4-27 관공작용 측정 공구

2. 강관 공작용 기계

(1) 동력 나사절삭기(pipe machine)

① 오스터식
 ㉠ 동력을 주어 저속으로 관을 회전시키며 나사 절삭기를 밀어 넣는 방법으로 가공한다.
 ㉡ 주로 50A의 작은 관의 절삭에 사용한다.

② 다이헤드식
 ㉠ 다이헤드를 관에 밀어 넣어 나사 가공을 한다.
 ㉡ 관의 절단, 나사절삭, 거스러미 등의 작업을 연속적으로 할 수 있다.
 ㉢ 관 지름 15~100A, 25~150A까지 사용되고 있다.

③ 호브식
 ㉠ 나사 절삭 전용기계이다.
 ㉡ 호브를 100~180rpm의 저속으로 회전시키면 관은 어미나사와 척의 연결에 의해 1회전할 때마다 1피치씩 이동하는 나사가 절삭된다.
 ㉢ 관 지름 50A 이하, 65~150A, 80~200A의 나사내기가 가능하다.

(a) 오스터식   (b) 다이헤드식   (c) 호브식

그림 4-28 동력 나사 절삭기

(2) 핵 소잉 머신(hack sawing machine)
① 관 또는 환봉을 동력에 의해 톱날이 상하 왕복운동을 하며 절단하는 기계이다.
② 단단한 재료를 가공할 때는 톱날의 행정 수를 적게 해야 한다.

(3) 고속 숫돌절단기
두께 0.5~3mm 정도의 넓은 원판의 숫돌을 고속 회전시켜 관을 절단하는 기계이다.

(4) 파이프 가스 절단기(pipe gas cutting machine)
수동식과 자동식이 있다.

(5) 파이프 밴딩 머신(pipe bending machine)
램식(ram type)과 로터리식(rotary type)이 있다.

(6) 그라인딩 머신(grinding machine)
수동식, 이동식, 벤치식 등이 있다.

(7) 드릴링 머신(drilling machine)
수동식, 이동식, 벤치식 등이 있다.

(8) 관세척기(pipe and drain cleaning machine)
① 세면기, 욕조기 등의 배수, 화장실의 오수, 공업용관의 폐수 및 하수관 등을 뚫어주는 기계이다.
② 보일러 세관 등에도 효과적이다.

3 배관시공

1. 배관시공 일반

(1) 급수설비
① 급수배관 시공법 : 급수관은 수리보수와 기타 관 속의 물을 완전히 뺄 수 있도록 기울기를 주어야 하고 공기가 모여 있는 곳이 없도록 설치되어야 한다.
　㉠ 배관의 구배
　　ⓐ 급수관의 기울기는 상향기울기로 한다. 그러나 ⓑ과 같은 예외도 있다.
　　ⓑ 그림4-29와 같은 옥상 탱크식 급수관의 수평 주관은 하향기울기로 한다.

ⓒ 급수관의 모든 기울기는 $\frac{1}{250}$ 이 표준이다.
ⓓ 현장 시공시 ㄷ자형의 배관이 되어 공기가 모일 경우 공기빼기 밸브를 설치한다.
ⓔ 급수관의 최하부와 같이 물이 고일만한 곳에는 배수밸브를 설치한다.

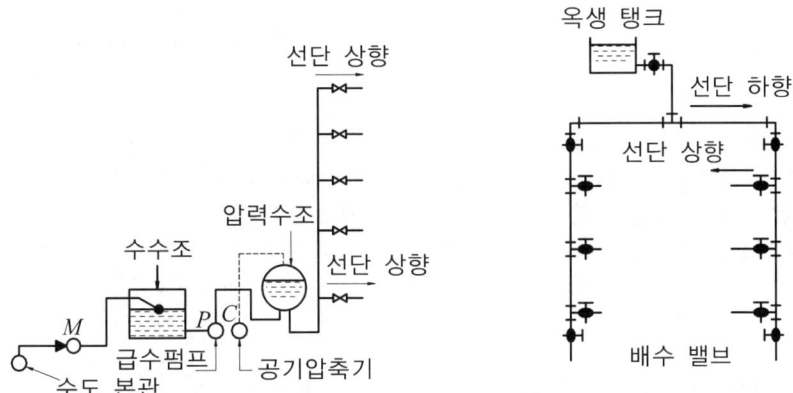

그림 4-29 급수배관의 구배

ⓒ 수격작용과 방지책
    ⓐ 수격작용 : 플러시밸브(세정밸브, 세척밸브)와 같이 빨리 개폐되는 밸브는 유속의 불규칙한 변화로 유속을 m/sec로 나타내는 값의 14배에 상당하는 압력과 더불어 이상 소음이 발생하는 현상이다.
    ⓑ 방지책 : 급히 닫히고 열리는 밸브의 근처에 공기실(air chamber)을 설치한다.
ⓓ 급수관의 매설의 매설 깊이
    ⓐ 보통 평지 : 450mm 이상
    ⓑ 차량 통로 : 760mm 이상
    ⓒ 중차량 통로, 냉한지대 : 1m 이상
ⓔ 분수전의 설치
    ⓐ 각 분수전의 간격은 300mm 이상으로 한다.
    ⓑ 1개소 당 4개 이내로 설치한다.
    ⓒ 급수 관지름이 150mm 이상일 때는 25mm의 분수전을 직결한다.
    ⓓ 100mm 이하일 때 50mm의 급수관을 접속하려면 T자관이나 포금제 레듀샤(reducer)를 사용한다.
ⓕ 급수배관의지지
    ⓐ 서포트 곡부 또는 분기부를 지지한다.
    ⓑ 급수배관 중 수직관에는 각층마다 센터 레스트(center rest)를 설치한다.

② 펌프설치 시공법
㉠ 펌프와 모터의 축의 중심을 맞추고 설치 위치는 낮게 한다.
㉡ 흡입관의 수평부는 $\frac{1}{50} \sim \frac{1}{100}$ 의 상향구배를 주며, 관직경을 바꿀 때는 편심 이음쇠를 사용한다.
㉢ 풋 밸브(foot valve)
    ⓐ 원심 펌프의 직립 흡입관 하단에 설치하는 일종의 체크 밸브이다.
    ⓑ 펌프가 시동할 때 흡입관 속을 만수상태로 만들어 주는 역할을 한다.
    ⓒ 원심 펌프의 흡입측 파이프 입구에 설치하여 이물질의 흡입을 방지한다.
    ⓓ 펌프 정지시 물이 역류하는 것을 방지하는 역할도 한다.

ⓔ 토출관
  ⓐ 펌프 출구에서 1m 이상 위로 올려 수평관에 연결한다.
  ⓑ 토출 양정이 18m 이상 될 때 펌프의 토출구와 토출밸브 사이에 체크밸브를 둔다.

(2) 급탕설비

식수(먹을 수 있는 물) 이외에 세탁용, 목욕용, 주방용, 세면용 등으로 사용하는 온수를 공급하는 설비이다.

① 배관구배
  ㉠ 중력 순환식은 1/150, 강제 순환식은 1/200의 구배로 한다.
  ㉡ 상향 공급식 : 급탕관은 끝올림 구배, 복귀관은 끝내림 구배로 한다.
  ㉢ 하향 공급식 : 급탕관, 복귀관 모두 끝내림 구배로 한다.

② 팽창탱크와 팽창관의 설치
  ㉠ 팽창탱크의 높이는 최고층 급탕 콕보다 5m 이상 높은 곳에 설치한다.
  ㉡ 팽창관 도중에 절대로 밸브류를 설치하면 안 된다.

③ 저장탱크와 급탕관
  ㉠ 급탕관은 보일러나 저장탱크에 직결하지 말고 일단 팽창 탱크에 연결 후 급탕한다.
  ㉡ 복귀관은 저장 탱크 하단에 연결하며 급탕 출구로부터 최원거리를 선택한다.
  ㉢ 저장탱크와 보일러의 배수는 일반 배수관에 직결하지 말고 일단 물받이(route)로 받아 간접배수한다.

④ 관의 신축 대책
  ㉠ 배관의 곡부에는 스위블 조인트를 설치한다.
  ㉡ 벽 관통부 배관에는 강관제 슬리브를 사용한다.
  ㉢ 신축조인트로는 루우프형 또는 슬리이브형을 택하고 강관일 때 직관 30m마다 1개씩 설치한다.
  ㉣ 마루 바닥 통과시에는 콘크리트 홈을 만들어 그 속에 배관한다.

⑤ 복귀탕의 역류 방지
  ㉠ 각 복귀관을 복귀 주관에 접속하기 전에 체크밸브를 설치한다.
  ㉡ 45° 경사의 스윙식 역지변을 장치하며 1개 이상 설치하지 않는다.

⑥ 관경 결정
  복귀관을 급탕관보다 1~2구경 작게 한다.

⑦ 급탕배관 시공시 주의 사항
  ㉠ 급수관보다 부식이 심하므로 수리 등을 위해 노출 배관한다.
  ㉡ 마찰 저항 방지책으로 밴드관이나 Y자관 등을 사용한다.
  ㉢ 밸브류 사용시에는 저항이 적은 사절변(슬로우스밸브 : 유체의 흐름을 차단하는 밸브)을 설치한다.

(3) 배수 및 통기설비

건물 내부에서 사용한 각종 위생기구로부터 사용하고 남은 폐수와 그 폐수 중 특히 대·소변기 등에서 나오는 오수를 합친 설비를 배수설비라 하고, 그 배수관에서 발생하는 유취, 유해가스의 옥내 침입방지를 위한 배관설비를 통기설비라 한다.

① 배수관 시공시 요령
  ㉠ 회로 통기 방식의 기구 배수관을 배수 수평관에 연결할 때는 배수 수평관의 측면에 45° 경사지게 접속한다. 회로통기방식이란 2개 이상의 기구 트랩을 일괄하여 통기하는 방식이다.
  ㉡ 각 기구의 일수관은 기구 트랩의 배수 입구 쪽에 연결한다. 연결 시 배수관에 2중 트랩을 만들어서는 안 된다. 일수관이란 설계한 수면보다 높게 물이 괴는 것을 방지하기 위해 물을 넘쳐흐르게 하기 위한 관(pipe)이다.

ⓒ 자동차 차고의 수세기(손을 씻는 세면기) 배수관은 반드시 가솔린 트랩에 유도해 사용하도록 한다.
ⓓ 연관 배수관의 구부러진 부분에는 다른 배관을 접속해 사용해서는 안 된다.

② 통기관 시공법
ⓐ 각 기구의 각개 통기관은 기구의 오버플로선보다 150mm 이상 높게 세워 수직 통기관에 접속한다.
ⓑ 바닥에 설치하는 각개 통기관에는 수평부를 만들어서는 안 된다.
ⓒ 회로 통기관은 최상층 기구의 앞쪽의 수평 배수관에 연결한다.
ⓓ 통기수직관을 배수수직관에 접속할 때는 최하위 배수 수평 분기관보다 낮은 위치에 45° Y조인트로 접속한다.
ⓔ 통기관의 출구는 그대로 옥상까지 수직으로 뽑아 올리거나 배수 신정 통기관에 연결한다.
ⓕ 간접 특수 배수 수직관의 신정 통기관은 다른 일반 배수 수직관의 신정 통기관 또는 통기 수직관에 연결시켜서는 안 되며, 단독으로 옥외로 뽑아 대기 중에 배기시킨다.
ⓖ 배수 수평관에서 통기관을 뽑아 올릴 때는 배수관 윗면에서 수직으로 뽑아 올리든가 45°보다 작게 기울여 뽑아 올린다.

(4) 소화설비
물 또는 기타 소화재를 사용하여 소화작업을 위한 배관을 소화설비라 한다.

① 옥내 소화전 설비시공
ⓐ 옥내 소화전은 층마다 설치하며 배관은 옥내 소화전 전용으로 한다.
ⓑ 소화전 함의 상부에 적색의 표시등을 설치하고 함의 표면에 소화전이라는 표시를 해 둔다.
ⓒ 11층 이상 설치시 따로 비상전원을 가설하고 당해 설비가 20분간 유효하게 작동 가능해야 한다.

② 옥외 소화전 설비시공
옥외 소화전의 방수용 기구함은 피난이나 소화전 사용에 지장이 되지 않게 위치하도록 두고, 소화전에서 보행거리로 5m 이내에 있도록 둔다. 방수용 기구함에는 호스, 노즐 등을 보관하는 용도로 사용된다.

③ 스프링클러 설비 시공
ⓐ 스프링클러는 음식점, 호텔, 병원, 백화점 등에 설치한다.
ⓑ 스프링클러 헤드의 부착부분과 거리
　ⓐ 극장의 무대부는 수평거리 1.7m 이하
　ⓑ 백화점, 공장 등은 수평거리 2.1m 이하(내화구조 시에는 2.3m 이하)
　ⓒ 공연장 무대부는 개방형, 백화점, 공장, 특수가연물 저장소에는 폐쇄형을 부착한다.
　ⓓ 층마다 그 층의 바닥으로부터 높이 0.8~1.5m 이하의 위치에 제어밸브를 설치한다.
　ⓔ 스프링클러 헤드를 11층 이상에 설치 시에는 외벽에 쌍구형의 송수구를 부설한다.

(5) 난방설비
인간의 실내 생활을 쾌적하게 영위하도록 어떠한 기기로 열을 만들어 대류, 전도, 복사 등의 열이동을 이용하여 실내 공기를 따뜻하게 하는 배관을 난방설비라 한다.

① 증기난방 배관시공
ⓐ 분기관 취출
　ⓐ 주관에 대해 45° 이상으로 지관을 상향 취출하고 열팽창을 고려해 스위블 이음을 해준다.
　ⓑ 분기관의 수평관은 끝올림 구배, 하향 공급관을 위로 취출한 경우에는 끝내림 구배를 준다.
ⓑ 매설배관 : 콘크리트 매설 배관은 가급적 피하고 부득이할 때는 표면에 내산도료를 바르든가 연관제 슬리브 등을 사용해 매설한다.

ⓒ 벽, 마루 등의 관통배관 : 강관제 슬리브를 미리 끼워 그 속에 관통시켜 배관 신축에 적응하며 후일 관 교체, 수리 등을 편리하게 해준다.
ⓓ 편심 조인트
   ⓐ 관지름이 다른 증기관 접합시공 시 사용한다.
   ⓑ 응축수 고임을 방지한다.
② 온수난방 배관시공
   ㉠ 편심조인트
      ⓐ 수평배관에서 관 지름을 바꿀 때 사용한다.
      ⓑ 끝올림 구배 배관 시에는 윗면을, 내림 구배 배관 시에는 아랫면을 일치시켜 배관한다.
   ㉡ 지관의 접속 시에는 지관이 주관의 위로 분기될 때는 45° 이상 끝올림 구배로 배관한다.
   ㉢ 배관의 분류 또는 합류시 직접 티(tees)를 사용하지 말고 엘보를 사용하여 신축을 흡수한다.
   ㉣ 배관 중 에어 포켓 발생 우려가 있을 시에는 공기 빼기 밸브를 설치한다.
   ㉤ 배관을 장기간 사용치 않을 때 관내 물을 완전히 배출시키기 위해 배수변을 설치한다.
③ 방사난방 배관시공
   ㉠ 패널에는 그 방사 위치에 따라 바닥 패널, 천장 패널, 벽 패널 등이 있다.
   ㉡ 열전도율은 동관, 강관, 폴리에틸렌관 순으로 작아진다.
   ㉢ 어떤 패널이든 한 조당 40~60m의 코일 길이로 하고 마찰 손실수두가 코일 연장 100m당 2~3mAq 정도 되도록 관 지름을 선택한다.

(6) 공기조화 및 냉동설비

실내 공기를 사용목적에 적합한 온·습도와 청정도 등으로 조정하는 설비를 공기조화설비라 한다.
① 배관시공법
   ㉠ 냉·온수배관
      ⓐ 복관 강제순환식 온수난방법에 준하여 시공한다.
      ⓑ 배관구배는 자유롭게 하되 공기가 괴지 않도록 주의한다.
      ⓒ 배관의 벽, 천장 등의 관통 시에는 슬리브를 사용한다.
   ㉡ 냉매배관
      ⓐ 토출관의 배관
         - 응축기가 압축기보다 높은 곳에 있을 때에는 그 높이가 2.5m 보다 높으면 트랩장치를 해준다.
         - 수직관이 너무 높으면 10m마다 트랩을 1개씩 설치한다.

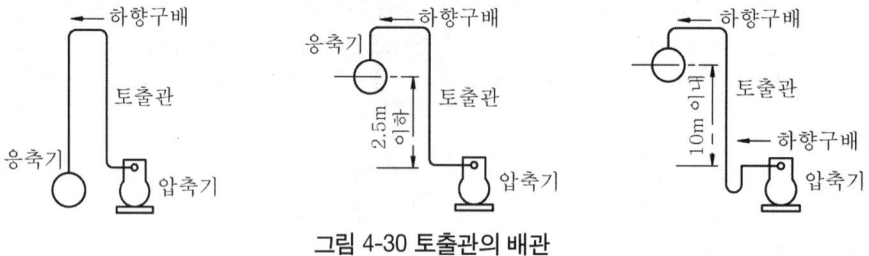

그림 4-30 토출관의 배관

      ⓑ 액관의 배관 : 증발기가 응축기보다 아래에 있을 때에는 2m 이상의 역루프 배관으로 시공하도록 한다.

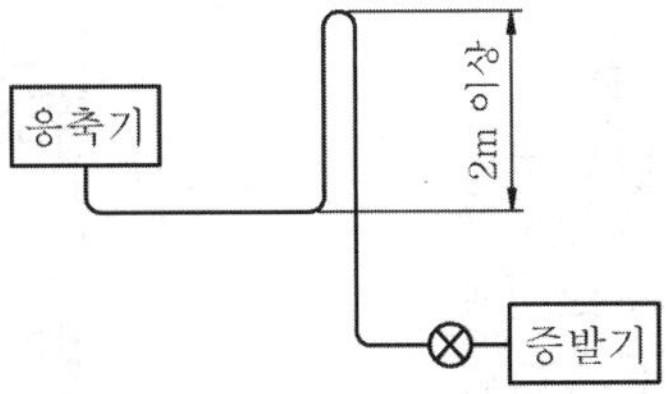

그림 4-31 액관의 배관

　　　　ⓒ 흡입관의 배관
　② 기기설치 배관시공
　　　㉠ 플렉시블 이음(flexible joint)
　　　　　ⓐ 압축기의 진동이 배관에 전해짐을 방지하기 위해 압축기 근처에 설치한다.
　　　　　ⓑ 설치시 압축기의 진동방향에 직각으로 취부해 준다.
　　　㉡ 팽창밸브(expansion valve)에서 밸브의 열림을 조절하는 중요한 장치는 감온통이다.
　　　　　ⓐ 감온통을 수평관에 설치할 때는 관지름 25mm 이상 시에는 45° 경사 아래에 설치한다.
　　　　　ⓑ 25mm 미만 시에는 흡입관 발 위에 설치한다.

(7) 가스 배관 시공
① 내식성이 있는 관 이외의 것은 지중에 매설하지 않는다. 지중 매설 시에는 지면으로부터 60cm 이상의 깊이에 설치한다.
② 경질관을 사용할 경우는 가스 조정기에 접속할 길이를 30cm 미만으로 한다.
③ 배관은 가능하면 은폐배관을 한다.
④ 건물의 벽을 관통하는 부분의 배관에는 보호관 및 방식피복을 한다.
⑤ 가스 공급관은 원칙적으로 최단거리로 설치해야 한다.
⑥ 건물 내부, 혹은 기초면 밑에 공급관을 설치하는 일은 없도록 한다.
⑦ 가스 설비를 완성한 후에는 설비의 완성 검사를 반드시 해야 한다. 검사의 종류에는 내압시험, 기밀시험, 기능시험, 누설시험 등이 있다.

2. 배관지지 장치 종류와 설치

(1) 행어(hanger)
배관 시공시 하중을 위에서 걸어 당겨 지지할 목적으로 사용하는 배관 지지쇠이다.
① 리지드 행어(rigid hanger)
　㉠ 수직 방향에 변위가 없는 곳에 사용한다.
　㉡ 지지점의 주위의 상황에 따라 이동이 다양한 곳에 사용한다.
② 스프링 행어(spring hanger)
　㉠ 이동거리 0~12mm의 범위에 사용한다.
　㉡ 로크핀이 있으며 턴버클로 하중 조정을 한다.
③ 콘스턴트 행어(constant hanger)
　㉠ 이동 범위 내에서 항상 일정한 하중으로 배관을 지지할 수 있다.
　㉡ 종류로는 스프링식과 중추식(dead weight type) 등이 있다.

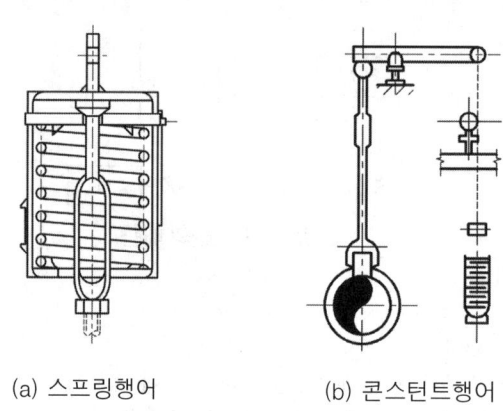

(a) 스프링행어　　　(b) 콘스턴트행어

그림 4-32 행어의 종류

(2) 서포트(support)
배관 하중을 아래에서 위로 지지하는 지지쇠이다.
① 스프링 서포트(spring support)
　㉠ 상하 이동이 자유롭다.
　㉡ 파이프의 하중에 따라 스프링이 완충 작용을 해준다.
② 롤러 서포트(roller support)
　㉠ 관을 지지하면서 신축을 자유롭게 한다.
　㉡ 롤러가 관을 떠받친다.
③ 파이프 슈(pipe shoe)
　㉠ 배관의 벤딩부분과 수평부분에 관으로 영구히 고정시킨다.
　㉡ 배관의 이동을 구속시키는 지지쇠이다.
④ 리지드 서포트(rigid support)
　㉠ I 빔으로 만든 지지대의 한 종류이다.
　㉡ 정유시설의 송수관에 주로 사용된다.

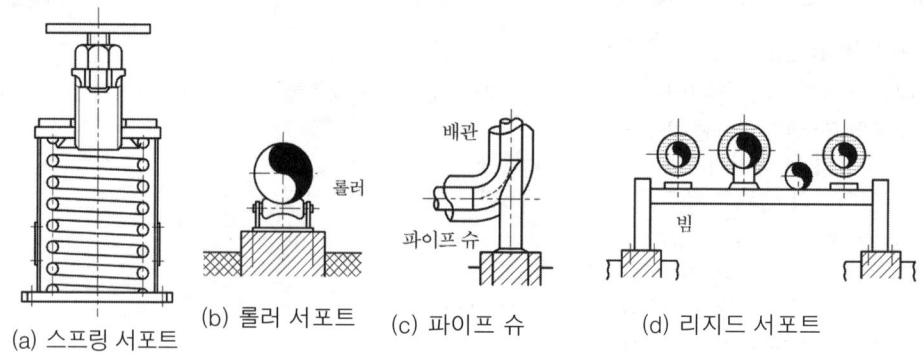

(a) 스프링 서포트　(b) 롤러 서포트　(c) 파이프 슈　(d) 리지드 서포트

그림 4-33 서포트의 종류

(3) 리스트레인트(restraint)
신축으로 인한 배관의 좌우, 상하이동을 구속하고 제한하는 지지대이다.
① 앵커(anchor)
　㉠ 이동 및 회전을 방지하기 위해 지지점 위치에 완전히 고정하는 지지 금속이다.

ⓒ 리지드 서포트라고도 할 수 있다.
　　ⓓ 열팽창 신축에 의한 진동이 다른 부분에 영향이 미치지 않도록 배관을 분리하여 설치하고 잘 고정해야 한다.
② 스톱(stop)
　　㉠ 일정한 방향의 이동과 관이 회전하는 것을 구속한다.
　　ⓛ 기기노즐 보호를 위한 안전밸브에서 분출하는 유체의 추력을 받는 곳에 사용한다.
　　ⓒ 또는 신축 조인트와 내압에 의한 축 방향의 힘을 받는 곳에 사용한다.
③ 가이드(guide)
　　㉠ 파이프 래크 위의 배관의 벤딩부와 신축이음(루프형, 슬리브형) 부분에 설치하는 것으로 축과 직각방향의 이동을 구속하는 데 사용한다.
　　ⓛ 배관 라인의 축방향의 이동을 허용하는 안내 역할도 한다.

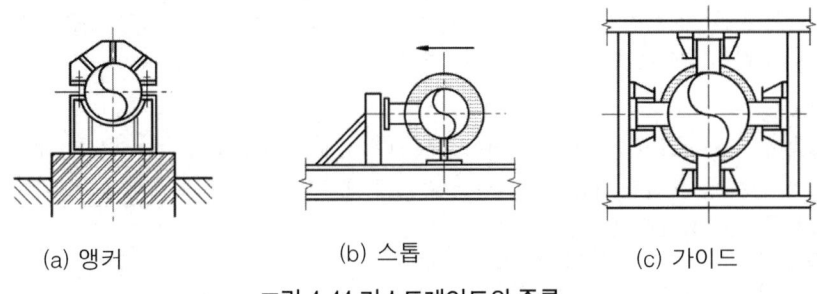

(a) 앵커　　(b) 스톱　　(c) 가이드

그림 4-44 리스트레인트의 종류

(4) 브레이스(brace)
① 배관라인에 설치된 각종 펌프류, 압축기 등에서 발생되는 진동을 잡아 준다.
② 밸브류 등의 급속개폐에 따른 수격작용, 충격 및 지진 등에 의한 진동 등도 잡아주는 역할을 한다.
③ 주로 진동방지용으로 사용되는 방진기와 충격완화용으로 쓰이는 완충기가 있다.
④ 방진기나 완충기는 그 구조에 따라 스프링식과 유압식이 있다.

(5) 배관지지 설치 적용
① 배수관의지지
　　㉠ 주철관일 때
　　　　ⓐ 수직관 : 각 층마다
　　　　ⓑ 수평관 : 1.6m마다 1개소
　　　　ⓒ 분기관 접속 시 : 1.2m마다 1개소
　　ⓛ 연관일 때
　　　　ⓐ 수직관 : 1.0m마다 1개소, 새들을 달아 지지, 바닥 위 1.5m까지 강관으로 보호한다.
　　　　ⓑ 수평관 : 1.0m마다 1개소, 1m를 넘을 때는 관을 아연제 반원홈통에 올려놓고 2군데 이상 지지 한다.
　　　　ⓒ 분기관 접속 시 : 0.6m 이내에 1개소의 지지대를 둔다.
② 증기관의 지지법
　　㉠ 고정 지지물
　　　　ⓐ 신축이음이 있을 때에는 배관의 양끝을 고정한다.
　　　　ⓑ 없을 때에는 중앙부를 지지한다.
　　　　ⓒ 주관에 분기관이 접속되었을 때는 그 분기점을 지지하도록 한다.
　　ⓛ 행어 : 지지 관지름에 따라 행어 볼트의 크기를 결정한다.
③ 가스 수평배관의 지지간격

㉠ 10mm 이상~13mm 미만 : 1m마다 1개소
㉡ 13mm 이상~33mm 미만 : 2m마다 1개소
㉢ 33mm 이상 : 3m마다 1개소

4 배관검사

1. 배관시험 및 종류

(1) 통수시험
통수시험이란 관 속으로 물을 흘려보내 정상적으로 관통하는지를 알아보는 시험이다. 배수·통기 배관의 시험에 통수시험만을 실시해 왔으나, 이것만으로는 악취, 비위생적인 하수 가스의 누설 등은 발견할 수가 없으므로 더 엄밀한 시험이 요구된다.

(2) 수압시험
① 배관계의 최고 위치의 개구부를 제외하고는 다른 모든 개구부를 시험폐전(testing plug)으로 밀폐하고, 물을 충만 시킨 다음 3m 이상의 수두에 상당하는 수압을 가하여 15분 이상 유지되어야
② 수도용 주철관 이형관 수압시험
　㉠ 호칭경 300mm 이하 : $25kg_f/cm^2$
　㉡ 호칭경 300~600mm 이하 : $20kg_f/cm^2$
　㉢ 호칭경 700~1200mm 이하 : $15kg_f/cm^2$

(3) 기압시험
모든 개구부는 밀폐하고 공기 압축기로 한 개구부를 통해 $0.3kg/cm^2$ 게이지압이 될 때까지 압력을 가하여 공기를 보급하지 않고 15분 이상 그 압력이 유지되어야 한다.

(4) 기밀시험
배관의 최종 시험방법으로 기밀시험을 하며 연기시험법과 박하시험법이 있다.
① 연기시험법(smoke test) : 배수·통기 전 계통이 완성된 후, 전 트랩을 봉수하고 기름 또는 석탄 타르에 적신 종이나 면을 태워 전계통에 자극성 연기를 송풍기로 불어 넣고 연기가 직관 개구부에서 나오기 시작하면 이 개구부를 밀폐한 다음 수두 25mm(1″)에 해당하는 압력을 가해 15분 이상 유지하고 누설이 없으면 합격이다.
② 박하시험법(peppermint test) : 전개구부를 밀폐한 다음 각 트랩을 봉수하고 배수 주관에 약 57g의 박하유를 주입한 다음 약 3.8ℓ의 온수를 부어 그 독특한 냄새에 의해 누설되는 곳을 찾아내는 방법이다.

2. 배관의 점검 및 유지관리

(1) 배관의 점검
① 급수·급탕배관
　㉠ 공공수도나 소방 펌프의 직결배관은 $17.5kg_f/cm^2$이상으로 수압시험을 한다.
　㉡ 탱크 및 급수관은 $10.5kg_f/cm^2$이상에도 견딜수 있도록 수압시험을 한다.
② 배수·통기관(위생설비)
　㉠ 배관 내에 물을 충진시킨 후 3m 이상의 수두에 상당하는 수압으로 15분 이상 유지도록 한다.
　㉡ 공기를 공급해 $0.35kgf/cm^2$의 압력이 되었을 때 15분간 변하지 않고 그대로 유지하도록 한다.

③ 난방배관
  ㉠ 상용압력 2kgf/cm² 미만의 배관에 대해서는 4kgf/cm², 그 이상일 때는 그 압력의 1.5~2배의 압력으로 시험한다.
  ㉡ 보일러의 수압시험 압력은 최고 사용압력이 4.3kgf/cm² 미만일 때는 그 사용압력의 2배로 하고 4.3kgf/cm² 이상일 때는 그 압력의 1.3배에 3kgf/cm²을 더한 압력을 시험압력으로 한다.
  ㉢ 방열기는 공사현장에 옮긴 후 4kgf/cm²의 수압시험을 한다.
④ 냉동배관
  R-12, R22 등의 배관은 공사 완료 후 탄산가스, 질소가스, 건조공기 등을 사용하여 기압시험을 한다.

(2) 유지관리

① 기계적 세정방법 : 배관 플랜트의 제작 중이나 건설 중 계통 내에 들어간 불순물과 운전 중에 발생한 스케일이나 불순물 등을 클리너를 사용하여 세정하는 것을 말한다. 플랜트 본체나 부분을 분해하거나 해체해야 하는 단점이 있다.
② 화학적 세정방법 : 산, 알칼리, 유기용제 등의 화학세정용 약제를 사용하여 관 혹은 장치 내의 유지류 및 기타 스케일 등을 제거하는 작업을 말한다. 침적법, 서징법, 순환법 등이 있다.

chapter 4 실전연습문제

01 강제순환식 급탕설비의 배관구배는?
① 1/250 ② 1/100 ③ 1/150 ④ 1/200

Solution 중력순환식은 1/150, 강제순환식은 1/200이다.

02 도시가스 배관 시 배관이 움직이지 않도록 관지름 13~33mm 미만은 몇 m마다 고정장치를 설치해야 하는가?
① 4m ② 3m ③ 2m ④ 1m

Solution 13mm미만은 1m, 33mm이상은 3m마다 고정장치를 설치한다.

03 체크밸브(check valve; 역지밸브)에 대한 설명이다. 다음 중 틀린 것은?
① 필요할 때 수동으로 개폐하여 사용할 수 있다.
② 관내 유체의 흐름을 일정한 방향으로 유지하기 위하여 사용한다.
③ 스윙형, 리프트형, 풋형 등이 있다.
④ 구조에 따라 수평관, 수직관에 사용할 수 있다.

04 내구성이 가장 좋은 신축이음쇠(expansion joint)는 다음 중 어느 것인가?
① 스위블형 ② 루프형 ③ 슬리브형 ④ 벨로즈형

Solution 루프형은 관을 구부려 관 자체의 가요성을 이용하여 신축을 흡수하는 방식의 신축이음쇠이다.

05 다음은 펌프 주위의 배관 시 주의할 사항을 설명한 것이다. 맞지 않은 것은?
① 흡입구는 동수위면에 관경의 2배 이상 물속으로 들어가게 한다.
② 흡입관의 수평배관은 펌프를 향해 위로 올라가도록 설계한다.
③ 흡입관의 길이는 되도록 짧게 하는 것이 좋다.
④ 토출부에 설치한 체크밸브는 서징현상방지를 위해 펌프에서 먼 곳에 설치한다.

Solution 펌프 토출부에 설치한 체크밸브는 서징현상 방지를 위해 펌프 토출구와 슬루스 밸브 사이 펌프에서 가까운 곳에 설치한다.

06 배관계를 지지하는 필요조건 중 일반적인 내용으로 부적합한 것은 다음 중 어느 것인가?
① 배관계의 소음이나 진동에 의한 영향을 되도록 이면 외부로 전달할 수 있어야 한다.
② 관과 관내 유체 및 그 부속장치, 단열피복 등의 합계중량을 지지하는데 충분해야 한다.
③ 온도 변화에 의한 관의 신축에 대하여 적응할 수 있어야 한다.
④ 수격현상 또는 외부에서의 진동, 동요에 대해서 견고하게 대응할 수 있어야 한다.

Solution 배관계의 소음이나 진도에 의한 영향은 외부로 전달되도록 하는 것 보다 흡수하도록 해야 한다.

Answer 01 ④ 02 ③ 03 ① 04 ② 05 ④ 06 ①

07 다음 중 보온 시공시 외피의 마무리재로서 옥외 노출부에 사용되는 재료로서 가장 알맞은 것은?

① 아연철판 ② 면포 ③ 비닐테이프 ④ 방수마포

> **Solution** 공기 중에 노출되어 생기는 부식을 막기 위해 철에 아연도금을 한다.

08 다음 중 급수배관 시공법으로 잘못된 것은?

① 급수관을 매설할 때 한랭지 또는 중차량의 통로인 경우 1m 이상의 깊이로 한다.
② 급수관의 모든 기울기는 1/250을 표준으로 한다.
③ 수격작용을 방지하기 위해 급히 닫히고 열리는 밸브 근처에는 공기실을 설치한다.
④ 급수펌프의 배관은 흡입관을 가능한 길게 한다.

> **Solution** 급수펌프 흡입관은 가능한 짧게 한다.

09 온수난방배관에서 리버스리턴 배관을 적용하는 이유로 맞는 것은?

① 온수가 식지 않도록 하기 위하여
② 온수의 유량 분배를 균일하게 하기 위하여
③ 배관의 길이를 짧게 하기 위하여
④ 배관의 신축을 흡수하기 위하여

> **Solution** 각 층의 온수 순환을 균등하게 하기 위해 순환배관길이를 거의 같게 하는 방식을 역환수방식(reverse return)이라 한다.

10 급탕배관 시공에 대한 설명 중 잘못된 것은?

① 단관식 급탕배관 방식에는 상향배관, 하향배관 방식이 있다.
② 배관의 굽힘부분에는 벨로즈 이음을 한다.
③ 하향식 급탕주관의 최상부에는 공기빼기장치를 설치한다.
④ 팽창관의 관경은 겨울철 동결을 고려하여 25A 이상으로 한다.

> **Solution** 배관의 굽힘부분에는 벨로즈 이음이 아니라 스위블 이음을 한다.

11 일반적으로 벽체 내의 배수입관에 연결하여 사용하는 배수트랩으로 다음 중 맞는 것은?

① U 트랩 ② 드럼 트랩 ③ P 트랩 ④ S 트랩

> **Solution**
> - U트랩 : 하수가스 역류방지, 하수관 말단부 설치
> - 드럼트랩 : 싱크의 배수트랩
> - P트랩 : 세면대 배수관이 벽체에 있을 때 사용
> - S트랩 : 세면대, 대변기, 소변기 등에 부착 사용

12 보통 가스관이라고도 불리는 배관용 탄소강 강관의 사용압력은 몇 kg_f/cm^2 이하인가?

① 5 ② 10 ③ 15 ④ 20

13 다음 중 신축 곡관이라고 표현하는 신축이음은?

① 루프형 ② 스위블형 ③ 벨로즈형 ④ 슬리브형

> **Solution**
> - 루프형 : 고온 · 고압의 옥외 배관에 설치
> - 스위블형 : 2개이상의 엘보우를 사용, 증기나 온수난방 배관에 사용
> - 벨로즈형 : 급수, 냉난방배관에 사용

Answer 07 ① 08 ④ 09 ② 10 ② 11 ③ 12 ② 13 ①

14 다음의 증기난방 배관설비의 응축수 환수방법 중 증기의 순환이 가장 빠른 방법은?

① 중력환수식 ② 진공환수식 ③ 기계환수식 ④ 자연환수식

> **Solution** 증기난방을 할 경우 환수관의 끝부분에 진공 급수 펌프를 설치하여 환수 내를 100~250mmHg 정도의 진공도로 만들어 응축수나 공기를 흡입해서 증기의 흐름을 좋게 하는 방식이 진공환수식이다.

15 급수설비 중 수평배관의 지지간격이 3m일 경우 강관의 관경은?

① 50~80A ② 32~40A ③ 25~30A ④ 20A 이하

> **Solution** 지지간격이 2m일 경우 25~40A, 1.8m일 경우 20A 이하

16 도시가스 배관을 시가지의 도로 노면 밑에 매설하고자 한다. 노면으로부터 배관의 외면까지 몇 m 이상을 유지해야 하는지 다음 중 맞는 것은?

① 2 ② 1.5 ③ 1.2 ④ 1

17 동관용 공구로 다음 중 아닌 것은?

① 플레어링 툴 세트 ② 익스팬더 ③ 사이징 툴 ④ 드레서

> **Solution** 드레서는 연관용 배관공구이다.

18 강관의 나사이음 시 관을 절단한 후 관단면의 안쪽에 생기는 거스러미를 제거하는 공구는 다음 중 어느 것인가?

① 파이프 커터 ② 파이프 바이스 ③ 파이프 리머 ④ 파이프 렌티

19 배관설비에서 수압시험 이외의 방법으로 누설시험을 하는 배관으로 다음 중 맞는 것은?

① 실내소화전 배관 ② 액화 석유 가스배관
③ 급수배관 ④ 급탕배관

> **Solution** 가스배관의 누설시험은 내압시험과 기밀시험을 한다.

20 다음 중 배관의 보온재를 선택할 때 고려해야 할 점이 아닌 것은?

① 흡수성이 적을 것 ② 불연성일 것
③ 열전도율이 클 것 ④ 물리적·화학적으로 강도가 클 것

> **Solution** 배관은 보온능력이 좋아야 한다. 열전도율이 크면 보온성은 떨어진다.

21 암모니아 냉매를 사용하는 흡수식 냉동기의 배관재료로 가장 좋은 것은 다음 중 어느 것인가?

① 동합금관 ② 주철관 ③ 동관 ④ 강관

> **Solution** 동관이나 동합금은 부식이 발생하기 때문에 강관을 암모니아 냉매의 배관재료로 사용한다.

22 직관에서 분기관을 성형 시 사용하는 동관용 공구는 다음 중 어느 것인가?

① 티뽑기(extractors) ② 튜브 벤더(tube bender)
③ 플레어링 툴 세트(flaring tool set) ④ 사이징 툴(sizing tool)

> **Answer** 14 ② 15 ① 16 ② 17 ④ 18 ③ 19 ② 20 ③ 21 ④ 22 ①

> **Solution**
> - 튜브 벤더(tube bender) : 관 가장자리를 쳐서 굽히는 공구이다.
> - 플레어링 툴 세트(flaring tool set) : 동 및 동합금제 파이프의 말단부를 벌려지게 하는 작업인 플레어링 가공을 위한 전용 공구이다
> - 사이징 툴(sizing tool) : 동관을 박아 넣는 이음으로 접합할 경우 정확하게 원형으로 끝을 정형하기 위해 사용하는 공구이다

23 통기관의 설치 목적으로 다음 중 가장 타당한 것은?
① 배수관 내의 청결도를 유지한다. ② 배수의 유속을 조절한다.
③ 배수 트랩의 봉수를 보호한다. ④ 배수관 내의 진공을 환화한다.

> **Solution** 통기관은 트랩봉수 파괴를 보호하기 위하여 설치하는 것으로 배수관 내의 공기를 소통시켜 트랩 내의 기압을 조절하고 사이펀작용, 분출작용, 흡출작용 등을 원활히 이루어지게 한다.

24 도시가스에서 얼마이상을 고압이라 하는가?
① 100MPa 이상 ② 10MPa 이상 ③ 1MPa 이상 ④ 0.1MPa 이상

> **Solution** 중압 : 0.1~1MPa, 저압 : 0.1MPa 이하

25 배관의 세정 수세 후 중화 방청처리제로 사용되지 않고 세정 시 투입하는 부식억제제로 사용되는 것은?
① 인히비터 ② 탄산나트륨 ③ 수산화나트륨 ④ 암모니아

> **Solution** 중화방청제로는 암모니아, 히드라진, 가성소다, 인산소다, 탄산소다 등이 있다. 인히비터를 미소한 양을 첨가함으로써 녹이나 부식을 억제하는 성질을 가진 억제제이다.

26 다음 중 주철관 이음방식이 아닌 것은?
① 타으튼이음 ② 플라스틴이음 ③ 소켓이음 ④ 빅토릭이음

> **Solution** 플라스틴이음은 연관이음 방식의 종류이다.

27 다음은 온수 보일러 팽창탱크와 팽창관 설치 시 주의사항이다. 잘 못 설명한 것은?
① 팽창관을 팽창탱크에 접속시는 수평 부분에 상향 구배를 준다.
② 난방인 경우 개방형 팽창탱크는 방열기나 방열 코일의 최고위보다 1m 이상 높게 한다.
③ 밀폐형 팽창탱크는 보일러실의 적당한 위치에 설치해야 한다.
④ 팽창탱크에 연결된 팽창관에는 체크밸브를 설치해야 한다.

> **Solution** 팽창탱크는 운전 중 장치 내의 온도상승으로 생기는 물의 체적팽창과 그의 압력을 흡수하기 위한 것이다. 팽창관에는 에어벤트나 체크밸브를 설치해서는 안 된다.

28 급배수배관의 시험 방법 중 적당하지 않은 것은?
① 연기시험 ② 수압시험 ③ 기압시험 ④ 화학시험

> **Solution** 기밀시험에는 연기시험과 박하시험이 있다.

29 배관의 상하이동을 허용하면서, 관지지력을 일정하게 하는 것으로 추를 이용한 중추식과 스프링을 이용하는 방법이 있는 행어는 다음 중 어느 것인가?
① 롤러 행어 ② 턴버클 행어 ③ 리지드 행어 ④ 콘스탄트 행어

Answer 23 ③ 24 ③ 25 ① 26 ② 27 ④ 28 ④ 29 ④

30 상수도 시설이 있는 1, 2층 정도의 낮은 건물에 많이 사용하는 급수배관 방법으로 다음 중 맞는 것은?
① 로 탱크식 배관법
② 고가 탱크식 배관법
③ 압력 탱크식 배관법
④ 수도 직결식 배관법

31 주철관의 소켓접합 시 납을 녹여 부을 때 납이 튀기는 가장 주된 원인은 다음 중 어느 것인가?
① 접합부의 온도가 높기 때문이다.
② 접합부의 물기가 있기 때문이다.
③ 접합부가 너무나 건조하기 때문이다.
④ 접합부가 깨끗하기 때문이다.

32 다음 중 가스배관 시공 시 주위사항으로 잘못된 것은?
① 건물의 주요 구조부를 관통하지 말 것
② 배관 재료는 강관으로 주로 플랜지 접합으로 할 것
③ 가능한 곡선배관을 피하고 직선배관을 할 것
④ 배관은 움직이지 않도록 지지해 줄 것

> **Solution** 강관 접합은 보통 나사접합을 하며 대구경의 경우는 플랜지 접합이나 용접접합을 한다.

33 배관용 수공구인 줄(file)의 크기 표시법으로 다음 중 맞는 것은?
① 눈금의 거친 정도
② 자루를 포함한 전체의 길이
③ 자루를 제외한 전체의 길이
④ 자루를 제외한 전체길이에 대한 눈금 수

34 리스트레인트(restraint)의 종류 중 스토퍼(stopper)에 대한 설명으로 다음 중 가장 타당한 것은?
① 기계의 진동, 유체의 흐름, 수격작용 등으로 인해 배관이 이동 또는 진동하는 것을 제어하는 데 사용하는 지지 장치이다.
② 관의 이동 및 회전을 방지하기 위해 지지점 위치에 완전히 공정시키는 장치이다.
③ 배관의 일정한 방향의 이동과 회전만 구속하고 다른 방향은 자유롭게 이동하도록 한지지 장치이다.
④ 파이프 랙 위의 배관의 벤딩부와 신축이음 부분에 설치하는 것으로 축과 직각 방향의 이동을 구속하는 지지 장치이다.

> **Solution** 열팽창에 의한 배관의 좌우, 상하이동을 구속하고 제한하는 것으로 리스트레인트을 사용하고, 그 종류로는 앵커, 스토퍼, 가이드 등이 있다.

35 스테인리스 강관의 접합방법에 관한 설명이다. 다음 중 틀린 것을 골라라.
① 스테인리스 관의 용접은 TIG용접이 많이 이용되며 일명 CO2용접이라고도 한다.
② MR이음은 관의 나사내기 작업이 필요없고 배관작업이 간단하다.
③ 스테인리스 강관의 이음방식에는 나사식 이음, 납땜이음, 플랜지이음, 용접이음 등이 있다.
④ 몰코 이음 방식은 프레스 공구를 사용하여 그립 조(grip jaw)가 이음쇠에 밀착되며 압착되어 이음이 완료된다.

> **Solution** TIG용접은 불활성가스인 아르곤을 이용한 불활성가스 용접의 종류이다.

36 다음 중 압축공기배관의 배수 배관시공 시 설치해야 할 것으로 볼 수 없는 것은?
① 스케일 포켓
② 드레인 밸브
③ 자동식 배수 트랩
④ 에어 포켓

Answer 30 ④ 31 ② 32 ② 33 ③ 34 ③ 35 ① 36 ④

37 관을 구부릴 때 사용하는 파이프 벤딩기의 종류가 다음 중 아닌 것은?
① 수동롤러식　　② 램식　　③ 폼식　　④ 로터리식

38 다음은 급탕배관의 시공방법에 대한 설명이다. 잘 못된 설명을 골라라.
① 상향식 공급방식에서는 급탕관 및 복귀관을 모두 선상향 구배로 한다.
② 하향식 공급방식에서는 급탕관 및 복귀관을 모두 선하향 구배로 한다.
③ 건물 벽 관통부분의 배관에는 슬리브를 끼운다.
④ 배관의 신축을 고려해 신축이음쇠를 설치한다.

　Solution　상향식 공급방식에서는 급탕관은 선상향구배로, 복귀관은 선하향 구배로 한다.

39 오수 및 잡배수, 빗물 배수 계통의 옥외배관에 사용되고 관의 길이가 짧아 이용개소가 많이 생기며 관과 소켓 사이에 모르타르를 채워 접합하는 이음은 다음 중 어느 것인가?
① 용착 슬리브 이음　② 도관 이음　③ 인서트 이음　④ PB관 이음

40 배관 공작용 공구의 명칭과 용도가 서로 잘못 연결된 것을 골라라.
① 파이프 리머 : 관 절단 후 관 단면의 바깥쪽에 생기는 거스러미를 제거할 때 사용한다.
② 줄 : 금속 표면을 매끈하게 다듬질할 때 사용한다.
③ 드릴머신 : 일감의 구멍을 뚫거나 리밍 작업할 때 사용한다.
④ 와이어 브러시 : 일감 표면의 녹이나 용접부 표면의 이물질을 제거할 때 사용한다.

　Solution　•파이프 리머 : 관 절단 후 관 단면의 바깥쪽이 아니라 안쪽에 생기는 거스러미를 제거할 때 사용한다.

41 하수 배관에서 콘크리트관이 많이 사용되고 있다. 다음 중 콘크리트관의 이음이 아닌 것은 어느 것인가?
① 턴앤드 글로브 이음　② 콤포 이음
③ 몰코 이음　　　　　④ 칼라 신축 이음

42 다음 중 강관 절단용 기계로 사용하기에 부적당한 것을 골라라.
① 가스절단기　② 호브식 커터　③ 기계톱　④ 휠 고속절단기

　Solution　호브식은 배관 동력 나사 절삭기의 종류이다.

43 주철관의 이음 방법 중 노허브 이음의 특징에 관한 내용으로 잘 못된 것은?
① 커플링 나사의 결합으로 시공이 완료되어 공수를 줄일 수 있다.
② 드라이버를 사용하여 쉽게 이음 할 수 있다.
③ 노허브 직관은 임의의 길이를 절단하여 사용할 수 있어 견적 및 시공이 편리하다.
④ 누수가 발생하면 고무패킹을 교환하거나 쬠 밴드를 풀어 주면 된다.

44 다음은 도관 이음에 대한 설명이다. 잘 못된 것을 골라라.
① 주로 오수, 빗물 배수 계통의 옥내 배수관에 사용된다.
② 도관은 주로 매설배관에 사용한다.
③ 삽입구와 소켓을 일직선에 맞춘다.
④ 관과 소켓 사이에 얀을 놓아 모르타르를 채우는 방법과 모르타르만을 사용하는 방법이 있다.

Answer　37 ③　38 ①　39 ②　40 ①　41 ③　42 ②　43 ④　44 ①

45 폴리에틸렌관 이음법 중 접합강도가 가장 확실하고 안전한 이음법은?
① 나사 이음   ② 용착 슬리브 이음   ③ 인서트 이음   ④ 테이퍼 이음

46 강관의 굽힘작업 시 곡률반경이 250mm 일 때 300° 굽히고자 할 경우 관의 곡선길이는 얼마인가?
① 약 628mm   ② 약 1309mm   ③ 약 2525mm   ④ 약 3760mm

> **Solution** $R = 2\pi r \dfrac{\theta}{360}$; $2 \times \pi \times 250 \times \dfrac{300}{360} = 1309$ mm

47 다음은 구리관의 특징을 설명한 것이다. 잘 못 된 것을 골라라.
① 동관에는 무산소 동관, 인 탈산 동관 등이 있다.
② 담수에 대한 내식성은 크나 연수에는 부식된다.
③ 열전도율이 좋아 냉난방 배관과 열교환기용 튜브 등의 용도로 사용된다.
④ 실온의 공기 및 탄산가스를 포함한 공기 중에서도 변하지 않는다.

48 다음 중 동관의 플레어 이음은 일반적으로 관경이 얼마일 때 가장 적당한가?
① 50mm 이하   ② 40mm 이하   ③ 30mm 이하   ④ 20mm 이하

49 다음 중 수도용 경질 염화비닐관의 종류가 아닌 것은?
① U관   ② TS관   ③ 편수 컬러관   ④ 직관

50 연관용 공구 중 관을 굽히거나 바르게 펴는데 사용하는 공구로 가장 적당한 것은 다음 중 어느 것인가?
① 턴핀   ② 드레서   ③ 봄볼   ④ 벤드벤

> **Solution**
> • 턴핀 : 구멍을 소정의 관경으로 확대하기 위한 공구
> • 드레서 : 관 표면의 산화물을 제거하기 위한 공구
> • 봄볼 : 분기관 따내기 작업 시 주관에 구멍을 내기 위해 사용하는 공구

51 다음은 폴리부틸렌관 이음에 필요한 부속을 나열하였다. 필요하지 않은 것을 골라라.
① O-링   ② 그래브 링(grab ring)
③ 플랜지   ④ 스페이스 와셔

52 관과 칼라 사이에 콤포와 얀(yarn)을 채워 넣고 칼라와 뒷바퀴를 볼트로 죄어 고무링이 빠져 나오지 않게 하는 콘크리트이음 방법으로 다음 중 맞는 것은?
① 테이퍼 조인트 이음   ② W식 이음(칼라신축이음)
③ 콤포 이음   ④ 글로브 이음

> **Solution** • 콤포 이음 : 철근 콘크리트로 만든 칼라와 특수 모르타르의 일종인 콤포를 사용한 이음이다.

53 다음은 배수용 주철관 이형관의 설명이다. 잘 못된 것을 골라라.
① 골고부는 주로 동관 엘보우를 사용한다.
② 이음쇠 부분에 찌꺼기가 쌓이는 것을 방지하기 위해 분기관이나 Y자형으로 매끄럽게 만들어져 있다.
③ 이음부는 주로 소켓 이음관으로서 여러 종류가 있다.
④ 배수용 주철관과 배수용 연관을 쉽게 접합할 수 있다.

Answer 45 ② 46 ② 47 ④ 48 ④ 49 ① 50 ④ 51 ③ 52 ② 53 ①

54 다음 중 일반적으로 나사이음에 사용되는 패킹의 종류가 아닌 것은?

① 액상합성수지 ② 페이트 ③ 마 ④ 일산화연

55 다음 중 스테인리스 강관의 특성이 아닌 것은?

① 위생적이어서 적수, 백수, 청수의 염려가 적다.
② 내식성이 우수하다.
③ 강관에 비해 기계적 성질이 우수하다.
④ 저온 충격에 약하다.

> Solution 저온 충격성이 크고 한랭지 배관이 가능하다.

56 다음은 신축이음쇠의 종류를 나열한 것이다. 맞는 것은 어느 것인가?

① 슬리브형, 벨로즈형, 턱걸이형, 오리피스형
② 슬리브형, 벨로즈형, 루프형, 오리프스형
③ 슬리브형, 벨로즈형, 루프형, 스위블형
④ 슬리브형, 벨로즈형, 스위블형, 오리피스형

57 신축이음에서 평면상의 변위 및 입체적인 범위까지 흡수하여 어떠한 형상에 의한 신축에도 배관이 안전한 신축이음은 다음 중 어느 것인가?

① 스위블 ② 볼조인트 ③ 루프형 ④ 슬리브

58 증기배관의 횡주관에서 드레인(drain)이 괴는 것을 피하여야 할 개소에 설치해야 하는 밸브로 가장 적당한 밸브는 다음 중 어느 것인가?

① 글로브밸브 ② 앵글밸브 ③ 니들밸브 ④ 슬루스밸브

59 배관설비의 부식을 방지하기 위해 도장시공의 전처리 작업에 대한 설명으로 다음 중 틀린 것을 골라라.

① 도장시공의 온도는 20℃ 내외, 습도는 76% 정도가 좋다.
② 표면에 유지류가 부착되었을 때 물로 세척한다.
③ 전처리는 도장할 표면의 녹 제거 및 탈지를 하는 것이다.
④ 방청시공은 탱크의 내면에 대해서 하는 경우가 많다.

60 구상흑연 주철관이라고도 하는 덕타일 주철관의 특징으로 다음 중 잘 못된 것은?

① 보통 주철관과 같이 내식성 풍부하다.
② 보통 회주철관보다 관의 수명이 길다.
③ 변형에 대한 높은 가요성 및 가공성이 없다.
④ 강관과 같이 높은 강도와 인성이 있다.

61 화학배관설비에 사용되는 관에 대한 설명으로 틀린 것을 골라라.

① 플라스틱관 : 가공 및 설치가 쉬우며 전기 절연성이 우수하다.
② 강관 : 화학장치 재료의 기본을 이루며 가격이 싸다.
③ 동관 : 기계적 강도가 약하나 염수에 내식성이 강하다.
④ 자기관 : 기계적 강도가 높고 강부식성 유체에 우수하다.

Answer 54 ③ 55 ④ 56 ③ 57 ② 58 ④ 59 ② 60 ③ 61 ④

62 다음은 콕에 대한 설명이다. 가장 적합한 것은?
① 유체의 방향을 2방향, 3방향 등으로 바꿀 수 있는 분배 밸브로 부적합하다.
② 기밀을 유지하기가 좋다.
③ 개폐가 빨리되며 전개 시에 유제의 저항이 적다.
④ 고압, 대 유량에 적합하다.

63 길이가 긴 연관을 안전하게 지지하는 방법으로 가장 적합한 것을 골라라.
① 경첩 밴드를 한다.
② 홈통형 철판을 사용하여 금속지지물로 고정한다.
③ 양끝에서 잡아당기도록 한다.
④ 롤러 밴드를 한다.

64 스테인리스강의 금속 표면에 보호 피막을 입혀서 내식성을 높이는 것을 무엇이라 하는가?
① 라이닝　　　② 부동태화　　　③ 불활성 탄산연막　　　④ 가교화

> **Solution** • 부동태화(passivity ; 不動態化) : 금속의 부식 생성물이 표면을 피복함으로써 부식을 억제하는 것을 말한다.

65 배관시공 시 관과 구조물의 수평을 맞출 때 사용하는 것을 골라라.
① 버니어 캘리퍼스　　② 블록게이지　　③ 수준기　　④ 다이얼 게이지

66 복사난방과 같이 매설하는 온수관으로 가장 적당한 것은 어느 것인가?
① 알루미늄관　　② 연관　　③ 동관　　④ 주철관

67 주철관의 소켓이음 방법 중 잘못 설명된 것을 골라라
① 납은 충분히 가열한 후 산화납을 제거하고 접합부에 필요한 양을 단번에 부어준다.
② 얀(yarn)은 납과 물이 직접 접촉하는 것을 방지하고 납은 접합부에 굽힘성을 부여한다.
③ 얀 채움의 길이는 수도관의 경우 삽입길이의 2/3정도, 배수관의 경우 1/3정도가 알맞다.
④ 코킹시 정의 날이 얇은 것부터 두꺼운 순으로 차례로 사용한다.

> **Solution** 얀 채움의 길이는 수도관의 경우 삽입길이의 1/3정도, 배수관의 경우 2/3정도가 알맞다.

68 다음 중 배관용 피복재료에 관한 설명으로 틀린 것은?
① 기포성 수지의 피복재는 흡수성이 좋으나 굽힘성이 없다.
② 코르크는 냉수, 냉매배관, 펌프 등에 사용한다.
③ 펠트는 우모펠트와 양모펠트가 있으며 관의 곡면 부분의 시공도 용이하고 보냉용으로 사용한다.
④ 유리섬유는 물 등에 의해 화학작용을 일으키지 않고 단열, 내구성이 좋아 보온재, 보온판 등에 많이 사용된다.

69 다음의 이종관이음에 대한 설명 중 틀린 것을 골라라.
① 이종관 이음에는 시공상 충분한 숙련을 필요로 한다.
② 이종관 이음에는 다른 두 관의 신축량에 따른 재료의 성질을 충분히 이해하여야 한다.
③ 이종관 이음은 전해작용에 의한 부식현상이 없다.

Answer 62 ③　63 ②　64 ②　65 ③　66 ③　67 ③　68 ①　69 ③

④ 이종관 끼리의 작업시에는 특수한 연결부속과 특수시공법이 필요한 경우가 있다.

Solution • 이종관 이음 : 이종(異種) 금속간의 이음-부식현상 발생

70 일반적으로 흄관이라고 부르며 사용에 따라 배수용으로 사용되는 보통입관과 송수관 등에 사용되는 압력관으로 분류되는 관으로 다음 중 맞는 것은?
① 철근 석면 콘크리트관　　　　　　② 도관
③ 원심력 철근 콘크리트관　　　　　④ 석면 시멘트관

71 다음 중 배관 작업을 위한 절단용 공구로 맞는 것은?
① 수동나사절삭기　② 파이프 리머　③ 파이트 커터　④ 파이프 랜치

72 수직배관에서 역류방지를 위한 적당한 밸브로 다음 중 맞는 것은?
① 버터플라이 밸브　② 볼 밸브　③ 스윙형 체크밸브　④ 리프트형 밸브

73 다음 중 몰코(molco)이음의 특징으로 틀린 것은?
① 전용 공구를 사용하므로 숙련이 필요하다.
② 파이프를 프레스식 이음쇠에 끼우고 전용공구로 약 10초 간 압착해 주면 작업이 완료되므로 작업시간 및 단가를 줄일 수 있다.
③ 각이 진 부분에서 응력 부식 균열의 우려가 있으므로 주의가 필요하다.
④ 화기를 사용하지 않고 접합을 하므로 화재의 위험성이 적다.

74 내식성이 크고 산·알칼리 등의 부식성 약품에 거의 부식되지 않으며 전기절연성이 크고, 가벼우며 성형성이 좋은 관은 다음 중 어느 것인가?
① 연관　　　　　　　　　　　　　② 석면 시멘트관
③ 원심력 철근 콘크리트관　　　　　④ 합성수지관

75 석면 시멘트관 이음에서 칼라 속에 2개의 고무링을 넣고 이음하는 방식으로 고무개스킷 이음이라고도 하는 이음법으로 다음 중 맞는 것은?
① 기볼트이음　② 콤보이음　③ 심플렉스이음　④ 칼라이브

76 50A 이하의 관의 수리 및 점검 또는 교체가 필요할 때 사용되는 이음쇠로 다음 중 적당한 것을 골라라.
① 이경 티　② 소켓　③ 유니언　④ 플러그

77 다음 중 폴리에틸렌관 이음에 속하지 않는 것은?
① 용접 조인트 이음　② 융착 슬리브 이음　③ 테이퍼 조인트 이음　④ 인서트 이음

78 다음의 수도용 덕타일 주철관의 특징 중 거리가 먼 것을 골라라.
① 용접성이 풍부하며 접합부는 주로 용접이음을 한다.
② 변형에 대한 높은 가요성 및 가공성이 있다.
③ 보통 주철관과 같이 내식성이 풍부하다.
④ 강관과 같이 높은 강도와 인성이 있다.

Answer　70 ④　71 ③　72 ③　73 ①　74 ④　75 ③　76 ③　77 ①　78 ①

79 배관 접합법 중 납이 튀어 화상을 입을 가능성이 가장 높은 접합을 골라라.
① PVC관 용접 작업　　　　　　　② 강관 나사 이음
③ 주철관 타이톤 접합　　　　　　④ 주철관 소켓 접합

80 다음은 압력배관용 강관(SPPS)의 설명이다. 가장 올바른 표현은?
① $250kg_f/cm^2$ 이상의 압력에 사용된다.
② $10kg_f/cm^2$ 이하의 압력에 사용된다.
③ $10kg_f/cm^2$ 이상 $100kg_f/cm^2$ 이하의 압력에 사용된다.
④ $100kg_f/cm^2$ 이상 $200kg_f/cm^2$ 이하의 압력에 사용된다.

81 배관라인에 대한 점검사항으로 다음 중 적당하지 않은 것은?
① 배관라인에 에어포켓이 발생되도록 구배를 점검한다.
② 배관의 지지물이 완전한가 점검한다.
③ 접합부는 외관상 이상이 없는가 점검한다.
④ 드레인 배출은 완전하게 되는가 점검한다.

> **Solution** ●에어포켓 : 온수 배관이나 오일 배관 등 액체 배관의 도중에 불필요한 공기가 체류하는 부분, 설계나 시공 불량인 배관에 에어포켓이 생기기 쉽다. 이는 많은 고장의 원인이 되고 있다.

82 다음은 패킹 재료를 설명한 것이다. 이것들 중 가장 올바르게 설명한 것은?
① 석면패킹은 광물성의 섬유로 강인한 편이나 열에는 약하여 증기배관에는 부적당하다.
② 고무패킹은 탄성이 좋고 흡수성이 없으나, 열과 기름에 약한 것이 결점이다.
③ 테프론은 천연고무와 성질이 비슷한 합성고무로 천연고무보다 더 우수한 성질을 가지고 있다.
④ 네오플렌은 합성수지 제품으로 탄성이 강하나 기름에 침해된다.

83 열교환기의 배관 시공상 유의사항으로 적당하지 않을 것을 다음 중 선택하시오.
① 열교환기는 보통 집단적으로 배치된다. 따라서 일관성과 보수공간이 요구된다.
② 밸브는 가급적 열교환기의 노즐에서 멀리 부착하는 것이 좋다.
③ 배관은 가급적 짧게 불필요한 루프나 에어포켓은 피한다.
④ 다관원통형 열교환기에서 연속된 열교환기는 2단으로 겹쳐 설치하나, 3단으로 겹치는 것은 열응력을 고려해야 한다.

84 냉·온수배관을 비롯하여 도시가스, 의료용 산소 등 각종 건축용에 사용되는 동관의 순동이음쇠에 대한 특징으로 볼 수 없는 것은 다음 중 어느 것인가?
① 외형이 크지 않은 구조이므로 배관공간이 적어도 된다.
② 용접시 가열시간이 짧아 공수 절감효과가 크다.
③ 재료가 동관과 같은 순동이므로 내식성이 좋아 암모니아수, 진한 황산의 끓는 용액 등에도 부식되지 않는다.
④ 내면이 동관과 같아 압력손실이 적다.

85 배수 관경이 100A 이하일 때 일반적인 경우 청소구는 몇 m마다 1개소씩 설치해야 하는가?
① 80　　　　　② 50　　　　　③ 40　　　　　④ 15

Answer 79 ④　80 ③　81 ①　82 ②　83 ②　84 ③　85 ④

86 스위블형 신축이음쇠에 대한 설명으로 틀린 것을 골라라.
① 주로 증기 및 온수난방용 배관에 사용된다.
② 가요이음, 미끄럼이음, 신축곡관이음 이라고도 한다.
③ 2개 이상의 엘보를 사용하여 이음의 나사회전을 이용하여 배관의 신축을 흡수한다.
④ 신축량이 너무 큰 배관에는 이음부가 헐거워져 누설의 염려가 있다.

87 LPG 가스 배관 경로를 선정할 때 유의사항으로 다음 중 틀린 것은?
① 가능한 한 배관을 옥내에 설치한다.
② 배관 거리를 최단 거리로 한다.
③ 배관을 구부러지거나 오르내림을 적게 한다.
④ 배관을 은폐하거나 매설을 피한다.

88 석면 시멘트관의 이음에서 2개의 고무링, 2개의 플랜지, 1개의 슬리브를 사용하여 이음 것을 골라라.
① 심플렉스 이음　　　　　　② 기볼트 이음
③ 주철제 플랜지 이음　　　　④ 주철제 칼라 이음

89 기계, 자전거, 가구 등에 사용하는 강관으로 비교적 정밀 다듬질이 필요하며, 11종에서 20종 등의 10가지 종류로 구분하는 강관의 종류는?
① 기계구조용 합금 강관　　　② 일반구조용 탄소 강관
③ 기계구조용 탄소 강관　　　④ 일반구조용 합금 강관

90 다음 중 관을 구부릴 때 사용하는 파이프 벤딩기의 종류가 아닌 것은?
① 수동 롤러식　② 램식　③ 폼식　④ 로터리식

91 대변기나 소변기 등의 세척을 급수관의 물에 의해서 직접 할 때 사용되는 밸브는 다음 중 어느 것인가?
① 플러시 밸브　② 버터플라이 밸브　③ 안전 밸브　④ 플로트 밸브

92 강관의 스케줄 번호와 가장 관계가 깊은 것으로 다음 중 맞는 것은?
① 관의 호칭지름　② 관의 종류　③ 관의 길이　④ 관의 두께

93 플랜트 배관의 세정 방법 중 기계적(물리적) 세정 방법으로 볼 수 없는 것은?
① 샌드블라스트 세정법　　　② 피그 세정법
③ 스프레이 세정법　　　　　④ 물분사기 세정법

94 스테인리스 강관 몰코 이음 시 사용하는 공구는 다음 중 어느 것인가?
① 전용압착공구　② 익스팬더　③ 탄젠트 벤더　④ 포밍머신

95 염화비닐관의 이음방식에서 이음 부속의 어느 부분도 가열하지 않고 속건성 접착제를 발라 이음하는 방법으로 다음 중 맞는 것은?
① 테이퍼 코어 이음　② 냉간 이음　③ 열간 이음　④ 용접이음

Answer　86 ②　87 ④　88 ②　89 ③　90 ③　91 ①　92 ④　93 ③　94 ①　95 ②

96 강관 이음쇠 중 지름이 다른 관을 연결할 때 사용하는 것은?
① 유니언　　② 리머　　③ 니플　　④ 부싱

97 관 이음에서 신축 이음을 사용하는 가장 중요한 목적은?
① 온도 차로 생기는 신축의 흡수　　② 배관 축의 변위 조정
③ 압력 조절 및 방향 전환　　④ 진동원과 배관과의 완충

98 조절 밸브 등에 의해 감압되는 경우 조절밸브의 불완전한 작동에 대한 위협을 방지하고자 조절밸브의 2차 측에 부착하는 것으로 다음 중 가장 적절한 것으로 볼 수 있는 어느 것인가?
① 체크밸브　　② 콕　　③ 에어 챔버　　④ 안전밸브

99 배관 지지쇠 종류 중 배관의 벤딩 부분과 수평부분을 영구히 고정시켜 배관의 이동을 구속시키는 것으로 다음 중 맞는 것은?
① 스프링 서포트　　② 파이프 슈　　③ 리스트레이트　　④ 리지드 서포트

100 다음은 밸브의 종류에 대한 설명이다. 잘못된 것은 어느 것인가?
① 콕은 유체의 저항이 작고 흐름을 급속히 개폐할 수 있다.
② 슬루스 밸브는 유량 조정용으로 적당하다.
③ 정지 밸브는 유체에 대한 저항이 크나 가볍다.
④ 체크 밸브는 유체를 일정한 방향으로만 흐르게 한다.

Answer　96 ④　97 ①　98 ④　99 ②　100 ②

부 록

최근기출문제

건설기계기사 → 건설기계설비기사('14년부터 자격증 명칭 변경 및 출제과목 변경)로 변경이 되었으며, 내연기관 과목이 유체기기 과목으로 변경되어 내연기관 관련 기출문제는 삭제하였습니다.

2019년 3월 3일 기출문제

1과목 재료역학

1 그림과 같은 막대가 있다. 길이는 4m이고 힘은 지면에 평행하게 200N만큼 주었을 때 o점에 작용하는 힘과 모멘트는?

① $F_{ox} = 0,\ F_{oy} = 200\text{N},\ M_z = 200\text{N}\cdot\text{m}$
② $F_{ox} = 200\text{N},\ F_{oy} = 0,\ M_z = 400\text{N}\cdot\text{m}$
③ $F_{ox} = 0,\ F_{oy} = 200\text{N},\ M_z = 200\text{N}\cdot\text{m}$
④ $F_{ox} = 0,\ F_{oy} = 0,\ M_z = 400\text{N}\cdot\text{m}$

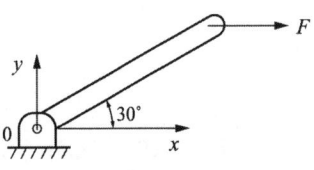

Solution $M_z = 200 \times 4 \times \sin 30° = 400\text{N}\cdot\text{m}$
$F_{ox} = 200\text{N}$
$F_{oy} = 0$

2 두께 8mm의 강판으로 만든 안지름 40cm의 얇은 원통에 1MPa의 내압이 작용할 때 강판에 발생하는 후프 응력(원주 응력)은 몇 MPa인가?

① 25 ② 37.5
③ 12.5 ④ 50

Solution $\sigma_t = \dfrac{P\cdot d}{2t} = \dfrac{1\times 400}{2\times 8} = 25\text{MPa}$

3 그림과 같이 균일단면을 갖는 부정정보가 단순 지지단에서 모멘트 M_0를 받는다. 단순 지지단에서의 반력 R_a는? (단, 굽힘강성 EI는 일정하고, 자중은 무시한다.)

① $\dfrac{3M_0}{2\ell}$ ② $\dfrac{3M_0}{4\ell}$
③ $\dfrac{2M_0}{3\ell}$ ④ $\dfrac{4M_0}{3\ell}$

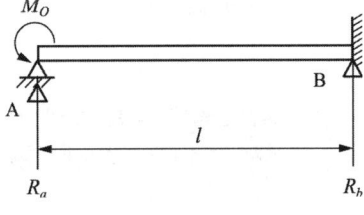

Solution $\delta_A = 0$
$\dfrac{M_0 \cdot \ell^2}{2E\cdot I} = \dfrac{R_a \cdot \ell^3}{3EI}$
$R_a = \dfrac{3M_0}{2\ell}$

Answer 1. ② 2. ① 3. ①

4 진변형률(ϵ_T)과 진응력(σ_T)을 공칭 응력(σ_n)과 공칭 변형률(ϵ_n)로 나타낼 때 옳은 것은?

① $\sigma_T = \ln(1+\sigma_n)$, $\epsilon_T = \ln(1+\epsilon_n)$
② $\sigma_T = \ln(1+\sigma_n)$, $\epsilon_T = \ln(\frac{\sigma_T}{\sigma_n})$
③ $\sigma_T = \sigma_n(1+\epsilon_n)$, $\epsilon_T = \ln(1+\epsilon_n)$
④ $\sigma_T = \ln(1+\sigma_n)$, $\epsilon_T = \epsilon_n(1+\sigma_n)$

Solution 공칭응력은 초기단면적에 대한 하중으로 표현하고 진응력은 변화하는 실제단면적에 대한 하중으로 표현한다. 즉 실제 재료가 변형되면서 내부응력과 변형률이 변화하는 것을 진응력, 진변형률이라 한다.
$\sigma_t = \sigma_n(1+\epsilon_n)$
$\epsilon_t = \ln(1+\epsilon_n)$, $\epsilon_n = e^{\epsilon_t}-1$

5 폭 b = 60mm, 길이 L = 340mm의 균일강도 외팔보의 자유단에 집중하중 P = 3kN이 작용한다. 허용 굽힘응력을 65MPa이라 하면 자유단에서 250mm되는 지점의 두께 h는 약 몇 mm인가? (단, 보의 단면은 두께는 변하지만 일정한 폭 b를 갖는 직사각형이다.)

① 24
② 34
③ 44
④ 54

Solution $\sigma_a = \dfrac{P \cdot L}{\dfrac{b \cdot h^2}{6}}$, $65 = \dfrac{6 \times 3 \times 10^3 \times 250}{60 \times h^2}$

$h = 33.97$mm

6 부재의 양단이 자유롭게 회전할 수 있도록 되어있고, 길이가 4m인 압축 부재의 좌굴하중을 오일러 공식으로 구하면 약 몇 kN인가? (단, 세로탄성계수는 100GPa이고, 단면 b×h = 100mm×50mm이다.)

① 52.4
② 64.4
③ 72.4
④ 84.4

Solution $P_{cr} = \dfrac{n\pi^2 EI}{l^2} = \dfrac{1 \times \pi^2 \times 100 \times 10^9 \times 0.1 \times 0.05^3 \times 10^{-3}}{4^2 \times 12} = 64$kN

7 평면 응력상태의 한 요소에 σ_x = 100MPa, σ_y = -50MPa, τ_{xy} = 0 을 받는 평판에서 평면 내에서 발생하는 최대 전단응력은 몇 MPa인가?

① 75
② 50
③ 25
④ 0

Solution $\tau_{\max} = \sqrt{\left(\dfrac{\sigma_x - \sigma_y}{2}\right)^2 + \tau_{xy}^2} = \dfrac{\sigma_x - \sigma_y}{2} = \dfrac{100+50}{2} = 75$MPa

Answer 4. ③ 5. ② 6. ② 7. ①

8 탄성 계수(영계수) E, 전단 탄성계수 G, 체적 탄성 계수 K 사이에 성립되는 관계식은?

① $E = \dfrac{9KG}{2K+G}$ ② $E = \dfrac{3K-2G}{6K+2G}$

③ $K = \dfrac{EG}{3(3G-E)}$ ④ $K = \dfrac{9EG}{3E+G}$

Solution $G = \dfrac{E}{2(1+\mu)}$, $\mu = \dfrac{E}{2G} - 1 = \dfrac{E-2G}{2G}$

$K = \dfrac{E}{3(1-2\mu)} = \dfrac{E}{3(1-2\times\dfrac{E-2G}{2E})} = \dfrac{GE}{3(3G-E)}$

9 바깥지름 50cm, 안지름 30cm의 속이 빈 축은 동일한 단면적을 가지며 같은 재질의 원형축에 비하여 약 몇 배의 비틀림 모멘트에 견딜 수 있는가? (단, 중공축과 중실축의 전단응력은 같다.)

① 1.1배 ② 1.2배
③ 1.4배 ④ 1.7배

Solution $\dfrac{\pi}{4}(50^2 - 30^2) = \dfrac{\pi}{4}d^2$, $d = 40$cm

$\tau = \dfrac{T}{Z_P}$, $\dfrac{16 \cdot T_1}{\pi d_2^3 (1-x^4)} = \dfrac{16 \cdot T_2}{\pi d^3}$

$T_2 = \dfrac{40^3}{50^3 \times \left\{1-\left(\dfrac{3}{5}\right)^4\right\}} T_1 = 0.5882 T_1$

$T_1 = 1.7 T_2$

10 그림과 같은 단면에서 대칭축 n-n에 대한 단면 2차 모멘트는 약 몇 cm⁴인가?

① 535
② 635
③ 735
④ 835

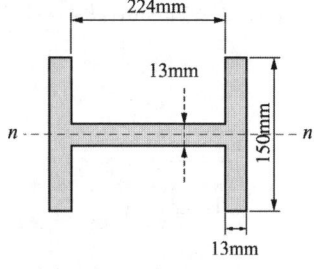

Solution $I_G = \dfrac{13 \times 150^3}{12} \times 2 + \dfrac{224 \times 13^3}{12} = 735.35 \times 10^4 \text{mm}^4$

∴ $I_G = 735.35 \text{cm}^4$

Answer 8. ③ 9. ④ 10. ③

11 단면적이 2cm²이고 길이가 4m인 환봉에 10kN의 축 방향 하중을 가하였다. 이때 환봉에 발생한 응력은 몇 N/m²인가?

① 5000
② 2500
③ 5×10^5
④ 5×10^7

Solution $\sigma = \dfrac{P}{A} = \dfrac{10 \times 10^3}{2 \times 10^{-4}} = 5 \times 10^7 \text{N/m}^2$

12 양단이 고정된 직경 30mm, 길이가 10m인 중심축에서 그림과 같이 비틀림 모멘트 1.5kN·m가 작용할 때 모멘트 작용점에서의 비틀림 각은 약 몇 rad인가? (단, 봉재의 전단탄성계수는 G = 100GPa이다.)

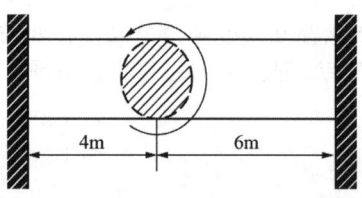

① 0.45
② 0.56
③ 0.63
④ 0.77

Solution $T = \dfrac{1.5 \times 10^3 \times 6}{10} = 900 \text{N} \cdot \text{m}$

$\theta = \dfrac{900 \times 4}{100 \times 10^9 \times \dfrac{\pi \times 0.03^4}{32}} = 0.453 \, \text{rad}$

13 그림과 같이 길이 ℓ인 단순 지지된 보 위를 하중 W가 이동하고 있다. 최대 굽힘응력은?

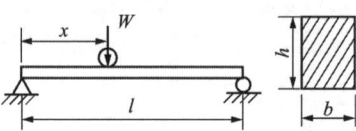

① $\dfrac{Wl}{bh^2}$
② $\dfrac{9Wl}{4bh^3}$
③ $\dfrac{Wl}{2bh^2}$
④ $\dfrac{3Wl}{2bh^2}$

Solution $M_x = \dfrac{W(l-x) \cdot x}{\ell}$

$x = \dfrac{\ell}{2}, \; M_{\max} = \dfrac{W \cdot l}{4}$

$\sigma_{b\max} = \dfrac{M_{\max}}{Z} = \dfrac{W \cdot l \times 6}{4 \times bh^2} = \dfrac{3W \cdot l}{2bh^2}$

Answer 11. ④ 12. ① 13. ④

14 그림과 같은 트러스가 B점에서 그림과 같은 방향으로 5kN의 힘을 받을 때 트러스에 저장되는 탄성에너지는 약 몇 kJ인가? (단, 트러스의 단면적은 1.2cm², 탄성계수는 10^6Pa이다.)

① 52.1
② 106.7
③ 159.0
④ 267.7

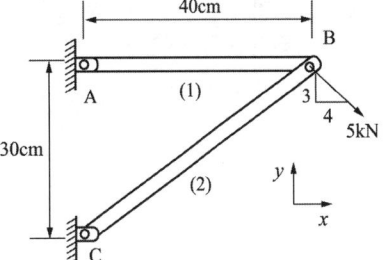

Solution

$5 \times \dfrac{3}{5} = F_{BC} \times \dfrac{3}{5}$

$F_{BC} = 5\text{kN}$

$F_{AB} = 5 \times \dfrac{4}{5} \times 2 = 8\text{kN}$

$\delta_{AB} = \dfrac{F_{AB} \, l_{AB}}{AE} = \dfrac{8 \times 10^3 \times 0.4}{1.2 \times 10^{-4} \times 10^6} = 26.67\text{m}$

$\delta_{BC} = \dfrac{F_{BC} \cdot l_{BC}}{AE} = \dfrac{5 \times 10^3 \times 0.5}{1.2 \times 10^{-4} \times 10^6} = 20.83\text{m}$

$U = \dfrac{1}{2} F_{AB} \cdot \delta_{AB} + \dfrac{1}{2} F_{BC} \cdot \delta_{BC} = \dfrac{1}{2} \times 8 \times 26.67 + \dfrac{1}{2} \times 5 \times 20.83$
$= 158.76\text{kJ}$

15 길이 1m인 외팔보가 아래 그림처럼 $q = 5$kN/m의 균일 분포하중과 $P = 1$kN의 집중하중을 받고 있을 때 B점에서의 회전각은 얼마인가? (단, 보의 굽힘강성은 EI이다.)

① $\dfrac{120}{EI}$
② $\dfrac{260}{EI}$
③ $\dfrac{486}{EI}$
④ $\dfrac{680}{EI}$

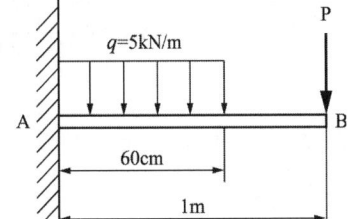

Solution

$\theta_{B1} = \dfrac{P \cdot l^2}{2EI} = \dfrac{10^3 \times 1^2}{2EI} = \dfrac{500}{EI}$

$\theta_{B2} = \dfrac{5 \times 10^3 \times 0.6 \times 0.3 \times 0.6}{3EI} = \dfrac{180}{EI}$

$\theta_B = \theta_{B1} + \theta_{B2} = \dfrac{680}{EI}$ → θ_{B2}는 면적모멘트로 계산

Answer 14. ③ 15. ④

16 그림과 같은 단순지지보에서 2kN/m의 분포하중이 작용할 경우 중앙의 처짐이 0이 되도록 하기 위한 힘의 크기는 몇 kN인가?

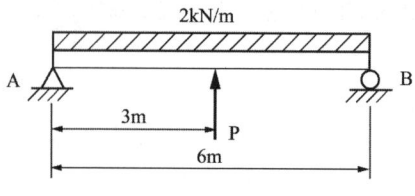

① 6.0
② 6.5
③ 7.0
④ 7.5

Solution $\dfrac{5wl^4}{384EI} = \dfrac{P \cdot l^3}{48EI}$

$P = \dfrac{5wl}{8} = \dfrac{5 \times 2 \times 6}{8} = 7.5\text{kN}$

17 그림과 같이 길이 $\ell = 4\text{m}$의 단순보에 균일 분포하중 ω가 작용하고 있으며 보의 최대 굽힘응력 $\sigma_{\max} = 85\text{N/cm}^2$일 때 최대 전단응력은 약 몇 kPa인가? (단, 보의 단면적은 지름이 11cm인 원형단면이다.)

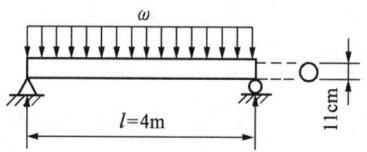

① 1.7
② 15.6
③ 22.9
④ 25.5

Solution $\sigma_{\max} = \dfrac{32wl^2}{\pi d^3 \times 8}$

$85 \times 10^4 = \dfrac{32 \times w \times 4^2}{\pi \times 0.11^3 \times 8}$, $w = 55.54\text{N/m}$

$\tau_{\max} = \dfrac{4}{3} \cdot \dfrac{F}{A} = \dfrac{4 \times 55.54 \times 4}{3 \times \dfrac{\pi \times 0.11^2}{4} \times 2} = 15.58 \times 10^3 \text{N/m}^2$

Answer 16. ④ 17. ②

18 그림과 같이 치차 전동 장치에 A 치차로부터 D 치차로 동력을 전달한다. B와 C 치차의 피치원의 직경의 비가 $\dfrac{D_B}{D_C}=\dfrac{1}{9}$일 때, 두 축의 최대 전단응력들이 같아지게 되는 직경의 비 $\dfrac{d_2}{d_1}$은 얼마인가?

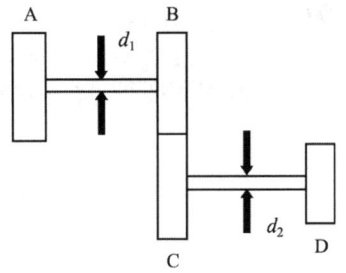

① $\left(\dfrac{1}{9}\right)^{\frac{1}{3}}$ ② $\dfrac{1}{9}$

③ $9^{\frac{1}{3}}$ ④ $9^{\frac{2}{3}}$

Solution $H = T_1 \times 2\pi N_1 = T_2 \times 2\pi N_2$

$\dfrac{T_1}{T_2} = \dfrac{N_2}{N_1} = \dfrac{D_B}{D_C} = \dfrac{1}{9}$

$\tau = \dfrac{16 T_1}{\pi d_1^3} = \dfrac{16 T_2}{\pi d_2^3}$

$\dfrac{T_1}{T_2} = \dfrac{d_1^3}{d_2^3} = \dfrac{1}{9}$, $\dfrac{d_2}{d_1} = 9^{\frac{1}{3}}$

19 그림과 같은 외팔보에 균일분포하중 ω가 전 길이에 걸쳐 작용할 때 자유단의 처짐 δ는 얼마인가? (단, E : 탄성계수, I : 단면2차모멘트이다.)

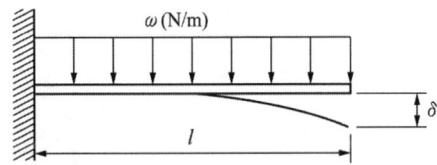

① $\dfrac{\omega \ell^4}{3EI}$ ② $\dfrac{\omega \ell^4}{6EI}$

③ $\dfrac{\omega \ell^4}{8EI}$ ④ $\dfrac{\omega \ell^4}{24EI}$

Solution $\delta = \dfrac{A_m}{EI}\bar{x} = \dfrac{w\ell^2 \times \ell}{3EI \times 2} \times \dfrac{3}{4}\ell = \dfrac{w\ell^4}{8EI}$

Answer 18. ③ 19. ③

20 그림과 같이 단면적이 2cm²인 AB 및 CD 막대의 B점과 C점이 1cm만큼 떨어져 있다. 두 막대에 인장력을 가하여 늘인 후 B점과 C점에 핀을 끼워 두 막대를 연결하려고 한다. 연결 후 두 막대에 작용하는 인장력은 약 몇 kN인가? (단, 재료의 세로탄성계수는 200GPa이다.)

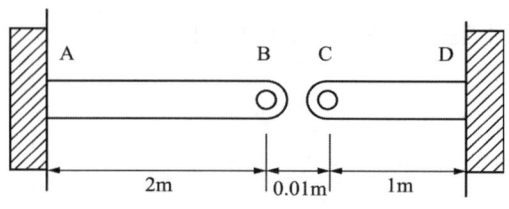

① 33.3 ② 66.6
③ 99.9 ④ 133.3

Solution
$$\sigma_{AB} = \frac{P}{A} = E \cdot \frac{\delta_{AB}}{l_{AB}}$$
$$\sigma_{CD} = \frac{P}{A} = E \cdot \frac{\delta_{CD}}{l_{CD}}$$
$$\frac{\delta_{AB}}{l_{AB}} = \frac{0.01 - \delta_{AB}}{l_{CD}}$$
$$\delta_{AB} \cdot (l_{AB} + l_{CD}) = 0.01 l_{AB}$$
$$\delta_{AB} = \frac{0.01 \times 2}{1+2} = 0.0067\text{m}$$
$$P = \frac{2 \times 10^{-4} \times 200 \times 10^9 \times 0.0067}{2} \times 10^{-3} = 134\text{N}$$

2과목 기계열역학

21 압력 2MPa, 300℃의 공기 0.3kg이 폴리트로픽 과정으로 팽창하여, 압력이 0.5MPa로 변화하였다. 이때 공기가 한 일은 약 몇 kJ인가? (단, 공기는 기체상수가 0.287kJ/(kg·K)인 이상기체이고, 폴리트로픽 지수는 1.30이다.)

① 416 ② 157
③ 573 ④ 45

Solution
$$\frac{T_2}{T_1} = \left(\frac{P_2}{P_1}\right)^{\frac{n-1}{n}}$$
$$T_2 = (300+273) \times \left(\frac{0.5}{2}\right)^{\frac{0.3}{1.3}} = 416.12\text{K}$$
$$\therefore T_2 = 143.12℃$$
$$_1W_2 = \frac{mR(T_1 - T_2)}{n-1} = \frac{0.3 \times 0.287 \times (300-143.12)}{0.3} = 45.02\text{kJ}$$

Answer 20. ④ 21. ④

22 다음 중 기체상수(gas constant, $R[kJ/(kg \cdot K)]$)값이 가장 큰 기체는?

① 산소(O_2) ② 수소(H_2)
③ 일산화탄소(CO) ④ 이산화탄소(CO_2)

> **Solution** 분자량이 제일 작은 것
> $H_2 : M = 1 \times 2 = 2kg/kmol$

23 이상기체 1kg이 초기에 압력 2kPa, 부피 $0.1m^3$를 차지하고 있다. 가역등온과정에 따라 부피가 $0.3m^3$로 변화했을 때 기체가 한 일은 약 몇 J인가?

① 9540 ② 2200
③ 954 ④ 220

> **Solution** $_1W_2 = P_1 \cdot V_1 \cdot \ln\left(\dfrac{V_2}{V_1}\right) = 2 \times 0.1 \times \ln\left(\dfrac{0.3}{0.1}\right) = 0.2197kJ = 219.7J$

24 이상적인 오토사이클에서 열효율은 55%로 하려면 압축비를 약 얼마로 하면 되겠는가? (단, 기체의 비열비는 1.4 이다.)

① 5.9 ② 6.8
③ 7.4 ④ 8.5

> **Solution** $\eta_0 = 1 - \left(\dfrac{1}{\epsilon}\right)^{K-1}$ $0.55 = 1 - \left(\dfrac{1}{\epsilon}\right)^{0.4}$, $\epsilon = 7.36$

25 밀폐계가 가역정압 변화를 할 때 계가 받은 열량은?

① 계의 엔탈피 변화량과 같다.
② 계의 내부 에너지 변화량과 같다.
③ 계의 엔트로피 변화량과 같다.
④ 계가 주위에 대해 한 일과 같다.

> **Solution** P=일정
> $_1Q_2 = \triangle H - \int_1^2 Vdp = \triangle H$

26 유리창을 통해 실내에서 실외로 열전달이 일어난다. 이때 열전달량은 약 몇 W인가? (단, 대류열전달계수는 $50W/(m^2 \cdot K)$, 유리창 표면온도는 25℃, 외기온도는 10℃, 유리창면적은 $2m^2$이다.)

① 150 ② 500
③ 1500 ④ 5000

> **Solution** $\dot{Q} = hA\triangle T = 50 \times 2 \times (25-10) = 1500W$

Answer 22. ② 23. ④ 24. ③ 25. ① 26. ③

27 어느 내연기관에서 피스톤의 흡기과정으로 실린더 속에 0.2kg의 기체가 들어 왔다. 이것을 압축할 때 15kJ의 일이 필요하였고, 10kJ의 열을 방출하였다고 한다면, 이 기체 1kg당 내부에너지의 증가량은?

① 10kJ/kg   ② 25kJ/kg
③ 35kJ/kg   ④ 50kJ/kg

Solution $_1Q_2 = \triangle U + _1W_2$
$\triangle U = -10 + 15 = 5\text{kJ}$
$\triangle h = \dfrac{\triangle U}{m} = \dfrac{5}{0.2} = 25\text{kJ/kg}$
• 밀폐계 압축으로 보고 풀어야 함

28 다음은 강도성 상태량(Intensive property)이 아닌 것은?

① 온도   ② 압력
③ 체적   ④ 밀도

Solution 체적은 질량에 비례하는 강도성 상태량

29 600kPa, 300K 상태의 이상기체 1kmol이 엔탈피가 등온과정을 거쳐 압력이 200kPa로 변했다. 이 과정동안의 엔트로피 변화량은 약 몇 kJ/K인가? (단, 일반기체상수($\overline{R}$)은 8.31451kJ/(kmol·K)이다.)

① 0.782   ② 6.31
③ 9.13   ④ 18.6

Solution $\triangle s = mR\ln\left(\dfrac{P_1}{P_2}\right) = n\overline{R}\ln\left(\dfrac{P_1}{P_2}\right) = 1 \times 8.31451 \times \ln\left(\dfrac{600}{200}\right) = 9.13\text{kJ/K}$

30 그림과 같은 단열된 용기 안에 25℃의 물이 0.8m³ 들어있다. 이 용기 안에 100℃, 50kg의 쇳덩어리를 넣은 후 열적 평형이 이루어 졌을 때 최종 온도는 약 몇 ℃인가? (단, 물의 비열은 4.18kJ/(kg·K), 철의 비열은 0.45kJ/(kg·K)이다.)

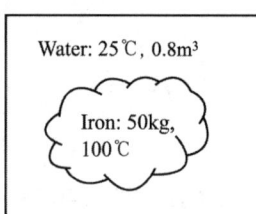

① 25.5   ② 27.4
③ 29.2   ④ 31.4

Solution $50 \times 0.45 \times (100 - T_m) = 1000 \times 0.8 \times 4.18 \times (T_m - 25)$
$T_m = 25.5℃$

Answer 27. ② 28. ③ 29. ③ 30. ①

31 실린더에 밀폐된 8kg의 공기가 그림과 같이 P_1 = 800kPa, 체적 V_1 = 0.27m³에서 P_2 = 350kPa, 체적 V_2 = 0.80m³으로 직선 변화하였다. 이 과정에서 공기가 한 일은 약 몇 kJ인가?

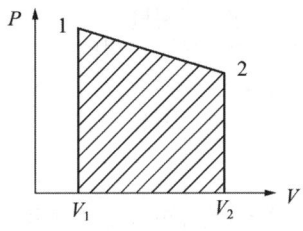

① 305
② 334
③ 362
④ 390

Solution $_1W_2 = \frac{1}{2} \times (800-350) \times (0.8-0.27) + 350 \times (0.8-0.27) = 304.75 kJ$

32 어떤 기체 동력장치가 이상적인 브레이턴 사이클로 다음과 같이 작동할 때 이 사이클의 열효율은 약 몇 %인가? (단, 온도(T)-엔트로피(s) 선도에서 T_1 = 30℃, T_2 = 200℃, T_3 = 1060℃, T_4 = 160℃ 이다.)

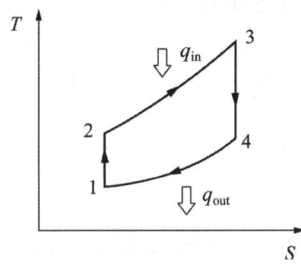

① 81%
② 85%
③ 89%
④ 92%

Solution $\eta_B = 1 - \left(\frac{T_4 - T_1}{T_3 - T_2}\right) = 1 - \left(\frac{160-30}{1060-200}\right) = 0.85$

33 이상기체에 대한 다음 관계식 중 잘못된 것은? (단, Cv는 정적비열, Cp는 정압비율, u는 내부에너지, T는 온도, V는 부피, h는 엔탈피, R은 기체상수, k는 비열비이다.)

① $Cv = (\frac{\partial u}{\partial T})v$
② $Cp = (\frac{\partial h}{\partial T})v$
③ $Cp - Cv = R$
④ $Cp = \frac{kR}{k-1}$

Solution $C_P = \frac{\partial h}{\partial T}|_{P=C}$

Answer 31. ① 32. ② 33. ②

34 열역학 제2법칙에 관해서는 여러 가지 표현으로 나타낼 수 있는데, 다음 중 열역학 제2법칙과 관계되는 설명으로 볼 수 없는 것은?

① 열을 일로 변환하는 것은 불가능하다.
② 열효율이 100%인 열기관을 만들 수 없다.
③ 열은 저온 물체로부터 고온 물체로 자연적으로 전달되지 않는다.
④ 입력되는 일 없이 작동하는 냉동기를 만들 수 없다.

35 계의 엔트로피 변화에 대한 열역학적 관계식 중 옳은 것은? (단, T는 온도, S는 엔트로피, U는 내부 에너지, V는 체적, P는 압력, H는 엔탈피를 나타낸다.)

① $TdS = dU - PdV$
② $TdS = dH - PdV$
③ $TdS = dU - VdP$
④ $TdS = dH - VdP$

Solution $\delta q = du + pdv = dh - vdp = Tds$

36 공기 1kg이 압력 50kPa, 부피 3m³인 상태에서 압력 900kPa, 부피 0.5m³인 상태로 변화할 때 내부 에너지가 160kJ 증가하였다. 이 때 엔탈피는 약 몇 kJ이 증가하였는가?

① 30
② 185
③ 235
④ 460

Solution $\triangle H = \triangle U + (P_2 V_2 - P_1 V_1) = 160 + (900 \times 0.5 - 50 \times 3) = 460 \text{kJ}$

37 체적이 일정하고 단열된 용기 내에 80℃, 320kPa의 헬륨 2kg이 들어 있다. 용기 내에 있는 회전날개가 20W의 동력으로 30분 동안 회전한다고 할 때 용기 내의 최종 온도는 약 몇 ℃인가? (단, 헬륨의 정적비열은 3.12kJ/(kg·K)이다.)

① 81.9℃
② 83.3℃
③ 84.9℃
④ 85.8℃

Solution $Q = mC(t_2 - t_1) = L \times \triangle T_i$
$2 \times 3.12 \times (t_2 - 80) = 20 \times 10^{-3} \times 30 \times 60$
$t_2 = 85.77$℃

Answer 34. ① 35. ④ 36. ④ 37. ④

38 그림과 같은 Rankine 사이클로 작동하는 터빈에서 발생하는 일은 약 몇 kJ/kg인가? (단, h는 엔탈피, s는 엔트로피를 나타내며, h_1 = 191.8kJ/kg, h_2 = 193.8kJ/kg, h_3 = 2799.5kJ/kg, h_4 = 2007.5kJ/kg이다.)

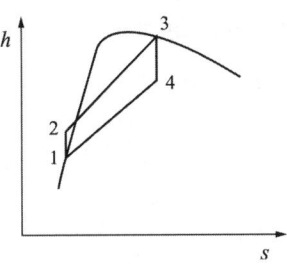

① 2.0kJ/kg
② 792.0kJ/kg
③ 2605.7kJ/kg
④ 1815.7kJ/kg

Solution $w = (h_3 - h_4) = (2799.5 - 2007.5) = 792 \text{kJ/kg}$

39 시간당 380000kg의 물을 공급하여 수증기를 생산하는 보일러가 있다. 이 보일러에 공급하는 물의 엔탈피는 830kJ/kg이고, 생산되는 수증기의 엔탈피는 3230kJ/kg이라고 할 때, 발열량이 32000kJ/kg인 석탄을 시간당 34000kg씩 보일러에 공급한다면 이 보일러의 효율은 약 몇 %인가?

① 66.9%
② 71.5%
③ 77.3%
④ 83.8%

Solution $\eta = \dfrac{L_{out}}{L_{in}} = \dfrac{380000 \times (3230 - 830)}{34000 \times 32000} = 0.8382$

40 터빈, 압축기, 노즐과 같은 정상 유동장치의 해석에 유용한 몰리에(Mollier) 선도를 옳게 설명한 것은?

① 가로축에 엔트로피, 세로축에 엔탈피를 나타내는 선도이다.
② 가로축에 엔탈피, 세로축에 온도를 나타내는 선도이다.
③ 가로축에 엔트로피, 세로축에 밀도를 나타내는 선도이다.
④ 가로축에 비체적, 세로축에 압력을 나타내는 선도이다.

Solution Mollier 선도

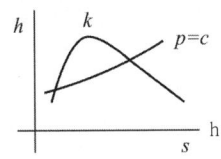

Answer 38. ② 39. ④ 40. ①

3과목 기계유체역학

41 원관에서 난류로 흐르는 어떤 유체의 속도가 2배로 변하였을 때, 마찰계수가 변경 전 마찰계수의 $\frac{1}{\sqrt{2}}$ 로 줄었다. 이때 압력손실은 몇 배로 변하는가?

① $\sqrt{2}$ 배
② $2\sqrt{2}$ 배
③ 2배
④ 4배

Solution $h_\ell = f \cdot \frac{\ell}{d} \cdot \frac{V^2}{2g}$

$h_\ell' = \frac{f}{\sqrt{2}} \cdot \frac{\ell}{d} \cdot \frac{(2V)^2}{2g} = \frac{4}{\sqrt{2}} h_\ell = 2\sqrt{2}\, h_\ell$

42 점성계수가 $0.3 \text{N} \cdot \text{s/m}^2$이고, 비중이 0.9인 뉴턴유체가 지름 30mm인 파이프를 통해 3m/s의 속도로 흐를 때 Reynolds 수는?

① 24.3
② 270
③ 2700
④ 26460

Solution $Re = \dfrac{0.9 \times 10^3 \times 3 \times 0.03}{0.3} = 270$

43 어떤 액체의 밀도는 890kg/m³, 체적 탄성계수는 2200MPa이다. 이 액체 속에서 전파되는 소리의 속도는 약 몇 m/s인가?

① 1572
② 1483
③ 981
④ 345

Solution $C = \sqrt{\dfrac{1}{\beta \cdot \rho}} = \sqrt{\dfrac{2200 \times 10^6}{890}} = 1572.23 \text{m/s}$

44 펌프로 물을 양수할 때 흡입측에서의 압력이 진공 압력계로 75mmHg(부압)이다. 이 압력은 절대 압력으로 약 몇 kPa인가? (단, 수은의 비중은 13.6이고, 대기압은 760mmHg이다.)

① 91.3
② 10.4
③ 84.5
④ 23.6

Solution $P_a = (760 - 75) \times 13.6 \times 9800 \times 10^{-6} = 91.3 \text{kPa}$

Answer 41. ② 42. ② 43. ① 44. ①

45 동점성계수가 10cm²/s이고 비중이 1.2인 유체의 점성계수는 몇 Pa·s인가?

① 0.12　　　　　　　　　　② 0.24
③ 1.2　　　　　　　　　　　④ 2.4

Solution $\mu = \rho \cdot \nu = 1.2 \times 10^3 \times 10 \times 10^{-4} = 1.2$

46 평판 위를 어떤 유체가 층류로 흐를 때, 선단으로부터 10cm 지점에서 경계층두께가 1mm일 때, 20cm 지점에서의 경계층두께는 얼마인가?

① 1mm　　　　　　　　　　② $\sqrt{2}$ mm
③ $\sqrt{3}$ mm　　　　　　　　④ 2mm

Solution $\delta = 5.0 x Re^{-\frac{1}{2}} = 5.0 x^{\frac{1}{2}} \cdot \left(\frac{V}{\nu}\right)^{-\frac{1}{2}}$

$\left(\frac{V}{\nu}\right)^{-\frac{1}{2}} = \frac{1}{5.0 \times \sqrt{10}} = \frac{\delta}{5.0 \times \sqrt{20}}$

$\delta = \sqrt{2}$ mm

47 온도 27℃, 절대압력 380kPa인 기체가 6m/s로 지름 5cm인 매끈한 원관 속을 흐르고 있을 때 유동상태는? (단, 기체상수는 187.8N·m/(kg·K), 점성계수는 1.77×10⁻⁵kg/(m·s), 상, 하 임계 레이놀즈수는 각각 4000, 2100이라 한다.)

① 층류영역　　　　　　　　② 천이영역
③ 난류영역　　　　　　　　④ 포텐셜영역

Solution $\rho = \frac{P}{RT} = \frac{380 \times 10^3}{187.8 \times (27+273)} = 6.74 \text{kg/m}^3$

$Re = \frac{\rho V d}{\mu} = \frac{6.74 \times 6 \times 0.05}{1.77 \times 10^{-5}} = 114,237.288$

4000보다 크므로 난류유동

48 2m×2m×2m의 정육면체로 된 탱크 안에 비중이 0.8인 기름이 가득 차 있고, 위 뚜껑이 없을 때 탱크의 한 옆면에 작용하는 전체 압력에 의한 힘은 약 몇 kN인가?

① 7.6　　　　　　　　　　　② 15.7
③ 31.4　　　　　　　　　　④ 62.8

Solution $F = \gamma \bar{h} \cdot A = 0.8 \times 9800 \times 1 \times (2 \times 2) \times 10^{-3} = 31.36 \text{kN}$

Answer 45. ③　46. ②　47. ③　48. ③

49 일정 간격의 두 평판 사이에 흐르는 완전 발달된 비압축성 정상유동에서 x는 유동방향, y는 평판 중심을 0으로 하여 x방향에 직교하는 방향의 좌표를 나타낼 때 압력강하와 마찰손실의 관계로 옳은 것은? (단, P는 압력, τ는 전단응력, μ는 점성계수(상수)이다.)

① $\dfrac{dP}{dy} = \mu \dfrac{d\tau}{dx}$ ② $\dfrac{dP}{dy} = \dfrac{d\tau}{dx}$ ③ $\dfrac{dP}{dx} = \dfrac{d\tau}{dy}$ ④ $\dfrac{dP}{dx} = \dfrac{1}{\mu}\dfrac{d\tau}{dy}$

Solution $p \cdot dy - (p+dp)dy - d\tau \cdot dx = 0$
$d\tau = -\dfrac{dp}{dx}dy$, ⊖는 압력강하의미
$\dfrac{dp}{dx} = \dfrac{d\tau}{dy}$

50 비중 0.85인 기름의 자유표면으로부터 10m 아래에서의 계기압력은 약 몇 kPa인가?

① 83   ② 830   ③ 98   ④ 980

Solution $P = \gamma h = 0.85 \times 9.8 \times 10 = 83.3 \text{kPa}$

51 물을 사용하는 원심 펌프의 설계점에서의 전양정이 30m이고 유량은 1.2m³/min이다. 이 펌프를 설계점에서 운전할 때 필요한 축동력이 7.35kW라면 이 펌프의 효율은 약 얼마인가?

① 75%   ② 80%   ③ 85%   ④ 90%

Solution $\eta = \dfrac{L_P}{L_S} = \dfrac{9.8 \times 1.2 \times 30}{7.35 \times 60} \times 100 = 80\%$

52 그림과 같은 원형판에 비압축성 유체가 흐를 때 A 단면의 평균속도가 V_1일 때 B 단면에서의 평균속도 V는?

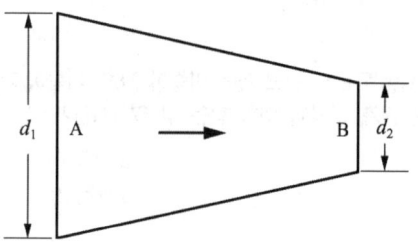

① $V = \left(\dfrac{d_1}{d_2}\right)^2 V_1$ ② $V = \dfrac{d_1}{d_2} V_1$

③ $V = \left(\dfrac{d_2}{d_1}\right)^2 V_1$ ④ $V = \dfrac{d_2}{d_1} V_1$

Solution $A_1 V_1 = A_2 V_2$
$V = \dfrac{d_1^2}{d_2^2} V_1$

Answer 49. ③ 50. ① 51. ② 52. ①

53 유속 3m/s로 흐르는 물 속에 흐름방향의 직각으로 피토관을 세웠을 때, 유속에 의해 올라가는 수주의 높이는 약 몇 m인가?

① 0.46
② 0.92
③ 4.6
④ 9.2

Solution $V = \sqrt{2gH}$

$$H = \frac{3^2}{2 \times 9.8} = 0.46\text{m}$$

54 2차원 유동장이 $\vec{V}(x,y) = cx\vec{i} - cy\vec{j}$ 로 주어질 때, 가속도장 $\vec{a}(x,y)$는 어떻게 표시되는가? (단, 유동장에서 c는 상수를 나타낸다.)

① $\vec{a}(x,y) = cx^2\vec{i} - cy^2\vec{j}$
② $\vec{a}(x,y) = cx^2\vec{i} + cy^2\vec{j}$
③ $\vec{a}(x,y) = c^2x\vec{i} - c^2y\vec{j}$
④ $\vec{a}(x,y) = c^2x\vec{i} + c^2y\vec{j}$

Solution 대류가속도

$$a = u\frac{\partial \vec{V}}{\partial x} + v\frac{\partial \vec{V}}{\partial y} = cx \times c\hat{i} + (-cy) \times (-c)\hat{j} = c^2x\hat{i} + c^2y\hat{j}$$

55 그림과 같이 유속 10m/s인 물 분류에 대하여 평판을 3m/s의 속도로 접근하기 위하여 필요한 힘은 약 몇 N인가? (단, 분류의 단면적은 0.01m²이다.)

① 130
② 490
③ 1350
④ 1690

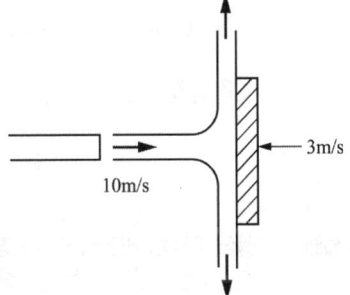

Solution $F = \rho A(V+u)^2 = 1000 \times 0.01 \times (10+3)^2 = 1690\text{N}$

56 물(비중량 9800N/m³) 위를 3m/s의 속도로 항진하는 길이 2m인 모형선에 작용하는 조파저항이 54N이다. 길이 50m인 실선을 이것과 상사한 조파상태인 해상에서 항진시킬 때 조파 저항은 약 얼마인가? (단, 해수의 비중량은 10075N/m³이다.)

① 43kN
② 433kN
③ 87kN
④ 867kN

Solution $Fr = \left(\frac{V^2}{\ell g}\right)_m = \left(\frac{V^2}{\ell g}\right)_p$

$$V_P = \sqrt{\frac{50 \times 3^2}{2}} = 15\text{m/sec}$$

$$C_P = \left(\frac{F}{L^2 \cdot \frac{\rho V^2}{2}}\right)_m = \left(\frac{F}{L^2 \cdot \frac{\rho V^2}{2}}\right)_p$$

$$\frac{54}{9800 \times 2^2 \times 3^2} = \frac{F_P}{50^2 \times 15^2 \times 10075}$$

$$F_P = 867.43 \times 10^3\text{N}$$

Answer 53. ① 54. ④ 55. ④ 56. ④

57 골프공 표면의 딤플(dimple, 표면 굴곡)이 항력에 미치는 영향에 대한 설명으로 잘못된 것은?
① 딤플은 경계층의 박리를 지연시킨다.
② 딤플이 층류경계층을 난류경계층으로 천이시키는 역할을 한다.
③ 딤플이 골프공의 전체적인 항력을 감소시킨다.
④ 딤플은 압력저항보다 점성저항을 줄이는데 효과적이다.

58 다음과 같은 베르누이 방정식을 적용하기 위해 필요한 가정과 관계가 먼 것은? (단, 식에서 P는 압력, ρ는 밀도, V는 유속, γ는 비중량, Z는 유체의 높이를 나타낸다.)

$$P_1 + \frac{1}{2}\rho V_1^2 + \gamma Z_1 = P_2 + \frac{1}{2}\rho V_2^2 + \gamma Z_2$$

① 정상 유동
② 압축성 유체
③ 비점성 유체
④ 동일한 유선

59 중력은 무시할 수 있으나 관성력과 점성력 및 표면장력이 중요한 역할을 하는 미세구조물 중 마이크로 채널 내부의 유동을 해석하는데 중요한 역할을 하는 무차원 수만으로 짝지어진 것은?
① Reynolds 수, Frouden수
② Reynolds 수, Mach 수
③ Reynolds 수, Weber 수
④ Reynolds 수, Cauchy 수

Solution $Re = \dfrac{관성력}{점성력}$

$We = \dfrac{관성력}{표면장력}$

60 정상, 2차원, 비압축성 유동장의 속도성분이 아래와 같이 주어질 때 가장 단순한 유동함수(Ψ)의 형태는? (단, u는 x방향, v는 y방향의 속도성분이다.)

$$u = 2y,\ v = 4x$$

① $\Psi = -2x^2 + y^2$
② $\Psi = -x^2 + y^2$
③ $\Psi = -x^2 + 2y^2$
④ $\Psi = -4x^2 + 4y^2$

Solution $u = \dfrac{\partial \psi}{\partial y}$, $\psi = y^2 + C_1$, $C_2 = y^2$

$v = -\dfrac{\partial \psi}{\partial x}$, $\psi = -2x^2 + C_2$, $C_1 = -2x^2$

∴ $\psi = -2x^2 + y^2$

Answer 57. ④ 58. ② 59. ③ 60. ①

4과목 유체기계 및 유압기기

61 유체기계의 일종인 공기기계에 관한 설명으로 옳지 않은 것은?

① 기체의 단위체적당 중량이 물의 약 $\frac{1}{830}$ (20℃ 기준)로서 작은 편이다.
② 기체 압축성이므로 압축, 팽창을 할 때 거의 온도변화가 발생하지 않는다.
③ 각 유로나 관로에서의 유속은 물인 경우보다 수배 이상으로 높일 수 있다.
④ 공기기계의 일종인 압축기는 보통 압력 상승이 1kgf/cm² 이상인 것을 말한다.

62 다음 중 프로펠러 수차에 관한 설명으로 옳지 않은 것은?

① 일반적으로 3~90m의 저낙차로서 유량이 큰 곳에 사용한다.
② 반동 수차에 속하며, 물이 미치는 형식은 축류 형식에 속한다.
③ 회전차의 형식에서 고정익의 형태를 가지면 카플란 수차, 가동익의 형태를 가지면 지라르 수차라고 한다.
④ 프로펠러 수차의 형식은 축류 펌프와 같고, 다만 에너지의 주고 받는 방향이 반대일 뿐이다.

63 토크 컨버터의 주요 구성요소들을 나타낸 것은?

① 구동기어, 종동기어, 버킷
② 피스톤, 실린더, 체크밸브
③ 밸런스디스크, 베어링, 프로펠러
④ 펌프회전차, 터빈회전차, 안내깃(스테이터)

64 진공펌프는 기체를 대기압 이하의 저압에서 대기압까지 압축하는 압축기의 일종이다. 다음 중 일반 압축기와 다른 점을 설명한 것으로 옳지 않은 것은?

① 흡입압력을 진공으로 함에 따라 압력비는 상당히 커지므로 격간용적, 기체누설을 가급적 줄여야 한다.
② 진공화에 따라서 외부의 액체, 증기, 기체를 빨아들이기 쉬워서 진공도를 저하시킬 수 있으므로 이에 주의를 요한다.
③ 기체의 밀도가 낮으므로 실린더 체적은 축동력에 비해 크다.
④ 송출압력과 흡입압력의 차이가 작으므로 기체의 유로 저항이 커져도 손실동력이 비교적 적게 발생한다.

65 다음 각 수차들에 관한 설명 중 옳지 않은 것은?

① 펠턴 수차는 비속도가 가장 높은 형식의 수차이다.
② 프란시스 수차는 반동형 수차에 속한다.
③ 프로펠러 수차는 저낙차 대유량인 곳에 주로 사용된다.
④ 카플란 수차는 축류 수차에 해당한다.

Answer 61. ② 62. ③ 63. ④ 64. ④ 65. ①

66 다음 중 일반적으로 유체기계에 속하지 않는 것은?
① 유압 기계　　② 공기 기계
③ 공작 기계　　④ 유체 전송 장치

67 공동현상(Cavitation)이 발생했을 때 일어나는 현상이 아닌 것은?
① 압력의 급변화로 소음과 진동이 발생한다.
② 펌프 흡입관의 손실수두나 부차적 손실이 큰 경우 공동현상이 발생되기 쉽다.
③ 양정, 효율 및 축동력이 동시에 급격히 상승한다.
④ 깃의 벽면에 부식(Pitting)이 일어나 사고로 이어질 수 있다.

68 다음 왕복펌프의 효율에 관한 설명 중 옳지 않은 것은?
① 피스톤 1회 왕복중의 실제 흡입량 V와 행정체적 V_0의 비를 체적효율(η_v)이라고 하며, $\eta_v = \dfrac{V}{V_0}$로 나타낸다.
② 피스톤이 유체에 주는 도시동력 L과 펌프의 축동력 L_1과의 비를 기계효율(η_m)이라고 하며, $\eta_m = \dfrac{L_1}{L}$로 나타낸다.
③ 펌프에 의하여 최종적으로 얻어지는 압력증가량 p와 흡입 행정 중에 피스톤 작동면에 작용하는 평균유효압력 p_m의 비를 수력효율(η_h)이라고 하며, $\eta_h = \dfrac{p}{p_m}$으로 나타낸다.
④ 펌프의 전효율 η는 체적효율, 기계효율, 수력효율의 전체 곱으로 나타낸다.

69 수차에 직결되는 교류 발전기에 대해서 주파수를 f(Hz), 발전기의 극수를 p라고 할 때 회전수 n(rpm)을 구하는 식은?
① $n = 60\dfrac{p}{f}$　　② $n = 60\dfrac{f}{p}$
③ $n = 120\dfrac{p}{f}$　　④ $n = 120\dfrac{f}{p}$

70 양정 20m, 송출량 0.3m³/min, 효율 70%인 물펌프의 축동력은 약 얼마인가?
① 1.4kW　　② 4.2kW
③ 1.4MW　　④ 4.2MW

Solution $L_s = \dfrac{\gamma QH}{\eta} = \dfrac{9800 \times 0.3 \times 20}{0.7 \times 60} \times 10^{-3} = 1.4\text{kW}$

Answer　66. ③　67. ③　68. ②　69. ④　70. ①

71 감압밸브, 체크밸브, 릴리프밸브 등에서 밸브 시트를 두드려 비교적 높은 음을 내는 일종의 자려 진동 현상은?

① 유격 현상
② 채터링 현상
③ 폐입 현상
④ 캐비테이션 현상

Solution ① 폐입현상 : 기어 펌프에서 유압유가 출구에서 입구쪽으로 되돌아가는 현상
② 캐비테이션 : 유압유에 공기 등의 혼입으로 저압상태 임에도 기포가 발생하여 공동부가 형성되는 현상

72 유압 파워유닛의 펌프에서 이상 소음 발생의 원인이 아닌 것은?

① 흡입관의 막힘
② 유압유에 공기 혼입
③ 스트레이너가 너무 큼
④ 펌프의 회전이 너무 빠름

Solution ① 흡입관이 막힘으로 서징현상으로 충격음 발생
② 유압유에 공기가 혼입되어 있거나 펌프의 회전이 너무 빠를 경우 점성이 큰 유압유일수록 캐비테이션현상의 발생으로 소음이 발생

73 지름이 2cm인 관속을 흐르는 물의 속도가 1m/s이면 유량은 약 몇 cm³/s인가?

① 3.14
② 31.4
③ 314
④ 3140

Solution $Q = \dfrac{\pi \times 2^2}{4} \times (1 \times 10^2) = 314.16 \, cm^3/sec$

74 한 쪽 방향으로 흐름은 자유로우나 역방향의 흐름을 허용하지 않는 밸브는?

① 체크 밸브
② 셔틀 밸브
③ 스로틀 밸브
④ 릴리프 밸브

Solution ① 셔틀 밸브 : 밸브 입구가 2개, 출구가 1개
② 스로틀 밸브 : 유량조정 밸브
③ 릴리프 밸브 : 압력제어 밸브의 종류

75 다음 중 유량제어밸브에 의한 속도제어 회로를 나타낸 것이 아닌 것은?

① 미터 인 회로
② 블리드 오프 회로
③ 미터 아웃 회로
④ 카운터 회로

Solution ① 속도제어 회로 : 미터 인 회로, 미터아웃회로, 블리드 오프 회로
② 카운터밸런스회로는 압력제어회로의 종류

76 유체를 에너지원 등으로 사용하기 위하여 기압 상태로 저장하는 용기는?

① 디퓨져
② 액추에이터
③ 스로틀
④ 어큐뮬레이터

Solution ① 어큐뮬레이터 : 축압기로 유압회로 내 압력을 일정하게 유지시키기 위한 부속장치이다.
② 디퓨져 : 운동에너지를 감소시켜 압력에너지를 증가시키기 위한 요소이다.
③ 액추에이터 : 작동기로 유체에너지를 기계적 에너지로 변환

Answer 71. ② 72. ③ 73. ③ 74. ① 75. ④ 76. ④

77 점성계수(coefficient of viscosity)는 기름의 중요 성질이다. 점도가 너무 낮을 경우 유압기기에 나타나는 현상은?

① 유동저항이 지나치게 커진다.
② 마찰에 의한 동력손실이 증대된다.
③ 각 부품 사이에서 누출 손실이 커진다.
④ 밸브나 파이프를 통과할 때 압력손실이 커진다.

78 저 압력을 어떤 정해진 높은 출력으로 증폭하는 회로의 명칭은?

① 부스터 회로
② 플립플롭 회로
③ 온오프제어 회로
④ 레지스터 회로

> Solution 부스터(booster) : 유체 흐름의 중간에 설치하여 압력을 증가시킬 것을 목적으로 한 기계(승압기 또는 증압기라 함)

79 베인펌프의 일반적인 구성 요소가 아닌 것은?

① 캠링
② 베인
③ 로터
④ 모터

> Solution 유압모터는 유압펌프와 반대원리로 유체에너지를 기계적 에너지로 변환

80 유공압 실린더의 미끄러짐 면의 운동이 간헐적으로 되는 현상은?

① 모노 피딩(Mono-feeding)
② 스틱 슬립(Stick-slip)
③ 컷 인 다운(Cut in-down)
④ 듀얼 액팅(Dual acting)

> Solution 스틱슬립(stick-slip) : 이동테이블과 안내면 사이에서 미끄럼 마찰과 진동이 간헐적으로 일어나는 현상

5과목 건설기계일반 및 플랜트배관

81 타이어식과 비교한 무한궤도식 불도저의 특징으로 틀린 것은?

① 접지압이 작다.
② 견인력이 강하다.
③ 기동성이 빠르다.
④ 습지, 사지에서 작업이 용이하다.

82 버킷 용량은 1.34m³, 버킷 계수는 1.2, 작업 효율은 0.8, 체적환산계수는 1, 1회 사이클 시간은 40초라고 할 때 이 로더의 운전시간당 작업량은 약 몇 m³/h 인가?

① 24
② 53
③ 84
④ 116

> Solution $W = \dfrac{3600 \times 1.34 \times 1.2 \times 0.8 \times 1}{40} = 115.78 m^3/h$

Answer 77. ③ 78. ① 79. ④ 80. ② 81. ③ 82. ④

83 쇼벨계 굴삭기계의 작업구동방식에서 기계 로프식과 유압식을 비교한 것 중 틀린 것은?

① 기계 로프식은 굴삭력이 크다.
② 유압식은 구조가 복잡하여 고장이 많다.
③ 유압식은 운전조작이 용이하다.
④ 기계 로프식은 작업성이 나쁘다.

84 짐칸을 옆으로 기울게 하여 짐을 부리는 트럭은?

① 사이드(side)덤프트럭
② 리어(rear)덤프트럭
③ 다운(down)덤프트럭
④ 버텀(bottom)덤프트럭

85 콘크리트를 구성하는 재료를 저장하고 소정의 배합 비율대로 계량하고 MIXER에 투입하여 요구되는 품질의 콘크리트를 생산하는 설비는?

① ASPHALT PLANT
② BATCHER PLANT
③ CRUSHING PLANT
④ CHEMICAL PLANT

86 건설기계의 내연기관에서 연소실의 체적이 30cc이고 행정체적이 240cc인 경우, 압축비는 얼마인가?

① 6 : 1
② 7 : 1
③ 8 : 1
④ 9 : 1

Solution $\epsilon = \dfrac{V_t}{V_c} = \dfrac{30+240}{30} = 9$

87 다음 중 1차 쇄석기(crusher)는?

① 조(jaw) 쇄석기
② 콘(cone) 쇄석기
③ 로드 밀(rod mill) 쇄석기
④ 해머 밀(hammer mill) 쇄석기

88 버킷 준설선에 관한 설명으로 옳지 않은 것은?

① 토질에 영향이 적다.
② 암반 준설에는 부적합하다.
③ 준설 능력이 크며 대용량 공사에 적합하다.
④ 협소한 장소에서도 작업이 용이하다.

89 기계부품에서 예리한 모서리가 있으면 국부적인 집중응력이 생겨 파괴되기 쉬워지는 것으로 강도가 감소하는 것은?

① 잔류응력
② 노치효과
③ 질량효과
④ 단류선

Answer 83. ② 84. ① 85. ② 86. ④ 87. ① 88. ④ 89. ②

90 기중기의 작업장치(전부장치)에 대한 설명으로 옳지 않은 것은?
① 드래그라인 : 수중굴착에 용이
② 백호 : 지면보다 아래 굴착에 용이
③ 셔블 : 지면보다 낮은 곳의 굴착에 용이
④ 크램셸 : 수중굴착 및 깊은 구멍 굴착에 용이

91 슬로스 밸브라고 하며, 유체의 흐름을 단속하려고 할 때 사용하는 밸브는?
① 글로브밸브 ② 게이트밸브
③ 볼 밸브   ④ 버터플라이밸브

92 동관용 공작용 공구가 아닌 것은?
① 링크형 파이프커터 ② 플레어링 툴 세트
③ 사이징 툴   ④ 익스팬더

93 관 또는 환봉을 동력에 의해 톱날이 상하 또는 좌우 왕복을 하며 공작물을 한쪽 방향으로 절단하는 기계는?
① 동력 나사 절단기   ② 파이프 가스 절단기
③ 숫돌 절단기   ④ 핵 소인 머신

94 최고사용 압력이 5MPa 인 배관에서 압력배관용 탄소강관의 인장강도가 38kg/mm²인 것을 사용할 때 스케줄 번호(sch No.)는? (단, 안전율 5이며, SPPS-38의 sch No. 10, 20, 40, 60, 80이다.)
① 20   ② 40
③ 60   ④ 80

Solution $No = 1000 \dfrac{P}{S} = 1000 \times \dfrac{5 \times 5}{38 \times 9.8} = 67.13$

95 나사 내는 탭(tap)의 재질은 탄소공구강, 합금공구강, 고속도강이 있는데 표준경도로 적당한 것은?
① Hrc 40   ② Hrc 50
③ Hrc 60   ④ Hrc 70

96 배관 용접부의 비파괴 검사방법 중에서 널리 사용하고 있는 방법으로 물질을 통과하기 쉬운 X선 등을 사용하며 균열, 융합 불량, 용입 불량, 기공, 슬래그 섞임, 언더컷 등의 결함을 검출할 때 가장 적절한 방법은?
① 누설검사   ② 육안검사
③ 초음파검사 ④ 방사선투과검사

Answer 90. ③ 91. ② 92. ① 93. ④ 94. ④ 95. ③ 96. ④

97 강관의 표시 방법 중 냉간가공 아크용접 강관은?
① -S-H
② -A-C
③ -E-C
④ -S-C

98 글로브 밸브(globe valve)에 관한 설명으로 틀린 것은?
① 유체의 흐름에 따른 관내 마찰 저항 손실이 작다.
② 개폐가 쉽고 유량 조절용으로 적합하다.
③ 평면형, 원뿔형, 반구형, 반원형 디스크가 있다.
④ 50mm 이하는 나사형, 65mm 이상은 플랜 지형 이음을 사용한다.

99 유류배관설비의 기밀시험을 할 때 사용해서는 안 되는 가스는?
① 질소가스
② 수소
③ 탄산가스
④ 아르곤

100 스테인리스 강관의 용접 시 열 영향 방지 대책으로 옳은 것은?
① 용접봉은 가능한 한 직경이 작은 것을 사용하여 모재에 입열을 적게 하는 것이 좋다.
② 티타늄(Ti) 등의 안정화 원소를 첨가하여 니켈 탄화물의 형성을 방지한다.
③ 탄소(C)가 0.1% 이상 함유된 오스테나이트 스테인리스강에는 일반적으로 304L, 316L 등의 용접봉이 사용된다.
④ 탄화물 석출의 억제를 위해 모재 및 융착금속의 탄화물 석출온도 범위를 가능한 장시간에 걸쳐 냉각시킨다.

Answer 97. ② 98. ① 99. ② 100. ①

2019년 4월 27일 기출문제

1과목 재료역학

1 원형축(바깥지름 d)을 재질이 같은 속이 빈 원형축(바깥지름 d, 안지름 d/2)으로 교체하였을 경우 받을 수 있는 비틀림 모멘트는 몇 % 감소하는가?

① 6.25 ② 8.25
③ 25.6 ④ 52.6

Solution
$$\frac{T_2 - T_1}{T_1} = \frac{d^3(1-x^4) - d^3}{d^3} = -0.0625$$
∴ 6.25%

2 포아송의 비 0.3, 길이 3m인 원형단면의 막대에 축방향의 하중이 가해진다. 이 막대의 표면에 원주방향으로 부착된 스트레인 게이지가 -1.5×10^{-4}의 변형률을 나타낼 때, 이 막대의 길이 변화로 옳은 것은?

① 0.135mm 압축 ② 0.135mm 인장
③ 1.5mm 압축   ④ 1.5mm 인장

Solution
$$\epsilon = \frac{\epsilon'}{\mu} = \frac{\delta}{\ell}$$
$$\frac{1.5 \times 10^{-4}}{0.3} = \frac{\delta}{3000}, \ \delta = 1.5mm$$

3 안지름이 80mm, 바깥지름이 90mm이고 길이가 3m인 좌굴 하중을 받는 파이프 압축 부재의 세장비는 얼마 정도인가?

① 100 ② 110
③ 120 ④ 130

Solution
$$K = \sqrt{\frac{d_2^2(1+x^2)}{16}} = \frac{90}{4} \times \sqrt{1+\left(\frac{80}{90}\right)^2} = 30.1mm$$
$$\alpha = \frac{\ell}{K} = \frac{3 \times 10^3}{30.1} = 99.67 \doteqdot 100$$

Answer 1. ① 2. ④ 3. ①

4 지름 30mm의 환봉 시험편에서 표점거리를 10mm로 하고 스트레인 게이지를 부착하여 신장을 측정한 결과 인장하중 25kN에서 신장 0.0418mm가 측정되었다. 이때의 지름은 29.97mm이었다. 이 재료의 포아송 비(ν)는?

① 0.239 ② 0.287
③ 0.0239 ④ 0.0287

Solution $\epsilon = \dfrac{\delta}{\ell} = \dfrac{0.0418}{10}$

$\epsilon' = \dfrac{\delta'}{d} = \dfrac{(30-29.97)}{30}$

$\nu = \dfrac{\epsilon'}{\epsilon} = \dfrac{10 \times (30-29.97)}{0.0418 \times 30} = 0.239$

5 다음과 같은 단면에 대한 2차 모멘트 I_z는 약 몇 mm^4인가?

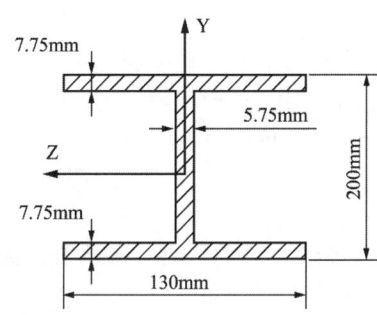

① 18.6×10^6 ② 21.6×10^6
③ 24.6×10^6 ④ 27.6×10^6

Solution $I_Z = \dfrac{130 \times 200^3}{12} - 2 \times \dfrac{(62.125 \times 184.5^3)}{12} = 21.64 \times 10^6 mm^4$

6 지름 4cm, 길이 3m인 선형 탄성 원형 축이 800rpm으로 3.6kW를 전달할 때 비틀림 각은 약 몇 도(°)인가? (단, 전단 탄성계수는 84GPa이다.)

① 0.0085° ② 0.35°
③ 0.48° ④ 5.08°

Solution $\theta = \dfrac{T \cdot \ell}{G \cdot I_p} \times \dfrac{180}{\pi} = \dfrac{32 \times 974 \times 9.8 \times 3.6 \times 3 \times 180}{84 \times 10^9 \times \pi \times 0.04^4 \times 800 \times \pi} = 0.35°$

Answer 4. ① 5. ② 6. ②

7 그림과 같이 한쪽 끝을 지지하고 다른 쪽을 고정한 보가 있다. 보의 단면은 직경 10cm의 원형이고 보의 길이는 L이며, 보의 중앙에 2094N의 집중하중 P가 작용하고 있다. 이 때 보에 작용하는 최대굽힘응력이 8MPa라고 한다면, 보의 길이 L은 약 몇 m인가?

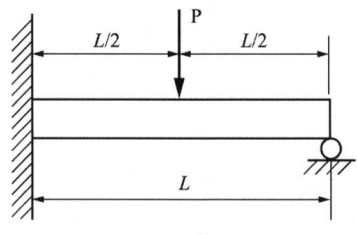

① 2.0 ② 1.5
③ 1.0 ④ 0.7

◎ Solution $M_{\max} = \dfrac{3PL}{16}$

$\sigma_{b\max} = \dfrac{32 \times 3P \cdot L}{\pi d^3 \times 16}$

$8 \times 10^6 = \dfrac{32 \times 3 \times 2094 \times L}{\pi \times 0.1^3 \times 16}$

$L = 2\text{m}$

8 다음과 같이 길이 L인 일단고정, 타단지지보에 등분포 하중 ω가 작용할 때, 고정단 A로부터 전단력이 0이 되는 거리(X)는 얼마인가?

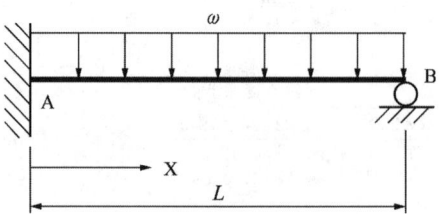

① $\dfrac{2}{3}L$ ② $\dfrac{3}{4}L$
③ $\dfrac{5}{8}L$ ④ $\dfrac{3}{8}L$

◎ Solution $R_A = \dfrac{5\omega L}{8}$

$F_x = R_A - w \cdot x = 0$

$\dfrac{5\omega L}{8} = wx, \ x = \dfrac{5L}{8}$

Answer 7. ① 8. ③

9 두께 10mm의 강판에 지름 23mm의 구멍을 만드는데 필요한 하중은 약 몇 kN인가? (단, 강판의 전단응력 τ = 750MPa이다.)

① 243 ② 352
③ 473 ④ 542

Solution $\tau = \dfrac{P}{\pi dt}$

$P = 750 \times \pi \times 23 \times 10 \times 10^{-3} = 541.92\text{kN}$

10 그림과 같은 구조물에서 점 A에 하중 P = 50kN이 작용하고 A점에서 오른편으로 F = 10kN이 작용할 때 평형위치의 변위 x는 몇 cm인가? (단, 스프링탄성계수(k) = 5kN/cm이다.)

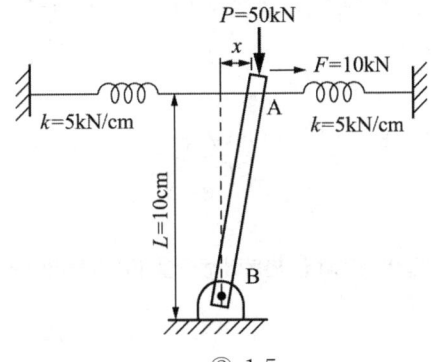

① 1 ② 1.5
③ 2 ④ 3

Solution $50x + 100 = 2kx \times 10$

$100 = 50x,\ x = 2$

11 직육면체가 일반적인 3축 응력 σ_x, σ_y, σ_z를 받고 있을 때 체적 변형률 ϵ_v는 대략 어떻게 표현되는가?

① $\epsilon_v \simeq \dfrac{1}{3}(\epsilon_x + \epsilon_y + \epsilon_z)$
② $\epsilon_v \simeq \epsilon_x + \epsilon_y + \epsilon_z$
③ $\epsilon_v \simeq \epsilon_x \epsilon_y + \epsilon_y \epsilon_z + \epsilon_z \epsilon_x$
④ $\epsilon_v \simeq \dfrac{1}{3}(\epsilon_x \epsilon_y + \epsilon_y \epsilon_z + \epsilon_z \epsilon_x)$

Answer 9. ④ 10. ③ 11. ②

12 다음 그림과 같이 C점에 집중하중 P가 작용하고 있는 외팔보의 자유단에서 경사각 θ를 구하는 식은? (단, 보의 굽힘 강성 EI는 일정하고, 자중은 무시한다.)

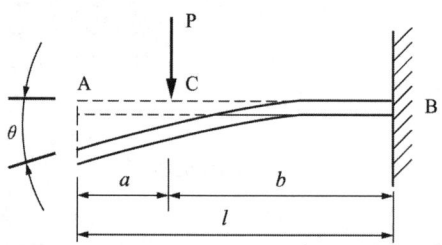

① $\theta = \dfrac{P\ell^2}{2EI}$ ② $\theta = \dfrac{3P\ell^2}{2EI}$

③ $\theta = \dfrac{Pa^2}{2EI}$ ④ $\theta = \dfrac{Pb^2}{2EI}$

Solution $\theta = \dfrac{Am}{EI} = \dfrac{\frac{1}{2} \times P \cdot b \times b}{EI} = \dfrac{P \cdot b^2}{2EI}$

13 단면적이 7cm²이고, 길이가 10m인 환봉의 온도를 10℃ 올렸더니 길이가 1mm 증가했다. 이 환봉의 열팽창계수는?

① $10^{-2}/℃$ ② $10^{-3}/℃$
③ $10^{-4}/℃$ ④ $10^{-5}/℃$

Solution $\epsilon = \alpha \cdot \Delta t = \dfrac{\delta}{\ell}$

$\alpha \times 10 = \dfrac{0.001}{10}$, $\alpha = 10^{-5}/℃$

14 단면 20cm×30cm, 길이 6m의 목재로 된 단순보의 중앙에 20kN의 집중하중이 작용할 때, 최대 처짐은 약 몇 cm인가? (단, 세로탄성계수 $E = 10\text{GPa}$이다.)

① 1.0
② 1.5
③ 2.0
④ 2.5

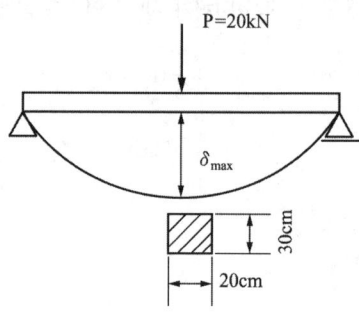

Solution $\delta = \dfrac{P \cdot \ell^3}{48EI} = \dfrac{12 \times 6^3 \times 20 \times 10^3}{48 \times 10 \times 10^9 \times 0.2 \times 0.3^3} \times 10^2$

$= 2.0\text{cm}$

Answer 12. ④ 13. ④ 14. ③

15 끝이 닫혀있는 얇은 벽의 둥근 원통형 압력 용기에 내압 p가 작용한다. 용기의 벽의 안쪽 표면 응력상태에서 일어나는 절대 최대 전단응력을 구하면? (단, 탱크의 반경 = r, 벽 두께 = t 이다.)

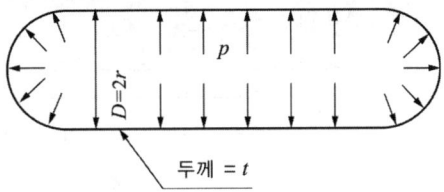

① $\dfrac{pr}{2t} - \dfrac{p}{2}$ ② $\dfrac{pr}{4t} - \dfrac{p}{2}$

③ $\dfrac{pr}{4t} + \dfrac{p}{2}$ ④ $\dfrac{pr}{2t} + \dfrac{p}{2}$

Solution ① 원주방향과 축방향을 고려(몸통부분+양쪽반구)

$\sigma_t = \dfrac{Pd}{4t} + \dfrac{Pd}{2t} = \dfrac{3Pd}{4t}$

$\sigma_Z = \dfrac{Pd}{4t}$

$\tau = \dfrac{\sigma_t - \sigma_Z}{2} = \dfrac{Pd}{4t} = \dfrac{P \cdot r}{2t}$

② 반구 제3의 축 방향

$\tau = \dfrac{\sigma}{2} = \dfrac{P \cdot A}{2 \cdot A} = \dfrac{P}{2}$

③ $\tau = \dfrac{Pr}{2t} + \dfrac{P}{2}$

16 길이 3m의 직사각형 단면 b×h = 5cm×10cm 을 가진 외팔보에 ω의 균일분포하중이 작용하여 최대굽힘응력 500N/cm²이 발생할 때, 최대전단응력은 약 몇 N/cm²인가?

① 20.2   ② 16.5
③ 8.3   ④ 5.4

Solution $\sigma_{b\max} = \dfrac{6wl^2}{bh^2 \times 2}$

$500 = \dfrac{6 \times w \times 300^2}{5 \times 10^2 \times 2}$, $w = 0.93\,\text{N/cm}$

$\tau_{\max} = \dfrac{3F_{\max}}{2A} = \dfrac{3}{2} \times \dfrac{0.93 \times 300}{5 \times 10} = 8.37\,\text{N/cm}^2$

Answer 15. ④ 16. ③

17 그림에서 C 점에서 작용하는 굽힘모멘트는 몇 N·m인가?

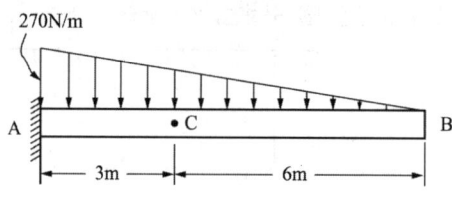

① 270   ② 810
③ 540   ④ 1080

Solution $w_C = \dfrac{6}{9} \times 270 = 180\,\text{N/m}$

$M_C = \dfrac{180 \times 6}{2} \times 6 \times \dfrac{1}{3} = 1080\,\text{N} \cdot \text{m}$

18 그림과 같은 형태로 분포하중을 받고 있는 단순지지보가 있다. 지지점 A에서의 반력 R_A는 얼마인가?

(단, 분포하중 $\omega(x) = \omega_o \sin\dfrac{\pi x}{L}$ 이다.)

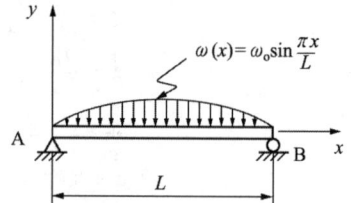

① $\dfrac{2\omega_o L}{\pi}$ ② $\dfrac{\omega_o L}{\pi}$

③ $\dfrac{\omega_o L}{2\pi}$ ④ $\dfrac{\omega_o L}{2}$

Solution $P = \displaystyle\int w(x)dx = \int_o^L w_o \cdot \sin\left(\dfrac{\pi x}{L}\right)dx = -w_o \dfrac{L}{\pi} \cos\left(\dfrac{\pi x}{L}\right)\Big|_o^L$

$= -\dfrac{w_o \cdot L}{\pi} \cdot (-1-1) = \dfrac{2w_o \cdot L}{\pi}$

$R_A = \dfrac{P}{2} = \dfrac{w_o \cdot L}{\pi}$

19 그림과 같은 평면 응력 상태에서 최대 주응력은 약 몇 MPa인가? (단, $\sigma_x = 500\text{MPa}$, $\sigma_y = -300\text{MPa}$, $\tau_{xy} = -300\text{MPa}$ 이다.)

① 500
② 600
③ 700
④ 800

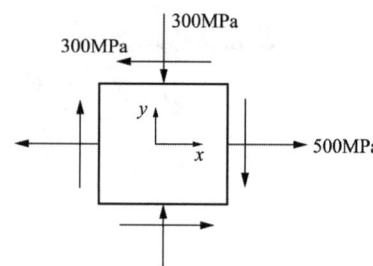

Solution $\sigma_1 = \dfrac{\sigma_x + \sigma_y}{2} + \sqrt{\left(\dfrac{\sigma_x - \sigma_y}{2}\right)^2 + \tau_{xy}^2} = \dfrac{500-300}{2} + \sqrt{\left(\dfrac{500+300}{2}\right)^2 + (-300)^2} = 600\,\text{MPa}$

Answer 17. ④ 18. ② 19. ②

20 강재 중공축이 25kN·m의 토크를 전달한다. 중공축의 길이가 3m이고, 이 때 축에 발생하는 최대전단응력이 90MPa이며, 축에 발생된 비틀림각이 2.5°라고 할 때 축의 외경과 내경을 구하면 각각 약 몇 mm인가? (단, 축 재료의 전단탄성계수는 85GPa이다.)

① 146, 124
② 136, 114
③ 140, 132
④ 133, 112

Solution

① $T = \tau \cdot Z_p = \tau \cdot \dfrac{\pi d_2^3}{16}(1-x^4)$

② $\theta = \dfrac{T \cdot \ell}{GI_P} = \dfrac{T \cdot \ell}{G \cdot \dfrac{\pi d_2^4}{32}(1-x^4)} \times \dfrac{180}{\pi}$

$\theta \cdot GI_P = T \cdot \ell = \tau \cdot Z_P \cdot \ell$

$\theta \cdot G \cdot \dfrac{\pi d_2^4}{32}(1-x^4) = \tau \cdot \dfrac{\pi d_2^3}{16}(1-x^4) \cdot \ell$

$\theta \cdot G \cdot \dfrac{d_2}{2} = \tau \cdot \ell$

$2.5 \times \dfrac{\pi}{180} \times 85 \times 10^3 \times \dfrac{d_2}{2} = 90 \times 3000$

$d_2 = 146\text{mm}$

$T = \tau \cdot \dfrac{\pi d_2^3}{16}(1-x^4)$

$25 \times 10^6 = 90 \times \dfrac{\pi \times 146^3}{16} \times (1-x^4)$

$x^4 = 0.545,\ d_1 = d_2 \cdot x = 125\text{mm}$

2과목 기계열역학

21 어떤 사이클이 다음 온도(T)-엔트로피(s) 선도와 같을 때 작동 유체에 주어진 열량은 약 몇 kJ/kg인가?

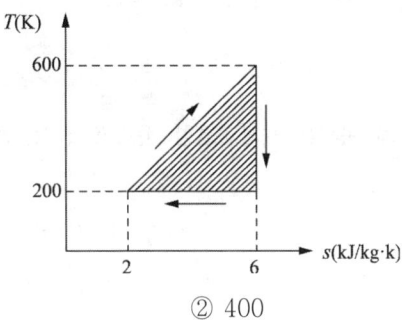

① 4
② 400
③ 800
④ 1600

Solution $Q = \dfrac{1}{2} \times (6-2) \times (600-200) = 800\text{kJ/kg}$

Answer 20. ① 21. ③

22 압력이 100kPa며 온도가 25℃인 방의 크기가 240m³이다. 이 방에 들어있는 공기의 질량은 약 kg 몇 인가? (단, 공기는 이상기체로 가정하며, 공기의 기체상수는 0.287kJ/(kg·K)이다.)

① 0.00357　　　　　　　② 0.28
③ 3.57　　　　　　　　　④ 280

Solution $m = \dfrac{P \cdot V}{RT} = \dfrac{100 \times 240}{0.287 \times (25+273)} = 280.62\text{kg}$

23 용기에 부착된 압력계에 읽힌 계기압력이 150kPa이고 국소대기압이 100kPa일 때 용기 안의 절대압력은?

① 250kPa　　　　　　　② 150kPa
③ 100kPa　　　　　　　④ 50kPa

Solution $P_a = P_o + P_g = 100 + 150 = 250\text{kPa}$

24 수증기가 정상과정으로 40m/s의 속도로 노즐에 유입되어 275m/s로 빠져나간다. 유입되는 수증기의 엔탈피는 3300kJ/kg, 노즐로부터 발생되는 열손실은 5.9kJ/kg일 때 노즐 출구에서의 수증기 엔탈피는 약 몇 kJ/kg인가?

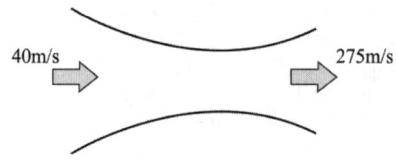

① 3257　　　　　　　　② 3024
③ 2795　　　　　　　　④ 2612

Solution $_1q_2 = (h_2 - h_1) + \dfrac{1}{2}(V_2{}^2 - V_1{}^2)$

$-5.9 = (h_2 - 3300) + \dfrac{1}{2} \times (275^2 - 40^2) \times 10^{-3}$

$h_2 = 3257.09\text{kJ/kg}$

25 클라우지우스(Clausius) 부등식을 옳게 표현한 것은? (단, T는 절대 온도, Q는 시스템으로 공급된 전체 열량을 표시한다.)

① $\oint \dfrac{\delta Q}{T} \geq 0$　　　　② $\oint \dfrac{\delta Q}{T} \leq 0$

③ $\oint T\delta Q \geq 0$　　　　　④ $\oint T\delta Q \leq 0$

Answer 22. ④　23. ①　24. ①　25. ②

26 500W의 전열기로 4kg의 물을 20℃에서 90℃까지 가열하는데 몇 분이 소요되는가? (단, 전열기에서 열은 전부 온도 상승에 사용되고 물의 비열은 4180J/(kg·K)이다.)

① 16　　　　　　　　　　② 27
③ 39　　　　　　　　　　④ 45

Solution $_1Q_2 = mC_w \cdot \Delta t = L \cdot T_{ime}$
$T_{ime} = \dfrac{4 \times 4180 \times (90-20)}{500 \times 60} = 39.01 \min$

27 R-12를 작동 유체로 사용하는 이상적인 증기압축 냉동 사이클이 있다. 여기서 증발기 출구 엔탈피는 229kJ/kg, 팽창밸브 출구 엔탈피는 81kJ/kg, 응축기 입구 엔탈피는 255kJ/kg일 때 이 냉동기의 성적계수는 약 얼마인가?

① 4.1　　　　　　　　　　② 4.9
③ 5.7　　　　　　　　　　④ 6.8

Solution $\epsilon_r = \dfrac{229-81}{255-229} = 5.69$

28 보일러에 물(온도 20℃, 엔탈피 84kJ/kg)이 유입되어 600kPa의 포화증기(온도 159℃, 엔탈피 2757kJ/kg) 상태로 유출된다. 물의 질량유량이 300kg/h이라면 보일러에 공급된 열량은 약 몇 kW인가?

① 121　　　　　　　　　　② 140
③ 223　　　　　　　　　　④ 345

Solution $\dot{Q} = \dot{m}\Delta h = \dfrac{300}{3600} \times (2757-84) = 222.75 \mathrm{kW}$

29 가역 과정으로 실린더 안의 공기를 50kPa, 10℃ 상태에서 300kPa까지 압력(P)과 체적(V)의 관계가 다음과 같은 과정으로 압축될 때 단위 질량당 방출되는 열량은 약 몇 kJ/kg인가? (단, 기체 상수는 0.287kJ/(kg·K)이고, 정적비열은 0.7kJ/(kg·K)이다.)

$$PV^{1.3} = 일정$$

① 17.2　　　　　　　　　　② 37.2
③ 57.2　　　　　　　　　　④ 77.2

Solution $T_2 = T_1 \cdot \left(\dfrac{P_2}{P_1}\right)^{\frac{n-1}{n}} = (10+273) \times \left(\dfrac{300}{50}\right)^{\frac{0.3}{1.3}} = 427.92K = 154.92℃$

$_1q_2 = C_v \cdot \dfrac{n-k}{n-1} \cdot (t_2-t_1) = 0.7 \times \dfrac{1.3-1.41}{1.3-1} \times (154.92-10) = -37.2 \mathrm{kJ/kg}$

Answer 26. ③　27. ③　28. ③　29. ②

30 효율이 40%인 열기관에서 유효하게 발생되는 동력이 110kW라면 주위로 방출되는 총 열량은 약 몇 kW인가?

① 375 ② 165
③ 135 ④ 85

Solution $\eta = \dfrac{W}{Q_H}$

$Q_H = \dfrac{110}{0.4} = 275\text{kW}$

$Q_L = Q_H - W = 275 - 110 = 165\text{kW}$

31 화씨 온도가 86°F일 때 섭씨 온도는 몇 ℃인가?

① 30 ② 45
③ 60 ④ 75

Solution $t_c = \dfrac{5}{9}(t_F - 32) = \dfrac{5}{9} \times (86 - 32) = 30\,℃$

32 압력이 0.2MPa이고, 초기 온도가 120℃인 1kg의 공기를 압축비 18로 가역 단열 압축하는 경우 최종온도는 약 몇 ℃인가? (단, 공기는 비열비가 1.4인 이상기체이다.)

① 676℃ ② 776℃
③ 876℃ ④ 976℃

Solution $\dfrac{T_2}{T_1} = \left(\dfrac{V_1}{V_2}\right)^{K-1}$

$T_2 = (120 + 273) \times 18^{0.4} = 1248.82K = 975.82\,℃$

33 그림과 같이 실린더 내의 공기가 상태 1에서 상태 2로 변화할 때 공기가 한 일은? (단, P는 압력, V는 부피를 나타낸다.)

① 30kJ
② 60kJ
③ 3000kJ
④ 6000kJ

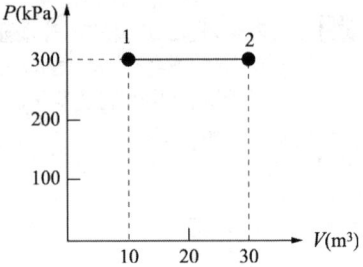

Solution $_1W_2 = 300 \times (30 - 10) = 6000\text{kJ}$

Answer 30. ② 31. ① 32. ④ 33. ④

34 등엔트로피 효율이 80%인 소형 공기터빈의 출력이 270kJ/kg이다. 입구 온도는 600K이며, 출구 압력은 100kPa이다. 공기의 정압비열은 1.004kJ/(kg·K), 비열비는 1.4일 때, 입구 압력(kPa)은 약 몇 kPa인가? (단, 공기는 이상기체로 간주한다.)

① 1984
② 1842
③ 1773
④ 1621

Solution
$$\Delta h = \frac{\Delta h'}{\eta} = C_P \cdot (T_1 - T_2)$$
$$\frac{270}{0.8} = 1.004 \times (600 - T_2)$$
$$T_2 = 263.84 K$$
$$\frac{T_2}{T_1} = \left(\frac{P_2}{P_1}\right)^{\frac{K-1}{K}}$$
$$\frac{263.84}{600} = \left(\frac{100}{P_1}\right)^{\frac{0.4}{1.4}}$$
$$P_1 = 1773.52 kPa$$

35 100℃와 50℃ 사이에서 작동하는 냉동기로 가능한 최대성능계수(COP)는 약 얼마인가?

① 7.46
② 2.54
③ 4.25
④ 6.46

Solution $COP = \frac{50+273}{100-50} = 6.46$

36 카르노 사이클로 작동되는 열기관이 고온체에서 100kJ의 열을 받고 있다. 이 기관의 열효율이 30%라면 방출되는 열량은 약 몇 kJ 인가?

① 30
② 50
③ 60
④ 70

Solution $\eta_c = 1 - \frac{Q_L}{Q_H}$
$Q_L = 100 \times (1-0.3) = 70 kJ$

Answer 34. ③ 35. ④ 36. ④

37 Van der Waals 상태 방정식은 다음과 같이 나타낸다. 이 식에서 $\frac{a}{v^2}$, b는 각각 무엇을 의미하는 것인가? (단, P는 압력, v는 비체적, R은 기체상수, T는 온도를 나타낸다.)

$$(P+\frac{a}{v^2}) \times (v-b) = RT$$

① 분자간의 작용 인력, 분자 내부 에너지
② 분자간의 작용 인력, 기체 분자들이 차지하는 체적
③ 분자 자체의 질량, 분자 내부 에너지
④ 분자 자체의 질량, 기체 분자들이 차지하는 체적

38 어떤 시스템에서 유체는 외부로부터 19kJ의 일을 받으면서 167kJ의 열을 흡수하였다. 이 때 내부에너지의 변화는 어떻게 되는가?

① 148kJ 상승한다. ② 186kJ 상승한다.
③ 148kJ 감소한다. ④ 186kJ 감소한다.

Solution $_1Q_2 = \triangle U + _1W_2$

$\triangle U = 167 - (-19) = 186$ kJ

39 체적이 500cm³인 풍선에 압력 0.1MPa, 온도 288K의 공기가 가득 채워져 있다. 압력이 일정한 상태에서 풍선 속 공기 온도가 300K로 상승했을 때 공기에 가해진 열량은 약 얼마인가? (단, 공기는 정압비열이 1.005kJ/(kg·K), 기체상수가 0.287kJ/(kg·K)인 이상기체로 간주한다.)

① 7.3J ② 7.3kJ
③ 14.6J ④ 14.6kJ

Solution $m = \frac{P_1 \cdot V_1}{RT_1} = \frac{0.1 \times 10^3 \times 500 \times 10^{-6}}{0.287 \times 288} = 0.0006$kg

$_1Q_2 = m \cdot C_P \cdot (T_2 - T_1) = 0.0006 \times 1.005 \times (300-288) \times 10^3 = 7.24$J

40 어떤 시스템에서 공기가 초기에 290K에서 330K로 변화하였고, 이 때 압력은 200kPa에서 600kPa로 변화하였다. 이 때 단위 질량당 엔트로피 변화는 약 몇 kJ/(kg·K) 인가? (단, 공기는 정압비열이 1.006kJ/(kg·K), 기체상수가 0.287kJ/(kg·K)인 이상기체로 간주한다.)

① 0.445 ② -0.445
③ 0.185 ④ -0.185

Solution $\Delta s = Cp \cdot \ln\left(\frac{T_2}{T_1}\right) - R \cdot \ln\left(\frac{P_2}{P_1}\right) = 1.006 \times \ln\left(\frac{330}{290}\right) - 0.287 \times \ln\left(\frac{600}{200}\right)$
$= -0.185$kJ/kgK

Answer 37. ② 38. ② 39. ① 40. ④

3과목 기계유체역학

41 분수에서 분출되는 물줄기 높이를 2배로 올리려면 노즐 입구에서의 게이지 압력을 약 몇 배로 올려야 하는가? (단, 노즐 입구에서의 동압은 무시한다.)

① 1.414
② 2
③ 2.828
④ 4

Solution
$V_1 = \sqrt{2gh}$
$V_2 = \sqrt{2g(2h)} = \sqrt{2}\, V_1$
$\dfrac{P_2}{\gamma} = \dfrac{V_2^2}{2g} = \dfrac{2V_1^2}{2g} = 2 \cdot \dfrac{P_1}{\gamma}$
$\therefore P_2 = 2P_1$

42 수면의 높이 차이가 10m인 두 개의 호수사이에 손실수두가 2m인 관로를 통해 펌프로 물을 양수할 때 3kW의 동력이 필요하다면 이 때 유량은 약 몇 L/s인가?

① 18.4
② 25.5
③ 32.3
④ 45.8

Solution
$Z_1 + h_p = Z_2 + h_\ell$
$h_p = 10 + 2 = 12$
$L_P = \gamma \cdot Q \cdot h_p$
$Q = \dfrac{3}{9.8 \times 12} \times 10^3 = 25.5\,\text{L/sec}$

43 체적탄성계수가 $2 \times 10^9 \text{N/m}^2$인 유체를 2% 압축하는데 필요한 압력은?

① 1GPa
② 10MPa
③ 4GPa
④ 40MPa

Solution
$K = \dfrac{\Delta P}{-\Delta V/V}$
$\Delta P = 2 \times 10^9 \times 0.02 = 40 \times 10^6 \text{Pa}$

44 정지된 액체 속에 잠겨있는 평면이 받는 압력에 의해 발생하는 합력에 대한 설명으로 옳은 것은?

① 크기가 액체의 비중량에 반비례한다.
② 크기는 도심에서의 압력에 전체면적을 곱한다.
③ 경사진 평면에서의 작용점은 평면의 도심과 일치한다.
④ 수직평면의 경우 작용점이 도심보다 위쪽에 있다.

Answer 41. ② 42. ② 43. ④ 44. ②

45 경사가 30°인 수로에 물이 흐르고 있다. 유속이 12m/s로 흐름이 균일하다고 가정하며 연직방향으로 측정한 수심이 60cm이다. 수로의 폭을 1m로 한다면 유량은 약 몇 m³/s인가?

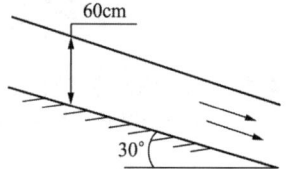

① 5.87
② 6.24
③ 6.82
④ 7.26

Solution $Q = (0.6 \times \cos 30° \times 1) \times 12 = 6.24 \text{m}^3/\text{sec}$

46 일반적으로 뉴턴 유체에서 온도 상승에 따른 액체의 점성계수 변화에 대한 설명으로 옳은 것은?

① 분자의 무질서한 운동이 커지므로 점성계수가 증가한다.
② 분자의 무질서한 운동이 커지므로 점성계수가 감소한다.
③ 분자간의 결합력이 약해지므로 점성계수가 증가한다.
④ 분자간의 결합력이 약해지므로 점성계수가 감소한다.

47 경계층 밖에서 포텐셜 흐름의 속도가 10m/s일 때, 경계층의 두께는 속도가 얼마일 때의 값으로 잡아야 하는가? (단, 일반적으로 정의하는 경계층 두께를 기준으로 삼는다.)

① 10m/s
② 7.9m/s
③ 8.9m/s
④ 9.9m/s

Solution $u = 0.99 U_\infty = 0.99 \times 10 = 9.9 \text{m/sec}$

48 점성계수(μ)가 0.005Pa·s인 유체가 수평으로 놓인 안지름이 4cm인 곧은 관을 30cm/s의 평균속도로 흘러가고 있다. 흐름 상태가 층류일 때 수평 길이 800cm 사이에서의 압력강하(Pa)는?

① 120
② 240
③ 360
④ 480

Solution $Q = \dfrac{\pi d^2}{4} \cdot V = \dfrac{\Delta P \cdot \pi d^4}{128 \mu \ell}$

$\Delta P = \dfrac{128 \mu \ell \left(\dfrac{\pi}{4} d^2 \times V\right)}{\pi d^4} = \dfrac{128 \times 0.005 \times 8 \times \pi \times 0.04^2 \times 0.3}{4 \times \pi \times 0.04^4} = 240 \text{Pa}$

49 다음 중 유선(stream line)을 가장 올바르게 설명한 것은?

① 에너지가 같은 점을 이은 선이다.
② 유체 입자가 시간에 따라 움직인 궤적이다
③ 유체 입자가 속도벡터와 접선이 되는 가상 곡선이다.
④ 비정상유동 때의 유동을 나타내는 곡선이다.

Answer 45. ② 46. ④ 47. ④ 48. ② 49. ③

50 평행한 평판 사이의 층류 흐름을 해석하기 위해서 필요한 무차원수와 그 의미를 바르게 나타낸 것은?

① 레이놀즈 수 = 관성력 / 점성력
② 레이놀즈 수 = 관성력 / 탄성력
③ 프루드 수 = 중력 / 관성력
④ 프루드 수 = 관성력 / 점성력

51 물이 지름이 0.4m인 노즐을 통해 20m/s의 속도로 맞은편 수직벽에 수평으로 분사된다. 수직벽에는 지름 0.2m의 구멍이 있으며 뚫린 구멍으로 유량의 25%가 흘러나가고 나머지 75%는 반경 방향으로 균일하게 유출된다. 이때 물에 의해 벽면이 받는 수평 방향의 힘은 약 몇 kN인가?

① 0
② 9.4
③ 18.9
④ 37.7

Solution $F = \rho Q \cdot V = 10^3 \times \dfrac{\pi \times 0.4^2}{4} \times 0.75 \times 20^2 \times 10^{-3} = 37.7 \text{kN}$

52 동점성계수가 $1.5 \times 10^{-5} \text{cm}^2/\text{s}$인 공기 중에서 30m/s의 속도로 비행하는 비행기의 모형을 만들어, 동점성계수가 $1.0 \times 10^{-6} \text{cm}^2/\text{s}$인 물속에서 6m/s의 속도로 모형시험을 하려 한다. 모형(Lm)과 실형(Lp)의 길이비 (Lm/Lp)를 얼마로 해야 하는가?

① $\dfrac{1}{75}$
② $\dfrac{1}{15}$
③ $\dfrac{1}{5}$
④ $\dfrac{1}{3}$

Solution $\left(\dfrac{V \cdot L}{\nu}\right)_m = \left(\dfrac{V \cdot L}{\nu}\right)_p$

$\dfrac{L_m}{L_p} = \dfrac{V_p \cdot \nu_m}{\nu_p \cdot V_m} = \dfrac{30 \times 1.0 \times 10^{-6}}{1.5 \times 10^{-5} \times 6} = 0.33$

53 관속에 흐르는 물의 유속을 측정하기 위하여 삽입한 피토 정압관에 비중이 3인 액체를 사용하는 마노미터를 연결하여 측정한 결과 액주의 높이 차이가 10cm로 나타났다면 유속은 약 몇 m/s인가?

① 0.99
② 1.40
③ 1.98
④ 2.43

Solution $V = \sqrt{2gh\left(\dfrac{\gamma_s}{\gamma} - 1\right)} = \sqrt{2 \times 9.8 \times 0.1 \times (3-1)} = 1.98 \text{m/sec}$

Answer 50. ① 51. ④ 52. ④ 53. ③

54 바닷물 밀도는 수면에서 1025kg/m³이고 깊이 100m마다 0.5kg/m³씩 증가한다. 깊이 1000m에서 압력은 계기압력으로 약 몇 kPa인가?

① 9560　　　　　　　　　② 10080
③ 10240　　　　　　　　　④ 10800

Solution $P = \gamma \cdot h = \rho g h$
$P = (1025 + 0.5 \times 10) \times 9.8 \times 1000 = 10094 \times 10^3 Pa$

55 높이가 0.7m, 폭이 1.8m인 직사각형 덕트에 유체가 가득차서 흐른다. 이때 수력직경은 약 몇 m인가?

① 1.01　　　　　　　　　② 2.02
③ 3.14　　　　　　　　　④ 5.04

Solution $D_h = 4R_h = 4 \times \dfrac{1.8 \times 0.7}{(1.8 + 0.7) \times 2} = 1.008m$

56 동점성계수가 $1.5 \times 10^{-5} m^2/s$인 유체가 안지름이 10cm인 관 속을 흐르고 있을 때 층류 임계속도(cm/s)는? (단, 층류 임계레이놀즈수는 2100이다.)

① 24.7　　　　　　　　　② 31.5
③ 43.6　　　　　　　　　④ 52.3

Solution $Re = \dfrac{V \cdot d}{\nu}$

$2100 = \dfrac{V \times 0.1}{1.5 \times 10^{-5}}$, $V = 0.315 m/sec$

57 다음 중 유체의 속도구배와 전단응력이 선형적으로 비례하는 유체를 설명한 가장 알맞은 용어는 무엇인가?

① 점성유체　　　　　　　② 뉴턴유체
③ 비압축성 유체　　　　　④ 정상유동 유체

58 속도포텐셜이 $\varnothing = x^2 - y^2$인 2차원 유동에 해당하는 유동함수로 가장 옳은 것은?

① $x^2 + y^2$　　　　　　② $2xy$
③ $-3xy$　　　　　　　④ $2x(y-1)$

Solution $u = \dfrac{\partial \varnothing}{\partial x} = 2x = \dfrac{\partial \psi}{\partial y}$

$v = \dfrac{\partial \varnothing}{\partial y} = -2y = \dfrac{\partial \psi}{\partial x}$

$\psi = 2xy$

Answer 54. ②　55. ①　56. ②　57. ②　58. ②

59 물을 담은 그릇을 수평방향으로 4.2m/s²으로 운동시킬 때 물은 수평에 대하여 약 몇 도(°) 기울어지겠는가?

① 18.4°　　　　　　② 23.2°
③ 35.6°　　　　　　④ 42.9°

Solution $\tan\theta = \dfrac{a_x}{g}$

$\theta = \tan^{-1}\left(\dfrac{4.2}{9.8}\right) = 23.2°$

60 몸무게가 750N인 조종사가 지름 5.5m의 낙하산을 타고 비행기에서 탈출하였다. 항력계수가 1.00이고, 낙하산의 무게를 무시한다면 조종자의 최대 종속도는 약 몇 m/s가 되는가? (단, 공기의 밀도는 1.2kg/m³이다.)

① 7.25　　　　　　② 8.00
③ 5.26　　　　　　④ 10.04

Solution $D = C_D \times \dfrac{\pi d^2}{4} \times \dfrac{\rho \cdot V^2}{2}$

$750 = 1 \times \dfrac{\pi \times 5.5^2}{4} \times \dfrac{1.2 \times V^2}{2}$

$V = 7.25 \text{m/sec}$

4과목 유체기계 및 유압기기

61 피스톤 또는 플런저에서 송출하는 유량변동을 최소화하기 위하여 실린더 바로 뒤쪽에 설치하는 것은?

① 서지 탱크(surge tank)　　② 체크 밸브(check valve)
③ 에어 챔버(air chamber)　　④ 축압기(accumulator)

62 원심펌프의 전효율(η)을 구하는 식으로 옳은 것은? (단, η_m은 기계효율, η_v는 체적효율, η_h는 수력효율이다.)

① $\eta = \eta_v \times \eta_h \div \eta_m$　　② $\eta = \eta_m \times \eta_v \div \eta_h$
③ $\eta = \eta_m \times \eta_v \times \eta_h$　　④ $\eta = \eta_m \times \eta_v$

63 유체 커플링의 입력축의 회전수 1180rpm, 출력축의 회전수 1140rpm 일 때 효율(%)은?

① 65.5　　　　　　② 76.6
③ 85.5　　　　　　④ 96.6

Solution $\eta = \dfrac{1140}{1180} \times 100 = 96.61\%$

64 특히 높은 진공도용으로 적합하며 일반적으로 보조 진공펌프를 필요로 하는 진공펌프는?

① 확산 펌프　　　　② 액봉형 진공펌프
③ 루츠형 진공펌프　　④ 유회전 진공펌프

Answer　59. ②　60. ①　61. ③　62. ③　63. ④　64. ①

65 다음 중 물의 흐름 방향이 사류(mixed flow) 형태로 진행되는 수차는 무엇인가?
① 펠톤 수차 ② 프란시스 수차
③ 데리아 수차 ④ 프로펠러 수차

66 회전차 속의 흐름이 어디에서나 깃과 같은 유선을 가지고, 또 유체가 마찰이나 충돌 등으로 인하여 생기는 에너지 손실이 없을 경우의 흐름은?
① 폐업흐름 ② 테일러 유체흐름
③ 깃 수 유한흐름 ④ 깃 수 무한흐름

67 다음 중 카플란 수차에 대한 설명으로 옳은 것은?
① 자동 조절식 가동깃의 프로펠러 수차이다.
② 원통형 케이싱을 사용하는 횡축형이다.
③ 노즐을 사용한다.
④ 200~2000m의 낙차를 사용한다.

68 사류 펌프(diagonal flow pump)의 특징에 관한 설명으로 틀린 것은?
① 원심력과 양력을 이용한 터보형 펌프이다.
② 구동 동력은 송출량에 따라 크게 변화 한다.
③ 임의의 송출량에서도 안전한 운전을 할 수 있고, 체절운전도 가능하다.
④ 원심 펌프보다 고속 회전할 수 있다.

69 어떤 수차의 비교 회전도(또는 비속도, specific speed)를 계산하여 보니 100[rpm, kW, m]가 되었다. 이 수차는 어떤 종류의 수차로 볼 수 있는가?
① 펠턴 수차 ② 프란시스 수차
③ 카플란 수차 ④ 프로펠라 수차

70 다음 중 수평축형 풍차에 해당하지 않는 것은 무엇인가?
① 그리스 풍차 ② 네덜란드 풍차
③ 다익형 풍차 ④ 사보니우스 풍차

Answer 65. ③ 66. ④ 67. ① 68. ② 69. ② 70. ④

71 그림과 같은 유압 기호가 나타내는 명칭은?

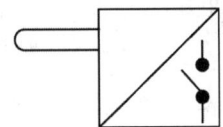

① 전자 변환기 ② 압력 스위치
③ 리밋 스위치 ④ 아날로그 변환기

72 부하의 하중에 의한 자유낙하를 방지하기 위해 배압(back pressure)을 부여하는 밸브는?
① 체크 밸브 ② 감압 밸브
③ 릴리프 밸브 ④ 카운터 밸런스 밸브

> Solution ① 체크 밸브 : 역지밸브-역방향 흐름불가
> ② 감압 밸브 : 압력 감소 밸브
> ③ 릴리브 밸브 : 펌프 출구압력 규정

73 어큐뮬레이터(accumulator)의 역할에 해당하지 않는 것은?
① 갑작스런 충격압력을 막아 주는 역할을 한다.
② 축척된 유압에너지의 방출 사이클 시간을 연장한다.
③ 유압 회로 중 오일 누설 등에 의한 압력강하를 보상하여 준다.
④ 유압펌프에서 발생하는 맥동을 흡수하여 진동이나 소음을 방지한다.

74 유압실린더에서 피스톤 로드가 부하를 미는 힘이 50kN, 피스톤 속도가 5m/min인 경우 실린더 내경이 8cm이라면 소요동력은 약 몇 kW인가? (단, 편로드형 실린더이다.)
① 2.5 ② 3.17
③ 4.17 ④ 5.3

> Solution $L = 50 \times \dfrac{5}{60} = 4.17 \text{kW}$

75 액추에이터의 공급 쪽 관로에 설정된 바이패스 관로의 흐름을 제어함으로써 속도를 제어하는 회로는?

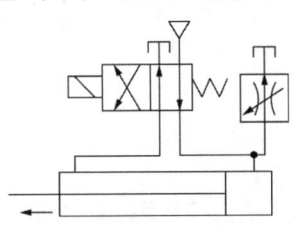

① 배압 회로 ② 미터 인 회로
③ 플립 플롭 회로 ④ 블리드 오프 회로

Answer 71. ③ 72. ④ 73. ② 74. ③ 75. ④

76 유압 작동유에서 요구되는 특성이 아닌 것은?
① 인화점이 낮고, 증기 분리압이 클 것
② 유동성이 좋고, 관로 저항이 적을 것
③ 화학적으로 안정될 것
④ 비압축성일 것

> **Solution** 유압유는 인화점과 발화점이 높아야하고 증기압이 낮아야 한다.

77 유압 시스템의 배관계통과 시스템 구성에 사용되는 유압기기의 이물질을 제거하는 작업으로 오랫동안 사용하지 않던 설비의 운전을 다시 시작하였을 때나 유압 기계를 처음 설치하였을 때 수행하는 작업은?
① 펌핑
② 플러싱
③ 스위핑
④ 클리닝

78 유동하고 있는 액체의 압력이 국부적으로 저하되어, 증기나 함유 기체를 포함하는 기포가 발생하는 현상은?
① 캐비테이션 현상
② 채터링 현상
③ 서징 현상
④ 역류 현상

79 다음 기어펌프에서 발생하는 폐입 현상을 방지하기 위한 방법으로 가장 적절한 것은?
① 오일을 보충한다.
② 베인을 교환한다.
③ 베어링을 교환한다.
④ 릴리프 홈이 적용된 기어를 사용한다.

80 다음 중 오일의 점성을 이용하여 진동을 흡수하거나 충격을 완화 시킬 수 있는 유압응용장치는?
① 압력계
② 토크 컨버터
③ 쇼크 업소버
④ 진동개폐밸브

5과목 건설기계일반 및 플랜트배관

81 고탄소강에 W, Cr, V, Mo 등을 다량 첨가하여 강도와 인성을 높여 고속절삭이 가능하게 하고 내마멸성을 높인 재료는?
① 고속도강
② 불변강
③ 스프링강
④ 스테인리스강

82 펌프 준설선에 대한 설명으로 틀린 것은?
① 펌프는 샌드 펌프를 설치한다.
② 크게 자항식과 비자항식으로 구분하는데, 자항식은 내항의 준설작업에 비자항식은 외항의 준설작업에 주로 이용된다.
③ 펌프 준설선의 크기는 주 펌프의 구동동력에 따라 소형부터 초대형으로 구분할 수 있다.
④ 펌프 준설선의 작업 능력을 결정하는 주요소는 흙을 퍼올리고 보내는 거리 및 준설 깊이 등이다.

Answer 76. ① 77. ② 78. ① 79. ④ 80. ③ 81. ① 82. ②

83 모터 그레이더로 자갈이 많이 섞인 건조포장도로의 굴삭작업을 할 경우 스케리파이어의 절삭각도로 적합한 것은?

① 30~46° ② 45~56°
③ 60~66° ④ 76~86°

84 도저에서 무한궤도식과 차륜식을 비교할 때, 무한궤도식의 특징으로 틀린 것은?

① 접지면적이 크다.
② 기동성과 이동성이 양호하다.
③ 수중 작업 시 상부 롤러까지 작업이 가능하다.
④ 습지, 사지, 부정지에서 작업이 용이하다.

85 모터 스크레이퍼(scraper)의 작업량과 밀접한 관계가 없는 것은?

① 토량환산계수 ② 작업 효율
③ 사이클 시간 ④ 스크레이퍼 자중

86 불도저의 부속장치 중 굳고 단단한 지반에서 블레이드로는 굴착이 곤란한 지반이나 포장의 분쇄, 뿌리 뽑기 등에 사용하는 것은?

① 스윙 고정 장치 ② 유압 리퍼
③ 스키 로더 ④ 토잉 윈치

87 앞부분에서 굴삭하여 장비 위를 넘어 후면에 덤프할 수 있는 것으로 터널공사 등에 효과적인 방식은?

① 스윙 로더 ② 측면 덤프 로더
③ 프런트 엔드 로더 ④ 오버 헤드 로더

88 디젤엔진에 있어서 거버너(governor)의 역할은?

① 분사량 조정 ② 분사위치 조정
③ 분사입자 조정 ④ 분사시기 조정

89 플랜트 기계설비에 사용되는 일반적인 건식 집진장치가 아닌 세정식 집진법의 종류인 것은?

① 사이클론 ② 백 필터
③ 멀티클론 ④ 벤투리 스크러버

90 쇼벨계 굴삭기에 사용되는 작업장치(프런트어태치먼트) 중 작업 장소보다 낮은 장소의 단단한 토질의 굴착에 적합한 것은?

① 파워서블 ② 드랙라인
③ 백호우 ④ 클램셸

Answer 83.③ 84.② 85.④ 86.② 87.④ 88.① 89.④ 90.③

91 다음 중 현장에서 관(Pipe)의 평면가공 베벨각 가공 등에 가장 많이 사용하는 것은?
① 디스크 그라인더　　　② 벤치 그라인더
③ 집진형 그라인더　　　④ 탁상 그라인더

92 다음 중 기계적 세정 방법이 아닌 것은?
① 물분사기 세정법　　　② 샌드블라스트 세정법
③ 피그 세정법　　　　　④ 순환 세정법

93 최고사용 압력이 40kg/cm², 관의 인장강도가 20kg/cm² 일 때, 스케줄 번호(sch No.)는? (단, 안전율은 40이다.)
① 60　　　　　　　　　② 80
③ 120　　　　　　　　 ④ 160

> Solution　$N_o = 10 \cdot \dfrac{P}{S} = 10 \times \dfrac{40 \times 4}{20} = 80$

94 배관 지지의 필요조건이 아닌 것은?
① 관의 지지간격은 적당하게 할 것
② 외부의 진동과 충격에 대해서도 견고할 것
③ 온도변화에 대해 관의 신축은 고려하지 말 것
④ 배관시공에 있어서 구배의 조정이 용이하게 될 수 있는 구조일 것

95 관 이음쇠에서 관의 방향을 바꿀 때 사용되는 것은?
① 소켓　　　　　　　　② 유니언
③ 엘보　　　　　　　　④ 캡

96 관의 종류 중 구조용 강관이 아닌 것은?
① 일반 구조용 탄소강관　　② 기계 구조용 탄소강관
③ 일반 구조용 각형 강관　　④ 용접 구조용 원심력 주강관

97 온도조절기나 압력조절기 등에 의해 신호 전류를 받아 전자코일의 전자력을 이용하여 자동적으로 밸브를 개폐시키는 밸브는?
① 전자밸브　　　　　　② 2-way 전동밸브
③ 3-way 전동밸브　　　④ 압력조절밸브

> Answer　91. ①　92. ④　93. ②　94. ③　95. ③　96. ④　97. ①

98 부식, 마모 등으로 작은 구멍이 생겨 누설될 경우 다른 방법으로는 누설을 막기 곤란할 때 사용하는 응급조치법은?

① 코킹법　　　　　　　② 인젝션법
③ 박스설치법　　　　　④ 스토핑박스법

99 스테인리스 강관에 관한 설명으로 틀린 것은?

① 동결 우려가 있어 한랭지 배관에 적용하기 어렵다.
② 강관에 비해 두께가 얇고 가벼워 운반 및 시공이 쉽다.
③ 위생적이며 적수, 백수, 청수의 염려가 없다.
④ 나사식, 용접식, 몰코식, 플랜지식 이음법이 있다.

100 주철관에 비해 가볍고 인장강도가 크며 각종 수송관 또는 일반 배관용으로 사용되는 관은?

① 탄소강관　　　　　　② 스테인리스강관
③ 동관　　　　　　　　④ 라이닝강관

Answer　98. ②　99. ①　100. ①

2019년 8월 4일 기출문제

1과목 재료역학

1 그림과 같이 두께가 20mm, 외경이 200mm인 원관을 고정 벽으로부터 수평으로 4m만큼 돌출시켜 물을 방출한다. 원관 내에 물이 가득차서 방출될 때 자유단의 처짐은 약 몇 mm인가? (단, 원관 재료의 세로탄성계수는 200GPa, 비중은 7.80이고, 물의 밀도는 1000kg/m³이다.)

① 9.66　② 7.66
③ 5.66　④ 3.66

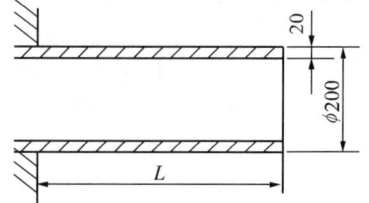

Solution 외팔보 분포하중으로 가정

$$\delta = \frac{w \cdot l^4}{8EI} = \frac{64 \times \left\{7.8 \times 9800 \times \frac{\pi}{4}(0.2^2 - 0.16^2) \times 4 + 1000 \times 9.8 \times \frac{\pi}{4} \times 0.16^2 \times 4\right\} \times 4000^3}{8 \times 200 \times 10^3 \times \pi \times (200^4 - 160^4)} = 3.66\mathrm{mm}$$

2 평면응력 상태에서 σ_x = 1750MPa, σ_y = 350MPa, τ_{xy} = -600MPa 일 때 최대 전단응력 τ_{max}은 약 몇 MPa인가?

① 634　② 740
③ 826　④ 922

Solution $\tau_{max} = \sqrt{\left(\frac{\sigma_x - \sigma_y}{2}\right)^2 + \tau_{xy}^2} = \sqrt{\left(\frac{1750 - 350}{2}\right)^2 + (-600)^2} = 921.95\mathrm{MPa}$

3 그림과 같은 볼트에 축 하중 Q가 작용할 때, 볼트 머리부의 높이 H는? (단, d : 볼트 지름, 볼트 머리부에서 축 하중방향으로의 전단응력은 볼트 축에 작용하는 인장 응력의 1/2까지 허용한다.)

① $\frac{1}{4}d$　② $\frac{3}{5}d$
③ $\frac{3}{8}d$　④ $\frac{1}{2}d$

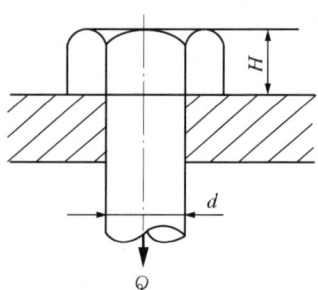

Solution $\tau = \frac{1}{2}\sigma_t,$
$\frac{Q}{\pi dH} = \frac{1}{2} \times \frac{4 \cdot Q}{\pi d^2},\ H = \frac{d}{2}$

Answer 1. ④　2. ④　3. ④

4 그림과 같이 한 끝이 고정된 지름 15mm인 원형단면 축에 두 개의 토크가 작용하고 있다. 고정단에서 축에 작용하는 전단응력은 약 몇 MPa인가?

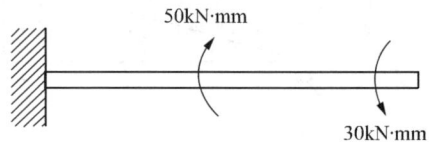

① 10 ② 20
③ 30 ④ 40

Solution $\tau = \dfrac{T}{Z_p} = \dfrac{16 \times (50-30) \times 10^3}{\pi \times 15^3} = 30.18\text{MPa}$

5 길이가 500mm, 단면적 500mm²인 환봉이 인장하중을 받고 1.0mm 신장되었다. 봉에 저장된 탄성에너지는 약 몇 N·m인가? (단, 봉의 세로탄성계수는 200GPa이다.)

① 100 ② 300
③ 500 ④ 1000

Solution $U = \dfrac{1}{2} P \cdot \delta = \dfrac{AE \cdot \delta^2}{2\ell} = \dfrac{500 \times 10^{-6} \times 200 \times 10^9 \times (1.0 \times 10^{-3})^2}{2 \times 0.5} = 100\text{N·m}$

6 단면의 폭과 높이가 $b \times h$이고 길이가 L인 연강 사각형 단면의 기둥이 양단에서 핀으로 지지되어 있을 때 좌굴응력은? (단, 재료의 세로탄성계수는 E이다.)

① $\dfrac{\pi^2 E h^2}{L^2}$ ② $\dfrac{\pi^2 E h^2}{3L^2}$

③ $\dfrac{\pi^2 E h^2}{6L^2}$ ④ $\dfrac{\pi^2 E h^2}{12L^2}$

Solution  $\sigma_{cr} = \dfrac{P_{cr}}{A} = \dfrac{n\pi^2 E \cdot \frac{bh^3}{12}}{\ell^2 \times b \times h} = \dfrac{\pi^2 E h^2}{12\ell^2}$

7 그림과 같은 구조물의 부재 BC에 작용하는 힘은 얼마인가?

① 500N 압축
② 500N 인장
③ 707N 압축
④ 707N 인장

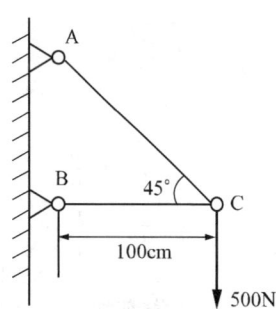

Solution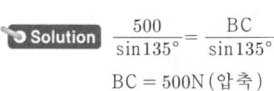
$\dfrac{500}{\sin 135°} = \dfrac{BC}{\sin 135°}$
$BC = 500\text{N}(\text{압축})$

Answer 4. ③ 5. ① 6. ④ 7. ①

8 그림과 같이 삼각형으로 분포하는 하중을 받고 있는 단순보에서 지점 A의 반력은 얼마인가?

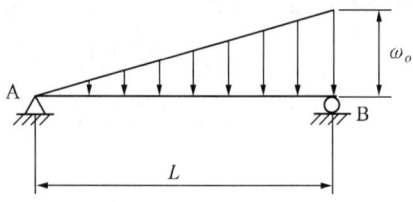

① $\dfrac{w_o L}{6}$ ② $\dfrac{w_o L}{3}$

③ $\dfrac{w_o L}{2}$ ④ $w_o L$

Solution $R_A = \dfrac{\frac{w_o \cdot L}{2} \times \frac{L}{3}}{L} = \dfrac{w_o \cdot L}{6}$

9 바깥지름 d, 안지름 $\dfrac{d}{3}$인 중공원형 단면의 단면계수는 얼마인가?

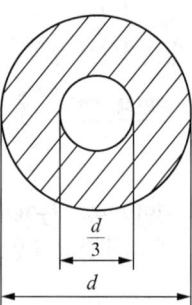

① $\dfrac{5\pi d^3}{9}$ ② $\dfrac{5\pi d^3}{81}$

③ $\dfrac{5\pi d^3}{162}$ ④ $\dfrac{5\pi d^3}{324}$

Solution $Z = \dfrac{\pi d^3}{32}\left\{1-\left(\dfrac{d/3}{d}\right)^4\right\} = \dfrac{\pi d^3}{32} \times \dfrac{80}{81} = \dfrac{5\pi d^3}{162}$

10 보의 중앙부에 집중하중을 받는 일단고정, 타단지지보에서 A점의 반력은? (단, 보의 굽힘강성 EI는 일정하다.)

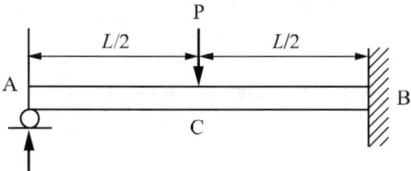

① $R_A = \dfrac{3}{16}P$ ② $R_A = \dfrac{5}{16}P$

③ $R_A = \dfrac{7}{16}P$ ④ $R_A = \dfrac{11}{16}P$

Solution $\delta_A = 0$을 이용하여 정리

$R_A = \dfrac{5P}{16}$, $R_B = \dfrac{11P}{16}$

Answer 8. ① 9. ③ 10. ②

11 직경 2cm의 원형 단면축을 1800rpm으로 회전시킬 때 최대 전달 동력은 약 몇 kW인가? (단, 재료의 허용전단응력은 20MPa이다.)

① 3.59 ② 4.62
③ 5.92 ④ 7.13

Solution $T = 974000 \dfrac{H_{kw}}{N} = \tau \cdot Z_p$

$974000 \times \dfrac{H_{kw}}{1800} \times 9.8 = 20 \times \dfrac{\pi \times 20^3}{16}$, $H_{kw} = 5.92\text{kW}$

12 길이가 L인 외팔보의 중앙에 그림과 같이 M_B가 작용할 때, C점에서의 처짐량은? (단, 보의 굽힘 강성 EI는 일정하고, 자중은 무시한다.)

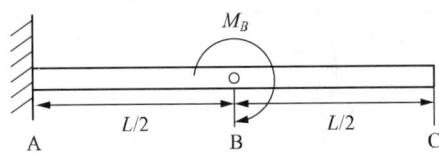

① $\dfrac{M_B L^2}{2EI}$ ② $\dfrac{M_B L^2}{4EI}$

③ $\dfrac{M_B L^2}{8EI}$ ④ $\dfrac{3M_B L^2}{8EI}$

Solution 면적모멘트법 이용

$\delta = \dfrac{A_m}{EI}\bar{x} = \dfrac{M_B \cdot L}{2EI} \times \dfrac{3L}{4} = \dfrac{3M_B \cdot L^2}{8EI}$

13 다음과 같은 길이 4.5m의 보에 분포하중 3kN/m가 작용된다. 이 보에 작용되는 굽힘모멘트 절대값의 최대치는 약 몇 kN·m인가?

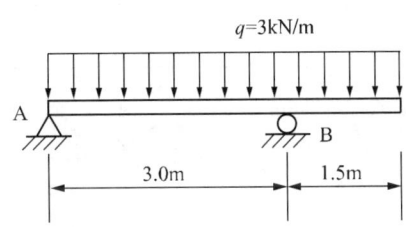

① 1.898 ② 3.375
③ 18.98 ④ 33.75

Solution $M_{\max} = M_B = 3 \times 1.5 \times \dfrac{1.5}{2} = 3.375\text{kN·m}$

Answer 11. ③ 12. ④ 13. ②

14 지름이 50mm이고 길이가 200mm인 시편으로 비틀림 실험을 하여 얻은 결과, 토크 30.6N·m에서 전 비틀림 각이 7°로 기록되었다. 이 재료의 전단 탄성계수는 약 몇 MPa인가?

① 81.6　　　　　　　　　　② 40.6
③ 66.6　　　　　　　　　　④ 97.6

Solution $\theta = \dfrac{T \cdot \ell}{G \cdot I_P} \times \dfrac{180}{\pi}$, $7 = \dfrac{32 \times 30.6 \times 10^3 \times 200 \times 180}{G \times \pi \times 50^4 \times \pi}$, $G = 81.64 \mathrm{MPa}$

15 그림과 같이 정사각형 단면을 갖는 외팔보에 작용하는 최대 굽힘응력은?

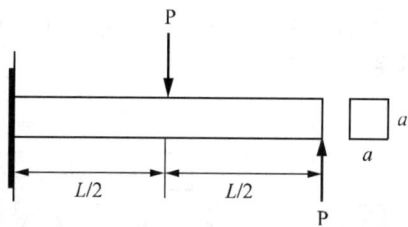

① $\dfrac{2PL}{a^3}$　　　　　　　　② $\dfrac{3PL}{a^3}$

③ $\dfrac{4PL}{a^3}$　　　　　　　　④ $\dfrac{5PL}{a^3}$

Solution $\sigma_{b\max} = \dfrac{M_{\max}}{Z} = \dfrac{6P \cdot L}{a^3 \times 2} = \dfrac{3P \cdot L}{a^3}$

16 다음과 같은 균일 단면보가 순수 굽힘 작용을 받을 때 이 보에 저장된 탄성 변형에너지는? (단, 굽힘강성 EI는 일정하다.)

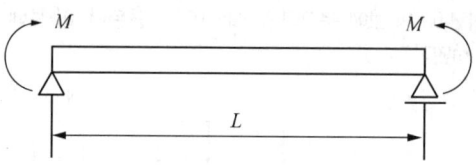

① $\dfrac{M^2 L}{2EI}$　　　　　　　　② $\dfrac{M^2 L}{3EI}$

③ $\dfrac{3M^2 L}{4EI}$　　　　　　　　④ $\dfrac{4M^2 L}{3EI}$

Solution $U = \dfrac{1}{2} M \cdot \theta = \dfrac{1}{2} M \cdot \displaystyle\int_0^L \dfrac{M}{EI} dx = \dfrac{M^2 \cdot L}{2EI}$

Answer　14. ①　15. ②　16. ①

17 그림과 같이 노치가 있는 원형 단면 봉이 인장력 $P = 9.5\text{kN}$을 받고 있다. 노치의 응력 집중계수 $a = 2.5$라면, 노치부에서 발생하는 최대응력은 약 몇 MPa인가? (단, 그림의 단위는 mm이다.)

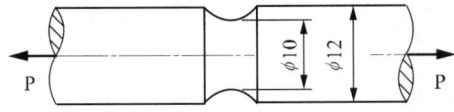

① 3024
② 302
③ 221
④ 51

Solution $\alpha = \dfrac{\sigma_{max}}{\sigma_{man}}$, $\sigma_{max} = 2.5 \times \dfrac{4 \times 9.5 \times 10^3}{\pi \times 10^2} = 302.39\text{MPa}$

18 길이 ℓ인 막대의 일단에 축방향 하중 P가 작용하여 인장 응력이 발생하고 있는 재료의 세로탄성계수는? (단, A는 막대의 단면적, δ는 신장량이다.)

① $\dfrac{P\delta}{A\ell}$
② $\dfrac{P\ell}{A\delta}$
③ $\dfrac{P\ell\delta}{A}$
④ $\dfrac{A\delta}{P\ell}$

Solution $\sigma = E \cdot \epsilon$, $\dfrac{P}{A} = E \cdot \dfrac{\delta}{\ell}$, $E = \dfrac{P \cdot \ell}{A \cdot \delta}$

19 그림과 같은 하중을 받는 단면봉의 최대 인장응력은 약 몇 MPa인가? (단, 한 변의 길이가 10cm인 정사각형이다.)

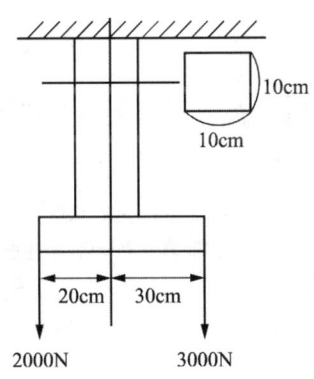

① 2.3
② 3.1
③ 3.5
④ 4.1

Solution $\sigma_{max} = \dfrac{P}{A} + \dfrac{M}{Z}$
$= \dfrac{(2000 + 3000)}{100 \times 100} + \dfrac{6 \times (3000 \times 300 - 2000 \times 200)}{100^3} = 3.5\text{MPa}$

Answer 17. ② 18. ② 19. ③

20 선형 탄성 재질의 정사각형 단면봉에 500kN의 압축력이 작용할 때 80MPa의 압축응력이 생기도록 하려면 한 변의 길이를 약 몇 cm로 해야 하는가?

① 3.9
② 5.9
③ 7.9
④ 9.9

> **Solution** $A = \dfrac{P}{\sigma_c}$, $a^2 = \dfrac{500 \times 10^3}{80}$, $a = 79.06 \text{mm} = 7.906 \text{cm}$

2과목 기계열역학

21 체적이 1m³인 용기에 물이 5kg 들어 있으며 그 압력을 측정해보니 500kPa이었다. 이 용기에 있는 물 중에 증기량(kg)은 얼마인가? (단, 500kPa에서 포화액체와 포화증기의 비체적은 각각 0.001093m³/kg, 0.37489m³/kg이다.)

① 0.005
② 0.94
③ 1.87
④ 2.66

> **Solution** $v_x = v' + x(v'' - v')$, $\dfrac{1}{5} = 0.001093 + x(0.37489 - 0.001093)$, $x = 0.53$
> $mg = mx = 5 \times 0.53 = 2.66 \text{kg}$

22 5kg의 산소가 정압하에서 체적이 0.2m³에서 0.6m³로 증가했다. 이 때의 엔트로피의 변화량(kJ/K)은 얼마인가? (단, 산소는 이상기체이며, 정압비열은 0.92kJ/kg·K이다.)

① 1.857
② 2.746
③ 5.054
④ 6.507

> **Solution** $\Delta S = m \cdot C_p \cdot \ell_n \left(\dfrac{V_2}{V_1}\right) = 5 \times 0.92 \times \ell_n \left(\dfrac{0.6}{0.2}\right) = 5.054 \text{kJ/K}$

23 증기가 디퓨저를 통하여 0.1MPa, 150℃, 200m/s의 속도로 유입되어 출구에서 50m/s의 속도로 빠져나간다. 이 때 외부로 방열된 열량이 500J/kg일 때 출구 엔탈피(kJ/kg)는 얼마인가? (단, 입구의 0.1MPa, 150℃상태에서 엔탈피는 2776.4kJ/kg이다.)

① 2751.3
② 2778.2
③ 2794.7
④ 2812.4

> **Solution** $_1q_2 = (h_2 - h_1) + \dfrac{1}{2}(V_2^2 - V_1^2)$
> $-0.5 = (h_2 - 2776.4) + \dfrac{1}{2} \times (50^2 - 200^2) \times 10^{-3}$, $h_2 = 2794.65 \text{kJ/kg}$

Answer 20. ③ 21. ④ 22. ③ 23. ③

24 그림과 같이 다수의 추를 올려놓은 피스톤이 끼워져 있는 실린더에 들어있는 가스를 계로 생각한다. 초기 압력이 300kPa이고, 초기 체적은 0.05m³이다. 피스톤을 고정하여 체적을 일정하게 유지하면서 압력이 200kPa로 떨어질 때까지 계에서 열을 제거한다. 이 때 계가 외부에 한 일(kJ)은 얼마인가?

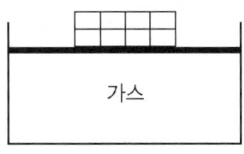

① 0　　　　　　　　　　　② 5
③ 10　　　　　　　　　　　④ 15

Solution 밀폐계 $W = \int P \cdot dV = 0$

25 표준대기압 상태에서 물 1kg이 100℃로부터 전부 증기로 변하는 데 필요한 열량이 0.652kJ이다. 이 증발 과정에서의 엔트로피 증가량(J/K)은 얼마인가?

① 1.75　　　　　　　　　　② 2.75
③ 3.75　　　　　　　　　　④ 4.00

Solution $\Delta S = \dfrac{0.652}{100+273} = 1.75 \times 10^{-3} \text{kJ/K}$

26 체적이 0.5m³인 탱크에, 분자량이 24kg/kmol인 이상기체 10kg이 들어있다. 이 기체의 온도가 25℃일 때 압력(kPa)은 얼마인가? (단, 일반기체상수는 8.3143kJ/kmol·K이다.)

① 126　　　　　　　　　　② 845
③ 2066　　　　　　　　　　④ 49578

Solution $P \cdot V = m \cdot \dfrac{\overline{R}}{M} T$, $P \times 0.5 = 10 \times \dfrac{8314.3}{24} \times (25+273)$, $P = 2064.717 \times 10^{-3} \text{Pa}$

27 질량 4kg의 액체를 15℃에서 100℃까지 가열하기 위해 714kJ의 열을 공급하였다면 액체의 비열(kJ/kg·K)은 얼마인가?

① 1.1　　　　　　　　　　② 2.1
③ 3.1　　　　　　　　　　④ 4.1

Solution $Q = m \cdot C \cdot \Delta t$, $714 = 4 \times C \times (100-15)$, $C = 2.1 \text{kJ/kg} \cdot \text{K}$

Answer 24. ① 25. ① 26. ③ 27. ②

28 배기량(displacement volume)이 1200cc, 극간체적(clearance volume)이 200cc인 가솔린 기관의 압축비는 얼마인가?

① 5 ② 6
③ 7 ④ 8

Solution $\epsilon = \dfrac{V_t}{V_c} = \dfrac{1200+200}{200} = 7$

29 열역학적 상태량은 일반적으로 강도성 상태량과 종량성 상태량으로 분류할 수 있다. 강도성 상태량에 속하지 않는 것은?

① 압력 ② 온도
③ 밀도 ④ 체적

Solution 종량성 상태량은 질량에 비례한다. 체적은 비체적×질량으로 표현된다.

30 두께 10mm, 열전도율 15W/m·℃인 금속판 두 면의 온도가 각각 70℃와 50℃일 때 전열면 1cm²당 1분 동안에 전달되는 열량(kJ)은 얼마인가?

① 1800 ② 14000
③ 92000 ④ 162000

Solution $\dot{Q} = 15 \times 10^{-4} \times \dfrac{(70-50)}{0.01} = 3\text{W}$, $\dfrac{3 \times 10^4 \times 60}{1000} = 1800 \text{KJ/min·cm}^2$

31 공기 3kg이 300K에서 650K까지 온도가 올라갈 때 엔트로피 변화량(J/K)은 얼마인가? (단, 이 때 압력은 100kPa에서 550kPa로 상승하고, 공기의 정압비열은 1.005kJ/kg·K, 기체상수는 0.287kJ/kg·K이다.)

① 712 ② 863
③ 924 ④ 966

Solution
$$\Delta S = mC_P \cdot \ell_n\left(\dfrac{T_2}{T_1}\right) - mR\ell_n\left(\dfrac{P_2}{P_1}\right)$$
$$= 3 \times 1.005 \times \ell_n\left(\dfrac{650}{300}\right) - 3 \times 0.287 \times \ell_n\left(\dfrac{550}{100}\right) = 0.863 \text{kJ/K} = 863 \text{J/K}$$

32 압축비가 18인 오토사이클의 효율(%)은? (단, 기체의 비열비는 1.410이다.)

① 65.7 ② 69.4
③ 71.3 ④ 74.6

Solution $\eta_o = \left\{1 - \left(\dfrac{1}{18}\right)^{0.41}\right\} \times 100 = 69.43\%$

Answer 28. ③ 29. ④ 30. ① 31. ② 32. ②

33 공기 표준 브레이튼(Brayton) 사이클 기관에서 최고 압력이 500kPa, 최저압력은 100kPa이다. 비열비(k)가 1.4일 때, 이 사이클의 열효율(%)은?

① 3.9 ② 18.9
③ 36.9 ④ 26.9

Solution $\eta_B = 1 - \left(\dfrac{100}{500}\right)^{\frac{0.4}{1.4}} = 0.3686$, $\eta_B = 36.86\%$

34 800kPa, 350℃의 수증기를 200kPa로 교축한다. 이 과정에 대하여 운동 에너지의 변화를 무시할 수 있다고 할 때 이 수증기의 Joule-Thomson 계수(K/kPa)는 얼마인가? (단, 교축 후의 온도는 344℃이다.)

① 0.005 ② 0.01
③ 0.02 ④ 0.03

Solution $\mu_{JT} = \dfrac{350-344}{800-200} = 0.01$

35 최고온도(T_H)와 최저온도(T_L)가 모두 동일한 이상적인 가역사이클 중 효율이 다른 하나는? (단, 사이클 작동에 사용되는 가스(기체)는 모두 동일하다.)

① 카르노 사이클 ② 브레이튼 사이클
③ 스털링 사이클 ④ 에릭슨 사이클

Solution $\eta_B = 1 - \left(\dfrac{T_1}{T_2}\right)$, 압축 전 온도점은 $T_1(T_L)$이고, 압축 후 온도는 T_2, 최고온도점은 터빈의 팽창 전 온도점이다.

36 이상적인 카르노 사이클 열기관에서 사이클당 585.5J의 일을 얻기 위하여 필요로 하는 열량이 1kJ이다. 저열원의 온도가 15℃라면 고열원의 온도(℃)는 얼마인가?

① 422 ② 595
③ 695 ④ 722

Solution $\eta_c = \dfrac{585.5}{1000} = 1 - \dfrac{(15+273)}{T_H}$, $T_H = 420.98$℃

Answer 33. ③ 34. ② 35. ② 36. ①

37 다음 냉동 사이클에서 열역학 제1법칙과 제2법칙을 모두 만족하는 Q_1, Q_2, W는?

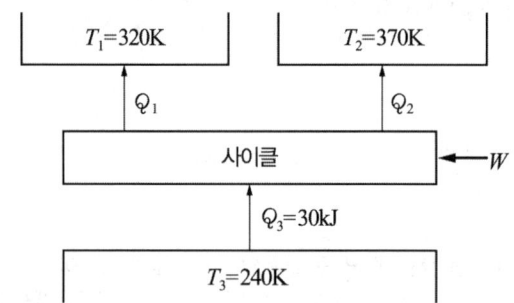

① $Q_1 = 20\text{kJ}$, $Q_2 = 20\text{kJ}$, $W = 20\text{kJ}$
② $Q_1 = 20\text{kJ}$, $Q_2 = 30\text{kJ}$, $W = 20\text{kJ}$
③ $Q_1 = 20\text{kJ}$, $Q_2 = 20\text{kJ}$, $W = 10\text{kJ}$
④ $Q_1 = 20\text{kJ}$, $Q_2 = 15\text{kJ}$, $W = 5\text{kJ}$

> **Solution** ① $W = (Q_1 + Q_2) - Q_3$
> ② $\dfrac{Q_3}{T_3} < \left(\dfrac{Q_2}{T_2} + \dfrac{Q_1}{T_1}\right)$; 비가역사이클

38 냉동효과가 70kW인 냉동기의 방열기 온도가 20℃, 흡열기 온도가 -10℃이다. 이 냉동기를 운전하는데 필요한 압축기의 이론 동력(kW)은 얼마인가?

① 6.02 ② 6.98
③ 7.98 ④ 8.99

> **Solution** $\epsilon_r = \dfrac{T_L}{T_H - T_L} = \dfrac{\dot{Q}}{\dot{W}}$, $\dot{W} = \dfrac{70 \times (20 + 10)}{(-10 + 273)} = 7.98$

39 냉동기 팽창밸브 장치에서 교축과정을 일반적으로 어떤 과정이라고 하는가? (단, 이 때 일반적으로 운동에너지 차이를 무시한다.)

① 정압과정 ② 등엔탈피 과정
③ 등엔트로피 과정 ④ 등온과정

40 국소 대기압력이 0.099MPa일 때 용기 내 기체의 게이지 압력이 1MPa이었다. 기체의 절대압력(MPa)은 얼마인가?

① 0.901 ② 1.099
③ 1.135 ④ 1.275

> **Solution** $P_a = 0.099 + 1 = 1.099\text{MPa}$

Answer 37. ② 38. ③ 39. ② 40. ②

3과목 기계유체역학

41 다음 중 유체의 중량(weight)당 가지는 에너지(energy)와 같은 차원을 갖는 것을 모두 고른 것은? (단, P는 압력, ρ는 밀도, v는 속도, z는 높이를 나타낸다.)

$$\bigcirc\ \frac{P}{\rho} \qquad \bigcirc\ \frac{\rho v^2}{2} \qquad \bigcirc\ z$$

① ㉠ ② ㉢
③ ㉠, ㉡ ④ ㉡, ㉢

Solution 압력수두 $= \frac{P}{\gamma}$, 속도수두 $= \frac{V^2}{2g}$

42 깊이가 10cm이고 지름이 6cm인 물 컵에 물이 바닥으로부터 일정 높이만큼 담겨있다. 이 컵을 회전반 위의 중심축에 올려놓고 서서히 각속도를 올리면서 회전한 결과 40rad/s의 각속도가 되었을 때 물이 막 넘치게 된다면 초기에 물은 바닥으로부터 몇 cm 높이까지 담겨 있었는가?

① 6.33 ② 5.46
③ 4.75 ④ 7.84

Solution $h = \frac{(r \cdot w)^2}{2g} = \frac{(0.03 \times 40)^2}{2 \times 9.8} = 0.0735\text{m} = 7.35\text{cm}$
용기 내 물의 높이 $= (10 - 7.35) + \frac{7.35}{2} = 6.325\text{cm}$

43 (x, y) 평면에서 다음과 같은 속도 포텐셜 함수가 2차원 포텐셜 유동이 되려면 상수 A, B, C, D, E가 만족시켜야 하는 조건은?

$$\varnothing = Ax + By + Cx^2 + Dxy + Ey^2$$

① A = B = 0 ② D = 0
③ C + E = 0 ④ 2C + D + 2E = 상수(constant)

Solution $u = \frac{\partial \phi}{\partial x} = A + 2Cx + Dy = \frac{\partial \psi}{\partial y}$, $v = \frac{\partial \phi}{\partial y} = B + Dx + 2Ey = -\frac{\partial \psi}{\partial x}$
$\psi = Ay - Bx + (2C - 2E)xy + \frac{D}{2}y^2 - \frac{D}{2}x^2$, $C = -E$

44 점성계수가 0.01kg/m·s인 유체가 지면과 수평으로 놓인 평판 위를 흐른다. 평판 위의 속도분포가 $u = 2.5 - 10(0.5 - y)^2$일 때 평판면에서의 전단응력은 약 몇 Pa인가? (단, y[m]는 평판면에서 수직방향으로의 거리이고, u[m/s]는 평판과 평행한 방향의 속도이다.)

① 0.1 ② 0.5
③ 1 ④ 5

Solution $\tau = \mu \cdot \frac{\partial u}{\partial y}\bigg|_{y=0} = 0.01 \times 10 = 0.1 \text{N/m}^2$

Answer 41. ② 42. ① 43. ③ 44. ①

45 지름이 0.5m인 원형 교통표지판이 그림과 같이 1.5m 지지대에 부착되어 있다. 평균속력 20m/s의 강풍이 불 때, 교통표지판에 의해 발생하는 최대 모멘트는 약 몇 N·m인가? (단, 원판의 항력계수는 1.17이고 공기의 밀도는 1.2kg/m³이다. 지지대에 의한 항력은 무시한다.)

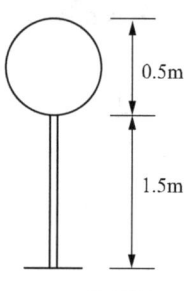

① 55
② 83
③ 96
④ 128

Solution $D = C_D \cdot A \cdot \dfrac{\rho \cdot V^2}{2}$, $T = D \cdot H = 1.17 \times \dfrac{\pi \times 0.5^2}{4} \times \dfrac{1.2 \times 20^2}{2} \times (0.25 + 1.5) = 96.49\text{N}\cdot\text{m}$

46 어떤 2차원 유동장 내에서 속도 벡터는 다음과 같을 때 점 (1, 1)을 지나는 유선의 방정식은?

$$\vec{V} = -x\vec{i} + y\vec{i}$$

① $y = x$
② $y = \dfrac{1}{x}$
③ $y = x^2$
④ $y = \dfrac{1}{x^2}$

Solution $-\dfrac{dx}{x} = \dfrac{dy}{y}$, $-\ell_n x + \ell_n c = \ell_n y$, $y = \dfrac{c}{x}$
$x = 1$일 때, $y = 1$, $c = 1$, $y = \dfrac{1}{x}$

47 공기의 유속을 측정하기 위하여 피토관을 사용했다. 피토관 내에 물을 담은 U자관 수주의 높이 차가 2.5cm라면 공기의 유속은 약 몇 m/s인가? (단, 공기의 밀도는 1.25kg/m³이다.)

① 9.8
② 19.8
③ 29.6
④ 39.6

Solution $V = \sqrt{2gh\left(\dfrac{\rho_w}{\rho_a} - 1\right)} = \sqrt{2 \times 9.8 \times 0.025 \times \left(\dfrac{1000}{1.25} - 1\right)} = 19.79\text{m/sec}$

Answer 45. ③ 46. ② 47. ②

48 모세관을 이용한 점도계에서 원형관 내의 유동은 비압축성 뉴턴 유체의 층류유동으로 가정할 수 있다. 여기에 두 모세관이 있는데 큰 모세관 지름은 작은 모세관 지름의 2배이고 길이는 동일하다. 두 모세관의 입구 측과 출구 측의 압력차가 동일할 때 큰 모세관에서의 유량은 작은 모세관 유량의 약 몇 배인가? (단, 두 모세관에서 흐르는 유체는 동일하다.)

① 2배   ② 4배
③ 8배   ④ 16배

Solution $Q = \dfrac{\Delta P \cdot \pi \cdot d^4}{128 \cdot \mu \cdot \ell}$, $Q_2 = 16 Q_1$

49 폭 a, 높이 b인 직사각형 수문이 수직으로 물속에 서 있다. 수문의 도심이 수면에서 h의 깊이에 있을 때 힘의 작용점의 위치는 수면 아래 어디에 위치하겠는가?

① $h + \dfrac{b^2}{6h}$ ② $h + \dfrac{b^2}{3h}$

③ $h + \dfrac{b^2}{24h}$ ④ $h + \dfrac{b^2}{12h}$

Solution $h_P = h + \dfrac{I_G}{A \cdot h} = h + \dfrac{ab^3}{a \cdot b \cdot h \cdot 12} = h + \dfrac{b^2}{12h}$

50 밀도가 800kg/m³인 원통형 물체가 그림과 같이 1/3이 수면 위에 떠 있는 것으로 관측되었다. 이 액체의 비중은 약 얼마인가?

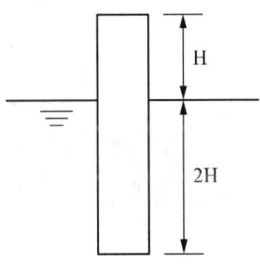

① 0.2   ② 0.67
③ 1.2   ④ 1.5

Solution $F_B = W$, $\gamma \cdot (A \cdot 2H) = (\rho \cdot g) \cdot A \cdot 3H$, $\gamma = \dfrac{3}{2}\rho \cdot g = \dfrac{3}{2} \times 800 \times 9.8 = 11760\text{N/m}^3$
$S = \dfrac{\gamma}{\gamma_w} = \dfrac{11760}{9800} = 1.2$

51 물리량과 차원이 바르게 연결된 것은? (단, M : 질량, L : 길이, T : 시간)

① 동력 : ML^2T^{-3} ② 점성계수 : $ML^{-2}T$
③ 에너지 : ML^2T^{-1} ④ 압력 : $ML^{-2}T^{-1}$

Solution 동력(N·m/sec) = $FLT^{-1} = ML^2T^{-3}$

Answer 48. ④ 49. ④ 50. ③ 51. ①

52 안지름이 100mm인 파이프에 비중 0.8인 기름이 평균속도 4m/s로 흐를 때 질량유량은 몇 kg/s인가?

① 2.56
② 4.25
③ 25.1
④ 44.8

Solution $\dot{m} = \rho A V = 0.8 \times 1000 \times \frac{\pi \times 0.1^2}{4} \times 4 = 25.13 \text{kg/sec}$

53 어떤 잠수정이 시속 12km의 속도로 잠항하는 상태를 관찰하기 위하여 실물의 1/10 길이의 모형을 만들어 같은 바닷물을 넣은 탱크 안에서 실험하려고 한다. 모형의 속도는 몇 km/h로 움직여야 상사법칙이 성립하는가?

① 1.2
② 20
③ 100
④ 120

Solution $\left(\frac{V \cdot L}{\nu}\right) = \left(\frac{V \cdot L}{\nu}\right)_m$, $12 \times 10 = V_m = 120 \text{km/h}$

54 그림과 같은 U자관 액주계에서 두 지점의 압력차 $P_x - P_y$는? (단, γ_1, γ_2, γ_3는 액체의 비중량이다.)

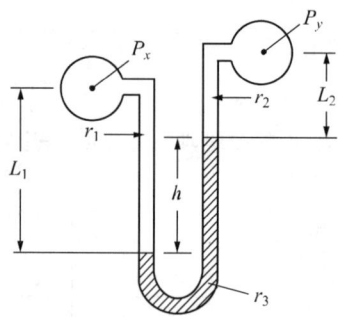

① $P_x - P_y = \gamma_2 L_2 + \gamma_3 h - \gamma_1 L_1$
② $P_x - P_y = \gamma_2 L_2 - \gamma_3 h + \gamma_1 L_1$
③ $P_x - P_y = \gamma_1 L_1 - \gamma_2 L_2 + \gamma_3 h$
④ $P_x - P_y = \gamma_1 L_1 + \gamma_2 L_2 + \gamma_3 h$

Solution $P_x + \gamma_1 \cdot L_1 = P_y + \gamma_2 \cdot L_2 + \gamma_3 \cdot h$
$P_x - P_y = \gamma_3 h + \gamma_2 L_2 - \gamma_1 \cdot L_1$

55 노즐에서 분사된 물이 고정된 평판에 수직으로 충돌하고 있다. 물제트의 지름은 20mm이고 유속이 30m/s일 때 평판이 물제트로부터 받는 힘은 약 몇 N인가?

① 283
② 372
③ 435
④ 527

Solution $F = \rho Q V = 1000 \times \frac{\pi \times 0.02^2}{4} \times 30^2 = 282.74 \text{N}$

Answer 52. ③ 53. ④ 54. ① 55. ①

56 평판 위를 지나는 경계층 유동에서 레이놀즈 수는? (단, ν는 동점성계수, u_∞는 자유흐름 속도, μ는 점성계수, x는 평판 선단으로부터의 거리, ρ는 밀도이다.)

① $\dfrac{\rho u_\infty x}{\nu}$ ② $\dfrac{u_\infty x}{\mu}$

③ $\dfrac{\rho u_\infty}{\nu}$ ④ $\dfrac{u_\infty x}{\nu}$

Solution $R_e = \dfrac{U_\infty \cdot x}{\nu} = \dfrac{P \cdot U_\infty \cdot x}{\mu}$

57 다음 중 관성력과 중력의 상대적 크기에 의해 정해지는 무차원수는?

① Froude 수   ② Euler 수
③ Weber 수   ④ Mach 수

58 20℃의 물이 지면에 대해 30° 경사진 파이프의 A지점에서 파이프 방향으로 30m 떨어진 B지점으로 흘러내린다. 파이프 안지름은 200mm이며 A와 B지점에서 압력이 같도록 유량을 조절할 때 A와 B 사이에서 발생하는 손실수두(m)는 약 얼마인가?

① 0   ② 15
③ 25.9   ④ 30

Solution $\dfrac{P_A}{\gamma} + \dfrac{V_A^2}{2g} + Z_A = \dfrac{P_B}{\gamma} + \dfrac{V_B^2}{2g} + Z_B + h_\ell$
$h_\ell = Z_A - Z_B = 30 \times \sin 30° = 15\text{m}$

59 파이프 유동의 해석에 있어서 완전난류영역에서의 관마찰계수 f에 대한 설명으로 가장 옳은 것은?

① 레이놀즈수만의 함수가 된다.
② 상대조도와 오일러수의 함수가 된다.
③ 마하수와 코우시수의 함수가 된다.
④ 상대조도만의 함수가 된다.

Solution $f = F(R_e, \dfrac{e}{d})$
거친 관속의 난류 유동의 경우 관마찰계수는 상대조도 만의 함수이다.

60 물이 30m/s의 속도로 수직 방향 위로 분출되고 있다. 이 때 물의 최고 도달 높이는 약 몇 m 인가?

① 11.5   ② 22.9
③ 45.9   ④ 91.7

Solution $V_0^2 = 2gh$, $h = \dfrac{30^2}{2 \times 9.8} = 45.92\text{m}$

Answer 56. ④ 57. ① 58. ② 59. ④ 60. ③

4과목 유체기계 및 유압기기

61 원심펌프의 특성 곡선(characteristic curve)에 대한 설명 중 틀린 것은?
① 유량이 최대일 때의 양정을 체절양정(shut off head)이라 한다.
② 유량에 대하여 전양정, 효율, 축동력에 대한 관계를 알 수 있다.
③ 효율이 최대일 때를 설계점으로 설정하여 이때의 양정을 규정양정(normal head)이라 한다.
④ 유량과 양정의 관계곡선에서 서징(surging)현상을 고려할 때 왼편하강 특성곡선 구간에서 운전하는 것은 피하는 것이 좋다.

Solution 체절양정 : 유량이 0인 상태에서의 양정

62 다음 중 사류수차에 대한 설명으로 틀린 것은?
① 프란시스 수차와 프로펠러 수차 사이의 비속도와 유효낙차를 가진다.
② 비교적 유량이 많은 댐식에 주로 사용된다.
③ 프란시스 수차와는 다르게 흡출관이 없다.
④ 러너 베인의 기울어진 각도는 고낙차용은 축방향과 45°정도이고, 저낙차용은 60°정도이다.

63 다음 수력기계에서 특수형 펌프에 속하지 않는 것은?
① 진공 펌프   ② 재생 펌프
③ 분사 펌프   ④ 수격 펌프

64 수차에 대하여 일반적으로 운전하는 비속도가 작은 것으로부터 큰 순으로 바르게 나타낸 것은?
① 프로펠러 수차 < 프란시스 수차 < 펠톤 수차
② 프로펠러 수차 < 펠톤 수차 < 프란시스 수차
③ 프란시스 수차 < 펠톤 수차 < 프로펠러 수차
④ 펠톤 수차 < 프란시스 수차 < 프로펠러 수차

Answer 61. ① 62. ③ 63. ① 64. ④

65 일반적인 토크 컨버터의 최고 효율은 약 몇 % 수준인가?
① 97
② 90
③ 83
④ 75

66 유회전식 진공 펌프(oil rotary vacuum pump)에 해당하지 않는 것은?
① 엘모형(Elmo type)
② 센코형(Cenco type)
③ 게데형(Gaede type)
④ 키니형(Kinney type)

67 펌프보다 낮은 수위에서 액체를 퍼 올릴 때 풋 밸브(foot valve)를 설치하는 이유로 가장 옳은 것은?
① 관내 수격작용을 방지하기 위하여
② 펌프의 한계 유량을 넘지 않도록 하기 위해
③ 펌프 내에 공동현상을 방지하기 위하여
④ 운전이 정지되더라도 흡입관 내에 물이 역류하는 것을 방지하기 위해

68 시로코 팬(sirocco fan)의 일반적인 특징에 대한 설명으로 옳지 않은 것은?
① 회전차의 깃이 회전방향으로 경사되어 있다.
② 익현 길이가 짧다.
③ 풍량이 적다.
④ 깃폭이 넓은 깃을 다수 부착한다.

69 수차에 작용하는 물의 에너지 종류에 따라 수차를 구분하였을 때, 물레방아가 해당되는 수차의 형식은?
① 충격 수차
② 중력 수차
③ 펠톤 수차
④ 반동 수차

Answer 65. ② 66. ① 67. ④ 68. ③ 69. ②

70 운전 중인 급수펌프의 유량이 4m³/min, 흡입관에서의 게이지 압력이 -40kPa, 송출관에서의 게이지 압력이 400kPa이다. 흡입관경과 송출관경이 같고, 송출관의 압력 측정 장치는 흡입관의 압력 측정 장치의 설치 위치보다 30cm 높게 설치가 되어있다면, 이 펌프의 전양정(m)과 동력(kW)은 각각 얼마정도인가?

① 27.2m, 27.3kW   ② 45.2m, 45.4kW
③ 27.2m, 57.3kW   ④ 45.2m, 29.5kW

Solution $H = \dfrac{P_2 - P_1}{\gamma} + (Z_2 - Z_1) = \dfrac{(400+40) \times 10^3}{9800} + 0.3 = 45.2\text{m}$

$L = \gamma Q H = 9800 \times \dfrac{4}{60} \times 45.2 \times 10^{-3} = 29.5\text{kW}$

71 베인 펌프의 일반적인 특징으로 옳지 않은 것은?

① 송출 압력의 맥동이 적다.
② 고장이 적고 보수가 용이하다.
③ 펌프의 유동력에 비하여 형상치수가 적다.
④ 베인의 마모로 인하여 압력저하가 커진다.

72 그림과 같은 도시기호로 표시된 밸브의 명칭은?

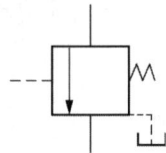

① 직접 작동형 릴리프 밸브   ② 파일럿 작동형 릴리프 밸브
③ 2방향 감압 밸브   ④ 시퀀스 밸브

73 단단 베인 펌프 2개를 1개의 본체 내에 직렬로 연결시킨 베인 펌프는?

① 2중 베인 펌프(double type vane pump)
② 2단 베인 펌프(two stage vane pump)
③ 복합 베인 펌프(combination vane pump)
④ 가변 용량형 베인 펌프(variable delivery vane pump)

Answer 70. ④ 71. ④ 72. ④ 73. ②

74 펌프의 무부하 운전에 대한 장점이 아닌 것은?
① 작업시간 단축
② 구동동력 경감
③ 유압유의 열화 방지
④ 고장방지 및 펌프의 수명 연장

75 슬라이드 밸브 등에서 밸브가 중립점에 있을 때, 이미 포토가 열리고, 유체가 흐르도록 중복된 상태를 의미하는 용어는?
① 제로 랩
② 오버 랩
③ 언더 랩
④ 랜드 랩

76 1개의 유압 실린더에서 전진 및 후진 단에 각각의 리밋 스위치를 부착하는 이유로 가장 적합한 것은?
① 실린더의 위치를 검출하여 제어에 사용하기 위하여
② 실린더 내의 온도를 제어하기 위하여
③ 실린더의 속도를 제어하기 위하여
④ 실린더 내의 압력을 계측하고 제어하기 위하여

77 기능적으로 구분할 때 릴리프 밸브와 리듀싱 밸브는 어떤 밸브에 속하는가?
① 방향 제어 밸브
② 압력 제어 밸브
③ 비례 제어 밸브
④ 유량 제어 밸브

78 일정한 유량(Q) 및 유속(V)으로 유체가 흐르고 있는 관의 지름 D를 5D로 크게 하면 유속은 어떻게 변화하는가?
① $\frac{1}{5}V$
② $25V$
③ $5V$
④ $\frac{1}{25}V$

Solution $Q = AV,\ D^2 \times V_1 = (5D)^2 \times V_2,\ V_2 = \frac{1}{25}V$

Answer 74. ① 75. ③ 76. ① 77. ② 78. ④

79 유압기기에서 실(seal)의 요구 조건과 관계가 먼 것은?

① 압축 복원성이 좋고 압축변형이 적을 것
② 체적변화가 적고 내약품성이 양호할 것
③ 마찰저항이 크고 온도에 민감할 것
④ 내구성 및 내마모성이 우수할 것

80 그림과 같이 유체가 단면적이 다른 파이프를 통과할 때 단면적 A_2지점에서의 유량은 몇 ℓ/s인가? (단, 단면적 A_1에서의 유속 $V_1 = 4m/s$이고, 단면적은 $A_1 = 0.2cm^2$이며, 연속의 법칙을 만족한다.)

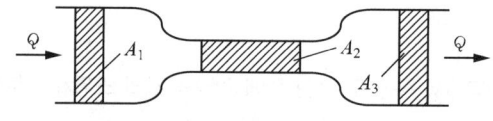

① 0.008
② 0.08
③ 0.8
④ 8

Solution $Q = A \cdot V = 400 \times 0.2 = 80 cm^3/s = 0.08 \ell/sec$

5과목 건설기계일반 및 플랜트배관

81 무한궤도식 불도저의 트랙프레임 구성요소가 아닌 것은?

① 프런트 아이들러
② 리코일 스프링
③ 블레이드
④ 상부롤러

82 플랜트 기계설비용 알루미늄계 재료의 특징으로 틀린 것은?

① 내식성이 양호하다.
② 열과 전기의 전도성이 나쁘다.
③ 가공성, 성형성이 양호하다.
④ 빛이나 열의 반사율이 높다.

Answer 79. ③ 80. ② 81. ③ 82. ②

83 다음 중 건설기계의 규격을 설명한 것으로 틀린 것은?

① 아스팔트 피니셔 : 시공할 수 있는 표준 폭[m]
② 아스팔트 믹싱 플랜트 : 혼합 용기 내에서 1회 혼합할 수 있는 탱크 용량[m³]
③ 아스팔트 살포기 : 탱크 용량[m³]
④ 콘크리트 살포기 : 시공할 수 있는 표준 폭[m]

84 다음 중 도랑파기 작업에 가장 적합한 건설기계는?

① 로더　　　　　　　　② 굴삭기
③ 지게차　　　　　　　④ 천공기

85 다음 중 전압식 롤러에 속하지 않는 것은?

① 타이어 롤러　　　　　② 머캐덤 롤러
③ 탠덤 롤러　　　　　　④ 탬퍼

86 트랙터에 고정시키는 작업장치의 용도에 대한 설명으로 틀린 것은?

① 트리밍 도저는 토공용이다.
② 레이크 도저는 뿌리를 뽑고, 개간하는데 쓰인다.
③ 앵글 도저는 토사를 한쪽 방향으로 밀어낼 수 있다.
④ 틸트 도저는 굳은 땅 파기 작업이 가능하다.

87 피견인 스크레이퍼에서 흙의 운반량(m³/h) Q를 구하는 식으로 옳은 것은? (단, q : 볼의 1회 운반량(m³), f : 토량환산계수, E : 스크레이퍼의 작업효율, C_m : 사이클 시간(min)이다.)

① $Q = \dfrac{C_m}{60q \cdot f \cdot E}$　　　　② $Q = \dfrac{60q \cdot C_m}{f \cdot E}$

③ $Q = \dfrac{60q \cdot f \cdot E}{C_m}$　　　　④ $Q = \dfrac{f \cdot E}{60q \cdot C_m}$

Answer　83. ②　84. ②　85. ④　86. ①　87. ③

88 다음 중 앞쪽에서 굴착하여 로더 차체 위를 넘어서 뒤쪽에 적재할 수 있는 로더 형식은?
① 사이드 덤프 형　　② 프런트 엔드 형
③ 리어 덤프 형　　　④ 오버 헤드 형

89 지게차에서 하중을 실어 오르내리게 하는 유압장치로 단동 실린더로 되어 있는 것은?
① 마스터 실린더　　② 틸트 실린더
③ 조향 부스터　　　④ 스티어링 실린더

90 다음 중 건설기계에 쓰이는 터빈 펌프의 구조와 관계없는 것은?
① 와류실　　　② 임펠러
③ 안내날개　　④ 스파크 플러그

91 루프형 신축 이음재의 곡률 반경은 일반적으로 관 지름의 몇 배인가?
① 2배　　② 4배
③ 6배　　④ 8배

92 관 속을 흐르는 유체의 온도와 관 벽에 접하는 외부 온도의 변화에 따른 관은 팽창, 수축을 하게 되는데 이러한 사고를 미연에 방지하기 위한 신축 이음쇠의 종류가 아닌 것은?
① 슬리브형(sleeve type) 신축 이음쇠　　② 벨로스형(bellows type) 신축 이음쇠
③ 루프형(loop type) 신축 이음쇠　　　　④ 슬라이드형(slide type) 신축 이음쇠

93 다음 파이프 래크의 설명에서 Ⓐ, Ⓑ에 적절한 간격은?

> 일반적으로 파이프 래크(pipe rack)의 폭을 결정할 때 고려할 사항으로 인접하는 파이프의 외측과 외측과의 최소간격(Ⓐ)mm이고, 인접하는 플랜지 외측과 외측과의 최소간격(Ⓑ)mm로 한다.

① Ⓐ : 75mm, Ⓑ : 25mm　　② Ⓐ : 25mm, Ⓑ : 25mm
③ Ⓐ : 25mm, Ⓑ : 75mm　　④ Ⓐ : 75mm, Ⓑ : 75mm

94 가스절단 시 가스절단 조건에 대한 설명 중 틀린 것은?
① 모재의 연소온도가 모재의 용융온도보다 낮아야 한다.
② 모재의 성분 중 연소를 방해하는 원소가 적어야 한다.
③ 금속 산화물의 용융온도가 모재의 용융온도보다 높아야 한다.
④ 금속산화물의 유동성이 좋아야 한다.

Answer　88. ④　89. ①　90. ④　91. ③　92. ④　93. ①　94. ③

95 다음 중 배관지지 장치를 설치할 때 고려사항으로 거리가 먼 것은?

① 유체 및 피복제의 합계 중량
② 공기 및 유해가스 발생 여부
③ 온도변화에 따른 관의 신축
④ 외부에서의 진동과 충격

96 동관 연결 부속인 90° 엘보의 접합부 기호가 C×C라 할 때 "C"에 대한 설명으로 옳은 것은?

① 이음쇠 내로 관이 들어가 접합되는 형태
② 나사가 안으로 난 나사이음용 부속의 끝부분
③ 나사가 밖으로 난 나사이음용 부속의 끝부분
④ 이음쇠 바깥지름이 동관의 안지름 치수에 맞게 만들어진 부속의 끝부분

97 배관용 공구에 대한 설명으로 옳은 것은?

① 수직바이스의 크기는 조우의 폭으로 나타낸다.
② 쇠톱 날의 크기는 전체 길이로 나타낸다.
③ 강관을 절단 시 사용하는 쇠톱 날의 산수는 1인치 당 14~18산이 적당하다.
④ 줄의 종류는 줄 날의 크기에 따라 황목, 중목, 세목, 유목으로 나눈다.

98 실린더의 직경이 500mm이고 높이가 1m일 때 실린더 내 유체질량이 200kg이면 밀도는 약 몇 kg/m³인가?

① 39.2
② 100
③ 1020
④ 3900

Solution $\rho = \dfrac{m}{V} = \dfrac{200}{\dfrac{\pi}{4} \times 0.5^2 \times 1} = 1018.59 \text{kg/m}^3$

99 다음 중 배관 내 기기 및 라인 점검 방법으로 거리가 먼 것은?

① 드레인 배출은 완전한지 확인한다.
② 도면과 시방서의 기준에 맞도록 설비가 되었는지 확인한다.
③ 각종 기기 및 자재와 부속품은 시방서에 명시된 규격품인지 확인한다.
④ 각 배관의 기울기는 급경사로하고 에어포켓(air pocket)부는 없는지 확인한다.

100 동관에 관한 일반적인 설명으로 틀린 것은?

① 두께별로 분류할 때 K, L, M 형으로 구분한다.
② 알카리성에는 내식성이 약하나, 산성에는 강하다.
③ 열 및 전기의 전도율이 양호하다.
④ 전연성이 풍부하고 마찰저항이 적다.

Answer 95. ② 96. ① 97. ④ 98. ③ 99. ④ 100. ②

2020년 6월 21일 1·2회 통합 기출문제

1과목 재료역학

1 직사각형 단면의 단주에 150kN하중이 중심에서 1m만큼 편심되어 작용할 때 이 부재 BD에서 생기는 최대 압축응력은 약 몇 kPa인가?

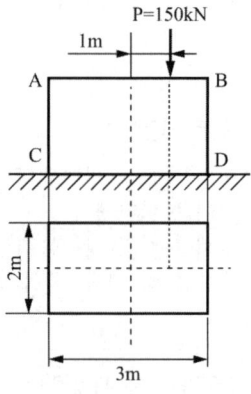

① 25　　　　　　　　② 50
③ 75　　　　　　　　④ 100

Solution $\sigma_{c\max} = \dfrac{P}{A} + \dfrac{M}{Z} = \dfrac{150 \times 10^3}{2 \times 3} + \dfrac{6 \times 150 \times 10^3 \times 1}{2 \times 3^2} = 25 \times 10^3 + 50 \times 10^3 = 75 \times 10^3 \mathrm{Pa} = 75\,\mathrm{kPa}$

2 오일러 공식이 세장비 $\dfrac{\ell}{k} > 100$에 대해 성립한다고 할 때, 양단이 힌지인 원형단면기둥에서 오일러 공식이 성립하기 위한 길이 "ℓ"과 지름 "d"와의 관계가 옳은 것은? (단, 단면의 회전반경을 k라 한다.)

① $\ell > 4d$　　　　　　② $\ell > 25d$
③ $\ell > 50d$　　　　　④ $\ell > 100d$

Solution 원형단면 $K = \dfrac{d}{4}$

$\ell > 100 K = 100 \times \dfrac{d}{4} = 25d$

∴ $\ell > 25\,d$

Answer 1. ③　2. ②

3 원형 봉에 축방향 인장하중 $P = 88kN$이 작용할 때, 직경의 감소량은 약 몇 mm인가? (단, 봉은 길이 $L = 2m$, 직경 $d = 40mm$, 세로탄성계수는 70GPa, 포아송비 $\mu = 0.30$이다.)

① 0.006　　　　　　　　② 0.012
③ 0.018　　　　　　　　④ 0.036

Solution $\delta' = \dfrac{d\sigma}{mE} = \dfrac{0.3 \times 0.04 \times 4 \times 88 \times 10^3}{70 \times 10^9 \times \pi \times 0.04^2} = 0.012 \times 10^{-3} m = 0.012\,mm$

4 원형단면 축에 147kW의 동력을 회전수 2000rpm으로 전달시키고자 한다. 축 지름은 약 몇 cm로 해야 하는가? (단, 허용전단응력은 $\tau_w = 50MPa$이다.)

① 4.2　　　　　　　　② 4.6
③ 8.5　　　　　　　　④ 9.9

Solution $T = 974000 \dfrac{H_{kW}}{N} = \tau_a \cdot \dfrac{\pi d^3}{16}$

$974000 \times \dfrac{147}{2000} \times 9.8 = 50 \times \dfrac{\pi d^2}{16}$

$d = 41.505\,mm = 4.1505\,cm$

5 양단이 고정된 축을 그림과 같이 m-n단면에서 T만큼 비틀면 고정단 AB에서 생기는 저항 비틀림 모멘트의 비 T_A/T_B는?

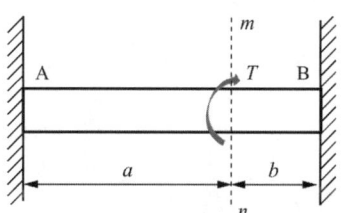

① $\dfrac{b^2}{a^2}$　　　　　　　② $\dfrac{b}{a}$
③ $\dfrac{a}{b}$　　　　　　　　④ $\dfrac{a^2}{b^2}$

Solution $T_A = \dfrac{T \cdot b}{a+b}$, $T_B = \dfrac{T \cdot a}{a+b}$

$\dfrac{T_A}{T_B} = \dfrac{b}{a}$

6 외팔보의 자유단에 연직 방향으로 10kN의 집중 하중이 작용하면 고정단에 생기는 굽힘응력은 약 몇 MPa인가? (단, 단면(폭×높이) $b \times h = 10cm \times 15cm$, 길이 1.5m이다.)

① 0.9　　　　　　　　② 5.3
③ 40　　　　　　　　④ 100

Solution $\sigma_{bmax} = \dfrac{6P \cdot \ell}{bh^2} = \dfrac{6 \times 10 \times 10^3 \times 1.5}{0.1 \times 0.15^2} = 40 \times 10^6 Pa = 40\,MPa$

Answer　3. ②　4. ①　5. ②　6. ③

7 지름 300mm의 단면을 가진 속이 찬 원형보가 굽힘을 받아 최대 굽힘 응력이 100MPa이 되었다. 이 단면에 작용한 굽힘모멘트는 약 몇 kN·m인가?

① 265　　　　　　　　　② 315
③ 360　　　　　　　　　④ 425

> **Solution** $M = \sigma_{b\max} \cdot Z = \sigma_{b\max} \times \dfrac{\pi d^3}{32} = 100 \times 10^6 \times \dfrac{\pi \times 0.3^3}{32} = 264937.5\,\text{N}\cdot\text{m} = 264.94\,\text{kJ}$

8 철도 레일의 온도가 50℃에서 15℃로 떨어졌을 때 레일에 생기는 열응력은 약 몇 MPa인가? (단, 선팽창계수는 0.000012/℃, 세로탄성계수는 210GPa이다.)

① 4.41　　　　　　　　　② 8.82
③ 44.1　　　　　　　　　④ 88.2

> **Solution** $\sigma = E \cdot \alpha \cdot \Delta t = 210 \times 10^9 \times 0.000012 \times (15 - 50) = -88200000\,\text{Pa} = -88.2\,\text{MPa}$

9 그림과 같은 트러스 구조물에서 B점에서 10kN의 수직 하중을 받으면 BC에 작용하는 힘은 몇 kN인가?

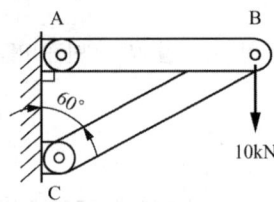

① 20　　　　　　　　　② 17.32
③ 10　　　　　　　　　④ 8.66

> **Solution** $F_{BC} \cdot \sin 30° = 10$, $F_{BC} = 20\,\text{kN}$

10 지름 D인 두께가 얇은 링(ring)을 수평면내에서 회전시킬 때, 링에 생기는 인장응력을 나타내는 식은? (단, 링의 단위 길이에 대한 무게를 W, 링의 원주속도를 V, 링의 단면적을 A, 중력가속도를 g로 한다.)

① $\dfrac{WV^2}{DAg}$　　　　　　② $\dfrac{WDV^2}{Ag}$

③ $\dfrac{WV^2}{Ag}$　　　　　　　④ $\dfrac{WV^2}{Dg}$

> **Solution** $\sigma_t = \dfrac{\gamma \cdot V^2}{g} = \dfrac{W \cdot V^2}{Ag}$
> γ : 비중량(N/m³)
> W : 단위길이당 무게(N/m)

Answer 7. ①　8. ④　9. ①　10. ③

11 그림의 평면응력상태에서 최대 주응력을 약 몇 MPa인가? (단, σ_x = 175MPa, σ_y = 35MPa, τ_{xy} = 60MPa 이다.)

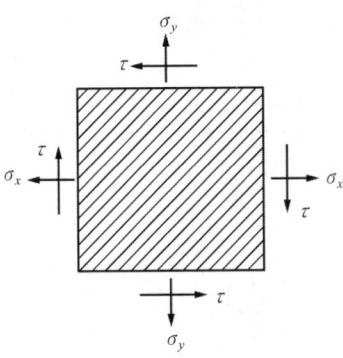

① 92
② 105
③ 163
④ 197

Solution $\sigma_{max} = \dfrac{\sigma_x + \sigma_y}{2} + \sqrt{(\dfrac{\sigma_x - \sigma_y}{2})^2 + \tau_{xy}^2} = \dfrac{175+35}{2} + \sqrt{(\dfrac{175-35}{2})^2 + 60^2} = 197\,\text{MPa}$

12 그림과 같이 외팔보의 중앙에 집중하중 P가 작용하는 경우 집중하중 P가 작용하는 지점에서의 처짐은? (단, 보의 굽힘강성 EI는 일정하고, L은 보의 전체의 길이이다.)

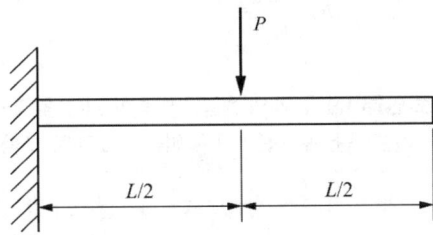

① $\dfrac{PL^3}{3EI}$
② $\dfrac{PL^3}{24EI}$
③ $\dfrac{PL^3}{8EI}$
④ $\dfrac{5PL^3}{48EI}$

Solution $\delta = \dfrac{P \cdot (\frac{L}{2})^3}{3EI} = \dfrac{P \cdot L^3}{24EI}$

Answer 11. ④ 12. ②

13 전체 길이가 L이고, 일단 지지 및 타단 고정보에서 삼각형 분포 하중이 작용할 때, 지지점 A에서의 반력은? (단, 보의 굽힘강성 EI는 일정하다.)

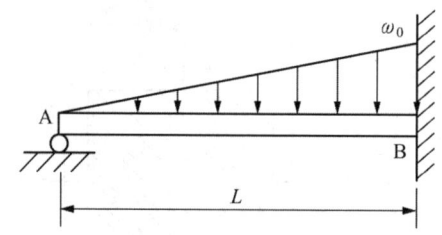

① $\frac{1}{2}w_0L$ ② $\frac{1}{3}w_0L$

③ $\frac{1}{5}w_0L$ ④ $\frac{1}{10}w_0L$

Solution

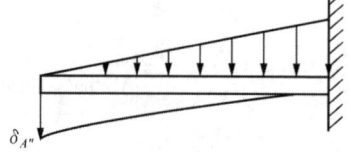

$\delta_{A''} = \dfrac{\dfrac{\omega_o \cdot L}{2} \times \dfrac{L}{3} \times L \times \dfrac{1}{4}}{EI} \times \dfrac{4}{5}L = \dfrac{\omega_o \cdot L^4}{30EI}$, $\delta_{A'} = \delta_{A''}$

$\dfrac{R_A \cdot L^3}{3EI} = \dfrac{\omega_o \cdot L^4}{30EI}, R_A = \dfrac{\omega_o \cdot L}{10}$

14 동일한 길이와 재질로 만들어진 두 개의 원형단면 축이 있다. 각각의 지름이 d_1, d_2 때 각 축에 저장되는 변형에너지 u_1, u_2 비는? (단, 두 축은 모두 비틀림 모멘트 T를 받고 있다.)

① $\dfrac{u_1}{u_2} = \left(\dfrac{d_2}{d_1}\right)^4$ ② $\dfrac{u_2}{u_1} = \left(\dfrac{d_2}{d_1}\right)^3$

③ $\dfrac{u_1}{u_2} = \left(\dfrac{d_2}{d_1}\right)^3$ ④ $\dfrac{u_2}{u_1} = \left(\dfrac{d_2}{d_1}\right)^4$

Solution $u = \dfrac{T^2 \cdot A \cdot L}{4G \cdot Z_P^2} \propto \dfrac{1}{d^4}$

$\dfrac{u_1}{u_2} = \dfrac{d_2^4}{d_1^4}$

Answer 13. ④ 14. ①

15 그림과 같은 균일 단면의 돌출보에서 반력 R_A는? (단, 보의 자중은 무시한다.)

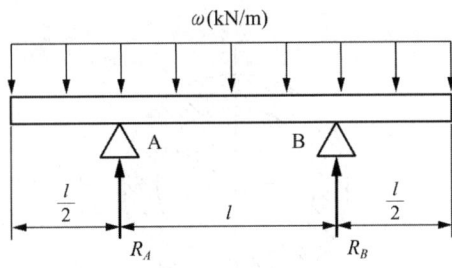

① ωl
② $\dfrac{\omega l}{4}$
③ $\dfrac{\omega l}{3}$
④ $\dfrac{\omega l}{2}$

> **Solution** $R_A = \dfrac{\omega l}{2} + \omega l \times \dfrac{1}{2} = \omega l$

16 그림과 같이 양단에서 모멘트가 작용할 경우 A지점의 처짐각 θ_A는? (단, 보의 굽힘 강성 EI는 일정하고, 자중은 무시한다.)

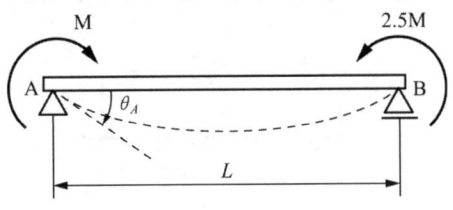

① $\dfrac{ML}{2EI}$
② $\dfrac{2ML}{5EI}$
③ $\dfrac{ML}{6EI}$
④ $\dfrac{3ML}{4EI}$

> **Solution** 공액보의 A'점의 반력
> $R_{A'} = \dfrac{ML}{2} + \dfrac{ML}{4} = \dfrac{3ML}{4}$
> $\theta_A = \dfrac{R_{A'}}{EI} = \dfrac{3ML}{4EI}$

Answer 15. ① 16. ④

17 그림과 같은 빗금 친 단면을 갖는 중공축이 있다. 이 단면의 O점에 관한 극단면 2차모멘트는?

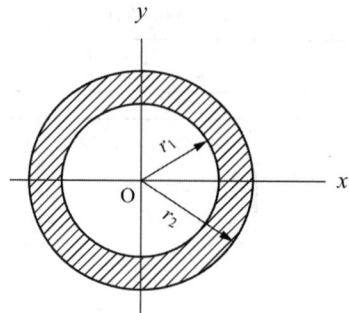

① $\pi(r_2^4 - r_1^4)$
② $\dfrac{\pi}{2}(r_2^4 - r_1^4)$
③ $\dfrac{\pi}{4}(r_2^4 - r_1^4)$
④ $\dfrac{\pi}{16}(r_2^4 - r_1^4)$

Solution $I_P = \dfrac{\pi}{32}(d_2^4 - d_1^4) = \dfrac{\pi}{32} \times 2^4 \times (r_2^4 - r_1^4) = \dfrac{\pi}{2}(r_2^4 - r_1^4)$

18 그림과 같이 길고 얇은 평판이 평면 변형률 상태로 σ_x를 받고 있을 때, ϵ_x는?

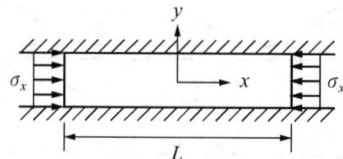

① $\epsilon_x = \dfrac{1-\nu}{E}\sigma_x$
② $\epsilon_x = \dfrac{1+\nu}{E}\sigma_x$
③ $\epsilon_x = \left(\dfrac{1-\nu^2}{E}\right)\sigma_x$
④ $\epsilon_x = \left(\dfrac{1+\nu^2}{E}\right)\sigma_x$

Solution $\epsilon_y = 0,\ \sigma_y = \nu\sigma_x$
$\epsilon_x = \dfrac{\sigma_x}{E} - \nu \cdot \dfrac{\sigma_y}{E} = \dfrac{\sigma_x}{E}(1-\nu^2)$

Answer 17. ② 18. ③

19 그림과 같은 단면을 가진 외팔보가 있다. 그 단면의 자유단에 전단력 $V = 40\text{kN}$이 발생한다면 단면 a-b 위에 발생하는 전단응력은 약 몇 MPa인가?

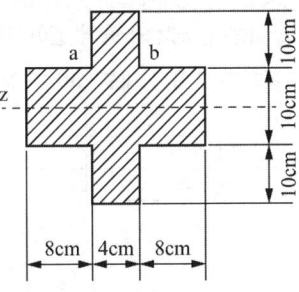

① 4.57
② 4.22
③ 3.87
④ 3.14

Solution $\tau_{ab} = \dfrac{V \cdot Q}{b \cdot I} = \dfrac{40 \times 10^3 \times (40 \times 100 \times 100)}{40 \times \left(\dfrac{40 \times 300^3}{12} + \dfrac{80 \times 100^3}{12} \times 2\right)} = 3.87\,\text{MPa}\,(\text{N/mm}^2)$

20 단면적이 4cm²인 강봉에 그림과 같은 하중이 작용하고 있다. $W = 60\text{kN}$, $P = 25\text{kN}$, $\ell = 20\text{cm}$일 때 BC 부분의 변형률 ε은 약 얼마인가? (단, 세로탄성계수는 200GPa이다.)

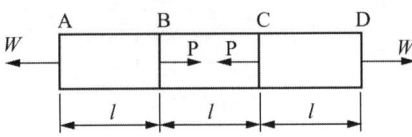

① 0.00043
② 0.0043
③ 0.043
④ 0.43

Solution $\delta_{BC} = \dfrac{(60-25) \times 10^3 \times 0.2 \times 10^3}{40 \times 10^{-4} \times 200 \times 10^9} = 0.0875\,\text{mm}$

$\epsilon = \dfrac{0.0875}{200} = 0.0004375$

Answer 19. ③ 20. ①

2과목 기계열역학

21 압력 1000kPa, 온도 300℃ 상태의 수증기(엔탈피 3051.15kJ/kg, 엔트로피 7.1228kJ/kg·K)가 증기터빈으로 들어가서 100kPa 상태로 나온다. 터빈의 출력 일이 370kJ/kg일 때 터빈의 효율(%)은?

수증기의 포화 상태표(압력 100kPa / 온도 99.62℃)

엔탈피(kJ/kg)		엔트로피(kJ/kg·K)	
포화액체	포화증기	포화액체	포화증기
417.44	2675.46	1.3025	7.3593

① 15.6 ② 33.2
③ 66.8 ④ 79.8

Solution 터빈출구 비엔탈피
$$7.1228 = 1.3025 + x(7.3593 - 1.3025)$$
$$x = 0.961$$
$$h_{2x} = 417.44 + 0.961 \times (2675.46 - 417.44) = 2587.29 \text{kJ/kg}$$
$$\eta = \frac{370 \times 100}{3051.15 - 2587.29} = 79.77\%$$

22 피스톤-실린더 장치에 들어있는 100kPa, 27℃의 공기가 600kPa까지 가역단열과정으로 압축된다. 비열비가 1.4로 일정하다면 이 과정 동안에 공기가 받은 일(kJ/kg)은? (단, 공기의 기체상수는 0.287kJ/(kg·K)이다.)

① 263.6 ② 171.8
③ 143.5 ④ 116.9

Solution
$$\frac{T_2}{T_1} = \left(\frac{P_2}{P_1}\right)^{\frac{K-1}{K}}$$
$$T_2 = (27 + 273) \times \left(\frac{600}{100}\right)^{\frac{0.4}{1.4}} = 500.55K$$
$$\therefore t_2 = 227.55℃$$
$$_1W_2 = \frac{R(t_2 - t_1)}{K - 1} = \frac{0.287 \times (227.55 - 27)}{1.4 - 1} = 143.89 \text{kJ/kg}$$

23 다음은 시스템(계)과 경계에 대한 설명이다. 옳은 내용을 모두 고른 것은?

㉠ 검사하기 위하여 선택한 물질의 양이나 공간 내의 영역을 시스템(계)이라 한다.
㉡ 밀폐계는 일정한 양의 체적으로 구성된다.
㉢ 고립계의 경계를 통한 에너지 출입은 불가능하다.
㉣ 경계는 두께가 없으므로 체적을 차지하지 않는다.

① ㉠, ㉢ ② ㉡, ㉣
③ ㉠, ㉢, ㉣ ④ ㉠, ㉡, ㉢, ㉣

Solution 열역학적계의 체적은 압축과 팽창이라는 물리적인 변화에 따라 체적은 변화한다.

Answer 21. ④ 22. ③ 23. ③

24 보일러에 온도 40℃, 엔탈피 167kJ/kg 인 물이 공급되어 온도 250℃, 엔탈피 3115kJ/kg인 수증기가 발생한다. 입구와 출구에서의 유속은 각각 5m/s, 50m/s이고, 공급되는 물의 양이 2000kg/h일 때, 보일러에 공급해야 할 열량(kW)은? (단, 위치에너지 변화는 무시한다.)

① 631　　② 832
③ 1237　　④ 1638

Solution $\dot{Q} = \dot{m}\Delta h = \frac{2000}{3600} \times (3115 - 167) = 1637.78 \text{kW}$

25 실린더 내의 공기가 100kPa, 20℃ 상태에서 300kPa이 될 때까지 가역단열 과정으로 압축된다. 이 과정에서 실린더 내의 계에서 엔트로피의 변화(kJ/(kg·K))는? (단, 공기의 비열비(k)는 1.4이다.)

① −1.35　　② 0
③ 1.35　　④ 13.5

Solution 가역단열 변화시 엔트로피 변화는 0이다.

26 초기 압력 100kPa, 초기 체적 0.1m³인 기체를 버너로 가열하여 기체 체적이 정압과정으로 0.5m³이 되었다면 이 과정 동안 시스템이 외부에 한 일(kJ)은?

① 10　　② 20
③ 30　　④ 40

Solution $_1W_2 = 100 \times (0.5 - 0.1) = 40 \text{KJ}$

27 단열된 가스터빈의 입구 측에서 압력 2MPa, 온도 1200K인 가스가 유입되어 출구 측에서 압력 100kPa, 온도 600K로 유출된다. 5MW의 출력을 얻기 위해 가스의 질량유량(kg/s)은 얼마이어야 하는가? (단, 터빈의 효율은 100%이고, 가스의 정압비열은 1.12kJ/(kg·K)이다.)

① 6.44　　② 7.44
③ 8.44　　④ 9.44

Solution $\dot{W} = \dot{m}\Delta h = \dot{m}C_p(t_1 - t_2)$
$5 \times 10^3 = \dot{m} \times 1.12 \times (1200 - 600)$
$\dot{m} = 7.44 \text{kg/sec}$

28 이상적인 냉동사이클에서 응축기 온도가 30℃, 증발기 온도가 −10℃ 일 때 성적 계수는?

① 4.6　　② 5.2
③ 6.6　　④ 7.5

Solution $\epsilon_r = \frac{-10 + 273}{30 - (-10)} = 6.575$

Answer　24. ④　25. ②　26. ④　27. ②　28. ③

29 1kW의 전기히터를 이용하여 101kPa, 15℃의 공기로 차 있는 100m³의 공간을 난방하려고 한다. 이 공간은 견고하고 밀폐되어 있으며 단열되어 있다. 히터를 10분 동안 작동시킨 경우, 이 공간의 최종온도(℃)는? (단, 공기의 정적비열은 0.718kJ/kg·K이고, 기체상수는 0.287kJ/kg·K이다.)

① 18.1 ② 21.8
③ 25.3 ④ 29.4

Solution $1 \times 10 \times 60 = \dfrac{101 \times 100 \times 0.718}{0.287 \times (15+273)} \times (t_2 - 15)$
$t_2 = 21.84\ ℃$

30 용기 안에 있는 유체의 초기 내부에너지는 700kJ이다. 냉각과정 동안 250kJ의 열을 잃고, 용기 내에 설치된 회전날개로 유체에 100kJ의 일을 한다. 최종상태의 유체의 내부에너지(kJ)는 얼마인가?

① 350 ② 450
③ 550 ④ 650

Solution $_1Q_2 = (u_2 - u_1) + _1W_2$, $-250 = (u_2 - 700) - 100$
$u_2 = 700 - 250 + 100 = 550\text{kJ}$
* 유체가 회전날개로부터 일을 받으므로 ⊖일이다.

31 랭킨사이클에서 보일러 입구 엔탈피 192.5kJ/kg, 터빈 입구 엔탈피 3002.5kJ/kg, 응축기 입구 엔탈피 2361.8kJ/kg 일 때 열효율(%)은? (단, 펌프의 동력은 무시한다.)

① 20.3 ② 22.8
③ 25.7 ④ 29.5

Solution $\eta_R = \dfrac{3002.5 - 2361.8}{3002.5 - 192.5} \times 100 = 22.8\%$

32 공기 10kg이 압력 200kPa, 체적 5m³인 상태에서 압력 400kPa, 온도 300℃인 상태로 변한 경우 최종 체적(m³)은 얼마인가? (단, 공기의 기체상수는 0.287kJ/kg·K이다.)

① 10.7 ② 8.3
③ 6.8 ④ 4.1

Solution $400 \times V_2 = 10 \times 0.287 \times (300+273)$
$V_2 = 4.11\,\text{m}^3$

33 300L 체적의 진공인 탱크가 25℃, 6MPa의 공기를 공급하는 관에 연결된다. 밸브를 열어 탱크 안의 공기 압력이 5MPa이 될 때까지 공기를 채우고 밸브를 닫았다. 이 과정이 단열이고 운동에너지와 위치에너지의 변화를 무시한다면 탱크 안의 공기의 온도(℃)는 얼마가 되는가? (단, 공기의 비열비는 1.4이다.)

① 1.5 ② 25.0
③ 84.4 ④ 144.2

Solution $T_o = T_i \cdot k = 1.4 \times (25+273) = 417.2\text{k}$, $t_o = 144.2$

Answer 29. ② 30. ③ 31. ② 32. ④ 33. ④

34 열역학적 관점에서 다음 장치들에 대한 설명으로 옳은 것은?

① 노즐은 유체를 서서히 낮은 압력으로 팽창하여 속도를 감속시키는 기구이다.
② 디퓨저는 저속의 유체를 가속하는 기구이며 그 결과 유체의 압력이 증가한다.
③ 터빈은 작동유체의 압력을 이용하여 열을 생성하는 회전식 기계이다.
④ 압축기의 목적은 외부에서 유입된 동력을 이용하여 유체의 압력을 높이는 것이다.

Solution
① 노즐 : 속도 증가
② 디퓨져 : 저속으로 압력 증가
③ 터빈은 : 팽창변화로 일을 얻는 기계

35 그림과 같은 공기표준 브레이튼(Brayton) 사이클에서 작동유체 1kg당 터빈 일(kJ/kg)은? (단, T_1 = 300K, T_2 = 475.1K, T_3 = 1100K, T_4 = 694.5K이고, 공기의 정압비열과 정적비열은 각각 1.0035kJ/(kg·K), 0.7165kJ/(kg·K)이다.)

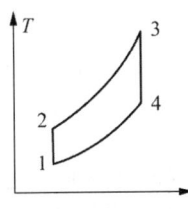

① 290
② 407
③ 448
④ 627

Solution $W_t = 1.0035 \times (1100 - 694.5) = 406.92 \text{kJ/kg}$

36 다음 중 가장 큰 에너지는?

① 100kW 출력의 엔진이 10시간 동안 한 일
② 발열량 10000kJ/kg의 연료를 100kg 연소시켜 나오는 열량
③ 대기압 하에서 10℃의 물 10m³를 90℃로 가열하는데 필요한 열량(단, 물의 비열은 4.2kJ/(kg·K)이다.)
④ 시속 100km로 주행하는 총 질량 2000kg인 자동차의 운동에너지

Solution
① $100 \times 10 \times 3600 = 3,600,000 \text{kJ}$
② $10000 \times 100 = 1,000,000 \text{kJ}$
③ $10000 \times 4.2 \times (90-10) = 3,360,000 \text{kJ}$
④ $2000 \times (\frac{100 \times 10^3}{3600})^2 \times \frac{1}{2} = 771,605 \text{J}$

Answer 34. ④ 35. ② 36. ①

37 열역학 제 2법칙에 대한 설명으로 틀린 것은?

① 효율이 100%인 열기관은 얻을 수 없다.
② 제2종의 영구 기관은 작동 물질의 종류에 따라 가능하다.
③ 열은 스스로 저온의 물질에서 고온의 물질로 이동하지 않는다.
④ 열기관에서 작동 물질이 일을 하게 하려면 그 보다 더 저온인 물질이 필요하다.

> **Solution** 제2종 영구기관은 열역학 제2법칙 위배하는 것으로 불가능

38 준평형 정적과정을 거치는 시스템에 대한 열전달량은? (단, 운동에너지와 위치에너지의 변화는 무시한다.)

① 0이다.
② 이루어진 일량과 같다.
③ 엔탈피 변화량과 같다.
④ 내부에너지 변화량과 같다.

> **Solution** V = 일정, $_1Q_2 = \Delta u$

39 이상기체 1kg을 300K, 100kPa에서 500K까지 "PV^n = 일정"의 과정(n = 1.2)을 따라 변화시켰다. 이 기체의 엔트로피 변화량(kJ/K)은? (단, 기체의 비열비는 1.3, 기체상수는 0.287kJ/(kg·K)이다.)

① −0.244
② −0.287
③ −0.344
④ −0.373

> **Solution** $\Delta S = m \cdot C_v \cdot \dfrac{n-K}{n-1} \cdot \ln\left(\dfrac{T_2}{T_1}\right) = 1 \times \dfrac{0.287}{1.3-1} \times \dfrac{1.2-1.3}{1.2-1} \times \ln\left(\dfrac{500}{300}\right) = -0.244\,\text{kJ/K}$

40 펌프를 사용하여 150kPa, 26℃의 물을 가역단열과정으로 650kPa까지 변화시킨 경우, 펌프의 일(kJ/kg)은? (단, 26℃의 포화액의 비체적은 0.001m³/kg이다.)

① 0.4
② 0.5
③ 0.6
④ 0.7

> **Solution** $W_P = 0.001 \times (650-150) = 0.5\,\text{kJ/kg}$

Answer 37. ② 38. ④ 39. ① 40. ②

3과목 기계유체역학

41 담배연기가 비정상 유동으로 흐를 때 순간적으로 눈에 보이는 담배연기는 다음 중 어떤 것에 해당하는가?

① 유맥선
② 유적선
③ 유선
④ 유선, 유적선, 유맥선 모두에 해당됨

Solution 유맥선 : 공간 상의 한 점을 통과한 모든 유체 입자의 순간궤적

42 중력가속도 g, 체적유량 Q, 길이 L로 얻을 수 있는 무차원수는?

① $\dfrac{Q}{\sqrt{gL}}$
② $\dfrac{Q}{\sqrt{gL^3}}$
③ $\dfrac{Q}{\sqrt{gL^5}}$
④ $Q\sqrt{gL^3}$

Solution $\pi = Q \cdot g^a \cdot L^b = [L^3 T^{-1}] \cdot [LT^{-2}]^a \cdot L^b$
$a = -\dfrac{1}{2},\ b = -\dfrac{5}{2}$
$\therefore \pi = \dfrac{Q}{\sqrt{gL^5}}$

43 속도 포텐셜 $\phi = K\theta$인 와류 유동이 있다. 중심에서 반지름 r인 원주에 따른 순환(circulation) 식으로 옳은 것은? (단, K는 상수이다.)

① 0
② K
③ πK
④ $2\pi K$

Solution $\int_0^{2\pi} K \cdot d\theta = K \cdot \theta \big|_0^{2\pi} = 2\pi K$

44 그림과 같이 평행한 두 원판 사이에 점성계수 $\mu = 0.2 \text{N} \cdot \text{s/m}^2$인 유체가 채워져 있다. 아래 판은 정지되어 있고 윗 판은 1800rpm으로 회전할 때 작용하는 돌림힘은 약 몇 N·m인가?

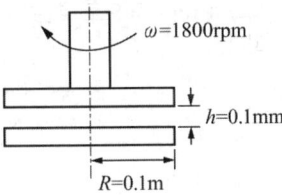

① 9.4
② 38.3
③ 46.3
④ 59.2

Solution $T = F \cdot \dfrac{R}{2} = A \cdot \mu \cdot \dfrac{(R \cdot 2\pi \cdot \omega)}{h \times 60} \times \dfrac{R}{2}$
$= (\pi \times 0.1^2) \times 0.2 \times \dfrac{(0.1 \times 2\pi \times 1800)}{0.1 \times 10^{-3} \times 60} \times \dfrac{0.1}{2} = 59.2 \text{N} \cdot \text{m}$

Answer 41. ① 42. ③ 43. ④ 44. ④

45 평판 위에 점성, 비압축성 유체가 흐르고 있다. 경계층 두께 δ에 대하여 유체의 속도 u의 분포는 아래와 같다. 이때, 경계층 운동량 두께에 대한 식으로 옳은 것은? (단, U는 상류속도, y는 평판과의 수직거리이다.)

$$0 \leq y \leq \delta : \frac{u}{U} = \frac{2y}{\delta} - \left(\frac{y}{\delta}\right)^2$$
$$y > \delta : u = U$$

① 0.1δ
② 0.125δ
③ 0.133δ
④ 0.166δ

Solution $\delta_m = \int_0^\delta \frac{u}{U}(1 - \frac{u}{U})dy = \int_0^\delta (\frac{2y}{\delta} - \frac{5y^2}{\delta^2} + \frac{4y^3}{\delta^3} - \frac{y^4}{\delta^4})dy$
$= (\delta - \frac{5}{3}\delta + \delta - \frac{1}{5}\delta) = \frac{2}{15}\delta = 0.133\delta$

46 지름이 10cm인 원통에 물이 담겨져 있다. 수직인 중심축에 대하여 300rpm의 속도로 원통을 회전시킬 때 수면의 최고점과 최저점의 수직 높이차는 약 몇 cm인가?

① 0.126
② 4.2
③ 8.4
④ 12.6

Solution $H = \frac{r^2 \cdot w^2}{2g} = \frac{0.05^2}{2 \times 9.8} \times (\frac{2\pi \times 300}{60})^2 = 0.1259\,\text{m}$
$\therefore H = 12.59\,\text{cm}$

47 밀도가 0.84kg/m³이고 압력이 87.6kPa인 이상기체가 있다. 이 이상기체의 절대온도를 2배 증가 시킬 때, 이 기체에서의 음속은 약 몇 m/s인가? (단, 비열비는 1.40이다.)

① 280
② 340
③ 540
④ 720

Solution $C = \sqrt{K\frac{2P}{\rho}} = \sqrt{1.4 \times \frac{2 \times 87.6 \times 10^3}{0.84}} = 540.37\,\text{m/sec}$

48 지름 100mm 관에 글리세린이 9.42L/min의 유량으로 흐른다. 이 유동은? (단, 글리세린의 비중은 1.26, 점성계수는 $\mu = 2.9 \times 10^{-4}$ kg/m·s이다.)

① 난류유동
② 층류유동
③ 천이유동
④ 경계층유동

Solution $Re = \frac{\rho V d}{\mu} = \frac{1.26 \times 10^3 \times 9.42 \times \frac{10^{-3}}{60} \times 0.1}{2.9 \times 10^{-4} \times \frac{\pi \times 0.1^2}{4}} = 8,685.25 > 4000$, 난류

Answer 45. ③ 46. ④ 47. ③ 48. ①

49 그림과 같이 날카로운 사각 모서리 입출구를 갖는 관로에서 전수두 H는? (단, 관의 길이를 ℓ, 지름은 d, 관 마찰계수는 f, 속도수두는 $\dfrac{V^2}{2g}$이고, 입구 손실계수는 0.5, 출구 손실계수는 1.0이다.)

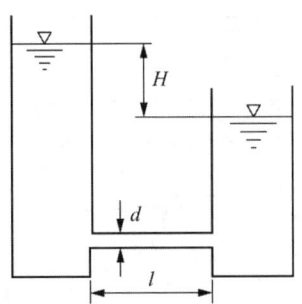

① $H = \left(1.5 + f\dfrac{\ell}{d}\right)\dfrac{V^2}{2g}$
② $H = \left(1 + f\dfrac{\ell}{d}\right)\dfrac{V^2}{2g}$
③ $H = \left(0.5 + f\dfrac{\ell}{d}\right)\dfrac{V^2}{2g}$
④ $H = f\dfrac{\ell}{d}\dfrac{V^2}{2g}$

Solution $H = h_\ell = \left(0.5 + f \cdot \dfrac{\ell}{d} + 1.0\right) \cdot \dfrac{V^2}{2g}$

50 현의 길이가 7m인 날개의 속력이 500km/h로 비행할 때 이 날개가 받는 양력이 4200kN이라고 하면 날개의 폭은 약 몇 m인가? (단, 양력계수 $C_L = 1$, 항력계수 $C_D = 0.02$, 밀도 $\rho = 1.2\text{kg/m}^3$이다.)

① 51.84
② 63.17
③ 70.99
④ 82.36

Solution $L = C_L \cdot (b \cdot \ell) \cdot \dfrac{\gamma \cdot V^2}{2g}$

$4200 \times 10^3 = 1 \times 6 \times 7 \times \dfrac{1.2 \times (500 \times \dfrac{10^3}{3600})^2}{2}$

$b = 51.84$

51 길이 150m인 배를 길이 10m인 모형으로 조파 저항에 관한 실험을 하고자 한다. 실형의 배가 70km/h로 움직인다면, 실형과 모형 사이의 역학적 상사를 만족하기 위한 모형의 속도는 약 몇 km/h인가?

① 271
② 56
③ 18
④ 10

Solution $\dfrac{Vm^2}{Lm \cdot g} = \dfrac{V_P^2}{L_P \cdot g}$

$\dfrac{Vm^2}{10} = \dfrac{70^2}{150}$, $Vm = 18.07 \text{km/h}$

Answer 49. ① 50. ① 51. ③

52 그림과 같이 물이 유량 Q로 저수조로 들어가고, 속도 $V = \sqrt{2gh}$로 저수조 바닥에 있는 면적 A_2의 구멍을 통하여 나간다. 저수조의 수면 높이가 변화하는 속도 $\dfrac{dh}{dt}$는?

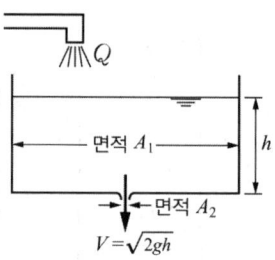

① $\dfrac{Q}{A_2}$
② $\dfrac{A_2\sqrt{2gh}}{A_1}$
③ $\dfrac{Q-A_2\sqrt{2gh}}{A_2}$
④ $\dfrac{Q-A_2\sqrt{2gh}}{A_1}$

Solution $A_1 \cdot \dfrac{dh}{dt} = Q - A_2 \cdot V$

$\dfrac{dh}{dt} = \dfrac{Q - A_2 \cdot \sqrt{2gh}}{A_1}$

53 그림과 같이 오일이 흐르는 수평관로 두 지점의 압력차 $p_1 - p_2$를 측정하기 위하여 오리피스와 수은을 넣은 U자관을 설치하였다. $p_1 - p_2$로 옳은 것은? (단, 오일의 비중량은 γ_{oil}이며, 수은의 비중량은 γ_{Hg}이다.)

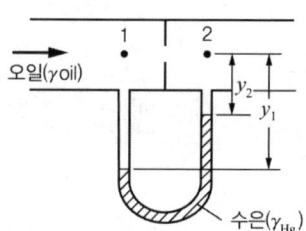

① $(y_1 - y_2)(\gamma_{Hg} - \gamma_{oil})$
② $y_2(\gamma_{Hg} - \gamma_{oil})$
③ $y_1(\gamma_{Hg} - \gamma_{oil})$
④ $(y_1 - y_2)(\gamma_{oil} - \gamma_{Hg})$

Solution $P_1 + \gamma_{oil} \cdot y_1 = P_2 + \gamma_{oil} \cdot y_2 + \gamma_{Hg}(y_1 - y_2)$

$P_1 - P_2 = (y_1 - y_2) \cdot (\gamma_{Hg} - \gamma_{oil})$

Answer 52. ④ 53. ①

54 그림과 같이 비중이 1.3인 유체 위에 깊이 1.1m로 물이 채워져 있을 때, 직경 5cm의 탱크 출구로 나오는 유체의 평균 속도는 약 몇 m/s인가? (단, 탱크의 크기는 충분히 크고 마찰손실은 무시한다.)

① 3.9
② 5.1
③ 7.2
④ 7.7

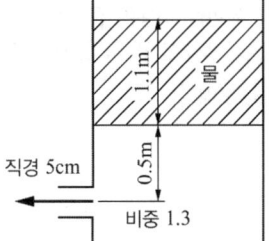

Solution $V = \sqrt{2gh} = \sqrt{2 \times 9.8 \times (0.5 + \frac{1.1}{1.3})} = 5.14 \text{m/sec}$

55 그림과 같이 폭이 2m인 수문 ABC가 A점에서 힌지로 연결되어 있다. 그림과 같이 수문이 고정될 때 수평인 케이블 CD에 걸리는 장력은 약 몇 kN인가? (단, 수문의 무게는 무시한다.)

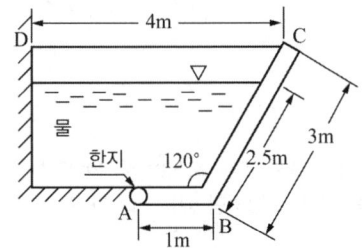

① 38.3
② 35.4
③ 25.2
④ 22.9

Solution $F = \gamma \cdot \bar{h} \cdot A = \gamma \cdot \bar{y} \cdot \sin\theta \cdot A$
$= 9800 \times 2.5 \times \sin 60° \times \frac{1}{2} \times (2.5 \times 2) = 53,044.06 \text{N}$
$y_p = \bar{y} + \frac{I_G}{A \cdot \bar{y}} = 1.25 + \frac{2 \times 2.5^3}{2.5 \times 2 \times 1.25 \times 12} = 1.67 \text{m}$
$53,044.06 \times \sin 30° \times \{(2.5 - 1.67) \times \sin 30° + 1\} + 53,044.06 \times \cos 30° \times (2.5 - 1.67) \times \cos 30°$
$+ 1 \times 2.5 \times \sin 60° \times 2 \times 9800 \times 0.5 = T \times 3 \times \sin 60°$
$T = 35320.84 \text{N} = 35.3 \text{kN}$

56 관로의 전 손실수두가 10m인 펌프로부터 21m 지하에 있는 물을 지상 25m의 송출액면에 10m³/min의 유량으로 수송할 때 축동력이 124.5kW이다. 이 펌프의 효율은 약 얼마인가?

① 0.70
② 0.73
③ 0.76
④ 0.80

Solution $h_p = (25 + 21) + 10 = 56 \text{m}$
$L_p = 9.8 \times \frac{10}{60} \times 56 = 91.47 \text{kW}$
$\eta = \frac{L_p}{L_s} = \frac{91.47}{124.5} \times 100 = 73.47\%$

Answer 54. ② 55. ② 56. ②

57 모세관을 이용한 점도계에서 원형관 내의 유동은 비압축성 뉴턴 유체의 층류유동으로 가정할 수 있다. 원형관의 입구 측과 출구 측의 압력차를 2배로 늘렸을 때, 동일한 유체의 유량은 몇 배가 되는가?

① 2배 ② 4배
③ 8배 ④ 16배

Solution $Q = \dfrac{\Delta P \cdot \pi \cdot d^4}{128 \mu \ell}$
압력차가 2배이면 유량도 2배

58 다음 유체역학적 양 중 질량차원을 포함하지 않는 양은 어느 것인가? (단, MLT 기본차원을 기준으로 한다.)

① 압력 ② 동점성계수
③ 모멘트 ④ 점성계수

Solution 동점성계수의 단위 : m^2/sec

59 그림과 같이 속도가 V인 유체가 속도 U로 움직이는 곡면에 부딪혀 90°의 각도로 유동방향이 바뀐다. 다음 중 유체가 곡면에 가하는 힘의 수평방향 성분 크기가 가장 큰 것은? (단, 유체의 유동단면적은 일정하다.)

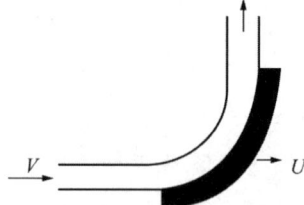

① $V = 10\text{m/sec}, \ U = 5\text{m/sec}$
② $V = 20\text{m/sec}, \ U = 15\text{m/sec}$
③ $V = 10\text{m/sec}, \ U = 4\text{m/sec}$
④ $V = 25\text{m/sec}, \ U = 20\text{m/sec}$

Solution $F_x = \rho A (V-u)^2 \cdot (1 - \cos\theta)$
$\theta = 90°$
$F_x = \rho A (V-u)^2$
$(V-u)$가 제일 큰 것 선택

60 피에조미터관에 대한 설명으로 틀린 것은?

① 계기유체가 필요 없다.
② U자관에 비해 구조가 단순하다.
③ 기체의 압력 측정에 사용할 수 있다.
④ 대기압 이상의 압력 측정에 사용할 수 있다.

Answer 57. ① 58. ② 59. ③ 60. ③

4과목 유체기계 및 유압기기

61 다음 중 액체에 에너지를 주어 이것을 저압부(낮은 곳)에서 고압부(높은 곳)로 송출하는 기계를 무엇이라고 하는가?

① 수차　　　② 펌프　　　③ 송풍기　　　④ 컨베이어

62 원심펌프의 송출유량이 0.7m³/min이고, 관로의 손실수두가 7m이었다. 이 펌프로 펌프 중심에서 1m 아래에 있는 저수조에서 물을 흡입하여 26m의 높이에 있는 송출 탱크면으로 양수하려고 할 때, 이 펌프의 수동력(kW)은?

① 3.9　　　② 5.1　　　③ 7.4　　　④ 9.6

> **Solution** $L_w = \gamma QH = 9.8 \times \dfrac{0.7}{60} \times (1 + 26 + 7) = 3.89 \, \text{kW}$

63 풍차에 관한 설명으로 틀린 것은?

① 후단의 방향날개로서 풍차축의 방향조정을 하는 형식을 미국형 풍차라고 한다.
② 보조풍차가 회전하기 시작하여 터빈축의 방행을 바람의 방향에 맞추는 형식을 유럽형 풍차라고 한다.
③ 바람의 방향이 바뀌어도 회전수를 일정하게 유지하기 위해서는 깃 각도를 조절하는 방식이 유용하다.
④ 풍속을 일정하게 하여 회전수를 줄이면 바람에 대한 영각이 감소하여 흡수동력이 감소한다.

64 터보형 유체 전동장치의 장점으로 틀린 것은?

① 구조가 비교적 간단하다.
② 기계를 시동할 때 원동기에 무리가 생기지 않는다.
③ 부하토크의 변동에 따라 자동적으로 변속이 이루어진다.
④ 출력축의 양방향 회전이 가능하다.

65 유효 낙차를 H(m), 유량을 Q(m³/s), 물의 비중량을 γ(kg/m³)라고 할 때 수차의 이론출력 L_{th}(kW)을 나타내는 식으로 옳은 것은?

① $L_{th} = \dfrac{\gamma QH}{75}$　　　② $L_{th} = \dfrac{\gamma QH}{102}$
③ $L_{th} = \gamma QH$　　　④ $L_{th} = 102\gamma QH$

66 펌프계에서 발생할 수 있는 수격작용(water hammer)의 방지대책으로 틀린 것은?

① 토출배관은 가능한 적은 구경을 사용한다.
② 펌프에 플라이휠을 설치한다.
③ 펌프가 급정지 하지 않도록 한다.
④ 토출 관로에 서지탱크 또는 서지밸브를 설치한다.

Answer 61. ②　62. ①　63. ④　64. ④　65. ②　66. ①

67 펠톤 수차의 니들밸브가 주로 조절하는 것은 무엇인가?
① 노즐에서의 분류 속도 ② 분류의 방향
③ 유량 ④ 버킷의 각도

68 베인 펌프의 장점으로 틀린 것은?
① 송출 압력의 맥동이 거의 없다.
② 깃의 마모에 의한 압력 저하가 일어나지 않는다.
③ 펌프의 유동력에 비하여 형상치수가 크다.
④ 구성 부품 수가 적고 단순한 형상을 하고 있으므로 고장이 적다.

69 펌프를 회전차의 형상에 따라 분류할 때, 다음 중 펌프의 분류가 다른 하나는?
① 피스톤 펌프 ② 플런저 펌프
③ 베인 펌프 ④ 사류 펌프

70 프란시스 수차에서 스파이럴(spiral)형에 속하지 않는 것은?
① 횡축 단륜 단사 수차 ② 횡축 단륜 복사 수차
③ 입축 단륜 단사 수차 ④ 입축 이륜 단류 수차

71 유체 토크 컨버터의 주요 구성 요소가 아닌 것은?
① 펌프 ② 터빈
③ 스테이터 ④ 릴리프 밸브

72 유압 장치의 특징으로 적절하지 않은 것은?
① 원격 제어가 가능하다.
② 소형 장치로 큰 출력을 얻을 수 있다.
③ 먼지나 이물질에 의한 고장의 우려가 없다.
④ 오일에 기포가 섞여 작동이 불량할 수 있다.

73 채터링 현상에 대한 설명으로 적절하지 않은 것은?
① 소음을 수반한다.
② 일종의 자려 진동현상이다.
③ 감압 밸브, 릴리프 밸브 등에서 발생한다.
④ 압력, 속도 변화에 의한 것이 아닌 스프링의 강성에 의한 것이다.

Answer 67. ③ 68. ③ 69. ④ 70. ④ 71. ④ 72. ③ 73. ④

74 그림의 유압 회로도에서 ①의 밸브 명칭으로 옳은 것은?

① 스톱 밸브
② 릴리프 밸브
③ 무부하 밸브
④ 카운터 밸런스 밸브

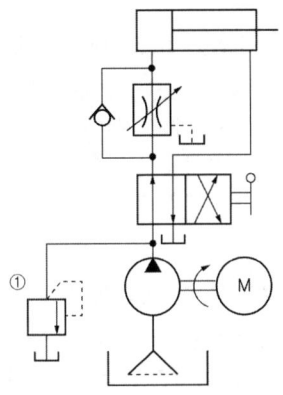

75 압력 제어 밸브의 종류가 아닌 것은?

① 체크 밸브
② 감압 밸브
③ 릴리프 밸브
④ 카운터 밸런스 밸브

76 유압유의 구비조건으로 적절하지 않은 것은?

① 압축성이어야 한다.
② 점도 지수가 커야한다.
③ 열을 방출시킬 수 있어야 한다.
④ 기름중의 공기를 분리시킬 수 있어야 한다.

77 그림과 같은 유압 기호의 명칭은?

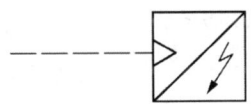

① 경음기   ② 소음기
③ 리밋 스위치   ④ 아날로그 변환기

78 펌프에 대한 설명으로 틀린 것은?

① 피스톤 펌프는 피스톤을 경사판, 캠, 크랭크 등에 의해서 왕복 운동시켜, 액체를 흡입쪽에서 토출 쪽으로 밀어내는 형식의 펌프이다.
② 레이디얼 피스톤 펌프는 피스톤의 왕복운동 방향이 구동축에 거의 직각인 피스톤 펌프이다.
③ 기어 펌프는 케이싱 내에 물리는 2개 이상의 기어에 의해 액체를 흡입 쪽에서 토출 쪽으로 밀어내는 형식의 펌프이다.
④ 터보 펌프는 덮개차를 케이싱 외에 회전시켜, 액체로부터 운동 에너지를 뺏어 액체를 토출하는 형식의 펌프이다.

Answer 74. ② 75. ① 76. ① 77. ④ 78. ④

79 미터 아웃 회로에 대한 설명으로 틀린 것은?

① 피스톤 속도를 제어하는 회로이다.
② 유량 제어 밸브를 실린더의 입구측에 설치한 회로이다.
③ 기본형은 부하변동이 심한 공작기계의 이송에 사용된다.
④ 실린더에 배압이 걸리므로 끌어당기는 하중이 작용해도 자주 할 염려가 없다.

80 유압 실린더 취급 및 설계 시 주의사항으로 적절하지 않은 것은?

① 적당한 위치에 공기구멍을 장치한다.
② 쿠션 장치인 쿠션 밸브는 감속범위의 조정용으로 사용된다.
③ 쿠션 장치인 쿠션링은 헤드 엔드축에 흐르는 오일을 촉진한다.
④ 원칙적으로 더스트 와이퍼를 연결해야 한다.

5과목 건설기계일반 및 플랜트배관

81 오스테나이트계 스테인리스강의 설명으로 틀린 것은?

① 18-8 스테인리스강으로 통용된다.
② 비자성체이며 열처리하여도 경화되지 않는다.
③ 저온에서는 취성이 크며 크리프강도가 낮다.
④ 인장강도에 비하여 낮은 내력을 가지며, 가공 경화성이 높다.

82 굴삭기의 3대 주요 구성요소가 아닌 것은?

① 작업장치　　　　　　　② 상부 회전체
③ 중간 선회체　　　　　　④ 하부 구동체

83 타이어식 굴삭기와 무한궤도식 굴삭기를 비교할 때, 타이어식 굴삭기의 특징으로 틀린 것은?

① 기동성이 나쁘다.
② 견인력이 약하다.
③ 습지, 사지, 활지의 운행이 곤란하다.
④ 암석지에서 작업 시 타이어가 손상되기 쉽다.

84 덤프트럭의 축간거리가 1.2m인 차를 왼쪽으로 완전히 꺾을 때 오른쪽 바퀴의 각도가 45°이고, 왼쪽바퀴의 각도가 30°일 때, 이 덤프트럭의 최소 회전 반경은 약 몇 m인가? (단, 킹핀과 타이어 중심간의 거리는 무시한다.)

① 1.7　　　　② 3.4　　　　③ 5.4　　　　④ 7.8

Solution 최소회전반경 $= \dfrac{1.2}{\cos 45°} = 1.7\text{m}$

Answer 79. ②　80. ③　81. ③　82. ③　83. ①　84. ①

85 수중의 토사, 암반 등을 파내는 건설기계로 항만, 항로, 선착장 증의 축항 및 기초공사에 사용되는 것은?
① 준설선　　② 쇄석기　　③ 노상 안정기　　④ 스크레이퍼

86 조향장치에서 조향력을 바퀴에 전달하는 부품 중에 바퀴의 토(toe) 값을 조정할 수 있는 것은?
① 피트먼 암
② 너클 암
③ 드래그 링크
④ 타이 로드

87 표준 버킷용량(m^3)으로 규격을 나타내는 건설기계는?
① 모터 그레이더
② 기중기
③ 지게차
④ 로더

88 쇄석기의 종류 중 임팩트 크리셔의 규격은?
① 시간당 쇄석능력 [ton/h]
② 시간당 이동거리 [km/h]
③ 롤의 지름 [mm] × 길이 [mm]
④ 쇄석 판의 폭 [mm] × 길이 [mm]

89 아스팔트 피니셔의 각 부속장치에 대한 설명으로 틀린 것은?
① 리시빙 호퍼 : 운반된 혼합재(아스팔트)를 저장하는 용기이다.
② 피더 : 노면에 살포된 혼합재를 매끈하게 다듬는 판이다.
③ 스프레이팅 스크루 : 스크리드에 설치되어 혼합재를 균일하게 살포하는 장치이다.
④ 댐퍼 : 스크리드 앞쪽에 설치되어 노면에 살포된 혼합재를 요구되는 두께로 다져주는 장치이다.

90 플랜트 배관설비에서 열응력이 주요 요인이 되는 경우와 파이프 래크상의 배관 배치에 관한 설명으로 틀린 것은?
① 루프형 신축 곡관을 많이 사용한다.
② 온도가 높은 배관일수록 내측(안쪽)에 배치한다.
③ 관 지름이 큰 것일수록 외측(바깥쪽)에 배치한다.
④ 루프형 신축 곡관은 파이프 래크상의 다른 배관보다 높게 배치한다.

91 배관 지지장치인 브레이스에 대한 설명으로 적절하지 않은 것은?
① 방진 효과를 높이려면 스프링 정수를 낮춰야 한다.
② 진동을 억제하는데 사용되는 지지장치이다.
③ 완충기는 수격작용, 안전밸브의 반력 등의 충격을 완화하여 준다.
④ 유압식은 구조상 배관의 이동에 대하여 저항이 없고 방진효과도 크므로 규모가 큰 배관에 많이 사용한다.

Answer　85. ①　86. ④　87. ④　88. ①　89. ②　90. ②　91. ①

92 감압밸브 설치 주의사항으로 적절하지 않은 것은?
① 감압밸브는 수평배관에 수평으로 설치하여야 한다.
② 배관의 열응력이 직접 감압밸브에 가해지지 않도록 전후 배관에 고정이나 지지를 한다.
③ 감압밸브에 드레인이 들어오지 않는 배관 또는 드레인 빼기를 행하여 설치해야 한다.
④ 감압밸브의 전후에 압력계를 설치하고 입구측에는 글로브 밸브를 설치한다.

93 물의 비중량이 9810N/m³이며, 500kPa의 압력이 작용할 때 압력수두는 약 몇 m인가?
① 1.962 ② 19.62 ③ 5.097 ④ 50.97

Solution $h = \dfrac{500 \times 10^3}{9810} = 50.97\text{m}$

94 빙점(0℃) 이하의 낮은 온도에 사용하며 저온에서도 인성이 감소되지 않아 각종 화학공업, LPG, LNG탱크 배관에 적합한 배관용 강관은?
① 배관용 탄소강관 ② 저온배관용 강관
③ 압력배관용 탄소강관 ④ 고온배관용 탄소강관

95 KS 규격에 따른 고압 배관용 탄소강관의 기호로 옳은 것은?
① SPHL ② SPHT ③ SPPH ④ SPPS

96 호브식 나사절삭기에 대한 설명으로 적절하지 않은 것은?
① 나사절삭 전용 기계로서 호브를 저속으로 회전시키면서 나사절삭을 한다.
② 관은 어미나사와 척의 연결에 의해 1회전할 때 마다 1피치만큼 이동하여 나사가 절삭된다.
③ 이 기계에 호브와 파이프 커터를 함께 장착하면 관의 나사절삭과 절단을 동시에 할 수 있다.
④ 관의 절단, 나사절삭, 거스러미제거 등의 일을 연속적으로 할 수 있기 때문에 현장에서 가장 많이 사용된다.

97 일반적으로 배관의 위치를 결정할 때 기능, 시공, 유지관리의 관점에서 적절하지 않은 것은?
① 급수배관은 아래쪽으로 배관해야 한다.
② 전기배선, 덕트 및 연도 등은 위쪽에 설치한다.
③ 자연중력식 배관은 배관구배를 엄격히 지켜야 하며 굽힘부를 적게 하여야 한다.
④ 파손 등에 의해 누수가 염려되는 배관의 위치는 위쪽으로 하는 것이 유지관리상 편리하다.

98 관 절단 후 관 단면의 안쪽에 생기는 거스러미(쇳밥)를 제거하는 공구는?
① 파이프 커터 ② 파이프 리머
③ 파이프 렌치 ④ 바이스

Answer 92. ① 93. ④ 94. ② 95. ③ 96. ④ 97. ④ 98. ②

99 배관의 부식 및 마모 등으로 작은 구멍이 생겨 유체가 누설될 경우에 다른 방법으로는 누설을 막기가 곤란할 때 사용하는 응급조치법은?

① 하트태핑법
② 인젝션법
③ 박스설치법
④ 스토핑 박스법

100 평면상의 변위 뿐 아니라 입체적인 변위까지 안전하게 흡수하므로 어떠한 형상에 의한 신축에도 배관이 안전하며 설치 공간이 적은 신축이음의 형태는?

① 슬리브형
② 벨로즈형
③ 스위블형
④ 볼조인트형

Answer 99. ② 100. ④

2020년 8월 22일 기출문제

1과목 재료역학

1 다음 구조물에 하중 $P = 1\text{kN}$이 작용할 때 연결핀에 걸리는 전단응력은 약 얼마인가? (단, 연결핀의 지름은 5mm이다.)

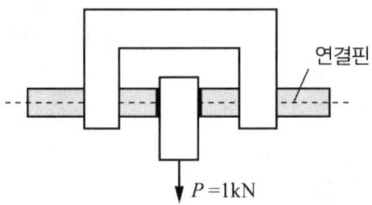

① 25.46kPa
② 50.92kPa
③ 25.46MPa
④ 50.92MPa

Solution $\tau = \dfrac{1 \times 10^3}{\dfrac{\pi}{4} \times 5^2 \times 2} = 25.48\,\text{MPa}$

2 100rpm으로 30kW를 전달시키는 길이 1m, 지름 7cm인 둥근 축단의 비틀림각은 약 몇 rad인가? (단, 전단탄성계수는 83GPa이다.)

① 0.26
② 0.30
③ 0.015
④ 0.009

Solution $\theta = \dfrac{T \cdot \ell}{G \cdot I_P} = \dfrac{32 \times 974 \times 9.8 \times 30 \times 1}{83 \times 10^9 \times \pi \times 0.07^4 \times 100} = 0.015\,\text{rad}$

3 길이가 5m이고 직경이 0.1m인 양단고정보 중앙에 200N의 집중하중이 작용할 경우 보의 중앙에서의 처짐은 약 몇 m인가? (단, 보의 세로탄성계수는 200GPa이다.)

① 2.36×10^{-5}
② 1.33×10^{-4}
③ 4.58×10^{-4}
④ 1.06×10^{-3}

Solution 양단고정보 중앙집중하중

$\delta = \dfrac{P \cdot \ell^3}{192EI} = \dfrac{64 \times 200 \times 5^3}{192 \times 200 \times 10^9 \times \pi \times 0.1^4} = 1.33 \times 10^{-4}\,\text{m}$

Answer 1. ③ 2. ③ 3. ②

4 그림과 같이 800N의 힘이 브래킷의 A에 작용하고 있다. 이 힘의 점 B에 대한 모멘트는 약 몇 N·m인가?

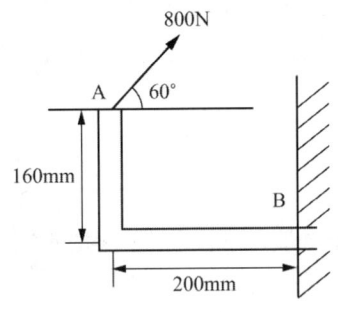

① 160.6 ② 202.6
③ 238.6 ④ 253.6

Solution $M_B = 800 \times \cos 60° \times 0.16 + 800 \times \sin 60° \times 0.2 = 202.56 \, \text{N} \cdot \text{m}$

5 길이 10m, 단면적 2cm²인 철봉을 100℃에서 그림과 같이 양단을 고정했다. 이 봉의 온도가 20℃로 되었을 때 인장력은 약 몇 kN인가? (단, 세로탄성계수는 200GPa, 선팽창계수는 $\alpha = 0.000012/℃$이다.)

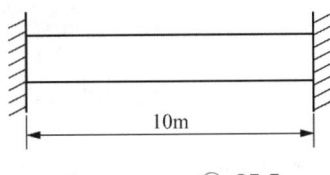

① 19.2 ② 25.5
③ 38.4 ④ 48.5

Solution $P = \sigma \cdot A = E \cdot \alpha \cdot \triangle T \cdot A$
$= 200 \times 10^9 \times 0.000012 \times (20-100) \times 2 \times 10^{-4} = -38,400 \, \text{N} = -38.4 \, \text{kN}$

6 그림과 같이 외팔보의 끝에 집중하중 P가 작용할 때 자유단에서의 처짐각 θ는? (단, 보의 굽힘강성 EI는 일정하다.)

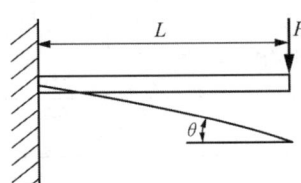

① $\dfrac{PL^2}{2EI}$ ② $\dfrac{PL^3}{6EI}$

③ $\dfrac{PL^2}{8EI}$ ④ $\dfrac{PL^2}{12EI}$

Solution $\theta = \dfrac{A_m}{EI} = \dfrac{P\ell \times \ell}{EI \times 2} = \dfrac{P \cdot \ell^2}{2EI}$

Answer 4. ② 5. ③ 6. ①

7 비틀림모멘트 2kN·m가 지름 50mm인 축에 작용하고 있다. 축의 길이가 2m일 때 축의 비틀림각은 약 몇 rad인가? (단, 축의 전단탄성계수는 85GPa이다.)

① 0.019　　② 0.028　　③ 0.054　　④ 0.077

Solution $\theta = \dfrac{T \cdot \ell}{GI_P} = 0.077 \,\text{rad}$
　　・2번과 동일 유형 문제

8 다음 외팔보가 균일분포 하중을 받을 때, 굽힘에 의한 탄성변형 에너지는? (단, 굽힘강성 EI는 일정하다.)

① $U = \dfrac{w^2 L^5}{20EI}$　　② $U = \dfrac{w^2 L^5}{30EI}$

③ $U = \dfrac{w^2 L^5}{40EI}$　　④ $U = \dfrac{w^2 L^5}{50EI}$

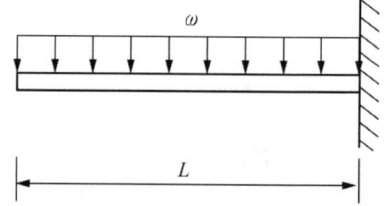

Solution
$$U = \int \dfrac{M_x^2}{2EI} dx$$
$$= \dfrac{1}{2EI} \int_o^\ell \left(\dfrac{w \cdot x^2}{2}\right)^2 dx$$
$$= \dfrac{1}{2EI} \left(\dfrac{w^2 \cdot x^5}{4 \times 5}\right)\bigg|_o^\ell$$
$$= \dfrac{w^2 \cdot \ell^5}{40EI}$$

9 판 두께 3mm를 사용하여 내압 20kN/cm²을 받을 수 있는 구형(spherical) 내압용기를 만들려고 할 때, 이 용기의 최대 안전내경 d를 구하면 몇 cm인가? (단, 이 재료의 허용 인장응력을 σ_w = 800kN/cm²으로 한다.)

① 24　　② 48　　③ 72　　④ 96

Solution $\sigma_w = \dfrac{P \cdot d}{4t}$
$$800 \times 10^3 \times 10^4 = \dfrac{20 \times 10^3 \times 10^4 \times d}{4 \times 0.003}$$
$$d = 48 \,\text{cm}$$

10 다음과 같은 평면응력 상태에서 최대 주응력 σ_1은?

$$\sigma_x = \tau, \; \sigma_y = 0, \; \tau_{xy} = -\tau$$

① 1.414τ　　② 1.80τ　　③ 1.618τ　　④ 2.828τ

Solution $\sigma_1 = \dfrac{\sigma_x + \sigma_y}{2} + \sqrt{\left(\dfrac{\sigma_x - \sigma_y}{2}\right)^2 + \tau_{xy}^2} = \dfrac{\tau}{2} + \sqrt{\dfrac{\tau^2}{4} + \tau^2} = 1.618\tau$

Answer 7. ④　8. ③　9. ②　10. ③

11 그림과 같은 돌출보에서 ω = 120kN/m의 등분포 하중이 작용할 때, 중앙 부분에서의 최대 굽힘응력은 약 몇 MPa인가? (단, 단면은 표준 I형 보로 높이 h = 60cm이고, 단면 2차 모멘트 I = 98200cm⁴이다.)

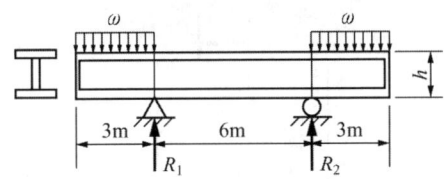

① 125
② 165
③ 185
④ 195

Solution $\sigma_{b\max} = \dfrac{M_{\max} \cdot \dfrac{h}{2}}{I_G} = \dfrac{120 \times 10^3 \times 3 \times 1.5 \times 0.3}{98200 \times 10^{-8}} \times 10^{-6} = 164.97\,\text{MPa}$

12 다음 그림과 같은 부채꼴의 도심(centroid)의 위치 $\overline{x}$ 는?

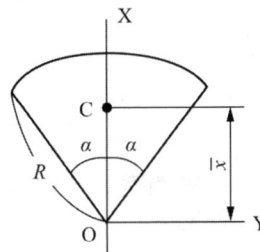

① $\overline{x} = \dfrac{2}{3}R$
② $\overline{x} = \dfrac{3}{4}R$
③ $\overline{x} = \dfrac{3}{4}R\sin\alpha$
④ $\overline{x} = \dfrac{2R}{3\alpha}\sin\alpha$

Solution 반원의 도심 $\dfrac{2d}{3\pi}$

$\alpha = \dfrac{\pi}{2} = 90°$이면 반원

$\overline{x} = \dfrac{2R}{3\alpha}\sin\alpha = \dfrac{2R}{3 \times \dfrac{\pi}{2}} \times \sin 90° = \dfrac{2d}{3\pi}$

Answer 11. ② 12. ④

13 그림과 같은 단주에서 편심거리 e에 압축하중 $P = 80$kN이 작용할 때 단면에 인장응력이 생기지 않기 위한 e의 한계는 몇 cm인가? (단, G는 편심 하중이 작용하는 단주 끝단의 평면상 위치를 의미한다.)

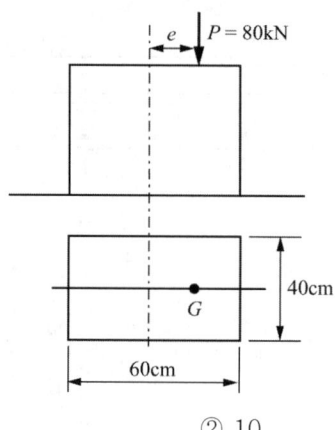

① 8
② 10
③ 12
④ 14

Solution $e \leq \pm \dfrac{K^2}{y}$, $-\dfrac{b}{6} \leq e \leq \dfrac{b}{6}$

$\dfrac{b}{6} = \dfrac{60}{6} = 10 \text{cm}$

14 그림과 같이 균일단면을 가진 단순보에 균일하중 ωkN/m이 작용할 때, 이 보의 탄성 곡선식은? (단, 보의 굽힘 강성 EI는 일정하고, 자중은 무시한다.)

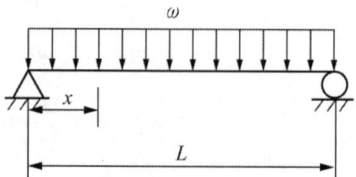

① $y = \dfrac{\omega x}{24EI}(L^3 - 2Lx^2 + x^3)$
② $y = \dfrac{\omega}{24EI}(L^3 - Lx^2 + x^3)$
③ $y = \dfrac{\omega}{24EI}(L^3 - Lx^2 + x^3)$
④ $y = \dfrac{\omega x}{24EI}(L^3 - 2x^2 + x^3)$

Solution $\dfrac{\partial^2 y}{\partial x^2} = -\dfrac{M_x}{EI} = \dfrac{-\left(\dfrac{\omega L}{2}x - \dfrac{\omega x^2}{2}\right)}{EI}$

위의 표현식 2번 적분, 경계조건 $x = 0$일 때 처짐 0, $x = L$일 때 처짐 0를 적용, 적분상수해결

∴ $y = \dfrac{\omega \cdot x}{24EI}(L^3 - 2Lx^2 + x^3)$

Answer 13. ② 14. ①

15 길이 3m, 단면의 지름이 3cm인 균일 단면의 알루미늄 봉이 있다. 이 봉에 인장하중 20kN이 걸리면 봉은 약 몇 cm 늘어나는가? (단, 세로탄성계수는 72GPa이다.)

① 0.118 ② 0.239 ③ 1.18 ④ 2.39

Solution $\delta = \dfrac{P \cdot \ell}{AE} = \dfrac{20 \times 10^3 \times 3}{\dfrac{\pi}{4} \times 0.03^2 \times 72 \times 10^9} = 0.0118\text{m} = 0.118\text{cm}$

16 지름 70mm인 환봉에 20MPa의 최대 전단응력이 생겼을 때 비틀림모멘트는 약 몇 kN·m인가?

① 4.50 ② 3.60 ③ 2.70 ④ 1.35

Solution $T = \tau \cdot Z_P = 20 \times \dfrac{\pi \times 70^3}{16} = 1.35 \times 10^6 \text{N} \cdot \text{m}$

∴ $T = 1.35 \text{kN} \cdot \text{m}$

17 다음과 같이 스팬(span) 중앙에 힌지(hinge)를 가진 보의 최대 굽힘모멘트는 얼마인가?

① $\dfrac{qL^2}{4}$ ② $\dfrac{qL^2}{6}$

③ $\dfrac{qL^2}{8}$ ④ $\dfrac{qL^2}{12}$

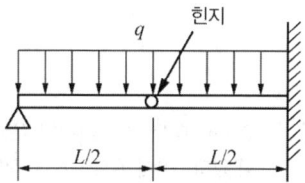

Solution 힌지점의 모멘트

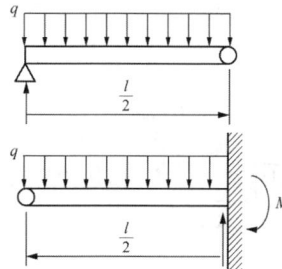

$\dfrac{3q\ell}{8} \times \dfrac{\ell}{2} - \dfrac{q\ell}{2} \times \dfrac{\ell}{4} = \dfrac{q\ell^2}{16}$

$\dfrac{q\ell^2}{16} = \dfrac{q \cdot \ell^2}{8} - \dfrac{5q\ell}{8} \times \dfrac{\ell}{2} + M$

$M = \dfrac{4q\ell^2}{16} = \dfrac{q \cdot \ell^2}{4}$

18 그림과 같이 원형단면을 가진 보가 인장하중 P = 90kN을 받는다. 이 보는 강(steel)으로 이루어져 있고, 세로탄성계수는 210GPa이며 포와송비 μ = 1/30이다. 이 보의 체적변화 $\triangle V$는 약 몇 mm³인가? (단, 보의 직경 d = 30mm, 길이 L = 5m이다.)

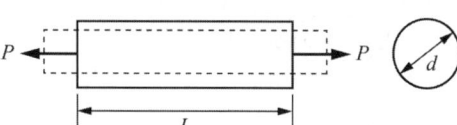

① 114.28 ② 314.28 ③ 514.28 ④ 714.28

Solution $\epsilon_v = \dfrac{\triangle V}{V} = \epsilon(1-2\mu) = \dfrac{\sigma}{E}(1-2\mu)$

$\triangle V = \dfrac{P \cdot \ell}{E}(1-2\mu) = \dfrac{90 \times 10^3 \times 5}{210 \times 10^9} \times (1 - 2 \times \dfrac{1}{3}) = 714.286 \times 10^{-9} \text{m}^3$

Answer 15. ① 16. ④ 17. ① 18. ④

19 그림과 같은 단순 지지보에 모멘트(M)와 균일 분포하중(w)이 작용할 때, A점의 반력은?

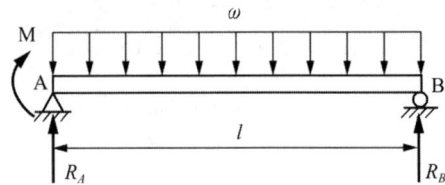

① $\dfrac{w\ell}{2} - \dfrac{M}{\ell}$ ② $\dfrac{w\ell}{2} - M$

③ $\dfrac{w\ell}{2} + M$ ④ $\dfrac{w\ell}{2} + \dfrac{M}{\ell}$

> **Solution** $R_A \cdot \ell + M = \dfrac{w\ell^2}{2}$
> $R_A = \dfrac{w\ell}{2} - \dfrac{M}{\ell}$

20 0.4m×0.4m인 정사각형 ABCD를 아래 그림에 나타내었다. 하중을 가한 후의 변형 상태는 점선으로 나타내었다. 이때 A지점에서 전단 변형률 성분의 평균값(γ_{xy})는?

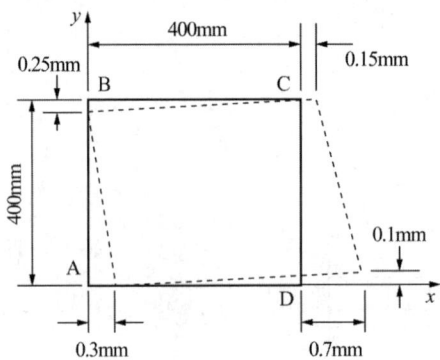

① 0.001 ② 0.000625

③ −0.0005 ④ −0.000625

> **Solution** A점을 기준으로 x방향 평균 변형량 : $\dfrac{0.3+0.15}{2} = 0.225$
> A점을 기준으로 y방향 평균변형량 : $\dfrac{0.25+0.1}{2} = 0.175$
> $\gamma_{xy} = \dfrac{1}{2}\left(\dfrac{0.225}{400} + \dfrac{0.175}{400}\right) = 0.0005$

Answer 19. ① **20.** ③

2과목 기계열역학

21 다음은 오토(Otto) 사이클의 온도-엔트로피(T-S) 선도이다. 이 사이클의 열효율을 온도를 이용하여 나타낼 때 옳은 것은? (단, 공기의 비열은 일정한 것으로 본다.)

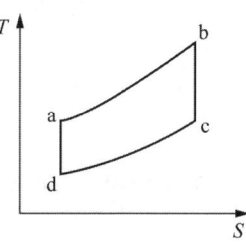

① $1 - \dfrac{T_c - T_d}{T_b - T_a}$ ② $1 - \dfrac{T_b - T_a}{T_c - T_d}$

③ $1 - \dfrac{T_a - T_d}{T_b - T_c}$ ④ $1 - \dfrac{T_b - T_c}{T_a - T_d}$

Solution $\eta_0 = 1 - \dfrac{m \cdot C_V \cdot (T_c - T_d)}{m \cdot C_V \cdot (T_b - T_a)} = 1 - \dfrac{T_c - T_d}{T_b - T_a}$

22 다음 중 강도성 상태량(intensive property)이 아닌 것은?

① 온도 ② 내부에너지
③ 밀도 ④ 압력

Solution 강도성 상태량 : 질량에 비례하지 않는 상태량, 즉 질량과 관계없는 상태량

23 고온열원(T_1)과 저온열원(T_2) 사이에서 작동하는 역카르노 사이클에 의한 열펌프(heat pump)의 성능계수는?

① $\dfrac{T_1 - T_2}{T_1}$ ② $\dfrac{T_2}{T_1 - T_2}$

③ $\dfrac{T_1}{T_1 - T_2}$ ④ $\dfrac{T_1 - T_2}{T_2}$

Solution $\epsilon_n = \dfrac{Q_H}{W} = \dfrac{Q_H}{Q_H - Q_L} = \dfrac{\Delta s\, T_1}{\Delta s\, (T_1 - T_2)} = \dfrac{T_1}{T_1 - T_2}$

24 냉매가 갖추어야 할 요건으로 틀린 것은?

① 증발온도에서 높은 잠열을 가져야 한다.
② 열전도율이 커야 한다.
③ 표면장력이 커야 한다.
④ 불활성이고 안전하며 비가연성이어야 한다.

Answer 21. ① 22. ② 23. ③ 24. ③

25 100℃의 구리 10kg을 20℃의 물 2kg이 들어있는 단열 용기에 넣었다. 물과 구리 사이의 열전달을 통한 평형 온도는 약 몇 ℃인가? (단, 구리 비열은 0.45kJ/(kg·K), 물 비열은 4.2kJ/(kg·K)이다.)

① 48
② 54
③ 60
④ 68

Solution
$10 \times 0.45 \times (100 - t_m) = 2 \times 4.2 \times (t_m - 20)$
$t_m = 48\,℃$

26 이상기체 2kg이 압력 98kPa, 온도 25℃ 상태에서 체적이 0.5m³였다면 이 이상기체의 기체상수는 약 몇 J/(kg·K)인가?

① 79
② 82
③ 97
④ 102

Solution
$R = \dfrac{98 \times 10^3 \times 0.5}{2 \times (25 + 273)} = 82.21\,\text{J/(kg·K)}$

27 다음 중 스테판-볼츠만의 법칙과 관련이 있는 열전달은?

① 대류
② 복사
③ 전도
④ 응축

28 어떤 습증기의 엔트로피가 6.78kJ/(kg·K)라고 할 때 이 습증기의 엔탈피는 약 몇 kJ/kg인가? (단, 이 기체의 포화액 및 포화증기의 엔탈피와 엔트로피는 다음과 같다.)

	포화액	포화증기
엔탈피(kJ/kg)	384	2666
엔트로피(kJ/(kg·K))	1.25	7.62

① 2365
② 2402
③ 2473
④ 2511

Solution
$6.78 = 1.25 + x(7.62 - 1.25)$
$x = 0.868$
$h_x = 384 + 0.868 \times (2666 - 384) = 2364.776\,\text{kJ/kg}$

29 단열된 노즐에 유체가 10m/s의 속도로 들어와서 200m/s의 속도로 가속되어 나간다. 출구에서의 엔탈피가 2770kJ/kg일 때 입구에서의 엔탈피는 약 몇 kJ/kg인가?

① 4370
② 4210
③ 2850
④ 2790

Solution
$-\Delta h = \dfrac{1}{2}(V_2^2 - V_1^2)$
$(h_1 - 2770) = \dfrac{1}{2} \times (200^2 - 10^2) \times 10^{-3}$
$h_1 = 2789.95\,\text{kJ/kg}$

Answer 25. ① 26. ② 27. ② 28. ① 29. ④

30 압력(P)-부피(V) 선도에서 이상기체가 그림과 같은 사이클로 작동한다고 할 때 한 사이클 동안 행한 일은 어떻게 나타내는가?

① $\dfrac{(P_2+P_1)(V_2+V_1)}{2}$

② $\dfrac{(P_2-P_1)(V_2+V_1)}{2}$

③ $\dfrac{(P_2+P_1)(V_2-V_1)}{2}$

④ $\dfrac{(P_2-P_1)(V_2-V_1)}{2}$

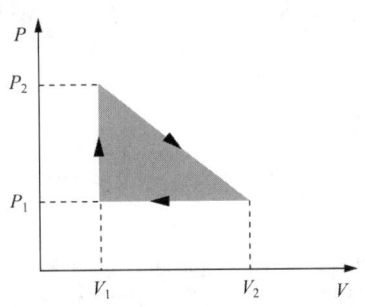

● Solution 내부 면적 계산
$$W = \dfrac{1}{2}(P_2-P_1)(V_2-V_1)$$

31 클라우지우스(Clausius)의 부등식을 옳게 나타낸 것은? (단, T는 절대온도, Q는 시스템으로 공급된 전체 열량을 나타낸다.)

① $\oint T\delta Q \leq 0$

② $\oint T\delta Q \geq 0$

③ $\oint \dfrac{\delta Q}{T} \leq 0$

④ $\oint \dfrac{\delta Q}{T} \geq 0$

32 어떤 유체의 밀도가 741kg/m³이다. 이 유체의 비체적은 약 몇 m³/kg인가?

① 0.78×10^{-3}
② 1.35×10^{-3}
③ 2.35×10^{-3}
④ 2.98×10^{-3}

● Solution $v = \dfrac{1}{\rho} = \dfrac{1}{741} = 1.35 \times 10^{-3} \text{m}^3/\text{kg}$

33 어떤 물질에서 기체상수(R)가 0.189kJ/(kg·K), 임계온도가 305K, 임계압력이 7380kPa이다. 이 기체의 압축성 인자(compressibility factor, Z)가 다음과 같은 관계식을 나타낸다고 할 때 이 물질의 20℃, 1000kPa 상태에서의 비체적(v)은 약 몇 m³/kg인가? (단, P는 압력, T는 절대온도, P_r는 환산압력, T_r은 환산온도를 나타낸다.)

$$Z = \dfrac{Pv}{RT} = 1 - 0.8 \dfrac{P_r}{T_r}$$

① 0.0111
② 0.0303
③ 0.0491
④ 0.0554

● Solution
$P_r = \dfrac{1000}{7380} = 0.136$
$T_r = \dfrac{20+273}{305} = 0.96$
$Z = \dfrac{1000 \times v}{0.189 \times (20+273)} = 1 - 0.8 \times \dfrac{0.136}{0.96}$
$v = 0.0491 \text{m}^3/\text{kg}$

Answer 30. ④ 31. ③ 32. ② 33. ③

34 전류 25A, 전압 13V를 가하여 축전지를 충전하고 있다. 충전하는 동안 축전지로부터 15W의 열손실이 있다. 축전지의 내부에너지 변화율은 약 몇 W인가?

① 310   ② 340   ③ 370   ④ 420

Solution $_1Q_2 = \Delta u + _1W_2$
$\Delta u = _1Q_2 - _1W_2 = -15 - (-25 \times 13) = 310\,W$
전력 = 전압×전류 ; 충전했으므로 받은 일(⊕)

35 카르노사이클로 작동하는 열기관이 1000℃의 열원과 300K의 대기 사이에서 작동한다. 이 열기관이 사이클 당 100kJ의 일을 할 경우 사이클 당 1000℃의 열원으로부터 받은 열량은 약 몇 kJ인가?

① 70.0   ② 76.4   ③ 130.8   ④ 142.9

Solution $\eta_c = \dfrac{W}{Q_1} = 1 - \dfrac{T_2}{T_1}$
$\dfrac{100}{Q_1} = 1 - \dfrac{300}{1000 + 273}$
$Q_1 = 130.84\,kJ$

36 이상적인 랭킨사이클에서 터빈 입구 온도가 350℃이고, 75kPa와 3MPa의 압력범위에서 작동한다. 펌프 입구와 출구, 터빈 입구와 출구에서 엔탈피는 각각 384.4kJ/kg, 387.5kJ/kg, 3116kJ/kg, 2403kJ/kg이다. 펌프일을 고려한 사이클의 열효율과 펌프일을 무시한 사이클의 열효율의 차이는 약 몇 %인가?

① 0.011   ② 0.092
③ 0.11   ④ 0.18

Solution $\eta_2 = \dfrac{(3116 - 2403) \times 100}{3116 - 387.5} = 26.13\%$
$\eta_1 = \dfrac{(3116 - 2403) - (387.5 - 384.4)}{3116 - 387.5} \times 100 = 26.02\%$
∴ $\eta_2 - \eta_1 = 26.13 - 26.02 = 0.11$

37 기체가 0.3MPa로 일정한 압력 하에 8m³에서 4m³까지 마찰 없이 압축되면서 동시에 500kJ의 열을 외부로 방출하였다면, 내부에너지의 변화는 약 몇 kJ인가?

① 700   ② 1700
③ 1200   ④ 1400

Solution $_1Q_2 = \Delta u + _1W_2$
$\Delta u = -500 - 0.3 \times 10^3 \times (4 - 8) = 700\,kJ$

38 이상적인 교축과정(throttling process)을 해석하는데 있어서 다음 설명 중 옳지 않은 것은?

① 엔트로피는 증가한다.
② 엔탈피의 변화가 없다고 본다.
③ 정압과정으로 간주한다.
④ 냉동기의 팽창밸브의 이론적인 해석에 적용될 수 있다.

Answer 34. ① 35. ③ 36. ③ 37. ① 38. ③

39 이상기체로 작동하는 어떤 기관의 압축비가 17이다. 압축 전의 압력 및 온도는 112kPa, 25℃이고 압축 후의 압력은 4350kPa이었다. 압축 후의 온도는 약 몇 ℃인가?

① 53.7　　　② 180.2　　　③ 236.4　　　④ 407.8

Solution
$$\frac{P_1 \cdot V_1}{T_1} = \frac{P_2 \cdot V_2}{T_2}$$
$$\frac{112 \times 17}{25 + 273} = \frac{4350}{T_2}$$
$$T_2 = 680.83\,\text{k}$$
$$t_2 = 407.83\,℃$$

40 압력이 0.2MPa, 온도가 20℃의 공기를 압력이 2MPa로 될 때까지 가역단열 압축했을 때 온도는 약 몇 ℃인가? (단, 공기는 비열비가 1.4인 이상기체로 간주한다.)

① 225.7　　　② 273.7　　　③ 292.7　　　④ 358.7

Solution
$$\frac{T_2}{T_1} = \left(\frac{P_2}{P_1}\right)^{\frac{K-1}{K}}$$
$$\frac{T_2}{20+273} = \left(\frac{2}{0.2}\right)^{\frac{0.4}{1.4}},\ T_2 = 565.69\,\text{K}$$
$$t_2 = 292.69\,℃$$

3과목 기계유체역학

41 낙차가 100m인 수력발전소에서 유량이 5m³/s이면 수력터빈에서 발생하는 동력(MW)은 얼마인가? (단, 유도관의 마찰손실은 10m이고, 터빈의 효율은 80%이다.)

① 3.53　　　② 3.92　　　③ 4.41　　　④ 5.52

Solution
$$h_t = 9.8 \times 5 \times (100-10) = 4410\,\text{kW}$$
$$H_t = 0.8 \times 4410 = 3528\,kW = 3.53\,\text{MW}$$

42 어떤 물리량 사이의 함수관계가 다음과 같이 주어졌을 때, 독립 무차원수 Pi항은 몇 개인가? (단, a는 가속도, V는 속도, t는 시간, ν는 동점성계수, L은 길이이다.)

$$F(a,\ V,\ t,\ \nu,\ L) = 0$$

① 1　　　② 2　　　③ 3　　　④ 4

Solution $\pi = n - m = 5 - 2 = 3$

Answer 39. ④　40. ③　41. ①　42. ③

43 그림과 같은 노즐을 통하여 유량 Q만큼의 유체가 대기로 분출될 때, 노즐에 미치는 유체의 힘 F는? (단, A_1, A_2는 노즐의 단면 1, 2에서의 단면적이고 ρ는 유체의 밀도이다.)

① $F = \dfrac{\rho A_2 Q^2}{2}\left(\dfrac{A_2 - A_1}{A_1 A_2}\right)^2$

② $F = \dfrac{\rho A_2 Q^2}{2}\left(\dfrac{A_1 + A_2}{A_1 A_2}\right)^2$

③ $F = \dfrac{\rho A_1 Q^2}{2}\left(\dfrac{A_1 + A_2}{A_1 A_2}\right)^2$

④ $F = \dfrac{\rho A_1 Q^2}{2}\left(\dfrac{A_1 - A_2}{A_1 A_2}\right)^2$

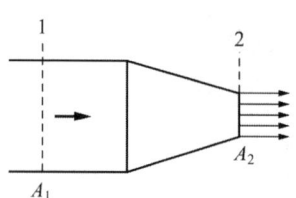

Solution
$\Sigma F = \rho Q(V_2 - V_1)$
$\dfrac{P_1}{\gamma} + \dfrac{V_1^2}{2g} = \dfrac{V_2^2}{2g}$
$P_1 \cdot A_1 - F = \rho Q(V_2 - V_1)$
$\dfrac{\rho}{2} \cdot (V_2^2 - V_1^2) \cdot A_1 - F = \rho Q(V_2 - V_1)$
$V_1 = \dfrac{Q}{A_1},\ V_2 = \dfrac{Q}{A_2}$
$\therefore F = \dfrac{\rho \cdot A_1}{2}\left(\dfrac{Q^2}{A_2^2} - \dfrac{Q^2}{A_1^2}\right) - \rho Q\left(\dfrac{Q}{A_2} - \dfrac{Q}{A_1}\right) = \dfrac{\rho \cdot A_1 \cdot Q^2}{2}\left(\dfrac{1}{A_2^2} - \dfrac{2}{A_1 \cdot A_2} + \dfrac{1}{A_1^2}\right)$
$= \dfrac{\rho \cdot A_1 \cdot Q^2}{2}\left(\dfrac{A_1 - A_2}{A_1 \cdot A_2}\right)^2$

44 그림과 같이 원판 수문이 물속에 설치되어 있다. 그림 중 C는 압력의 중심이고, G는 원판의 도심이다. 원판의 지름을 d라 하면 작용점의 위치 η는?

① $\eta = \bar{y} + \dfrac{d^2}{8\bar{y}}$

② $\eta = \bar{y} + \dfrac{d^2}{16\bar{y}}$

③ $\eta = \bar{y} + \dfrac{d^2}{32\bar{y}}$

④ $\eta = \bar{y} + \dfrac{d^2}{64\bar{y}}$

Solution
$\eta = \bar{y} + \dfrac{I_G}{A \cdot \bar{y}}$
$\dfrac{I_G}{A} = \dfrac{\pi d^4}{\dfrac{\pi d^2}{4} \times 64} = \dfrac{d^2}{16}$
$\therefore \eta = \bar{y} + \dfrac{d^2}{16\bar{y}}$

Answer 43. ④ 44. ②

45 체적이 30m³인 어느 기름의 무게가 247kN이었다면 비중은 얼마인가? (단, 물의 밀도는 1000kg/m³이다.)

① 0.80
② 0.82
③ 0.84
④ 0.86

▶ Solution $S = \dfrac{347 \times 10^3}{1000 \times 9.8 \times 30} = 0.84$

46 비압축성 유체가 그림과 같이 단면적 $A(x) = 1 - 0.04x \, [\text{m}^2]$로 변화하는 통로 내를 정상상태로 흐를 때 P점($x=0$)에서의 가속도(m/s²)는 얼마인가? (단, P점에서의 속도는 2m/s, 단면적은 1m²이며, 각 단면에서 유속은 균일하다고 가정한다.)

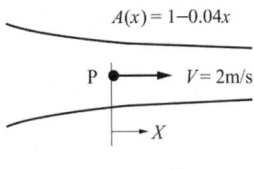

① −0.08
② 0
③ 0.08
④ 0.16

▶ Solution $V = \dfrac{Q}{A} = Q(1 - 0.04x)^{-1}$
$a_x = V \cdot \dfrac{\partial V}{\partial x} = V \cdot Q \cdot (-1) \cdot (1 - 0.04x)^{-2} \cdot (-0.04)$
$x = 0$일 때
$a_x = 2 \times 2 \times (-1) \times (-0.04) = 0.16 \, \text{m/sec}^2$

47 수면의 차이가 H인 두 저수지 사이에 지름 d, 길이 ℓ인 관로가 연결되어 있을 때 관로에서의 평균 유속(V)을 나타내는 식은? (단, f는 관마찰계수이고, g는 중력가속도이며, K_1, K_2는 관입구와 출구에서의 부차적 손실계수이다.)

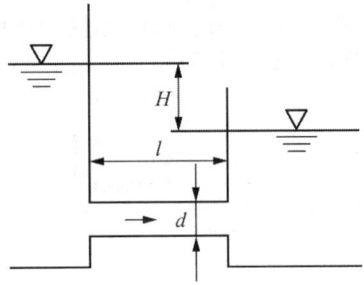

① $V = \sqrt{\dfrac{2gdH}{K_1 + f\ell + K_2}}$
② $V = \sqrt{\dfrac{2gH}{K_1 + fd\ell + K_2}}$
③ $V = \sqrt{\dfrac{2gdH}{K_1 + \dfrac{f}{\ell} + K_2}}$
④ $V = \sqrt{\dfrac{2gH}{K_1 + f\dfrac{\ell}{d} + K_2}}$

▶ Solution $H = h_\ell = \left(k_1 + f\dfrac{\ell}{d} + k_2\right)\dfrac{V^2}{2g}$
$V = \sqrt{\dfrac{2gH}{K_1 + f\dfrac{\ell}{d} + K_2}}$

Answer 45. ③ 46. ④ 47. ④

48 공기의 속도 24m/s인 풍동 내에서 익현길이 1m, 익의 폭 5m인 날개에 작용하는 양력(N)은 얼마인가? (단, 공기의 밀도는 1.2kg/m³, 양력계수는 0.455이다.)

① 1572   ② 786
③ 393   ④ 91

Solution $L = C_L \cdot A \cdot \dfrac{\rho \cdot V^2}{2} = 0.455 \times (1 \times 5) \times \dfrac{1.2 \times 24^2}{2} = 786.24\,\mathrm{N}$

49 (x, y)평면에서의 유동함수(정상, 비압축성 유동)가 다음과 같이 정의된다면 $x = 4\mathrm{m}$, $y = 6\mathrm{m}$의 위치에서의 속도(m/s)는 얼마인가?

$$\psi = 3x^2y - y^3$$

① 156   ② 92
③ 58   ④ 38

Solution $u = \dfrac{\partial \psi}{\partial y} = 3x^2 - 3y^2 = 3 \times 4^2 - 3 \times 6^2 = -60$
$v = -\dfrac{\partial \psi}{\partial x} = -6xy = -144$
$V = \sqrt{u^2 + v^2} = 156$

50 유체의 정의를 가장 올바르게 나타낸 것은?

① 아무리 작은 전단응력에도 저항할 수 없어 연속적으로 변형하는 물질
② 탄성계수가 0을 초과하는 물질
③ 수직응력을 가해도 물체가 변하지 않는 물질
④ 전단응력이 가해질 때 일정한 양의 변형이 유지되는 물질

51 밀도 1.6kg/m³인 기체가 흐르는 관에 설치한 피토 정압관(Pitot-static tube)의 두 단자 간 압력차가 4cmH₂O이었다면 기체의 속도(m/s)는 얼마인가?

① 7   ② 14
③ 22   ④ 28

Solution $V = \sqrt{2gh\left(\dfrac{r_s}{r} - 1\right)} = \sqrt{2 \times 9.8 \times 0.04 \times \left(\dfrac{1000}{1.6} - 1\right)} = 22.12\,\mathrm{m/sec}$

52 3.6m³/min을 양수하는 펌프의 송출구의 안지름이 23cm일 때 평균 유속(m/s)은 얼마인가?

① 0.96   ② 1.20
③ 1.32   ④ 1.44

Solution $V = \dfrac{3.6/60}{\dfrac{\pi}{4} \times 0.23^2} = 1.44\,\mathrm{m/sec}$

Answer 48. ② 49. ① 50. ① 51. ③ 52. ④

53 국소 대기압이 1atm이라고 할 때, 다음 중 가장 높은 압력은?

① 0.13atm(gage pressure) ② 115kPa(absolute pressure)
③ 1.1atm(absolute pressure) ④ 11mH₂O(absolute pressure)

Solution
$\dfrac{115 \times 10^3}{101325} = 1.13\,\text{atm}$

$\dfrac{11}{10.33} = 1.06\,\text{atm}$

54 수평원관 속에 정상류의 층류흐름이 있을 때 전단응력에 대한 설명으로 옳은 것은?

① 단면 전체에서 일정하다.
② 벽면에서 0이고 관 중심까지 선형적으로 증가한다.
③ 관 중심에서 0이고 반지름 방향으로 선형적으로 증가한다.
④ 관 중심에서 0이고 반지름 방향으로 중심으로부터 거리의 제곱에 비례하여 증가한다.

55 그림과 같은 두 개의 고정된 평판 사이에 얇은 판이 있다. 얇은 판 상부에는 점성계수가 0.05N·s/m²인 유체가 있고 하부에는 점성계수가 0.1N·s/m²인 유체가 있다. 이 판을 일정속도 0.5m/s로 끌 때, 끄는 힘이 최소가 되는 거리 y는? (단, 고정 평판사이의 폭은 h(m), 평판들 사이의 속도분포는 선형이라고 가정한다.)

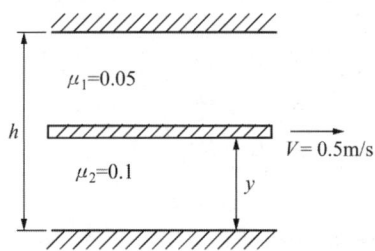

① 0.293h ② 0.482h ③ 0.586h ④ 0.879h

Solution
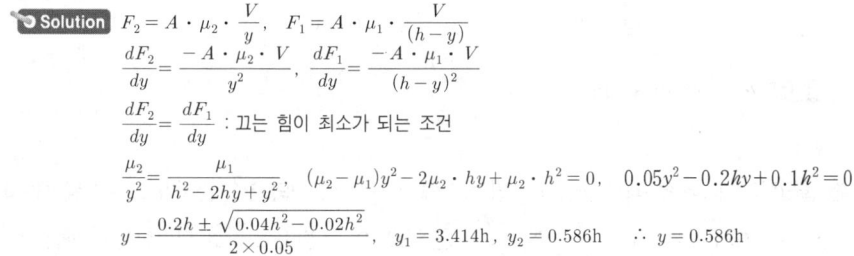

56 직경 1cm인 원형관 내의 물의 유동에 대한 천이 레이놀즈수는 23000이다. 천이가 일어날 때 물의 평균유속(m/s)은 얼마인가? (단, 물의 동점성계수는 10^{-6}m²/s이다.)

① 0.23 ② 0.46 ③ 2.3 ④ 4.6

Solution
$Re = \dfrac{V \cdot d}{\gamma}$

$2300 = \dfrac{V \times 0.01}{10^{-6}}$, $V = 0.23\,\text{m/s}$

Answer 53. ② 54. ③ 55. ③ 56. ①

57 프란틀의 혼합거리(mixing length)에 대한 설명으로 옳은 것은?

① 전단응력과 무관하다.
② 벽에서 0이다.
③ 항상 일정하다.
④ 층류 유동문제를 계산하는데 유용하다.

> **Solution** 프란틀의 혼합거리 : 난동하는 유체입자가 운동량 변화없이 움직일 수 있는 거리이다.

58 그림과 같이 유리관 A, B부분의 안지름은 각각 30cm, 10cm이다. 이 관에 물을 흐르게 하였더니 A에 세운 관에는 물이 60cm, B에 세운 관에는 물이 30cm 올라갔다. A와 B 각 부분에서 물의 속도(m/s)는?

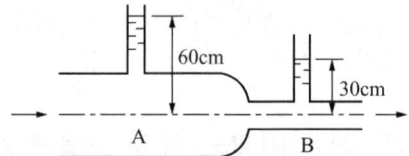

① V_A = 2.73, V_B = 24.5
② V_A = 2.44, V_B = 22.0
③ V_A = 0.542, V_B = 4.88
④ V_A = 0.271, V_B = 2.44

> **Solution**
> $$\frac{P_A}{\gamma} + \frac{V_A^2}{2g} = \frac{P_B}{\gamma} + \frac{V_B^2}{2g}$$
> $$\frac{P_A - P_B}{\gamma} = \frac{V_B^2 - V_A^2}{2g} = \frac{V_B^2}{2g}\left(1 - \frac{A_B^2}{A_A^2}\right)$$
> $$(0.6 - 0.3) = \frac{V_B^2}{2 \times 9.8} \times \left(1 - \frac{10^4}{30^4}\right)$$
> $V_B = 2.44 \, \text{m/sec}$
> $V_A = \dfrac{2.44 \times 10^2}{30^2} = 0.27 \, \text{m/sec}$

59 해수의 비중은 1.025이다. 바닷물 속 1m 깊이에서 작업하는 해녀가 받는 계기 압력(kPa)은 약 얼마인가?

① 94.4　　② 100.5　　③ 105.6　　④ 112.7

> **Solution** $P = 1.025 \times 9.8 \times 10 = 100.45 \, \text{kPa}$

60 어떤 물리적인 계(system)에서 물리량 F가 물리량 A, B, C, D의 함수 관계가 있다고 할 때, 차원해석을 한 결과 두 개의 무차원수, $\dfrac{F}{AB^2}$ 와 $\dfrac{B}{CD^2}$ 를 구할 수 있었다. 그리고 모형실험을 하여 $A = 1, B = 1, C = 1, D = 1$일 때, $F = F_1$을 구할 수 있었다. 여기서 $A = 2, B = 4, C = 1, D = 2$인 원형의 F는 어떤 값을 가지는가? (단, 모든 값들은 SI단위를 가진다.)

① F_1
② $16F_1$
③ $32F_1$
④ 위의 자료만으로는 예측할 수 없다.

> **Solution**
> $$\left(\frac{F}{AB^2}\right)_m = \left(\frac{F}{AB^2}\right)_P$$
> $\dfrac{F_1}{1 \times 1^2} = \dfrac{F}{2 \times 4^2}$, $F = 32F_1$

Answer 57. ②　58. ④　59. ②　60. ③

4과목 유체기계 및 유압기기

61 다음 수력기기 중 반동 수차에 해당하는 것은?
① 펠톤 수차, 프란시스 수차
② 프란시스 수차, 프로펠러 수차
③ 카플란 수차, 펠톤 수차
④ 펠톤 수차, 프로펠러 수차

62 프란시스 수차에서 사용하는 흡출관에 대한 설명으로 틀린 것은?
① 흡출관은 회전차에서 나온 물이 가진 속도수두와 방수면 사이의 낙차를 유효하게 이용하기 위해 사용한다.
② 캐비테이션을 일으키지 않기 위해서 흡출관의 높이는 일반적으로 7m 이하로 한다.
③ 흡출관 입구의 속도가 빠를수록 흡출관의 효율은 커진다.
④ 흡출관은 일반적으로 원심형, 무디형, 엘보형이 있고, 이 중 엘보형의 효율이 제일 높다.

63 수차 중 물의 송출 방향이 축방향이 아닌 것은?
① 펠톤 수차   ② 프란시스 수차   ③ 사류 수차   ④ 프로펠러 수차

64 송풍기를 특성곡선의 꼭짓점 이하 닫힘 상태점 근방에서 풍량을 조정할 때 풍압이 진동하고 풍량에 맥동이 일어나며, 격렬한 소음과 운전불능에 빠질 수 있게 되는 현상은?
① 서징 현상   ② 선회 실속 현상   ③ 수격 현상   ④ 쵸킹 현상

65 수차의 에너지 변환과정으로 옳은 것은?
① 위치에너지 → 기계 에너지
② 기계 에너지 → 위치 에너지
③ 열 에너지 → 기계 에너지
④ 이예 에너지 → 열 에너지

66 다음 중 기어펌프는 어느 형식의 펌프에 해당하는가?
① 축류펌프   ② 원심펌프   ③ 왕복식펌프   ④ 회전펌프

67 토크컨버터에서 임펠러가 작동유에 준 토크를 Tp, 스테이너가 작동유에 준 토크를 Ts, 런너가 받는 토크를 Tt라고 할 때 이들의 관계를 바르게 표현한 것은?
① Tp=Ts+Tt
② Ts=Tp+Tt
③ Tt=Tp+Ts
④ Tt=Tp−Ts

Answer 61. ② 62. ④ 63. ① 64. ① 65. ① 66. ④ 67. ③

68 원심펌프 회전차 출구의 직경 450mm, 회전수 1200rpm, 유체의 유입각도(α_1) 90°, 유체의 유출각도(β_2) 25°, 유속은 12m/s일 때 이론양정(m)은 얼마인가?

① 32.5　　　② 41.7　　　③ 48.6　　　④ 50.3

> **Solution** $H_\infty = \dfrac{u_2}{g}(u_2 - W_2 \cdot \cos\beta_2) = \dfrac{0.45 \times \pi \times 1200}{9.8 \times 60} \times \left(\dfrac{0.45 \times \pi \times 120}{60} - 12 \times \cos 25°\right) = 50.2\text{m}$

69 진공펌프의 설치 목적에 대한 설명으로 옳은 것은?

① 용기에 있는 공기 분자를 펌프를 통해 배기시키는 것. 즉, 용기내의 기체 밀도를 감소시키는 것이 펌프의 목적이다.
② 용기에 있는 물을 펌프를 통해 배기시키는 것. 즉, 용기내 유체의 체적을 감소시키는 것이 펌프의 목적이다.
③ 용기에 있는 공기 분자를 펌프를 통해 흡입시키는 것. 즉, 용기내의 기체 밀도가 클수록 좋은 진공이라 할 수 있다.
④ 용기에 있는 물을 펌프를 통해 배기시키는 것. 즉, 용기내 유체의 체적을 증가시키는 것이 펌프의 목적이다.

70 원심펌프의 원리와 구조에 관한 설명으로 틀린 것은?

① 변곡된 다수의 깃(blade)이 달린 회전차가 밀폐된 케이싱 내에서 회전함으로써 발생하는 원심력의 작용에 따라 송수된다.
② 액체(주로 물)는 회전차의 중심에서 흡입되어 반지름 방향으로 흐른다.
③ 와류실은 와실에서 나온 물을 모아서 송출관쪽으로 보내는 스파이럴형의 동체이다.
④ 와실은 송출되는 물의 압력에너지를 되도록 손실을 적게 하여 속도에너지를 변환하는 역할을 한다.

71 일반적인 베인 펌프의 특징으로 적절하지 않은 것은?

① 부품수가 많다.
② 비교적 고장이 적고 보수가 용이하다.
③ 펌프의 구동 동력에 비해 형상이 소형이다.
④ 기어 펌프나 피스톤 펌프에 비해 토출 압력의 맥동이 크다.

72 그림과 같은 유압기호가 나타내는 것은? (단, 그림의 기호는 간략 기호이며, 간략 기호에서 유로의 화살표는 압력의 보상을 나타낸다.)

① 가변 교축 밸브
② 무부하 릴리프 밸브
③ 직렬형 유량조정 밸브
④ 바이패스형 유량조정 밸브

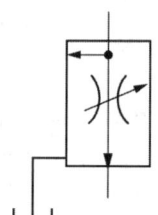

73 유압 회로에서 속도 제어 회로의 종류가 아닌 것은?

① 미터 인 회로
② 미터 아웃 회로
③ 블리드 오프 회로
④ 최대 압력 제한 회로

74 그림과 같은 단동실린더에서 피스톤에 $F = 500N$의 힘이 발생하면, 압력 P는 약 몇 kPa이 필요한가? (단, 실린더의 직경은 40mm이다.)

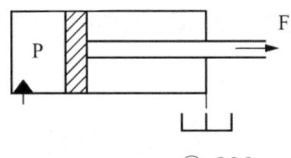

① 39.8
② 398
③ 79.6
④ 796

Solution $P = \dfrac{F}{A} = \dfrac{500 \times 10^{-3}}{\dfrac{\pi \times 0.04^2}{4}} = 397.89 \, kPa$

75 감압 밸브, 체크 밸브, 릴리프 밸브 등에서 밸브시트를 두드려 비교적 높은 음을 내는 일종의 자려진동 현상은?

① 컷인
② 점핑
③ 채터링
④ 디컴프레션

76 어큐뮬레이터의 용도와 취급에 대한 설명으로 틀린 것은?

① 누설유량을 보충해 주는 펌프 대용 역할을 한다.
② 어큐뮬레이터에 부속쇠 등을 용접하거나 가공, 구멍 뚫기 등을 해서는 안된다.
③ 어큐뮬레이터를 운반, 결합, 분리 등을 할 때는 봉입가스를 유지하여야 한다.
④ 유압 펌프에 발생하는 맥동을 흡수하여 이상 압력을 억제하여 진동이나 소음을 방지한다.

77 유압유의 점도가 낮을 때 유압 장치에 미치는 영향으로 적절하지 않은 것은?

① 배관 저항 증대
② 유압유의 누설 증가
③ 펌프의 용적 효율 저하
④ 정확한 작동과 정밀한 제어의 곤란

78 상시 개방형 밸브로 옳은 것은?

① 감압 밸브
② 무부하 밸브
③ 릴리프 밸브
④ 카운터 밸런스 밸브

Answer 73. ④ 74. ② 75. ③ 76. ③ 77. ① 78. ①

79 기어펌프의 폐입 현상에 관한 설명으로 적절하지 않은 것은?
① 진동, 소음의 원인이 된다.
② 한 쌍의 이가 맞물려 회전할 경우 발생한다.
③ 폐입 부분에서 팽창 시 고압이, 압축 시 진공이 형성된다.
④ 방지책으로 릴리프 홈에 의한 방법이 있다.

80 실린더 입구의 분기 회로에 유량 제어 밸브를 설치하여 실린더 입구측의 불필요한 압유를 배출시켜 작동 효율을 증진시키는 회로는?
① 로킹 회로
② 증강 회로
③ 동조 회로
④ 블리드 오프 회로

5과목 건설기계일반 및 플랜트배관

81 타이어식 기중기에서 전후, 좌우 방향에 안전성을 주어 기중 작업 시 전도되는 것을 방지해 주는 안전장치는?
① 아웃트리거
② 종감속 장치
③ 과권 경보장치
④ 과부하 방지장치

82 일반적으로 지게차에서 사용하는 조향방식은?
① 전륜 조향방식
② 포크 조향방식
③ 후륜 조향방식
④ 마스트 조향방식

83 스크레이퍼의 흙 운반량(m^3/h)에 대한 설명으로 틀린 것은?
① 볼의 용량에 비례한다.
② 사이클 시간에 반비례한다.
③ 흙(토량) 환산계수에 반비례한다.
④ 스크레이퍼 작업 효율에 비례한다.

84 도로포장을 위한 다짐작업에 사용되는 건설기계는?
① 롤러
② 로더
③ 지게차
④ 덤프트럭

85 아스팔트 피니셔에 대한 설명으로 적절하지 않은 것은?
① 혼합재료를 균일한 두께로 포장폭만큼 노면 위에 깔고 다듬는 건설기계이다.
② 주행방식에 따라 타이어식과 무한궤도식으로 분류할 수 있다.
③ 피더는 혼합재료를 이동시키는 역할을 한다.
④ 스크리드는 운반된 혼합재료(아스팔트)를 저장하는 용기이다.

Answer 79. ③ 80. ④ 81. ① 82. ③ 83. ③ 84. ① 85. ④

86 트랙터의 앞에 블레이드(배토판)을 설치한 것으로 송토, 굴토, 확토 작업을 하는 건설기계는?

① 굴삭기　　② 지게차　　③ 도저　　④ 컨베이어

87 굴삭기를 주행 장치에 따라 구분하여 설명한 내용으로 적절하지 않은 것은?

① 주행 장치에 따라 무한궤도식과 타이어식으로 분류할 수 있다.
② 타이어식은 이동거리가 긴 작업장에서 작업능률이 좋다.
③ 타이어식은 주행저항이 적으며 기동성이 좋다.
④ 무한궤도식은 습지나 경사지에서의 작업이 곤란하다.

88 강재의 크기에 따라 담금질 효과가 달라지는 현상을 의미하는 용어는?

① 단류선　　② 질량효과　　③ 잔류응력　　④ 노치효과

89 모터 그레이더에서 사용하는 리닝 장치에 대한 설명으로 옳은 것은?

① 블레이드를 올리고 내리는 장치이다.
② 앞바퀴를 좌우로 경사시키는 장치이다.
③ 기관의 가동시간을 기록하는 장치이다.
④ 큰 견인력을 얻기 위해 저압 타이어를 사용하는 장치이다.

90 열팽창에 의한 배관의 이동을 제한하는 레스트레인트의 종류가 아닌 것은?

① 앵커　　② 스토퍼　　③ 가이드　　④ 파이프슈

91 동력을 이용하여 나사를 절삭하여 동력나사 절삭기의 종류가 아닌 것은?

① 호브식　　② 램식　　③ 오스터식　　④ 다이헤드식

92 15℃인 강관 25m가 있다. 이 강관에 온수 60℃의 온수를 공급할 때 강관의 신축량은 몇 mm인가? (단, 강관의 열팽창 계수는 0.012mm/mm·℃이다.)

① 5.5　　② 8.5　　③ 13.5　　④ 16.5

Solution $\delta = \ell \cdot \alpha \cdot \Delta t = 25 \times 0.012 \times (60-15) = 13.5mm$

Answer 86. ③ 87. ④ 88. ② 89. ② 90. ④ 91. ② 92. ③

93 관 공작용 기계가 아닌 것은?
① 로터리식 파이프 벤딩기 ② 동력 나사 절삭기
③ 파이프 렌치 ④ 기계톱

94 주철관의 인장강도가 낮기 때문에 피해야 하는 관 이음방법은?
① 용접 이음 ② 소켓 이음 ③ 플랜지 이음 ④ 기계식 이음

95 배수배관의 구배에 대한 설명 중 틀린 것은?
① 물 포켓이나 에어포켓이 만들어지는 요철배관의 시공은 하지 않도록 한다.
② 배수배관과 중력식 증기배관의 환수관은 일정한 구배로 관 말단까지 상향구배로 한다.
③ 배수배관은 구배의 경사가 완만하면 유속이 떨어져 밀어내는 힘이 감소하여 고형물이 남게 된다.
④ 배수배관은 구배를 급경사지게하면 물이 관바닥을 급속히 흐르게 되므로 고형물을 부유시키지 않는다.

96 부식의 외관상 분류 중 국부부식의 종류가 아닌 것은?
① 전면부식 ② 입계부식 ③ 선택부식 ④ 극간부식

97 밸브를 나사봉에 의하여 파이프의 횡단면과 평행하게 개폐하는 것으로 슬루스 밸브라고 불리는 밸브는?
① 게이트 밸브 ② 앵글 밸브 ③ 체크 밸브 ④ 콕

98 배수관 시공완료 후 각 기구의 접속부 기타 개구부를 밀폐하고, 배관의 최고부에서 물을 가득 넣어 누수 유무를 판정하는 시험은?
① 응력시험 ② 통수시험 ③ 연기시험 ④ 만수시험

99 탄소강관의 내면 또는 외면을 폴리에틸렌이나 경질 염화비닐로 피복하여 내구성과 내식성이 우수한 관은?
① 주철관 ② 탄소강관
③ 라이닝 강관 ④ 스테인리스강관

100 배관용 탄소강관의 설명으로 틀린 것은?
① 종류에는 흑관과 백관이 있다.
② 고압 배관용으로 주로 사용된다.
③ 호칭지름은 6~600A까지가 있다.
④ KS 규격 기호는 SPP이다.

Answer 93. ③ 94. ① 95. ② 96. ① 97. ① 98. ④ 99. ③ 100. ②

2021년 3월 7일 기출문제

1과목 재료역학

1 길이 500mm, 지름 16mm의 균일한 강봉의 양 끝에 12kN의 축 방향 하중이 작용하여 길이는 $300\mu m$가 증가하고 지름은 $2.4\mu m$가 감소하였다. 이 선형 탄성 거동하는 봉 재료의 프와송 비는?

① 0.22
② 0.25
③ 0.29
④ 0.32

Solution $\mu = \dfrac{\varepsilon'}{\varepsilon} = \dfrac{\delta' \cdot \ell}{d \cdot \delta} = \dfrac{2.4 \times 500}{16 \times 300} = 0.25$

2 지름 20mm인 구리합금 봉에 30kN의 축방향 인장하중이 작용할 때 체적 변형률은 약 얼마인가? (단, 세로탄성계수는 100GPa, 프와송 비는 0.30이다.)

① 0.38
② 0.038
③ 0.0038
④ 0.00038

Solution $\varepsilon_v = \varepsilon(1-2\mu) = \dfrac{P}{AE}(1-2\mu) = \dfrac{4 \times 30 \times 10^3}{\pi \times 0.02^2 \times 100 \times 10^9} \times (1-2 \times 0.3) = 0.000382$

3 그림과 같이 균일단면 봉이 100kN의 압축하중을 받고 있다. 재료의 경사 단면 Z-Z에 생기는 수직응력 σ_n, 전단응력 τ_n의 값은 각각 약 몇 MPa인가? (단, 균일 단면 봉의 단면적은 1000mm²이다.)

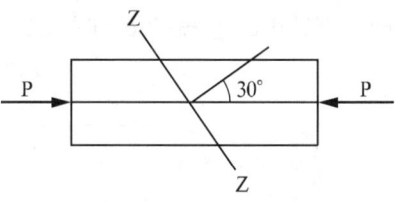

① $\sigma_n = -38.2$, $\tau_n = 26.7$
② $\sigma_n = -68.4$, $\tau_n = 58.8$
③ $\sigma_n = -75.0$, $\tau_n = 43.3$
④ $\sigma_n = -86.2$, $\tau_n = 56.8$

Solution $\sigma_n = \sigma_x \cdot \cos^2\theta = \dfrac{100 \times 10^3}{1000} \times (\cos 30°)^2 = 75 \text{N/mm}^2$, 압축

$\tau_n = \dfrac{\sigma_x}{2}\sin 2\theta = \dfrac{10 \times 10^3}{2 \times 1000} \times \sin 60° = 43.3 \text{N/mm}^2$

Answer 1. ② 2. ④ 3. ③

4 단면계수가 0.01m³인 사각형 단면의 양단 고정보가 2m의 길이를 가지고 있다. 중앙에 최대 몇 kN의 집중하중을 가할 수 있는가? (단, 재료의 허용굽힘응력은 80MPa이다.)

① 800 ② 1600
③ 2400 ④ 3200

Solution $\sigma_b = \dfrac{P \cdot \ell}{8Z}$

$80 = \dfrac{P \times 2000}{8 \times 0.01 \times 10^9}$, $P = 3200\text{kN}$

5 지름 6mm인 곧은 강선을 지름 1.2m의 원통에 감았을 때 강선에 생기는 최대 굽힘응력은 약 몇 MPa인가? (단, 세로탄성계수는 200GPa이다.)

① 500 ② 800
③ 900 ④ 1000

Solution $\sigma_b = \dfrac{yE}{\rho} = \dfrac{d \cdot E}{D+d} = \dfrac{0.006 \times 200 \times 10^3}{1.2 + 0.006} = 995.02\,\text{N/mm}^2$

별해) $\sigma_b = \dfrac{0.006 \times 200 \times 10^3}{1.2} = 1000\,\text{N/mm}^2$

6 직사각형(b×h)의 단면적 A를 갖는 보에 전단력 V가 작용할 때 최대 전단응력은?

① $\tau_{max} = 0.5\dfrac{V}{A}$ ② $\tau_{max} = \dfrac{V}{A}$

③ $\tau_{max} = 1.5\dfrac{V}{A}$ ④ $\tau_{max} = 2\dfrac{V}{A}$

Solution 구형 단면보

$\tau_{max} = \dfrac{3}{2}\tau_{mean} = \dfrac{3}{2}\dfrac{V}{A}$

7 그림에서 고정단에 대한 자유단의 전 비틀림 각은? (단, 전단탄성계수는 100GPa이다.)

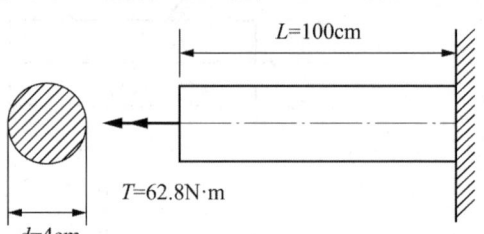

① 0.00025rad ② 0.0025rad
③ 0.025rad ④ 0.25rad

Solution $\theta = \dfrac{T \cdot \ell}{G \cdot I_P} = \dfrac{62.8 \times 10^3 \times 1000}{100 \times 10^3 \times \dfrac{\pi \times 40^4}{32}} = 0.0025\,\text{rad}$

Answer 4. ④ 5. ④ 6. ③ 7. ②

8 그림과 같이 균일분포 하중을 받는 보의 지점 B에서의 굽힘모멘트는 몇 kN·m인가?

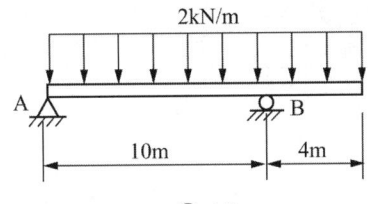

① 16
② 10
③ 8
④ 1.6

Solution $M_B = 2 \times 4 \times 2 = 16\,\text{kN}\cdot\text{m}$

9 두께 10mm인 강판으로 직경 2.5m의 원통형 압력용기를 제작하였다. 최대 내부 압력이 1200kPa일 때 축방향 응력은 몇 MPa인가?

① 75
② 100
③ 125
④ 150

Solution $\sigma_z = \dfrac{P \cdot d}{4t} = \dfrac{1.2 \times 25 \times 10^3}{4 \times 10} = 75\,\text{MPa}$

10 단면적이 각각 A_1, A_2, A_3이고, 탄성계수가 각각 E_1, E_2, E_3인 길이 ℓ인 재료가 강성판 사이에서 인장하중 P를 받아 탄성변형 했을 때 재료 1, 3 내부에 생기는 수직응력은? (단, 2개의 강성판은 항상 수평을 유지한다.)

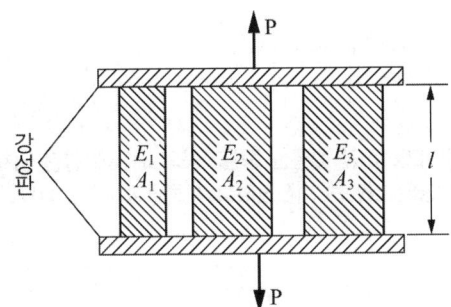

① $\sigma_1 = \dfrac{PE_1}{A_1E_1 + A_2E_2 + A_3E_3}$, $\sigma_3 = \dfrac{PE_3}{A_1E_1 + A_2E_2 + A_3E_3}$

② $\sigma_1 = \dfrac{PE_2E_3}{E_1(A_1E_1 + A_2E_2 + A_3E_3)}$, $\sigma_3 = \dfrac{PE_1E_2}{E_3(A_1E_1 + A_2E_2 + A_3E_3)}$

③ $\sigma_1 = \dfrac{PE_1}{A_3A_2E_1 + A_3A_1E_2 + A_1A_2E_3}$, $\sigma_3 = \dfrac{PE_3}{A_3A_2E_1 + A_3A_1E_2 + A_1A_2E_3}$

④ $\sigma_1 = \dfrac{PE_2E_3}{A_3A_2E_1 + A_3A_1E_2 + A_1A_2E_3}$, $\sigma_3 = \dfrac{PE_1E_2}{A_3A_2E_1 + A_3A_1E_2 + A_1A_2E_3}$

Answer 8. ① 9. ① 10. ①

> **Solution** 병렬연결부재공식
> $$\sigma_1 = \frac{P \cdot E_1}{A_1E_1 + A_2E_2 + A_3E_3}$$
> $$\sigma_2 = \frac{P \cdot E_2}{A_1E_1 + A_2E_2 + A_3E_3}$$
> $$\sigma_3 = \frac{P \cdot E_3}{A_1E_1 + A_2E_2 + A_3E_3}$$

11 지름 20mm, 길이 50mm의 구리 막대의 양단을 고정하고 막대를 가열하여 40℃ 상승했을 때 고정단을 누르는 힘은 약 몇 kN인가? (단, 구리의 선팽창계수 $a = 0.16 \times 10^{-4}$/℃, 세로탄성계수는 110GPa이다.)

① 52 ② 30
③ 25 ④ 22

> **Solution** $P = E\alpha\Delta t \cdot A = 110 \times 10^3 \times 0.16 \times 10^{-4} \times 40 \times \frac{\pi \times 20^2}{4} \times 10^{-3} = 22.12\,\text{kN}$

12 지름 10mm, 길이 2m인 둥근 막대의 한끝을 고정하고 타단을 자유로이 10°만큼 비틀었다면 막대에 생기는 최대 전단응력은 약 몇 MPa인가? (단, 재료의 전단탄성계수는 84GPa이다.)

① 18.3 ② 36.6
③ 54.7 ④ 73.2

> **Solution** $\theta = \frac{\tau \cdot Z_P \cdot \ell}{G \cdot I_P}$
> $$10 \times \frac{\pi}{180} = \frac{32 \times \tau \times \pi \times 10^3 \times 2000}{84 \times 10^3 \times \pi \times 10^4 \times 16}$$
> $\tau = 36.65\,\text{N/mm}^2$

13 지름이 2cm이고 길이가 1m인 원통형 중실기둥의 좌굴에 관한 임계하중을 오일러 공식으로 구하면 약 몇 kN인가? (단, 기둥의 양단은 회전단이고 세로탄성계수는 200GPa이다.)

① 11.5 ② 13.5
③ 15.5 ④ 17.5

> **Solution** $P_{cr} = \frac{n\pi^2 EI}{\ell^2} = \frac{1 \times \pi^2 \times 200 \times 10^9 \times \pi \times 0.02^4}{1^2 \times 64} \times 10^{-3} = 15.5\,\text{kN}$

Answer 11. ④ 12. ② 13. ③

14 그림과 같이 등분포하중 w가 가해지고 B점에서 지지되어 있는 고정 지지보가 있다. A점에 존재하는 반력 중 모멘트는?

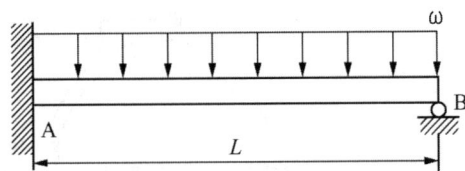

① $\dfrac{1}{8}wL^2$ (시계방향) ② $\dfrac{1}{8}wL^2$ (반시계방향)

③ $\dfrac{7}{8}wL^2$ (시계방향) ④ $\dfrac{7}{8}wL^2$ (반시계방향)

Solution $\dfrac{R_B \cdot \ell^3}{3EI} = \dfrac{w\ell^4}{8EI}$, $R_B = \dfrac{3w\ell}{8}$

$M_A = \dfrac{w\ell^2}{2} - \dfrac{3w\ell^2}{8} = \dfrac{w\ell^2}{8}$, 반시계

15 그림과 같은 일단고정 타단지지보의 중앙에 $P = 4800\text{N}$의 하중이 작용하면 지지점의 반력(R_B)은 약 몇 kN인가?

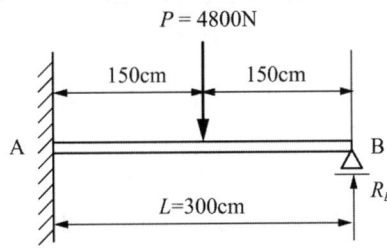

① 3.2 ② 2.6
③ 1.5 ④ 1.2

Solution $\dfrac{5 \cdot P\ell^3}{48EI} = \dfrac{R_B \cdot \ell^3}{3EI}$, $R_B = \dfrac{5P}{16}$

$R_B = \dfrac{5 \times 4.8}{16} = 1.5\,\text{kN}$

Answer 14. ② 15. ③

16 반원 부재에 그림과 같이 0.5R지점에 하중 P가 작용할 때 지지점 B에서의 반력은?

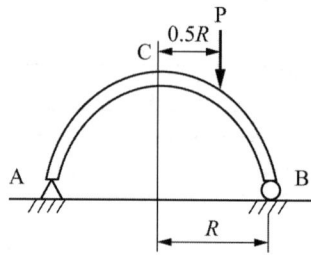

① $\dfrac{P}{4}$ 　　　　② $\dfrac{P}{2}$

③ $\dfrac{3P}{4}$ 　　　　④ P

Solution $\sum M_A = 0$

$2R \cdot R_B = \dfrac{3}{2}RP$

$R_B = \dfrac{3}{4}P$

17 두 변의 길이가 각각 b, h인 직사각형의 A점에 관한 극관성 모멘트는?

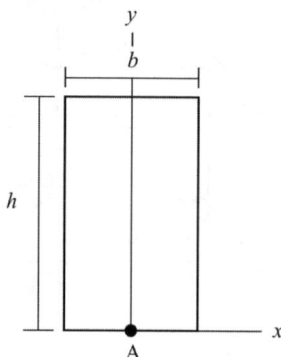

① $\dfrac{bh}{12}(b^2+h^2)$ 　　　　② $\dfrac{bh}{12}(b^2+4h^2)$

③ $\dfrac{bh}{12}(4b^2+h^2)$ 　　　　④ $\dfrac{bh}{3}(b^2+h^2)$

Solution $I_X = \dfrac{bh^3}{12} + \dfrac{h^2}{4} \times bh = \dfrac{bh^3}{3} = \dfrac{4bh^3}{12}$

$I_Y = \dfrac{b^3 \cdot h}{12}$

$I_P = I_X + I_Y = \dfrac{bh}{12}(4h^2+b^2)$

Answer 16. ③ 17. ②

18 상단이 고정된 원추 형체의 단위체적에 대한 중량을 γ라 하고, 원추 밑면의 지름이 d, 높이가 ℓ일 때 이 재료의 최대 인장응력을 나타낸 식은? (단, 자중만을 고려한다.)

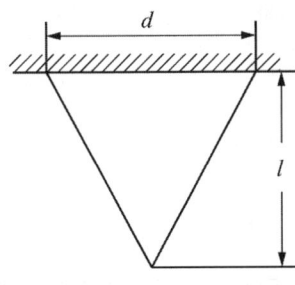

① $\sigma_{max} = \gamma \ell$ ② $\sigma_{max} = \dfrac{1}{2}\gamma \ell$

③ $\sigma_{max} = \dfrac{1}{3}\gamma \ell$ ④ $\sigma_{max} = \dfrac{1}{4}\gamma \ell$

Solution $\sigma_b = \dfrac{\gamma \cdot (A\ell/3)}{A} = \dfrac{1}{3}\gamma \cdot \ell$

19 보의 길이 ℓ에 등분포하중 w를 받는 직사각형 단순보의 최대 처짐량에 대한 설명으로 옳은 것은? (단, 보의 자중은 무시한다.)

① 보의 폭에 정비례한다.   ② ℓ의 3승에 정비례한다.
③ 보의 높이의 2승에 반비례한다.   ④ 세로탄성계수에 반비례한다.

Solution $\delta = \dfrac{5w\ell^4}{384EI} = \dfrac{12 \times 5w\ell^4}{384E \cdot bh^3}$

① b에 반비례, ② h^3에 반비례, ③ ℓ^4에 비례

20 원통형 코일스프링에서 코일 반지름 R, 소선의 지름 d, 전단탄성계수를 G라고 하면 코일 스프링 한 권에 대해서 하중 P가 작용할 때 소선의 비틀림 각 ϕ을 나타내는 식은?

① $\dfrac{32PR}{Gd^2}$ ② $\dfrac{32PR^2}{Gd^2}$

③ $\dfrac{64PR}{Gd^4}$ ④ $\dfrac{64PR^2}{Gd^4}$

Solution $\phi = \dfrac{\delta}{R} = \dfrac{64nP \cdot R^3}{Gd^4 \cdot R} = \dfrac{64nP \cdot R^2}{Gd^4}$

$n = 1$이면 $\phi = \dfrac{64P \cdot R^2}{Gd^4}$

Answer 18. ③   19. ④   20. ④

2과목 기계열역학

21 다음 중 가장 낮은 온도는?

① 104℃
② 284°F
③ 410K
④ 684R

Solution
② $t_c = \frac{5}{9}(284-32) = 140℃$
③ $t_c = 410 - 273 = 137℃$
④ $t_c = \frac{5}{9} \times 684 - 273 = 107℃$

22 증기터빈에서 질량유량이 1.5kg/s이고, 열손실률이 8.5kW이다. 터빈으로 출입하는 수증기에 대한 값은 아래 그림과 같다면 터빈의 출력은 약 몇 kW인가?

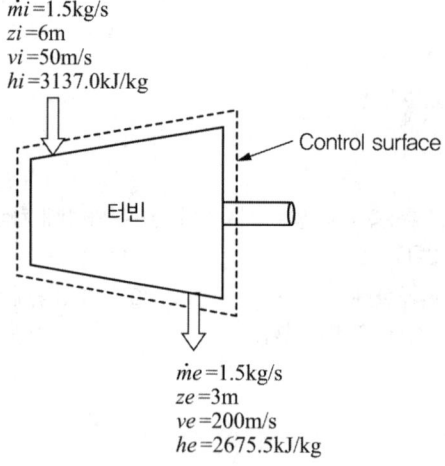

$\dot{m}i = 1.5$kg/s
$zi = 6$m
$vi = 50$m/s
$hi = 3137.0$kJ/kg

Control surface
터빈

$\dot{m}e = 1.5$kg/s
$ze = 3$m
$ve = 200$m/s
$he = 2675.5$kJ/kg

① 273kW
② 656kW
③ 1357kW
④ 2616kW

Solution $_1\dot{Q}_2 = \dot{m}\Delta h + \frac{1}{2}\dot{m}(V_e^2 - V_i^2) + \dot{m}g(Z_e - Z_\ell) + \dot{W}_t$

$\dot{W}_t = -1.5 \times (2675.5 - 3137) - \frac{1}{2} \times 1.5 \times (200^2 - 50^2) \times 10^{-3} - 1.5 \times 9.8 \times (3-6) \times 10^{-3} - 8.5$

$= 655.67$kW

23 온도 15℃, 압력 100kPa 상태의 체적이 일정한 용기 안에 어떤 이상 기체 5kg이 들어있다. 이 기체가 50℃가 될 때까지 가열되는 동안의 엔트로피 증가량은 약 몇 kJ/K인가? (단, 이 기체의 정압비열과 정적비열은 각각 1.001kJ/(kg·K), 0.7171kJ/(kg·K)이다.)

① 0.411
② 0.486
③ 0.575
④ 0.732

Solution $\Delta S = mC_V \cdot \ln\left(\frac{T_2}{T_1}\right) = 5 \times 0.7171 \times \ln\left(\frac{50+273}{15+273}\right) = 0.411$ kJ/K

Answer 21. ① 22. ② 23. ①

24 어떤 냉동기에서 0℃의 물로 0℃의 얼음 2ton을 만드는데 180MJ의 일이 소요된다면 이 냉동기의 성적계수는? (단, 물의 융해열은 334kJ/kg이다.)

① 2.05
② 2.32
③ 2.65
④ 3.71

Solution $\varepsilon_r = \dfrac{334 \times 2 \times 10^3}{180 \times 10^3} = 3.71$

25 계가 비가역 사이클을 이룰 때 클라우시우스(Clausius)의 적분을 옳게 나타낸 것은? (단, T는 온도, Q는 열량이다.)

① $\oint \dfrac{\delta Q}{T} < 0$
② $\oint \dfrac{\delta Q}{T} > 0$
③ $\oint \dfrac{\delta Q}{T} \geq 0$
④ $\oint \dfrac{\delta Q}{T} \leq 0$

26 비열비가 1.29, 분자량이 44인 이상 기체의 정압비열은 약 몇 kJ/(kg·K)인가? (단, 일반기체상수는 8.314kJ/(kmol·K)이다.)

① 0.51
② 0.69
③ 0.84
④ 0.91

Solution $C_p = \dfrac{k \cdot R}{k-1} = \dfrac{k}{k-1} \times \dfrac{\overline{R}}{M} = \dfrac{1.29}{1.29-1} \times \dfrac{8.314}{44} = 0.84 \text{ kJ/kg·K}$

27 과열증기를 냉각시켰더니 포화영역 안으로 들어와서 비체적이 0.2327m³/kg이 되었다. 이 때 포화액과 포화증기의 비체적이 각각 1.079×10⁻³m³/kg, 0.5243m³/kg이라면 건도는 얼마인가?

① 0.964
② 0.772
③ 0.653
④ 0.443

Solution $V_x = V' + x(V'' - V')$
$0.2327 = 1.079 \times 10^{-3} + x \cdot (0.5243 - 1.079 \times 10^{-3})$
$x = 0.443$

28 증기동력 사이클의 종류 중 재열사이클의 목적으로 가장 거리가 먼 것은?

① 터빈 출구의 습도가 증가하여 터빈 날개를 보호한다.
② 이론 열효율이 증가한다.
③ 수명이 연장된다.
④ 터빈 출구의 질(quality)을 향상시킨다.

Solution 터빈 출구 습도가 증가하면 터빈 날개에 부식이 일어난다.

Answer 24. ④ 25. ① 26. ③ 27. ④ 28. ①

29 온도 20℃에서 계기압력 0.183MPa의 타이어가 고속주행으로 온도 80℃로 상승할 때 압력은 주행 전과 비교하여 약 몇 kPa 상승하는가? (단, 타이어의 체적은 변하지 않고, 타이어 내의 공기는 이상기체로 가정하며, 대기압은 101.3kPa이다.)

① 37kPa ② 58kPa
③ 286kPa ④ 445kPa

Solution $V = $ 일정

$$\frac{T_2}{T_1} = \frac{P_2}{P_1}, \quad \frac{80+273}{20+273} = \frac{P_2}{0.183 \times 10^3 + 101.3}$$
$$P_2 = 342.52\text{kPa} - 101.3 = 241.23\text{kPa}$$
$$\triangle P = P_2 - P_1 = 241.23 - 183 = 58.23\text{kPa}$$

30 온도가 127℃, 압력이 0.5MPa, 비체적이 0.4m³/kg인 이상기체가 같은 압력 하에서 비체적이 0.3m³/kg으로 되었다면 온도는 약 몇 ℃인가?

① 16 ② 27
③ 96 ④ 300

Solution $P = $ 일정.

$$\frac{T_2}{T_1} = \frac{V_2}{V_1}, \quad \frac{T_2}{127+273} = \frac{0.3}{0.4}$$
$$T_2 = 300\text{k} - 273 = 27℃$$

31 수소(H_2)가 이상기체라면 절대압력 1MPa, 온도 100℃에서의 비체적은 약 몇 m³/kg인가? (단, 일반기체상수는 8.3145kJ/(kmol·K)이다.)

① 0.781 ② 1.26
③ 1.55 ④ 3.46

Solution $Pv = RT$

$$1 \times 10^3 \times v = \frac{8.3145}{2} \times (100+273)$$
$$v = 1.55\,\text{m}^3/\text{kg}$$

32 증기를 가역 단열과정을 거쳐 팽창시키면 증기의 엔트로피는?

① 증가한다. ② 감소한다.
③ 변하지 않는다. ④ 경우에 따라 증가도 하고, 감소도 한다.

Answer 29. ② 30. ② 31. ③ 32. ③

33 밀폐용기에 비내부에너지가 200kJ/kg인 기체가 0.5kg 들어있다. 이 기체를 용량이 500W인 전기가열기로 2분 동안 가열한다면 최종상태에서 기체의 내부에너지는 약 몇 kJ인가? (단, 열량은 기체로만 전달된다고 한다.)

① 20kJ ② 100kJ
③ 120kJ ④ 160kJ

Solution $U_2 = U_1 + Q = 200 \times 0.5 + 500 \times 10^{-3} \times 2 \times 60 = 160\,kJ$

34 10℃에서 160℃까지 공기의 평균 정적비열은 0.7315kJ/(kg·K)이다. 이 온도 변화에서 공기 1kg의 내부에너지 변화는 약 몇 kJ인가?

① 101.1kJ ② 109.7kJ
③ 120.6kJ ④ 131.7kJ

Solution $\Delta U = m \cdot C_V \cdot \Delta t = 1 \times 0.7315 \times (160 - 10) = 109.725\,kJ$

35 한 밀폐계가 190kJ의 열을 받으면서 외부에 20kJ의 일을 한다면 이 계의 내부에너지의 변화는 약 얼마인가?

① 210kJ만큼 증가한다. ② 210kJ만큼 감소한다.
③ 170kJ만큼 증가한다. ④ 170kJ만큼 감소한다.

Solution $_1Q_2 = \Delta U + {_1W_2}$
$\Delta U = 190 - 20 = 170\,kJ$

36 완전가스의 내부에너지(u)는 어떤 함수인가?

① 압력과 온도의 함수이다. ② 압력만의 함수이다.
③ 체적과 압력의 함수이다. ④ 온도만의 함수이다.

Solution $\Delta U = m \cdot C_V \cdot \Delta t$
m = 일정
C_V = 일정
∴ 내부에너지는 온도 만의 함수

37 열펌프를 난방에 이용하려 한다. 실내 온도는 18℃이고, 실외 온도는 -15℃이며 벽을 통한 열손실은 12kW이다. 열펌프를 구동하기 위해 필요한 최소 동력은 약 몇 kW인가?

① 0.65kW ② 0.74kW
③ 1.36kW ④ 1.53kW

Solution $\varepsilon_h = \dfrac{\dot{Q}}{\dot{W}} = \dfrac{T_H}{T_H - T_L}$
$\dfrac{12}{\dot{W}} = \dfrac{18 + 273}{18 - (-15)}$
$\dot{W} = 1.36\,kW$

Answer 33. ④ 34. ② 35. ③ 36. ④ 37. ③

38 이상적인 카르노 사이클의 열기관이 500℃인 열원으로부터 500kJ를 받고 25℃에 열을 방출한다. 이 사이클의 일(W)과 효율(η_{th})은 얼마인가?

① W=307.2kJ, η_{th}=0.6143
② W=307.2kJ, η_{th}=0.5748
③ W=250.3kJ, η_{th}=0.6143
④ W=250.3kJ, η_{th}=0.5748

Solution $\eta_{th} = \dfrac{W}{Q_H} = 1 - \dfrac{T_L}{T_H}$

$W = 500 \times \left(1 - \dfrac{25+273}{500+273}\right) = 307.24\,\text{kJ}$

$\eta_{th} = \dfrac{307.24}{500} \times 100 = 61.44\%$

39 오토사이클의 압축비(ϵ)가 8일 때 이론 열효율은 약 몇 %인가? (단, 비열비(k)는 1.40이다.)

① 36.8%
② 46.7%
③ 56.5%
④ 66.6%

Solution $\eta_o = 1 - \left(\dfrac{1}{\epsilon}\right)^{k-1} = \left\{1 - \left(\dfrac{1}{8}\right)^{0.4}\right\} \times 100 = 56.47\%$

40 계가 정적 과정으로 상태 1에서 상태 2로 변화할 때 단순압축성 계에 대한 열역학 제1법칙을 바르게 설명한 것은? (단, U, Q, W는 각각 내부에너지, 열량, 일량이다.)

① $U_1 - U_2 = Q_{12}$
② $U_2 - U_1 = W_{12}$
③ $U_1 - U_2 = W_{12}$
④ $U_2 - U_1 = Q_{12}$

Solution $_1Q_2 = \Delta U + \int_1^2 P \cdot dV$

V = 일정

$_1Q_2 = \Delta U = U_2 - U_1$

3과목 기계유체역학

41 유체역학에서 연속방정식에 대한 설명으로 옳은 것은?

① 뉴턴의 운동 제2법칙이 유체 중의 모든 점에서 만족하여야 함을 요구한다.
② 에너지와 일 사이의 관계를 나타낸 것이다.
③ 한 유선 위에 두 점에 대한 단위 체적당의 운동량의 관계를 나타낸 것이다.
④ 검사체적에 대한 질량 보존을 나타내는 일반적인 표현식이다.

Solution 연속방정식은 질량보존법칙에 적용시켜 얻은 식이다.

Answer 38. ① 39. ③ 40. ④ 41. ④

42 그림과 같은 탱크에서 A점에서 표준대기압이 작용하고 있을 때, B점의 절대압력은 약 몇 kPa인가? (단, A점과 B점의 수직거리는 2.5m이고 기름의 비중은 0.92이다.)

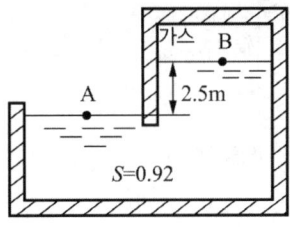

① 78.8
② 788
③ 179.8
④ 1798

Solution $P_A = P_B + \gamma \cdot h$
$P_B = 101.325 - (0.92 \times 9.8 \times 2.5) = 78.785$

43 기준면에 있는 어떤 지점에서의 물의 유속이 6m/s, 압력이 40kPa일 때 이 지점에서의 물의 수력기울기선의 높이는 약 몇 m인가?

① 3.24
② 4.08
③ 5.92
④ 6.81

Solution $H = \dfrac{P}{\gamma} + Z = \dfrac{P}{\gamma} = \dfrac{40}{9.8} = 4.08\,\text{m}$

44 2차원 직각좌표계(x, y) 상에서 x방향의 속도 $u = 1$, y방향의 속도 $v = 2x$인 어떤 정상상태의 이상유체에 대한 유동장이 있다. 다음 중 같은 유선 상에 있는 점을 모두 고르면?

| ㉠ (1, 1) | ㉡ (1, -1) | ㉢ (-1, 1) |

① ㉠, ㉡
② ㉡, ㉢
③ ㉠, ㉢
④ ㉠, ㉡, ㉢

Solution $dx = \dfrac{dy}{2x}$
$2x\,dx = dy$, $\dfrac{dy}{dx} = 2x$
$y = x^2 + C$
$C = 0$이면 $\begin{cases} x = 1, \ y = 1 \\ x = -1, \ y = 1 \end{cases}$

Answer 42. ① 43. ② 44. ③

45 경계층의 박리(separation)가 일어나는 주원인은?

① 압력이 증기압 이하로 떨어지기 때문에
② 유동방향으로 밀도가 감소하기 때문에
③ 경계층의 두께가 0으로 수렴하기 때문에
④ 유동과정에 역압력 구배가 발생하기 때문에

> **Solution** 박리(separation)의 원인은 역압력 구배이다.

46 표면장력이 0.07N/m인 물방울의 내부압력이 외부압력보다 10Pa 크게 되려면 물방울의 지름은 몇 cm인가?

① 0.14
② 1.4
③ 0.28
④ 2.8

> **Solution** $\sigma = \dfrac{P \cdot d}{4}$, $d = \dfrac{4 \times 0.07}{10} = 0.028 \text{m}$

47 가스 속에 피토관을 삽입하여 압력을 측정하였더니 정체압이 128Pa, 정압이 120Pa이었다. 이 위치에서의 유속은 몇 m/s인가? (단, 가스의 밀도는 1.0kg/m³이다.)

① 1
② 2
③ 4
④ 8

> **Solution** $P_2 = P_1 + \dfrac{\rho V^2}{2}$
> $128 = 120 + \dfrac{1.0 \times V^2}{2}$, $V = 4 \text{m/sec}$

48 평면 벽과 나란한 방향으로 점성계수가 $2 \times 10^{-5} \text{Pa} \cdot \text{s}$인 유체가 흐를 때, 평면과의 수직거리 y[m]인 위치에서 속도가 $u = 5(1 - e^{-0.2y})$[m/s]이다. 유체에 걸리는 최대 전단응력은 약 몇 Pa인가?

① 2×10^{-5}
② 2×10^{-6}
③ 5×10^{-6}
④ 10^{-4}

> **Solution** $\tau = \mu \cdot \dfrac{du}{dy} = \mu \cdot \{-5e^{-0.2y} \cdot (-0.2)\}\Big|_{y=0}$
> $\tau_{\max} = 2 \times 10^{-5} \times 0.2 \times 5 = 2 \times 10^{-5} \text{Pa}$

49 안지름 1cm의 원관 내를 유동하는 0℃의 물의 층류 임계 레이놀즈수가 2100일 때 임계속도는 약 몇 cm/s인가? (단, 0℃ 물의 동점성계수는 0.01787cm²/s이다.)

① 37.5
② 375
③ 75.1
④ 751

> **Solution** $Re = \dfrac{V \cdot d}{\nu}$
> $2100 = \dfrac{V \times 0.01}{0.01787 \times 10^{-4}}$, $V = 0.375 \text{m/sec}$

Answer 45. ④ 46. ④ 47. ③ 48. ① 49. ①

50 다음 중 정체압의 설명으로 틀린 것은?

① 정체압은 정압과 같거나 크다.
② 정체압은 액주계로 측정할 수 없다.
③ 정체압은 유체의 밀도에 영향을 받는다.
④ 같은 정압의 유체에서는 속도가 빠를수록 정체압이 커진다.

Solution $P_s = P + \dfrac{\rho \cdot V^2}{2}$

51 어떤 물체가 대기 중에서 무게는 6N이고 수중에서 무게는 1.1N이었다. 이 물체의 비중은 약 얼마인가?

① 1.1 ② 1.2
③ 2.4 ④ 5.5

Solution
$W = F_B + W'$
$6 = 9800 \times V + 1.1, \ V = 0.0005 \, \text{m}^3$
$W = S \cdot \gamma_w \cdot V$
$6 = S \times 9800 \times 0.0005, \ S = 1.22$

52 지름 4m의 원형수문이 수면과 수직방향이고 그 최상단이 수면에서 3.5m만큼 잠겨있을 때 수문에 작용하는 힘 F와, 수면으로부터 힘의 작용점까지의 거리 x는 각각 얼마인가?

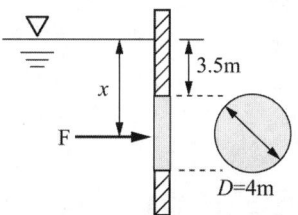

① 638kN, 5.68m   ② 677kN, 5.68m
③ 638kN, 5.57m   ④ 677kN, 5.57m

Solution $F = \gamma \cdot \bar{h} \cdot A = 9.8 \times 5.5 \times \pi \times 2^2 = 677.33 \, \text{kN}$

$x = \bar{h} + \dfrac{I_G}{A \cdot \bar{h}} = 5.5 + \dfrac{\pi \times 4^4}{\pi \times 2^2 \times 5.5 \times 64} = 5.68 \, \text{m}$

Answer 50. ② 51. ② 52. ②

53 지름 D_1 = 30cm의 원형 물제트가 대기압 상태에서 V의 속도로 중앙부분에 구멍이 뚫린 고정 원판에 충돌하여, 원판 위로 지름 D_2 = 10cm의 원형 물제트가 같은 속도로 흘러나가고 있다. 이 원판이 받는 힘이 100N이라면 물제트의 속도 V는 약 몇 m/s인가?

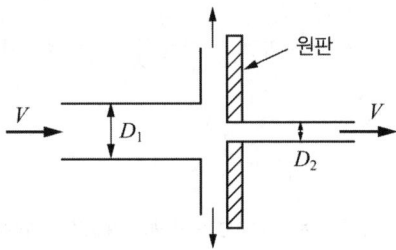

① 0.95 ② 1.26
③ 1.59 ④ 2.35

Solution $F = \rho A V^2 = \rho \cdot \dfrac{\pi}{4}(D_1^2 - D_2^2) \cdot V^2$

$100 = 1000 \times \dfrac{\pi}{4} \times (0.3^2 - 0.1^2) \times V^2$

$V = 1.26 \, \text{m/sec}$

54 길이 600m이고 속도 15km/h인 선박에 대해 물속에서의 조파 저항을 연구하기 위해 길이 6m인 모형선의 속도는 몇 km/h으로 해야 하는가?

① 2.7 ② 2.0
③ 1.5 ④ 1.0

Solution $F_r = \dfrac{V^2}{L \cdot g}$, $\dfrac{15^2}{600} = \dfrac{V_m^2}{6}$

$V_m = 1.5 \, \text{km/h}$

55 동점성계수가 1×10^{-4} m²/s인 기름이 안지름 50mm의 관을 3m/s의 속도로 흐를 때 관의 마찰계수는?

① 0.015 ② 0.027
③ 0.043 ④ 0.061

Solution $Re = \dfrac{V \cdot d}{\nu} = \dfrac{3 \times 0.05}{1 \times 10^{-4}} = 1500$

$f = \dfrac{64}{Re} = \dfrac{64}{1500} = 0.0427$

56 일률(power)을 기본 차원인 M(질량), L(길이), T(시간)로 나타내면?

① $L^2 T^{-2}$ ② $MT^{-2}L^{-1}$
③ $ML^2 T^{-2}$ ④ $ML^2 T^{-3}$

Solution 일률 : 단위시간당 일량(N·m/sec)

$F \cdot L \cdot T^{-1} = ML^2 T^{-3}$

Answer 53. ② 54. ③ 55. ③ 56. ④

57 수평으로 놓인 지름 10cm, 길이 200m인 파이프에 완전히 열린 글로브 밸브가 설치되어 있고, 흐르는 물의 평균속도는 2m/s이다. 파이프의 관 마찰계수가 0.02이고, 전체 수두 손실이 10m이면, 글로브 밸브의 손실계수는 약 얼마인가?

① 0.4
② 1.8
③ 5.8
④ 9.0

> **Solution** $h_\ell = (k + f \cdot \frac{\ell}{d}) \cdot \frac{V^2}{2g}$
>
> $10 = (k + 0.02 \times \frac{200}{0.1}) \times \frac{2^2}{2 \times 9.8}$
>
> $k = 9.0$

58 유동장에 미치는 힘 가운데 유체의 압축성에 의한 힘만이 중요할 때에 적용할 수 있는 무차원수로 옳은 것은?

① 오일러수
② 레이놀즈수
③ 프루드수
④ 마하수

> **Solution** 오일러수 = $\frac{압축력}{관성력}$
>
> 두 점 사이의 압력차가 큰 유동에서 중요한 무차원수이다.

59 (x, y)좌표계의 비회전 2차원 유동장에서 속도포텐셜(potential) ϕ는 $\phi = 2x^2 y$로 주어졌다. 이 때 점 (3, 2)인 곳에서 속도 벡터는? (단, 속도포텐셜 ϕ는 $\vec{V} = \nabla \phi = grad\phi$로 정의된다.)

① $24\vec{i} + 18\vec{j}$
② $-24\vec{i} + 18\vec{j}$
③ $12\vec{i} + 9\vec{j}$
④ $-12\vec{i} + 9\vec{j}$

> **Solution** $u = \frac{\partial \phi}{\partial x} = 4xy = 4 \times 3 \times 2 = 24$
>
> $v = \frac{\partial \phi}{\partial y} = 2x^2 = 2 \times 3^2 = 18$
>
> $v = u\hat{i} + v\hat{j} = 24\hat{i} + 18\hat{j}$

60 Stokes의 법칙에 의해 비압축성 점성유체에 구(sphere)가 낙하될 때 항력(D)을 나타낸 식으로 옳은 것은? (단, μ : 유체의 점성계수, a : 구의 반지름, V : 구의 평균속도, C_D : 항력계수, 레이놀즈수가 1보다 작아 박리가 존재하지 않는다고 가정한다.)

① $D = 6\pi a \mu V$
② $D = 4\pi a \mu V$
③ $D = 2\pi a \mu V$
④ $D = C_D \pi a \mu V$

> **Solution** $D = 3\pi \mu d V = 3\pi \mu (2a) V = 6\pi \mu a V$

Answer 57. ④ 58. ④ 59. ① 60. ①

4과목 유체기계 및 유압기기

61 압축기의 손실을 기계손실과 유체손실로 구분할 때 다음 중 유체손실에 속하지 않는 것은?
① 흡입구에서 송출구에 이르기까지 유체 전체에 관한 마찰 손실
② 곡관이나 단면변화에 의한 손실
③ 베어링, 패킹상자 및 기밀장치 등에 의한 손실
④ 회전차 입구 및 출구에서의 충돌손실

Solution 베어링, 팽킹상자 및 기밀장치 등에 의한 손실-기계적 마찰에 의한 손실

62 펌프의 운전 중 관로에 장치된 밸브를 급폐쇄할 경우 관로 내 압력이 변화(상승, 하강 반복)되어 충격파가 발생하는 것은?
① 공동 현상   ② 수격 작용
③ 서징 현상   ④ 부식 작용

Solution 밸브의 급폐쇄로 관로내 압력의 상승과 하강이 반복되며 충격파가 발생하는 현상은 수격작용이고 밸브의 폐쇄로 순간압이 과도적으로 상승하는 현상을 서징현상이라 한다.

63 진공펌프의 성능표시에 대한 설명으로 틀린 것은?
① 규정압력과 그 때의 배기용량으로 표시한다.
② 도달 가능한 흡입 최소압은 성능을 평가하는 중요한 요소이다.
③ 대기압 이하의 압력표시에는 계기압력을 기준으로 한다.
④ 진공펌프의 압축비는 배기구의 압력을 흡기구의 압력으로 나눈 값이다.

64 다음 중 터보형 펌프가 아닌 것은?
① 원심형 펌프   ② 벌류트 펌프
③ 사류 펌프   ④ 피스톤 펌프

Solution 피스톤 펌프는 기어펌프, 베인펌프 등과 함께 용적형 펌프의 종류이다.

65 토마계수 σ를 사용하여 펌프의 캐비테이션이 발생하는 한계를 표시할 때, 캐비테이션이 발생하지 않는 영역을 바르게 표시한 것은? (단, H는 유효낙차, Ha는 대기압 수두, Hv는 포화증기압 수두, Hs는 흡출고를 나타낸다. 또한 펌프가 흡출하는 수면은 펌프 아래에 있다.)
① $Ha-Hv-Hs > \sigma \times H$ ② $Ha+Hv-Hs > \sigma \times H$
③ $Ha-Hv-Hs < \sigma \times H$ ④ $Ha+Hv-Hs < \sigma \times H$

Answer 61. ③ 62. ② 63. ③ 64. ④ 65. ①

66 비교회전도 176m³/min, m, rpm, 회전수 2900rpm, 양정 220m인 4단 원심펌프에서 유량(m³/min)은 얼마인가?

① 2.3 ② 2.7 ③ 1.5 ④ 1.9

Solution
$$n_s = N \cdot \frac{Q^{\frac{1}{2}}}{H^{\frac{3}{4}}}$$

$$176 = 2900 \times \frac{Q^{\frac{1}{2}}}{\left(\frac{220}{4}\right)^{\frac{3}{4}}}$$

$Q = 1.5 \, \text{m}^3/\text{min}$

67 입력축과 출력축의 토크를 변환시키기 위해 펌프 회전차와 터빈 회전차 중간에 스테이터를 설치한 유체전동기구는?

① 토크 컨버터 ② 유체 커플링
③ 축압기 ④ 서보 밸브

Solution 토크컨버터의 주요 구성요소는 입력축의 임펠러, 출력측의 러너 그리고 그 사이의 스테이터 등으로 구성된 유체기계이다.

68 수차의 유효 낙차(effective head)를 가장 올바르게 설명한 것은?

① 총 낙차에서 도수로와 방수로의 손실 수두를 뺀 것
② 총 낙차에서 수압관 내의 손실 수두를 뺀 것
③ 총 낙차에서 도수로, 수압관, 방수로의 손실 수두를 뺀 것
④ 총 낙차에서 터빈의 손실 수두를 뺀 것

69 다음 유체기계 중 유체로부터 에너지를 받아 기계적 에너지로 변환시키는 장치로 볼 수 없는 것은?

① 송풍기 ② 수차 ③ 유압모터 ④ 풍차

Solution 송풍기는 기계적 에너지를 공기흐름의 유체에너지로 변환시키는 기계장치이다.

70 프란시스 수차의 안내깃에 대한 설명으로 틀린 것은?

① 회전차의 바깥에 위치한다.
② 부하 변동에 따라서 열림각이 변한다.
③ 회전축에 구동된다.
④ 물의 선회 속도 성분을 주는 역할을 한다.

Answer 66. ③ 67. ① 68. ③ 69. ① 70. ③

71 개스킷(gasket)에 대한 설명으로 옳은 것은?

① 고정부분에 사용되는 실(seal)
② 운동부분에 사용되는 실(seal)
③ 대기로 개방되어 있는 구멍
④ 흐름의 단면적을 감소시켜 관로 내 저항을 갖게 하는 기구

Solution 운동부분에 사용하는 실 장치 : 패킹

72 자중에 의한 낙하, 운동물체의 관성에 의한 액추에이터의 자중 등을 방지하기 위해 배압을 생기게 하고 다른 방향의 흐름이 자유로 흐르도록 한 밸브는?

① 풋 밸브
② 스풀 밸브
③ 카운터 밸런스 밸브
④ 변환 밸브

Solution 배압제어용 압력제어밸브 : 카운터밸런스밸브

73 유압에서 체적탄성계수에 대한 설명으로 틀린 것은?

① 압력의 단위와 같다.
② 압력의 변화량과 체적의 변화량과 관계있다.
③ 체적탄성계수의 역수는 압축률로 표현한다.
④ 유압에 사용되는 유체가 압축되기 쉬운 정도를 나타낸 것으로 체적탄성계수가 클수록 압축이 잘 된다.

Solution 체적탄성계수가 크면 압축이 어렵다.
$$K = \frac{\Delta P}{-\frac{\Delta V}{V}} \text{ (N/m}^2\text{, kgf/m}^2\text{)}$$

74 오일의 팽창, 수축을 이용한 유압 응용장치로 적절하지 않은 것은?

① 진동 개폐 밸브
② 압력계
③ 온도계
④ 쇼크 업소버

Solution 쇼크 업소버 : 공기압과 기름의 압력을 이용하여 충격과 진동을 흡수하는 장치

Answer 71. ① 72. ③ 73. ④ 74. ④

75 그림과 같이 유압회로의 명칭으로 적합한 것은?

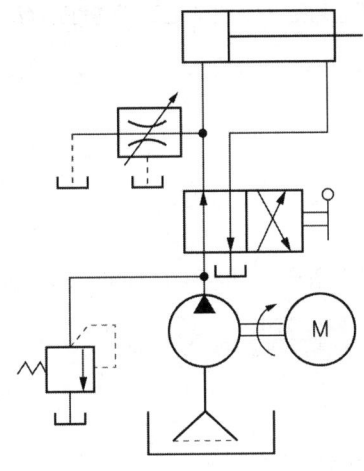

① 어큐뮬레이터 회로
② 시퀀스 회로
③ 블리드 오프 회로
④ 로킹(로크) 회로

Solution 블리드오프회로 : 펌프의 토출유량 중 일부는 탱크로 바이패스시키고 나머지는 유압실린더 입구로 보내는 속도제어회로

76 토출량이 일정한 용적형 펌프의 종류가 아닌 것은?

① 기어 펌프
② 베인 펌프
③ 터빈 펌프
④ 피스톤 펌프

Solution 터빈펌프는 비용적형 펌프이다.

77 유압 모터의 효율에 대한 설명으로 틀린 것은?

① 전효율은 체적효율에 비례한다.
② 전효율은 기계효율에 반비례한다.
③ 전효율은 축 출력과 유체 입력의 비로 표현한다.
④ 체적효율은 실제 송출유량과 이론 송출유량의 비로 표현한다.

Solution $\eta = \dfrac{L_s}{L_m} = \eta_v \cdot \eta_T = \eta_v \cdot \eta_m$

η_m : 기계효율
η_T : 토크효율
η_v : 용적(체적)효율
η : 모터 전 효율

Answer 75. ③ 76. ③ 77. ②

78 펌프의 효율을 구하는 식으로 틀린 것은? (단, 펌프에 손실이 없을 때 토출 압력은 P_0, 실제 펌프 토출 압력은 P, 이론 펌프 토출량은 Q_0, 실제 펌프 토출량은 Q, 유체동력은 L_h, 축동력은 L_s이다.)

① 용적 효율 = $\dfrac{Q}{Q_0}$

② 압력 효율 = $\dfrac{P_0}{P}$

③ 기계 효율 = $\dfrac{L_h}{L_s}$

④ 전 효율 = 용적 효율 × 압력 효율 × 기계 효율

Solution 압력효율 = $\dfrac{P(\text{실제토출압력})}{P_o(\text{이론토출압력})}$

79 그림과 같은 기호의 밸브 명칭은?

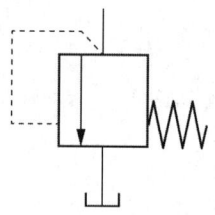

① 스톱 밸브 ② 릴리프 밸브
③ 체크 밸브 ④ 가변 교축 밸브

80 압력 제어 밸브에서 어느 최소 유량에서 어느 최대 유량까지의 사이에 증대하는 압력은?

① 오버라이드 압력 ② 전량 압력
③ 정격 압력 ④ 서지 압력

Solution ① 정격압력 : 유압장치에서 연속적으로 사용할 수 있는 최대압력
② 서지압력 : 과도적으로 상승한 최대압력

Answer 78. ② 79. ② 80. ①

5과목 건설기계일반 및 플랜트배관

81 굴삭기의 작업 장치 중 유압 셔블(shovel)에 대한 설명으로 적절하지 않은 것은?

① 백호 버킷을 뒤집어 사용하기도 한다.
② 페이스 셔블이라고도 한다.
③ 장비가 있는 지면보다 낮은 곳을 굴착하기에 적합하다.
④ 산악지역에서 토사, 암반 등을 굴착하여 트럭에 싣기에 적합한 장치이다.

Solution 작업위치보다 낮은 굴착에 적합한 것은 백호이다.

82 앞쪽에서 굴착하여 로더 차체 위를 넘어 후면에 적재할 수 있는 것으로 터널공사 등에 효과적인 것은?

① 오버 헤드형 로더
② 백호 셔블형 로더
③ 프런트 엔드형 로더
④ 사이드 덤프형 로더

83 아스팔트 피니셔에서 노면에서 살포된 혼합재료를 매끈하게 다듬는 판은?

① 스크리드
② 피더
③ 리시빙 호퍼
④ 아스팔트 캐틀

Solution ① 피더 : 호퍼의 바닥에 설치되며 혼합재를 스프레딩 스크루로 보내는 역할
② 호퍼 : 혼합재(아스팔트)를 저장하는 용기

84 스크레이퍼에서 시간당 작업량(W)을 구하는 식으로 옳은 것은? (단, 볼의 용량 $Q(m^3)$, 흙(토량) 환산계수 f, 스크레이퍼 작업효율 E, 사이클 시간 C_m(min)이다.)

① $W = \dfrac{Q \cdot f \cdot E}{60 \cdot C_m}$ [m³/h]

② $W = \dfrac{Q \cdot f \cdot 60}{C_m \cdot E}$ [m³/h]

③ $W = \dfrac{Q \cdot f}{C_m \cdot E}$ [m³/h]

④ $W = \dfrac{Q \cdot f \cdot 60 \cdot E}{C_m}$ [m³/h]

85 증기사용설비 중 응축수를 외부로 자동 배출하는 장치로서 응축수에 의한 효율저하를 방지하기 위한 것은?

① 증발기
② 탈기기
③ 인젝터
④ 증기트랩

Solution 증기트랩 : 방열기의 환수구 또는 배관의 아래 부분에 응축수가 모이는 곳에 설치하여 악취의 역류방지목적

Answer 81. ③ 82. ① 83. ① 84. ④ 85. ④

86 강판제의 드럼 바깥둘레에 여러 개의 돌기가 용접으로 고정되어 있어 흙을 다지는데 매우 효과적인 것은?

① 타이어형 롤러 ② 탬핑 롤러
③ 머캐덤 롤러 ④ 탠덤 롤러

> **Solution** ① 타이어형 롤러 : 비행장 활주로, 도로 및 포장재를 다지기에 사용
> ② 탬핑 롤러 : 토질이 연약한 지반을 다지는데 사용
> ③ 머캐덤 롤러 : 노반의 하층부위, 자갈을 다지는데 사용
> ④ 탠덤 롤러 : 아스팔트 포장면의 끝 마무리 손질에 사용

87 굴삭기의 작업장치가 아닌 것은?

① 붐 ② 암 ③ 버킷 ④ 마스트

> **Solution** 지게차의 구조
> ① 마스트
> ② 리프트 체인
> ③ 핑거보드
> ④ 캐리어
> ⑤ 백레스트
> ⑥ 포크
> ⑦ 평형추

88 일반적인 지게차 조향장치로서 가장 적절한 방식은?

① 전륜(앞바퀴) 조향식에 유압식으로 제어
② 후륜(뒷바퀴) 조향식에 유압식으로 제어
③ 전륜(앞바퀴) 조향식에 공압식으로 제어
④ 후륜(뒷바퀴) 조향식에 공압식으로 제어

89 면을 경화시키는 방법으로 화학적 경화법이 아닌 것은?

① 침탄법 ② 질화법
③ 고주파 경화법 ④ 청화법

> **Solution** 물리적 방법 : 화염경화법, 고주파경화법

90 조향기어의 섹터축과 세레이션으로 연결되며, 조향핸들을 움직이면 중심 링크나 드래그 링크를 밀거나 당기는 것은?

① 센터 링크 ② 피트먼 암
③ 타이로드 ④ 조향 너클

Answer 86. ② 87. ④ 88. ② 89. ③ 90. ②

91 일반적인 스테인리스 강관에 대한 설명으로 적절하지 않은 것은?
① 크롬을 첨가하며 크롬이 산소나 수산기와 결합하여 강의 표면에 얇은 보호피막을 만들며 이 피막이 부식의 진행을 막는다.
② 용도별로 배관용, 보일러용, 기계 구조용 등으로 구분할 수 있다.
③ 강관에 비해 기계적 성질이 좋으나 두께가 두꺼워 운반에 어려움이 있다.
④ 나사식, 용접식, 몰코식 이음법 등 특수시공법으로 시공이 간단한다.

92 배관부식에 대한 설명으로 틀린 것은?
① 전면부식에는 극간부식, 입계부식, 선택부식이 있다.
② 배관부식에는 금속의 이온화에 의한 부식, 외부에서의 전류에 의한 부식 등이 있다.
③ 부식은 물에 접하는 관의 내면에 많이 생기나, 지중 매설관 등은 지하수에 접하는 외벽에도 생긴다.
④ 관의 부식 상태는 관의 재질에 따르나, 이에 접하는 물이나 공기가 크게 관계한다.

93 파이프와 파이프를 홈 조인트로 체결하기 위해 파이프 끝을 가공하는 기계는?
① 기계톱 머신
② 휠 고속절단기 머신
③ CNC 파이프 벤더
④ 그루빙 조인트 머신

94 유체의 흐름을 한쪽 방향으로만 흐르게 하고 역류 방지를 위해 수평·수직배관에 사용하는 체크밸브의 형식은?
① 풋형
② 스윙형
③ 리프트형
④ 다이아프램형

Solution 체크밸브
① 스윙식 : 수직, 수평배관용
② 리프트식 : 수평배관용

95 배관 중심선 간의 길이(L)를 나타내는 식으로 옳은 것은? (단, 이음쇠의 중심에서 단면까지의 길이는 A, 나사가 물리는 최소길이(여유치수)는 a, 관의 길이는 l이다.)
① $L = l + 2(A - a)$
② $L = l - 2(A - a)$
③ $L = l + (A - a)$
④ $L = l - (A - a)$

Solution 배관의 중심길이 $L = l + 2(A - a)$
l : 관의 실제길이
A : 부속의 중심길이
a : 관의 삽입길이

Answer 91. ③ 92. ① 93. ④ 94. ② 95. ①

96 압축 공기를 관 속에 압입하여 이음매에서 공기가 새는 것을 조사하는 시험은?
① 만수 시험　　② 통수 시험　　③ 수압 시험　　④ 기압 시험

97 관 공작용 기계에서 동력 나사절삭기의 종류가 아닌 것은?
① 램식 나사절삭기
② 호브식 나사절삭기
③ 오스터식 나사절삭기
④ 다이헤드식 나사절삭기

98 배관 저지 장치에 대한 설명으로 틀린 것은?
① 온도변화에 따른 관의 신축이 적합하고 관의지지 간격이 적당할 것
② 무거운 밸브나 계전기 등이 있는 경우 그 기기 가까이에 지지할 것
③ 곡관부가 있을 경우 곡관부 멀리서 지지할 것
④ 외부 충격, 진동에 충분히 견딜 수 있을 것

99 배관 재료를 재질별로 분류한 것으로 틀린 것은?
① 강관 : 탄소강 강관, 합금강 강관
② 주철관 : 보통 주철관, 고급 주철관
③ 비철금속관 : 동관, 석면 시멘트관
④ 합성수지관 : 염화비닐관, 폴리에틸렌관

> **Solution** ① 비철금속관 : 동관, 납관, 알루미늄관, 주석관 등
> ② 비금속관 : PVC관, 석면시멘트관, 철근콘크리트관, 도관 등

100 동관의 끝부분을 원형으로 정형하는 동관용 공구는?
① 리머(reamer)
② 사이징 툴(sizing tool)
③ 튜브 커터(tube cutter)
④ 파이프 커터(pipe cutter)

> **Solution** ① 리머 : 절단 후 내의면에 생긴 거스러미 제거
> ② 튜브 커터 : 동관절단용 공구
> ③ 파이트커터 : 강관절단용 공구

Answer 96. ④　97. ①　98. ③　99. ③　100. ②

2021년 5월 15일 기출문제

1과목 재료역학

1 그림과 같이 길이가 $2L$인 양단고정보의 중앙에 집중하중이 아래로 가해지고 있다. 이 때 중앙에서 모멘트 M이 발생하였다면 이 집중하중(P)의 크기는 어떻게 표현되는가?

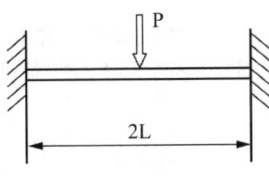

① $\dfrac{M}{L}$
② $\dfrac{8M}{L}$
③ $\dfrac{2M}{L}$
④ $\dfrac{4M}{L}$

Solution 양단고정보 중앙집중하중 작용시 중앙에서
굽힘모멘트 $M = \dfrac{P \cdot (2L)}{8} = \dfrac{P \cdot L}{4}$
$P = \dfrac{4M}{L}$

2 인장강도가 400MPa인 연강봉에 30kN의 축방향 인장하중이 가해질 경우 이 강봉의 지름은 약 몇 cm인가? (단, 안전율은 5이다.)

① 2.69
② 2.93
③ 2.19
④ 3.33

Solution $\sigma_a = \dfrac{P}{A} = \dfrac{\sigma_{tmax}}{S}$

$\dfrac{P}{\dfrac{\pi d^2}{4}} = \dfrac{\sigma_{tmax}}{S}$, $\dfrac{4 \times 30 \times 10^3}{\pi d^2} = \dfrac{400}{5}$

$d = 21.85\,\text{mm} = 2.185\,\text{cm}$

Answer 1. ④ 2. ③

3 전체 길이에 걸쳐서 균일 분포하중 200N/m가 작용하는 단순 지지보의 최대 굽힘응력은 몇 MPa인가? (단, 폭×높이 = 3cm×4cm인 직사각형 단면이고, 보의 길이는 2m이다. 또한 보의 지점은 양 끝단에 있다.)

① 12.5　　　　　　　　② 25.0
③ 14.9　　　　　　　　④ 29.8

Solution $M_{max} = \dfrac{w \cdot \ell^2}{8} = \dfrac{200 \times 2^2}{8} = 100\,\text{N} \cdot \text{m}$

$\sigma_b = \dfrac{M_{max}}{Z} = \dfrac{6 \times 100 \times 10^3}{30 \times 40^2} = 12.5\,\text{MPa}$

4 지름 50mm인 중실축 ABC가 A에서 모터에 의해 구동된다. 모터는 600rpm으로 50kW의 동력을 전달한다. 기계를 구동하기 위해서 기어 B는 35kW, 기어 C는 15kW를 필요로 한다. 축 ABC에 발생하는 최대 전단 응력은 몇 MPa인가?

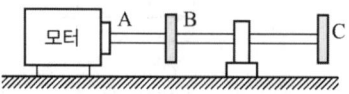

① 9.73　　　　　　　　② 22.7
③ 32.4　　　　　　　　④ 64.8

Solution $\tau_{max} = \dfrac{T}{Z_P} = \dfrac{974000 \times 9.8 \times 50 \times 16}{600 \times \pi \times 50^3} = 32.41\,\text{MPa}$

5 다음과 같이 3개의 링크를 핀을 이용하여 연결하였다. 2000N의 하중 P가 적용할 경우 핀에 적용되는 전단응력은 약 몇 MPa인가? (단, 핀의 지름은 1cm이다.)

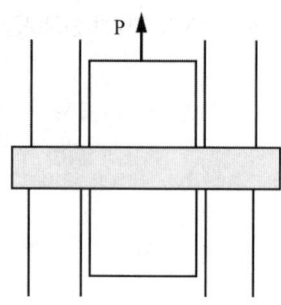

① 12.73　　　　　　　　② 13.24
③ 15.63　　　　　　　　④ 16.56

Solution $\tau = \dfrac{P}{A} = \dfrac{2000}{\dfrac{\pi \times 10^2}{4} \times 2} = 12.73\,\text{MPa}$

Answer　3. ①　4. ③　5. ①

6 그림과 같은 단순보의 중앙점(C)에서 굽힘모멘트는?

① $\dfrac{P\ell}{2}+\dfrac{w\ell^2}{8}$

② $\dfrac{P\ell}{2}+\dfrac{w\ell^2}{48}$

③ $\dfrac{P\ell}{4}+\dfrac{5w\ell^2}{48}$

④ $\dfrac{P\ell}{4}+\dfrac{w\ell^2}{16}$

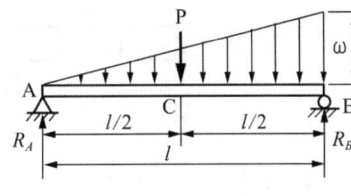

Solution $M_C=\left(\dfrac{P}{2}+\dfrac{w\ell}{6}\right)\times\dfrac{\ell}{2}-\dfrac{w\ell}{8}\times\dfrac{\ell}{6}=\dfrac{P\ell}{4}+\dfrac{w\ell^2}{16}$

7 직사각형 단면의 단주에 150kN 하중이 중심에서 1m만큼 편심되어 작용할 때 이 부재 AC에서 생기는 최대 인장응력은 몇 kPa인가?

① 25
② 50
③ 87.5
④ 100

Solution $\sigma_{tmax}=\dfrac{P}{A}-\dfrac{M}{Z}=\dfrac{150\times10^3}{3\times2}-\dfrac{6\times150\times10^3\times1}{2\times3^2}$

$\sigma_{tmax}=-25\times10^3\text{Pa}=-25\,\text{kPa}$

8 그림과 같이 평면응력 조건하에 최대 주응력은 몇 kPa인가? (단, σ_x = 400kPa, σ_y = -400kPa, τ_{xy} = 300kPa이다.)

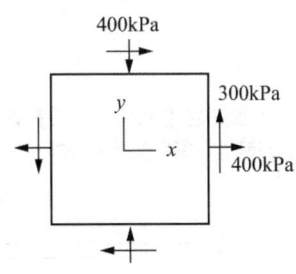

① 400
② 500
③ 600
④ 700

Solution $\sigma_1=\dfrac{\sigma_x+\sigma_y}{2}+\sqrt{\left(\dfrac{\sigma_x-\sigma_y}{2}\right)^2+\tau_{xy}^2}=\dfrac{400-400}{2}+\sqrt{\left(\dfrac{400+400}{2}\right)^2+(-300)^2}=500\,\text{kPa}$

Answer 6. ④ 7. ① 8. ②

9 다음 보에 발생하는 최대 굽힘 모멘트는?

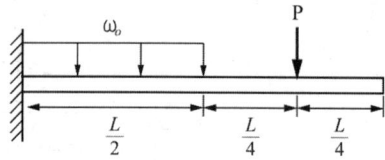

① $\dfrac{L}{4}(\omega_o L - 2P)$ ② $\dfrac{L}{4}(\omega_o L + 2P)$
③ $\dfrac{L}{8}(\omega_o L - 2P)$ ④ $\dfrac{L}{8}(\omega_o L + 2P)$

Solution $M_{\max} = \dfrac{w_o \cdot L^2}{8} + \dfrac{3P \cdot L}{4} - \dfrac{P \cdot L}{2} = \dfrac{L}{8}(w_o \cdot L + 2P)$

10 그림과 같이 균일분포 하중을 받는 외팔보에 대해 굽힘에 의한 탄성변형에너지는? (단, 굽힘강성 EI는 일정하다.)

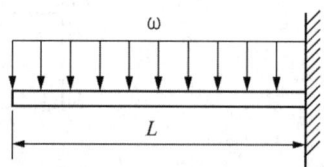

① $\dfrac{w^2 L^5}{80 EI}$ ② $\dfrac{w^2 L^5}{160 EI}$
③ $\dfrac{w^2 L^5}{20 EI}$ ④ $\dfrac{w^2 L^5}{40 EI}$

Solution $U = \int \dfrac{M_x^2}{2EI} dx = \dfrac{1}{2EI} \int_o^L \left(\dfrac{w \cdot x^2}{2}\right)^2 dx = \dfrac{w^2}{8EI} \cdot \dfrac{x^5}{5}\bigg|_o^L = \dfrac{w^2 \cdot L^5}{40 EI}$

11 그림과 같이 전체 길이가 $3L$인 외팔보에 하중 P가 B점과 C점에 작용할 때 자유단 B에서의 처짐량은? (단, 보의 굽힘강성 EI는 일정하고, 자중은 무시한다.)

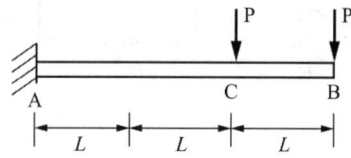

① $\dfrac{44}{3}\dfrac{PL^3}{EI}$ ② $\dfrac{35}{3}\dfrac{PL^3}{EI}$
③ $\dfrac{37}{3}\dfrac{PL^3}{EI}$ ④ $\dfrac{41}{3}\dfrac{PL^3}{EI}$

Answer 9. ④ 10. ④ 11. ④

Solution ① C점에 집중하중 작용시 B점의 처짐

$$\delta_{B'} = \frac{2P \cdot L^2}{EI} \cdot (L + \frac{2}{3} \times 2L) = \frac{14P \cdot L^3}{3EI}$$

② B점에 집중하중 작용시 B점의 처짐

$$\delta_{B''} = \frac{P \cdot (3L)^3}{3EI} = \frac{9P \cdot L^3}{EI}$$

③ $\delta_B = \delta_{B'} + \delta_{B''} = \frac{41P \cdot L^3}{3EI}$

12 그림과 같은 직사각형 단면의 목재 외팔보에 집중하중 P가 C점에 작용하고 있다. 목재의 허용압축응력을 8MPa, 끝단 B점에서의 허용처짐량을 23.9mm이라 할 때 허용압축응력과 허용 처짐량을 모두 고려하여 이 목재에 가할 수 있는 집중하중 P의 최대값은 약 몇 kN인가? (단, 목재의 세로탄성계수는 12GPa, 단면2차모멘트는 $1022 \times 10^{-6} m^4$, 단면계수는 $4.601 \times 10^{-2} m^3$이다.)

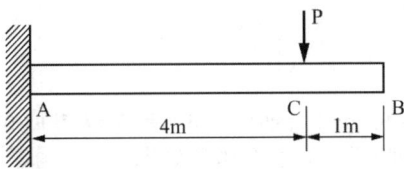

① 7.8 ② 8.5
③ 9.2 ④ 10.0

Solution ① $\sigma_b = \frac{M}{Z} = \frac{4P}{4.601 \times 10^{-3}} = 8 \times 10^6$

$P = 9202 N$

② $\delta = \frac{8P}{EI} \times \left(1 + 4 \times \frac{2}{3}\right)$

$23.9 \times 10^{-3} = \frac{8P \times 3.67}{1022 \times 10^{-6} \times 12 \times 10^9}$, $P = 9,983.3 N$

③ 안전상 최대하중 $P = 9,202 kN$

13 그림과 같은 단면에서 가로방향 도심축에 대한 단면 2차 모멘트는 약 몇 mm^4인가?

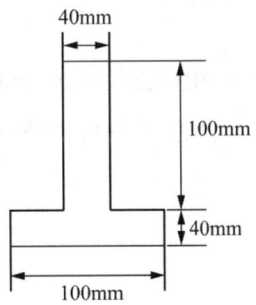

① 10.67×10^6 ② 13.67×10^6
③ 20.67×10^6 ④ 23.67×10^6

Answer   12. ③   13. ②

Solution $\bar{y} = \dfrac{A_1 \cdot y_1 + A_2 \cdot y_2}{A_1 + A_2} = \dfrac{100 \times 40 \times 20 + 40 \times 100 \times 90}{100 \times 40 + 40 \times 100}$

$\therefore \bar{y} = 55\,\text{mm}$

$I_G = \dfrac{100 \times 40^3}{12} + (35^2 \times 100 \times 40) + \dfrac{40 \times 100^3}{12} + (35^2 \times 40 \times 100)$

$\therefore I_{Gx} = 13.67 \times 10^6\,\text{mm}^4$

14 반경 r, 내압 P, 두께 t인 얇은 원통형 압력용기의 면내에서 발생되는 최대 전단응력(2차원 응력 상태에서의 최대 전단응력)의 크기는?

① $\dfrac{Pr}{2t}$ 　　　　　　　② $\dfrac{Pr}{t}$

③ $\dfrac{Pr}{4t}$ 　　　　　　　④ $\dfrac{2Pr}{t}$

Solution $\tau_{\max} = \dfrac{\sigma_t - \sigma_Z}{2} = \dfrac{\sigma_Z}{2} = \dfrac{P \cdot d}{8t} = \dfrac{P \cdot r}{4t}$

15 길이 15m, 봉의 지름 10mm인 강봉에 $P = 8\text{kN}$을 작용시킬 때 이 봉의 길이방향 변형량은 약 몇 mm인가? (단, 이 재료의 세로탄성계수는 210GPa이다.)

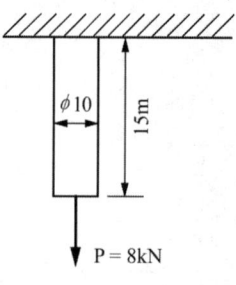

① 5.2　　　　　　② 6.4
③ 7.3　　　　　　④ 8.5

Solution $\delta = \dfrac{P \cdot \ell}{AE} = \dfrac{8 \times 10^3 \times 15 \times 10^3}{\dfrac{\pi \times 10^2}{4} \times 210 \times 10^3} = 7.28\,\text{mm}$

16 지름 200mm인 축이 120rpm으로 회전하고 있다. 2m 떨어진 두 단면에서 측정한 비틀림각이 $\dfrac{1}{15}$ rad이었다면 이 축에 작용하고 있는 비틀림 모멘트는 약 몇 $\text{kN} \cdot \text{m}$인가? (단, 가로탄성계수는 80GPa이다.)

① 418.9　　　　　② 356.6
③ 305.7　　　　　④ 286.8

Solution $\theta = \dfrac{T \cdot \ell}{G \cdot I_P}$

$\dfrac{1}{15} = \dfrac{32 \times T \times 2}{80 \times 10^9 \times \pi \times 0.2^4}$, $T = 418.88\,\text{kN} \cdot \text{m}$

Answer 14. ③ 15. ③ 16. ①

17 5cm×4cm블록이 x축을 따라 0.05cm만큼 인장되었다. y방향으로 수축되는 변형률(ϵ_y)은? (단, 포아송비(ν)는 0.30이다.)

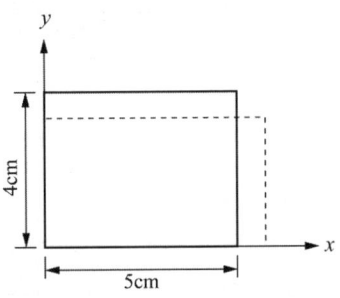

① 0.00015
② 0.0015
③ 0.003
④ 0.03

Solution $\nu = \dfrac{e'}{e} = \dfrac{\epsilon_y}{\epsilon_x}$

$\epsilon_y = 0.3 \times \dfrac{0.05}{5} = 0.003$

18 단면적이 5cm², 길이가 60cm인 연강봉을 천장에 매달고 30℃에서 0℃로 냉각시킬 때 길이의 변화를 없게 하려면 봉의 끝에 몇 kN의 추를 달아야 하는가? (단, 세로탄성계수 200GPa, 열팽창계수 $a = 12 \times 10^{-6}$/℃이고, 봉의 자중은 무시한다.)

① 60
② 36
③ 30
④ 24

Solution $\sigma = E \cdot \alpha \cdot \Delta t = \dfrac{W}{A}$

$W = 200 \times 10^9 \times 12 \times 10^{-6} \times (30-0) \times 5 \times 10^{-4} = 36000\text{N} = 36\text{kN}$

19 바깥지름이 46mm인 속이 빈 축이 120kW의 동력을 전달하는데 이 때의 각속도는 40rev/s이다. 이 축의 허용비틀림응력이 80MPa일 때, 안지름은 약 몇 mm 이하이어야 하는가?

① 29.8
② 41.8
③ 36.8
④ 48.8

Solution $T = \tau_a \cdot Z_P$

$974 \times 9.8 \times \dfrac{120}{40 \times 60} = 80 \times 10^6 \times \dfrac{\pi \times 0.046^3}{16}(1-x^4)$

$x = 0.911$, $d_1 = x \cdot d_2 = 0.911 \times 46 = 41.906\text{mm}$

Answer 17. ③ 18. ② 19. ②

20 알루미늄봉이 그림과 같이 축하중을 받고 있다. BC간에 작용하고 있는 하중의 크기는?

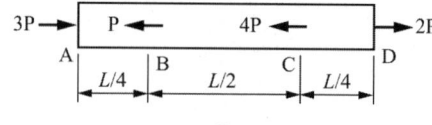

① 2P
② 3P
③ 4P
④ 8P

Solution 압축하중 : $P-3P=-2P,\ -4P+2P=-2P$

2과목 기계열역학

21 4kg의 공기를 온도 15℃에서 일정 체적으로 가열하여 엔트로피가 3.35kJ/K 증가하였다. 이 때 온도는 약 몇 K인가? (단, 공기의 정적비열은 0.717kJ/(kg·K)이다.)

① 927
② 337
③ 533
④ 483

Solution $\Delta S = m \cdot C_V \cdot \ln\left(\dfrac{T_2}{T_1}\right)$

$3.35 = 4 \times 0.717 \times \ln\left(\dfrac{T_2}{15+273}\right)$

$T_2 = 926.08\,\mathrm{K}$

22 실린더에 밀폐된 8kg의 공기가 그림과 같이 압력 $P_1 = 800\text{kPa}$, 체적 $V_1 = 0.27\text{m}^3$에서 $P_2 = 350\text{kPa}$, $V_2 = 0.80\text{m}^3$으로 직선 변화하였다. 이 과정에서 공기가 한 일은 약 몇 kJ인가?

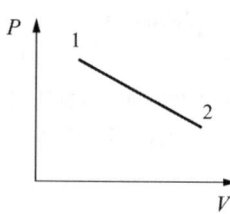

① 305
② 334
③ 362
④ 390

Solution $_1W_2 = \dfrac{1}{2}(P_1-P_2)\cdot(V_2-V_1) + P_2(V_2-V_1)$

$= \dfrac{1}{2} \times (800-350) \times (0.8-0.27) + 350 \times (0.8-0.27) = 304.75\,\text{kJ}$

Answer 20. ① 21. ① 22. ①

23 압력 100kPa, 온도 20℃인 일정량의 이상기체가 있다. 압력을 일정하게 유지하면서 부피가 처음 부피의 2배가 되었을 때 기체의 온도는 약 몇 ℃가 되는가?

① 148
② 256
③ 313
④ 586

> **Solution** $P = $ 일정, $\dfrac{T_2}{T_1} = \dfrac{V_2}{V_1} = 2$
> $T_2 = 2 \times (20 + 273) = 586 \text{K}$
> $\therefore t_2 = 313$

24 다음 4가지 경우에서 ( ) 안의 물질이 보유한 엔트로피가 증가한 경우는?

| ㉠ 컵에 있는 (물)이 증발하였다. |
| ㉡ 목욕탕의 (수증기)가 차가운 타일벽에서 물로 응결되었다. |
| ㉢ 실린더 안의 (공기)가 가역 단열적으로 팽창되었다. |
| ㉣ 뜨거운 (커피)가 식어서 주위온도와 같게 되었다. |

① ㉠
② ㉡
③ ㉢
④ ㉣

> **Solution** ① 물이 증발하면서 주위의 열을 흡수하여 물의 엔트로피는 증가하게 된다.
> ② 주위에 열을 빼앗겨 엔트로피는 감소
> ③ $\triangle S = 0$
> ④ 주위에 열을 빼앗겨 엔트로피는 감소

25 어떤 열기관이 550K의 고열원으로부터 20kJ의 열량을 공급받아 250K의 저열원에 14kJ의 열량을 방출할 때 이 사이클의 Clausis 적분값과 가역, 비가역 여부의 설명으로 옳은 것은?

① Clausis 적분값은 −0.0196kJ/K이고 가역 사이클이다.
② Clausis 적분값은 −0.0196kJ/K이고 비가역 사이클이다.
③ Clausis 적분값은 0.0196kJ/K이고 가역 사이클이다.
④ Clausis 적분값은 0.0196kJ/K이고 비가역 사이클이다.

> **Solution** $\sum \dfrac{Q}{T} = \dfrac{20}{550} - \dfrac{14}{250} = -0.0196 \text{kJ/K}$
> $\oint \dfrac{\delta Q}{T} < 0$: 비가역 사이클

Answer 23. ③ 24. ① 25. ②

26 그림과 같이 Rankine 사이클의 열효율은 약 얼마인가? (단, h는 엔탈피, s는 엔트로피를 나타내며, h_1 = 191.8kJ/kg, h_2 = 193.8kJ/kg, h_3 = 2799.5kJ/kg, h_4 = 2007.5kJ/kg이다.)

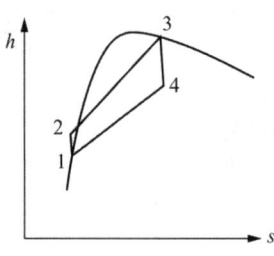

① 30.3%
② 36.7%
③ 42.9%
④ 48.1%

Solution $\eta_R = \dfrac{(2799.5 - 2007.5) - (193.8 - 191.8)}{2799.5 - 193.8} \times 100 = 30.32\%$

27 상태 1에서 경로 A를 따라 상태 2로 변화하고 경로 B를 따라 다시 상태 1로 돌아오는 가역 사이클이 있다. 아래의 사이클에 대한 설명으로 틀린 것은?

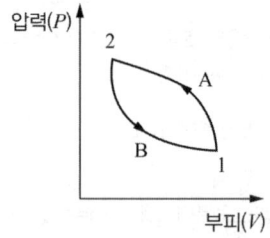

① 사이클 과정 동안 시스템의 내부에너지 변화량은 0이다.
② 사이클 과정 동안 시스템은 외부로부터 순(net) 일을 받았다.
③ 사이클 과정 동안 시스템의 내부에서 외부로 순(net) 열이 전달되었다.
④ 이 그림으로 사이클 과정 동안 총 엔트로피 변화량을 알 수 없다.

Solution $\oint \delta Q = \oint \delta W$
$\oint \dfrac{\delta Q}{T} = 0$

28 유리창을 통해 실내에서 실외로 열전달이 일어난다. 이때 열전달량은 약 몇 W인가? (단, 대류열전달계수는 50W/(m²·K), 유리창 표면온도는 25℃, 외기온도는 10℃, 유리창면적은 2m²이다.)

① 150
② 500
③ 1500
④ 5000

Solution $\dot{Q} = hA \cdot \Delta t = 50 \times 2 \times (25 - 10) = 1500\,W$

Answer 26. ① 27. ④ 28. ③

29 냉동기 냉매의 일반적인 구비조건으로서 적합하지 않은 것은?

① 임계 온도가 높고, 응고 온도가 낮을 것
② 증발열이 작고, 증기의 비체적이 클 것
③ 증기 및 액체의 점성(점성계수)가 작을 것
④ 부식성이 없고, 안정성이 있을 것

Solution 증발열이 작으면 냉동효과가 작아 냉동기 성능이 떨어진다.

30 오토 사이클로 작동되는 기관에서 실린더의 극간 체적(clearance volume)이 행정체적(stoke volume)의 15%라고 하면 이론 열효율은 약 얼마인가? (단, 비열비 $k = 1.40$이다.)

① 39.3% ② 45.2%
③ 50.6% ④ 55.7%

Solution $V_C = 0.15 V_S$

$\epsilon = \dfrac{V_C + V_S}{V_C} = 1 + \dfrac{V_S}{V_C}$

$\epsilon = 1 + \dfrac{1}{0.15} = 7.67$

$\eta = 1 - \left(\dfrac{1}{\epsilon}\right)^{k-1} = \left\{1 - \left(\dfrac{1}{7.67}\right)^{0.4}\right\} \times 100 = 55.73\%$

31 복사열을 방사하는 방사율과 면적이 같은 2개의 방열판이 있다. 각각의 온도가 A방열판은 120℃, B방열판은 80℃일 때 두 방열판의 복사 열전달량(Q_A/Q_B) 비는?

① 1.08 ② 1.22
③ 1.54 ④ 2.42

Solution $\dfrac{Q_A}{Q_B} = \left(\dfrac{T_A}{T_B}\right)^4 = \left(\dfrac{120+273}{80+273}\right)^4 = 1.54$

32 보일러, 터빈, 응축기, 펌프로 구성되어 있는 증기원동소가 있다. 보일러에서 2500kW의 열이 발생하고 터빈에서 550kW의 일을 발생시킨다. 또한 펌프를 구동하는데 20kW의 동력이 추가로 소모된다면 응축기에서의 방열량은 약 몇 kW인가?

① 980 ② 1930
③ 1970 ④ 3070

Solution $Q_1 - Q_2 = W_t - W_P$

$Q_2 = 2500 - (550 - 20) = 1970\text{kW}$

Answer 29. ② 30. ④ 31. ③ 32. ③

33 열역학 제2법칙과 관계된 설명으로 가장 옳은 것은?

① 과정(상태변화)의 방향성을 제시한다.
② 열역학적 에너지의 양을 결정한다.
③ 열역학적 에너지의 종류를 판단한다.
④ 과정에서 발생한 총 일의 양을 결정한다.

Solution 열역학 제2법칙은 열이동의 방향성과 비가역성을 제시한다.

34 질량이 5kg인 강제 용기 속에 물이 20L 들어있다. 용기와 물이 24℃인 상태에서 이 속에 질량이 5kg이고 온도가 180℃인 어떤 물체를 넣었더니 일정 시간 후 온도가 35℃가 되면서 열평형에 도달하였다. 이 때 이 물체의 비열은 약 몇 kJ/(kg·K)인가? (단, 물의 비열은 4.2kJ/(kg·K), 강의 비열은 0.46kJ/(kg·K)이다.)

① 0.88
② 1.12
③ 1.31
④ 1.86

Solution $(5 \times 0.46 + 20 \times 4.2) \times (35-24) = 5 \times C_a \times (180-35)$
$C_a = 1.31 \, \text{kJ/kg} \cdot \text{K}$

35 완전히 단열된 실린더 안의 공기가 피스톤을 밀어 외부로 일을 하였다. 이 때 외부로 행한 일의 양과 동일한 값(절대값 기준)을 가지는 것은?

① 공기의 엔탈피 변화량
② 공기의 온도 변화량
③ 공기의 엔트로피 변화량
④ 공기의 내부에너지 변화량

Solution $\delta q = 0 = du + pdV$
$_1W_2 = -\Delta U$

36 어느 왕복동 내연기관에서 실린더 안지름이 6.8cm, 행정이 8cm일 때 평균유효압력은 1200kPa이다. 이 기관의 1행정당 유효 일은 약 몇 kJ인가?

① 0.09
② 0.15
③ 0.35
④ 0.48

Solution $P_m = \dfrac{W}{V_S}$, $W = 1200 \times \dfrac{\pi \times 0.068^2}{4} \times 0.08 = 0.35 \, \text{kJ}$

Answer 33. ① 34. ③ 35. ④ 36. ③

37 이상적인 오토사이클의 열효율이 56.5%이라면 압축비는 약 얼마인가? (단, 작동 유체의 비열비는 1.4로 일정하다.)

① 7.5
② 8.0
③ 9.0
④ 9.5

▶ Solution $\eta_0 = 1 - \left(\dfrac{1}{\epsilon}\right)^{k-1}$

$0.565 = 1 - \left(\dfrac{1}{\epsilon}\right)^{0.4}$, $\epsilon = 8.01$

38 카르노사이클로 작동되는 열기관이 200kJ의 열을 200℃에서 공급받아 20℃에서 방출한다면 이 기관의 열은 약 얼마인가?

① 38kJ
② 54kJ
③ 63kJ
④ 76kJ

▶ Solution $\eta_C = \dfrac{W}{Q_H} = 1 - \dfrac{T_L}{T_H}$

$\dfrac{W}{200} = 1 - \dfrac{20+273}{200+273}$, $W = 76.1\text{kJ}$

39 시스템 내의 임의의 이상기체 1kg이 채워져 있다. 이 기체의 정압비열은 1.0kJ/(kg K)이고, 초기 온도가 50℃인 상태에서 323kJ의 열량을 가하여 팽창시킬 때 변경 후 체적은 변경 전 체적의 약 몇 배가 되는가? (단, 정압과정으로 팽창한다.)

① 1.5배
② 2배
③ 2.5배
④ 3배

▶ Solution $Q = m \cdot C_p \cdot (T_2 - T_1)$

$323 = 1 \times 1.0 \times (T_2 - 50)$, $T_2 = 373℃$

$P = $ 일정, $\dfrac{T_2}{T_1} = \dfrac{V_2}{V_1} = \dfrac{373+273}{50+273} = 2$

$V_2 = 2V_1$

40 기체상수가 0.462kJ/(kg·K)인 수증기를 이상기체로 간주할 때 정압비열(kJ/(kg·K))은 약 얼마인가? (단, 이 수증기의 비열비는 1.33이다.)

① 1.86
② 1.54
③ 0.64
④ 0.44

▶ Solution $C_p = \dfrac{k \cdot R}{k-1} = \dfrac{1.33 \times 0.462}{1.33 - 1} = 1.862$

Answer 37. ② 38. ④ 39. ② 40. ①

3과목 기계유체역학

41 동점성 계수가 10cm²/s이고 비중이 1.2인 유체의 점성계수는 몇 Pa·s인가?

① 1.2 ② 0.12
③ 2.5 ④ 0.24

Solution $\mu = \rho \cdot \nu = S \cdot \rho_w \cdot \nu = 1.2 \times 1000 \times 10 \times 10^{-4} = 1.2 \, \text{Pa} \cdot \text{s}$

42 단면적이 각각 10cm²와 20cm²인 관이 서로 연결되어 있다. 비압축성 유동이라 가정하면 20cm² 관속의 평균유속이 2.4m/s일 때 10cm² 관내의 평균속도는 약 몇 m/s인가?

① 4.8 ② 1.2
③ 9.6 ④ 2.4

Solution $A_1 \cdot V_1 = A_2 \cdot V_2$
$10 \times V_1 = 20 \times 2.4$, $V_1 = 4.8 \, \text{m/sec}$

43 밀도가 ρ인 액체와 접촉하고 있는 기체 사이의 표면장력이 σ라고 할 때 그림과 같은 지름 d의 원통 모세관에서 액주의 높이 h를 구하는 식은? (단, g는 중력가속도이다.)

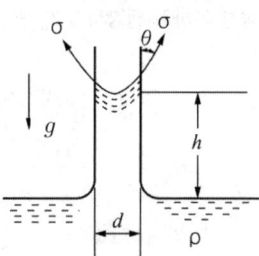

① $h = \dfrac{2\sigma \sin\theta}{\rho d g}$ ② $h = \dfrac{2\sigma \cos\theta}{\rho d g}$

③ $h = \dfrac{4\sigma \sin\theta}{\rho d g}$ ④ $h = \dfrac{4\sigma \cos\theta}{\rho d g}$

Solution $\gamma \cdot \dfrac{\pi d^2}{4} \cdot h = \sigma \cdot \cos\theta \cdot \pi d$

$h = \dfrac{4\sigma \cdot \cos\theta}{\gamma \cdot d} = \dfrac{4\sigma \cdot \cos\theta}{\rho \cdot g \cdot d}$

Answer 41. ① 42. ① 43. ④

44 마노미터를 설치하여 액체탱크의 수압을 측정하려고 한다. 수은(비중 13.6) 액주의 높이차 H = 50cm이면 A점에서의 계기압력은 약 얼마인가? (단, 액체의 밀도는 900kg/m³이다.)

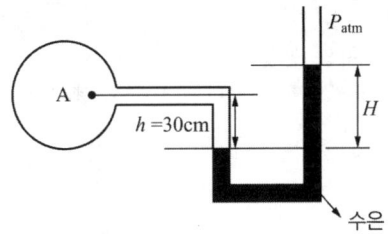

① 63.9kPa
② 4.2kPa
③ 63.9Pa
④ 4.2Pa

Solution $P_A + 900 \times 9.8 \times 0.3 = 13.6 \times 9800 \times 0.5$

$P_A = 63994 \text{Pa} = 63.994 \text{kPa}$

45 평판 위를 지나는 경계층 유동에서 경계층 두께가 δ인 경계층 내 속도 u가 $\dfrac{u}{U} = \sin\left(\dfrac{\pi y}{2\delta}\right)$로 주어진다. 여기서 y는 평판까지의 거리, U는 주류속도이다. 이때 경계층 배제두께(boundary layer displacement thickness) δ'와 δ의 비 $\dfrac{\delta'}{\delta}$는 약 얼마인가?

① 0.333
② 0.363
③ 0.500
④ 0.667

Solution $\delta^* = \int_o^\delta \left(1 - \dfrac{u}{U}\right)dy = \int_o^\delta \left\{1 - \sin\left(\dfrac{\pi y}{2\delta}\right)\right\}dy = \left\{y + \dfrac{2\delta}{\pi}\cos\left(\dfrac{\pi y}{2\delta}\right)\right\}\Big|_o^\delta = \delta - \dfrac{2\delta}{\pi} = \left(1 - \dfrac{2}{\pi}\right)\delta$

$\dfrac{\delta^*}{\delta} = 1 - \dfrac{2}{\pi} = 0.363$

46 매끄러운 원판에서 물의 속도가 V일 때 압력강하가 Δp_1이었고, 이때 완전한 난류유동이 발생되었다. 속도를 $2V$로 하여 실험을 하였다면 압력강하는 얼마가 되는가?

① Δp_1
② $2\Delta p_1$
③ $4\Delta p_1$
④ $8\Delta p_1$

Solution $\Delta P_1 = \gamma \cdot h_\ell = \gamma \cdot \lambda \cdot \dfrac{\ell}{d} \cdot \dfrac{V^2}{2g}$ (난류유동)

$V_2 = 2V$

$\Delta P_2 = \gamma \cdot \lambda \cdot \dfrac{\ell}{d} \cdot \dfrac{(2V)^2}{2g} = 4 \cdot \Delta P_1$

Answer 44. ① 45. ② 46. ③

47 수력구배선(hydraulic grade line))에 대한 설명으로 옳은 것은?

① 에너지선보다 위에 있어야 한다.
② 항상 수평선이다.
③ 위치수두와 속도수두의 합을 나타내며 주로 에너지선 아래에 있다.
④ 위치수두와 압력수두의 합을 나타내며 주로 에너지선 아래에 있다.

Solution $HGL = \dfrac{P}{\gamma} + Z$

48 한 변이 2m인 위가 열려있는 정육면체 통에 물을 가득 담아 수평방향으로 9.8m/s²의 가속도로 잡아당겼을 때 통에 남아 있는 물의 양은 약 몇 m³인가?

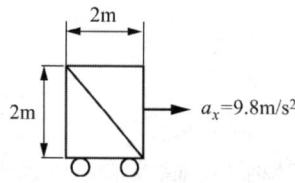

① 8
② 4
③ 2
④ 1

Solution $\tan\theta = \dfrac{H}{L} = \dfrac{a_x}{g}$

$H = L \cdot \dfrac{a_x}{g} = 2 \times \dfrac{9.8}{9.8} = 2$

용기의 절반이 흘러넘친다.

$V = \dfrac{1}{2} \times (2 \times 2 \times 2) = 4$

49 지름 D인 구가 점성계수 μ인 유체 속에서, 관성을 무시할 수 있을 정도로 느린 속도 V로 움직일 때 받는 힘 F를 D, μ, V의 함수로 가정하여 차원해석 하였을 때 얻을 수 있는 식은?

① $\dfrac{F}{(D\mu V)^{1/2}} = $상수
② $\dfrac{F}{D\mu V} = $상수
③ $\dfrac{F}{D\mu V^2} = $상수
④ $\dfrac{F}{(D\mu V)^2} = $상수

Solution $\pi = D^\alpha \cdot \mu^\beta \cdot V^\gamma \cdot F = L^\alpha \cdot (ML^{-1}T^{-1})^\beta \cdot (LT^{-1})^\gamma \cdot (MLT^{-2})$

$V = M^{\beta+1} \cdot L^{\alpha-\beta+\gamma+1} \cdot T^{-\beta-\gamma-2} = M^0 \cdot L^0 \cdot T^0$

$\beta = -1,\ \gamma = -1,\ \alpha = -1$

$\therefore \pi = \dfrac{F}{D \cdot \mu \cdot V}$

Answer 47. ④ 48. ② 49. ②

50 그림과 같이 바닥부 단면적이 1m²인 탱크에 설치된 노즐에서 수면과 노즐 중심부 사이 높이가 1m인 경우 유량을 Q라고 한다. 이 유량을 2배로 하기 위해서는 수면 상에 약 몇 kg 정도의 피스톤을 놓아야 하는가?

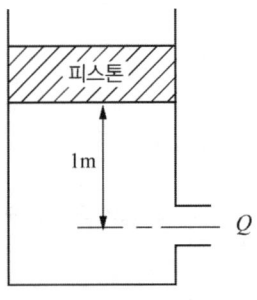

① 1000　　　　　　　　② 2000
③ 3000　　　　　　　　④ 4000

Solution
$\dfrac{P_1}{\gamma} + \dfrac{V_1^2}{2g} + Z_1 = \dfrac{P_2}{\gamma} + \dfrac{V_2^2}{2g} + Z_2$

$\dfrac{P_1}{\gamma} = \dfrac{4Q^2}{2g \cdot A^2} + (Z_2 - Z_1) = \dfrac{4A^2 \times (2gh)}{2g \cdot A^2} + (Z_2 - Z_1) = (4 \times 1) - 1 = 3$

$P_1 = 9800 \times 3 = 29400 \, \text{N/m}^2$
$W = 29400 \times 1 = 29400 \, \text{N} = 3000 \, \text{kg}_f$

51 어떤 물체의 속도가 초기 속도의 2배가 되었을 때 항력계수가 초기 항력계수의 $\dfrac{1}{2}$로 줄었다. 초기에 물체가 받는 저항력이 D라고 할 때 변화된 저항력은 얼마가 되는가?

① $2D$　　　　　　　　② $4D$
③ $\dfrac{1}{2}D$　　　　　　　　④ $\sqrt{2}D$

Solution $V_2 = 2V_1$, $C_{D2} = \dfrac{1}{2} C_{D1}$

$D_2 = C_{D2} \cdot A \cdot \dfrac{\rho \cdot V_2^2}{2} = \dfrac{1}{2} C_{D1} \cdot A \cdot \dfrac{\rho}{2} \cdot 4 \cdot V_1^2 = 2D$

52 5℃의 물[점성계수 1.5×10^{-3} kg/(m·s)]이 안지름 0.25cm, 길이 10m인 수평관 내부를 1m/s로 흐른다. 이 때 레이놀즈 수는 얼마인가?

① 166.7　　　　　　　　② 600
③ 1666.7　　　　　　　④ 6000

Solution $Re = \dfrac{\rho V \cdot d}{\mu} = \dfrac{1000 \times 1 \times 0.25 \times 10^{-2}}{1.5 \times 10^{-3}} = 1666.67$

Answer 50. ③　51. ①　52. ③

53 길이 100m의 배를 길이 5m인 모형으로 실험할 때, 실험이 40km/h로 움직이는 경우와 역학적 상사를 만족시키기 위한 모형의 속도는 약 몇 km/h인가? (단, 점성마찰은 무시한다.)

① 4.66
② 8.94
③ 12.96
④ 18.42

Solution $\left(\dfrac{V^2}{L \cdot g}\right)_p = \left(\dfrac{V^2}{L \cdot g}\right)_m$

$\dfrac{40^2}{100} = \dfrac{V_m^2}{5}$, $V_m = 8.94 \text{km/h}$

54 그림과 같이 비중이 0.83인 기름이 12m/s의 속도로 수직 고정평판에 직각으로 부딪치고 있다. 판에 작용되는 힘 F는 약 몇 N인가?

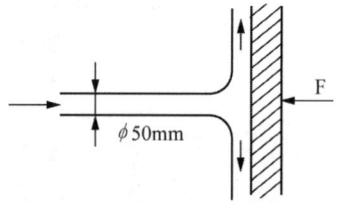

① 23.5
② 28.9
③ 288.6
④ 234.7

Solution $F = \rho A V^2 = 0.83 \times 1000 \times \dfrac{\pi}{4} \times 0.05^2 \times 12^2 = 234.68 \text{N}$

55 다음 중 Hagen-Poiseuille 법칙을 이용한 세관식 점도계는?

① 맥미셸(MacMichael) 점도계
② 세이볼트(Saybolt) 점도계
③ 낙구식 점도계
④ 스토머(Stormer) 점도계

Solution ① 맥미셸 점도계 : Newten의 점성법칙 이용
② 세이볼트 점도계 : 하겐포아젤 법칙 이용
③ 낙구식 점도계 : Stokes 법칙 이용
④ Ostwald 점도계 : 하겐포아젤 법칙 이용
⑤ 스토머 점도계 : Newten의 점성법칙 이용

Answer 53. ② 54. ④ 55. ②

56 그림과 같은 수문에서 멈춤장치 A가 받는 힘은 약 kN인가? (단, 수문의 폭은 3m이고, 수은의 비중은 13.6 이다.)

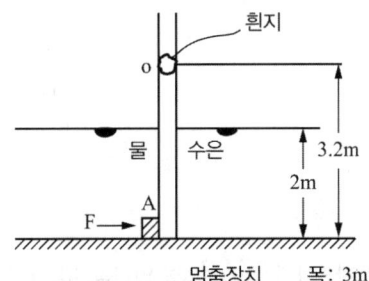

① 3
② 510
③ 586
④ 879

Solution
$F_1 = \gamma \cdot \bar{y} \cdot A = 13.6 \times 9800 \times 1 \times (2 \times 3) = 799680 \text{N}$
$F_2 = \gamma \cdot \bar{y} \cdot A = 9800 \times 1 \times (2 \times 3) = 58,800 \text{N}$
$y_p = \bar{y} + \dfrac{I_G}{A \cdot \bar{y}} = 1 + \dfrac{3 \times 2^3}{(2 \times 3) \times 1 \times 12} = 1.33 \text{m}$
$F \times 3.2 + F_2 \times (1.2 + y_p) = F_1 \times (1.2 + y_p)$
$F = \dfrac{(1.2 + 1.33)}{3.2} \times (799680 - 58800) = 585758.25 = 585.76 \text{kN}$

57 2차원 직각좌표계(x, y)에서 유동함수(stream function, Ψ)가 $\Psi = y - x^2$인 정상 유동이 있다. 다음 보기 중 속도의 크기가 $\sqrt{5}$인 점(x, y)을 모두 고르면?

〈보기〉
㉠ (1, 1)   ㉡ (1, 2)   ㉢ (2, 1)

① ㉠
② ㉢
③ ㉠, ㉡
④ ㉡, ㉢

Solution
$u = \dfrac{\partial \psi}{\partial y} = 1$
$u = -\dfrac{\partial \psi}{\partial x} = -(-2x) = 2x$
$\vec{V} = u\hat{i} + v\hat{j} = \hat{i} + 2x\hat{j}$
$V = \sqrt{1 + 4x^2}$
$5 = 1 + 4x^2, \ x = 1$
$x = 1$인 좌표를 모두 고른다.

58 비압축성 유동에 대한 Navier-Stokes 방정식에서 나타나지 않는 힘은?

① 체적력(중력)
② 압력
③ 점성력
④ 표면장력

Solution Navier-stokes 방정식은 점성력까지 고려한 미분방정식이다. 즉, 중력, 관성력, 압력, 점성력 등이다.

Answer 56. ③ 57. ③ 58. ④

59 압력과 밀도를 각각 P, ρ라 할 때 $\sqrt{\dfrac{\Delta P}{\rho}}$ 의 차원은? (단, M, L, T는 각각 질량, 길이, 시간의 차원을 나타낸다.)

① $\dfrac{L}{T}$ ② $\dfrac{L}{T^2}$
③ $\dfrac{M}{LT}$ ④ $\dfrac{M}{L^2 T}$

Solution $\left(\dfrac{MLT^{-2} \cdot L^{-2}}{ML^{-3}}\right)^{\frac{1}{2}} = \dfrac{L}{T}$

60 비중이 0.85이고 동점성계수가 $3 \times 10^4 m^2/s$로 안지름 10cm 원관 내를 20L/s로 흐른다. 이 원관 100m 길이에서의 수두손실은 약 몇 m인가?

① 16.6 ② 24.9
③ 49.8 ④ 82.1

Solution $Q = \dfrac{\pi \times 0.1^2}{4} \times V = 20 \times 10^{-3}$, $V = 2.55 m/sec$

$Re = \dfrac{V \cdot d}{\nu} = \dfrac{2.55 \times 0.1}{3 \times 10^{-4}} = 850$, 층류

$h_\ell = \lambda \cdot \dfrac{\ell}{d} \cdot \dfrac{V^2}{2g} = \dfrac{64}{850} \times \dfrac{100}{0.1} \times \dfrac{2.55^2}{2 \times 9.8} = 24.98 m$

4과목 유체기계 및 유압기기

61 펌프계에서 발생할 수 있는 수격작용(water hammer)의 방지대책으로 틀린 것은?
① 토출배관은 가능한 적은 구경을 사용한다.
② 펌프에 플라이휠을 설치한다.
③ 펌프가 급정지 하지 않도록 한다.
④ 토출 관로에 서지탱크 또는 서지밸브를 설치한다.

62 진공펌프의 설치 목적에 대한 설명으로 옳은 것은?
① 용기에 있는 공기 분자를 펌프를 통해 배기시키는 것. 즉, 용기내의 기체 밀도를 감소시키는 것이 펌프의 목적이다.
② 용기에 있는 물을 펌프를 통해 배기시키는 것. 즉, 용기내 유체의 체적을 감소시키는 것이 펌프의 목적이다.
③ 용기에 있는 공기 분자를 펌프를 통해 흡입시키는 것. 즉, 용기내의 기체 밀도가 클수록 좋은 진공이라 할 수 있다.
④ 용기에 있는 물을 펌프를 통해 배기시키는 것. 즉, 용기내 유체의 체적을 증가시키는 것이 펌프의 목적이다.

Answer 59. ① 60. ② 61. ① 62. ①

63 다음 중 캐비테이션 방지법에 대한 설명으로 틀린 것은?
① 펌프의 설치 높이를 최대로 높게 설정하여 흡입양정을 길게 한다.
② 펌프의 회전수를 낮추어 흡입 비속도를 작게 한다.
③ 양흡입펌프를 사용한다.
④ 입축펌프를 사용하고, 회전차를 수중에 완전히 잠기게 한다.

64 펌프의 양수량 Q(m³/min), 양정 H[m], 회전수 n[rpm]인 원심 펌프의 비교 회전도(spedfic speed) 식으로 옳은 것은?

① $n\dfrac{Q^{1/2}}{H^{1/2}}$
② $n\dfrac{Q^{1/2}}{H^{3/4}}$
③ $n\dfrac{Q^{1/3}}{H^{3/4}}$
④ $n\dfrac{Q^{2/3}}{H^{1/3}}$

65 토크컨버터의 기본 구성 요소에 포함되지 않는 것은?
① 임펠러   ② 러너
③ 안내깃   ④ 흡출관

66 유효낙차 40m, 유량 50m³/s 하천을 이용하여 정미 출력 1.5×10⁴kW를 발생하는 수차의 효율은 약 몇 % 인가?
① 67.2%   ② 72.1%
③ 76.5%   ④ 81.4%

Solution $\eta = \dfrac{1.5 \times 10^4}{9800 \times 50 \times 40 \times 10^{-3}} \times 100 = 76.5\%$

67 다음 중 원심 펌프에서 축추력의 평형을 이루는 방법으로 거리가 먼 것은?
① 스러스트 베어링의 사용   ② 그랜드 패킹 사용
③ 회전차 후면에 이면깃 사용   ④ 밸런스 디스크 사용

68 다음 각 수차에 대한 설명 중 틀린 것은?
① 중력수차 : 물이 낙하할 때 중력에 의해 움직이게 되는 수차
② 충동수차 : 물이 갖는 속도 에너지에 의해 물의 충격으로 회전하는 수차
③ 반동수차 : 물이 갖는 압력과 속도에너지를 이용하여 회전하는 수차
④ 프로펠러수차 : 물이 낙하할 때 중력과 속도에너지에 의해 회전하는 수차

Answer 63. ① 64. ② 65. ④ 66. ③ 67. ② 68. ④

69 유체기계의 일종인 공기기계에 관한 설명으로 옳지 않은 것은?

① 기체의 단위체적당 중량이 물의 약 $\frac{1}{830}$ (20℃ 기준)로서 작은 편이다.
② 기체 압축성이므로 압축, 팽창을 할 때 거의 온도변화가 발생하지 않는다.
③ 각 유로나 관로에서의 유속은 물인 경우보다 수배 이상으로 높일 수 있다.
④ 공기기계의 일종인 압축기는 보통 압력 상승이 1kgf/cm² 이상인 것을 말한다.

70 회전차 속의 흐름이 어디에서나 깃과 같은 유선을 가지고, 또 유체가 마찰이나 충돌 등으로 인하여 생기는 에너지 손실이 없을 경우의 흐름은?

① 폐업흐름　　　　　　　　　② 테일러 유체흐름
③ 깃 수 유한흐름　　　　　　　④ 깃 수 무한흐름

71 유량 제어 밸브에 속하는 것은?

① 스톱 밸브　　　　　　　　　② 릴리프 밸브
③ 브레이크 밸브　　　　　　　④ 카운터 밸런스 밸브

> **Solution** 유량제어밸브 종류 : 교축 밸브, 스톱 밸브, 속도제어 밸브, 유량조정 밸브, 집류 밸브, 분류 밸브 등

72 유압 및 유압 장치에 대한 설명으로 적절하지 않은 것은?

① 자동제어, 원격제어가 가능하다.
② 오일에 기포가 섞이거나 먼지, 이물질에 의해 고장이나 작동이 불량할 수 있다.
③ 굴삭기와 같은 큰 힘을 필요로 하는 건설기계는 유압보다는 공압을 사용한다.
④ 유압 장치는 공압 장치에 비해 복귀관과 같은 배관을 필요로 하므로 배관이 상대적으로 복잡해 질 수 있다.

> **Solution** 큰 힘을 필요로 하는 건설장비에는 공압 보다는 유압을 사용한다. 컴팩트한 장비로 운반의 신속성, 안전성 등을 고려했을 때 유압이 적당하다.

73 오일 탱크의 구비 조건에 대한 설명으로 적절하지 않은 것은?

① 오일 탱크의 바닥면은 바닥에서 일정 간격 이상을 유지하는 것이 바람직하다.
② 오일 탱크는 스트레이너의 삽입이나 분리를 용이하게 할 수 있는 출입구를 만든다.
③ 오일 탱크 내에 격판(방해판)은 오일의 순환거리를 짧게 하고 기포의 방출이나 오일의 냉각을 보존한다.
④ 오일 탱크의 용량은 장치의 운전중지 중 장치내의 작동유가 복귀하여도 지장이 없을 만큼의 크기를 가져야 한다.

> **Solution** 방해판(baffle plate) : 복귀 유압유에 혼입되어 있는 기포와 수분을 제거하는 역할

Answer 69. ②　70. ④　71. ①　72. ③　73. ③

74 패킹 재료로서 요구되는 성질로 적절하지 않은 것은?

① 내마모성이 있을 것
② 작동유에 대하여 적당한 저항성이 있을 것
③ 온도, 압력의 변화에 충분히 견딜 수 있을 것
④ 패킹이 유체와 접하므로 그 유체에 의해 연화되는 재질일 것

> **Solution** 패킹은 내유성이 양호해야 한다. 기름과의 접촉으로 그 기능이 훼손되어서는 안 된다.

75 토출량이 일정하지 않으며 주로 저압에서 사용하는 비용적형 펌프의 종류가 아닌 것은?

① 베인 펌프   ② 원심 펌프
③ 축류 펌프   ④ 혼류 펌프

> **Solution** 베인 펌프는 용적형 펌프이며 혼류 펌프는 사류 펌프에 가깝다.

76 다음 간략기호의 명칭은? (단, 스프링이 없는 경우이다.)

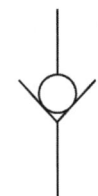

① 체크 밸브
② 스톱 밸브
③ 일정 비율 감압 밸브
④ 저압 우선형 셔틀 밸브

> **Solution**
>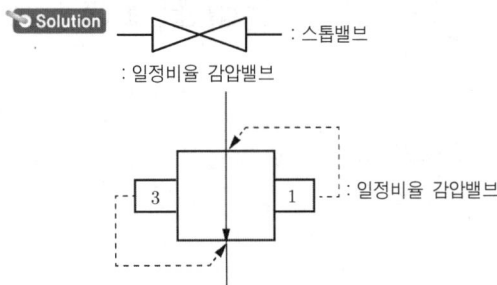

77 유압 실린더에서 오일에 의해 피스톤에 15MPa의 압력이 가해지고 피스톤 속도가 3.5cm/s일 때 이 실린더에서 발생하는 동력은 약 몇 kW인가? (단, 실린더 안지름은 100mm이다.)

① 2.74   ② 4.12
③ 6.18   ④ 8.24

> **Solution** $L = F \cdot V = 15 \times 10^6 \times \dfrac{\pi \times 0.1^2}{4} \times 3.5 \times 10^{-2} = 4.12 \times 10^3 \text{W}$

Answer 74. ④ 75. ① 76. ① 77. ② 78. ③ 79. ④

78 다음 기호의 명칭은?

① 풋 밸브
② 감압 밸브
③ 릴리프 밸브
④ 디셀러레이션 밸브

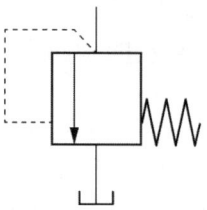

79 유압펌프의 소음 및 진동이 크게 발생하는 이유로 적절하지 않은 것은?

① 흡입관 또는 필터가 막힌 경우
② 펌프의 설치 위치가 매우 높은 경우
③ 토출 압력이 매우 높게 설정된 경우
④ 흡입관의 직경이 매우 크거나 길이가 짧을 경우

80 유량 제어 밸브를 실린더 출구 측에 설치한 회로로서 실린더에서 유출되는 유량을 제어하여 피스톤 속도를 제어하는 회로는?

① 미터 인 회로
② 미터 아웃 회로
③ 블리드 오프 회로
④ 카운터 밸런스 회로

> **Solution** 미터인 회로 : 유량제어 밸브를 실린더 입구측 설치

5과목 건설기계일반 및 플랜트배관

81 셔블계 굴삭기를 이용한 굴착작업에서 아래와 같을 때, 이 굴삭기의 예상작업량(Q)는 약 몇 m³/hr인가? (단, 버킷용량(q)=1m³, 1회 사이클시간(Cm)=20s, 버킷계수(K)=0.7, 토량환산계수(f)=0.9, 작업효율(E)=0.8이다.)

① 61 ② 71 ③ 81 ④ 91

> **Solution** $W = \dfrac{3600 \cdot q \cdot k \cdot f \cdot E}{C_m} = \dfrac{3600 \times 1 \times 0.7 \times 0.9 \times 0.8}{20} = 90.72 \text{m}^3/\text{hr}$

82 타이어식 굴삭기와 무한궤도식 굴삭기를 비교할 때, 타이어식 굴삭기의 특징으로 틀린 것은?

① 기동성이 나쁘다.
② 견인력이 약하다.
③ 습지, 사지, 활지의 운행이 곤란하다.
④ 암석지에서 작업 시 타이어가 손상되기 쉽다.

Answer 78. ③ 79. ④ 80. ② 81. ④ 82. ①

83 아스팔트 피니셔에 대한 설명으로 적절하지 않은 것은?
① 혼합재료를 균일한 두께로 포장폭만큼 노면 위에 깔고 다듬는 건설기계이다.
② 주행방식에 따라 타이어식과 무한궤도식으로 분류할 수 있다.
③ 피더는 혼합재료를 이동시키는 역할을 한다.
④ 스크리드는 운반된 혼합재료(아스팔트)를 저장하는 용기이다.

84 건설플랜트를 공조설비를 건설할 때 합성섬유의 방사, 사진필름 제조, 정밀기계 가공공정과 같이 일정 온도와 일정 습도를 유지할 필요가 있는 경우 적용하여야 하는 설비는?
① 난방설비　　　　　　　　② 배기설비
③ 제빙설비　　　　　　　　④ 항온항습설비

85 플랜트 배관설비에서 열응력이 주요 요인이 되는 경우의 파이프 래크상의 배관 배치에 관한 설명으로 틀린 것은?
① 루프형 신축 곡관을 많이 사용한다.
② 온도가 높은 배관일수록 내측(안쪽)에 배치한다.
③ 관 지름이 큰 것일수록 외측(바깥쪽)에 배치한다.
④ 루프형 신축 곡관은 파이프 래크상의 다른 배관보다 높게 배치한다.

86 금속의 기계가공시 절삭성이 우수한 강재가 요구되어 개발된 것으로서 S(황)을 첨가하거나 Pb(납)을 첨가한 강재는?
① 내식강　　　　　　　　② 내열강
③ 쾌삭강　　　　　　　　④ 불변강

87 일반적으로 지게차 조향장치는 어떠한 방식을 사용하는가?
① 전륜 조향식에 유압식으로 제어
② 후륜 조향식에 유압식으로 제어
③ 전륜 조향식에 공압식으로 제어
④ 후륜 조향식에 공압식으로 제어

Answer　83. ④　84. ④　85. ②　86. ③　87. ②

88 대규모 항로 준선 등에 사용하는 것으로 선체에 펌프를 설치하고 항해하면서 동력에 의해 해저의 토사를 흡상하는 방식의 준설선은?
① 버킷 준설선　② 펌프 준설선　③ 디퍼 준설선　④ 그랩 준설선

89 다음 중 1차 쇄석기(crusher)는?
① 조(jaw) 쇄석기
② 콘(cone) 쇄석기
③ 로드 밀(rod mill) 쇄석기
④ 해머 밀(hammer mill) 쇄석기

90 모터 스크레이퍼(scraper)의 작업량과 밀접한 관계가 없는 것은?
① 토량환산계수
② 작업 효율
③ 사이클 시간
④ 스크레이퍼 자중

91 배수관 시공완료 후 각 기구의 접속부 기타 개구부를 밀폐하고, 배관의 최고부에서 물을 가득 넣어 누수 유무를 판정하는 시험은?
① 응력시험　② 통수시험　③ 연기시험　④ 만수시험

92 배관의 부식 및 마모 등으로 작은 구멍이 생겨 유체가 누설될 경우에 다른 방법으로는 누설을 막기가 곤란할 때 사용하는 응급조치법은?
① 하트태핑법
② 인젝션법
③ 박스설치법
④ 스토핑 박스법

93 일반적으로 이음매 없는 관이 사용되며 사용 온도가 350℃ 이하, 압력이 9.8MPa까지의 보일러 증기관 또는 유압관에 사용되는 강판은?
① 배관용 탄소강판
② 압력 배관용 탄소강판
③ 일반 배관용 탄소강판
④ 일반 구조용 탄소강판

94 관의 절단과 나사 절삭 및 조립 시 관을 고정시키는 데 사용되는 배관용 공구는?
① 파이프 커터
② 파이프 리머
③ 파이프 렌치
④ 파이프 바이스

Answer 88. ② 89. ① 90. ④ 91. ④ 92. ② 93. ② 94. ④

95 사용압력 50kgf/cm², 배관의 호칭지름 50A, 관의 인장강도 20kgf/mm²인 압력 배관용 탄소강관의 스케줄 번호는? (단, 안전율은 4이다.)

① 80   ② 100
③ 120   ④ 140

Solution 스케줄번호 $= 10 \times \dfrac{P}{S} = 10 \times \dfrac{50 \times 4}{20} = 100$

96 지상 20m의 높이에 지름이 4m, 높이 5m인 물 탱크에 물이 가득 채워져 있을 때 물이 가지고 있는 위치에너지는 몇 kJ인가? (단, 물의 밀도는 1000kg/m³, 중력가속도는 9.81m/s²로 한다.

① 10107   ② 12327
③ 16907   ④ 20021

Solution $Z = mgZ = 1000 \times \dfrac{\pi}{4} \times 4^2 \times 5 \times 9.81 \times 20 \times 10^{-3} = 12327.61\text{kJ}$

97 다음 중 배관의 끝을 막을 때 사용하는 부속은?

① 플러그   ② 유니언   ③ 부싱   ④ 소켓

98 구상흑연 주철관이라고 하며, 땅속 또는 지상에 배관하여 압력 상태 또는 무압력 상태에서 물의 수송 등에 사용하는 주철관은?

① 원심력 사형 주철관   ② 원심력 금형 주철관
③ 입형 주철 직관   ④ 덕타일 주철관

99 슬로스 밸브라고 하며, 유체의 흐름을 단속하려고 할 때 사용하는 밸브는?

① 글로브밸브   ② 게이트밸브
③ 볼 밸브   ④ 버터플라이밸브

100 배관 지지의 필요조건이 아닌 것은?

① 관의 지지간격은 적당하게 할 것
② 외부의 진동과 충격에 대해서도 견고할 것
③ 온도변화에 대해 관의 신축은 고려하지 말 것
④ 배관시공에 있어서 구배의 조정이 용이하게 될 수 있는 구조일 것

Answer   95. ②   96. ②   97. ①   98. ④   99. ②   100. ③

1과목 재료역학

1 양단이 회전지지로 된 장주에서 거리 e만큼 편심된 곳에 축방향 하중 P가 작용할 때 이 기둥에서 발생하는 최대 압축응력($\sigma_{\max}$)은? (단, A는 기둥 단면적, $2c$는 단면의 두께, r은 단면의 회전반경, E는 세로탄성계수, L은 장주의 길이이다.)

① $\sigma_{\max} = \dfrac{P}{A}[1 + \dfrac{ec}{r^2}\sec(\dfrac{L}{r}\sqrt{\dfrac{P}{4EA}})]$

② $\sigma_{\max} = \dfrac{P}{A}[1 + \dfrac{ec}{r^2}\sec(\dfrac{L}{r}\sqrt{\dfrac{P}{2EA}})]$

③ $\sigma_{\max} = \dfrac{P}{A}[1 + \dfrac{ec}{r^2}\csc(\dfrac{L}{r}\sqrt{\dfrac{P}{4EA}})]$

④ $\sigma_{\max} = \dfrac{P}{A}[1 + \dfrac{ec}{r^2}\csc(\dfrac{L}{r}\sqrt{\dfrac{P}{2EA}})]$

Solution 편심하중을 받는 장주에 대한 시컨트 공식(Secant formula)

$\sigma_{\max} = \dfrac{P}{A}\left[1 + \dfrac{ec}{r^2}\sec\left(\dfrac{L}{r}\sqrt{\dfrac{P}{4AE}}\right)\right]$

2 그림과 같은 막대가 있다. 길이는 4m이고 힘(F)은 지면에 평행하게 200N만큼 주었을 때 O점에 작용하는 힘(F_{ox}, F_{oy})과 모멘트(M_z)의 크기는?

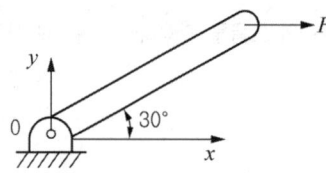

① F_{ox} = 200N, F_{oy} = 0, M_z = 400N·m
② F_{ox} = 0, F_{oy} = 200N, M_z = 200N·m
③ F_{ox} = 200N, F_{oy} = 200N, M_z = 200N·m
④ F_{ox} = 0, F_{oy} = 0, M_z = 400N·m

Solution $\Sigma F_x = 0$, $F - F_{0x} = 0$, $F = 200\text{N}$

$\Sigma F_y = 0$, $F_{oy} = 0$

$\Sigma M_z = 0$, $M_z = 200 \times 4 \times \dfrac{1}{2} = 400\text{Nm}$

Answer 1. ① 2. ①

3 지름 100mm의 원에 내접하는 정사각형 단면을 가진 강봉이 10kN의 인장력을 받고 있다. 단면에 작용하는 인장응력은 약 몇 MPa인가?

① 2
② 3.1
③ 4
④ 6.3

Solution 정사각형 한변의 길이 $a = \dfrac{100}{\sqrt{2}} = 70.71\,\text{mm}$, $\sigma = \dfrac{P}{a^2} = 2.0\,\text{MPa}$

4 도심축에 대한 단면 2차 모멘트가 가장 크도록 직사각형 단면[폭(b)×높이(h)]을 만들 때 단면 2차 모멘트를 직사각형 폭(b)에 관한 식으로 옳게 나타낸 것은? (단, 직사각형 단면은 지름 d인 원에 내접한다.)

① $\dfrac{\sqrt{3}}{4}b^4$
② $\dfrac{\sqrt{3}}{3}b^4$
③ $\dfrac{3}{\sqrt{3}}b^4$
④ $\dfrac{4}{\sqrt{3}}b^4$

Solution $d^2 = b^2 + h^2$, $I_{Gx} = I = \dfrac{bh^3}{12} = \dfrac{b}{12}(d^2-b^2)^{3/2}$

$\dfrac{dI}{db} = 0$을 정리하면(단면2차모멘트를 h로 1차 미분 정리), $h^2 = 3b^2$

$I = \dfrac{bh^2}{12} = \dfrac{\sqrt{3}}{4}b^4$

5 기계요소의 임의의 점에 대하여 스트레인을 측정하여 보니 다음과 같이 나타났다. 현 위치로부터 시계방향으로 30° 회전된 좌표계의 y방향의 스트레인 ϵ_y는 얼마인가? (단, ϵ은 각 방향별 수직변형률, γ는 전단변형률을 나타낸다.)

$$\epsilon_x = -30 \times 10^{-6}$$
$$\epsilon_y = -10 \times 10^{-6}$$
$$\gamma_{xy} = -10 \times 10^{-6}$$

① -14.95×10^{-6}
② -12.64×10^{-6}
③ -10.67×10^{-6}
④ -9.32×10^{-6}

Solution 시계방향으로 30°회전하면 y축의 안쪽각 $\theta = 60°$

$\epsilon_\theta = \dfrac{\epsilon_x + \epsilon_y}{2} + \dfrac{\epsilon_x - \epsilon_y}{2}\cos 2\theta + \dfrac{\gamma_{xy}}{2}\sin 2\theta = -10.67 \times 10^{-6}$

Answer 3. ① 4. ① 5. ③

6 길이 15m, 지름 10mm의 강봉에 8kN의 인장하중을 걸었더니 탄성 변형이 생겼다. 이때 늘어난 길이는 약 몇 mm인가? (단, 이 강재의 세로탄성계수는 210GPa이다.)

① 1.46
② 14.6
③ 0.73
④ 7.3

Solution $\delta = \dfrac{PL}{AE} = 7.28\,\text{mm}$

7 그림과 같이 2개의 비틀림 모멘트를 받고 있는 중공축의 a-a 단면에서 비틀림 모멘트에 의한 최대전단응력은 약 몇 MPa인가? (단, 중공축의 바깥지름은 10cm, 안지름은 6cm이다.)

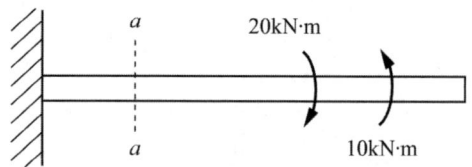

① 25.5
② 36.5
③ 47.5
④ 58.5

Solution $T = (20-10) \times 10^6 = 10^7\,\text{N}\cdot\text{mm}$, $Z_p = \dfrac{\pi d_2^3}{16}(1-x^4)$, $x = \dfrac{d_1}{d_2}$

$\tau = \dfrac{T}{Z_p} = 58.5\,\text{MPa}$

8 그림과 같은 보에서 $P_1 = 800\text{N}$, $P_2 = 500\text{N}$이 작용할 때 보의 왼쪽에서 2m 지점에 있는 a 위치에서의 굽힘모멘트의 크기는 약 몇 N·m인가?

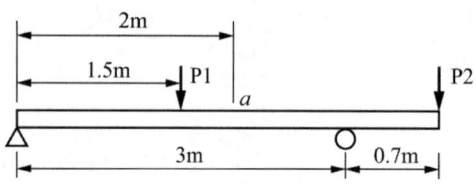

① 133.3
② 166.7
③ 204.6
④ 257.4

Solution 왼쪽 끝단의 모멘트 평형식을 세워 오른쪽 지점의 반력 R를 구하면

$R = \dfrac{800 \times 1.5 + 500 \times 3.7}{3} = 1016.67\,\text{N}$

a점에 대한 모멘트 $M_a = 1016.67 \times 1 - 500 \times 1.7 = 166.67\,\text{N}\cdot\text{m}$

Answer 6. ④ 7. ④ 8. ②

9 5cm×10cm 단면의 3개의 목재를 목재용 접착제로 접착하여 그림과 같은 10cm×15cm의 사각 단면을 갖는 합성 보를 만들었다. 접착부에 발생하는 전단응력은 약 몇 kPa인가? (단, 이 합성보는 양단이 길이 2m인 단순지지보이며 보의 중앙에 800N의 집중하중을 받는다.)

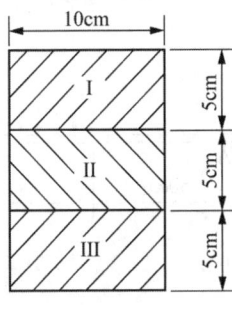

① 57.6
② 35.5
③ 82.4
④ 160.8

Solution $\tau = \dfrac{FQ}{bI} = \dfrac{(800/2) \times (100 \times 50 \times 50)}{100 \times (100 \times 150^3)/12} \times = 10^3 = 35.56\,\mathrm{kPa}$

10 외팔보 AB에서 중앙(C)에 모멘트 M_c와 자유단에 하중 P가 동시에 작용할 때, 자유단(B)에서의 처짐량이 영(0)이 되도록 M_c를 결정하면? (단, 굽힘강성 EI는 일정하다.)

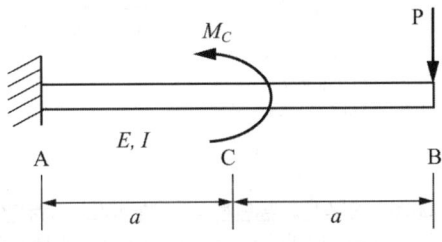

① $M_c = \dfrac{8}{9}\mathrm{Pa}$
② $M_c = \dfrac{16}{9}\mathrm{Pa}$
③ $M_c = \dfrac{24}{9}\mathrm{Pa}$
④ $M_c = \dfrac{32}{9}\mathrm{Pa}$

Solution 자유단 집중하중 P만 작용시 처짐 $\delta_1 = \dfrac{8Pa^3}{3EI}$

중앙에 굽힘모멘트 만 작용시 처짐은 면적모멘트법으로 정리하면 $\delta_2 = \dfrac{A_m}{EI}\overline{x} = \dfrac{3M_c a^2}{2EI}$

$\delta_1 = \delta_2$, $M_c = \dfrac{16}{9}\mathrm{Pa}$

Answer 9. ② 10. ②

11 그림과 같은 외팔보가 있다. 보의 굽힘에 대한 허용응력을 80MPa로 하고, 자유단 B로부터 보의 중앙점 C 사이에 등분포하중 w를 작용시킬 때, w의 최대 허용값은 몇 kN/m인가? (단, 외팔보의 폭×높이는 5cm×9cm이다.)

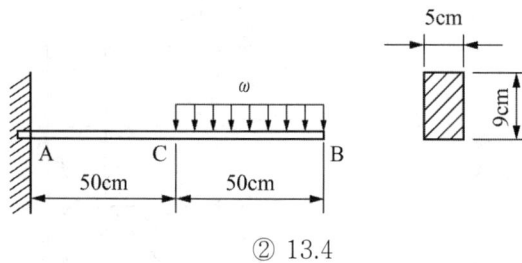

① 12.4
② 13.4
③ 14.4
④ 15.4

Solution $M_a = w \times 0.5 \times 0.75 = 0.375w$, $Z = \dfrac{bh^2}{6}$
$\sigma = \dfrac{M_a}{Z} = \dfrac{6 \times 0.375w}{bh^2}$, $w = 14.4 \times 10^3 \text{N/m}$

12 지름 20cm, 길이 40cm인 콘크리트 원통에 압축하중 20kN이 작용하여 지름이 0.0006cm만큼 늘어나고 길이는 0.0057cm 만큼 줄었을 때, 푸아송 비는 약 얼마인가?

① 0.18
② 0.24
③ 0.21
④ 0.27

Solution $\mu = \dfrac{\epsilon'}{\epsilon} = \dfrac{l\delta'}{\delta d} = \dfrac{40 \times 0.0006}{0.0057 \times 20} = 0.21$

13 그림과 같이 지름 50mm의 연강봉의 일단을 벽에 고정하고, 자유단에는 50cm 길이의 레버 끝에 600N의 하중을 작용시킬 때 연강봉에 발생하는 최대굽힘응력과 최대전단응력은 각각 몇 MPa인가?

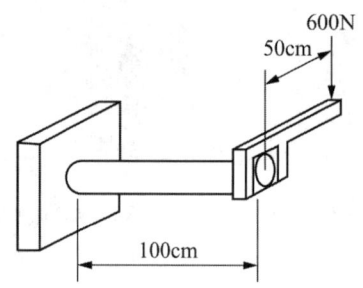

① 최대굽힘응력 : 51.8, 최대전단응력 : 27.3
② 최대굽힘응력 : 27.3, 최대전단응력 : 51.8
③ 최대굽힘응력 : 41.8, 최대전단응력 : 27.3
④ 최대굽힘응력 : 27.3, 최대전단응력 : 41.8

Answer 11. ③ 12. ③ 13. ①

> **Solution** $T = 600 \times 0.5 = 300\,\text{N·m}$, $M = 600 \times 1 = 600\,N\cdot m$ N·m
>
> $T_e = \sqrt{600^2 + 300^2} = 670.82\,\text{N·m}$, $M_e = \frac{1}{2}(M + T_e) = 635.41\,\text{N·m}$
>
> $\sigma_{bmax} = \frac{M_e}{Z} = \frac{M_e}{\pi d^3/32} = 51.78\,\text{MPa}$, $\tau_{max} = \frac{T_e}{Z_p} = \frac{T_e}{\pi d^3/16} = 27.33\,\text{MPa}$

14 그림과 같은 직육면체 블록은 전단탄성계수 500MPa이고, 상하면에 강체 평판이 부착되어 있다. 아래쪽 평판은 바닥면에 고정되어 있으며, 위쪽 평판은 수평방향 힘 P가 작용한다. 힘 P에 의해서 위쪽 평판이 수평방향으로 0.8mm 이동되었다면 가해진 힘 P은 약 몇 kN인가?

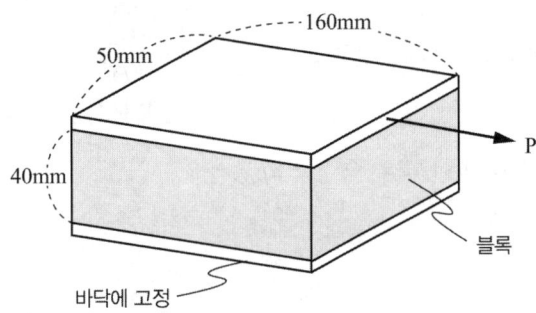

① 60　　　　　　　　　　② 80
③ 100　　　　　　　　　 ④ 120

> **Solution** $\tau = G\gamma$, $\frac{P}{A} = G\frac{\delta_s}{l}$, $\frac{P}{50 \times 160} = 500 \times \frac{0.8}{40}$, $P = 80\,\text{kN}$

15 바깥지름 80mm, 안지름 60mm인 중공축에 4kN·m의 토크가 작용하고 있다. 최대전단변형률율은 얼마인가? (단, 축 재료의 전단탄성계수는 27GPa이다.)

① 0.00122　　　　　　　② 0.00216
③ 0.00324　　　　　　　④ 0.00410

> **Solution** $\tau = G\gamma = \frac{T}{Z_p} = \frac{T}{\pi d_2^3/16 \cdot (1-x^4)}$, $27000 \times \gamma = \frac{16 \times 4 \times 10^6}{\pi \times 80^3 \times (1-0.75^4)}$, $\gamma = 0.00216$

Answer 14. ② 15. ②

16 그림과 같이 전체 길이가 ℓ인 보의 중앙에 집중하중 P[N]와 균일분포 하중 w[N/m]가 동시에 작용하는 단순보에 최대 처짐은? (단, $w \times \ell = P$이고, 보의 굽힘강성 EI는 일정하다.)

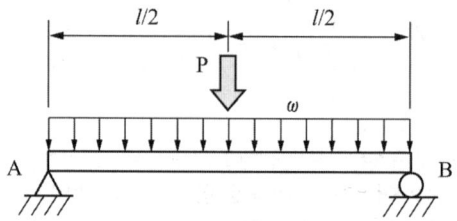

① $\dfrac{5P\ell^3}{48EI}$ ② $\dfrac{13P\ell^3}{64EI}$

③ $\dfrac{5P\ell^3}{192EI}$ ④ $\dfrac{13P\ell^3}{384EI}$

Solution 중앙 집중하중+등분포하중으로 중첩하여 푼다.

$wl = P$, $\delta = \dfrac{Pl^3}{48EI} + \dfrac{5wl^4}{384EI} = \dfrac{13Pl^3}{384EI}$

17 그림과 같이 10kN의 집중하중과 4kN·m의 굽힘모멘트가 작용하는 단순지지보에서 A 위치의 반력 R_A는 약 몇 kN인가? (단, 4kN·m의 모멘트는 보의 중앙에서 작용한다.)

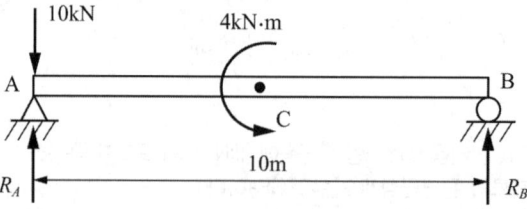

① 6.8 ② 14.2
③ 8.6 ④ 10.4

Solution B점에 대한 모멘트 평형식으로 푼다.

$R_A = \dfrac{10 \times 10 + 4}{10} = 10.4 \text{kN}$

Answer 16. ④ 17. ④

18 그림의 구조물이 수직하중 $2P$를 받을 때 구조물 속에 저장되는 총 탄성변형에너지는? (단, 구조물의 단면적은 A, 세로탄성계수는 E로 모두 같다.)

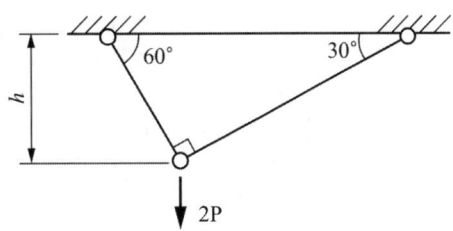

① $\dfrac{P^2 h}{4AE}(1+\sqrt{3})$ ② $\dfrac{P^2 h}{2AE}(1+\sqrt{3})$

③ $\dfrac{P^2 h}{AE}(1+\sqrt{3})$ ④ $\dfrac{2P^2 h}{AE}(1+\sqrt{3})$

Solution $\dfrac{2P}{\sin 90°}=\dfrac{F_1}{\sin 150°}=\dfrac{F_2}{\sin 120°}$, $F_1 = P$, $F_2 = \sqrt{3} P$

$\delta_1 = \dfrac{F_1 h}{AE \cdot \sin 30°} = \dfrac{2Ph}{AE}$, $\delta_2 = \dfrac{F_2 h}{AE \cdot \sin 60°} = \dfrac{2Ph}{AE}$

$U = \dfrac{1}{2} F_1 \delta_1 + \dfrac{1}{2} F_2 \delta_2 = \dfrac{P^2 h}{AE}(1+\sqrt{3})$

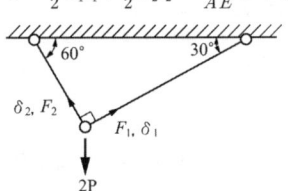

19 그림과 같이 ωN/m의 분포하중을 받는 길이 L의 양단 고정보에서 굽힘 모멘트가 0이 되는 곳은 보의 왼쪽으로부터 대략 어디에 위치해 있는가?

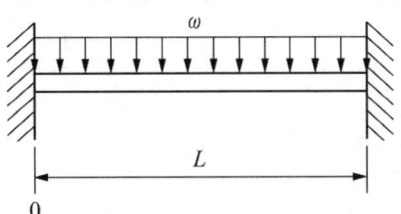

① 0.5L   ② 0.33L, 0.67L
③ 0.21L, 0.76L   ④ 0.26L, 0.74L

Solution BMD 선도를 그려보면 굽힘모멘트가 0이 되는 지점이 2곳이 나온다. 각각 왼쪽 끝단으로부터 x_1, x_2로 놓고 왼쪽 끝으로부터 임의의 거리를 x로 하여 굽힘모멘트를 구하는 일반식을 세워 풀면

$M_x = \dfrac{\omega L}{2} x - \dfrac{\omega x^2}{2} - \dfrac{\omega L^2}{12} = 0$, $x^2 - Lx + 0.17L^2 = 0$

근의 공식을 이용하면 $x = \dfrac{L \pm \sqrt{L^2 - 0.68L^2}}{2}$, $x_1 = 0.783L$, $x_2 = 0.2L$

Answer 18. ③ 19. ③

20 한 변이 50cm이고, 얇은 두께를 가진 정사각형 파이프가 20000N·m의 비틀림 모멘트를 받을 때 파이프 두께는 약 몇 mm 이상으로 해야 하는가? (단, 파이프 재료의 허용비틀림응력은 40MPa이다.)

① 0.5mm
② 1.0mm
③ 1.5mm
④ 2.0mm

> **Solution** $\tau = \dfrac{T}{2bht} = \dfrac{20000 \times 10^3}{2 \times 500 \times 500 \times t} = 40$, $t = 1.0\,\text{mm}$

2과목 기계열역학

21 Van der Waals 상태 방정식은 다음과 같이 나타낸다. 이 식에서 $\dfrac{a}{v^2}$, b는 각각 무엇을 의미하는 것인가? (단, P는 압력, v는 비체적, R는 기체상수, T는 온도를 타나낸다.)

$$\left(P + \dfrac{a}{v^2}\right) \times (v - b) = RT$$

① 분자간의 작용력, 분자 내부 에너지
② 분자 자체의 질량, 분자 내부 에너지
③ 분자간의 작용력, 기체 분자들이 차지하는 체적
④ 분자 자체의 질량, 기체 분자들이 차지하는 체적

> **Solution** Van der Waals 상태방정식에서 a와 b는 상수로 $\dfrac{a}{v^2}$는 분자간의 작용력, b는 기체분자들이 차지하는 체적을 의미한다.

22 1MPa, 230℃ 상태에서 압축계수(compressibility factor)가 0.95인 기체가 있다. 이 기체의 실제 비체적은 약 몇 m³/kg인가? (단, 이 기체의 기체상수는 461J/(kg·K)이다.)

① 0.14
② 0.18
③ 0.22
④ 0.26

> **Solution** $Z = \dfrac{Pv}{RT}$, $0.95 = \dfrac{1 \times 10^6 \times v}{461 \times (230 + 273)}$, $v = 0.22\,\text{m}^3/\text{kg}$

23 효율이 40%인 열기관에서 유효하게 발생되는 동력이 110kW라면 주위로 방출되는 총 열량은 약 몇 kW인가?

① 375
② 165
③ 135
④ 85

> **Solution** $\eta = \dfrac{W}{Q_H}$, $Q_L = Q_H - W = \left(\dfrac{W}{\eta} - W\right) = \left(\dfrac{110}{0.4} - 110\right) = 165\,\text{kW}$

Answer 20. ② 21. ③ 22. ③ 23. ②

24 피스톤-실린더에 기체가 존재하며 피스톤의 단면적은 5cm²이고 피스톤에 외부에서 500N의 힘이 가해진다. 이때 주변 대기압력이 0.099MPa이면 실린더 내부 기체의 절대압력(MPa)은 약 얼마인가?

① 0.901 ② 1.099
③ 1.135 ④ 1.275

Solution $P_a = 0.099 + \dfrac{500}{5 \times 10^{-4}} \times 10^{-6} = 1.099\,\text{MPa}$

25 랭킨사이클로 작동되는 증기동력 발전소에서 20MPa의 압력으로 물이 보일러에 공급되고, 응축기 출구에서 온도는 20℃, 압력은 2.339kPa이다. 이때 급수펌프에서 수행하는 단위질량당 일은 약 몇 kJ/kg인가? (단, 20℃에서 포화액-비체적은 0.001002m³/kg, 포화증기 비체적은 57.79m³/kg이며, 급수펌프에서는 등엔트로피 과정으로 변화한다고 가정한다.)

① 0.4681 ② 20.04
③ 27.14   ④ 1020.6

Solution $w_p = 0.001002 \times (20 \times 10^3 - 2.339) = 20.04\,\text{kJ/kg}$

26 비열이 0.9kJ/(kg·K), 질량이 0.7kg으로 동일하며, 온도가 각각 200℃와 100℃인 두 금속 덩어리를 접촉시켜서 온도가 평형에 도달하였을 때 총 엔트로피 변화량은 약 몇 J/K인가?

① 8.86   ② 10.42
③ 13.25 ④ 16.87

Solution $(200 - t_m) = (t_m - 100),\ t_m = 150\,℃$

$\Delta S = mC\left[\ln\left(\dfrac{T_m}{373}\right) + \ln\left(\dfrac{T_m}{473}\right)\right] = 0.7 \times 0.9\left[\ln\left(\dfrac{423}{373}\right) + \ln\left(\dfrac{423}{473}\right)\right] = 8.86 \times 10^{-3}\,\text{kJ/K}$

27 그림과 같은 이상적인 열펌프의 압력(P)-엔탈피(h) 선도에서 각 상태의 엔탈피는 다음과 같을 때 열펌프의 성능계수는? (단, $h_1 = 155$kJ/kg, $h_3 = 593$kJ/kg, $h_4 = 827$kJ/kg이다.)

① 1.8
② 2.9
③ 3.5
④ 4.0

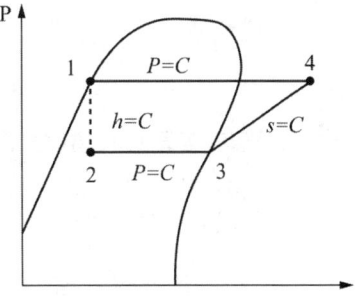

Solution $\epsilon_h = \dfrac{h_4 - h_1}{h_4 - h_3} = \dfrac{827 - 155}{827 - 593} = 2.87$

Answer 24. ② 25. ② 26. ① 27. ②

28 이상기체의 상태변화에 내부에너지가 일정한 상태 변화는?

① 등온 변화   ② 정압 변화
③ 단열 변화   ④ 정적 변화

Solution $T = const$, $\Delta U = m C_v \Delta T = 0$

29 압력이 일정할 때 공기 5kg를 0℃에서 100℃까지 가열하는데 필요한 열량은 약 몇 kJ인가? (단, 비열(C_P)은 온도 T(℃)에 관계한 함수로 C_P(kJ/(kg·℃)) = 1.01 + 0.000079 × T이다.)

① 365   ② 436
③ 480   ④ 507

Solution $_1Q_2 = \int_1^2 m C_p dT = 5.0 \times \left(1.01 \times 100 + \dfrac{0.000079}{2} \times 100^2\right) = 506.98 \text{kJ}$

30 고온 400℃, 저온 50℃의 온도 범위에서 작동하는 Carnot 사이클 열기관의 효율을 구하면 약 몇 %인가?

① 43   ② 46
③ 49   ④ 52

Solution $\eta_C = 1 - \dfrac{T_L}{T_H} = \left(1 - \dfrac{50 + 273}{400 + 273}\right) \times 100 = 52\%$

31 기관의 실린더 내에서 1kg의 공기가 온도 120℃에서 열량 40kJ를 얻어 등온팽창 한다고 하면 엔트로피의 변화는 얼마인가?

① 0.102kJ/(kg·K)   ② 0.132kJ/(kg·K)
③ 0.162kJ/(kg·K)   ④ 0.192kJ/(kg·K)

Solution $\Delta S = \dfrac{40}{(120 + 273)} = 0.102 \text{kJ/K}$

32 물질의 양을 1/2로 줄이면 강도성(강성적) 상태량(intensive properties)은 어떻게 되는가?

① 1/2로 줄어든다.   ② 1/4로 줄어든다.
③ 변화가 없다.   ④ 2배로 늘어난다.

Solution 강도성 상태량의 질량의 크기에 따라 변화하지 않는 상태량이고, 종량성 상태량은 질량의 크기에 비례하여 변화한다.

Answer 28. ①   29. ④   30. ④   31. ①   32. ③

33 수평으로 놓여진 노즐에서 증기가 흐르고 있다. 입구에서의 엔탈피는 3106kJ/kg이고, 입구 속도는 13m/s, 출구 속도는 300m/s일 때 출구에서의 증기 엔탈피는 약 몇 kJ/kg인가? (단, 노즐에서의 열교환 및 외부로의 일령은 무시할 수 있을 정도로 작다고 가정한다.)

① 3146
② 3208
③ 2963
④ 3061

Solution 단열유동노즐에서 $-\Delta h = \frac{1}{2}(V_2^2 - V_1^2)$

$3106 - h_2 = \frac{1}{2} \times (300^2 - 13^2) \times 10^{-3}$, $h_2 = 3061.08 \, \text{kJ/kg}$

34 단열 노즐에서 공기가 팽창한다. 노즐 입구에서 공기 속도는 60m/s, 온도는 200℃이며, 출구에서 온도는 50℃일 때 출구에서 공기 속도는 약 얼마인가? (단, 공기 비열은 1.0035kJ/(kg·K)이다.)

① 62.5m/s
② 328m/s
③ 552m/s
④ 1901m/s

Solution $-\Delta h = -C_p(t_2 - t_1) = \frac{1}{2}(V_2^2 - V_1^2)$

$-1.0035 \times (50 - 200) = \frac{1}{2} \times (V_2^2 - 60^2) \times 10^{-3}$, $V_2 = 551.95 \, \text{m/sec}$

35 물 10kg을 1기압 하에서 20℃로부터 60℃까지 가열할 때 엔트로피의 증가량은 약 몇 kJ/K인가? (단, 물의 정압비열은 4.18kJ/(kg·K)이다.)

① 9.78
② 5.35
③ 8.32
④ 14.8

Solution $\Delta S = m C_p \ln\left(\frac{T_2}{T_1}\right) = 10 \times 4.18 \times \ln\left(\frac{60 + 273}{20 + 273}\right) = 5.35 \, \text{kJ/K}$

36 질량이 4kg인 단열된 강재 용기 속에 물 18L가 들어있으며, 25℃로 평형상태에 있다. 이 속에 200℃의 물체 8kg을 넣었더니 열평형에 도달하여 온도가 30℃가 되었다. 물의 비열은 4.187kJ/(kg·K)이고, 강재(용기)의 비열은 0.4648kJ/(kg·K)일 때 물체의 비열은 약 몇 kJ/(kg·K)인가? (단, 외부와의 열교환은 없다고 가정한다.)

① 0.244
② 0.267
③ 0.284
④ 0.302

Solution $(m_w C_w + m_s C_s)(t_m - t_w) = m_b C_b(t_b - t_m)$

$(18 \times 10^{-3} \times 10^3 \times 4.187 + 4 \times 0.4648) \times (30 - 25) = 8 \times C_b \times (200 - 30)$

$C_b = 0.284 \, \text{kJ/kg K}$

Answer 33. ④ 34. ③ 35. ② 36. ③

37 다음의 물리량 중 물질의 최초, 최종상태 뿐 아니라 상태변화의 경로에 따라서도 그 변화량이 달라지는 것은?

① 일
② 내부에너지
③ 엔탈피
④ 엔트로피

Solution 상태량은 상태변화와 관련이 없고 열과 일은 상태변화에 따라 달라질 수 있다.

38 압력이 0.2MPa이고, 초기 온도가 120℃인 1kg의 공기를 압축비 18로 가역 단열 압축하는 경우 최종온도는 약 몇 ℃인가? (단, 공기는 비열비가 1.4인 이상기체이다.)

① 676℃
② 776℃
③ 876℃
④ 979℃

Solution $\frac{T_2}{T_1} = \left(\frac{V_1}{V_2}\right)^{k-1}$, $T_2 = (120+273) \times 18^{0.4} = 1248.82\text{K} = 975.82℃$

39 공기 표준 사이클로 운전하는 이상적인 디젤 사이클이 있다. 압축비는 17.5, 비열비는 1.4, 체절비(또는 분사단절비, cut-off ratio)는 2.1일 때 이 디젤 사이클의 효율은 약 몇 %인가?

① 60.5
② 62.3
③ 64.7
④ 66.8

Solution $\eta_D = 1 - \left(\frac{1}{\epsilon}\right)^{k-1} \frac{\sigma^k - 1}{k(\sigma-1)} = 1 - \left(\frac{1}{17.5}\right)^{0.4} \times \frac{2.1^{1.4} - 1}{1.4 \times (2.1-1)} = 0.6227$, $\eta_D = 62.3\%$

40 고열원 500℃와 저열원 35℃ 사이에 열기관을 설치하였을 때, 사이클당 10MJ의 공급열량에 대해서 7MJ의 일을 하였다고 주장한다면, 이 주장은?

① 열역학적으로 타당한 주장이다.
② 가역기관이라면 타당한 주장이다.
③ 비가역기관이라면 타당한 주장이다.
④ 열역학적으로 타당하지 않은 주장이다.

Solution $\eta = \frac{W}{Q_H} = \frac{7}{10} \times 100 = 70\%$, $\eta_C = 1 - \frac{T_L}{T_H} = \left(1 - \frac{35+273}{500+271}\right) \times 100 = 60.16\%$
비가역 사이클로 타당하지 않다.

Answer 37. ① 38. ④ 39. ② 40. ④

3과목 기계유체역학

41 반지름 0.5m인 원통형 탱크에 1.5m 높이로 물을 채우고 중심축을 기준으로 각속도 10rad/s로 회전시킬 때 탱크 저면의 중심에서 압력은 계기압력은 약 몇 kPa인가? (단, 탱크의 윗면은 열려 대기 중에 노출되어 있으며 물은 넘치지 않는다고 한다.)

① 2.26　　② 4.22
③ 6.42　　④ 8.46

Solution $H = \dfrac{V^2}{2g} = \dfrac{(0.5 \times 10)^2}{2 \times 9.8} = 1.28\,\text{m}$
$P = \gamma h = 9800 \times \left(1.5 - \dfrac{1.28}{2}\right) \times 10^{-3} = 8.43\,\text{kPa}$

42 경계층(boundary layer)에 관한 설명 중 틀린 것은?

① 경계층 바깥의 흐름은 포텐셜 흐름에 가깝다.
② 균일 속도가 크고, 유체의 점성이 클수록 경계층의 두께는 얇아진다.
③ 경계층 내에서는 점성의 영향이 크다.
④ 경계층은 평판 선단으로부터 하류로 갈수록 두꺼워진다.

Solution 균일속도가 작고 점성이 클수록 경계층의 두께는 두꺼워 진다.

43 정지 유체 속에 잠겨 있는 평면에 대하여 유체에 의해 받는 힘에 관한 설명 중 틀린 것은?

① 깊게 잠길수록 받는 힘이 커진다.
② 크기는 도심에서의 압력에 전체 면적을 곱한 것과 같다.
③ 평면이 수평으로 놓인 경우, 압력중심은 도심과 일치한다.
④ 평면이 수직으로 놓인 경우, 압력중심은 도심보다 약간 위쪽에 있다.

Solution 정지유체 속에 잠겨 있는 수직평판의 압력중심은 도심보다 아래쪽에 위치한다.

44 실형의 1/25인 기하학적으로 상사한 모형 댐을 이용하여 유동특성을 연구하려고 한다. 모형 댐의 상부에서 유속이 1m/s일 때 실제 댐에서 해당 부분의 유속은 약 몇 m/s인가?

① 0.025　　② 0.2
③ 5　　　　④ 25

Solution $F_r = \left(\dfrac{V^2}{Lg}\right)_m = \left(\dfrac{V^2}{Lg}\right)_p$, $V_p^2 = 25$, $V_p = 5\,\text{m/sec}$

Answer 41. ④　42. ②　43. ④　44. ③

45 (r, θ)좌표계에서 코너를 흐르는 비점성, 비압축성 유체의 2차원 유동함수(ψ, m²/s)는 아래와 같다. 이 유동함수에 대한 속도 포텐셜(ϕ)의 식으로 옳은 것은? (단, r은 m 단위이고 C는 상수이다.)

$$\Psi = 2r^2 \sin 2\theta$$

① $\phi = 2r^2 \cos 2\theta + C$
② $\phi = 2r^2 \tan 2\theta + C$
③ $\phi = 4r^2 \cos 2\theta + C$
④ $\phi = 4r^2 \tan 2\theta + C$

Solution $V_r = \dfrac{1}{r}\dfrac{\partial \psi}{\partial \theta} = \dfrac{\partial \phi}{\partial r} = \dfrac{1}{r} \cdot 2r^2 \cdot 2\cos 2\theta,\ d\phi = 4\cos 2\theta\, r\, dr$ 적분하면
$\phi = 2r^2 \cos 2\theta + C$

46 두 평판 사이에 점성계수가 2N·s/m²인 뉴턴유체가 다음과 같은 속도분포(u, m/s)로 유동한다. 여기서 y는 두 평판 사이의 중심으로부터 수직방향 거리(m)를 나타낸다. 평판 중심으로부터 $y = 0.5$cm 위치에서의 전단응력의 크기는 약 몇 N/m²인가?

$$u(y) = 1 - 10000 \times y^2$$

① 100
② 200
③ 1000
④ 2000

Solution 속도구배 $\dfrac{du}{dy} < 0$

$\tau = -\mu \dfrac{du}{dy} = -2 \times (-10000 \times 2 \times 0.005) = 200\,\text{N/m}^2$

47 개방된 탱크 내에 비중이 0.8인 오일이 가득 차 있다. 대기압이 101kPa라면, 오일 탱크 수면으로부터 3m 깊이에서 절대압력은 약 몇 kPa인가?

① 208
② 249
③ 174
④ 125

Solution $P_a = P_o + P_g = 101 + 0.8 \times 9800 \times 3 \times 10^{-3} = 124.52\,\text{kPa}$

48 피토-정압관과 액주계를 이용하여 공기의 속도를 측정하였다. 비중이 약 1인 액주계 유체의 높이 차이는 10mm이고, 공기 밀도는 1.22kg/m³일 때, 공기의 속도는 약 몇 m/s인가?

① 2.1
② 12.7
③ 68.4
④ 160.2

Solution $V = \sqrt{2 \times 9.8 \times 0.01 \times \left(\dfrac{1000}{1.22} - 1\right)} = 12.68\,\text{m/s}$

Answer 45. ① 46. ② 47. ④ 48. ②

49 축동력이 10kW인 펌프를 이용하여 호수에서 30m 위에 위치한 저수지에 25L/s의 유량으로 물을 양수한다. 펌프에서 저수지까지 파이프 시스템의 비가역적 수두손실이 4m라면 펌프의 효율은 약 몇 %인가?

① 63.7 ② 78.5
③ 83.3 ④ 88.7

Solution $\eta = \dfrac{\gamma Q(Z_2 - Z_1 + h_l)}{L_s} = \dfrac{9800 \times 25 \times 10^{-3} \times (30+4) \times 10^{-3}}{10} \times 100 = 83.3\%$

50 밀도 890kg/m³, 점성계수 2.3kg(m·s)인 오일이 지름 40cm, 길이 100m인 수평 원관 내를 평균속도 0.5m/s로 흐른다. 입구의 영향을 무시하고 압력강하를 이길 수 있는 펌프 소요동력은 약 몇 kW인가?

① 0.58 ② 1.45
③ 2.90 ④ 3.63

Solution $R_e = \dfrac{890 \times 0.5 \times 0.4}{2.3} = 77.39$, $f = \dfrac{64}{R_e}$, $h_l = \dfrac{64}{77.39} \times \dfrac{100}{0.4} \times \dfrac{0.5^2}{2 \times 9.8} = 2.64\text{m}$

$L = 890 \times 9.8 \times \dfrac{\pi \times 0.4^2}{4} \times 0.5 \times 2.64 \times 10^{-3} = 1.45\text{kW}$

51 그림과 같은 반지름 R인 원관 내의 층류유동 속도분포는 $u(r) = U\left(1 - \dfrac{r^2}{R^2}\right)$으로 나타내어진다. 여기서 원관 내 전체가 아닌 $0 \leq r \leq \dfrac{R}{2}$인 원형 단면을 흐르는 체적유량 Q를 구하면? (단, U는 상수이다.)

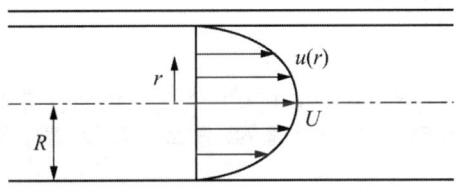

① $Q = \dfrac{5\pi UR^2}{16}$ ② $Q = \dfrac{7\pi UR^2}{16}$
③ $Q = \dfrac{5\pi UR^2}{32}$ ④ $Q = \dfrac{7\pi UR^2}{32}$

Solution $dQ = u(r)dA = U\left(1 - \dfrac{r^2}{R^2}\right)2\pi r\, dr$

$Q = \displaystyle\int_0^{\frac{R}{2}} 2\pi U\left(r - \dfrac{r^3}{R^2}\right)dr = \dfrac{7\pi UR^2}{32}$

Answer 49. ③ 50. ② 51. ④

52 유체의 회전벡터(각속도)가 ω인 회전유동에서 와도(vorticity, ζ)는?

① $\zeta = \dfrac{\omega}{2}$
② $\zeta = \sqrt{\dfrac{\omega}{2}}$
③ $\zeta = 2\omega$
④ $\zeta = \sqrt{2\omega}$

Solution 와도 $\zeta = 2\omega = curl\, V$

53 날개 길이(span) 10m, 날개 시위(chord length)는 1.8m인 비행기가 112m/s의 속도로 날고 있다. 이 비행기의 항력계수가 0.0761일 때 비행에 필요한 동력은 약 몇 kW인가? (단, 공기의밀도는 1.2173kg/m³, 날개는 사각형으로 단순화하며, 양력은 충분히 발생한다고 가정한다.)

① 1172
② 1343
③ 1570
④ 3733

Solution $L = DV = C_D A \dfrac{\rho V^2}{2} V = 0.0761 \times (10 \times 1.8) \times \dfrac{1.2173 \times 112^3}{2} \times 10^{-3} = 1171.33\,\text{kW}$

54 점성계수가 0.7poise이고 비중이 0.7인 유체의 동점성계수는 몇 stokes인가?

① 0.1
② 1.0
③ 10
④ 100

Solution $\nu = \dfrac{\mu}{\rho} = \dfrac{0.7 \times 10^{-1}}{0.7 \times 1000} = 0.0001\,\text{m}^2/\text{s} \times 10^4 = 1\,\text{cm}^2/\text{s} = 1\,\text{stokes}$

55 그림과 같이 평판의 왼쪽 면에 단면적이 0.01m², 속도 10m/s인 물 제트가 직각으로 충돌하고 있다. 평판의 오른쪽 면에 단면적이 0.04m²인 물 제트를 쏘아 평판이 정지 상태를 유지하려면 속도 V_2는 약 몇 m/s여야 하는가?

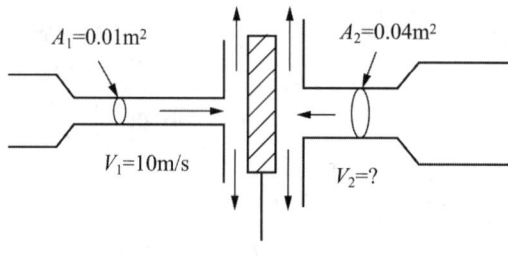

① 2.5
② 5.0
③ 20
④ 40

Solution $\rho_1 Q_1 V_1 = \rho_2 Q_2 V_2,\ A_1 V_1^2 = A_2 V_2^2$
$0.01 \times 10^2 = 0.04 \times V_2^2,\ V_2 = 5\,\text{m/s}$

Answer 52. ③ 53. ① 54. ② 55. ②

56 그림과 같이 탱크로부터 15℃의 공기가 수평한 호스와 노즐을 통해 Q의 유량으로 대기 중으로 흘러나가고 있다. 탱크 안의 게이지압력이 10kPa일 때, 유량 Q는 약 몇 m³/s인가? (단, 노즐 끝단의 지름은 0.02m, 대기압은 101kPa이고, 공기의 기체상수는 287J/(kg·K)이다.)

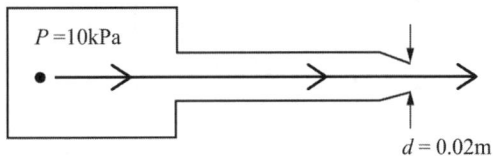

① 0.038
② 0.042
③ 0.046
④ 0.054

Solution
$\rho = \dfrac{P}{RT} = \dfrac{(101+10)\times 10^3}{287\times(15+273)} = 1.343 \, \text{kg/m}^3$

$\dfrac{P_1}{\gamma} + \dfrac{V_1^2}{2g} = \dfrac{P_2}{\gamma} + \dfrac{V_2^2}{2g}, \quad \dfrac{P_1}{\rho} = \dfrac{V_2^2}{2}$

$V_2 = \sqrt{\dfrac{2\times 10\times 10^3}{1.343}} = 122.033 \, m/s, \quad Q = \dfrac{\pi\times 0.02^2}{4} \times 122.033 = 0.038 \, \text{m}^3/\text{s}$

57 그림과 같이 노즐에서 나오는 유량이 0.078m³/s일 때 수위(H)는 약 얼마인가? (단, 노즐 출구의 안지름은 0.1m이다.)

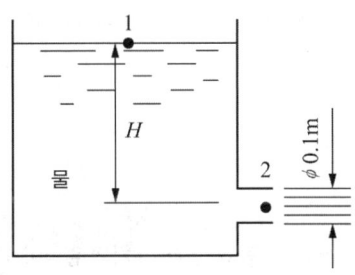

① 5m
② 10m
③ 0.5m
④ 1m

Solution $Q = \dfrac{\pi d^2}{4}\sqrt{2gH}, \quad 0.078 = \dfrac{\pi\times 0.1^2}{4}\times \sqrt{2\times 9.8\times H}, \quad H = 5.03m$

58 원형 관내를 완전한 층류로 물이 흐를 경우 관마찰계수(f)에 대한 설명으로 옳은 것은?

① 상대 조도(ϵ/D)만의 함수이다.
② 마하수(Ma)만의 함수이다.
③ 오일러수(Eu)만의 함수이다.
④ 레이놀즈수(Re)만의 함수이다.

Solution 원관 층류 흐름 시 관마찰계수는 레이놀즈수 만의 함수 이다.
$f = \dfrac{64}{R_e}$

Answer 56. ① 57. ① 58. ④

59 어느 물리법칙이 $F(a, V, \nu, L) = 0$과 같은 식으로 주어졌다. 이 식을 무차원수의 함수로 표시하고자 할 때 이에 관계되는 무차원수는 몇 개인가? (단, a, V, ν, L은 각각 가속도, 속도, 동점성계수, 길이이다.)

① 4 ② 3
③ 2 ④ 1

Solution $\pi - n - m = 4 - 2 = 2$

60 밀도가 800kg/m³인 원통형 물체가 그림과 같이 1/3이 액체면 위에 떠있는 것으로 관측되었다. 이 액체의 비중은 약 얼마인가?

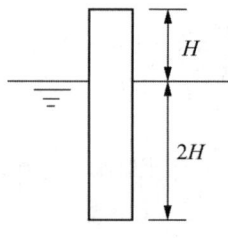

① 0.2 ② 0.67
③ 1.2 ④ 1.5

Solution $F_B = \gamma_f \cdot \frac{2}{3} V = 800 \times 9.8 \times V$, $\gamma_f = 11760 \text{N/m}^3$, $S = \frac{\gamma_f}{\gamma_w} = \frac{11760}{9800} = 1.2$

4과목 유체기계 및 유압기기

61 수력발전소에서 유효낙차 60m, 유량 3m³/s인 수차의 출력이 1440kW일 때 이 수차의 효율은 약 %인가?

① 81.6% ② 71.8% ③ 61.4% ④ 51.2%

Solution $\eta = \frac{L}{\gamma QH} = \frac{1440 \times 100}{9800 \times 3 \times 60 \times 10^{-3}} = 81.63\%$

62 펌프, 송풍기 등의 운전 중에 한숨을 쉬는 것과 같은 상태가 되어, 펌프인 경우 입구와 출구의 진공계, 압력계의 바늘이 흔들리고 동시에 송출유량이 변화하는 현상은?

① 서징현상 ② 수격현상 ③ 공동현상 ④ 과열현상

Answer 59. ③ 60. ③ 61. ① 62. ①

63 펌퍼의 공동현상(cavitation) 방지대책으로 옳지 않은 것은?
① 펌프의 설치높이를 가능한 한 낮춘다.
② 양흡입 펌프를 사용한다.
③ 펌프의 회전수를 높게 한다.
④ 밸브, 플렌지 등의 부속품 수를 적게 사용한다.

64 수차 종류에 대하여 비속도(또는 비교회전도, specific spped)의 크기 관계를 옳게 나타낸 것은? (단, 각 수차가 일반적으로 가질 수 있는 비속도의 최대값으로 비교한다.)
① 펠턴 수차 < 프란시스 수차 < 프로펠러 수차
② 펠턴 수차 < 프로펠러 수차 < 프란시스 수차
③ 프란시스 수차 < 펠턴 수차 < 프로펠러 수차
④ 프로펠러 수차 < 프란시스 수차 < 펠턴 수차

65 다음 중 진공펌프를 일반 압축기와 비교하여 다른 점을 설명한 것으로 옳지 않은 것은?
① 흡입압력을 진공으로 함에 따라 압력비는 상당히 커지므로 격간용적, 기체누설을 가급적 줄여야 한다.
② 진공화에 따라서 외부의 액체, 증기, 기체를 빨아들이기 쉬워서 진공도를 저하시킬 수 있으므로 이에 주의를 요한다.
③ 기체의 밀도가 낮으므로 실린더 체적은 축동력에 비해 크다.
④ 송출압력과 흡입압력의 차이가 작으므로 기체의 유로 저항이 커져도 손실동력이 비교적 적게 발생한다.

66 토크 컨버터의 주요 구성요소들을 나타낸 것은?
① 구동기어, 종동기어, 버킷
② 피스톤, 실린더, 체크밸브
③ 밸런스디스크, 베어링, 프로펠러
④ 펌프회전차, 터빈회전차, 안내깃(스테이터)

67 터보형 펌프에서 액체가 회전차 입구에서 반지름 방향 또는 경사 방향에서 유입하고 회전차 출구에서 반지름 방향으로 유출하는 구조는?
① 왕복식　　② 원심식　　③ 회전식　　④ 용적식

68 펠턴 수차에서 전향기(deflector)를 설치하는 목적은?
① 유로방향 전환　　② 수격작용 방지
③ 유량 확대　　　　④ 동력 효율 증대

Answer　63. ③　64. ①　65. ④　66. ④　67. ②　68. ②

69 다음 중 유체가 갖는 에너지를 기계적인 에너지로 변환하는 유체기계는?

① 축류 펌프   ② 원심 송풍기
③ 펠턴 수차   ④ 기어 펌프

70 운전 중인 송풍기에서 전압 400mmAq, 풍량 30m³/min을 만족하는 송풍기를 설계하고자 한다. 이 송풍기의 전압효율이 70%라고 하면, 송풍기를 작동시키기 위한 모터의 축동력은 약 몇 kW인가?

① 1.8   ② 2.8   ③ 18   ④ 28

> **Solution** $\eta = \dfrac{P_t Q}{L}$, $0.7 = \dfrac{0.4 \times 101325 \times 30 \times 10^{-3}}{L \times 60 \times 10.33}$
> $L = 2.8\text{kW}$

71 다음 중 상시 개방형 밸브는?

① 감압 밸브   ② 언로드 밸브   ③ 릴리프 밸브   ④ 시퀀스 밸브

> **Solution** 압력제어 밸브의 종류
> • open 밸브 : 감압밸브
> • closed 밸브 : 릴리프 밸브, 시퀀스 밸브, 무부하 밸브, 카운터밸런스 밸브

72 압력계를 나타내는 기호는?

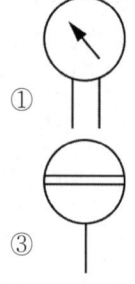
①

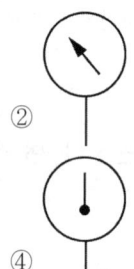
②

③

④

> **Solution** ①은 차압계, ③은 유면계, ④는 온도계이다.

73 유압을 이용한 기계의 유압 기술 특징에 대한 설명으로 적절하지 않은 것은?

① 무단 변속이 가능하다.
② 먼지나 이물질에 의한 고장 우려가 있다.
③ 자동제어가 어렵고 원격 제어는 불가능하다.
④ 온도의 변화에 따른 점도 영향으로 출력이 변할 수 있다.

> **Solution** 유압의 압력과 속도 변화 등을 매개로 하여 자동제어 및 원격제어가 가능하다.

Answer 69. ③ 70. ② 71. ① 72. ② 73. ③

74 주로 펌프의 흡입구에 설치되어 유압작동유의 이물질을 제거하는 용도로 사용하는 기기는?
① 드레인 플러그 ② 블래더
③ 스트레이너 ④ 배플

> **Solution** 여과장치 : 필터, 스트레이너 등

75 유체가 압축되기 어려운 정도를 나타내는 체적 탄성 계수의 단위와 같은 것은?
① 체적 ② 동력 ③ 압력 ④ 힘

> **Solution** 체적탄성계수 : N/m^2, 체적 : m^3, 동력 : $N·m/s$, 압력 : N/m^2, 힘 : N

76 속도 제어 회로의 종류가 아닌 것은?
① 로크(로킹) 회로 ② 미터 인 회로
③ 미터 아웃 회로 ④ 블리드 오프 회로

> **Solution** 속도제어회로의 종류 : 미터인 회로, 미터아웃 회로, 블리드 오프 회로, 차동회로 등
> 로킹 회로는 방향제어회로이다.

77 아래 기호의 명칭은?

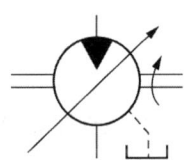

① 공기 탱크 ② 유압 모터
③ 드레인 배출기 ④ 유면계

> **Solution** 가변용량형 유압모터 기호

78 유압펌프 중 용적형 펌프의 종류가 아닌 것은?
① 피스톤 펌프 ② 기어 펌프
③ 베인 펌프 ④ 축류 펌프

> **Solution** 유압펌프로 사용하기에는 용적형 펌프가 적당하고 용적형 펌프의 종류로는 기어펌프, 베인펌프, 피스톤펌프 등이 있다.

Answer 74. ③ 75. ③ 76. ① 77. ② 78. ④

79 유압 기호 요소에서 파선의 용도가 아닌 것은?
① 필터
② 주관로
③ 드레인 관로
④ 밸브의 과도 위치

> Solution 주관로 : 실선(굵은 실선)

80 유압장치에서 사용되는 유압유가 갖추어야 할 조건으로 적절하지 않은 것은?
① 열을 방출시킬 수 있어야 한다.
② 동력 전달의 확실성을 위해 비압축성이어야 한다.
③ 장치의 운전온도 범위에서 적절한 점도가 유지되어야 한다.
④ 비중과 열팽창계수가 크고 비열은 작아야 한다.

> Solution 비열과 열전달율이 커야 열 안정성이 좋다.

5과목 건설기계일반 및 플랜트배관

81 준설 방식에 따른 준설선의 종류가 아닌 것은?
① 드롭 준설선
② 펌프 준설선
③ 버킷 준설선
④ 그래브(그랩) 준설선

82 굴착기에서 버킷의 굴착방향이 백호와 반대이며, 장비가 있는 지면보다 높은 곳을 굴착하는데 적합한 작업 장치는?
① 브레이커
② 유압 셔블
③ 어스 오거
④ 우드 그래플

83 로더에 대한 설명으로 적절하지 않은 것은?
① 타이어식(휠식)과 무한궤도식이 있다.
② 동력전달 순서는 기관 → 종감속 장치 → 유압변속기 → 토크컨버터 → 구동바퀴 순서이다.
③ 각종 토사, 자갈 등을 다른 고으로 운반하거나 덤프카(덤프트럭)에 적재하는 장비이다.
④ 적하 방식에 따라 프런트 엔드형, 사이드 덤프형 등으로 구분할 수 있다.

84 금속의 기계가공 시 절삭성이 우수한 강재가 요구되어 개발된 것으로서 황(S)을 첨가하거나 Pb(납)을 첨가한 강재는?
① 내식강
② 내열강
③ 쾌삭강
④ 불변강

Answer 79. ② 80. ④ 81. ① 82. ② 83. ② 84. ③

85 건설기계관리업무처리규정에 따른 굴착기(굴삭기)의 규격표시방법은?

① 작업가능상태의 중량(t) ② 볼의 평적용량(m^3)
③ 유제탱크의 용량(l) ④ 표준 배토판의 길이(m)

86 무한궤도식 건설기계의 주행장치에서 하부 구동체의 구성품이 아닌 것은?

① 트랙 롤러   ② 캐리어 롤러   ③ 스프로킷   ④ 클러치 요크

87 아스팔트 피니셔의 평균 작업 속도가 3m/min, 공사의 폭이 3m, 완성 두께가 6cm, 작업효율이 65%이고, 다져진 후의 밀도는 2.2t/m^3일 때 시간당 포설량은 약 몇 t/h인가?

① 0.72   ② 19.66   ③ 46.33   ④ 72.07

> **Solution** 시간당 포설량 $= 2.2 \times \dfrac{3}{60} \times 3 \times 0.06 \times 0.65 = 46.33 t/h$

88 기체 수송 설비 및 압축기에 대한 설명으로 적절하지 않은 것은?

① 기체를 수송하는 장치는 그 압력차에 의하여 환풍기, 송풍기, 압축기 등으로 나눌 수 있다.
② 터보형 압축기에는 원심식, 축류식, 혼류식 등이 있다.
③ 왕복식 압축기는 피스톤으로 실린더 내의 기체를 압축하고 원심식 압축기는 펌프와 원심력을 이용하여 기체를 압축하는 방식이다.
④ 팬(fan)은 송풍기보다 높은 사용압력에서 사용된다.

89 건설기계 안전기준에 관한 규칙상 지게차의 내부압력을 받는 호스, 배관, 그 밖의 연결부분 장치는 유압회로가 받을 수 있는 작동압력의 몇 배 이상의 압력을 견딜 수 있어야 하는가?

① 1.5배   ② 2배   ③ 2.5배   ④ 3배

90 모터 그레이더의 작업 내용으로 적절하지 않은 것은?

① 제설작업
② 운동장의 땅을 평평하게 고르는 정지작업
③ 터널 및 암석, 암반지대를 뚫기 위한 천공작업
④ 노면에 뿌려 놓은 자갈, 모래 더미를 골고루 넓게 펴는 산포작업

91 동력 나사절삭기의 종류가 아닌 것은?

① 오스터식 나사절삭기
② 호브식 나사절삭기
③ 다이헤드식 나사절삭기
④ 그루빙 조인트식 나사절삭기

Answer   85. ①   86. ④   87. ③   88. ④   89. ④   90. ③   91. ④

92 플랜트 배관에서 운전 중 누설과 관련된 응급조치방법이 아닌 것은?
① 박스 설치법　　② 인젝션법
③ 천공법　　　　④ 코킹법

93 강관용 공구 중 바이스의 종류가 아닌 것은?
① 램 바이스　　　② 수평 바이스
③ 체인 바이스　　④ 파이프 바이스

94 배관의 무게를 위에서 잡아주는데 사용되는 배관지지 장치는?
① 파이프 슈　　　② 리지드 행거
③ 롤러 서포트　　④ 리지드 서포트

95 배관공사에서 배관의 배치에 관한 설명으로 적절하지 않은 것은?
① 경제적인 시공을 고려하여 그룹화 시켜 최단거리로 배치한다.
② 고온·고유속의 배관은 진동의 충격이 감소할 수 있도록 굴곡부나 분기를 가능한 많게 배치한다.
③ 고온·고압배관은 기기와의 접속용 플랜지 이외는 가급적 플랜지 접합을 적게 하고 용접에 의한 접합을 시행한다.
④ 배관은 불필요한 에어 포켓이 생기지 않게 한다.

96 배관 공사 중 또는 완공 후에 각종 기기와 배관라인 전반의 이상 유무를 확인하기 위한 배관 시험의 종류가 아닌 것은?
① 수압시험　② 기압시험　③ 만수시험　④ 통전시험

97 어떤 관을 곡률반경 120mm로 90° 열간 구부림할 때 관 중심부의 곡선길이는 약 몇 mm인가?
① 188.5　② 227.5　③ 234.5　④ 274.5

> **Solution** 곡선 길이 $= 120 \times \dfrac{\pi}{2} = 188.5\,\text{mm}$

98 보일러, 열 교환기용 합금 강관(KS D 3572)의 기호는?
① STS　② STHA　③ STWW　④ SCW

> **Answer** 92. ③　93. ①　94. ②　95. ②　96. ④　97. ①　98. ②

99 관의 끝을 막을 때 사용하는 것이 아닌 것은?
① 캡
② 플러그
③ 엘보
④ 맹(블라인드) 플랜지

100 스트레이너의 특징으로 적절하지 않은 것은?
① 밸브, 트랩, 기기 등의 뒤에 스트레이너를 설치하여 관 속의 유체에 섞여있는 모래, 쇠부스러기 등 이물질을 제거한다.
② Y형은 유체의 마찰저항이 적고, 아래쪽에 있는 플러그를 열어 망을 꺼내 불순물을 제거하도록 되어있다.
③ U형은 주철제의 본체 안에 원통형 망을 수직으로 넣어 유체가 망의 안쪽에서 바깥쪽으로 흐르고 Y형에 비해 유체저항이 크다.
④ V형은 주철제의 본체 안에 금속여과 망을 끼운 것이며 불순물은 통과하는 것은 Y형, U형과 같으나 유체가 직선적으로 흘러 유체저항이 적다.

Answer 99. ③ 100. ①

2022년 4월 24일 기출문제

1과목 재료역학

1 그림과 같은 부정정보가 등분포 하중(ω)을 받고 있을 때 B점의 반력 R_b는?

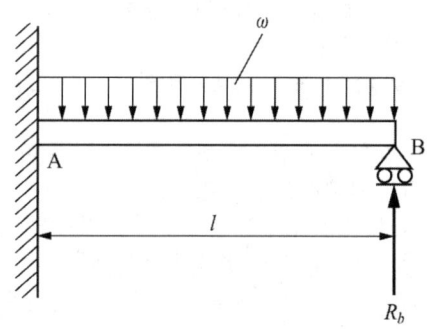

① $\dfrac{1}{8}\omega l$ ② $\dfrac{1}{3}\omega l$

③ $\dfrac{3}{8}\omega l$ ④ $\dfrac{5}{8}\omega l$

Solution $\dfrac{R_b l^3}{3EI} = \dfrac{\omega l^4}{8EI}$, $R_b = \dfrac{3}{8}\omega l$

2 안지름 1m, 두께 5mm의 구형 압력 용기에 길이 15mm 스트레인 게이지를 그림과 같이 부착하고, 압력을 가하였더니 게이지의 길이가 0.009mm 만큼 증가했을 때, 내압 p의 값은 약 몇 MPa인가? (단, 세로탄성계수는 200GPa, 포아송 비는 0.30이다.)

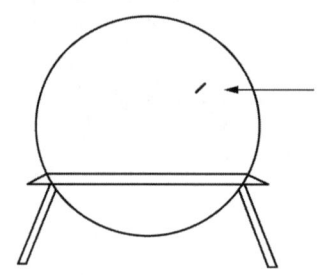

① 3.43MPa ② 6.43MPa
③ 13.4MPa ④ 16.4MPa

Solution $\sigma = \dfrac{pd}{4t} = K\epsilon_V = \dfrac{E}{3(1-2\nu)}\dfrac{\Delta V}{V}$ 적용

Answer 1. ③ 2. ①

3 비례한도까지 응력을 가할 때 재료의 변형에너지 밀도(탄력계수, modulus of resilience)를 옳게 나타낸 식은? (단, E는 세로탄성계수, σ_{pl}은 비례한도를 나타낸다.)

① $\dfrac{E^2}{2\sigma_{pl}}$ ② $\dfrac{\sigma_{pl}}{2E^2}$

③ $\dfrac{\sigma_{pl}^2}{2E}$ ④ $\dfrac{E}{2\sigma_{pl}^2}$

Solution $u = \dfrac{U}{V} = \dfrac{\sigma_{pl}^2}{2E}$

4 지름이 d인 중실 환봉에 비틀림 모멘트가 작용하고 있고 환봉의 표면에서 봉의 축에 대하여 45°방향으로 측정한 최대수직변형률이 ϵ이었다. 환봉의 전단탄성계수를 G라고 한다면 이때 가해진 비틀림 모멘트 T의 식으로 가장 옳은 것은? (단, 발생하는 수직변형률 및 전단변형률은 다른 값에 비해 매우 작은 값으로 가정한다.)

① $\dfrac{\pi G \epsilon d^3}{2}$ ② $\dfrac{\pi G \epsilon d^3}{4}$

③ $\dfrac{\pi G \epsilon d^3}{8}$ ④ $\dfrac{\pi G \epsilon d^3}{16}$

Solution $\tau = G\gamma = G(2\epsilon) = \dfrac{16T}{\pi d^3}$, $T = \dfrac{\pi d^3 G \epsilon}{8}$

5 굽힘 모멘트 20.5kN·m의 굽힘을 받는 보의 단면은 폭 120mm, 높이 160mm의 사각단면이다. 이 단면이 받는 최대굽힘응력은 약 몇 MPa인가?

① 10MPa ② 20MPa
③ 30MPa ④ 40MPa

Solution $\sigma_b = \dfrac{M}{Z} = \dfrac{M}{bh^2/6} = 40.04\,\text{MPa}$

6 비틀림 모멘트 T를 받는 평균반지름이 r_m이고 두께가 t인 원형의 박판 튜브에서 발생하는 평균 전단응력의 근사식으로 가장 옳은 것은?

① $\dfrac{2T}{\pi t r_m^2}$ ② $\dfrac{4T}{\pi t r_m^2}$

③ $\dfrac{T}{2\pi t r_m^2}$ ④ $\dfrac{T}{4\pi t r_m^2}$

Solution $T = Fr_m = \tau A r_m$, $\tau = \dfrac{T}{2\pi r_m^2 t}$

Answer 3. ③ 4. ③ 5. ④ 6. ③

7 한 쪽을 고정한 L형 보에 그림과 같이 분포하중(ω)과 집중하중(50N)이 작용할 때 고정단 A점에서의 모멘트는 얼마인가?

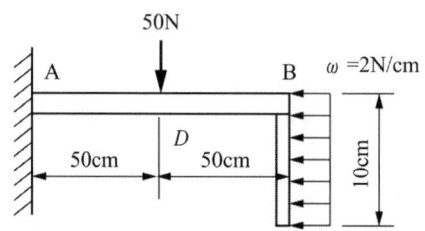

① 2600N·cm
② 2900N·cm
③ 3200N·cm
④ 3500N·cm

Solution $M = 50 \times 50 + (10 \times 2) \times 5 = 2600$ Ncm

8 한 변의 길이가 10mm인 정사각형 단면의 막대가 있다. 온도를 초기온도로부터 60℃만큼 상승시켜서 길이가 늘어나지 않게 하기 위해 8kN의 힘이 필요할 때 막대의 선팽창계수(α)는 약 몇 ℃$^{-1}$인가? (단, 세로탄성계수 E = 200GPa이다.)

① $\frac{5}{3} \times 10^{-6}$
② $\frac{10}{3} \times 10^{-6}$
③ $\frac{15}{3} \times 10^{-6}$
④ $\frac{20}{3} \times 10^{-6}$

Solution $\sigma = \frac{P}{A} = E\alpha\Delta t$, $\alpha = 6.67 \times 10^{-6}/℃$

9 다음 단면에서 도심의 y축 좌표는 얼마인가? (단, 길이 단위는 mm이다.)

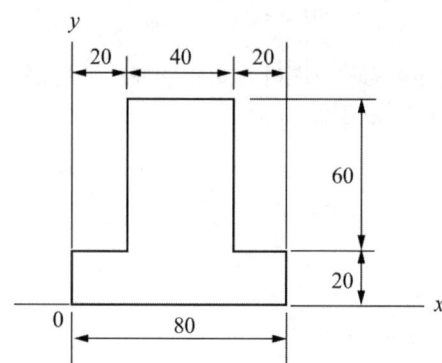

① 32mm
② 34mm
③ 36mm
④ 38mm

Solution $\bar{y} = \dfrac{80 \times 20 \times 10 + 40 \times 60 \times 50}{80 \times 20 + 40 \times 60} = 34$mm

Answer 7. ① 8. ④ 9. ②

10 다음과 같은 평면응력상태에서 최대전단응력은 약 몇 MPa인가?

- x방향 인장응력 : 175MPa
- y방향 인장응력 : 35MPa
- xy방향 인장응력 : 60MPa

① 127　　　　　　　　② 104
③ 76　　　　　　　　　④ 92

Solution $\tau_{\max} = \sqrt{\left(\dfrac{\sigma_x - \sigma_y}{2}\right)^2 + \tau_{xy}^2} = 92.2\,\text{N/mm}^2$

11 그림과 같은 사각단면보에서 100kN의 인장력이 작용하고 있다. 이때 부재에 걸리는 인장응력은 약 얼마인가?

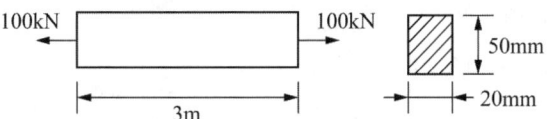

① 100Pa　　　　　　　② 100kPa
③ 100MPa　　　　　　 ④ 100GPa

Solution $\sigma_t = \dfrac{100 \times 10^3}{20 \times 50} = 100\,\text{MPa}$

12 그림과 같이 강선이 천정에 매달려 100kN의 무게를 지탱하고 있을 때, AC 강선이 받고 있는 힘은 약 몇 kN인가?

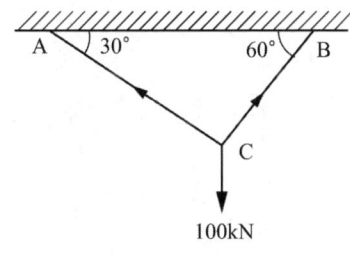

① 50　　　　　　　　② 25
③ 86.6　　　　　　　④ 13.3

Solution $F_{Ac} = 100 \times \sin 150° = 50\,\text{kN}$

Answer　10. ④　11. ③　12. ①

13 양단이 고정된 막대의 한 점(B점)에 그림과 같이 축방향 하중 P가 작용하고 있다. 막대의 단면적이 A이고 탄성계수가 E일 때, 하중 작용점(B)의 변위 발생량은?

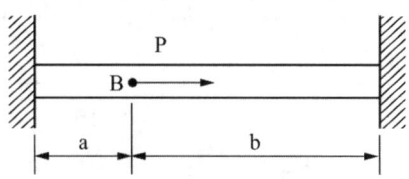

① $\dfrac{abP}{EA(a+b)}$ ② $\dfrac{abP}{2EA(a+b)}$
③ $\dfrac{abP}{EA(a-b)}$ ④ $\dfrac{abP}{2EA(a-b)}$

Solution 좌측끝고정단반력 $R_a = \dfrac{Pb}{a+b}$

a 길이에 대한 변형량 $\delta = \dfrac{R_a a}{AE} = \dfrac{Pba}{AE(a+b)}$

14 그림과 같은 분포 하중을 받는 단순보의 반력 R_A, R_B는 각각 몇 kN인가?

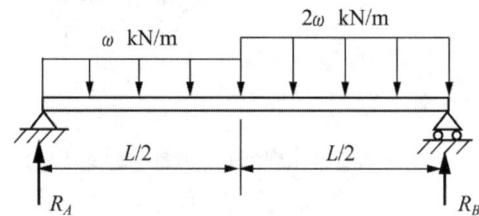

① $R_A = \dfrac{3}{8}\omega L$, $R_B = \dfrac{9}{8}\omega L$ ② $R_A = \dfrac{5}{8}\omega L$, $R_B = \dfrac{7}{8}\omega L$
③ $R_A = \dfrac{9}{8}\omega L$, $R_B = \dfrac{3}{8}\omega L$ ④ $R_A = \dfrac{7}{8}\omega L$, $R_B = \dfrac{5}{8}\omega L$

Solution $R_A = \left(\omega\dfrac{L}{2}\cdot\dfrac{3}{4}L + \omega L\dfrac{L}{4}\right)/L = \dfrac{5}{8}\omega L$, $R_B = \left(\dfrac{\omega L}{2} + \omega L\right) - R_A = \dfrac{7\omega L}{8}$

Answer 13. ① 14. ②

15 그림과 같이 크기가 같은 집중하중 P를 받고 있는 외팔보에서 자유단의 처짐값을 구한 식으로 옳은 것은?
(단, 보의 전체 길이는 ℓ이며, 세로탄성계수는 E, 보의 단면 2차모멘트는 I이다.)

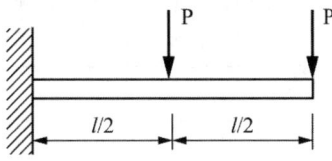

① $\dfrac{2P\ell^2}{3EI}$ ② $\dfrac{5P\ell^2}{8EI}$

③ $\dfrac{7P\ell^2}{16EI}$ ④ $\dfrac{5P\ell^2}{24EI}$

Solution $\delta = \dfrac{5Pl^3}{48EI} + \dfrac{Pl^3}{3EI} = \dfrac{7Pl^3}{16EI}$

16 가로탄성계수가 5GPa인 재료로 된 봉의 지름이 4cm이고, 길이가 1m이다. 이 봉의 비틀림 강성(단위 회전각을 일으키는데 필요한 토크, torsional stiffness)은 약 몇 kN·m인가?

① 1.26 ② 1.008
③ 0.74 ④ 0.53

Solution $\dfrac{T}{\theta} = \dfrac{GI_P}{l} = \dfrac{G}{l}\dfrac{\pi d^4}{32} = 1.26\,\text{kJ/rad}$

17 직사각형 단면을 가진 단순지지보의 중앙에 집중하중 W를 받을 때, 보의 길이 ℓ이 단면의 높이 h의 10배라 하면 보에 생기는 최대굽힘응력 σ_{max}와 최대전단응력 τ_{max}의 비($\dfrac{\sigma_{max}}{\tau_{max}}$)는?

① 4 ② 8
③ 16 ④ 20

Solution $l = 10h$

$\dfrac{\sigma_{max}}{\tau_{max}} = \dfrac{W\dfrac{l}{4} / \dfrac{bh^2}{6}}{\dfrac{3}{2}\dfrac{W/2}{bh}} = 20$

Answer 15. ③ 16. ① 17. ④

18 그림과 같은 단순보에 w의 등분포하중이 작용하고 있을 때 보의 양단에서의 처짐각(θ)은 얼마인가? (단, E는 세로탄성계수, I는 단면2차모멘트이다.)

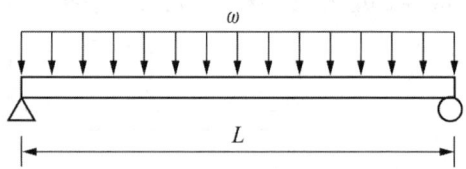

① $\theta = \dfrac{wL^3}{16EI}$ ② $\theta = \dfrac{wL^3}{24EI}$

③ $\theta = \dfrac{wL^3}{48EI}$ ④ $\theta = \dfrac{wL^3}{128EI}$

Solution $\theta = \dfrac{wL^3}{24EI}$, $\delta = \dfrac{5wl^4}{384EI}$

19 단면적이 같은 원형과 정사각형의 도심축을 기준으로 한 단면 계수의 비는? (단, 원형 : 정사각형의 비율이다.)

① 1 : 0.509   ② 1 : 1.18
③ 1 : 2.36   ④ 1 : 4.68

Solution $\dfrac{\pi d^2}{4} = a^2$, $\dfrac{a^3/6}{\pi d^3/32} = \dfrac{4\sqrt{\pi}}{6} = 1.18$

20 그림과 같이 일단 고정 타단 자유인 기둥이 축방향으로 압축력을 받고 있다. 단면은 한쪽 길이가 10cm의 정사각형이고 길이(ℓ)는 5m, 세로탄성계수는 10GPa이다. Euler 공식에 따라 좌굴에 안전하기 위한 하중은 약 몇 kN인가? (단, 안전계수를 10으로 적용한다.)

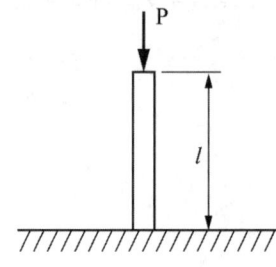

① 0.72   ② 0.82
③ 0.92   ④ 1.02

Solution $P_{cr} = \dfrac{n\pi^2 EI}{l^2}$, $P_a = \dfrac{P_{cr}}{S} = 0.82\,\mathrm{kN}$

Answer 18. ②   19. ②   20. ②

2과목 기계열역학

21 온도가 20℃, 압력은 100kPa인 공기 1kg을 정압과정으로 가열 팽창시켜 체적을 5배로 할 때 온도는 약 몇 ℃인가? (단, 해당 공기는 이상기체이다.)

① 1192℃
② 1242℃
③ 1312℃
④ 1442℃

Solution $\dfrac{T_2}{T_1} = \dfrac{V_2}{V_1}$, $T_2 = (20+273) \times 5 = 1465 K$

22 압력 1MPa, 온도 50℃인 R-134a의 비체적의 실제 측정값이 0.021796m³/kg이었다. 이상기체 방정식을 이용한 이론적인 비체적과 측정값과의 오차(= $\dfrac{\text{이론값} - \text{실제 측정값}}{\text{실제 측정값}}$)는 약 몇 %인가? (단, R-134a 이상기체의 기체상수는 0.0815kPa·m³/(kg·K)이다.)

① 5.5%
② 12.5%
③ 20.8%
④ 30.8%

Solution $v = \dfrac{RT}{P} = 0.026325 \, \text{m}^3/\text{kg}$

오차 = $\dfrac{0.026325 - 0.021796}{0.021796} \times 100 = 20.8\%$

23 공기 표준 사이클로 작동되는 디젤 사이클의 이론적인 열효율은 약 몇 %인가? (단, 비열비는 1.4, 압축비는 16이며, 체절비(cut-off ratio)는 1.8이다.)

① 50.1
② 53.2
③ 58.6
④ 62.4

Solution $\kappa = 1.4$, $\epsilon = 16$, $\sigma = 1.8$

$\eta_D = 1 - \left(\dfrac{1}{\epsilon}\right)^{\kappa-1} \dfrac{\sigma^\kappa - 1}{\kappa(\sigma-1)} = 62.4\%$

Answer 21. ① 22. ③ 23. ④

24 그림과 같은 열기관 사이클이 있을 때 실제 가능한 공급열량(Q_H)과 일량(W)은 얼마인가? (단, Q_L는 방열 열량이다.)

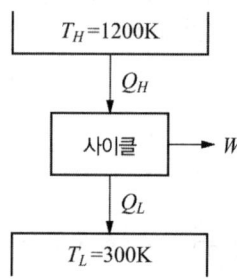

① $Q_H = 100$kJ, $W = 80$kJ   ② $Q_H = 110$kJ, $W = 80$kJ
③ $Q_H = 100$kJ, $W = 90$kJ   ④ $Q_H = 110$kJ, $W = 90$kJ

Solution $\eta = 1 - \dfrac{T_L}{T_H} = 75\%$, 가역사이클이면 열효율 75%, 비가역사이클이면 열효율 75% 미만

25 다음 압력값 중에서 표준대기압(1atm)과 차이(절대값)가 가장 큰 압력은?

① 1MPa   ② 100kPa
③ 1bar   ④ 100hPa

Solution 1atm = 101325Pa = 0.1MPa
1MPa − 0.1MPa = 0.9MPa로 그 차가 제일 크다.
100kPa = 0.1MPa, 1bar = 10^5Pa = 0.1MPa, 100hPa = 0.01MPa

26 어떤 기체 동력장치가 이상적인 브레이턴 사이클로 다음과 같이 작동할 때 이 사이클의 열효율은 약 몇 %인가? (단, 온도(T)-엔트로피(s) 선도에서 $T_1 = 30℃$, $T_2 = 200℃$, $T_3 = 1060℃$, $T_4 = 160℃$이다.)

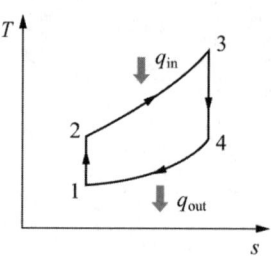

① 81%   ② 85%
③ 89%   ④ 76%

Solution $\eta_B = 1 - \dfrac{T_4 - T_1}{T_3 - T_2} = 84.88\%$

Answer 24. ② 25. ① 26. ②

27 어떤 물질이 1000kg이 있고 부피는 1.404m³이다. 이 물질의 엔탈피가 1344.8kJ/kg이고 압력이 9MPa이라면 물질의 내부에너지는 약 몇 kJ/kg인가?

① 1332
② 1284
③ 1048
④ 875

Solution $u = h - Pv = 1344.8 - 9 \times 10^3 \times 1.404/1000 = 1332.16 \,\text{kJ/kg}$

28 질량이 m으로 동일하고, 온도가 각각 T_1, $T_2(T_1 > T_2)$인 두 개의 금속덩어리가 있다. 이 두 개의 금속덩어리가 서로 접촉되어 온도가 평형상태에 도달하였을 때 총 엔트로피 변화량(ΔS)은? (단, 두 금속의 비열은 c로 동일하고, 다른 외부로의 열교환은 전혀 없다.)

① $mc \times \ln \dfrac{T_1 - T_2}{2\sqrt{T_1 T_2}}$
② $mc \times \ln \dfrac{T_1 - T_2}{\sqrt{T_1 T_2}}$
③ $2mc \times \ln \dfrac{T_1 + T_2}{2\sqrt{T_1 T_2}}$
④ $2mc \times \ln \dfrac{T_1 + T_2}{\sqrt{T_1 T_2}}$

Solution $mC(T_1 - T_m) = mC(T_m - T_2)$, $T_m = \dfrac{T_1 + T_2}{2}$

$\Delta S = mC \ln\left(\dfrac{T_m}{T_1}\right) + mC \ln\left(\dfrac{T_m}{T_2}\right) = 2mC \ln\left(\dfrac{T_1 + T_2}{2\sqrt{T_1 T_2}}\right)$

29 3kg의 공기가 400K에서 830K까지 가열될 때 엔트로피 변화량은 약 몇 kJ/K인가? (단, 이때 압력은 120kPa에서 480kPa까지 변화하였고, 공기의 정압비열은 1.005kJ/(kg·K), 공기의 기체상수는 0.287 kJ/(kg·K)이다.)

① 0.584
② 0.719
③ 0.842
④ 1.007

Solution $\Delta S = mC_p \ln\left(\dfrac{T_2}{T_1}\right) - mR \ln\left(\dfrac{P_2}{P_1}\right) = 1.007 \,\text{kJ/K}$

Answer 27. ① 28. ③ 29. ④

30 그림과 같이 직동하는 냉동사이클(압력(P)-엔탈피(h) 선도)에서 $h_1 = h_4 = 98kJ/kg$, $h_2 = 246kJ/kg$, $h_3 = 298kJ/kg$일 때 이 냉동사이클의성능계수(COP)는 약 얼마인가?

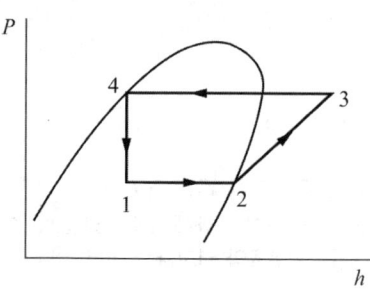

① 4.95
② 3.85
③ 2.85
④ 1.95

Solution $\epsilon_r = \dfrac{h_2 - h_1}{h_3 - h_2} = 2.85$

31 0℃ 얼음 1kg이 열을 받아서 100℃ 수증기가 되었다면, 엔트로피 증가량은 약 몇 kJ/K인가? (단, 얼음의 융해열은 336kJ/K이고, 물의 기화열은 2264kJ/K이며, 물의 정압비열은 4.186kJ/(kg·K)이다.)

① 8.6
② 10.2
③ 12.8
④ 14.4

Solution $\Delta S = 1 \times \dfrac{336}{273} + 1 \times 4.186 \times \ln\left(\dfrac{373}{273}\right) + 1 \times \dfrac{2264}{373} = 8.6 kJ/K$

32 그림과 같이 선형 스프링으로 지지되는 피스톤-실린더 장치 내부에 있는 기체를 가열하여 기체의 체적이 V_1에서 V_2로 증가하였고, 압력은 P_1에서 P_2로 변화하였다. 이때 기체가 피스톤에 행한 일을 옳게 나타낸 식은? (단, 실린더와 피스톤 사이에 마찰은 무시하며 실린더 내부의 압력(P)은 실린더 내부 부피(V)와 선형관계($P=aV$, a는 상수)에 있다고 본다.)

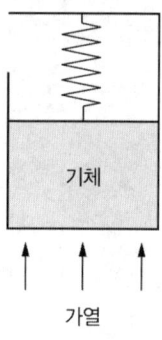

① $P_2V_2 - P_1V_1$
② $P_2V_2 + P_1V_1$
③ $\dfrac{1}{2}(P_2+P_1)(V_2-V_1)$
④ $\dfrac{1}{2}(P_2+P_1)(V_2+V_1)$

Answer 30. ③ 31. ④ 32. ③

> **Solution** $_1W_2 = \int_1^2 PdV = a\int_1^2 VdV = \frac{a}{2}(V_2^2 - V_1^2) = \frac{1}{2}\left(V_2 \times \frac{P_2}{V_2} + V_1 \times \frac{P_1}{V_1}\right) \cdot (V_2 - V_1)$
> $_1W_2 = \frac{1}{2}(P_2 + P_1)(V_2 - V_1)$

33 피스톤-실린더 내부에 존재하는 온도 150℃, 압력 0.5MPa의 공기 0.2kg은 압력이 일정한 과정에서 원래 체적의 2배로 늘어난다. 이 과정에서의 일은 약 몇 kJ인가? (단, 공기는 기체상수가 0.287kJ/(kg·K)인 이상기체로 가정한다.)

① 12.3
② 16.5
③ 20.5
④ 24.3

> **Solution** $_1W_2 = P(V_2 - V_1) = mR(T_2 - T_1)$
> $\frac{T_2}{T_1} = \frac{V_2}{V_1}$, $T_2 = (150 + 273) \times 2 = 846\,\text{K}$
> $_1W_2 = 0.2 \times 0.287 \times (846 - 150 - 273) = 24.28\,\text{kJ}$

34 밀폐 시스템에서 가역정압과정이 발생할 때 다음 중 옳은 것은? (단, U는 내부에너지, Q는 열량, H는 엔탈피, S는 엔트로피, W는 일량을 나타낸다.)

① $dH = dQ$
② $dU = dQ$
③ $dS = dQ$
④ $dW = dQ$

> **Solution** $P = C$, $\delta Q = dH$

35 시간당 380000kg의 물을 공급하여 수증기를 생산하는 보일러가 있다. 이 보일러에 공급하는 물의 비엔탈피는 830kJ/kg이고, 생산되는 수증기의 비엔탈피는 3230kJ/kg이라고 할 때, 발열량이 32000kJ/kg인 석탄을 시간당 34000kg씩 보일러에 공급한다면 이 보일러의 효율은 약 몇 %인가?

① 66.9%
② 71.5%
③ 77.3%
④ 83.8%

> **Solution** $\eta = \frac{380000 \times (3230 - 830)}{3400 \times 32000} \times 100 = 83.8\%$

36 밀폐 시스템에서 압력(P)이 아래와 같이 체적(V)에 따라 변한다고 할 때 체적이 0.1m³에서 0.3m³로 변하는 동안 이 시스템이 한 일은 약 몇 J인가? (단, P의 단위는 kPa, V의 단위는 m³이다.)

$P = 5 - 15 \times V$

① 200
② 400
③ 800
④ 1600

Answer 33. ④ 34. ① 35. ④ 36. ②

Solution $_1W_2 = \int_1^2 PdV = \int_1^2 (5-15V)dV = \left(5V - \frac{15}{2}V^2\right)_1^2$

$_1W_2 = 5 \times (0.3 - 0.1) - \frac{15}{2} \times (0.3^2 - 0.1^2) = 0.4\,kJ = 400\,J$

37 출력 10000kW의 터빈 플랜트의 시간당 연료소비량이 5000kg/h이다. 이 플랜트의 열효율은 약 몇 %인가? (단, 연료의 발열량은 33440kJ/kg이다.)

① 25.4%   ② 21.5%
③ 10.9%   ④ 40.8%

Solution $\eta = \dfrac{10000 \times 3600}{5000 \times 33440} \times 100 = 21.53\%$

38 이상적인 증기 압축 냉동 사이클의 과정은?

① 정적방열과정 → 등엔트로피 압축과정 → 정적증발과정 → 등엔탈피 팽창과정
② 정압방열과정 → 등엔트로피 압축과정 → 정압증발과정 → 등엔탈피 팽창과정
③ 정적증발과정 → 등엔트로피 압축과정 → 정적방열과정 → 등엔탈피 팽창과정
④ 정압증발과정 → 등엔트로피 압축과정 → 정압방열과정 → 등엔탈피 팽창과정

Solution 증기압축냉동사이클
증발기(정압흡열) → 압축기(가역단열) → 응축기(정압방열) → 팽창밸브(등엔탈피)

39 열교환기를 흐름 배열(flow arrangement)에 따라 분류할 때 그림과 같은 형식은?

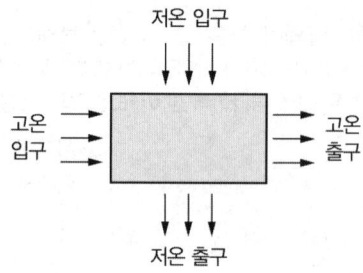

① 평행류   ② 대향류
③ 병행류   ④ 직교류

Solution 고온과 저온의 흐름이 서로 직각으로 교차하는 배열은 직교류이다.

40 -15℃와 75℃의 열원 사이에서 작동하는 카르노 사이클 열펌프의 난방 성능계수는 얼마인가?

① 2.87   ② 3.87
③ 6.16   ④ 7.16

Solution $\epsilon_r = \dfrac{75 + 273}{75 - (-15)} = 3.87$

Answer 37. ② 38. ④ 39. ④ 40. ②

3과목 기계유체역학

41 다음 중 무차원수가 되는 것은? (단, ρ : 밀도, μ : 점성계수, F : 힘, Q : 부피유량, V : 속도, P : 동력, D : 지름, L : 길이이다.)

① $\dfrac{\rho V^2 D^2}{\mu}$
② $\dfrac{P}{\rho V^3 D^5}$
③ $\dfrac{Q}{VD^3}$
④ $\dfrac{F}{\mu VL}$

Solution
① $\dfrac{\rho V^2 D^2}{\mu} = [L^2 T^{-1}]$
② $\dfrac{P}{\rho V^3 D^5} = [L^{-6} T]$
③ $\dfrac{Q}{VD^3} = [L^{-1}]$
④ $\dfrac{F}{\mu VL} = [M^0 L^0 T^0]$

42 지름 20cm인 구의 주위에 물이 2m/s의 속도로 흐르고 있다. 이때 구의 항력계수가 0.2라고 할 때 구에 작용하는 항력은 약 몇 N인가?

① 12.6
② 204
③ 0.21
④ 25.1

Solution $D = 0.2 \times \dfrac{\pi \times 0.2^2}{4} \times \dfrac{1000 \times 2^2}{2} = 12.57\,\text{N}$

43 물의 체적 탄성계수가 2×10^9Pa일 때 물의 체적을 4% 감소시키려면 약 몇 MPa의 압력을 가해야 하는가?

① 40
② 80
③ 60
④ 120

Solution $\Delta P = 2 \times 10^9 \times 0.04 \times 10^{-6} = 80\,\text{MPa}$

44 손실계수(K_L)가 15인 밸브가 파이프에 설치되어 있다. 이 파이프에 물이 3m/s의 속도로 흐르고 있다면, 밸브에 의한 손실수두는 약 몇 m인가?

① 67.8
② 22.3
③ 6.89
④ 11.26

Solution $h_l = 15 \times \dfrac{3^2}{2 \times 9.8} = 6.89\,\text{m}$

Answer 41. ④ 42. ① 43. ② 44. ③

45 공기가 게이지 압력 2.06bar의 상태로 지름이 0.15m인 관속을 흐르고 있다. 이때 대기압은 1.03bar이고 공기 유속이 4m/s라면 질량유량(mass flow rate)은 약 몇 kg/s인가? (단, 공기의 온도는 37℃이고, 기체상수는 287.1J/(kg·K)이다.)

① 0.245 ② 2.17
③ 0.026 ④ 32.4

Solution $\rho = \dfrac{(1.03 \times 10^5 + 2.06 \times 10^5)}{287.1 \times (37+273)} = 3.47 \text{kg/m}^3$

$\dot{m} = \rho A V = 3.47 \times \dfrac{\pi \times 0.15^2}{4} \times 4 = 0.245 \text{kg/sec}$

46 남극 바다에 비중이 0.917인 해빙이 떠 있다. 해빙의 수면 위로 나와 있는 체적이 40m³일 때 해빙의 전체 중량은 약 몇 kN인가? (단, 바닷물의 비중은 1.025이다.)

① 2487 ② 2769
③ 3138 ④ 3414

Solution $F_B = W$, $1.025 \gamma_W V_{\text{잠}} = 0.917 \gamma_W V$

$V_{\text{잠}} = 0.89463 V = V - 40$, $V = 379.61469 \text{m}^3$

$W = 0.917 \times 9800 \times 379.61469 \times 10^{-3} = 3411.45 \text{kN}$

47 그림과 같은 시차액주계에서 A, B점의 압력차 $P_A - P_B$는? (단, γ_1, γ_2, γ_3는 각 액체의 비중량이다.)

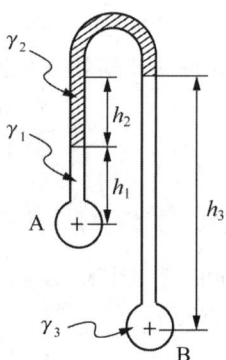

① $\gamma_3 h_3 - \gamma_1 h_1 + \gamma_2 h_2$ ② $\gamma_1 h_1 + \gamma_2 h_2 - \gamma_3 h_3$
③ $\gamma_1 h_1 - \gamma_2 h_2 + \gamma_3 h_3$ ④ $\gamma_3 h_3 - \gamma_1 h_1 - \gamma_2 h_2$

Solution $P_A - \gamma_1 h_1 - \gamma_2 h_2 = P_B - \gamma_3 h_3$

$P_A - P_B = \gamma_1 h_1 + \gamma_2 h_2 - \gamma_3 h_3$

Answer 45. ① 46. ④ 47. ②

48 넓은 평판과 나란한 방향으로 흐르는 유체의 속도 u[m/s]는 평판 밖으로부터의 수직거리 y[m] 만의 함수로 아래와 같이 주어진다. 유체의 점성계수가 1.8×10^{-5}kg/(m·s)이라면 벽면에서의 전단응력은 약 몇 N/m^2 인가?

$$u(y) = 4 + 200 \times y$$

① 1.8×10^{-5} ② 3.6×10^{-5}
③ 1.8×10^{-3} ④ 3.6×10^{-3}

Solution $\tau = \mu\left(\dfrac{du}{dy}\right)_{y=0} = 200\mu = 3.6\times10^{-3}$ N/m^2

49 길이가 50m인 배가 8m/s의 속도로 진행하는 경우에 대해 모형 배를 이용하여 조파저항에 관한 실험을 하고자 한다. 모형 배의 길이가 2m이면 모형 배의 속도는 약 몇 m/s로 하여야 하는가?

① 1.60   ② 1.82
③ 2.14   ④ 2.30

Solution $F_r = \left(\dfrac{V^2}{Lg}\right)_m = \left(\dfrac{V^2}{Lg}\right)_p$, $\dfrac{V_m^2}{2} = \dfrac{8^2}{50}$, $V_m = 1.6$ m/sec

50 파이프 내의 유동에서 속도함수 V가 파이프 중심에서 반지름방향으로의 거리 r에 대한 함수로 다음과 같이 나타날 때 이에 대한 운동에너지 계수(또는 운동에너지 수정계수, kinetic energy coefficient) α는 약 얼마인가? (단, V_0는 파이프 중심에서의 속도, V_m은 파이프 내의 평균 속도, A는 유동 단면, R은 파이프 안쪽 반지름이고, 유속방정식과 운동에너지 계수 관련 식은 아래와 같다.)

유속 방정식 $\dfrac{V}{V_0} = \left(1 - \dfrac{r}{R}\right)^{1/6}$

운동에너지 계수 $\alpha = \dfrac{1}{A}\int \left(\dfrac{V}{V_m}\right)^3 dA$

① 1.01   ② 1.03
③ 1.08   ④ 1.12

Solution $dQ = V(r)dA = 2\pi r V_0\left(1-\dfrac{r}{R}\right)^{\frac{1}{6}}dr$

$Q = 2\pi V_0 \int_0^R r\left(1-\dfrac{r}{R}\right)^{\frac{1}{6}}dr = \pi R^2 V_m$

$V_m = \dfrac{2V_0}{R^2}\int_0^R r\left(1-\dfrac{r}{R}\right)^{\frac{1}{6}}dr$, 치환적분으로 정리 $1-\dfrac{r}{R}=t$, $dr=-Rdt$

$V_m = -2V_0\left(-\dfrac{6}{7}+\dfrac{6}{13}\right) = 0.79V_0$

$\alpha = \dfrac{1}{A}\int\left(\dfrac{V}{V_m}\right)^3 dA = \dfrac{1}{\pi R^2}\int_0^R \left(\dfrac{V}{0.79V_0}\right)^3 \cdot (2\pi r\,dr) = \dfrac{4.056}{R^2}\int_0^R r\left(1-\dfrac{r}{R}\right)^{\frac{1}{2}}dr$

정리하면 $\alpha = -4.056 \times \left(-\dfrac{2}{3}+\dfrac{2}{5}\right) = 1.0816$

Answer 48. ④   49. ①   50. ③

51 다음 중 점성계수(viscosity)의 차원을 옳게 나타낸 것은? (단, M은 질량, L은 길이, T는 시간이다.)

① MLT
② $ML^{-1}T^{-1}$
③ MLT^{-2}
④ $ML^{-2}T^{-2}$

◎ Solution $\mu = [N\,sec/m^2] = [kg/m\,sec][ML^{-1}T^{-1}]$

52 자동차의 브레이크 시스템의 유압장치에 설치된 피스톤과 실린더 사이의 환형 틈새 사이를 통한 누설운동은 두 개의 무한 평판 사이의 비압축성, 뉴턴유체의 층류유동으로 가정할 수 있다. 실린더 내 피스톤의 고압측과 저압측의 압력차를 2배로 늘렸을 때, 작동유체의 누설유량은 몇 배가 될 것인가?

① 2배
② 4배
③ 8배
④ 16배

◎ Solution 평행평판 사이의 층류 흐름으로 가정

$Q = \dfrac{\Delta P b \delta^3}{12 \mu L}$, $Q \propto \Delta P$ 유량과 압력강하량은 비례관계에 있으므로 누설유량도 2배로 증가

53 그림과 같이 폭이 3m인 수문 AB가 받는 수평성분 F_H와 수직성분 F_V는 각각 약 몇 N인가?

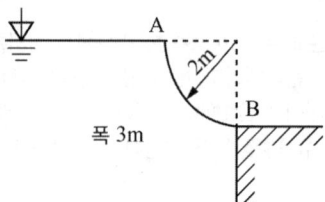

① $F_H = 24400$, $F_V = 46181$
② $F_H = 58800$, $F_V = 46181$
③ $F_H = 58800$, $F_V = 92362$
④ $F_H = 24400$, $F_V = 92362$

◎ Solution $F_H = 9800 \times 1.0 \times (2 \times 3) = 58800\,N$

$F_V = 9800 \times \dfrac{\pi \times 2^2}{4} \times 3 = 92362.82\,N$

Answer 51. ② 52. ① 53. ③

54 그림과 같이 속도 V인 유체가 곡면에 부딪혀 θ의 각도로 유동방향이 바뀌어 같은 속도로 분출된다. 이때 유체가 곡면에 가하는 힘의 크기를 θ에 대한 함수로 옳게 나타낸 것은? (단, 유동단면적은 일정하고, θ의 각도는 $0° \leq \theta \leq 180°$ 이내에 있다고 가정한다. 또한 Q는 체적 유량, ρ는 유체밀도이다.)

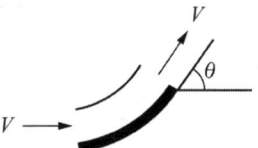

① $F = \dfrac{1}{2}\rho QV\sqrt{1-\cos\theta}$ ② $F = \dfrac{1}{2}\rho QV\sqrt{2(1-\cos\theta)}$
③ $F = \rho QV\sqrt{1-\cos\theta}$ ④ $F = \rho QV\sqrt{2(1-\cos\theta)}$

Solution $F_x = \rho QV(1-\cos\theta)$, $F_y = \rho QV\sin\theta$
$F = \sqrt{F_x^2 + F_y^2} = \rho QV\sqrt{(1-\cos\theta)^2 + \sin\theta^2} = \rho QV\sqrt{2(1-\cos\theta)}$

55 극좌표계(r, θ)로 표현되는 2차원 포텐셜유동에서 속도포텐셜(velocity potential, ϕ)이 다음과 같을 때 유동함수(stream function, Ψ)로 가장 적절한 것은? (단, A, B, C는 상수이다.)

$$\phi = A\ln r + Br\cos\theta$$

① $\Psi = \dfrac{A}{r}\cos\theta + Br\sin\theta + C$ ② $\Psi = \dfrac{A}{r}\sin\theta - Br\cos\theta + C$
③ $\Psi = A\theta + Br\sin\theta + C$ ④ $\Psi = A\theta - Br\cos\theta + C$

Solution $V_r = \dfrac{\partial\phi}{\partial r} = \dfrac{A}{r} + B\cos\theta = \dfrac{1}{r}\dfrac{\partial\psi}{\partial\theta}$
$\dfrac{\partial\psi}{\partial\theta} = A + Br\cos\theta$
$\psi = A\theta + Br\sin\theta + C$

Answer 54. ④ 55. ③

56 그림과 같은 피토관의 액주계 눈금이 $h = 150mm$이고 관속의 물이 6.09m/s로 흐르고 있다면 액주계 액체의 비중은 얼마인가?

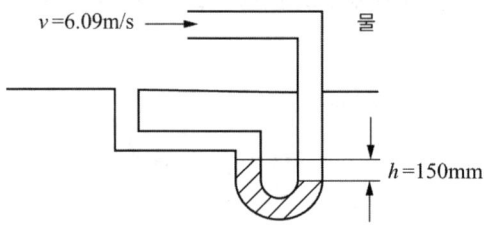

① 8.6　　　　　　　　　② 10.8
③ 12.1　　　　　　　　　④ 13.6

Solution $V = \sqrt{2gh\left(\dfrac{\gamma_s}{\gamma} - 1\right)}$

$6.09^2 = 2 \times 9.8 \times 0.15 \times \left(\dfrac{\gamma_s}{9800} - 1\right)$, $S = \dfrac{\gamma_s}{9800} = 13.61$

57 원관 내의 완전층류유동에 관한 설명으로 옳지 않은 것은?
① 관 마찰계수는 Reynolds수에 반비례한다.
② 마찰계수는 벽면의 상대조도에 무관하다.
③ 유속은 관 중심을 기준으로 포물선 분포를 보인다.
④ 관 중심에서의 유속은 전체 평균 유속의 $\sqrt{2}$ 배이다.

Solution $U_{max} = 2U_{mean}$

58 정지된 물속의 작은 모래알이 낙하하는 경우 Stokes Flow(스토크스 유동)가 나타날 수 있는데, 이 유동의 특징은 무엇인가?
① 압축성 유동　　　　　　② 저속 유동
③ 비점성 유동　　　　　　④ 고속 유동

Solution $Re \ll 1.0$ 흐름

59 정상 2차원 속도장 $\vec{V} = 2x\vec{i} - 2y\vec{j}$ 내의 한 점(2, 3)에서 유선의 기울기 $\dfrac{dy}{dx}$는?

① $-\dfrac{3}{2}$　　　　　　　② $-\dfrac{2}{3}$
③ $\dfrac{2}{3}$　　　　　　　④ $\dfrac{3}{2}$

Solution $\dfrac{dx}{u} = \dfrac{dy}{v}$, $\dfrac{dy}{dx} = \dfrac{v}{u} = -\dfrac{y}{x} = -\dfrac{3}{2}$

Answer 56. ④　57. ④　58. ②　59. ①

60 그림과 같이 큰 탱크의 수면으로부터 h(m) 아래에 파이프를 연결하여 액체를 배출하고자 한다. 마찰손실을 무시한다고 가정할 때 파이프를 통해서 분출되는 물의 속도(가)를 v라고 할 경우, 같은 조건에서의 오일(비중 0.9) 탱크에서 분출되는 속도(나)는?

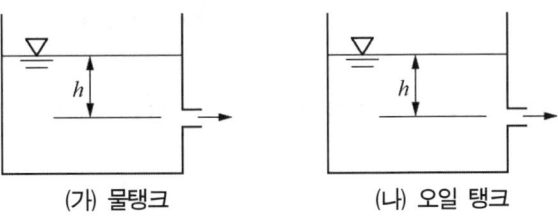

(가) 물탱크 　　　　(나) 오일 탱크

① $0.81v$　　　　② $0.9v$
③ v　　　　　　④ $1.1v$

Solution $V = \sqrt{2gh}$ 로 일정

4과목 유체기계 및 유압기기

61 다음 중 원심 펌프에서 축추력의 평형을 이루는 방법으로 거리가 먼 것은?
① 스러스트 베어링의 사용　　② 그랜드 패킹 사용
③ 회전차 후면에 이면깃 사용　　④ 밸런스 디스크 사용

62 다음 중 캐비테이션 방지법에 대한 설명으로 틀린 것은?
① 펌프의 설치 높이를 최대로 높게 설정하여 흡입양정을 길게 한다.
② 펌프의 회전수를 낮추어 흡입 비속도를 작게 한다.
③ 양흡입펌프를 사용한다.
④ 입축펌프를 사용하고, 회전차를 수중에 완전히 잠기게 한다.

63 펌프의 분류에서 터보형에 속하지 않는 것은?
① 원심식　　② 사류식　　③ 왕복식　　④ 축류식

64 양정 20m, 송출량 0.3m³/min, 효율 70%인 물펌프의 축동력은 약 얼마인가?
① 1.4kW　　　　② 4.2kW
③ 1.4MW　　　　④ 4.2MW

Solution $L_s = \dfrac{\gamma QH}{\eta} = \dfrac{9800 \times 0.3 \times 20}{0.7 \times 60} \times 10^{-3} = 1.4 \text{kW}$

Answer　60. ③　61. ②　62. ①　63. ③　64. ①

65 다음 중 수평축형 풍차에 해당하지 않는 것은 무엇인가?
① 그리스 풍차　　　　　② 네덜란드 풍차
③ 다익형 풍차　　　　　④ 사보니우스 풍차

66 수차에 작용하는 물의 에너지 종류에 따라 수차를 구분하였을 때, 물레방아가 해당되는 수차의 형식은?
① 충격 수차　　　　　② 중력 수차
③ 펠톤 수차　　　　　④ 반동 수차

67 프란시스 수차에서 스파이럴(spiral)형에 속하지 않는 것은?
① 횡축 단륜 단사 수차　　　　② 횡축 단륜 복사 수차
③ 입축 단륜 단사 수차　　　　④ 입축 이륜 단류 수차

68 원심펌프의 원리와 구조에 관한 설명으로 틀린 것은?
① 변곡된 다수의 깃(blade)이 달린 회전차가 밀폐된 케이싱 내에서 회전함으로써 발생하는 원심력의 작용에 따라 송수된다.
② 액체(주로 물)는 회전차의 중심에서 흡입되어 반지름 방향으로 흐른다.
③ 와류실은 와실에서 나온 물을 모아서 송출관쪽으로 보내는 스파이럴형의 동체이다.
④ 와실은 송출되는 물의 압력에너지를 되도록 손실을 적게 하여 속도에너지를 변환하는 역할을 한다.

69 다음 유체기계 중 유체로부터 에너지를 받아 기계적 에너지로 변환시키는 장치로 볼 수 없는 것은?
① 송풍기　　② 수차　　③ 유압모터　　④ 풍차

> Solution　송풍기는 기계적 에너지를 공기흐름의 유체에너지로 변환시키는 기계장치이다.

70 회전차 속의 흐름이 어디에서나 깃과 같은 유선을 가지고, 또 유체가 마찰이나 충돌 등으로 인하여 생기는 에너지 손실이 없을 경우의 흐름은?
① 폐입흐름　　　　　② 테일러 유체흐름
③ 깃 수 유한흐름　　　④ 깃 수 무한흐름

Answer　65. ④　66. ②　67. ④　68. ④　69. ①　70. ④

71 다음 기호에 대한 설명으로 틀린 것은?

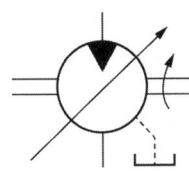

① 유압 모터이다.
② 4방향 유동이다.
③ 가변 용량형이다.
④ 외부 드레인이 있다.

▶ Solution 가변용량형 유압모터 기호이다.

72 아래 파일럿 전환 밸브의 포트수, 위치수로 옳은 것은?

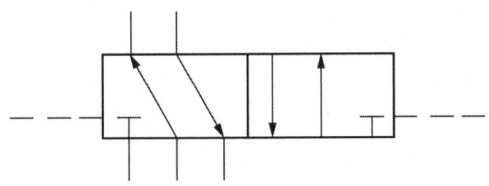

① 2포트 4위치
② 2포트 5위치
③ 5포트 2위치
④ 6포트 2위치

▶ Solution 5포트 2위치 방향전환밸브이다.

73 두 개의 유입 관로의 압력에 관계없이 정해진 출구 유량이 유지되도록 합류하는 밸브는?

① 집류 밸브
② 셔틀 밸브
③ 적층 밸브
④ 프리필 밸브

▶ Solution
• 셔틀밸브 : 2개 이상의 입구와 한 개의 출구를 갖고 있는 밸브로 출구가 최고 압력의 입구를 선택하는 기능을 가지고 있다.
• 적층밸브 : 유압 분야에서 사용되는 솔레노이드 방향전환밸브라 할 수 있다.
• 프리필밸브 : 대형 프레스 등에서 급속전진행정 시 탱크로부터 유압실린더의 흐름을 허용, 가압공정에서는 유압실린더로부터 탱크로 역류되는 것을 방지, 귀환 행정에서는 자유로운 흐름을 허용하는 밸브라 할 수 있다.

74 속도 제어 회로의 종류가 아닌 것은?

① 미터 인 회로
② 미터 아웃 회로
③ 블리드 오프 회로
④ 로크(로킹) 회로

▶ Solution
• 속도제어회로 : 미터인회로, 미터아웃회로, 블리드오프회로, 차동회로 등이 있다.
• 방향제어회로 : 로킹회로(로크회로)가 대표적이다.

Answer 71. ② 72. ③ 73. ① 74. ④

75 스트레이너에 대한 설명으로 적절하지 않은 것은?
① 스트레이너의 연결부는 오일 탱크의 작동유를 방출하지 않아도 분리가 가능하도록 하여야 한다.
② 스트레이너의 여과 능력은 펌프 흡입량의 1.2배 이하의 용적을 가져야 한다.
③ 스트레이너가 막히면 펌프가 규정 유량을 토출하지 못하거나 소음을 발생시킬 수 있다.
④ 스트레이너의 보수는 오일을 교환할 때마다 완전히 청소하고 주기적으로 여과재를 분리하여 손질하는 것이 좋다.

● Solution 스트레이너 : 보통 펌프 송출량의 두 배 이상인 여과량의 것을 사용

76 일반적인 유압 장치에 대한 설명과 특징으로 가장 적절하지 않은 것은?
① 유압 장치 자체의 자동 제어에 제약이 있을 수 있으나 전기, 전자 부품과 조합하여 사용하면 그 효과를 증대 시킬 수 있다.
② 힘의 증폭 방법이 같은 크기의 기계적 장치(기어, 체인 등)에 비해 간단하여 크게 증폭시킬 수 있으며 그 예로 소형 유압잭, 거대한 건설 기계 등이 있다.
③ 인화의 위험과 이물질에 의한 고장 우려가 있다.
④ 점도의 변화에 따른 출력 변화가 없다.

● Solution 펌프의 열화로 인해 점도의 변화가 있을 수 있고 그에 따른 출력의 변화가 발생할 수 있다.

77 유압·공기압 도면 기호(KS B 0054)에 따른 기호에서 필터, 드레인 관로를 나타내는 선의 명칭으로 옳은 것은?
① 파선   ② 실선
③ 1점 이중 쇄선   ④ 복선

● Solution 파선 : 파일럿 조작 관로, 드레인 관로, 필터, 밸브의 과도 위치 등

78 일반적인 용적형 펌프의 종류가 아닌 것은?
① 기어 펌프   ② 베인 펌프
③ 터빈 펌프   ④ 피스톤(플런저) 펌프

● Solution • 용적형 펌프 : 기어, 베인, 피스톤 등
         • 비용적형 펌프 : 원심펌프, 축류펌프, 사류펌프 등

Answer 75. ② 76. ④ 77. ① 78. ③

79 유압 작동유의 첨가제로 적절하지 않은 것은?

① 산화방지제
② 소포제 및 방청제
③ 점도지수 강하제
④ 유동점 강하제

> Solution 유압유의 유동성 유지를 위해 점도지수 향상제를 사용한다.

80 다음 중 유압을 이용한 기기(기계)의 장점이 아닌 것은?

① 자동 제어가 가능하다.
② 유압 에너지원을 축적할 수 있다.
③ 힘과 속도를 무단으로 조절할 수 있다.
④ 온도 변화에 대해 안정적이고 고압에서 누유의 위험이 없다.

> Solution 온도 변화에 따른 점성의 변화로 윤활 및 시일 등의 변화가 발생할 수 있다.

5과목 건설기계일반 및 플랜트배관

81 쇼벨계 굴삭기계의 작업구동방식에서 기계 로프식과 유압식을 비교한 것 중 틀린 것은?

① 기계 로프식은 굴삭력이 크다.
② 유압식은 구조가 복잡하여 고장이 많다.
③ 유압식은 운전조작이 용이하다.
④ 기계 로프식은 작업성이 나쁘다.

82 다음 중 건설기계에 쓰이는 터빈 펌프의 구조와 관계없는 것은?

① 와류실
② 임펠러
③ 안내날개
④ 스파크 플러그

83 아스팔트 피니셔의 각 부속장치에 대한 설명으로 틀린 것은?

① 리시빙 호퍼 : 운반된 혼합재(아스팔트)를 저장하는 용기이다.
② 피더 : 노면에 살포된 혼합재를 매끈하게 다듬는 판이다.
③ 스프레이팅 스크루 : 스크리드에 설치되어 혼합재를 균일하게 살포하는 장치이다.
④ 댐퍼 : 스크리드 앞쪽에 설치되어 노면에 살포된 혼합재를 요구되는 두께로 다져주는 장치이다.

84 모터 그레이더에서 사용하는 리닝 장치에 대한 설명으로 옳은 것은?

① 블레이드를 올리고 내리는 장치이다.
② 앞바퀴를 좌우로 경사시키는 장치이다.
③ 기관의 가동시간을 기록하는 장치이다.
④ 큰 견인력을 얻기 위해 저압 타이어를 사용하는 장치이다.

Answer 79. ③ 80. ② 81. ② 82. ④ 83. ② 84. ②

85 조향장치에서 조향력을 바퀴에 전달하는 부품 중에 바퀴의 토(toe) 값을 조정할 수 있는 것은?
① 피트먼 암 ② 너클 암
③ 드래그 링크 ④ 타이 로드

86 다음 중 1차 쇄석기(crusher)는?
① 조(jaw) 쇄석기 ② 콘(cone) 쇄석기
③ 로드 밀(rod mill) 쇄석기 ④ 해머 밀(hammer mill) 쇄석기

87 기중기의 작업장치(전부장치)에 대한 설명으로 옳지 않은 것은?
① 드래그라인 : 수중굴착에 용이
② 백호 : 지면보다 아래 굴착에 용이
③ 셔블 : 지면보다 낮은 곳의 굴착에 용이
④ 크램셸 : 수중굴착 및 깊은 구멍 굴착에 용이

88 버킷 평적 용량이 0.4m³인 굴삭기로 30초에 1회의 속도로 작업을 하고 있을 때 1시간 동안의 이론 작업량은 약 몇 m³/h인가? (단, 버킷 계수는 0.7, 작업효율은 0.6, 토량환산계수는 0.9이다.)
① 15.1 ② 18.1 ③ 30.2 ④ 36.2

Solution
$$W = \frac{3600q \cdot k \cdot f \cdot E}{cm}$$
$$= \frac{3600 \times 0.4 \times 0.7 \times 0.6 \times 0.9}{30}$$
$$= 18.144 m^3/hr$$

89 도저의 트랙 슈(shoe)에 대한 설명으로 틀린 것은?
① 습지용 슈 : 접지면적을 작게 하여 연약지반에서 작업하기 좋다.
② 스노 슈 : 눈이나 얼음판의 현장작업에 적합하다.
③ 고무 슈 : 노면보호 및 소음방지를 할 수 있다.
④ 평활 슈 : 도로파손을 방지할 수 있다.

90 유압식 크로울러 드릴 작업 시 주의사항으로 옳지 않은 것은?
① 천공 방법을 확인한다.
② 천공작업장의 수평상태를 확인한다.
③ 천공작업 중 암석가루가 밖으로 잘 나오는지 확인한다.
④ 천공작업 시 다른 크로울러 드릴 장비가 이미 천공한 구멍을 다시 천공해도 된다.

Answer 85. ④ 86. ① 87. ③ 88. ② 89. ① 90. ④

91 주철관에 비해 가볍고 인장강도가 크며 각종 수송관 또는 일반 배관용으로 사용되는 관은?
① 탄소강관　　　　　　② 스테인리스강관
③ 동관　　　　　　　　④ 라이닝강관

92 동관에 관한 일반적인 설명으로 틀린 것은?
① 두께별로 분류할 때 K, L, M 형으로 구분한다.
② 알카리성에는 내식성이 약하나, 산성에는 강하다.
③ 열 및 전기의 전도율이 양호하다.
④ 전연성이 풍부하고 마찰저항이 적다.

93 평면상의 변위 뿐 아니라 입체적인 변위까지 안전하게 흡수하므로 어떠한 형상에 의한 신축에도 배관이 안전하며 설치 공간이 적은 신축이음의 형태는?
① 슬리브형　　　　　　② 벨로즈형
③ 스위블형　　　　　　④ 볼조인트형

94 배관용 탄소강관의 설명으로 틀린 것은?
① 종류에는 흑관과 백관이 있다.
② 고압 배관용으로 주로 사용된다.
③ 호칭지름은 6~600A까지가 있다.
④ KS 규격 기호는 SPP이다.

95 밸브를 완전히 열면 유체 흐름의 저항이 다른 밸브에 비해 아주 적어 큰 관에서 완전히 열거나 막을 때 적합한 밸브는?
① 게이트 밸브　② 글로브 밸브　③ 안전 밸브　④ 콕 밸브

96 관 접합부의 이음쇠 및 부속류 분해 또는 이음 시 사용되는 공구는?
① 파이프 커터　② 파이프 리머　③ 파이프 바이스　④ 파이프 렌치

Answer　91. ①　92. ②　93. ④　94. ②　95. ①　96. ④

97 관 또는 환봉을 절단하는 기계로서 절삭 시는 톱날에 하중이 걸리고 귀환 시는 하중이 걸리지 않는 공작용 기계는?

① 기계톱　　② 파이프 벤딩기　　③ 휠 고속절단기　　④ 동력 나사 절삭기

98 스테인리스 강관의 용접 시 열 영향 방지 대책으로 옳은 것은?
① 용접봉은 가능한 한 직경이 작은 것을 사용하여 모재에 입열을 적게 하는 것이 좋다.
② 티타늄(Ti) 등의 안정화 원소를 첨가하여 니켈 탄화물의 형성을 방지한다.
③ 탄소(C)가 0.1% 이상 함유된 오스테나이트 스테인리스강에는 일반적으로 304L, 316L 등의 용접봉이 사용된다.
④ 탄화물 석출의 억제를 위해 모재 및 융착금속의 탄화물 석출온도 범위를 가능한 장시간에 걸쳐 냉각시킨다.

99 배관 저지 장치에 대한 설명으로 틀린 것은?
① 온도변화에 따른 관의 신축이 적합하고 관의지지 간격이 적당할 것
② 무거운 밸브나 계전기 등이 있는 경우 그 기기 가까이에 지지할 것
③ 곡관부가 있을 경우 곡관부 멀리서 지지할 것
④ 외부 충격, 진동에 충분히 견딜 수 있을 것

100 슬로스 밸브라고 하며, 유체의 흐름을 단속하려고 할 때 사용하는 밸브는?
① 글로브밸브　　　　　　② 게이트밸브
③ 볼 밸브　　　　　　　④ 버터플라이밸브

Answer　97. ①　98. ①　99. ③　100. ②

건설기계설비기사 필기

초판 인쇄	2023년 1월 10일
초판 발행	2023년 1월 20일
개정1판 발행	2024년 1월 10일
개정2판 발행	2025년 1월 10일
개정3판 발행	2026년 1월 15일

저 자 ‖ 김영기
발 행 자 ‖ 조규백
발 행 처 ‖ 도서출판 구민사
신고번호 ‖ 제2012-000055호(1980년 2월 4일)

I S B N ‖ 979-11-6875-632-8 13500
가 격 ‖ 48,000원

TEL (02) 701-7421   FAX (02) 3273-9642   http://www.kuhminsa.co.kr
(07293) 서울특별시 영등포구 문래북로 116 604호(문래동3가, 트레플렉스)

▶ 낙장 및 파본은 구입하신 서점에서 바꿔드립니다.
▶ 본 서를 허락없이 부분 또는 전부를 무단복제, 게재행위는 저작권법에 저촉됩니다.